Ergenyl® 500

erhöht die Einnahme-
sicherheit:
Nur 3–4 Tabletten pro
Tag in Monotherapie

Nur 2 Tagesgaben –
morgens und abends

Zusammensetzung: Eine dünndarmlös-
che Filmtablette enthält 500 mg Natrium-
...roinat.

...wendungsgebiete: 1. Die antikonvul-
...Therapie wird ausschließlich vom Arzt
...genommen. Erläuterungen der Indika-
...sind in der wissenschaftlichen Bro-
...üre enthalten. 2. Alkohol-Entzugssyn-
...m (Prädelir, Entzugsdelir).

...genanzeigen: Bei Kinderwunsch wird
...Frauen dringend empfohlen, sich von-
...on ihrem behandelnden Arzt beraten
...ssen. Sollte eine Schwangerschaft be-
...en, ist darauf zu achten, daß die Dosie-
...g von Ergenyl, besonders zwischen
...20. und 40. Schwangerschaftstag, so
...ng wie möglich gewählt wird. Kombi-
...onen von Antiepileptika und anderen
...eimitteln sind nach Möglichkeit wäh-
...d dieser Zeit zu vermeiden.

...enwirkungen: In seltenen Fällen wur-
...unter Ergenyl-Therapie vorübergehen-
...Haarausfall beobachtet. Ein Absetzen
...Therapie war in keinem Fall notwendig.
...ngster Zeit wurden unter Ergenyl-The-
...e vereinzelte Fälle von Blutgerin-
...gsstörungen festgestellt. Es wird des-
...empfohlen, Kontrollen der Thrombo-
...nzahl und Blutungszeit durchzufüh-
...besonders nach spontan auftreten-
...Hämatomen („blaue Flecken"). Diese
...rsuchungen sollten auch vor chirurgi-
...n Eingriffen durchgeführt werden.

...kungsweise: Ergenyl erhöht die
...BA-Konzentration im Gehirn durch
...mmung der Gamma-Aminobutyrat-
...a-Ketoglutarat-Transaminase und er-
...damit die Erregungsschwelle für die
...mpfbereitschaft.

...chselwirkungen mit anderen Mit-
...: Ergenyl kann mit Barbituraten, Pyri-
...nen, Hydantoinderivaten, Succinimi-
...u. a. zusammen verabreicht werden.
...st aber zu beachten, daß sich Ergenyl
...enüber der Barbituratwirkung, der Wir-
...g der Neuroleptika und der Antide-
...siva (MAO-Hemmer und Thymolepti-
...additiv verhält und daher häufig eine
...liche Reduzierung der Dosis der Me-
...mente erforderlich macht, die der Arzt
...immt. Bei Patienten, die gleichzeitig
...Antikoagulantien und Acetylsalizyl-
...e behandelt werden, sollten unge-
...nliche Blutungsereignisse besondere
...chtung finden.

...ierungsanleitung und Art der An-
...dung: Die Dosierung wird vom Arzt
...immt und darf nicht überschritten wer-
...Es wird eine einschleichende Dosie-
...empfohlen, die von Fall zu Fall festge-
...wird. Die Tagesdosis Ergenyl wird auf
...Einzelgaben verteilt, die zu den Mahl-
...n eingenommen werden. Ausführli-
...Dosierungsangaben enthält die wis-
...schaftliche Broschüre.

...reichungsformen und Packungs-
...en: 50 dünndarmlösliche Filmtablet-
...zu 500 mg, AVP (m. MwSt.) DM 49,69;
... dünndarmlösliche Filmtabletten zu
...mg, AVP (m. MwSt.) DM 92,64; 500
...ndarmlösliche Filmtabletten zu 500
...AP.

...d: 2/1980

LABAZ GmbH
...BAZ Pharmazeutische Präparate
...Heinrich-Hertz-Str. 44
4006 Erkrath 1

Verhandlungen der Deutschen Gesellschaft für Neurologie

1

50. Jahresversammlung
vom 12.–14. April 1980 in Wiesbaden

Pathologische Erregbarkeit des Nervensystems und ihre Behandlung

Membranfunktion, Neurotransmitter und Hirnpeptide bei Epilepsien, extrapyramidalmotorischen, neuromuskulären und neuroendokrinen Erkrankungen

Herausgegeben von
H.G. Mertens und H. Przuntek

Hauptreferate von H. Caspers, C.E. Elger
R. Fahlbusch, P.A. Fischer, H.J. Freund, F. Glötzner
E. Halves, A. Herz, D.H. Ingvar, R.W.C. Janzen
E. Kazner, H.H. Kornhuber, W. Löscher, C.H. Lücking
N. Matussek, P. Mehraein, O.A. Müller, E. Nieschlag
G. Nissen, H. Oepen, E.F. Pfeiffer, D. Ploog, H. Przuntek
K. Ricker, H.K. Rjosk, E. Rüther, D. Schmidt, P.C. Scriba
K. Seige, H.G. Solbach, E.J. Speckmann, H. Steinhoff
E. Uhlich, F.E. Ulrich, A. Weindl, K.v. Werder

Mit 208 Abbildungen und 97 Tabellen

Springer-Verlag Berlin Heidelberg GmbH 1980

Prof. Dr. Hans Georg Mertens
Prof. Dr. Horst Przuntek
Neurologische Universitätsklinik und Poliklinik
Joseph-Schneider-Straße 11, 8700 Würzburg

CIP-Kurztitelaufnahme der Deutschen Bibliothek.
Deutsche Gesellschaft für Neurologie:
Verhandlungen der Deutschen Gesellschaft für Neurologie. – Berlin, Heidelberg,
New York : Springer.
Bd. 1. – 1980.

ISBN 978-3-540-10214-4   ISBN 978-3-662-09220-0 (eBook)
DOI 10.1007/978-3-662-09220-0

Verantwortlich für den Anzeigenteil: M. Olle, Kurfürstendamm 237, D-1000 Berlin 15
2125/3321 543210

Inhalt

VI

XII

XIV

Verzeichnis der Vortragenden

Agnoli A.L., Dr.med., Neuroradiologische Abteilung der Universität
Gießen

Andler W., Dr.med., Neurochirurgische Universitätsklinik Essen

Anzil A., Dr.med., Neurologische Klinik der TU München

Aschoff J., Prof.Dr.med., Neurologische Universitätsklinik Ulm

Baas H., Dr.med., Neurologische Universitätsklinik Frankfurt

Baumgarten H.G., Prof.Dr.med., Institut für Anatomie der Freien
Universität Berlin

Besinger U.A., Dr.med., Neurologische Klinik der TU München

Birnberger K.L., Prof.Dr.med., Neurologische Klinik der TU München

Biro G., Dr.rer.nat., Innere Medizin II der Medizinischen Universi-
täts- und Poliklinik Homburg/Saar

Bogdahn U., Dr.med., Neurologische Universitätsklinik Würzburg

Brabant G., Dr.med., Universitätsklinik Münster

Brunner R.J., Dr.med., FSP Sprachpathologie der Universität Ulm

Buchborn E., Prof.Dr.med., Medizinische Klinik Innenstadt der Universität München

Burger L., Dr.med., Neurologische Universitätsklinik Homburg/Saar

Busse O., Dr.med., Neurologische Klinik der Universität Gießen

Camacho L., Dr.med., Neurologische Universitätsklinik, Tübingen

Caspers H., Prof.Dr.med., Physiologisches Institut der Universität
Münster

Christiani K., PD.Dr.med., Universitäts-Nervenklinik Kiel

Clar H.E., PD.Dr.med., Neurochirurgische Universitätsklinik Essen

Clarenbach P., Dr.med., Neurologische Universitätsklinik Freiburg

Claus D., Dr.med., Neurologische Universitätsklinik Ulm

Cramer H., Prof.Dr.med., Neurologische Universitätsklinik Freiburg

Daun H., Prof.Dr.med., Neurologische Universitätsklinik Erlangen

Dichgans J., Prof.Dr., Neurologische Universitätsklinik Tübingen

Diener H.C., Dr.med., Neurologische Universitätsklinik Tübingen

Dommasch D., Dr.med., Neurologische Universitätsklinik Würzburg

Dorndorf W., Prof.Dr.med., Neurologische Universitätsklinik Gießen

Dreyer F., Dr.med., Neurologische Universitätsklinik Homburg/Saar

Druschky K.F., PD.Dr.med., Universitäts-Nervenklinik Erlangen

Einhäupl K.M., Dr.med., Neurologische Klinik, Klinikum Großhadern
München

Emser W., Dr.med., Neurologische Universitätsklinik Homburg/Saar

Fahlbusch R., Dr.med., Medizinische Universitätsklinik München

Fasshauer K., PD.Dr.med., Universitäts-Nervenklinik Köln

Fateh-Moghadam A., Prof.Dr.med., Institut für klinische Chemie des
Klinikums Großhadern München

Fehm H.L., Dr.med., Innere Medizin I, Zentrum für Innere Medizin der
Universität Ulm

Feist D., Prof.Dr.med., Deutsches Krebsforschungszentrum Heidelberg

Feistner H., Dr.med., Neurologische Universitätsklinik Gießen

Fichsel H., Prof.Dr.med., Universitäts-Kinderklinik Bonn

Fiedler K., Dr.med., Neurologische Universitätsklinik Freiburg

Fiehn W., Prof.Dr.med., Universitäts-Kinderklinik Heidelberg

Fischer P.-A., Prof.Dr.med., Neurologische Abteilung, Klinikum der
Universität Frankfurt

Freund H.J., Prof.Dr.med., Neurologische Universitätsklinik Düsseldorf

Fuhrmeister U., Dr.med., Neurologische Universitätsklinik Würzburg

Gaab M., Dr.med., Neurochirurgische Universitätsklinik Würzburg

Gerstenbrand F., Prof.Dr.med., Neurologische Universitätsklinik
Innsbruck

Gilliatt R.W., Prof.Dr.med., Universität Tübingen

Glasner H., Prof.Dr.med., Neurologische Universitätsklinik Homburg/
Saar

Glötzner F., PD.Dr.med., Neurologische Universitätsklinik Würzburg

Gottwald W., PD.Dr.med., Universitäts-Nervenklinik Erlangen

Graf M., Dr.med., Neurologische Universitätsklinik Würzburg

Graf N., Dr.med., Neurologische Universitätsklinik Homburg/Saar

Grau H., Dr.med., Neurologische Abteilung, Klinikum der Universität
 Frankfurt

Groitl H., Dr.med., Universitäts-Nervenklinik Erlangen

Gropp N., Neurologische Universitätsklinik Würzburg

Grossmann W., Dr.med., Neurologische Klinik, Krankenhaus München-
 Harlaching

Groß G., Dr.med., Pharmakologisches Institut der Gesamthochschule
 Essen

Günther W., Dr.med., Universitätsnervenklinik München

Haan J., Dr.med., Neurologische Universitätsklinik Bochum

Haferkamp H., Prof.Dr.med., Neurologische Universitätsklinik Mainz

Hagenah R., Dr.med., Neurologische Universitätsklinik Hamburg-
 Eppendorf

Haller P., Dr.med., Neurologische Klinik der Medizinischen Hochschule
 Hannover

Halves E., PD.Dr.med., Neurochirurgische Universitätsklinik Würzburg

Hartmann A., PD.Dr.med., Neurologische Universitätsklinik Heidelberg

Haubitz L., Dr.med., Neurochirurgische Universitätsklinik Würzburg

Heimes Ch., Dr.med., Neurologische Universitätsklinik Homburg/Saar

Heininger K., Dr.med., Institut für klinische Chemie der Universität
 Großhadern-München

Heinrichs K, Dr.med., Abteilung für klinische Immunologie und Transfusionsmedizin der Medizinischen Hochschule Hannover

Hellstern P., Dr.med., Neurologische Universitätsklinik Homburg/Saar

Herrmann J., Dr.med., II. Medizinische Universitätsklinik Düsseldorf

Herz A., Prof.Dr.med., Max-Planck-Institut für Psychiatrie, München

Hiller E., Dr.med., Neurologische Universitätsklinik Großhadern
 München

Ho A.D., Dr.med., Medizinische Poliklinik Heidelberg

Hömberg E., Dr.med., Neurologische Klinik der TU München

Hofmann E., cand.med., Neurologische Universitätsklinik Würzburg

Hohnstädt P., Dr.med., Neurologische Universitätsklinik Hamburg-
 Eppendorf

Holzmüller B., Dr.med., Neurologische Universitätsklinik Ulm

Hopp G., Dr.med., Neurologische Abteilung, Klinikum der Universität Frankfurt

Hubener K., Dr.med., Neurologische Abteilung, Klinikum der Universität Frankfurt

Hunstein W., Prof.Dr.med., Medizinische Poliklinik Heidelberg

Ingvar D.H., Prof.Dr.med., Laboratory of Clinical Neurophysiology, University Hospital Lund

Jacobi P., PD.Dr.med., Neurologische Universitätsklinik Frankfurt

Jäger H., Dr.med., Neurologische Universitätsklinik Homburg/Saar

Jacobi P., Dr.med., Neurologische Abteilung, Klinikum der Universität Frankfurt

Janzen R.W.C., PD.Dr.med., Neurologische Universitätsklinik Hamburg-Eppendorf

Jellinger K., Prof.Dr.med., Ludwig-Boltzmann-Institut für klinische Neurobiologie Wien

Jochem W., Dr.med., Universitäts-Nervenklinik Erlangen

Karoutas G., Dr.med., Neurologische Universitätsklinik Bochum

Kayser-Gatchalian C., Dr.med., Neurologische Universitätsklinik Mannheim

Kestler Pl, Dr.med., Neurologische Universitätsklinik Würzburg

Kießling W., Dr.med., Neurologische Universitätsklinik Würzburg

Kim J.S., Dr.med., Neurologische Universitätsklinik Ulm

Kley H.H., Dr.med., II. Medizinische Universitätsklinik Düsseldorf

Kömpf D., Dr.med., Klinik für Neurologie, Medizinische Hochschule Lübeck

Kohtz D., Dr.med., Neurologische Universitätsklinik Würzburg

Kolb R., Dr.med., Abteilung für Neurologie, Klinikum der Universität Frankfurt

Kolbe H., Dr.med., Medizinische Hochschule Hannover, Neurologische Klinik

Kornhuber H.-H., Prof.Dr.med., Neurologische Universitätsklinik Ulm

Koschitzky v.H., Dr.med., Neurologische Universitätsklinik Hamburg-Eppendorf

Kountouris D., Dr.med., Neurologische Universitätsklinik Bochum

Krauseneck P., Dr.med., Neurologische Universitätsklinik Würzburg

Kröll H.P., Dr.med., Neurologische Universitätsklinik Mainz

Krüger H., Dr.med., Neurologische Universitätsklinik Würzburg

Krüskemper H.L., Dr.med., II. Medizinische Universitätsklinik Düsseldorf

Kuhn W., Dr.rer.nat., Neurologische Universitätsklinik Würzburg

Kühne D., Dr.med., Neurologische Universitätsklinik Hamburg-Eppendorf

Kummer v.R., Dr.med., Neurologische Universitätsklinik Heidelberg

Kunze K., Prof.Dr.med., Abteilung für klinische Neurophysiologie
der Universität Gießen

Lachenmayer L., Dr.med., Neurologische Universitätsklinik Hamburg-
Eppendorf

Láhoda F., Prof.Dr.med., Neurologische Klinik, Klinikum Großhadern
München

Langohr H.D., PD.Dr.med., Neurologische Universitätsklinik Tübingen

Lausberg G., Prof.Dr.med., Neurochirurgische Abteilung des Knapp-
schaftskrankenhauses Bochum

Leitner H., Dr.med., Neurologische Universitätsklinik Mainz

Leonhardt K.F., Dr.med., Neurologische Universitätsklinik Hamburg-
Eppendorf

Lesch K.-P., cand.med., Neurologische Universitätsklinik Würzburg

Löscher W., Dr.med., Laboratorium für Pharmakologie und Toxikologie
der FU Berlin

Lücking C.H., Prof.Dr.med., Neurologische Universitätsklinik München

Lüdecke D., Dr.med., Neurochirurgische Abteilung der Universitätsklinik Hamburg-Eppendorf

Maier P., Dr.med., Neurologische Universitätsklinik, Abteilung für
Neurophysiologie, Freiburg

Marcu H., Dr.med., Abteilung für Neurologie der Universität Frankfurt

Maurer K., Dr.med., Psychiatrische Universitätsklinik Mainz

Matussek N., Prof.Dr.med., Psychiatrische Universitätsklinik München

Mayer K., Dr.med., Neurologische Universitätsklinik Tübingen

Mehraein P., Prof.Dr.med., Pathologisches Institut der Medizinischen
Hochschule Hannover

Mertens H.G., Prof.Dr.med., Neurologische Universitätsklinik Würzburg

Milonas I., Dr.med., Department of Neurology of Aristotelian University
of Thessaloniki

Möller W.D., PD.Dr.med., Neurologische Universitätsklinik Kiel

Mohs H., Dr.med., Neurologische Universitätsklinik Hamburg-Eppendorf

Mortillaro M., Prof.Dr.med., Neurologische Universitätsklinik Homburg/Saar

Müller-Jensen A., Dr.med., Neurologische Universitätsklinik Hamburg-Eppendorf

Müller E., Prof.Dr.med., Neurologische Universitätsklinik Bochum

Müller O.A., Dr.med., Medizinische Universitätsklinik München

Muhtaroglu A.U., Dr.med., Universitäts-Nervenklinik Kiel

Neundörfer B., Prof.Dr.med., Klinik für Neurologie, Medizinische Hochschule Lübeck

Neuser D., Dr.rer.nat., Neurologische Universitätsklinik Würzburg

Niemöller K., Dr.med., Klinik für Neurologie, Medizinische Hochschule Lübeck

Nieschlag E., Dr.med., Universitätsklinik Münster

Nissen G., Prof.Dr.med., Kinder- und Jugendpsychiatrie der Universität Würzburg

Oepen H., Prof.Dr.med., Humangenetisches Institut der Universität Marburg

Olshausen v.K., Dr.med., Medizinische Universitätsklinik Heidelberg

Paal G., Prof.Dr.med., Neurologische Abteilung des Krankenhauses München-Harlaching

Patzold U., PD.Dr.med., Neurologische Klinik der Medizinischen Hochschule Hannover

Peiffer J., Prof.Dr.med., Institut für Hirnforschung der Universität Tübingen

Pellkofer M., Dr.med., Neurologische Universitätsklinik, Klinikum Großhadern München

Peter H.H., Prof.Dr.med., Abteilung für klinische Immunologie und Transfusionsmedizin der Medizinischen Hochschule Hannover

Petruch F., Dr.med., Abteilung für Neuropsychologie der Neurologischen Universitätsklinik Tübingen

Pfeiffer E.F., Prof.Dr.med., Med.-Naturwissenschaftliche Hochschule Ulm

Pflughaupt K.W., Dr.rer.nat., Neurologische Universitätsklinik Würzburg

Pfordt L., Dr.med., Neurologische Universitätsklinik Homburg/Saar

Ploog D., Prof.Dr.med., Institut für Psychiatrie des Max-Planck-Institutes München

Poewe W., Dr.med., Neurologische Universitätsklinik Innsbruck

Pozo del E., Dr.med., Abteilung für klinische Neurologie und Neurophysiologie der Universität Freiburg

Prosiegl M., Dr.med., Neurologische Universitätsklinik, Klinikum Großhadern, München

Przuntek H., PD.Dr.med., Neurologische Universitätsklinik Würzburg

Radü E.W., Dr.med., Neurologische Universitätsklinik Heidelberg

Raithel D., Dr.med., Universitäts-Nervenklinik Erlangen

Rauscher R., Dr.med., Neurologische Universitätsklinik der TU München

Ratzka M., Dr.med., Abteilung für Neuroradiologie der Universität
Würzburg

Reitter W., Dr.med., Medizinische Poliklinik Heidelberg

Ricker K., Prof.Dr.med., Neurologische Universitätsklinik Würzburg

Riederer P., Dr.med., Ludwig-Boltzmann-Institut für klinische Neurobiologie Wien

Rjosk H.K., Dr.med., Medizinische Universitätsklinik München

Röthig H.-J., Dr.med., Neurologische Universitätsklinik Hamburg-
Eppendorf

Rohkamm R., Dr.med., Neurologische Universitätsklinik Würzburg

Rohr W., Dr.med., Neurologische Universitätsklinik Hamburg-Eppendorf

Rüther E., PD.Dr.med., Universitäts-Nervenklinik München

Sabin G., Dr.med., Medizinische Universitätsklinik Bochum

Sandel P., Dr., Institut für Klinische Chemie, Klinikum Großhadern
München

Schackert G., Dr.med., Universitäts-Nervenklinik Erlangen

Schäfer E., Dr.med., Neurologische Universitätsklinik Mainz

Scheglmann K., Dr.med., Neurologische Universitätsklinik Tübingen

Scheibler H., Dr.med., Neurologische Universitätsklinik Tübingen

Scheler M., Dr.med., Neurologische Universitätsklinik Würzburg

Schimrigk K., Prof.Dr.med., Neurologische Universitätsklinik Homburg/
Saar

Schindler H., Dr.med., Neurologische Universitätsklinik Freiburg

Schlepper M., Dr.med., W.-G.Kerckhoff-Klinik Bad Nauheim

Schmidt D., Dr.med., Abteilung für Neurologie, Klinikum Charlotten-
berg der FU Berlin

Schneider E., Prof.Dr.med., Neurologische Abteilung, Klinikum der Universität Frankfurt

Schneider H., Dr.med., Institut für Neuropathologie der FU Berlin

Schröter E., Dr.med., Neurologische Universitätsklinik Freiburg

Schroth G., Dr.med., Neurologische Universitätsklinik Tübingen

Schulz H., Dr.med., Abteilung für Neurologie der Universität Kiel

Schumm F., PD.Dr.med., Neurologische Universitätsklinik Tübingen

Scriba P.C., Prof.Dr.med., Medizinische Universitätsklinik München

Seige K., Prof.Dr.med., Halle, DDR

Sofroniew M.V., Dr.med., Neurologische Universitätsklinik München

Solbach H.G., Prof.Dr.med., II. Medizinische Universitätsklinik Düsseldorf

Soyka D., Prof.Dr.med., Nervenklinik der Universität Kiel

Speckmann E.J., Prof.Dr.med., Physiologisches Institut der Universität Münster

Stasch J.P., Dipl.-Chem., Neurologische Universitätsklinik Würzburg

Stöhr M., Prof.Dr.med., Neurologische Universitätsklinik Tübingen

Stojakowits S., Dr.med., Universitätsklinik Heidelberg

Strauß A., Dr.med., Univ.Nervenklinik München

Struppler A., Prof.Dr.med., Neurologische Klinik der TU München

Strunk M., Dr.med., Abteilung für Klinische Neurophysiologie, Universität Gießen

Terwey B., Dr.med., Neurologische Universitätsklinik Heidelberg

Thoden U., PD.Dr.med., Neurologische Universitätsklinik Freiburg

Toyka K.V., PD.Dr.med., Neurologische Universitätsklinik Düsseldorf

Trost H.A., Dr.med., Neurochirurgische Universitätsklinik Würzburg

Ulich E., PD,Dr.med., Kaiserbergklinik Pitzer KG, Bad Nauheim

Ulrich F.E., Dr.med., Halle, DDR

Ungern-Sternberg A.v., Dr.med., II. Medizinische Universitätsklinik Mainz

Vanselow K., Dr.med., Abteilung für Neurologie der Universität Kiel

Vehlo-Groneberg P., Dr.med., Abteilung für Neurologie des Krankenhauses München-Harlaching

Vogt K.H., Dr.med., Innere Medizin I, Zentrum f.Innere Medizin der Universität Ulm

Wahl P., Dr.med., Neurologische Universitätsklinik Heidelberg

Wallesch C., Dr.med., Abteilung für Neurologie der Universität Ulm,
Klinik Dietenbronn

Wegener E., Dr.med., Neurologische Universitätsklinik Würzburg

Weindl A., Dr.med., Neurologische Universitätsklinik München

Weitbrecht W.-U., Dr.med., Neurologische Universitätsklinik Freiburg

Welter F.L., Dr.med., Neurologische Universitätsklinik Bochum

Wenig Ch., Dr.med., Neurologische Universitätsklinik Homburg/Saar

Wenzel E., Dr.med., Neurologische Universitätsklinik Homburg/Saar

Wenzel W., Dr.med., Neurologische Universitätsklinik Ulm

Werder v.K., PD.Dr.med., Medizinische Universitätsklinik München

Werry H., Dr.med., Neurologische Klinik der Medizinischen Hochschule
Hannover

Werry W.D., Dr.med., Neurologische Universitätsklinik Würzburg

Wesemann W., Dr.med., Universitätsklinik Marburg

Wesch H., Dr.rer.nat., Deutsches Krebsforschungszentrum Heidelberg

Wieck A., Dr.med., Neurologische Klinik, Klinikum Großhadern, München

Wiegelmann W., Dr.med., II. Medizinische Universitätsklinik Düsseldorf

Wiethölter H., Dr.med., Neurologische Universitätsklinik Tübingen

Willison R.G., Dr.med., Neurologische Universitätsklinik Tübingen

Witteler M., Neurologische Universitätsklinik Würzburg

Wodarz R., Dr.med., Neuroradiologische Abteilung der Universität
Würzburg

Wolf P., Prof.Dr.med., Abteilung für Neurologie, Universitätsklinikum
Charlottenburg der FU Berlin

Wolschendorf K., Dr.med., Abteilung für Neurologie der Universität
Kiel

Wrabetz-Wölke A., Dr.med., Abteilung für Transfusionsmedizin der Medizinischen Hochschule Hannover

Wuttke W., Prof.Dr.med., Max-Planck-Institut für Biophysikalische
Chemie Göttingen

Zeides A., Dr.med., Abteilung für Neurophysiologie der Universität
Gießen

Zschocke St., Dr.med., Neurologische Universitätsklinik Hamburg-
Eppendorf

Eröffnungsansprache des Vorsitzenden

H.G. Mertens

1. Zum Jubiläum der 50. Jahresversammlung

Meine Damen und Herren, die Deutsche Gesellschaft für Neurologie besteht seit 73 Jahren und ist damit eine der älteren medizinisch-wissenschaftlichen Fachgesellschaften des deutschen Sprachgebiets. Sie führt die Tradition der Gesellschaft deutscher Nervenärzte fort, die 1907 von Erb und Oppenheim gegründet und nach ihrer 22. Jahresversammlung 1934 in München von der Reichsregierung aufgelöst und zwangsweise in die Gesellschaft deutscher Neurologen und Psychiater überführt wurde. Als Neurologische Abteilung dieser Gesellschaft tagte sie bis zur 27. Sitzung, die 1939 erstmalig gemeinsam mit der Deutschen Gesellschaft für Innere Medizin in Wiesbaden stattfand. Der 1941 in Würzburg zum Schutz der Nervenkranken vorbereitete Kriegskongreß wurde verboten. 1947-1949 fanden 3 Tagungen in Tübingen, Marburg, Göttingen, zusammen mit den Psychiatern statt. Nach Neugründung einer selbständigen Gesellschaft unter dem Namen "Deutsche Gesellschaft für Neurologie" fand die 31. Tagung 1950 in Bonn gemeinsam mit der Gesellschaft für Neurochirurgie statt. Mit wechselnden Partnern aus anderen Fächern der Nervenheilkunde tagte sie dann fast jährlich. Nach der 50-Jahr-Feier auf der 38. Jahresversammlung 1958 in Hannover versammelte sich unsere Gesellschaft ziemlich regelmäßig alle 2 Jahre, wobei die freibleibenden Jahre zu internationalen Neurologentagungen und seit 1974 auch zu Arbeitstagungen mit enger begrenzten Themen viermal in Würzburg, sowie in Aachen und Wien genutzt wurden.

Dieser kurze Rückblick ist notwendig, um die 1935 abgerissene Numerierung der Jahrestagungen fortzuführen und muß heute erfolgen, da wir ein bedeutendes Jubiläum, nämlich die 50. Jahrestagung unserer Gesellschaft begehen. Alle, die wir ihr verpflichtet sind, sollten heute abend bei einer schlichten Weinprobe auf das semicentum secundum anstoßen. Wenn sich in den nächsten 50 Jahresversammlungen unserer Gesellschaft ein ebensolcher Fortschritt der Neurologie abzeichnet, dürfen unsere Nachfahren im Jahre 2080 zufrieden sein.

2. Begrüßung

Meine Damen und Herren, zur Eröffnung ihrer 50. Jahresversammlung im 73. Jahr nach Gründung heißt die Deutsche Gesellschaft für Neurologie alle Neurologen, die ihrer Einladung aus dem In- und Ausland gefolgt sind und alle Gäste herzlich willkommen. Besonders begrüßen möchte ich die Ehrenmitglieder, die Herren Gerhard Bay, Düsseldorf, Gustav Bodechtel, München, Richard Jung, Freiburg, Hans Robert Müller, Hamburg und die ausländischen Delegationen aus 12 Ländern, aus Belgien, Kanada, England, Griechenland, Frankreich, Holland, Italien, Österreich, Schweden, Schweiz, Ungarn und USA. Nicht zuletzt am internationalen Interesse zeigt sich die Bedeutung einer wissenschaftlichen Tagung. Unsere ausländischen Gäste bitte ich um Verständnis, wenn wir uns besonders freuen, daß sich nach langer Pause auch wieder Kollegen aus der DDR angemeldet haben.

Von den zahlreichen Glückwunschadressen darf ich das Dankesschreiben
von Herrn Bay, Düsseldorf, zitieren, der in Wien zum Ehrenmitglied
gewählt wurde. Er schreibt: "Ich empfinde diese Ehrung ganz besonders
tief und dankbar, da ich seit vielen Jahrzehnten unserer Gesellschaft
verbunden bin und selbst noch den Kampf miterlebt und mitgekämpft habe, der notwendig war, bis es endlich - gegen viele Widerstände - zu
einer unbestrittenen und selbständigen Deutschen Neurologie gekommen
ist". "Ich selbst, der ich nie etwas mit der Psychiatrie zu tun hatte,
war Dozent für Neurologie und Psychiatrie, weil man eine selbständige
neurologische Dozentur verhindern wollte."

Herzliche Dankesgrüße erreichten uns auch von den neu gewählten Korrespondierenden Mitgliedern, den Herren Torben Fog, Kopenhagen und
Walter Birkmayer, Wien.

Die Aufnahmewünsche in unsere Gesellschaft haben stark zugenommen,
trotz der zum Druck unserer Tagung notwendigen Beitragserhöhung. Unser Kreis wächst, doch zu der Freude darüber gesellt sich die Trauer
um die Mitglieder unserer Gemeinschaft, die wir im letzten Jahr verloren haben.

3. Den Verstorbenen zum Gedächtnis

Professor Dr. Paul Vogel starb am 2. September 1979, wenige Monate
vor seinem 80. Geburtstag. Der Nervenarzt hatte zu diesem Tag ein
Heft mit Arbeiten seiner Schüler vorbereitet, das nun seinem Gedächtnis gewidmet ist. Eine umfassende Würdigung von Bay erschien soeben
im Journal of Neurology.

Am 28.10.1979 verstarb Professor Dr. Armin Prill, 53-jährig, ohne erkennbare Vorerkrankung. Gebürtig in Niederschlesien, begann er heimat-
los nach der Kriegsgefangenschaft, eine Bauhandwerkerlehre. Um sein
Medizinstudium finanzieren zu können, arbeitete er als Geselle in den
Semesterferien. Nach dem Medizin- und Psychologie-Studium in Göttingen,
erhielt er dort auch seine Fachausbildung bei Ewald, Conrad und Bauer,
ergänzt durch Tätigkeiten in Neuroradiologie, Neurochirurgie, Neuropathologie und Neurophysiologie. Grenzgebiete der Neurologie, sowie
die pathogenetischen Grundlagen einer wissenschaftlich geplanten Therapie waren seine besonderen Anliegen. In über 60 Publikationen hat er
über Stoffwechseluntersuchungen bei Erkrankungen des zentralen und
peripheren Nervensystems, über die Regulation des Wasser-Elektrolyt-
und Säurebasenhaushaltes an der Bluthirnschranke und über verschiedene klinisch-neurologische Probleme berichtet. Seit 1973 Chefarzt der
Neurologisch-Psychiatrischen Abteilung im Städt. Krankenhaus Berlin-
Neukölln konnte er seine umfassende klinische Erfahrung voll einsetzen. Die sinnlose Überlastung durch pseudo-demokratische Gremien mit
reformerischem Gehabe nahm er um seiner guten medizinischen Arbeit
willen in Kauf. Er schlug die Aufforderung zu einer aussichtsreichen
Bewerbung um einen neurologischen Lehrstuhl aus, um sich besser der
Pflege seiner schwerkranken Frau widmen zu können und war erst nach
ihrem Tode 1977 zu neuen Aufgaben bereit. 1972-1975 vertrat er die
Neurologie im Ausschuß der dtsch.Ges.f.innere Medizin. Ausgleich und
Erholung suchte Herr Prill bei Beschäftigungen mit Problemen der
Astronomie, Archäologie und Frühgeschichte. Deshalb gehörte er der
Deutschen Orient-Gesellschaft an.

Überraschend starb am 24.10.1979 Professor Dr. Georges Schaltenbrand, fast 82-jährig. Eine cerebrale Massenblutung überraschte
ihn - den bis zuletzt Unermüdlichen - bei der Arbeit. Neben Heinrich Pette hat er mehr als jeder andere zum Wiederaufbau unserer
Gesellschaft und der Deutschen Neurologie, geleistet. Er war ihr

Professor Paul Vogel
15.4.1900 - 2.9.1979

Professor Georges Schaltenbrand
26.1.1897 - 24.10.1979

Professor Armin Prill
1926 - 28.10.1979

Professor Hans Heinrich Wieck
23.8.1918 - 2.1.1980

Interpret und prominentester Botschafter in vielen Ländern. Unsere
Gesellschaft ernannte ihren mehrjährigen Vorsitzenden zum Ehrenpräsidenten und dankte ihm durch Verleihung ihrer höchsten Auszeichnungen,
der Erb- und Nonne-Medaillen. Nicht zuletzt seiner Initiative ist es
zu verdanken, daß die Würzburger Universität als erste in Deutschland
eine der Neurologie gemäße Krankenhausabteilung in einem Kopfklinikum
errichtete.

1897 in Oberhausen geboren, studierte er Medizin in Breslau, Göttingen und München, wo er 1921 nach dem Staatsexamen unter dem Einfluß
von Emil Kraepelin Psychiater werden wollte. Die zur Vorbereitung gedachte Arbeit in Neurologie bei Max Nonne in Hamburg ließ ihn jedoch
nicht mehr los. Nach jahrelangen Studienaufenthalten in verschiedenen
Ländern Europas und in Übersee, nach Lehrjahren der Anatomie, Physiologie und Pharmakologie, bei Rudolf Magnus in Utrecht und in der
B.Brouwerschen Klinik bei Arieus Kappers in Amsterdam, sowie an der
Neurochirurgischen Klinik von Harvey Cushing in Boston, habilitierte
er sich 1928 mit einer Arbeit über den Aufbau der menschlichen Motorik in Hamburg und erhielt noch im gleichen Jahr einen Ruf als
Associate Professor in Neurology an der Rockefeller-Hochschule in
Peking. Als er nach 2 Jahren aus China zurückkehrte, wurde er Oberarzt der Eppendorfer Neurologischen Klinik und nach Emeritierung von
Professor Nonne kommissarischer Leiter der Klinik. 1935 übernahm er
die Leitung der Neurologischen Abteilung an der Medizinischen Klinik
von Erich Grafe in Würzburg. 1938 wurde für ihn dort ein planmäßiges
Extraordinariat für Innere und Nervenkrankheiten und 1950 in einer
ehemaligen Tbc-Abteilung behelfsmäßig die erste bayerische Neurologische Universitätsklinik ausgebaut, die er bis 1968 über seine Entpflichtung hinaus leitete.

Schaltenbrand war einer der letzten Kliniker, der noch alle Grundlagenwissenschaften seines Faches beherrschte und förderte. Die enge
Verbindung von Klinik und Neuropathologie bildeten die Grundlage der
meisten seiner Arbeiten, bei denen er aber auch andere Labormethoden
wie Röntgendiagnostik, Elektroenzephalographie, Myographie, Liquorzytologie und Chemie einsetzte und in ihrer diagnostischen Bedeutung
kritisch gegeneinander abwog. Fragen, welche die histopathologische
Verarbeitung seiner Fälle offen ließ, ging er in gezielten Tierexperimenten nach. Hier sind neben vielen anderen die Arbeiten über Anatomie,
Physiologie und Pathologie des Liquorsystems und die umfassende Darstellung der perivaskulären Pia-Gliagrenze unter normalen und pathologischen Verhältnissen zu erwähnen. Die Piamembranen des Gefäßsystems
wurden in der Nachbarschaft des Liquors bei Hirnödemen, entzündlichen
und blastomatösen Erkrankungen, sowie tierexperimentell mit Farbstoffen untersucht. Er schilderte die Symptomatik des Liquorüber- und Unterdrucksyndroms und seine Pathogenese. Nach sorgfältiger Differenzierung der eitrigen und aseptischen Meningitiden wies er erstmalig auf
die Besonderheiten der chronischen Meningitiden ohne nachweisbare Erreger hin.

Auch die gleichzeitige mechano- und elektromyographische Untersuchung
der Motorik bei verschiedenen Krankheiten des Nervensystems war für
ihn ein wichtiges Anliegen.

Ausgedehnte klinische, histopathologische und epidemiologische Studien der Multiplen Sklerose und ihrer Verbreitung in Franken, die er
mit seinen Schülern durchführte, hielten bei ihm die Überzeugung wach,
daß es sich bei dieser Volksseuche, ähnlich den Arbovirus-Erkrankungen, um eine Anthropozoonose handeln könne, verwandt den im Würzburger Raum heimischen Meningoradiculo-Myelitiden nach Zeckenbiß, die er
besonders erforschte. Auch bei der Amyotrophen Lateralsklerose sah er
wichtige Hinweise für eine slow virus-Erkrankung.

In den letzten Jahren standen stereotaktische Eingriffe am menschlichen Gehirn im Vordergrund seines Interesses. Er entwickelte ein eigenes Zielgerät von hoher Präzision. Sein 1959 zusammen mit seinem Freund Percival Bailey und seinem Mitarbeiter, Waldemar Wahren herausgegebenes 3-bändiges Atlaswerk "Einführung in die stereotaktischen Operationen" blieb Grundlage und Standardwerk für alle auf diesem Gebiet Tätigen. Reizexperimente mit physiologischen Verhältnissen angepaßten Schwachströmen und ihre Filmdokumentation erleichterten eine somatotopische Zuordnung der oft bizarren motorischen, sensorischen und vegetativen Effekte. Sein umfangreiches, auf vielen Gebieten so fruchtbares Lebenswerk bleibt uns eine verpflichtende Aufgabe.

Am 2.Januar 1980 verstarb im 62. Lebensjahr Professor Dr. Hans Heinrich Wieck, Direktor der Universitäts-Nervenklinik mit Poliklinik Erlangen-Nürnberg. Er wurde auf dem Höhepunkt seines Schaffens aus voller Gesundheit und Aktivität durch eine Lungenembolie aus unserer Mitte gerissen. Er war ein ehrlicher Makler zwischen Neurologen und Psychiatern, der letzte Lehrstuhlinhaber für Neurologie und Psychiatrie in der Bundesrepublik, der die beiden auseinanderdriftenden Schwerpunkte der klinischen Nervenheilkunde mit gleicher Intensität und Begeisterung vertrat und dessen Wort in den Gremien beider Wissenschaftlicher Gesellschaften gehört wurde.

Der Tradition seiner Vaterstadt gemäß hat er als gebürtiger Hamburger und echter Hanseat kühn und unerschrocken die Weltmeere der Wissenschaft befahren, als ein zäher und unermüdlicher Forscher voller Optimismus und Tatendrang und doch dabei mit Realitätssinn, die Grenzen seiner Wirkungsmöglichkeiten nicht aus dem Auge verloren. Nach dem Studium war er 1946-1950 Assistenzarzt bei W.Scheid in der Neurologischen Abteilung des Krankenhauses Hamburg-Heidberg. Seine psychiatrische Ausbildung erhielt er bei Kurt Schneider in Heidelberg. Er habilitierte sich 1953 über das Thema "Psychologie und Psychopathologie der Erinnerungen" als Oberarzt der Nervenklinik in Köln. Dort wurde er 1962 zum Leiter der Forschungsabteilung für Erkrankungen des Nervensystems ernannt, 1967 folgte er dem Ruf nach Erlangen. Dort war ihm die Weiterbildung seiner Mitarbeiter ein besonderes Anliegen, dem er auch durch Lehrbücher und zahlreiche Monographien diente. Unter seinen vielfältigen Aktivitäten ragen seine Verdienste um Fortbildungsveranstaltungen in Neurologie und Psychiatrie für niedergelassene Ärzte aller Fachgebiete besonders hervor.

Sein wissenschaftliches Lebenswerk ist ohne seine neurologisch-neurophysiologischen Wurzeln nicht zu verstehen. Er versuchte, das psychiatrisch-psychopathologische Erbe aus Heidelberg in naturwissenschaftlicher Sicht umzuformen, überschaubarer, meßbarer zu machen. Sein großer Wurf: Die Lehre der Psychopathometrie, der quantitativen Meßverfahren psychischer Störungen, insbesondere der Bewußtseinsstörungen und der Erinnerungen, ist in vielen Büchern in immer neuen Ansätzen ausgebreitet. In seinen frühen Arbeiten über das "Durchgangs-Syndrom" entwickelte er die Syndromdynamik der Funktionspsychosen zu dem schwierigen Versuch einer Quantifizierung psychotischer Störungen und ihrer Abgrenzung gegen das organische Defektsyndrom. Seine Vorstellungen von den "cerebralen Daseinsbedingungen des seelischgeistigen Innenbereichs" und ihrer "störanfälligen Fundamentalfunktionen" sind letztlich neurophysiologisch orientiert und versprechen zu einer neuen Basis für die gewaltig ausufernde Neurotransmitterforschung zu werden. Moderne Möglichkeiten zu gezieltem, nicht mehr blindem Eingriff in den Hirnstoffwechsel brauchen Maßstäbe, praktikable Meßmethoden, quantifizierbare Testverfahren zur Beurteilung der psychischen Folgen. Sein neuer Forschungsbereich "Psychopathometrie" öffnet hier einen wichtigen Weg. Ohne seine integrative Persönlich-

keit in unserer Mitte wird es viel schwieriger für uns werden, ihn
zu gehen und gemeinsam anzukommen. Sein Vermächtnis wird Neurologen
und Psychiatern helfen, besser zusammenzustehen und sorgsamer aufeinander zu hören.

Wir gedenken dieser großen Ärzte in Verehrung und Dankbarkeit. Meine
Damen und Herren, ich darf Sie bitten, sich im Gedenken an unsere
Toten von Ihren Plätzen zu erheben. Ich danke Ihnen.

4. Heinrich Pette Preis

Meine Damen und Herren, die Neurologie im deutschen Sprachraum und
ihre wissenschaftliche Vertretung durch unsere Gesellschaft können
auf einer großen Tradition aufbauen. Unsere Aufgabe ist es, die licht-
spendende Fackel der Forschung in die Zukunft weiterzutragen. Daß diese Aufgabe auch heute erfüllt wird und in harter Arbeit unsere Kenntnisse zur Heilung nervenkranker Menschen weiter wachsen, dafür mag
das Ergebnis unserer Preisausschreibung zeugen.
Der im Andenken an Heinrich Pette gestiftete Preis soll in Zukunft
wieder regelmäßig alle 2 Jahre während der offiziellen Arbeitstagungen unserer Gesellschaft verliehen werden. Zum ersten Mal erhielt
ihn Armin PRILL 1969 für seine Habilitationsarbeit: Über die neurologische Symptomatologie der akuten und chronischen Niereninsuffizienz.
Danach wurde der Preis bisher nur 1975 an Erlo ESSLEN verliehen, für
seine Arbeit: Die akuten Facialisparesen. Elektrophysiologische Untersuchungen zur Lokalisation und Pathogenese der meato-labyrinthären
Facialisparesen, Verlaufsprofile.

Die eigentlich 1979 geplante 3. Verleihung bereitete Schwierigkeiten,
da nach einer ersten Ausschreibung im Nervenarzt keine Arbeit einging,
die von der Kommission akzeptiert wurde. Diese besteht aus dem 1. Vorsitzenden und dem Schriftführer der Gesellschaft, einem Ordinarius,
einem Chefarzt einer Neurologischen Klinik und einem praktizierenden
Nervenarzt. Alle deutschsprachigen Ärzte in nichtselbständiger Stellung sind eingeladen, sich zu bewerben.

Es wurde beschlossen, die Ausschreibung bis Ende 1979 zu verlängern
und ich habe alle 40 neurologischen Universitätskliniken und Institute
im deutschen Sprachraum gesondert angeschrieben. Daraufhin hatten wir
die Qual der Wahl, unter 8 hervorragenden, preiswürdigen Arbeiten.
2 davon wurden einstimmig von allen Kommissionsmitgliedern als die
besten angesehen. Da die Ergebnisse beider Arbeiten auf ganz unterschiedlichen Gebieten liegen und mit unvergleichbaren Methoden gefunden wurden, erschien eine weitere Rangordnung unter ihnen zu subjektiv. Sie war auch nicht einstimmig möglich. Daher wurde eine Teilung des inzwischen auf DM 5.000 angewachsenen Preises als gerechteste
Lösung angesehen.

In alphabetischer Reihenfolge der Preisträger nenne ich zuerst die
von Dr. Karl-Heinz Mauritz, Freiburg, vorgelegte Habilitationsschrift:
Standataxie bei Kleinhirnläsionen. Untersuchungen zur Differentialdiagnostik und Pathophysiologie gestörter Haltungsregulation.

Herr Kollege Mauritz studierte 1964-1970 in München und Homburg Medizin. Er war 1970-1973 wissenschaftlicher Assistent am Physiologischen
Institut der Universität des Saarlandes bei R.H.Stämpfli und erhielt
1973 den Preis für die beste medizinische Dissertation. Nach 1-jähri-
ger Assistententätigkeit am Lehrstuhl für Physiologische Psychologie
Konstanz ist er seit 1974 an der Neurologischen Universitätsklinik in
Freiburg tätig. Sein wissenschaftliches Interesse galt vor allem den

Fragen der motorischen Koordination und ihrer Störungen, sowie den
visuo-vestibulo-motorischen Interaktionen.

Auch die vorgelegte Arbeit zur Haltungsmotorik gehört in diesen
Problemkreis. Ihr wichtigstes Ergebnis ist die exakte, quantitative
Unterscheidung mehrerer Formen cerebellärer Standataxie, und ihre
Abgrenzung von extracerebellären Standstörungen auf Grund der unter-
schiedlichen pathophysiologischen Mechanismen.

Zum Nachweis der charakteristischen Funktionsstörungen wurden die
Körperschwankungen der Patienten mit einer Meßplattform, sowie mit
Inklinometern an Kopf, Hüfte und am Sprunggelenk registriert. Ferner
erfolgte eine EMG-Ableitung von M.gastrognemius und M.tibialis
anterior. Die Körperschwankungen wurden durch Kippen der Meßplattform, von Balancierwippen und durch elektrische Reizung des N.tibia-
lis, provoziert.

Bei ausgedehnten neo-cerebellären Läsionen, d.h. bei Kleinhirnhemi-
sphären-Defekten durch Tumore sind nur Hypermetrie und gestörtes
Haltevermögen zu beobachten. Unterschiede zum normalen Standverhal-
ten können allenfalls durch willkürliche Körperfolgebewegungen provoziert werden. Eine rasche Verlagerung des Körperschwerpunktes und
die Haltefunktion in dieser Position ist unregelmäßiger.

Demgegenüber zeigen paleo-cerebelläre und archi- bzw. vestibulo-
cerebelläre Syndrome jeweils eine erhebliche Standunsicherheit. Das
paleo-cerebelläre System ist bei Kranken mit später Kleinhirn-Rinden-
atrophie betroffen. Die Kleinhirnsymptomatik entwickelt sich in
charakteristischer Weise nach jahrzehntelangem Alkoholabusus, schleichend in Wochen und Monaten. Pathologisch-anatomisch degenerieren alle
Zellschichten von Vermis und Paravermis des Lobus anterior, besonders
die Molekularschicht, wobei die Purkinje-Zellen zuerst geschädigt werden. Als pathognomonisch erwies sich ein 3-Hz anterior-posterior Haltungstremor mit stark erhöhtem Schwankparameter. Die Winkelhistogram-
me in sagittaler Richtung zeigten stark kompensatorische Rumpfbewegun-
gen. Als Ursache ergab sich eine Verlängerung der supraspinalen Reflex-
zeiten. Schon bei Krankheitsbeginn war der Haltungstremor durch mecha-
nische und elektrische Reize zu provozieren.

Im Gegensatz zu diesen Patienten mit Kleinhirnatrophie, die "sehr
stark wackeln", aber wegen erhaltener kompensatorischer Rumpfbewegung
"nur selten fallen", könnte man überspitzt formuliert sagen, daß "die
vestibulo-cerebellären Patienten kaum wackeln, aber leicht fallen."
Bei diesen waren kompensatorische Rumpf- und Kopfbewegungen nur gering ausgeprägt, so daß sie oft wie Schaufensterpuppen umfielen. Bei
den untersuchten Patienten mit bevorzugter Schädigung des Archi-cere-
bellum handelte es sich um einen Medulloblastom-Befall des Unterwurms.

Herr Kollege Mauritz, Sie haben durch Ihre elektrophysiologische Methode eine exakte Differenzierung der Funktionsstörungen bei Erkrankungen der 3 cerebellaren Hauptsysteme: Neo-, Paleo und Archicerebellum
ermöglicht und damit einen wesentlichen Fortschritt in der neurologischen Diagnostik mit theoretischen und praktischen Konsequenzen erreicht.

Es schmälert Ihre Leistung nicht, wenn ich darauf hinweise, daß Sie
Ihre hervorragende Arbeit nur in einem Team entwickeln konnten, das
sich seit Jahrzehnten unter Leitung von Herrn Jung in Freiburg mit
der Elektrophysiologie des Zentralnervensystems befaßt und daß u.a.
besonders Herr Dichgans Wesentliches zur Entwicklung Ihrer Methodik
beigetragen hat.

Auch die andere ausgezeichnete Arbeit ist eine Habilitationsleistung
und wurde von Dr. Klaus Toyka an der von Herrn Struppler geleiteten
neurologischen Klinik der Technischen Universität München, vorgelegt.
Sie faßt auch z.T. veröffentlichte experimentelle Arbeiten aus den
letzten 5 Jahren zusammen. Das Thema: Myasthenia gravis: Nachweis der
Autoimmun-Pathogenese durch passive Übertragung auf die Maus mit Immunglobulinen von Patienten - physiologische, immunologische, radiochemische und morphologische Untersuchungen -

Sie hatten, Herr Kollege Toyka, das Glück, als Stipendiat an der
John-Hopkins-University eine Forschungsaufgabe von D.B.Drachman zu
übernehmen, zu deren Lösung das geistige und materielle Instrumenta-
rium herangereift war. Sie nutzten die Gunst der Stunde und die einmaligen experimentellen Möglichkeiten, die sich Ihnen in der Zusammenarbeit mit ausgezeichneten mikrophysiologischen und immunochemischen
Arbeitsgruppen boten und konnten in jahrelanger, mühsamer, äußerst
fruchtbarer Arbeit wichtige Bausteine zu unserer heutigen Vorstellung
von der Immunkrankheit Myasthenie liefern. Heute wollen Sie uns neue
Ergebnisse Ihres München-Düsseldorfer Arbeitskreises mit dem von
Ihnen geschaffenen Maus-Transfer-Modell vortragen. Ihre Arbeit schließt
quasi den Beweisring der Autoimmun-Hypothese bei Myasthenia gravis;
denn von den vier von Robert Koch für Infektionskrankheiten erhobenen
und von Witebski auf die Autoimmunerkrankungen übertragenen Postulaten
die notwendig sind, um eine immunpathologische Genese nachzuweisen,
erschienen bisher erst drei erfüllt:
1. Die Erkrankung geht mit typischen immunologischen Symptomen einher.
2. Die klinische Erkrankung und die immunologischen Phänomene laufen
   parallel.
3. Die Erkrankung läßt sich durch das vermutete Antigen experimentell
   erzeugen.
Die 4. Forderung, nach welcher die Erkrankung durch menschliche Zellen oder Serum auf einen Wirtsorganismus übertragbar sein soll, wurde
nun mit dem von Ihnen konzipierten Maus-Transfer-Modell ebenfalls erfüllt.

Die passive Übertragung auf das Testtier gelang durch sorgfältige Rei-
nigung der IgG-Fraktion des Myastheniker-Serums und durch längerfri-
stige Zuführung in einer den menschlichen Verhältnissen entsprechenden
Dosierung, d.h. mit 10-20 mg IgG täglich, 1-14 Tage lang. Die myasthene Endplatten-Erkrankung der Tiere wurde nachgewiesen, 1. durch Verkleinerung der Miniatur-Endplattenpotentiale, 2. Verminderung der Ace-
tylcholin-Rezeptor-Bindungsstellen - nachgewiesen mit der Alpha-Bunga-
rotoxin-Methode -, 3. durch Dekrement der Muskelaktionspotentiale bei
repetitiver Nervenstimulation sowie 4. durch die klinischen Zeichen
der Muskelschwäche.

Die Erkrankung kann nur durch die IgG, nicht durch die IgM-Fraktion
übertragen werden. Die Rolle des Komplementsystems konnte präzisiert
werden: Bei der C 3-Deprivation durch Copra Venom Faktor bilden sich
nur geringe Myasthenie-Symptome aus, während ein C 5-Mangel ohne Einfluß bleibt. Eine Zell-Lyse, für die eine vollständige Komplementaktivation notwendig wäre, findet sich dementsprechend histologisch bei
Menschen und Versuchstieren nur selten. Besonders wichtig erscheint,
daß der Myasthenie-Übertragende, zirkulierende Faktor in der IgG-Fraktion sich bei 90% aller Patienten fand, unabhängig von Geschlecht,
Alter, Krankheitsdauer oder dem Vorliegen eines Thymustumors.

Wenn nunmehr die von uns seit fast 15 Jahren protegierte immunsuppressive Therapie der Myasthenien mit Zytostatika und Cortison zum Nutzen
der Kranken allmählich eine weltweite Anerkennung erfährt, so war dafür wesentlich, daß die pathogenetische Bedeutung der Antikörper gegen

Acetylcholin-Rezeptoren erkannt wurde und daß nachweislich der Anti-
körper-Spiegel langfristig nur durch diese Behandlung gesenkt wird.
Durch den Therapieerfolg allein waren zwar die Patienten, kaum aber
die kritischen Kollegen zu überzeugen. Es ist daher auch für mich
persönlich eine besondere Freude, Ihnen, lieber Herr Kollege Toyka,
der Sie so viel zum Durchbruch der neuen Erkenntnisse beigetragen
haben, heute diesen Preis zu übergeben.

5. Zur Situation der Neurologie und zu den Aufgaben der Deutschen
   Gesellschaft für Neurologie

Meine Damen und Herren, die Eröffnung der Tagung erlaubt dem Vorsitzenden, über die Situation der Neurologie in unserer Zeit und zur Lage
unserer Gesellschaft die ihn bedrängenden Gedanken und Sorgen auszu-
sprechen.

Unter der Überschrift "Krise der Deutschen Gesellschaft für Neurologie" finden Sie eine etwas ausführlichere Stellungnahme in der zur
heutigen Tagung erschienenen Zeitschrift "Der Nervenarzt" veröffent-
licht. An dieser Stelle reicht die Zeit nur zu einigen aphoristisch-
pragmatischen Ergänzungen.

Wenn uns die Erforschung des Nervensystems fasziniert, so steht hinter
unserer Neugier vielleicht auch die Hoffnung, Einblick in die menschliche Persönlichkeit zu gewinnen, mit der Erwartung, uns selbst besser kennenzulernen und damit einem sinnerfüllteren, wesensgemäßeren
Leben näherzukommen.

Ein solches, wohl jedem Menschen mehr oder weniger bewußtes Bedürfnis
darf nicht als Suche nach einem Schlüssel für ein allgemeines Wohlbefinden mißverstanden werden. Die WHO hat Gesundheit als körperliches,
psychisches und soziales Wohlbefinden definiert. Die Weltorganisation
stellt uns ein ideales und utopisches Ziel vor Augen. Wohlbefinden,
das körperliche Erschöpfung und Überlastung ausschließt, ebenso wie
schwere psychische und soziale Spannungen, ist lebensfremd und letztlich sogar gesundheitsschädlich.

Krankheit als Gegenpol zur Gesundheit hat bezogen auf den kranken
Menschen gewiß die genannten drei sich ergänzenden Aspekte: Einen
biologisch somatischen, der Gegenstand der Naturwissenschaften ist,
einen psychologischen und einen soziologischen. Als Arzt und besonders Nervenarzt haben wir alle drei Aspekte bei der Behandlung unseres Patienten im Blick, und übersehen bei aller naturwissenschaftli-
chen Ausrichtung nicht die psychologischen und sozialen Wurzeln vieler Krankheiten und andrerseits auch nicht die seelischen und gesell-
schaftlichen Folgen körperlicher Dysfunktionen. Sehen wir unsere ärztliche Aufgabe darin, durch Krankheit hervorgerufenes menschliches
Leiden zu lindern, so müssen wir uns in jedem Fall erneut klar werden,
auf welcher Ebene die Wurzeln des Übels und damit am ehesten aussichtsreiche therapeutische Ansatzpunkte zu finden sind. Gilt es, ge-
sellschaftliche Kränkungen abzubauen, emotionale Konflikte bewußt
werden zu lassen, oder etwa eine hormonelle Entgleisung, ein Defizit
an Neurotransmittern zu beheben. Das methodische Rüstzeug der wissenschaftlichen Erforschung ist in jeder Ebene ein anderes.

Die Frage drängt sich auf: Ist es sinnvoll, ja notwendig, die Ziele
unserer Gesellschaft in erster Linie auf naturwissenschaftliche Methoden auszurichten und einzuengen? Ich glaube ja, das ist notwendig.
Wir brauchen die psychologischen und soziologischen Relevanzen unseres

Tuns darüber nicht aus dem Auge zu verlieren, auch wenn uns die Psychosomatik und die Sozialmedizin als geisteswissenschaftlich orientierte Nachbardisziplinen erscheinen, die der Psychiatrie näherstehen als der Neurologie. Ohne Schwerpunkt, ohne Beschränkung bleibt aber unsere Forschung oberflächlich, ohne Tiefgang.

Die neurologische Forschung insbesondere ist heute außerordentlich vielseitig, vielschichtig und umfangreich geworden. Das entspricht der komplizierten Struktur des Gehirns.

Hierzu nur wenige Hinweise:

1. In der fast unübersehbaren Flut der Veröffentlichungen wird es immer schwieriger, einen Überblick zu behalten, selbst wenn uns moderne Hilfsmittel, z.B. ein computergestütztes Literaturregister, etwa DIMDI, zur Verfügung stehen.

2. Das neue, soeben auf 40 umfangreiche Bände angeschwollene Handbuch ist zwar äußerst wertvoll, liefert jedoch bei speziellen Befragungen erstaunlich oft keine weiterführende Antwort.

3. Unsere diesjährige Tagung kann Ihnen einen bescheidenen Eindruck vermitteln, in wie breiter Front der Vormarsch in unserem Fachgebiet erfolgt.

4. Andrerseits weiß jeder von uns, wie letztlich unzureichend unsere Leistungen auf manchem Sektor, insbesondere in der Therapie, sind. Wir sind davon abgekommen, in erster Linie "seltene Briefmarken" zu sammeln, auch wenn diese mitunter Schlüsselerkenntnisse lieferten. Der Schwerpunkt unseres Interesses konzentriert sich auf die Erforschung und Behandlung der chronischen Volksseuchen. Ich brauche nur Diagnosen wie Multiple Sklerose, Amyotrophe Lateralsklerose, Polyneuromyelopathie, Hirnarteriosklerose, Morbus Parkinson, Glioblastoma multiforma, Myopathien, zu nennen, um schlagartig deutlich zu machen, wie bescheiden letztlich das Ergebnis unserer Bemühungen noch ist.

Es ist dabei kaum tröstlich, daß unsere Aufgaben in mancher Hinsicht schwieriger sind als die anderer medizinischer Fächer, und daß dazu der Arbeiter in unserem Weinberge unverhältnismäßig wenige sind.

Auch hierzu nur wenige Beispiele:

1. Es gibt immer noch weite Teile der Bundesrepublik, in denen ein Neurologe ein Einzugsgebiet von 100.000 - 200.000 Einwohner versorgt.

2. Das Mißverhältnis der Zahl neurologisch Kranker zur Zahl der Krankenhausbetten in neurologischen Fachabteilungen wird jenseits jeder Zahlenakrobatik durch eine einfache Nagelprobe bewiesen. Ich kenne keine echte neurologische Spezialabteilung, die nicht ständig überbelegt ist, und das in einer Zeit, wo die meisten übrigen Krankenhausabteilungen, nicht nur Kinderkliniken und geburtshilfliche Stationen oder psychiatrische Mammutkrankenhäuser leerstehende Betten haben.

Die Vermengung psychiatrischer und neurologischer Abteilungen wird gerne benutzt, um der Öffentlichkeit diesbezüglich Sand in die Augen zu streuen. Wenn die Krankenhausträger mancherorts nicht die Konsequenzen ziehen, neurologische Abteilungen einzurichten, insbesondere an Stadt- und Schwerpunktkrankenhäusern, so liegt das zum Teil auch am Rat des Chefarztgremiums, das die Konkurrenz fürchtet und allenfalls bereit ist, Pflegefälle an die Neurologie weiterzugeben.

3. Sicher werden auch geriatrische Abteilungen benötigt. Die eigentliche Aufgabe der Neurologen aber ist es, Pflegebedürftigkeit zu verhüten und möglichst rasch zu beenden, d.h. sich um Prophylaxe, Frühdiagnostik und Rehabilitation zu kümmern. Letztere liegt besonders bei Insultpatienten im argen.

4. Die Intensivmedizin muß in den neurologischen Abteilungen, nicht zuletzt auch in vielen Universitätskliniken besser ausgebaut werden, um der Akutbehandlung gewachsen zu sein.

Es nützt aber wenig, von seiten unserer Gesellschaft auf bessere Ausstattung der neurologischen Abteilungen und Neugründungen zu drängen, wenn der echte Bedarf nicht auch in das Bewußtsein der Patienten und der ärztlichen Kollegen vordringt. Der Titel Neurologe ist noch kein Rechtsanspruch auf eine Krankheitsgruppe und die Titel Nervenarzt und Neuropsychiater werden, wie ich glaube, allzusehr durch diffuses Allgemeinwissen der Inhaber diskreditiert, deren Bedürfnis, alles zu können und alles zu verstehen, sie als Allgemeinärzte mit besonderem psychischem Verständnis ausweist, nicht als Neurologen. Ich vermag es keinem Internisten zu verübeln, wenn er aus innerer Überzeugung und nicht nur angesichts leerstehender Betten glaubt, daß der Schlaganfallpatient bei ihm besser aufgehoben ist. Ist doch die Herz- und Kreislaufbehandlung zunächst einmal die Basis der Therapie, und der Neurologe verfügt nicht immer über das hierzu notwendige Rüstzeug des Internisten. Dafür hat er mehrjährige psychiatrische Erfahrung zumeist aus einer Heil- und Pflegeanstalt. Werden wirklich die bakteriologischen Entzündungen des Nervensystems vom Neurologen i m m e r besser als vom Internisten behandelt? Und sind nicht viele Ärzte überzeugt, man kann auf den Neurologen verzichten, da die Computertomographie des Gehirns die diagnostischen Probleme ausreichend klärt? Wenn das falsch ist, und wenn der neurologisch unerfahrene Radiologe allzu oft schwerwiegende Fehldiagnosen produziert, so müssen wir diese unsere Erfahrungen den Kollegen aus den Nachbarfächern erst einmal beweisen.

Meine Damen und Herren, es geht nicht ohne Spezialisierung, ohne bessere Ausbildung in der Neurologie in leistungsfähigen Fachabteilungen. Unter den Nervenärzten der Bundesrepublik muß die Gruppe der Neurologen auch anteilmäßig größer werden. Das bedeutet keineswegs, daß wir den Aufgabenkreis der Psychiater als Sozialtherapeuten, Erziehungsberater, Suchthelfer, als Psychotherapeuten, wenn nötig als Pastorenersatz, gering einschätzen.

Es gehört zu den Aufgaben unserer Gesellschaft, auf Fehlentwicklungen in der Gesundheitsfürsorge und Krankenbetreuung hinzuweisen, ihr vornehmstes Anliegen bleibt es jedoch, die wissenschaftliche Forschung in unserem Fach zu aktivieren und zu verbessern. Die Forschung an den neurologischen Universitätskliniken wird immer problematischer. Zu den Gründen:

1. Die wachsenden Aufgaben der Patientenversorgung und des Unterrichts verschleißen die Arbeitskraft der Assistenten, die oft kaum ausreichende Möglichkeiten haben, sich weiterzubilden.

2. Wenn deutsche Neurologen immer seltener bei internationalen Kongressen maßgeblich beteiligt sind, so lassen sich dafür auch noch andere Gesichtspunkte nennen: Ein Assistentenaustausch mit ausländischen Universitäten wurde von der Bürokratie aus der Froschperspektive, die Arbeitslosigkeit im eigenen Land zu vermindern, immer mehr erschwert.

3. Es ist anscheinend bei uns besonders schwierig, die Grundlagenwissenschaften, z.B. biologische, biochemische, neuropharmakologische, elektrophysiologische und immunbiologische Institute für die Erforschung der Nervenerkrankungen zu interessieren. Anders als in den angelsächsischen Clinical Research Units ist bei uns der wechselseitige Austausch zwischen klinischen Erfahrungen und theoretischen Grundlagenfächern ungenügend. Das Versprechen, Max-Planck-Institute in einzelnen Kliniken zu gründen, um Forschergruppen mit den Massenerkrankungen der Neurologie zu befassen, blieb bisher unerfüllt.

Angesichts dieses Dilemmas sollten neurologische Forschungsschwerpunkte an einigen Universitäten unseres Landes angestrebt werden, die nicht zu einseitig, etwa nur neurophysiologisch, ausgerichtet sind. Auch zur besseren Betreuung seltener Stoffwechselleiden ist eine Spezialisierung unumgänglich. Das setzt natürlich voraus, daß die Bereitschaft besteht, entsprechende Patienten unter Hintanstellung eigenen Ehrgeizes solchen Spezialabteilungen zuzuführen.

Nicht nur das interdisziplinäre Team fördert rationellere Arbeit, auch ein Zusammenschluß verschiedener Neurokliniken zu Multicenterstudien kann die Effizienz der Untersuchungen erheblich verbessern. Persönliche Schwierigkeiten werden zurücktreten, wenn berechtigterweise der 3. oder 6. Name auf einer solchen Gemeinschaftsstudie mehr Anerkennung findet als der 1. auf einem überflüssigen kasuistischen Beitrag. Denn entscheidende Fortschritte sind oft anders kaum möglich, insbesondere nicht auf dem Therapiesektor. Wie läßt sich sonst die günstigste Chemotherapiekombination bei Glioblastomen absichern, die Schlaganfallbehandlung weiter optimieren oder gar die Immuntherapie bei multipler Sklerose ausbauen und einer allgemeineren Anerkennung zuführen? Unsere ersten bescheidenen Würzburger Ansätze in dieser Richtung wurden am Beispiel von Myasthenie u. Syringomyelie u.a. von Herrn Hertel, am Morbus Wilson von Herrn Przuntek erprobt. Sie waren nicht entmutigend, zumindest haben sie uns weitergeführt. Dafür müssen wir vielen Kollegen danken.

Nicht nur in diesem Punkt können wir von angloamerikanischen Ärzten lernen. Diesen blieb die schwerwiegendste Fehlentwicklung unserer Universitäten erspart, die m.E. in der Verselbständigung von Abteilungen besteht, welche ihre Berechtigung nicht von einer Krankheitsgruppe, etwa Geriatrie, Onkologie, Immunkrankheiten, Kinderneurologie, sondern von einem Apparat herleitet, mag dieser auch sehr teuer und kompliziert sein. Der nächste verhängnisvolle Schritt, den ärztlichen Technikern auch Betten und Spezialambulanzen zuzuordnen, wurde leider schon an einigen Universitäten vollzogen. Die Erkenntnis, daß dies zu einer ungünstigen Kooperation, zu einer hemmenden Zersplitterung führt, kommt, wie oft, zu spät.

Wenn nicht der Vollneurologe für den Patienten und seine Krankheit verantwortlich bleibt, sondern stattdessen der Kranke von Spezialabteilung zu Spezialabteilung als Zuweisungsobjekt herumgeschickt wird, und wenn der junge Neurologe nicht mehr umfassend ausgebildet werden kann, weil sich alle Spezialabteilungen gegeneinander abschotten, dann können wir getrost von einer Krise der Neurologie sprechen.

Meine Damen und Herren, entschuldigen Sie, wenn ich hier nur Diskussionsanstöße geben konnte - in Form einer locker gefügten Reihung von Sentenzen - die gewiß eine subjektiv einseitige Sicht verraten. Doch läßt sich in einer Umbruchzeit, in der wir leben, mehr tun, als Konflikte und Probleme aufzuzeigen und über Möglichkeiten zur Verbesserung zu diskutieren?

Meine Damen und Herren, es liegt nicht zuletzt an uns, in welcher
Richtung das Pendel ausschlägt. Seien wir nicht blind und überlassen
wir es nicht dem Schicksal, ob es schwarze oder weiße Lose bereithält.
Mit diesem Wunsch eröffne ich unsere Tagung und hoffe, daß ihre the-
matische Einheitlichkeit bei aller Vielfalt der Aspekte auch mithel-
fen wird, neue Wege zu zeigen.

6. Hugo Spatz Preis 1980

Das Einleitungsreferat unserer Tagung hat Herr Professor David H.
Ingvar aus Lund übernommen. Seine Forschungen über die regionale
Hirndurchblutung, die er z.T. mit Lassen, Kopenhagen, durchführte,
haben unser Wissen über den Hirnkreislauf und seine Regulationen erheblich erweitert.

Herr Ingvar hat 1943-1950 in Lund Medizin studiert. In dieser Zeit
war er 4 Jahre Assistent der Abteilung für Biochemie und Histologie
und anschließend 4 Jahre in der Neurochirurgie. Es folgten 2 Jahre
als Research Fellow in Montreal am Neurological Institute, 2 Jahre
als Research Assistant am Department of Neurophysiology, Nobel Institute, Stockholm und 4 Jahre Research Fellow in Neuropsychiatry.
Seit 1955 Associate Professor und seit 1966 Head of the Department
of Clinical Neurophysiology, University Hospital, Lund.

In seinen weit über 300 Publikationen werden viele neurophysiologische und psychologische Themen angesprochen. Der Schwerpunkt seiner
Forschungen liegt jedoch auf der quantitativen und regionalen Messung der Hirndurchblutung, die mit wachsender Zahl der Detektoren und
der Verkleinerung der jeweiligen Meßfelder, sowie durch zunehmende
Verbesserung der Computer-gestützten Auswertung der Ergebnisse zu immer differenzierteren Vorstellungen von Änderungen der lokalen cerebralen Durchblutung bei spezifischen menschlichen Leistungen, bei Denken,
Sprechen, Bewegen, Hören usw. führte. Neben der 2-dimensionalen regionalen Durchblutungsmessung nach Gabe von Xenon 133 hat die 3-dimensio-
nale Methode der Emissionstomographie Möglichkeiten geschaffen, mit
den Änderungen der Hirndurchblutung typische Landschaften der Hirnaktivität bei verschiedenen Arbeitsleistungen darzustellen. Damit tun
sich der Psychophysiologie enorme Möglichkeiten auf, in alle Teile
der Hirnwerkstatt zu schauen. Mit der Durchblutung wird auch der Metabolismus den Aufgaben angepaßt, welche die psychische Aktivität erfordert. Wir erfahren etwas vom biochemisch-metabolischen Hintergrund
der Hirntätigkeit und ihrer Steuerung durch Neurotransmitter in gesunden und kranken Tagen und damit sind wir beim Thema des heutigen Tages.

Durchblutungsstörungen und Gefäßerkrankungen des Zentralnervensystems

Von J. Cervos-Navarro, H. Schneider
Redigiert von G. Ule

1980. 263 Abbildungen in 374 Einzeldarstellungen.
Etwa 680 Seiten.
(Spezielle pathologische Anatomie, Band 13, Teil 1)
Gebunden DM 320,–; approx. US $188.80
Vorbestellpreis/Subskriptionspreis:
Gebunden DM 256,–; approx. US $151.10
(Subskriptionspreis gilt bei Abnahme des Gesamtwerkes)
ISBN 3-540-09788-0

Inhaltsübersicht:
Gefäßerkrankungen und Durchblutungsstörungen des Zentralnervensystems.– Kreislaufstörungen und Gefäßprozesse des Rückenmarks.

Der 1. Teilband bringt eine ausführliche, der eminenten klinischen Bedeutung und Häufigkeit gerecht werdende Darstellung der Gefäßerkrankungen und Durchblutungsstörungen des Gehirns durch J. Cervos-Navarro/Berlin, der sich als einer der Initiatoren und aktiven Mitgestalter der internationalen Berliner Erwin-Riesch-Symposien in den letzten Jahren mit diesem Gebiet sehr intensiv beschäftigt hat. Erstmalig in einer systematischen Übersicht werden hier die Störungen der Mikrozirkulation mit Beeinträchtigung des Stoffaustausches in der terminalen Strombahn und die der Makrozirkulation mit den Folgen für Zufuhr, Verteilung und Abfluß des Blutes aus morphologischer Sicht umfassend dargestellt.
Die entsprechenden Erkrankungsformen im Bereich des Rückenmarks werden in einem gesonderten Abschnitt von H. Schneider/Berlin abgehandelt, der durch eigene Untersuchungen mit dieser Thematik bereits seit längerem vertraut ist. Die getrennte Darstellung erschien in Anbetracht der struktuellen Eigentümlichkeiten und der hämodynamischen Besonderheiten des Rückenmarkes sinnvoll, zumal die in den letzten Jahren erheblich verfeinerte klinische Diagnostik der vaskulären Myelopathien zusätzliche Fragen aufwirft.
Beide Beiträge vermitteln so unter Einbeziehung neuester Erkenntnisse der Pathophysiologie einen Überblick über den aktuellen Stand der Pathomorphologie cerebrospinaler Durchblutungsstörungen und Gefäßerkrankungen mit ihren Folgen, von der Makroskopie bis hin zur Elektronenmikroskopie.
Mit diesem Teilband wird der direkte Bezug zur Klinik hergestellt.

Springer-Verlag
Berlin
Heidelberg
New York

1694/5/1

L-TRYPTOPHAN

L-TRYPTOPHAN ist eine physiologische, nebenwirkungsfreie Substanz

— wirkt durch eine Erhöhung des Hirn-Serotonin-Spiegels

— besitzt eine hohe antidepressive Wirksamkeit

— eignet sich vorzüglich zur Behandlung älterer Patienten

— fördert den natürlichen Schlaf ohne ohne zu betäuben

— ist ein Bestandteil der M.-Parkinson-Therapie durch Prophylaxe und Therapie der L-Dopa-Psychosen

Eine Intoxikation mit L-TRYPTOPHAN bei Überdosierung in suizidaler Absicht ist nicht möglich.

ZUSAMMENSETZUNG:
1 lackierte Tablette enthält 500 mg L-Tryptophan

ANWENDUNGSGEBIETE:
Depressionen, Dopa-Psychosen, Schlafstörungen

DOSIERUNG und ANWENDUNGSGEBIETE:
Bei Depressionen und Dopa-Psychosen:
Individuell nach Vorschrift des Ärztes. Im allgemeinen 2—4 x 2 Tabletten/Tag.
Bei Schlafstörungen:
1—2 Tabletten, ca. 20—30 Minuten vor dem Schlafengehen.

HINWEIS:
Eine Beeinträchtigung der Fahrtüchtigkeit ist im allgemeinen nicht zu erwarten, doch sollte zu Beginn der Behandlung die individuelle Reaktion sorgfältig beobachtet werden.

KONTRAINDIKATIONEN:
Leberinsuffizienz.

NEBENWIRKUNGEN:
Im allgemeinen sind Nebenwirkungen nicht bekannt. Über ein gelegentliches Auftreten von Schwindel und Übelkeit wurde berichtet.

HANDELSFORMEN:
Originalpackung mit   20 lackierten Tabletten
Originalpackung mit   60 lackierten Tabletten
Originalpackung mit 240 lackierten Tabletten

Biologische und pharmazeutische Produkte GmbH
Reichsgrafenstraße 11, 7800 Freiburg i. Br.

J. F. Toole
A. N. Patel

Zerebro-vaskuläre Störungen

Mit Kapiteln über angewandte Embryologie, Anatomie der Gefäße und Physiologie des Gehirns und des Rückenmarks

Übersetzt und bearbeitet von M. Mumenthaler und J. Caffi
Unter Mitwirkung von K. Iff-Knopf

1980. 124 Abbildungen, 8 Tabellen.
XV, 403 Seiten.
Gebunden DM 98,–; approx. US $ 57.90
ISBN 3-540-09641-8

Dieses Buch behandelt das weite Gebiet der zerebrovaskulären Erkrankungen vom Beginn der Krankheit bis zur Rehabilitation der Patienten mit Apoplexie. Es umfaßt sowohl die ischämischen Formen wie auch die hämorrhagischen Gefäßerkrankungen und schließt Ätiologie, Diagnostik und Therapie ein. Ein umfangreiches englischsprachiges Literaturverzeichnis ergänzt dieses praxisbezogene Buch. Die Wahl zwischen konservativer und chirurgischer Therapie bei Patienten mit zerebrovaskulären Störungen wird diskutiert.
Das Buch ist sowohl für den Kliniker, als auch für den Allgemeinmediziner, Internisten, Neurologen, Neurochirurgen und den Studenten in den klinischen Semestern von großem Nutzen und sollte in der Handbibliothek der aufgeführten Fachgebiete einen festen Platz haben.

Springer-Verlag
Berlin
Heidelberg
New York

1561/5/1

Das Zentralnervensystem des Menschen

R. Nieuwenhuys, J. Voogd,
C. van Huijzen

Ein Atlas mit Begleittext
Übersetzt aus dem Englischen von W. Lange
1980. 154 Abb. Etwa 260 Seiten. DM 56,–
ISBN 3-540-10031-8

Nach dem Erfolg der englischen Ausgabe jetzt in Deutsch

Inhaltsübersicht: Einleitung.– Makroskopische Anatomie: Orientierung. Äußere Ansichten und Medianansichten. Binnenstrukturen.– Hirnschnitte: Frontalschnitte. Schnitte senkrecht zur Achse des Hirnstamms. Sagittalschnitte. Horizontalschnitte.– Mikroskopisch-anatomische Schnitte: Frontalschnitte durch die basale Region des Prosencephalons. Transversalschnitte durch den Hirnstamm und das Rückenmark.– Funktionelle Systeme: Hirnnervenkerne im Hirnstamm. Allgemeine sensorische Systeme und Geschmackssinn. Spezielle sensorische Systeme. Aufsteigendes retikuläres System. Kleinhirn. Thalamocorticale und corticothalamische Verbindungen. Motorische Systeme. Absteigende retikuläre Systeme. Olfactorisches und limbisches System. Lange Assoziationsbahnen und commissurale Verbindungen. Monoaminerge Neuronensysteme.– Literatur.– Sachverzeichnis.

Dieser Atlas gibt einen umfassenden, illustrierten Überblick über die makroskopische und mikroskopische Struktur des menschlichen Zentralnervensystems. Die 155 Halbton-Abbildungen und Strichzeichnungen wurden nach original makro-mikroskopischen Präparaten angefertigt. Dabei wurde besondere Aufmerksamkeit auf bestmögliche Klarheit und Genauigkeit der Abbildungen gelegt. Der Atlas ist in erster Linie für Medizin- und Psychologiestudenten gedacht, dient aber auch den Ärzten verschiedener neurologischer Fächer als Nachschlagewerk. Die englische Ausgabe wurde unter die „50 schönsten Bücher des Jahres 1978" von der Stiftung Buchkunst gewählt.

Aus den Besprechungen der englischen Ausgabe:
„Dieses Werk setzt einen neuen Maßstab in der Darstellungskunst und der fachlichen Sorgfalt im Bereich der Anatomie des zentralen Nervensystems. Die Graphik ist in ihrer Klarheit wohl nicht mehr zu überbieten. Die Auswahl der Aufrisse ermöglicht in dem komplizierten Apparat des zentralen Nervensystems optimale räumliche Vorstellungen der verschiedenen Strukturen. Die Bilder werden sich bald für den vorklinischen und auch klinischen Unterricht als unentbehrlich erweisen."

(Deutsches Ärzteblatt)

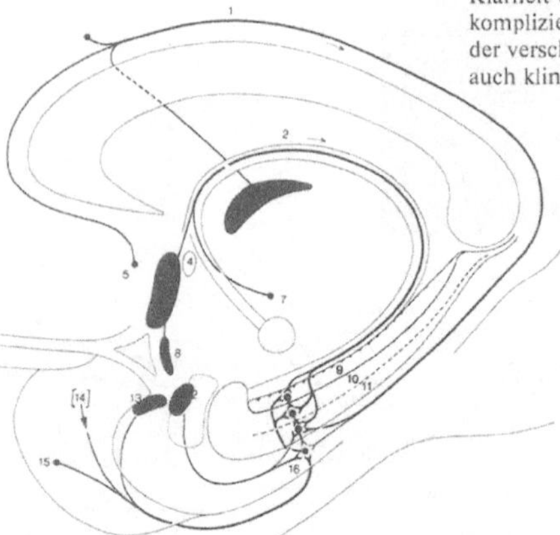

Afferenzen des Hippocampus

Springer-Verlag Berlin Heidelberg New York

HYPERFORAT®

**Depressionen, psychische und nervöse Störungen.
Vegetativ stabilisierend, frei von Nebenwirkungen.**

Zusammensetzung: <u>Tropfen:</u> 100 g enthalten: Extr. fl. Herb. Hyperici perf. 100 g stand. auf 2 mg Hypericin pro ml. <u>Dragées:</u> 1 Dragée à 0,5 g enthält: Extr. sicc. Herb. Hyperici perf. 40 mg, stand. auf 0,5 mg Hypericin, Vit. B-Komplex 1 mg. <u>Ampullen:</u> 1 Ampulle à 1 ml enthält: Extr. fl. aquos. Herb. Hyperici perf., stand. auf 0,5 mg Hypericin pro ml.
Kontraindikation: Photosensibilisierung.
Dosierung: <u>Tropfen:</u> 2–3 x täglich 20–30 Tropfen vor dem Essen in etwas Flüssigkeit einnehmen. <u>Dragées:</u> 2–3 x täglich 1–2 Dragées vor dem Essen einnehmen. <u>Ampullen:</u> täglich 1–2 ml i. m. (tief intraglutäal) oder langsam i. v. injizieren; kurzfristig kann die Dosierung verdoppelt werden.
Handelsformen und Preise incl. MWSt.: <u>Tropfen:</u> 30 ml DM 8,–; 50 ml DM 12,50; 100 ml DM 20,98; <u>Dragées:</u> 30 Dragées DM 6,50; 100 Dragées DM 16,59; <u>Ampullen:</u> 5 Ampullen à 1 ml DM 9,98; 10 Ampullen à 1 ml DM 17,89.

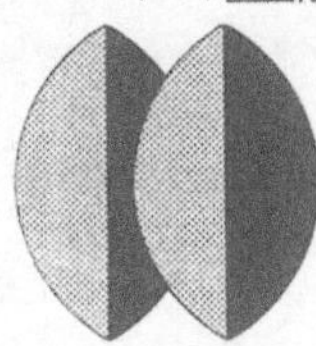

**Dr. Gustav Klein, Arzneipflanzenforschung,
7615 Zell-Harmersbach/Schwarzwald**

Tragende Säulen
Dolo-NEUROTRAT®
NEUROTRAT® forte
Das konsequente Therapie-Programm.

Wenn der Schmerz von der Wirbelsäule ausstrahlt...

Die vielseitigen Beschwerden, die von der Wirbelsäule ausgehen, haben in den meisten Fällen eine gemeinsame Ursache: Stoffwechselstörung in der Nervenzelle. Die pathologischen Veränderungen der peripheren Nerven rufen die Symptome hervor, über die der Patient klagt: **Schmerzen, Bewegungseinschränkung, Sensibilitätsstörungen.**

Die gezielte Therapie des Wirbelsäulensyndroms

richtet sich nicht gegen die Symptome allein, sondern speziell gegen die Ursache. Das Therapie-Ziel ist die Stoffwechselreaktivierung der Nervenzelle und damit die Normalisierung der pathologischen Veränderungen.

Das Neurotrat-Therapieprogramm wird den unterschiedlichen Bedürfnissen in den einzelnen Erkrankungsstadien gerecht: **hochwirksam und gut verträglich.** Initial indiziert, wenn der Schmerz im Vordergrund steht, **Dolo-Neurotrat.** Die Wirkung: Zentral und peripher. Zentral gegen den Schmerz durch das hochwirksame Analgetikum Dextropropoxyphen. Peripher gegen den gestörten Nervenstoffwechsel durch den hochdosierten Vitamin-B-Komplex. Die konsequente Anschlußtherapie: **Neurotrat forte,** damit nach Abklingen der Symptomatik auch die Ursachen wirkungsvoll behandelt werden.

Dolo-NEUROTRAT®
NEUROTRAT® forte

NORDMARK-WERKE GMBH HAMBURG
Werk Uetersen/ Holstein

H.-G. Niebeling

Einführung in die Elektroenzephalographie

Unter Mitarbeit zahlreicher Autoren

2., wesentlich erweiterte Auflage. 1980.
445 Abbildungen, 4 Tabellen. Etwa 520 Seiten
Gebunden DM 198,–; approx. US $ 110.90
ISBN 3-540-09863-1
Vertriebsrechte für die sozialistischen Länder:
J.A. Barth Verlag, Leipzig

Inhaltsübersicht:
Geschichtlicher Überblick.– Die physiologischen Grundlagen des
Elektroenzephalogramms.– Technisch-methodischer Überblick.–
Die Graphoelemente im EEG und ihre Nomenklatur.– Verschiedene
Arten des EEG.– Die Provokationsmethode im EEG.– Die Störun-
gen im EEG.– Die Auswertung des EEG.– Die Anwendungsgebiete
des EEG.– EEG in der Begutachtung.– Spezielle Ableitungformen
des EEG.– Andere der Elektroenzephalographie verwandte neuro-
elektrodiagnostische Methoden.– Begriffe und ihre Synonyma.–
Literatur.– Sachverzeichnis.

Der *Niebeling* ist weit über die DDR hinaus als das grundlegende
Handbuch der Elektroenzephalographie bekannt geworden. Die jetzt
vorliegende völlig überarbeitete 2. Auflage berücksichtigt die neuesten Entwicklungen auf diesem Gebiet und bietet eine Reihe neuer
Anwendungsmöglichkeiten.

Das Buch gibt dem Neurologen und Psychiater, Neurochirurgen,
Pädiater, Otologen, Ophthalmologen, Internisten, Chirurgen,
Physiologen und Pharmakologen einen umfassenden Einblick in das
Gebiet der Elektroenzephalographie und zeigt die Möglichkeiten,
aber auch die Grenzen dieser Untersuchungsmethode auf.
Weiterhin ist das Buch dem bereits in der Elektroenzephalographie
erfahrenen Spezialisten eine Hilfe für Fragen zur Nomenklatur und
technischen Auswertung. Die Fülle des zusammengetragenen Materials und die vielen technischen Hinweise machen dieses Buch zum
idealen Nachschlagewerk für die tägliche Praxis.

Springer-Verlag
Berlin
Heidelberg
New York

1551/5/1

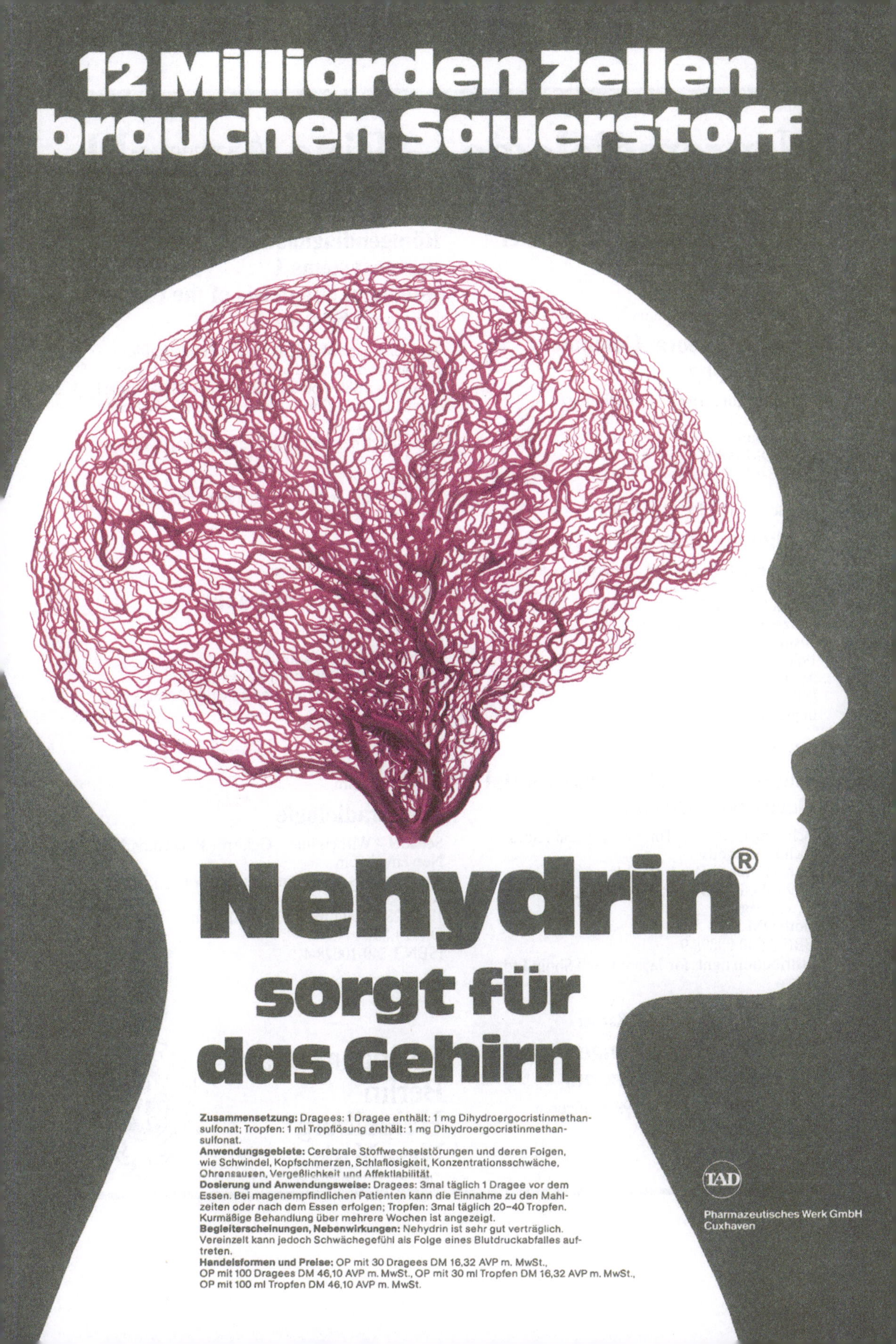

12 Milliarden Zellen brauchen Sauerstoff

Nehydrin®
sorgt für
das Gehirn

Zusammensetzung: Dragees: 1 Dragee enthält: 1 mg Dihydroergocristinmethansulfonat; Tropfen: 1 ml Tropflösung enthält: 1 mg Dihydroergocristinmethansulfonat.
Anwendungsgebiete: Cerebrale Stoffwechselstörungen und deren Folgen, wie Schwindel, Kopfschmerzen, Schlaflosigkeit, Konzentrationsschwäche, Ohrensausen, Vergeßlichkeit und Affektlabilität.
Dosierung und Anwendungsweise: Dragees: 3mal täglich 1 Dragee vor dem Essen. Bei magenempfindlichen Patienten kann die Einnahme zu den Mahlzeiten oder nach dem Essen erfolgen; Tropfen: 3mal täglich 20–40 Tropfen. Kurmäßige Behandlung über mehrere Wochen ist angezeigt.
Begleiterscheinungen, Nebenwirkungen: Nehydrin ist sehr gut verträglich. Vereinzelt kann jedoch Schwächegefühl als Folge eines Blutdruckabfalles auftreten.
Handelsformen und Preise: OP mit 30 Dragees DM 16,32 AVP m. MwSt., OP mit 100 Dragees DM 46,10 AVP m. MwSt., OP mit 30 ml Tropfen DM 16,32 AVP m. MwSt., OP mit 100 ml Tropfen DM 46,10 AVP m. MwSt.

TAD
Pharmazeutisches Werk GmbH
Cuxhaven

Hearing Mechanisms and Speech

EBBS-Workshop Göttingen,
April 26–28, 1979

Editors: O. Creutzfeldt, H. Scheich, C. Schreiner
1979. 85 figures, 12 tables. XXIII, 413 pages.
(Experimental Brain Research, Supplementum 2)
DM 42,–; approx. US $24.80
20% price reduction for subscribers to the journal
"Experimental Brain Research"
DM 33,60; approx. US $19.90
ISBN 3-540-09655-8

The interrelation of linguistic, physiological and neuropsychological aspects of language understanding and production forms the central theme of this book. It contains the contributions of distinguished researchers to a workshop on the physiological mechanisms of language, convened by the European Brain and Behavior Society. The contributions cover

- basic neurophysiological mechanisms of the auditory system, from cochlea to the auditory cortex
- coding of complex sounds by neurons in the central nervous system
- localization of language functions in the cerebral cortex
- psychoacoustic aspects of language
- linguistic analysis of speech elements
- psychoacoustic and linguistic aspects of language comprehension disturbances in aphasics.

These considerations of language and the physiological mechanisms on which it depends will make this book of interest to researchers in linguistics and psycholinguistics, neurophysiology and psychoacoustics.

1592/5/1

SPRINGER-VERLAG BERLIN HEIDELBERG NEW YORK

R. HASSLER, F. MUNDINGER,
T. RIECHERT

Stereotaxis in Parkinson Syndrome

1534/5/1

Clinical-Anatomical Contributions to Its Pathophysiology
With an Atlas of the Basal Ganglia in Parkinsonism by
R. HASSLER
Foreword by E.A. SPIEGEL
1979. 163 figures in 235 separate illustrations, 11 tables.
XII, 315 pages.
Cloth DM 280,—; approx. US $156.80
ISBN 3-540-08005-8

The apparent discrepancy between dopamine deficiency
in the nigral-striatal system as the cause of Parkinsonism
and the improvement achieved by stereotactic inactiva-
tion of certain thalamic nuclei in patients who do not respond to L-dopa treatment has puzzled medical research
for quite some time. Based on a comprehensive evaluation of 23 case histories of patients with stereotactic
operations, this monograph covers a variety of aspects
of this controversial subject, including the underlying
physiological and pathophysiological mechanisms.
The authors illustrate new evidence concerning the neuronal systems involved in the three principal symptoms
of Parkinsonism — tremor, muscular rigidity and akinesia — on the basis of histopathological findings in serial
sections of the brain. They provide a rational interpretation of the therapeutic effects of circumscribed inactiva-
tion of antagonistic systems, especially the pallido-thala-
mo-cortical and dentato-thalamo-cortical systems. Possible consequences of accidental injury to neighboring systems is discussed, as is evidence for a relationship between the pallidal systems and conscious processes.
Unique to the book are histological serial sections of the
thalamus of an unoperated patient with Parkinsonism.
These are compared in atlas form with serial sections
of the brains of operated patients.
This comprehensive account of why stereotactic inactiva-
tion of antagonistic systems is the preferred treatment
for Parkinsonism in patients who do not respond to
L-dopa will be of great interest to neurosurgeons and neu-
rologists, as well as scientists and clinicians involved in
brain research.

Contents: Introduction.— Basis of the Parkinson Syndrome: Morphology, Physiology, Biochemistry, and Pathology.— Clinical and Pathophysiologic Findings Related
to Autopsy Data in Cases of Parkinsonism Operated on
by Stereotaxis.— Correlations.— Findings Regarding the
Functional Anatomy of Individual Diencephalic Systems.— Conclusions.— Atlas of the Basal Ganglia in
Parkinsonism.— References.— Subject Index.— Abbrevia-
tions of Thalamic and Hypothalamic Structures (Fold-
out).

Springer-Verlag
Berlin Heidelberg New York

A. Wackenheim

Neuroradiologie

Schädel – Wirbelsäule – Gehirn – Rückenmark – Wurzeln

Übersetzt aus dem Französischen von R. Naegelein

1980. 28 Abbildungen. Etwa 140 Seiten
(Heidelberger Taschenbücher, Band 206)
DM 19,80
ISBN 3-540-10078-4

Dieses Taschenbuch bietet dem Studenten und Assistenten eine ausgezeichnete, durch viele Schemata illustrierte Einführung in die Grundlagen der Neuroradiologie. Der knappe und prägnante Text sowie die eindrucksvollen Abbildungen weisen sowohl dem Studenten als auch dem Assistenzarzt den Weg zur neuroradiologischen Diagnose bei Erkrankungen in der Neurologie, Traumatologie, Neurochirurgie, Orthopädie und Rheumatologie.
Dabei kommt dem Taschenbuch die langjährige Lehrerfahrung des Autors zugute. Zur besseren Eingliederung in den Studentenunterricht wurden die einzelnen Kapitel auf die große Einteilung in der klinischen Medizin ausgerichtet.

Untersuchungsmethoden der Neuroradiologie

Indikation neuroradiologischer Untersuchungen
Schädel- oder Wirbelsäulentrauma – Epilepsie – Halbseitenlähmung – Querschnittslähmung – Subarachnoidalblutung – Hirndrucksteigerung – Hydrocephalus – Isolierte Kopfschmerzen – Hypophyso-hypothalamische Endokrinopathie – Neuralgie

Schädel und Gehirn

Schädel:
Abnorme Größe und Form – Hirndrucksteigerung – Schädelfrakturen – Schädellücken – Auftreibungen und Hyperostosen am Schädel – Mißbildungen (Kalotte, Basis) – Knochentumoren – Intrakranielle Verkalkungen – Spontaner Pneumocephalus (Pneumatocephalus)

Gehirn:
Hämatome – Geschwülste – Gehirnatrophien – Gefäßmißbildungen – Stenosen und Thrombosen – Fehlbildungen von Gehirn und Hirnhäuten – Infektionen

Die Wirbelsäule und ihr Inhalt
Die Wirbelsäulensegmente – Der Wirbel, die Bandscheibe: Veränderungen ihrer Beziehungen und Bewegungen – Hauptanomalien der Wirbel und Bandscheiben im Röntgenbild – Wichtigste Krankheiten der knöchernen Wirbelsäule – Wichtigste Krankheiten der Organe im Wirbelkanal (Rückenmark, Wurzeln, Häute, Arterien, Venen)

Springer-Verlag
Berlin Heidelberg New York

1637/5/2h

Hirndurchblutung bei normaler und pathologischer psychischer Aktivität[1]

D.H. Ingvar

Einleitung

Um den hirnphysiologischen Hintergrund der psychischen Aktivität zu
untersuchen, muß man Meßmethoden haben, mit denen die Aktivität in
allen Teilen des Gehirns mit hoher spatialer Auflösung erfaßt werden
kann. Ideale Methoden sollen auch eine hohe temporale Auflösung haben, so daß das "enchanted loom" ("das verzauberte Gewebe") von Sherrington (1932), den außerordentlich komplexen Signalaustausch im Nervengewebe, sichtbar machen kann. Wie bekannt, sind wir noch weit entfernt von solchen Meßmethoden, da unsere Möglichkeiten für simultane
Messungen von neuronalen Massenaktivitäten in verschiedene Hirngebiete, bisher begrenzt sind.

Die erste physiologische Möglichkeit, die Massenaktivität im menschlichen Gehirn zu messen, ergab das Elektroencephalogramm (2, 3). Damit erhielten wir das erste zerebrale Korrelat der psychischen Aktivität. Seit der Entdeckung des EEGs von Hans Berger vor 50 Jahren,
wissen wir, daß verschiedene Stufen des Bewußtseins (Wachzustandes)
von wohlbekannten, ziemlich spezifischen EEG-Mustern begleitet sind.
Leider hat uns das EEG jedoch fast nichts über die Aktivitätsvertei-
lung im Gehirn, die zu verschiedenen Formen von psychischer Aktivität
gehört, gelehrt. Zwei Hauptursachen scheinen dafür verantwortlich.
Erstens, wird nur ein kleiner Teil des Gehirns - etwa 25% der cortikalen Oberfläche - von den EEG-Elektroden erfaßt. Zweitens, ist
unsere Kenntnis von den neuronalen Generatoren des EEGs immer noch
so unvollständig, daß es nicht möglich ist, gewisse EEG-Rhythmen definierten neuronalen Systemen zuzuschreiben (7).

Wie aber aus diesem Referat hervorgehen soll, sind in den letzten
Jahren neue Methoden entwickelt worden, mit denen die regionale Massenaktivität in großen Teilen des menschlichen Gehirns quantitativ
gemessen werden kann. Mit Hilfe von Radioisotopen kann heute die
Funktionsverteilung im Cortex in zwei Dimensionen erfaßt werden. Dadurch wurden "funktionelle Landschaften" im Cortex gefunden, die mit
verschiedenen Formen von Hirnaktivität, inklusive psychischer Aktivität, gekoppelt sind. In den letzten Jahren wurden noch zusätzlich
komplexe, dreidimensionale (nicht invasive) Isotopenmethoden entwickelt, mit denen die Funktionsverteilung auch in tieferen Hirnstrukturen gemessen werden kann. Obwohl diese Methoden nur wenige Jahre
im Gebrauch sind, ist es schon jetzt deutlich, daß sie eine ganz neue
Ära in der Psychophysiologie, sowie auch in der Psychopathophysiolo-
gie einleiten.

Methodologischer Hintergrund

In normalem Hirngewebe bestehen enge Beziehungen zwischen der neuronalen Aktivität und der Sauerstoff- und Glucoseaufnahme (19). Die Hirn-

[1] Der Verfasser wurde von dem Schwedischen Medizinischen Forschungsrat
(Projekt nr B80-14X-00084-16B) und von der Wallenberg-Stiftung in
Stockholm unterstützt

durchblutung wird durch die sogenannte metabolische Steuerung sehr
eng dem metabolischen Bedarf angepaßt und ist darum der neuronalen
Aktivität und Sauerstoffaufnahme gut korreliert. Wahrscheinlich
spielen eine Menge von Faktoren für die Durchblutungssteuerung eine
Rolle, wie Kalium, Calcium, Adenosin und auch CO_2 (über pH-Effekte)
(20). Da es nur begrenzte Möglichkeiten gibt, die neuronale Massenaktivität in Teilen des Gehirns direkt zu messen (siehe oben, das
EEG betreffend), und da auch die regionale Sauerstoff- und Glucose-
Aufnahme im Gehirn außerordentlich schwierig zu messen sind (siehe
unten), wurden klinisch verwendbare Meßmethoden der Durchblutung
entwickelt, mit denen zum ersten Mal indirekte, multiregionale Hirn-
aktivitätsmessungen gemacht werden konnten.

Schon 1945 hatten Kety und Schmidt mit ihrer Stickstoffoxidulmethode
globale (mittlere) Hirndurchblutungs- und Sauerstoffsverbrauchsmes-
sungen am Menschen ermöglicht (27). Dadurch wurde gezeigt, daß eine
normale psychische Aktivität nur zwischen relativ begrenzten Stufen
von Hirnumsatz möglich ist. Fällt die Sauerstoffaufnahme im Gehirn
unter etwa 2.0 ml/100 g/Minute, wird das Bewußtsein getrübt und unter etwa 1.5 ml/100 g/Minute tritt Bewußtlosigkeit und Koma ein (5).
Auf der anderen Seite ist die psychische Aktivität auch bei hohen
Umsatzwerten deutlich betroffen und setzt aus im generalisierten epileptischen Anfall, wobei außerordentlich hohe Sauerstoffaufnahmen
von etwa 8-10 ml/100 g/Minute gemessen worden sind (5).

Im normalen Bereich aber ist die Kety'sche Methode nicht empfindlich,
um psychische Aktivitätsänderungen zu erfassen, wie Sokoloff und Mitarbeiter gezeigt haben. Beim Kopfrechnen (45) und normalem Schlaf
(33) ist die globale zerebrale Sauerstoffaufnahme und Durchblutung
nicht signifikant verändert.

Um regionale zerebrale Vorgänge näher zu studieren, haben wir (N.A.
Lassen und D.H.Ingvar, 1961 (3, 12) eine klinische Isotopenmethode
für Messungen der regionalen Hirndurchblutung (regional cerebral
blood flow, rCBF) entwickelt. Das Isotop, ein weicher Gammastrahler,
133 Xenon, wird in kleiner Menge (3-5 mCi) in etwa 2-5 ml Kochsalzlösung intracarotidal injiziert. Mit einer Batterie von Scintilla-
tionsdetektoren (bis 254) wird die schnelle Aufnahme und die späte
langsamere Clearance des Isotops extrakranial registriert. Jede
Clearance-Kurve ist eine Funktion der Durchblutung in dem Gebiet,
das von dem entsprechend kollimierten Detektor gemessen wird. Mit
Computer und Farben-TV-Gerät werden dann die Durchblutungswerte zwei-
dimensional präsentiert. (32, 18). Infolge der Gewebsabsorption der
Gammastrahlung geben die Werte hauptsächlich die Durchblutung in
oberflächlichen Hemisphärenstrukturen wieder, d.h. bei intracaroti-
daler Injektion die Durchblutung im lateralen Cortex der Hemisphäre.

Inzwischen sind in Lund und Kopenhagen über 1000 klinische intraarterielle rCBF-Messungen, meistens im Zusammenhang mit zerebraler
Angiographie ausgeführt worden. 80 Patienten zeigten normale klinische Befunde und wurden als "normales" Referenzmaterial gebraucht.

An manchen Patienten wurden nicht nur Messungen im Ruhezustand, sondern auch während verschiedener Aktivitäten vorgenommen, in Anpassung
an die individuellen Krankheitsbilder. So wurden z.B. sensorische
Stimulationen, Willkürbewegungen, Sprachproben und psychologische
Teste verwendet (19).

Der Bedarf an wiederholten rCBF-Messungen hat die Entwicklung von
atraumatischen Modifikationen stimuliert. Schon 1966 gab Veall eine
133 Xenon Inhalationsmethode für rCBF-Messungen (48) an, die später
von Obrist (34) und von Risberg (41) und Mitarbeitern weiter ent-

wickelt wurde. Heute wird auch eine intravenöse Isotopenzufuhr benutzt (1). Beide Modifikationen haben eine niedrigere spatiale und
temporale Auflösung, als die ursprüngliche intraarterielle, aber sie
wurden mit Erfolg für klinische und psychophysiologische Untersuchungen gebraucht, speziell, da sie bilaterale und wiederholte Messungen
ermöglichen (40).

Ruhendes Bewußtsein

Eine Beobachtung, die für das Verständnis der basalen Aktivitätsver-
teilung im wachen Gehirn von großer Bedeutung zu sein scheint, besteht darin, daß im Ruhezustand die Verteilung nicht homogen ist,
sondern "hyperfrontal" (19, 26, 14, 15). Der Ruhezustand wird hier
so definiert, daß der Patient wach ist und bei klarem Bewußtsein,
bequem, mit geschlossenen Augen, in einem stillen Labor liegt.

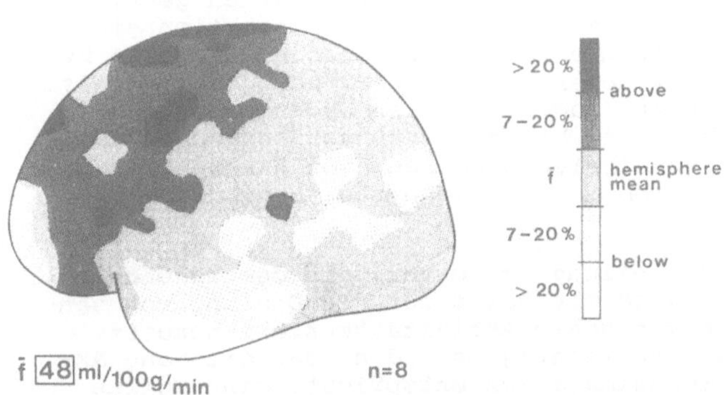

Abb. 1. Die normale hyperfrontale "Ruhelandschaft" im Cortex. Durchblutungsverteilung im Ruhezustand (siehe Text) in der linken Hemisphäre
bei acht neurologisch normalen Patienten, gemessen mit der intraarteriellen 133 Xenon Methode von Lassen und Ingvar (1961) (31). Für jeden
Patienten wurde die Durchblutung in 32 verschiedenen Hemisphärregionen
bestimmt. Die prozentuale Verteilung wurde relativ zu der mittleren
Hirndurchblutung (=100%) topografisch präsentiert. Das Diagramm entstand aus einer Superposition von acht individuellen Durchblutungsmessungen, die mit Hilfe eines Dators und eines Farbfernsehgerätes
hergestellt wurden (21). Dieses schwarz-weiß Diagramm wurde von einem
Farbbild abgezeichnet. Die mittlere Hirndurchblutung für die ganze
Gruppe war 48 ml/100 g/Minute. Die Skala rechts gibt die Relativwerte
an. Die höheren Durchblutungs-(Aktivitäts-)werte (bis 20% und mehr
oberhalb des Mittelwertes) frontal, und die entsprechend niedrigeren
Werte postzentral und temporal sind deutlich zu sehen. Im Ruhezustand
ist dasselbe hyperfrontale Muster auf der anderen Seite auch zu sehen.
(Nach Ingvar 1979) (15)

Er wird nicht sensorisch stimuliert, bewegt sich nicht, spricht nicht
und wird auch nicht psychisch von Problemlösungen beansprucht. In
diesem Zustand ist die Durchblutung in den Frontallappen signifikant
höher als parietal, occipital und temporal. In manchen frontalen Ge-

bieten ist die Durchblutung doppelt so groß wie z.B. temporal. Da keine morphologischen oder technischen Faktoren diese Verteilung erklären können, bedeutet sie, daß die funktionelle Aktivität - im ruhenden Wachzustand - frontal wesentlich höher ist, als in postzentralen und temporalen corticalen Regionen (15).

Schon hier soll die Deutung der hyperfrontalen cortikalen "Landschaft" gegeben werden. Frontale Gebiete, die rostral zu den Sylvischen und Rolandischen Furchen liegen, sind - wie bekannt - prinzipiell für efferente motorische Funktionen und für die Kontrolle des ganzen Benehmens verantwortlich. Postzentrale corticale Felder sind - wie ebenfalls bekannt ist - hauptsächlich afferenten, sensorisch-gnostischen Funktionen gewidmet.

In dem bewußten Ruhezustand, definiert wie oben, sind also frontale motorisch-efferente corticale Felder viel aktiver als die postzentralen sensorisch-gnostischen, obwohl in diesem Ruhezustand keine motorischen oder benehmensmäßigen Reaktionen zu beobachten sind. Wie anderorts erläutert wurde (15), kann die hyperfrontale Funktionsverteilung so gedeutet werden, daß im wachen Ruhezustand eine innere "Benehmenssimulation" (simulation of behaviour) vonstatten geht, besonders in den Frontallappen. Wie man (nur) mit Introspektion einsehen kann, wird das Gehirn in einem bewußten Ruhezustand wie oben beschrieben, von aktuellen sensorischen Stimuli sehr wenig beeinflußt. Triviale Stimuli von Haut, Ohren, Augen, inneren Organen etc. erreichen das Bewußtsein überhaupt nicht, oder nur vorübergehend. Dieses ist aber die ganze Zeit von freien Gedanken, von Assoziationen, Phantasien, etc. beschäftigt - ohne motorische oder benehmensmäßige Reaktionen zu produzieren.

Die hyperfrontale Funktionsverteilung im Cortex, die dem ruhenden bewußten Wachzustand gehört, wird als Basis für die Deutung von sensorischen, motorischen und psychischen Aktivitätsmustern benutzt. Wenn die eben angegebene Deutung richtig ist, d.h. daß die hohe Aktivität einer inneren Benehmenssimulation entspricht, dann sollte sich die Hyperfrontalität mehr ausprägen, z.B. bei Problemlösungen, Ideationsaufgaben oder sensorischer Stimulation (z.B. Schmerzperception), die eine Mobilisation von Benehmensalternativen benötigen. Wie gezeigt wird, haben unsere Befunde nicht nur bei Normalpersonen, sondern auch bei verschiedenen neurologischen und psychiatrischen Erkrankungen diese allgemeine Deutung gestützt (15).

Corticale Landschaften der Perception

Teleologisch gesehen schafft jeder Stimulus, der signifikant für das Gehirn ist, einen Bedarf für eine adäquate Antwort, d.h. für eine Produktion von alternativen motorischen und benehmensmäßigen Programmen (Reaktionsmustern). So z.B. bringt das Zuhören bei einem Märchen nicht nur die erwartete Aktivitäts-(Durchblutungs-)erhöhung in der Hörsphäre im temporalen Cortex, sondern auch eine allgemeine frontale Aktivation - obwohl keine motorische Reaktion oder Benehmensänderung zu beobachten ist.

Dasselbe kann mit Hautreizen gezeigt werden (25). Eine schwache Berührung der Hand schafft eine kleine postzentrale Aktivation im contralateralen Handgebiet. Das allgemeine frontale Aktivitätsniveau erhöht sich aber deutlich. Wird die Handreizung oberhalb der Schmerzgrenze erhöht, wird die frontale Aktivitätserhöhung noch deutlicher. Im Allgemeinen ruft jeder Stimulus, der ein Problem enthält, eine frontale

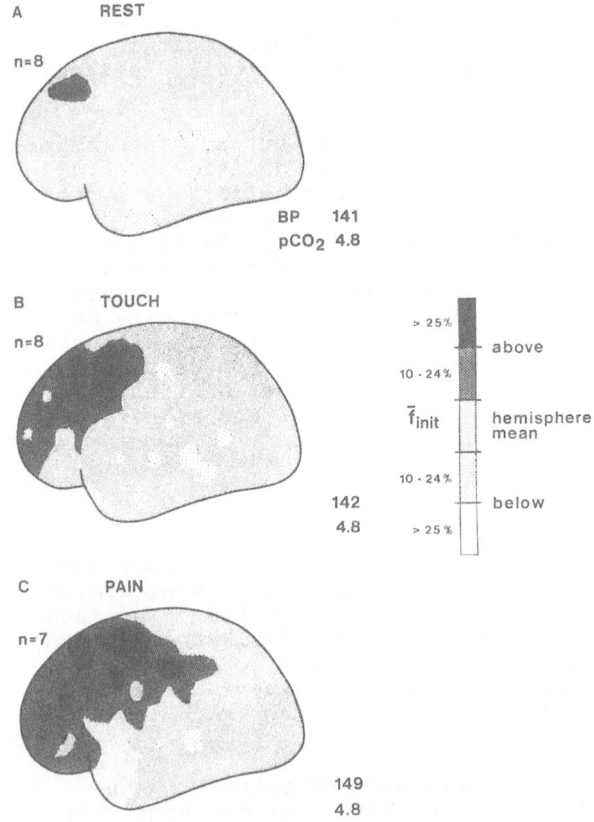

Abb. 2. Ruhe - Berührung - Schmerz. Superponierte linksseitige Durchblutungsverteilungen (vgl.Abb. 1) von acht neurologisch normalen Patienten, A/im Ruhezustand, B/während elektrischer Stimulation des rechten Daumens mit schwachem Strom, C/mit stärkerem Strom, der eine mäßige Schmerzempfindung gab. In Ruhe (A) ist die hyperfrontale Funktionsverteilung zu sehen (mittlere Durchblutung 49 ml/100 g/Minute). Bei Berührung (B) steigt die mittlere Durchblutung wenig an (bis 51 ml/100 g/Minute). Die Hyperfrontalität wird aber deutlicher. Schmerzempfindung (C) steigert die mittlere Durchblutung signifikant (bis 55 ml/100 g/Minute: $P < 0.05$). Der arterielle Kohlensäuredruck und der Blutdruck bleiben fast unbeeinflußt. Die Skala gibt die relative Durchblutungsverteilung im Vergleich zu der Ruhesituation prozentual an. (Nach Ingvar et al. 1976 (25))

Aktivation hervor. Mit 133 Xenon Inhalationsmessungen, die wiederholte Messungen atraumatisch erlauben, wurde auch gezeigt, daß bei Lösung von wiederholten, aber gleichartigen psychometrischen Testaufgaben eine deutliche Habituierung des frontalen Effektes zu sehen ist (43). Versuche mit sensorischer Stimulation vermitteln im Allgemeinen den Eindruck, daß die primäre cortikale Reception (und Analyse) der afferenten Signale viel weniger "Hirnarbeit" erfordert, als die cognitiven Konsequenzen, d.h. die Verarbeitung oder Übersetzung der afferenten Stimuli in efferente Antworten. Diese Arbeit auf der ef-

ferenten Seite, d.h. in den frontalen cortikalen Feldern scheint umso geringer zu sein, je mehr das Gehirn zu der Aufgabe habituiert
ist, und je weniger psychische Anstrengung (mental effort) die Problemlösung erfordert.

Die Perceptionsversuche stützen die oben erwähnte Deutung einer hyperfrontalen Ruhelandschaft, von der angenommen wird, daß sie durch "Benehmenssimulation" in frontalen Strukturen verursacht ist. Wenn schon
keine gezielte sensorische Stimulation stattfindet, so scheint das
bewußte Gehirn jedoch mit einer kontinuierlichen "hypothetischen" Problemlösung beschäftigt zu sein. Gemäß dieser Deutung spielen Aktivitäten in efferente Zentren des Cortex, d.h. die Produktion von verschiedenen Benehmensalternativen für zukünftigen Gebrauch, eine basale Rolle für das, was wir Bewußtsein nennen. Man ist sich eigentlich
nicht so der sensorischen Stimuli per se bewußt, sondern eher deren
"efferenter" Konsequenzen, die in frontalen Teilen des Gehirns als
motorische-benehmensmäßige Programme zusammengesetzt und ständig überprüft werden (15).

Corticale Landschaften der Motorik

Schon 1971 wurde von Olesen gezeigt, daß rhythmische Bewegungen der
einen Hand eine deutliche Steigerung der Durchblutung im kontralateralen Roland'schen Gebiet hervorrufen (36). (Abb. 3). Später sind auch
andere "Körperteile" des corticalen Homunculus mit Willkürbewegungen
von Extremitäten, von Augen, vom Mund etc. aktiviert worden. (29).
Roland und Larsen mit ihren Mitarbeitern (44, 29) haben unsere Kenntnisse von dem cortikalen Mosaik der Willkürbewegungen erheblich erweitert.

Kurz beschrieben, aktiviert eine isometrische Handkontraktion nur
das kontralaterale rolandische Handzentrum. Wird aber die Hand rhythmisch geöffnet und geschlossen, oder läßt man die Finger nacheinander
den Daumen berühren, kommt zu der rolandischen Aktivierung auch eine
bilaterale Durchblutungssteigerung in der supplementären Motoregion,
die im prärolandischen Cortex lokalisiert ist. Diese Region wird
immer von sequentiellen motorischen Bewegungen aktiviert, auch vom
Sprechen, das ja außerordentlich komplexe, sequentielle Bewegungen
enthält. (36). Bewegungen einer Hand und eines Arms im freien, extra-
korporalen Raum (z.B. eine Spiralbewegung mit der Hand) bringt eine
weitere Aktivierung von parietalen Zentren hervor. (44).

Motorische Landschaften scheinen alle postrolandischen und manchmal
auch parietale afferente Regionen zu aktivieren. Eine einfache Deutung dieses Befundes wäre, daß jede Bewegung, besonders komplexe Bewegungen, immer von einer erheblichen propriozeptiven Rückkoppelungs-
kontrolle begleitet sind. Diese Kontrolle erklärt mit aller Wahrscheinlichkeit die postrolandische Durchblutungssteigerung bei Willkürbewegungen.

Ein spezielles Problem bietet die motorische Ideation, d.h. die innere
Vorstellung einer gewissen Bewegung (ohne wirkliche Bewegung).
(Abb. 4). Begrenzte Erfahrungen mit rCBFMessungen während motorischer
Ideation zeigen deutlich, daß diese Form von "reiner" psychischer Aktivität auch die Frontallappen und Temporallappen aktiviert, anders als
die Bewegung selbst, die nur das Roland'sche Gebiet erfaßt. (21). Damit ist gezeigt, daß die Vorstellung von einer Bewegung eine andere
(frontale) Lokalisation hat, als die Bewegung selbst, die mehr rolan-
disch vorgeht. Hier noch ein Befund, der die große Bedeutung des Fron-
talcortex für die bewußte Ideation unterstreicht.

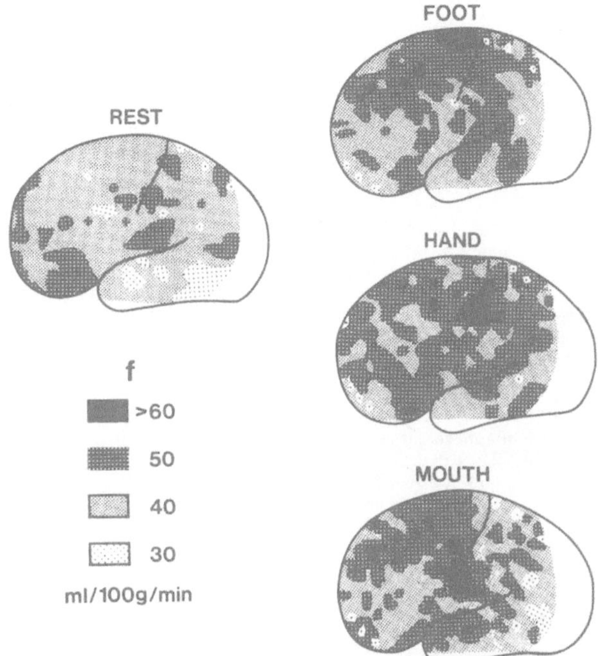

Abb. 3. Der Homonculus bewegt sich. Vier regionale Durchblutungsmessungen in Ruhe, bei Willkürbewegungen der kontralateralen Hand, des
Fußes und des Mundes. Die Maxima der Durchblutungssteigerungen, die
der Lokalisation der motorischen Zentren der bewegten Körperteile im
rolandischen Gebiet entsprechen, sind deutlich zu sehen. Die Skala
gibt die Absolutwerte der regionalen Hirndurchblutung an. (Schwarz-
weiße Zeichnung nach einem farbigen TV-Bild, eine Durchblutungsmessung
mit 254 Detektoren. Mit Genehmigung von Dr.N.A. Lassen, Kopenhagen)

Landschaften der Sprache

Die rCBF-Methode hat zum ersten Mal die Funktionen der cortikalen
Sprachzentren direkt im Gehirn zu messen ermöglicht. Schon die ersten
Sprech- und Lesversuche zeigten deutliche Aktivationen in Form eines
Z-Musters auf dem Cortex (26). Später wurden Teile dieses Z-Musters
systematisch untersucht (28). Der obere Schenkel entspricht dem supplementären Moto-Zentrum (oberes Sprachzentrum von Penfield), der
Mittlere dem Mund-Larynx- und Augen-Zentrum, der Untere dem Hör-Zen-
trum mit Broca's Zentrum anterior (nur von gewissen Proben aktiviert)
und mit Wernicke's Zentrum posterior. Beim Lesen werden auch die Area
striata und paravisuelle Regionen aktiviert.

Zusammengefaßt werden also mindestens sieben einzelne Zentren im
Cortex beim Lesen aktiviert - und zwar bilateral. Gewisse Verschiedenheiten zwischen der dominanten (verbalen) und der nichtdominanten
(nicht verbalen) Hemisphäre wurden bei Sprachproben gefunden. Sie
werden weiter geklärt (4).

Auch die Sprachfunktionen aktivieren die Frontallappen. Das einfache
Zuhören bei einem ideenreichen Text, aktiviert nicht nur die Hörsphäre
mit den Zentren von Wernicke und Broca, sondern ruft auch eine deutlich vermehrte diffuse frontale Aktivation hervor (Abb. 5).

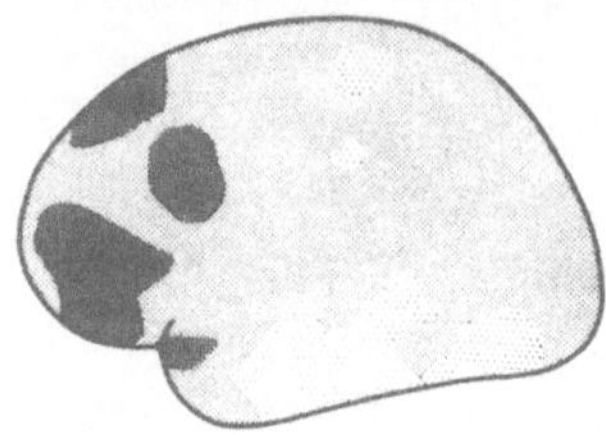

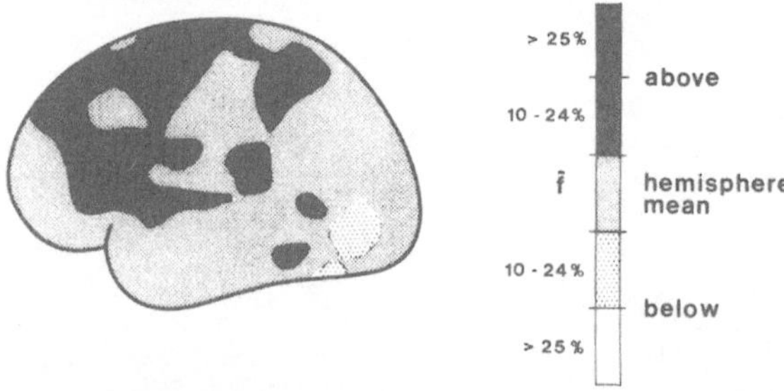

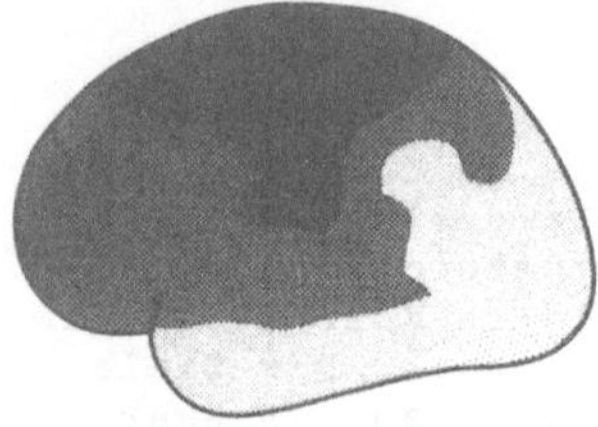

Abb. 4. Die Vorstellung einer Bewegung (Motor Ideation). Superponierte Diagramme von sechs linksseitigen Hirndurchblutungsmessungen (vgl.
Abb. 2). In Ruhe (A) ist die hyperfrontale Verteilung gut zu sehen
(vgl. Abb. 1). Mittlere Durchblutung der Hemisphären 55 ml/100 g/Minu-
te. Während der Vorstellung von einer Bewegung (B) (rhythmischer Kontraktionen der rechten Hand; ohne Bewegung) ist hauptsächlich eine
frontale Aktivation zu sehen. Die mittlere Durchblutung stieg bis 63
ml/100 g/Minute. Bei wirklicher Willkürbewegung der rechten Hand (C)
ist eine rolandische und prärolandische Aktivation gut zu sehen, die
im Handgebiet und in der supplementären Motoarea ihr Maximum hat.
Mittlere Durchblutung 62 ml/100 g/Minute. Die Verschiedenheiten zwischen echter Handbewegung (C) und der Vorstellung davon (B) sind klar
zu erkennen. (Nach Ingvar und Philipson, 1977 (21))

Auch die Sprachfunktionen aktivieren die Frontallappen. Das einfache
Zuhören bei einem ideenreichen Text, aktiviert nicht nur die Hörsphäre
mit den Zentren von Wernicke und Broca, sondern ruft auch eine deutlich vermehrte diffuse frontale Aktivation hervor (Abb. 5).

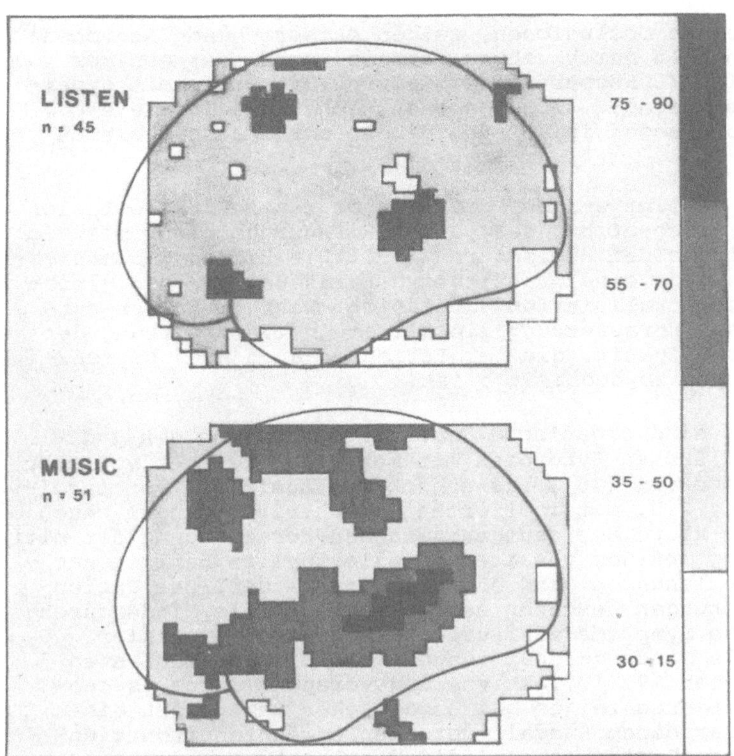

Abb. 5. Hören von Musik. Zwei Durchblutungsmessungen mit 254 Detektoren in Ruhe (oben) und beim Hören von symphonischer Musik (unten). In
Ruhe ist das hyperfrontale Muster angedeutet. Die mittlere Durchblutung
der Hemisphäre war 45 ml/100 g/Minute. Die Durchblutungsverteilung ist
gemäß der Skala rechts (nach farbigem Original TV-Bild) in relativen
Größen angegeben. Beim Hören von Musik kommt eine deutliche Aktivitäts-
vermehrung im Hörzentrum und seiner Umgebung, sowie auch eine höhere
und niedrigere frontale Aktivation zustande (siehe Text). (Mit Genehmigung von Dr. N.A. Lassen, Kopenhagen)

Die Landschaften der Problemlösung

Hier kann nicht auf Einzelbefunde bei verschiedenen psychologischen
Testen eingegangen werden. Schon die frühesten Untersuchungen zeigten, daß bei Problemlösungen zwei Formen von Aktivation auftreten
(22, 23). Erstens werden spezifische Zentren, z.B. Seh-Zentrum, Hör-
Zentrum etc., die für die primäre Reception und basale Verarbeitung
des Problems notwendig sind, aktiviert. Zweitens zeigt sich eine
diffuse, allgemeine, oft hauptsächlich frontale corticale Aktivation,
die manchmal die regionalen Aktivierungen ertränken kann. Die diffuse
Form habituiert leicht und scheint deutlich mit der Anstrengung (mental effort) der Problemlösung korreliert zu sein (26, 42).

Corticale Landschaften der Psychopathologie

rCBF-Untersuchungen bei Patienten mit neurologischen und psychiatrischen Krankheiten haben eine Reihe von, der Neuropathologie und Neuroradiologie wohlbekannten Tatsachen, bestätigt. Fokale Läsionen, z.B.

Infarkte nach arteriellen Occlusionen, zeigen entsprechende Regionen
von Minderdurchblutung. In der Umgebung ist eine mehr oder weniger
gestörte Autoregulation (Luxusperfusion, Lassen 1966 (30)) mit Hyperämie zu sehen. Fokale Ausfälle, z.B. Paresen, Aphasie, Agnosie etc.,
sind mit Minderdurchblutungen in entsprechenden cortikalen Gebieten
begleitet (37).

Auch konnte manchmal gezeigt werden, daß eine begrenzte fokale Läsion
oft eine allmähliche Herabsetzung der ganzen Hirndurchblutung mit sich
bringt und zwar oft in beiden Hemisphären (13). Die Hirndurchblutungsmessungen ermöglichen also eine quantitative Erfassung von den globalen Ferneffekten einer lokalisierten Hirnläsion. Wahrscheinlich entspricht dieser diffusen Herabsetzung die allgemeine Verminderung der
psychischen Leistungsfähigkeit, die bei Patienten auch nach begrenzten fokalen Hirnläsionen zu beobachten ist.

Besonders interessant sind organische Demenzzustände, von den gröb-
sten sogenannten apallischen Syndromen mit mehr oder weniger vollstän-
digem Verlust des Neocortex (16), bis zu fokalen Ausfällen von intellektuellen Funktionen, z.B. mit isolierten Gedächtnisstörungen. Auch
sind in dieser Gruppe klare Beziehungen zwischen Herabsetzung der mittleren Hirndurchblutung und dem gesamten intellektuellen Defizit nachweisbar. Regionale Beziehungen sind ebenfalls zu finden. Bei Patienten mit Gedächtnisstörungen bestehen selektive temporale Minderdurchblutungen. Agnostische Symptome verlaufen mit parieto-temporaler
Herabsetzung. Frontale Minderdurchblutungen sind oft bei Patienten
mit Morbus Pick zu sehen (9, 10).Aktivierungsversuche durch psycho-
pathologische Testverfahren zeigen bei organischer Demenz oft eine
Verminderung oder sogar einen Ausfall der oben erwähnten frontalen
Aktivation. Bei solchen Patienten sind die Testleistungen auch außerordentlich gering oder können sogar vollständig ausbleiben (24).

Multiregionale rCBF-Untersuchungen bei Kranken mit organischer Demenz,
ermöglichen also schon in vivo den zerebralen Funktionsabbau quantitativ zu erfassen - und z.T. zu lokalisieren. Neuropathologische Untersuchungen haben nämlich gezeigt, daß Gebiete mit Minderdurchblutung
denjenigen Regionen entsprechen, die den ausgeprägtesten Verlust an
Neuronen haben (6).

Die Demenz bei Morbus Alzheimer unterscheidet sich in ihrem rCBF-Bild
anfangs prinzipiell nicht von dem Multiinfarct Typ. Beide gehen mit
einem diffusen Neuronenverlust einher, der aber besonders bei der zerebrovaskulären Form gewisse fokale Zeichen aufweisen kann. Im Spätstadium ist die Durchblutung bei der Alzheimer'schen Krankheit besonders
in der parieto-temporalen Region vermindert.

Hier sind auch die Epilepsien zu erwähnen, die mit psycho-pathologi-
schen Symptomen verlaufen können. Ein cortikaler Fokus besteht, wie
schon Hughlings Jackson betonte, aus pathologisch hyperaktiven Neuro-
nenmassen. Solche aktiven Foci sind interictal lediglich mit der rCBF-
Technik zu erkennen, auch bei Fällen mit normalem EEG. Bei mehr generalisierten Anfällen, z.B. Temporallappenanfällen mit Amnesie, Automatismen etc. kann die Verbreitung der pathologischen cortikalen Hyperaktivität mit rCBF-Messungen verfolgt werden (11).

Die funktionellen Psychosen, d.h. die Geisteskrankheiten, die ohne
morphologische oder bekannte biochemische Hirnveränderungen verlaufen,
bieten für die rCBF-Methode eine besondere Herausforderung. Von Untersuchungen mit der Ketyschen Methode wissen wir, daß z.B. schizophrene
Patienten eine normale zerebrale Durchblutung und Sauerstoffaufnahme
aufweisen. Mit rCBF-Technik kann aber untersucht werden, ob die Funk-

tionsverteilung im Gehirn bei chronischer Schizophrenie auch normal
ist.

Zusammen mit G.Franzén wurde dieser Frage nachgegangen (17, 8). Kurz
zusammengefaßt haben wir erstens bestätigt, daß die mittlere Hirndurchblutung und Sauerstoffaufnahme normal war, auch bei Patienten,
die seit Dezennien Symptome einer schizophrenen Psychose zeigten. Die
Verteilung der Durchblutung im Carotisgebiet (Untersuchung im Ruhezustand) war aber oft abnorm. Das typische Muster war hypofrontal, d.h.
frontal war die Durchblutung relativ niedrig und postzentral und temporal relativ hoch.

Je passiver, autistischer und mutistischer der Patient war, um so
niedriger war die frontale Aktivität (Durchblutung). Je mehr die Patienten Symptome von cognitiven Störungen (z.B. Zeichen von Halluzinationen) aufwiesen, umso höher war die postzentrale Durchblutung im
Ruhezustand. Diese Befunde sind vielleicht die ersten lokalisierbaren
zerebralen Korrelate der schizophrenen Psychose. Sie wurden bereits
für begrenzte psychopharmakotherapeutische Versuche benutzt.

Allgemein gesehen, passen die Schizophrenie-Befunde auch zu den oben
gegebenen Deutungen. Es wurde behauptet, daß die Hyperfrontalität der
Ruhelandschaft im Cortex einer inneren "Benehmenssimulation" entsprechen könnte. Autistische inaktive Fälle von chronischer Schizophrenie
zeigen ja einen deutlichen Mangel an Benehmensproduktion. Damit scheint
ihre hypofrontale Landschaft vereinbar zu sein. Schizophrene Patienten
werden auch oft von trivialen sensorischen Stimuli gestört, das macht
einen wichtigen Teil ihrer cognitiven Abnormität aus. Dieses Symptom,
das vielleicht mit Halluzinationen gekoppelt ist, scheint mit den hohen Durchblutungswerten in sensorisch-gnostischen corticalen Gebieten
vereinbar zu sein.

Obwohl die erwähnten Befunde bei chronischer Schizophrenie im Allgemeinen in den Rahmen der hirnphysiologischen Modelle dieses Referates zu
passen scheinen, besteht ein dringender Bedarf, die neuen Befunde zu
bestätigen und auch klinisch zu prüfen. Mit weiteren rCBF-Untersuchungen oder ähnlichen Methoden sollte versucht werden, Einzelheiten der
Pathophysiologie der funktionellen Psychosen klar zu legen.

Die Zukunft

Die oben zusammengefaßten Untersuchungen gehen alle von zweidimensio-
nalen rCBF-Messungen aus. Um die Aktivität, den Metabolismus, oder die
Durchblutung in allen Teilen des Gehirns messen zu können, müssen
dreidimensionale Methoden benutzt werden. Die Emissionstomographie mit
Hilfe von Positronenstrahlern bietet eine solche Möglichkeit. Inzwischen ist eine klinisch verwendbare Modifikation der 2-Desoxyglucose-
methode von Sokoloff (46) entwickelt worden, womit die Glucoseaufnahme
in 1 cm^3 großen Teilen des ganzen Gehirns bestimmt werden kann (39,
38). Andere emissionstomographische Methoden erlauben eine dreidimensionale Erfassung der Hirndurchblutung mit Hilfe nicht nur von (dual
Photon) Positronenstrahlern, sondern auch mit single Photon-Strahlern
wie 133 Xenon oder 127 Xenon (47).

Diese neue Entwicklung wird der Neurologie und Psychiatrie, sowie natürlich auch der ganzen Psychophysiologie geradezu enorme Möglichkeiten
anbieten können. Denn damit sind klinische Werkzeuge vorhanden, mit
denen in allen Teilen des ganzen Gehirns nicht nur die Durchblutung,
sondern auch direkt der Metabolismus gemessen werden kann. Damit sind
wir dem Ziel näher gekommen, in physiologischen Parametern die zerebralen

Vorgänge zu messen, die der psychischen Aktivität zu Grunde liegen. Es
ist dann nicht länger eine reine Utopie, sondern eine Realität, von dem
molekularen und biochemisch-metabolischen Hintergrund im Gehirn zu sprechen, dem die normale und pathologische psychische Aktivität unterliegen.

Literatur

1. Austin G, Laffin D, Rouhe S, Hayward W, Rice-Edwards M (1975)
   Intravenous isotope injection method of cerebral blood flow
   measurement: accuracy and reproducibility. In: Langfitt TW,
   McHenry Jr LC, Reivich M, Wollman H (eds) Cerebral Circulation &
   Metabolism, Springer Verlag, p 391-393

2. Berger H (1931) Über das Elektroenkephalogramm des Menschen.
   Arch Psychiat Nervenkr 94: 16-60

3. Berger H (1933) Über das Elektroenkephalogramm des Menschen.
   Arch Psychiat Nervenkr 98: 231-254

4. Brain and Language, vol 9 1980. Special rCBF issue

5. Brodersen P, Paulson OB, Bolwig TG, Rogon ZE, Rafaelson OJ,
   Lassen NA (1973) Cerebral hyperemia in electrically induced
   epileptic seizures. Arch Neurol 28: 334-338

6. Brun A, Gustafson L, Ingvar DH (1975) Neuropathological findings
   related to neuropsychiatric symptoms and regional cerebral blood
   flow in presenile dementia. VIIth Int Congr Neuropath Budapest
   1974. Excerpta Medica, Amsterdam, pp 101-105

7. Creutzfeldt O, Houchin J (1974) Neuronal basis of EEG waves. In:
   Rémond A (ed) Handbook of Electroencephalography and Clinical
   Neurophysiology, vol 2, pp 2C5-2C54

8. Granzén G, Ingvar DH (1975) Abnormal distribution of cerebral
   activity in chronic schizophrenia. J Psychiat Res 12: 199-214

9. Gustafson L (1974) Psychiatric symptoms in presenile dementia:
   Related to psychometric groups and regional cerebral blood flow.
   Thesis, Lund

10. Hagberg B, Ingvar DH (1976) Cognitive reduction in presenile
    dementia related to regional abnormalities of the cerebral blood
    flow. Brit J Psychiat 128: 209-222

11. Hougaard K, Oikawa T, Sveinsdottir E, Skinhöj E, Ingvar DH,
    Lassen NA (1976) Regional cerebral blood flow in focal cortical
    epilepsy. Arch Neurol 33: 527-535

12. Hoedt-Rasmussen K, Sveinsdottir E, Lassen NA (1966) Regional
    cerebral blood flow in man determined by intraarterial injection
    of radioactive inert gas. Circ Res 18: 237-247

13. Hoedt-Rasmussen K, Skinhöj E, Paulson OB, Ewald J, Bjerrum JK,
    Fahrenkrug A, Lassen NA (1967) Regional cerebral blood flow in
    acute apoplexy. The "luxury perfusion syndrome" of brain tissue.
    Arch Neurol 17: 271-281

14. Ingvar DH (1977) L'Idéogramme cérébrale. L'Encephale III, 5-33

15. Ingvar DH (1979) "Hyperfrontal" distribution of the cerebral
grey matter flow in resting wakefulness: on the functional
anatomy of the conscious state. Acta neurol scand 60: 12-25

16. Ingvar DH, Brun A, Johansson L, Samuelsson S-M (1978) Survival
after severe cerebral anoxia with destruction of the cerebral
cortex: the apallic syndrome. In: Annals of the New York Academy
of Sciences 315: 184-214

17. Ingvar DH, Franzén G (1974) Distribution of cerebral activity in
chronic schiziphrenia. Lancet II: 1484-1486

18. Ingvar DH, Gustafson L (1970) Regional cerebral blood flow in
organic dementia with early onset. Acta neurol scand 46, suppl 43:
42-73

19. Ingvar DH, Lassen NA (eds) 1975) Brain Work. Munksgaard, Copenhagen

20. Ingvar DH, Lassen NA (eds) (1977) Cerebral Function, Metabolism
and Circulation. Munksgaard, Copenhagen

21. Ingvar DH, Philipson L (1977) Distribution of cerebral blood flow
in the dominant hemisphere during motor ideation and motor performance. Ann Neurol 2: 230-237

22. Ingvar DH, Risberg J (1965) Influence of mental activity upon
regional cerebral blood flow in man. Acta neurol scand, suppl 14:
183-186

23. Ingvar DH, Risberg J (1967) Increase of regional cerebral blood
flow during mental effort in normals and in patients with focal
brain disorders. Exp Brain Res 3: 195-211

24. Ingvar DH, Risberg J, Schwartz M (1975) Evidence of subnormal
function of association cortex in presenile dementia. Neurology
25: 964-974

25. Ingvar DH, Rosén I, Eriksson M, Elmqvist D (1976) Activation
patterns induced in the dominant hemisphere by skin stimulation.
In: Zotterman Y (ed) Sensory Functions of the Skin, Pergamon
Press, pp 549-557

26. Ingvar DH, Schwartz MS (1974) Blood flow patterns induced in the
dominant hemisphere by speech and reading. Brain 97: 273-288

27. Kety SS, Schmidt CF (1945) The determination of cerebral blood
flow in man by the use of nitrous oxide in low concentration.
Amer J Physiol 143: 53-66

28. Larsen B, Skinhöj E, Lassen NA (1978) Variations in regional-
cortical blood flow in the right and left hemispheres during
automatic speech. Brain 101: 193-209

29. Larsen B, Skinhöj E, Soh K, Endo H, Lassen NA (1977) The pattern
of cortical activity provoked by listening and speech revealed
by rCBF measurements. In: Ingvar DH, Lassen NA (eds) Cerebral
Function, Metabolism and Circulation, Munksgaard, Copenhagen

30. Lassen NA (1966) The luxury-perfusion syndrome and its possible
relation to acute metabolic acidosis localized within the brain.
Lancet 11: 113

31. Lassen NA, Ingvar DH (1961) The blood flow of the cerebral
    cortex determined by radioactive Krypton (85)

32. Lassen NA, Ingvar DH (1972) Radioisotopic assessment of regional
    cerebral blood flow. In:Potschen J et al (eds) Progress in
    Nuclear Medicine, Karger, New York

33. Mangold R, Sokoloff L, Conner E, Kleinerman J, Therman PG, Kety SS
    (1955) The effect of sleep and lack of sleep on the cerebral
    circulation and metabolism in normal young man. J Clin Invest 34:
    1092-1097

34. Obrist WD, Thompson Jr HK, King CH, Wary HS (1967) Determination
    of regional cerebral blood flow by inhalation of 133 Xe. Circ Res
    20: 124-135

35. Olesen J (1971) Contralateral focal increase of cerebral blood
    flow in man during arm work. Brain 94: 635-646

36. Orgogozo JM, Larsen B (1979) Activation of the supplementary
    motor area during voluntary movement in man suggests it works as
    a supramotor area. Science 206: 847-850

37. Paulson OB (1970) Apoplexia cerebri. Patogenese, patofysiologi
    og terapi belyst ved malning av hjernens regionale gennemblöding.
    En översikt. Thesis, Copenhagen

38. Raichle M (1979) Quantitative in vivo autoradiography with
    positron emission tomography. Brain Res Reviews. In press

39. Reivich M, Kuhl D, Wolf A, Greenberg J, Phelps M, Ido T, Casella
    V, Fowler J, Hoffman E, Alavi A, Som P, Sokoloff L (1979) The
    (18F) fluorodeoxyglucose method for the method for the measurement
    of local cerebral glucose utilization in man. Circ Res 44: 127-137

40.Risberg J (1980) Regional cerebral blood flow measurements by 133
    Xe-inhalation: Methodology and applications in neuropsychology and
    psychiatry. Brain and Language. In press

41. Risberg J, Halsey JH, Wills EL, Wilson EH (1975) Hemispheric
    specialization in normal man studied by bilateral measurements of
    the regional cerebral blood flow. A study with the 133-Xe inhalation
    technique. Brain 98: 511-524

42. Risberg J, Ingvar DH (1973) Patterns of activation in the grey
    matter of the dominant hemisphere during memorization and reasoning.
    A study of regional blood flow changes during psychological testing.
    Brain 96: 737-756

43. Risberg J, Maximilian AV, Prohovnik I (1977) Changes of cortical
    activity patterns during habituation to a reasoning test. A study
    with the 133 xenon inhalation technique for measurement of regional
    cerebral blood flow. Neuropsychol 15: 793-798

44. Roland PE, Skinhöj E, Larsen B, Lassen NA (1977) The role of
    different cortical areas in the organization of voluntary movements
    in man. A regional cerebral blood flow study. In: Ingvar DH, Lassen
    NA (eds) Cerebral Function, Metabolism and Circulation, Munksgaard,
    Copenhagen

45. Sokoloff L, Mangold R, Wechsler RL, Kety SS (1955) The effect of
    mental arithmetic on cerebral circulation and metabolism. J Clin
    Invest 34: 1101-1108

46. Sokoloff L, Reivich M, Kennedy C, Des Rosiers MH, Patlak CS, Pettigrew KD, Sakurada O, Shinohara M (1977) The (^{14}C) deoxyglucose method for the measurement of local cerebral glucose utilization: Theory, procedure and normal values in the conscious and anesthetized albino rat. J Neurochem 28: 897-916

47. Stokeley EM, Sveinsdottir E, Lassen NA, Rommer P (1980) Design considerations for a single photon dynamic computer-assisted tomograph (DCAT) for imaging brain function in multiple cross sections. J of Computer-Assisted Tomography. In print

48. Veall N, Mallet BL (1966) Regional cerebral blood flow determination by 133 Xe inhalation and external recording. The effect of arterial recirculation. Clin Sci 30: 353-369

Verleihung des Hugo Spatz Preises

H.G. Mertens

Meine Damen und Herren, nach dem Vortrag von Herrn Ingvar verstehen
Sie, daß die heutige Verleihung des Hugo-Spatz-Preises an ihn nicht
nur einen Mann ehrt, der sich für unser Fach ungewöhnlich verdient
gemacht hat. Er hat uns vom Tierexperiment weg und so erfolgreich
zum Verständnis der menschlichen Hirntätigkeit hingeführt, wie es
kaum einem anderen Forscher in unseren Tagen vergönnt war. Wir haben
keinen Nobelpreis zu vergeben. Wenn Sie, Herr Ingvar, bereit sind,
heute den mit DM 10.000 dotierten Hugo-Spatz-Preis unserer Gesellschaft anzunehmen, so gewinnt damit dieser junge Preis an Glanz und
Attraktivität.

Er wurde zur Auszeichnung hervorragender Forschungsleistungen auf
dem Gebiete der Hirndurchblutung und der cerebro-vaskulären Krankheiten gestiftet und erstmalig bei unserer Tagung im Hamburg 1975
an Herrn HOSSMANN vom Max-Planck-Institut für Hirnforschung, Köln-
Merheim, für seine Arbeiten auf dem Sektor der cerebralen Ischämie
verliehen.

Beim 2. Mal ging der Preis 1978 in Berlin an Dr. Martin REIVICH,
Pennsylvania, einen führenden Forscher auf dem Gebiet der Hirndurchblutungsstörungen aus der jüngeren Generation, der sich im Bereich
der Grundlagenwissenschaften, aber auch mit klinischen Arbeiten
ausgezeichnet hat.

Die zukünftigen Preisträger werden sich an den Leistungen ihrer Vor-
gänger messen lassen müssen. Ich zweifle nicht daran, daß auch die
vielen fruchtbaren Ansätze auf dem Gebiet der Hirnkreislaufforschung
in unserem Lande durch diesen Preis und seine erlauchten Träger angeregt, ermutigt und weiter gefördert werden.

Physiologie und Pathophysiologie der corticalen und subcortikalen Bewegungssteuerung

H.H. Kornhuber

Als vor zehn Jahren auf dem Physiologenkongress in Erlangen Zweifel
an der traditionellen Lehre von der Omnipotenz des motorischen Cortex geäußert und eine andere Theorie der Motorik skizziert wurde (34,
35, 37), gab es eine anhaltend lebhafte Diskussion. Inzwischen sind
die Hypothesen von 1970 an einigen Stellen durch neue Befunde gestützt,
und an anderen Punkten haben wir die Theorie auf Grund eigener Untersuchungen modifiziert, so daß es lohnt, erneut einen Überblick zu geben.

Um einen Vergleich aus der Politik zu gebrauchen: aus der Monarchie
des motorischen Cortex ist das Bild eines republikanischen Zusammen-
wirkens zahlreicher Zentren und Teilfunktionen geworden. Dies ist die
Folge der Verbesserungen im Laufe der Evolution, die neue Zentren entstehen ließ, ohne die alten abzuschaffen. So kam es zu einer multiplen Repräsentation der motorischen Funktionen mit partieller Arbeits-
teilung, aber der Möglichkeit vikariierenden Einspringens für einander, so daß wir bei Ausschaltung eines Zentrums nur ausnahmsweise
einen schweren Funktionsausfall sehen. Dies ist zwar kompliziert für
unsere Studenten, aber gut für unsere Patienten. Ähnliches trifft
übrigens auch für sensorische, mnestische und motivationale Leistungen zu.

Eine Tectumläsion ruft beim Affen kaum Störungen hervor; ebenso hat
eine bilaterale Ausschaltung des frontalen Augenfeldes nur ein geringes und vorübergehendes Defizit zur Folge. Über das Tectum läuft der
größte Teil der blickmotorischen Efferenz vom visuellen, paravisuellen
und parietalen Cortex zum Hirnstamm und Kleinhirn. Bei Tectumausfall
kann der Umweg über das Frontalhirn zum Hirnstamm benutzt werden. Erst
wenn auch dieser Weg verbaut ist, zeigt sich, welche funktionelle Bedeutung das Tectum auch beim Primaten hat: Es resultiert eine anhaltende Störung der willkürlichen und der visuell geführten Augenbewegungen
in allen Richtungen (68). Für die Therapie folgt aus der multiplen Repräsentation, daß wir immer nach den noch vorhandenen Restfunktionen
suchen müssen und daß Übung gewöhnlich chancenreich ist. Bei der Aphasie z.B. beginnen wir mit dem meist noch erhaltenen Singen und dem
Sprechen von Texten, die in gesunden Tagen bis zur Automatisierung ge-
lernt wurden, und wir nutzen das teilweise erhaltene Sprachverständnis.
Bei der neurogenen Störung der willkürlichen Harnblasenentleerung trai-
nieren wir mit gutem Erfolg die reflektorische Miktion und geben dem
Kranken die dafür nötige Rückkoppelung durch Sonocystometrie (54).

Beim Schlaganfall mit Hemiplegie ist gewöhnlich nicht der motorische
Cortex ausgefallen, sondern subcortikale Fasersysteme von ausgedehnten
Hirnregionen und zusätzlich oft die Stammganglien. Eine Läsion des motorischen Cortex macht geringere und besser rückbildungsfähige Ausfälle; betroffen sind dabei vor allem die Finger- und Zehenbewegungen.
Dies hängt damit zusammen, daß die Evolution des motorischen Cortex
sich als Anpassung unserer Affen-Vorfahren an das Leben auf Bäumen
vollzog: die Greifhand, die später Werkzeuge formte, war zunächst für
das Klettern da. Deshalb liegt der motorische Cortex auch direkt neben

dem somatosensorischen Cortex und hat vor allem von ihm starke und
direkte Afferenz. Diejenigen Bewegungen, die im motorischen Cortex
vertreten sind, wie die Finger-, Hand-, Zehen-, Lippen- und Zungenbe-
wegungen, sind allesamt dadurch ausgezeichnet, daß Regelung durch
hochentwickelte taktile und propriozeptive Analyse für sie nützlich
ist. Mit anderen Worten: der motorische Cortex ist ein taktilproprio-
zeptiver Assoziationscortex (48). Dem entsprechend fallen nach Läsionen des motorischen Cortex vor allem taktile und propriozeptive Reaktionen aus: die taktile Stellreaktion der Hand und die propriozeptive Hüpfreaktion des Beines (3), bei Primaten die taktile Greifreak-
tion (16), auch die vestibuläre Stellreaktion, denn der vestibuläre
Cortex ist ein Teil der propriozeptiven Region der Postzentralwin-
dung (53). Hingegen bleibt die visuelle Stellreaktion des Armes nach
Läsion des motorischen Cortex erhalten. Nachdem die Feinmotorik der
Finger freilich stark vom motorischen Cortex abhängig geworden war,
fand auch visuelle Afferenz ihren Weg dorthin, so daß bei Affen auch
die visuell geregelten Fingerbewegungen an den motorischen Cortex gebunden sind (23). Die somatosensible Afferenz zum motorischen Cortex
ist so stark, daß der durch Medianusreiz ausgelöste transcorticale
Reflex im EMG nachweisbar und diagnostisch nutzbar ist (9, 61).

Im motorischen Cortex sind demnach alle diejenigen Bewegungen nicht
vertreten, die einer taktilen Regelung nicht bedürfen, vor allem
also die Augenbewegungen - wenn auch unsere Lehrbücher dies anders
sehen. Daß die Augenbewegungen nicht in den motorischen Cortex gelang-
ten, liegt nicht daran, daß sie etwa weniger hoch entwickelt wären als
die Fingerbewegungen. Für das Leben auf Bäumen benötigten die Affen
eine ähnliche Evolution der Augen- wie der Fingerbewegungen. Die Augen
mußten dazu von ihrer seitlichen Stellung, in der sie rundum blickten
und Sichtschutz auch nach hinten gewährten, nach vorne wandern, um
durch binoculares Sehen mit hoher fovealer Auflösung und präziser
binocularer Koordination jenes gute Tiefensehen zu gewährleisten, das
zum Springen notwendig war. Der Abstand zwischen der Okulomotorik
eines Kaninchens und der eines Affen ist ähnlich groß wie der analoge
Abstand in der Fingermotorik. Dennoch sind die Augenbewegungen nicht
im motorischen Cortex vertreten, sondern in den visuellen Assoziations-
feldern, im Parietal- und Frontalhirn und im Tectum. Das frontale
Augenfeld gehört nach zahlreichen Kriterien nicht zum motorischen Cortex und seine Neurone feuern gewöhnlich nicht vor Augenbewegungen (6),
im Gegensatz zu den blickmotorischen Neuronen des Parietalhirns (60,
62). Daß es eine frontale Vertretung der Augenmotorik gibt, hat wohl
einerseits etwas mit der Orientierungssteuerung zu tun und andererseits mit der Notwendigkeit, Information über die Blickrichtung in der
Nähe des motorischen Cortex für Zwecke des manuellen Greifens verfüg-
bar zu haben (38).

Als wir die elektrischen Hirnpotentiale beim Menschen vor Willkürbewegungen zu untersuchen begannen, war das Überraschendste die Lokalisation dieser Potentiale (14, 52) (Abb. 1). Das Bereitschaftspotential
ist bilateral, und das stärkste Potential tritt vor einer Finger- oder
Handbewegung nicht über der Handregion des kontralateralen motorischen
Cortex auf, sondern in der Mittellinie. Wir wissen inzwischen, daß
dieses mediale Potential unabhängig vom lateralen über der Handregion
ist (13). Beim Parkinson-Syndrom kann das Potential über der Handregion der Präzentralwindung weitgehend verschwinden, wogegen es über
der Mittellinie erhalten bleibt. Dies entspricht der Bedeutung der
motorischen Supplementärarea, des limbischen Systems und der Motivation für die Willkürbewegung.

Wenn man von Einzelneuronen verschiedener Großhirnlappen ableitet, so
findet man in allen Regionen sensorische Antworten, nicht nur in den

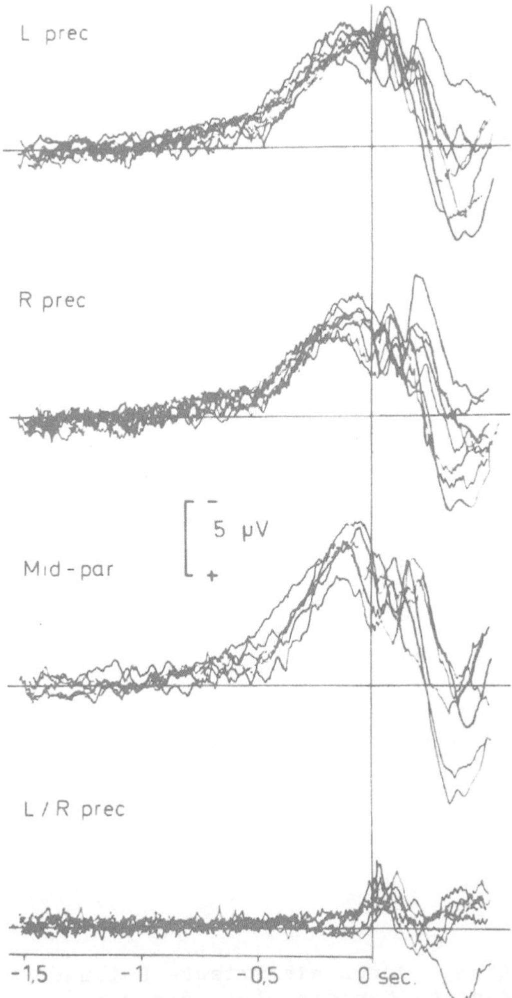

Abb. 1. Hirnpotentiale einer gesunden jungen Frau vor Willkürbewegung (rasche Beugung des rechten Zeigefingers) abgeleitet von der Kopfhaut. 8 Experimente an verschiedenen Tagen, etwa 1000 Bewegungen pro Experiment, Mittelung durch Rückwärtsanalyse. Obere drei Reihen: Monopolare Ableitungen gegen die zusammengeschalteten Ohren; untere Ableitung bipolar linke gegen rechte präzentrale Handregion. Das Bereitschaftspotential beginnt etwa 0,8 sec vor dem Bewegungsbeginn im EMG (Zeitpunkt Null). Es ist oberflächennegativ, bilateral und über präzentralen und parietalen Regionen ausgebreitet. Das größte Potential findet sich in der Mittellinie über der motorischen Supplementärarea. Etwa 90 msec vor Bewegungsbeginn setzt die prämotorische Positivierung ein, die ebenfalls bilateral ist. Das Motorpotential zeigt sich nur in der bipolaren Ableitung. Es beginnt etwa 50 msec vor Bewegungsbeginn und ist über der linken (also kontralateralen) präzentralen Handregion lokalisiert. Experiment von W.Becker, L.Deecke, B. Grözinger und H.H.Kornhuber, erstmals gezeigt beim Deutschen Physiologenkongress 1969

primären sensorischen Feldern (50). Ähnlich geben alle cortikalen Regionen bei elektrischen Reizen auch Bewegungen, und zwar außerhalb der perirolandischen Region vor allem Augen- und Kopfbewegungen, was klinisch als Adversivanfälle bekannt ist (59, 73) (Abb. 2). In gewisser Hinsicht sind also alle cortikalen Felder sensorisch und motorisch und darüber hinaus mnestisch und motivational; denn zum Erkennen gehört Einordnung in einen Zusammenhang und deshalb Gedächtnis. Für die Richtung der sensorischen Aufmerksamkeit und für die Auswahl des Wesentlichen zur Speicherung ist Bewertung erforderlich; deshalb stehen die Assoziationsfelder in Verbindung mit dem limbischen System (36). Dies alles bedeutet aber nicht, daß wir die Unterschiede zwischen den Rindenfeldern in einem allgemeinen Holismus untergehen lassen, sondern nur, daß wir einige noch etwas grobe durch differenziertere Vorstellungen von einer Zusammenarbeit von Teilfunktionen ersetzen. Denn obwohl der Neocortex im Prinzip überall gleich aufgebaut ist, ist die Funktion doch örtlich verschieden infolge unterschiedlicher Afferenz und Efferenz. Der perirolandische Cortex (die Felder 1 - 6) ist afferent

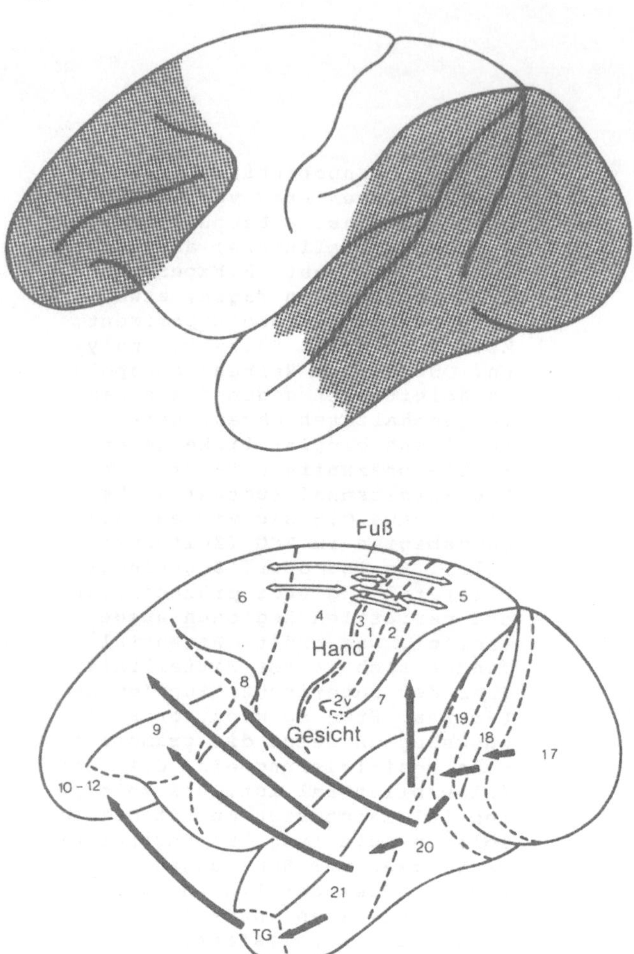

Abb. 2. Oben: Die Cortexgebiete des Affen, deren elektrische Reizung
Augenbewegungen hervorruft oder in denen es Neurone gibt, die vor
Augenbewegungen aktiv werden. Occipital-, Temporal-, hinterer Parie-
tal- und Frontallappen liefern Augenbewegungen. Hingegen treten bei
Reizung der weißen Zone um die Zentralfurche Hand-, Fuß- oder Mund-
bewegungen auf. In der parietalen Area 7 überlappen sich Hand- und
Augenbewegungen. Der vordere Teil des Schläfenlappens wurde nicht untersucht (auf Grund von Befunden von Vogt, Lilly, Wagmann und Mountcastle). Unten: Der visuelle und akustische (schwarze Pfeile) und der
somatosensorische (weiße Pfeile) cortico-cortikale Informationsfluß
durch Assoziationsfasern beim Affen. Der motorische Cortex erhält Afferenz von den taktil-propriozeptiven Feldern 3, 1, 2 und 5. Der kleine vestibuläre Cortex (Area 2v) gehört zum somatisch-propriozeptiven
Gebiet. Hingegen erhalten die Rindengebiete, die auf elektrischen
Reiz Augenbewegungen geben, Information von Auge oder Ohr (nach Kornhuber, aus "Die Psychologie des 20. Jahrhunderts", Kindler-Verlag,
Zürich)

durch taktile und propriozeptive Information und efferent durch direkte lange Bahnen zum Rückenmark ausgezeichnet. Hingegen sind die occi-
pitalen, temporalen, hinteren parietalen und lateralen frontalen Fel-

der vor allem mit optischer und akustischer Information versorgt, und
ihre Efferenz geht - außer zu anderen cortikalen Feldern - vor allem
zu subcortikalen Kernen. Der fronto-orbitale und limbische Cortex wiederum hängt mit dem Hypothalamus und dem übrigen limbischen System zusammen und liefert efferent motivationale Impulse an zahlreiche cortikale und subcortikale Stellen.

Das Liepmann'sche Modell zur Erklärung der Willkürbewegung (58), das
bis heute vorherrscht, hat aus meiner Sicht zwei Fehler: Erstens, es
berücksichtigt nur die für Handlungen notwendige sensorische Information, nicht aber die ebenfalls erforderlichen Antriebs- und Willens-
impulse. Es war das Modell des spinalen Reflexes, übertragen auf das
Großhirn, nicht aber ein Modell für Willenshandlungen. Eine Handlung
hat ja immer diese zwei Aspekte: den taktischen (jede Handlung bezieht sich auf eine bestimmte Situation, die durch die Sinnessysteme
analysiert wird) und den strategischen (dies meint, daß Handlungen
eine Funktion für unser Leben haben, also vom organischen Bedarf, von
den Aufgaben der Arterhaltung und von anderen Lebenszielen gesteuert
werden). Mit diesem Aspekt hat offenbar das vorher erwähnte große Bereitschaftspotential über dem limbischen und paralimbischen supplementärmotorischen medialen Cortex vor einer Willkürbewegung zu tun.

Der andere Mangel der Liepmann'schen Theorie war die Annahme, daß der
motorische Cortex ein Programm- oder Funktionsgenerator (im Sinne der
Nachrichtentechnik) sei, also selbst die raum-zeitlichen Bewegungsprogramme hervorbringen könne. Was damit gemeint ist, können wir uns
am technischen Beispiel eines Oszillographen oder Fernsehgerätes klar
machen: Um den Elektronenstrahl der Röhre gleichmäßig in eine Richtung
zu bewegen, bedarf es eines Funktionsgenerators, und ein anderer Funktionsgenerator ist nötig, um den Strahl am Zeilenende rasch zurückzuführen. Es gibt nun eine Reihe von Argumenten dafür, daß in unserem
Gehirn nicht der motorische Cortex, sondern andere Strukturen diese
Funktion erfüllen (37). Bevor ich zu den positiven Argumenten komme,
will ich aber noch das häufigste Gegenargument entkräften: Man sagt:
unter allen Läsionen der Großhirnrinde rufe nur die des motorischen
Cortex Lähmungen hervor. Das ist zwar richtig (wenn auch nur für Fin-
ger- und Zehenbewegungen), aber würde man ein Motoneuron des Rückenmarks, für das dieses Argument ja noch viel mehr zutrifft, deshalb für
einen Generator von Bewegungsprogrammen halten? Wohl kaum. Daß man an-
nahm, der motorische Cortex könne dies, lag wohl am Nimbus des Cortex;
ihm traute man alles zu. Aber ein Apparat, der gut ist für das Erkennen und das dazu nötige Gedächtnis, muß noch kein Funktionsgenerator
sein.

Bedenkt man Fragen der Funktion, so ist es immer gut, die Phylogenese
in Betracht zu ziehen. Die Großhirnrinde tritt spät auf. Die Fische
schwammen und die Frösche kletterten ohne Cortex, und selbst der Motorik einer Katze merkt man wenig an, wenn der motorische Cortex beidseits fehlt.

Betrachten wir nochmals genauer die Hirnpotentiale, die einer menschlichen Willkürbewegung vorausgehen (11): Zuerst kommt das Bereitschaftspotential, dann etwa 90 msec vor dem Beginn der Fingerbewegung die
ebenfalls bilaterale prämotorische Positivierung und erst 30 msec danach das Motorpotential, welches das einzige scharf lokalisierte Potential über der Handregion des kontralateralen motorischen Cortex ist:
es beginnt etwa 60 msec vor der elektrischen Aktivität des Muskels. In
diesen 30 msec werden offenbar subcortikale Mechanismen aktiv, denen
wir uns nun zuwenden wollen.

Das Kleinhirn, das phylogenetisch älter ist als der motorische Cortex,
wurde früher als ein Hilfsorgan des motorischen Cortex betrachtet,
das nach diesem ins Spiel komme und dazu diene, Bewegungen (die vom
motorischen Cortex initiiert würden) glatt zu machen und Intentionstremor zu vermeiden (Abb. 3).

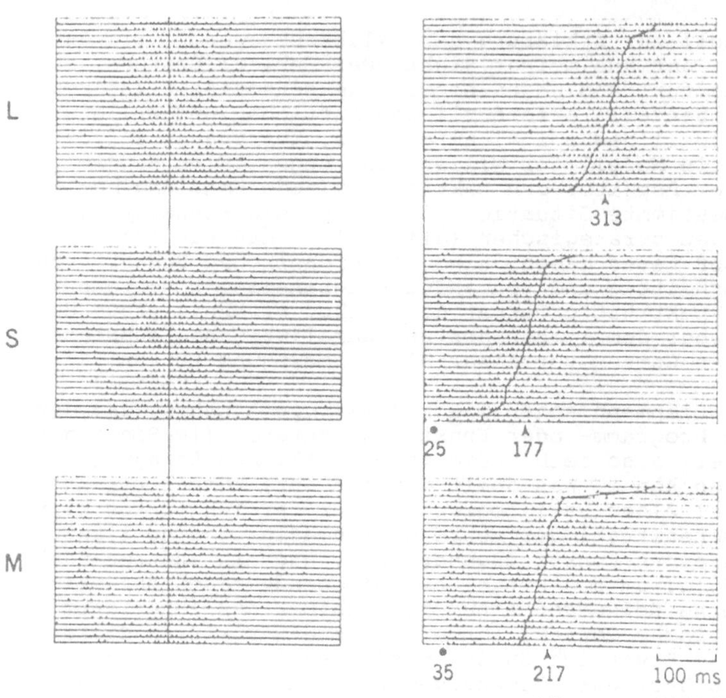

Abb. 3. Aktivität eines Neurons des motorischen Cortex des konditionierten Rhesusaffen bei Unterarmbewegung auf Sinnesreize. L = Lichtreiz, S = Ton, M = somatischer Reiz des Armes. Links: der vertikale
Strich bedeutet den Beginn der Armbewegung des Affen; rechts beginnen
alle Ableitungen mit Reizbeginn. Auf akustischen und somatosensorischen Reiz zeigt das Neuron eine frühe sensorische Antwort, deren Latenz bei Tonreiz 25 msec, bei somatischem Reiz 35 msec beträgt. Eine
sensorische Antwort auf Lichtreiz tritt nicht auf. Die frühen sensorischen Antworten zeigen aber keine Beziehung zur folgenden motorischen Aktivität des Neurons, deren Latenz bei Tonreiz (177 msec im
Mittel) am kürzesten, bei Lichtreiz (313 msec im Durchschnitt) am
längsten ist. Nach Lamarre et al. 1980. Progr Brain Res 53, Elsevier,
Amsterdam

Aus der Blickdysmetrie bei Kleinhirnläsionen (33) wurde hingegen geschlossen (34), daß das Kleinhirn vor dem motorischen Cortex ins Spiel
kommen muß, und dafür gibt es jetzt weitere Beweise: bei einer Unterarmbewegung beginnen Kleinhirnneurone (und zwar die des Dentatums)
durchschnittlich 20 msec früher zu feuern als die des motorischen Cortex (71). Nach Kleinhirnläsionen setzen Armbewegungen verzögert ein,
und dies ist keineswegs, wie man vermutet hatte, durch einen Mangel
an tonischer Bahnung des Rückenmarks bedingt, denn nach Kleinhirnaus-
schaltung ist die Reaktionszeit der Neurone des motorischen Cortex bei
Armbewegungen auf Tonreiz beim Affen um die gleichen 150 msec verlängert, um die auch die Bewegung selbst verzögert wird (55) (Abb. 4).

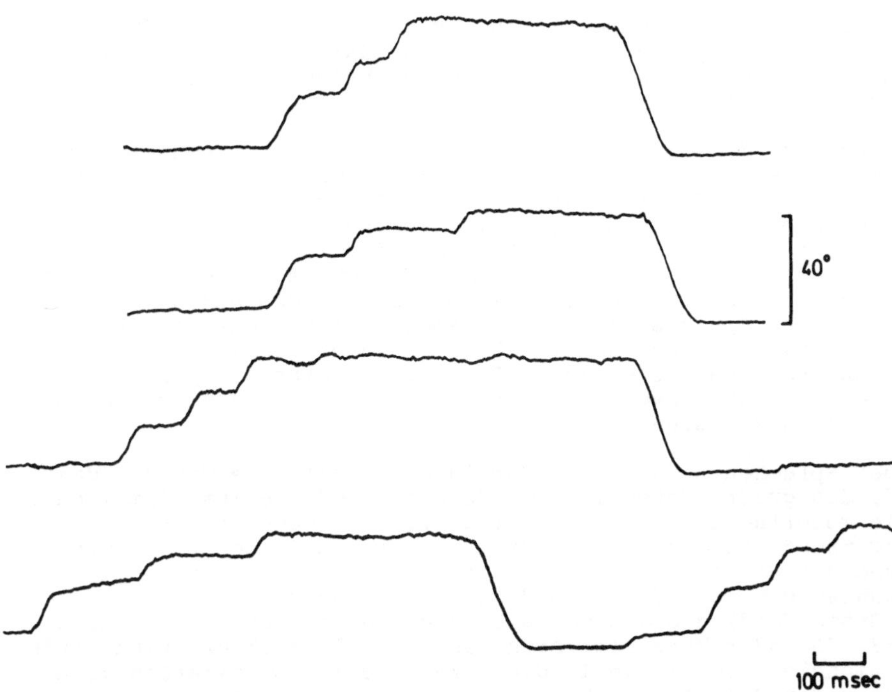

Abb. 4. Cerebellare Dysmetrie der sakkadischen Augenbewegung: Hypome-
trie der Sakkaden beim Blick nach rechts (Versuch, zwischen zwei Mar-
ken im Abstand von 40° hin und her zu blicken). Normale Sakkaden beim
Blick nach links. Keine Blicklähmung, kein Nystagmus. Die Geschwindigkeit der hypometrischen Augenbewegungen ist normal. Nach Kornhuber,
in: Vorträge der Erlanger Physiologentagung, 1970, Springer Verlag
Heidelberg

Nach Einzelzellableitungen ist der motorische Cortex aus sensorischer
Sicht ein somatisch-vestibuläres und akustisches Assoziationsfeld ohne visuelle Afferenz (2). Aber auch wenn man Antworten von Neuronen
des motorischen Cortex auf somatische oder akustische Reize im Kondi-
tionierungsexperiment betrachtet, so zeigen die sensorischen Antworten, die mit kurzer Latenz auftreten, keinerlei zeitliche Beziehung
zu den viel späteren motorischen Entladungen derselben Neurone, die
Korrelate der Unterarmbewegung sind und mit präziser zeitlicher Beziehung diesen vorausgehen (56). Sensorische Afferenz allein vermag
also nicht, im motorischen Cortex ein Bewegungskommando auszulösen.

Weiter: als Kliniker wissen wir alle, daß es Patienten gibt, bei denen der motorische Cortex intakt ist und die keine Apraxie haben, die
aber dennoch unfähig sind, Willkürbewegungen nach Belieben zu starten
und auszuführen. Dabei handelt es sich um Stammganglienläsionen (im
weiten Sinn, einschließlich der S. nigra). Viele von diesen Kranken
können die gleiche Bewegung, die sie nicht spontan zu generieren vermögen, doch ausführen, wenn sie sensorischen Reizen folgen, z.B. genügt bei der Torsionsdystonie eine leichte Berührung der Wange, bei
der athetotischen Hand ein Berühren der Finger oder bei der Parkinson-
akinese eine Reihe von visuellen Reizen am Boden zur Initiierung der
Bewegung (2). Diese erhöhte Außenreiz-Abhängigkeit nach Stammganglien-
läsionen spricht dafür, daß der motorische Cortex nicht im Stande ist,

die nötigen Bewegungsprogramme allein hervorzubringen. Befunde der
eben erwähnten Art haben zu der Vermutung geführt, daß die Stammganglien ein Programmgenerator für die Hervorbringung selbst gene-
rierter Bewegungen sind (37, 39).

Dies gilt auch für das Sprechen. Hinsichtlich der Sprache hatten wir
ja eine ähnliche Situation wie bei der übrigen Motorik-Theorie. Das
Sprechen sollte hervorgebracht werden durch Informationsfluß vom Ohr
über Schläfenlappen und Broca-Feld zum motorischen Cortex. Wenn diese Theorie richtig wäre, so müßten Läsionen des motorischen Cortex
zu totaler Aphasie führen, was nie beobachtet wurde; tatsächlich führen solche Läsionen lediglich zu einer Dysarthrie des Sprechens. Auch
in der Theorie der Sprache kamen die Stammganglien nicht vor. Links-
hirnige Stammganglien- und Thalamusläsionen rufen aber, wie wir aus
Herdfällen und von stereotaktischen Operationen wissen, aphasische
Störungen hervor, und schwere Aphasien haben meist eine Mitverletzung
der Stammganglien zur Grundlage (49).

Auch vor dem Sprechen zeigt nicht der laterale frontale Cortex, das
Broca-Feld, das größte Potential, sondern der mediale (paralimbische)
Cortex, die motorische Supplementärarea (22). Im Gegensatz zur Lehr-
buchmeinung macht eine Läsion des Broca-Cortex nur eine transiente
Aphasie, und das Gleiche gilt für Läsionen der motorischen Supplementärarea. Wahrscheinlich können beide frontale Regionen, die laterale
(also das Broca-Feld) und die mediale (die ich Vogt-Brickner-Penfield-
Area (7, 63, 73) oder kurz Vogt-Area nennen will) sich ersetzen, indem
sie motivationale Information in die sprachliche Kommunikation bringen. Läsionen der Vogt-Area scheinen die Spontansprache viel mehr zu
beeinträchtigen als das Nachsprechen (67). Diese Befunde beim Menschen
passen gut zu experimentellen Ergebnissen über die Vokalisation beim
Affen: sie hängt von der Vogt-Area, nicht vom Broca-Feld ab (64). Der
Schläfenlappen ist weniger leicht ersetzbar als jedes der beiden vorderen Sprachfelder allein; Läsionen des Wernicke-Feldes haben schwerere Aphasien zur Folge, aber die schwersten entstehen bei Kombination
mit Stammganglien-Läsionen, die zur globalen Aphasie führen. Charakteristisch ist dabei die verbale Perseveration. Der Sprechimpuls läuft
dann immer wieder in die gleichen Schablonen, weil das Formulieren der
passenden motorischen Programme gestört ist, analog zur Palipraxie,
Echopraxie und Außenreizabhängigkeit der übrigen Motorik bei Stamm-
ganglienläsion (39, 49).

Nun kurz zum Kleinhirn: Daß es nicht nur im Nebenschluß des Weges vom
motorischen Cortex zum Rückenmark liegt, sondern das Neocerebellum
dem motorischen Cortex vorgeschaltet ist (35, 37), hatten wir schon
gesehen. Eines der Hauptsymptome bei Kleinhirnläsionen ist Dysmetrie
im Sinne von Unfähigkeit zu zielgenauer Ausführung rascher Bewegungen.
Diese Bewegungen sind zu rasch, um kontinuierlich durch visuelle Rückkoppelung geregelt zu werden. Das Kleinhirn benutzt aber visuelle Information, um durch Lernen bei Veränderungen (z.B. Prismenbrille) die
Bewegung wieder treffend zu machen (27, 66). Auch Afferenz von den Augenmuskeln erreicht das Kleinhirn (20) und wird offenbar dazu genutzt,
durch Kenntnis der Ausgangsstellung die Blickeinstellbewegungen genauer zu machen (37). Auch für Zielbewegungen der Hand ist das Kleinhirn wesentlich; bei konditionierten Affen ist nach Cerebellektomie
die Reaktionszeit um 150 msec verlängert (55). Diagnostisch nutzen wir
diese Tatsachen am besten durch Prüfung der Diadochokinese; man muß
diese freilich nicht, wie es oft geschieht, durch ungezieltes Pro- und
Supinieren der Hand, sondern als Serie rasch folgender Zielbewegungen
prüfen, z.B. durch Tippen des Patienten abwechselnd mit Volar- und
Dorsalseite der Finger auf die Hand des Untersuchers; dabei summieren
sich die Verzögerungen.

Eine andere Kleinhirnfunktion besteht im Halten der durch die raschen
Zielbewegungen erreichten Positionen, d.h. im Vermeiden von Gleit-
oder Oszillationsbewegungen. Bei Kleinhirnläsionen tritt deshalb Blickrichtungsnystagmus, Verminderung des optokinetischen Nystagmus (28)
sowie Halte- und Intentionstremor auf, einschließlich eines erworbenen Pendelnystagmus der Augen (1).

Die Bedeutung peripherer Rückkoppelung für die Bewegungsgenauigkeit
ist noch nicht abschließend geklärt. Deafferentierung des Armes macht
keine Störung einer für eine bestimmte Ausgangsstellung erlernten raschen Armzielbewegung. Die Bewegung ist programmiert und nutzt die
Muskelelastizität, wobei die Bedeutung von internen Rückmeldungen der
Motoneurone zu übergeordneten Zentren allerdings noch zu untersuchen
bleibt. Wichtig ist die Rückmeldung der Muskelrezeptoren jedenfalls
für die adaptive Änderung und das Lernen neuer Zielbewegungen (65).
Bei den Augenbewegungen ist klar, daß die Sakkade zwar nicht kontinuierlich visuell geregelt ist, aber es scheint, daß die Zielgenauig-
keit doch eine rasche interne Rückmeldung voraussetzt, die von den
Motoneuronen kommen könnte; denn bei Variation der Geschwindigkeit
variiert die Genauigkeit der Amplitude kaum (30).

Die Annahme, daß die Stammganglien ein Funktionsgenerator für reizunabhängige selbstprogrammierte Bewegungen sind (37), wurde durch reversible Ausschaltung (Kühlung) bestätigt: visuell geführte Bewegungen
gelingen bei Kühlung der Stammganglien noch, während selbst generierte
ausfallen (26, 70).

Während das Kleinhirn mit raschen Zielbewegungen und mit dem Halten
von Positionen dazwischen verbunden ist, wurde der Funktionsgenerator
für reizunabhängige glatte Bewegungen beliebig langsamer Geschwindigkeit in den Stammganglien gesucht (35). Wahrscheinlich ist die Sache
noch komplizierter, etwa so, daß die Stammganglien ein komplexer Programmgenerator für verschiedene Bewegungsarten sind (42), aber etwas
Wahres war vielleicht doch an der ursprünglichen Vermutung: Willkürliche Augenbewegungen beliebig langsamer Geschwindigkeit können wir nicht
ausführen, und für die Augenbewegungen sind die Stammganglien entbehrlich (37, 19). Während die Parkinson-Akinese sich besonders auch bei
den Rampenbewegungen (z.B. beim Umdrehen im Liegen, 37) und bei den
prädiktiven glatten Bewegungen des Armes (17, 18) zeigt, ist die prä-
diktive Kontrolle der Augenbewegungen beim Parkinsonsyndrom erhalten
(19). Die Augenmotorik verfügt im Gegensatz zur übrigen Motorik nicht
über die Fähigkeit zur Langzeitprädiktion (41) und zur Hervorbringung
ganz reizunabhängiger langsamer Bewegungen. Funktionell ist dies sinnvoll, weil Gleitbewegungen bei ruhender Umwelt das Sehen stören. Die
Kurzzeitprädiktion bei der Folgebewegung der Augen scheint aber unabhängig von den Stammganglien zu sein. Auch Einzelzellableitungen in
den Stammganglien bei Bewegung haben eine stärkere Beziehung zu kontinuierlichen Rampenbewegungen als zu raschen ballistischen Bewegungen
teilweise bestätigt (15). - Die menschlichen Hirnpotentiale vor langsamen und raschen Handbewegungen sind verschieden (5).

Neben Kleinhirn und Stammganglien spielen auch in unserer Motorik gewiß noch ältere Mechanismen eine Rolle, die mit dem vestibulären System
und den motorischen Funktionen retikulärer Hirnstammkerne verbunden
sind. Dazu gehören die automatische vestibuläre Stabilisierung der Kör-
per- und Augenstellung, die Atemregelung, das Schlucken, Erbrechen und
die raschen Phasen des vestibulären Nystagmus. Die raschen Nystagmusphasen sind ein gutes Beispiel, wie phylogenetisch ältere mit höheren,
genauer zielenden Mechanismen zusammenarbeiten. Man hat gegen die Deutung der cerebellären Dysmetrie der sakkadischen Augenbewegungen ein-
gewendet, daß diese im Grunde doch nichts anderes seien als rasche

Nystagmusphasen und damit alte Funktionen reticulärer Hirnstammkerne.
Dabei wurde übersehen, daß auf die alte, ungezielte Funktion die neue
der visuell gezielten Sakkade aufgeschaltet wurde. Dies zeigt sich
z.B. bei der Interaktion mit der langsamen Phase des vestibulären
Nystagmus: während rascher Phasen des vestibulären Nystagmus wird die
langsame Phase einfach abgeschaltet, wogegen gezielte sakkadische
Augenbewegungen Summation mit den langsamen Nystagmusphasen zeigen
(29).

Neben der Bewegung ist für die Motorik natürlich auch die Stabilisie-
rung von Stellungen von großer Bedeutung, schon zur Sicherung der
Ausgangsposition, ohne die Bewegung nicht möglich wäre. Außer der
Muskelelastizität und spinalen Mechanismen spielen vor allem das Klein-
hirn und das vestibuläre System dabei eine wichtige Rolle: Das Kleinhirn
stabilisiert die Bewegung einzelner Körperteile gemäß den Kommandos des
Großhirns, während das vestibuläre System den Körper, den Kopf und die
Augen im Schwerefeld stabilisiert, ähnlich einer Plattform für eine
Schiffskanone (38). Diese Stabilisierung ist freilich nicht perfekt.
Während man früher dachte, daß der gesunde Mensch keinen Spontannystagmus hat, ist heute klar, daß es bei völligem Ausschluß visueller Fixa-
tion einen physiologischen Spontannystagmus gibt, der vom pathologischen am besten durch die gute alte Leuchtbrille zu unterscheiden ist
(31). - In der Stützmotorik gibt es freilich wichtige Regelungen auch
oberhalb des Hirnstamms, z.B. die Stell-, Hüpf- und Greifreaktionen,
die vom motorischen Cortex abhängen (3, 16) und sich auch für die kin-
derneurologische Diagnostik eignen.

Woher aber kommen die Bewegungskommandos? Die Antwort ist nur für Dog-
matiker einfach. Wer das Leben und die handelnden Personen in ihrer
Vielfalt sieht, wird schließen: je nach innerer Bedürfnislage, äußerer
Situation und langfristigen Lebensplänen kommt das Bewegungskommando
wohl von verschiedenen Stellen im Gehirn. Walter Rudolf Hess hat gezeigt, daß wichtige Substrate für Triebmechanismen im Zwischenhirn liegen (25), und Karl Kleist hat auf die Bedeutung der frontalen Konvexität für den Antrieb und des Orbitalhirns für den Willen und das ethi-
sche Verhalten hingewiesen (32). Daß der mediale limbische Cortex (Gyrus cinguli und motorische Supplementärarea) für die Motivation wichtig ist, zeigen sowohl die Hirnpotentiale vor Willkürbewegungen (13)
als auch die regionale Hirndurchblutung bei Fingerbewegungen (57). Bei
visuell gezielten Blick- und Armbewegungen spielt das Parietalhirn
(Area 7) eine wichtige Rolle; dies ist nach den Einzelneuronbefunden
an konditionierten Affen - trotz negativer Publikationen anderer Gruppen - kaum zweifelhaft (56, 60, 62). Unter gewissen Bedingungen scheint
nach den regionalen Hirndurchblutungsbefunden aber auch das frontale
Augenfeld eine Rolle zu spielen (57). Bei einfachen Fingerbewegungen
oder bei Augenbewegungen zwischen zwei stationären Blickzielen ist der
laterale frontale Cortex nach den Bereitschaftspotentialbefunden nicht
im Spiel (4, 11); wird von der Person hingegen für das Bewegungskommando ein visueller Reiz erwartet (wie bei der Untersuchung der Erwartungs-
welle, auch CNV genannt), so findet sich über der frontalen Konvexität
ein Bereitschaftspotential (10). Die visuelle Information kommt ins
Frontalhirn vom inferotemporalen Cortex, wie umgekehrt die Area 7 motivationale Information u.a. vom Gyrus cinguli erhält. Die motivatio-
nalen und situativen (sensorischen) Komponenten des Entscheidungspro-
zesses sind offenbar dauernd in Kommunikation (36): ein Spiegelbild
dieses Zustandes ist die Tatsache, daß wir drei untereinander verbundene cortikale Sprachregionen haben, zwei vordere, die den Motivations-
apparaten nahe stehen, und eine hintere, nahe den sensorischen tele-
zeptiven Feldern.

Dazu kommt die Rechts-Links-Kommunikation: Nicht nur beim übrigen
Denken und Handeln müssen beide Hemisphären - die mehr analytische,
sprechende, abstrahierende und rechnende linke und die mehr räumlich-
konstruktive, musische und pragmatische rechte (69) - zusammenarbeiten, auch beim Verstehen von Sprache ist die Kooperation der subdomi-
nanten Hemisphäre gefragt, sobald das Verständnis nicht auf syntakti-
schen, sondern auf pragmatisch-semantischen Zusammenhängen beruht (24),
wobei die Tatsache der Hemisphärenspezialisierung einschließlich gewöhnlich linksseitiger Ursachen von Apraxie und vorwiegend rechtsseitiger von Prosopagnosie (beim Rechtshänder) nicht mehr strittig ist.
Was den Wechsel des jeweils führenden Hirnteils hervorruft, ist nicht
ein einzelnes Supersystem, wie Penfield's centrencephales System,
oder ein einzelner Über-Trieb, wie die "Libido" der "Psychoanalytiker",
sondern es ist die gleichzeitig über viele Leitungen stattfindende Informationsverarbeitung, solange Wachheit und Aufmerksamkeit besteht
(46).

An diese komplexen Funktionen kommt die Motorikforschung langsam heran.
Viele Schizophrene z.B. zeigen eine Störung der Blickfolgebewegungen,
die wahrscheinlich auf einer rasch wechselnden Störung der unwillkürlichen Aufmerksamkeit beruht. Und das Bereitschaftspotential bei Willkürbewegungen bildet sich bei Schizophrenen verspätet zurück (72), was
vielleicht einen Mangel an Fähigkeit zu rascher Entspannung anzeigt.

Abschließend ein praktischer Ausblick:
Motorik ist nicht nur für die Forschung, sondern auch für die Therapie
eine zentrale Aufgabe der Neurologie. Die Grundlagen der Willkürmotorik
sind in den letzten 20 Jahren durch methodische Fortschritte genauer
bekannt geworden. Auch die symptomatische Therapie und Rehabilitation
hat wichtige Fortschritte gemacht. Neurologie ist nicht mehr nur eine
diagnostische Kunst. Allerdings muß die dezentrale, häusliche Rehabilitation weiter entwickelt werden, denn die klinisch erreichten Trainings-
erfolge gehen zuhause oft rasch wieder verloren (47). Das dringendste
Desideratum der Neurologie ist aber heute nach meiner Meinung die Prävention (40). Ist es nicht Mangel an Gleichgewicht, daß wir Neurologen
uns um Schlaganfälle nur kurativ bemühen und nicht stärker präventiv
die Ursachen Bluthochdruck, Kochsalz-Überkonsum, inhalierendes Zigaret-
tenrauchen und Übergewicht (8, 21) angehen? Auf die Herausforderung der
heutigen Situation, in der die Mehrzahl unserer Leiden durch unsere Le-
bensweise entsteht, haben wir Ärzte noch nicht wirksam geantwortet.

Literatur

1. Aschoff JC, Conrad B, Kornhuber HH (1974) Acquired pendular nystagmus with oscillopsia in multiple sclerosis: a sign of cerebellar
   nuclei disease. J Neurol Neurosurg Psychiat 37: 570-577

2. Aschoff JC, Kornhuber HH (1975) Functional interpretation of soma-
   tic afferents in cerebellum, basal ganglia and motor cortex. In:
   Kornhuber HH (ed) The somatosensory system. Georg Thieme Publishers,
   Stuttgart, p 145-157

3. Bard P (1938) Studies in the cortical representation of somatic
   sensibility. Harvey Lect 33: 143-169

4. Becker W, Hoehne U, Iwase K, Kornhuber HH (1972) Bereitschaftspotential, prämotorische Positivierung und andere Hirnpotentiale bei
   sakkadischen Augenbewegungen. Vision Res 12: 421-436

28

5. Becker W, Iwase K, Jürgens R, Kornhuber HH (1976) Bereitschaftspotential preceeding voluntary slow and rapid hand movements. In:
   McCallum WC, Knott JR (eds) The responsive brain. John Wright and
   sons, Bristol, p 99-102

6. Bizzi E (1968) Discharge of frontal eye field neurones during
   saccadic and following eye movements in unanesthetized monkeys.
   Exp Brain Res 10: 69-80

7. Brickner RM (1940) A human cortical area producing repetive phenomena when stimulated. J Neurophysiol 3: 128-130

8. Claus D, Kornhuber HH (1979) Vor allem das inhalierende Zigaretten-
   rauchen reduzieren. Prävention sollte sich auf das Machbare konzen-
   trieren. Münch med Wschr 121: 1583-1584

9. Conrad B, Aschoff JC (1977) Effects of voluntary isometric and iso-
   tonic activity on late transcortical reflex components in normal
   subjects and hemiparetic patients. Electroenceph Clin Neurophysiol
   42: 107-116

10. Deecke L, Becker W, Grözinger B, Kriebel J (1976) CNV-Bereitschafts-
    potential relationships. In: McCallum WC, Knott JR (eds) The
    responsive brain. J.Wright and Sons, Bristol, p 214-215

11. Deecke L, Grözinger B, Kornhuber HH (1976) Voluntary finger move-
    ment in man: cerebral potentials and theory. Biol Cybernetics 23:
    99-119

12. Deecke L, Kornhuber HH (1977) Cerebral potentials and the initia-
    tion of voluntary movement. In: Desmedt JE (ed) Attention, volun-
    tary contraction and event-related cerebral potentials. Progr Clin
    Neurophysiol I. Karger, Basel, p 132-150

13. Deecke L, Kornhuber HH (1978) An electrical sign of participation
    of the medial "supplementary" motor cortex in human voluntary
    finger movements. Brain Res 159: 473-476

14. Deecke L, Scheid P, Kornhuber HH (1969) Distribution of readiness
    potential, pre-motion positivity and motor potential of the human
    cerebral cortex preceding voluntary finger movements. Exp Brain
    Res 7: 158-168

15. DeLong MR, Strick PL (1974) Relation of basal ganglia, cerebellum,
    and motor cortex units to ramp and ballistic limb movements. Brain
    Res 71: 327-335

16. Denny-Brown D (1960) The general principles of motor integration.
    In: Field J et al. (eds) Handbook of Physiology, Section I: Neuro-
    physiology. American Physiological Society, Washington

17. Flowers KA (1976) Visual "closed-loop" and "open-loop" characteri-
    stics of voluntary movements in patients with parkinsonism and
    intention tremor. Brain 99: 269-310

18. Flowers K (1978) Some frequency response characteristics of parkin-
    sonism on pursuit tracking. Brain 101: 19-34

19. Flowers KA, Downing AC (1978) Predictive control of eye movements
    in Parkinson disease. Ann Neurol 4: 63-66

20. Fuchs AF, Kornhuber HH (1969) Extraocular muscle afferents to the cerebellum of the cat. J Physiol 200: 713-722

21. Glocker E, Hänsel D, Kornhuber HH (1977) Übergewicht, Rauchen und andere Risikofaktoren bei 357 Fällen von Hirndurchblutungsstörungen. Dtsch Med Wschr 40: 1437

22. Grözinger B, Kornhuber HH, Kriebel J (1979) Participation of mesial cortex in speech: Evidence from cerebral potentials preceeding speech production in man. In: Creutzfeldt O et al. (eds) Hearing mechanisms and speech. Exp Brain Res Suppl II. Springer Verlag Berlin Heidelberg, p 189-192

23. Haaxma R, Kuypers HGJM (1975) Intrahemispheric cortical connexions and visual guidance of hand- and finger movements in the rhesus monkey. Brain 98: 239-260

24. Heeschen C, Jürgens R (1977) Pragmatic-semantic and syntactic factors influencing ear differences in dichotic listening. Cortex 13: 74-83

25. Hess W R (1940) Das Zwischenhirn. Syndrome, Lokalisationen, Funktionen. B. Schwabe, Basel

26. Hore J, Meyer-Lohmann J, Brooks VB (1977) Basal ganglia cooling disables learned arm movements of monkeys in the absence of visual guidance. Science 195: 584-586

27. Ito M (1975) Cerebellar control mechanisms of eye movements. In: Morimoto M (eds) Proc Fifth Extraordinary Meeting of the Bárány Society, Suppl.Int.J.Equilibrium Res. Kyoto, p 142-149

28. Jung R, Kornhuber HH (1964) Results of electronystagmography in man: the value of optokinetic, vestibular and spontaneous nystagmus for neurologic diagnosis in research. In: Bender MB (ed) The oculomotor system. Hoeber, New York, p 428-482

29. Jürgens RW, Becker W, Rieger P (1977) The programming of fast eye movements during natural vestibular stimulation - two types of interaction. IFAC Symposium, Bio- and Ecosystems, Leipzig

30. Jürgens R, Becker W, Kornhuber HH (1979) Evidence for local feedback in the generation of saccadic eye movements. Pflügers Arch Physiol Suppl 382 R 40

31. Kamei T, Kornhuber HH (1974) Spontaneous and head-shaking nystagmus in normals and in patients with central lesions. Canad J Otolaryng 3: 372-380

32. Kleist K (1934) Kriegsverletzungen des Gehirns in ihrer Bedeutung für die Hirnlokalisation und Hirnpathologie. In: von Schjerning O (Hrsg) Bd. IV (Geistes- und Nervenkrankheiten, redigiert von Karl Bonhoeffer) des Handbuchs der ärztlichen Erfahrungen im Weltkriege. Johann Ambrosius Barth, Leipzig, S 343-1408

33. Kornhuber HH (1968) Neurologie des Kleinhirns. Zbl Neurol 191: 13

34. Kornhuber HH (1971) Das vestibuläre System, mit Exkursen über die motorischen Funktionen der Formatio reticularis, des Kleinhirns, der Stammganglien und des motorischen Cortex sowie über die Raumkonstanz der Sehdinge. In: Keidel WD, Plattig KH (Hrsg) Vorträge der Erlanger Physiologentagung 1970. Springer-Verlag, Berlin Heidelberg New York, S 174-204

35. Kornhuber HH (1971) Motor functions of cerebellum and basal ganglia.
    Kybernetik 8: 157-162

36. Kornhuber HH (1973) Neural control of input into long term memory:
    limbic system and amnestic syndrome in man. In: Zippel HP (ed)
    Memory and transfer of information. Plenum Press, New York London,
    p 1-22

37. Kornhuber HH (1974) Cerebral cortex, cerebellum and basal ganglia:
    an introduction to their motor functions. In: Schmitt FO, Worden
    FG (eds) The Neurosciences, IIIrd Study Program. MIT Press, Cam-
    bridge, p 267-280

38. Kornhuber HH (1974) The vestibular system and the general motor
    system. In: Kornhuber HH (ed) Vestibular System, part 2, Handbook
    of Sensory Physiology, Vol.VI. Springer Verlag, Berlin Heidelberg
    New York, p 581-620

39. Kornhuber HH (1977) A reconsideration of the cortical and subcorti-
    cal mechanisms involved in speech and aphasia. In: Desmedt JE (ed)
    Language and hemispheric specialization in man: cerebral event-
    related potentials. Progress in Clinical Neurophysiology III. Kar-
    ger, Basel

40. Kornhuber HH (1977) Hat unsere Gesundheit noch Zukunft? Medizin
    Mensch Gesellschaft 2: 103-108

41. Kornhuber HH (1978) Blickmotorik. In: Gauer et al. (Hrsg) Physio-
    logie des Menschen, Band XIII. Urban & Schwarzenberg, München Wien
    Baltimore, S 357-426

42. Kornhuber HH (1978) Cortex, basal ganglia and cerebellum in motor
    control. In: Cobb WA, Duijn van H (eds) Contemporary clinical
    neurophysiology. Electroenceph Clin Neurophysiol. Suppl 34: 449-
    455

43. Kornhuber HH (1978) Motorische Systeme und sensomotorische Integra-
    tion. In: Stamm RA, Zeier H (eds) Die Psychologie des 20. Jahrhun-
    derts. Bd. VI. Kindler-Verlag, München, S 750-762

44. Kornhuber HH (1978) Wahrnehmung und Informationsverarbeitung. In:
    Stamm RA, Zeier H (Hrsg) Die Psychologie des 20. Jahrhunderts.
    Bd. VI. Kindler-Verlag, München, S 783-798

45. Kornhuber HH (1978) Geist und Freiheit als biologische Probleme.
    In: Stamm RA, Zeier H (Hrsg) Die Psychologie des 20. Jahrhunderts,
    Bd. VI. Kindler-Verlag, München, S 1122-1130

46. Kornhuber HH (1978) A reconsideration of the brain-mind problem
    In: Buser and Rougeul-Buser (eds) Cerebral Correlates of Conscious
    Experience. INSERM Symposium No. 6. Elsevier, Amsterdam, p 319-334

47. Kornhuber HH (1980) Symptomatic therapy and rehabilitation in mul-
    tiple sclerosis. In: Boese A (ed) Search for the cause of multiple
    sclerosis and other chronic diseases of the central nervous system.
    Verlag Chemie, Weinheim

48. Kornhuber HH, Aschoff JC (1964) Somatisch-vestibuläre Integration
    an Neuronen des motorischen Cortex. Naturwiss 51: 62-63

49. Kornhuber HH, Brunner JR, Wallesch CW (1979) Basal ganglia parti-
    cipation in aphasia. In: Creutzfeldt O et al. (eds) Hearing
    mechanisms and speech. Exp Brain Res Suppl II. Springer Verlag,
    Berlin Heidelberg, p 183-188

50. Kornhuber HH, DaFonseca JS (1964) Optovestibular integration in
    the cat's cortex: a study of sensory convergence on cortical
    neurons. In: Bender MB (ed) The oculomotor system. Hoeber, New-
    York, p 239-279

51. Kornhuber HH, Deecke L (1964) Hirnpotentialänderungen beim Men-
    schen vor und nach Willkürbewegungen, dargestellt mit Magnetband-
    speicherung und Rückwärtsanalyse. Pflügers Arch Physiol 281: 52

52. Kornhuber HH, Deecke L (1965) Hirnpotentialänderungen bei Willkür-
    bewegungen und passiven Bewegungen des Menschen: Bereitschaftspo-
    tential und reafferente Potentiale. Pflügers Arch Physiol 248: 1-17

53. Kornhuber HH, Fredrickson JM, Figge U (1965) Die cortikale Projek-
    tion der vestibulären Afferenz beim Rhesusaffen. Pflügers Arch
    Physiol 283: 20

54. Kornhuber HH, Widder B, Christ K (1980) The measurement of residual
    urine by means of ultrasound (sonocystography) in neurogenic blad-
    der disturbances. Arch Psychiat Nervenkr 228: 1-6

55. Lamarre Y, Jacks B (1978) Involvement of the cerebellum in the
    initiation of fast ballistic movement in the monkey. In: Cobb WA,
    Duijn van H (eds) Contemporary Clinical Neurophysiology. EEG-
    Suppl No.34. Elsevier, Amsterdam, p 441-447

56. Lamarre Y, Spidalieri G, Busby L, Lund JP (1980) Programming of
    initiation and execution of ballistic arm movements in the monkey.
    In: Kornhuber HH, Deecke L (eds) Motivation, Motor and Sensory
    Processes of the Brain: Electrical Potentials, Behaviour and
    Clinical Use. Progr Brain Res 53. Elsevier, Amsterdam

57. Lassen NA, Roland PE, Larsen B, Melamed E, Soh K (1977) Mapping
    of human cerebral functions: a study of the regional cerebral blood
    flow pattern during rest, its reproducibility and the activations
    seen during basic sensory and motor functions. In: Ingvar DH,
    Lassen NA (eds) Cerebral function, metabolism and circulation.
    Acta Neurol Scand Suppl 64, Vol 56. Munksgaard, Copenhagen, p 262-
    263

58. Liepmann H (1900) Das Krankheitsbild der Apraxie (motorische Asym-
    bolie) auf Grund eines Falles von einseitiger Apraxie. Mschr
    Psychiat Neurol 8: 15, 102, 182

59. Lilly JC (1968) Correlations between neurophysiological activity
    in the cortex and short term behaviour in the monkey. In: Harlow
    and Woolsey (eds) Biological and biochemical bases of behaviour.
    University of Wisconsin Press, Madison

60. Lynch JC, Mountcastle VB, Talbot WH, Yin TCT (1977) Parietal lobe
    mechanisms for directed visual attention. J Neurophysiol 40: 362-
    389

61. Marsden CD, Merton PA, Morton HB, Adam J (1978) The effect of
    lesions of the central nervous system on long-latency stretch
    reflexes in the human thumb. In: Desmedt JE (ed) Cerebral motor

62. Mountcastle VB, Lynch JC, Georgopoulos A, Sakata H, Acuna C (1975)
Posterior parietal association cortex of the monkey: command
functions for operations within extrapersonal space. J Neurophysiol
38: 871-908

63. Penfield W (1938) The cerebral cortex in man: I. The Cerebral Cortex and Consciousness. Arch Neurol Psychiat 40: 417-442

64. Ploog D (1979) Phonation, emotion, cognition, with reference to
the brain mechanisms involved. In: Brain and Mind, Ciba-Foundation
Series 69. Elsevier, Amsterdam, p 79-98

65. Polit A, Bizzi G (1979) Characteristics of motor programs under-
laying arm movements in monkeys. J Neurophysiol 42: 183-194

66. Robinson DA (1974) Oculomotor control signals. In: Lennerstrand G,
Bach-y-Rita P (eds) Basic mechanisms of ocular motility and their
clinical implications. Wenner-Gren Center International Symposion
Ser. 24. Pergamon Press, Oxford, p 337-374

67. Rubens AB (1975) Aphasia with infarction in the territory of the
anterior cerebral artery. Cortex 11: 239-250

68. Schiller PH, True SD, Conway JL (1979) Effects of frontal eye field
and superior colliculus ablations on eye movements. Science 206:
590-592

69. Sperry RW (1974) Lateral specialization in the surgically separa-
ted hemispheres. In: Schmitt FO, Worden FG (eds) The Neurosciences
Third Study Program. MIT-Press Cambridge and London, p 5-19

70. Stein J (1978) Long loop motor control in monkeys. The effects of
transient cooling of parietal cortex and of cerebellar nuclei during
tracking tasks. In: Desmedt JE (ed) Cerebral motor control in man:
Long loop mechanisms. Progr Clin Neurophysiol Vol IV. Karger, Basel,
p 107-122

71. Thach WP (1975) Timing of activity in cerebellar dentate nucleus
and cerebral motor cortex during prompt volitional movement. Brain
Res 88: 233-241

72. Timsit M (1970) Etude du phénomène de Kornhuber chez les schizo-
phrènes et les cas limitees. Revue neurologique 122: 449-451

73. Vogt C, Vogt O (1919) Allgemeinere Ergebnisse unserer Hirnforschung
IV: Die Physiologische Bedeutung der architektonischen Rindenfel-
derung aufgrund neuer Rindenreizungen. J Psychol Neurol (Leipzig)
25: 339

Elementarprozesse der zentralnervösen Krampfaktivität

E.-J. Speckmann, C.E. Elger und H. Caspers

Im Rahmen der experimentellen Epilepsieforschung steht seit vielen Jahren das Problem der Krampfentstehung im Mittelpunkt des Interesses. Daher sollen in einem ersten Kapitel zunächst einige neuere Ergebnisse zu diesem Themenkreis kurz skizziert werden. Ein weiterer Forschungsschwerpunkt der Epileptologie ist auf die Elektrogenese der Krampfpotentiale an der Cortexoberfläche gerichtet. Diese Fragestellung, die von unmittelbarem klinischen Interesse ist, wird in einem zweiten Abschnitt behandelt. Anschließend wird zur Frage der Krampfbeendigung Stellung genommen, die bisher in der experimentellen Epilepsieforschung vergleichsweise wenig Beachtung gefunden hat.

Neuronale Elementarprozesse der Krampfentstehung

In der tierexperimentellen Epilepsieforschung sind zahlreiche Techniken entwickelt worden, mit deren Hilfe man zentralnervöse Krampfaktivität auslösen kann (vgl. 7). So führt eine Applikation von Penicillin auf die Hirnrinde nach wenigen Minuten zu steilen Potentialschwankungen im Oberflächen-EEG, die meistens lokal begrenzt bleiben. Diese fokalen EEG-Potentiale nehmen rasch bis zu einem Endwert an Amplitude zu und können bei einer Frequenz von etwa 1/s gleichförmig über Stunden hinweg auftreten. Leitet man gleichzeitig mit einer Mikroelektrode aus einer Nervenzelle ab, die in den oberen Rindenschichten gelegen ist, so findet man typische Änderungen des Membranpotentials. Ein entsprechender Versuch ist in Abb. 1B dargestellt. Wie daraus hervorgeht, treten an der Ganglienzelle zunächst kleine Depolarisationen auf, die durch steile Repolarisationen beendet werden. Im weiteren Verlauf wachsen die Depolarisationen parallel zu den Krampfpotentialen im EEG an, bis sie schließlich eine konstante Form erreichen. Eine initiale steile Verminderung des Membranpotentials, die in der Regel eine Serie von Aktionspotentialen auslöst, geht in eine plateauförmige Depolarisation über, die für 75-200 ms bestehen bleibt. Während dieser Zeit ist der Zellkörper nicht mehr in der Lage, Aktionspotentiale zu generieren. Die plateauförmige Depolarisation wird schließlich durch eine steile Re- und Hyperpolarisation abgelöst. Dieses gleichförmige iktale Aktivitätsmuster der Nervenzellen wurde zuerst von GOLDENSOHN und PURPURA (4) sowie von MATSUMOTO und AJMONE MARSAN (5, 6) beschrieben und als "paroxysmal depolarization shift (PDS)" bezeichnet.

Inzwischen hat sich gezeigt, daß paroxysmale Depolarisationen bei jeder Form von Krampfaktivität im Tierexperiment anzutreffen sind (vgl. 6). Injiziert man einem Versuchstier z.B. Pentylentetrazol (PTZ), so entwickeln sich generalisierte tonisch-klonische Krampfanfälle. Wie aus Abb. 1C hervorgeht, gehen sie mit einer Serie von PDS in den einzelnen Neuronen einher (12, 13). Bemerkenswert ist dabei, daß die Nervenzellen in den Intervallen zwischen den PDS eine physiologische Aktivität aufweisen (6).

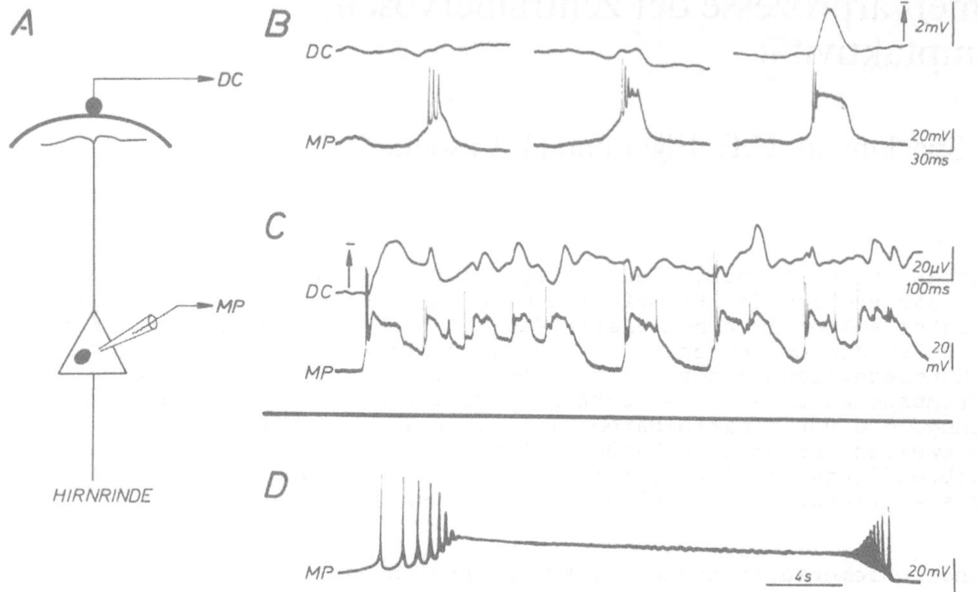

Abb. 1. Entladungsmuster einzelner Neurone bei Krampfaktivität. A:
Registrieranordnung für Teil B und C. B: Entwicklung einer fokalen
interiktalen Krampfaktivität nach Applikation von Penicillin auf die
Cortexoberfläche. Zusammen mit dem epicorticalen DC-Potential (DC)
wurde aus einem Neuron in Schicht II/III des motorischen Cortex der
Ratte das Membranpotential (MP) abgeleitet. C: Generalisierter tonisch-klonischer Krampfanfall nach systemischer Gabe von Pentylentetrazol. Ableitung des DC-Potentials von der Cortexoberfläche und des
MP aus einem Pyramidaltraktneuron (Schicht V) der Katze. D: MP-Reak-
tion einer isolierten Nervenzelle der Weinbergschnecke (Helix pomatia)
bei Applikation von Pentylentetrazol

Da man die PDS als bioelektrisches Kernphänomen der Krampfaktivität
ansieht, wurden zahlreiche Untersuchungen zur Klärung ihrer Entstehungsmechanismen durchgeführt. Auf Grund der dabei erzielten Ergebnisse werden für die PDS-Entstehung im wesentlichen zwei Mechanismen
diskutiert. Einerseits wird zur Erklärung eine Veränderung der synaptischen Übertragung herangezogen (1). So könnte die PDS grundsätzlich
eine exzessive Summation depolarisierender postsynaptischer Potentiale (EPSP) darstellen. Eine solche Synchronisation ist prinzipiell sowohl durch eine vorübergehende Steigerung der exzitatorischen als
auch durch eine transiente Blockierung der inhibitorischen synaptischen Potentiale denkbar (14). Andererseits wurde in Modellversuchen
nachgewiesen, daß ein isoliertes Neuron ebenfalls in der Lage ist,
PDS auszubilden (8). Ein entsprechender Versuch ist in Abb. 1D wiedergegeben. In diesem Fall wurde eine Nervenzelle der Weinbergschnecke
(Helix pomatia) vom synaptischen Zufluß abgetrennt und darauf mit
Pentylentetrazol behandelt. Wie die Registrierung in Abb. 1C zeigt,
entstehen auch unter diesen Bedingungen paroxysmale Depolarisationen.
Nach Aufhebung der PTZ-Wirkung kehrt die Zellaktivität zur Ausgangs-
lage zurück. Dementsprechend ist es also auch möglich, eine einzelne
Nervenzelle ohne die Beteiligung synaptischer Prozesse reversibel in
ein "epileptisches Neuron" umzuwandeln.

Konnte mit dem dargestellten Modellexperiment auch gezeigt werden, daß synaptische Aktivität keine obligate Voraussetzung für die Entstehung paroxysmaler Depolarisationen ist, so zeigen doch die Registrierungen aus Warmblüterneuronen, daß den PDS in der Regel deutlich abgrenzbare exzitatorische postsynaptische Potentiale vorausgehen. Darüber hinaus gelang die künstliche Auslösung der PDS unter Krampfaktivität bisher nur durch transsynaptische Aktivierung des abgeleiteten Neurons (vgl. 6). Insgesamt scheinen deshalb sowohl die Bereitschaft einer Nervenzelle PDS auszubilden, als auch das Ausklinken einer solchen PDS durch synaptische Vorgänge eine essentielle Voraussetzung für eine Krampfauslösung zu sein.

Corticale Feldpotentiale bei zentralnervöser Krampfaktivität

Im vorausgehenden Abschnitt wurde dargestellt, daß am Krampf beteiligte Nervenzellen ein stereotypes Aktivitätsmuster aufweisen, das als PDS bezeichnet wird. Es ergibt sich nun die Frage, welche Beziehungen zwischen der intrazellulär abgeleiteten Aktivität einzelner corticaler Neurone und den extrazellulär registrierten Potentialen bestehen, die allgemein als Feldpotentiale bezeichnet werden. Zu diesen Feldpotentialen sind einmal die konventionellen EEG-Wellen, die mit Wechselspannungsverstärkern aufgenommen werden und zum anderen auch langsamere Potentialschwankungen zu rechnen, die mit Hilfe von Gleichspannungsverstärkern erfaßbar sind. Dementsprechend werden bei einer Gleichspannungsregistrierung mit hoher oberer Grenzfrequenz sowohl langsame Potentialschwankungen als auch die schnelleren EEG-Wellen gleichzeitig erfaßt. Solche Potentiale, deren Frequenzen also von 0 bis etwa 100 Hz reichen, werden als DC-Potentiale charakterisiert.

Zur Klärung der aufgeworfenen Frage wurden bei generalisierter Krampfaktivität die Feldpotentiale sowohl von der Cortexoberfläche als auch im Bereich der Schicht V zusammen mit den intrazellulär registrierten Membranpotentialschwankungen von Pyramidaltraktzellen registriert. Ein typischer Versuch, bei dem durch wiederholte Gaben von Pentylentetrazol repetierte generalisierte Krampfaktivität erzeugt wurde, ist in Abb. 2A wiedergegeben. Dabei wurden die Feldpotentiale über einen DC-Verstärker registriert, um eine unverfälschte Wiedergabe zu gewährleisten. Wie aus Abb. 2A hervorgeht, sind die einzelnen paroxysmalen Depolarisationen der Pyramidaltraktneurone stets von monophasisch-negativen Potentialschwankungen in der Schicht V begleitet. Dagegen können an der Cortexoberfläche sowohl monophasisch-negative (Abb. 2A2) als auch monophasisch-positive Potentialschwankungen (Abb. 2A3) sowie Mischformen aus beiden abgeleitet werden. Aus diesen Versuchen geht einerseits hervor, daß sich die stereotypen PDS der Pyramidaltraktneurone in ebenso gleichförmigen extrazellulären Potentialen in ihrer Umgebung widerspiegeln, und daß andererseits zwischen den Feldpotentialen an der Cortexoberfläche und denen in tieferen Schichten Dissoziationen in Zeitgang und Polarität auftreten (10, 12, 13).

Solche Dissoziationen in der intracorticalen Verteilung der Feldpotentiale werden auch bei fokalen Krampfentladungen deutlich, die durch eine lokale Applikation von Penicillin ausgelöst werden. Ein solcher Versuch, bei dem aus verschiedenen Cortexschichten und gleichzeitig vom lumbalen Rückenmark die Feldpotentiale registriert wurden, ist in Abb. 2B2 und 3 wiedergegeben. Ein Vergleich der Potentialreihe 2 und 3 zeigt, daß bei gleichartigen Potentialen an der Cortexoberfläche in dem einen Fall synchronisierte spinale Feldpotentiale auftreten, während sie in dem anderen Fall fehlen. Da die spinalen Feldpotentiale im Wesentlichen durch synchronisierte cortico-fugale Erregungen aus der Schicht V ausgelöst werden, ist aus den Oberflächenpotentialen

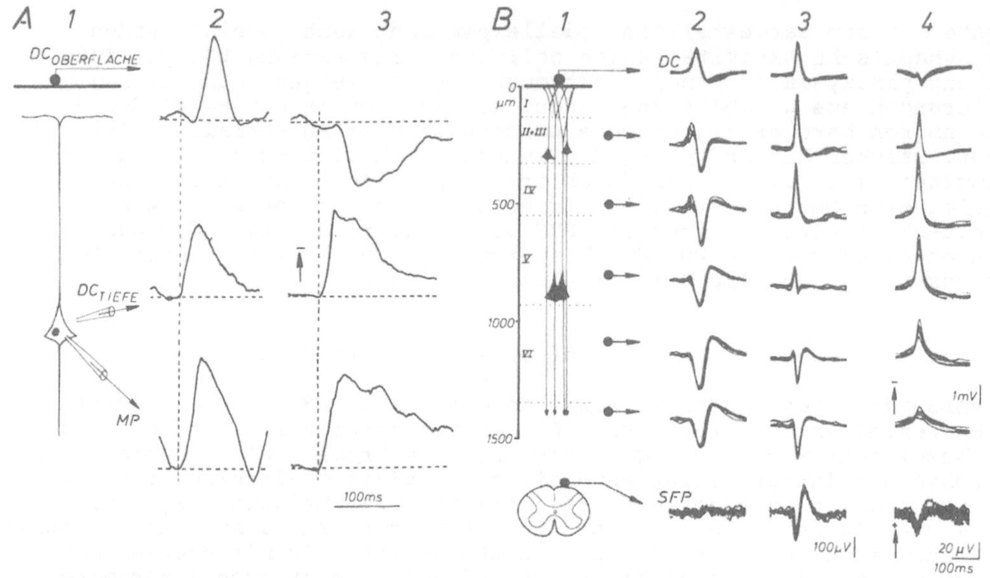

Abb. 2. Epi- und intracorticale Feldpotentiale und ihre Beziehungen
zur neuronalen Aktivität. A: Generalisierte Krampfaktivität nach
systemischer Applikation von Pentylentetrazol an der Katze. 1: Registrieranordnung. 2 und 3: Simultane Ableitung einzelner Feldpotentiale (DC) der Cortexoberfläche und der Schicht V sowie des Membranpotentials (MP) eines Pyramidaltraktneurons während eines Krampfanfalls.
Averagekurven von 10 Einzelereignissen. B: Fokale interiktale Krampfaktivität nach Applikation von Penicillin auf die Oberfläche (2 und
3) sowie in die Schicht V (4) des motorischen Cortex der Ratte. Simultane Ableitung der Feldpotentiale (DC) an der Oberfläche und in
den verschiedenen Schichten der Hirnrinde sowie der spinalen Feldpotentiale (SFP) bei $L_{3/4}$(1). Es wurden jeweils 10 Einzelkurven super-
poniert

also nicht in jedem Fall ableitbar, welche neuronale Aktivität in tieferen Schichten vorliegt (3). Die entsprechenden Aktivitätsunterschie-
de in Schicht V spiegeln sich im übrigen auch in den zugehörigen lami-
naren Feldpotentialen wider. Ebenso können Krampfentladungen, die
durch eine primäre Penicillinapplikation in Schicht V hervorgerufen
werden und die mit synchronisierten spinalen Feldpotentialen gekoppelt
sind, ohne charakteristische Potentialschwankungen an der Cortexoberfläche ablaufen (Abb. 2B4).

Insgesamt geht aus den beschriebenen Versuchsergebnissen hervor, daß
erstens Nervenzellkörper, die PDS generieren, von negativen Feldpotentialen umgeben sind, und daß zweitens die vertikale Potentialver-
teilung in der Hirnrinde aktuell in einem weiten Bereich variieren
kann. Demzufolge lassen die Form und die Amplitude von Krampfpotentialen im Oberflächen-EEG keine zuverlässige Aussage über die Krampfaktivität in tiefen Cortexschichten zu.

Mechanismen der spontanen Krampfbeendigung

Bei der Frage nach den Mechanismen, die einer spontanen Krampfbeendigung zu Grunde liegen, wird häufig eine "energetische Erschöpfung"

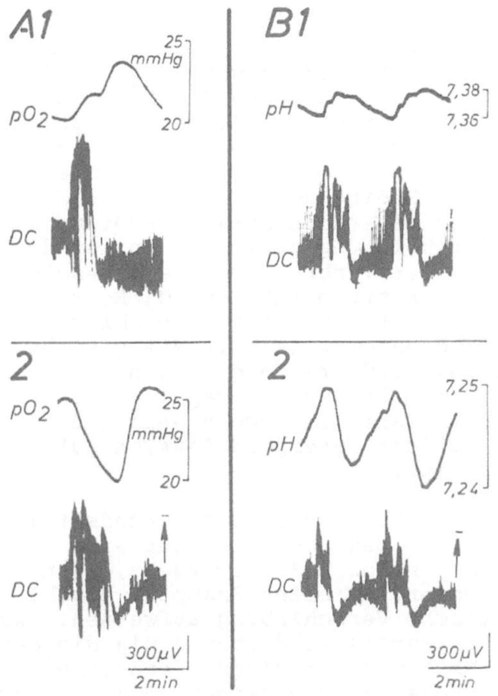

Abb. 3. Änderungen des Sauerstoffdrucks (pO_2) und des pH-Wertes in der Hirnrinde bei generalisierter tonisch-klonischer Krampfaktivität, die durch systemische Applikation von Pentylentetrazol ausgelöst wurde. Die einzelnen Krampfanfälle sind durch negative Verschiebungen der DC-Grundlinie gekennzeichnet. Registrierungen an der narkotisierten und künstlich beatmeten Ratte. A1, B1: Änderungen des pO_2 und des pH-Wertes zu Beginn einer Serie von Krampfanfällen und A2, B2: nach wiederholten Krämpfen

der beteiligten Zellelemente in Betracht gezogen. In diesem Zusammenhang wurde besondere Aufmerksamkeit auf die Änderungen der Gewebsgasdrucke gerichtet. So wurde häufig angenommen, daß Krämpfe deshalb spontan sistieren, weil der Sauerstoffdruck im Hirngewebe während eines Krampfes unter den Betrag absinkt, der für die Aufrechterhaltung der iktalen Aktivität notwendig ist. Weiterhin wurde vermutet, daß auch ein Anstieg des cerebralen CO_2-Drucks bzw. ein Abfall des pH-Wertes für die spontane Krampfbeendigung verantwortlich ist. Die experimentellen Befunde zur Hypothese einer "metabolischen" Krampfbeendigung sind zum Teil kontrovers. Daher wurden in weiteren Untersuchungen nochmals die Beziehungen zwischen bioelektrischer Hirnrindenaktivität und lokalen Gasdrucken bei Krampfaktivität geprüft (vgl. 2, 11).

An narkotisierten und künstlich beatmeten Ratten wurde der Sauerstoffdruck in der Hirnrinde zusammen mit dem lokalen DC-Potential während generalisierter Krampfaktivität registriert. Ein typischer Versuch ist in Abb. 3A wiedergegeben. Wie zunächst daraus hervorgeht, ist die Grundlinie des DC-Potentials während eines generalisierten Krampfanfalls zur negativen Seite des Ausgangsniveaus verschoben. Gleichzeitig findet man, daß der lokale Sauerstoffdruck sowohl ansteigen (Abb. 3A1) als auch abfallen kann (Abb. 3A2). Nach Beendigung der generalisier-

ten Krampfanfälle ist ein steiler Anstieg des pO_2 zu beobachten, der
in jedem Fall über das präiktale Niveau hinausgeht. Die entgegengesetzten Reaktionen des Gewebs-pO_2 während der Krampfaktivität stehen in
einem engen Zusammenhang mit den aktuellen Reaktionen der Hirnrindendurchblutung. Bei einer Serie von generalisierten Krämpfen steigt während der ersten Anfälle die Hirnrindendurchblutung so hoch an, daß die
dadurch bedingte Zunahme des O_2-Antransports den O_2-Verbrauch überkom-
pensiert. Demzufolge nimmt unter diesen Bedingungen der pO_2 zu. Werden
jedoch mit zunehmender Wiederholung der generalisierten Krampfanfälle
die iktalen Anstiege der Hirnrindendurchblutung geringer, so ist der
zusätzliche O_2-Antransport kleiner als der Verbrauch. Daraus resultiert ein Abfall des pO_2. Die entgegengesetzten iktalen pO_2-Reaktionen
zeigen bereits, daß eine Hypoxie offensichtlich nicht eine obligate
Voraussetzung für die spontane Krampfbeendigung ist. In die gleiche
Richtung weist eine weitere Beobachtung. Frühere Untersuchungen haben
gezeigt, daß Nervenzellen mit abnehmendem Gewebs-pO_2 depolarisieren
(9). Am Ende eines generalisierten Krampfanfalls jedoch weisen die
Neurone selbst dann eine z.T. beträchtliche Hyperpolarisation auf,
wenn der lokale Gewebs-pO_2 vermindert ist.

Neben einer kritischen Reduzierung des lokalen pO_2 kommt grundsätzlich
auch ein Anstieg des pCO_2 bzw. ein Abfall des pH-Wertes für eine
Krampfbeendigung in Betracht (9). Wie aus Abb. 3B hervorgeht, kann
der corticale pH-Wert während eines generalisierten Krampfes sowohl
eine alkalische als auch eine azidotische Verschiebung aufweisen. Diese entgegengesetzten Änderungen des pH-Wertes sind ebenso wie die des
pO_2 auf Unterschiede in der iktalen Reaktion der Hirnrindendurchblutung zurückzuführen. Vergleichende Untersuchungen zeigen, daß auch im
Fall der azidotischen pH-Antwort Werte, die für eine Unterbrechung der
Krampfaktivität notwendig wären, nicht erreicht werden. Dieselbe Feststellung ist für Änderungen des venösen pCO_2 gültig.

Zusammenfassend geht aus den beschriebenen Befunden hervor, daß die
Entwicklung einer Hypoxie und/oder Azidose bzw. Hyperkapnie keine
obligate Voraussetzung für eine spontane Krampfbeendigung darstellt.
Es muß vielmehr angenommen werden, daß die Krampfbeendigung in erster
Linie auf neuronalen Prozessen beruht. Ungeachtet dieser grundsätzlichen Feststellung muß jedoch hervorgehoben werden, daß im Einzelfall
durch eine krampfbegleitende Beeinträchtigung von Atmung und Kreislauf tatsächlich auch eine kritische Änderung der Gewebsgasdrucke
auftreten kann.

Zusammenfassung

Im Tierexperiment zeigen einzelne Neurone bei Krampfaktivität ein
typisches Aktivitätsmuster, das in einer langanhaltenden Depolarisation besteht ("paroxysmal depolarization shift" (PDS)).Diese Depolarisation ist im extrazellulären Feld als negative Potentialschwankung
ableitbar. In den verschiedenen Schichten der Hirnrinde können die
extrazellulären Krampfpotentiale in Polung und Amplitude aktuell in
einem weiten Bereich schwanken. Für die Beendigung eines Krampfanfalls kommen in erster Linie neuronale Prozesse in Betracht.

Literatur

1. Ayala GF, Dichter M, Gumnit RJ, Matsumoto H, Spencer WA (1973)
   Genesis of epileptic interictal spikes: New knowledge of cortical
   feedback systems suggests a neurophysiological explanation of
   brief paroxysms. Brain Res 52: 1-17

2. Caspers H, Speckmann E-J (1972) Cerebral pO_2, pCO_2 and pH: Changes during convulsive activity and their significance for spontaneous arrest of seizures. Epilepsia 13: 699-725

3. Elger CE, Speckmann E-J (1980) Focal interictal epileptiform discharges (FIED) in the epicortical EEG and their relations to spinal field potentials in the rat. Electroenceph Clin Neurophysiol (in press)

4. Goldensohn ES, Purpura DP (1963) Intracellular potentials of cortical neurons during focal epileptogenic discharges. Science 193: 840-842

5. Matsumoto H, Ajmone Marsan C (1964) Cortical cellular phenomena in experimental epilepsy: Interictal manifestations. Exp Neurol 9: 286-304

6. Prince DA (1978) Neurophysiology of epilepsy. Ann Rev Neurosci 1: 395-415

7. Purpura DP, Penry JK, Tower DB, Woodbury DM, Walter RD (1972) Experimental models of epilepsy, Raven Press, New York

8. Speckmann E-J, Caspers H (1973) Paroxysmal depolarization and changes in action potentials induced by pentylenetetrazol in isolated neurons of Helix pomatia. Epilepsia 14: 397-408

9. Speckmann E-J, Caspers H (1973) Paroxysmal depolarization and changes in action potentials induced by pentylenetetrazol in isolated neurons of Helix pomatia. Epilepsia 14: 397-408

10. Speckmann E-J, Caspers H (1979) Cortical field potentials in relation to neuronal activities in seizure conditions. In: Speckmann E-J, Caspers H (eds) Origin of Cerebral Field Potentials. Georg Thieme Publishers, Stuttgart, p 205

11. Speckmann E-J, Caspers H (1979) Änderungen der Blut- und Gewebsgasdrucke während generalisierter Krampfaktivität im Tierexperiment. In: Doose H, Gross-Selbeck G (Hrsg) Epilepsie 1978. Thieme Verlag Stuttgart, S 26

12. Speckmann E-J, Caspers H, Janzen RWC (1972) Relations between cortical DC shifts and membrane potential changes of cortical neurons associated with seizure activity. In: Petsche H, Brazier MAB (eds) Synchronization of EEG activity in epilepsies. Springer Verlag, Wien New York, p 93

13. Speckmann E-J, Caspers H, Janzen RWC (1978) Laminar distribution of cortical field potentials in relation to neuronal activities during seizure discharges. In: Brazier MAB, Petsche H (eds) Architectonics of the cerebral cortex, IBRO monograph series, Vol.3. Raven Press, New York, p 191

14. Wong RKS, Prince DA (1979) Dendritic mechanisms underlying penicillin-induced epileptiform activity. Science 204: 1228-1231

Myoklonus – motorisches Elementarphänomen bei gestörter zentraler Erregbarkeit

R.W.C. Janzen

Das motorische Phänomen Myoklonus ist klinisch definiert als blitzartig einschiessende unwillkürliche Zuckung von Muskeln, die entweder nur ein Muskelindividuum betrifft (L=elementarer Myoklonus) oder
benachbarte Muskeln (regionaler Myoklonus) oder Muskeln aller Körper-
regionen (= generalisierter Myoklonus = Polymyklonien) (Tabelle 1A).
Myokloni erscheinen synchron/asynchron zueinander und bleiben ein-
malig oder iterativ (selten rhythmisch, meist arhythmisch). Die klinische Präsentation hängt von der Rekrutierung und Synchronisation
oculärer, bulbärer und spinaler motorischer Einheiten ab, welche ohne
Zeichen einer "Motoneuronopathie" im Gefolge eines prämotoneuronalen
Störvorganges auftreten. Dieser kann verschiedene Auslösebedingungen
(Tabelle 1C) vorgeben: motorische Ruhe, Intention einer Bewegung (=In-
tentionsmyoklonus (100)), ablaufende Bewegung (=Aktionsmyoklonus (31)
="movement epilepsy (17)), externe Stimuli (=Reflexmyoklonus), Abhängigkeit von der Schlaf-Wach-Periodik (51). Eine scharfe Trennung von
anderen Myokinesien (7) ist durch die Beobachtung allein nicht immer
möglich: eine Trennung zwischen Irritation der motorischen Einheit
(9, 21) wie Crampi, Myokymien (73, 79) und partiellen Myoklonien (9)
einerseits und Hyperkinesen bei extrapyramidalen Bewegungsstörungen
(25, 32, 91, 98; s.Tabelle 2) und längerdauernden Myoklonien (Typ C)
oder Spasmen andererseits ist nicht immer möglich, Übergänge und Kombinationen kommen vor (9). Daher wird in Anlehnung an HALLETT et al.
(43) im folgenden eine elektromyographische Charakterisierung benutzt
(Tabelle 1B).

In sich enthalten Myokloni keine Hinweise auf eine bestimmte Aetio-
pathogenese, meist sind sie Anhangssymptome (26) sehr unterschiedlicher Erkrankungen des Zentralnervensystems (1, 7, 11, 16, 85, 91, 96,
97). Nosologisch wurden myoklonische Syndrome (85, 96, 97) in enger
Beziehung zu epileptischen Phänomenen gesehen. (MUSKENS (69) entwickelte die Hypothese, daß Myokloni als epileptisches Elementarphänomen
("epileptic fragment") des motorischen Systems anzusehen seien. Die
Koinzidenz von epileptischen Reaktionen verschiedener Muster und myoklonischen Reaktionen (16, 26, 35, 39, 49, 58, 59, 64, 89), die Häufung von Myokloni in der präiktalen Periode (22, 23, 44) sprechen
dafür, daß der Prozeß zunehmender Krampfbereitschaft gleichzeitig das
Auftreten von Myokloni fördert (epileptische Myokloni). Sie sind meist
synchron und generalisiert z.B. bei progressiven Myoklonusepilepsien
(26, 58) oder fokal bei den Anfallsmustern, die KOŽEVNIKOV (57) beschrieben hat (Koževnikov-Syndrom = Koinzidenz von fokalen oder generalisierten Anfällen mit Epilepsia partialis continua (=EPC)). Meist
wird der Begriff EPC (=epileptischer corticaler Myoklonus) weiterge-
faßt (89, 97) und schließt Fälle mit Koževnikov-Syndrom und Fälle mit
cortical gestalteten Myokloni ohne epileptische Anfälle ein, wenn
"spezifische" Graphoelemente oder "event related potentials" (80, 81)
im EEG nachgewiesen werden können. In der Mehrzahl der Fälle mit Myoklonien ergeben sich neben dem Symptom Myoklonus auch andere cerebrale oder internistische Befunde, die aber nicht einem besonderen nichtepileptischen, nur den Myoklonien zugrundeliegenden Pathomechanismus

Tabelle 1. Symptom: Myoklonus (nach 1, 9, 44, 85)

A. Klinische Präsentation

1. Struktur:
   partieller Myoklonus
   elementarer Myoklonus
   komplexer Myoklonus

2. Verteilung:
   fokaler Myoklonus (monotop; unilateral)
   regionaler Myoklonus (mono/polytop; uni/bilateral)
   generalisierter Myoklonus (polytop; disseminiert; bilateral)

3. zeitliche Zuordnung:
   synchron
   asynchron

B. Zuckungsmuster

1. Dauer des einzelnen Myoklonus (EMG; 43):

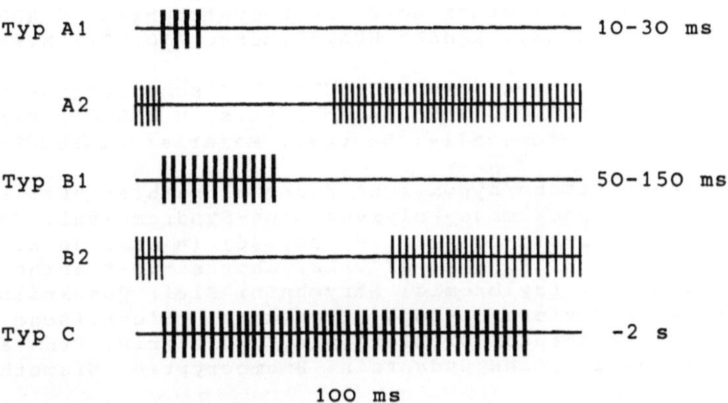

2. Repetitionsmuster:
   rhythmisch   (3/min - 500/min)
   arhythmisch

C. Auslösebedingungen

1. spontan   - in Ruhe
                  - im Koma (74)

2. endogene Bedingungen: Einschlafmyoklonus (51)
                         "Psychomyoklonus" (64)
                         Intentionsmyoklonus (100)
                         Aktionsmyoklonus (31)

3. exogene Stimuli (=Reflexmyoklonus; Abb. 13):
                         taktil
                         propriozeptiv (Ia-Afferenz)
                         akustisch
                         optisch

42

<u>Tabelle 2.</u> Klinische Klassifikation (vgl. 1, 9, 31, 85)

I. <u>Elementare Myokloni</u>
   1. physiologisch: Einschlaf-, Schlaf-Myoklonus
   2. epileptische Myokloni: Petit mal, Grand mal, Infantile
                              spasmen, Koževnikov-Syndrom (57)

II. <u>Komplexe Myokloni (= Tic-syndrome) (98)</u>
    1. de la Tourette-Syndrom
    2. benigne einfache und multiple Tics
    3. BASSEN-KORNZWEIG-Syndrom

III. <u>Benigne essentielle Myokloni (= Paramyoklonus multiplex)</u>
     1. familiäre sporadische Myokloni
     2. generalisierte/segmentale Myokloni
     3. benigne infantile Myokloni

IV. <u>symptomatische Myokloni</u>[a]
    1. primäre diffuse ZNS-Erkrankungen: Syndrom der progressiven
       Myoklonus-Epilepsie (UNVERRICHT 90, LUNDBERG 64, LAFORA 87;
       juvenile neuroaxonale Dystrophie-SEITELBERGER & ALPERS Syn-
       drom; HALLERVORDEN-SPATZ'sche Erkrankung; M. ALZHEIMER;
       Neuramidasemangel; beta-Galaktosidase-Mangel; beta-Glukosi-
       dasemangel; Zeroidlipofuszinose; Leukodystrophien (KRABBE;
       PELIZAEUS-MERZBACHER); RAMSAY HUNT-Syndrom (10,50); M.FRIED-
       REICH.
    2. Infektionserkrankungen: JAKOB-CREUTZFELDT'sche Erkrankung
       (55); SSPE; von ECONOMO'sche Encephalitis; M.BEHCET; Virus-
       encephalitiden (Cytomegalie, Herpes); Malaria; KINSBOURNE-S.
       (8).
    3. metabolische-toxische/hypoxische Encephalopathien (E): LANCE-
       ADAMS-Syndrom; Opsoklonus-Polymyoklonus-Syndrom (vgl. 74);
       Urämische E.; Wismuth-E. (12, 28, 34, 36) (= Dialyse-E.?);
       hepatische-E. M. WILSON; M. WHIPPLE; Ahornsirup-Krankheit.
    4. Intoxikationen: Methylbromid; Strychnin; Blei; Quecksilber.
    5. Medikamenten-induziert: L-Dopa, Etomidate, tricyklische Anti-
       depressiva, Diclofenac, Dichloräthan, Cycloserin, Prosta-
       glandin E1 und E 2, INH/Hydantoin, Bromocryptin, Wismuth-Sal-
       ze.
    6. Lokalsymptom: Thalamusangiom, cerebrale Angiitiden, benigne
       Hirnstammencephalitis, Myelitis, Syringomyelie.
    7. Koinzidenz mit: Chorea HUNTINGTON, stiff-man-Syndrom,
       Encephalomyelitis disseminata, tuberöser Sklerose.

---

[a]Auf eine ausführliche Dokumentation mit Literaturhinweisen wurde
verzichtet

zuzuordnen sind. Verschiedene Detailbefunde (6, 34, 101) wurden zwar
herausgestellt, ohne aber zu einem umfassenden biochemisch und/oder
neurophysiologischen Konzept zu führen.

Die klinische Untersuchung kann demnach die Bedingungen, unter denen
das Zentralnervensystem mit myoklonischen Phänomenen reagiert, und
das Verhalten der Myokloni (s. Tabelle 1) sehr differenziert, u.U.
auch mit Hilfe von Score erfassen (15, 31). Darüber hinaus liefern

Anamnese sowie die morphologische und biochemische Diagnostik weitere
Daten, welche zu einer Klassifizierung führen, die beim differentialdiagnostischen Vorgehen hilfreich sein kann (Tabelle 2).

A. Zur Systematik myoklonischer Syndrome (Tabelle 3)

Zu einer synchronisierten Entladung können motorische Einheiten auf
verschiedenen Wegen veranlaßt werden: erstens durch Afferenzen aus
dem unmittelbar umgebenden regionalen Neuronenverband (Eigenapparat)
(Tabelle 3I 1-3) und zweitens durch Afferenzen, die weiter entfernt
entstehen und bislang nur grob trennbar sind (Tabelle 3II 1-2; 44).

Tabelle 3. Systematik der Myokloni (in Anlehnung an HALLIDAY (44),
SWANSON et al. (85), HALLETT et al. (43))

I. Segmental/regionale Myokloni

    1. Oculomotorisches System (68) - Myoklonus der Augenmuskeln
       (Opsoklonus)

    2. Bulbomotorisches System (41, 78) - Myokloni des Gaumensegels
                                  Pharynx
                                  Zunge
                                  Larynx
                                  Nacken
                                  (Zwerchfell)

    3. Spinalmotorisches System - spinale Myokloni (27)-Generalisiert
                                                    -regional be-
                                                    grenzt
                                                    -segmental be-
                                                    grenzt

II. Nicht segmental/regionale Myokloni

    1. Sensomotorischer Cortex - corticaler Myoklonus (43, 81)
                                    - Epilepsia partialis continua (49,59)
                                    - Reflex-Myoklonus (75, 84).

    2. Subcortikale Strukturen - reticular reflex myoclonus (42)
                                    - ballistic movement overflow myo-
                                      clonus (41, 43)
                                    - Typ v. BOGAERT'sche ssLE (18, 91)
                                    - Typ SSPE (44, 72)
                                    - Typ JAKOB-CREUTZFELDT (55, 86)
                                    - Typ progressive Myoklonus-Epilepsie
                                    (26, 56, 58)
                                    - Typ paramyoclonus multiplex (9)

I. Segmental/regionale Myokloni

Die hier zusammengefaßten Myoklonien gelten als Symptom einer begrenzten Läsion in der unmittelbaren Nähe der aktiven Motoneurone (MN). Sie
werden im Sinne von Jackson als "lowest level fits" angesehen (27).
Die epileptische Natur ist allerdings meist nicht erwiesen. Diese Myoklonien sind zwar nicht selten von abnormen EEG-Veränderungen begleitet, korrelieren aber nicht zu steilen EEG-Phänomenen oder anderen

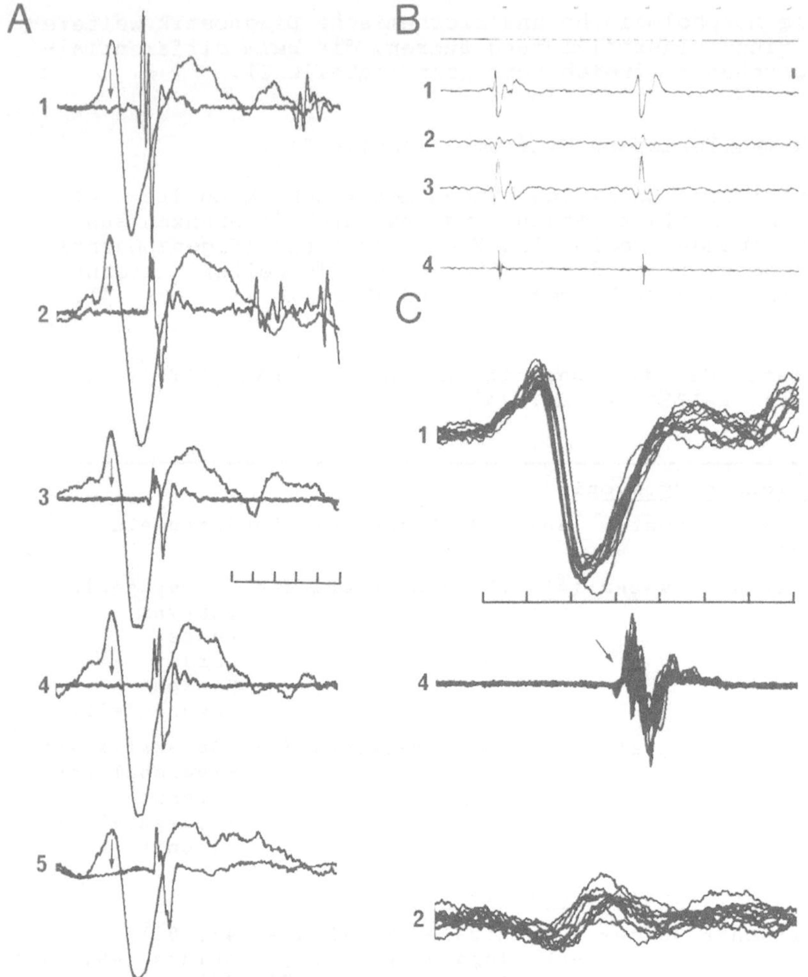

Abb. 1. Epileptischer corticaler Myoklonus (KOŽEVNIKOV-Syndrom; 72 J,w): zeitliche Beziehung zwischen EEG[+] und EMG.A: Simultane Registrierung von EEG (zentral rechts) und EMG (M.tibialis ant. links); Einzelkurvenpaare zeigen eine Latenz von 15 ms (1) und 20 ms (5) zwischen Start des EMG und Gipfel (Pfeil) des prämyoklonischen Potentials; Skalenteil (4): 10 ms.B: EEG (1=zentral rechts, 2=zentral links, 3=Vertex) und EMG (4=M.tib.ant.links); Zeitmarkierung: 1 s, EEG: 50 μV.C: Superposition von 10 EEG-Abschnitten nach Synchronisation mit dem zugehörigen EMG (Pfeil); nach gleichlaufenden negativen Phasen bis 20 ms vor Start des EMG sprunghafte Änderungen der positiven Deflektion (1, 2, 4 s. in B); Skalenteil: 10 ms

spezifischen Graphoelementen (vgl. Abb. 2A). Ferner zeigen sie eine stabile Rhythmizität ("Myo-Rhythmie" (78)), überlagern Willkürmotorik und persistieren im Schlaf (78, 85). Diese Kriterien erlauben in aller Regel eine Trennung von anderen myoklonischen Syndromen.

[+]Wenn nicht anders vermerkt, indifferente Elektrode: rechtes gegen linkes Ohr (vgl. (24)); im Text wird nur differente Elektrode lokalisiert

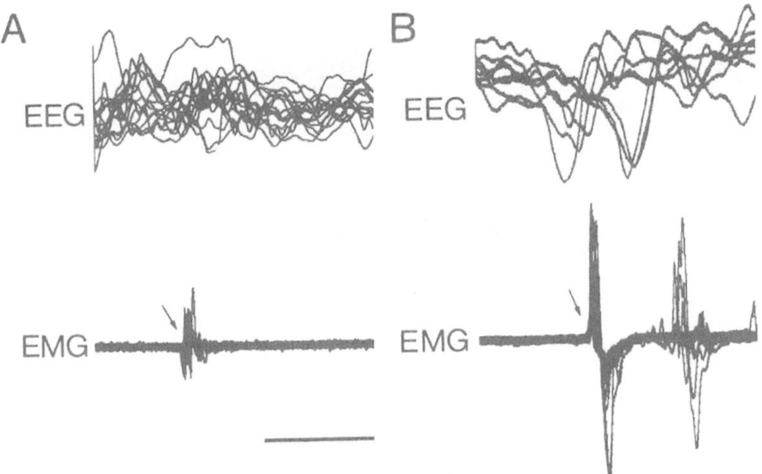

Abb. 2. Korrelation des EEG zu EMG-Signalen durch Synchronisation auf
das EMG (Pfeile). A: Strychninvergiftung (33J,m): EEG (zentral links)
und EMG (M.biceps bracchii rechts) während nachlassender Relaxierung
ohne korrelierende EEG-Potentiale bei spinalem Myoklonus; Zählsumme:
20. B: KOŽEVNIKOV-Syndrom (Fall wie Abb. 1; 24 h später): Ergebnis
einer Korrelation von 8 aufeinanderfolgenden EMG-Signalen zum EEG
ohne Berücksichtigung von EEG-Mustern ("blind"); EEG=zentral rechts,
EMG=M.tib.ant. links; Zeitmarkierung für A und B: 50 ms

1. Opsoklonus

Diese konjugierten blitzartigen Mykloni der Augenmuskeln, meist überwiegend horizontal mit groben rotatorischen Deviationen in allen Richtungen heben sich von allen anderen oculo-motorischen Bewegungsstörungen ab (65, 68). Ein Opsoklonus ist selten einziges Symptom, sondern
meist verbunden mit diskreten asynchronen disseminiert auftretenden
Mykloni der Gesichtsmuskeln, Zunge, Hals- und Stammuskeln (Opsoklo-
nus-Myoklonus-Syndrom nach KINSBOURNE) und dann Zeichen einer vorwiegend den Hirnstamm betreffenden Funktionsstörung des Zentralnervensystems, wie es ohne Bewußtseinstrübung, verbunden mit cerebellären
Funktionsstörungen bei regionaler Encephalitis, paraneoplastisch vorkommt (8). Bei schweren metabolisch-toxischen Encephalopathien stehen
Opskloni in Verbindung mit Polymyoklonien nicht selten am Beginn
eines irreversiblen Funktionsverfalls des ZNS (74).

2. Palato-pharyngeo-laryngeo-(oculo)-(diaphragma)-Myoklonus
   (GUILLAIN-MOLLARET (41))

Myoklonien des Gaumensegels, u.U. mit Ausdehnung auf andere Muskelgruppen der Kiemenbögen, persistieren mit Frequenzen von 60 bis 120/
min nahezu unbeeinflußbar von äußeren Umständen. Sie kommen bei regionalen Tumoren, Encephalitis oder nach Hirnstamminsult vor. Die Läsion
betrifft das sogen. GUILLAIN-MOLLARET'sche Dreieck (Nucleus ruber-
Olive-Nucleus dentatus (46)); meist ist der Myoklonus ipsilateral zur
cerebellären Läsion und kontralateral zur Läsion der unteren Olive,
besonders häufig findet sich eine kontralaterale Läsion des dentato-
olivären Bündels, eine symmetrische Ausprägung spricht für eine Läsion
der zentralen Haubenbahn (10). Die Rhythmizität wird auf eine Disin-

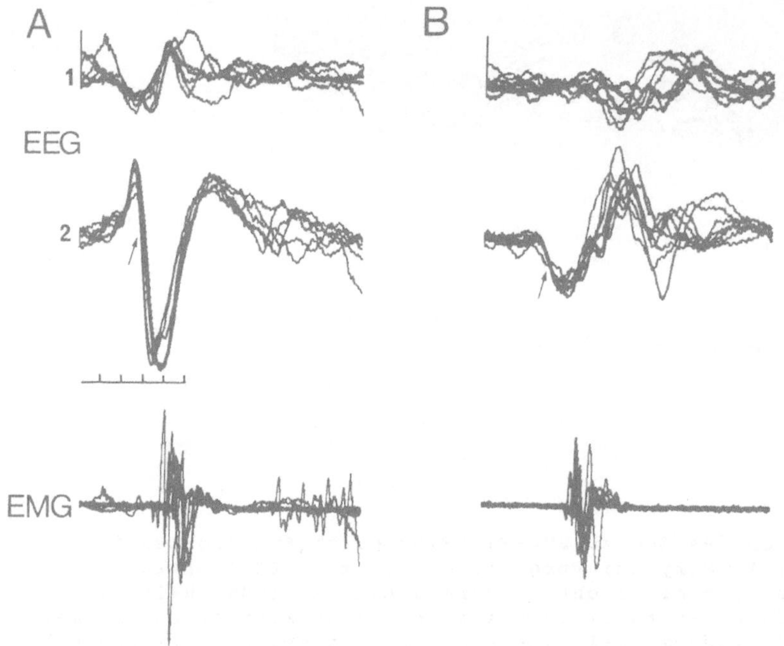

Abb. 3. Epileptischer corticaler Myoklonus bei KOŽEVNIKOV-Syndrom
(Fall wie Abb. 1): Korrelation zwei verschiedener Potentialmuster
im EEG (A,B) der linken (EEG 1) und rechten (EEG 2) Zentralregion
zum EMG (M.tib.ant. links) aus einer fortlaufenden Registrierung;
Synchronisation auf das EEG (Pfeil) in 6 Kurven (A) und 8 Kurven (B);
Skalenteil: 10 ms

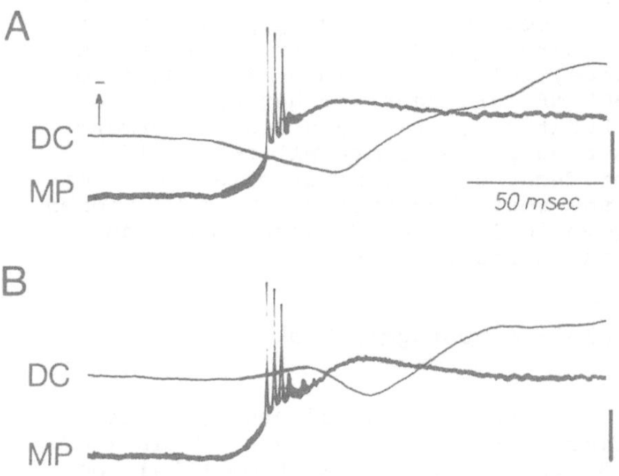

Abb. 4. Beziehung zwischen
einer paroxysmalen Depolarisation (PD) des intrazellulär abgeleiteten Membranpotentials (MP) einer Pyra-
midenbahnzelle aus dem motorischen Kortex der Katze
und dem epicortical abgeleiteten Bestandpotential (DC)
bei positiv-negativer Schwankung (A) und negativ-positiv-
negativer Schwankung (B) im
Pentylenetetrazol-Krampf;
Eichmarke: 20 mV (MP), 200
μV (DC) (vgl.(83))

hibition von medullär regional vorgegebenen Automatismen zurückgeführt,
bei postischaemisch entstandenen Myoklonien soll eine zentrale Dener-
vationshypersensitivität zur Manifestation führen (66).

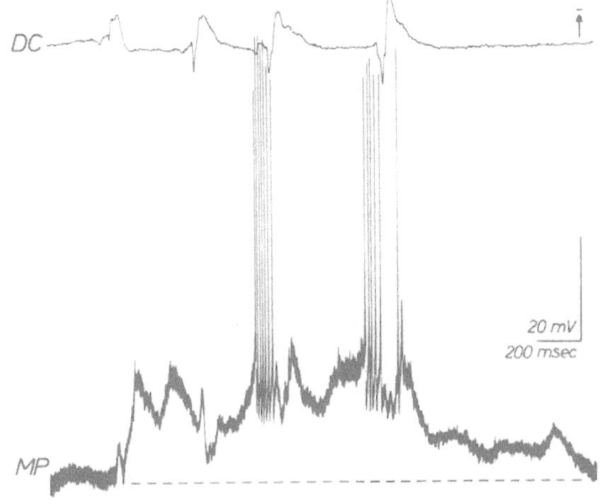

Abb. 5. Beziehung zwischen epicorticalem Bestandpotential (DC) parietofrontal links und dem Membranpotential (MP) eines lumbalen Motoneurons der Katze während interiktaler Krampftätigkeit unter Pentylenetetrazol (gemeinsam mit SPECKMANN u. CASPERS)

3. Spinale Myokloni (spM)

Grundsätzlich können vom isolierten Rückenmark spontane spM hervorgebracht werden (47), meist sind aber noch die supraspinalen efferenten Systeme weitgehend intakt. Paramyoklonische Potentiale fehlen im EEG (Abb. 2A). Nach EGLI et al. (27) sind generalisierte, regional begrenzte und segmental begrenzte spM zu differenzieren. Ihre Frequenz schwankt zwischen 40 bis 400/min; bei örtlichen Läsionen (z.B. bei Tumoren, Fehlbildungen) ist die Frequenz eher langsam (48), bei regionalen Erkrankungen (Myelitis, postischaemische Myelopathie) sind sie höherfrequent (vgl. 27, 47). Die Pathogenese der spM ist nicht bekannt; der Pathomechanismus der Rhythmizität von spM ist vermutlich ähnlich dem bei spinalen Kloni nach externen Reizen oder nach Muskeldehnung (25, 94).

II. Corticale Myokloni (cM)/nicht-corticale Myokloni (non-cM)

Liegt der Störvorgang außerhalb des regionalen motorischen Eigenapparates (cortical/nicht-cortical) ist sein Durchgriff auf die Motoneurone abhängig von der Synchronisierung efferenter Impulse, der Effektivität der synaptischen Verknüpfung und vom Bahnungsniveau des regionalen Eigenapparates. Eine dichte, mono-/oligosynaptische effektive Ankoppelung eines motorischen Kerngebietes an bulbäre/spinale Motoneurone wird eher zu einem sichtbaren Myoklonus führen, u.U. schon bei einer nur lokalen Störung im Ursprungsgebiet, während bei einer polysynaptischen Anknüpfung motorischer Kerngebiete an die Motoneurone für die Manifestation eines Myoklonus neben einer örtlichen Störung (z.B. im Kerngebiet) meist auch ein angehobenes allgemeines Bahnungsniveau notwendig zu sein scheint. Ist dies der Fall, können aber auch zusätzlich normale Reize (Berührung, Muskeldehnung, optische und akustische Reize) über oligosynaptisch gesicherte sensomotorische Reflexbögen Effekte hervorrufen (14, 23, 67, 75, 84; vgl. Abb. 13). Ein solcher Reflexmyoklonus zeigt also entweder ein allgemein erhöhtes Bahnungsniveau an und/oder eine nur umschrieben gesteigerte Erregbarkeit an der sensomotorischen Kontaktstelle (2).

Durch klinisch-neurophysiologische Untersuchungstechniken ist der pathophysiologische Prozeß über zwei Parameter zugänglich: das Verhalten der Motoneurone spiegelt sich im EMG wieder, der Funktionszustand der

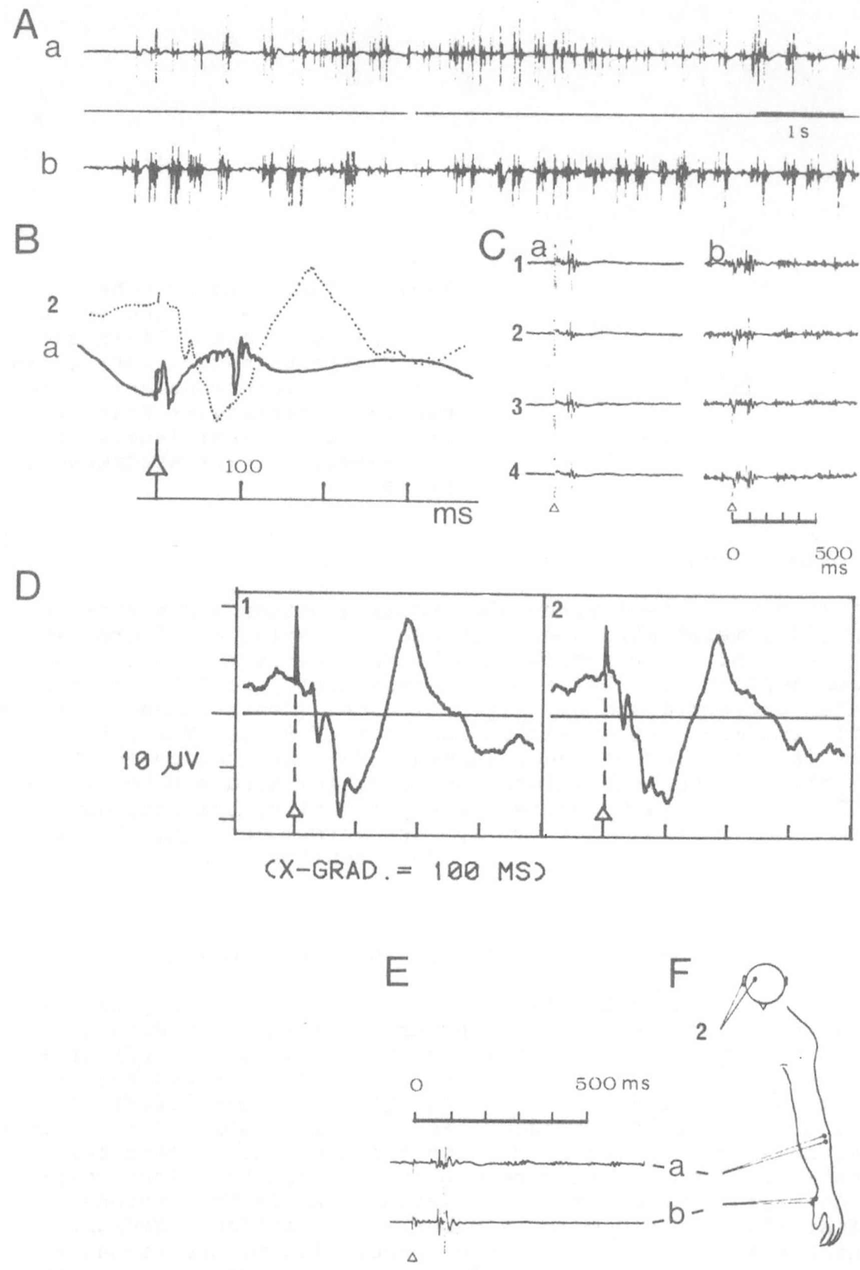

Abb. 6. Posthypoxische Myoklonien (LANCE-ADAMS-Syndrom;28J,w), A: Synchrone Aktivierung (Aktionsmyoklonus) des M.extensor digitorum longus links (a) und M.adductor
pollicis (b) bei Willkürinnervation. B: Somatosensorisch evoziertes Potential
(SEP;2) parietal rechts und synchron dazu gemitteltes EMG des M.add.poll. links (a)
nach distaler Medianus-Reizung links; Zählsumme: 176. C: Simultan registrierte Reizantworten des M.add.poll. (a 1-4) und M.ext.dig.long. (b 1-4) gefolgt von einer Entladungspause ("postmyoklonische Hemmung" bei Reflexmyoklonus) von etwa 150 ms Dauer.
D: "giant" SEP (43) nach Medianus-Reizung links; 1=parietal rechts, 2=parietal
links. E: Reizantworten des M.ext.dig.long. links (a) und M.add.poll. links (b) nach
Medianusreizung links (Δ). F: Ableitschema

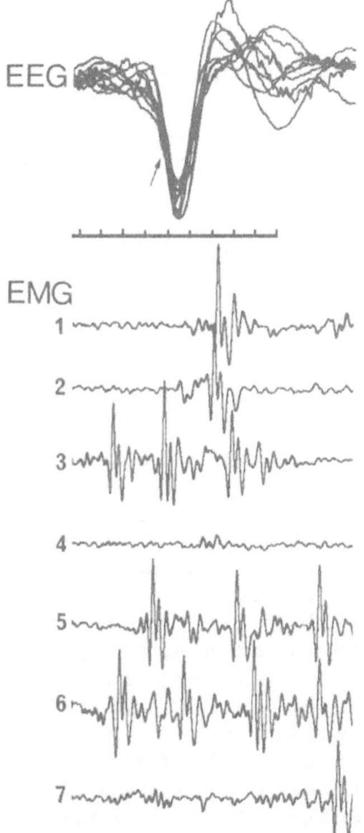

Abb. 7. JAKOB-CREUTZFELDTsche Erkrankung
(64 J,m; vgl. (55)): Korrelation von 9
superponierten steilen Komplexen im EEG
(temporal links) mit den zugehörigen EMG-
Einzelkurven (1-7) des M.extensor carpi ulnaris rechts. Skalenteil: 10 ms

praemotoneuronalen Abschnitte des ZNS spiegelt sich im EEG (7, 35, 36,
39, 53, 62, 70, 89, 91) und derjenige der motorischen Rinde im SEEG
(vgl. 99) wieder. Im EEG können nur bioelektrische Ereignisse, die
auf die oberflächlichen Generatorstrukturen der Rinde einwirken, erkannt werden (83), entweder durch Synchronisierungsphänomene oder durch
Frequenzänderungen (53, 71). Da bei den häufigsten Myoklonien (Typ A1)
abnorme praemotoneuronale Synchronisationsvorgänge erwartet werden,
kommt dem Nachweis von steilen Graphoelementen im EEG eine besondere
Bedeutung zu. Entsprechend diesen Überlegungen wurden neuerdings die
computergestützte Korrelationsverfahren zwischen EEG und EMG (15, 33,
42, 43, 77, 80, 81) und die Ableitung von evozierten Potentialen (22,
23, 37, 42, 43, 75, 81, 84) für eine klinisch neurophysiologische Differenzierung von Myokloni herangezogen. In den hier vorgelegten Untersuchungsergebnissen (gemeinsam mit ELGER, ROHR, ZSCHOCKE) wurden polygraphische EEG- und EMG-Registrierungen auf Magnetband gespeichert.
Mit Hilfe eines computer-gestützten Korrelationsverfahrens (30) konnte durch EEG- oder EMG-Muster kontinuierlich oder diskontinuierlich
ein Samplevorgang getriggert werden. Dabei wurden paralell bis zu 7
Parameter simultan gespeichert. Dann wurde ein Leitmuster (EMG oder
EEG) gewählt. Dieses Muster wurde in allen Sampleperioden aufgesucht
und unter visueller Kontrolle mit dem Leitmuster zur Deckung gebracht.
Gleichzeitig waren damit auch alle übrigen 6 Kanäle synchronisiert.
Das Ergebnis konnte einzeln (Abb. 1), in Superposition (Abb. 3) oder
schließlich als Mittelwertskurve (Abb. 10) dargestellt werden.

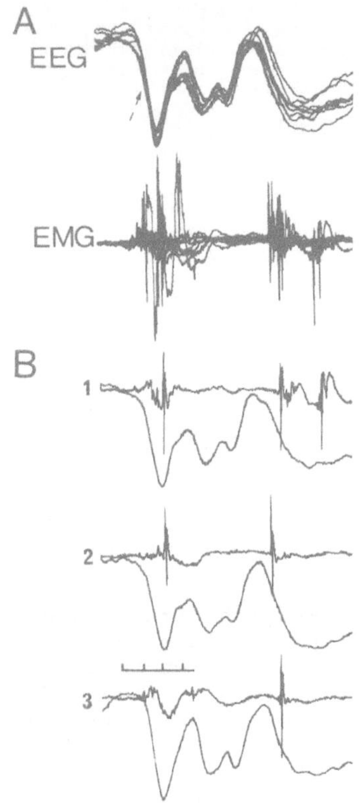

Abb. 8. Korrelation von polyphasischen EEG-Komplexen bei SSPE (Anfangsstadium; 12J,m) und einer motorischen Einheit im Nadel-EMG. A: Synopsis von 9 superponierten Kurvenpaaren: Entladungsmaximum vor, während und nach der initialen Positivierung im EEG mit nachfolgender Entladungspause und später Aktivierung. B: Einzelkurvenpaare aus A. Synchronisation auf EEG-Muster (Pfeil); Skalenteil in B3: 20 ms; EEG-präzentral rechts, EMG=M. flexor carpi radialis links

1. Corticale Myokloni

Corticale Myokloni (cM) sind Myokloni, die durch eine synchronisierte neuronale Aktivität in der motorischen Rinde hervorgerufen werden, wie es z.B. durch EEG-Befunde prinzipiell gesichert ist (99). Die Bezeichnung läßt bewußt offen, ob Ort der Störung und Ort der Gestaltung des Myoklonus identisch sind. Dies kann mit neurophysiologischen Methoden allein nicht differenziert werden, prinzipiell sind extracorticale oder nicht-motorische corticale Läsionsorte als Ausgangspunkt für eine synchronisierte Funktionsstörung der motorischen Rinde in Betracht zu ziehen. Dabei können sie auch über spinopetale Efferenzen non-cM auslösen.

Ein cM ist gesichert, wenn ein konstantes Synchronisationsphänomen im EEG über der motorischen Rinde nachweisbar ist, welches in konstantem Abstand vor dem elektromyographischen Korrelat des Myoklonus startet (43). Die Latenz zwischen beiden Ereignissen ist je nach beteiligten Muskeln verschieden (9 bis 21 ms bei Muskeln der oberen Extremitäten; bis 50 ms bei Muskeln der unteren Extremitäten (vgl. 42, 43, 49, 59, 61, 75, 81, 84). Dabei sind, wie im Tiermodell gesichert (30), geringe sprunghafte Schwankungen in der zeitlichen Beziehung möglich, die auch beim Menschen vorkommen können (Abb. 1C). Liegt eine konstante Beziehung vor, darf vermutet werden, daß der Myoklonus über eine direkte cortico-motoneuronale Verknüpfung vermittelt wurde (Abb. 12). Lassen sich im konventionellen EEG bereits steile Elemente über der motorischen Region ableiten, kann die Korrelation sowohl vom EEG aus als auch vom EMG aus durchgeführt werden. Wird sie z.B. vom EMG ge-

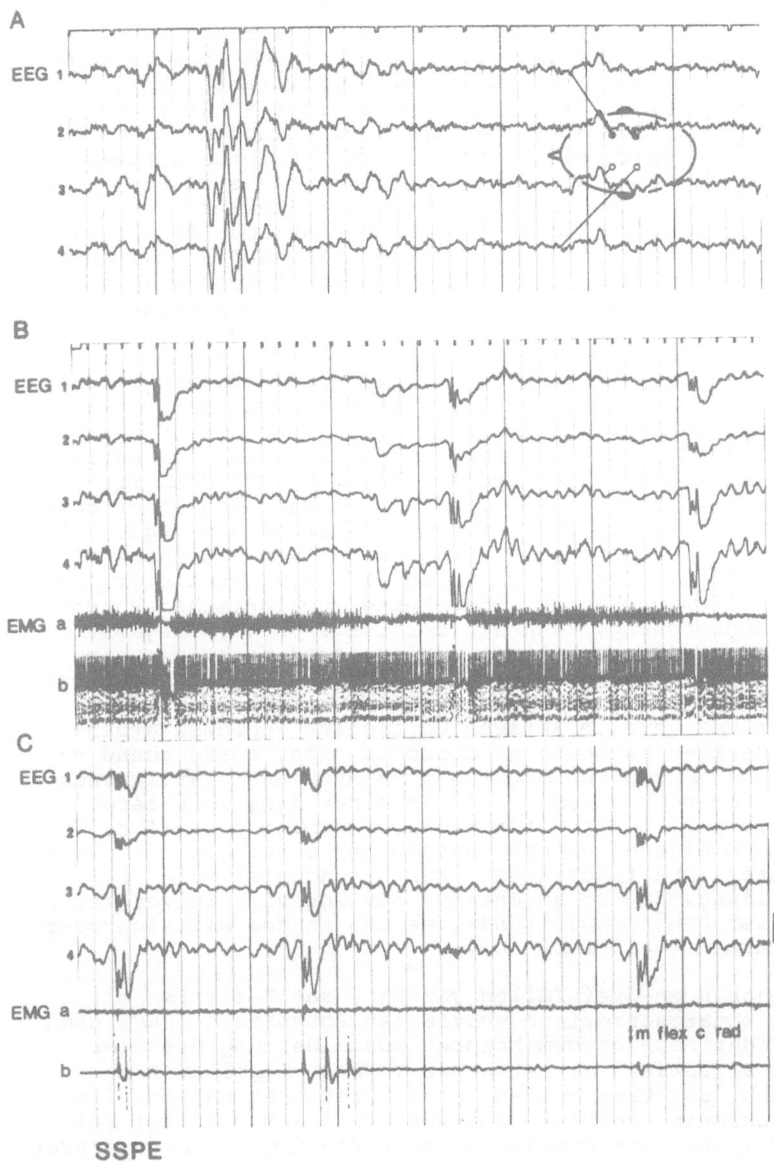

Abb. 9. SSPE (Fall wie Abb. 8). A: Charakteristische EEG-Komplexe entsprechend dem Ableitschema. B und C: Polygraphische Registrierung von
EEG (s.A) und EMG (a=Oberflächen-EMG, b=Nadel-EMG) des M. flexor
carpi radialis links bei Spontanaktivität (B) und in motorischer Ruhe
(C); Eichung EEG: 100 μV

triggert ohne gleichzeitige Beurteilung simultaner EEG-Phänomene kann
sie zu Fehlschlüssen führen (Abb. 2B). Berücksichtigt man verschiedene
EEG-Muster, ergibt sich ein anderes Bild (Abb. 3). In diesem Fall von
Koževnikov-Syndrom wurden während einer Ableitperiode prämyoklonisch
zwei verschiedene Muster im EEG identifiziert, welche als Ausdruck
einer jeweils unterschiedlichen intracorticalen Erregungsausbreitung
aufgefaßt wurden (vgl. 83).

Finden sich im konventionellen EEG keine prämyoklonischen Graphoelemente, können sie durch Mittelungsverfahren sichtbar werden. Dabei schälen sich langsame negative Wellen (80, 81) oder auch positiv negative Formationen heraus, welche als prämyoklonische Potentiale (JANZEN) oder M-trasient (43) oder "event related potentials" (81) bezeichnet wurden. Sie zeigen die elektroencephalographischen Merkmale eines örtlich begrenzten Ereignisses über der zum Myoklonus kontralateralen motorischen Rinde (43). Nicht selten entwickeln sich aus einer vorlaufenden langsamen Negativierung positive Schwankungen (Abb. 1C; 43), welche im Zeitgang evtl. auch im Pathomechanismus dem Bereitschaftspotential bzw. Motorpotential im Sinne von KORNHUBER (24) ähnlich sind. Es ist bisher nicht bekannt, welche neurophysiologischen Vorgänge sich in diesen prämyoklonischen Potentialen repräsentieren (43). Aus tierexperimentellen Befunden darf vermutet werden, daß sowohl paroxysmale Depolarisationen (PD) - im Fall von epileptischen cM - als auch hypersynchrone Aktivität von corticalen Neuronen zugrunde liegt (vgl. 79, 80). Die Entladungstätigkeit von Pyramidaltraktneuronen (PTN) liegt meist in der abfallenden Flanke einer voraufgehenden positiven Welle (Abb. 4) (5, 83, 95). Eine synchronisierte PTN-Entladung kann aber auch ohne jedes EEG-Korrelat ablaufen (29) oder mit EEG-spikes gekoppelt sein, die vor, während oder sogar nach einer cortico-spinalen Impulsaktivität im Oberflächen-EEG erscheinen (vgl. 30). Finden sich bei neurophysiologischen Untersuchungen von Patienten mit Myoklonien solche Konstellationen (Fig. 13 in 22), d.h. steile Graphoelemente vor oder nach dem Myoklonus, oder keine myoklonischen Potentiale bei Mittelwertsberechnung, kann ein corticaler Entstehungsort des Myoklonus damit nicht ausgeschlossen werden. Aber nicht nur eine lockere zeitliche Beziehung zwischen einer umschriebenen intracorticalen synchronen Erregung und dem Oberflächen-EEG, sondern auch eine räumliche Fluktuation des jeweils aktiven corticalen Neuronenverbandes kann mit den bisherigen Methoden am Menschen nicht ausreichend erkannt werden. Die nicht selten von Myoklonus zu Myoklonus variierende klinische Ausprägung könnte u.a. aber auch in einer jeweils unterschiedlichen Ankoppelung spinaler Motoneurona begründet sein (Abb. 5, 30). Daher wurde in den eigenen Untersuchungen möglichst gleiche elektromyographische Muster (Oberflächen-EMG) zur Synchronisierung verwandt, in der Vorstellung, daß so am ehesten die Äquivalente vergleichbarer prämotoneuronaler Funktionszustände des ZNS in das Mittelungsverfahren eingebracht werden (vgl. Abb. 10).

HALLETT et al. (43) haben an drei Fällen gezeigt, daß Patienten mit cM bei Ableitung der somatosensorisch evozierten Potentiale (SEP) nach Medianusstimulation oder nach circumskripter Muskeldehnung distaler Armmuskeln evozierte Potentiale mit stark überhöhten Amplituden ("giant" SEP; vgl. Abb. 6D) über beiden Parietalregionen hatten. Sie waren von fokalen Myoklonien gefolgt (cortical reflex Myoklonus; vgl. LR1 (100) und E1 (17)). Der den Myoklonien zugrundeliegende Störungsvorgang führt dabei vermutlich zu einem Sichtbarwerden von vorgegebenen corticalen (long-loop) Reflexen (=C-Reflex nach CONRAD (20)). Besonders propriozeptive Impulse (Ia - Afferenzen) spielen als Afferenz eine besondere Rolle, da sie eng mit den PTN ihres Ursprungsmuskels verknüpft sind (Abb. 13; 4, 14, 20, 23, 43, 67, 75). Die bilateral ausgeprägte Amplitudenzunahme der SEP läßt vermuten, daß eine generalisierte Zunahme der Erregbarkeit besteht und zwar entweder bilateral in der motorischen Region oder im afferenzverarbeitenden System (vgl. 44, 45), wie es z.B. im Tierexperiment gefunden wurde (3). Eine ipsi- und contralaterale Erregung postzentraler Neurone nach unilateralen Haut- und propriozeptiven Reizen mag eine zusätzliche Rolle spielen (38).

Im Gefolge spontaner cM oder nach Reflexmyoklonien ist die Spontanaktivität im EMG unterdrückt (Abb. 6B, C, E) und die Willkürmotorik aufgehoben (61, 67). Dieses Phänomen wird als postmyoklonische Hemmung (67),

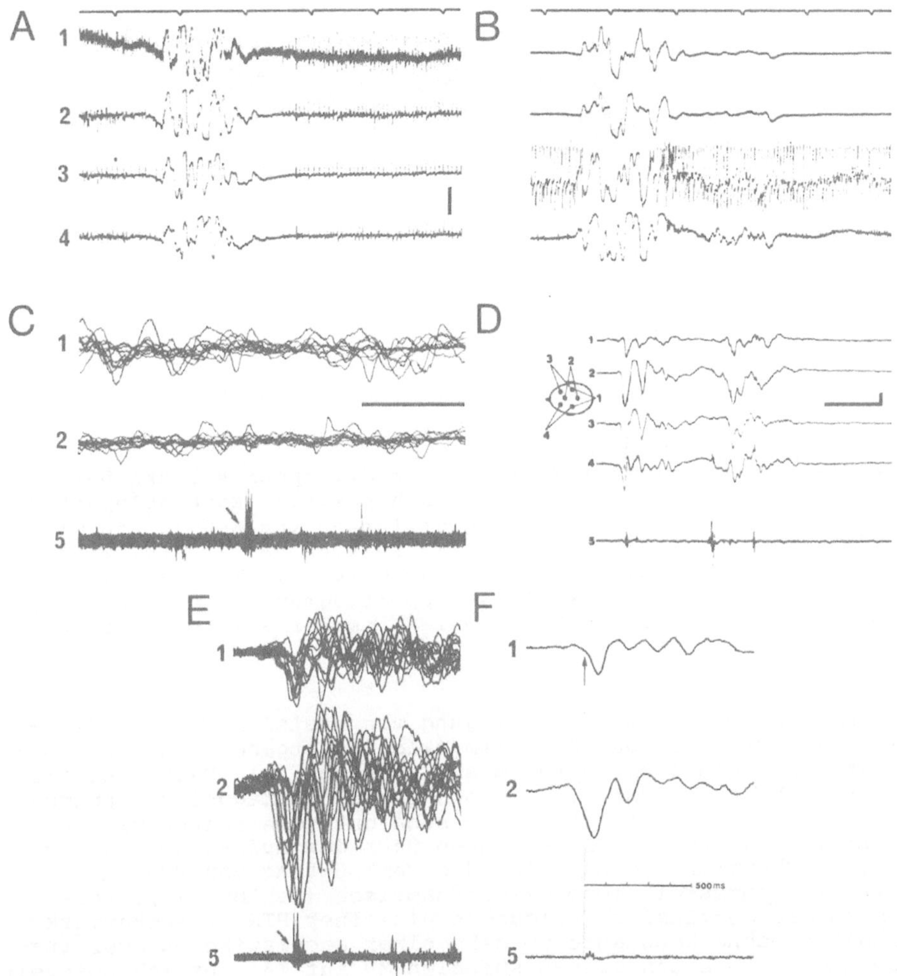

Abb. 10. Akute posthypoxische Myoklonien (BUTENUTH-KUBICKI). A und B:
Suppression-burst-Muster im EEG (1/2 = zentral links/rechts, 3/4=
parieto-temporal links/rechts) nach Asystolie (61 J,w); Unterdrückung
einstreuender EMG-Aktivität während der burst-Phase ("negativer Myoklonus" vgl. (100)); Eichung: 1 s , 100 µV. C bis F: Korrelation eines
suppression-burst-Musters im EEG (s.Ableitschema in D; Eichung: 1 s ,
50 µV) mit EMG (5=M. orbicularis oris links); C: Keine zum EMG korre-
lierenden EEG-Signale während der burst-Phase; Zählsumme: 10, Zeitachse: 500 ms. E: Superposition von 20 zum EMG synchronisierten (Pfeil)
EEG-Abschnitten mit burst-Beginn (Zeitachse s. F) mit deutlichem
"jitter"-Phänomen der initialen Positivierung, das sich in der Mittelwertbildung nicht niederschlägt (Zählsumme: 20 in E und F). F: Mittel-
wertsbildung von E

amyotone Attacke (35), oder hier paroxysmale Myatonie = negativer Myoklonus (100) = Typ A2 entsprechend Tabelle 1B bezeichnet. Diese Hemm-
periode dauert 100 bis 350 ms und kann auch ohne voraufgehenden Myoklonus eintreten (67), vermutlich als Folge einer Disfaszilitation
oder eines Depolarisationsblocks der betroffenen Motoneurone.

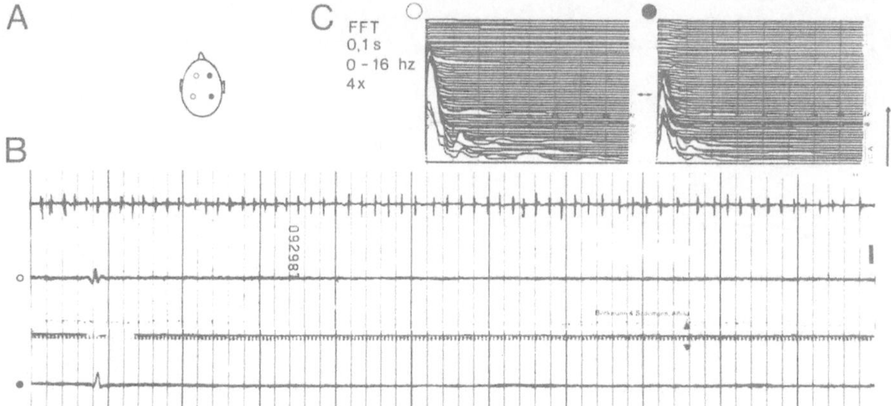

Abb. 11. Überdauern rhythmischer Myokloni des M.trapezius links bei
Eintritt bioelektrischer Stille im EEG (posthypoxische Encephalopathie;
28 J,m). A: Ableitschema. B: Originalregistrierung von EEG (o und O)
und EMG; letzter burst am linken Bildrand; EEG-Eichung: 100 µV, Zeit-
skalierung: 1 s; ▼Synchronisierungsmarke für C (◄─►). C: One-line-Fre-
quenzanalyse (O-16 Hz) des EEG (s. in A): Spektrogramm initial bei sup-
pression-burst-Aktivität, später bei bioelektrischer Stille; Zeitkonstante O,1 s, Pfeillänge 20 min

Weiteres Merkmal von cM ist die Bevorzugung von distalen Extremitätenmuskeln sowie die Tatsache, daß Aktionsmyokloni weitgehend regional beschränkt bleiben auf die aktivierten Muskelgruppen (43). Dabei ist die
elektromyographische Aktivität z.B. in Agonist und Antagonist synchronisiert (Abb. 6A). Dieses Verhalten läßt sich gut vereinbaren mit den
tierexperimentell gewonnenen Vorstellungen über den Aufbau der corticomotoneuronalen Verknüpfung: danach ist die Verknüpfung von PTN und MN
distaler Extremitätenmuskeln mono/oligosynaptisch (s. Abb. 12), ver-
zweigen sich in die terminalen Endigungen einzelner PTN im Rückenmark
plurisegmental und ohne konstante Vorgabe einer agonistischen oder ana-
gonisten Funktion mit verschiedenen spinalen MN auf (4). Danach spiegelt
sich im cM ein unkontrollierter Durchgriff von PTN auf spinale MN wider.

Vor allem als epileptische Myokloni kommen cM bei Koževnikov-Syndrom,
EPC, Petit-Mal-Varianten vor, aber auch im Rahmen anderer Erkrankungen
(vgl. Tabelle 2), z.B. Lipidosen, Encephalitiden, Hyperglykämie (82),
Wismuth-Encephalopathie (12, 28, 34, 36), posthypoxischer Encephalopathie (13, 15, 16, 31, 43, 52, 61, 62).

2. Nicht-corticale Myokloni (non-cM) = extrapyramidale Myokloni nach
   HALLIDAY (44)

Lassen sich Myokloni weder dem corticalen noch dem segmental-regionalen
Typ zuordnen, werden sie als nicht-corticale Myokloni (non-cM) angesprochen (s. Tabelle 3,II).Non-cM präsentieren sich selten entsprechend
dem Typ A1 oder A2, sondern meist dem Typ B1 und B2 mit längeren, z.T.
sehr langen Innervationsphasen (7, 16, 18, 44, 72, 86, 87, 91; Abb. 9),
so daß gelegentlich der Terminus "Spasmus" benutzt wird (18, 91). Die
Übergänge sind fließend. Betroffen sind überwiegend proximale und Stamm-
muskeln, das Auftreten von non-cM ist meist bilateral synchron mit einer
niedrigen Frequenz (vgl. 43). In aller Regel treten charakteristische,
z.T. für die Grunderkrankung pathognomonische Muster im EEG auf, die

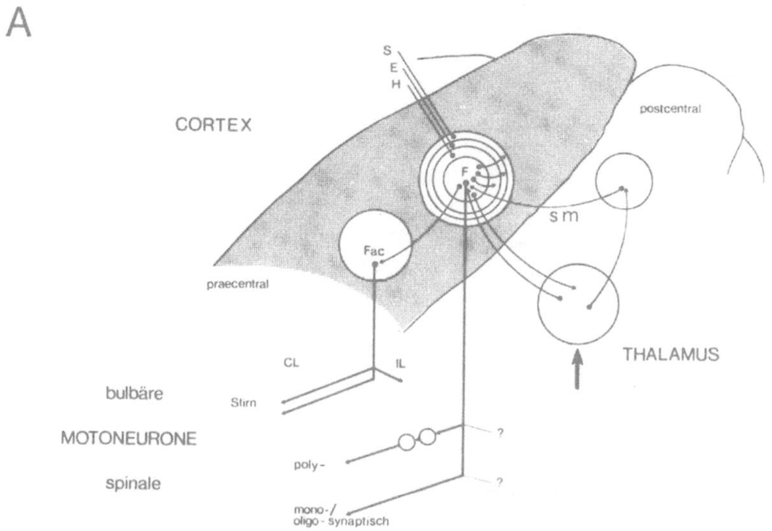

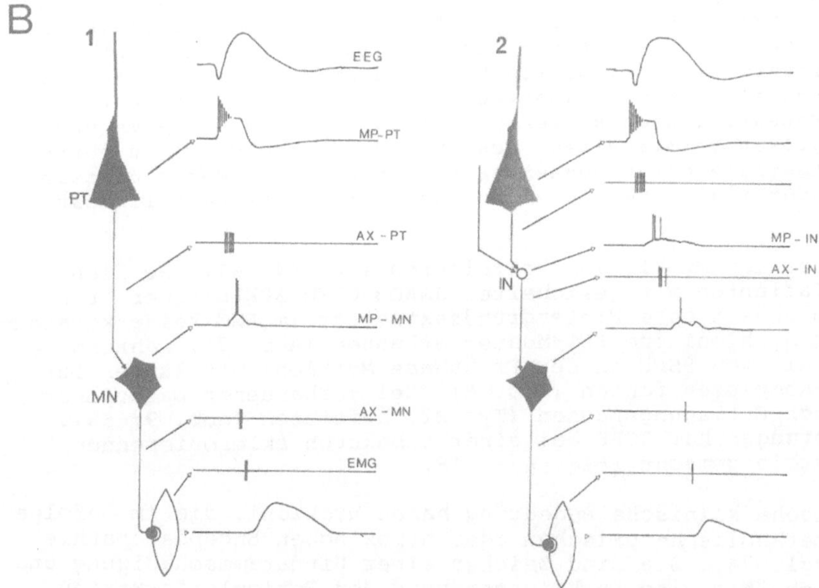

Abb. 12. A: Schema der funktionellen Organisation der motorischen Rinde (Affe, Finger/Handregion) mit ihren wichtigsten efferenten und afferenten Verknüpfungen. F (Fingergelenke) H (Handgelenk) E (Ellenbogengelenk) S (Schultergelenk); Fac=Gesichtsmuskeln; CL-contralateral, IL=ipsilateral; sm=sensomotorische corticale Kontaktstelle. B: Schematische Darstellung der corticomotoneuronalen Verknüpfung (Finger/Hand) beim Affen (1=monosynaptische Konnektion, 2=disynaptische Konnektion) und schematischer Ablauf der Erregungsausbreitung von der Rinde bis zum spinalen Motoneuron und zur Muskelzuckung (unterste Kurve); MP=Membranpotential, AX=Axonaktivität, PT=Pyramidaltraktneuron, MN=Motoneuron, IN=Interneuron mit einer nicht-pyramidalen Afferenz. Beginn der Erregung durch paroxysmale Depolarisation an der PT

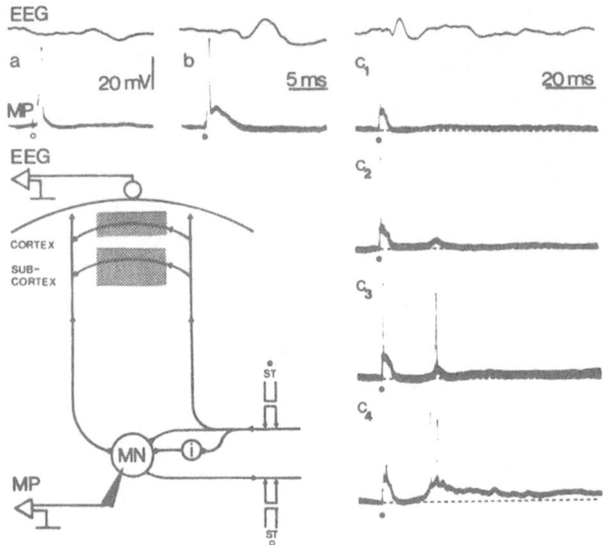

Abb. 13. Reflexmyoklonus (Pentylenetetrazol-Modell der Ratte(SPECKMANN, CASPERS, JANZEN (1971) Z.EEG-EMG 2:49). Ableitung des epicorticalen EEG und des Membranpotentials (MP) eines lumbalen Motoneurons nach Stimulation (ST) der Hinterwurzel (s.Ableitschema); a=antidromes Aktionspotential, b=c1=überschwelliges excitatorisches Potential des Motoneurons und evoziertes Potential nach Hinterwurzelreiz, c2 - c4 =Zunahme der späten polysynaptisch vermittelten, schließlich überschwelligen postsynaptischen Potentiale bei zunehmender Reizintensität, deren corticaler und/oder subcorticaler "Reflexbogen" schematisch dargestellt ist

aber nur locker zu den Myoklonien korrelieren (18, 44, 91). So ließ sich bei einem Patienten mit gesicherter JAKOB-CREUTZFELDTscher Erkrankung (55) in Phasen ohne Hintergrundsaktivität im EMG keine konstante Beziehung der Myokloni zum EEG-Muster erkennen (Abb. 7), während sich bei einem Fall von SSPE in der Frühphase Myokloni mit langer Latenz zu den EEG-Komplexen fanden (Abb. 8). Bei vorhandener Dauerinnervation können auch Entladungspausen (Typ B2) auftreten (Abb. 9; 55). Ähnliche Beobachtungen hat COBB bei einer subakuten sklerosierenden Leucoencephalopathie gemacht (Fig. 4 in 18).

Besondere praktische klinische Bedeutung haben Myokloni, die im Gefolge einer schweren metabolisch-toxischen oder hypoxischen Encephalopathie entstehen (13; vgl. 74). Sie sind Zeichen einer Hirnstammschädigung und sollen einheitlich über eine Funktionsstörung der Reticulärformation, vermutlich in Verbindung mit einer Kleinhirnläsion hervorgerufen werden (vgl. 31, 42, 43, 100, 101). Posthypoxische Myoklonien entstehen nach Reanimation im Gefolge einer Asystolie sehr frühzeitig und können über Wochen ein posthypoxisches Koma prägen und sind ausnahmslos mit der Manifestation eines suppression-burst-Musters im EEG verknüpft (13, 74). Die Myokloni sind meist generalisiert disseminiert, gering lateralisiert, häufig stimulussensitiv, ohne Opsokloni und prognostisch ungünstig (74). Sowohl Typ A1 (Abb. 10C-F), als auch Typ A2 (Abb. 10A-B) kommen vor. Sie treten im Beginn der burst-Phase des EEG auf und lassen sich äußerst selten auch während der Suppressions-Phase im EEG beobachten (Abb. 11; 76). Die zeitliche Beziehung zwischen Myokloni und initialem burst kann sehr konstant sein (Abb. 10E, F). Während der darauffolgenden EEG-Phase war einem gleichartigen elektromyographischem Muster

kein Potential im EEG zuzuordnen (Abb. 10C). Man darf vermuten, daß
initial vom Hirnstamm (Reticulärformation) synchron cortico-petale
Impulse und spino-petale Impulse ausgehen und nach jeweils konstanter Laufzeit ihre Ankunft am Ableitort (EMG/EEG) erfaßt wird. Danach
ist eine organisierte Synchronisation von Rinde und Hirnstamm für
ein Korrelationsverfahren in dieser Phase nicht mehr feststellbar.

Im Gegensatz zu dieser Form von posthypoxischen Myoklonien entwickeln
sich Myoklonien im Sinne des LANCE-ADAMS-Syndroms überwiegend nach
Asphyxie (61). Die betroffenen Patienten sind oft nur kurz (selten
bis 16 Tage (32)) komatös und erreichen häufig wieder normale mentale
Funktionen. Sie zeigen entweder überwiegend cM (43) oder reticular-
reflex-Myoklonien (42) oder Mischbilder, nicht selten zusätzlich primär generalisierte epileptische Anfälle (43). Berührung, Ansprache,
jede Intention, vor allem auch jede Aktion von Muskeln führt zu sich
generalisierenden Myokloni der Agonisten und Antagonisten einschließlich bulbärer Muskeln (31, 52, 100).

Der Pathomechanismus posthypoxischer Myokloni vom LANCE-ADAMS-Typ
ist intensiv untersucht worden (vgl. 40, 54, 63, 92). In der Mehrzahl
der Fälle wird eine erniedrigte Konzentration von 5-HIAA im Liquor
festgestellt, welches als Zeichen eines posthypoxisch verminderten
Umsatzes und einer verminderten Freisetzung von Serotonin im ZNS gewertet wurde (vgl. 15, 31, 40, 93). Führte man solchen Patienten
L-5-HTP allein oder in Kombination mit einem peripheren Decarboxylasehemmer (Carbidopa) zu, gingen die Myoklonien zurück und der Spiegel
von 5-HIAA im Liquor erreichte Normwerte. War der 5-HIAA-Spiegel nicht
erniedrigt oder unter antimyoklonischer Therapie bereits normal, wurde bei Gabe von L-5-HTP erneut Myoklonien beobachtet (vgl. 31), ähnlich wie beim DOWN-Syndrom (19). Die Beobachtung, daß unternormale
oder übernormale Serotoninkonzentrationen im Gehirn eine begünstigen-
de Bedingung für das Auftreten von Myoklonien sind, stimmt mit tierexperimentellen Beobachtungen überein und ist bislang nicht aufgeklärt
(vgl. 54, 60). Aus bisher nur spärlichen neuropathologischen Beobachtungen am Menschen ist zu vermuten, daß ein Ausfall serotoninerger
Neurone des Hirnstamms nicht vorliegt, sondern daß nur eine partielle
Funktionsstörung des intracellulär angesiedelten Hydroxylasesystems
serotoninerger Neurone anzunehmen ist, die durch ein erhöhtes Angebot
von Serotoninvorstufen kompensiert werden kann (31, 92, 100).

B. Therapeutische Konzepte bei Myoklonien

Eine aetiologische Therapie wird in den meisten Fällen mit Myokloni
aus primär cerebraler Ursache nicht möglich sein. Lediglich bei posthypoxischen Myoklonien kann medikamentös in den cerebralen Pathomechanismus eingegriffen werden (15, 31, 93). In therapieresistenten Fällen muß u.U. eine stereotaktische Operation erwogen werden (46). Bestehen wesentliche extracerebrale Störungen, muß neben einer symptomatischen antimyoklonischen Therapie das Grundleiden behandelt werden.

1. L-5-HTP/Carbidopa

Bei Patienten mit posthypoxischen Myoklonien wird eine Kombinationstherapie mit L-5-HTP-Carbidopa empfohlen. Eine Wirkung ist zu erwarten bei allen Patienten mit "giant"-SEP's (15, 31, 93, 100). Wegen
gastrointestinaler Nebenwirkungen sollte eine Substitutionstherapie
mit L-5-HTP nach 2-3tägiger Gabe von Carbidopa begonnen werden. Eine
vorherige Bestimmung von 5-HIAA im Liquor empfiehlt sich (32, 93).
Nach einschleichender Dosis bewähren sich Langzeitgaben von 300 bis
2700 mg L-5-HTP und 100 bis 300 mg Carbidopa (93).

2. Clonazepam, Flunitrazepam

Bei allen Patienten, bei denen L-5-HTP wirksam ist, kann Clonazepam
ersatzweise oder in Kombination mit zusätzlichem Effekt gegeben werden (15, 31, 93). Auch bei allen übrigen Formen von Myoklonien, weitgehend unabhängig von ihrer Genese, ist Clonazepam in der Akut- und
Langzeittherapie die wirksamste Substanz. Allerdings ist unter Lang-
zeitgabe ein Wirkungsverlust häufig, der nicht selten zum Überschrei-
ten der empfohlenen Höchstdosis zwingt. In diesen Fällen und auch
bei Myoklonisyndromen im Koma hat sich Flunitrazepam als noch wirksamer erwiesen (74).

3. Andere Antimyoklonika (vgl. 31, 32)

Bei cM hat sich die zusätzliche Gabe von antikonvulsiven Substanzen
bewährt, vor allem Dipropylacetat, auch DPH und Phenobarbital. Über-
zeugende Effekte bei posthypoxischen Myokloni konnte auch nach der
Gabe von Piracetam beobachtet werden (88), diese Wirkung erscheint
nach eigener Erfahrung bei schweren Fällen von LANCE-ADAMS-Syndrom
nicht einzutreten.

C. Schlußbemerkung

Nach der anregenden, von MUSKENS (69) formulierten These liegen den
Myokloni epileptische Elementarprozesse auf verschiedenen Ebenen des
ZNS zugrunde. Entstehungsmechanismen und Elementarprozesse epileptischer und myoklonischer Phänomene stimmen vermutlich aber nur überein, wenn eine epileptogene Noxe auch - z.B. interiktal - zu myoklonischen Reaktionen führt (epileptischer Myoklonus). Liegt eine Koinzidenz von epileptischen Anfällen und myoklonischen Reaktionen vor,
können zwar Elementarprozesse ablaufen, wie sie bei der Epileptogene-
se bekannt sind, es müssen prinzipiell aber auch andersartige, derzeit
nicht präzisierbare Störvorgänge in die Überlegungen einbezogen werden. Ein Myoklonus ist immer Symptom eines Störvorganges im sensomoto-
ischen System, der in diesem System selbst entstehen kann oder nur
über dieses System erkennbar wird. Gestaltung und Manifestation von
Myokloni scheint vor allem vom Einfluß der Reticulärformation und des
dentato-olivären Systems abzuhängen (vgl. 15, 43, 75).

Bereits klinisch lassen sich aber wesentliche Kriterien zur Einordnung von Myoklonien ermitteln, auch wenn in vielen Fällen trotz zahlreicher Detailkenntnisse, die Zusammenhänge zwischen der Grundkrankheit und dem Entstehungsmechanismus der Myoklonien nicht zu klären
sind. Neurophysiologische Untersuchungen können dem Kliniker zunehmend
Kriterien an die Hand geben, mit deren Hilfe er das Symptom Myoklonus
als empfindlichen Indikator von sehr wahrscheinlich polygenetisch ent-
stehenden Störvorgängen im ZNS für die Diagnostik und für eine gezielte Therapie nutzen kann.

Zusammenfassung

Als polygenetisch entstehendes motorisches Elementarphänomen ist das
klinische Symptom Myoklonus ein empfindlicher Indikator für unterschiedliche Störvorgänge im ZNS. Anhand von Befunden aus der Literatur
und eigenen Untersuchungen wird versucht, dieses Symptom mithilfe kli-
nisch-neurophysiologischer Kriterien zu differenzieren, seine möglichen Entstehungsmechanismen am Beispiel von corticalen und posthypoxischen Myokloni zu entwickeln und Konsequenzen für Diagnostik und Therapie aufzuzeigen.

Literatur

1. Aigner BR, Mulder DW (1960) Myoclonus. Arch Neurol 2: 600-615

2. Amentea G (1921) Über experimentelle beim Versuchstier infolge
   afferenter Reize erzeugte Epilepsie. Pflügers Archiv 188: 287-297

3. Angel A, Lemon RN (1973) An analysis of the myoclonic jerks
   produced by 1,2-dihydroxybenzene in the rat. Electroenceph clin
   Neurophysiol 35: 589-601

4. Asanuma H, Larsen KD, Yumiya H (1979) Direct sensory pathways to
   the motor cortex in the monkey: a basis of cortical reflexes. In:
   Asanuma H, Wilson VJ (eds) Integration in the nervous system.
   Igaku-Shoin, Tokyo New York, p 223

5. Ayala GF, Dichter M, Gummit RF, Matsumoto H, Spencer WA (1973)
   Genesis of epileptic interictal spikes. New knowledge of cortical
   feedback systems suggests a neurophysiological explanation of
   brief paroxysms. Brain Res 52: 1-17

6. Bass NH, Hess HH, Pope A (1974) Altered cell membranes in Creutz-
   feld-Jakob-disease. Arch Neurol 31: 174-182

7. Bauer G (1974) Myoklonien. Erscheinungsbild, Pathophysiologie und
   klinische Bedeutung. Wien Med Wschr 124: 577-581

8. Boltshauser E, Deonna T, Hirt HR (1979) Myoclonic encephalopathy
   of infants or "dancing eyes" syndrome. Report of 7 cases with
   long-term follow-up and review of the literature (cases with and
   without neuroblastoma). Helv Pädiatr Acta 34: 119-133

9. Boundelle M (1968) The myoclonias. In: Vinken PJ, Bruyn GW (eds)
   Handb of clinical neurology Vol 6: Diseases of the basal ganglia.
   North Holland Publishing Company, Amsterdam, p 778

10. Bonduelle M, Escourolle R, Bouygues P, Lormeau G, Gray F (1976)
    Atrophie olivo-ponto-c'er'ebelleuse familiale avec myoclonies.
    Les limites de la dyssynergie c'er'ebelleuse myoclonique (syndrome
    de Ramsay-Hunt). Rev Neurol (Paris) 132: 113-124

11. Bradshaw JPP (1954) A study of myoclonus. Brain 77: 138-157

12. Buge A, Rancurel G, Poisson M, Gazengel J, Dechy H, Fressinaud L,
    Emile J (1974) 20 observations d'enc'ephalopathies aigu'es avec
    myoclonies au cours de traitments oraux par les sels de bismuth.
    Ann Med Interne (Paris) 125: 877-888

13. Butenuth J, Kubicki St (1971) Über die prognostische Bedeutung
    bestimmter Formen der Myoklonien und korrespondierender EEG-Muster
    nach Hypoxien. Z EEG-EMG 2: 78-83

14. Cabrini GP, Marossero F, Ettore G, Infuso L (1972) Physiopathologi-
    cal observations on the mechanism of stimulus sensitive myoclonus.
    A stereotactic study. Confin Neurol 34: 64-69

15. Chadwick D, Hallett M, Harris R, Jenner P, Reynolds EH, Marsden
    CD (1977) Clinical, biochemical and physiological features
    distinguishing myoclonus responsive to 5-hydroxytryptophan,
    tryptophan with a monoamine oxidase inhibitor, and clonazepam.
    Brain 100: 455-487

16. Charlton MH (1975) Myoclonic seizures. Excerpta medica. American Elsevier Publishing Company, Amsterdam

17. Chauvel P, Louvel J, Lamarche M (1978) Transcortical reflexes and focal motor epilepsy. Electroenceph clin Neurophysiol 45: 309-318

18. Cobb W (1966) The periodic events of subacute sclerosing leuko-encephalitis. Electroenceph clin Neurophysiol 21: 278-294

19. Coleman M (1971) Infantile spasms associated with 5-hydroxytryptophan administration in patients with Down's syndrome. Neurology 21: 911-919

20. Conrad B, Matsunami K, Meyer-Lohmann J, Wiesendanger M, Brooks VB (1974) Cortical load compensation during voluntary elbow movements. Brain Res 71: 507-514

21. Daube JR, Peters HA (1966) Hereditary essential myoclonus. Arch Neurol 15: 587-594

22. Dawson GD (1946) The relation between the encephalogram and muscle action potentials in certain convulsive states. J Neurol Neurosurg Psychiat 9: 5-22

23. Dawson GD (1947) Investigations on a patient subject to myoclonic seizures after sensory stimulation. J Neurol Neurosurg Psychiat 10: 141-161

24. Deecke L, Grözinger B, Kornhuber HH (1976) Voluntary finger movement in man: cerebral potential and theory. Biol Cybernetics 23: 99-119

25. Desmedt JE (ed) (1978) Physiological tremor, pathological tremors and clonics. Progress in clinical Neurophysiology. Vol 5. S.Karger, Basel München Paris New York Sydney

26. Diebold K (1968) Zur Differentialdiagnose der progressiven Myoklonusepilepsien. Fortschr Neurol Psychiat 36: 544-575

27. Egli M, Bernoulli C, Baumgartner G (1974) Spinale Epilepsie: Tonische Anfälle nach zervikalem Spinalis-anterior-Syndrom. Z EEG-EMG 5: 87-95

28. Eichler I (1979) Die Wismuthenzephalopathie – ein neurartiges Krankheitsbild? Wien klin Wochenschr 91: 314-320

29. Elger CE, Speckmann EJ, Prohaska O, Caspers H (1979) Relation between the intracortical distribution of focal interictal epileptiform discharges (FIED) and spinal field potentials (SFP) in the rat. Pflüger's Arch 382: 41

30. Elger CE, Speckmann EJ (1980) Focal interictal epileptiform discharges (FIED) in the epicortical EEG and their relation to spinal field potentials in the rat. Electroenceph clin Neurophysiol (in press)

31. Fahn S (1979) Posthypoxic action myoclonus: review of the literature and report of two new cases with response to valproate and estrogen. In: Fahn S, Davis JN, Rowland LP (eds) Cerebral hypoxia and its consequences. Raven Press New York, p 49

32. Fahn S (1977) New approaches in the management of hyperkinetic movement disorders. Adv exp med Biol 90: 157-173

33. Ferrillo F, Cavazza B, Rosadini G, Sannita W (1972) Sull 'impiego di unna tecnica di "averaging" nello studio dei potenziali EEG epilettici nell 'uomo. Riv Neurol 42: 312-319

34. Galle P, Chatel M, Berry JP, Menault F (1979) Progressive myoclonic encephalopathy in dialysis patients: presence of high concentrations of aluminium in the lysosomes of the cerebral cells. Nouv Press Med (Paris) 8: 4091-4094

35. Gastaut H, Rémond A (1952) Etude électroéncephalographique des myoclonies. Rev Neurol (Paris) 86: 596-601

36. Gastaut JL, Tassinari CA, Terzano G, Picornel I (1975) Etude polygraphique de l'éncèphalopathie myoclonique bismutique. Rev Electroenceph Neurolphysiol Clin 5: 295-302

37. Gath J (1969) Effect of drugs on the somatosensory evoked potential in myoclonic epilepsy. Arch Neurol (Chic) 20: 354-357

38. Goldring S, Ratcheson R (1972) Human motor cortex: sensory input data from single neuron recordings. Science 175: 1493-1495

39. Grinker RR, Serota H, Stein SI (1938) Myoclonic epilepsy. Arch Neurol Psychiat 40: 968-980

40. Growdon JH, Young RR, Shahani BT (1976) L-5-hydroxytryptophan in treatment of several different syndromes 'in which myoclonus is prominent. Neurology 26: 1135-1140

41. Guillain G, Mollaret P (1931) Deux cas de myoclonies synchrones et rhythmées velo-pharyngo-laryngo-oculo-diaphragmatiques. Les problème anatomique et physio-pathologique de ce syndrome. Rev Neurol (Paris) 2: 545-566

42. Hallett M, Chadwick D, Adam J, Marsden CD (1977) Reticular reflex myoclonus: a physiological type of human post-hypoxic myoclonus. J Neurol Neurosurg Psychiat 40: 253-264

43. Hallett M, Chadwick D, Marsden CD (1979) Cortical reflex myoklonus. Neurology 29: 1107-1125

44. Halliday AM (1967) The electrophysiological study of myoclonus in man. Brain 90: 241-284

45. Halliday AM (1975) The neurophysiology of myoclonic jerking - a reappraisal. In: Charlton MH (ed) Myoclonic seizures. Excerpta medica Amsterdam, p 1

46. Hassler R (1977) Die neuronalen Systeme der extrapyramidalen Myoklonien und deren stereotaktische Behandlung. In: Doose H (Hrsg.) Aktuelle Neuropädiatrie. Georg Thieme, Stuttgart, S 20

47. Hohnstädt P, Janzen RWC, Kühne D (1980) Spinale Myoklonien bei Hirnstammfunktionsverlust. (S. dieser Band)

48. Hopkins AP, Michael WF (1974) Spinal myoclonus. J Neurol Neurosurg Psychiat 37: 1112-1115

49. Hufschmidt HJ, Kilimov N (1974) Klinisch-neurophysiologische
    Analyse eines Falles von Epilepsia partialis continua (Kojewni-
    koff). Arch Psychiat Nervenkrh 219: 239-254

50. Hunt R (1914/15) Dyssynergia-cerebellaris-myoclonica. Primary
    atrophy of the dentate system: a contribution to the pathology
    and systematology of the cerebellum. Brain 37: 490-538

51. Jovanović UJ (1971) Physiologische Myoklonie beim Einschlafen und
    im Schlaf. Z EEG-EMG 2: 58-63

52. Kaftan J (1970) Myoklonien nach cerebraler Hypoxie (Action-In-
    tentions-Myoklonus). Z Neurol 198: 212-222

53. Kelley JJ, Sharbrough FW, Westmoreland BF (1978) Movement-
    activated cerebral fast rhythmus: an EEG finding in action myo-
    clonus. Neurology 28: 1037-1040

54. Klawans HL, Goetz C, Weiner WJ (1973) 5-hydroxytryptophan-induced
    myoclonus in guinea pigs and the possible role of serotonin in
    infantile myoclonus. Neurology 23: 1234-1240

55. v. Koschitzky H, Zschocke S, Rohr W, Janzen RWC (1980) Entwicklung
    abnormer Erregbarkeit im Akutverlauf bei Jakob-Creutzfeldtscher
    Erkrankung. (S. dieser Band)

56. Koskoniemi M, Toivakka E, Donner M (1974) Progressive myoclonus
    epilepsy. Electroencephalographic findings. Acta Neurol Scandinav
    50: 333-359

57. Kozevnikov A (1895) Eine besondere Form von corticaler Epilepsie.
    Neurol Centralbl 14: 47-48

58. Kraus-Ruppert R (1973) Die Formen der progressiven Myoklonusepilep-
    sie als generalisierte Stoffwechselstörungen. Klinisch-pathologi-
    scher Überblick. Psychiatr Neurol Med Psychol (Leipzig) : 92-100

59. Kugelberg E, Widen L (1954) Epilepsia partialis continua. Electro-
    enceph clin Neurophysiol 6: 503-506

60. Lachenmayer L, Baumgarten HG, Wuttke W (1980) The central sero-
    tonin system: anatomy, physiology and clinical relevance. (S. die-
    ser Band)

61. Lance JW, Adams RD (1963) The syndrom of intention or action myo-
    clonus as a sequel to hypoxic encephalopathy. Brain 86: 111-140

62. Lhermitte F, Talairach J, Buser P, Gantier JC, Bancaud J, Gras RG,
    Truelle JL (1971) Myoclonies d'intention et d'action post-anoxi-
    ques. Etude stéréotaxique et destruction du noyau ventral latéral
    du thalamus. Rev neurol (Paris) 124: 5-20

63. Lhermitte F, Peterfalui M, Marteau R, Gazengel J, Serdaru M (1971)
    Analyse pharmacologique d'un cas de myoclonies d'intention et
    d'action post-anoxiques. Rev neurol (Paris) 124: 21-28

64. Lundberg H (1903) Die progressive Myoklonus-Epilepsie (Unverricht's
    Myoklonie). Upsala Almquist & Wiskell

65. Mager J (1976) Klinik des Opsoklonus. Nervenarzt 47: 29-33

66. Matsuo F, Ajax ET (1979) Palatal myoclonus and denervation
    supersensibility in the central nervous system. Ann Neurol 5:
    72-78

67. Meier-Ewert K, Hümme U, Dahm J (1972) New evidence favoring long
    loop reflexes in man. Arch Psychiat Nervenkrh 215: 121-128

68. Monjour A (1976) Contribution à l'étude de opsoclonus. Thèse
    Méd, Strasbourg

69. Muskens LJJ (1928) Epilepsy. Comparative pathogenesis, symptoms,
    treatment. Baillière Tindall and Cox, London

70. Niedermeyer E, Fineyre F, Riley T, Bird B (1979) Myoclonus and
    the electroencephalogram, a review. Clin Electroencephalogr 10:
    75-95

71. Pfurtscheller G, Aranibar A (1979) Evaluation of event - related
    desynchronization (ERD) preceeding and following voluntary self-
    paced movement. Electroenceph clin Neurophysiol 46: 138-146

72. Rabending G, Jährig K, Schmidtsdorf R, Adam W (1976) Das EEG bei
    subakuter sklerosierender Panenzephalitis (SSPE). Psychiat Neurol
    Med Psychol (Leipzig) 28: 705-712

73. Radü EW, Skorpil V, Kaeser HE (1975) Facial myokymia. Eur Neurol
    13: 499-512

74. Rohr W, Hohnstädt P, Janzen RWC, Müller-Jensen A, Zschocke S
    (1980) Myoklonien als Problem in der Intensivmedizin. In: Mertens
    HG, Przuntek H (Hrsg) Verhandlungen der Deutschen Gesellschaft
    für Neurologie Band 1. Springer-Verlag Berlin Heidelberg New York

75. Rosén I, Fehling C, Sedamick M, Elmquist D (1977) Focal reflex
    epilepsy with myoclonus; electrophysiological and therapeutic
    implications. Electroenceph clin Neurophysiol 42: 95-106

76. Sackellares JC, Smith DB (1979) Myoclonus with electrocerebral
    silence in a patient receiving penicillin. Arch Neurol (Chic)
    36: 857-858

77. Sauer M, Schenck E (1977) Ergänzende elektrophysiologische Me-
    thoden bei der Analyse von Myoklonien. In: Doose H (Hrsg) Aktuelle
    Neuropädiatrie. Georg Thieme, Stuttgart, S 49

78. Schenk E (1965) Hirnnervenmyorhythmie, ihre Pathogenese und ihre
    Stellung im Myoklonus-Syndrom. Monographien aus dem Gesamtgebiet
    der Neurologie und Psychiatrie Heft 109. Springer Verlag, Berlin
    Heidelberg New York

79. Schultze F (1895) Beiträge zur Muskelpathologie. Myokymie (Muskel-
    wogen), besonders an den unteren Extremitäten. Dtsch Z Nerven-
    heilk 6: 65-76

80. Shibasaki H, Kuroiwa Y (1975) Electroencephalographic correlates
    of myoclonus. Electroenceph clin Neurophysiol 39: 455-463

81. Shibasaki H, Yamashita Y, Kuroiwa Y (1978) Electroencephalographic
    studies of myoclonus. Myoclonus-related cortical spikes and high
    amplitude somatosensory evoked potentials. Brain 101: 447-460

82. Singh BM, Gupta DR, Strobos RJ (1974) Non-ketonic hyperglykemia
    and epilepsia partialis continua. Arch Neurol (Chic) 29: 187-190

83. Speckmann EJ, Caspers H, Janzen RW (1972) Relations between corti-
    cal DC shifts and membrane potential changes of cortical neurons
    associated with seizure activity. In: Petsche H, Brazier MAB (eds)
    Synchronization of EEG Activity in Epilepsies. Springer Verlag,
    Wien New York, p 93

84. Sutton GG, Mayer RF (1974) Focal reflex myoclonus. J Neurol Neuro-
    surg Psychiat 37: 207-217

85. Swanson PD, Luttrell CN, Magladery JW (1962) Myoclonus - a report
    of 67 cases and review of the literature. Medicine (Balt) 41:
    339-356

86. Szirmai I, Guseo A, Czopf J, P'alffy G (1976) Analysis of clinical
    and electrophysiological findings in Jakob-Creutzfeldt disease.
    Arch Psychiat Nervenkr 222: 315-323

87. Tassinari CA, Bureau-Paillas M, Dalla Bernardina B, Picornell-
    Darder I, Mouren MC, Dravet C, Roger J (1978) La maladie de lafora.
    Rev Electroencephalogr Neurophysiol Clin 8: 107-122

88. Terwinghe G, Daumerie J, Nicaise C, Rosillon O (1978) Therapeutic
    effect of piracetam in a case of posthypoxic action myoclonus.
    Acta neurol belg 78: 30-36

89. Thomas JE, Reagan TJ, Klass DW (1977) Epilepsia partialis continua.
    A review of 32 cases. Arch Neurol (Chic) 34: 266-275

90. Unverricht H (1895) Über familiäre Myoclonie. Dtsch Ztschr Nerven-
    heilk 7: 32-67

91. Van Bogaert L, Radermecker J, Titeca J (1950) Les syndromes myo-
    cloniques. Folia Psychiat Neurol Neurochir Neerl 53: 650-690

92. Van Woert MH, Jutkowitz R, Rosenbaum D, Bowers MB JR (1976) Sero-
    tonin and myoclonus. Monogr Neural Sci 3: 71-80

93. Van Woert MH, Rosenbaum D (1979) L-5-hydroxytryptophan therapy in
    myoclonus. In: Fahn S, Davis JN, Rowland LP (eds) Cerebral hypoxia
    and its consequences. Advances in Neurology Vol 26. Raven Press,
    New York, p 107

94. Walsh EG (1976) Clonus: beats provoked by the application of a
    rhythmic force. J Neurol Neurosurg Psychiat 39: 266-274

95. Ward AA JR (1961) The epileptic neurone. Epilepsia (Amst) 2: 70-80

96. Watson CW, Denny-Brown D (1953) Myoclonus epilepsy as a symptom of
    diffuse neuronal disease. Arch Neurol Psychiat (Chic) 70: 151-168

97. Weingarten K (1957) Die myoklonischen Syndrome. Wiener Beitr z
    Neurologie und Psychiatr Bd 5. Verlag f med wiss Wilh Maudrich,
    Wien Bonn Bern

98. Weingarten K (1968) Tics. In: Vinken PJ, Bruyn GW (eds) Handbook
    of clinical Neurology Vol 6: Diseases of the basal ganglia. North
    Holland Publishing Company, Amsterdam, p 782

99. Wieser HG, Graf HP, Bernoulli C, Siegfried J (1978) Quantitative analysis of intracerebral recordings in epilepsia partialis continua. Electroenceph clin Neurophysiol 44: 14-22

100. Young RR, Shahani BT (1979) Clinical neurophysiological aspects of post-hypoxic intention myoclonus. In: Fahn S, Davis JN, Rowland LP (eds) Cerebral hypoxia and its consequences. Advances Neurology Vol 26. Raven Press, New York, p 85

101. Zuckerman EG, Glaser HG (1972) Urea-induced myoclonic seizures. Arch Neurol (Chic) 27: 14-28

Hirnstammanfälle und „Spinal-Epilepsie"

F.L. Glötzner

Tonische, durch Bewegung induzierte Anfälle ohne Bewußtseinsstörungen wurden unter verschiedenen Bezeichnungen beschrieben. Manche Autoren sprachen von tetanieformen Anfällen (12) oder Hemitetanie (3). STÖRRING (32) nannte die Zustände "Jackson-Anfälle tonischen Charakters ohne Bewußtseinsverlust". Nach dem Erscheinungsbild wird auch von tonischen, von dystonen (13), von extrapyramidalen (29) oder choreoathetotischen Anfällen (8) gesprochen.
MUMENTHALER und HECKER (23) haben den Begriff der "tonischen Hirnstammanfälle" geprägt. Sie fassen aber nicht nur motorische Entäußerungen hierunter zusammen, sondern auch sensible und sensorische anfallsweise auftretende Phänomene. Hirnstammanfälle sind anfallsartige, sich wiederholende, elementare, kurzdauernde, stereotype Entäußerungen motorischer oder sensorischer Art, die im Hirnstamm entstehen. In einzelnen Fällen läßt sich zeigen, daß eine spinale Entstehungsweise vorliegt (2, 5, 6, 18, 19, 26, 30). Charakteristisch ist die Häufung der Anfälle, die bis zu über hundertmal täglich auftreten können. Sie dauern meist nur wenige Sekunden und selten mehr als eine Minute. Die Symptomatik geht ohne Bewußtseinsstörung einher. Das EEG ist im Anfallsintervall bei der Mehrheit der Patienten normal. Im Anfall selbst ist so gut wie nie ein EEG mit den Zeichen einer gesteigerten Erregbarkeit abgeleitet worden. Bis auf seltene Ausnahmen sprechen die Anfälle sehr gut auf Antiepileptika an. Häufig werden die Attacken durch äußere Reize, vor allem plötzliche Bewegungen, Schreck, Erregung und ähnliches ausgelöst. Die Hirnstammanfälle gehören zu den seltenen Erkrankungen. Bisher sind wenig über 300 Fälle beschrieben worden. Wir selbst überblicken jetzt 9 eigene Patienten (10, 11).

In der vorliegenden Arbeit wird versucht, die Anfälle einmal nach dem Erscheinungsbild, zum anderen nach der Ätiologie einzuteilen. Auf diese Weise lassen sich eine ganze Reihe bisher verstreut in der Literatur unter verschiedenen Bezeichnungen beschriebener Phänomene unter einem einheitlichen Oberbegriff zusammenfassen.

Einteilung nach der Anfallsymptomatik

Nach der Symptomatik lassen sich die Anfälle in eine Reihe von Formen unterteilen (Tabelle 1). Am häufigsten kommen die schon erwähnten, durch Bewegungen induzierten, tonischen Anfälle vor. In diese Gruppe sind auch andere anfallsartige, motorische Entäußerungen mit aufgenommen, die mehr dystonen oder choreoathetotischen Charakter haben. Diese Anfälle werden im Schrifttum auch als paroxysmale kinesiogene Choreoathetose bezeichnet (17), oder als paroxysmale kinesiogene tonische Spasmen mit dystoner Haltung ("posturing") (13).

Bei den tonischen und dystonen Attacken kommt es zu sehr häufigen und kurzdauernden tonischen, meist halbseitigen Verkrampfungen. Der Arm wird in der Schulter adduziert oder leicht abduziert und

Tabelle 1. Einteilung der Hirnstammanfälle nach der Symptomatik

Autoren	tonisch/ dyston	alge- tisch	sensi- bel	ataktisch- dysarthrisch	atonisch- akinetisch	
Spiller	2					2
Guillain et al.	1					1
Decourt	1					1
Störring	3					3
Kelly					6	6
Fuglsang-F.et al.					2	2
Zeldowicz					12	12
Joynt et al.	4					4
Kreindler et al.	3					3
Lance	3					3
Ambrozy	6					6
Castaigne et al.	7				3	10
Espir et al.	5	7	3			15
Hishikawa et al.	138					138
Fuchs et al.	5					5
Neumärker et al.	4					4
Mumenthaler et al.	23	4				27
Shibasaki et al.	11					11
Wolf et al.				17		17
Osterman et al.	9[+]	2	3	7	1	22
Matthews	15		1	10		26
Voiculescu et al.	2	2		1		5
Rabe	2					2
Duus					1	1
eigene Fälle	7[++]			2		9
	251	15	7	37	25	335

[+] davon 3 Fälle nur mit paroxysmaler Diplopie
[++] z.T. auch gemischter Anfallstyp

im Ellenbogengelenk gebeugt. Das Handgelenk wird gebeugt, die Finger
leicht abduziert, im Grundgelenk gebeugt und im Übrigen gestreckt oder
zur Faust geballt. Am Bein kommt es zu einer Streckung im Hüft- und
Kniegelenk sowie zur Plantarflexion und zur Supination des Fußes.
Die Gesichtsmuskulatur kann in den Anfall mit einbezogen werden. Klo-
nische Bewegungsabläufe und eine allmähliche Ausbreitung nach Art der
Jackson-Anfälle fehlen immer. Der Anfall kann von einer sensiblen Aura
mit Parästhesien oder mit einem Gefühl der Steifigkeit eingeleitet
werden. Besonders bei den symptomatischen Formen kann der tonische Anfall von intensiven, vermutlich zentralnervösen Schmerzen begleitet
sein. Man kann dann von einer tonisch-algetischen Form sprechen. Bei
einem Teil der beschriebenen Fälle (13, 29) und bei einer unserer Patientinnen (11) treten ausschließlich dystone oder choreoathetotische
Bewegungsabläufe auf. Trotz des extrapyramidalen Charakters dieser
Störungen erscheint eine Zuordnung zu den Hirnstammanfällen berechtigt,
da alle übrigen Kriterien, wie kurze Dauer der Anfälle, häufiges Auftreten, fehlende EEG-Veränderungen, fehlende Bewußtseinsstörung, Auslösung durch äußere Reize oder Bewegungen, sowie gute Ansprechbarkeit
auf Antiepileptika dafür sprechen. Eine Abgrenzung von der familiären
paroxysmalen Choreoathetose nach MOUNT und REBACK (22) wird im allgemeinen möglich sein, da die unwillkürlichen Bewegungen bei der
letztgenannten Erkrankung über längere Zeit anhalten und nicht auf
Antiepileptika ansprechen.

Die sensiblen Anfälle (26) kommen nur selten isoliert vor, meist treten sie in Kombination mit den tonischen oder dystonen Anfällen als sensible Aura auf. Die Mißempfindungen werden als ein meist halbseitiges Prickeln, Wärmegefühl, Brennen oder Taubheitsgefühl, auch verbunden mit Schmerzempfindung geschildert. Die isolierten halbseitigen Schmerzanfälle ohne motorische Entäußerungen sind äußerst selten.

Die ataktischen Anfälle sind unter der Diagnose der paroxysmalen Dysarthrie und Ataxie (7, 26, 34) oder auch als periodische Ataxie mitgeteilt worden. Wir selbst haben hierzu zwei eigene Fälle beobachtet. Subjektiv kommt es für Sekunden halbseitig zu einem Verlust der Kontrolle über die Extremitäten, dem objektiv eine Ataxie zugrunde liegt. Dysarthrische Sprachstörungen sind nahezu die Regel. Der Anfall kann mit tonischen Elementen einhergehen.

Die akinetischen oder atonischen Anfälle wurden bei Patienten mit Multipler Sklerose (9) zuerst beschrieben. Später wurde von "paroxysmaler Akinese" (2, 26) oder von "segmental loss of use of the limbs" (21) oder von "paroxysmaler motorischer Blockierung" (2) gesprochen. Dabei kommt es zu einem plötzlichen Gefühl der Schlaffheit oder der Bewegungsunfähigkeit in einem oder mehreren Gliedern. Auch diese Anfälle sind durch ihre Häufigkeit und kurze Dauer gekennzeichnet. DUUS (4) berichtet über eine Patientin mit eigenartigen "Schwindelzuständen", bei denen sie in sich zusammenfiel, ohne das Bewußtsein zu verlieren. Die Anfälle wurden im Laufe der Zeit immer häufiger und es entwickelte sich eine progrediente neurologische Symptomatik. Autoptisch fand sich ein kleiner Tumor im medialen Anteil des linken Thalamus.

Einteilung nach der Ätiologie

Von den 335 in Tabelle 2 zusammengestellten Patienten gehört etwa die Hälfte, nämlich 152 der kryptogenetischen Gruppe an. Die symptomatischen Formen kommen ganz überwiegend bei der Multiplen Sklerose vor. In der Zusammenstellung sind es 148 Patienten mit dieser Diagnose. Über das Auftreten von Hirnstammanfällen bei Tumoren im Stammhirn gibt es nur wenige Beobachtungen. Das gleiche gilt für die Entstehung auf vaskulärer Grundlage (siehe Tabelle 2).

Die kryptogenetischen Fälle, die von HISHIKAWA und Mitarbeitern (13) selbst beobachtet und aus der Literatur zusammengetragen wurden, treten ausschließlich in der tonischen oder dystonen, choreoathetotischen Form auf. Sie können von einer sensiblen Aura eingeleitet werden und kommen in mehr als der Hälfte der Fälle in familiärer Häufung vor. Diesen 138 Patienten lassen sich die anderen in Tabelle 2 aufgeführten kryptogenetischen Fälle anfügen. Abweichungen von dieser engeren Gruppe gibt es lediglich bei den 7 Patienten von MUMENTHALER und HECKER (23), die z.T. reine Schmerzanfälle haben. Der Krankheitsbeginn liegt meist vor dem zwanzigsten Lebensjahr und das männliche Geschlecht ist etwa doppelt so häufig vertreten als das weibliche, d.h. es sind vor allem heranwachsende Jungen betroffen. Die Anfälle sind gutartig, da kein fortschreitender cerebraler Prozess zugrundeliegt und Schmerzen im allgemeinen fehlen. Der Neurostatus ist in der Regel normal. Mit zunehmendem Alter läßt die Zahl und die Intensität der Anfälle nach. Spontanremissionen kommen vor (13).

Bei den symptomatischen Formen sind alle in Tabelle 2 aufgeführten Erscheinungsbilder beobachtet worden. Auch die choreoathetotischen Paroxysmen können selten einmal symptomatisch bei tiefsitzenden, mittellliniennahen Hirntumoren auftreten, wie RABE (29) an zwei Fällen gezeigt hat.

Tabelle 2. Einteilung der Hirnstammanfälle nach der Ätiologie

Autoren	krypto-genetisch	symptomatisch				
		M.S.	Tumor	vaskulär	andere	
Spiller					2	2
Guillain et al.					1	1
Decourt					1	1
Störring		3				3
Kelly			6			6
Fuglsang-F. et al.		2				2
Zeldowicz		12				12
Joynt et al.		4				4
Kreindler et al.		3				3
Lance	1	1			1	3
Ambrozy		4			2	6
Castaigne et al.		10				10
Espir et al.		15				15
Hishikawa et al.	138					138
Fuchs et al.	5					5
Neumärker et al.					4	4
Mumenthaler et al.	7	9	2	5	4	27
Shibasake et al.		11				11
Wolf et al.		17				17
Osterman et al.		22				22
Matthews		26				26
Voiculescu et al.		5				5
Rabe			2			2
Duus			1			1
eigene Fälle	1	4	1	2	1	9
	152	148	12	7	16	335

Die Multiple Sklerose verursacht vor allem tonische, tonisch-algetische und ataktisch-dysarthrische Anfälle. Die Tumoren und Gefäßprozesse führen zur tonisch-algetischen Form und die Tumoren außerdem zu akinetischen bzw. atonischen Zuständen.
Im Gegensatz zu den kryptogenetischen Hirnstammanfällen liegt das Erkrankungsalter bei den symptomatischen Formen entsprechend der Grundkrankheit höher, das heißt, jenseits des zwanzigsten Lebensjahres. Besteht eine Multiple Sklerose, so treten die Anfälle im Mittel erstmals um das 35. Lebensjahr auf und Frauen sind etwas häufiger als Männer betroffen. Das Verhältnis beträgt 6:4 (11). Bei der Multiplen Sklerose können die Anfälle als einmalige Episode im Rahmen eines Schubes vorkommen oder in Form von immer wiederkehrenden Episoden. Bis zu 42% der Anfallsepisoden sistieren spontan (21).

Computertomographische Befunde

Bei 7 unserer 9 Patienten (10, 11) wurde eine craniale Computertomographie (CT) durchgeführt. Ätiologisch kam die Multiple Sklerose viermal vor. Bei 2 dieser Patientinnen war der tomographische Befund unauffällig (J.G., H.M.), bei zweien (S.A., B.R.) wurde diese Untersuchung nicht vorgenommen. Im Zusammenhang mit vermutlich vaskulären Prozessen fand sich einmal eine innere und äußere Atrophie (H.H.) und einmal ein kleiner Bezirk verminderter Gewebsdichte im Bereich der Stammganglien (K.S.). Ein hypodenser Stammganglientumor wurde computertomographisch entdeckt (B.G.), ein größerer hypodenser Bezirk im

parietalen Marklager war bei einem weiteren Patienten zu sehen, tomographische Kontrollen legen hier den Verdacht auf eine Raumforderung
nahe (S.M.). Dieser Patient hatte neben sensiblen Hirnstammanfällen
auch zwei Grand-mal-Anfälle.
Eine weitere Patientin wurde der kryptogenetischen Form zugeordnet.
Der CT-Befund war hier unauffällig (M.B.). In 3 Fällen konnte also
morphologisch eine Läsion im Bereich der Stammganglien oder des Mark-
lagers gesichert werden. Bei 4 weiteren Fällen mit einer Multiplen
Sklerose sind subcorticale Herde aufgrund der Primärerkrankung zu
vermuten.

Pathophysiologie

Die Pathogenese der Hirnstamm- und Rückenmarksanfälle ist ungeklärt.
Einige mögliche pathogenetische Gesichtspunkte lassen sich von den
morphologischen, zentral-nervösen Veränderungen bei der multiplen
Sklerose ableiten. Die multiple Sklerose tritt ja bei den symptomatischen Anfallsformen als weitaus häufigste Grundkrankheit auf. Die
umschriebenen Demyelinisierungsprozesse - so wird vermutet - machen
eine transaxonale, ephaptische Übertragung von Nervenimpulsen möglich.
Wenn etwa im Rückenmark auf diese Weise der Tractus spinothalamicus
mit der Pyramidenbahn kurzgeschlossen würde, so müßte bei einer motorischen Entäußerung Schmerz empfunden werden und bei einem Schmerz-
reiz eine Bewegung ausgelöst werden. Dieser pathologische Funktions-
wandel ist tatsächlich zu beobachten. Man denke etwa an die tonischen
Anfälle, die mit intensiven Schmerzen einhergehen. Man denke auch
daran, daß die Anfälle durch Bewegungen und durch Berührungs- und
Schmerzreize ausgelöst werden können. Damit wäre der Charakter der
Anfälle und ihre leichte Auslösbarkeit durch äußere Reize bis zu einem
gewissen Grade verständlich. Die sich selbst unterhaltende neuronale
Aktivität im Anfall bedarf weiterer Annahmen. So ist zu vermuten, daß
die geschädigten, demyelinisierten Axone eine erniedrigte Entladungs-
schwelle und eine Neigung zur Autorhythmizität haben - vergleichbar
mit den Funktionsstörungen wie sie bei der Tetanie auftreten. In diesem Zusammenhang wurde auch eine Art zentraler Tetanie angenommen.
Durch den Ausfall von Neuronen und Axonen kommt es darüberhinaus an
den nachgeschalteten Nervenzellen zu einer Deafferentierung. Deafferen-
tierte Neurone sind überempfindlich gegen ankommende Impulse und rea-
gieren überschießend. Diese Deafferentierungsüberempfindlichkeit spielt
bei epileptischen Prozessen eine große Rolle. Sie könnte auch bei der
Unterhaltung der Hirnstammanfälle mitwirken.
Die symptomatischen Hirnstamm- und Rückenmarksanfälle entstehen häufig
als ein transitorisches Phänomen im Rahmen einer progredienten Grunderkrankung. Sie treten in der Phase der Irritation auf, klingen dann
ab und machen einer korrespondierenden, bleibenden neurologischen
Störung in der Phase der Läsion Platz.

Therapie, Prognose und Differentialdiagnose

Die Therapie der Hirnstammanfälle ist einfach und dankbar. Fast alle
Formen, auch die symptomatischen sprechen sehr gut auf Antiepileptika
an. Als wirksame Pharmaka haben sich Carbamazepin, Phenytoin, Phenobarbital und Primidon, aber auch Acetazolamid erwiesen.
Prognostisch läßt sich die frühe kryptogenetische Form als günstig
einstufen, die später auftretenden symptomatischen Formen müssen nach
dem Verlauf der Grundkrankheit als prognostisch ungünstig angesehen
werden.
Die Differentialdiagnose ist nicht immer einfach. Tonische Anfälle
ohne Bewußtseinsstörung - allerdings mit adversivem Charakter -

kommen auch bei kortikalen Läsionen in der Zentralregion der Mantel-
kante vor, wenn das supplementärmotorische Feld im Interhemisphären-
spalt betroffen ist. Diese Anfälle gehen häufig mit Adversivbewegun-
gen einher und sind mit Antiepileptika nur schwer zu beeinflussen.
Tetanische Anfälle können seitenbetont auftreten und schwer von tonischen Anfällen zu unterscheiden sein. Eine Chorea minor wird wegen
der massiven extrapyramidalen Symptomatik wohl kaum differentialdiagnostische Schwierigkeiten bereiten.
Hysterische Anfälle können mitunter ein ähnliches Bild annehmen.

Die kurzen tonischen axialen Anfälle wie sie von PASSOUANT (27) beschrieben werden, kommen fast ausschließlich bei Kindern und meistens
nachts vor. Sie können bis zu 300 mal im Laufe einer Nacht auftreten
und werden im Verlauf von epileptischen Prozessen und von epileptischen Encephalopathien beobachtet.
Im EEG findet sich im allgemeinen während des Anfalls eine Desynchroni-
sation. Diese tonischen Anfälle sind oft therapierefraktär. Sie gehen
wie auch die Reticularepilepsie von MUTANI und Mitarbeitern (24) mit
Bewußtseinsstörungen und vegetativen Zeichen einher.

Die Hirnstammanfälle wurden wiederholt mit der Reflexepilepsie in Zusammenhang gebracht, da sie sich durch plötzliche Bewegung, Schreck
oder Erregung reflexartig auslösen lassen.
Der Begriff Hirnstammanfälle ist sicher keine sehr glückliche Bezeichnung, da auch das "Zentrencephale System" weitgehend dem Hirnstamm entsprechen dürfte. Die zentrencephalen Anfälle sind aber gerade als solche definiert, die primär generalisiert ohne fokale Entäußerungen auftreten. Die Bezeichnung Hirnstammanfälle ist vor allem
deshalb nicht ganz korrekt, weil auch Paroxysmen eindeutig spinaler
Entstehung mit einbezogen sind, die als eine Art irritatives Brown-
Sequard-Syndrom beschrieben wurden (2, 30). Ob ein tonischer Halbsei-
tenanfall im Rückenmark oder im Hirnstamm entsteht, läßt sich aus der
Symptomatik nur dann ablesen, wenn die Gesichtsmuskulatur mit einbezogen ist. Richtiger wäre es, von subkortiko-spinalen Anfällen zu sprechen.
JANZEN (14) rechnet die Hirnstammparoxysmen zu den diakoptischen Anfällen und rückt sie in das Grenzland der Epilepsie. PENFIELD und
JASPER (28) beschreiben unter dem Begriff von "electrical silent
seizures" und dem Unterbegriff tief-kortikaler oder subkortikaler Anfälle typische tonische Hirnstammanfälle. Wenn man die Hirnstammanfälle zur Epilepsie rechnet, so vielleicht unter der Vorstellung einer
relativ geringen Intensität des epileptogenen Prozesses. Diese Vorstellung würde die guten Behandlungsergebnisse erklären und die relativ häufigen Spontanremissionen. Die Hirnstammanfälle würden dann an
dem einen Ende der Intensitätsskala stehen, am anderen Ende wären etwa
die therapieresistenten Grand-mal-Anfälle oder die Epilepsia partialis
continua zu suchen.

Zusammenfassung

Anfallsweise, episodisch gehäuft auftretende, vorwiegend halbseitige
Hirnstamm- oder Rückenmarkssymptome ohne Bewußtseinsstörungen und ohne
iktale EEG-Veränderungen sind unter verschiedenen Gesichtspunkten in
der Literatur beschrieben worden. 335 Fälle einschließlich der 9 eigenen wurden zusammengestellt. Nach der Symptomatik lassen sich tonische
oder dystone, sensible, algetische, ataktische und akinetisch-atoni-
sche Formen unterscheiden.
Ätiologisch liegt am häufigsten eine Multiple Sklerose zugrunde. Alle
Formen sprechen gut auf Antiepileptika an.

Die Prognose ist bei den kryptogenetischen Formen überwiegend günstig und bei den symptomatischen, vom Verlauf der Grundkrankheit abhängig, eher ungünstig.

Literatur

1. Ambrozy G (1966) Über tonische Anfälle. Psychiat Neurol Basel 151: 168–181

2. Castaigne P, Cambier J, Masson M, Brunet P, Lechevallier B, Delaporte P, Dehen H (1970) Les manifestations motrices paroxystiques de la sclérose en plaques. Presse méd 78: 1921–1924

3. Decourt MJ (1938) A propos d'un cas d'hemitétanie d'origine cérébrale. Considérations sur la physiopathologie de la tétanie. Rev Neurol 70: 94–98

4. Duus P (1976) Neurologisch-topische Diagnostik. Thieme, Stuttgart, S. 244

5. Egli M, Bernoulli C, Baumgartner G (1974) Spinale Epilepsie: Tonische Anfälle nach zervikalem Spinalis-anterior-Syndrom. Z EEG-EMG 5: 87–95

6. Ekbom KA, Westerberg CE, Osterman PO (1968) Focal sensory-motor seizures of spinal origin. Lancet 1: 67

7. Espir MLE, Millac P (1970) Treatment of paroxysmal disorders in multiple sclerosis with carbamazepine (Tegretal) J Neurol Neurosurg Psychiat 33: 528–531

8. Fuchs U, Junkers B (1973) Über choreoathetotische Anfälle. Nervenarzt 44: 300–303

9. Fuglsang-Frederiksen V, Thygesen P (1952) Seizures and psychopathology in multiple sclerosis. An electroencephalographic study. Discussion of pathogenesis. Acta Psychiat Neurol Scand 27: 17–41

10. Glötzner FL, Samland O, Dommasch D (1976) Hirnstammanfälle mit umschriebener elementarer Symptomatik. Nervenarzt 47: 571–574

11. Glötzner FL (1979) Hirnstammanfälle. Fortschr Neurol Psychiat 47: 538–549

12. Guillain G, Alajouanine T, Bertrand I, Garcin R (1928) Sur une forme anatomo-clinique spéciale de neuromyélite optique nécrotique aigue avec crises toniques tétanoides. Contribution à L'etude des crises toniques sous-corticales. Ann Méd 24: 24–57

13. Hishikawa Y, Furuya E, Yamomoto J, Nan'no H (1973) Dystonic seizures induced by movement. Arch Psychiat Nervenkr 217: 113–138

14. Janzen R (1969) Elemente der Neurologie. Springer, New York, S.257

15. Joynt RJ, Green D (1962) Tonic seizures as a manifestation of multiple sclerosis. Arch Neurol 6: 293–299

16. Kelly R (1950) Colloid cysts of the third ventricle. Analysis of twenty-nine cases. Brain 73: 23–65

17. Kertesz A (1967) Paroxysmal kinesiogenic choreoathetosis. An
    entity within the paroxysmal choreoathetosis syndrome. Descrip-
    tion of 10 cases, including 1 autopsied. Neurology 17: 680-690

18. Kreindler A, Cardas M, Petresco A, Botez MI (1962) Considérations
    sur étiopathogénie des crises toniques dans l'encéphalomyélite
    disséminée. Rev Neurol 107: 353-369

19. Kuroiwa Y, Shibasaki H (1968) Painful tonic seizure in multiple
    sclerosis. Treatment with diphenylhydantoin and carbamazepine.
    Folia Psychiat Neurol Jap 22: 108-119

20. Lance JW (1963) Sporadic and familial varieties of tonic seizures.
    J Neurol Neurosurg Psychiat 26: 51-59

21. Matthews WB (1975) Paroxysmal symptoms in multiple sclerosis.
    J Neurol Neurosurg Psychiat 38: 617-623

22. Mount LA, Reback S (1940) Familial paroxysmal choreoathetosis.
    Preliminary report on a hitherto undescribed clinical syndrome.
    Arch Neurol Psychiat 44: 841-847

23. Mumenthaler M, Hecker A (1973) Klinik und Zuordnung tonischer
    Hirnstammanfälle anhand von 27 eigenen Beobachtungen. Fortschr
    Neurol Psychiat 41: 623-639

24. Mutani R, Bergamini L, Fariello R (1970) A case of status
    epilepticus with tonic expression (socalled "Reticular Epilepsy").
    Physiopathological study. Epilepsia 11: 321-326

25. Neumärker KJ, Neumärker M (1977) Der Hirnstamm und seine Erkran-
    kungen im Kindesalter. Ein Beitrag zur Anatomie, Neurophysiologie,
    klinischen Neurologie und Psychopathologie des Hirnstammes. VEB
    Georg Thieme, Leipzig, S.69-70

26. Osterman PO, Westerberg CE (1975) Paroxysmal attacks in multiple
    sclerosis. Brain 98: 189-202

27. Passouant P (1977) Influence des états de vigilance sur les
    épilepsies. Sleep 1976. 3rd Europ.Congr.Sleep Res., Montpellier
    1976. Karger, Basel, S.57-65

28. Penfield W, Jasper H (1954) Epilepsy and the functional anatomy
    of the human brain. Little, Brown and Company, Boston, S.652ff.

29. Rabe F (1975) Extrapyramidale Anfälle. Überblick und kasuistischer
    Beitrag zur Tumorätiologie. Med Welt 26: 1672-1675

30. Shibasaki H, Kuroiwa Y (1974) Painful tonic seizures in multiple
    sclerosis. Arch Neurol 30: 47-51

31. Spiller WG (1927) Subcortical epilepsy. Brain 50: 171-187

32. Störring GE (1941) Epilepsie und multiple Sklerose. Zugleich ein
    Beitrag zur Differentialdiagnose der Epilepsie. Arch Psychiat
    Nervenkr 112: 45-75

33. Voiculescu V, Pruskauer-Apostol B, Alecu C (1975) Treatment with
    acetazolamide of brain-stem and spinal paroxysmal disturbances
    in multiple sclerosis. J Neurol Neurosurg Psychiat 38: 191-193

34. Wolf P, Assmus H (1974) Paroxysmale Dysarthrie und Ataxie. Ein pathognomonisches Anfallssyndrom bei multipler Sklerose. J Neurol 208: 27-38

35. Zeldowics L (1961) Paroxysmal motor episodes as early manifestations of multiple sclerosis. Can med Ass J 84: 937-941

Abnorme neuromuskuläre Erregbarkeit

K. Ricker

Abnorme Erregbarkeit im Sinne von Übererregung kann ihren Ursprung nicht nur im Zentralnervensystem, sondern auch an der peripheren Endstrecke, dem Motoneuron und im Muskel selbst haben. Der Effekt wird immer eine abnorme Kontraktion der Muskelfasern sein. Je nach Sitz und Art der Störung ergeben sich verschiedenste klinische Symptome. Dazu gehören fast alltägliche Beobachtungen der nervenärztlichen Praxis, wie Faszikulieren oder Tetanie; aber auch extrem seltene, jedoch als biologische Modelle hochinteressante Störungen, wie z.B. die Neuromyotonie.

Was sich allerdings an der Axonmembran abspielt und zu pathologischer Erregbarkeit führt, darüber ist im Einzelnen am menschlichen motorischen Nerven wegen methodischer Schwierigkeiten noch wenig bekannt. Verschiedenartige Schädigungen führen offensichtlich zu lokaler Depolarisation des Membranpotentials, wodurch die von der Membranspannung gesteuerten Natriumkanäle geöffnet werden. So entsteht an falscher Stelle ein fortgeleitetes Aktionspotential. Mehr weiß man von der Muskelzellmembran durch Untersuchung intakter Fasern von Intercostalbiopsien mit Mikroelektroden. Allerdings sind die Ionenverhältnisse anders als am Nerven. So ist z.B. die Chloridleitfähigkeit am Muskel sehr hoch, am Nerven jedoch niedrig. Dadurch ist ein direkter Vergleich nicht erlaubt.

Die Einteilung erfolgt nach dem Entstehungsort der pathologischen Aktivität am Alpha-Motoneuron oder der Muskelzelle. Der Impulsfluß läßt sich an einigen Stellen unterbrechen, wodurch der Ort der pathologischen Erregung näher zu bestimmen ist: An der neuromuskulären Endplatte durch Curare, am Axon des Motoneurons durch Blockierung des Nerven durch Lokalanästhetika oder der Wurzeln durch Spinalanästhesie. Schließlich gewinnt man einige, unsichere Hinweise auf zentrale Einflüsse durch die Untersuchung in Schlaf und Narkose und durch die unterschiedliche Wirkung von Pharmaka, wie z.B. Diazepam und Phenytoin. Die Tabelle 1 zeigt einige Beispiele krankhafter neuromuskulärer Erregbarkeit, die mit abnormer Muskelkontraktion oder Muskelsteife einhergehen, eingeteilt nach dem Entstehungsort. Die Störungen aus dem Bereich zentraler Neurone des Rückenmarks sind wegen naheliegender differentialdiagnostischer oder unklarer pathogenetischer Verknüpfungen ebenfalls aufgeführt.

A. Muskel

Unter dem Abschnitt "Muskel" (Tabelle 1) stehen einige Krankheiten mit elektrisch stummen Muskelkontrakturen. Die Störung liegt dabei im Zellinnern: Ein Enzymdefekt beim Phosphorylasemangel (Mc Ardle Syndrom), eine zu vermutende Störung am sarkoplasmatischen Retikulum beim Brody Syndrom (Muskelfunktionsanomalie mit verlangsamter Erschlaffung) und eventuell auch bei der malignen Hyperthermie. Die Muskelverkrampfung beruht bei diesen Erkrankungen nicht auf einer Übererregbarkeit der Muskelzellmembran. Anders ist das bei der Myotonia congeniata und

Tabelle 1. Einteilung abnormer neuromuskulärer Erregbarkeit nach dem Entstehungsort

Beispiele abnormer neuromuskulärer Erregbarkeit		
Rückenmark	Motoneuron	Muskel
Tetanus	Faszikulieren bei Radikulopathie	Myotonie
Strychninvergiftung		Paramyotonie
Stiff-man-Syndrom?	Facialisspasmus u. Myokymie	
Wadenkrampf?		Phosphorylasemangel
	Tetanie	Brody Syndrom
	Neuromyotonie	Maligne Hyperthermie
	Schwartz-Jampel Syndrom	

der Paramyotonie, die beide eine pathologische Erregbarkeit der Muskelzellmembran zeigen. Der zugrundeliegende Membrandefekt ist aber verschieden. Bei der Myotonia congenita (dominante und rezessive Form) besteht eine Verringerung der Chloridleitfähigkeit. Bei unseren Paramyotonie-Patienten fand sich dagegen eine normale Chloridleitfähigkeit, aber bei leichter Abkühlung eine ganz abnorm erhöhte Natriumleitfähigkeit der Muskelzellmembran (4). Die Myotonia congenita ist somit eine "Chlorid-Myotonie", die Paramyotonie aber eine "Natrium-Myotonie". Die bei Paramyotonie-Patienten üblicherweise nach leichter Abkühlung auftretende Muskelversteifung und Schwäche läßt sich vorzüglich verhindern durch die Einnahme von Tocainid (ASTRA-Chemicals), 2-4x 400 mg täglich, bzw. Mexiletin (Boehringer Ingelheim), 2-3x 200 mg tgl. Beide Substanzen sind neue Antiarrhythmica, Abkömmlinge des Lidocains, die aber oral eingenommen werden können und besonders auf den Natriumkanal wirken. Tocainid wirkt auch auf die Symptome der Myotonia congenita deutlich besser als andere, bisher verwendete Medikamente; aber nicht so spezifisch wie bei der Paramyotonie (7). Nach neuen eigenen Untersuchungen (noch unveröffentlicht), hat Mexiletin eine gleich gute Wirkung.

B. 1.) Lokale Erregbarkeitsstörungen am Motoneuron

Jeder Neurologe kennt das gutartige Faszikulieren, das gelegentlich ohne erkennbare Ursache auftritt und immer wieder Sorge auslösen kann, ob nicht eine amyotrophe Lateralsklerose im Entstehen ist. Leider gibt es auch vom Elektromyogramm her keine sichere Möglichkeit, gutartiges Faszikulieren als solches zu identifizieren. Eine häufig nicht ganz klar erkannte umschriebene Ursache von Faszikulationen stellen Bandscheibenschäden dar. Oft ist die akute Lumbago-Ischialgie schon lange wieder abgeklungen und fast vergessen, aber nun beunruhigt das ständige Wadenfaszikulieren. Dabei kann es auch zu einem merkwürdigem Phänomen kommen, einer Hypertrophie der betroffenen Wade (Abb. 1). Als Beispiel folgende Kasuistik: Eine 41-jährige Frau hatte vor 2 Jahren einen akuten Hexenschuß und Ischias. Etwa ein dreiviertel Jahr später, vor jetzt einem Jahr, bemerkte sie Faszikulieren in der linken Wade. Der Muskel wurde bei Bewegung ganz hart. Nachts tra-

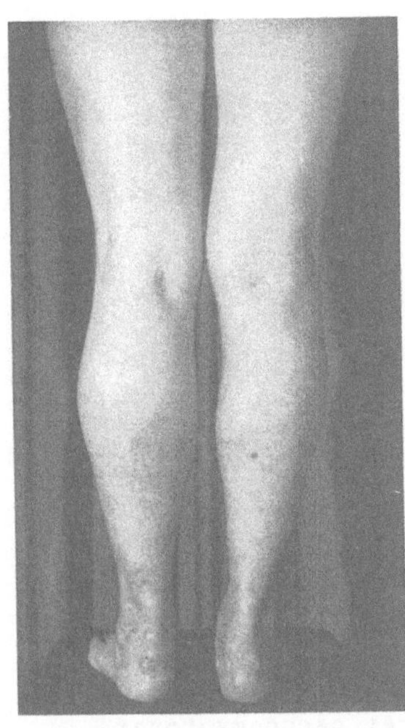

Abb. 1. Patientin mit Hypertrophie der
linken Wade bei Kompression der ersten
Sacralwurzel links

ten schmerzhafte Wadenkrämpfe auf. Im Laufe einiger Monate wurde die
Wade immer dicker, die Stiefel paßten ihr nicht mehr. Der linke Achil-
lessehnenreflex fehlt und sensibel besteht eine diskrete Störung entsprechend S 1. Im EMG findet sich in der hypertrophischen Wade Faszikulieren und fast an jeder Stelle pseudomyotone spontane Entladungsserien, die nach Willkürinnervation fast wie bei einer echten (genetisch bedingten) Myotonie eine Nachaktivität hervorrufen (Abb. 2a).
Aber auch bei völlig ruhig gehaltenem Muskel lösen die Faszikulationen immer wieder eine solche Aktivität aus (Abb. 2b), sodaß sich der
Muskel durch die pathologische Membranerregung ständig in einem Trai-
ningszustand befindet wie ein Sportler, der "body building" betreibt.
Die Trainingshypertrophie der Fasern bewirkt, daß der Muskel insgesamt
dicker wird, obwohl auch eine gewisse Zahl von Fasern durch die Wur-
zelkompression atrophisch ist. Eine Biopsie aus dem linken Gastroc-
nemius dieser Patientin zeigte neben einzelnen hochgradig atrophischen
Fasern stark hypertrophische Muskelfasern mit Durchmessern von 120-130
Mikrometer (normal 30-70 Mikrometer). Betroffen waren Typ I und Typ II-
Fasern.

Die Ursache der Membranlabilität bei diesen Fällen ist nicht klar, besonders hinsichtlich der pseudomyotonen Entladungsserien. Man hat vermutet, daß sich pathologische Synapsen zwischen den Nervenfasern aus-
bilden, sogenannte Ephapsen. Morphologisch ist darüber allerdings beim
Menschen nichts bekannt. Auch hat man an ein Rückfeuern aus dem Bereich distaler Nervenendigungen gedacht. Durch Ableitung mit Multi-
elektroden zeigt sich, daß diese Potentialkomplexe ihren Ausgang von
einem sehr kleinen Areal im Muskel nehmen, möglicherweise von einer
Gruppe eng zusammenliegender Muskelfasern. Dafür spricht auch, daß bei
Ableitung mit einer Einzelfaserelektrode sich kein erhöhter Jitter
zwischen den einzelnen Potentialteilen findet. Wir haben in einem Fall
diese Entladungsserien auch unter Curare in Narkose registrieren können. Allerdings ist es schwierig, eine so hohe Dosis Curare zu geben,
daß wirklich alle neuromuskulären Synapsen blockiert sind.

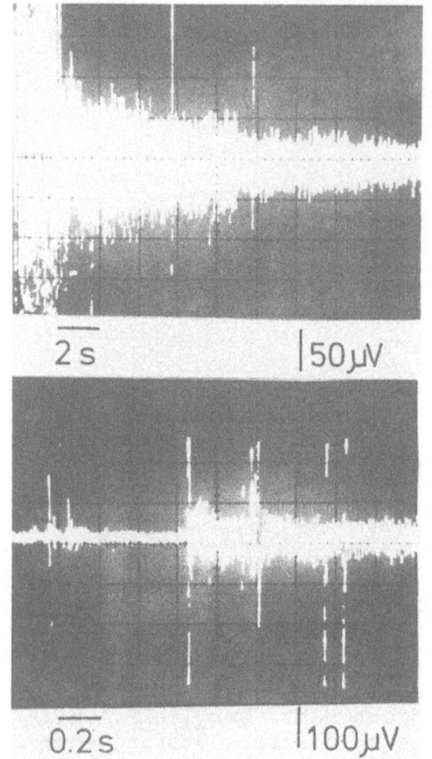

Abb. 2. EMG-Ableitung aus dem linken hypertrophischen M. gastrocnemius (siehe Abb. 1). a: Nach kurzer Willkürinnervation bleibt eine lang anhaltende Nachaktivität pseudomyotoner spontaner Muskelfaserentladungen bestehen. b: Im ruhenden Muskel treten gehäuft Faszikulationen auf (die unregelmäßigen hohen Potentiale), welche pseudomyotone Entladungsserien auslösen

Interessant ist, daß durch das vom peripheren Nerven ausgelöste Faszikulieren auch vermehrt Wadenkrämpfe induziert werden. Man muß zugeben, daß die Entstehung eines ordinären Wadenkrampfes nicht geklärt ist. Eine Theorie geht dahin, daß ein momentan gestörter Regelkreis zwischen Agonist und Antagonist die sonst bremsenden Dehnungsrezeptoren überspielt und den Krampf auslöst. Wadenkrämpfe bei Radikulopathien mit Faszikulieren treffen häufig aber nur Teilabschnitte des Muskels, was schwer zu erklären ist, wenn man nicht eine direkte periphere Entstehung am motorischen Nerven annimmt. Übrigens ist nicht immer nur die Wade betroffen. Ein Patient mit einer Teilschädigung des N. peronaeus und nachfolgend ausgeprägtem Faszikulieren in den Fußhebermuskeln klagte über schmerzhafte nächtliche Verkrampfungen, bei welchen sich die Großzehe in Dorsalflektion stellte. Therapeutisch kann Carbamazepin versucht werden, zusätzlich Diazepam abends zum Schlafen.

Eine weitere lokale Schädigung des Motoneurons mit abnormer Erregbarkeit ist der Facialisspasmus. Hier liegen wahrscheinlich häufig Druckschädigungen des Nerven direkt an seinem Austritt aus dem Hirnstamm durch abnorm verlaufende Blutgefäße vor, selten auch einmal durch einen Tumor in der hinteren Schädelgrube. Charakteristisch ist das blitzartige Zucken einer Gesichtshälfte, wobei sich im EMG in den Bereichen der drei Fazialisäste synchrone Mehrfachentladungen zeigen (Abb. 3 b). Die medikamentöse Therapie mit Carbamazepin verbessert sich etwas durch Kombination mit Tocainid, ist in schweren Fällen aber nach wie vor unbefriedigend. Relativ selten sehen wir die Fazialismyokymie, oft nur passager auftretend. Sie ist diagnostisch von besonderem Interesse, da sie praktisch nur bei multipler Sklerose oder bei einem Hirnstammgliom auftritt. Es handelt sich um anhaltendes Undullieren mit bündelförmigen Zuckungen in den mimischen Muskeln einer Gesichtshälfte. Möglicherweise liegt dabei eine Destruktion hemmender

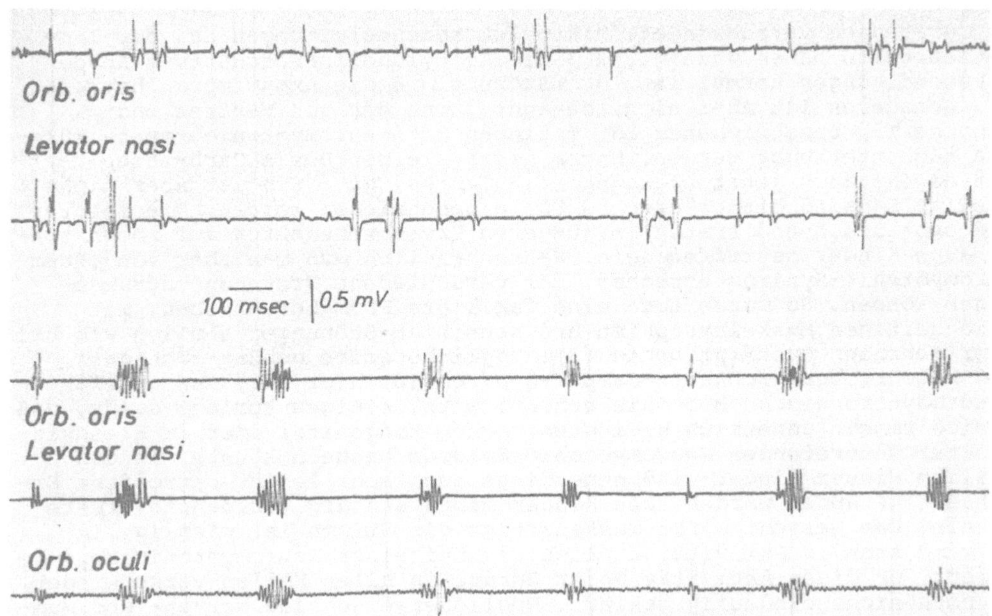

Abb. 3. EMG-Registrierung einer Facialismyokymie bei multipler Sklerose (oben, asynchrone Entladungen) und bei einem Fazialisspasmus (unten, synchrone Entladungen)

Zwischenneurone im Fazialiskerngebiet zugrunde. Die asynchronen Entladungen dieser Motoneurone (Abb. 3 a) werden meistens durch willkürliche Innervation nicht beeinflußt, auch fehlt die silent period. Als ein gewisses Kuriosum beobachteten wir eine umschriebene Myokymie im unteren Teil einer Gesichtshälfte, die in einer Familie vererbt wurde und bei Großvater, Vater und Tochter bestand; offenbar ein kleiner Webfehler im Verband der Hirnstammneurone.

B. 2.) Generalisierte Störungen neuromuskulärer Erregbarkeit

Die Tetanie, ausgelöst durch welche Ursache auch immer, zeigt uns im EMG ein relativ spezifisches Muster von Mehrfachentladungen.Das Bild erfreut jeden echten EMGisten immer wieder. Die Aussagekraft ist allerdings gering, denn stets ist dem Neurologen sowieso klar, daß er eine Tetanie vor sich hat. Ebenso sind EMG-Tests unter Ischämie und Hyperventilation, die eine sogenannte latente Tetanie beweisen sollen, ziemlich wertlos. Auch viele Gesunde entwickeln dabei rasch das entsprechende Entladungsmuster. Bei manifester Tetanie gehen die Mehrfachentladungen dem eigentlichen tetanischen Krampf voraus, ähnlich wie die Faszikulationen im Wadenkrampf. Auch hier scheint ein rasches Übergreifen der Übererregung innerhalb der Nervenverzweigungen im Muskel den eigentlichen Krampf in Gang zu bringen.

Bei der äußerst seltenen Neuromyotonie handelt es sich um eine eigenartige Erkrankung der Alpha-Motoneurone, die wie in einer Dauertetanie ständig übererregt sind und Aktionspotentiale feuern. Das führt zu einer Dauerverkrampfung der Muskeln. Typisch ist ein starres, maskenhaftes Gesicht. Im EMG findet sich anhaltende Spontanaktivität, die un-

ter Curaregabe verschwindet. Mikroelektrodenableitungen aus der End-
plattenregion haben gezeigt, d/ 3 die Azetylcholinausschüttung an den
Nervenendigungen normal ist. D   Störung muß die Axonmembran betreffen. Genaueres ist aber nicht bekannt. Eine der von Mertens und
Zschocke (5) beschriebenen Patientinnen mit Neuromyotonie konnte kürzlich nachuntersucht werden. Unter einer kleinen Dosis Carbamazepin
geht es ihr auch jetzt noch, nach 15 Jahren, gut. Sie ist aber nicht
geheilt. Es sind bisher etwa 50 Fälle beschrieben worden. Die meisten
sind sporadisch und treten im jüngeren Erwachsenenalter auf. Doch können auch Kinder betroffen sein. Wahrscheinlich muß man aber von einem
Neuromyotonie-Syndrom sprechen, dem verschiedene Ursachen zugrundeliegen können. So wurde auch eine familiäre Form beschrieben, mit
gleichzeitigen Muskelatrophien und sensiblen Störungen ähnlich wie bei
einer neuralen Muskelatrophie (3). Möglicherweise gehört auch das
1962 beschriebene Schwartz-Jampel-Syndrom (8) hier her, das irreführend
chondrodystrophische Myotonie genannt wird. Einiges spricht dafür, daß
es sich um ein genetisch bedingtes, schon kongenital oder im Kleinkin-
desalter auftretendes Neuromyotonie-Syndrom handeln könnte. In den
Familien dieser Kinder sind neuerdings auch sehr leicht betroffene Er-
wachsene gefunden worden. Die Kinder haben ständig verspannte, feste
Muskeln. Das Gesicht wirkt maskenartig, die Stimme ist piepsig. Im
EMG wird ständig Aktivität ähnlich wie bei einer Neuromyotonie registriert. Ob diese Aktivität unter Curare in allen Fällen verschwindet,
ist noch nicht eindeutig geklärt. Möglicherweise sind Nerven- und Muskelzellmembran abnorm erregbar. Bei den Kindern kommt es zu Minderwuchs
und Kontrakturen. Jedoch haben nicht alle Patienten eine Epiphysendys-
plasie oder Knochenveränderungen. Jedenfalls besteht keine Beziehung
zur Chondrodystrophie (2). Manche Kinder sind auch nur leicht betroffen.
Auffällig sind immer wieder die engen Lidspalten und das maskenartige,
steife Gesicht. Kürzlich ist neben der rezessiven auch eine dominante
Form bekannt geworden (1). Man hat den Eindruck, daß es sich um ein
weiteres seltenes biologisches Modell einer abnormen neuromuskulären
Erregbarkeit handelt, welches noch der Klärung bedarf.

Literatur

1. Ferranini E, Perniola T, Krajewska G, Serlenga L, Trizio M (1980)
   Schwartz-Jampel syndrome with autosomal dominant inheritance.
   Eur Neurol (im Druck)

2. Fowler WM, Layzer RB, Taylor RG, Eberle ED, Sims GE, Munsat TL,
   Philippart M, Wilson BW (1974) The Schwartz-Jampel Syndrome. Its
   clinical, physiological and histological expressions. J Neurol
   Sci 22: 127-146

3. Lance JW, Burke D, Pollard J (1979) Hyperexcitability of motor
   and sensory neurons in neuromyotonia. Ann Neurol 5: 523-532

4. Lehmann-Horn F, Rüdel R, Dengler R, Lorkovič H, Haass A, Ricker K
   (in Vorbereitung) Electrophysiological investigation of paramyotonia congenita

5. Mertens HG, Zschocke S (1965) Neuromyotonie. Klin Wschr 43: 917-925

6. Ricker K, Haass A, Rüdel R, Böhlen R, Mertens HG (1980) Successful
   treatment of paramyotonia congenita (Eulenburg): muscle stiffness
   and weakness prevented by tocainide. J Neurol Neurosurg Psychiat
   43: 268-271

7. Rüdel R, Dengler R, Ricker K, Haass A, Emser A (1980) Improved therapy of myotonia with the lidocaine derivative tocainide. J Neurol 22: 275-278

8. Schwartz O, Jampel RS (1962) Congenital blepharophimosis associated with an unique generalized myopathy. Arch Ophthal 68: 52-57

Störung des Neurotransmitterstoffwechsels bei extrapyramidalen Bewegungsstörungen

H. Przuntek

Die meisten Neurone benutzen zur Informationsübertragung von einem
Neuron auf ein anderes Neurotransmitter. Die Neurone synthetisieren
die Transmitter, speichern sie in Vesikeln und setzen sie auf einen
Nervenimpuls unter Aktivierung intraneuronalen Calciums frei.
Der aus dem Vesikel freigesetzte Neurotransmitter passiert den synap-
tischen Spalt und verbindet sich mit einem, als Rezeptor bezeichneten
Protein des postsynaptischen Neurons, oder aber mit einem Propriore-
zeptor bzw. präsynaptischen Rezeptor, der die Freisetzung des Transmitters selbst limitiert.
Die Transmitter-Rezeptorkoppelung führt zu einer Veränderung des
Ionenflusses an der Nervenmembran und damit zu einem Prozeß, der als
Inhibition oder Exzitation bezeichnet wird. Inhibition dann, wenn
vermehrt Chloridionen in die Nervenzelle einströmen - Exzitation,
wenn vermehrt Natriumionen einströmen. Im ersten Fall kommt es zu
einer Hyperpolarisation, im zweiten zu einer Depolarisation. Ein Neuron produziert in der Regel nur einen Transmitter, hat aber mehrere
tausend Kontaktstellen für andere angreifende Neurone.
Der Erregungszustand eines Neurons wird im wesentlichen durch die Resultierende aus eingehenden inhibitorischen und exzitatorischen Trans-
mittereinwirkungen bestimmt.

Mehr als dreißig putative Transmitter sind bekannt. Die Transmitter
lassen sich vereinfachend in drei Gruppen einteilen:
1. Aminosäuren, Acetylcholin und Taurin
2. Biogene Amine
3. Peptide
Die Aminosäuren, wie z.B. Gamma-Aminobuttersäure, Glutaminsäure oder
Glycin weisen ähnlich wie Acetylcholin oder Taurin ein einfach struk-
turiertes kettenförmiges Kohlenwasserstoff-Molekül auf. Besonders
Gamma-Aminobuttersäure, Glutaminsäure und Acetylcholin kommen in vielen Neuronen vor. Sie lassen sich im Mikrogrammbereich/g Feuchtgewicht im Hirngewebe nachweisen. Gaba wirkt inhibitorisch, Glutaminsäure und Acetylcholin wirken exzitatorisch. Die Aminosäuren, wie
auch Acetylcholin, werden rasch verstoffwechselt. Gamma-Aminobuttersäure wie auch Glutaminsäure kommen reichhaltig auch extraneuronal vor.

Die zweite Gruppe der Neurotransmitter, die biogenen Amine, sind de-
carboxylierte Aminosäuren. Diese Substanzen kommen in geringerer
Menge, nämlich nur im Nanogrammbereich/g FG im Gehirn vor. Gegenüber
den oben genannten Transmittern weisen sie eine kompliziertere Ring-
struktur auf.
Dopamin, Noradrenalin und Adrenalin einen Benzolring, Serotonin einen
Indolring und Histamin einen Imidazolring.

Die Neurone mit biogenen Aminen als Transmitter haben weitgehend ihren Ursprung in Kernarealen des Mittelhirns, die noradrenergen Neurone im Nucleus caeruleus, die serotonergen Neurone in den Raphe-Ker-
nen des Mittelhirns und die dopaminergen Neurone vor allem in der
Substantia nigra (2, 3, 16, 53, 54).
Während die noradrenergen und serotonergen Neurone bald nach Verlas-
sen ihrer Kernareale sich wie ein buschiger Baum aufzweigen und

Kollateralen bilden, verlaufen die dopaminergen Neurone in eng umschriebenen Neuronenbündeln und teilen sich erst am Zielorgan körb-
chenförmig auf. Dopamin kommt zwar ubiquitär im Gehirn vor. Die dopaminergen Neuronenbündel beschränken sich aber vornehmlich auf drei
Systeme, das nigro-striatale System, das mesolimbische und das hypophysär hypothalamische (1). Die umschriebene Ausbreitung der dopaminergen Neurone erleichtert eine gezielte Therapie mit Dopa und Dopaminergica. Diese Neurone sind experimentell relativ einfach zu er-
forschen, was für die Aufschlüsselung der extrapyramidalen Störungen
wichtig war. Dopamin-Vesikel lassen sich einfach gewinnen, da sie im
Nucleus caudatus, der leicht zu präparieren ist, besonders angerei-
chert sind.
Die gezielte Superfusion der Kopfanteile des Nucleus caudatus durch
Perfusion der Seitenventrikel läßt bedingte Rückschlüsse über die
sich unter dem Ependym abspielenden Stoffwechselvorgänge zu. Die
elektrische Stimulation der Substantia nigra führt zu vermehrter Do-
paminfreisetzung, die pharmakologisch variierbar und meßbar ist (65).
Die dritte Gruppe der Transmitter sind die Peptide. Zu den Peptiden,
die Transmitterfunktion haben, zählen sowohl Oligopeptide, also Peptide, die bis zu 10 Aminosäuren enthalten, wie auch Polypeptide, Peptide, die bis zu 100 Aminosäuren aufweisen. Während die Oligopeptide
bei vielen Vertebraten gleich sind, ist bei den Polypeptiden mit
höherem Molekulargewicht wie z.B. dem Beta-human-Endorphin, eine Spe-
ziesspezifität möglich, ähnlich wie bei den Hormonen, z.B. dem Insulin.
Zu den Peptiden, die wahrscheinlich bei der Ausprägung extrapyramidaler Störungen eine Rolle spielen, gehören die Opioide wie Met-Enkephalin, Leu-Enkephalin und Beta-Endorphin, sowie die Substanz P (4,
12, 15, 17, 26, 48, 60). Diese Peptide kommen im Gehirn im Picogramm-
bereich/g FG vor. Sie haben einen protrahierten Effekt. Ihre Inaktivierung dauert länger als bei den Aminosäuren und Aminen. Neuerdings
sind im Gehirn unterschiedliche Rezeptoren für die Opioide gefunden
worden, μ-Rezeptoren und δ-Rezeptoren, deren Funktion noch nicht genau bekannt ist (37, 38, 63). Der Nachweis der Opioide im Liquor ist
noch schwierig, eine Zuordnung zu bestimmten Krankheitsbildern beginnt sich erst abzuzeichnen (46, 47, 57, 58).
Zunehmend größeres Interesse kommt den Benzodiazepinliganden zu. Hierbei handelt es sich um körpereigene Substanzen, die sich mit Benzo-
diazepin-Rezeptoren binden können.
Wir haben im menschlichen Liquor drei Fraktionen isolieren können, die
eine erhöhte Affinität zu Benzodiazepinrezeptoren haben (36), es handelt sich aller Wahrscheinlichkeit nach um Peptide. BRAESTRUP und Mitarbeiter (8) haben aus menschlichem Urin ein Tetra-Beta-Hydrocarbolin,
ein Kondensationsprodukt aus L-Tryptophan und Formaldehyd, isolieren
können, das eine erhöhte Affinität zu Benzodiazepinrezeptoren hat.
Diese Substanz wurde bereits vor 17 Jahren in den Laboratorien der
Fa. Ciba-Geigy synthetisiert, tranquillierende Eigenschaften wurden
beschrieben (67). Ob dieser Benzodiazepinligand als Endglied eines
Peptids normalerweise an Peptide gekoppelt ist, ist nicht klar.

Bereits oben wurde erwähnt, daß Transmitter mit Rezeptoren eine Bindung eingehen und damit lokal zu einer erhöhten Ionenpermeabilität
der Nervenzelle führen können.
Rezeptoren sind Eiweißmoleküle, die in die Nervenmembran eingebaut
sind und bei Kopplung mit einem Transmitter zu einer sterischen Änderung des Eiweißmoleküls und damit zu einer erhöhten Natrium bzw.
Chloridpermeabilität führen. Transmitter können aber auch über eine
Aktivierung der Adenylzyklase zu einer Änderung der Ionenpermeabilität führen.

Wir haben somit von der chemischen Struktur vom Zeitfaktor der Synthese- und Metabolisierungsgeschwindigkeit der regionalen Verteilung und unterschiedlichen lokalen Konzentration der Transmitter im Gehirn, aber auch dem verschiedenen Aufbau der Rezeptoren her, erhebliche Unterschiede, was eine Vielfältigkeit der Modulation der neuronalen Informationsübertragung und Verarbeitung ermöglicht.
Störungen der Neurotransmission kommen durch Nervenzellschädigung, aber wahrscheinlich mindestens so häufig auch durch Degeneration der Dendriten und Axone zustande, wie es mit dem "dying back" Verfahren sichtbar gemacht werden kann (42).

Unklar ist bis heute, ob es einen zerebralen Schrittmacher gibt und wenn ja, welche Funktion er für die extrapyramidalen Störungen hat.

Bei der Fülle biologisch aktiver Substanzen, denen Neurotransmittereigenschaften nachgesagt wird, fragt es sich, welche Kriterien einen Transmitter ausmachen.
Folgende Punkte sollten erfüllt sein:
1. Nachweis des Transmitters im Neuron.
2. Nachweis der intraneuronalen Synthese durch Nachweis der synthetisierenden Enzyme im Neuron.
3. Speicherung des Transmitters in neuronalen synaptischen Strukturen.
4. Eine Wirkung des Transmitters bei Freisetzung in den synaptischen Spalt.
5. Die lokale Inaktivierung durch Wiederaufnahme in Speichervesikel oder Metabolisierung.
6. Die Turnoverrate des Transmitters muß in Abhängigkeit zur Neuronentätigkeit stehen.

Der Nachweis des Transmitters innerhalb des Neurons gelingt heute relativ einfach durch fluoreszenzmikroskopische Darstellung, ebenso wie der Nachweis der synthetisierenden Enzyme. Der Nachweis der vesikulären Speicherung wird durch Differentialzentrifugation von Hirngewebe (51) oder dadurch erbracht, daß man radioaktiv markierte Transmitter lokal durch Mikroinjektion in umschriebenen Hirnstrukturen appliziert. Nach einer entsprechenden Speicherungszeit werden die umschriebenen Hirnregionen exzidiert, homogenisiert und auf einen sogenannten Dichtegradienten aufgetragen, d.h. auf Saccharose, die zum Boden des Ultrazentrifugenröhrchens hin kontinuierlich oder schichtweise eine steigende Molarität aufweist. Die einzelnen Zellfragmente sammeln sich entsprechend ihrer Schwere in charakteristischen Fraktionen. Die Zellkerne am Boden des Zentrifugenröhrchens in der Fraktion V, die Mitochondrien in Fraktion IV, die Vesikel, die auch wegen ihrer Chromaffinität bei der elektronenmikroskopischen Darstellung granuliert erscheinen und deshalb Granula genannt werden, in Fraktion III, die Mikrosomen in Fraktion II und die Membranfragmente in Fraktion I (28). Nach radioaktiver Markierung der Transmitter sind an der Stelle der größten Radioaktivität die meisten Vesikel (in Fraktion III) bzw. der nichtgespeicherte Transmitter (Fraktion I) nachweisbar.

Die unter Punkt 4, 5 und 6 angeführten Kriterien sind am schwierigsten zu erbringen. Die hierzu geläufigsten Methoden sind die Iontophorese, die Ventrikelperfusion und die Untersuchung mittels Push-Pull-Kanüle. Diese Methoden haben den Vorteil, daß sie in vivo durchführbar sind und damit die pharmakologische und biochemische Dynamik sichtbar gemacht werden kann.

Bei der Iontophorese lassen sich mittels Mikroapplikation von Transmittern an einzelnen Neuronen Potentialänderungen nachweisen. Bei der Ventrikelperfusion wird eine zuleitende Kanüle in den Seitenventrikel oder III. Ventrikel eingeführt und eine ableitende entweder auch in

den Seitenventrikel oder durch die Cisterna cerebellomedullaris bis
in den IV. Ventrikel. Durch Elektrostimulation z.B. der Substantia
nigra oder des Hypothalamus läßt sich eine Freisetzung von z.B. Dopamin, Noradrenalin bzw. Serotonin zeigen, die pharmakologisch beeinflußbar ist (20, 24, 56, 65). Der freigesetzte Transmitter bzw. dessen
Metaboliten werden im Perfusat aufgefangen. Die Möglichkeit, die Dynamik des Transmittermetabolismus zu erfassen, kann somit auf elegante
Weise gelöst werden. Der Nachteil dieser Methode besteht darin, daß
nur Ventrikel nahe Areale untersucht werden können.
Diesem Nachteil glaubten wir zu entkommen, durch Verwendung von Push-
Pull-Kanülen. Es gibt verschiedene Methoden der Push-Pull-Kanülierung.
Die von uns entwickelte Push-Pull-Kanüle besteht aus einer relativ·
großen Außenkanüle, mit an der Innenwand anliegender dünner Innenkanü-
le, die oberhalb der zu superfundierenden Hirnregion liegt. Der Vorteil der Push-Pull-Kanüle liegt darin, daß engumschriebene Kernareale
superfundiert werden können, der Nachteil, daß das überströmte Areal
gering ist und der radiochemische und biochemische Nachweis der freigesetzten Substanzen wegen der geringen Konzentrationen schwierig ist
(52).
Da die Kriterien für einen Transmitter·im Gehirn in vielen Fällen me-
thodisch kaum vollständig zu erbringen sind, spricht man hier gerne
von putativen Transmittern.

Im folgenden möchte ich auf die für die extrapyramidalen Störungen
zur Zeit wichtigsten Transmitter eingehen. Es sind Acetylcholin, Dopamin, Gaba, Noradrenalin, Serotonin, Histamin, die Enkephaline und
Substanz P.
Die hohe Konzentration verschiedener Neurotransmitter in den Basalganglien und zugehörigen Kernen des Mittelhirnes machen eine vielfältige Verknüpfung der Nervenzellen untereinander im extrapyramidalmotorischen System wahrscheinlich.

Die skizzenhaft dargestellten methodischen Schwierigkeiten verdeutli-
chen, warum bis jetzt nur die Interaktion weniger Transmitter bekannt
ist. Die dopaminergen Bahnen spielen für das Verständnis der extrapyramidalen Störungen zur Zeit die Schlüsselrolle, wenngleich noradrenerge Strukturen nicht zu sehr vernachlässigt werden sollten.

Dopaminerge Neurone hemmen cholinerge Neurone im Striatum. Die cholinergen Neurone dienen größtenteils als Interneurone. Gabaerge Bahnen
verlaufen vom Nucleus caudatus zur Substantia nigra und hemmen dort
dopaminerge Neurone (23, 43). Serotonerge Neurone ziehen von den
Raphekernen des Mesencephalon zu cholinergen Neuronen des Nucleus
caudatus und hemmen sie. Es handelt sich mit großer Wahrscheinlichkeit nicht um die gleichen Neurone, die von den dopaminergen Neuronen
inhibiert werden (31).
Enkephalinerge Neurone mindern die Aktivität dopaminerger Neurone. Substanz P-haltige Neurone, die vom Nucleus caudatus ziehen, fördern die
Aktivität dopaminerger Neurone (12, 15, 17, 60). Bekannt sind weiterhin exzitatorische glutaminerge Neurone, die vom Cortex in die Basalganglien ziehen (19, 33).
Die engmaschige Interaktion der verschiedenen Neurotransmitter verdeutlicht, daß der Ausfall eines Neuronensystemes eine Fehlregulation
der anderen Systeme nach sich zieht und damit die Kontrollfunktionen
der Basalganglien stört. (Vergl. Abb. 1).

Die Transmitterstörung ist am besten beim Parkinsonsyndrom belegt. Es
kommt hier häufig zu einer Degeneration der Substantia nigra, des
Nucleus caeruleus und des Nucleus dorsalis nervi vagi. Die nigrostria-
tale Neurodegeneration sticht am meisten hervor (23).

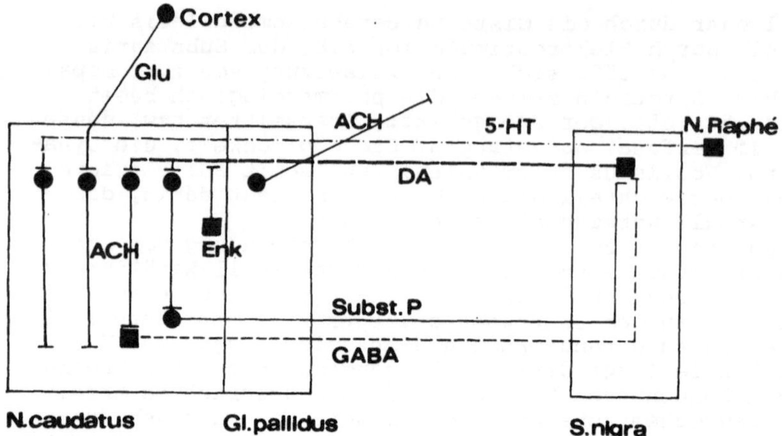

<u>Abb. 1.</u> Interaktion der Neurotransmitter im extrapyramidalmotorischen System: DA = Dopamin, NA = Noradrenalin, 5HT = Serotonin, ACH = Acetylcholin, Gaba = Gammaaminobuttersäure, Glu = Glutaminsäure, Enk = Enkephalin, Subst.P = Substanz P. o--------- exzitatorisch, □———— inhibitorisch

Der Dopamin-, Noradrenalin- und Serotoningehalt, wie auch der Glutaminsäuredecarboxylasegehalt, ist in den Basalganglien der Parkinson-Patienten erniedrigt (22, 23, 30, 31). Es besteht eine direkte Korrelation zwischen verminderter dopaminerger Innervation des Nucleus caudatus und Schwere der Akinese. Aufgrund der Dopaminverarmung in den Basalganglien von Parkinson-Patienten ist anzunehmen, daß etwa 80% der dopaminergen Neurone ausgefallen sein müssen, bevor sich die ersten Parkinson-Symptome bemerkbar machen (30).
Bei zunehmender Degeneration der dopaminergen Neurone kommt es zu einer Überempfindlichkeit der dopaminergen Rezeptoren. Ob diese in einer vermehrten Rezeptorsprossung oder einer erhöhten spezifischen Bindungskapazität für Dopamin besteht, läßt sich zur Zeit experimentell nicht sicher entscheiden.
Tierexperimentell lassen sich die klinischen Befunde bestätigen. Auf Läsionen der Substantia nigra folgt bei der Ratte eine Erniedrigung des Dopamin- und Homovanillinsäuregehaltes im Nucleus caudatus. Ebenso kommt es nach Gabe von Reserpin zu einer Verarmung der Basalganglien an Dopamin, Serotonin, und Noradrenalin sowie zu Akinese und Rigor. Ein für die experimentelle Parkinson-Therapie wichtiges Tiermodell ist die "Drehende Ratte". Nach Durchtrennung der nigrostriatalen Bahnen mittels Axotomie oder nach Injektion von 6 OH-Dopamin in die Substantia nigra kommt es bei Ratten zu einer Drehung in Richtung der Läsion, bzw. Injektion. Nach Eintreten der striatalen Denervierungsüberempfindlichkeit zeigen diese Ratten auf Dopa und Dopaminergica wie Apomorphin und Bromocriptin (25) ein Drehen zur kontralateralen Seite. Auf Prodipin hin zeigen axotomierte Ratten nur nach Gabe hoher Konzentrationen ca. 15 Min. nach i.p. Gabe ein kontralaterales Turning.
Vergleicht man in einem solchen Drehversuch L-Dopa (Levodopa^R) und Bromocriptin (Pravidel^R) so zeigen die Ratten auf L-Dopa ein schnell einsetzendes Turning, während sie nach einer Latenz von etwa 2 Stunden auf Bromocriptin ein langanhaltendes Drehen aufweisen.

Für die tägliche Praxis ergeben sich hieraus zwei Schlußfolgerungen:
1. L-Dopa sollte möglichst gleichmäßig über den Tag gegeben werden. Ideal wäre eine galenische Zubereitung,bei der L-Dopa kontinuierlich über Stunden gleichmäßig aus der Kapsel freigesetzt wird.

2. Bromocriptin (Pravidel[R]) sollte, wenn, dann in Kombination mit L-Dopa gegeben werden. L-Dopa, um eine möglichst rasche morgendliche Aktivierung der Patienten zu erreichen, und Bromocriptin, um die Intervalle verminderter Dopawirkung zu überbrücken, bzw. - bei vermindertem Speichervermögen für Dopa - die verbleibenden dopaminergen Rezeptoren zu stimulieren.

MIF, der Melanozyten inhibierende Faktor, ein Peptid, das kaum für die Routine-Therapie zu erhalten ist, wirkt über eine Hemmung der Umwandlung von L-Dopa in körpereigene Melaninmonomere und begünstigt so die Bildung von Dopamin (27).
Auf die Rolle des Acetylcholin für die Parkinson'sche Erkrankung wies NASHOLD (45) bereits 1958 hin.
Er beobachtete nach Injektion von Acetylcholin in den Globus pallidus von Parkinsonpatienten eine Verstärkung und nach Injektion von Anticholinergika ein Nachlassen des Tremors.
Im Tierexperiment führt Oxotremorin, wie auch Tremorin, zu Tremor und Bewegungsstarre, gleichzeitig kommt es zu einem Anstieg des Acetylcholins im Gehirn, der ebenso wie der Tremor durch Injektion von Anticholinergica zu drosseln ist.

Daß die Wirkung der Anticholinergica nicht voll ausgenutzt werden kann, liegt an der körperweiten Verteilung der Acetylcholinrezeptoren, und daß deswegen die Nebenwirkungen (verminderte Speichelsekretion, erhöhter Sphinktertonus, Tachykardie, Erschlaffung des Darmtonus, Psychosen) die gewünschte Hauptwirkung übertreffen.
Die Abb. 1 macht deutlich, daß bei Parkinson-Patienten so lange auf ein Anticholinergikum verzichtet werden kann, wie L-Dopa wirksam ist.
Inwieweit Serotonin wirklich etwas mit der Auslösung des Tremors zu tun hat, ist unklar.
Wir (44) fanden ebenso wie KORTEN und Mitarbeiter (35) in Familien mit essentieller Myoklonie Patienten, die lediglich einen Haltetremor aufwiesen. Bei ausreichend hoher Dosierung von 5OH-Tryptophan der Vorstufe des Serotonins waren sowohl Tremor, wie auch Myoklonien zu dämpfen.
Die Nebenwirkungen des 5OH-Tryptophans, vor allem Diarrhoen, machen eine Dauertherapie schwierig. POIRIER und Mitarbeiter (53) sahen nach ventromedial tegmentaler Läsion einen Abfall des Serotoningehaltes im Putamen und Nucleus caudatus und gleichzeitig ein Auftreten eines Haltetremors. JAVOY AGIDE (31) fand unter Quipazin, einem Serotonergicum, einen Acetylcholinanstieg im Nucleus caudatus und schloß, daß dieser durch eine serotonerg bedingte Hemmung cholinerger Neurone bedingt sei.
Für die Behandlung des Parkinson-Tremors ist 5OH-Tryptophan, wie CHASE (14) bereits 1970 zeigte, wenig geeignet. Bei Monotherapie mit 5O H-Tryptophan beobachtete er eine Zunahme von Rigor und Akinese. Da die Aufnahme von Aminosäuren durch die Bluthirnschranke begrenzt ist, kommt es unter 5OH-Tryptophan-Mono-Therapie an der Bluthirnschranke zu einer Verdrängung von L-Dopa und damit zu einer Zunahme von Akinese und Rigor.

Im Gegensatz zur Parkinson'schen Erkrankung ist die Pathogenese der Dystonien aus neurochemischer Sicht bislang wenig geklärt. Zu unterscheiden sind primäre und sekundäre Dystonien. In diesem Zusammenhang möchte ich nur auf die primären Dystonien eingehen; zu denen die rezessive Torsionsdystonie der Askenazi Juden, die dominant autosomale Torsionsdystonie, die hereditäre progressive Dystonie mit Tagesschwankungen Typ Segawa und die Dystonie mit Parkinson-Syndrom gehören.
Das autoptische Material über diese Krankheiten ist spärlich, Neurotransmitteruntersuchungen des Gehirnes liegen nicht vor. ZIEGLER und Mitarbeiter (66) berichteten über eine Erhöhung der Dopamin-Beta-Hydroxylase im Serum von Patienten mit autosomal dominanter Torsionsdystonie.

Bei einigen wenigen Patienten soll L-Dopa wirksam gewesen sein. Mit
L-Dopa erzielten SEGAWA et al. (61) gute Effekte bei Patienten, die
die sogenannte Dystonie mit Tagesschwankungen aufwiesen, eine Krankheit, die im Kindesalter mit dystonen Bewegungsstörungen der unteren
Extremitäten und des Rumpfes beginnt und zu der sich im Laufe der
Jahre eine bulbäre Sprache, Tremor und Muskelsteife mit angehobenen
Muskeleigenreflexen hinzugesellen. Gegen Abend nehmen die Symptome
zu. SEGAWA et al. vermuten bei dieser Erkrankung eine Überaktivität
der cerebralen Monoaminoxydaseaktivität, also des Enzyms, das zu
einem vermehrten Abbau von Noradrenalin und Dopamin führt. Die Gabe
von 600 bis 800 mg L-Dopa bei Kindern war ausreichend.
Bei einem Patienten mit schwerer Torsionsdystonie konnten wir nach
6-monatiger konsequenter Behandlung eine deutliche Besserung mit
Tocainide erzielen.
Bei der opthalmooromandibulären Dystonie (1, 40), auch Brueghel-Syn-
drom genannt, beobachteten wir überraschend gute Effekte mit Cloza-
pin.

Erste Hinweise dafür, daß die Tic-Krankheit GILLES de la TOURETTE
durch Beeinflussung des zentralen Transmitterstoffwechsels behandelbar sei, ergaben sich durch Untersuchungen von CAPRINI und MELLOTTI
(9) sowie CHALLAS und BRAUER (4), die über ausreichend gute Heiler-
folge beim GILLES de la TOURETTE-Syndrom mit Neuroleptika berichteten. Die wenigen autoptischen Befunde von Tic-Patienten lassen keinen
Schluß auf eine Degeneration oder entzündliche Veränderung bestimmter Hirnareale zu.

Medikamentös hat sich neben Haloperidol und Phenothiazin auch Pimozid
bewährt. Pimozid, ein spezieller Dopaminrezeptorenblocker könnte den
Schluß zulassen, daß Dopamin bei der Auslösung des Tics eine Rolle
spielen könnte. Nach Untersuchungen von van WOERT scheint der Homo-
vanillinsäurespiegel im Liquor im Mittel erhöht zu sein, während der
Hydroxyindolessigsäurespiegel nicht von der Norm abweicht (64).

Bei der Chorea maior fanden sowohl PERRY und Mitarbeiter (50), sowie
BIRD und IVERSEN (7) einen erniedrigten Gabagehalt in den Basalganglien. PERRY et al. (50) wiesen einen erniedrigten Gabagehalt im Liquor
nach, ORZEK und BARBEAU (49) konnten nach Physostigmin ein Ansteigen
des Acetylcholingehaltes im Nucleus caudatus und KLAWANS und RUBOVITS
(34) ein Nachlassen der Hyperkinesen beobachten.
Benztropin, ein Anticholinergicum, führt zur Verstärkung der Hyperkinesen. Die frühe Beobachtung, daß Dopa zu einer Zunahme der Hyperkinesen und Haloperidol, ein Dopaminrezeptorenblocker, zu einer Abnahme
der Hyperkinesen führt, legt den Verdacht nahe, daß die choreatischen
Hyperkinesen durch eine vermehrte Stimulierung dopaminerger Neurone bedingt sein könnten. Die Beobachtung von PERRY und Mitarbeiter (50),
sowie BIRD und IVERSEN (7) hinsichtlich der Gabaerniedrigung in den
Basalganglien legte die Therapie mit gabaergen Substanzen nahe. Die
Gabe eines Gabaergicums, wie Di-N-Propylazetat, erbrachte bei uns nur
kurzfristige Besserung der Hyperkinesen, was nicht verwunderlich ist,
da die Neurone, in denen Gaba synthetisiert werden, bei der choreatischen Erkrankung degenerieren. Potente gabaerge Substanzen stehen zum
jetzigen Zeitpunkt für die Humanmedizin nicht zur Verfügung.
ARREGUI und Mitarbeiter (4) berichten über eine Verminderung des Met-
enkephalin im Gl. pallidus. GERSTENBRAND und POEWE (26) über Therapie-
erfolge mit dem Enkephalinanalogen FK 22/824.
DIVAC (19) postulierte, daß die Degeneration gabaerger Neurone durch
Überaktivität glutaminerger cortico-caudaler Neurone bedingt sei.

Der gabaerg-dopaminerge Antagonismus scheint bei dem Zustandekommen
von Choreoathetosen ebenfalls eine Rolle zu spielen (55). Wir sehen

sie am häufigsten als Nebenwirkungen der L-Dopa-Therapie bei Parkinson-Patienten oder als tardive Dyskinesen, seltener anfallsförmig als familiäre paroxysmale Choreoathetose. Die L-Dopa induzierten Dyskinesen treten bei Parkinson-Patienten nach mehrjähriger Behandlung mit L-Dopa auf, die tardiven Dyskinesen treten meist nach mehrjähriger Behandlung mit Neuroleptika auf, häufig erst bei Reduktion der Dosis. Nach BALDESSARINI und TARSY (5) scheint eine Neurodegeneration nigrostriataler Neurone nach längerer Gabe von Neuroleptika möglich, besonders nach Gabe von Phenothiazin und Haloperidol. Haloperidol soll nach SIGGINS und Mitarbeiter (62) ebenso wie 6-Hydroxydopamin zu einer Neurodegeneration nigrostriataler Neurone führen. Weiterhin läßt sich nach Neuroleptikagabe ein Ansteigen der Dopamin sensitiven Adenylcyclase zeigen. Es läßt sich somit experimentell nachweisen, daß die Choreoathetose, wie auch die choreatischen Bewegungen etwas mit der Überempfindlichkeit des dopaminergen Rezeptors zu tun haben müssen. Wir beobachteten bei der familiären paroxysmalen Choreoathetose ein Nachlassen der choreoathetotischen Hyperkinesen nach Gabe von Di-N-Propylacetat. Deutlicher war allerdings der Effekt von Haloperidol, der auch dann noch zu beobachten war, wenn Di-N-Prophylacetat nicht mehr wirkungsvoll war. RÜTHER et al. (59) berichteten über einen günstigen Effekt von Di-N-Prophylacetat bei Hyperkinesen von Parkinson-Patienten, der allerdings hier auch nicht lang anhaltend war. Es scheint so zu sein, als ob Gaba tatsächlich einen Hyperkinesen reduzierenden Effekt hat, der aber wesentlich geringer ist, als der von Dopaminrezeptorenblockern.

Zusammenfassung

Es gibt heute eine Vielzahl von Neurotransmittern, von denen Acetylcholin, Dopamin, Noradrenalin, Serotonin, die Enkephaline und Substanz P freisetzende Faktor für die extrapyramidal motorische Regulation eine Rolle spielen. Neurochemische und neuropharmakologische Untersuchungen lassen Veränderungen des Transmittersystemes sowohl bei der Chorea, Choreoathetose und den Dystonien, den Tics, den Myoklonien und dem Parkinson-Syndrom als möglich erscheinen, wobei die neurochemischen Grundlagen des Parkinson-Syndromes am besten geklärt sind. Es scheint so, als ob es sich bei allen Krankheiten, bei denen Transmitterstörungen nachgewiesen wurden, um symptomatische Störungen des Transmitterstoffwechsels handelt.

Die neurodegenerative Eigenschaft des 6-Hydroxydopamins, bei dem nur eine Hydroxygruppe in das Dopamin eingefügt ist, läßt nur vermuten, daß Metaboliten der Transmitter zu einer Neurodegeneration führen können. Lange Zeit glaubte man, besonders unter dem Eindruck der L-Dopa induzierten Nebenwirkung wie on-off Phänomene, daß Kondensationsprodukte des Dopamins, wie das Salsolinol und das Tetrahydrapapaverolin, beides Kondensationsprodukte des Dopamins, eine beschleunigende Wirkung bei der Neurodegeneration haben könnten (6). Dies konnte tierexperimentell nachgewiesen werden. Neuerliche Messungen bei Parkinson-Patienten ergaben allerdings, daß die Konzentrationen für diese Kondensationsprodukte beim Menschen so gering sind, daß eine Neurodegeneration hierdurch nicht beschleunigt wird.

Literatur

1. Altrochi PH (1972) Spontaneous orofacial dyskinesia. Arch Neurol 26: 506-512

2. Anden NE (1975) Lesions of the nigro-neostriatal dopamine neurons or the bulbo-spinal/norepinephrine and 5-hydroxytryptamine neurons in rats action of drugs. Pharmac Therap 1: 371-380

3. Anden NE, Carlsson A, Dahlström A, Fuxe K, Hillarp NA, Larsson K (1964) Demonstration and mapping out of nigro-neostriatal dopamine neurons. Life Sci 3: 523-530

4. Arregui A, Iversen LI, Spokes EGS, Emson PC (1979) Alterations in postmortem brain angiotensin converting enzyme activity and some neuropeptides in Huntington's disease. Adv Neurol 23: 517-525

5. Baldessarini RJ, Tarsy D (1978) Tardive Dyskinesia. In: Lipton MA, Di Mascio A, Killam KF (eds) Psychopharmacology. Raven Press, New York, p 993-1004

6. Barbeau A (1974) The clinical physiology of side effects in Long-term l-dopa therapy. Adv Neurol 5: 347-365

7. Bird ED, Iversen LI (1974) Huntington's Chorea: postmortem measurement of glutamic acid decarboxylase, choline acetyltransferase and dopamine in basal ganglia. Brain 97: 457-472

8. Braestrup C, Nielsen M, Olsen CE (1980) Urinary and brain beta-carboline-3-carboxylates as potent inhibitors of brain benzodiazepine receptors. Proc Natl Acad Sci 77: 2288-2292

9. Bruccengate ten G (1975) Functions of extrapyramidal systems in motor control. Pharmac Therap B 1: 587-662

10. Calvin WH (1978) Setting the pace and pattern of discharge: do CNS neurons vary their sensitivity to external inputs via their repetitive firing processes? Federation Proc 37: 2165-2170

11. Caprini G, Melotti V (1961) Un grave sindrome ticcosa guarita con haloperidol. Riv Sper Freniat 85: 191-196

12. Carlsson A, Magnusson T, Fisher GH, Chang D, Folkers K (1977) Effect of synthetic substance P on central monoaminergic mechanisms In: Euler von US, Pernow B (eds) Substance P. Raven Press, New York, p 201-205

13. Challas G, Brauer W (1963) Tourettes disease: Relief of symptoms with R 1625. Am J Psychiatry 120: 283-284

14. Chase TN (1970) 5-Hydroxytryptophane in Parkinsonism. Lancet 3: 1029-1030

15. Cuello AC (1978) Enkephalin and substance P containing neurons in the trigeminal and extrapyramidal systems. Adv in Biochemical Psychopharmacology 18: 111-123

16. Dahlström A, Fuxe K. Evidence for the existence of monoamine-containing neurons in the central nervous system. Acta physiol scand 62, Suppl 232

17. Davies J, Dray A (1976) Substance P in the substantia nigra. Brain Res 107: 623

18. De Long MR (1978) Possible involvement of central pacemakers in clinical disorders of movement. Federation Proc 37: 2171-2175

19. Divac J (1977) Possible pathogenesis of Huntington's chorea and a new approach to treatment. Acta neurol scand 56: 357-360

20. Draskoci M, Feldberg W, Fleischhauer K, Haranath PS (1960) Absorption of histamine into the blood stream and its uptake by brain tissue on perfusion of the cerebral ventricles. J Physiol 150: 50-66

21. Duvoisin RC (1967) Cholinergic anticholinergic antagonism in parkinsonism. Arch Neurol 17: 124-136

22. Ehringer H, Hornykiewicz O (1960) Verteilung von Noradrenalin und Dopamin im Gehirn des Menschen und ihr Verhalten bei Erkrankungen des extrapyramidalen Systems. Klin Wschr 38: 1236-1239

23. Fahn S (1976) Biochemistry of the basal ganglia. Adv Neurol 14: 59-89

24. Feldberg W, Myers RD (1966) Appearence of 5-hydroxytryptamine and an unidentified pharmacological active lipid in effluent from perfused cerebral ventricles. J Physiol 184: 837-855

25. Fuxe K, Agnati LF, Corrodi H, Everitt BJ, Hökfelt T, Lofström A, Ungerstedt U (1975) Action of dopamine receptor agonists in forebrain and hypothalamus: Rotational behaviour ovulation, and dopamine turnover. Adv Neurol 9: 223-242

26. Gerstenbrand F, Poewe W (1980) Erste Erfahrungen mit einem Met-Enkephalin-Analogon in der Behandlung choreatischer Syndrome. In: Mertens HG, Przuntek H (Hrsg.) Verhandlungen der Deutschen Gesellschaft für Neurologie Band 1. Springer-Verlag Berlin Heidelberg New York

27. Gerstenbrand F, Poewe W, Rainer J (1976) Neue Entwicklung in der Parkinson Therapie. Pharmakotherapie 4: 190-194

28. Glowinski J, Iversen LL (1966) Regional studies of catecholamines in the rat brain. Biochem Pharmac 15: 977-987

29. Hassler R (1938) Zur Pathologie der Paralysis agitans und des postencephalitischen Syndroms. J Psychol Neurol 48: 387-476

30. Hornykiewicz O (1978) Biochemische und pathophysiologische Grundlagen des Parkinson-Syndroms. Pharmakotherapie 4: 176-181

31. Javoy Agide F (1979) Sensitivity of cholinergic neurons to gabaergic and serotonergic drugs in the rat striatum. Spp Neurophysiol 42: 75-77

32. Kim JS, Bak IJ, Hassler R, Okada Y (1971) Role of aminobutyric acid in the extrapyramidal motor system. Exp Brain Res 14: 95-104

33. Kim JS, Hassler R, Haug P, Paik KS (1977) Effect of frontal cortex ablation on striatal glutamic acid level in rat brain. Brain Res 132: 370-374

34. Klawans HL, Rubovits R (1972) Central cholinergic-anticholinergic antagonism in Huntington's Chorea. Neurology 22: 107-116

35. Korten JJ, Notermans SLH, Frenken CWGM, Gambrecht FJM, Joosten EMG (1974) Familial essential myoclonus. Brain 97: 131-138

36. Kuhn W, Przuntek H (im Druck) Benzodiazepine ligands in human
    cerebrospinal fluid. J Neurochem

37. Kosterlitz HW, Lord JAH, Paterson SJ, Waterfield AA (1980) Effects
    of changes in the structure of enkephalins and of narcotic
    analgesic drugs on their interactions with μ and δ receptors. Br
    J Pharmac 68: 333-342

38. Lee NM, Smith AP (1980) A protein lipid model of the opiate
    receptor. Life Sci 26: 1459-1464

39. Mac Donaldson I, Dolphin A, Jenner P, Marsden CD, Pycock C (1976)
    The involvement of noradrenaline in motor activity as shown by
    rotational behaviour after unilateral lesions of the locus
    caeruleus. Brain 99: 427-446

40. Marsden CD (1976) Blepharospasm-oromandibular dystonia syndrome
    (Brueghel's syndrome) J Neurol Neurosurg Psych 39: 1204-1209

41. Mc Geer PL, Mc Geer EG, Wada JA, Jung E (1971) Effects of globus
    pallidus lesions and Parkinson's disease on brain glutamic acid
    decarboxylase. Brain Res 32: 425-432

42. Mehraein P (1980) Pathomorphologische Aspekte degenerativer Sy-
    stemerkrankungen. In: Mertens HG, Przuntek H (Hrsg) Verhandlun-
    gen der Deutschen Gesellschaft für Neurologie Band 1. Springer-
    Verlag Berlin Heidelberg New York

43. Miller RJ, Cuatrecasas P (1979) Neurobiology and Neuropharmacology
    of the Enkephalins. Adv Biochem Psychopharmacology 20: 187-226

44. Muhr A, Przuntek H, Drechsler F (1977) Clinical, electrophysiolo-
    gical and therapeutic aspects of familial essential myoclony.
    Excerpta Medica 427: 93

45. Nashold BS (1959) Cholinergic stimulation of globus pallidus in
    man. Proc Soc exp Biol Med 101: 68

46. Neuser D, Lesch KP, Pflughaupt KW, Przuntek H, Stasch HP (1980)
    Enkephalinbestimmung im Liquor cerebrospinalis. Säulenchromato-
    graphische Trennung von Beta-Endorphin, Enkephalin und Substanz P.
    In: Mertens HG, Przuntek H (Hrsg) Verhandlungen der Deutschen
    Gesellschaft für Neurologie Band 1. Springer-Verlag Berlin
    Heidelberg New York

47. Neuser D, Pflughaupt KW, Lesch KP, Stasch HP, Przuntek H (im
    Druck) Met-Enkephalin and Leu-Enkephalin in human cerebrospinal-
    fluid. J Neurochem

48. Nicoll RA, Siggins GR, Ling N, Bloom FE, Guillemin R (1977) Neuro-
    nal actions of endorphins and enkephalins among brain regions.
    A comparative microiontophoretic study. Proc Nat Acad Sci 74: 2584

49. Orzeck A, Barbeau A (1973) Interrelationships among dopamine sero-
    tonin and acetylcholine. In: Barbeau A, Mc Dowell G (eds) L-Dopa
    and Parkinsonism. Davis, Philadelphia, p 88-93

50. Perry TL, Hansen S, Lesk D, Kloster M (1973) Amino acids in plasma
    cerebrospinal fluid and brain of patients with Huntington's chorea.
    Adv in Neurol 1: 608-618

51. Philippu A, Przuntek H (1967) Noradrenalin-Speicherung im Hypo-
    thalamus und Wirkung von Pharmaka auf die isolierten Hypothalamus-
    Vesikel. Naunyn-Schmiedebergs Arch Pharmak u exp Path 258: 238-250

52. Philippu A, Przuntek H, Roensberg W (1973) Superfusion of the
    hypothalamus with gamma-aminobutyric acid. Naunyn-Schmiedebergs
    Arch Pharmacol 276: 113-118

53. Poirier LJ (1976) Functional significance of the aminoaminergic
    extrapyramidal connections. Pharmac Ther 2: 9-17

54. Poirier LJ, Sourkes TL (1976) Lesions of the striatopetal dopamine
    and serotonin pathways: anatomy and chemistry. Pharmac Ther 2:
    19-27

55. Przuntek H (1980) Familiäre paroxysmale Choreoathetose. In: Mertens
    HG, Przuntek H (Hrsg) Verhandlungen der Deutschen Gesellschaft für
    Neurologie Band 1. Springer-Verlag Berlin Heidelberg New York

56. Przuntek H, Guimaraes S, Philippu A (1971) Importance of adrener-
    gic neurons of the brain for the rise of blood pressure evoked by
    hypothalamic stimulation. Naunyn Schmiedeberg's Arch Pharmacol
    271: 311-319

57. Przuntek H, Neuser D, Lesch KP, Pflughaupt KW, Stasch HP (zur
    Publikation eingereicht) Comparison of beta-human-endorphin and
    enkephalin-content of cerebrospinal fluid in various neurological
    diseases. J Neurol

58. Przuntek H, Stasch JP, Graf M, Pflughaupt KW, Gropp N, Witteler M
    (im Druck) Simplified radioimmunological method for the determina-
    tion of beta-human endorphin in cerebrospinal fluid. J Neurol

59. Rüther E, Golch L, Markianos M (1977) Effect of Na-valproate on
    L-Dopa induced dyskinesia in parkinsonism with high HVA/Dopac
    serum ratio. Excerpta medica 427: 203

60. Schwartz JC, Pollard H, Llorens C, Malfroy B, Gros C, Pradelles PH
    Dray F (1978) Endorphins and endorphin receptors in striatum:
    Relationship with dopaminergic neurons. Adv Biochem Psychopharm
    18: 245-264

61. Segawa M, Hosaka A, Miagawa F, Nomura Y, Imai H (1976) Hereditary
    progressive dystonia with marked diurnal fluctuation. Adv Neurol
    14: 215-233

62. Smith JR, Simon EJ (1980) Selective protection of stereospecific
    enkephalin and opiate finding against inactivation by N-ethyl-
    maleimide: evidence for two classes of opiate receptors. Proc
    Natl Acad Sci 77: 281-284

63. Vogt M (1975) Release of putative Transmitters from the corpus
    striatum. Pharmac Therap 1: 39-47

64. Woert van MH, Jutkowitz R, Rosenbaum D, Bowers UB (1976) Gilles
    de la Tourette Syndrom. Biochemical Approaches. In: Yahr MD (ed)
    The basal ganglia. Raven Press, New York

65. Ziegler MG, Lake CR, Eldridge R, Kopin IJ (1976) Plasma Norepine-
    phrine and dopamine-β-hydroxylase in dystonia. Adv Neurol 14:
    307-318

Übersichten:

1a. Aguriaguerra J, Gauthier G (1970) Monoamines Noyaux Gris Centraux et Syndrome de Parkinson. Georg und Cie Genf, Masson und Cie Paris

2a. Beers RF, Bassett EG (1976) Cell Membrane Receptors for Viruses, Antigens and Antibodies. Polypeptide Hormones, and small molecules. Raven-Press, New York

3a. Birkmayer W, Hornykiewicz O (1976) Advances in Parkinsonism. Roche, Basel

4a. Bruggencate ten G (1975) Functions of extrapyramidal systems in motor control. Pharmac Therap 1: 587-662

5a. Costa E, Giacobini E (1970) Biochemistry of simple neuronal models. Raven Press, New York

6a. Holtz P, Palm D (1979) Brenzkatechamine und andere Sypaticomimetische Amine. In: Ergebnisse der Physiologie, biologischen Chemie und experimentellen Pharmakologie Band 58. Springer-Verlag

7a. Iversen LI (1967) The Uptake and Storage of Noradrenaline in Sypathetic Nerves. Cambridge University Press

8a. Klawans HL (1973) The Pharmacology of Extrapyramidal Movement Disorders. S Karger, Basel

9a. Lipton MA, Mascio di A, Killam KF (1978) Psychopharmacology. Raven Press, New York

10a. Kanig K (1973) Einführung in die allgemeine und klinische Neurochemie. Gustav Fischer Verlag, Stuttgart

Medikamentöse Wirkungsmechanismen der Antiepileptika mit Berücksichtigung des Transmitterstoffwechsels. Tierexperimentelle Aspekte

W. Löscher

Trotz einer sehr umfangreichen Forschung auf dem Gebiet der Epilepsie
und ihrer Behandlung wissen wir wenig über die neurophysiologische
und vor allem neurochemische Pathogenese dieser Erkrankung und den
Wirkungsmechanismus antiepileptischer Medikamente. Im Zentrum jeder
epileptischen Manifestation steht die gestörte Funktion zerebraler
Neurone. Charakteristisch für das "epileptische" Neuron ist dabei
die abnorme Labilität des Membranpotentials mit einer Neigung zu
Spontanentladungen. Jedes Neuron kann unter pathophysiologischen Bedingungen epileptisch werden durch (1) Störung spezifischer Membran-
funktionen, (2) Störungen des extra- und intrazellulären Ionenhaus-
halts, (3) Depolarisation der Zellmembran als Folge einer gesteigerten Konzentration exzitatorischer oder Mangel an inhibitorischen
Transmittersubstanzen oder (4) Fehlen normaler inhibitorischer Einflüsse von Seiten besonderer Zellen mit inhibitorischer Funktion.
Alle Antiepileptika haben nun die Eigenschaft, die Erregung normaler
Neurone durch epileptische Neurone zu verhindern, indem sie, wenn
auch in unterschiedlichem Maße, (1) die Reizschwelle der Neuronen-
membran erhöhen, (2) die posttetanische Potenzierung der synaptischen
Transmission hemmen, (3) die synaptische Erholungszeit verlängern
oder (4) die prae- und postsynaptische Inhibition potenzieren. Über
die Ursachen, die diesen Wirkungen zugrundeliegen, läßt sich bisher
überwiegend nur spekulieren. Zum einen wird eine direkte Wirkung der
Antiepileptika auf neuronale Membranen angenommen, Veränderungen der
Membranpermeabilität wurden besonders für Phenytoin nachgewiesen
(67), zum anderen eine Beeinflussung der synaptischen Transmission
durch Effekte auf Synthese, Speicherung, Freisetzung, Rezeptorwirkung,
Wiederaufnahme oder Abbau von Neurotransmittern. Dabei wurde in den
letzten Jahren den inhibitorisch wirksamen Neurotransmittern besondere
Bedeutung beigemessen. Die Frage, inwieweit Neurotransmitter eine
Rolle bei Krampfentstehung bzw. -verhinderung spielen, wurde insbesondere mit Hilfe experimenteller Krampferzeugung am Tier untersucht.
Ich möchte im Rahmen dieses Referats auf die wichtigsten diesbezügli-
chen tierexperimentellen Ergebnisse eingehen, während Dr.SCHMIDT im
zweiten Teil des Referats klinische Aspekte besprechen wird. Dabei
möchte ich mich auf diejenigen Substanzen beschränken, deren Transmitterfunktion im Zentralnervensystem der Säugetiere als weitgehend
gesichert gilt: Noradrenalin (NA), Dopamin (DA), 5-Hydroxytryptamin
(5-HT), Acetylcholin (ACh), Glycin und γ-Aminobuttersäure (GABA).

Noradrenalin, Dopamin und 5-Hydroxytryptamin

Zahlreiche Untersuchungen befassen sich mit der Rolle der zentralen
biogenen Amine NA, DA und 5-HT für Krampfempfindlichkeit und Wirkung
von Antiepileptika. Die vorliegenden Arbeiten sind zum Teil widersprüchlich, deuten jedoch überwiegend darauf hin, daß die drei biogenen Amine inhibitorisch auf die Krampferregbarkeit wirken. So zeigte
CHEN schon 1954 (7), daß nach Reserpin, das zu einer Abnahme der
neuronalen Konzentrationen von NA, DA und 5-HT durch Hemmung ihrer
Aufnahme in vesikuläre Speicher führt, die Elektroschock-Krampf-

schwelle bei Mäusen deutlich gesenkt wird. Dagegen hatten Hemmstoffe des Enzyms, das den Abbau der drei Transmitter katalysiert (Monoamin-Oxidase-Hemmstoffe), eine antikonvulsive Wirkung (53). Aus derartigen Untersuchungen war jedoch noch kein Rückschluß auf eine unterschiedliche Bedeutung der drei biogenen Amine bei der Regulation der Krampfempfindlichkeit möglich, und eine direkte Bestimmung ihrer Effekte wurde durch die Impermeabilität der Blut-Hirn-Schranke gegenüber diesen Substanzen erschwert. Erst nach Einsatz spezifischer Precursoren, Hemmstoffe der Biosynthese bzw. Antagonisten von NA, DA und 5-HT war eine differenziertere Betrachtung ihrer Bedeutung möglich. Dabei ergaben sich Hinweise auf eine unterschiedliche Rolle der biogenen Amine in verschiedenen Krampfmodellen, wobei in erster Linie die klassischen Krampfmodelle Pentetrazolkrampf (Modell für die Petit mal-Epilepsie) und maximaler Elektroschock (Modell für Grand mal-Epilepsie) untersucht wurden. So fand KOBINGER (32) bei Mäusen nach Applikation des 5-HT-Precursors 5-Hydroxytryptophan und in geringerem Maße auch nach L-DOPA, dem Precursor von DA und NA, eine verminderte Krampfempfindlichkeit gegenüber Pentetrazol. RUDZIK und JOHNSON (57) leiteten aus ihren Versuchen eine besondere Bedeutung von NA für den Elektroschock und von 5-HT für den Pentetrazolkrampf ab, während sie DA keinen deutlichen Effekt auf die Krampfempfindlichkeit zusprachen. Im Gegensatz hierzu kamen AZZARO et al. (1) zu dem Ergebnis, daß eine Senkung der Elektroschock-Krampfschwelle bei der Maus nur nach Verminderung aller drei biogenen Amine eintritt. Diese widersprüchlichen Ergebnisse gaben Anlaß zu einer Untersuchung unserer Arbeitsgruppe (30), deren Ergebnisse in Tabelle 1 zusammengefaßt sind. NA spielte bei Mäusen eine deutliche Rolle für die Empfindlichkeit gegenüber dem klonischen Pentetrazolkrampf, während 5-HT nur auf die tonische Komponente dieses Krampfmodelles einen klaren Einfluß hatte. Dagegen zeigten beide Transmitter einen Einfluß auf die Elektroschock-Krampfschwelle. Für eine Beteiligung von DA ergab sich bei beiden Krampfmodellen kein eindeutiger Hinweis. In einer weiteren Untersuchung (45) wurde die Bedeutung der drei biogenen Amine für die antikonvulsive Wirkung von Phenobarbital, Phenytoin und Ethosuximid in beiden Krampfmodellen bestimmt (Tabelle 1). Dabei zeigte sich, daß durch Beeinflussung der biogenen Amine Veränderungen der Wirksamkeit der Antiepileptika hervorzurufen waren, die nicht nur auf die eben angesprochenen Veränderungen der Krampfempfindlichkeit zurückzuführen waren und damit auf eine Bedeutung der biogenen Amine für den Wirkungsmechanismus dieser Stoffe hinwiesen. Der antikonvulsive Effekt von Phenobarbital im Elektrokrampf war klar abhängig von 5-HT und NA, während bei Phenytoin NA eine dominierende Rolle aufwies. Dagegen zeigte 5-HT den klarsten Effekt auf die Wirkung von Phenobarbital im Pentetrazolkrampf, bei Ethosuximid schien neben 5-HT auch NA eine Rolle zu spielen. Wiederum war bei allen drei Antiepileptika eine Beteiligung von DA nicht klar nachzuweisen. Andere Arbeitsgruppen untersuchten den direkten Einfluß von Konvulsiva bzw. Antiepileptika auf Konzentration und Turnover der biogenen Amine im Gehirn. BONNYCASTLE und Mitarbeiter (6) wiesen schon 1957 für eine Reihe von Antiepileptika eine Erhöhung des zentralen 5-HT-Gehaltes nach, die verwendeten Dosen lagen jedoch überwiegend weit über den antikonvulsiv wirksamen. Dagegen war sowohl durch Pentetrazol wie durch Elektroschock eine Senkung der Synthese von 5-HT hervorzurufen (12, 17). Die Synthesehemmung durch Pentetrazol war durch Trimethadion zu antagonisieren (13). Bei Katzen erhöhte Pentetrazol den Metabolismus aller drei Amine, und auch diese Wirkung war zum Teil durch Trimethadione zu vermindern (44). Für Phenytoin wurde eine Hemmung der Wiederaufnahme von NA aus dem synaptischen Spalt nachgewiesen (64), sowie eine Erhöhung des Umsatzes von 5-HT (21). Die letztgenannte Wirkung zeigte auch Valproinsäure (27), während Ethosuximid und Carbamazepin keinen Einfluß auf den 5-HT-Umsatz hatten (21).

Tabelle 1. Beeinflussung der Krampfempfindlichkeit und der antikonvulsiven Wirkung von Phenobarbital, Phenytoin und Ethosuximid an Mäusen durch Eingriff in die Biosynthese der zentralen biogenen Amine Dopamin (DA), Noradrenalin (NA) und 5-Hydroxytryptamin (5-HT) bzw. durch Verabreichung spezifischer Antagonisten nach KILIAN und FREY (30) und MEYER und FREY (45)

| Vorbehandlung | Krampfempfindlichkeit gegenüber | | Antikonvulsive Wirkung gegenüber | | | |
	Elektroschock	Pentetrazol[1]	Elektroschock Phenob.	Phenytoin	Pentetrazol Phenob.	Ethosux.
DA-u.NA Precursor						
L-Dopa	---	---	++	o	+	-
Hemmstoff der DA-u.NA-Synthese						
α-Methyltyrosin	+	++	--	---	o	o
Hemmstoff der NA-Synthese						
Disulfiram	+++	++	o	--	-	-
α-Adrenolytikum						
Phentolamin	++	o	--	-	o	--
β-Adrenolytikum						
Propanolol	o	++	o	-	o	--
DA-Antagonist						
Haloperidol	o	o	o	o	o	o
5-HT-Precursor						
5-Hydroxytryptamin	-	---	+++	o	+++	+++
Hemmstoff der 5-HT-Synthese						
p-Chlorophenylalanin	+++	+++[2]	---	-	--	---
5-HT-Antagonist						
Cyproheptadin	++	+++[2]	--	o	-	--

1) Die Ergebnisse beziehen sich, wenn nicht anders angegeben, auf die Krampfschwelle für den klonischen Pentetrazolkrampf
2) Nur Pentetrazol-Krampfschwelle für den tonischen Streckkrampf gesenkt
+ bis +++ = Erhöhung, O = kein Effekt, - bis --- = Senkung von Krampfempfindlichkeit bzw. antikonvulsiver Wirkung

Dagegen wurde nach Gabe von Benzodiazepinen eine verminderte Umsatz-
geschwindigkeit von 5-HT und den Catecholaminen beobachtet (8), dieser Effekt schien jedoch zumindest im Fall des 5-HT nicht in Beziehung
zu der antikonvulsiven Wirkung der Benzodiazepine zu stehen (14).

Acetylcholin

Auf eine Bedeutung des zentralen ACh bei der Entstehung bzw. Verhinderung von Krämpfen deuten eine Reihe von Untersuchungen, wobei die
exzitatorische Wirkung von ACh auf zentrale muscarinartige Rezeptoren
im Vordergrund zu stehen scheint. Schon 1947 zeigten POPE und Mitarbeiter (51) einen Anstieg von ACh in epileptogenen Hirnregionen bei
Mensch und Affen. Nach RADOUCO-THOMAS und Mitarbeitern (54) führen
erhöhte cerebrale ACh-Konzentrationen zu einer erhöhten Krampfempfindlichkeit. Hemmstoffe des Abbaues von ACh induzieren Krämpfe, und diese
können durch den ACh-Antagonisten Atropin gehemmt werden (62). Die
Freisetzung von ACh wird durch Konvulsiva wie Pentetrazol, Strychnin
und Bicucullin erhöht (20, 49). Dagegen senken Valproinsäure und Diazepam die corticale Freisetzung von ACh, und Trimethadion sowie Phenobarbital antagonisieren die Erhöhung der ACh-Freisetzung durch Konvulsiva, während der Effekt von Phenytoin widersprüchlich ist (3, 20).

Glycin

Die Rolle von Glycin als inhibitorischem Transmitter in Rückenmark
und Hirnstamm scheint durch eine große Anzahl neurophysiologischer,
biochemischer und histochemischer Arbeiten gesichert. Dabei erwies
sich das Konvulsivum Strychnin als spezifischer Antagonist der Gly-
cinwirkung an der postsynaptischen Membran (10). Aufgrund der physiologischen Rolle von Glycin erscheint seine Beteiligung an motorischen
Phänomenen während des Krampfanfalls als vorstellbar. Hinweise für
eine Beteiligung dieses Transmitters an antikonvulsiven Wirkungsmechanismen ergeben sich nur im Fall der Benzodiazepine. Für eine Reihe
dieser Antiepileptika wurde gezeigt, daß sie mit einer dem Glycin
ähnlichen Potenz Strychnin vom Glycin-Rezeptor verdrängen können
(60). Dabei war die unterschiedliche Affinität der Benzodiazepine
zum Glycin-Rezeptor korreliert mit ihrer antikonvulsiven Effektivität. Diese Ergebnisse ließen eine Beteiligung einer Glycin-agoni-
stischen Wirkung am Wirkungsmechanismus der Benzodiazepine vermuten,
die jedoch im Vergleich zur GABAergen Wirkung dieser Stoffe (s.u.)
als untergeordnet erscheint (37).

GABA

GABA ist der wohl wichtigste inhibitorische Transmitter im ZNS.
Neben der Wirkung, postsynaptische Neurone zu hyperpolarisieren
(postsynaptische Inhibition) verhindert GABA die Freisetzung anderer
Transmitter durch Depolarisation terminaler Axone (praesynaptische
Inhibition). Durch Anwendung von elektronenmikroskopischer Autoradiographie und Messung der Inkorporation der verschiedenen radioaktiv
markierten Neurotransmitter im Hirngewebe hat man errechnet, daß
30-40% aller Synapsen des Gehirns GABA als Transmitter verwenden
(29). Zum Vergleich beträgt der Anteil dopaminerger und noradrenerger Synapsen jeweils nur etwa 1%, und der Anteil serotoninerger
Synapsen ist noch geringer, während etwa 10% der Synapsen des Hirns
mit ACh als zugehörigem Transmitter arbeiten.

Experimentelle Arbeiten weisen in zunehmendem Maße auf eine zentrale
Bedeutung des GABA-Systems bei der Entstehung bzw. Verhinderung von
Krämpfen hin. Derartige Arbeiten werden dadurch erschwert, daß GABA
innerhalb des Gehirns in mehreren Kompartimenten vorliegt (Abb. 1).

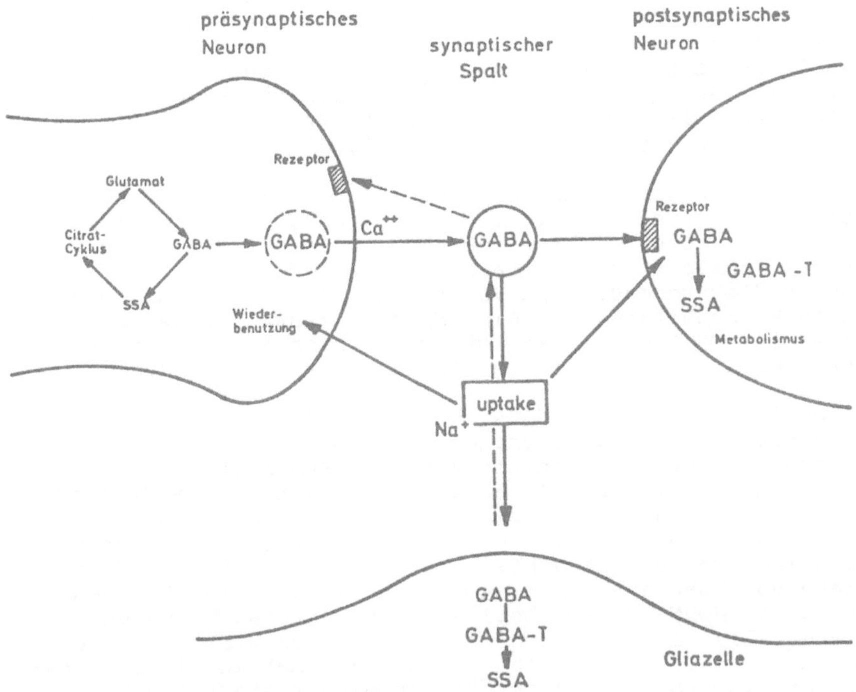

Abb. 1. Schematische Darstellung der durch GABA vermittelten synaptischen Transmission nach POPP (52)

Die GABA in den Nervenendigungen wird als "Transmitterpool" zusammengefaßt, der etwa 25-30% der totalen GABA-Konzentration ausmacht. Daneben besteht ein großer "metabolischer" GABA-Pool in Glia und postsynaptischen Neuronen, der nur sehr begrenzt für die Neurotransmission zur Verfügung zu stehen scheint. Die GABA-Synthese, katalysiert
durch das Enzym Glutamatdecarboxylase (GAD), findet überwiegend
praesynaptisch statt, während der Abbau durch das Enzym GABA-Amino-
transferase (GABA-T) nach Aufnahme aus dem synaptischen Spalt durch
ein spezifisches Uptake-System hauptsächlich postsynaptisch und in
Gliazellen abläuft (2, 58). Die Beurteilung der Bedeutung einer Veränderung der totalen Konzentration von GABA im Gehirn ohne gleichzeitige Bestimmung der Aktivität von GAD und GABA-T erscheint daher
problematisch, jedoch ist es seit kurzem möglich, in vivo Veränderungen des GABA-Gehaltes direkt in den Nervenendigungen zu bestimmen
(66).

Schon bald nach Entdeckung der GABA als inhibitorischem Transmitter
im ZNS wurde gezeigt, daß Hemmstoffe der GABA-Synthese wie Hydrazide
konvulsive Eigenschaften haben (15, 31, u.v.a.). Während diese Arbeiten noch durch die Unspezifität der verwendeten Enzymhemmstoffe (Antagonisten des Coenzyms Pyridoxalphosphat) beeinträchtigt wurden,
bestätigen spätere Untersuchungen durch Verwendung sehr spezifischer
Inhibitoren der GAD wie 3-Mercaptopropionsäure den Zusammenhang
zwischen Krampfanfall und gestörter GABA-Synthese (25, 56). Ferner
erwiesen sich GABA-Antagonisten wie Bicucullin als starke Konvulsiva
(9) und für das Tetanustoxin wurde eine Hemmung der Freisetzung von
GABA aufgezeigt (11). Auch für die klassischen Krampfmodelle, Elektroschock und Pentetrazolkrampf, ergaben sich Hinweise auf eine
Störung der Funktion bzw. Synthese von GABA (25, 37, 65).

Da eine Beeinträchtigung der GABAergen Inhibition im ZNS demnach
zu Konvulsionen führen kann, lag die Vermutung nahe, daß durch ihre
Erhöhung ein Krampfschutz erreicht werden könnte. Die Applikation
von GABA führt bei Versuchstieren zu einer Senkung der Krampfempfindlichkeit gegenüber Elektroschock und Pentetrazol (18, 24). Aufgrund
der sehr geringen Permeabilität der Blut-Hirn-Schranke für den po-
laren Transmitter ist GABA dabei bei intracerebraler Applikation etwa 500 mal wirksamer als bei peripherer Applikation (23), jedoch
läßt sich diese Wirksamkeit auch durch periphere Applikation einer
Transportform von GABA, der Cetyl-GABA, erreichen (18). Eine krampfhemmende Wirkung durch eine pharmakoninduzierte Beeinflussung des
GABA-Systems wurde zunächst für Inhibitoren des GABA-Abbaues wie
Aminooxyessigsäure nachgewiesen (34, 55). Die antikonvulsive Wirkung
derartiger Hemmstoffe der GABA-T, die mit sehr ausgeprägten Erhöhungen der zentralen GABA-Konzentration einherging, wurde jedoch durch
erhebliche Nebenwirkungen beeinträchtigt (36, 38). Spezifische Hemmstoffe des Uptake von GABA aus dem synaptischen Spalt, die 1975 von
KROGSGAARD-LARSEN und JOHNSTON synthetisiert und untersucht wurden
(33), zeigten ebenfalls eine deutliche antikonvulsive Wirkung, allerdings mußten auch diese Substanzen in Analogie zu GABA in einer Transportform appliziert werden (19). Auch für den bisher stärksten GABA-
Agonisten, Muscimol, wurde experimentell eine krampfhemmende Wirkung
nachgewiesen (19, 46). In Tabelle 2 ist zur Übersicht die antikonvulsive Potenz von GABA, Muscimol und Hemmstoffen des GABA-Uptake und
-Abbaues im Verhältnis zur Wirkung des Cetylesters von GABA aufgezeigt.
Nur Muscimol hat dabei eine höhere Wirkungsstärke als Cetyl-GABA,
was recht gut mit der unterschiedlichen Affinität von Muscimol und
GABA zum postsynaptischen GABA-Rezeptor übereinstimmt (16). Gerade
von solchen Studien ist zu erhoffen, daß sie zur Entwicklung neuer,
sehr spezifisch wirkender Antiepileptika führen.

Zur Wirkung von klinisch gebräuchlichen Antiepileptika auf das GABA-
System liegt eine große Anzahl zum Teil recht widersprüchlicher Untersuchungen vor (35). Eine Erhöhung der zentralen GABA-Konzentration
ist nur für die Valproinsäure gesichert (26, 39, 59). Dieser Effekt
scheint sehr spezifisch auf GABAerge Nervenendigungen begrenzt zu
sein (28), jedoch ist der der Erhöhung von GABA zugrundliegende Mechanismus nicht ausreichend geklärt. Aufschlußreicher als die Effekte
von Antiepileptika auf den normalen Gehalt von GABA und die Aktivität
der auf- und abbauenden Enzyme im Gehirn scheint jedoch die Wirkung
dieser Substanzen bei Vorliegen eines durch Konvulsiva beeinträchtig-
ten GABA-Systems. So hoben neben Valproinsäure auch Diazepam, Ethosuximid und Trimethadion die durch Isoniazid verursachte Senkung von
GABA und GAD-Aktivität auf (37, 39), und auch die Effekte des Konvul-
sivums 3-Mercaptopropionsäure auf das GABA-System waren zum Teil
durch gebräuchliche Antiepileptika zu antagonisieren (36).

Tabelle 2. Vergleich der antikonvulsiven Potenz von GABA bzw. seiner Transportform Cetyl-GABA mit verschiedenen das GABA-System beeinflussenden Substanzen. Dem Vergleich liegen Bestimmungen der Elektro- bzw. Pentetrazolkrampfschwelle bei Mäusen zu Grunde nach FREY et al. (19), FREY und LÖSCHER (18) und unveröffentlichte Ergebnisse der Arbeitsgruppe

Substanz (i.p.appliziert)	Antikonvulsive Potenz (auf molarer Basis) gegenüber	
	Elektroschock	Pentetrazol
GABA	0.0026	0.0014
Transportform von GABA		
Cetyl-GABA	1	1
GABA-Agonist		
Muscimol	3.4	4.6
Hemmstoffe des GABA-Uptake		
(-)-Nipecotinsäure-Ethylester	0.18	0.14
(+)-Nipecotinsäure-Ethylester	-	0.061
(±)-Nipecotinsäure-Methylester	0.19	0.074
(±)-cis-4-Hydroxy-Nipecotin-säure-Methylester	0.15	-
Guvacin-Methylester	-	0.11
Hemmstoffe des GABA-Abbaues		
Aminooxyessigsäure (s.c.)	0.67	0.37
Gabaculin	0.33	0.18
γ-Acetylen GABA	0.14	0.086
γ-Vinyl GABA	0.0047	0.0049
Ethanolamin-O-sulfat	0.0067	0.0032
Valproinsäure (?)	0.092	0.034

Neben Valproinsäure wird besonders für die Benzodiazepine eine Beteiligung von GABA am antikonvulsiven Wirkungsmechanismus diskutiert. So erhöhen Benzodiazepine sowohl die GABAerge praesynaptische wie postsynaptische Inhibition (50). Dieser Effekt könnte unter Umständen auf eine Hemmung der Wiederaufnahme von GABA zurückzuführen sein (48), interessanter erscheint hier aber die Beobachtung von GUIDOTTI und Mitarbeitern (22), daß Benzodiazepine einen "endogenen Inhibitor" vom postsynaptischen GABA-Rezeptor verdrängen und damit die Affinität des Rezeptors für GABA erhöhen. Die zitierte Arbeit läßt im übrigen vermuten, daß eine enge Beziehung zwischen dem 1977 von SQUIRES und BRAESTRUP (61) zuerst beschriebenen "Benzodiazepin-Rezeptor" und dem GABA-Rezeptor im Gehirn besteht.

Abschließend sei auf mögliche Interaktionen zwischen den besprochenen Transmittersystemen hingewiesen. Dopaminerge Neurone der Substantia nigra scheinen durch GABAerge monosynaptische Bahnen aus dem Corpus striatum gehemmt zu werden. Diese Beobachtung ist in erster Linie für Erkrankungen von Bedeutung, bei denen Störungen beider Transmittersysteme angenommen werden, also Huntington's Chorea, Parkinsonismus und Schizophrenie (43). Auch die erwähnte Umsatzsenkung von Dopamin durch Benzodiazepine kann so durch eine Fazilitation der GABAergen Bahnen erklärt werden (8). Daneben erhöht GABA die Synthese bzw. Freisetzung von DA und NA in verschiedenen Hirnarealen und eine GABAerge Hemmung cholinergener Neurone wird angenommen (5, 63). In diesem Zusammenhang sind auch Interaktionen mit dem "second messengers" cyclisches Adenosinmonophosphat (cyclo AMP) und cyclisches Guanosinmonophosphat (cyclo GMP) von Interesse. Für das cyclo AMP wird eine Vermittlerrolle bei der Wirkung der Catecholamine NA und DA angenommen, während cyclo GMP vorwiegend an der Vermittlung der zentralen muscarinartigen cholinergen Erregung beteiligt zu sein scheint (47). Daneben scheint das cyclo GMP aber auch eine Rolle bei der zentralen Wirkung von DA und GABA zu spielen. Durch Erregung dopaminerger Rezeptoren der Substantia nigra ist ein Anstieg des cyclo GMP-Gehaltes im Kleinhirn hervorzurufen (4), während GABA und Substanzen, die den zentralen GABA-Gehalt erhöhen, die Konzentration von cyclo GMP senken (40, 41). Konvulsiva wie Picrotoxin und Isoniazid bewirken dagegen eine starke Erhöhung des cerebellären cyclo GMP-Gehaltes, die durch Benzodiazepine und Valproinsäure zu antagonisieren ist (39, 42). Eine Senkung der cyclo GMP-Konzentration im Cerebellum wurde auch nach Phenobarbital, Phenytoin, Carbamazepin, Ethosuximid und Trimethadion beobachtet (39). Die Konzentration von cyclo AMP im Kleinhirn wurde durch keine dieser Substanzen verändert (39, 41, 42), jedoch hob Phenytoin die durch Elektroschock ausgelöste Erhöhung des cyclo AMP-Gehaltes auf (39).

Die Komplexität der besprochenen Effekte von krampfauslösenden und krampfhemmenden Agentien auf verschiedene Neurotransmittersysteme läßt erkennen, daß wir von einem klaren Konzept zum Wirkungsmechanismus antikonvulsiver Substanzen noch weit entfernt sind. Eine Bedeutung der biogenen Amine und GABA in der Regulation der Krampfempfindlichkeit kann als gesichert betrachtet werden, inwieweit diese Transmitter jedoch primär für die Wirkung klinisch gebräuchlicher Antiepileptika eine Rolle spielen, ist weitgehend Spekulation. Eine Ausnahme bildet bisher nur die klare Bedeutung von GABA im antikonvulsiven Wirkungsmechanismus der Benzodiazepine, jedoch erscheint auch hier die zu isolierte Betrachtung eines Transmittersystems problematisch. Es ist zu hoffen, daß die großen Fortschritte, insbesondere auf dem Gebiet der Neurophysiologie und Neurochemie, eine Aufklärung der zugrundeliegenden Mechanismen konvulsiver und antikonvulsiver Wirkung ermöglichen werden, was nicht zuletzt die Grundlage für eine differenzierte Pharmakotherapie epileptischer Krampfleiden bilden könnte.

Literatur

1. Azzarro AJ, Wenger GR, Craig CR, Stitzel RE (1972) Reserpine-induced alterations in brain amines and their relationship to changes in the incidence of minimal electroshock seizures in mice. J Pharmacol exp Ther 180: 558-568

2. Balázs R, Machiyama Y, Hammond BJ, Julian T, Richter D (1970) The operation of the γ-amino-butyrate bypath of the tricarboxyclic acid cycle in brain tissue in vitro. Biochem J 116: 445-467

3. Bianchi C, Beani L, Bertelli A (1975) Effects of some antiepileptic drugs on brain acetylcholine. Neuropharmacology 14: 327-332

4. Biggio G, Guidotti A (1977) Regulation of cyclic GMP in cerebellum by a striatal dopaminergic mechanism. Nature 265: 240-242

5. Biswas B, Carlsson A (1977) The effect of intracerebroventricularly
administered GABA on brain monoamine metabolism. Naunyn-Schmiedeberg's Arch Pharmacol 299: 41-46

6. Bonnycastle DD, Giarman NJ, Paasonen MK (1957) Anticonvulsant
compounds and 5-hydroxytryptamine in rat brain. Brit J Pharmacol
12: 228-231

7. Chen G, Ensor CR, Bohner BA (1954) A facilitative action of
reserpin on the central nervous system. Proc Soc exp Biol N Y
86: 507-510

8. Costa E, Guidotti A, Mao CC, Suria A (1975) New concepts on the
mechanism of action of benzodiazepines. Life Sci 17: 167-186

9. Curtis DR, Duggan AW, Felix D, Johnston GAR (1970) GABA,
bicuculline and central inhibition. Nature 226: 1222-1224

10. Curtis DR, Duggan AW, Johnston GAR (1971) The specifity of
strychnine as a glycine antagonist in the mammalian spinal cord.
Exp Brain Res 12: 547-565

11. Curtis DR, Felix D, Game CJA, McCullouch RM (1973) Tetanus toxin
and the synaptic release of GABA. Brain Res 51: 358-362

12. Diaz PM (1970) Pentylenetetrazol and ethamivan effects on brain
serotonin turnover. Life Sci 9: 831-840

13. Diaz PM (1974) Interaction of pentylenetetrazol and trimethadione
on the metabolism of serotonin in brain and its relation to the
anticonvulsant action of trimethadione. Neuropharmacology 13:
615-621

14. Deteuchi M, Costa E (1973) Pentylenetetrazol convulsions and
brain catecholamine turnover rate in rats and mice receiving
diphenylhydantoin or benzodiazepines. Neuropharmacology 12:
1059-1072

15. Elliot KAC, van Gelder NM (1960) The state of Factor I in rat
brain: the effects of metabolic conditions and drugs. J Physiol
153: 423-429

16. Enna SJ, Snyder SH (1977) Influences of ions, enzymes, and
detergents on γ-aminobutyric acidreceptor binding in synaptic
membranes of rat brain. Mol Pharmacol 13: 442-453

17. Evans JPM, Grahame-Smith DG, Green AR, Tordoff AFC (1976)
Electroconvulsive shock increases the behavioural responses
of rats to brain 5-hydroxytryptamine accumulation and central
nervous stimulant drugs. Brit J Pharmacol 56: 193-199

18. Frey HH, Löscher W (im Druck) Cetyl GABA: Effect on convulsant
thresholds in mice and acute toxicity. Neuropharmacology

19. Frey HH, Popp C, Löscher W (1979) Influence of inhibitors of
high affinity GABA uptake on the seizure thresholds in mice.
Neuropharmacology 18: 581-590

20. Gardner CR, Webster RA (1977) Convulsant-anticonvulsant interactions on seizure activity and cortical acetylcholine release.
Europ J Pharmacol 42: 247-256

21. Green AR, Grahame-Smith DG (1975) The effect of diphenylhydantoin on brain 5-hydroxytryptamine metabolism and function. Neuropharmacology 14: 107-113

22. Guidotti A, Toffano G, Costa E (1978) An endogenous protein modulates the affinity of GABA and benzodiazepine receptors in rat brain. Nature 275: 553-555

23. Gulati OD, Stanton HC (1960) Some effects of the central nervous system of gamma-amino-n-butyric acid (GABA) and certain related amino acids administered systematically and intracerebrally to mice. J Pharmacol exp Ther 129: 178-185

24. Hawkins JE, Sarett LH (1957) On the efficacy of asparagine, glutamine, γ-amino butyric acid and 2-pyrrolidinone in preventing chemically induced seizures in mice. Clin Chim Acta 2: 481-484

25. Hill RG, Simmonds MA, Straughan DW (1974) Convulsant substances as antagonists of GABA and presynaptic inhibition in the cuneate necleus. Brit J Pharmacol 49: 37-51

26. Horton RW, Anlezark GM, Sawaya MCB, Meldrum BS (1977) Monoamine and GABA metabolism and the anticonvulsant action of di-n-propylacetate and ethanolamine-O-sulphate. Europ J Pharmacol 41: 387-397

27. Hwang EC, van Woert MH (1979) Effect of valproic acid on serotonin metabolism. Neuropharmacology 18: 391-397

28. Iadarola MJ, Gale K (1979) Dissociation between drug-induced increases in nerve terminal and non-nerve terminal pools of GABA in vivo. Europ J Pharmacol 59: 125-129

29. Iversen LL, Blohm FE (1972) Studies on the uptake of ^{3}H-GABA and ^{3}H-glycine in slices and homogenates of rat brain and spinal cord by electron microscopic autoradiography. Brain Res 41: 131-143

30. Kilian M, Frey HH (1973) Central monoamines and convulsive thresholds in mice and rats. Neuropharmacology 12: 681-692

31. Killam KF, Bain JA (1957) Convulsant hydrazides I: in vitro and in vivo inhibition of vitamin B 6 enzymes by convulsant hydrazides. J Pharmacol exp Ther 119: 255-262

32. Kobinger W (1958) Beeinflussung der Cardiazolkrampfschwelle durch veränderten 5-HT-Gehalt des Zentralnervensystems. Naunyn-Schmiedeberg's Arch Pharmacol 233: 559-566

33. Krogsgaard-Larsen P, Johnston GAR (1975) Inhibition of GABA uptake in rat brain slices by nipecotic acid, various isoxazoles and related compounds. J Neurochem 25: 797-802

34. Kuriyama K, Roberts E, Rubinstein MK (1966) Elevation of γ-aminobutyric acid in brain with amino-oxyacetic acid and susceptibility to convulsive seizures in mice: a qualitative reevaluation. Biochem Pharmacol 15: 221-236

35. Löscher W (1975) Einfluß klinisch gebräuchlicher Antikonvulsiva auf das γ-Aminobuttersäure-System bei der Maus. I.-Diss. Freie Universität Berlin, Fachbereich Veterinärmedizin, Berlin

36. Löscher W (1979) 3-Mercaptopropionic Acid: Convulsant properties, effects on enzymes of the γ-aminobutyrate system in mouse brain and antagonism by certain anticonvulsant drugs, aminooxyacetic acid and gabaculine. Biochem Pharmacol 28: 1397-1407

37. Löscher W, Frey HH (1977) Effect of convulsant and anticonvulsant agents on level and metabolism of γ-aminobutyric acid in mouse brain. Naunyn-Schmiedeberg's Arch Pharmacol 296: 263-269

38. Löscher W, Frey HH (1978) Aminooxyacetic acid: Correlation between biochemical effects, anticonvulsant action and toxicity in mice. Biochem Pharmacol 27: 103-108

39. Lust WD, Kupferberg HJ, Yonekawa WD, Penry JK, Passonneau JV, Wheaton AB (1978) Changes in brain metabolites induced by convulsants or electroshock: Effects of anticonvulsant agents. Molec Pharmacol 14: 347-356

40. Mao CC, Guidotti A, Costa E (1974) The regulation of cyclic guanosine monophosphate in rat cerebellum: Possible involvement of putative amino acid neurotransmitters. Brain Res 79: 510-514

41. Mao CC, Guidotti A, Costa E (1974) Interactions between γ-aminobutyric acid and guanosine cyclic 3,5-monophosphate in rat cerebellum. Molec Pharmacol 10: 736-745

42. Mao CC, Guidotti A, Costa E (1975) Evidence for an involvement of GABA in the mediation of the cerebellar cGMP decrease and the anticonvulsant action of diazepam. Naunyn-Schmiedeberg's Arch Pharmacol 289: 369-378

43. Marsden CD (1979) GABA in relation to extrapyramidal diseases, with particular relevance to animal models. In: Krogsgaard-Larsen P, Scheel-Krüger J, Kofod H (eds) GABA-Neurotransmitters. Pharmacochemical, biochemical and pharmacological aspects. Munksgaard, Copenhagen, p 295-307

44. McMillan BA, Isaac L (1978) Effects of pentylenetetrazole and trimethadione on feline brain monoamine metabolism. Biochem Pharmacol 27: 1815-1820

45. Meyer H, Frey HH (1973) Dependence of anticonvulsant drug action on central monoamines. Neuropharmacology 12: 939-947

46. Naik SR, Guidotti A, Costa E (1976) Central GABA receptor agonists: Comparison of muscimol and baclofen. Neuropharmacology 15: 479-484

47. Nathanson JA (1977) Cyclic Nucleotides and nervous system function. Physiol Rev 57: 157-256

48. Olsen RW, Ticku MK, van Ness PC, Greenlee D (1978) Effects of drugs on γ-aminobutyric acid receptors, uptake, release and synthesis in vitro. Brain Res 139: 277-294

49. Phillis JW (1968) Acetylcholine release from the cerebral cortex. Its role in cortical arousal. Brain Res 7: 378-389

50. Polc P, Haefely W (1976) Effect of two benzodiazepines, phenobarbitone, and baclofen on synaptic transmission in the cat

cuneate nucleus. Naunyn-Schmiedeberg's Arch Pharmacol 294: 121-131

51. Pope A, Morris AA, Jasper HH, Elliot KAC, Penfield W (1947)
    Histochemical and action potential studies on epileptogenic
    areas of cerebral cortex in man and the monkey. Res Publ Ass
    Res Nerv Ment 26: 218-227

52. Popp C (1978) Einfluß von Hemmstoffen des high affinity GABA-
    uptake auf die Krampfempfindlichkeit bei der Maus. I.-Diss.,
    Freie Universität Berlin, Fachbereich Veterinärmedizin, Berlin

53. Prockop DJ, Shore PA, Brodie BB (1959) An anticonvulsant
    effect of monoamine oxidase inhibitors. Experentia 15: 145-147

54. Radouco-Thomas C, Frommel E, Radouco-Thomas S (1955) Medication
    antiépileptique et activité cholinestérasique. Helv Physiol Acta
    13: 1-13

55. Roa PD, Tews JK, Stone WE (1964) A neurochemical study of
    thiosemicarbazide seizures and their inhibition by amino-oxyace-
    tic acid. Biochem Pharmacol 13: 477-485

56. Rodriquez de Lores Arnaiz G, Alberici de Canal M de Robertis E
    (1972) Alteration of GABA system and Purkinje cells in rat
    cerebellum by the convulsant 3-mercaptopropionic acid. J Neuro-
    chem 19: 1379-1385

57. Rudzik AD, Johnson GA (1970) Effect of amphetamine and ampheta-
    mine analoques on convulsive thresholds. In: Costa E, Garattini S
    (eds) Amphetamines and related compounds. Raven Press, New York,
    p 715-728

58. Sellström A, Sjöberg LB, Hamberger A (1975) Neuronal and glial
    systems for γ-aminobutyric acid metabolism. J Neurochem 25:
    393-398

59. Simler S, Ciesielski L, Maitre M, Randrianarisoa H, Mandel P
    (1973) Effect of sodium n-dipropylacetat on audiogenic seizures
    and brain γ-aminobutyric acid level. Biochem Pharmacol 22:
    1701-1708

60. Snyder SH (1975) The glycine synaptic receptor in the mammalian
    central nervous system. Brit J Pharmacol 53: 473-484

61. Squires RF, Braestrup C (1977) Benzodiazepine receptors in rat
    brain. Nature 226: 732-734

62. Stone WE (1957) The role of acetylcholine in brain metabolism
    and function. Amer J Phys Med 36: 222-236

63. Sytinski IA, Soldatenkow AT, Lajtha A (1978) Neurochemical basis
    of the therapeutic effect of γ-aminobutyric acid and its
    derivatives. Progr Neurobiol 10: 89-133

64. Weinberger J, Nicklas WJ, Berl S (1976) Mechanism of action of
    anticonvulsants. Neurology 26: 162-166

65. Wiechert P, Göllnitz G (1968) Stoffwechseluntersuchung des cere-
    bralen Anfallgeschehens. Die Aktivität der Glutamat-Decarboxylase

vor und während experimentell ausgelöster Krampfanfälle. J Neurochem 15: 1265-1272

66. Wood JD, Kurylo E, Dewstead JD (1978) Aminooxyacetic acid induced changes in γ-aminobutyrate metabolism at the subcellular level. Can J Biochem 56: 667-672

67. Woodbury DM, Kemp JW (1970) Some possible mechanisms of action of antiepileptic drugs Pharmakopsychiat Neuro-Psychopharmakol 3: 201-226

Klinische Gesichtspunkte zur Rolle von Neurotransmittern bei Epilepsien[1]

D. Schmidt

Die Diskussion über die Beteiligung von Neurotransmittern am Wirkungsmechanismus einzelner Antiepileptika (8, 16, 27, 29, 31, 40, 63, 68)
sowie die Entdeckung von Benzodiazepin-bzw. Gamma-aminobuttersäure-
Rezeptoren auch im menschlichen Gehirn (31, 40, 50) führte dazu, sich
aus klinischer Sicht erneut mit der Frage zu beschäftigen, welche Bedeutung einzelnen Neurotransmittersystemen für die Regulation der Anfallsbereitschaft von Patienten mit Epilepsie zukommt (45). Hierbei
ist sowohl die Rolle von Neurotransmittern als Bestandteil körpereigener Regulationssysteme, wie auch an deren Bedeutung als potentielle
Antiepileptika von klinischen Interesse.
Nach klinischen Gesichtspunkten ergeben sich aus Gründen der Über-
sichtlichkeit zunächst drei Fragen. 1) Unterscheiden sich unbehandelte
Patienten mit Epilepsie untereinander oder von Kontrollen durch veränderte Neurotransmittersysteme oder 2) korreliert die antiepileptische
oder toxische Wirkung von Antiepileptika mit Änderungen der Neurotransmitter und schließlich 3) hat eine Änderung der Konzentration oder des
Turnover von Neurotransmittern im Gehirn anfallshemmende oder anfallsfördernde Wirkungen? Diesen Fragen nachzugehen ist nicht ganz einfach,
da auf die neuronale Konzentration und den Turnover des Neurotransmitters im Gehirn bzw. im synaptischen Spalt meist nur indirekt durch
Messung der Liquorkonzentration geschlossen werden kann. Man bestimmt
im Liquor Gamma-aminobuttersäure (GABA) und Taurin direkt, während
stellvertretend für die Monoamine 5-Hydroxytryptophan (5-HT), Dopamin
(DA) und Noradrenalin (NA), deren jeweilige Hauptmetaboliten 5-Hydro-
xyindolessigsäure (5-HIAA), Homovanillinsäure (HVA) und 3-methoxy-4
hydroxy-phenylethylene glycol (MHPG) bestimmt werden. Durch zusätzliche Gabe von Probenecid kann der Transport von 5-HIAA und HVA aus dem
Liquorraum gehemmt und so deren Liquorkonzentration erhöht werden,
was die Untersuchung erleichtert (33).

Biogene Amine

Nach tierexperimentellen Befunden kann - je nach Anfallsmodell und Neurotransmitter verschieden - eine direkte oder indirekte Erhöhung der
biogenen Amine 5-HT, DA und NA im Gehirn die Krampfschwelle anheben,
dementsprechend kann eine Senkung der Monoamine anfallsfördernd wirken
(40, 45). Sucht man nach Analogien im klinischen Bereich, so ist an
die anfallsfördernde Wirkung von Reserpin bei Patienten mit Epilepsie
zu denken (30, 45). Reserpin senkt die neuronale Konzentration von
Monoaminen infolge einer Hemmung der Wiederaufnahme. In Übereinstimmung
hierzu wirkt Chlorpromazin, ein DA-Rezeptorenblocker, anfallsprovozie-
rend (45, 64). Eine Reihe von Antidepressiva, die nicht zu den Mono-
aminooxydase-Hemmern gehören, wie z.B. trizyklische Antidepressiva
(Imipramin, Amitryptilin) oder Maprotilin, wirken anfallsfördernd, insbesondere bei toxischen Dosen oder Patienten mit Epilepsien. Wenn auch

[1] mit Unterstützung der Deutschen Forschungsgemeinschaft (Schm 448/4)

der exakte Mechanismus der anfallsprovozierenden Wirkung nicht klar
ist, erscheint es möglich, daß die Hemmung der Wiederaufnahme der
verschiedenen Monoamine und infolgedessen eine niedrigere neuronale
Konzentration eine Rolle spielen (25, 67). Dementsprechend könnte
man eine antiepileptische Wirkung von Substanzen erwarten, welche
die neuronale Konzentration von Monoaminen erhöhen. Hierzu gehören
Monoaminooxydase-(MAO)Hemmer (14), welche die endogene Konzentration
von DA und NA erhöhen, ebenso wie L-Dopa (47). Hierbei erinnert man
sich an die Amphetamine, welche die Freisetzung von NA fördern und
die früher als Antiepileptika vor allem für Petit mal bei Kindern
eingesetzt wurden, wenngleich es auch zu einer Zunahme von Grand mal
unter Amphetaminen kommen kann (36). Angeregt durch diese klinischen
Hinweise untersuchte man den Metabolismus von 5-HT, DA und NA bei
Patienten mit Epilepsie.
Die Liquorkonzentration von 5-HIAA, HVA und MHPG war bei unbehandelten und behandelten epileptischen Patienten und nichtepileptischen
Kontrollen z.B. mit Lumbalgien ähnlich (13, 35, 37) (Tab. 1). Einige
Untersucher fanden hingegen z.T. deutlich niedrigere Konzentrationen
von 5-HIAA im lumbalen, zisternalen und ventrikulären Liquor (26, 56,
61). In Übereinstimmung fand die Arbeitsgruppe von Brune deutlich
niedrigere Konzentrationen von 5-HT in Thrombozyten von Patienten mit
idiopathischem Grand mal (44). Die Arbeitsgruppe von Reynolds fand bei
Intoxikationen mit Antiepileptika und Kombinationstherapie mit anderen
Antiepileptika in Korrelation mit den Plasmakonzentrationen von Phenobarbital und Phenytoin höhere 5-HIAA-Konzentrationen. Nach Abklingen
der Intoxikation normalisierte sich die 5-HIAA-Konzentration (11, 13).
Unter Primidonbehandlung fanden Matz u. Mitarbeiter höhere 5-HT-Throm-
bozytenkonzentrationen als bei anderen Antiepileptika (44). Die Daten
über HVA-Konzentrationen im Liquor sind kontrovers. Es wurden bei epileptischen Kindern niedrigere (61) Liquorwerte berichtet; andere Autoren fanden normale (35) oder leicht erhöhte HVA-Konzentrationen (13).
Eine gute Korrelation von HVA-Konzentrationen zu den Plasmakonzentrationen von Antiepileptika fand sich nicht (35, 61), wie auch Clonazepam, die HVA- und die 5-HIAA-Konzentration im Liquor nicht deutlich
änderte (3). Bei behandelten Patienten fand sich eine gute Korrelation
von 5-HIAA und Liquor-Tryptophan sowie 5-HIAA und HVA (11, 13), was
auf eine Interdependenz der dopaminergen und serotoninergen Neurotransmittersysteme hinweist. Patienten mit komplex-fokalen Anfällen
und schizophrenen Symptomen zeigten aus unbekannten Gründen höhere
HVA-Konzentrationen als Patienten mit komplex-fokalen Anfällen ohne
schizophrene Symptome. Die 5-HIAA- und MHPG-Konzentrationen beider
Gruppen waren ähnlich (58).
Ein weiterer Zugang zum Studium der Wirkung biogener Amine besteht
in der direkten Gabe der Monoamine bzw. ihrer Prekursoren. 5-HT oder
der Prekursor L-5-Hydroxytryptophan (L-5-HTP) wurden in Kombination
mit einem MAO-Hemmer mit Erfolg bei Patienten mit postanoxischem Myoklonus eingesetzt (10, 12, 24). Traten bei diesen Patienten zusätzlich große epileptische Anfälle auf, wurden auch deren Zahl durch die
L-5-HTP-Therapie vermindert. Bei Patienten mit Epilepsie wurden bislang L-5-HTP oder 5-HT nicht erprobt. Es existiert lediglich eine
kurze Mitteilung, wonach bei intravenöser Injektion von 5 mg 5-HT
paroxysmale EEG-Veränderungen bei Patienten mit Epilepsie verschwanden (9), obwohl 5-HT die Blut-Hirn-Schranke kaum passiert. Die Gabe
von 8 g Tryptophan war bei fokalen Anfällen ähnlich unwirksam wie
Plazebo und führte auch zu keiner Änderung der 5-HT-Konzentration im
Liquor (14). Ebenso wirkungslos war die Gabe von 1.5 g L-Dopa plus
Decarboxylasehemmer bei schwerbehandelbaren Patienten mit fokalen Anfällen. Hierbei änderte sich die Liquorkonzentration von HVA auch
nicht (14). In einzelnen Fällen wurden sogar nach L-Dopa-Gabe bei Patienten mit Parkinson Syndrom epileptische Anfälle beobachtet (47).

Tabelle 1. Liquorkonzentration einzelner Neurotransmitter und ihrer Metaboliten bei Patienten mit Epilepsie

Neurotransmitter	Patienten mit Epilepsie	Kontrolle	Studie	Bemerkung
5-HT ($ng/10^8$ Thrombozyten)	40.2 ± 13.2 (DPH) 44.9 ± 20.1 (komb)	$41.7 \pm 86^+$ 78	(44)	
5-HIAA (ng/ml)	$20.1 \pm 2.58^{++}$ 22.9 ± 2.27	27.0 ± 3.27	(35)	
	63.6 ± 8.23	117 ± 11.6	(61)	Probenecid, 13 ug/ml
	39.0 ± 15 (S.E.)	108 ± 37 (S.E.)	(56)	ventrikulärer Liquor
	145		(58)	
	37.7 ± 1.8	32.6 ± 1.7 $31.9 \pm 1.4^+$	(13)	
HVA (ng/ml)	$27.0 \pm 4.63^{++}$ 41.9 ± 6.09	39.8 ± 5.6	(35)	
	89.1 ± 15.2	172 ± 19.2	(61)	Probenecid, 13 ug/ml
	56 ± 25 (S.E.)		(56)	ventrikulärer Liquor
	252		(58)	
	55.3 ± 4.2	52.3 ± 5.6 $47.5 \pm 5.8^+$	(13)	
MHPG (ng/ml)	$13.1 \pm 1.55^{++}$ 12.8 ± 0.97 19.0	13.4 ± 1.79	(35) (58)	
NA (pg/ml)	326 ± 41 (S.E.)		(77)	

Tabelle 1 (Fortsetzung)

GABA	135 ± 11		(78)
(pmol/ml	139 ± 12	239 ± 21	(79)
	118 ± 33 Grand mal		
	123 ± 20 komplex-fokal		
	169 ± 16 einfach-fokal		
	159 ± 17	225 ± 39	(22)
Taurin	5.4 ± 0.7	5.1 ± 0.5	(53)
(umol/1)			
Prostaglandine	559 ± 441 (124-1230)		(76)
(Pg/ml)			
c AMP	6.8 ± 1.4		(78)
(pmol/ml)			

+   unbehandelte Patienten mit Epilepsie

++ unbehandelte oder mit subtherapeutischen Dosen behandelte Patienten

Apomorphin, ein Dopamin-Agonist, ist bei Patienten mit Epilepsie in
der Lage, eine photosensible Reaktion bei intermittierender Licht-
reizung vorübergehend zu blockieren. Bei spike-wave Epilepsien ohne
Photosensibilität war Apomorphin ohne Einfluß auf die Häufigkeit der
spike-wave Komplexe, was für eine selektive Rolle von Dopamin bei
der Genese der photosensiblen Reaktion sprechen könnte (60).
Für eine Rolle der Monoamine in der Anfallsregulation auch von Patienten mit Epilepsie sprechen zusammenfassend, trotz einiger Widersprüche, eine Reihe von indirekten Hinweisen. Hierzu gehören die niedrigeren Monoaminkonzentrationen im Liquor von Patienten mit Epilepsie, wobei mögliche Unterschiede zwischen einzelnen Epilepsien für
die z.T. normalen Befunde einiger Untersucher verantwortlich sein
könnten. Weiterhin spricht die anfallsfördernde Wirkung einer indirekten Senkung der neuronalen Konzentration der Monoamine für deren Bedeutung bei der Anfallsregulation. Die Monoaminkonzentration im Liquor
nimmt mit der Plasmakonzentration einiger Antiepileptika zu. Ob eine
direkte Erhöhung der neuronalen Monoaminkonzentration anfallshemmend
wirkt, ist bislang noch nicht klar. Ob schließlich die komplexe Beziehung der Monoamine zur Anfallsregulation eine kausale Verknüpfung
anzeigt oder wir ein, wenn auch sehr interessantes Sekundärphänomen
betrachten, ist eine Frage für zukünftige Untersuchungen.

Gamma-aminobuttersäure (GABA)

Angeregt durch experimentelle Daten, wonach der inhibitorische Neurotransmitter GABA eine Rolle im Wirkungsmechanismus der Benzodiazepine,
Valproat und Phenobarbital spielt (8, 16, 27, 31, 40), hat man nach
Anhaltspunkten gesucht, ob das GABA-System bei Patienten mit Epilepsie
verändert ist und weiterhin ob eine Änderung der Konzentration oder
des Turnover von GABA im Gehirn eine antiepileptische Wirkung hat. Valproat erhöht z.B. die GABA-Konzentration im Plasma von Probanden (41)
(Abb. 1). Wegen der Kompartimentierung von GABA im Gehirn und dem ex-
trazerebralen Vorkommen von GABA (80) belegt dies jedoch nicht, daß
durch Valproat der GABA-Metabolismus im Gehirn beeinflußt wird. Weiterhin ist nicht gesichert, daß die antiepileptische Wirkung von Valproat an eine Erhöhung der Gehirn-GABA geknüpft ist (21). Die GABA-Erhöhung durch Valproat scheint vielmehr selektiv in GABAergen Neuronen
stattzufinden (28). Weiterhin haben Benzodiazepine keine direkte GABA-
mimetische Wirkung, sondern verstärken lediglich die GABAerge synaptische Übertragung (31), indem sie die Affinität der GABA-Rezeptoren für
GABA erhöhen. Daher ist nicht ohne weiteres anzunehmen, daß aus einer
unspezifischen Überflutung des Gehirns mit GABA die gewünschte spezifische antiepileptische Wirkung eines Benzodiazepins oder von Valproat
resultiert (16). Antiepileptika wie Diazepam, Valproat, Ethosuximid,
Phenytoin, Phenobarbital und auch Taurin beeinflussen die ^{3}H-GABA-Bin-
dung im menschlichen postmortalen Cerebellum nicht, das die größte
Konzentration von GABA-Bindungsstellen im menschlichen Gehirn aufweist.
Die Verteilung und die Pharmakologie der ^{3}H-GABA-Bindung läßt auf eine
enge Beziehung zum physiologischen GABA-Rezeptor schließen (39). Der
GABA-Rezeptor scheint mit dem auch im menschlichen Gehirn biochemisch
identifizierten ^{3}H-Benzodiazepin-Rezeptor nicht identisch zu sein (50).

GABA und Epilepsien

Die Tatsache, daß z.B. bei Patienten mit Huntington's Chorea mit verminderter GABA-Gehirnkonzentration auch niedrige GABA-Liquorwerte gefunden wurden und bei Patienten mit Epilepsie deutliche Konzentrations-
gradienten bei aufeinanderfolgenden Liquorentnahme während derselben
Lumbalpunktion auftraten, spricht dafür, daß die lumbalen Liquorwerte

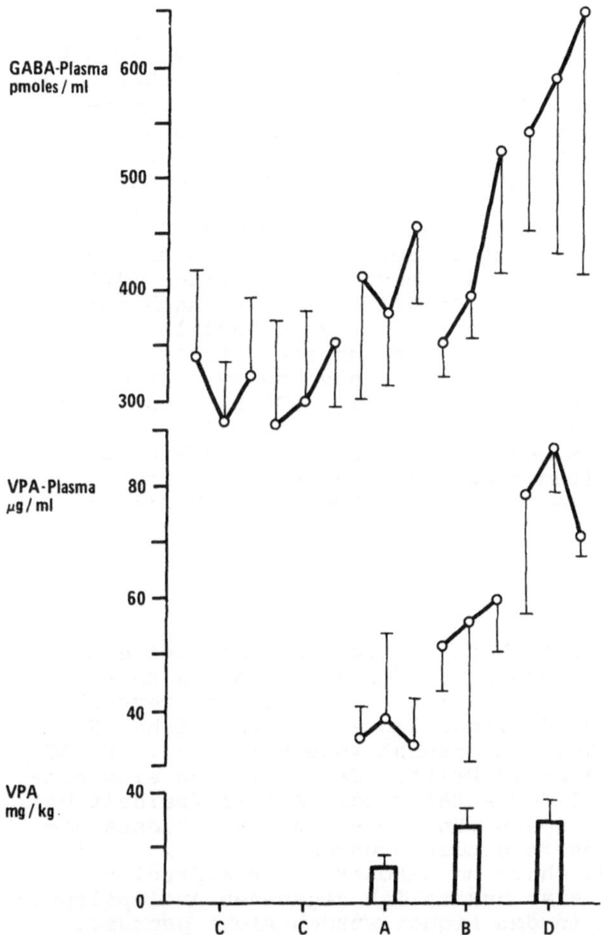

Abb. 1. Die Wirkung von Valproat (VPA) auf die Plasmakonzentration der γ-aminobuttersäure (GABA) (41). C = Kontrolltage vor Valproatgabe. A,B = 2. Tag mit 900 bzw. 1800 mg VPA. D = 4. Tag mit 1800 mg VPA MW ± S.D. der GABA- und VPA-Plasmakonzentration um 8⁰⁰, 11⁰⁰ und 14⁰⁰ Uhr

den zerebralen GABA-Metabolismus reflektieren könnten. Man untersuchte daher die Liquorkonzentration und fand bei behandelten Patienten mit Epilepsie z.T. deutlich niedrigere Liquorkonzentrationen von GABA als bei gesunden Probanden (Tab. 1) (1, 22, 79). Patienten mit komplex-fokalen Anfällen oder generalisierten tonisch-klonischen Anfällen wiesen aus unbekannten Gründen niedrigere Werte auf als Patienten mit einfach-fokalen Anfällen (79). Bei elektrischer Stimulation der Kleinhirnrinde sank die Liquorkonzentration ab, wobei diese Behandlung nicht zur gewünschten Verminderung der Zahl der Anfälle führte (77).
Da in den Studien keine unbehandelten epileptischen Patienten als Kontrolle herangezogen wurden, ist nicht sicher, ob die Epilepsie per se oder deren Pharmakotherapie oder beides für die niedrigere Liquorkonzentration verantwortlich sind. Zudem sind niedrigere Liquorkonzentrationen auch bei anderen Erkrankungen z.B. Huntington's Chorea oder Schizophrenie gefunden worden, so daß es sich um keinen, für Epilepsien spezifischen Befund handelt. Untersuchte man in einer neurologischen Klinik Patienten mit niedrigen GABA-Werten im Liquor, so fand sich unter den Symptomen des sog. GABA-Mangelsyndroms keine Epilepsie (15). Die Untersuchung der GABA-Konzentration im Gehirn von Patienten mit Epilepsie ergab widersprüchliche Ergebnisse, da teils niedrige, teils ähnliche GABA-Werte im epileptogenen Herd im Vergleich zur Um-

gebung gefunden wurden (57, 71, 72, 73). Die GABA-Transaminase, die Glutamatdecarboxylase und die ^{3}H-GABA-Bindung waren im epileptogenen Gehirngewebe unauffällig (46, 52). Tower berichtete schon früher, daß in-vitro Zugabe von GABA oder L-Asparagin die niedrigere Glutamat- und GABA-Konzentration in Hirnschnitten von Patienten mit fokalen Anfällen korrigierte (68, 69, 70). Ob eine Beeinträchtigung oder ein Schwund cerebellärer GABAerger Purkinjezellen etwa als Folge einer Phenytoin-Intoxikation die Liquorkonzentration von GABA ändert, ist noch zu untersuchen. Der bislang klarste Beleg für ein GABA-Defizit im Gehirn im Bereich der Epilepsien ist bei einem Patienten mit der familiären Vitamin-B_6-abhängigen Epilepsie beschrieben worden (42). Es handelt sich dabei um generalisierte Anfälle, die kurz nach der Geburt auftreten, durch Antiepileptika nicht gut zu behandeln sind, auf Vitamin B_6 sofort ansprechen und eine langjährige Vitamin B_6-Substitution notwendig machen. Vitamin B_6 wird als Coenzym für die Glutamatdecarboxylase (GAD) benötigt, welches die GABA-Synthese katalysiert. Dementsprechend wurde bei diesen Patienten ein GABA-Mangel bei postmortaler Untersuchung des Gehirns festgestellt. Nach einzelnen Beobachtungen sind sowohl Vitamin-B_6 wie auch GABA in diesen extrem seltenen Fällen in der Lage, sowohl das EEG wie auch die Anfälle zu bessern (70).

GABA als Antiepileptikum

Geht man - sicherlich stark vereinfachend - davon aus, daß bei einzelnen Epilepsien ein GABA-Mangel bestehen könnte, so ist es naheliegend, eine Substitution von GABA bei diesen Patienten zu versuchen. Die Zufuhr von GABA ist seit den fünfziger Jahren in zahlreichen Studien auf ihre klinische Wirksamkeit untersucht worden (19, 23, 68, 70). Als Resultat ergab sich bei etwa einem Drittel der Patienten eine mindestens 75%ige Reduktion der Zahl der Anfälle oder Anfallsfreiheit bei Einnahme von täglichen mittleren Dosen von 0.5 - 5 g GABA. Dieses ermutigende Ergebnis ist jedoch aus folgenden Gründen vorsichtig zu interpretieren. Es handelt sich durchweg um unkontrollierte Studien. Die Einnahme und Interaktionen der meist zusätzlich gegebenen Antiepileptika sowie der Übertritt von GABA in den Liquor wurden nicht geprüft. Es besteht heutzutage aufgrund tierexperimenteller Daten Einigkeit, daß die polare GABA bei oraler Gabe nur bei gestörter Blut-Hirn-Schranke in nennenswertem Maße die Liquor- bzw. die Gehirnkonzentration erhöht (34). Bislang ist erst einmal an fünf Patienten mit einer unspezifischen Methode belegt worden, daß in der Tat wohl infolge einer gestörten Blut-Hirn-Schranke nach oraler GABA-Zufuhr ein Anstieg der Plasma- und Liquorkonzentration von GABA erfolgte (68). Selbst ein erhöhter GABA-Liquorwert nach exogener Zufuhr läßt keinen Rückschluß auf die Konzentration der GABA zu, die als Neurotransmitter funktioniert und im synaptischen Spalt freigesetzt wird. Schließlich wurde in keiner der Studien die GABA-Wirkung mit Plazebo verglichen. Die Art der Epilepsie ist häufig nicht beschrieben, es wurden generalisierte und fokale Epilepsien sowie unbehandelte und nicht erfolgreich behandelte z.T. kombiniert z.T. nur mit GABA therapierte Patienten zusammengefaßt untersucht. Weiterhin sind die unerwünschten Wirkungen der GABA-Behandlung zu bedenken. Die intravenöse Therapie ist von sofortigen z.T. erheblichen vor allem vegetativen unerwünschten Wirkungen begleitet und daher nicht zu empfehlen (20, 69). Bei oraler Gabe sind sofort nach der Einnahme einsetzende bis zu Stunden anhaltende Gesichtsröte, Parästhesien, Durchfall und Übelkeit beschrieben, die allerdings bei längerer Behandlung abklingen (62, 68). Toxische Langzeit-Schäden sind auch nach z.T. langjähriger Einnahme nicht berichtet worden (2, 68). L-Glutamat ist als GABA-Prekursor wegen der schlechten Liquor-Gängigkeit nicht geeignet und die Glutamin-Gabe ist bislang nicht ausreichend geprüft worden (17, 18). Ob es sich bei der in den fünfziger Jahren anstelle von GABA eingesetzten γ-Hydroxybuttersäure wirklich um einen GABA-Agonisten handelt, ist nach neueren Befunden nicht gesichert (55). Infolge der schlechten Liquorgängigkeit und der möglicherweise konträr wirkenden Überflutung des gesamten ZNS mit GABA hat sich das Interesse auf liquorgängige GABA-Agonisten konzentriert, die entweder direkt auf den GABA-Rezeptor wirken (39) oder indirekt in den GABA-Metabolismus eingreifen. Leider sind einige dieser Substanzen klinisch nicht brauchbar, weil sie toxisch sind wie Aminooxyessigsäure oder Muscimol bzw. anfallsfördernd wirken können wie Baclofen (59, 65, 66). Andere Substanzen wie γ-Vinyl-GABA oder γ-Acetylen-GABA welche die GABA-Transaminase hemmen und so tierexperimentell zu einem Anstieg der GABA-Konzentration im Gehirn führen, sind noch nicht ausreichend geprüft. Eine weitere Substanz (α-(chloro-4-phenyl)fluoro-5-hydroxy-2 benzilidene-amino-4-butyramid) gelangt nach oraler Gabe ins Gehirn und wird dort zu GABA umgewandelt und zeigt in mehreren unkontrollierten Studien eine gewisse antiepileptische Aktivität bei fokalen Epilepsien (6, 38). Angesichts der niedrigeren GABA-Konzentration im Liquor von Patienten mit Epilepsie und der Beteiligung des GABA-Systems am Wirkungsmechanismus einzelner, wenn auch nicht aller, Antiepileptika, besteht zusammenfassend kein Zweifel, daß GABA eine Rolle für die Anfallsregulation von Patienten mit Epilepsie spielt. Ob eine Erhöhung der neuronalen GABA-Konzentration anfallshemmend wirkt, ist u.a. wegen des schlechten Eindringens von GABA in das Gehirn und der möglicherweise konträren Wirkung einer unspezifischen Überflutung des Gehirns mit GABA nicht geklärt. Die Entwicklung von liquorgängigen spezifisch antiepileptisch wirksamen GABA-Agonisten ist der Versuch, einen körpereigenen Neurotransmitter als Therapeutikum einzusetzen, ähnlich wie L-Dopa bzw. seine Agonisten zur Therapie des Parkinson-Syndroms eingesetzt wurden. Es ist zu hoffen, daß die weiteren Untersuchungen klären, ob GABA von kausaler Bedeutung für die körpereigene Anfallsregulation ist und weiterhin, ob mit den GABA-Agonisten (38, 48, 49) eine neue Ära der Epilepsietherapie beginnen kann, die den 10 - 30% Patienten hilft, die bislang als therapieresistent gelten.

Taurin

Patienten mit Epilepsie wiesen, wenn auch nicht unwidersprochen, in epileptogenem Hirngewebe niedrigere Konzentrationen von Taurin auf, als im umgebenden Hirngewebe, während im Liquor keine Unterschiede zwischen epileptischen Patienten und Kontrollen bestanden (53, 54, 57, 72, 73). Im Plasma wurden hingegen höhere Konzentrationen von Taurin gefunden als bei Kontrollen (51), die bei Behandlung mit Barbituraten und Phenytoin noch zunahmen (51). Nach Infusion, nicht aber nach oraler Gabe, stieg die Liquorkonzentration von Taurin an (74). Nur 1% der oral applizierten Taurin-Dosis durchdringt die Blut-Hirn-Schranke (5). Die therapeutische Wirkung von zugeführtem Taurin ist gering. Nach unkontrollierten Studien nahm bei etwa der Hälfte der 36 Patienten die Zahl der Anfälle vorübergehend um mehr als 50% ab. Anfallsfrei wurde kein Patient. Es handelte sich um z.T. schwerbehandelbare fokale und generalisierte Epilepsien (4, 7, 32, 43). Der antiepileptische Wirkungsmechanismus von Taurin scheint neben der Beeinflussung der Ca-, Na-, K-Flüsse durch die Membran in der Regulation eines gestörten Gleichgewichtes von Glutamat, einem exzitatorischen Transmitter zu inhibitorischen Transmittern wie Glutamat bzw. GABA zu liegen, wobei u.a. auch niedrige Liquor-Glutamat-Werte normalisiert werden (5, 53, 75). Hierbei wird sowohl einer gestörten neuronalen Retention von Taurin und Glutamat wie auch einer defekten Umwandlung von Glutamat zu dem inhibitorischen Glutamin in der Glia eine entscheidende Rolle zugesprochen. Schließlich wird ein Effekt auf zentrale dopaminerge Mechanismen diskutiert (43).

Schlußfolgerungen und Ausblick

Aufgrund zahlreicher, wenn auch teilweise widersprüchlicher, indirekter Hinweise ist anzunehmen, daß einzelne Neurotransmitter an der körpereigenen Regulation der Anfallsbereitschaft beteiligt sind. Ob die beobachteten Korrelationen von Änderungen der Neurotransmittersysteme und der Anfallsbereitschaft eine kausale Verknüpfung anzeigen, oder ob es sich um sekundäre Folgeeffekte handelt, bleibt eine der bislang unbeantworteten Fragen. Von einer Untersuchung von Neurotransmittersystemen bei unbehandelten Patienten mit verschiedenen Epilepsien sind weitere Aufschlüsse über die Rolle von Neurotransmittern an der kausalen neurochemischen Genese oder einer Modifikation der Anfallsbereitschaft von Epilepsien zu erhoffen.
Das Studium der Rolle von GABA im Wirkungsmechanismus einiger, keineswegs aller Antiepileptika führte zur Annahme, daß z.B. Benzodiazepine die Wirksamkeit GABAerger synaptischer Funktionen erhöhen, indem sie die Affinität von GABA-Rezeptoren für GABA erhöhen und so mit Präzision die synaptische Übertragung kleinster Mengen von GABA beeinflussen (16). Falls die antiepileptische Wirkung von Benzodiazepinen von derart subtilen Eingriffen in den GABA-Metabolismus abhängt, ist eigentlich nicht zu erwarten, daß eine Überflutung des gesamten Gehirns mit exogener GABA ähnliche spezifisch antiepileptische Effekte erzielt wie Benzodiazepine. Falls bei einzelnen Epilepsien defekte GABAerge Synapsen vorliegen, würde auch eine Gabe von GABAergen Substanzen nichts nutzen, da die antiepileptische Wirkung an die Aktivierung der Synapsen geknüpft ist. Die Pharmakoresistenz eines Patienten gegenüber einem Antiepileptikum könnte auf der molekularen Ebene definiert werden durch defekte synaptische Übertragung oder einen Mangel an geeigneten Rezeptoren. Es ist zu hoffen, daß die Entwicklung spezifisch antiepileptisch wirksamer, gut verträglicher GABA-Agonisten unsere Kenntnisse über die Bedeutung von GABA und anderer Neurotransmitter für die Pathogenese und die Behandlung von Epilepsien erweitert.

Literatur

1. Achar VS, Welch KMA, Chabi E, Bartosh K, Meyer JS (1976) Cerebrospinal fluid gamma-aminobutyric acid in neurologic disease. Neurology 26: 777-780

2. Ameri D (1971) GABA B6 en epilepsia humana. Acta Neurol Latinoamer 17: 218-225

3. Avanzini G, Franceschetti S, Cefala A, Bossi D, Rovei V (1980) Effect of intravenous administration of clonazepam on myoclonus: Comparative evaluation with serotonin precursors. In: Johannessen SI, Morselli PL, Pippenger CE, Richens A, Schmidt D, Meinardi H (eds) Antiepileptic Therapy: Advances in Drug Monitoring. Raven Press, New York, p 169-176

4. Barbeau A, Tsukada Y, Inoue N (1976) Neuropharmacologic and behavioral effects of taurine. In: Huxtable R, Barbeau A (eds) Taurine. Raven Press, New York, p 253-266

5. Barbeau A, Inoue N, Tsukada Y, Butterworth RF (1977) Minireview: The neuropharmacology of taurine. Life Sci 17: 669-677

6. Bartholini G, Scatton B, Zivkovic B, Lloyd KG (1978) On the mode of action of SL 76002, a new GABA receptor agonist. In: Alfred Benzon (ed) Symposium 12: GABA-Neurotransmitters. Munksgaard, p 326-339

7. Bergamini L, Mutani R, Delsedime M, Durelli L (1974) First
   clinical experience on the antiepileptic action of taurine. Europ
   Neurol 11: 261-269

8. Bertilsson L (1978) Mechanism of action of benzodiazepines - the
   GABA hypothesis. Acta Psychiat Scand 274, Suppl.: 19-26

9. Canali G, Grisoni R (1957) The action of serotonin, injected
   intravenously, on the epileptic patterns of the EEG in man. In:
   Garattini S, Ghetti V (eds) Psychotropic Drugs. Elsevier, Amsterdam

10. Chadwick D, Harris R, Jenner P, Reynolds EH, Marsden CD (1975)
    Manipulation of brain serotonin in the treatment of myoclonus.
    Lancet II: 434-435

11. Chadwick, D, Jenner P, Reynolds EH (1975) Amines, anticonvulsants,
    and epilepsy. Lancet I: 1425-1426

12. Chadwick D, Hallett M, Harris R, Jenner P, Reynolds EH, Marsden
    CD (1977) Clinical, biochemical, and physiological features
    distinguishing myoclonus responsive to 5-hydroxytryptophan,
    tryptophan with a monoamine oxidase inhibitor, and clonazepam.
    Brain 100: 455-487

13. Chadwick D, Jenner P, Reynolds EH (1977) Serotonin metabolism
    in human epilepsy: The influence of anticonvulsant drugs. Ann
    Neurol 1: 218-224

14. Chadwick D, Trimble M, Jenner P, Driver MV, Reynolds EH (1978)
    Manipulation of cerebral monoamines in the treatment of human
    epilepsy: A pilot study. Epilepsia 19: 3-10

15. Cocchi R (1978) A syndrome from a possible GABA deficiency.
    Clinical-therapeutic report on 15 cases. Acta Psychiat Belg 78:
    407-424

16. Costa E, Guidotti A (1979) Molecular mechanisms in the receptor
    action of benzodiazepines. Ann Rev Pharmacol Toxicol 19: 531-545

17. Curtis DR, Watkins JC (1965) The pharmacology of amino acids
    related to gamma-aminobutyric acid. Pharmacol Rev 17: 347-391

18. Curtis DR (1969) Central synaptic transmitters. In: Jasper HH,
    Ward AA, Pope A (eds) Basic Mechanisms of the Epilepsies. Little,
    Brown and Company, Boston, p 105-129

19. De Maio D (1962) Moderni orientamenti nella terapia dell'epilessia
    alla luce delle recenti acquisizioni sul metabolismo cerebrale
    degli acidi gamma-amino-butirrico (GABA) e gamma-amino-beta-
    idrossibutirrico (GABOB). Cl Terap 23: 832-851

20. Elliot KAC, Hobbiger F (1959) Gamma aminobutyric acid: circula-
    tory and respiratory effects in different species. Re-investi-
    gation of the anti-strychnine action in mice. J Physiol 146: 70-84

21. Emson PC (1976) Effects of chronic treatment with amino-osyacetic
    acid or sodium n-dipropylacetate on brain GABA levels and the
    development and regression of cobalt epileptic foci in rats. J
    Neurochem 27: 1489-1494

22. Enna SJ, Wood JH, Snyder SH (1977) γ-aminobutyric acid (GABA) in human cerebrospinal fluid: Radioreceptor assay. J Neurochem 28: 1121-1124

23. Floris V, Morocutti C, Gaggino G, Napoleone-Capra A (1962) Azione degli acidi gamma-amino-butirrico e gamma-amino-beta-idrossi-butirrico nel trattamento dell'elilessia e loro azione sul traccia-to elettroencefalografico normale e sui grafo-elementi epilettici. Riv Neurol 32: 439-442

24. Franceschetti S, Bossi L, Cefala A, Avanzini G (1979) Clinical and electrophysiological evaluation of the effect of L5HTP on myoclonus. Abstract 11th Epilepsy International Symposium, Firenze Italy, September 30 - October 3. p 139

25. Fromm GH, Amores CY, Thies W (1972) Imipramine in epilepsy. Arch Neurol 27: 198-204

26. Garelis E, Sourkes TL (1974) Use of cerebrospinal fluid drawn at pneumencephalography in the study of monoamine metabolism in man. J Neurol Neurosurg Psychiat 37: 704-710

27. Haefely W, Polc P, Schaffner R, Keller HH, Pieri L, Möhler H (1978) Facilitation of GABA-ergic transmission by drugs. In: Alfred Benzon Symposium 12, Munkdgaard, p 357-375

28. Iadarola MJ, Gale K (1979) Dissociation between drug-induced increases in nerve terminal and non-nerve terminal pools of GABA in vivo. Europ J Pharmacol 59: 125-129

29. Jenner P, Chadwick D, Reynolds EH, Marsden CD (1975) Altered 5-HT metabolism with clonazepam, diazepam and diphenylhydantoin. J Pharm Pharmacol 27: 707-710

30. Jeri AP (1956) The effect of reserpine on the scalp and basal electroencephalogram (Abstr). Electroencephalogr Clin Neurophysiol 8: 150

31. Killam EK, Suria A (1980) Antiepileptic drugs: Benzodiazepines. In: Glaser GH, Penry JK, Woodbury (eds) Mechanism of Action. Raven Press, New York, p 597-615

32. König P, Kriechbaum G, Presslich O, Schubert H, Schuster P, Sieghart W (1977) Orale Taurinmedikation bei therapieresistenten Epilepsien. Wien Klin Wschr 89: 111-113

33. Korf J, Van Praag HM, Sebens JB (1971) Effect of intravenously administered probenecid in humans on the levels of 5-hydroxy-indoleacetic acid, homovanillic acid and 3-methoxy-4-hydroxy-phenylglycol in cerebrospinal fluid. Biochem Pharmacol 20: 659-668

34. Kuriyama K, Sze P (1971) Blood-brain barrier to H^3- γ-aminobutyric acid in normal and amino-oxyacetic acid-treated animals. Neuropharmacology 10: 103-108

35. Laxer KD, Sourkes TL, Fang TY, Young SN, Gauthier SG, Missala K (1979) Monoamine metabolites in the CSF of epileptic patients. Neurology 29: 1157-1161

36. Livingston S (1972) Comprehensive management of epilepsy in infancy, childhood, and adolescence. Springfield, Illinois, Charles C. Thomas, Publisher

37. Livrea P, DiReda L, Papagno G (1976) Livelli liquoali de HVA e de
    5-HIAA in soggetti epilettici: Effetto della privazione totale de
    sonno. Acta Neurol (Bari) 31: 632-636

38. Lloyd KG, Worms P, Depoortere H, Bartholini G (1978) Pharmacologi-
    cal profile of SL 76002, a new GABA-mimetic drug. In: GABA-Neuro-
    transmitters, Alfred Benzon Symposium 12, Munksgaard, p 308-325

39. Lloyd KG, Dreksler S (1979) An analysis of (^{3}H) gamma-aminobutyric
    acid (GABA) binding in the human brain. Brain Res 163: 77-87

40. Löscher W (1980) Medikamentöse Wirkungsmechanismen der Antiepilep-
    tika mit Berücksichtigung des Transmitterstoffwechsels. Tierex-
    perimentelle Aspekte. In: Mertens HG, Przuntek H (Hrsg) Verhand-
    lungen der Deutschen Gesellschaft für Neurologie Band 1. Springer-
    Verlag Berlin Heidelberg New York

41. Löscher W, Schmidt D (im Druck) Increase of human plasma GABA by
    sodium valproate. Epilepsia

42. Lott IT, Coulombe T, Di Paolo RV, Richardson EP, Levy HL (1978)
    Vitamin B_6-dependent seizures: Pathology and chemical findings in
    brain. Neurology 28: 47-54

43. Mantovani J, DeVivo DC (1979) Effects of taurine on seizures and
    growth hormone release in epileptic patients. Arch Neurol 36:
    672-674

44. Matz DR, Rolf LH, Brune GG (1978) Serotonin metabolism with
    idiopathic grand mal seizures. J Neurol 219: 283-287

45. Maynert EW, Marczynski TJ, Browning RA (1975) The role of the
    neurotransmitters in the epilepsies. In: Friedländer WJ (ed)
    Advances in Neurology, Vol. 13. Raven Press, New York, p 79-147

46. McGeer PL, McGeer EG, Wada JA (1971) Glutamic acid decarboxylase
    in Parkinson's disease and epilepsy. Neurology 21: 1000-1007

47. McPherson A (1970) Convulsive seizures and electroencephalogram
    changes in three patients during Levodopa therapy. Neurology,
    Suppl. 20: 41-45

48. Meldrum BS (1975) Epilepsy and γ-aminobutyric acid-mediated
    inhibition. Internat Rev Neurobiol 17: 1-36

49. Meldrum BS (1978) Gamma-aminobutyric acid and the search for new
    anticonvulsant drugs. Lancet II: 304-306

50. Möhler H, Okada T (1977) Benzodiazepine receptor: Demonstration
    in the central nervous system. Science 198: 849-851

51. Monaco F, Mutani R, Durelli L, Delsedime M (1975) Free amino
    acids in serum of patients with epilepsy: Significant increase in
    taurine. Epilepsia 16: 245-249

52. Munari C, Rovei V, Lloyd K, Talairach J, Sanjuan M, Vedrenne C,
    Bancaud J, Morselli PL (1979) Neuropharmacological and neurochemi-
    cal observations in epileptic patients undergoing neurosurgery.
    Abstract 11th Epilepsy International Symposium, Firenze, Italy,
    September 30 - October 3, 1979, p 138

53. Mutani R, Monaco F, Durelli L, Delsedime M (1974) Free amino
    acids in the cerebrospinal fluid of epileptic subjects. Epilepsia
    15: 593-597

54. Mutani R, Monaco F, Durelli L, Delsedime M (1975) Levels of free amino acids in serum and cerebrospinal fluid after administration of taurine to epileptic and normal subjects. Epilepsia 16: 765-769

55. Osorio I, Davidoff RA (1979) γ-hydroxybutyric acid is not a GABA-mimetic agent in the spinal cord. Ann Neurol 6: 111-116

56. Papeschi R, Molina-Negro P, Sourkes TL, Erba G (1972) The concentration of homovanillic and 5-hydroxyindoleacetic acids in ventricular and lumbar CSF. Neurology 22: 1151-1159

57. Perry TL, Hansen S (1976) Taurine content of epileptogenic foci in human brain. In: Huxtable R, Barbeau A (eds) Taurine. Raven Press, New York, p 275-281

58. Peters JG (1979) Dopamine, noradrenaline and serotonin spinal fluid metabolites in temporal lobe epileptic patients with schizophrenic symptomatology. Europ Neurol 18: 15-18

59. Pinto O, Polikar M, Loustalot P (1972) Die Klinische Prüfung von Lioresal in der Übersicht. In: Birkmayer W (Hrsg) Aspekte der Muskelspastik. Hans Huber Verlag, Bern Stuttgart Wien, S 192-207

60. Quesney LF, Andermann F, Gloor P, Taylor D (1979) Effect of apomorphine, a dopamine agonist, on generalized epilepsy. Abstract 11th Epilepsy International Symposium, Firenze, Italy, September 30 - October 3, p 99

61. Shaywitz BA, Cohen DJ, Bowers MB (1975) Reduced cerebrospinal fluid 5-hydroxyindoleacetic acid and homovanillic acid in children with epilepsy. Neurology 25: 72-79

62. Shoulson I, Kartzinel R, Chase TN (1976) Huntington's disease: Treatment with dipropylacetic acid and gamma-aminobutyric acid. Neurology 26: 61-63

63. Snyder SH (1975) Amino acid neurotransmitters: Biochemical pharmacology. In: Tower DB (ed) The Nervous System, Vol.I: The Basic Neurosciences. Raven Press, New York, p 355-361

64. Steward LF (1957) Chlorpromazine: Use to activate electroencephalographic seizure pattern. Electroencephalogr Clin Neurophysiol 9: 427-440

65. Tamminga CA, Crayton JW, Chase TN (1978) Muscimol: GABA agonist therapy in schizophrenia. Am J Psychiat 135: 746-747

66. Tibbles JAR, McGreal DA (1963) Trial of amino-oxyacetic acid, an anticonvulsant. Can Med Assoc J 88: 881-886

67. Trimble M (1978) Non-monoamine oxidase inhibitor antidepressants and epilepsy: A review. Epilepsia 19: 241-250

68. Tower DB (1960) The administration of gamma-aminobutyric acid to man: systemic effects and anticonvulsant action. In: Inhibition in the Nervous System and Gamma-aminobutyric acid. Pergamon Press, p 562-578

69. Tower DB (1961) The neurochemistry of convulsive states and allied disorders. In: Folch-Pi J (ed) Chemical Pathology of the Nervous System. Pergamon Press, Oxford, p 307-344

70. Tower DB (1976) GABA and seizures: Clinical correlates in man.
In: Roberts E, Chase TN, Tower DB (eds) GABA in Nervous System
Function. Raven Press, New York, p 461-478

71. Tursky T, Lassanova M, Sramka M, Nadvornik P (1976) Formation of
glutamate and GABA in epileptogenic tissue from human hippocampus
in vitro. Acta Neurochir Suppl 23: 111-118

72. Van Gelder NM, Courtois A (1972) Close correlation between
changing content of specific amino acids in epileptogenic cortex
of cats, and severity of epilepsy. Brain Res 43: 477-484

73. Van Gelder NM, Sherwin AL, Rasmussen T (1972) Amino acid content
of epileptogenic human brain: Focal versus surrounding regions.
Brain Res 40: 385-393

74. Van Gelder NM, Sherwin AL, Sacks C, Andermann F (1975) Biochemical
observations following administration of taurine to patients with
epilepsy. Brain Res 94: 297-306

75. Van Gelder NM (1978) Taurine, the compartmentalized metabolism of
glutamic acid, and the epilepsies. Can J Physiol Pharmacol 56:
362-374

76. Wolfe LS, Mamer OA (1975) Measurement of prostaglandin F_2 levels
in human cerebrospinal fluid in normal and pathological conditions.
Prostaglandins 9: 183-192

77. Wood JH, Glaeser BS, Hare TA, Sode J, Brooks BR, Van Buren JM
(1977) Cerebrospinal fluid GABA reductions in seizure patients
evoked by cerebellar surface stimulation. Neurology 27: 582-587

78. Wood JH, Lake CR, Ziegler MG, Sode J, Brooks BR, Van Buren JM
(1977) Cerebrospinal fluid norepinephrine alterations during
electrical stimulation of cerebellar, cerebral surfaces in
epileptic patients. Neurology 27: 716-724

79. Wood JH, Hare TA, Glaeser BS, Ballenger JC, Post RM (1979) Low
cerebrospinal fluid γ-aminobutyric acid content in seizure
patients. Neurology 29: 1203-1208

80. Zachmann M, Tocci P, Nyhan WL (1966) The occurrence of γ-aminobutyric acid in human tissues other than brain. J Biol Chem 241:
1355-1358

Pathomorphologische Aspekte degenerativer Systemerkrankungen

P. Mehraein

Die Bezeichnung "Systematische Atrophien" wurde von SPATZ (19) zur
Abgrenzung einer Gruppe von Erkrankungen des Nervensystems angewandt,
denen eine mehr oder minder systemgebundene Degeneration des nervösen
Parenchyms eigen ist. Weitere Merkmale sind: Beginnende Erkrankung
nach einer Periode normaler Funktion, langsam progredienter Verlauf
und in der Regel symmetrische Ausprägung der morphologischen Alterationen. Die Kennzeichnung "degenerativ" scheint treffender, da die
morphologisch definierte Atrophie auch involutionsbedingte Prozesse
mit einschließt. Die Bezeichnung "System" ist nicht im engeren Sinne
zu verstehen. Zur Kerngruppe dieser Erkrankungen zählen die Paralysis
agitans, die Erkrankungen des motorischen Neurons, in erster Linie
die myatrophische Lateralsklerose, die Chorea Huntington, die spino-
cerebellare Ataxie, die spino-olivo-ponto-cerebellare Atrophie, die
neurale Muskelatrophie und die progressive Pallidumatrophie. Auch der
Morbus Pick und andere können dazu gezählt werden (16). Die morphologische Systembezogenheit bedeutet einen bevorzugten Befall bestimmter anatomischer oder funktioneller Einheiten, wobei mehr als eine
Einheit primär beteiligt sein kann, wie etwa bei der spino-olivo-pon-
to-cerebellaren Atrophie, sog. multiple Systematrophien. Auch eine
Kombination von verschiedenen systematischen Degenerationen wird immer wieder morphologisch beobachtet, wobei klinisch dadurch die Diagnose erschwert ist und morphologisch die Frage der Einordnung, ob es
sich um eine Kombination verschiedener Syndrome oder um ein neues
Krankheitsbild handelt, nicht immer zu beantworten ist. Es wurden u.
a. Kombinationen von myatrophischer Lateralsklerose und Parkinson (2,
10), Parkinson, Myatrophie und Demenz (1, 7), myatrophische Lateralsklerose und Picksche Atrophie (15) beobachtet. Auch innerhalb eines
umschriebenen Krankheitsbildes variiert nicht nur die klinische
Symptomatik, sondern auch das morphologische Bild bezüglich der Intensität und der Ausbreitung der geweblichen Alterationen. Neben den
hauptsächlich betroffenen Gebieten treten auch weitere, weniger ausgeprägte sog. Nebenherde auf.

Pathomorphologisch steht im Vordergrund eine Degeneration und Untergang der Nervenzellen und bzw. oder ihrer Fortsätze, meist einherge-
hend mit einer Gliareaktion, Markscheidenschädigung und neuronalen
und glialen Einschlüssen. Diese Veränderungen treten in der Regel im
Bereich einer "topistischen" oder funktionellen Einheit stärker hervor und führen je nach Art und Lokalisation der untergehenden und geschädigten Strukturen neben dem Zelluntergang selbst sekundär zu anderen morphologisch unterschiedlichen Bildern. So findet man bei der
Degeneration der absteigenden Pyramidenbahn im Rückenmark bei der
spastischen Spinalparalyse und bei den ausgeprägten Fällen von amyotrophischer Lateralsklerose Entmarkungen in diesen Arealen. Anders
bei der Paralysis agitans, wo der Ausfall der pigmenttragenden Nervenzellen der Substantia nigra bereits makroskopisch durch die Erblei-
chung der Nigra auf die Lokalisationen der Hauptschädigung hinweist.
Bei der olivo-ponto-cerebellaren Atrophie ist die im fortgeschrittenen
Stadium erkennbare Verschmächtigung der Olive, des Brückenfußes und
evtl. des Kleinhirnbaumes auch histologisch durch die Kombination von
Zell- und Markscheidenverlust mit reaktiver Gliose besonders eindrucksvoll.

Einige dieser Prozesse besitzen über den einfachen Untergang und die
gewöhnliche Atrophie hinausgehende, besondere, nicht immer vorhandene
Merkmale wie z.B. die Lewy-Körperchen und oder sog. hyaline Einschlüsse in den Nervenzellen der Nigra und des Locus caeruleus bei Morbus
Parkinson oder das Auftreten intraneuronaler Fibrillenveränderungen,
z.B. bei der progressiven supranuclearen Löhnung und beim Parkinson-
Demenz-Syndrom von GUAM. Auch die argentophilen Kugeln in den Nervenzellen bei Morbus Pick gehören hierher. Eine vermehrte Ablagerung von
sog. Lipofuscinpigment scheint hingegen bei allen diesen Prozessen
ein geläufiger Befund zu sein, dessen Deutung wegen der bei normaler
Alterung und bei manchen Zellen auch frühzeitig vorhandenem hohen
Lipofuscingehalt erschwert ist. So eindrucksvoll diese besonderen Befunde auch sein mögen, sind sie weder obligatorisch noch für die atrophischen Prozesse spezifisch. Zum Beispiel finden sich die sog. Alzheimerischen Fibrillenveränderungen - ein besonderes Merkmal bei pro-
gressiver supranuclearer Löhnung (6) und bei Parkinson-Demenz-Syndrom
- sowohl bei Morbus Alzheimer und selbst auch nach abgelaufener Enzephalitis Epidemica, bei der letzteren in verschiedenen Arealen der
besonders betroffenen Kerne des Hirnstammes. Ähnliche, lichtmikroskopisch nicht unterscheidbare Fibrillenveränderungen (FV), sind auch
nach experimenteller Aluminiumintoxikation in zahlreichen Nervenzellen festzustellen (14, 22). Elektronenmikroskopisch sind aber feinere
Unterschiede zu den menschlichen FV nachweisbar (22, 24). Auch die
Fibrillenveränderungen in den Nervenzellen bei der progressiven supranuclearen Löhnung weisen neben den "typischen" Alzheimerischen FV
auch glatte Filamente auf. Es ist nicht gesichert, ob eine grundlegende metabolische Störung für die verschiedenen Formen der beobachteten
FV verantwortlich ist oder die unterschiedlichen Feinstrukturen der
fibrillären Elemente Ausdruck unterschiedlicher Schädigungen sind (6).
Bei manchen Systemerkrankungen hat die Augenfälligkeit einiger ein-
drucksvoller Befunde an typischen Stellen die eingehende Suche nach
generalisierten Veränderungen im Nervensystem in den Hintergrund treten lassen. Die systematischen Untersuchungen in zahlreichen Fällen
haben gezeigt, daß auch bei den systematischen Atrophien eine Reihe
von Veränderungen sich im gesamten Bereich des Nervensystems nachweisen lassen, welche auf einen generellen Befall des Nervensystems mit
einer besonderen Bevorzugung eines Areals oder eines Nervenzelltyps
hinweisen. Dies zeigt z.B. eine eingehende Studie über das Vorkommen
von Lewy-Körperchen ähnlichen hyalinen Einschlüssen in den Nervenzellen außerhalb der Prädilektionsstellen der S. Nigra und des Nucleus
caeruleus (8, 12). Es fanden sich in zahlreichen Arealen des Gehirns
bei ca. 40% der Fälle mit Paralysis agitans derartige Einschlüsse in
den Nervenzellen, wenn auch in sehr geringem Ausmaß. Auch beim Morbus Huntington, bei dem die Hauptalterationen im Striatum zu finden
sind, wurde eine Hirnatrophie im Bereich der Rinde schon frühzeitig
beobachtet. Obwohl zuverlässige Zellmessungen in der Hirnrinde noch
nicht in genügender Zahl der Fälle vorliegen, scheinen ein erheblicher Nervenzellverlust und eine Zellatrophie sicher zu sein. Auch bei
den meisten anderen Erkrankungen dieser Gruppe finden sich in der Literatur immer wieder Angaben über leichte Zellverluste in einer Reihe
verschiedener Areale außerhalb der Prädilektionsstellen. Die Auswertung dieser Angaben ist aber, da es sich nicht um quantitative Daten
handelt, erschwert. Der Einzug quantitativer Methoden in die Neuropathologie, welche mit Hilfe der modernen Datenverarbeitung in den
letzten Jahren zunehmend ermöglicht wird, kann hier neuere Gesichtspunkte hervorbringen.

Die meisten in der Neuromorphologie angewandten Färbemethoden stellen
in erster Linie den Nervenzellkern und das ihn umgebende Perikarion
dar, während die weit verzweigten Fortsätze, zumal die Dendriten, un-
berücksichtigt bleiben. Auch dort, wo Spezialimprägnationen die Ner-

venzellfortsätze sichtbar werden lassen, stellt die Komplexität des
Fasergeflechtes ein schwer zu überwindendes Hindernis für quantitative Aussagen bezüglich der Zahl und auch des Zustandes der Dendriten
und Neuriten dar. Dies bedingt, daß bei der Erforschung der degenerativen Vorgänge den Fortsätzen und den synaptischen Verbindungen ungenügend Aufmerksamkeit geschenkt wurde. Die Beobachtungen bei der
amyotrophischen Lateralsklerose, aber auch bei anderen Erkrankungen
dieser Gruppe haben zur Vermutung Anlaß gegeben, daß sich bei diesen
degenerativen Prozessen die tödliche Erkrankung der Zelle u.U. nach
dem Muster eines dying back, also eines sich von der Peripherie zum
Zentrum vollziehenden Unterganges entwickelt. Für diese Theorie
spricht die Tatsache, daß bei der amyotrophischen Lateralsklerose
stärkere Markscheidenschädigungen in der Regel in tieferen Arealen
des Pyramidenseitenstrangs zu finden sind und je nach dem Stadium der
Krankheit die höheren Abschnitte besser erhalten bleiben und der Nervenzellverlust in der Rinde kaum wahrnehmbar sein kann. Während die
Bezeichnung "dying back" in erster Linie für die Degeneration der
Axone verwendet wurde, scheint dieses Phänomen keinesfalls auf die
Neuriten beschränkt zu bleiben. Vielmehr scheinen sich ähnliche Veränderungen auch im Bereich der Dendriten zu vollziehen. Wir konnten
mit Hilfe einer Golgiimprägnation bei einem anderen, nicht im engeren
Sinne zum systematischen, aber doch zur degenerativen Erkrankungsreihe
gehörendem Prozeß, nämlich beim Morbus Alzheimer, diese Art von Veränderungen am Beispiel der Purkinjezellen nachweisen (21). Bei dieser
Erkrankung kommt es zu einer Rarefizierung, Schrumpfung und Verkürzung
des weit verzweigten Dendritenbaumes (Abb. 1). Die Möglichkeit eines
dying back-Phänomens bei einer Reihe degenerativer Erkrankungen, bevorzugt im Bereich der Dentriten, ist eine interessante, wenn auch
nicht in einzelnen Fällen nachgewiesene Hypothese. Die Erhaltung der
Struktur und die Versorung der Terminale, zumal bei den motorischen
Nervenzellen über eine für die Zellgröße ungeheuere Distanz, stellt
an den Zelleib eine große logistische Anforderung, deren Erfüllung von
der Intaktheit des Stoffwechsels der Zelle, Verfügbarkeit der Wirkstoffe und genügend Transportvehikeln abhängig ist. Die neurobiologischen
Untersuchungen der letzten Jahrzehnte haben zur Entdeckung eines in-
traneuralen Transports und zu einer Fülle von Fakten bezüglich der Einzelheiten dieser schnellen und langsamen Transportvorgänge und der Möglichkeit seiner Störungen geführt (5, 9, 18). Durch die Methode der
Einzelzellinjektion (17) gelingt es im akuten Versuch die Folgen einer
Zerstörung der Mikrotubuli und die damit verbundene Transportstörung
in den Dendriten und Neuriten zu studieren. Es werden markierte Aminosäuren in das Zytoplasma der Zellen mittels Iontophorese eingeschleust.
Durch Anwendung von Autoradiographie kann der Einbau in die Zellprotei-
ne und deren Transport in die Nervenfortsätze morphologisch beobachtet
werden. Mit Hilfe dieser Methode und Anfertigung zahlreicher autoradio-
graphischer Schnitte gelingt es, auch die Fortsätze der Zellen in ihrer
Ausdehnung darzustellen (18). Eine akute, durch die Einzelzellinjektion
bewirkte Vergiftung der Zellen etwa durch Kolchizin in der Versuchsanordnung von Schubert et al. mit partieller Zerstörung der Zellorganel-
len, insbesondere der Mikrotubuli führt wie im Zeitraffer das Phänomen
des dying back vor (18). Dabei wird offensichtlich der Transport in
den Dendriten zugunsten von einigen wenigen und des Perikarions ge-
drosselt, während die Zelle noch einige Zeit auf diese Weise am Leben
bleibt. Ein gestörter Transport in der Zelle könnte theoretisch zur
Rarefizierung und distalen Degeneration der Fortsätze und schließlich
zum Zelltod führen (18). Als Ursache kämen sowohl genetische, metabolische als auch toxische oder virale Schädigungen in Frage. Ein solcher Mechanismus wurde u.a. bei Morbus Alzheimer (13, 23) und bei
myatrophischer Lateralsklerose (5) hypothetisch diskutiert. Es bedarf
weiterer Untersuchungen zur Klärung der Rolle des neuralen Transportes,
zumal seiner verschiedenen langsamen und schnellen Komponenten bei der

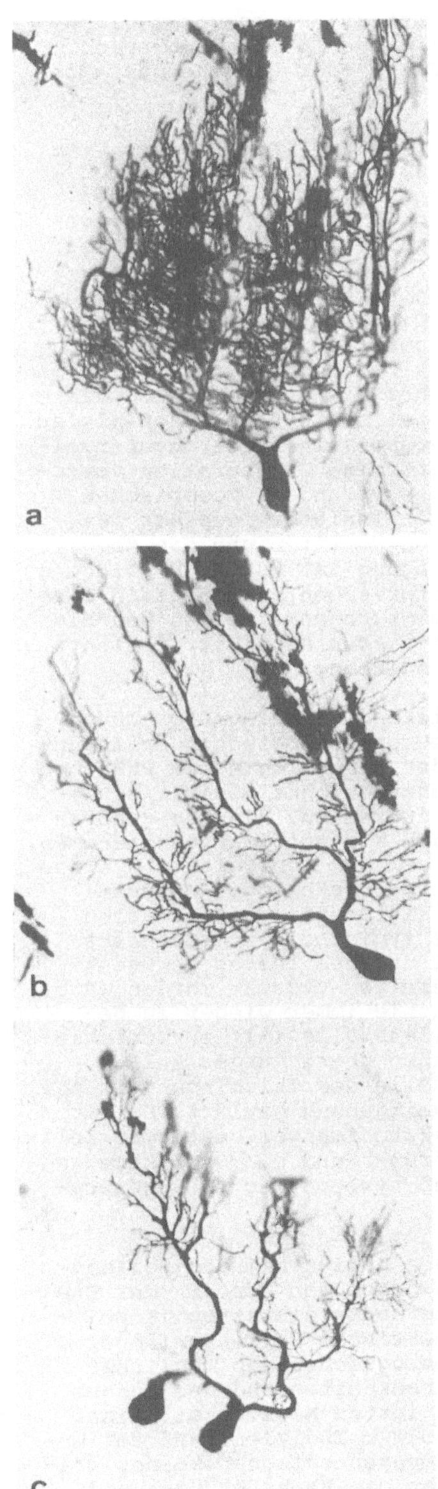

Abb. 1. Purkinjezellen aus dem Kleinhirnwurm bei Morbus Alzheimer. a normale Zelle; b u. c verschiedene Grade der Rarefizierung des Dendritenbaumes. Golgi-Imprägnation nach Klemen-Yamada

Degeneration der Nervenzellfortsätze. Vorerst ist es schwer möglich zu entscheiden, ob die gelegentlich in den Axonen zu beobachtende Transportstörung bei diesen Erkrankungen Folge oder Ursache der Axondegeneration ist (5).

Im übrigen scheinen sich die degenerativen Veränderungen an den Dendriten sowohl bei humanen Erkrankungen, etwa beim Morbus Alzheimer (13) als auch bei experimenteller Intoxikation (14) auch durch den Verlust der Dendritendorne zu manifestieren. Diese diskrete, nur unter Anwendung von Spezialfärbungen und morphometrischen Methoden zu verifizierende Alteration konnte durch die damit verbundene Deafferentierung der Zellen zu einem wesentlichen Faktor der Funktionsstörung von Zellen und Zellverbänden werden. Die vorerst bei einigen Erkrankungen quantitativ nachgewiesenen Verluste von Dendritendornen (13, 20) ermutigen zu der Annahme, daß auch bei einer Reihe von extrapyramidalen Funktionsstörungen ohne bisher sichere morphologisch nachweisbare Befunde Veränderungen an den Zellfortsätzen, eher als an den synaptischen Endigungen zu finden sind. Bei einzelnen degenerativen Systemerkrankungen scheint eine kettenförmige Degeneration vorzuliegen, wie dies am Beispiel des Befalls des 1. und 2. motorischen Neurons im Rahmen einer myatrophischen Lateralsklerose denkbar ist. Ein gesicherter retrograder Transport in den Neuriten und die Möglichkeit einer transneuronalen Stoffübertragung hat zu der Überlegung Anlaß gegeben, daß bei Erkrankungen des motorischen Neurons auch eine von der Peripherie stammende Noxe über die Neuronenkette den Weg bis zum ersten motorischen Neuron finden könnte. Aber auch hier fehlen, von der Theorie abgesehen, die sonstigen Indizien.

Über diese weitgehend aus der neurobiologischen Grundlagenforschung stammenden Anregungen hinaus bieten die neuropathologischen Erfahrungen interessante Aspekte zur Betrachtung der morphologischen Phänomene bei systematischen degenerativen Erkrankungen ohne vorerst zu wesentlichen Fragen der Ätiologie beitragen zu können. Hierher gehören einerseits die älteren Beobachtungen bei den Wirkstoffmangelsyndromen. So sind die morphologischen Veränderungen bei der funiculären Myelose als kombinierte Systemdegeneration in der Neuropathologie bekannt. Das Vollbild der kombinierten Seiten- und Hinterstrangdegeneration bei diesen Erkrankungen imponiert als eine typische Systemdegeneration und wäre ein wesentlicher Bestandteil unseres Themas gewesen, wenn nicht der metabolische Hintergrund bereits entdeckt worden wäre. Auch die bei der Wernickeschen Enzephalopathie immer wieder zu beobachtenden, fast systematischen Nervenzellausfälle (11) in verschiedenen Kernen des Thalamus, geben zu ähnlichen Überlegungen Anlaß. Auch hier ist aber mit der Sicherung der Rolle des Thiaminmangels bei diesem Prozeß die metabolische Grundlage weitgehend geklärt. Es hat den Anschein, daß bei einem generellen Wirkstoffmangel bestimmte Zellgruppen wegen ihrem besonderen Chemismus früher und u.U. selektiv geschädigt werden, wodurch der Eindruck einer systematischen Degeneration entstehen kann.

Die besondere Vulnerabilität der motorischen Zellen bei der Poliomyelitis oder die Zerstörung der Nigrazellen durch den Erreger der Enzephalitis epidemica mit deren Folgen: einerseits die Atrophie bei der Polio und andererseits der postencephalitische Parkinsonismus, regten immer wieder zu Analogieschlüssen bezüglich einer möglicherweise entzündlichen Genese der Motoneuronkrankheiten und des Morbus Parkinson an. Trotz der gelegentlich postulierten Möglichkeit einer chronischen Poliomyelitis und einiger sonstiger Indizien fand der Gedanke einer entzündlichen Genese der Systemdegenerationen keinen tragenden morphologischen Grund. Hingegen haben die Beobachtungen und Spekulationen bezüglich möglicher persistierender Virusinfektionen und deren Rolle bei einigen chronisch verlaufenden neurologischen Erkrankungen stärkeres Interesse erregt. Am meisten aber haben die Erkenntnisse über den Übertragungsmodus bei Kuru und die Tatsache der Übertragbarkeit der Jakob-Creutzfeldschen Erkrankung im Tierexperiment und beim Menschen (3, 4) eine Welle der Spekulation über die mögliche Genese zahlreicher chronisch neurologischer Erkrankungen, darunter auch der systematischen Atrophien, ausgelöst. Bei der progredient verlaufenden Jakob-Creutzfeldschen Erkrankung besteht ein disseminierter Nervenzellausfall in der Rinde und im subcorticalen Grau mit erheblicher Spongiosität des Neuropils und Gliavermehrung im Mittelpunkt des morphologischen Geschehens. Die fehlenden entzündlichen Veränderungen hatten die Erkrankung als degenerativ erscheinen lassen. Zahlreiche in den letzten Jahren durchgeführte Experimente lassen es als erwiesen erscheinen, daß zumindest einige Formen dieser degenerativen Erkrankung sich übertragen lassen und bei verschiedenen Spezies zu morphologischen Veränderungen führen. Enge Verwandtschaft besteht ebenfalls zur Kuru, bei der ebenfalls die Übertragung sehr wahrscheinlich ist. Obwohl die Jakob-Creutzfeldsche Erkrankung nicht zu den systematischen Degenerationen im engeren Sinne gehört, hat diese Entdeckung zur Vermutung auch bezüglich der Slow-Virus-Ätiologie einiger dieser Erkrankungen geführt. Im Gegensatz zur Jakob-Creutzfeldschen Krankheit waren aber Übertragungsversuche bei diesen Erkrankungen nicht erfolgreich. Noch ist dieses interessante Kapitel der Slow-Virus-Ätiologie nicht abgeschlossen.

Die neuropathologische Erfahrung zeigt, daß die sog. systematischen Degenerationen keinesfalls ein Merkmal der endogenen genetischen Faktoren allein sein müssen. Vielmehr weisen eine Reihe entzündlicher, toxischer und wirkstoffmangelbedingter Alterationen des Nervensystems eine besondere Systembezogenheit auf und gehen mit sehr ähnlichen geweblichen Alterationen einher. Diese Erfahrung, unter Einschluß der neuen Erkenntnisse u.a. auf dem Gebiet der Slow-Virus-Infektionen und neuronalen Transportvorgängen, lassen es möglich erscheinen, daß neben den genetischen Faktoren für einige heute unter den Varianten der Systemdegenerationen sich subsummierenden Erkrankungen ätiologisch unterschiedliche Gruppen herauskristallisieren lassen, was auch für die therapeutische Überlegung von Bedeutung sein könnte.

Literatur

1. Bonduelle M, Bouygues P, Escaurolle R, Lormeau G (1968) Évolution Simultanee d'une Sclèrose Latèrale Amyothrophique, d'un Syndrome Parkinsonnien et d'une Demence Progressive. J Neurol Sci 6: 315-332

2. Brait K, Fahn S, Schwarz GA (1973) Sporadic and familial parkinsonism and motor neuron disease. Neurology 23: 990-1002

3. Gaydusek DC, Gibbs CJ (1971) Transmission of two subacute spongiform encephalopathies of man (Kuru and Creutzfeld-Jakob disease) Nature 230: 588-591

4. Gibbs CJ, Gajdusek DC, Asher DM, Alpers MP, Beck E, Daniel PM and Matthews WB (1968) Creutzfeld-Jakob disease (spongiform encephalopathy) Transmission to the chimpanze. Science 161: 88-389

5. Griffin JW, Price DL (1976) Axonal Transport in Motor Neuron Pathology. In: Andrews JM, Johnson RT, Brazier MAB (eds) Amyotrophic lateral sclerosis. Academic Press, New York San Francisco London, p 33-67

6. Jellinger K, Riederer P, Tomonag M (1980) Progressive Supranuclear
   Palsy Clinico-Pathological and Biochemical Studies. J Neural Transmission, Suppl 16: 111-128

7. Kaiya H, Mehraein P (1979) Zur Klinik und pathologischen Anatomie
   der Muskelatrophie-Parkinsonismus-Demenz-Syndrom. Arch Psych Nervenkr 219: 13-27

8. Kosaka K, Mehraein P (1979) Dementia-Parkinsonism Syndrome with
   numerous Lewy Bodies and senile Plaques in cerebral cortex. Arch
   Psych Nervenkr 226: 241-250

9. Kreutzberg GW, Schubert P (1971) Changes in the axonal flow during
   regeneration of mamilian motor nerves. Acta Neuropath Suppl 5:
   70-75

10. Legrand MR, Linquette M, Delahousse J, Gérald A (1959) A Propos
    d'un nouveau cas d'association d'une maladie de Parkinson et
    d'une sclérose latérale amyotrophique. Rev neurolog 101: 191-193

11. Mehraein P (1970) Schadensverteilungsmuster und Sonderformen der
    Wernick'schen Encephalopathie. Wiener Klin Woschenschr 82: 666

12. Mehraein P, Ota T (1972) Vorkommen von hyalinartigen Einschlüssen
    in den Nervenzellen der Hirnrinde bei Paralysis agitans. Wien Klin
    Wochenschr 84: 432-435

13. Mehraein P, Yamada E, Tarnowska-Dziduszko (1975) Quantiative study
    on dendrites and dendritic spines in Alzheimer's disease and senile
    dementia. In: Kreutzberg GW (ed) Advances in Neurology Vol 12.
    Raven Press New York, p 453-458

14. Mehraein P, Zirbs S (1978) Veränderungen an den Nervenzellfortsät-
    zen bei experimenteller Aluminiumchloridintoxikation. Zbl allg
    Path 122: 589

15. Minauf M, Jellinger K (1969) Kombination amyotrophischer Lateral-
    sklerose mit Pickscher Krankheit. Arch Psychiat Nervenkr 212:
    279-288

16. Peters G (1970) Klinische Neuropathologie. Georg Thieme-Verlag
    Stuttgart

17. Schubert P, Lux HD, Kreutzberg GW (1971) Single cell insotope
    injection technique a tool for studying axonal and dendritic trans-
    port- Acta Neuropath 5: 179-186

18. Schubert P, Kreutzberg GW, Lux HD (1972) Neuroplasmic transport
    in dendrites: effect of colchicine morphology and Physiology of
    motoneurons in the cat. Brain Res 47: 331-343

19. Spatz H (1938) Die systematischen Atrophien. Eine wohlgekennzeich-
    nete Gruppe der Erbkrankheiten des Nervensystems. Arch Psychiatr
    Nervenkr 108: 1-18

20. Suetzugu M, Mehraein P (1980) Spine districution along the apical
    dendrites of pyramidal neurons in Down's Syndrom. Acta Neuropath
    (in Druck)

21. Tarnowska-Dziduszko E, Mehraein P (1975) Zahlenmäßiges Verhalten
    der Dendriten der Purkinjezellen bei Alzheimerischer Krankheit
    und seniler Demenz. Proceedings VIIth International Congress of
    Neuropathology Vol II. Excerpta Medica Amsterdam, p 265-267

22. Wisniewski H, Karczewski W, Wisnieweska K (1966) Neurofibrillary
    degeneration of nerve cells after intracerebral injection of
    aluminium cream. Acta Neuropath 6: 211-219

23. Wisniewski HM, Terry R (1973) Morphology of the aging brain, human
    and animal. In: Ford DH (ed) Neurobiological aspects of Mutation
    and Aging. Elsevier, Amsterdam, p 167-186

24. Wisniewski HM, Soffer D (1979) Neurofibrillary Pathology: current
    status and research prespectives Mech. Aging Developm 9: 119-142

25. Yagishita S, Itah Y, Amano N, Nakano T, Saitoh A (1979) Ultra-
    structure of neurofibrillary tangles in progressive supranuclear
    Palsy. Acta Neuropath 48: 27-33

Morbus Huntington

H. Oepen

I. Die 1872 von George Huntington (5) klinisch und genetisch zutref-
fend beschriebene, von Panse (18) sogenannte "Erbchorea" ist monogen,
d.h. durch eine einzelne Erbanlage bedingt. Der Nachweis selbständi-
ger, durch andere Erbanlagen verursachter (heterogener) Formen dieser
Krankheit ist bisher nicht gelungen (15, 2).

Aus der Geschlechtsverteilung (27) ergibt sich, daß die pathogene
Erbanlage nicht auf einem X- oder Y-Chromosom, sondern nur auf einem
der 2 x 22 Autosomen lokalisiert sein kann. Koppelungsuntersuchun-
gen (2) konnten eine Reihe von potentiellen Markergenen ausschließen,
das betroffene Chromosom oder gar den Genort aber noch nicht identifizieren.

Bekannt und unverändert gültig ist, daß der Effekt dieses mutierten
Gens die Wirkung des auf dem Partnerchromosom korrespondierenden,
nicht mutierten Gens, überdeckt. Deshalb wird der Träger des Huntington-Gens in aller Regel krank. Diese Dominanz der Genwirkung bedeutet
aber auch, daß Nachkommen nicht erkrankter Söhne und Töchter eines
Huntington-Patienten diese Erbanlage nicht ererbt haben und deshalb
nicht weitergeben können. Merkspruch für die genetische Beratung:
"Einmal frei, immer frei".

Theoretisch kann jedes Kind eines Huntington-Patienten die pathogene
Anlage geerbt bzw. mit gleicher Wahrscheinlichkeit nicht geerbt haben. Populationsgenetisch wird das formalgenetisch zu erwartende Risiko von 50% aber nicht voll bestätigt. Diese verminderte Penetranz
(= Durchschlagkraft) des Gens ist das statistische Resultat seiner
zu geringen biologischen Expressivität (= Ausdruckskraft) im Einzelfall (25). So erkranken sichere Genträger manchmal erst in hohem Lebensalter (z.B. mit 80 Jahren), während andere schon in der Kindheit
erste psychische und motorische Symptome zeigen (11, 24). Das durchschnittliche Erkrankungsalter liegt in der Mitte des 5. Lebensjahr-
zehnts, die ebenfalls schwankende Krankheitsdauer im Durchschnitt bei
13 Jahren (27).

Auch das Muster der klinischen, pathologisch-anatomischen und biochemischen Merkmale der Chorea chronica progressiva hereditaria kann
erheblich variieren (11, 1). Die Folge sind Fehldiagnosen (z.B. Morbus Wilson, Morbus Parkinson, Morbus Pick, Schizophrenie, Depression,
Multiple Sklerose, cerebellare Ataxie). Über die Ursachen der Variabilität konnte man lange Zeit nur Vermutungen (25, 11) anstellen -
etwa, daß die spezifische Wirkung des "Hauptgens" durch den Einfluß
von "Nebengenen" des "genetischen Milieus" und durch Umweltfaktoren
im weitesten Sinne mitbestimmt werde. Was geschieht aber wirklich?

II. Die Beantwortung dieser Frage ist Aufgabe der phänogenetischen
Forschung. Sie versucht, die Verknüpfung der verschiedenen Erb- und
Umweltfaktoren im "Genwirknetz" aufzudröseln und sich von der Sammlung und Ordnung klinischer Charakteristika immer näher an die primäre Genwirkung heranzupirschen.

Klinisch am augenfälligsten äußert sich der erbliche "Veitstanz" -
wie der Name sagt - in choreatischen Bewegungsstörungen. Bei der Obduktion findet man als deren regelhaftes Äquivalent eine Atrophie des
Corpus striatum (4, 1, 2). Sie läßt sich im Luftencephalogramm und
Computertomogramm (2) als Erweiterung der Seitenventrikel mit Ab-
flachung der Stammganglientaille erkennen. Meist findet sich auch
eine unterschiedlich stark ausgeprägte cortikale Atrophie, die keineswegs nur frontal, präzental und parietal ausgeprägt sein muß. Dabei deckt sich die Entwicklung strahlendiagnostisch faßbarer Veränderungen nicht immer mit der Entwicklung der choreatischen Hyperkinese und Demenz. Gleiches gilt für "Allgemeinveränderungen" im EEG (26)
und testpsychologische Befunde (2). Sie sind frühdiagnostisch nur in
Kombination mit Anamnese und Gesamtbefund verwertbar, dann aber dif-
ferentialtherapeutisch nützlich. Muskuläre Hypotonie mit unwillkürli-
chem Einschießen und Entgleisen gesteigerter Bewegungsimpulse darf
zwar nach wie vor als Leitsyndrom der Erbchorea gelten. Die Symptome
können aber sehr diskret sein oder völlig fehlen ("chorea sine
chorea"). Dann stehen andere Symptome im Vordergrund: Das Nachlassen
intellektueller Fähigkeiten (die andererseits auch bis zum Tod unauffällig bleiben können), Antriebs- und Stimmungsschwankungen, Wahn-
ideen und Sinnestäuschungen oder neurotische Erlebnis- und Reaktions-
weisen. Das Bewegungsbild selbst kann durch hyperton-hypokinetische,
athetotische, ataktische, myoklonische, ticartige, tremorartige, tor-
sions-dystonische, ballistische oder anfallsartige Komponenten kompliziert oder sogar beherrscht sein. Seltener finden sich Kombinationen mit Hypo- oder Hyperästhesien, "rheumatischen" oder migränearti-
gen Schmerzen und (relativ häufig) vermehrter Durst, Minderung oder
Steigerung des Appetits, Vorliebe für süße Speisen, Schlafstörungen
und Hypo- oder (vorübergehend) Hypersexualität.

Neuropathologisch (4, 1, 2) erweisen sich nicht nur die Interneuronen
vom Golgi-Typ II, sondern auch andere Nervenzellen, Nervenfasern und
Gliazellen als betroffen - und zwar nicht nur im Striatum, sondern
auch im Pallidum, Thalamus, Cortex cerebri, Cortex cerebelli, Sub-
thalamus und Hypothalamus, in den Nuclei niger, ruber und dentatus,
in der Regio olivaris, der Formatio reticularis und im Rückenmark.
Außerdem sind (9) Brust- und Bauchorgane (z.B. durch regelhafte
braune Atrophie des Herzens und der Leber wie Veränderungen endokriner Organe) in das pathologische Geschehen einbezogen. Die Blutgefäße
dagegen imponieren - bei meist niederem Blutdruck - im allgemeinen
als auffallend zart.

Dementsprechend variieren - quantitativ und qualitativ - auch die
Krankheitsverläufe. Typisch ist eine langsame Progression. Man sieht
aber auch rapide, lange Zeit stationäre und zeitweise regressive Verläufe. In einem eigenen Fall sistierten bei einem, bereits in der
Kindheit an choreatischen Bewegungsstörungen erkrankten Landwirt (aus
einer großen Huntington-Familie) die in der Pubertät zusätzlich aufgetretenen epileptischen Anfälle, als er etwa 25 Jahre war; bis zum
40. Lebensjahr verschwanden alle choreatischen Störungen, so daß er
auf dem Hof seines Bruders arbeiten konnte, bis er im 60. Lebensjahr
auf dem Feld plötzlich verstarb (11).

Offensichtlich kommen bei der Ausgestaltung der Symptome phasen-spe-
zifische Einflüsse des jeweiligen Lebensabschnittes zur Geltung, und
zwar sowohl auf biologischer wie auf psychologischer und sozialer
Ebene. Auch solche Einflüsse lassen die klinische Symptomatik im
Quer- und Längsschnitt erheblich differieren (11) - eine Beobachtung,
die selbst im Elend des meist (aber nicht immer!) durch Kachexie und
Versteifung gekennzeichneten Finalstadiums zu machen ist. Leider wird
sie nicht nur im Frühstadium der Krankheit (infolge Fixierung auf das
typische Leitsymptom) oft vernachlässigt.

Daß es im Blick auf diese Symptom- und Faktorenvielfalt zweckmäßig
ist, nicht von einer Chorea, sondern von einem "Morbus" Huntington
zu sprechen, muß deshalb betont werden, weil ohne die daraus resultierende weitgefächerte Aufmerksamkeit im Einzelfall nicht angemessen diagnostiziert, beraten und therapiert werden kann. Gegenstand
der Behandlung sollten nicht nur die striären, extrapyramidalen, zentralnervösen, organischen Symptome sein, sondern die gesamte, individuelle Verfassung und Situation des jeweiligen Kranken. Dementsprechend sollte man auch nicht von "Choreatikern", sondern (in Analogie zu Parkinson-Patienten) von "Huntington-Patienten" sprechen.

Wie fruchtbar eine Erweiterung des Aufmerksamkeitsfeldes ist, wird
deutlich, wenn man sich die pharmako-therapeutisch-biochemische Erforschung dieses Leidens in den letzten 3 Jahrzehnten vergegenwärtigt.
Dazu einige Beispiele:

1950 konnten wir den günstigen Einfluß des Vitamins B_6 auf den Verlauf der Chorea minor beobachten. In einer späteren Studie (6) über
die Ausscheidung der Xanthurensäure im Urin zeigten sich bei Schizophrenien, Depressionen, Manien, chronischem Alkoholismus, aber auch
bei der Huntingtonschen Krankheit deutlich erhöhte Werte, die auf
eine Störung des Tryptophanstoffwechsels hinwiesen. Bei oraler Trypto-
phanbelastung war aber keine generelle Entgleisung des Tryptophanauf-
und abbaus zu erkennen. Auch konnten wir an Thrombozyten von Huntington-Patienten zunächst kein sicher aberrantes Verhalten des Serotonins
nachweisen. Daran, daß Serotonin als Transmitter bei der Genese psychischer, vegetativer und motorischer Symptome des Morbus Huntington eine
wichtige Rolle spielt, besteht heute jedoch kein Zweifel mehr (2).
Ebenso sicher ist aber, daß diese Befunde "die" Phänogenese "der"
Chorea nicht erklären. Eine in diese Richtung zielende Therapie kann
deshalb immer nur Teilerfolge erzielen.

Schon bald nach der Einführung moderner Neuroplegica waren 1953 bei
Huntington-Patienten unter Chlorpromazin eindeutige Besserungen der
Bewegungsunruhe zu beobachten. Diese Art symptomatischer Therapie
wurde inzwischen stark differenziert, sodaß eine individuelle Anpassung von Art, Dosis und Anwendungsdauer (vom wöchentlichen Wechsel
bis zu jahrelanger Uniformität) möglich ist. Erfahrungen mit dem Auftreten eines sogenannten "Parkinsonoids" und einer Akathisie bei
einem Teil der langfristig auf diese Weise therapierten (z.B. schizophrenen) Patienten bestätigten, daß hier ein direkter Eingriff in das
extrapyramidale System erfolgt war. Der nächste Schritt ergab sich
mit der positiven Wirkung von L-Dopa auf den Morbus Parkinson. Applikation der gleichen Substanz bei Huntington-Patienten verschlimmerte
deren Störungen - und bei Risikopersonen aus Huntington-Familien ließ
sich damit eine choreiforme Hyperkinese hervorrufen. Vor solchen Be-
lastungstests muß aber gewarnt werden: Erstens ist der Effekt unan-
genehm, zweitens uneinheitlich und deshalb nicht sicher verwertbar
und drittens wäre eine Provokation suizidaler Tendenzen und Handlungen (bei der sowieso hohen Suizidrate von Huntington-Patienten) infolge plötzlichen Erlebens des zu erwartenden Schicksals nicht zu
verantworten.

Ein weiterer Einblick in den Hirnstoffwechsel ergab sich durch den
Nachweis, daß bei diesen Kranken in Gehirn und Liquor die Gammaamino-
buttersäure (GABA) vermindert ist (2). Erhöht man den GABA-Spiegel,
sind (substanz- und dosisabhängig) unterschiedliche Effekte zu beobachten. Durch Isoniazid (z.B. Neoteben) konnte inzwischen übereinstimmend in Kanada (2), bei uns, in Australien (2) und Nordfrankreich
(19) in etwa einem von 6 Fällen eine weitgehende Reduzierung der
choreatischen Bewegunsunruhe und psychischer Störungen (wie Apathie

und Minderung intellektueller Fähigkeiten) erzielt werden. Nebenwirkungen ließen sich meist durch gleichzeitige Gabe von Vitamin B_6 vermeiden. Solche therapeutischen Versuche bedürfen aber strenger ärzt-
licher Kontrolle. Außerdem wissen wir noch zu wenig über die unterschiedliche Reaktion von Schnell-und Langsamausscheidern (die genetisch bedingt ist (3))und über die individuell sehr unterschiedliche
dosis- und zeitabhängige Wirkung dieser Behandlung. In einem Fall gelang es mir zwar, einen schwer hyperkinetischen und sich kaum noch
selbst versorgenden Patienten so zu bessern, daß er mich nach 4 Monaten mit Frau und Sohn im Auto besuchte (das er selbst steuerte!);
nach Absetzen des Medikamentes war aber innerhalb weniger Wochen der
Zustand wieder erheblich verschlechtert und hat sich trotz erneuter
gleichartiger Behandlung nach drei Monaten noch nicht wieder in gleichem Maße erholt. Pathologische Leberenzymwerte ergaben sich bisher
nicht. Doch scheint sich eine, bei Huntington-Patienten häufig (wenn
auch nicht immer!) zu erkennende Tendenz zur Kachexie (1, 9, 10) zu
verstärken, d.h.: der Krankheitsprozeß selbst wurde nicht aufgehal-
ten.

Wieweit das auf anderem Wege teilweise gelungen ist, muß offen bleiben. Das vor Einführung der Antibiotika bei Streptokokkeninfektionen um
die Zeit der Pubertät bevorzugte Auftreten hyperkinetischer Störungen
und die bei dieser "Chorea Sydenham" besonders hohe Zahl erkrankter
Mädchen; die Eigenart der "normalen" Pubertätsmotorik; motorische Unruhe z.Zt. der prämenstruellen Spannungszustände und die früher oft zu
beobachtende Schwangerschaftschorea; choreatische Störungen nach Einnahme von Ovulationshemmern; der verspätete Eintritt der Menarche bei
prospektiven Huntington-Patientinnen im Vergleich zu ihren gesund bleibenden Schwestern (7); ein Defizit an Geburten potentieller männlicher
Genträger unter den Kindern von Huntington-Patientinnen (12) und die
bevorzugte Manifestation des Huntington-Gens um die Zeit eines relativ
frühen Klimakteriums ließen uns ebenso wie neuroanatomisch erkennbare
Veränderungen im Hypothalamus unter anderem nach Unregelmäßigkeiten im
Steroidhaushalt suchen. Dabei zeigte sich eine Erniedrigung der Urinausscheidung und des Blutspiegels des Dehydroepiandosterons bei allen
von uns untersuchten Huntington-Patienten männlichen wie weiblichen Geschlechts mit Ausnahme einer Schwangeren (16, 23). Viermonatige Applikation eines DHEA-Sulfat-Präparates bewirkte (?) bei einer zur Selbst-
versorgung nicht mehr fähigen Patientin, daß sie sich um die eigenen
Bedürfnisse und ihren Haushalt wieder kümmerte und sogar zum Einkaufen
ging. Leider ist eine sichere Beurteilung dieses eindeutigen Befundes
nicht möglich, weil a) die Patientin kurz vor Beginn der Therapie wegen starker Blutungen eine Röntgenbestrahlung der Ovarien erhalten hatte und b) die pharmazeutische Firma, die uns das Präparat angefertigt
hatte, mangels Rentabilitätsaussichten keine weiteren Proben lieferte.

Erwähnenswert sind in diesem Zusammenhang Langzeitversuche mit Vitamin
E, das bekanntlich auf den Steroidhaushalt einwirkt und dessen Effekt
uns interessierte, weil es angeblich die (z.B. in großen Striatumzellen wie in Herz und Leber von Huntington-Patienten vermehrt zu beobachtende) Lipofuszinablagerung günstig beeinflußt. Subjektiv empfanden 6
(von 12) Patienten eine Verminderung der inneren Unruhe; objektiv könnte das Fortschreiten der Erkrankung (besonders in einem Fall, der über
6 Jahre stationär blieb) gebremst worden sein. Eine massive Besserung
oder ein Dauererfolg wurde nicht beobachtet.

Therapeutisch nützlich erwies sich unsere Erfahrung, daß sich bei Huntington-Patienten das Verhältnis von reduziertem zu oxydiertem Gluta-
thion in Erythrozyten zu verschieben scheint (13) und daß (bei generel-
ler Verminderung des Leu-, Ileu- und Val-Gehaltes) der Valin/Lysin-
Quotient im Serum eine katabole Stoffwechseltendenz (wie in Hungerzu-

ständen) zeigt (10). Die Analogie mancher Symptome und die Alters-
gruppenverteilung des Krankheitsbeginns bei Pellagra und Huntingtonscher Krankheit regten diätetische Versuche an. Damit konnte bisher zwar nicht die Überlebensdauer, oder die motorische und psychische
Symptomatik nennenswert beeinflußt, wohl aber der Abmagerung entge-
gengesteuert werden (22).

Ein weiterer Ansatz ergab sich schon in der ersten Hälfte der 50iger
Jahre: Huntington-Patienten, die wegen paranoid-halluzinatorischer
Symptome einer Insulinkoma-Kur unterzogen wurden, verschlechterten
sich rapide. Schon die sogenannte "kleine Insulintherapie" (pro Injektion ca. 40 E) zur Aufhellung depressiver Zustände wurde schlecht
vertragen. Bei der persönlichen Untersuchung von inzwischen etwa 260
manifest Kranken erwies sich über die Hälfte als ausgesprochen kohle-
hydrathungrig ("unsere Süßen"), wobei gleichzeitig der Flüssigkeits-
bedarf gesteigert war (11). Bei der Analyse entsprechender Blutwerte
zeigte sich eine gesteigerte reaktive Insulinsekretion; die Werte des
Wachstumshormons überschritten unter Insulinbelastung jedoch den Normbereich nicht; 32% der Patienten (im Vergleich zu 3,2% der Kontrollen)
hatten einen latenten Diabetes mellitus; die Cholesterinwerte erhöhten sich mit zunehmender Dauer der Erkrankung; die Bedeutung charakteristischer Abweichungen im Fettsäuremuster bleibt zu prüfen (21).

Eine paradox anmutende Erfahrung machten wir mit Schilddrüsenhormon.
Aufgrund der Erzählungen von Müttern und Großmüttern, nach denen unter
den Risiko-Kindern (eher als die "nervösen") die besonders "ruhigen"
gefährdet zu sein schienen, ließen wir 21 Huntington-Patienten beider-
lei Geschlechts nuklearmedizinisch untersuchen. Eine Überfunktion der
Schilddrüse wurde in keinem Fall, 11x dagegen eine leichte Unterfunktion festgestellt. Die bei diesem Befund übliche Therapie mit L-Thy-
roxin (100 µg tgl.) führte sowohl bei typischer Ausprägung (innerhalb
einiger Wochen) wie bei einer hyperton-hypokinetischen Sonderform
(nach 4 Tagen) zu überraschender Besserung. Die Verträglichkeit ist
sehr unterschiedlich. Eine Dauermedikation dieser Art ist nicht zu
empfehlen. Zu berücksichtigen bleibt aber, daß die durch Iminodipro-
pionitril zu induzierenden, lebenslang anhaltenden choreatischen Bewegungsstörungen von Mäusen und Ratten durch Thyroxingaben vollständig zu verhindern sind! Eine Hinauszögerung und Abmilderung der
Symptome ist im Tierversuch durch Isoniazid und Glucosamin zu erreichen (21, 17).

Dem Glucosamin kommt darüberhinaus offensichtlich eine besondere Be-
deutung zu. Fibroblastenkulturen von Huntington-Patienten gehen im
Unterschied zu Kontrollkulturen nach dreiwöchiger Mangelernährung zugrunde - es sei denn, man setzt der Nährlösung Glucosamin zu (2, 17).
Der gleiche Befund ergab sich auch bei 4 von 8 Risikopersonen. Zur
Zeit prüfen wir, ob diese Methode frühdiagnostisch, und Glucosamin als
Bestandteil von Membranbausteinen (Glykoproteinen) substitutions-
therapeutisch genutzt werden kann. Daß es sich bei der Huntingtonschen
Krankheit wesentlich um eine Membrankrankheit handeln könnte, zeigen
auch physikochemische Befunde an Erythrozyten und immunologische Beobachtungen an Lymphozyten (2).

III. Unter Berücksichtigung hier nicht besprochener Befunde ist festzustellen (2): Das klinische Bild der Huntingtonschen Krankheit wird
vom gestörten Zusammenspiel der Neurotransmitter GABA, Dopamin, Serotonin (Noradrenalin, Acetylcholin, Glutamin, Substanz P, Leu-Enkephalin) sowie vom Einfluß endokriner und metabolischer Faktoren be-
stimmt.Zugrundeliegende Rückbildungsvorgänge zeigen sich u.a. in Blut-
und Hautzell-Membrananomalien. Durch gezielte Forschung sind jetzt
neue Möglichkeiten der Frühdiagnose, Prophylaxe und Therapie zu erwarten.

Literatur

1. Bruyn GW (1968) Huntington's Chorea. Historical, Clinical and Laboratory Synopsis. In: Handbook of Clinical Neurology, Vol.6: Barbeau A, Chase TN, Paulson JW (eds) Diseases of the Basal Ganglia. Raven Press, New York, S.278-378

2. Chase TN, Wexler NS, Barbeau A (1979) Huntington's Disease. Advances in Neurology Vol.23. Raven Press, New York

3. Goedde HW (1974) Pharmakogenetik: Variabilität von Arzneimittelwirkung und Stoffwechselreaktionen. Internist 15: 27-39

4. Hallervorden J (1957) Huntingtonsche Chorea (Chorea chronica progressiva heredieria) In: Lubarsch O, Henke F, Rössler R, Uhlinger E (eds) Handbuch Spez. Pathol. Anat. Histol. Bd.13, Springer, Berlin, S.793-822

5. Huntington G (1872) On chorea. Med Surg Reporter 26: 317-321

6. Oepen H (1961) Über Xanthurensäure-Bestimmung bei Erkrankungen des Nervensystems. Arch Psychiat Nervenkr 201: 465-482

7. Oepen H, Landzettel HJ, Streletzki R, Koppenfels J (1963) Statistische Befunde zur Klinik der Huntingtonschen Chorea. Arch Psychiat Nervenkr 204: 11-24

8. Oepen H (1963) Paroxysmale Störungen bei der Huntingtonschen Chorea. Arch Psychiat Nervenkr 204: 245-261

9. Oepen H (1963) Über 217 Körpersektionsbefunde bei Huntingtonscher Krankheit. Beitr path Anat 128: 12-24

10. Oepen H, Oepen I (1965) Aminosäuren des Blutes bei Huntingtonscher Chorea. Humangenetik 1: 299-302

11. Oepen H (1966) Klinisch-genetische Untersuchungen zur Phänogenese der Huntingtonschen Chorea. Habilitationsschrift, Marburg

12. Oepen H (1967) Geschlechtsabhängige Modifikation der Geburtenrate, des Erkrankungs- und Sterbealters bei Huntingtonscher Chorea. Homo 5, Supplementband, S.296-299

13. Oepen H (1967) Results of a systematic analysis of biochemical factors in Huntington's chorea. In: Proc Sec Int Congr Neuro-Genetics and Neuro-Ophthalmology Vol I, Montreal, p 571-572

14. Oepen H, Oepen I (1969) Tryptophansbelastungstest bei Huntingtonscher Chorea. Humangenetik 7: 197-202

15. Oepen H (1973) Discordant Features of Monozygotic Twin Sisters with Huntington's Chorea. In: Barbeau A, Chase TN, Paulson NT (eds) Advances in Neurology Vol 1: Huntington's Chorea 1872-1972, Raven Press, New York, p 199-201

16. Oepen H (1973) Steroid Metabolism and Thrombocyte Serotonin in Huntington's Chorea. In: Barbeau A, Chase TN, Paulson NT (eds) Advances in Neurology Vol 1: Huntington's Chorea 1872-1972, Raven Press, New York, p 551

17. Oepen H, Nain M (1979) Fibroblast Cultures in Huntington's Disease (Patients and Persons at risk). Eighth Intern Workshop on Huntington's Chorea, Oxford (unpublished)

18. Panse F (1942) Die Erbchorea. Eine klinisch-genetische Studie. Thieme, Leipzig

19. Petit H (1979) persönliche Mitteilung

20. Schneider G, Oepen H, Klapproth A (im Druck) Untersuchungen zur symptomatischen Pharmakotherapie eines Tiermodells der Chorea Huntington. Arzneim Forsch/Drug Res

21. Schubotz R, Hausmann L, Kaffarnik H, Zehner J, Oepen H (1976) Fettsäuremuster der Plasmalipide, Insulin- und HGH-Sekretion bei Huntingtonscher Chorea. Res exp Med 167: 203-215

22. Still Ch (1979) persönliche Mitteilung

23. Sturm G, Imhof-Kramer A, Oepen H (1976) The Hypothalamic-Hypophyseal-Adrenocortical Axis in Huntington's Chorea. In: IRCS Med Sci: Anatomy and Human Biology; Clinical Biochemistry; Clinical Medicine, Endocrine System; Nervous Systems; Pathology; Physiology 4: 146

24. Stutte H (1959) Frühmanifestationen der Chorea Huntington. Klin Wschr 37: 1096

25. Timoféeff-Ressovsky NW (1935) Verknüpfung von Gen und Außenmerkmal. Wiss Woche 1, Frankfurt a.M.

26. Vogel F, Wendt GG, Oepen H (1961) Das EEG und das Problem einer Frühdiagnose der Chorea Huntington. Dtsch Z Nervenheilk 182: 355-361

27. Wendt GG, Drohm D (1972) Die Huntingtonsche Chorea. Eine populationsgenetische Studie. In: Becker PE, Lenz W, Vogel F, Wendt GG (eds) Fortschritte der allgemeinen und klinischen Humangenetik Bd.IV, Thieme, Stuttgart

Familiäre paroxysmale Choreoathetose

H. Przuntek

Bei der familiär paroxysmalen Choreoathetose unterscheiden wir zwei
Typen:
1. die kinesiogene familiäre paroxysmale Choreoathetose Typ SMITH/
   HEERSEMA
   und
2. die familiäre paroxysmale Choreoathetose, Typ MOUNT REBACK.

Bei der familiären paroxysmalen kinesiogenen Choreoathetose liegt
das Manifestationsalter durchschnittlich im 9. Lebensjahr. Mehrmals
täglich, in Extremfällen bis zu 30 x pro Tag, kommt es zu anfalls-
artigen choreoathetotischen Bewegungen, die nur wenige Sekunden anhalten und zu bizarren Körperhaltungen führen. Als auslösendes Moment
werden spontane plötzliche Eigenbewegungen, wie z.B. das plötzliche
Aufstehen von einem Stuhl, angegeben. Bei der paroxysmalen familiären kinesiogenen Choreoathetose kommt es nie zu Bewußtseinsstörungen.
Nie kommt es zu tonisch-klonischen Krampferscheinungen. Häufig geht
den Attacken ein unbestimmtes Vorgefühl voraus. Nach einem Anfall
folgt eine Refraktärzeit von einigen Minuten, d.h. während dieser
Zeit kann ein Anfall durch eine plötzliche Bewegung nicht ausgelöst
werden. Durch Gegeninnervation wie z.B. festes Aufstampfen auf den
Boden können die Erkrankten eine Attacke unterdrücken. Nach einem Anfall ist der neurologische Befund unauffällig. In den meisten Fällen
handelt es sich im Anfall um generalisierte choreoathetotische Bewegungen der Arme, des Rumpfes und der Beine. Eine wechselnde Seiten-
betonung ist möglich. Es werden auch Fälle mit ausschließlichem Befall einer Seite mitgeteilt. Bei der vorangehenden Aura besteht meist
ein Spannungsgefühl der Extremität, in der der Anfall beginnt. Die
Anfallsfrequenz verringert sich im höheren Lebensalter. Die familiäre
paroxysmale kinesiogene Choreoathetose läßt sich am besten mit Diphenylhydantoin und Barbitursäurederivaten behandeln. Die familiäre
paroxysmale kinesiogene Choreoathetose wird meist dominant autosomal
vererbt. Rezessive Erbgänge werden aber auch mitgeteilt. Auch über
das sporadische Auftreten von Patienten mit kinesiogener paroxysmaler Choreoathetose ist berichtet worden.

Während in den letzten 20 Jahren zahlreiche Publikationen (1, 2, 3,
4, 5, 6, 7, 10, 11, 12, 14, 15, 16, 17) über die familiäre paroxysmale kinesiogene Choreoathetose erschienen sind, gibt es nur wenige
Mitteilungen (8, 9, 13), in denen die paroxysmale Choreoathetose vom
Typ MOUNT REBACK beschrieben wird. Bei der familiären paroxysmalen
Choreoathetose vom Typ MOUNT REBACK machen sich im Gegensatz zur kinesiogenen paroxysmalen Choreoathetose die choreoathetotischen Attak-
ken höchstens 1-2 x am Tag bemerkbar. Sie lassen sich nicht durch Bewegungen auslösen. Die Choreoathetosen treten meist um die Mittags-
und Abendzeit auf. Sie dauern zwischen wenigen Minuten und mehreren
Stunden. Die Patienten verlieren während eines choreoathetotischen
Anfalls weder das Bewußtsein noch die Sphinkterkontrolle. Die Choreoathetose läßt sich durch Alkohol auslösen. Durch Kaffee, Coca Cola,
Tee und Streßsituationen wird die Intensität von Choreoathetosen verstärkt, ähnlich wie es bei der Dystonie auch der Fall ist. Die familiä-

re paroxysmale Choreoathetose vom Typ MOUNT REBACK wird autosomal
dominant vererbt. Pathoanatomische und pathochemische Untersuchungen
zur Choreoathetose, Typ MOUNT REBACK, liegen nicht vor. 1976 wurde
uns erstmals eine 22-jährige Patientin vorgestellt. Die Patientin berichtete, daß sie seit früher Kindheit an sich langsam verstärkenden,
schlagenden, drehenden Bewegungen, die meist in der linken Hand begän-
nen und auf die rechte Hand übergriffen, leide. Auch die Füße und
Beine würden von den Bewegungen befallen. Bei besonders starker Ausprägung eines solchen Bewegungssturmes käme es zu Verkrampfungen. Diese Bewegungsunruhe würde unterschiedlich lange von wenigen Minuten bis
zu mehreren Stunden am Tage dauern. Diese Bewegungsunruhe würde fast
immer mittags, häufig aber auch abends auftreten. Sie sei dabei bei
vollem Bewußtsein. Nie habe sie eingenäßt oder einen Zungenbiß gehabt.
Selten habe sie Angstgefühle. Meist warte sie geduldig das Ende eines
solchen Bewegungssturmes ab. Die Familienanamnese ergab, daß sowohl
die Geschwister wie auch die Mutter und die Großmutter an ähnlichen
Störungen litten. Um weitere Hinweise über die ungewöhnliche Krankheit zu bekommen, haben wir insgesamt 318 Verwandte dieser Patientin
auf das Vorliegen von choreoathetotischen Bewegungsstörungen untersucht, bzw. soweit die Patienten verstorben oder ausgewandert waren,
deren Anamnese erfragt (Abb. 1). Unsere Ermittlungen erstreckten sich
über 6 Generationen. Ein weiteres Zurückgehen schien nicht sinnvoll,
da die Krankheit lediglich bis in die 4. Generation zurückzuverfolgen
war. Eine Konsanguinität konnte innerhalb der Familie nicht nachgewiesen werden. Epilepsie und Geisteskrankheiten traten nicht auf. An
neurologischen Erkrankungen fanden sich lediglich zwei Fälle von multipler Sklerose und ein Fall von Littlescher Erkrankung. Ebenfalls
wurde über einen Fall von leichtem Schwachsinn berichtet, der auf eine
Geburtsschädigung zurückgeführt wurde. Die familiäre paroxysmale Choreoathetose vom Typ MOUNT REBACK konnte bei 15 Familienmitgliedern
(Abb. 2) nachgewiesen werden. Die Betroffenen leben größtenteils in
der Nähe von Würzburg, zwei Patienten leben in München. Von 21 Nachkommen der ältesten Patientin A.F. sind 14 Nachfahren an der familiären paroxysmalen Choreoathetose vom Typ MOUNT REBACK erkrankt. 2 Klein-
kinder wiesen bis jetzt keine Krankheitszeichen auf. Die Penetranzrate
liegt in dieser Familie bei ca. 80%. Unter den Erkrankten fanden sich
9 weibliche und 6 männliche Personen. Bei Berücksichtigung der Familien von MOUNT REBACK und RICHARDS und BARNETT läßt sich keine Ge-
schlechtsspezifität nachweisen. Die Angaben des Manifestationsalters
sind ungenau. Da die Anfälle im Kindesalter oft nur gering ausgeprägt
sind, haben die choreoathetotischen Attacken für die Betroffenen keinen Krankheitswert. Häufig vermögen die Eltern einen leichten Anfall
im Kindesalter nicht richtig zu deuten. Weiterhin versuchen Familienmitglieder gegenseitig die Krankheit untereinander zu verheimlichen
bzw. herunterzuspielen. Bei einem Kind wurde die Choreoathetose von
der Mutter bereits im Alter von 2 Jahren bemerkt. Die meisten Patienten verbinden den Beginn der Erkrankung mit einschneidenden Erlebnis-
sen, wie Einschulung, Beginn der Lehrzeit und herausragenden Festen.
Bei allen Patienten manifestierte sich die Krankheit bis zum 20. Lebensjahr. Die Frequenz und Intensität der Choreoathetosen sind von Familienmitglied zu Familienmitglied unterschiedlich stark ausgeprägt
(Abb. 3). Bei allen Patienten beginnen die Anfälle langsam. Meist geht
ein Spannungsgefühl in den Armen oder Beinen oder Kopfdruck den unwillkürlichen Bewegungen voraus. Die Choreoathetosen beginnen meist
an den Fingern einer Hand oder an den Zehen eines Fußes, werden stärker und stärker und können dann auf die ganze Extremität übergreifen
und auch die andere Körperseite befallen. Selten beginnen die Choreoathetosen beidseitig. Manchmal ist auch die Gesichtsmuskulatur mitbetroffen. Selten bestehen Blickkrämpfe. Bei heftigen choreoathetotischen
Attacken gehen die Bewegungen in einen krampfartigen Zustand über, der
schmerzhaft ist und einer Dystonie gleicht. Die Arme sind dabei meist

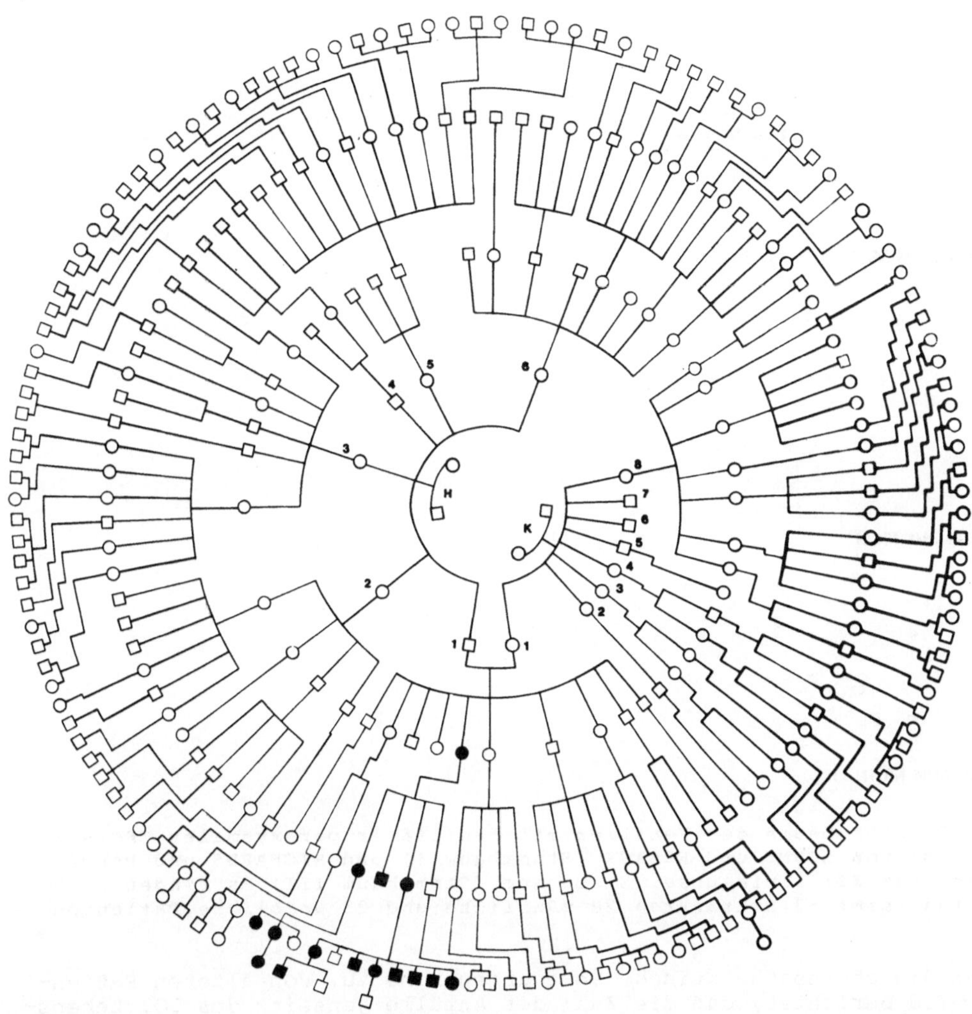

Abb. 1. Stammbaum der Sippe mit familiärer paroxysmaler Choreoathetose. 319 Familienmitglieder über 6 Generationen mit 15 an familiärer paroxysmaler Choreoathetose erkrankten Patienten. Die Krankheit läßt sich über 4 Generationen zurückverfolgen

auf dem Rücken verdreht, die Beine adduziert und nach innen rotiert. Ein Anfall kann wenige Minuten bis zu 6 Stunden dauern. Anfang und Ende lassen sich nicht scharf abgrenzen. Nach einem Anfall besteht kein besonderes Spannungsgefühl. Die Patienten fühlen sich in der Regel erleichtert. Die Bewegungsstörungen treten unterschiedlich oft auf. Durchschnittlich treten die Anfälle 2-3 x in der Woche auf. Meistens werden die Anfälle um die Mittagszeit oder in den frühen Abendstunden beobachtet. Die Erwachsenen geben an, daß Alkohol innerhalb weniger Minuten bis Stunden eine choreoathetotische Attacke auslösen könne. Kaffee, Tee und Cola-haltige Getränke fördern die Anfallsbereitschaft und verstärken die Intensität. Eine Patientin bekam nach Einnahme einer coffeinhaltigen Tablette einen so starken Anfall, daß sie in ein Krankenhaus eingewiesen werden mußte. Bei fieberhaften Erkrankungen

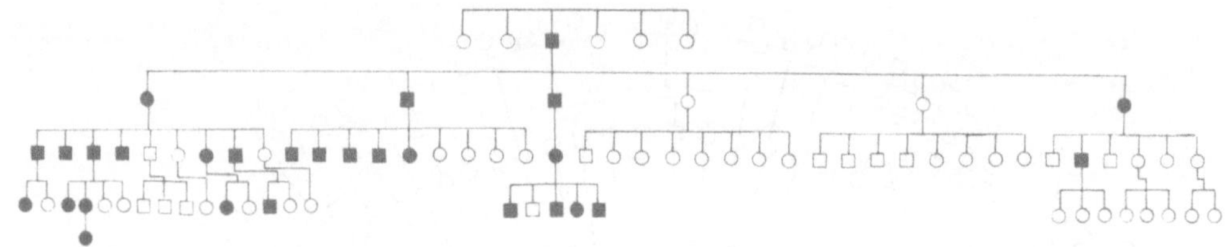

STAMMBAUM NR. I

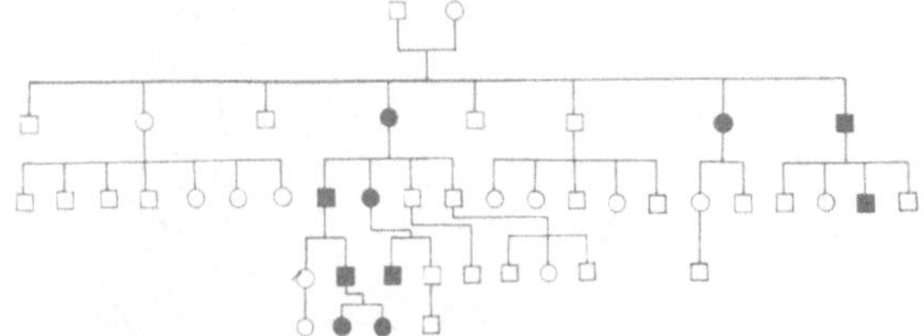

STAMMBAUM NR. II

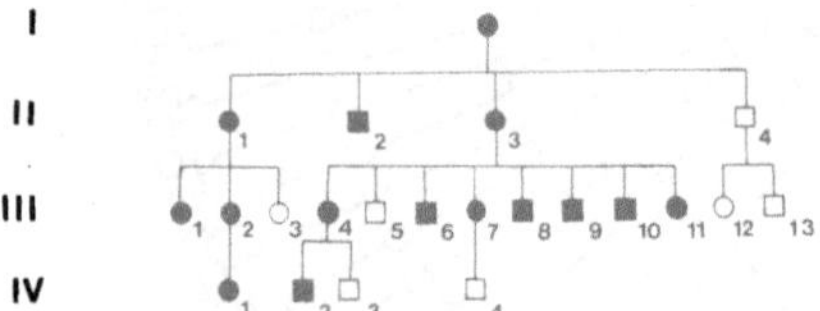

STAMMBAUM NR. III

<u>Abb. 2.</u> Stammbäume der Familien mit familiärer paroxysmaler Choreo-
athetose von MOUNT und REBACK (Stammbaum I) und RICHARDS und BARNETT
(Stammbaum II) sowie unser Stammbaum (Stammbaum III).Es finden sich
bei insgesamt 53 Erkrankten 28 männliche und 25 weibliche Patienten

nimmt die choreoathetotische Bewegungsunruhe zu. Von älteren Patienten wird berichtet, daß die Zahl der Anfälle jenseits des 30. Lebensjahres mit zunehmendem Alter abnimmt.

Die bei der kinesiogenen familiären Choreoathetose wirksamen Antiepileptika waren sowohl in der Familie von MOUNT REBACK wie auch bei
der Familie von RICHARDS und BARNETT nicht wirksam. In der von uns
beobachteten Familie konnte bei allen 8 Patienten, die Di-N-Propylacetat in einer Dosierung zwischen 900 bis 1800 mg/Tag erhalten hatten,
ein Rückgang der Anfallsfrequenz und auch der Anfallsintensität beobachtet werden. 5 Patienten erhielten Haloperidol in einer Dosierung
zwischen 3 x 0,5 bis 3 x 2 mg/die. Alle 5 Patienten berichteten, daß
Haloperidol wirksamer sei als Di-N-Propylacetat. Eine Patientin berichtete, daß während der Schwangerschaft die Intensität der Choreoathetosen erheblich zugenommen habe. Bei dieser Patientin war vor der
Schwangerschaft Di-N-Propylacetat ausreichend wirksam. Während der
Schwangerschaft war zusätzlich Haloperidol notwendig, um die Anfallsfrequenz und Anfallsintensität mindern zu können. Bei einer Patientin, die stationär beobachtet werden konnte, ließ sich die Choreoathetose durch eine Infusion mit L-Dopa (30 mg) auslösen. Die Untersuchungen bei der familiären paroxysmalen Choreoathetose MOUNT REBACK lassen
vermuten, daß es sich um ein anfallsartiges Aussetzen von Funktionen
im striopallidalen Regelkreis handelt. Die Beobachtung, daß Haloperi-

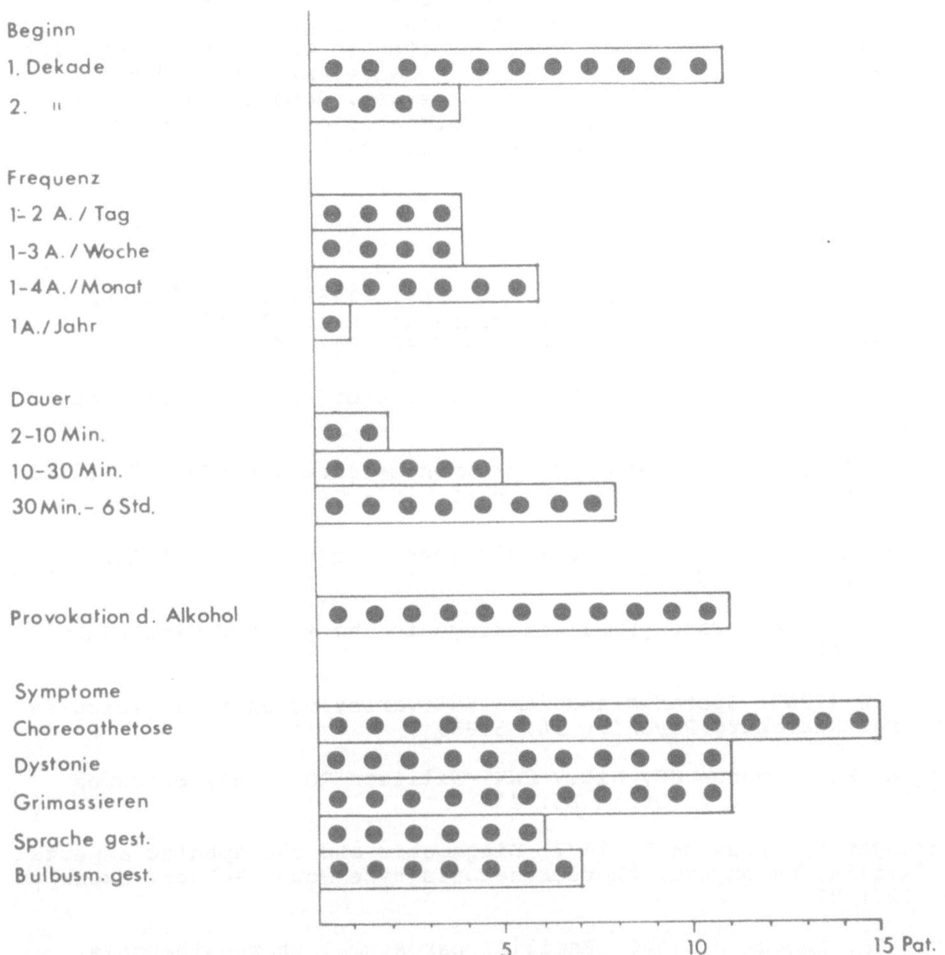

Abb. 3. Zusammenfassende Einzeldarstellung der einzelnen Symptome, sowie der Dauer und der Frequenz der familiären paroxysmalen Choreoathetose MOUNT-REBACK bei der von uns beschriebenen Familie

dol, das nach ANDÉN et al. als Dopamin-Rezeptorenblocker anzusehen ist und daß Di-N-Propylacetat, das über eine GABA-T-Transferaseinhibition zu einer GABA-Erhöhung führt in der Lage sind, die choreoathetotischen Bewegungen zu unterdrücken, spricht dafür, daß ein gabaerg dopaminerger Antagonismus im striopallidalen Regelkreissystem bestehen könnte.

Zusammenfassung

Wir unterscheiden zwei Formen der paroxysmalen familiären Choreoathetose
1. die kinesiogene familiäre paroxysmale Choreoathetose Typ Smith/ Heersema.
2. die paroxysmale familiäre Choreoathetose Mount Reback. Bei der ersten Form kommt es bewegungsinduziert zu choreoathetotischen

Bewegungsstörungen von kurzer Dauer, die bis zu 30 x am Tag auftreten. Hier helfen Antiepileptika. Bei der familiären Choreoathetose Mount Reback kommt es paroxysmal zu länger anhaltenden Choreoathetosen, die durch Di-N-Propylacetat und Haloperidol behandelbar sind und den Verdacht nahelegen, daß eine Störung im gabaergen, dopaminergen Regelkreis besteht. Die Tatsache, daß die Choreoathetosen in höherem Alter weniger werden, lassen vermuten, daß es sich nicht um einen neurodegenerativen Prozeß handelt.

Literatur

1. Andén NE, Dahlström A, Fuxe K, Hökfelt T (1966) The effect of haloperidol and chlorpromazine on the amine levels of central monoamine neurons. Acta physiol scand 68: 419-420

2. Fuchs U, Junkers B (1973) Über choreoathetotische Anfälle. Nervenarzt 44: 300-307

3. Hudgins R, Corbin K (1966) An uncommon seizure disorder: Familial paroxysmal choreoathetosis. Brain 89: 199-204

4. Kato M, Araki S (1969) Paroxysmal kinesiogenic choreoathetosis. Arch Neurol 20: 508-513

5. Kertesz A (1967) Paroxysmal kinesiogenic choreoathetosis. Neurology 17: 680-690

6. Lance JW (1963) Sporadic and familial varieties of tonic seizures. J Neurol Neurosurg Psychiat 26: 51-59

7. Lishman WA, Symonds CP, Witty CWM, Willison RG (1962) Seizures induced by movement. Brain 85: 93

8. Monninger P, Przuntek H (1977) Diagnostic and therapeutic aspects of familial paroxysmal choreoathetosis type Mount Reback. Excerpta Med 427: 92

9. Mount LA, Reback S (1940) Familial paroxysmal choreoathetosis. Arch Neurol Psychiat 44: 841-847

10. Neumayer E, Seemann D (1954) Zur Frage subcorticaler Anfälle. Arch Psychiat Z Neurol 192: 259-267

11. Nutting PA, Cole BR, Schimke RN (1969) Benign, recessively inherited choreoathetosis of early onset. J med Genet 6: 408-410

12. Pryles CHV, Livingstone S, Ford FR (1952) Familial paroxysmal choreoathetosis of Mount and Reback. Study of a second family in which this condition is found in association with epilepsy. Pediatrics 9: 44-47

13. Richards RN, Barnett HJM (1968) Paroxysmal dystonic choreoathetosis. Neurology 18: 461-469

14. Rosen JA (1964) Paroxysmal choreoathetosis. Arch Neurol 11: 385-387

15. Smith LA, Heersema PH (1941) Periodic dystonia. Proc Mayo Clin 16: 842-846

16. Stevens H (1966) Paroxysmal choreoathetosis. A form of reflex epilepsy. Arch Neurol 14: 415-420

17. Williams J, Stevens H (1963) Familial paroxysmal choreoathetosis. Pediatrics 31: 656-659

Phasische und tonische Bewegungsstörung des Torticollis und der Torsionsdystonie

C.H. Lücking

Torticollis und Torsionsdystonie treten als Folge von abnormen und
unwillkürlichen Kontraktionen von Hals- und Nackenmuskeln sowie von
Rumpf- und Extremitätenmuskeln auf. Die Kontraktionen bewirken mehr
oder weniger ausgeprägte Bewegungen und abnorme Haltungen des Kopfes,
Körpers und der Extremitäten. Die Ausprägung der Bewegungsstörung
hängt entscheidend von den beteiligten Muskeln und von der Art der
Muskelkontraktionen ab, die phasisch und tonisch ablaufen können. Da
der Torticollis spasmodicus als eine isolierte Form, wie auch als
Teil eines torsionsdystonen Syndroms auftreten kann, sollen vorwie-
gend anhand des Torticollis die Besonderheiten des torsionsdystonen
Bewegungsmusters erörtert werden.

Symptomatologie des Torticollis spasmodicus

Das klinische Erscheinungsbild des Torticollis spasmodicus (T.s.)
wird charakterisiert anhand der Bewegungsrichtung des Kopfes. Die Bewegung kann grundsätzlich in den verschiedenen Ebenen und um die verschiedenen Achsen erfolgen. Die Benennung der Bewegungsrichtungen ist
in der Literatur aber keineswegs einheitlich, im einzelnen sogar gegensätzlich.

Im deutschen Sprachbereich ist die Definition von HASSLER u. DIECKMANN
(1970) geläufig. Sie bezeichnen die beiden Hauptformen als horizontalen und als rotatorischen T.s.:
der horizontale T.s. erfolgt um die Körperlängsachse, der Kopf wird
in der horizontalen Ebene zu einer Schulter gewendet (gedreht), wobei
die Nase die Bewegung "anführt".
Der rotatorische T.s. erfolgt um die fronto-occipitale Achse, der Kopf
wird zu einer Schulter geneigt, wobei das Ohr die Bewegung "anführt".
Die Bezeichnung Wendung für eine Drehung des Kopfes in der horizontalen Ebene entspricht unserem allgemeinen Sprachgebrauch, als horizontal werden auch die seitlichen Augenbewegungen (Nystagmus) bezeichnet.
Rotatorisch nennen wir auch die Augenbewegungen um die fronto-occipitale Achse (um oder gegen den Uhrzeigersinn). Aber in der Vestibula-
risfunktionsprüfung wie auch in der Allgemeinsprache bedeutet rotatorisch häufig Drehung um die Körperlängsachse.
Verwirrend aber ist, daß in der angelsächsischen Literatur Bezeichnungen wie rotation, rotatory, twisting für den T.s. in horizontaler
Ebene und turning, inclination für den rotatorischen T.s. verwendet
werden.

Mißverständnisse, die vor allem in den schwierigen pathophysiologischen Erörterungen und in der Beurteilung von therapeutischen Maßnahmen und Erfolgen vorkommen dürften, ließen sich vermeiden durch eine
Vereinheitlichung und eine für alle Sprachbereiche verständliche Bezeichnung: Torticollis für die Drehung bzw. Wendung in der horizontalen Ebene, Laterocollis für die seitliche Neigung des Kopfes zur Schulter, zumal Retro- und Anterocollis einheitlich für eine Kopfbewegung

nach hinten bzw. nach vorn benutzt wird. Analogien zur Latero-, Retro-
und Anteropulsion bei einer anderen extrapyramidalen Bewegungsstörung
(Parkinsonismus) bieten sich an.

Die beiden Hauptformen des T.s. kommen nicht selten kombiniert als
horizontal-rotatorischer T.s. vor, wobei dann meistens Ohr und seit-
licher Hinterkopf zu einer Seite geneigt, das Gesicht aber zur Gegenseite gewendet wird.

Die Bewegungsrichtung des Kopfes wird bestimmt durch die verstärkte
Aktivität einzelner Hals- und Nackenmuskeln. Wenngleich zahlreiche kleine Nackenmuskeln jeweils mitwirken, kommt aber die Hauptbedeutung den
Mm. sternocleidomastoidei und splenii capitis und geringer auch den Mm.
trapezii zu. Die Mm. sternocleidomastoidei drehen den Kopf jeweils zur
entgegengesetzten Seite, unterstützt durch den synergistischen kontralateralen M. splenius. Bei einer Kontraktion von dem M. sternocleidomastoideus und splenius der gleichen Seite kommt es zu einer Neigung
des Kopfes auf die ipsilaterale Schulter. Auch bei einer klinisch rein
einseitigen Bewegung oder Haltung sind fast immer sämtliche, damit auch
antagonistische Muskeln beider Seiten innerviert, wenngleich einzelne
überwiegen und damit die Richtung bestimmen. Die beidseitige Innervation der Hals- und Nackenmuskeln beim Retro- und Anterocollis ist dagegen von vornherein naheliegend.

Die Art des T.s. richtet sich nach dem Aktivitätsmuster in den beteiligten Muskeln. Die tonische Muskelkontraktion führt zu einer abnormen
Haltung des Kopfes, dem im eigentlichen Sinne spasmodischen Torticollis.
Die phasische Muskelinnervation bewirkt einzelne, mitunter rhythmisch
ablaufende Muskelkontraktionen, die abnorme Bewegungen vom Typ der Myoklonien oder eines Tremors hervorrufen (myoklonischer T.s.). Nicht selten finden sich beide Kontraktionsformen gleichzeitig, wenn sich auf
die Haltungsanomalie unwillkürliche Bewegungen aufsetzen.

Die phasische Bewegungsstörung zeigt sich oft nur in der leichteren
Form des horizontalen T.s. Die tonische Haltungsanomalie dagegen läßt
sich am häufigsten bei den schweren Formen des rotatorischen und des
gemischt horizontal-rotatorischen T.s. beobachten. Nicht selten geht
der initial rein phasische T.s. in die vorwiegend tonische Form über.

Im Vergleich zu anderen extrapyramidalen Bewegungsstörungen läßt sich
der T.s. durch eine ganze Reihe von verschiedenen Maßnahmen beeinflussen und ausgleichen (Tabelle 1). Die geste antagonistique ist das am
häufigsten von den Patienten selbst entdeckte und geübte Manöver, durch
Anlegen der Finger an die nicht abgewandte Wange den Kopf relativ mühe-
los in die Mittelstellung zu bringen, was ohne dieses Hilfsmittel nicht
oder nur flüchtig gelingt. Dabei kann der Hautreiz allein nicht entscheidend sein, da er als Fremdreiz nicht wirksam ist. Es genügt aber
häufig allein das Anheben des zur T.s.-Richtung kontralateralen Armes.
Kompensatorisch wirken auch alle symmetrischen Innervationen der Arme
und Beine (s. Tabelle 1). Der Gegendruck gegen das abgewandte Kinn erleichtert in vereinzelten Fällen möglicherweise dadurch, daß die willkürliche Korrekturbewegung unterstützt wird. Auch sensible und sensorische Reize, vor allem auch intensive Vestibularisafferenzen, können
den T.s. korrigieren.

EMG-Befunde beim Torticollis spasmodicus

Über die klinische Beobachtung hinaus läßt das EMG genauer die Grundaktivität, das zeitliche Zusammenwirken und den Effekt der kompensatorischen Maßnahmen in den verschiedenen Nacken- und Halsmuskeln beurtei-

<u>Tabelle 1.</u> Beeinflußbarkeit des Torticollis Spasmodicus

---

Geste Antagonistique (kontralaterales Kinn)

Vorhalten des kontralateralen Armes

Vorhalten beider Arme

Verschränken beider Arme hinter dem Kopf

Beidseitig starker Faustschluß

Beidseitig angestrengtes Hüpfen

Gegendruck am ipsilateralen Kinn

Anlehnen des Hinterkopfes

Vestibularisreizung (calorisch)

---

len. Die wesentlichen Informationen liefern die simultanen Ableitungen aus beiden Mm. sternocleidomastoidei und splenii capitis, wobei jede Analyse berücksichtigen muß, daß zahlreiche tiefe Nackenmuskeln im Einzelfall von großer Bedeutung sein können.

Die Ableitung bei gesunden Personen bestätigt für die horizontale Wendebewegung den synergistischen Einsatz vom M. sternocleidomastoideus und gegenseitigem M. splenius capitis, für die Rotationsbewegung mit Neigung des Kopfes auf die Schulter das Zusammenwirken von M. sternocleidomastoideus und M. splenius capitis der gleichen Seite. Die jeweils antagonistischen Muskeln werden reziprok gehemmt.

Bei der überwiegenden Zahl der Patienten mit T.s. ist die reziproke Hemmung vermindert oder aufgehoben. Auch bei deutlichem Ausmaß der Bewegung oder abnormen Haltung sind die antagonistischen Muskeln häufig mitinnerviert (Abb. 1).

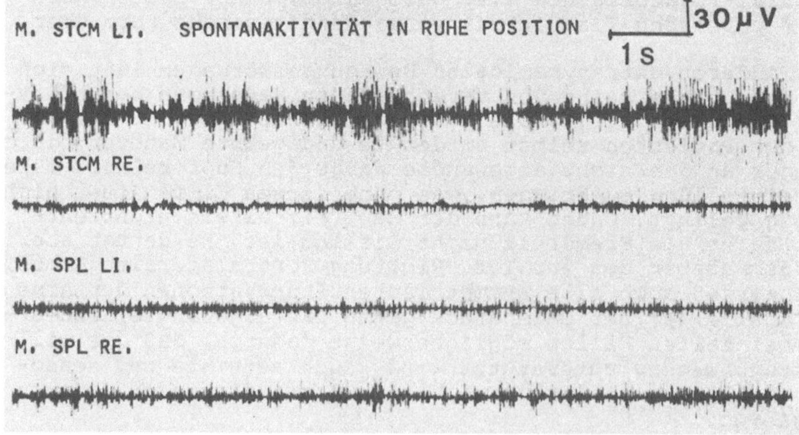

<u>Abb. 1.</u> EMG aus den Mm. sternocleidomastoidei (M. STCM) und splenii capitis (M. SPL) eines 45-jährigen Mannes (L.J.) mit horizontalem T.s. nach rechts und rotatorischer Komponente nach links. In der Ruhestellung ohne willkürliche Korrektur Aktivität in allen Muskeln mit Überwiegen im li. M. STCM

Bei willkürlichen Korrekturbewegungen des Kopfes kommt es im Gegensatz zur reziproken Hemmung häufig zu einer Verstärkung der vorher hyperaktiven, jetzt in der Korrekturbewegung aber antagonistischen Muskeln (Abb. 2). Auch bei anderen Kopfbewegungen wie Heben oder Senken bleiben diese Muskeln überaktiv. Bei passiven Gegenbewegungen kann die Aktivität zunehmen.

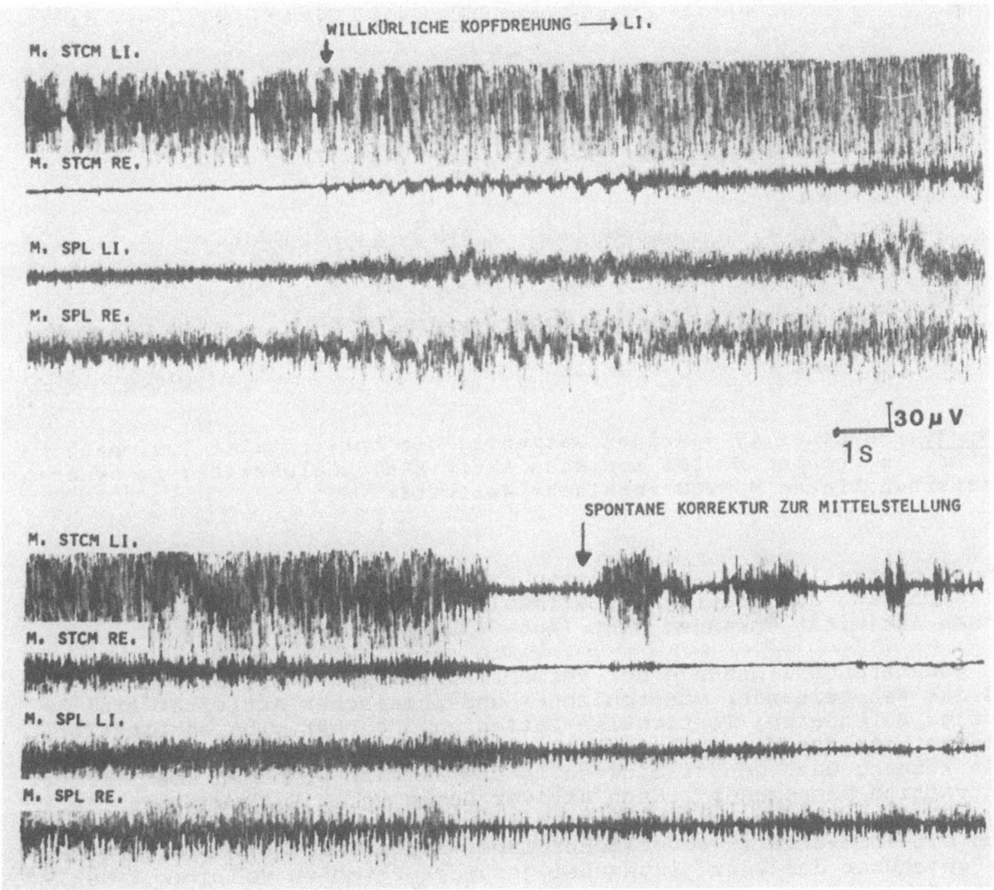

Abb. 2. EMG identisch abgeleitet wie in Abb. 1. Bei willkürlicher Kopfwendung nach links (entgegen der Torticollis-Richtung) deutliche Aktivitätszunahme auch in den antagonistischen Muskeln (STCM li. und SPL re.). Bei Rückkehr zur Mittelstellung kurzzeitige Entlastung in beiden Mm. sternocleidomastoidei

Das EMG zeigt bei längerer Aufzeichnung der spontanen Tätigkeit, wie phasische und tonische Aktivierung gleichzeitig beobachtet werden kann, entweder in demselben Muskel, oder aber in synergistischen Muskeln mit beispielsweise tonischer Aktivität im M. splenius capitis und in rhythmischer Aktivität im M. sternocleidomastoideus (Abb. 3). (VASILESCU und DIECKMANN 1975, BERTRAND et al. 1977). Auch die kompensatorischen Effekte der geste antagonistique oder der symmetri-

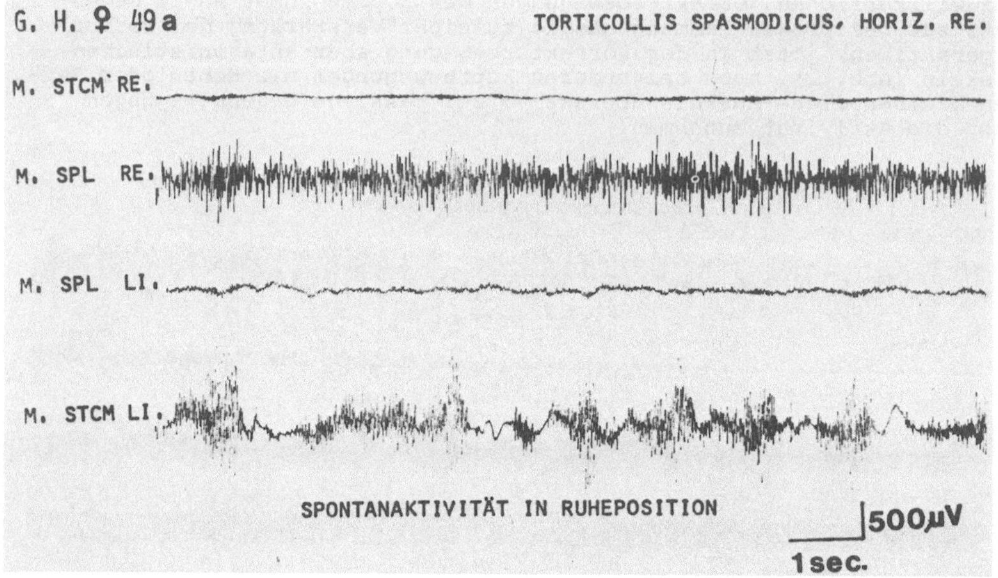

Abb. 3. EMG einer 49-jährigen Patientin mit horizontalem T.s. nach
rechts. Im rechten M. SPL tonische Aktivität, gleichzeitig im synergistischen linken M.STCM phasische Aktivität

schen Innervation der Arme, lassen sich gut im EMG dokumentieren, wobei sich dann auch häufig der allmähliche Wiederaufbau der unwillkürlichen Aktivität erkennen läßt (Abb. 4 und 5).

Die genannten EMG-Befunde der vermehrten antagonistischen Innervation
und das Nebeneinander von tonischer und phasischer Aktivität sind
häufige Befunde bei Torticollis-Patienten. Daneben gibt es einzelne
Befunde, die für die pathophysiologische Interpretation von Bedeutung
sein können. Dazu gehört einerseits das Release-Phänomen oder "after
contraction phenomenon". Nach aktiver Bewegung in Richtung des T.s.
gegen äußeren Widerstand und plötzlicher Entlastung kommt es bereits
nach 0,5-1 Sekunde zu neuerlicher Innervation (Abb. 6). Diese Latenz
ist gegenüber der Verzögerung bei gesunden Personen von etwa 3 Sek.
deutlich verkürzt (PODIVINSKY 1968). Der nur allmähliche Aufbau der
Aktivität spricht gegen einen Reflexmechanismus wie die silent period
(Latenz um 100 msec) und unterstützt die Annahme einer zentralen In-
nervationsregelung.

Ätiologie und Neuropathologie des Torticollis spasmodicus

Die Diskussion über die Möglichkeit und Häufigkeit eines rein psychisch
bedingten T.s. ist seit der Beschreibung eines "Torticollis mentalis"
vor fast 100 Jahren von BRISSAUD (1895) bis heute nicht beendet. Die
Annahme einer ursächlich psychogenen Störung mit Behandlungserfolgen
durch Psychotherapie stützen zu wollen, muß dann problematisch bleiben, wenn "spontane" Verläufe mit langdauernden Remissionen und vereinzelten Ausheilungen bekannt wurden. Eine besondere Beeinflußbarkeit
durch psychische Faktoren ist allen extrapyramidalen Bewegungsstörungen
eigen. Trotzdem bestehen Hinweise (MITSCHERLICH 1971, LÜTZENKIRCHEN
1979), daß im Gegensatz zu anderen EPMS-Syndromen beim T.s. häufiger

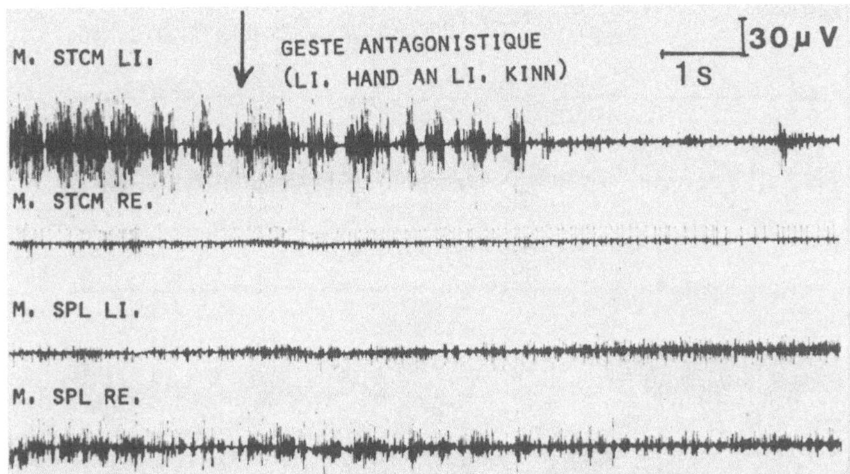

Abb. 4. EMG entsprechend den Abb. 1 und 2. Durch Anlegen der linken Hand an das linke Kinn Korrektur des rechtsseitigen horizontalen T.s. mit Rückgang der Innervation des linken M. STCM. Die Aktivität in den anderen Muskeln bleibt unverändert. Die Bewegung des Kopfes zur Mittelstellung erfolgt nicht durch Willkürinnervation des re. M. STCM, sondern durch Erschlaffung des li. M. STCM

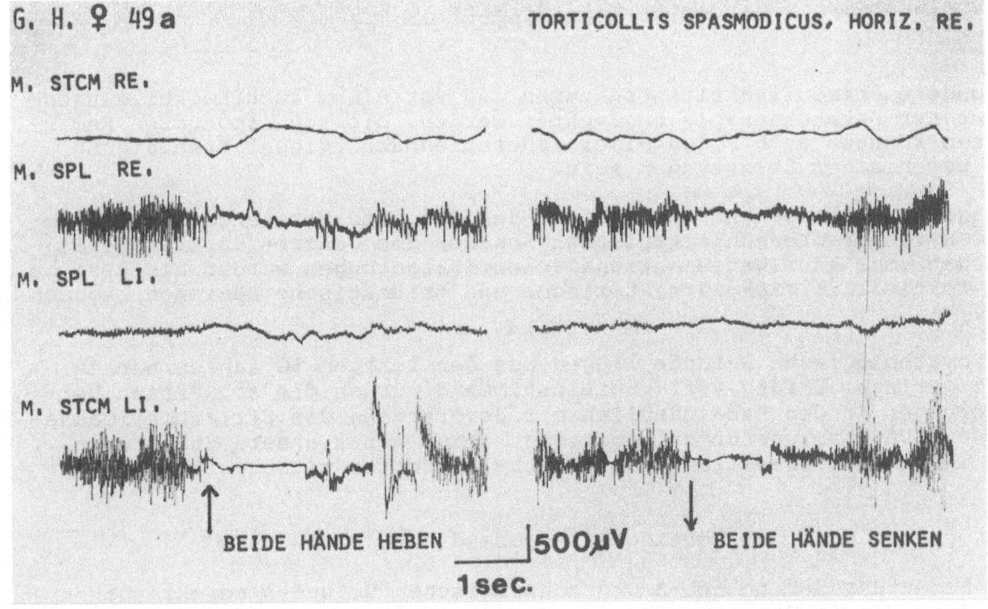

Abb. 5. EMG entsprechend der Abb. 3. Durch symmetrisches Vorhalten beider Arme wird die Innervation der synergistischen Muskeln (M. SPL RE. und M. STCM LI.) kurzfristig unterbrochen, der Kopf geht zur Mittelstellung. Identisches Verhalten beim Senken der Arme

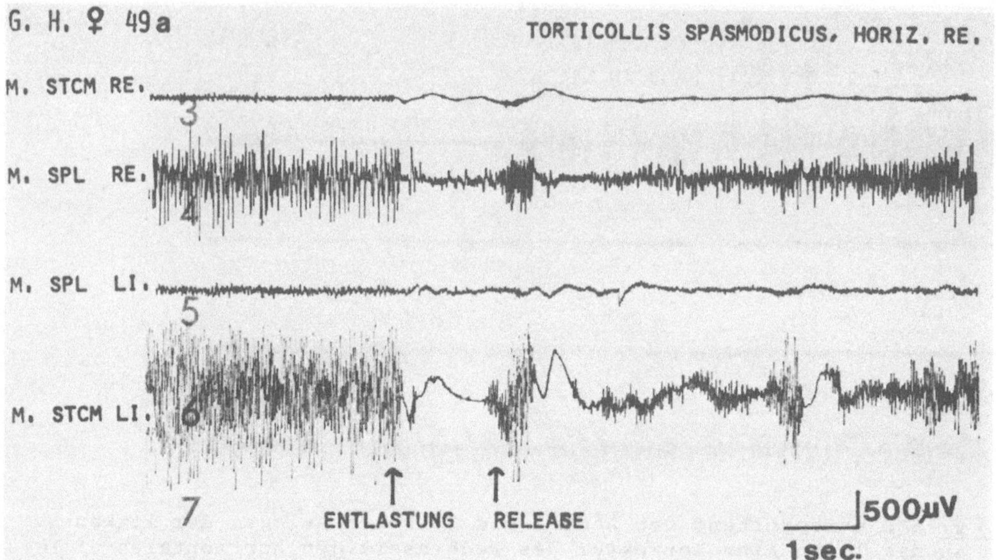

Abb. 6. EMG entsprechend den Abb. 3 und 5. Nach willkürlicher Drehung des Kopfes in Richtung des Torticollis gegen Widerstand kommt
es durch plötzliche Entlastung zum Entlastungsreflex (Latenz ca.
100 msec) und Unterbrechung der Innervation für nur ca. 1 sec. Danach Wiederaufbau der Aktivität (Release)

besondere Persönlichkeitsstrukturen und vor allem auch Rückbildungen
unter der Psychotherapie beobachtet werden. Die sog. spontanen Remissionen könnten auch Folge einer (therapieunabhängigen) Beseitigung
von psychischen Belastungen sein.

Allerdings gibt es keinen Zweifel, daß T.s. und Torsionsdystonien im
Rahmen von erworbenen organischen Schäden des Gehirns auftreten. Neben den wohl häufigsten entzündlichen Erkrankungen wurden als Ursache
des Torticollis vaskuläre, toxische und traumatische Läsionen beobachtet.

Neuropathologische Befunde liegen aus den letzten 50 Jahren nur in
ganz geringem Umfang vor. Übereinstimmend wurden die schwersten Veränderungen in den Basalganglien mit Bevorzugung des Striatums (Caudatum und Putamen) gefunden, aber fast immer waren andere Strukturen,
wie Thalamus, Cerebellum oder cerebraler Cortex mitbetroffen.

Pathophysiologie des Torticollis spasmodicus

Die Bedeutung der in den neuropathologischen Befunden beschriebenen
Schädigungen im Striatum für den T.s. leitet sich aus der Verwandtschaft zu anderen unwillkürlichen Bewegungsstörungen (Chorea, Athetose) und auch aus Ergebnissen der stereotaktischen Exploration beim
Menschen und im Tierexperiment ab. Das extrapyramidal-motorische System (EPMS) ist unter Einbeziehung des Kleinhirns und verschiedener
Strukturen des Hirnstamms (u.a. das rubro-, vestibulo- und retikulo-
spinale System) für unsere motorischen Leistungen von übergeordneter
Bedeutung. Es kann aber nicht aus den einzelnen Kerngebieten und Fa-

serbündeln allein verstanden werden, sondern funktioniert als ein
eng verschaltetes System von Funktionskreisen, das unter dem Einfluß
der sensibel-sensorischen Afferenzen aus der Peripherie ebenso wie
unter dem Einfluß des Großhirns steht. Das erklärt die Auswirkungen
von Vigilanz, Antrieb oder Gemütserregung, aber auch die Einwirkung
über die Haut- und Tiefensensibilität, von optischen Signalen oder
vestibulären Reizen. Bezogen auf den T.s. wissen wir, daß die Bewegungsstörung bei Entspannung und insbesondere im Schlaf abklingt, unter psychischer Anspannung aber deutlich gesteigert ist. Andererseits
zeigen die verschiedenen kompensatorischen Mechanismen (s. Tabelle 1),
daß sensible oder vestibuläre Reize den T.s. modifizieren. Die auffällige Korrektur durch Aufheben des kontralateralen Armes und vor
allem durch die symmetrische Innervation der Extremitäten läßt an den
Einfluß eines tonusregulierenden Systems denken, das für die Haltungs-
und Stellreflexe (MAGNUS und De KLEYN 1912) des Neugeborenen verantwortlich ist, im Laufe der Entwicklung aber in die allgemeine Motorik
eingebaut wird. Die Haltungs- und Stellreaktionen sind an die tonischen Nacken- und Labyrinth-Reflexe gebunden und bewirken Tonusver-
änderungen in den Extremitäten durch Kopf- und Körperbewegungen, aber
auch Tonusverschiebungen in der Rumpfmuskulatur durch Stellungsände-
rung der Extremitäten. Trotz der engen Vermaschung des EPMS können
doch einzelne motorische Leistungen bestimmten Anteilen des Systems
zugeordnet werden. Aufgrund umfangreicher Untersuchungen der Stimula-
tions- und Ausschaltungseffekte im Tierexperiment (HESS 1941, 1956
und HASSLER u. HESS 1954) und ergänzt durch Befunde bei stereotaktischen Operationen am Menschen (HASSLER u. DIECKMANN 1970) konnten einzelnen Strukturen richtungsbestimmende Funktionen für die Bewegungen
zugeordnet werden. Insbesondere ließen sich ipsiversive von kontraver-
siven Wendungen, wie auch ipsilaterale Rotationsbewegungen getrennt
auslösen. Aus der Abb. 7 ist zu entnehmen, daß insbesondere der globus
pallidus mit seiner Projektion zum vorderen Thalamus als kontraversi-
ves System angesehen wird. Währenddessen bewirkt eine Stimulation des
vestibulo-retikulo-thalamischen Traktes, aber auch des Putamens und
des diesem vorgeschaltenem Centrum medianum eine ipsiversive Wendung.
Da möglicherweise die ipsiversive Richtungsbestimmung des Putamen über
eine Hemmung des kontraversiv bewirkenden Pallidums erfolgt, wäre es
verständlich, daß aus einer Erkrankung oder Affektion des Putamen oder
auch des Centrum medianum ein Torticollis spasmodicus resultiert. Für
die Rotationsbewegung findet die interstitio-thalamische Projektion
eine besondere Bedeutung.

Dieses Modell als ausschließliche Basis für den T.s. ist nicht unwidersprochen geblieben. Zum einen läßt sich im Experiment durch eine Läsion
im Putamen oder Centrum medianum ein T.s. nicht hervorrufen. Bei stereo-
taktischer Koagulation im Centrum medianum zur Behandlung von chronischen Schmerzsyndromen (15 Patienten) haben wir nie die Entwicklung
einer Bewegungsstörung gesehen. Andere Autoren haben bei stereotaktischen Eingriffen die Stimulationseffekte nicht oder gegensätzlich gefunden (SANO et al. 1970). Unter kontinuierlicher bilateraler EMG-Registrierung haben wir durch Stimulation im V.o.a. und H1-Bündel mit langsamen und schnellen Reizfrequenzen keine Aktivitätsänderung erzielen
können (STRUPPLER, LÜCKING, unveröffentlicht). VASILESCU und DIECKMANN
(1975) erzielten bei verschiedenen Reizfrequenzen in H1 und V.o.i.
eine Aktivitätshemmung im EMG, konnten gleichzeitig in diesen Positionen aber auch durch Ausschaltungen den Torticollis bessern.

Widersprüchlich aber bleiben auch die Ergebnisse der stereotaktischen
Behandlung des T.s. beim Menschen. HASSLER und DIECKMANN (1970) berichteten über erfolgreiche einseitige Ausschaltungen im V.o.a., H1 und
Pallidum internum, wobei sich die Besserung meist erst nach Monaten
oder später einstellte. Ähnliche Beobachtungen wurden von VAN ESSEN

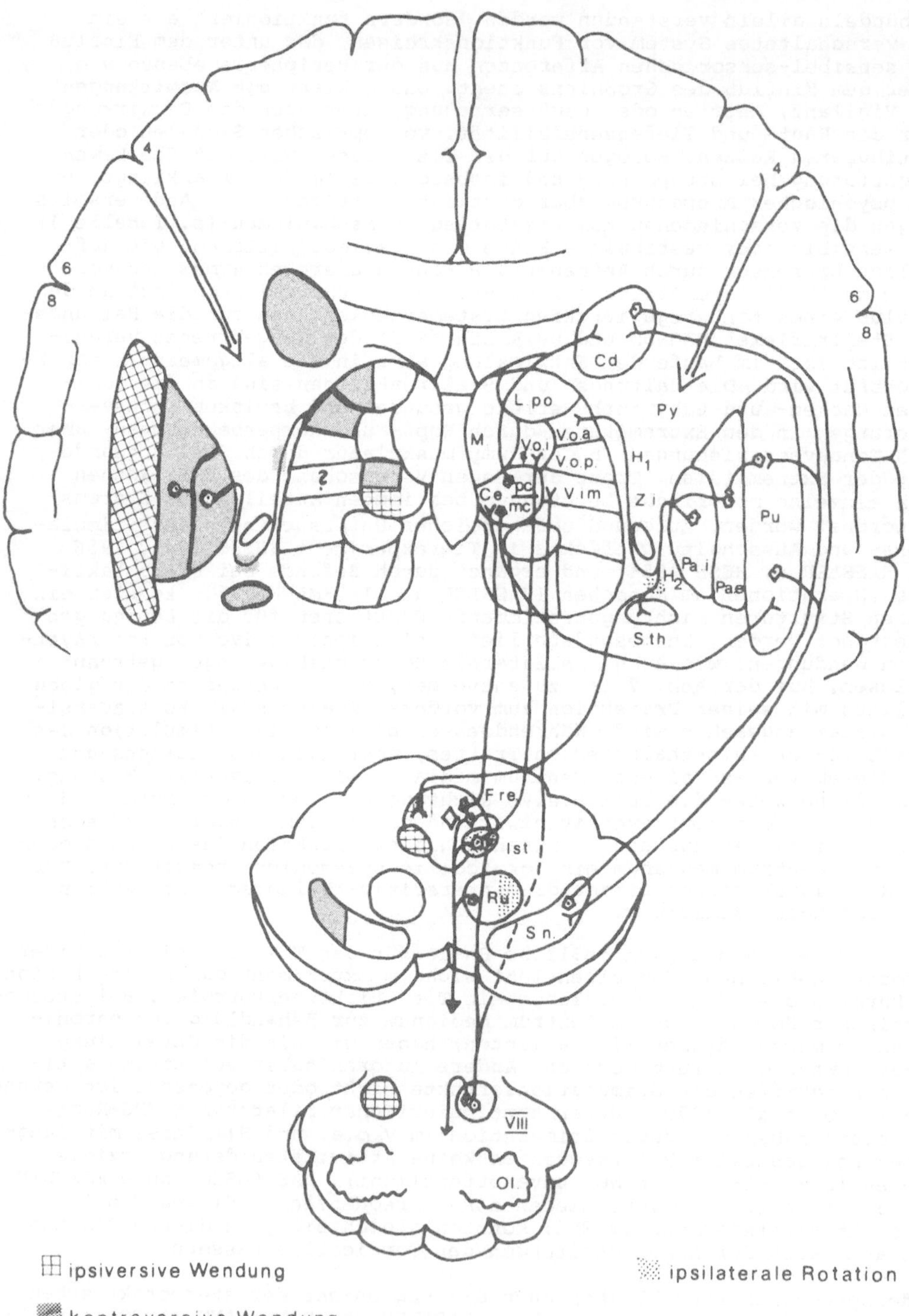

⊞ ipsiversive Wendung   ▧ ipsilaterale Rotation

▩ kontraversive Wendung

(1977) berichtet. Unsere eigenen Erfahrungen an 9 Patienten ergaben
auch erst bei Langzeitbeobachtungen eine befriedigende bis gute Besserung in 6 Fällen (LÜCKING, STRUPPLER 1977). Andere Autoren vermissen jeglichen Effekt (LAITINEN und JOHANNSON 1966, ARSENI 1972) oder
fordern einen bilateralen Eingriff (COOPER 1965, KRAYENBÜHL und
YASARGIL 1965, FEINSTEIN et al. 1965, ANDREW et al. 1974). BERTRAND
et al. (1978) schalten den V.o.i. für den horizontalen Torticollis
aus, evtl. in Kombination mit einer Pallidotomie, während nach HASS-
LER der V.o.i. für den rotatorischen Torticollis geeignet ist und
keine Projektionen vom Pallidum erhält.

Aufgrund dieser widersprüchlichen Ergebnisse muß offenbleiben, ob der
T.s. im wesentlichen eine Störung der Kopfhaltung bzw. -bewegung in
einer bestimmten Richtung ist (HASSLER und DIECKMANN 1970), oder ob
es sich um eine auf den Halsbereich beschränkte Dystonie handelt.
Unsere eigenen Beobachtungen aus jüngster Zeit könnten die letzte Annahme unterstützen. Bei einem Patienten mit horizontalem T.s. und tonisch innerviertem re.-seitigen M. splenius capitis und phasisch-
tonisch aktivem li.-seitigen M. sternocleidomastoideus erfolgte eine
li.-seitige Koagulation im Bereich des oberen Ruberrandes und der
Radiatio praelemniscalis, die zu einer deutlichen Tonusminderung im
M. splenius capitis, aber auch zu einer Herabsetzung des normalen Tonus in dem rechten Arm führte. Ähnliche Beobachtungen hat ITO (1975)
mitgeteilt.

Zusammenfassung

Der T.s. in seinen unterschiedlichen Formen kann als Torsionsdystonie
der Nacken- und Halsmuskulatur angesehen werden. Die antagonistischen
Muskeln sind meistens gleichzeitig aktiv und lassen auch bei Willkürbewegungen häufig kein reziprokes Innervationsverhalten erkennen. Ihre
phasische Tätigkeit führt zur Bewegungsanomalie, die tonische Aktivität bewirkt eine abnorme Haltung des Kopfes. Beide Innervationsmuster
können gleichzeitig nebeneinander bestehen, sodaß sich der phasische
Torticollis nicht grundsätzlich vom tonischen Torticollis abgrenzen
läßt. Ätiologie und Pathogenese bleiben im einzelnen Fall ungeklärt.
Für die Pathophysiologie können vor allem Wende- und Rotationssub-
strate im pallido- und interstitio-thalamischen System eine Rolle
spielen. Es ist aber auch eine weniger richtungsspezifische Enthemmung der Nackenmuskulatur denkbar. Alle therapeutischen Ansätze mit
Medikamenten oder zentralen wie peripheren operativen Eingriffen müssen einen detonisierenden Effekt auf die hyperaktive Nackenmuskulatur
bewirken.

Abb. 7. Zusammenfassung der Stimulationseffekte aufgrund von Ergebnissen aus Tierexperimenten und stereotaktischen Operationen. Stimulation der karierten Strukturen ergibt eine ipsiversive, der schwarzen Strukturen eine kontraversive Wendung. Von den punktierten Strukturen kann eine ipsilaterale Rotation ausgelöst werden

Literatur

1. Andrew J, Rice Edwards JM, Rudolf N de M (1974) The Placement of Stereotaxic Lesions for Involuntary Movements other than in Parkinson's Disease. Acta Neurochirurg Suppl 21: 39-47

2. Arseni C, Maretsis M (1971) The surgical treatment of spasmodic torticollis. Neurochirurgia 14: 177-180

3. Bertrand C, Molina-Negro P, Martinez SN (1978) Combined Stereotactic and Peripheral Surgical Approach for Spasmodic Torticollis. Appl Neurophysiol 41: 122-133

4. Cooper IS (1965) Clinical and Physiological Implications of Thalamic Surgery for Dystonia and Torticollis. Bull NY Acad Med 41: 870-897

5. Dieckmann G, Hassler R (1968) Reizexperimente zur Funktion des Putamen der Katze. Journal f Hirnforschung 10: 187-225

6. Feinstein B, Alberts WW, Levin G, Wright EW (1965) Some Refinements of Stereotaxic Therapy for Dyskinesias and Results of Clinical Evaluation. Confin Neurol 26: 272-281

7. Hassler R, Hess WR (1954) Experimental and anatomical studies on rotatory movements and their nervous regulation. Arch Psychiat Nervenkr 192: 488-526

8. Hassler R, Dieckmann G (1968) Locomotor Movements in Opposite Directions induced by Stimulation of Pallidum or of Putamen. J neurol Sci 8: 189-195

9. Hassler R, Dieckmann G (1970) Die stereotaktische Behandlung des Torticollis aufgrund tierexperimenteller Erfahrung über die richtungsbestimmten Bewegungen. Nervenarzt 41: 473-487

10. Hess WR (1941) Charakter der im Zwischenhirn ausgelösten Bewegungseffekte. Pflüg Arch ges Physiol 244: 767-786

11. Hess WR (1956) Hypothalamus und Thalamus. G. Thieme Verlag, Stuttgart

12. Ito Z (1975) Stimulation and Destruction of the Prelemniscal Radiation or its Adjacent Area in Various Extrapyramidal Disorders. Confin neurol 37: 41-48

13. Krayenbühl H, Yasargil MG (1965) Klinik und Behandlung des Torticollis. Schweiz Arch Neur Psych 96: 356-365

14. Laitinen L, Johannsson GG (1966) Stereotaxic Treatment of hyperkinesia. Nordisk Medecin 75: 676-679

15. Lücking CH, Struppler A (1977) Results of Stereotactic Treatment in Spasmodic Torticollis. Vortrag, 3. Meeting of the European Society for Stereotactic and Functional Neurosurgery, Freiburg

16. Lützenkirchen HJ (1979) Psychodynamik von Dystonien, Dyskinesien und Tics. Vortrag, Arbeitskreis EPMS, Würzburg

17. Magnus R, De Kleyn A (1912) Die Abhängigkeit des Tonus der Extremitätenmuskeln von der Kopfstellung. Pflügers Arch ges Physiol 145: 455-548

18. Mitscherlich M (1971) Zur Psychoanalyse des Torticollis spasticus. Nervenarzt 42: 420-426

19. Podivinsky F (1968) Torticollis. In: Vinken PJ, Bruyn GW (eds) Handbook of Clinical Neurology, Vol 6. North-Holland Publishing Company, Amsterdam, p 567-602

20. Sano K, Yoshioka M, Mayahage Y, Sekino H, Yoshimasu N, Tsukamoto Y (1970) Stimulation and Destruction of and around Interstitial Nucleus of Cajal in Man. Confin neurol 32: 118-125

21. Struppler A, Lücking CH, Reiss W, Huberle W (1975) Results of Stereotaxic Operations in Patients with Intractable Pain. In: Penzholz H, Brock M, Hamer J, Klinger M, Spoerri O (eds) Brain Hypoxia-Pain. Advances in Neurosurgery, Vol 3. Springer-Verlag, Berlin Heidelberg New York, p 246-248

22. Vasilescu C, Dieckmann G (1975) Electromyographic Investigations in Torticollis. Appl Neurophysiol 38: 153-160

Tics bei Kindern

G. Nissen

Tics sind plötzlich einsetzende, rasche und unwillkürliche Muskel-
zuckungen, die in unregelmäßigen Zeitabständen auftreten und nicht
oder doch nur für kurze Zeit unterdrückt werden können, aber im
Schlaf sistieren. Bei Kindern kommen Ticerscheinungen besonders
häufig als Augenblinzeln oder Augenaufreißen, Augenbrauenhochziehen,
Stirnrunzeln, Mundaufreißen, Nasenwackeln, aber auch als Lachen,
Schnüffeln, Schniefen, Räuspern, Husten oder Pfeifen vor; manchmal
stoßen sie unartikulierte Laute oder artikulierte Ausdrücke aus.

Daß Wissenschaftsgeschichte in anthropologischen Disziplinen immer
auch Problemgeschichte darstellt, erhellt sich aus einem kurzen
historischen Rückblick. CHARCOT (9) vertrat den Standpunkt, daß der
Tic generell "nur scheinbar eine körperliche, in Wirklichkeit aber
eine seelische Erkrankung" sei. FRIEDREICH (21) sprach in einer
grundsätzlich orientierten Mitteilung von "koordinierten Erinnerungs-
krämpfen" und leitete seine Anschauung von der Vorstellung ab, daß
dem motorischen Zentralapparat ein dem Gedächtnis der psychischen
Sphäre analoges Vermögen zukommen müsse, das die Bezeichnung "Erinnerungskrämpfe" rechtfertige. Neue Gesichtspunkte, aber auch eine
Fülle neuer Probleme vermittelte das Studium der epidemischen Encephalitis (ECONOMO). Im Gefolge dieses Leidens traten massenhaft ge-
häufte und lokalisierte Muskelspasmen auf, die bis kurz vor diesen
Beobachtungen als psychogen gegolten hatten. In einer Vielzahl von
Untersuchungen konnten für Tics jedweder Lokalisation histologische
Veränderungen in den Stammganglien und im Mittelhirn nachgewiesen
werden (5, 6, 22). Unter dem Eindruck dieser Ergebnisse wurde selbst
für den psychogenen Tic eine angeborene oder erworbene Minderwertig-
keit der Stammganglien postuliert (17, 23), auf deren Grundlage sich
erst das Symptom manifestieren könne. Die Brissaud-Schüler MEIGE und
FEINDEL (38) traten bereits 1902 in ihrer heute noch häufig zitierten Monographie für eine begriffliche Trennung der Krankheitsbilder
ein und lehnten die synonyme Verwendung des Terminus Tic für beide
Symptomgruppen ab. Sie schlugen vor, ihn nur noch für das unaufge-
klärte psychomotorische Phänomen zu reservieren, während sie die
organisch fundierten "unkoordinierten, unsystematischen Funktionen,
bei denen der Wille ohne Einfluß auf ihre Entstehung ist" als Spasmen bezeichnet wissen wollten. Diese Begriffstrennung hat sich nicht
durchgesetzt.

Klassifikatorisch werden Tics nosologisch, phänomenologisch und nach
ihrem Verlauf differenziert. Aus nosologischer Sicht werden organische ("striäre") von funktionellen ("reflektorischen") und psychogenen ("passageren") Ticformen unterschieden. Phänomenologisch spielen die Frequenz, die Intensität und die Lokalisation eine seit jeher
bedeutsame Rolle. Dabei wurde die von GILLES DE LA TOURETTE (24) beschriebene Erkrankung, die durch Phonationstics mit oder ohne
Koprolalie gekennzeichnet ist, als eigenständiges Syndrom herausgestellt. Katamnestische Untersuchungen haben dies nur bedingt bestätigen können. Neben akuten, zeitlich befristeten chronischen, einfachen
Ticerscheinungen, treten bei Kindern manchmal auch einfache oder kom-

plexe Ticerscheinungen mit Phonationstics auf, die sich noch im Laufe
der Adoleszenz wieder zurückbilden (54).

Als Gilles de la Tourette-Syndrom (GTS) wird ein chronisches Zustands-
bild beschrieben, das neben motorischen Tics in verschiedenen Körper-
regionen oft zusätzlich komplexe und bizarre Bewegungsabläufe, aber
vor allem Phonationstics mit einer extrem ungünstigen Prognose aufweist (52, 55). Es manifestiert sich überwiegend erstmalig im Kindesalter. Seine Symptomintensität ist von emotionalen Belastungen abhängig; es kann manchmal durch Psychotherapie gebessert, aber nicht
geheilt werden. Koprolalie wird nur in etwa 50 bis 60% der Fälle registriert (24, 10), andere Vokaltics sind Schlucken, Schreien, Bellen,
Brüllen, auch Echolalie oder Wortstereotypien. Automutilatio wird in
40% der Fälle (59) angetroffen.

Die Häufigkeit von Tics aller Formen bei Schulkindern wird mit 4,5%
bei Jungen und 2,6% bei Mädchen (30) angegeben; unter 11000 sieben-
jährigen Kindern (46) hatten 5% Tic-Erfahrungen. Die Verbreitung des
GTS ist noch ungeklärt. Sie beträgt nach verschiedenen Autoren
1:12500 (3), 1:1000 (35), 4:10000 (16). Bis 1899 (31b) wurden aus
der Literatur 50 Fälle von GTS zusammengetragen, während von 1900 bis
1968 182 Fälle (35) ermittelt wurden. Jungen und Männer dominieren
deutlich bei allen chronischen Ticformen (12, 54), beim GTS in einer
Relation von 2/3 (1) bzw. 3/4 (59) der Fälle.

Die Erstmanifestation erfolgt in den meisten Fällen vor dem 10. Le-
bensjahr, ein erstes Auftreten nach der Adoleszenz ist selten. Das
Hauptmanifestationsalter liegt zwischen dem sechsten bis zehnten
Lebensjahr (13, 42, 48, 61). Nach der Lokalisation stehen Tics der
Gesichtsmuskulatur, insbesondere des Augenbereiches an erster Stelle,
es folgen Kopf- und Schultertics (37, 10).

Die Forschungen und Arbeiten zum Ticproblem zeigen in besonders ein-
dringlicher Weise die Widersprüche auf, die sich aus einer einseitig
orientierten Betrachtungsweise für die Lösung von Problemen einer
nur scheinbar einheitlichen nosologischen Gruppe ergeben können. Sie
zeigen aber auch, daß durch einen therapeutischen Erfolg manchmal die
ätiologische Forschung stimuliert werden kann. Während bis 1960
psychoanalytische Fallstudien auch in der GTS-Kasuistik dominieren und
nur in größeren Zeitabständen Sammeldarstellungen erschienen, hat seit
1961, seitdem über die erfolgreiche Behandlung eines GT-Kranken mit
Butyrophenon (Haloperidol) berichtet wurde (50), eine Flut von Publikationen eingesetzt. Die ätiologischen Modelle reichen von psycho-
dynamischen, entwicklungspsychologischen, humangenetischen, cerebral-
organischen bis zu neurochemischen Hypothesen.

Bereits in seiner ersten psychoanalytischen Arbeit, über Anna O.
(1892), brachte FREUD (18) einen Deutungsansatz des Tic, den er
unter Heranziehung der Darwin'schen Theorie über die Ausdrucksbewe-
gungen als eine "Objektivierung von Kontrastdarstellungen" sah und
als "Ableitung der Erregung" und als "überdeterminiertes Symptom"
auffaßte. Seine Schüler sprachen von "konstitutionell erhöhter Mus-
kelerotik" (49), einem Konflikt zwischen Unbewußtem und normaler
sexueller Entwicklung" (53) und von "stereotypisierten Onanieäquiva-
lenten" (15). Bei der Zuordnung zu bestimmten Persönlichkeitsstrukturen ergaben sich Widersprüche. Während LEWANDOWSKI (34) und
CRUCHET (11) das Symptom als Ausdruck eines hysterischen Charakters
ansahen, ordnete später die Mehrzahl der Autoren den Tic dem Formenkreis der Zwangsneurose zu. Es ist bekannt, daß ein Teil der Kranken
mit GTS wegen ihrer dominierenden anankastischen Symptomatik psycho-
therapeutisch behandelt wird.

Bei 12 Kindern mit psychogenen Tics (42, 43a) wurde während eines
stationären Aufenthaltes eine besonders sorgfältige biographische,
entwicklungspsychologische und psychodynamische Untersuchung durchgeführt. Die Aufnahme erfolgte durchschnittlich ein Jahr nach dem
ersten Auftreten des Symptoms (frühestens nach zwei Monaten, läng-
ster Zeitraum 5;9 Jahre). Bei sieben Kindern ließ sich ein kranio-
kaudaler Ausbreitungstyp feststellen. Bei insgesamt 11 (von 12)
Fällen lag bereits vor dem Ausbruch der Ticerscheinungen eine neurotische Symptomatik vor. In der Vor-Ticphase wurden im einzelnen
festgestellt: Enkopresis und Enuresis, exzessives Masturbieren, depressive Symptomatik, Verhaltensauffälligkeiten, Hyperaktivität,
hysterische Symptomatik, Zwangssymptomatik. Die Symptome bestanden
nach der Ticmanifestation unverändert fort.

Ein 8;8jähriger Junge erkrankte mit sechs Jahren an einem Schnüffel-
und Schnieftic, später Kopf-, Schulter-, Arm-Tic und explosionsartiger bellender Husten. Der überordentliche, leistungsbetonte Junge
war sehr streng und einengend erzogen worden. Er erlebte mit sechs
Jahren, daß ein gleichaltriges Kind von einem Pferd totgetrampelt
wurde und entwickelte eine Tierphobie. Kurz darauf flüchtete er vor
einem Hahn auf einen stinkenden Abort. Seit dieser Zeit Beginn des
Schnüffelns. Ein Jahr nach Abschluß der psychotherapeutischen Behandlung waren Ticerscheinungen nicht wieder aufgetreten.

Ein 9;4jähriger Junge, der wie sein eineiiger Zwillingsbruder an
einer Gesichtsempetigo erkrankt war, entwickelte einen Blinzel-,
später einen Kopf-Schulter-Tic. Der Bruder blieb symptomfrei. Die
Diagnose eines "funktionellen" Blinzeltics wurde zweifelhaft, als
sich ergab, daß der Junge kurz vor Auftreten der Ticerscheinungen
wegen sexueller Spielereien mit einem Mädchen einem strengen Polizei-
verhör unterzogen worden war.

Ein 10;10jähriges Mädchen las drei Wochen vor dem Auftreten eines
Nießtics in der Zeitung, daß in England ein Kind pausenlos nießen
müsse. Das Symptom klang nach der stationären Aufnahme rasch ab; dagegen wurde eine auffallende Neigung zu pseudologistischen Phantasien
mit Darstellung eines nicht objektivierbaren "Familienromans" festgestellt.

Von den 12 Kindern lebten fast alle in einer schwer gestörten Umwelt.
Bei sieben Kindern waren in einem Fall beide Eltern, in zwei Fällen
die Väter verstorben, in einem Fall der Vater unbekannt, in drei Fällen lebte der Vater von der Familie getrennt.

Über chronische Konflikte bei Tic-Kindern berichten zahlreiche Autoren (10, 8, 43a, 43b, 48). Von 69 Tic-Kindern (48) zeigten 35 (64,8%)
deutliche Anhaltspunkte für das Vorliegen von Konflikten, wobei der
Tod eines Elternteiles, Ehescheidung bzw. Ehekrisen an erster Stelle
standen. Für das GTS weisen zahlreiche Autoren, die von der genetischen bzw. neurochemischen Hypothese der Erkrankung überzeugt sind,
ausdrücklich auf die exazerbierende Wirkung emotionaler Stress- und
Konfliktzustände (10, 52, 33) hin.

Für die Bedeutung entwicklungspsychologischer Faktoren sprechen die
Erstmanifestation im Kindesalter, die ausgeprägte Remissionstendenz
nach der Pubertät und die eindeutige Geschlechtsbetonung.

Die humangenetischen Untersuchungen haben besonders für das Tourette-
Syndrom neue Gesichtspunkte ergeben. ELDRIDGE, SWEET et al. (12) ob-
servierten 81 Patienten mit einem GTS und ihre Angehörigen in insgesamt 21 Familien. In 12 von 13 jüdischen und in sechs von acht nicht-

jüdischen Familien wurden zahlreiche Familienmitglieder mit manifesten oder biographisch gesicherten motorischen oder vokalen Tics ermittelt. GONCE and BARBEAU (28) stellten bei fünf von sieben Patienten mit einem GTS eine "positive Familienvorgeschichte mit Tics" fest.
WASSMAN, ELDRIDGE et al. (58) stellten eine ungewöhnlich hohe Anzahl
von Patienten mit GTS aus jüdischen bzw. osteuropäischen Populationen
fest und werten dies als deutlichen genetischen Hinweis. GUGGENHEIM
(29) konnte in einer Familie bei 17 von 43 Familienmitgliedern über
fünf Generationen Multi-Tic-Syndrome ermitteln. ERENBERG und ROTHNER
(13) stellten bei ihren acht Patienten in drei Familien Verwandte mit
motorischen und vokalen Tics fest. Bei den verbleibenden fünf Patienten befanden sich Angehörige mit isolierten motorischen Tics. Das
veranlaßte sie, das Tourette-Syndrom nicht als isolierte Krankheitseinheit anzusehen, sondern als eine besonders schwere Erscheinungsform
in einem kontinuierlichen Tic-Spektrum. GOLDEN (26, 27) argumentierte ähnlich. Bei 39 Kindern mit einem Tourette-Syndrom wurden in acht
Familien 13 Mitglieder mit motorischen Tics ohne vokale Komponente ermittelt. In 12 anderen Familien fanden sich 18 Mitglieder mit einem
kompletten Tourette-Syndrom. Außerdem fanden sich in drei dieser Familien sechs Mitglieder, die nur chonische motorische Ticerscheinungen
zeigten. Er vermutet, daß einfache Tics und Tourette-Syndrome auf eine
autosomal-dominante Erkrankung zurückzuführen sind. GODDAI, TATARELLI
et al. (25) stellten Konkordanz für einfache Tics in sechs bei zehn
eineiigen Zwillingen aber nur zwei bei 22 zweieiigen Zwillingen fest.
REMSCHMIDT und REMSCHMIDT (48) fanden bei 64 Kindern mit einfachen
und multiplen Tics, daß Väter oder Mütter ebenfalls unter Tics litten;
in acht weiteren Fällen lagen neurologische und in sieben Fällen psychiatrische Krankheiten vor.

Für eine cerebralorganische Ätiologie des GTS erwies sich der Fall von
E.STRAUS (56) als postchoreatische Motilitätsstörung beschrieben, als
ein Schlüsselfall, dessen Diagnose von BALTHASAR und CLAUSS (4) revidiert und von BALTHASAR (5) histologisch als "Entwicklungshemmung des
Corpus striatum" bestätigt wurde. Es fanden sich zwei Gruppen von Veränderungen: 1. Eine abnorme Dichte und Kleinheit der Zellen des Striatum, das sich auch im Ganzen als verkleinert erwies und 2. Restbefunde
einer Meningoencephalitis. Die Zellzählungen der Striatumzellen ergaben eine relative Vermehrung der kleinen Striatumzellen im Verhältnis
zu den großen Zellen, ähnlich dem kindlichen Striatum. Die Zahl und
Dichte der kleinen Striatumzelle entsprach bei dem 42jährigen Patienten etwa dem Striatum eines gesunden einjährigen Kindes. Seitdem ist
von verschiedenen Autoren die organische Ätiologie von Tics bzw. des
Tourette-Syndromes diskutiert und unterstützt worden. KORANYI (32)
berichtete über einen zehnjährigen Jungen, der sechs Monate nach einer
länger dauernden Benzin-Intoxikation ein Tourette-Syndrom mit EEG-Veränderungen entwickelte. ERENBERG und ROTHNER (13) fanden bei fünf ihrer
GTS-Patienten, daß bei ihnen früher eine minimale cerebrale Dysfunktion
diagnostiziert worden war. SHAPIRO, SHAPIRO et al. (51) stellten bei
34 Patienten mit GTS nach Auswertung der Schwangerschafts- und Geburtsanamnesen, der frühkindlichen Entwicklung und der Familienbiographie
cerebrale Schädigungen fest. PASAMANICK und KAWI (44) fanden eine
doppelt so hohe Rate von Geburtskomplikationen in der Gruppe der Tic
Kinder als in einer gesunden Vergleichsgruppe. RAPAPORT (47) sah ein
Mädchen, das Ticerscheinungen im Anschluß an Masern mit einer Begleitencephalitis entwickelte. Unter 80 Kindern (43b) fanden wir bei 12%
Hinweise für eine frühkindliche Hirnschädigung.

Eine spezifische biochemische Anomalie als Ursache des Tics und des
Tourette-Syndromes ist bisher nicht gesichert. Es liegen aber zahlreiche und vielversprechende Untersuchungen vor, die eine Störung
im Dopamin- oder im Serotoninstoffwechsel bei Tourette-Kranken ver

muten lassen. Als Hinweise für diese Hypothese wird einerseits auch
auf die guten Behandlungserfolge mit Butyrophenon (Haldol) hingewiesen und andererseits auf die Tatsache, daß Methylphenidat bei hyperkinetischen Kindern eine Ticsymptomatik exazerbieren kann (19, 26,
45). Beobachtungen, die aus der Tatsache, daß bei Kindern mit GTS
neben der typischen Symptomatik auch Automutilationen auftreten, die
auf eine gewisse Verwandtschaft zum Lesch-Nyhan-Syndrom vermuten
ließen, haben sich durch Untersuchungen des Purin-Stoffwechsels (39)
nicht bestätigen lassen.

Die Therapie der einfachen und der multiplen Tics mit und ohne Vokaltics hat sich seit der Einführung der Butyrophenone entscheidend
verbessert. Besonders bei den Tourette-Syndromen läßt sich nicht
selten eine dramatische Remission erzielen. Man rechnet etwa mit
80 bis 90% Symptomheilungen (52) unter der Medikation. Es wird vermutet (53a), daß beim GTS eine Hyperaktivität des Dopamin-Systems
in den Corpora Striata vorliege, die durch eine Blockade der Dopa-
min-Rezeptoren durch Haloperidol vermindert werde. Einfache Ticerscheinungen bei Kindern lassen sich relativ zuverlässig und rasch
durch das nebenwirkungsärmere Butyrophenon-Derivat Dipiperon gut
bessern. Kinder mit psychogenen Tics benötigen außerdem eine psycho-
therapeutische Behandlung. Grundsätze der Elternberatung sind: Ticerscheinungen im spannungsfreien Raum unbeachtet lassen. Jede Hin-
wendung der Aufmerksamkeit, jede Schelte oder Ermahnung dient nur
ihrer Verfestigung. Schulpflichtige Kinder sollten das Medikament
während der ersten Tage nur mittags erhalten, um etwaige Nebenwirkungen zu registrieren. Nach der Symptombesserung sollte das Medikament
nicht schlagartig, sondern allmählich abgesetzt werden. Bei dem
Tourette-Syndrom ist eine langfristige, manchmal jahrelange Behandlung mit Haldol erforderlich. Es ist meistens anhaltend effektiv
(41). Versuche mit Chlorimipramin, einem potenten Serotonin-Blocker,
das vergleichsweise geringere Nebenwirkungen aufweist, ergaben nach
einigen Autoren (60) gute Erfolge, die durch Nachuntersuchungen (7)
jedoch nicht bestätigt werden konnten. GONCE and BARBEAU (28) konnten mit Benzodiazepin (Frisium) bei sieben Kindern gute Erfolge erzielen. Auch unter Lithium wird über eine "maximale Besserung" (40
von schweren GTS-Fällen berichtet.

Die Prognose von einfachen Tics bei Kindern ist günstig. Unter 89
Fällen, die 1965 bis 1976 (43b) ambulant registriert wurden, ließen
sich nach zwei bis 12 Jahren bei 64 nachuntersuchten Fällen bei 44
Kindern völlige Remissionen ermitteln. Bei 18 waren unter emotionalen
Belastungen zeitlich befristete Tic-Rezidive aufgetreten. Bei 2 Kindern hatten sich chronische multiple Tics mit Phonationstics entwickelt. CORBETT, MATHEWS et al. (10) ermittelten, daß nach acht Jahren rund zwei Drittel der Patienten symptomfrei waren. Besonders Kinder mit einer Erstmanifestation zwischen dem 6. und 8. Lebensjahr
zeigten eine günstige Prognose. TORUP (57) stellte bei Nachuntersuchungen von 220 Kindern, die nach 2 bis 16 Jahren vorgenommen wurden,
fest, daß die Tics in 30% sistierten, bei 6% unverändert fortbestan-
den und bei 44% selten und unregelmäßig auftraten. Ein Vergleich der
Katamnesen in der Vor-Butyrophenon-Aera mit denen unter Haloperidol
ergab, daß die Prognose davon unabhängig ist (2b, 48, 43b). Die Prognose des Gilles de la Tourette-Syndromes ist deutlich ungünstiger.
ASAM (2a) stellte bei Nachuntersuchungen fest, daß die Symptomatik
mit der Dauer des Bestehens zunimmt und vielgestaltiger wird. Nur
vereinzelt wurde über spontane Remissionen (33) berichtet. In den
meisten Fällen ist die Prognose für das Tourette-Syndrom (31, 14)
weiterhin ebenso ungünstig wie das Syndrom selbst.

Zusammenfassung:

Einfache Tics sind bei Kindern häufig und haben eine gute Prognose.
Multiple Tics mit einer starken Ausbreitungstendenz haben besonders
dann, wenn Phonationstics hinzutreten, eine ungünstige Prognose. Die
nosologische Sonderstellung des Tourette-Syndroms läßt sich nach
Familienuntersuchungen nicht mehr aufrechterhalten. Es handelt sich
dabei wahrscheinlich nur um eine besonders schwere Erscheinungsform
in einem (genetisch bedingten) kontinuierlichen Spektrum. Eine spezifische biochemische Anomalie als Ursache der Tic-Erscheinungen ist
bisher nicht gesichert.

Literatur

1. Abuzzahab FS, Anderson FO (1974) Gilles de la Tourette's Syn-
    drome. Cross Cultural Analysis and Treatment Outcome. Clin
    Neurol Neurosurg I/1: 66-74

2a. Asam U (1979) Katamnestische Untersuchung über jugendliche
    Patienten mit multiplen Tics unter spezifischer Berücksichti-
    gung des Gilles de la Tourette-Syndroms. A paedopsychiat 45:
    51-63

2b. Asam U, Karras W (1976) Beitrag zum Gilles de la Tourette Syn-
    drom: Eine Analyse veröffentlichter Kasuistiken zur Frage des
    Krankheitsverlaufes und der Krankheitsprognose. Z Kinder- u.
    Jugendpsychiat 4/1: 45-54

3. Ascher E (1948) Psychodynamic Considerations in Gilles de la
    Tourette's Disease: With a Report of Five Cases and Discussion
    of the Literature. Amer J Psychiat 105: 267

4. Balthasar K, Clauss JL (1954) Zur Kenntnis der generalisierten
    Tic-Krankheit. Arch Psychiat Nervenkr 191: 398-418

5. Balthasar K (1957) Über das anatomische Substrat der generali-
    sierten Tic-Krankheit (maladie des tics, Gilles de la Tourette).
    Arch Psychiat Nervenkr 195: 531-549

6. Bing R, Schwartz (1952) Zit. Bing, R.: Lehrbuch der Nervenkrank-
    heiten. Basel: Schwabe

7. Caine ED, Polinski RJ, Ebert MH (1979) Trial of Chlorimipramine
    and Desimipramine for Gilles de la Tourette Syndrome. Ann Neurol
    5/3: 305-306

8. Carroll WL (1974) Gilles de la Tourette Syndrom. Virginia Med
    Mth 101/8: 672-674

9. Charcot JM (1894) Poliklinische Vorträge, Wien

10. Corbett JA, Mathews AM, Connell PH, Shapiro DA (1969) Tics and
    Gilles de la Tourette's Syndrome: A Follow-up Study and
    Critical Review. Brit J Psychiat 115: 1229-1241

11. Chruchet (1936) Zit. Stiefler, G. In: Bumke, O., Foerster O
    (Hrsg.) Handbuch Neurol. 16: S. 1109. Springer, Berlin

12. Eldridge R., Sweet R, Lake CR (1977) Gilles de la Tourette's
    Syndrome. Clinical, Genetic, Psychologic and Biochemical Aspects
    in 21 Selected Families. Neurology 27/2: 115-124

13. Erenberg G, Rothner AD (1978) Tourette Syndrome. A Childhood
     Disorder. Cleveland Clin Q 45/2: 207-212

14. Fernando SJM (1976) Six Cases of Gilles de la Tourette's
     Syndrom. Brit J Psychiat 128/5: 436-441

15. Ferenczi S (1921) Psycho-Analytical Observations on Tic. Int
     J of Psycho-Analysis 2: 1-30

16. Field JR, Corbin KB, Goldstein NP (1966) Gilles de la Tourette's
     Syndrome. Neurology 16: 453-462

17. Foerster O (1921) Zur Analyse und Pathophysiologie der striären
     Bewegungsstörungen. Z Neurol 73: 1-169

18. Freud S (1968) Gesammelte Werke, Bd. VII. Fischer, Frankfurt,
     S. 29-157

19. Fras I, Karlavage J (1977) The Use of Methylphenidate and Imi-
     pramine in Gilles de la Tourette's Disease in Children. Amer J
     Psychiat 134/2: 195-197

20. Freud S (1892) Ein Fall von hypnotischer Heilung. Ztschr f
     Hypnotismus III/IV

21. Friedreich (1881) Über koordinierte Erinnerungskrämpfe. Virch
     Arch f pathol Anatom u Physiol 430

22. Gamper E, Untersteiner R (1929) Über eine komplex gebaute post-
     encephalitische Hyperkinese. Arch f Psychiat 71: 282-303

23. Gerstmann J, Schilder P (1923) Über organisch bedingte Tics.
     Med Klin 19: 896-899

24. Gilles de la Tourette G (1885) Etude sur une affection nerveuse,
     caractérisée par de l'incoordination motrice accompagnée
     d'écholalie et de coprolalie. Arch Neurol (Paris) 9: 19-42;
     158-200

25. Goddai U, Tatarelli R, Bonanni G (1976) Stuttering and Tics in
     Twins. Acta Genet Med Gemellol 25: 369-375

26. Golden GS (1977) The Effect of Central Nervous System Stimulants
     on Tourette Syndrome. Ann Neurol 2/1: 69-70

27. Golden GS (1978) Tics and Tourette's. A Continuum of Symptoms.
     Ann Neurol 4/2: 145-148

28. Gonce M, Barbeau A (1977) Seven Cases of Gilles de la Tourette's
     Syndrome. Can J Neurol Sci 4/4: 279-383

29. Guggenheim MA (1979) Familial Tourette Syndrome. Ann Neurol 5/1:
     104

30. Harnack GA (1958) Nervöse Verhaltensstörungen beim Schulkind.
     Thieme, Stuttgart

31a. Kelman DH (1965) Gilles de la Tourette's Disease in Children.
     A Review of Literature. J Child Psychol Psychiat 6: 219-226

31b.Köster G (1899) Über die Maladie des Tics impulsivs (mimische
Krampfneurose). Dtsch Z Nervenheilk 15: 147

32. Koranyi EK (1976) Remarkable Etiology in a Case of Gilles de la
Tourette's Disease. Psychiat J Univ Ottawa 1/1-2: 5-7

33. Lawall PC, Pietzker A (1973) Das Gilles de la Tourette Syndrom
(GTS). Fortschr Neurol Psychiat 41/5: 282-299

34. Lewandowski M (1914) Zit. Stiefler G. In: Bumke O, Foerster O
(Hrsg) Handbuch Neurol 5. Springer, Berlin, S 644

35. Lucas AR (1970) Gilles de la Tourette's Disease: An Overview.
NY State J Med 129: 2197-2200

36. Lucas AR (1973) Report of Gilles de la Tourette's Disease in
Two Succeding Generations. Child Psychiat Hum Dev 3/4: 231-233

37. Lucas AR (1979) Tic: Gilles de la Tourette Syndrome. In: Noshpitz
JD (ed) Basic Handbook of Child Psychiatry II: 667-684

38. Meige H, Feindel E (1903) Der Tic. Sein Wesen und seine Bedeutung.
Deutike, Leipzig Wien

39. Merril CR, Leavitt J, van Keuren ML (1979) Hypoxanthine Guamine
Phosphoribosyltransferase (HGPRT) in Gilles de la Tourette Syndrome. Neurology 29/1: 131-134

40. Messiha FS, Erickson HM, Goggin JE (1976) Lithium Carbonate in
Gilles de la Tourette's Disease. Res Commun Chem Path Pharmacol
15/3: 609-612

41. Milman PH (1975) Gilles de la Tourette Syndrome. Extended Follow
up. NY St J Med 75/6: 892-895

42. Nissen G (1956) Psychogener Tic und Altersdisposition bei Kindern. Ztschr Kinderpsychiat 23: 97-107

43a.Nissen G (1975) Kinderen met tics. Tijschr Ziekenverpleging 28:
116-119

43b.Nissen G (in Vorbereitung) Nachuntersuchungen von Kindern mit
Tics

44. Pasamanick B, Kawi A (1956) The Study of the Association of
Prenatal and Paranatal Factors with the Development of Tics in
Children. J Paediat 48: 596-601

45. Pollack,MA, Cohen NL, Friedhoff AJ (1977) Gilles de la Tourette's
Syndrome. Familial Occurrence and Precipitation by Methylphenidate Therapy. Arch Neurol (Chic.) 34/10: 630-632

46. Pringle ML, Butler NR, Davie R (1967) 11000 Seven Year Olds.
National Bureau for Corporation in Child Case, London

47. Rapaport J (1959) Maladie des Tics in Children. Amer J Psychiat
116: 177-178

48. Remschmidt H, Remschmidt U (1974) Symptomatologie, Verlauf und
Prognose von Ticerkrankungen im Kindes- und Jugendalter. Klin
Pädiat 186: 185-199

49. Sadger J (1914) Ein Beitrag zum Verständnis des Tic. Intern Z Psychoanal 2: 354

50. Seignot JJN (1961) A Case of the Syndrome of Tics of Gilles de la Tourette's. Controlled by R 1625. Ann Med Psychiat 119: 578-579

51. Shapiro AK, Shapiro E, Wayne HL (1973) Tourette's Syndrome. Summery of Data on 34 Patients. Psychosom Med 35/5: 419-435

52. Shapiro AK, Shapiro E, Brunn RD, Sweet RD (1978) Gilles de la Tourette Syndrome. Raven Press, New York

53. Sigg E (1923) Zur Kasuistik des nervösen Tic. Z Neurol 82: 279

53a. Snyder SH, Taylor KM, Coyle JT, Meyerhoff JL (1970) The Role of Brain Dopamine in Behavioral Regulation and the Actions of Psychotropic Drugs. Amer J Psychiat 127: 199-207

54. Sweet RD, Solomon GE, Wayne GE, Shapiro E, Shapiro AK (1973) Neurological Features of Gilles de la Tourettes Syndrome. J Neurol Neurosurg Psychiat 36: 1-9

55. Stevens JR, Blachly PH, Portland O (1966) Successfull Treatment of the Maladie des Tics. Amer J Dis Child 1/2: 540-545

56. Straus E (1927) Untersuchungen über die postchoreatische Motilitätsstörungen, insbesondere die Beziehungen der Chorea minor zum Tic. Mschr Psychiat 66: 261-299

57. Torup E (1962) A Follow-up Study of Children with Tics. Acta Paediat 51: 261-268

58. Wassmann ER, Eldridge R, Abuzzahab ES, Nee L (1978) Gilles de la Tourette Syndrome. Clinical and Genetic Studies in a Midwestern City. Neurology 28/3: 304-307

59. Woert MH van, Yip LC, Balis ME (1977) Purine Phosphoribosyltransferase in Gilles de la Tourette Syndrome. New Engl J Med 276/4: 210-212

60. Yaryura-Tobias JA, Niziroglu FA (1977) Gilles de la Tourette Syndrome. A New Clinico-Therapeutic Approach. Progr Neuro-Psychopharmacol 1/3-4: 335-338

61. Zausmer RCM (1954) Treatment of Tics in Childhood. Arch Dis Child 29: 537-542

Psychomotorische Hemmung, Akinese und Katatonie[1]

E. Rüther, A. Strauß und W. Günther

Einleitung

Wenn ein Psychiater auf einem Neurologen-Kongreß zum Schwerpunkt 'systemische Funktionsstörungen - neuronale Erregbarkeit' über das Thema 'psychomotorische Hemmung' redet, fühlt er sich nach altgriechischer Manier in einem Dilemma. Versucht er so zu tun, als ob organische Untersuchungen psychischer Phänomene möglich sind, wird der Neurologe die übliche wissenschaftliche Stringenz vermissen. Bleibt er auf der beschreibenden Ebene, ist sein Glaube an die neuropsychiatrisch bzw. biologisch-psychiatrische Grundlage seines Faches und damit seine Existenzberechtigung auf dem Neurologen-Kongreß in Frage gestellt.
Aus diesem Dilemma wird im folgenden versucht sich mit einem Trick herauszuziehen: Es wird ein Experiment vorgetragen, das aus der Praxis stammt, wobei die Beobachtung des Experimentes recht eindeutig, nur die Interpretation schwierig ist. Diese Interpretation soll zur späteren Diskussionsgrundlage dienen.
Das Experiment ist die psychopharmakologische Behandlung von psychomotorischen Erkrankungen, die in den beiden großen Gruppen vorliegen, nämlich das 'Zuwenig' und das 'Zuviel' an Motorik, wobei bei beiden auch die deformierte Bewegung mit umfaßt wird.
Die Fragestellung lautet also, welchen Einfluß haben Psychopharmaka und speziell Neuroleptika bei psychiatrisch Kranken mit psychomotorischen Auffälligkeiten.
Um dieses Experiment nun in Gedanken durchführen zu können, werden zunächst einige definitorische Vorbemerkungen gemacht, anschließend die beobachteten klinischen Syndrome beschrieben und nach der theoretischen Begründung der speziellen Medikamentenauswahl - nämlich der Neuroleptika mit ihren Wirkungsmechanismen - die Therapiemöglichkeiten und -erfolge aufgezeigt, die dann zur Diskussionsgrundlage für die Möglichkeit systemischer Funktionsstörungen bei der psychomotorischen Hemmung dienen sollen.

Definitionen

Die definitorischen Schwierigkeiten beginnen schon bei dem Wort 'Psychomotorik'. Stellvertretend für alle, auch widersprechende Definitionen, die in der ersten Hälfte dieses Jahrhunderts von Psychiatern versucht wurden - zu einer Zeit, in der mein Thema sich noch eines besonderen Interesses erfreute - möchte ich WERNICKE zitieren (26). Er versucht eine Definition aus der Pathologie heraus. Unter psychomotorischen Störungen verstand er: 'Bewegungen einschließlich sprachlicher Äußerungen, die vom Kranken unabhängig von Überlegung und Wille ausgeführt werden. Ferner die Bewegungslosigkeit und Stummheit, soweit sie nicht Folge eines Ausfalls an Gedankentätigkeit und nicht Folge eines Nichtwollens sind, sondern einer Unfähigkeit der Kranken entspringt, die Ergebnisse ihrer Gedankengänge, ihren Willen in Bewegungen und sprachliche Äußerungen umzusetzen.'

---

[1] Herrn Prof. Dietrich zur Vollendung des 60. Lebensjahres

Um bei der Beobachtung des Kranken eine psychomotorische Störung
nach WERNICKE zu diagnostizieren, muß man sich also über die Gedankentätigkeit und den Willen des Kranken im klaren sein. BOSTROEM
stellt die psychomotorischen Erkrankungen zwischen die neurologisch
fundierten Bewegungsstörungen einerseits und das Handeln aus krankhaften Beweggründen andererseits (6). Wieder ist eine Fülle von Untersuchungen notwendig, um eine einzige Bewegung als psychomotorisch
oder psychomotorische Störung zu diagnostizieren.

Ist es überhaupt möglich, phänomenologisch von Psychomotorik zu
reden?

Ein Versuch einer Definition ist folgendes: Psychomotorik ist die Art
der Motorik, deren sich psychische Phänomene erfahrungsgemäß in besonderem Maße bedienen und, was unbedingt notwendig ist, auch als solche erkannt werden können.

Die Begriffsunschärfe des Wortes 'Psychomotorik' hat ihre Entsprechung
in den Begriffen, die Phänomene der Psychomotorik beschreiben sollen
(16, 21). Am Beispiel der Akinese sei dies verdeutlicht (Tabelle 1).

Tabelle 1. Akinesen

Lokalisation	Bezeichnung	Genese
?	Psychogene A.	Psychogen
Cortex	Kortikale Akinese	Neurologisch[x]
Limbisches System	Limbische Akinese	Psychotisch
Extrapyramidales System	Extrapyramidale (striäre) Akinese	Neurologisch[x]

x) = Neurologische Erkrankungen

Wir gebrauchen in der Humanmedizin (Tierexperimente sollen hier nicht
erwähnt werden, da sonst die Sprachverwirrung noch vergrößert würde)
in mehrfacher Weise den Ausdruck Akinese bzw. ihren schwächeren, der
Hypokinese. Der Begriff drückt aus, daß eine Bewegungsarmut beobachtet wird. Die Bewegungen können von der Anzahl her selten und im Zeitverlauf langsam ablaufend sein. Diese Differenzierung wird nicht durch
den Begriff Akinese erfaßt. Es ist also zu vermuten, daß der Begriff
auch unterschiedliche Symptome oder Syndrome aequivoc meint. – Vier
Typen von Akinesen können benannt werden. Diese sind sowohl von der
Syndromatologie als auch von dem Ort der Störung und der Ätiopathogene-
se zu unterscheiden. Von der Bewegungsarmut selbst her sind sie oft
auf den ersten und auch auf wiederholten Blick nicht zu unterscheiden.

Die extrapyramidale Akinese ist vom Parkinson-Syndrom her bekannt. Die
Bewegungsarmut ist mit Bewegungsverlangsamung gekoppelt. Verschiedene
neurologische Erkrankungen und, worauf später noch zurückzukommen sein
wird, Medikamente wie Neuroleptika, können eine solche Akinese verursachen. Ihren Namen erhält sie vom Ort der Störung: Ältere pathologisch-
anatomische Untersuchungen und die Beschreibung des Parkinson-Syndroms
als Dopamin-Mangel-Syndrom legten das morphologische Substrat dieser
Akinese in das extrapyramidale System und, genauer, in das nicht mehr
funktionierende dopaminerge nigrostriäre Neuronensystem (5, 10, 14).

Schon BOSTROEM hat diese Form der Akinese als striäre von der katatonen Form abgegrenzt (6), die hier limbische Akinese genannt wird. Damit wird der Bereich der Hypothese betreten, die im Folgenden nicht bewiesen, aber belegt werden soll.

Diese Hypothese besagt, daß zumindest einige bei Psychosen beobachteten Formen der Akinese durch eine Störung im limbischen System, und zwar im dopaminergen limbischen Neuronensystem, das unterschiedlich zum striären dopaminergen Neuronensystem ist, mitbedingt sind. Bei dieser Form der Akinese handelt es sich um eine Bewegungsarmut bis zur Bewegungslosigkeit, bei der Bewegungen, sollten sie einmal auftreten, in ihrer Schnelligkeit kaum verändert oder in ihrer Form abnorm ablaufen. Auf Differenzierungen bei einzelnen Psychoseformen soll hier nicht näher eingegangen werden, da sonst die Hypothese ins Phantastische geraten würde. - In Zukunft sollte es Aufgabe der Psychiatrie sein, phänomenologisch und pharmakologisch Akinesetypen bei den unterschiedlichen Psychosen zu differenzieren. Diese seien hier nur aufgezählt: Endogene Depression, schizoaffektive Psychosen (Motilitätspsychosen nach KLEIST und LEONHARD (18, 20), Schizophrenie - und hier wird wieder unterteilt in periodische Katatonie und katatone (systematische) Schizophrenie (20).

Auch die Unterscheidung zwischen rein motorischer Akinese und ratlosem Stupor, bei dem die Bewegungsarmut Folge einer Denkhemmung sein soll (20), kann für die Abgrenzung unterschiedlicher Akineseformen nur in Zukunft benutzt werden.

Die Form der limbischen Akinese, die letztlich durch den Kontext einer Psychose diagnostiziert wird, kann von der kortikalen Akinese abgegrenzt werden, die auch frontale Akinese genannt werden kann. Hiermit sind Akineseformen genannt, die bei Hirnatrophien, und besonders bei Frontalhirnatrophien beobachtet werden, bei denen Bewegungsarmut und Verlangsamung mit Wesensänderung und Demenz zusammenfallen. Ätiologisch - besser vielleicht nosologisch - sind ebenfalls neurologische Erkrankungen anzunehmen. Somit können bei zwei von den bisher genannten Akineseformen bekannte neurologische Erkrankungen beschrieben werden. Bei einer wäre es möglich, von unbekannten neurologischen Erkrankungen zu sprechen, die wir dann Psychosen nennen.

Bei der vierten Form der Akinese handelt es sich um bewußt willentlich oder unbewußt reaktiv ausgelöste Bewegungsarmut, die nicht nach einem anatomischen Substrat, sondern nach der Genese benannt wird. Die phänomenologische Abgrenzung gegenüber den anderen Akineseformen gelingt oft nur mühsam, ist aber meist durch den Kontext der Psychopathologie und auch durch genaue Beschreibung der Akinese gegeben.

Die schwierige phänomenologische und nosologische Differenzierung der Akineseformen sei an zwei Beispielen erläutert:

Beispiel 1: Akinesen sind nicht in Momentaufnahmen sichtbar. Eine Ahnung bekommt man durch die Beschreibung des mimischen Ausdrucks, den man im Bild festhalten kann. In dem Gesicht des ersten Patienten sieht man die langweilige, teilnahmslose Leere, die innere und äußere Bewegungslosigkeit. Dabei wirkt das Gesicht nicht starr, wie es vom Parkinson-Syndrom her bekannt ist. - Die Patientin erkrankte 2 Jahre vor der jetzigen stationären Aufnahme an einem depressiv-teilnahmsarmen Syndrom, das als endogene Depression gedeutet wurde. Unter Antidepressiva gelang eine kurze Remission von einigen Wochen Dauer. Sie wurde gefolgt unter fortgesetzter antidepressiver Behandlung von demselben antriebsarmen Syndrom. Die Patientin wurde mit mehreren Antidepressiva behandelt, u.a. auch mit einem Monoaminoxydase-Hemmer, worunter sie kurzzeitig besser wurde, aber nie mehr ihrer hausfraulichen Tätigkeit nachgehen konnte. Auch unter Neuroleptika-Behandlung besserte sich der Zustand nicht. - Zum Zeitpunkt der jetzigen Behandlung lag die Patientin viel im Bett. Wenn sie aufstand, ging sie normalen, flüssigen Schrittes über die Station. Wenn man sie ansprach, schaute sie kaum auf, murmelte nur auf die Frage, wie es ihr ginge, "mir geht es gut". Das Hirn-Computer-Tomogramm zeigte eine Stirnhirnatrophie mäßigen Grades.

Diese Art der Akinese, die durch Medikamente nicht oder nur kaum zu bessern ist, wird in unserem oben beschriebenen Sinn eine kortikale Akinese genannt.

Beispiel 2: In der Momentaufnahme des Gesichtes des zweiten Patienten bemerken wir einen Blickkontakt, eine leichte Zuwendung, aber auch eine Teilnahmslosigkeit in der Mimik, wobei ein leicht angedeutetes Lächeln zur Schlaffheit des Gesichtsausdrucks kontrastiert. Diese Patientin war in den letzten 5 Jahren wiederholt an monatelangen Zuständen von Teilnahmslosigkeit, Interesselosigkeit, Antriebsarmut erkrankt. Zwischen diesen Zeiten der Erkrankung ging die Patientin ihren hausfraulichen Tätigkeiten völlig normal nach. Eine depressive Verstimmtheit war kaum zu bemerken. - Zum Zeitpunkt der jetzigen stationären Aufnahme lag die Pat. hauptsächlich im Bett, verweigerte die Nahrung; gab man ihr eine Tasse in die Hand, hielt sie diese fest an den Mund, ohne zu trinken. Es war dann kaum möglich, die Hände von der Tasse zu lösen. Die Muskeln waren schlaff, die Arme gut beweglich; nur selten wurden unbequeme Haltungen, in die sie passiv gebracht wurde, beibehalten.

Diese Form der Akinese kann nach den oben genannten Begriffen unter die limbische Akinese eingeordnet werden. Bei der Patientin handelte es sich um eine Form der Katatonie.

Auf den ersten Blick könnte man beide Formen der Akinese verwechseln, aber im Kontext der Psychopathologie und der exakten phänomenologischen Beschreibung ist die Differentialdiagnose möglich.

Syndromatologie der psychomotorischen Hemmung

Bei der Beschreibung der klinischen Syndromatologie psychomotorischer Störungen wird hier nur auf Phänomene bei Psychosen, bei denen wir limbische Störungen vermuten, eingegangen. Die Einteilung der Syndrome in hypokinetische und hyperkinetische sowie Mischzustände von beiden ist mit dem Begriff 'psychomotorische Hemmung' überschrieben (Tabelle 2). Die Berechtigung für diese Überschrift wird aus folgender Überlegung genommen: Offensichtlich ist bei der hypokinetischen Symptomatik die Psychomotorik gehemmt. Das ist evident.

Tabelle 2. Psychomotorische Hemmung

Einteilung	Symptome
Hypokinetisch	Stupor, Akinese, Katalepsie
Hyperkinetisch	Stereotypien, Dyskinesien
Gemischt	Symptome wechselnd (W.O.)

Solche Hemmungen kommen auch bei der gemischten Form vor. Ist nun die
hyperkinetische Form der psychomotorischen Störung nur das Gegenteil
einer psychomotorischen Hemmung? WERNICKE, KLEIST, BOSTROEM und auch
später LEONHARD (26, 18, 6, 20) haben immer wieder die Meinung vertreten, bei der hyperkinetischen Form der psychomotorischen Störung wäre
ein Prozeß gehemmt, der die einmal begonnene Bewegung hemmt. Hieraus
würden Stereotypien und andere Bewegungsstörungen resultieren. Evtl.
könnte es sogar sein, daß ein gemeinsamer Prozeß sowohl der hypokinetischen als auch der hyperkinetischen psychomotorischen Störung zugrunde liegt. Dafür spricht, daß auch in der gemischten Form beide abwechselnd vorkommen. - Um solche Fragen abzuklären, ist noch eine
Reihe von Untersuchungen nötig.

In Analogie zu dem extrapyramidalmotorischen Syndrom ist die hypokinetische Form das Gegenteil der hyperkinetischen. Ein Dopamin-Mangel
führt zu Akinese mit Rigor, eine Überfunktion des dopaminergen Systems
zu Hyper- und Dyskinesen, wie sie nach DOPA-Medikation beim Parkinson-
Syndrom auftreten können (11, 14). Auch beim medikamentös induzierten
Parkinson-Syndrom sind hypokinetische Formen und nach längerer Dauer
die hyperkinetischen Formen der Spätdyskinesie bekannt (17, 25). -
Sowohl beim idiopathischen Parkinson-Syndrom als auch beim medikamentös induzierten Parkinson-Syndrom und der Dyskinesie können Akinese
und Hyper- bzw. Dyskinesen beim gleichen Patienten abwechselnd, z.T.
sogar gleichzeitig auftreten.

Bei der hypokinetischen Form der psychomotorischen Störung können unterschiedliche Symptome beobachtet werden: Der Stupor, der von einigen
Autoren mit der Akinese gleichgesetzt wird (von anderen nicht) und die
Katalepsie seien besonders hervorgehoben. Besonders ist darauf zu achten, daß es zwei Formen der Akinese gibt, nämlich die mit katalepti-
schen und die ohne kataleptische Störungen. Die Muskulatur kann ge-
spannt sein oder schlaff. Haltungen, die in unbequeme Lage gebracht
wurden, können beibehalten werden oder nicht. Bei den hyperkinetischen
Formen sind teilweise die Bewegungen nur häufiger; gelegentlich sind
Stereotypien, manchmal abnorme Bewegungen anzutreffen.

Um die Vielfalt der motorischen Störungen bei katatonen Patienten zu
demonstrieren, werden in Tabelle 3 die häufigsten motorischen Symptome bei 80 katatonen schizophrenen Patienten nach Verteilung bei den
unterschiedlichen syndromatischen Gruppen aufgelistet. Die Symptomatik
wurde mittels des AMDP-Untersuchungsbogens (28) erfaßt, der durch spezielle katatone Symptome ergänzt wurde. Bei der hyperkinetischen Form
fanden sich häufig eine motorische Unruhe, in der Hälfte der Fälle
eine Bewegungsstereotypie, sprachliche Stereotypien und Parakinesen.
Bei der hypokinetischen Form waren am häufigsten der Mutismus anzutreffen, in der Hälfte der Fälle ein Stupor, bizarre Haltungen in 38%,
und die Katalepsie, die ja häufig als pathognomonisch für die Art der
Erkrankung gelten soll, nur in etwa einem Viertel der Fälle. Bei der
gemischten Form sind beide Arten der Symptome gleich häufig vertreten.

Die beobachteten motorischen Störungen können ohne Exploration des Patienten sichtbar und auch meßbar gemacht werden, wobei pharmakologische Veränderungen dann objektiviert werden können.

Die Erkennung der einzelnen Symptome - sowohl bei der hypo- als auch
bei der hyperkinetischen Form von motorischen Störungen - kann recht
schwierig sein. Die Differentialdiagnose gegenüber medikamentös induzierten hypo- und hyperkinetischen Störungen ist oft kaum möglich.
Aber gerade diese bringt die Verbindung zur theoretischen Erörterung
und zum pharmakologischen Experiment. Es handelt sich um die nach
längerer Neuroleptika-Gabe auftretende Spätdyskinesie und die Pseudokatatonie.

Tabelle 3. Motorische Symptome der Katatonie (N=80)

S Y M P T O M E :	Häufigkeit in % der Gruppen					
	HYPERKINETISCH (N=25)		HYPOKINETISCH (N=34)		GEMISCHT (N=21)	
	%	N	%	N	%	N
MUTISTISCH	8	(2)	71	(24)	48	(10)
STUPOR	8	(2)	47	(16)	38	(8)
KATALEPSIE	O	(O)	26	(9)	1O	(2)
HYPOKINESEN	O	(O)	41	(14)	1O	(2)
HALTUNGSSTEREOTYPIEN (BIZARRE HALTUNG)	28	(7)	38	(13)	38	(8)
MOTORISCH UNRUHIG	76	(19)	9	(3)	48	(10)
BEWEGUNGSSTEREOTYPIEN	44	(11)	21	(7)	33	(7)
SPRACHSTEREOTYPIEN	36	(9)	3	(1)	24	(5)
ECHOPHÄNOMENE	2O	(5)	3	(2)	14	(3)
GESICHTSPARAKINESEN	28	(7)	3	(1)	29	(6)
ERREGUNGSZUSTÄNDE	56	(14)	O	(O)	38	(13)

Die Differentialdiagnose der Katatonie zur Spätdyskinesie sei an zwei Beispielen erläutert:

Beispiel 1: Die Patientin litt daran, stundenlang am Tag den Mund geöffnet zu halten. Sie konnte normal essen und den Mund auch willkürlich schließen, aber sobald sie die Willkürbewegung unterließ, öffnete sich der Mund unwillkürlich. - Schmerzen hatte die Patientin nicht. - Diese Erkrankung dauerte monatelang. Zunächst wurde diagnostisch an eine Haltungsanomalie bei chronischer Schizophrenie gedacht. Die neurologische Untersuchung stellte athetotische Bewegungen der Finger und gelegentlich ausfahrende Bewegungen der oberen Extremitäten fest. Es handelte sich bei der Patientin um eine Spätdyskinesie.

Beispiel 2: Ein chronisch schizophrener Patient nahm bei voller Beweglichkeit aller Extremitäten beim Gehen die Angewohnheit an, das linke Bein grundsätzlich gebeugt zu halten. So ging er schief und humpelnd. Die zunächst angenommene Symptombeschreibung einer Manie stellte sich dann später als Spätdyskinesie heraus. - Beide Erkrankungen konnten nur sehr schwer medikamentös behandelt werden.

Eine weitere differentialdiagnostische Schwierigkeit zwischen Katatonie und durch Neuroleptika induzierte psychomotorische Störungen ist die durch Neuroleptika hervorgerufene Katatonie, die lebensbedrohliche Ausmaße annehmen kann. Vor allem seit der hochdosierten Applikation von Neuroleptika bei akuten Schizophrenien werden Zustände gesehen, die relativ rasch zu einem Stupor mit Katalepsie, bizarren Haltungen und völliger Teilnahmslosigkeit führen. Offen ist dann die Frage, handelt es sich bei diesen Patienten um eine Katatonie im Sinne einer Schizophrenie oder um eine Nebenwirkung der Neuroleptika, eine Pseudokatatonie.

Besonders schwer ist es differentialdiagnostisch, da diese Nebenwirkung der Neuroleptika nicht oder nur kaum durch Anticholinergika vermindert wird.

Aus dieser Ähnlichkeit katatoner und Neuroleptika-induzierter psychomotorischer Störungen stammt unsere Hypothese, daß Dopamin eine Rolle
bei der limbischen Form der Akinese und der ihr entsprechenden Hyperkinese spielt.

Neuroleptische Therapie

Der Wirkungsmechanismus der Neuroleptika wird zurückgeführt auf Wirkungen am zentralen dopaminergen System, von denen drei zur Regulation motorischer Phänomene beitragen (Tabelle 4).

Tabelle 4. Dopamin-Systeme

BEZEICHNUNG	URSPRUNG	INNERVATION	FUNKTION
NIGRO- NEOSTRIATAL	S.NIGRA (A 9)	CAUDATUS PUTAMEN	MOTORIK
MESO-LIMBISCH	TEGMENTUM (A 10)	NUCCL.ACCUMBENS T.OLFACTORIUM	MOTORIK, MOTIVATION
MESO-CORTIKAL	TEGMENTUM (A 10)	LIMBISCHE PRÄ- FRONTALE CORTEX	MOTIVATION, SELBSTSTIMU- LATION

Das nigro-striatale System entspringt in der Substantia nigra und
zieht zum Caudatur und Putamen. Dies System ist beim Parkinson-Syndrom
gestört; es regelt die extrapyramidale Motorik (14).

Das meso-limbische System entspringt im Tegmentum (A 10) und zieht zum
Nuccleus accumbens bzw. zum Tuberculum olfaktorium, also zum limbischen
System. Es regelt ebenfalls die Motorik und die Motivation (8, 12). Zusätzlich werden von dieser Ursprungsstelle auch Nervensysteme zum limbischen und präfrontalen Kortex ziehend beschrieben, die wahrscheinlich die Motivation beeinflussen und im Tierexperiment die Selbststi-
mulation fördern (12, 19). Da über dieses letzte System noch zu wenig
bekannt ist, wird im Folgenden nur das nigro-striatale und das meso-
limbische System besprochen.
Die pharmakologischen Eigenschaften der Neuroleptika an diesen beiden
Systemen sind dem physiologischen Transmitter Dopamin entgegengesetzt
(27). Als Dopamin-Antagonisten (DA-Antagonisten) bewirken sie im extrapyramidalen als auch im mesolimbischen System eine Katalepsie (7). Diese Katalepsie ist möglicherweise nicht der am Menschen beobachteten,
mit demselben Namen beschriebenen motorischen Störung gleichzusetzen.
Die Katalepsie am Tier ist ein Verharren, meistens in Muskelstarre bei
Unterstützung der entsprechenden Extremität. Ist diese Katalepsie wirklich dasselbe wie beim Menschen, der in einer unbequemen Haltung ver-
harrt? - Wichtig ist, daß einige Formen, die den psychomotorischen
Störungen ähnlich sind, am Tier durch Beeinflussung des dopaminergen
Systems im extrapyramidalen und meso-limbischen Bereich hervorgerufen
werden können (15).

Das Gegenteil der Neuroleptika, nämlich eine Stimulierung des dopaminergen Systems, bewirken die Dopamin-Agonisten (DA-Agonisten) (Tabelle 5). Es sei hier nur an DOPA selbst oder an das Bromergocriptin er-

Tabelle 5. Pharmakologie

SUBSTANZ	LOKALISATION EXTRAPYRAMIDAL	MESO-LIMBISCH
DA-ANTAGONISTEN	KATALEPSIE	KATALEPSIE
DA-AGONISTEN	HYPERKINESE	HYPERKINESE
DA-ANTAGONISTEN NACH DA-AGONIST.	HEMMUNG	HEMMUNG

innert. Diese bewirken in beiden Systemen eine motorische Hyperkinese. Werden nach Dopamin-Agonisten Dopamin-Antagonisten appliziert, werden die Hyperkinesen in beiden Systemen gehemmt (2, 4, 7, 8, 23).

Wie in verschiedenen Vorträgen dieser Veranstaltung dargelegt, ist Dopamin nicht der einzige Regulator der Motorik. Neben Noradrenalin, GABA und anderen ist das cholinerge System besonders wichtig. Es steht sozusagen in einer Balance zum dopaminergen System. Während Dopamin-Agonisten (L-Dopa, Amphetamin, Bromergocriptin) das dopaminerge System stimulieren und die Dyskinesie hervorrufen, gleichzeitig aber damit die Akinese des Parkinson-Syndroms bessern, wird durch Stimulierung des cholinergen Systems (Physostigmin, Deanol, Cholin) eine Besserung der Dyskinesie und eine Verschlechterung der Akinese des Parkinson-Syndroms bewirkt. In umgekehrter Richtung wirken Neuroleptika auf der dopaminergen Seite und Anticholinergika auf der cholinergen Seite.

Aus diesen pharmakologischen Untersuchungen ist es möglich, die Hypothese abzuleiten, daß die hyper- und dyskinetischen Formen der Katatonie mit Dopamin-Antagonisten als Neuroleptika behandelt werden können oder mit Cholinergika, während die akinetischen Formen möglicherweise mit Dopamin-Agonisten behandelt werden können.

Damit ist das am Anfang erwähnte pharmakologische Experiment begründet. Nach dieser Hypothese müßte die Akinese bei der Katatonie unter Dopamin-Agonisten gebessert werden.

Die klinischen Erfahrungen bei der Therapie der Akinesen und Hyper- bzw. Dyskinesen im limbischen extrapyramidalen Bereich zeigen folgende Ergebnisse (Tabelle 6): Die limbischen Akinesen können nach einigen Untersuchungen, die bisher nicht eindeutig bewiesen sind, gelegentlich mit Anticholinergika behandelt werden. Im klinischen Alltag werden derartige Akinesen nicht mit Dopamin-Agonisten, sondern mit Dopamin-Antagonisten behandelt. Neuroleptika sind die Mittel der Wahl. Vom biochemischen Wirkungsmechanismus her impliziert dies, daß die limbische Akinese nicht wie die extrapyramidale mit einer dopaminergen Stimulierung, sondern mit einer Blockierung behandelt wird. Das biochemische Korrelat der limbischen Akinese läge in einer Überaktivierung des dopaminergen limbischen Systems, wie es bei den Hyperkinesen des extrapyramidalen und limbischen Systems wohl mit Recht zu vermuten ist (17). Bei den hyperkinetischen Formen sind Neuroleptika sowohl im limbischen als auch im extrapyramidalen Bereich effektiv und Cholinergika im extrapyramidalen Bereich (25). Inwiefern Cholinergika katatone Symptome bessern, muß untersucht werden.

<u>Tabelle 6.</u> Therapie bei Akinesen und Hyper/Dyskinesien

MESO-LIMBISCH	EXTRAPYRAMIDAL
A K I N E S E N	
DA-ANTAGONISTEN	DA-AGONISTEN
ANTICHOLINERGIKA	
(DA-AGONISTEN)	ANTICHOLINERGIKA
HYPER-DYSKINESEN	
DA-ANTAGONISTEN	DA-ANTAGONISTEN
CHOLINERGIKA	CHOLINERGIKA
(DA-AGONISTEN)	

In diese beschriebene Form der limbischen Akinese scheinen die ge-
spannten Stupore eher hineinzufallen als die schlaffen Stupore. Bei
letzteren wirken gelegentlich Antidepressiva besser als Neuroleptika. - In Zukunft sollten derartige pharmakologischen Differenzierungen wissenschaftlich ausgewertet werden.

Jedenfalls scheinen die beiden Akineseformen, nämlich die extrapyramidale und die limbische, vom Therapieprinzip her nicht gleichzusetzen zu sein. Bei den hyperkinetischen Formen ist dies jedoch der
Fall. Neuroleptika und Cholinergika helfen in beiden Formen (17, 25).

Die Tatsache, daß Neuroleptika selbst bei längerem Gebrauch die Erkrankungen hervorrufen, die sie zu bessern vermögen, nämlich die
Hyper- und Dyskinesien, beweist eindringlich, daß der Angriffspunkt
der Neuroleptika tatsächlich an der Störungsstelle der Hypo- und
Hyperkinesen liegt. Die Entstehung der Spätdyskinesie ist aus der
Sensibilisierung der dopaminergen Rezeptoren durch die Neuroleptika-
Behandlung zu erklären (3, 4, 22). Bei der Gleichartigkeit gelegentlich aufgetretener Spätdyskinesieformen nach Neuroleptika mit katatonen Syndromen, wie oben geschildert, läßt eine derartige Sensibilisierung dopaminerger Neurone auch im limbischen System vermuten (6a).

Aus den Wirkungsmechanismen der Neuroleptika ist also zu entnehmen,
daß die anfangs aufgestellte Hypothese einer dopaminergen Beteiligung bei psychomotorischen Störungen begründet ist. Ihr Ort ist nach
dem Gesagten im limbischen System zu vermuten.

Zusammenfassung

1. Die psychomotorische Hemmung ist kein einheitliches psychopatho-
logisches Bild. Hypokinetische Formen der psychomotorischen Störungen sind im eigentlichen Sinne als psychomotorische Hemmung anzusprechen, wobei noch abzuklären ist, inwieweit hyperkinetischen
psychomotorischen Störungen zentrale Hemm-Mechanismen zugrunde liegen. Sprachliche Ungenauigkeiten liegen bei den Begriffen Akinese,
Katatonie und Katelepsie vor.

2. Die limbische Form der Akinese und ihre hyperkinetische Entsprechung ist bei Psychosen anzutreffen. Die motorische Störung ist der
explorativen Beobachtung unmittelbar zugänglich. Inwieweit diesen
motorischen Störungen psychische Korrelate entsprechen, ist bisher
nicht sicher zu beurteilen.

3. Das pharmakologische Experiment mit Dopamin-Antagonisten (Neuroleptika) und -Agonisten legt in Analogie zu extrapyramidalen Hyper- und
Hypokinesen die Vermutung nahe, daß hypo- und hyperkinetische Bewegungsstörungen der Katatonie durch dopaminerge limbische Neuronensysteme beeinflußt werden, so daß dieses Prinzip zur Therapie herangezogen werden kann. Hierin liegt die praktische Konsequenz einer noch
in Zukunft zu beweisenden Hypothese.

Literatur

1. Ambani LM, Van Woert MH, Bowers Jr. MB (1973) Physostigmine
   effects on Phenothiazine-induced extrapyramidal reactions. Arch
   Neurol 29: 444-446

2. Aghajanian GK, Bunney BS (1977) Dopamine "Autoreceptors": Pharmacological characterization by microiontophoretic single cell
   recording studies. Naunyn-Schmiedeberg's Arch Pharmacol 297: 1-7

3. Anden NE (1972) Dopamine turnover in the corpus striatum and the
   limbic system after treatment with neuroleptic and anti-acetyl-
   choline drugs. J Pharm Pharmacol 24: 905

4. Asper H, Baggiolini M, Burki HR, Lauener H, Ruch W, Stille G
   (1973) Tolerance phenomena with neuroleptics catalepsy, apomorphine stereotypes and striatal Dopamine metabolism in the rat after
   single and repeated administration of Loxapine and Haloperidol.
   Europ J Pharmacol 22: 287-294

5. Barbeau A (1976) Parkinsons disease: Etiological considerations.
   In: Yahr MD (ed) The Basal Ganglia. Raven Press, New York,
   p 281-292

6. Bostroem A (1928) Katatone Störungen, Striäre Störungen. In:
   Bumke O (Hrsg) Handbuch der Geisteskrankheiten, Allgemeiner Teil
   II. Springer, Berlin, p 134-239

6a.Chouinard G, Jones BD (1980) Neuroleptic induced Supersensitivity
   Psychosis: clinical and pharmacological characteristics. Am J
   Psychiatry 137: 16-21

7. Costall B, Naylor RJ (1976) A comparison of the abilities of
   typical neuroleptic agents and of Thiorizadine, Clozapine, Sul-
   piride and Metoclopramide to antagonise the hyperactivity induced
   by Dopamine applied intracerebrally to areas of the extrapyramidal and mesolimbic system. Europ J Pharmacol 40: 9-19

8. Costall B, Naylor RJ (1974) Mesolimbic involvement with behavioural
   effects indicating antipsychotic activity. Europ J Pharmacol 27:
   46-58

9. Davis KL, Hollister LE, Berger PA, Barchas JD (1975) Cholinergic
   imbalance hypotheses of psychoses and movement disorders:
   Stragegies for evaluation. Psychopharmacol Commun 1(5): 533-543

10. Ehringer H, Hornykiewicz O (1960) Distribution of Noradrenaline
    and Dopamine (3-hydroxytypramine) in the human brain and their
    behaviour in diseases of the extrapyramidal system. Klin Wschr
    38: 1236-1239

11. Gerlach J (1977) Relationship between tardive dyskinesia, L-Dopa-induced hyperkinesia and Parkinsonism. Psychopharmacol 51: 259-263

12. Hökfelt T, Ljungdahl A, Fuxe K, Johansson O (1974) Dopamine nerve terminals in the rat limbic cortex: Aspects of the Dopamine hypothesis of schizophrenia. Science 184: 177-179

13. Homburger A (1932) Motorik. In: Bumke O (Hrsg) Handbuch der Geisteskrankheiten, Spezieller Teil V. Springer, Berlin, S 211-263

14. Hornykiewicz O (1976) Neurohumoral interactions and basal ganglia function and dysfunction. In: Yahr MD (ed) The Basal Ganglia. Raven Press, New York, p 269-278

15. Hornykiewicz O (1977) Psychopharmacological implications of Dopamine and Dopamine antagonists: A critical evaluation of current evidence. Ann Rev Pharmacol Toxicol 17: 545-559

16. Kindt H (1980) Katatonie. Enke, Stuttgart

17. Klawans HL (1973) The pharmacology of tardive dyskinesias. Am J Psychiatry 130: 1

18. Kleist K (1908) Untersuchungen zur Kenntnis der psychomotorischen Bewegungsstörungen bei Geisteskranken. Klinhardt, Leipzig

19. Laduron P, De Bie K, Leysen K (1977) Specific effect of Haloperidol in Dopamine turnover in the frontal cortex. Naunyn-Schmiedeberg's Arch Pharmacol 296: 183-185

20. Leonhard K (1968) Aufteilung der Endogenen Psychosen. Akademie, Berlin

21. Mucha H (1972) Der Katalepsie-Begriff von Kahlbaum bis zur Gegenwart. Psychiat clin 5: 330-349

22. Muller P, Seeman P (1978) Dopaminergic supersensitivity after neuroleptics: Time-course and specifity. Psychopharmacol 60: 1-11

23. Pijnenburg AJJ, Honig WMM, Van Rossum JM (1975) Antagonism of apomorphine- and α-amphetamine- induced stereotyped behaviour by injection of low doses of Haloperidol into the caudate nucleus and the nucleus accumbens. Psychopharmacol 45: 65-71

24. Van Praag HM (1977) The significance of Dopamine for the mode of action of neuroleptics and the pathogenesis of schizophrenics. Brit J Psychiat 130: 463-474

25. Rüther E, Bindig R, Ther P (1978) Neuropharmakotherapie dyskinetischer Syndrome. Pharmakotherapie 1: 200-210

26. Wernicke C (1900) Grundriss der Psychiatrie. Thieme, Leipzig

27. Westernick BHC, Korf J (1975) Influence of drugs on striatal and limbic homovanillic acid concentration in the rat brain. Europ J Pharmacol 33: 31-40

28. Das AMP-System (1972) Springer, Berlin

Tremor: Pathophysiologie, Klassifikation, diagnostischer Stellenwert

H.-J. Freund

Einleitung

Unser Verständnis der funktionellen Organisation des motorischen
Systems ist durch neurophysiologische und neuroanatomische Untersuchungen wesentlich erweitert worden. Demgegenüber hat die klinische Analyse motorischer Störungen insbesondere zentralmotorischer
Erkrankungen relativ wenig Nutzen aus dem besseren Verständnis der
Organisation des sensomotorischen Systems gezogen. Es bieten sich
deshalb eine Reihe von Möglichkeiten, durch eine genauere Analyse
motorischer Störungen unsere Einsicht in Pathomechanismen zu vertie-
fen und diagnostische Vorteile daraus zu ziehen.

Ein motorisches Phänomen, der Tremor, hat schon seit Jahrhunderten
das ärztliche Interesse sowohl bezüglich der Tremormechanismen als
auch seiner differentialdiagnostischen Möglichkeiten erweckt. Bereits 1680 hat De la BOE SYLVIUS (19) zwischen einem "motus tremulus"
und einem "tremor coactus" unterschieden. Nach der genauen Beschreibung des Ruhetremors durch PARKINSON (18) im Jahre 1817 hat CHARCOT
(3) den Unterschied zwischen Ruhe und Intentionstremor zur Differentialdiagnose zwischen Parkinsonismus und multipler Sklerose herangezogen.
Später hat De JONG (12) noch den Aktionstremor als weitere wichtige
klinische Zitterform abgetrennt, so daß damit die drei wesentlichen
Tremorformen unterschieden waren. Die Kenntnis, welche dieser Tremorformen bei verschiedenen Erkrankungen des extrapyramidalen motorischen
Systems im Vordergrund stehe, erlaubt eine einfache Differenzierung verschiedener Erkrankungen bereits auf dieser Grundlage. Als typische Beispiele seien der Ruhetremor beim Parkinsonismus, der Aktionstremor beim
essentiellen Tremor und der Intentionstremor bei cerebellären Erkrankungen erwähnt. Solche Unterscheidungen sind seit langem bekannt und
haben sich als hilfreiche Kriterien für die Differentialdiagnose zentralmotorischer Erkrankungen bewährt.

Methodische Voraussetzungen der Tremorregistrierung

Die nachfolgenden Ausführungen sollen der Frage nachgehen, welcher Beitrag von einer quantitativen Tremoranalyse zur Differentialdiagnostik
und zum besseren Verständnis der Pathomechanismen zentralmotorischer
Störungen erwartet werden kann. Voraussetzung der Betrachtung pathologischer Zitterformen ist das Verständnis des sogenannten physiologischen Tremors. Zittern ist keineswegs eine Erscheinung, die beim Normalen nur bei Erregung, Anstrengung oder in Kälte auftritt und im übrigen pathologisch ist. Tremor ist vielmehr eine unvermeidliche Begleit-
erscheinung jeder Muskelkontraktion oder Bewegung. Auch wenn der subjektive Eindruck eine absolut ruhige Hand oder Haltung vermittelt, ist
bei entsprechend genauer Registrierung immer ein physiologisches Zittern objektivierbar. Die Registrierung des Tremors kann mit verschiedenen Hilfsmitteln vorgenommen werden. Sowohl die genaue Aufzeichnung
einer Bewegung als auch der Kraft kann zur Tremordarstellung benutzt
werden. Dies ist in Abb. 1 für das Beispiel einer Registrierung der

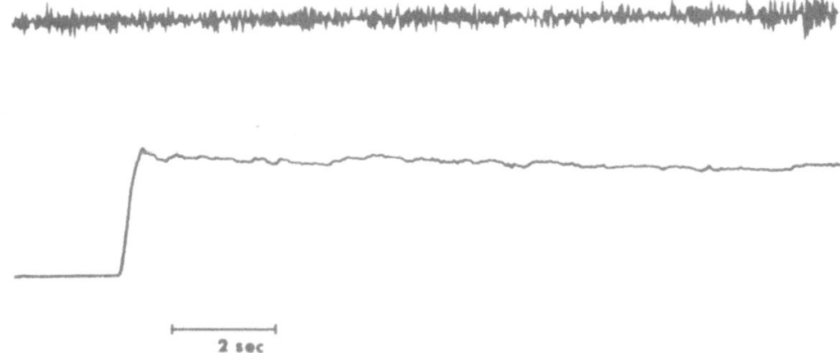

Abb. 1. Registrierung derselben Muskelkraft mittels zwei paralleler, durchgeschalteter Verstärker: geringe Gleichspannungsverstärkung (unten) und hohe Wechselspannungsverstärkung (Zeitkonstante 0,10 s) (oben)

Kontraktionen des int. dors. I dargestellt, die gleichzeitig die besonderen Erfordernisse der Tremorregistrierung deutlich macht. Im unteren Abteil der Abbildung ist zunächst die Aufzeichnung der Muskelkraft mit relativ geringer Verstärkung auf Gleichspannungsbasis dargestellt. Von einer solchen Registrierung kann die Muskelkraft abgelesen werden. Der Tremor ist auf einer solchen Registrierung nicht zu erkennen. Im oberen Teil der Abbildung ist die simultan vom selben Kraftaufnehmer registrierte hochverstärkte, notwendigerweise wechselspannungsgekoppelte Kraftregistrierung dargestellt. In dieser Ableitung kommt eine erhebliche Unruhe der bei geringer Verstärkung gleichmäßig erscheinenden Kraft zur Darstellung, die nicht einem ableitebedingten Rauschen entspricht sondern die physiologischen Schwankungen der Muskelkraft wiedergibt. Diese Registrierung läßt gleichzeitig erkennen, daß es sich bei diesem physiologischen Tremor, während einer kontinuierlichen Haltekraft gemessen, nicht um eine einzige, regelmäßige Oszillation handelt, sondern um einen Frequenzgemisch. Die Zeitkonstante sollte bei einer solch hochverstärkten Kraftregistrierung möglichst lang sein, um auch die langsamen Kraftabweichungen mitzuerfassen. Bei der Tremorregistrierung mit Accelerometern werden diese langsameren Tremoranteile nicht miterfaßt, da Beschleunigungsaufnehmer den zweiten Differentialquotienten der Kraft messen und somit nur die höherfrequenten Tremoranteile wiedergeben. Die Benutzung eines geeigneten Kraft- bzw. Positionsaufnehmers ist ebenso wie die hohe Verstärkung und die Wahl der geeigneten Zeitkonstanten Voraussetzung für eine exakte Tremorregistrierung. Nur dann sind die beiden wesentlichen Tremorparameter, Frequenzgehalt und Amplitude, verwertbar und vergleichbar.

Der physiologische Tremor

Für den physiologischen Tremor ist schon seit HORSLEY und SCHÄFER (1886) (11) bekannt, daß seine Frequenz vorwiegend im 8-12 Hz-Bereich liegt. Seit der Einführung der Spektralanalyse durch HALLIDAY und REDFEARN (1956) (9) kann die Frequenzverteilung des Tremors wesentlich genauer gemessen werden. Entsprechend der Spektralanalyse des EEGs, dem der Tremor ja sehr ähnlich ist, gibt das Powerspektrum die Frequenzanteile wieder, wie sie in Abb. 2 dargestellt sind. Der untere Teil der Abbildung zeigt den Frequenzgehalt des physiologischen Tremors, der mittels Kraftabnehmer während eines gleichbleibenden Finger-

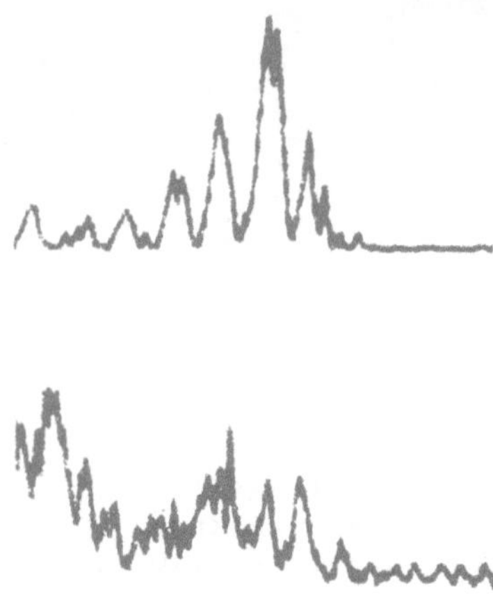

Abb. 2. Powerspektrum der Tremorregistrierung mit einem Accelerometer (oben) und mit einem Kraftaufnehmer (unten)

druckes auf den Kraftaufnehmer gemessen wurde. Zunächst ist eindrucksvoll, daß die größten Amplituden im Bereich der unteren Frequenzen zu finden sind, und daß der Tremoranteil aus dem 8-12 Hz-Bereich nur einen kleinen Gipfel im absteigenden Kurvenanteil ausmacht. Dies ist zunächst überraschend, liegt aber einfach daran, daß weder die Kraft, noch die Position absolut konstant gehalten werden kann, sondern daß es stets zu langsamen Abweichungen kommt, die einer physiologischen Ataxie entsprechen. Diesen großamplitudigen langsamen Abweichungen überlagern sich die rascheren Abweichungen, die die höheren Frequenzanteile bilden. Demnach ist zunächst festzuhalten, daß der physiologische Tremor einen breiten Frequenzbereich enthält, wobei die langsameren Frequenzen die größten Amplituden haben. In diesen langsameren Komponenten sind unter anderem auch atmungsbedingte und ballistokardiographische Komponenten enthalten. Wie bereits erwähnt führt die Messung mittels Beschleunigungsaufnehmern zu einer selektiven Anhebung der höheren Frequenzanteile bei Wegfall der niederen Frequenzen. Dadurch entsteht ein Frequenzspektrum, das dem der Kraftregistrierung mit langsamer Zeitkonstante recht verschieden ist, wie im oberen Teil der Abbildung 2 zu erkennen ist. Dieser zeigt eine simultane Registrierung zum oberen Kurventeil. Der Accelerometer war während der Registrierung direkt neben der Auflagefläche des Zeigefingers auf den Kraftaufnehmer fixiert.

Mechanismen der Tremorentstehung

Bei der Frage nach der Tremorentstehung wurde zunächst von gruppierten Entladungen mehrerer motorischer Einheiten ausgegangen, wie sie sowohl bei durch Aufregung oder Kälte verstärktem physiologischen Tremor oder auch bei pathologischen Tremoren beobachtet wurde. Die simultane Ableitung mehrerer motorischer Einheiten aus einem Muskel, dessen Tremor während der Ableitung gemessen wurde, ergab aber, daß es beim physiologischen Tremor nicht zu einer Synchronisierung motorischer Einheiten kommt (5). Für die Entstehung des physiologischen Tremors kommen deshalb nur zwei andere Mechanismen in Frage:
1. Für die langsameren Frequenzanteile sind geringe Veränderungen der produzierten Gesamtkraft verantwortlich;

2. Die Frequenzanteile oberhalb 6 Hz sind überwiegend auf die un-
fusionierten Kontraktionen der desynchron entladenden motorischen
Einheiten zurückzuführen.
Ihr experimenteller Nachweis ist an anderer Stelle ausführlich dargestellt (1, 7). Zunahme des physiologischen Tremors unter bestimmten Medikamenten sowie bei Aufregung, Erschöpfung und Kälte beruht
dagegen auf einer zunehmenden Synchronisationstendenz der motorischen
Einheiten wie sie auch beim pathologischen Tremor auftritt. Dies läßt
sich durch die Bestimmung der Kreuzkorrelationen zwischen verschiedenen
motorischen Einheiten eines Muskels nachweisen.

Zum physiologischen Tremor ist somit zusammenfassend festzuhalten, daß
er ein natürliches Nebenprodukt der Muskeltätigkeit ist, der auf Ungenauigkeiten im Kraftausgang auf der einen, und auf den mechanischen
Eigenschaften der kontraktierenden Elemente zum anderen beruht. Das
wesentliche Element des pathologischen Tremors, nämlich die Synchronisation motorischer Einheiten, kommt beim verstärkten physiologischen
Tremor oder bei dem genetisch bedingten essentiellen Tremor auch vor,
spielt aber erst bei den pathologischen Tremorformen eine wesentliche
Rolle. Bei der Frage nach der Ursache, die zum Auftreten von Synchro-
nisationen und damit zur Verstärkung des physiologischen Tremors führt,
haben Versuche mit Catecholamin- und -Rezeptorblocker-Injektionen gezeigt, daß dem Adrenalin eine wesentliche Rolle hierfür zukommt. Durch
intraarterielle Injektionen in den Armen bei unterbundenem venösem
Rückfluß konnte gezeigt werden, daß es sich hierbei um einen peripheren
Angriffspunkt handelt (15). Ob es sich dabei ausschließlich um eine
Spindelsensitivierung handelt, ist unbekannt.

Die Rolle des Reflexbogens für die Synchronisation motorischer Einheiten

HAGBARTH and YOUNG (1979) (8) haben durch Ableitungen von Muskelspindelafferenzen des Menschen zeigen können, daß die geringen Tremoramplituden, die beim verstärkten physiologischen Tremor entstehen, aus-
reichen um die Spindeln zu erregen und somit synchronisierte Muskel-
spindelimpulse zu erzeugen, die wiederum zu einer synchronisierten
Entladung von Motoneuronen führen. Die Vorstellung einer solchen sogenannten Servoloop-Oscillation ist seit HAMMOND et al (1956) (10)
als wahrscheinliche Ursache der Tremorgenese angesehen worden. Es
konnte jedoch in einer ganzen Reihe von Experimenten nachgewiesen werden, daß es auch ohne Muskelspindelafferenzen oder andere afferente
Impulse zu einer synchronisierten Entladung motorischer Einheiten und
somit zu einem Tremor kommen kann. So hat WALSHE 1924 (20) bereits
zeigen können, daß die Ausschaltung der Afferenzen durch Cocain bei
Parkinson-Patienten zwar zum Verschwinden des Rigors, nicht aber des
Tremors führte. Auch operative Durchtrennung der Hinterwurzeln (2, 6,
16) und tierexperimentell (4, 14, 17) zeigte, daß der Tremor inklusive
pathologischer Tremoren nach gleichzeitigen Kleinhirnläsionen trotz
kompletter Deafferentierung persistierte. Während die sogenannten In-
jektionsversuche ebenso wie die Ableitung von Muskelspindelafferenzen
beim Menschen den Beitrag von Muskelrezeptoren zur Verstärkung des
Tremors mittels Synchronisation nachgewiesen haben, gibt es außerdem
zentrale Synchronisationsmechanismen, die sich durch Deafferentierung
nachweisen lassen. Beide Mechanismen können somit zur Synchronisierung
führen. Die Modifikation von Tremoren, die durch zentrale Läsionen verursacht sind, durch periphere Faktoren wurde durch Versuche von JUNG
(1941) (13) nachgewiesen, der an verschiedenen Extremitäten etwas unterschiedliche, nicht phasenkorrelierte Tremorfrequenzen maß.

Pathologische Tremoren

Der pathologische Tremor wird im allgemeinen als wesentliches Merkmal
einer zentralmotorischen Erkrankung angesehen, wenn es zu einer Verstärkung des normalen, physiologischen Zitterns kommt, wenn das Zittern also Krankheitssymptom wird. Solche Verstärkung des Zitterns kann
nur durch eine höhergradige Synchronisation motorischer Einheiten entstehen. Es ist somit festzuhalten, daß pathologische Tremoren immer
auf einer abnormen Synchronisation beruhen. Dies ist aber nicht die
einzige Änderung gegenüber dem physiologischen Tremor. Pathologische
Tremoren haben mit wenigen Ausnahmen, zu denen der essentielle Tremor
und Läsionen im Bereich der unteren Olive gehören, einen veränderten
Frequenzgehalt. Fast alle pathologischen Tremoren haben ihren Tremor-
gipfel im Powerspektrum zwischen 3 und 7 Hz, also in einem niedrigeren Frequenzbereich als der physiologische Tremor. Da der Tremor eine
größere Amplitude hat und dadurch viel regelmäßiger wirkt als der in
Abb. 1 dargestellte physiologische Tremor, läßt sich diese langsame
Tremorrate im allgemeinen bereits mit bloßem Auge aus der Registrierung erkennen. Dies ist in Abb. 3 anhand eines Parkinson-Tremors zu
sehen und wird im Powerspektrum durch den hohen Gipfel bei etwa 5 Hz
deutlich.

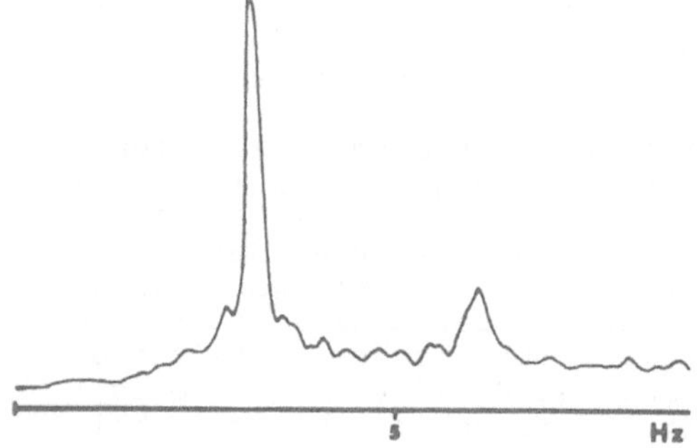

Abb. 3. Tremorregistrierung mit
Powerspektrum von einem Parkinson-
Patienten

Wie bereits in der Einleitung erwähnt, kommt es bei verschiedenen
Läsionen des extrapyramidalen motorischen Systems zum Auftreten
eines pathologisch starken Tremors als wesentlichem Krankheitsmerkmal, wobei die Manifestation dieses Tremors vom Aktivitätszustand
des Muskels abhängt: Ruhe, Aktions- oder Positions- sowie Intentionstremor. Beim Parkinson-Tremor handelt es sich um einen Ruhetremor,
der bei Aktion und Intention abnimmt. Beim essentiellen Tremor handelt es sich um einen Aktionstremor, der in Ruhe nicht vorhanden ist
und bei Intention nicht zunimmt. Beim zerebellären Tremor handelt
es sich um einen Intentionstremor, der beim Halten geringer ist und
in Ruhe verschwindet. Zusätzlich unterscheiden sich die genannten Tremoren durch ihre charakteristischen Powerspektren mit jeweils signifikanten Frequenzunterschieden. Die Amplitude des pathologischen Tremors
hängt jeweils vom Ausmaß der abnormen Synchronisation ab.

Bezüglich der Erkrankung zentralmotorischer Systeme, im wesentlichen
also der extrapyramidal-motorischen Störungen, die zum Auftreten
eines Tremors führen, der so stark ist, daß er Krankheitsmerkmal wird,
ist somit festzuhalten, daß sie eine charakteristische Abhängigkeit
vom Innervationszustand zeigen, und für die Läsion typische Powerspektren aufweisen. Insofern ergibt die Tremoranalyse bei diesen Erkrankungen zwar eine Verfeinerung der bisherigen klinischen Tremorbeschrei-
bungen, jedoch keine diagnostisch relevanten neuen Gesichtspunkte. Allerdings lassen sich die jeweiligen Tremoren sehr genau mit ihren charakteristischen Veränderungen des Powerspektrums sowie ihrer Abhängigkeit vom Innervationszustand charakterisieren und klassifizieren. Auf
diese Weise können latente Tremoren erkannt und dem entsprechenden
Läsionstyp zugeordnet werden. Weiterhin ist die Erfassung zusätzlicher
latenter Schädigungen des extrapyramidalmotorischen Systems möglich.

Einen wesentlichen neuen Gesichtspunkt ergibt die Anwendung der quantitativen Tremoranalyse jedoch bei denjenigen zentral oder peripher
motorischen Störungen, die klinisch nicht mit einem verstärkten und
somit als krankhaft zu charakterisierenden Tremor einhergehen. Die
entsprechenden Tremorspektren lassen sich eindeutig vom physiologischen Tremor unterscheiden, und sind spezifisch für die entsprechende
Läsion. Jede Veränderung der Muskelaktivität führt zwangsläufig zu
einer Veränderung des Tremors. Somit führen alle motorischen Störungen, gleichgültig ob zentral oder peripher bedingt, zu pathologischen
Tremoren. Das Powerspektrum des Tremors gibt somit ein Summenbild der
normalen oder gestörten Muskelaktivität in der tremorerzeugenden Muskulatur. Abb. 4 und 5 geben Beispiele für das Verhalten des Ruhe-,
Halte- und Intentionstremors bei einer rein motorischen Polyradikulitis mit mittelgradiger Parese der gesamten Armmuskulatur beidseits
(Abb. 4) sowie bei einer leichten zentralen Hemiparese links. Wie häufig, zeigt sich bei solchen, klinisch rein einseitigen Prozessen, auch
kontralateral zur klinisch manifesten Symptomatik, ein deutlich ver-
ändertes Spektrum (Abb. 5).

Der Seitenvergleich in Abb. 5 illustriert bereits, daß es bei zentralen Hemiparesen unterschiedliche pathologische Tremorspektren gibt.
Dies korreliert zu der klinischen Beobachtung, daß die hemisphärisch
bedingte zentrale Hemiparese kein einheitliches Bild darstellt, sondern vom Ausmaß der Schädigung und von der Schädigung verschiedener
motorischer Subsysteme abhängt (Relation der Tonuserhöhung zur Parese,
distal oder proximal betonte Paresen, etc.). Ähnliches gilt für andere Schädigungsabschnitte, z.B. das periphere motorische Neuron. Die
Erhöhung der Entladungsraten bei manchen Polyneuropathien wird in Abb.
4 deutlich, wo die Zunahme höherfrequenter Spektralkomponenten besonders beim Haltetremor ganz deutlich zum Ausdruck kommt. Die Erfassung
und Klassifikation dieser pathologischen Tremorspektren bietet somit
eine sehr sensitive und genaue Methode zur Differenzierung zentral und
peripher motorischer Störungen auch wenn bei diesen Tremor nicht als
Krankheitssymptom in Erscheinung tritt.

Verwandte rhythmische Phänomene wie der Klonus können auf dieselbe
Weise analysiert und dargestellt werden. Die Ähnlichkeit zwischen pathologischen Tremoren mit starker Synchronisation wie bei Morbus Parkinson und dem Klonus ist auch im Powerspektrum verblüffend. Der beim
ruhigen Stehen im Rahmen der Stabilometrie ableitbare Standtremor
zeigt ebenso wie der Stimmtremor, der besonders beim Singen oder dem
Spielen von Blasinstrumenten deutlich wird, ein ähnliches Spektrum wie
der physiologische Tremor der Hände. Als einziger Tremor mit ganz anderem Frequenzspektrum ist der Augentremor bekannt. Dieser hat Frequenzen zwischen 100 und 200/sec. Dieser hochfrequente okuläre Mikrotremor

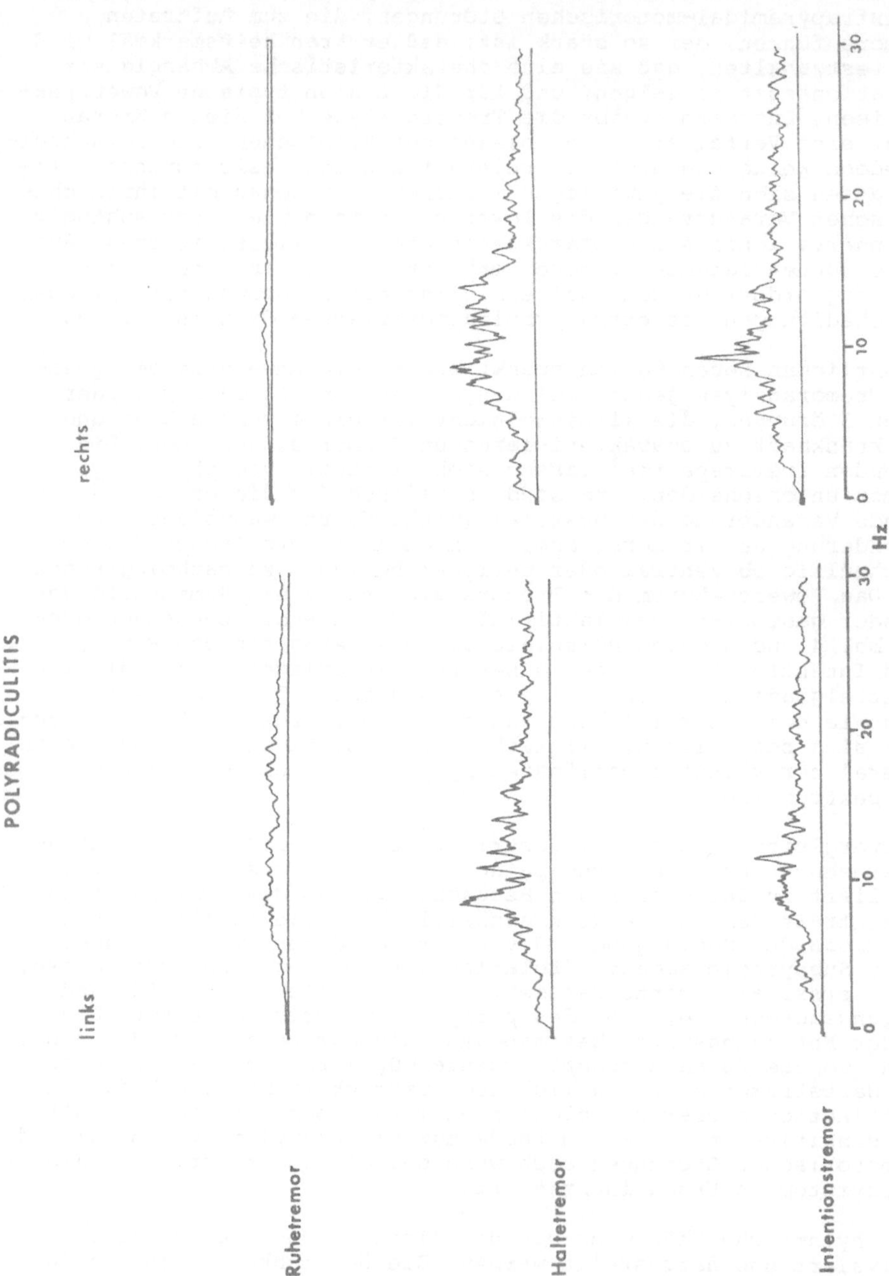

Abb. 4. Powerspektrum von Ruhe-, Halte- und Intentionstremor im Seitenvergleich, bei einem Patienten mit einer Polyradikulitis mit rein
peripheren mittelgradigen motorischen Lähmungen

demonstriert damit, daß die Tremorfrequenzen den Entladungsraten der
Motoneurone entsprechen, die für die Augenmuskeln im Bereich zwischen
100 und 200/sec liegen, und seit kurzem ebenfalls zur Differentialdiagnostik okulärer Störungen benützt wird.

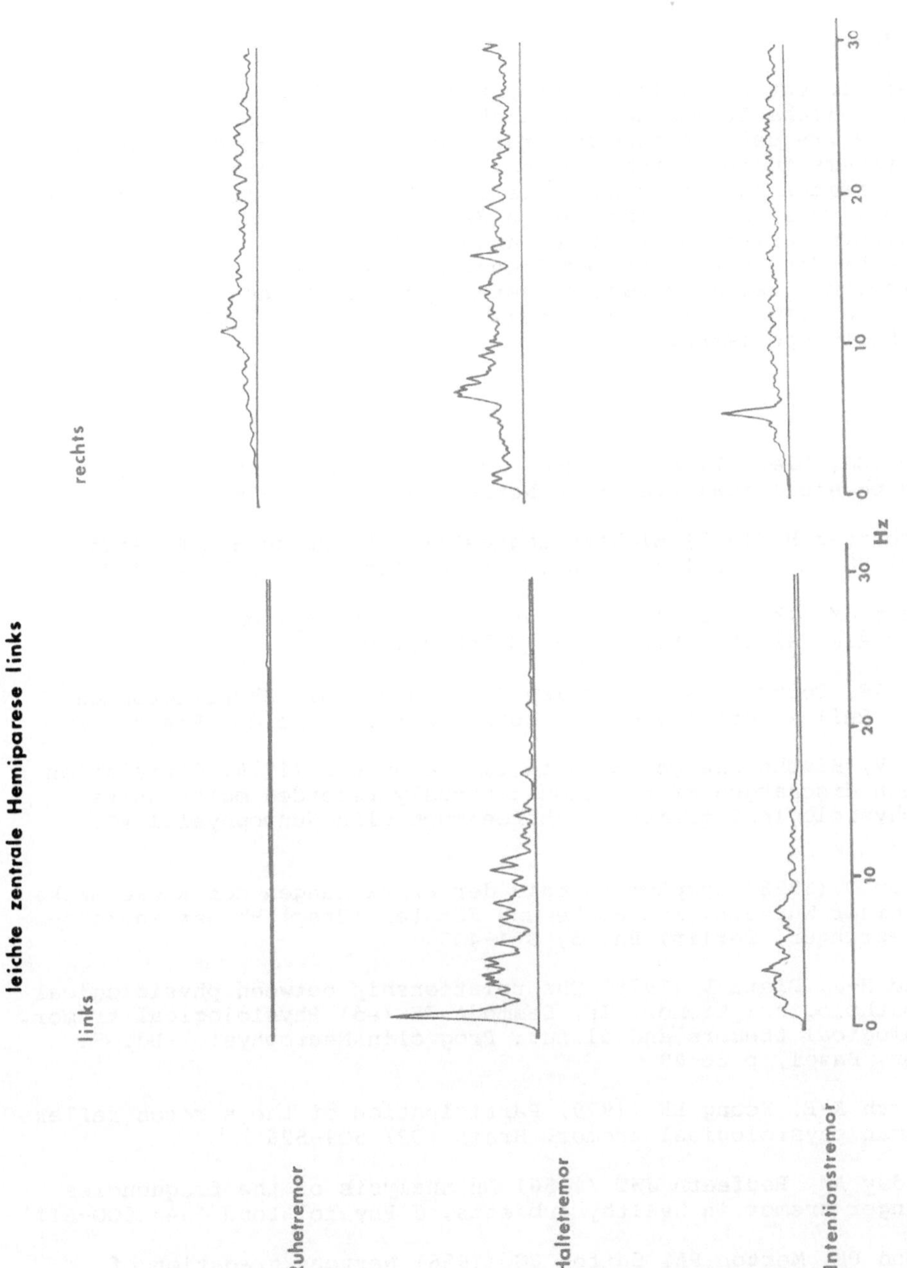

Abb. 5. Powerspektrum von Ruhe-, Halte- und Intentionstremor im Seitenvergleich bei einem Patienten mit einer leichten zentralen Hemiparese links (Astrozytom präzentral rechts)

Insgesamt hat sich die quantitative Tremoranalyse, die sich gerade in den Anfangsstadien ihrer klinischen Anwendung befindet, als eine außerordentlich vielseitige und differenzierte Methode für die Funktionsdiagnostik motorischer Störungen entwickelt.

184

Zusammenfassung

Tremor ist ein unvermeidliches Nebenprodukt der Muskeltätigkeit. Dieser physiologische Tremor hat, ähnlich dem normalen EEG, ein charakteristisches Frequenzspektrum. Erkrankungen des extrapyramidal-motorischen Systems führen durch eine pathologische Synchronisation motorischer Einheiten zu verstärkten Tremoren, die ebenfalls typische Spektren zeigen. Da sich die Innervation des Muskels bei allen zentral- oder periphermotorischen Störungen ändert, führt dies notwendig auch zu entsprechenden Änderungen der Tremorspektren. Somit zeigen auch diejenigen Läsionen des motorischen Systems pathologische Tremorspektren, bei denen die Tremoramplituden normal sind und deshalb klinisch nicht als krankhaft imponieren.

Literatur

1. Allum JHJ, Dietz V, Freund H-J (1978) Neuronal mechanisms underlying physiological tremor. J Neurophysiol 41: 557-571

2. Altenburger H (1937) Elektrodiagnostik. In: Bumke und Förster (Hrsg) Hb der Neurologie. Springer, Berlin, Bd. 3, S 747-1086

3. Charcot JM (1875) Lecons sur les maladies du système nerveux faites àla Salpetrière, Bd. 2. Delahaye, Paris

4. Creed RS, Denny-Brown D, Eccles JC, Liddel EGT, Sherrington CS (1932) Reflex activity of the spinal cord. Clarendon Press

5. Dietz V, Bischofsberger E, Wita C, Freund H-J (1976) Correlation between discharges of two simultaneously recorded motor units and physiological tremor. Elektroenceph clin Neurophysiol 40: 97-105

6. Förster O (1936) Symptomatologie der Erkrankungen des Rückenmarks und seiner Wurzeln. In: Bumke und Förster (Hrsg) Hb der Neurologie. Springer, Berlin, Bd. 5, S 1-403

7. Freund H-J, Dietz V (1978) The relationship between physiological and pathological tremor. In: Desmedt JE (ed) Physiological tremor, pathological tremors and clonus. Prog clin Neurophysiol Bd. 5. Karger, Basel, p 66-89

8. Hagbarth K-E, Young RR (1979) Participation of the stretch reflex in human physiological tremor. Brain 102: 509-526

9. Halliday AM, Redfearn JWT (1956) An analysis of the frequencies of finger tremor in healthy subjects. J Physiol Lond 134: 600-611

10. Hammond PH, Merton PA, Sutton CG (1956) Nervous gradation of muscular contraction. Br Med Bull 12: 214-218

11. Horsley V, Schäfer EA (1886) Experiments on the character of the muscular contractions which are evoked by excitation of the various parts of the motor tract. J Physiol Lond 7: 96-110

12. Jong H de (1926) Action-tremor. J Nerv Ment Dis 64: 1-11

13. Jung R (1941) Physiologische Untersuchungen über den Parkinsontremor und andere Zitterformen beim Menschen. Z ges Neurol Psychiat 173: 263-332

14. Liu ChN, Chambers WW (1971) A study of cerebellar dyskinesia in
    the bilaterally deafferented forelimbs of the monkey (Macaca mulat-
    ta and Macaca speciosa). Acta neurobiol exp 31: 263-289

15. Marsden CD, Foley TH, Owen DAL, McAllister RG (1967a) Peripheral
    β-adrenergic receptors concerned with tremor. Clin Sci 33: 53-65

16. Marsden CD, Meadows JC, Lange GW, Watson RS (1967b) Effect of
    deafferentation on human physiological tremor. Lancet II: 700-702

17. Ohye C, Bouchard R, Larochelle K, Bedard P, Boucher R, Raphy B,
    Poirier LJ (1970) Effect of dorsal rhizotomy on postural tremor
    in monkey. Expl Brain Res 10: 140-150

18. Parkinson J (1817) An essay on the shaking palsy. Whittingham and
    Newland, London

19. Sylvius F de la Boe (1680) Opera medica. Prax lib I, cap XLII.
    Elsevier, Amsterdam

20. Walshe FMR (1924) Observations on the nature of the muscular
    rigidity of paralysis agitans, and on its relationship to tremor.
    Brain 47: 159-177

Neuere Aspekte der Parkinsonbehandlung

P.-A. Fischer

Die bekannten klinischen Symptome des Parkinsonsyndroms sind Ausdruck
einer chronisch-progredienten Hirnkrankheit mit Untergang melaninhal-
tiger Zellen im Bereich der Substantia nigra (17). Die Degeneration
nigro-striataler Neurone kann durch keines der bisher bekannten Behandlungsverfahren zum Stillstand gebracht werden. Nach dem fast völ-
ligen Verschwinden des postencephalitischen Parkinsonismus ist die
Mehrzahl der Krankheitsfälle als idiopathisches Parkinsonsyndrom einzuordnen, dessen Manifestationsalter im 6. Lebensjahrzehnt liegt. Aus
diesen wenigen einleitenden Feststellungen ergibt sich bereits zwingend, daß jede medikamentöse Parkinsontherapie als Langzeitbehandlung
angelegt sein und den spezifischen somatischen und psychosozialen Bedingungen der Involution Rechnung tragen muß.

Aufgrund systematischer Forschungen wurde erkannt, daß mit den erwähnten Nigraveränderungen Störungen cerebraler Neurotransmitter verbunden
sind. Die klinische Bestätigung des Konzeptes, nach dem in der Pathogenese des Parkinsonsyndroms ein striärer Dopaminmangel von besonderer
Bedeutung ist, hat zur Entwicklung und Einführung der L-Dopa-Therapie
geführt, die nach den Erfahrungen sehr zahlreicher Untersucher in allen
Teilen der Welt das bisher wirksamste therapeutische Prinzip bei dieser Erkrankung darstellt (zusammenfassend 6, 9 u.a.). Nach Einführung
von Handelspräparaten für reines L-Dopa und später für L-Dopa in Kombination mit peripher wirksamen Decarboxylasehemmern kam es zu einer
breiten Anwendung, bei der schnell deutlich wurde, daß die Dopa-Therapie der Parkinson-Kranken nicht immer einfach zu handhaben ist und im
Verlaufe der Langzeitmedikation eine Reihe bemerkenswerter Wirkungs-
änderungen und Nebenwirkungen zur Beobachtung gelangen. Das Interesse
bei Langzeitbeobachtungen konzentriert sich besonders auf Umfang und
Dauer der Besserung neurologischer und psychischer Parkinsonsymptome,
die Nebenwirkungen der chronischen L-Dopa-Gaben und den Syndromwandel
unter der Behandlung. Gleichzeitig stellt sich vor dem Hintergrund der
Erfahrungen mit der Dopa-Behandlung erneut die Frage nach dem Wert anderer Verfahren, wie der Therapie mit Anticholinergica, Amantadinen,
Dopamin-Agonisten und Neuropeptiden. Außerdem wird kontrovers diskutiert, ob beim Parkinsonsyndrom eine Mono- oder Kombinationsbehandlung
vorzuziehen und wie der zeitliche Einsatz der verschiedenen therapeutischen Prinzipien am besten zu handhaben ist.

Die Dopa-Therapie stellt das nach wie vor wirksamste medikamentöse
Behandlungsverfahren des Parkinsonsyndroms dar. Deshalb soll zunächst
aufgrund der Beobachtungen während einer mehrjährigen Dopa-Medikation
auf die Ergebnisse und Probleme dieser Therapie an einem großen Krankengut eingegangen werden. Wir untersuchten und behandelten seit 1970
über 300 Parkinsonpatienten, von denen wir bei 285 Kranken - 139 Männer (49%) und 146 Frauen (51%) - Verläufe von mindestens einem Jahr
bis zu zehn Jahren übersehen. Unsere Erhebungen waren von Anfang an
auf die Wiederholung eines standardisierten neurologischen und neuropsychologischen Untersuchungsprogramms angelegt (10). Die Patienten
wurden in einheitlicher Weise bezüglich der allgemeinen und speziellen
Krankheitsvorgeschichte und der subjektiven Beschwerden befragt, der

neurologische Untersuchungsbefund mit einer modifizierten Webster-
Scale erfaßt und eine Beurteilung des psychischen Befundes mit ska-
lierten Merkmalen vorgenommen. Die neuropsychologische Untersuchung
umfaßte 14 Tests, wobei hauptsächlich Prüfungen der Psychomotorik und
der intellektuellen Fähigkeiten zur Anwendung kamen. Diese Untersuchungen wurden bei den Patienten in jährlichen Abständen wiederholt.
Sie wurden ergänzt durch EEG-Analysen zu allen Untersuchungszeitpunk-
ten und seit 1974 durch Computertomographien, die bei 110 Patienten
im Durchschnitt 28 Monate nach der Erstuntersuchung wiederholt werden
konnten.

Unter der L-Dopa-Therapie zeigen die verschiedenen Untersuchungsdaten
übereinstimmend eine deutliche Besserung der Parkinsonsymptomatik, die
über 2 - 3 Jahre recht konstant ist. Die Beeinflussung der neurologischen Krankheitszeichen betrifft Akinese, Rigor und Tremor (Abb. 1).

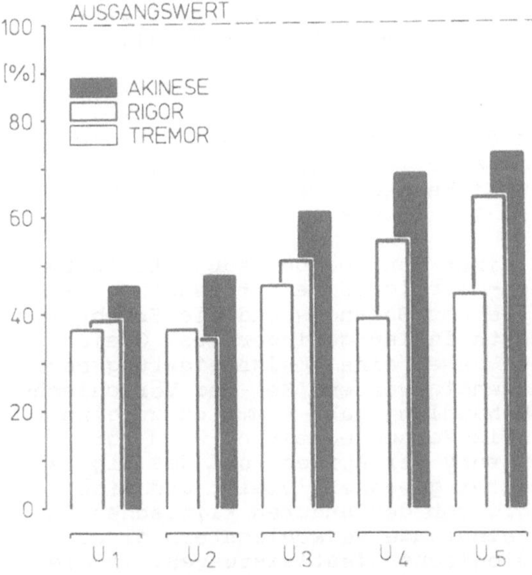

Abb. 1. Verhalten der neurologischen Kardinalsymptome während der Langzeitbehandlung
mit L-Dopa in einer Beobach-
tungsperiode von 5 Jahren. Angaben in Prozent des Ausgangswerts (nach P-A.Fischer et al.
1978 (13))

Mit der Dopa-Therapie wurde es erstmals möglich, medikamentös Akinese
und Bradyphrenie zu beeinflussen. Die Therapieergebnisse lassen aber
erkennen, daß Rigor und Tremor stärker als die Akinese reduziert werden (13). Trotz ähnlicher Beobachtungen anderer Untersucher (25, 28
u.a.) wird häufig wiederholt, daß L-Dopa hauptsächlich die Akinese,
weniger den Tremor beeinflusse. Bei diesen Aussagen handelt es sich
um Untersuchungsartefakte, die darauf beruhen, daß sich im Gesamt-Ein-
druck ein gebesserter, aber noch vorhandener Tremor stärker aufdrängt
als eine Restakinese. Auch sind die Besonderheiten der Untersuchungs-
situation zu bedenken, da der Tremor bekanntlich durch psychische Anspannung und Außenreize leicht provozierbar ist. Den Besserungskurven
der klinisch-neurologischen Symptomatik laufen die der psychomotorischen Tests parallel. Bei der Analyse verschiedener Prüfungen der feinen Fingerbewegungen wird darüberhinaus deutlich, daß schwierige Testleistungen erst später ihr Besserungsmaximum erreichen als einfache. Da
die Besserung der Fingerbeweglichkeit noch zu einem Zeitpunkt erfolgt,
in der keine Änderung in der medikamentösen Behandlung mehr vorgenommen wurde, läßt sich hieraus vor allem ein Leistungszuwachs durch Übung

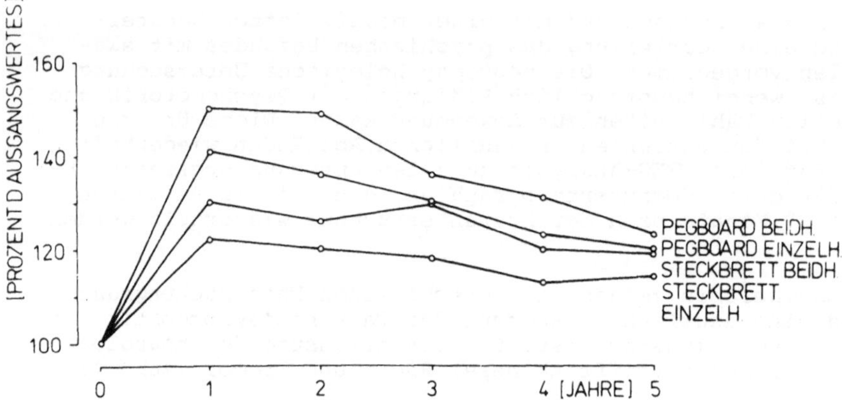

Abb. 2. Psychomotorische Tests der feinen Fingerbeweglichkeit während einer 5-jährigen L-Dopa-Therapie (nach P.-A.Fischer et al. 1978 (13))

ablesen. Es ist dies ein Hinweis für die Notwendigkeit einer begleitenden krankengymnastischen Übungstherapie (Abb. 2). Um das 3. Behandlungsjahr ist ein Nachlassen der Wirksamkeit der Dopa-Therapie an zahlreichen Befunden abzulesen (2, 13, 28 u.a.).

Von diesem Zeitpunkt an kommt es zu einer Zunahme der subjektiven Beschwerden der Patienten, die klinisch-neurologische Untersuchung reflektiert eine Verschlechterung des Gesamt-Befundes und die Ergebnisse in den psychomotorischen Leistungstests fallen geringer aus. Gleichzeitig steigt die Zahl der Fälle, bei denen eine Dosissteigerung oder eine Zweit- und Dritt-Medikation notwendig werden. Bei der Verschlechterung der Symptomatik nach dem 3. Behandlungsjahr kommt es zu einer Dissoziation verschiedener Befunde. Die Verschlechterung wird vor allem durch eine abnehmende Beeinflussung der Akinese und des Rigors hervorgerufen, während der Tremor weiter gebessert bleibt und sich während der kommenden Jahre unabhängig von den anderen klinischen Daten verhält. Die neurologischen Einzelbefunde verschlechtern sich stärker und schneller als die psychologischen Testleistungen. In die Testbefunde gehen neben Krankheitsfaktoren doch stärker persönlichkeitsgebundene Elemente wie primäre motorische Geschicklichkeit und Übungseffekte ein. Die Mittelwertsanalyse der neurologischen Symptome deckt Verlaufsunterschiede zu, die erst deutlich werden, wenn man die Einzelfallverläufe betrachtet. Wir haben in einer Teilstichprobe von 78 Patienten, die kontinuierlich über 5 Jahre verfolgt wurden, für verschiedene Merkmale den Verlauf graphisch dargestellt. Für den Summenwert der neurologischen Symptomatik lassen sich fast 90% der Fälle zwanglos zu 4 Verlaufstypen zuordnen (Abb. 3). Bei der L-förmigen Verlaufsform kommt es unter der Therapie während des ersten Behandlungsjahres zu einer deutlichen Besserung der Parkinsonsymptomatik, die dann über den Gesamt-Beobachtungszeitraum von 5 Jahren anhält. Etwa 19% der Patienten unseres Kollektivs folgen diesem Verlauf, die Gruppe enthält mehr Frauen als Männer und das Erkrankungsalter liegt mit 52 Jahren niedriger als der Durchschnitt des Gesamt-Kollektivs. Demgegenüber ist bei der V-förmigen Verlaufsform nach einer meist nur schwachen Reaktion auf die Dopa-Behandlung im ersten Jahr ein schneller Wiederanstieg der Symptome zu beobachten, der im Verlaufszeitraum über das Ausgangsniveau hinausgeht. In dieser Gruppe, die etwa 15% der Fälle ausmacht, sind die Männer überrepräsentiert und das Lebensalter bei Erkrankungsbeginn liegt mit 60 Jahren höher. Bei einer

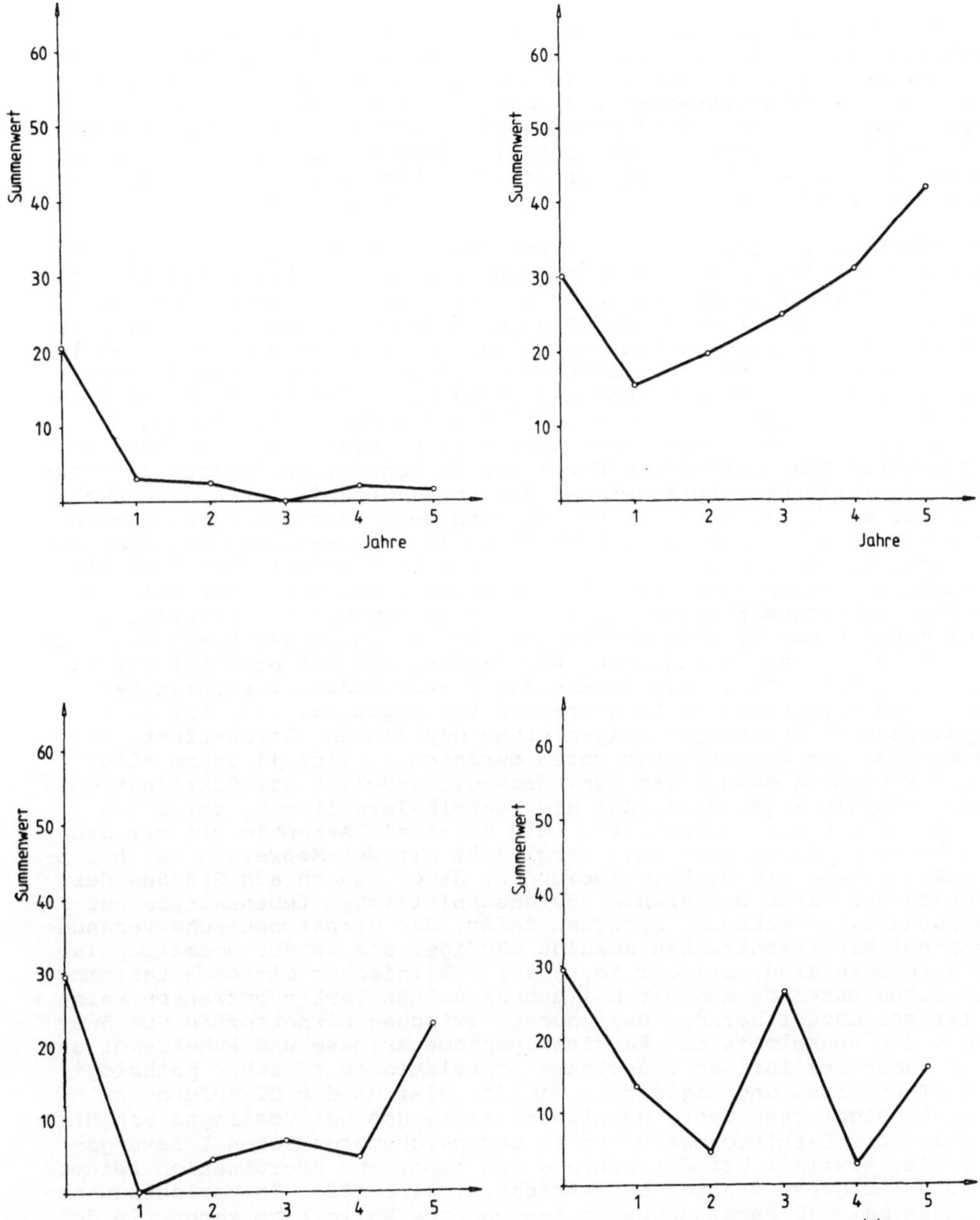

Abb. 3. Unterschiedliche Verlaufsformen während einer 5-jährigen L-Dopa-Therapie am Beispiel einzelner Patienten. Darstellung des Summenwerts der neurologischen Parkinson-Symptomatik (nach P.-A. Fischer et al. 1980 (14))

U-förmigen Verlaufsform kommt es zu einer deutlichen Besserung im ersten Behandlungsjahr und zu einem Anhalten dieser positiven Beeinflussung über 1, 2 oder 3 Jahre mit einer nachfolgenden verschieden schnellen Verschlechterung in Richtung auf den Ausgangswert. Der

W-förmige Verlauf zeigt nach einer primär guten Besserung bald eine
Verschlechterung, auf die wieder eine Besserung und dann eine Zunahme
der Symptome folgen. U- und W-förmiger Verlauf zeigen eine identische
Alters- und Geschlechtsverteilung, die dem Durchschnitt der Gesamt-
Gruppe entspricht. Beim W-förmigen Verlauf ist die erste Verschlechterung meist durch interne oder sonstige Zweiterkrankungen oder durch
eine ungenügende Durchführung der Therapie bedingt. Nach Beseitigung
dieser Faktoren kommt es zu der erneuten Besserung (14).

Neben dem häufigen idiopathischen Parkinsonsyndrom gibt es im Rahmen
degenerativer Erkrankungen Kombinationssyndrome von Nigraläsionen mit
weiteren Systematrophien. Zu ihnen gehören die striatonigralen Degenerationen, die progressive supranucleäre Lähmung, die orthostatische
Hypotonie und der ALS-Parkinson-Komplex. Den erwähnten Krankheitsbildern ist gemeinsam, daß bei ihnen noch andere als die Nigraläsionen
vorhanden sind und mit Ausnahme der striatonigralen Degeneration diese Systemüberschreitung bereits bei der klinischen Untersuchung erkennbar ist. Die therapeutischen Erfahrungen zeigen, daß die Mehrzahl
der genannten Krankheitsfälle durch ein fehlendes, geringeres oder zumindestens kürzeres Ansprechen auf die Dopa-Therapie gekennzeichnet
ist. Damit stellt sich die Frage, ob auch beim idiopathischen Parkinsonsyndrom beim Vorhandensein extranigraler Hirnveränderungen Symptom-
ausprägung und Ansprechen auf die Therapie sich anders verhalten als
in Krankheitsfällen ohne derartige Veränderungen. Wir haben seit 1974
über 200 Parkinsonpatienten mit der Computertomographie untersucht,
die es möglich macht, ohne Gefährdung der Patienten der Frage extranigraler Hirnläsionen nachzugehen. Wir fanden, daß bei etwa 50% der Patienten bei Eintritt in die Behandlung Hirnatrophien verschiedener
Schwere und verschiedener Lokalisation vorliegen (5, 12). Die hirnatrophischen Veränderungen zeigen einen deutlichen Alterseffekt. Unsere Kranken mit Hirnatrophie waren durchschnittlich 11 Jahre älter
als die Patienten ohne diese Veränderung. Bezüglich der Lokalisation
dieser Atrophie ergab sich, daß die Ventrikelerweiterung vor allem
mit der Zunahme des Lebensalters, die kortikale Atrophie mit der Dauer
der Erkrankung korreliert ist. Vergleiche mit den Meßwerten bei Nicht-
parkinsonkranken mit CT-Normalbefunden, denen jedoch aus Gründen der
Selektion und eines differenten durchschnittlichen Lebensalters nur
Hinweischarakter zukommt, sprechen dafür, daß hirnatrophische Veränderungen bei Parkinsonkranken absolut häufiger als in der Normalpopulation vorhanden sind. Bei der Korrelation klinischer mit computertomographischen Daten fanden wir bei unbehandelten Parkinsonkranken keine
statistisch abzusichernden Beziehungen zwischen Hirnatrophie und Ausprägung der neurologischen Kardinalsymptome Akinese und Ruhetremor und
mäßige, aber statistisch bedeutsame Korrelationen zwischen pathologischen CT-Befunden und Rigidität. Die Korrelation der CT-Befunde zu
neuropsychologischen Testergebnissen zeigt, daß bei Vorliegen von Hirnatrophien die Parkinsonpatienten in der psychomotorischen Leistungsfähigkeit, speziell bei der Prüfung von Tempo und Koordination feinmo-
torischer Aufgaben stärker beeinträchtigt sind (12). In Verlaufsuntersuchungen bei 110 Parkinsonpatienten unseres Kollektivs konnte in der
relativ kurzen Verlaufsstrecke von 28 Monaten im Durchschnitt bei 23%
der Kranken eine Zunahme der hirnatrophischen Veränderungen unterschiedlicher Lokalisation nachgewiesen werden. Klinisch zeichneten
sich die Patienten mit progredienter Hirnatrophie durch ein höheres
Lebensalter, stärkere psychoorganische Beeinträchtigung und schlechte-
re psychomotorische Testleistungen, neuroradiologisch durch ausgeprägtere hirnatrophische Befunde bei Eintritt in die Behandlung aus. Bezüglich der Ansprechbarkeit auf die Dopa-Therapie zeigen Patienten mit
Hirnatrophie in den ersten 3 Jahren, in denen sonst die stärkste Besserung durch die Medikation zu beobachten ist, eine geringere positive
Beeinflussung als Parkinsonkranke ohne Hirnatrophie (22, 23). Insge-

samt kann man feststellen, daß Patienten mit extranigralen Hirnläsionen im Sinne einer kortikalen Hirnatrophie und/oder Ventrikelerweiterung im Gruppenvergleich eine geringerere Reaktion auf die Therapie aufweisen, daß aber keine gradlinigen Beziehungen bestehen. Im Einzelfall sind derzeit prognostische Aussagen aufgrund eines CT-Befundes nicht möglich.

Bei Analysen unseres Krankenguts konnten wir immer wieder den Befund bestätigen, daß die Ausprägung der spezifischen Parkinsonsymptome vor Behandlungsbeginn keine Aussage über das wahrscheinliche Behandlungsergebnis ermöglicht.

Prognostische Aussagen hinsichtlich des Therapieergebnisses sind dagegen aufgrund explorativ oder testpsychologisch faßbarer psychoorganischer Veränderungen möglich. Am Verhalten der komplexen Reaktionszeit, die ein Maß für die hirnorganische Leistungsfähigkeit darstellt, läßt sich dies zeigen. Pathologisch veränderte Reaktionszeitwerte, die sich auf die Therapie nur wenig verbessern, kennzeichnen eine Gruppe von Patienten, die nur geringer oder kürzer auf die Dopa-Therapie anspricht als Kranke, die bei Behandlungsbeginn eine normale komplexe Reaktionszeit haben oder bei denen sich pathologische RZ-Werte in der ersten Behandlungsphase deutlich verbessern. Bei der Untersuchung mit Intelligenztests ist schon früh von verschiedenen Untersuchungsgruppen festgestellt worden, daß ein Teil der Parkinsonkranken deutliche dementive Veränderungen aufweist. Bei den dementiv-veränderten Parkinsonkranken handelt es sich vor allem um ältere, aber nicht länger erkrankte Patienten, die ein rascheres Fortschreiten der Symptomatik zeigen. Sie sind im Vergleich zu gleichlang Erkrankten psychomotorisch stärker beeinträchtigt und auch depressiver (14).

Nachdem eine Substitution des striären Dopaminmangels durch die Dopa-Therapie möglich geworden ist und zu einschneidenden Besserungen führt, macht die Analyse der Langzeitverläufe deutlich, daß Therapierbarkeit, Verlauf und Prognose wesentlich von der cerebralen Gesamt-Situation bestimmt werden.

Der um das 3. Behandlungsjahr einsetzende Wirkungsnachlaß der Dopa-Therapie tritt nicht plötzlich ein. Vielmehr kommt es allmählich zu einer kürzeren Wirkungsdauer bei verzögertem Wirkungseintritt nach Medikamentengabe. Zu Beginn der Therapie berichten die Patienten fast übereinstimmend von einer Besserung der Symptomatik, die über den ganzen Tag anhält. Später werden die Beziehungen zur jeweiligen Medikamenteneinnahme immer deutlicher, wobei die Wirkung einer Einzeldosis verschieden lange anhält. In einer speziellen Befragung unserer Patienten bezüglich der subjektiven Wahrnehmung der Medikamentenwirkung zeigte sich, daß in den ersten Behandlungsjahren etwa 65% der Kranken den Wirkungseintritt an psychischen Veränderungen registrieren. Sie fühlen sich nach ihren Worten innerlich ruhiger, verspüren Bewegungslust, haben Mut zur Arbeit und sind reagibler. In der Gruppe der längerbehandelten Patienten werden dagegen ganz überwiegend motorische Erscheinungen mit dem Wirkungseintritt in Zusammenhang gebracht. Bei den längerbehandelten Kranken stehen Angaben über Nachlassen des Tremors, besseres Gehen, leichteres Schreiben etc. im Vordergrund. Es ist somit eine Verschiebung der subjektiven Wahrnehmung des Wirkungseintritts von eher psychischen im weitesten Sinne einzuordnenden Phänomenen zu motorischen Änderungen festzustellen (13). Gleichzeitig treten bei zahlreichen Patienten Hyperkinesen, meist in Form choreiformer Bewegungsabläufe im Bereich von Gesicht, Schultergürtel und oberen Extremitäten in Erscheinung. Oft sind Hyperkinesen mit Phasen guter Beweglichkeit vergesellschaftet (3). Besonders brüske Formen von Wirkungsschwankungen sind die On-Off-Phänomene. Hier kommt es bei den Patienten

zunächst zu einem schnellen Wirkungseintritt und nach einem Wirkungs-
maximum verschiedener Dauer fällt die Wirkung innerhalb von wenigen
Minuten plötzlich ab. Die Kranken geraten in einen für sie nicht vor-
hersehbaren Zustand weitgehender Immobilität, der sie für eine gewisse Zeit völlig hilflos macht. Für die Wirkungsschwankung einschließlich der On-Off-Phänomene wird eine wechselnde Konzentration von effektivem Dopamin an den Rezeptoren im Striatum verantwortlich gemacht,
deren Zustandekommen noch unklar ist. Diskutiert werden wechselnde Do-
pamin-Konzentrationen infolge unterschiedlicher Zufuhr oder eines gesteigerten Dopaminmetabolismus, eine veränderte Empfindlichkeit der
Dopaminrezeptoren und eine Blockierung durch sog. falsche Neurotransmitter (19, 27 u.a.).

Die Probleme, die während der Langzeittherapie mit L-Dopa auftreten,
haben die Frage nach dem Wert von Kombinationsbehandlungen aufgeworfen.
Die Entscheidung, ob eine Kombination der Dopa-Therapie mit Anticholinergica oder mit Amantadinen oder Dopamin-Agonisten zu besseren Lang-
zeitergebnissen als die Dopamonotherapie führt, kann nur durch vergleichende klinische Langzeitstudien an genügend großen Kollektiven
geprüft werden. Entsprechende Befunde liegen bisher nicht vor. Dagegen bestehen Erfahrungen bezüglich verschiedener Kombinationsbehandlungen über kürzere Behandlungszeiträume. Wegen der verschiedenen Angriffspunkte der genannten Medikamente müssen die Interaktionen der
Neurotransmitter und ihre Bedeutung für das Parkinsonsyndrom beachtet
werden. Beim Parkinsonsyndrom besteht ein Ungleichgewicht zwischen do-
paminergem und cholinergem System. Die Zuführung von L-Dopa führt
nicht nur zu einer Dopaminsubstitution im Striatum, sondern auch zu
einer Wiederherstellung der Hemmung der cholinergen Hyperfunktion durch
Dopamin (18). Besonderes Interesse verdient die synergistische Wirkung
von Dopamin und Noradrenalin für die extrapyramidale Motorik. Da Noradrenalin bei Parkinsonkranken ebenfalls vermindert ist und die Dopa-
Therapie dieses Defizit zumindestens teilweise ausgleicht, müssen die
therapeutischen Effekte von L-Dopa auch unter dem Aspekt der Wiederherstellung eines Synergismus von Dopamin und Noradrenalin gesehen
werden (19). Nach den bisherigen Kenntnissen über die Interaktion
cerebraler Neurotransmitter ist die Kombinationstherapie von L-Dopa
mit Anticholinergica wenig erfolgversprechend, da die cholinerge Überaktivität beim Parkinsonsyndrom durch die Dopaminsubstitution auf physiologische Weise gebremst wird. Trotzdem wird von vielen Therapeuten
die Kombination L-Dopa mit Anticholinergica favorisiert und über Verschlechterungen nach Weglassen der Anticholinergica berichtet. Die
Entscheidung werden empirische Studien bringen müssen, in denen vergleichbare Stichproben über genügend lange Zeit einer Dopamonotherapie
und einer Kombinationsbehandlung mit Anticholinergica unterzogen werden.

Besonderes Interesse fanden die Dopamin-Agonisten und von ihnen das
Bromocriptin, das im Gegensatz zu Apomorphin, Lergotril oder Piribedil weniger Nebenwirkungen zeigte und einen stärkeren antiparkinsoni-
stischen Effekt hat. Bromocriptin stimuliert direkt den postsynaptischen Rezeptor. Die Erfahrungen über Monotherapien mit Bromocriptin
zeigen, daß die Substanz etwa gleichstark wie L-Dopa wirkt. Es kann
auch bei Patienten wirksam sein, die vorher auf L-Dopa nicht anspra-
chen (7, 8, 20). Bromocriptin hat eine große Zahl von Nebenwirkungen,
von denen vor allem gastrointestinale Störungen und kreislaufbedingte
Schwindelerscheinungen zu nennen sind. Auch unter Bromocriptin-Behandlung kann es zu Hyperkinesen kommen und L-Dopa induzierte Dyskinesien
können durch zusätzliche Bromocriptin-Gaben verstärkt werden. Besonders häufig sind auch cerebrale Begleiteffekte in Form akuter exogener Psychosen. Bedeutung hat Bromocriptin als Zusatzmedikation bei
Patienten erlangt, die längere Zeit mit L-Dopa behandelt wurden und

bei denen ein Nachlassen des therapeutischen Effektes auftrat. Bromocriptin führt in diesen Fällen zu einer signifikanten Besserung der Parkinsonsymptomatik. Auch die Zahl und Länge der Off-Perioden wird vermindert und damit die Dauer der Beweglichkeit verlängert (24). Bei der Kombination von Bromocriptin mit L-Dopa/Decarboxylasehemmer genügen in der Regel Dosen von 30 - 40mg pro Tag. In diesem Dosierungsbereich halten sich die Nebenwirkungen in Grenzen. Bromocriptin ist in allen Fällen mit nachlassender Dopa-Wirkung nach längergehender Therapie zu versuchen. Die Einstellung sollte wegen der möglichen Nebenwirkungen unter engmaschiger ambulanter Überwachung oder klinisch erfolgen. Über die Dauer der Besserung L-Dopa-vorbehandelter Parkinsonkranker durch eine Zusatzmedikation mit Bromocriptin kann noch nichts abschließendes gesagt werden. Mehrjährige Langzeitstudien zu diesem Problem sind noch nicht abgeschlossen.

Kurz erwähnt werden soll der Versuch, Neuropeptide in die Parkinsonbehandlung einzuführen. Die Bemühungen gehen davon aus, daß schon seit längerer Zeit mehrere Peptide bekannt sind, die neben endokrinen Wirkungen motorische Effekte erzeugen. Aus einer großen Fülle von Substanzen hat das MSH-Release-inhibierende Hormon (MIF), nach seiner chemischen Struktur auch PLG genannt, Eingang in die Parkinsonbehandlung gefunden (1, 4, 11, 15, 16). Über die motorischen Effekte dieser Substanz bei Parkinsonkranken kam man zunächst infolge unterschiedlicher Dosierungen zu differenten Aussagen. Erst als erkannt wurde, daß höhere Dosen von 400 - 500mg täglich erforderlich sind, konnte übereinstimmend eine positive Beeinflussung der gestörten Psychomotorik festgestellt werden. Bei oralen Gaben, die Voraussetzung für die Verwendung in der Langzeittherapie des Parkinsonsyndroms sind, liegt die Besserung zwischen 15 und 30%. Da bisher nur über relativ kurze Behandlungszeiten berichtet wurde und die Bioverfügbarkeit der Substanz nicht günstig anzusehen ist, muß es offen bleiben, ob die PLG-Zusatztherapie Eingang in die Parkinsonbehandlung finden wird.

Überblickt man abschließend den Stand der modernen Parkinsontherapie, so ist festzustellen, daß nach wie vor die Anwendung von L-Dopa in Kombination mit Decarboxylasehemmern das wirksamste therapeutische Prinzip darstellt. Die Dopa-Therapie sollte immer dann eingesetzt werden, wenn die Parkinsonsymptomatik im medizinischen Sinne ausgeprägt und die Patienten erheblich behindert sind. Bei leichteren Fällen können alle anderen Antiparkinsonmittel zur Anwendung kommen, wenn sie dem Patienten eine genügende Besserung bringen. Wird Dopa zum Einsatz gebracht, ist zunächst eine Monotherapie einer Kombinationsbehandlung vorzuziehen. Kombinationstherapien sind dann erforderlich, wenn ein Nachlassen der Dopawirkung, Oszillationen und On-Off-Phänomene in Erscheinung treten. In diesem Stadium ist nach dem derzeitigen Stand der Kenntnisse vor allem die zusätzliche Gabe des Dopamin-Agonisten Bromocriptin indiziert und erfolgversprechend.

Literatur

1. Barbeau A (1975) Potentiation of levodopa effect by intravenious L-propyl-L-leucyl-glycine amide in man. Lancet II: 683-684

2. Barbeau A (1976) Six Years of High-Level Levodopa Therapy in Severely Akinetic Parkinsonian Patients. Arch Neurol 33: 333-338

3. Barbeau A (1976) Pathophysiology of the Oscillations in Performance after Long-term Therapy with L-Dopa. In: Birkmayer W, Hornykiewicz O (eds) Advances in Parkinsonism. Editions Roche, Basle, p 424-434

4. Barbeau A (1979) Role of Peptides in the Pathogenesis and Treatment of Parkinson's Disease. In: Collu R, Barbeau A, Ducharme JR, Rochefort J-G (eds) Central Nervous System Effects of Hypothalamic Hormones and other Peptides. Raven Press, New York, p 403-414

5. Becker H, Schneider E, Hacker H, Fischer P-A (1979) Cerebral atrophy in Parkinson's disease - represented in CT. Arch Psychiat Nervenkr 227: 81-88

6. Birkmayer W, Hornykiewicz O (eds) (1976) Advances in Parkinsonism. Editiones Roche, Basle

7. Calne DB, Teychenne PF, Claveria LE, Eastman R, Greenacre JK, Petrie A (1974) Bromocriptine in Parkinsonism. Brit med J 4: 442-444

8. Calne DB, Plotkin C, Williams AC, Nutt JG, Neophytides A, Teychenne PF (1978) Long-term treatment of parkinsonism with bromocriptine. Lancet I: 735-738

9. Fischer P-A (Hrsg) (1978) Langzeitbehandlung des Parkinson-Syndroms Schattauer, Stuttgart New York

10. Fischer P-A, Schneider E, Jacobi P, Maxion H (1971) Verlaufsuntersuchungen während der L-Dopa-Therapie des Parkinson-Syndroms. Pharmakopsychiat 4: 136-148

11. Fischer P-A, Schneider E, Jacobi P, Maxion H (1974) Effect of Melanocyte-Stimulating Hormone-Release Inhibiting Factor (MIF) in Parkinson's Syndrome. Eur Neurol 12: 360-368

12. Fischer P-A, Jacobi P, Schneider E, Becker H (1976) Correlation between Clinical and CT-Findings in Parkinson's Syndrome. In: Lanksch N, Kazner E (eds) Computerized Tomography. Springer, Berlin Göttingen Heidelberg, p 246-248

13. Fischer P-A, Schneider E, Jacobi P (1978) Die Langzeitbehandlung des Parkinson-Syndroms mit L-Dopa. In: Fischer P-A (Hrsg) Langzeitbehandlung des Parkinson-Syndroms. Schattauer, Stuttgart New York, s 87-103

14. Fischer P-A, Schneider E, Jacobi P (1980) Verlaufsformen und Verlaufsfaktoren beim Parkinson-Syndrom. Vortrag auf dem 2. Frankfurter Symposion über "Grundlagen, Ergebnisse und Probleme der Kombinations- und Begleittherapien beim Parkinson-Syndrom". Frankfurt/M. 22.-23.2.1980

15. Gerstenbrand F, Binder H, Kozma C, Pusch St, Reisner Th (1975) Infusionstherapie mit MIF (Melanocyte inhibiting factor) beim Parkinsonsyndrom. Wien Klin Wschr 87: 822-823

16. Gerstenbrand F, Poewe W, Aichner F, Kozma C (1979) Clinical utilization of MIF-I. In: Colln R, Barbeau A, Ducharme JR, Rochefort J-G (eds) Central Nervous System Effects of hypothalamic Hormones and other Peptides. Raven Press, New York, p 415-426

17. Hassler R (1938) Zur Pathologie der Paralysis agitans und des postencephalititschen Parkinsonismus. J Physiol Neurol 48: 387-476

18. Hornykiewicz O (1972) Biochemical and pharmacological aspects of akinesia. In: Siegfried J (ed) Parkinson's Disease Vol 1. H.Huber, Bern, p 128-149

19. Lloyd KG, Davidson L, Hornykiewicz O (1975) The neurochemistry of Parkinson's disease: effect of L-Dopa therapy. J Pharmacol 195: 453-464

20. Ludin HP, Kunz F, Lörincz P, Ringwald E (1976) Klinische Erfahrungen mit Bromocriptin, einem zentralen dopaminergen Stimulator. Nervenarzt 47: 651-655

21. Schneider E, Fischer P-A, Jacobi P, Becker H, Beyer M (1979) Cerebral atrophy and long-term response to levodopa in Parkinson's disease. J Neurol 222: 37-43

22. Schneider E, Becker H, Fischer P-A, Grau H, Jacobi P (1979) The course of brain atrophy in Parkinson's disease. Arch Psychiat Nervenkr 227: 89-95

23. Schneider E, Fischer P-A, Jacobi P, Becker H, Hacker H (1979) The significance of cerebral atrophy for the symptomatology of Parkinson's disease. J Neurol Sci 42: 187-197

24. Schneider E, Fischer P-A, Jacobi P (1980) Die Mono- und Kombinationstherapie des Parkinson-Syndroms mit Bromocriptin. Vortrag auf dem 2. Frankfurter Symposion über "Grundlagen, Ergebnisse und Probleme der Kombinations- und Begleittherapien beim Parkinson-Syndrom. Frankfurt/M. 22.-23.2.1980

25. Selby G (1976) Long-term treatment of Parkinson's Disease with L-Dopa: A Clinical Study of 148 Patients. In: Birkmayer W, Hornykiewicz O (eds) Advances in Parkinsonism. Editiones Roche, Basle, p 473-482

26. Stern G, Lees A, Shaw K (1979) Ergot derivates without levodopa in parkinsonism. In: Fuxe K, Calne DB (eds) Dopaminergic ergot derivates and motor function. Pergamon Press, Oxford New York, p 337-341

27. Sweet RD, McDowell FH (1974) Plasma dopa concentrations and the "on-off" effect after chronic treatment of Parkinson's disease. Neurology 24: 953-956

28. Yahr MD (1976) Evaluation of Long-term Therapy in Parkinson's Disease: Mortality and Therapeutic Efficacy. In: Birkmayer W, Hornykiewicz O (eds) Advances in Parkinsonism. Editiones Roche, Basle, p 435-443

Einführung zum Hauptthema „Neuroendokrine Erkankungen" und zur gemeinsamen Sitzung mit der Deutschen Gesellschaft für Neurologie[1]

E. Buchborn

Sehr verehrte Kollegen, lieber Herr Mertens, ich begrüße Sie zur ersten wissenschaftlichen Sitzung unseres Kongresses und heiße diejenigen unter Ihnen, die noch nicht an der gestrigen Eröffnungssitzung teilnehmen konnten, herzlich in Wiesbaden willkommen. Mit besonderer Herzlichkeit begrüße ich die Mitglieder der Deutschen Gesellschaft für Neurologie und ihren Vorsitzenden Prof. Mertens, die in diesem Jahr gemeinsam mit unserer Gesellschaft in Wiesbaden tagen.

Es ist eine lange und wohlbegründete Tradition unserer Gesellschaft, bei ihren Kongressen auch gemeinsame Sitzungen mit anderen wissenschaftlichen Gesellschaften zu veranstalten, deren klinische Disziplinen aus der inneren Medizin hervorgegangen oder mit ihr in der ärztlichen Praxis und in der klinischen Grundlagenforschung verbunden sind. So fanden in der Vergangenheit gemeinsame Tagungen u.a. mit den Pädiatern, Röntgenologen, Pharmakologen, Pathologen, Rheumatologen, Tuberkuloseärzten und der Krebsgesellschaft statt. In dieser Tradition kommt nicht nur die Stellung der inneren Medizin als zentrales Grundlagenfach der klinischen Medizin, sondern auch ihre integrierende Kraft zum Ausdruck.

Besonders eng sind solche Verbindungen seit je zur Neurologie gewesen, nicht nur durch gemeinsame Geschichte und Tagungen, sondern auch dadurch, daß viele Neurologen Mitglieder unserer Gesellschaft sind und wiederholt Vorsitzende unserer Gesellschaft waren, so u.a. ERB, SCHULTZE, PETTE und BODECHTEL. So ist es für uns eine große Freude, auch in diesem Jahr wieder die Neurologen anläßlich ihrer 50. Jahrestagung bei uns zu begrüßen.

Ihre besondere Stellung und Bedeutung für die innere Medizin hat PETTE beim Internistenkongreß 1955 hervorgehoben, als er in seiner Eröffnungsrede sagte: "Als Wissenschaft der Zusammenhangsprobleme ist die Neurologie wie keine andere Disziplin berufen, Ärzte heranzubilden, die nicht nur das erkrankte Organ mit Hilfe naturwissenschaftlicher Methoden, sondern den ganzen Menschen zu erfassen bestrebt sind. Wenn ich meine Stimme erhebe, ... tue ich es allein aus der leidenschaftlichen Überzeugung, daß die Neurologie nicht nur das treueste Kind der inneren Medizin ist, sondern auch auf das engste mit ihr verbunden bleiben muß."

Diesmal führen uns als erstes Hauptthema unseres Kongresses die neuroendokrinen Erkankungen zusammen. Sie sind besonders geeignet zu zeigen, daß Neurologie und innere Medizin sich beide an organüberschreitenden Zusammenhängen orientieren. So hat die rasche und aufregende wissenschaftliche Entwicklung des letzten Jahrzehnts mit im-

---

[1] Referat anläßlich der gemeinsamen Sitzung der Deutschen Gesellschaft für Innere Medizin und der Deutschen Gesellschaft für Neurologie in Wiesbaden am 14.4.1980

mer tieferen Einblicken in die Wirkung von Neurotransmittern und Gewebshormonen auf die Gehirnfunktionen und in ihren Zusammenhang mit dem hypothalamisch-hypophysären Endokrinium GUILLEMIN, der 1977 den Nobelpreis für die Strukturaufklärung der Neuropeptide erhielt, zu der Feststellung veranlaßt, daß das Gehirn die größte Hormondrüse des Körpers sei.

Damit soll selbstverständlich nicht die Wiedereingliederung der Neurologie in die innere Medizin provoziert, aber doch der unlösbare Zusammenhang beider betont werden, nicht zuletzt für die gemeinsame Aufgabenerfüllung gegenüber unseren Patienten. Ich bin zuversichtlich, daß auch die Neurologen und ihr Vorsitzender mit uns in dieser Zusammengehörigkeit übereinstimmen, wenn ich nun Herrn Mertens zu seiner Einleitung für diese gemeinsame Sitzung bitte.

Einführung zum Hauptthema „Neuroendokrine Erkankungen" und zur gemeinsamen Sitzung mit der Deutschen Gesellschaft für Neurologie

H.G. Mertens

Lieber Herr Buchborn, verehrte Kolleginnen und Kollegen, eine gemeinsame Tagung der Deutschen Gesellschaften für Innere Medizin und Neurologie findet heute erst zum dritten Male statt. Das Thema "Zentralnervensystem und Kreislauf" engagierte erstmalig beide Fachrichtungen 1939 unter dem Vorsitz von STEPP, München.

Mein Lehrer, G.BODECHTEL, Düsseldorf, München, vereinte die Gesellschaften 1966 zum zweiten Mal als Internist und Neurologe mit den Themen "Schmerz und Stoffwechselstörungen des Gehirns", die Themen 3 und 4 der Internisten "Kreislauf" bzw. "Diabetes" wurden von den Neurologen als "spinale Mangeldurchblutung" bzw. "diabetische Polyneuropathie" aufgegriffen und im Museum unter Vorsitz von KALM weitergeführt. Damit sind aber die Beziehungen unserer beiden Gesellschaften gewiß nicht erschöpft. Die erste systematische Bearbeitung der klinischen Neurologie der Welt hat der deutsche Internist MORITZ VON ROMBERG mit seinem Lehrbuch der Nervenkrankheiten des Menschen, das 1853 in englischer Übersetzung in London erschien, geliefert.

Vor genau 75 Jahren, 1905, hat hier in Wiesbaden WILHELM ERB als Präsident diesen Kongreß als einen Sammelpunkt für das ganze Gebiet der inneren Medizin mit allen seinen Spezialitäten beschworen. Die Neurologie - von ihm als Neuropathologie bezeichnet - nannte er "die größte und wichtigste, am weitesten fortgeschrittene dieser Spezialitäten". "Um ihren Besitz" - so sagte er - "leben wir im Streit, denn die Psychiater suchen sich derselben zu bemächtigen und sie mit ihrem Arbeitsgebiet zu vereinen auf Kosten der inneren Kliniken". "So schließe ich mich dem Ausspruche meines sehr verehrten Freundes FRIEDRICH SCHULZE an: Die Psychiatrie den Psychiatern, und nur diese, die Nervenpathologie den inneren Klinikern."

Gegen die Intervention des Internisten VON STRÜMPELL, Breslau, und mit trauernder, resignierender Billigung von VON LEYDEN, Berlin und FRIEDRICH SCHULZE, Bonn, die alle ebenfalls besonders erfolgreiche Neurologen waren und welche den dann folgenden Internistenkongressen vorstanden, gründete ERB 1907 zusammen mit Oppenheim die Gesellschaft Deutscher Nervenärzte, deren Traditionen die Neurologen heute mit ihrer 50. Jahresversammlung hier in Wiesbaden fortführen. Wenn die Internisten in zwei Jahren ihr 100jähriges Jubiläum feiern, ist es bei den Neurologen erst das 75jährige. Die neurologische Gesellschaft ist also die jüngere Schwester oder treffender, die Tochter der Internisten. Die Interessen von Mutter und Tochter sind aber in weitem Umfang dieselben geblieben. Mein Lehrer H.PETTE hat vor genau 25 Jahren dies als Vorsitzender beider Gesellschaften an dieser Stelle beschworen. Er sagte: "Die Grenzen zwischen den Erkankungen der inneren Organe und den neurologischen Krankheiten sind unscharfe, oft überhaupt nicht zu ziehen." Und zum Schluß: "Die Neurologie - und dies mögen Sie als ein Glaubensbekenntnis werten - kann ihren Aufgaben auch in Zukunft nur dann gerecht werden, wenn sie intern fundiert bleibt, mag sie im Rahmen einer inneren oder psychiatrischen oder selbständigen neurologischen Klinik gepflegt werden. Andererseits sei mit erlaubt zu sagen, daß die innere Medizin auch nur dann gut fundiert und in sich geschlossen bleibt, wenn Sie alle, meine Damen und Herren, von der Überzeugung durchdrungen sind, daß die innere Medizin in Wissenschaft und Praxis einer neurologischen Denkweise nicht entraten darf." Diesem Vermächtnis großer Internisten und Neurologen sind die Wiesbadener Tagungen eigentlich immer gerecht geworden, kaum eine, in der Neurologen nicht zu Wort kamen.

Besonders gut sind vielleicht die letzten, von meinem Lehrer RUDOLF JANZEN organisierten Symposien in Ihrer Erinnerung: "Neurogene Leitsymptome innerer Erkrankungen" 1976; Polyneuropathien als diagnostische und therapeutische Aufgabe", 1977; "Muskelschwäche als Leit- und Warnsymptom bei Allgemeinkrankheiten", 1978.

Als letztes Beispiel darf ich Variationen der Thematik des heutigen Tages quasi als roten Ariadne-Faden durch das Themenlabyrinth der Internisten-Kongresse zurückverfolgen: Die Hirnstammphysiologie wurde hier zuerst von M. NONNE, von ECONOMO, HUGO SPATZ und W.R. HESS vertreten. Von den Internisten war es vor allem L.R. MÜLLER, der mit seiner Konzeption von den Lebensnerven eine sehr fruchtbare Schule begründete. V. BERGMANN vergab 1931 Referate über Neuroregulation an GOLDSTEIN und VON WEIZSÄCKER. 1937 erläuterte SIEBECK, wie zentralnervöse Regulationen im Mittelpunkt des klinischen Denkens stehen. Speziell die Regulationen vegetativer Funktionen über das Hypophysen-Zwischenhirn-System und ihre pathogenetische Rolle wurden 1948 (Martini), 1950 (Frey), 1953 (Katsch), 1962 (Hoff) und besonders 1965 unter Sturm besprochen.

Diese Thematik hat in diesem Kreis immer ein brennendes Interesse gefunden. Die heutigen Referate zeigen offenbar nicht nur die Verkettung der Fächer innere Medizin und Neurologie, sondern gleichzeitig auch, wie die Fortschritte beider an spezialistische Grundlagenforschungen gebunden sind.

Die Größe der Naturwissenschaft erwächst aus der Kleinheit ihrer konkreten Forschungsziele. Nur, wenn nicht die großen, den Gesamtorganismus angehenden Fragen zuerst gestellt werden, sondern eine "methodische Askese" ihre ungeteilte Aufmerksamkeit ganz engen Teilbereichen zuwendet, gelingt oft beinahe unerwartet der entscheidende Durchbruch zu neuen Ausblicken auf unser naturwissenschaftliches Welt- und Menschenbild. Peter Sitte, 1979, formulierte das so: "Es scheint keinen anderen Zugang zum Ganzen zu geben als den der Beschränkung."

Meine Damen und Herren, die folgenden Referate werden Sie heute erleben lassen, daß sich das Tor zu einem zentralen Thema menschlicher Existenz nicht nur einen Spalt, sondern weit öffnet.

Pathophysiologische Grundlagen neuroendokriner Erkrankungen[1]

E.F. Pfeiffer

A) Einleitung
B) Pathophysiologie der Neuroendokrinologie
   I. Von der Neurosekretion zur Klinischen Neuroendokrinologie
  II. Opiate, Opioide, Endorphine und Enkephaline
 III. Peptidhormone in Darm und Gehirn
  IV. Peptiderge Innervation
   V. Die "Neue Endokrinologie".

A) Einleitung

Dieser Vortrag ist als Überblick über unser Thema gedacht. Er soll
die Einordnung neuer Resultate erlauben und das Verständnis der folgenden Spezialreferate erleichtern.

Dies ist eine schwierige Aufgabe. Zwar haben die Neurobiologen bei
ihren Vorstößen in die Biochemie des Gehirns nicht die Büchse der
Pandora geöffnet, aber doch einen scheinbar endlosen Strom von unbekannten oder anderweitig beheimatet geglaubten Peptiden in Freiheit
gesetzt (MARX 1979). Wichtiger als das Zitieren ist das Weglassen.

Fünf Abschnitte werde ich behandeln:

Zunächst die Entwicklung von der Neurosekretion zur heutigen klinischen Neuroendokrinologie, dann die für das Thema interessierenden
Opiocorticotropine, anschließend das gemeinsame Vorkommen von Peptidhormonen in Darm und Gehirn, sowie schließlich die Erörterung der
allgemeinen Kriterien der peptidergen Innervation dieser "Neuen Endokrinologie" aus der Sicht des Jahres 1980.

Einer Reihe von Kollegen aus meiner Klinik und dem Sonderforschungs-
bereich Endokrinologie der Universität Ulm, den Herren H.ETZRODT,
H.L.FEHM, D.GRUBE, W.D.HETZEL, V.SCHUSDZIARRA und K.H.VOIGT, aber
auch aus anderen Universitäten und Instituten, den Herren R.GUILLEMIN
(The Salk Institute, La Jolla, U.S.A.), A.V.SCHALLY (Veterans Administration, New Orleans, U.S.A.), A.G.E.PEARSE (Hammersmith Hospital,
London, England), sowie meinem Sohn, A.PFEIFFER (Max-Planck-Institut
für Psychiatrie, München), bin ich für Hilfe und Rat bei der Abfassung des Manuskriptes zu Dank verpflichtet.

---

[1] Referat anläßlich der gemeinsamen Sitzung der Deutschen Gesellschaft
für Innere Medizin und der Deutschen Gesellschaft für Neurologie in
Wiesbaden am 14.4.1980

B) Die Pathophysiologie der Neuroendokrinologie

I. Von der Neurosekretion zur klinischen Neuroendokrinologie

1. Die klassische Neurosekretion
2. Die hypothalamischen Releasing-Hormone
3. Die Über- und Unterfunktionszustände von Hypothalamus und
   Hypophysenvorderlappen.

1. Beginnen wir mit Abschnitt I. Sicher kann von einer klinischen
Neuroendokrinologie im engeren Sinne erst gesprochen werden, seitdem
Anfang der 70er Jahre die ersten hypothalamischen Releasing-Hormone
oder Faktoren zur Verfügung standen (BESSER und MORTIMER 1976). Aber
schon Anfang der 30er Jahre hatte das Ehepaar Ernst und Berta SCHAR-
RER am Edinger-Institut in Frankfurt/M. das Prinzip der Neurosekretion entwickelt. Sie verstanden darunter die Hormonsekretion durch
eine Nervenzelle, die sie zuerst am Modell des hypothalamo-neurohypo-
physären Systems oder der kontinuierlichen neurohypophysären Verbindung zwischen supraoptischen und paraventrikulären Kernen des Zwischenhirns und dem Hypophysenhinterlappen darstellten (vgl. SCHARRER
und SCHARRER 1940). Spätestens 1939, seit dem Treffen der angesehenen
"Association of Research in Nervous and Mental Diseases" war nach
ihrem Vortrag die Vorstellung von der "Zwischenhirndrüse" mit neurosekretorischen Neuronen, die ihr Neurosekret in die periphere Zirkulation abgeben konnten, offiziell geworden (Abb. 1). Sie stand nun
neben der klassischen Neurotransmittertheorie von LOEWI, DALE und
NACHMANSOHN mit dem Überträgerstoff Acetylcholin an den Praesynapsen
des motorischen und des gesamten vegetativen Nervensystems sowie der
Freisetzung von Adrenalin aus der damals allein bekannten Sympathi-
cusdrüse, dem Nebennierenmark. Nach dem neuen Konzept unterschied
sich die neurosekretorische Zelle von der gewöhnlichen Nervenzelle
nur dadurch, daß sie größere chemische Überträgerkomplexe zu bilden
in der Lage war und diese Informationsüberträger entlang dem Axon bis
zur Nervenendigung wandern und in den Blutkreislauf abzugeben vermoch-
te (Abb. 1).

Primär war die Entdeckung der SCHARRERS und von Wolfgang BARGMANN
eine ausschließlich morphologische Leistung gewesen. Es dauerte bis
Mitte der 50er Jahre, bis mit der Aufklärung der Struktur von Oxytocin und Vasopressin die identifizierbare Existenz eines hypothalamischen Peptides tatsächlich bewiesen werden konnte (PIERCE und DU
VIGNEAUD 1950, POPENOE und DU VIGNEAUD 1954). Die Explosion sollte
aber erst noch kommen.

2. Zunächst erscheinen die Verhältnisse noch übersehbar. Das Konzept
der Neurosekretion ließ ursprünglich die hypothalamische Steuerung
des Hypophysenvorderlappens (HVL) offen. Hier entwickelte Geoffrey
HARRIS (1955) das ebenfalls in Abb. 1 angedeutete Konzept der "tubero-
hypophysären" Neurone, die ihr Neurosekret in das besondere portale
Gefäßsystem der Hypophyse abgaben, wenn es sich um Substanzen mit
Steuerungsfunktion auf den HVL handelte. Verschiedene Typen von Neurosekretorischen Neuronen waren nunmehr zu unterscheiden (Abb. 2). Das
Neuron No. 1 wirkt z.B. via elektrischer und monoaminerger Reizübertragung auf das peptiderge Neuron No. 3, das elektrisch via Potential-
differenz sein Neurosekret im Axon transportiert und an der Praesy-
napse durch Depolarisierung der Plasmamembran der Nervenzelle unter
Einschaltung von Kalzium, wie wir heute wissen, das Aktionspotential
erhält, das die Exozytose des Neuropeptides oder neuroendokrinen
"Transducers" erlaubt.

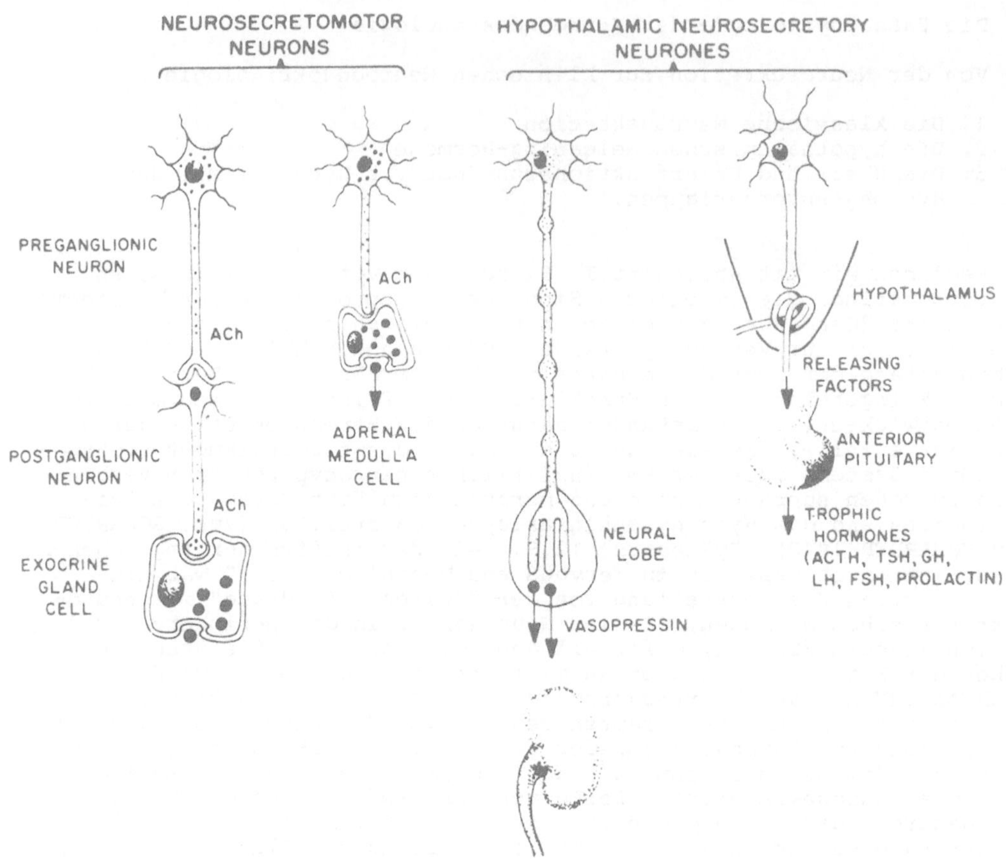

Abb. 1. Verschiedene Wege der neuralen Regulation exokriner und endokriner Drüsen. In der Regel werden exokrine Drüsen durch den Überträgerstoff Acetylcholin an den Praesynapsen des motorischen und des gesamten vegetativen Nervensystems aktiviert und ebenso durch Bindungen
des an den Nervenenden freigesetzten Acetylcholins an Rezeptoren der
Zellmembranen der exokrinen Drüsen. Der gleiche Mechanismus bewirkt
auch die Freisetzung des Sympathomimeticums Adrenalin aus dem Nebennierenmark. Die Neurone der Neurohypophyse und des tubero-hypophysären Systems des Hypothalamus werden hingegen als neuroendokrine Zellen angesehen. Neuropeptide werden von diesen Zellen gebildet, entlang den Axonen zu den Nervenendigungen transportiert und dort entweder in die allgemeine Zirkulation in Freiheit gesetzt, um ihr Zielorgan zu erreichen, oder auf dem Wege komplizierter Spezialgefäße mit
besonderer Versorgung des Hypophysenvorderlappens. Wegen des Transportes dieser größeren molekularen Peptide werden diese Neurone "peptiderge Neurone" genannt. (Aus: S.REICHLIN 1978)

Das Neurosekret tritt in das spezielle Gefäßsystem des HVL oder direkt in einen allgemeinen Kreislauf ein. Verschiedene Möglichkeiten
dieser neural-vaskulären oder einseitig neuralen, durch Neurotransmitter und Neurosekret zustande gekommenen, Informationsübertragung
sind denkbar und nachgewiesen. Entgegen der ursprünglichen Vorstellung geht die Transportrichtung nicht nur vom Zentrum in die von die-

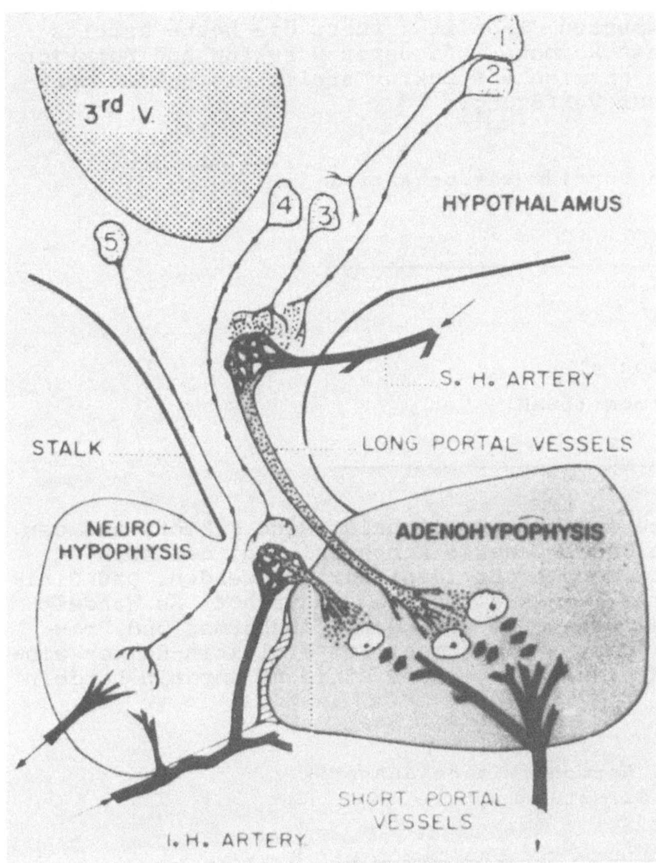

Abb. 2. Schematische Darstellung der hypothalamo-hypophysären Funktionseinheit. Verschiedene Arten der neurosekretorischen Innervation des Hypophysenvorderlappens sind hier angedeutet. So stellt das Neuron No. 5 z.B. den typischen Verlauf der supraoptischen-hypophysären Regulation der Neurohypophyse dar. Die Neurone 3 und 4 repräsentieren hingegen die tubero-hypophysären Neurone, die ihr Neurosekret in die sog. mediane Eminenz oder direkt in den Hypophysenstiel abgeben. Diese Neuropeptide werden dann vom portalen Spezialgefäßsystem aufgenommen und in hoher Konzentration in den Hypophysenvorderlappen an die Zielzellen gebracht. Die hypophysiotropen Neurone werden hingegen wieder von anderen Neuronen reguliert, in diesem Falle via elektrischer und monoaminerger Reizübertragung, z.B. durch das Neuron No. 1. (Nach V.L.GAY, Fertility Sterility 23: 50-60, 1972, übernommen in S.REICHLIN, 1979: In: Central Regulation of the Endocrine System, Plenum Press, New York and London)

ser Position aus gesehene periphere Hypophyse, sondern eine ganze Reihe vaskulär-neuraler Verbindungen existieren auch von der Hypophyse zum Hypothalamus hin.

Es muß als glänzende Bestätigung dieser These angesehen werden, daß SAFRAN's geniale Mitarbeiter GUILLEMIN (1973/74) und SCHALLY (1973) nach einem dramatischen Wettlauf tatsächlich drei hypothalamische Releasing- und Hemmungs-Faktoren oder -Hormone aus tausenden von

Schafs- und Schweinehypothalami isolieren, identifizieren und schließlich auch synthetisieren konnten. Tabelle 1 führt die heute bereits
klassischen hypothalamischen Hormone auf, deren Struktur und Funktion
bekannt ist. Ihre einfache chemische Struktur stellt sie uns in praktisch unbegrenzter Menge zur Verfügung.

<u>Tabelle 1.</u> Hypothalamische Peptide mit bekannter
Struktur und Funktion

Vasopressin

Oxytocin

Thyrotropin-Releasing Hormon (TRH)

Gonadotropin-Releasing Hormon (LHRH)

Somatostatin

Bemerkenswerterweise konnte der erste hypothalamische Faktor, auf den
sich bereits vor 20 Jahren das Interesse konzentrierte, der ACTH-
Releasing-Faktor, bis heute noch nicht identifiziert werden. Das Gleiche gilt von einigen anderen, wie sie Tabelle 2 aufführt. Es handelt
sich um hochspezifische Faktoren, die z.B. Wachstumshormon und Prolaktin stimulieren müssen, oder auch hemmen. Vom Prolaktin-Hemmer wissen wir ja inzwischen, daß es sich in erster Linie um Dopamin handeln
muß.

<u>Tabelle 2.</u> Hypophysiotrope Hormone mit bekannter
Funktion aber unbekannter Struktur

Corticotropin Releasing Factor (CRF)

Growth Hormone Releasing Factor (GRF,

Somatotropin Releasing Factor, SRF)

Prolactin Releasing Factor (PRF)

Prolactin Inhibitory Factor (PIF)

Melanocyte Stimulating Hormon

Releasing Factor (MSH-RF)

Melanocyte Stimulating Hormon

Inhibiting Factor (MSH-IF)

---

3. In der Klinik war nunmehr auch die tertiäre Stufe der Regulationskette einer glandotrop gesteuerten Drüse vom Zielorgan angefangen bis
hinauf zum Hypothalamus der Diagnostik zugänglich geworden (Abb. 3).
Das Schema zeigt dies am Beispiel der Steuerung des Systems CRF-ACTH-
Cortisol. Auch wenn wir das hypothalamische Hormon im peripheren Blut
noch nicht bestimmen können, so können wir doch sein Fehlen aus dem
Anstieg der erniedrigten Spiegel des Hypophysenhormones mit einiger
Wahrscheinlichkeit ablesen, während die klinische Symptomatologie immer von dem Fehlen des Hormons der peripher gesteuerten Drüse bestimmt
wird. Mittels sog. Hypophysen-Kombinationsteste können wir innerhalb

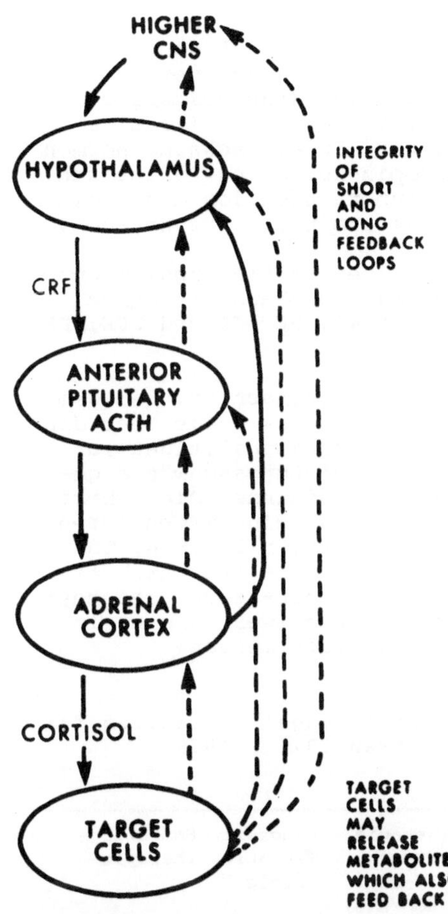

Abb. 3. Regulationskette einer glandotrop gesteuerten Drüse vom Zielorgan bis zum Hypothalamus

des 2-Stunden-Zeitraums in der Ambulanz oder in der Sprechstunde die
wesentlichen Parameter mit Hilfe der Gabe der hypothalamischen Releasing-Faktoren und der Bestimmung der HVL-Hormone im Blut erfassen
(VOIGT, DAHLEN, FEHM, BIRK, SCHRÖDER, SCHNEIDER, ROTHENBUCHNER und
PFEIFFER (1974). Stehen die Releasing-Hormone noch nicht zur Verfügung, dann helfen wir uns dadurch, daß wir z.B. CRF durch Vasopressin,
SRF durch Arginin ersetzen oder uns die doppelte Fähigkeit von TRH,
TSH und Prolaktin zur Ausschüttung zu bringen, ausnutzen, oder ebenso
die gleichartige Fähigkeit des Gonadotropin-Releasinghormones, die Sekretion von LH und FSH zu stimulieren. Die klinischen Referate werden
den praktischen Nutzen dieser neuen Verfahren behandeln. Ich möchte
hier lediglich auf zwei Dinge eingehen. Einerseits auf die immer noch
umstrittene Möglichkeit des isolierten Ausfalles einzelner hypothalamischer Releasing-Hormone. Zum anderen die mögliche therapeutische
Verwendung dieser Hypothalamus-Peptide.

Zunächst einmal muß die Frage, ob es eine tertiär bedingte Schilddrüsen-, Gonaden- und Nebennierenrinden-Insuffizienz überhaupt gibt, sicher bejaht werden. Über hypothalamischen Hypothyroidismus wurde bereits 1971 berichtet (PITTMAN, HAIGLER, HERSHMAN and PITTMAN (1971)).
Trotzdem sind derartige Fälle sicher Rarität und die Unterscheidung
von hypophysär bedingten Schilddrüsenunterfunktionszuständen ist immer
noch schwierig. Von einer sehr großen Zahl von Fällen, die dem stan-

dardisierten TRH-Test unterworfen wurden, haben wir nur einige wenige Patienten in diese Gruppe einordnen können. Dies steht ganz im Gegensatz zu der Feststellung, daß wahrscheinlich die Masse der hypophysären Zwerge einer hypothalamischen Störung ihr Krankheitsbild
verdankt (COSTOM, GRUMBACH und KAPLAN 1971). In der Regel liegt ja
bei diesen Fällen eine Zwei-Hormon-Störung vor, indem Wachstumshormon
oder STH-Releasing-Faktor plus dem Gonadotropin-Releasing-Faktor fehlen (PFEIFFER und MELANI 1972). Hier fehlt nun tatsächlich das isolierte Hypothalamus-Hormon, um klare Verhältnisse zumindest anzustreben.

Auch isolierte Ausfälle des CRF als Ursache einer tertiär bedingten
Nebennierenrindeninsuffizienz haben wir mehrfach beobachten können
(FEHM, VOIGT und PFEIFFER 1973, FEHM, VOIGT, LANG, HETZEL und PFEIFFER
1976):

In einem Fall konnten wir einen 34-jährigen Mann beobachten, bei dem
es etwa 10 Jahre vor der Beobachtung in der Klinik als Folge über Jahre chronisch rezidivierender tuberkulöser Meningoenzephalitiden zur
symptomatischen Epilepsie und hochgradigen Hirnleistungsschwäche gekommen war. Schwerste Hypoglykämien führten zur Aufnahme. Die Labora-
toriumsdiagnostik ergab den eindeutigen Hinweis auf eine Nebennierenrindeninsuffizienz, die Prüfung der Hypophysenfunktion für STH, TSH
und LH Normalwerte (Abb. 4). Cortisol zeigte im Plasma erst nach mehrtägiger Stimulierung einen mäßigen Anstieg. Im Leucin-Vasopressintest
hingegen ließ sich bei unverändert niedrigen Cortisolwerten ein eindeutiger Anstieg der ACTH-Spiegel radioimmunologisch messen.

<u>Tabelle 3.</u> Patienten mit isoliertem Gonadotropinmangel am Zentrum für
Innere Medizin der Universität Ulm in den Jahren 1976 - 1979

Name	LH-RH 8 Std.	LH-RH 5 Tage	Clomiphen Test	HCG-Test (Leydig Zell-funktion)	Therapie Versuch (LH-RH; HCG/HMG)	Langzeit Therapie Erfolg	Endgültige Therapie
B.F.	-	-	N.D.	-	N.D.	-	Testoviron
B.R.	-	-	N.D.	-	N.D.	-	Testoviron
A.W.	+	+	+	+	LH-RH 6 Monate	-	HCG/HMG Testoviron
A.M.	+	+	+	+	LH-RH 2 Monate	-	Testoviron
P.E.	-	-	N.D.	+	HCG/HMG 6 Mon.	-	Testoviron
E.P.	+	+	+	+	HCG/HMG 2 Jahre	+	HCG/HMG Testoviron
S.D.	-	-	-	-	N.D.	-	Testoviron
G.J.	+	+	N.D.	+	HCG/HMG 6 Mon.	+	Testoviron

N.D. = nicht durchgeführt

Clomiphen Test ist nur sinnvoll, wenn LH-RH Test positiv ausfällt

Isolierter Ausfall von LH-RH als Ursache eines ebenfalls isolierten
Gonadotropindefizits stellt sicher eine seltene Krankheit dar. Ohne
auf die Frage der durch ein hypothalamisches Hormon ausgeübten Regulation der beiden Gonadotropine näher einzugehen (SCHALLY, ARIMURA

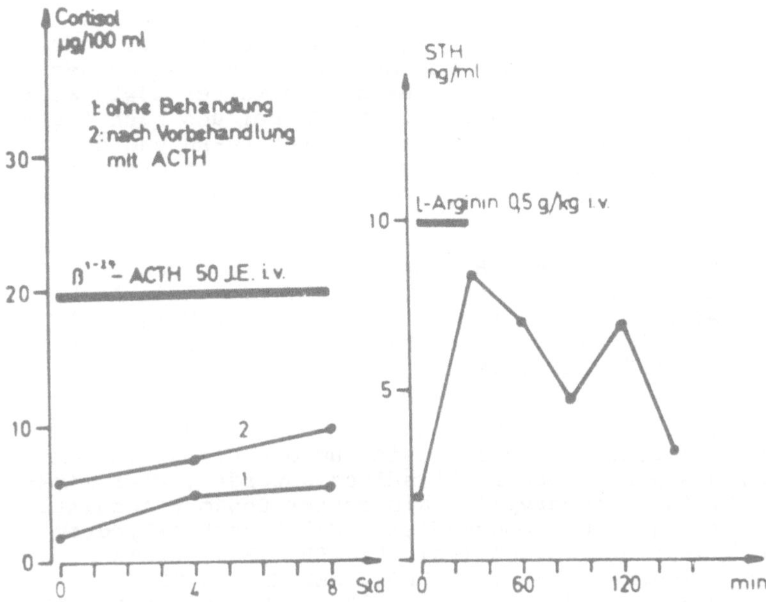

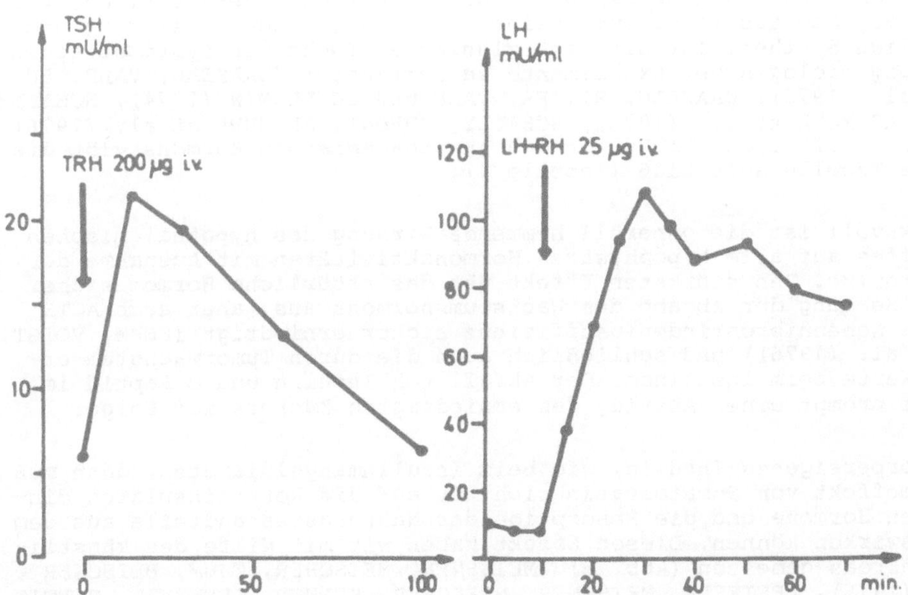

Abb. 4. Verhalten des Plasma-Cortisol, des STH, TSH und LH im Plasma
während entsprechender Stimulationstests. Aus: FEHM, VOIGT und
PFEIFFER (1973)

und KASTIN et al. 1971), bleibt die Feststellung, daß in einer recht
großen andrologischen Sprechstunde unserer Endokrinologischen Ambulanz
über den Zeitraum einiger Jahre nur 8 Fälle mit isoliertem Gonadotro-

pinmangel beobachtet wurden und hierunter wiederum nur 4, die auf LH-
RH mit einem Anstieg der Gonadotropine reagierten (Tabelle 3). Mehr-
monatige Behandlung mit LH-RH zeitigte keinen Erfolg. Bei einem der
Fälle mit Azoospermie und sehr niedrigen Testosteronwerten sowie allen
Folgen des Androgendefizits führte dann Dr. HETZEL bei uns nach deutlich meßbarem Anstieg der beiden Gonadotropine unter LH-RH und des
Testosterons unter HCG eine Dauertherapie von 2 Jahren mit Chorion-
und Menopausen-Gonadotropinen durch. Die Azoospermie konnte vollständig beseitigt werden.

Im allgemeinen sind die Hypothalamus-Hormone zur Diagnose von Über-
-funktionszuständen entbehrlich. Eine Ausnahme macht hier lediglich
der TRH-Test, der inzwischen sowohl für die Diagnose der Unter- als
auch der Überfunktion der Schilddrüse den Radiojodtest verdrängt hat
(FEHM, VOIGT, KUMMER und PFEIFFER 1979).

Therapeutisch haben bisher nur zwei Hypothalamus-Hormone Bedeutung
gewinnen können. Bei dem einen handelt es sich um den Prolaktin-Hemm-
faktor, das Dopamin, das wir jedoch nicht selbst anwenden. Hier wirkt
das Ergotamin-Derivat, das Bromocryptin, als echter Dopamin-Agonist.
Seine nützliche Verwendung beim Hypogonadismus-Galaktorrhoe-Syndrom
wird noch eingehend diskutiert werden (vgl. BESSER, YEO, DELITALA,
JONES et al. (1979), REICHLIN (1979), EDWARDS, BESSER und THORNER
(1979), SHERMAN, SCHLECHTE, HALMI et al. (1978), BOHNET und McNEILLY
(1979)).

Einen besonderen Platz beansprucht aber sicher die therapeutische Ver-
wendung von Somatostatin. Auch seine Isolierung, Identifizierung und
schließlich Synthese ist als eine glänzende Frucht der systematischen
Auswertung biologischer Experimente zu betrachten (BRAZEAU, VALE, BUR-
GUS et al. (1973), BRAZEAU, RIVIER, VALE und GUILLEMIN (1974), SCHALLY,
DUPONT, ARIMURA et al. (1975), SCHALLY, DUPONT, ARIMURA et al. (1976).
Über die vielfältigen Wirkungen des hypothalamischen Hormons gibt die
folgende Tabelle Aufschluß (Tabelle 4).

Eindrucksvoll ist die generell hemmende Wirkung des hypothalamischen
Hemmstoffes auf alle hypophysären Hormonaktivitäten mit Ausnahme der
Gonadotropine. Den stärksten Effekt übt das natürliche Hormon sicher
auf die Hemmung der Abgabe des Wachstumshormons aus, aber auch ACTH
wird bei Nebennierenrindeninsuffizienz sicher erniedrigt (FEHM, VOIGT,
LANG et al. (1976)) und schließlich auch die durch Tumorwachstum er-
höhten Werte beim Insulinom. Der Abfall von Insulin und C-Peptid im
Blut hat prompt einen Anstieg des erniedrigten Zuckers zur Folge.

Fehlt körpereigenes Insulin, wie beim Insulinmangeldiabetes, dann muß
der Hemmeffekt von Somatostatin sich nur auf die kontrainsulären dia-
betogenen Hormone und die Resorption der Nahrungsbestandteile aus dem
Darm auswirken können. Diesen Effekt haben wir mit Hilfe des künstlichen Pankreas gemessen (Abb. 5) (MEISSNER, BEISCHER, THUM, BEISCHER
et al. (1975), PFEIFFER, MEISSNER, BEISCHER, KERNER, LEFEBVRE, RAPTIS
und TAMAS (1978)). Im Kurzversuch hatte die Infusion des Hormons auch
in kleinen Quantitäten einen eindrucksvollen Rückgang des Insulinbe-
darfs, der zur Kompensation einer Mahlzeit von 800 Kal. notwendig war,
zur Folge (Rückgang von 76,5 E auf 17,08 E). Trotzdem verlief die
Blutzuckerkurve niedriger als diejenige, die ohne Somatostatininfusion gemessen werden konnte (Abb. 6). Trotzdem wurde mehr Glukose von

Tabelle 4. Effekte von Somatostatin auf die Sekretion verschiedener
hypophysärer und intestinaler Hormone, ebenso wie von Schilddrüsenhormonen, Renin sowie der Produktion von Magen- und Pankreassaft sowie der Resorption

Bis jetzt untersuchte Effekte von Somatostatin

Somatostatin (Somatotropin Release Inhibiting Factor - SRIF)

ALA - GLY - CYS - LYS - ASN - PHE - PHE - TRY - LYS - THR - PHE - THR - SER - CYS

STH	ACTH	TSH	Prolaktin	FSH/LH	$\emptyset$	
T_3	T_4					
Insulin	Glukagon					Darmabsorption
Gastrin	Sekretin	Pankreozymin				Magensaft
Renin	RR					Pankreassaft
Adrenalin	$\emptyset$					UÖS $\emptyset$

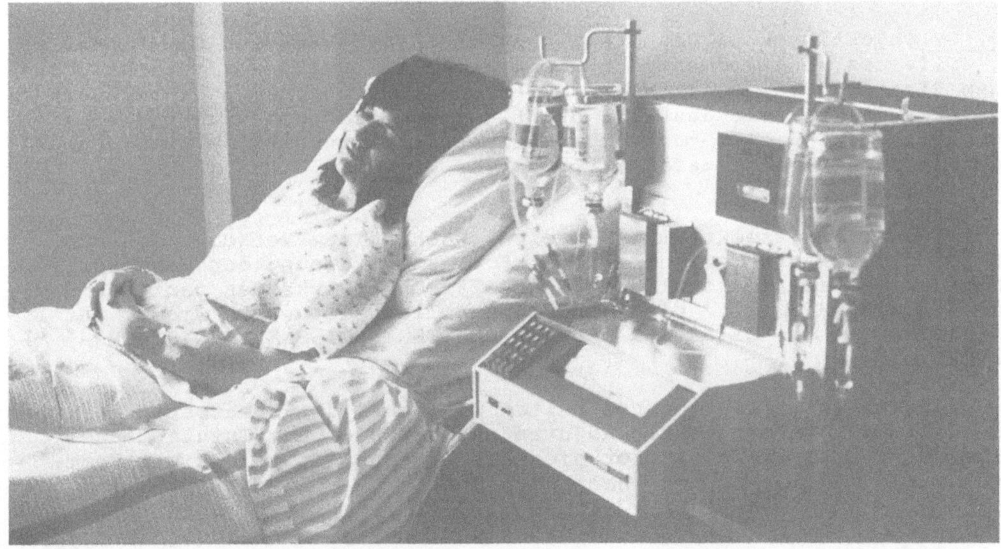

Abb. 5. Das in Ulm zusammen mit Life Science Instruments, Miles
Laboratories, Inc., Elkart/Ind. entwickelte künstliche endokrine
Pankreas, das auf der automatisch regulierten Insulinabgabe an-
hand des kontinuierlich gemessenen Blutzuckerspiegels beruht

dem Apparat angefordert, um hypoglykämische Werte zu verhindern. Bemerkenswerterweise war keine Reduktion der automatisch von dem Gerät
angeforderten Insulinmenge mehr zu beobachten, wenn es sich um hypo-
physenlose Patienten handelte. Trotzdem verlief die Blutzuckerkurve
wiederum niedriger als ohne Somatostatin. Da wir diesen Effekt nur
bei hypophysektomierten Diabetikern sahen, scheint doch die Ausschaltung des Wachstumshormons durch Somatostatin die wesentliche Rolle

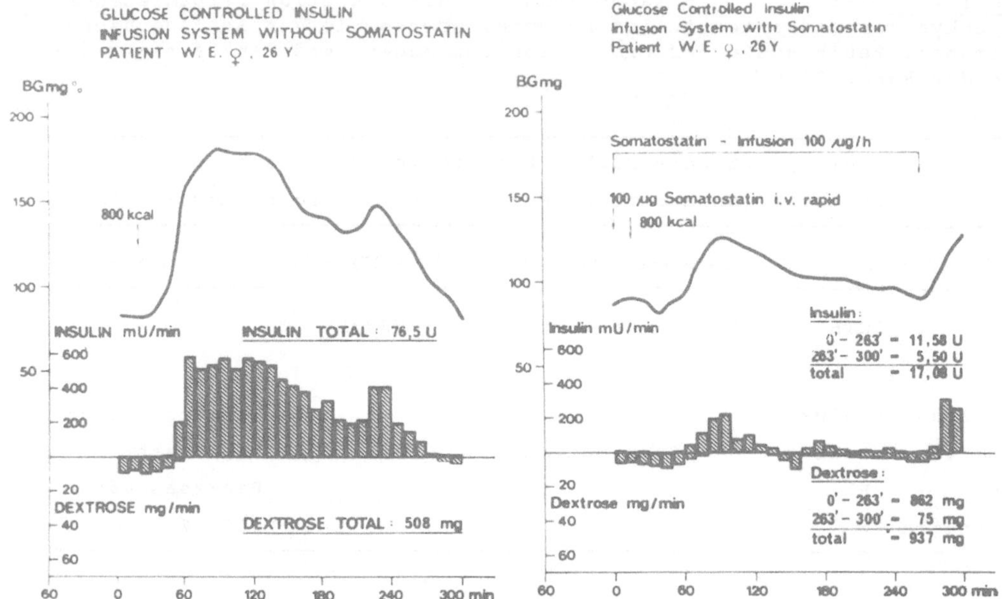

Abb. 6. Objektivierung des insulinsparenden Effektes von Somatostatin mit Hilfe des künstlichen endokrinen Pankreas (GCIIS - BIOSTATOR). Bei einem Einsatz von Somatostatin liegen die Blutzuckerspiegel nach einer 800-Kalorien-Mahlzeit deutlich niedriger und trotzdem wird nur ein Bruchteil des Insulins zur Kompensation der Nahrungskalorien benötigt wie ohne Zufuhr von Somatostatin

in diesem Wirkungsspektrum zu spielen. Nach seinem Verschwinden aus dem Kreislauf fehlt der Angriffspunkt. Die Entfernung der Bauchspeicheldrüse mit dem Verschwinden des stoffwechselwirksamen pankreatischen Glucagons spielte hingegen keine Rolle. Hier wurde wieder der Insulinbedarf um die Hälfte halbiert (PFEIFFER, MEISSNER, BEISCHER et al. (1978)).

Im Gegensatz zu vielen anderen halten wir daher das Somatostatin für die Möglichkeit einer echten adjuvanten Therapie beim Insulinmangeldiabetes. Die Hoffnung richtet sich auf Analoge mit selektiver Hemmwirkung auf die Abgabe des Wachstumshormons.

Zusammenfassend kann man sagen, daß die bisherige Verwendung der hypothalamischen Hormone uns einerseits von der ständigen tonischen oder nicht-tonischen Wirkung auf die Funktion der Gesamthypophyse überzeugt haben. Die Existenz mehrerer Funktionskreise im Sinne von Ferdinand HOFF und ihre Beeinflussbarkeit durch die übergeordneten hypothalamischen Faktoren wurde nachgewiesen und quantitativ abschätzbar gemacht.

Diagnostische Bedeutung kommt andererseits den zur Verfügung stehenden Substanzen für die Erkennung von Partialinsuffizienzen von Hypothalamus und HVL-Funktionen zu. Der sog. hypophysäre Zwergwuchs und das sog. hypophysäre Cushing-Syndrom sind wahrscheinlich auf primär hypothalamische Funktionsstörungen zurückzuführen. Somatostatin und dem Ergotamin-Derivat Bromocryptin als Dopamin-Agonisten kommen echte therapeutische Bedeutung zu.

II. Opiate, Opioide, Endorphine und Enkephaline (Tabelle 5)

Tabelle 5. Hypothalamische Peptide mit bekannter
Struktur und Wirkung, aber unbekannter physiologischer Funktion

---

Substance P

Neurotensin

Angiotensin II

Leu-Enkephalin

Meth-Enkephalin

α-Endorphin

β-Endorphin

γ-Endorphin

Vasoactive Inhibitory Peptide

Auf der Suche nach hypothalamischen Releasing-Faktoren oder -Hormonen
resultierte die Isolierung, chemische Identifizierung und teilweise
auch Synthese einer Reihe von Peptiden, deren physiologische Funktion
bis heute noch unbekannt oder erst in Ansätzen erkennbar geworden ist.
Für den Endokrinologen am interessantesten schienen Substanzen mit ei-
gentümlichen opiatähnlichen Eigenschaften zu sein, die sog. Enkephaline und Endorphine, da sie enge strukturelle Beziehungen zu den Lipo-
tropinen, dem ACTH, dem MSH sowie schließlich dem CLIP erkennen ließen (Abb. 7). Hierbei verdankte die Muttersubstanz gewissermaßen ihre
Existenz dem glücklichen Griff von LI, der auf der Suche nach dem li-
polytischen oder Fettstoffwechselhormon des HVL ein aus 91 Aminosäuren
bestehendes Peptid isolierte (LI, BARNARD, CHRETIEN und CHUNG (1965)).
Dieses Peptid diente dann mehreren Gruppen (GUILLEMIN, LING und BURGUS
(1976), UFNAES, SMITH, KOSTERLITZ et al. (1975)) als Ausgangssubstanz.

Die gemeinsame Vorstufe wies ein Molekulargewicht von 31000 Dalton
oder 31 K auf. Die ersten 39 Aminosäuren deckten sich mit der schon bekannten Struktur des ACTH und zeigten die immer an einige Teile des
Peptids gebundenen spezifischen Eigenschaften, wie corticotrope, li-
polytische, melanocytenstimulierende Funktionen. Hieraus ergaben sich
dann die Verwandtschaften primär zum α-MSH mit seinen 13 Aminosäuren
und dann auch zu einem Teil der Sequenzen von β-MSH und γ-LPH. Zum
N-terminalen Ende hin, d.h. also bei den Aminosäuren 60-91, fanden
sich dann die Substanzen mit endogener Opiat-Aktivität, die verschiedenen Endorphine und Enkephaline, die den Neuropharmakologen, in unserem Falle Professor HERZ aus München als nächster Vortragender, besonders beschäftigen.

Die offensichtlich gleichartige Herkunft und Regulation dieser Neuro-
peptidgruppe ergibt sich aus Experiment und Klinik. Zum einen konnten
WEBER, MARTIN und VOIGT (1979) in Ulm ACTH und Endorphin in denselben
Zellen des HVL der Ratte nachweisen. Sie verwandten Semi-Dünnschnit-
te und immuncytochemisch die Peroxydase-Antiperoxydase-Methode.
Die gleichartige Behandlung des Materials und die Untersuchung mit
dem Elektronenmikroskop ergab dann sogar das Vorkommen von ACTH und
Endorphin in denselben Sekretgranula. Ein uns von Herrn FAHLBUSCH aus
München zugeschickter sog. Nelson-Tumor, d.h. eine Vergrößerung der

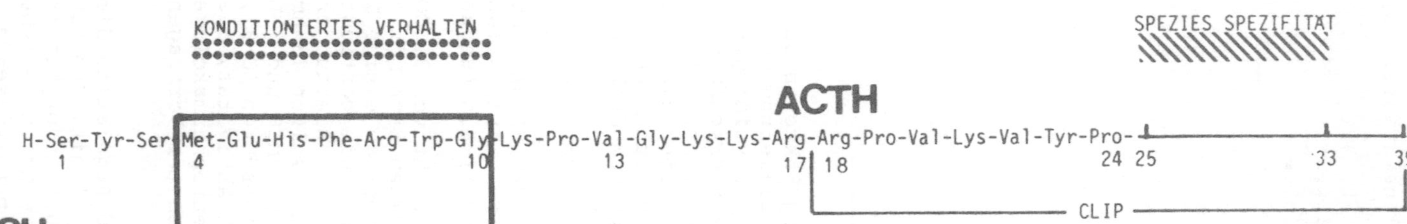
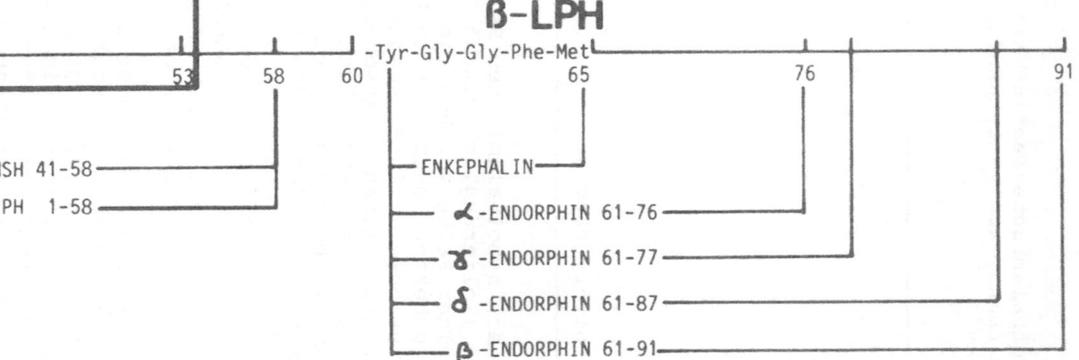
CORTICOTROP
LIPOLYTISCH
MELANOZYTEN STIMULATION
KONDITIONIERTES VERHALTEN
SPEZIES SPEZIFITÄT
ACTH
H-Ser-Tyr-Ser-Met-Glu-His-Phe-Arg-Trp-Gly-Lys-Pro-Val-Gly-Lys-Lys-Arg-Arg-Pro-Val-Lys-Val-Tyr-Pro-
1   4   10   13   17 18   24 25   33   39
CLIP
α-MSH
1   13
β-LPH
-Tyr-Gly-Gly-Phe-Met
1   40 41 47   53   58   60   65   76   91
β-MSH 41-58
γ-LPH 1-58
ENKEPHALIN
α-ENDORPHIN 61-76
γ-ENDORPHIN 61-77
δ-ENDORPHIN 61-87
β-ENDORPHIN 61-91
MELANOZYTEN STIMULATION; LIPOLYSE
ENDOGENE OPIAT-AKTIVITÄT

Hypophyse nach bilateraler Adrenalektomie beim Cushing-Syndrom, zeigte ähnliches Verhalten (Abb. 8). Die Zellen des Tumors wiesen die
3 Pro-Opiocortin-Fragmente 16 K, ACTH und β-Endorphin auf, während
nur vereinzelt α-MSH und überhaupt nicht menschliches Wachstumshormon
dargestellt werden konnte.

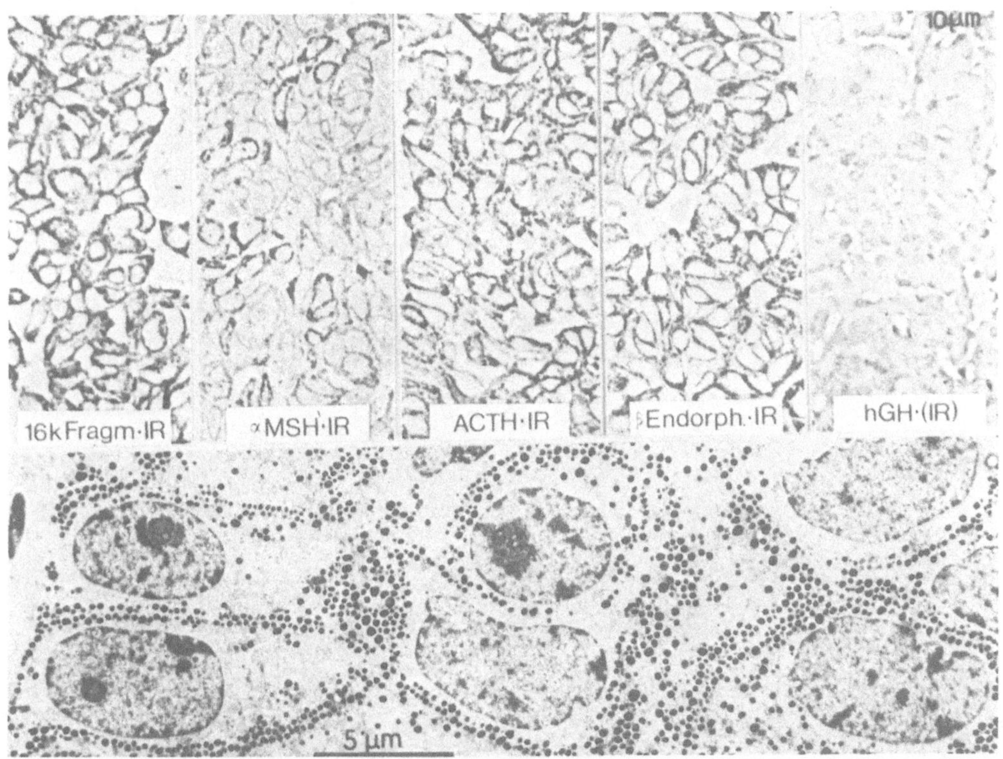

Abb. 8. Immuncytochemische Darstellung von 16 K-Fragment, α-MSH, ACTH,
β-Endorphin und humanem Wachstumshormon in den Zellen eines hypophysären Adenoms, das nach bilateraler Adrenalektomie wegen eines Morbus
Cushing besondere Wachstumstendenzen entwickelt hatte (sog. Nelson-
Tumor). Wiederum lassen sich die verschiedenen Fragmente in denselben
Zellen darstellen, während menschliches Wachstumshormon überhaupt
nicht immunhistologisch anfärbbar ist. Das elektronenmikroskopische
Bild im unteren Teil der Abb. enthält dasselbe hypophysäre Gewebe,
aber ohne Vorbehandlung mit Peroxydase. Herrn Priv.-Doz.Dr.FAHLBUSCH
von der Neurochirurgischen Universitätsklinik München sind wir für
die Überlassung des Tumormaterials zu besonderem Dank verpflichtet.
Den Herren MARTIN, FEHM und VOIGT danke ich für die Überlassung der
Abbildung

Abb. 7. Struktur und Funktion der verschiedenen Fragmente des aus 91
Aminosäuren bestehenden Fettstoffwechselhormons des Hypophysenvorderlappens. Beachte die weitgehende Identität von corticotroper und li-
polytischer Funktion und die davon abtrennbare Opioidaktivität (Herrn
Priv.-Doz. Dr.K.H.VOIGT sei für die Abbildung herzlich gedankt)

Schließlich konnte die gleiche Gruppe mit derselben Technik auch
zeigen, daß die gleichen Hypophysenzellen, die Wachstumshormon enthalten, auch Met-Enkephalin-ähnliche Aktivität nachweisen lassen
(Abb. 9).

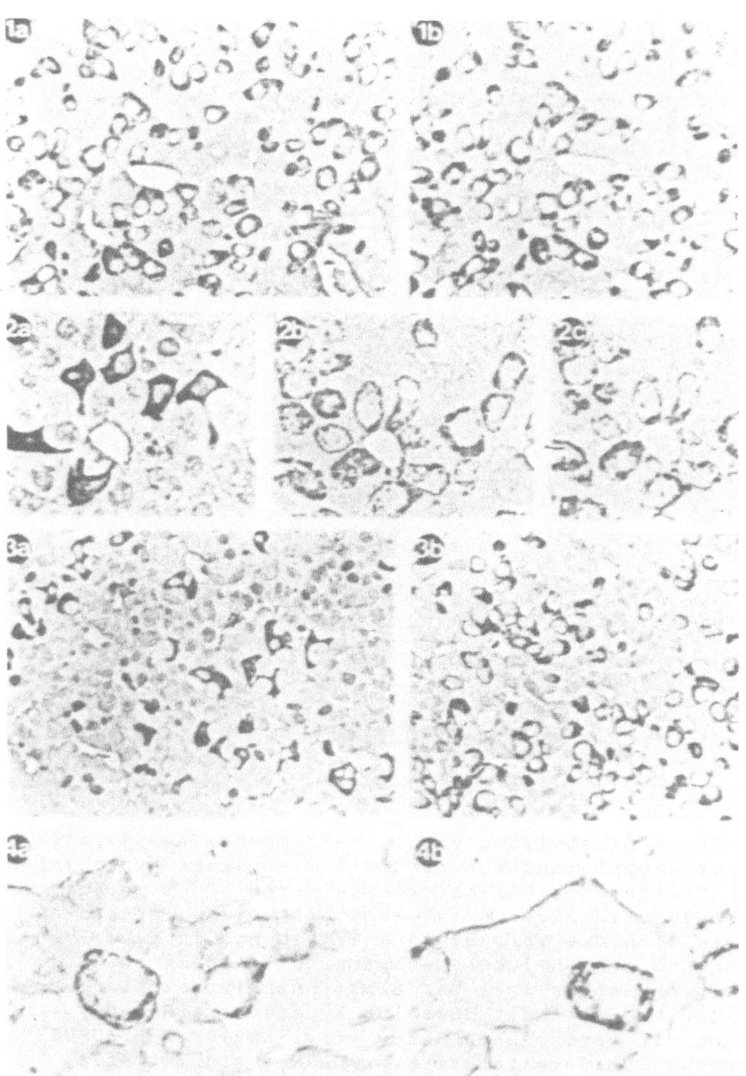

Abb. 9. Immuncytochemische Darstellung von menschlichem Wachstumshormon und Met-Enkephalin in Hypophysenvorderlappenzellen des Menschen.
Peroxydase-Antiperoxydase-Methode zur immuncytochemischen Demonstration. Auf der linken Seite der Abbildung Nachweis des Wachstumshormons,
auf der rechten Seite der Abb. der wiederum an identischen Zellen geführte Nachweis des Met-Enkephalins. In der untersten Reihe der Abb.
(4a, 4b) sind Hypophysenzellen dargestellt, die über längere Zeit in
der Monolayer-Kultur aufbewahrt worden waren. Auch hier gelingt die
identische Demonstration von Met-Enkephalin und Wachstumshormon. Die
Darstellung von Endorphin war mit dem gleichen Versuch mißlungen.
(Aus: VOIGT, WEBER, FEHM und MARTIN (1979))

Endorphin fand sich niemals in den Zellen, die Met-Enkephalin-Aktivität enthielten.

Wie sieht es aber nun im organnahen Gefäßgebiet oder gar im peripheren Blut aus? Hier konnte man eine klare Korrelation zwischen ACTH und Endorphinen im Rattenplasma finden. Wie mein früherer Mitarbeiter LAUBE, jetzt Giessen, zeigen konnte, hat die Stimulierung der ACTH-Sekretion nach Gabe von Leucin-Vasopressin bei Addison-Patienten einen gleichartigen Anstieg von β-Endorphin und ACTH zur Folge.

All dies weist darauf hin, daß tatsächlich in denselben Zellen des HVL entgegen der Lehre mehrere Hormone, oder zumindest identifizierbare Hormonfragmente, mit verschiedenartigen Eigenschaften gebildet werden können. Noch verblüffender ist jedoch der Nachweis dieses gleichen HVL-Hormons ACTH außerhalb der Hypophyse im Hypothalamus, aber auch im Hirnstamm und der Hirnrinde (POWELL und SKRABANEK (1979)). So konnte Herr GRUBE aus Ulm eindeutig ACTH-haltige Neuronen im Gehirn der Ratte finden.

III. Peptidhormone in Darm und Gehirn

1. Das Gastro-Entero-Pankreatische Hormonsystem: Seine Funktion bei Nahrungsaufnahme und Verdauung
2. Von den "Hellen Zellen" über "APUD" zum "Diffusen Neuroendokrinen System" (DNES)
3. Tumorpathologie und Somatostatin (Kasuistik und Therapie).

Noch erstaunlicher muß jedoch anmuten, daß im Semi-Dünnschnittverfahren mit der Peroxydase-Methode der gemeinsame Nachweis von Gastrin und ACTH in den gleichen Zellen des Pylorus der Ratte gelang (GRUBE und WEBER (1979)). Ferner konnte man im Pankreas des Hundes ACTH in den gleichen Zellen finden, die pankreatisches Polypeptid enthielten. Schließlich ließ sich auch das eben gezeigte Endorphin in den α-Zellen derRatteninseln zusammen mit Glucagon finden (Abb. 10). Wie die Abbildung zeigt, haben meine Kollegen GRUBE, VOIGT und WEBER (1978) diese Untersuchungen dann auf den elektronenmikroskopischen Nachweis der beiden Hormone sogar in den gleichen Granula der α-Zellen ausdehnen können (untere Reihe von Abb. 10).

Freilich sind derartige Befunde noch keine Beweise. Die Immunhistologie bietet viele Möglichkeiten des Irrtums. Man muß daher auch hier den Nachweis der Hormone in der peripheren Zirkulation oder in den Gefäßen verlangen, die die angeblichen geweblichen Bildungsstätten dieser Hormone außerhalb des Zentralnervensystems drainieren. Das Gleiche gilt für den Nachweis der Freisetzung in vitro.
Tatsächlich wurde die Freisetzung von Somatostatin aus Inselzellen in vitro nach Stimulierung der Insulin- und Glucagon-Sekretion ebenso beobachtet (YOSHIOKA et al. (1980)) wie die von Endorphin im Perfusat des isolierten Rattenpankreas nach Arginin (Abb. 11) (LAUBE, SACHSE, BREIDENBACH und TESCHEMACHER (1980)).

Nach Eiweiß-Fett-Mahlzeiten oder nach Kasein-Hydrolysaten konnte Dr. SCHUSDZIARRA von meiner Abteilung in der Pankreasvene des Hundes Ausschüttungen von Somatostatin sowohl aus dem Pankreas als auch aus dem Magen messen (SCHUSDZIARRA, HARRIS, CONLON, ARIMURA und UNGER (1978)).

In die Liste der klassischen intestinalen Hormone gehört das Somatostatin in jedem Fall schon hinein. Diese Liste ist aber bereits heute überholt. Die viel weitergehende Verteilung der zellulären Bildung

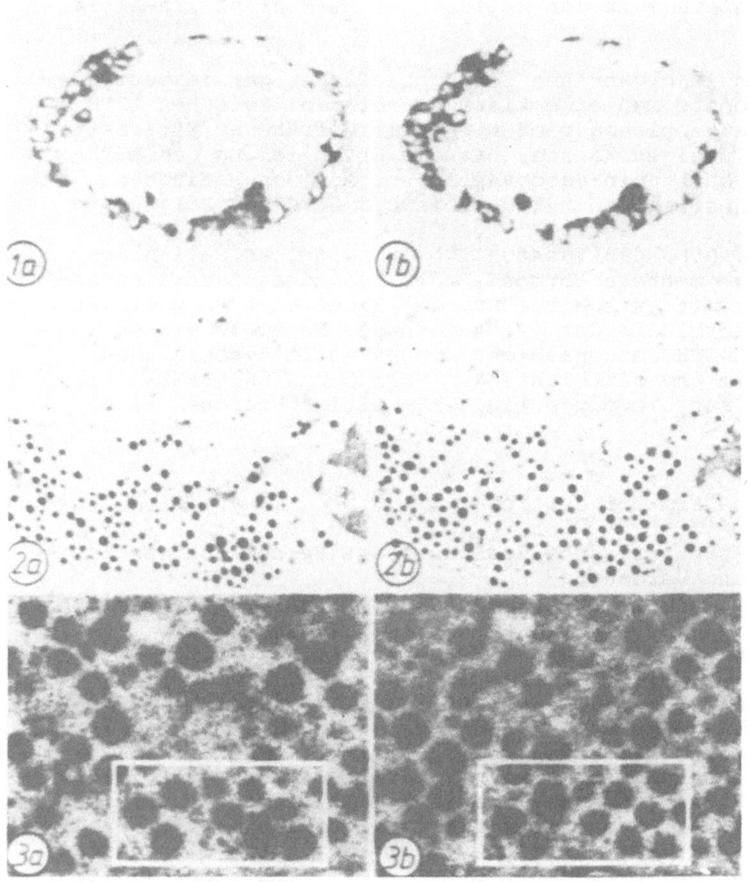

Abb. 10. Darstellung von Endorphin-ähnlicher Immunreaktivität und Glucagon in den α-Zellen der Langerhans'schen Inseln der Bauchspeicheldrüse der Ratte. Die Identität der Herkunft beschränkt sich nicht nur auf die Zelle, sie ist auch in den Granula der α-Zellen enthalten. Darstellung von Glucagon auf der linken Seite der Abb., von Endorphin auf der rechten Seite. (Aus: GRUBE, VOIGT und WEBER (1978))

von Hormonen des ZNS und des Hypophysenvorderlappens auf den Intestinaltrakt und umgekehrt von Hormonen des Intestinaltrakts auf das ZNS muß als gesichert angesehen werden. Zu den klassischen hypothalamischen Hormonen und den Releasing-Faktoren der Hypophyse haben wir die Hormone der Opiocortingruppe schon hinzuaddieren müssen, darüber hinaus eine Reihe von Peptiden, die primär in der Niere oder im Darm gebildet worden sind; insbesondere hervorzuheben ist das Cholecystokinin. Die Liste der hormonartigen Peptide, die in Hypophyse, Hypothalamus und Gastrointestinaltrakt plus Pankreas gefunden werden konnten, weist damit eine ganze Reihe von Substanzen auf, die gemeinsam im ZNS, Gastrointestinaltrakt und Pankreas gefunden werden können (Tabelle 6).

Schon diese Aufstellung basiert auf der historischen primären Darstellung des jeweiligen Hormons. Wenn aber β-Endorphin und Somatostatin z.B. auch im Gastrointestinaltrakt, das letztere sogar in größeren

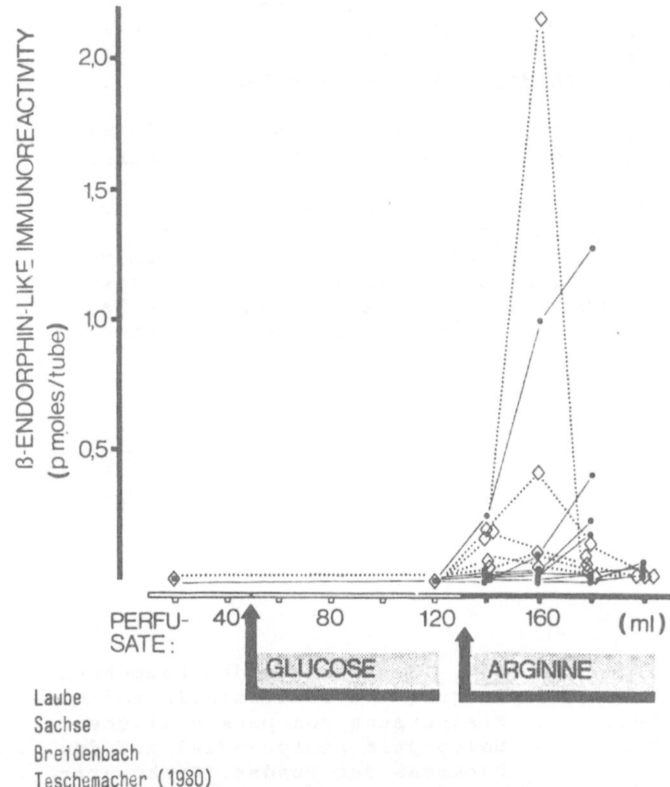

Abb. 11. Anstieg von β-Endorphin-ähnlicher Immunreaktivität nach ACTH-Stimulierung der Sekretionsleistung des perfundierten Pankreas der Ratte

Tabelle 6. Gemeinsame Peptide im Zentralnervensystem, Gastrointestinaltrakt und Pankreas

Hypophyse – Hypothalamus		Gastrointestinum – Pankreas
ACTH	TRH	Insulin
MSH	LH-RH	Glucagon
β-Endorphin	Somatostatin	Gastrin
Enkephalin	Substance P	CCK
β-LPH	Neurotensin	Bombesin
		Calcitonin
FSH	Vasopressin	VIP
LH	Oxytocin	
TSH	CRH	Secretin
GH	GRH	Glicentin
PRL	PIF	GIP
	MIF	Motilin
		PP

Quantitäten, nachgewiesen werden können, dann mag ihre Biosynthese
dort von größerer Bedeutung sein als im ZNS selbst. Und es könnte
sich weiter primär um eine Produktion im Gastrointestinaltrakt und
erst sekundär um ein Einwandern in das ZNS gehandelt haben.

Bei einigen dieser im ZNS und im Darm vorkommenden Neuropeptide ist
eine lokale Funktion wahrscheinlich. Und sie hat biologische Wirkung!

Die schon erwähnte Freisetzung von pankreatischem Somatostatin nach
einer Mahlzeit beeinflußt offensichtlich die Abgabe der anderen
Pankreashormone. Verfolgt man den Spiegel von pankreatischem Polypeptid im Blute von Hunden, bei denen die biologische Wirkung des
Somatostatins durch die Gabe von Anti-Somatostatinserum ausgeschaltet worden war, dann werden deutlich höhere Polypeptidwerte gemessen
(Abb. 12).

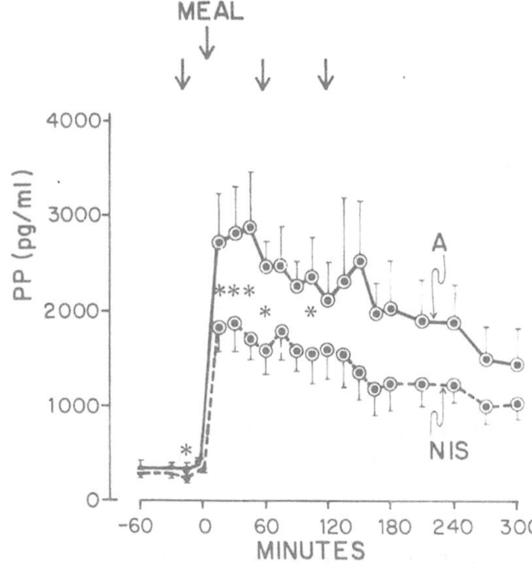

Abb. 12. Nachweis der hemmenden
Wirkung von Somatostatin auf die
Freisetzung von pankreatischem
Polypeptid postprandial aus dem
Pankreas des Hundes. Pankreati-
sches Polypeptid steigt nach der
Gabe eines den Somatostatin-Ef-
fekt neutralisierenden Antiserums
gegen Somatostatin zu wesentlich
höheren Spiegeln an als wenn ein
Nicht-Immunserum gegeben wurde.
(Aus: SCHUSDZIARRA (1980))

Für das Insulin konnte SCHUSDZIARRA bei uns mit seinen Kollegen die
gleiche Beobachtung machen. Diese und eine Reihe von anderen Beobachtungen berechtigen zu dem Schluß, daß auf dem Wege über die Mobili-
sierung der eigentlichen Pankreashormone eine Freisetzung von Somatostatin aus den D-Zellen des Inselapparates erfolgt, die wiederum die
Sekretion der intestinalen Hormone negativ beeinflußt. In die gleiche
Richtung geht die Beobachtung von Dr. BIEGER und seinen Kollegen bei
uns, die im menschlichen Pankreassaft die Inselhormone der Bauchspeicheldrüse plus Gastrin bestimmten und gewissermaßen die exokrine Abgabe dieser Hormone in den Darm hinein (intraluminal) verfolgen konnten (Abb. 13). Eine Freisetzung von Pankreashormonen ohne gleichzeitige Beteiligung von pankreatischem Somatostatin scheint es nicht zu
geben.

Die gleiche Parallele läßt sich aber auch herstellen, wenn man mit Arginin bewußt die Sekretion von Wachstumshormon anregt (ETZRODT und
ROSENTHAL (1980)). Die Spiegel von Wachstumshormon und Somatostatin
verlaufen völlig parallel. Das gleiche läßt sich auch bei Akromegalen

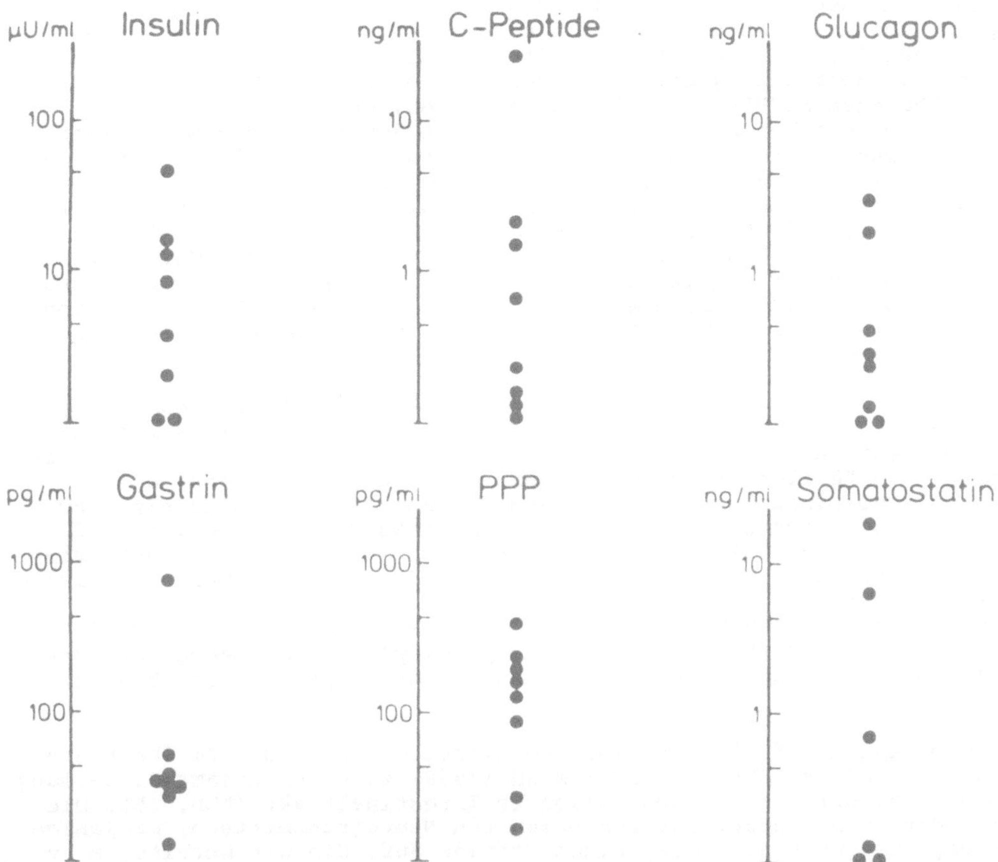

Abb. 13. Konzentrationen von verschiedenen Pankreashormonen in 8 bzw.
6 Proben eines durch Katheterisierung gewonnenen reinen Pankreassaf-
tes des Menschen. Die gemeinhin nur als Hormone angesehenen und damit
für den Eintritt in den Blutkreislauf bestimmten Wirkstoffe werden somit zusammen mit den exokrinen Pankreasfermenten in den Darm hinein
ausgeschieden. Somatostatin scheint in diesem Prozess grundsätzlich
beteiligt zu sein. (Aus: BIEGER et al. (1979))

beobachten. Freilich bleibt es noch offen, ob man bei den Messungen
von Somatostatin im Blut, die gewiß nicht leicht sind, nun den
pankreatischen oder den hypothalamischen Wachstumshormon-Hemmer bestimmt.

Auf jeden Fall weisen diese Beobachtungen darauf hin, daß das Vorkommen
der Neuropeptide im Darm eine Bedeutung wahrscheinlich bei der Nahrungsaufnahme hat, so wie wir schon früher die intestinalen Hormone im
engeren Sinne mit der Nahrungsaufnahme und mit der Regulation der Insulinsekretion in Verbindung brachten (PFEIFFER, RAPTIS und FUSSGÄNGER
(1973), PFEIFFER, RAPTIS und ZIEGLER (1975)). Es nimmt daher nicht wun-
der, daß zur Zeit eine Fülle von Mitteilungen zu finden ist, die sich
mit der Rolle der Neuropeptide und gastrointestinalen Hormone bei der
Nahrungsaufnahme, der Regulation des Appetites und schließlich der Pathogenese der Fettsucht beschäftigen. Wesentlich erscheinen uns hier
die Hinweise auf eine ganz besondere Rolle auch der Neuropeptide in
ihrer intestinalen Region.

Offenbar müssen diese neuralen und gastrointestinalen Zellen, die
Peptide und Amine enthalten, auch noch mit gleichartigen Zelltypen
im Bronchialsystem, in der Haut, im Urogenitaltrakt und in anderen
Organen in Beziehung gebracht werden. Sie müssen letzten Endes auf
den Pathologen FEYRTER zurückgeführt werden, der sie 1938 als "Helle
Zellen" beschrieben und in seine Lehre von den "Diffusen Endokrinen
Epithelialen Organen" eingebaut hat. Diesen verstreut liegenden Zellen und Zellkomplexen schrieb er eine vorwiegend "parakrine" oder
"lokale" Wirkung zu. Der Prototyp im pathologischen Bereich wurde für
ihn das Carzinoid. Anfang der 50er Jahre konnte ERSPAMER (1954) für
diese Zellen eine besondere färberische Darstellung, die Chromaffinität nachweisen. Er nannte sie "Entero-Chromaffine Zellen". Das zuerst
von ihm "Enteramin" genannte Amin wurde als 5-Hydroxy-Tryptamin identifiziert. Es fand sich auch in der Haut von Amphibien und bei einer
Reihe von anderen Spezies.

Lichtmikroskopisch sehen derartige "Helle Zellen" im Bereich des Pylorus des Hundes relativ typisch aus. Die heute mögliche elektronenmikroskopische Darstellung (Abb. 14) zeigt am Beispiel der Gastrin-pro-
duzierenden "Hellen Zelle" des Pylorus von Tupaia belangeri die bekannten endokrinen Granula, und dann auf der anderen Seite einen Bürstensaum, der sich nach dem Lumen des Magenausgangs öffnet. Es muß
die Gegenseite im Falle der Abgabe der Granula auf dem Wege der Exozytose unmittelbar die Verbindung zu den umliegenden Geweben, den Kapillaren, dem Bindegewebe, Arteriolen, Nerven, der glatten Muskulatur
aufnehmen können (GRUBE, HELMSTÄDTER, FEUERLE, YANAIHARA und FORSSMANN
(1977)). In einer raster-elektronenmikroskopischen Aufnahme hat Herr
FUJITA besonders schön den Bürstensaum in der Aufsicht von oben zur
Darstellung gebracht.

Die Vielzahl der Zelltypen, ihre Lokalisation und die Form ihrer Granula veranlaßten GRUBE und FORSSMANN (1979) zu einer Gesamtdarstellung
dieser hormonproduzierenden Zellen im Intestinaltrakt (Abb. 15). Die
Liste der Amine entspricht den bekannten Neurotransmittern, diejenige
der Peptide führt auch diejenigen Peptide auf, die wir bereits im Hypothalamus und im ZNS kennengelernt haben.

An dieser Stelle muß PEARSE genannt werden, der ebenfalls auf histochemischer Basis eine Ordnung der Systeme vornehmen wollte. Er ging
von der Überlegung aus, daß Zellen dieses von ihm einheitlich "APUD-
System" genannten Zellsystems die besondere Eigenschaft haben, Amin-
vorläufer wie 5-Hydroxytryptophan oder L-Dopa aufzunehmen und dann
durch Decarboxylierung in biogene Amine umzuwandeln. Daher der Name
APUD = "Amin-Precursor-Uptake-and-Decarboxylation".
Wie so etwas aussieht, zeigt ein Versuch, bei dem einer Ratte 90 Sekunden vor der Tötung Dopa i.p. gegeben worden war: Im Pylorusgebiet,
wo normalerweise keine Fluoreszenz zu sehen ist, stellt sich das Um-
wandlungsprodukt des Dopa, das Dopamin, in brillanter Fluoreszenz
dar (Abb. 16). Es zeigt damit die endokrine Aktivität der Zellen an,
die Gastrin und wahrscheinlich auch andere Peptide produzieren können.

In kurzer Zeit konnte PEARSE etwa 40 Zelltypen, die in HVL, Schilddrüse, Magen-Darm-Trakt, Bronchialsystem, Pankreas usw. gefunden und dem
System zugeordnet worden waren, anhand embryologischer Untersuchungen
klassifizieren. Sie sollten alle aus der Neuralleiste abstammen. Sekundär sollten sie in die entsprechenden Organe einwandern. Heute unterscheidet er einerseits einen zentralen Typ des nunmehr "Diffuses
Neuroendokrines" (DNES) genanntes "Systems", andererseits den sog.
peripheren Anteil des gleichen Zellkaders. Jedem Zelltyp wurde dabei
ein Peptid und, wenn vorhanden, auch eines der biogenen Amine zugeordnet (PEARSE (1979)).

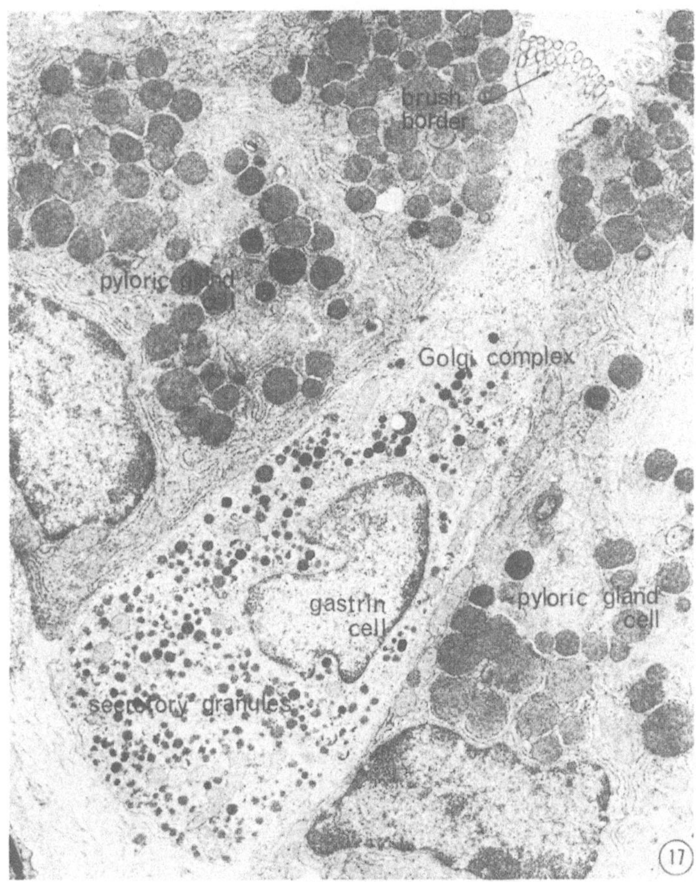

Abb. 14. Darstellung der gastrinproduzierenden "hellen Zellen" des
Pylorus von Tupaia belangeri (Spitzhörnchen). Die endokrinen Granula
können sich auf der einen Seite nach dem Lumen des Magenausgangs hin
bewegen ("brush border"), auf der anderen Seite interzellulär die umliegenden Gewebe erreichen bzw. in die dort mündenden Venen und Veno-
len eintreten. Der Golgi-Komplex findet sich bei diesem Zelltyp intraluminal lokalisiert, basal finden sich die Sekretionsgranula. Dies ist
als Beispiel des sog. "Offenen Typs "der Entero-Endokrinen Zelle anzusehen. (Aus: GRUBE und FORSSMANN (1979))

Auf jeden Fall hat der von der PEARSE'schen Vorstellung abgeleitete
Ausdruck APUDOM für alle zu diesen Zelltypen gehörenden malignen Neoplasien allgemein Anklang gefunden (BLOOM und POLAK (1979)). Heute
werden wir die APUDOME wohl besser als monoaminerge und peptiderge Tumoren des "Diffusen Neuroendokrinen Systems" bezeichnen (Tabelle 7).

Auch wenn wir die multiple endokrine Adenomatose und die ektopische
Überproduktion von Hormonen durch Gewebe, die primär nicht zum endokrinen System gerechnet werden, wegen ihrer wenig spezifischen Symptomatologie außer Betracht lassen, so ergibt sich aus der Liste die Zusammenstellung einer echten endokrinen Überfunktion. Nachdem die Möglichkeit, Unterfunktionszustände des "Diffusen Neuroendokrinen Systems"

CELLTYPE	LOCALIZATION	SECRETION GRANULES (size in nm)		AMINES	PEPTIDES
EC_1	Small intestine Large intestine (Pancreas)	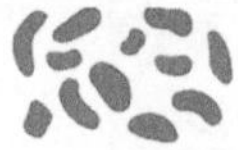	300	Serotonin	Substance P
EC_2	Small intestine (Pancreas)		350	Serotonin	Motilin (?)
EC_n	Stomach (Small intestine)		200	Serotonin	?
ECL	Stomach	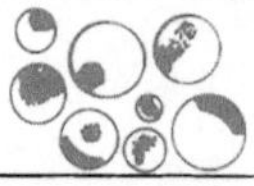	450	(Histamin) (Serotonin?)	?
G	Stomach (Duodenum) (Pancreas)	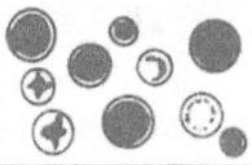	300	(Tryptamin?) (Dopamin?)	**Gastrin** **ACTH-and Lipotropin-** related peptides ?
D	Stomach Small intestine Pancreas		350		Somatostatin Met-Enkephalin ? Gastrin (Pancreas) ?
D 1 (H)	Stomach Small intestine Large intestine Pancreas	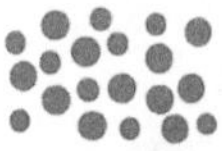	160		VIP
A	Pancreas (Stomach) (Small intestine?)	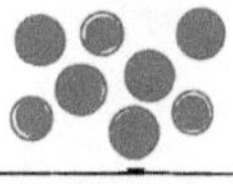	250		Glucagon, GLI Pancreas: Glucagon, GLI, CCK-PZ, Endorphin
L (EG)	Small intestine Large intestine		400		GLI Glicentin ?
X (AL)	Stomach (Small intestine) (Large intestine) (Pancreas)		300		?
S	Small intestine	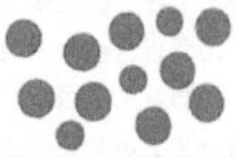	200	(Dopamin?)	Secretin
I (M)	Small intestine	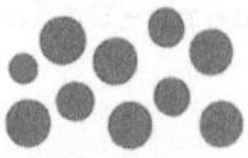	250		Cholecystokinin - Pancreozymi
K	Small intestine	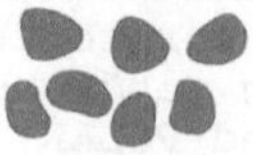	350		GIP
N (L)	Small intestine		300		Neurotensin
PP (F)	Pancreas (Stomach) (Small intestine) (Large intestine)	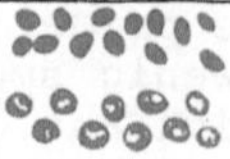	180		Pancreatic Polypeptide Met-Enkephalin ?
P	Stomach Small intestine (Pancreas)		120	?	Bombesin ?

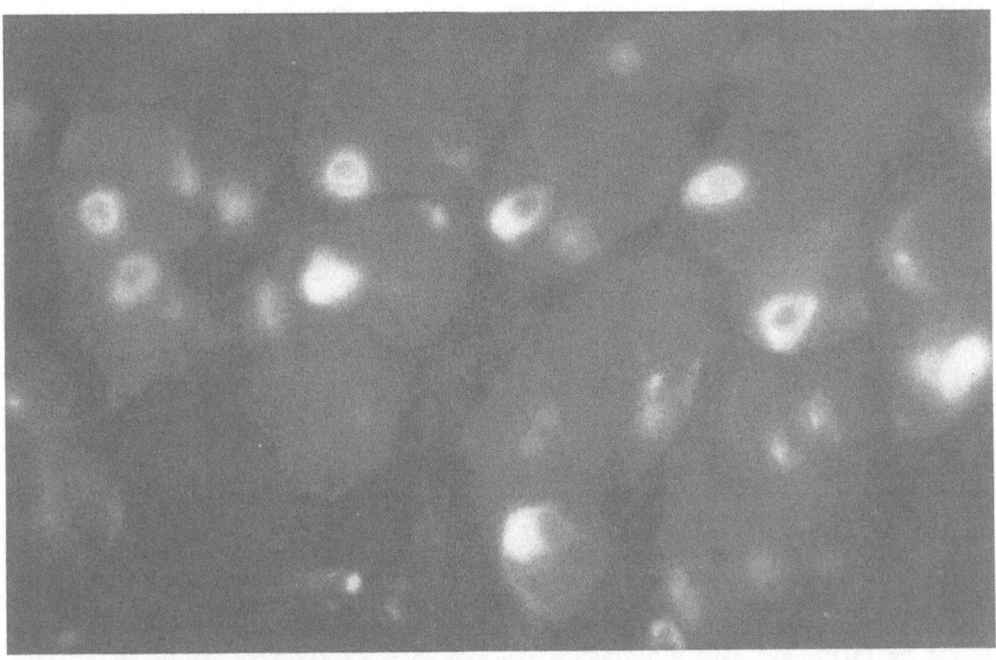

Abb. 16. Umwandlung von Dihydroxyphenylalanin (Dopa) in Dopamin
durch gastrinproduzierende Zellen im Pylorusgebiet der Ratte. Die
normalerweise nicht fluoreszierenden Zellen stellen sich mit brillanter Fluoroszenz dar. Sie zeigen damit im Sinne des APUD-Konzeptes
von PEARSE ihre endokrine Aktivität an. Das Dopa war 90 Sek. vor der
Tötung i.p. gegeben worden. (Herrn Professor GRUBE, Ulm, danken wir
für die Erlaubnis zur Veröffentlichung dieser Abbildung)

nachzuweisen, praktisch nicht gegeben ist, führt uns die Überfunktion
die klinische Relevanz und Realität des Systems vor Augen.

Aus der Gruppe der in Tabelle 7 aufgeführten Krankheitsbilder möchte
ich nur ein Krankheitsbild als typisch dafür vorstellen, welch eindrucksvolle Krankheitssymptome bei derartigen Fällen beobachtet und
heute klinisch nach eindeutiger Diagnose einer erfolgversprechenden
Therapie zugeführt werden können:

Es handelt sich um ein kürzlich bei uns beobachtetes Glucagonom bei einer 67-jäh-
rigen Frau, die seit 1950 Depressionen bei Verdacht auf Schizophrenie aufwies.
Sie war deswegen in regelmäßiger psychiatrischer Betreuung mit stationären Auf-
enthalten in dem der Universität angeschlossenen Psychiatrischen Landeskrankenhaus
in Günzburg (1971 und Dezember 1976/Februar 1977). Am 27.10.79 fielen Schwellung
und Rötung des rechten Unterarms auf, zwei Tage später kam es zur Blasenbildung,
zu Temperaturen um 39°, darauf Verlegung zuerst in ein auswärtiges kommunales
Krankenhaus und dann auf die Intensivstation unserer Klinik unter der Verdachts-

---

Abb. 15. Synopsis der entero-endokrinen Zellen: Nomenklatur, Vertei-
lung, Ultrastruktur der spezifischen Sekretionsgranula und Gehalt an
nachgewiesenen biogenen Monoaminen und Polypeptidhormonen, die in der
Literatur sowie in den eigenen Untersuchungen mit den verschiedenen
Zelltypen in Verbindung gebracht werden konnten. (Aus: GRUBE und
FORSSMANN (1979))

Tabelle 7. Monoaminerge und peptiderge Tumoren des diffusen endokrinen Systems

Phaeochromocytom	Hochdruck
Carcinoid	Flush
Insulinom	Hypoglykämie
Gastrinom	Ulcus Pepticum
Glucagonom	Diabetes, Dermatitis
Vipom	Diarrhoe
Somatostatinom	Diabetes, Malabsorption
Multiple endokrine Adenomatose	variabel
Ektopische Hormon- Produktion	variabel

diagnose "Epidermiolyse des rechten Arms mit beginnendem septischen Schock". Es war bereits zu tiefen Nekrosen bis zur Freilegung der Sehnenscheiden als Folge der Epidermiolyse als führendem Symptom gekommen. Klinisch fand sich gleichzeitig ein mit geringen Mengen Insulin oder Tabletten zu behandelnder Diabetes. Die Diagnose war gestellt, als sich ein Spiegel von über 3000 pg Glucagon pro ml im Serum nachweisen und durch Somatostatininfusion auch unterdrücken ließ (Abb. 17). Zwar waren auch die Werte für C-Peptid, das pankreatische Polypeptid sowie Gastrin erhöht, sie waren aber mit der massiv gesteigerten Sekretion des Glucagons nicht zu vergleichen. Schon die Dauerbehandlung mit Somatostatin hatte eine weitgehende Besserung der Hauterscheinungen zur Folge. Nach der Teilpankreatektomie hielt sich der Glucagonspiegel konstant um 1000 pg/ml, die Somatostatinbehandlung mußte nicht mehr weiter fortgeführt werden. Die Läsionen sind praktisch abgeheilt. Bei der Operation fand sich nun kein Tumor, sondern nur eine relativ unspezifische Vermehrung der Glucagon-produzierenden Inselzellen im Corpusteil der Bauchspeicheldrüse. Eine atypische Häufung von wahrscheinlich Glucagon-produzierenden Zellen lag im nichtinselhaltigen Teil des Organs vor. Auch die Silberimprägnation nach GRIMELIUS ergab kein besonders eindrucksvolles Bild. Immunhistologisch waren die Glucagonzellen der Inseln vielleicht in mäßigem Umfang vermehrt, eine Einschränkung des Insulinanteils lag nicht vor, und auch pankreatisches Polypeptid war in normaler Quantität vorhanden. Im Elektronenmikroskop ergab sich ebenfalls nur eine unsichere Diagnose, nämlich die Art von Granula, die zum Teil dem Bilde der Glucagon-bildenden Zellen entsprechen, zum Teil ein atypisches Verhalten aufweisen (vgl. auch SCHUSDZIARRA, GRUBE, BEISCHER, FEHM, KERNER, MAIER, HERFARTH und PFEIFFER (1980)).

Ob nun auch hier eine abnorme Anhäufung von Hormonvorstufen oder abnormen Hormonen vorlag, die biologisch und immunologisch sich dann von den normalen Polypeptidhormonen unterschieden, steht noch dahin. Ohne die Messung des erhöhten Hormonspiegels im Blut und ohne das eindrucksvolle klinische Korrelat wäre die Diagnose nicht zu stellen gewesen. Am meisten beeindruckte schließlich die weitgehende Rückbildung der Hautveränderungen, das Verschwinden der Zuckerkrankheit zusammen mit einem Rückgang der bisher als Schizophrenie gedeuteten psychiatrischen Erkrankung. Sie hatte seinerzeit - und dies läßt mit aller Vorsicht an die Möglichkeit eines kausalen Zusammenhangs denken - die Erkrankung in die Wege geleitet.

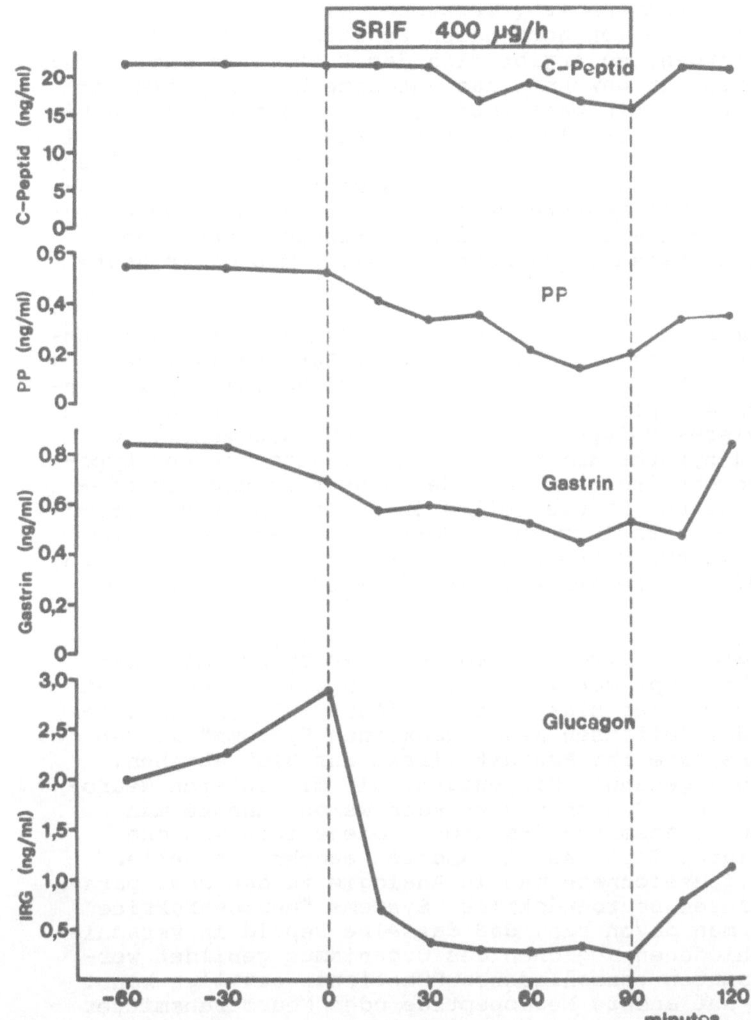

Abb. 17. Konzentrationen von Pankreashormonen im Blute einer 67-jäh-
rigen Frau (M.F.) vor und unter dem Einfluß von 400 µg Somatostatin
i.v. pro Stunde. Zwar sind auch die Spiegel von Gastrin und C-Peptid
eindeutig erhöht; sie lassen sich jedoch quantitativ nicht mit der
massiven Erhöhung der Glucagonspiegel vergleichen, die bis zu 3000
pg/ml bis über das zehnfache über den Normalwerten liegen. Unter dem
Einfluß von Somatostatin erfolgt ein Rückgang der Glucagonspiegel bis
in den Bereich des Normalen. Die Messung der Hormone erfolgte radioimmunologisch mit Hilfe kommerzieller Kits mit Ausnahme der Bestimmung des C-Peptids, das mit einem eigenen Antiserum von Ziegen gemessen wurde

IV. Peptiderge Innervation (Neurosekretion, Neurokrinie, Neurotrans-
mission, Neuromodulation)

Entsprechend einem Wort unseres Herrn Vorsitzenden ist es die Aufgabe
des Internisten, unter allen Umständen die Übersicht zu behalten und

trotz größter Verschiedenartigkeit der Phänomene das zu sehen, was
"die Welt im einzelnen zusammenhält". Versuchen wir diese Übersicht
für das gemeinsame Vorkommen von hormonalen Peptiden im Gehirn und
in der Peripherie zu finden, so ergibt sich das Ende eines Dualismus:
Mit LOEWI und DALE waren wir gewöhnt, das autonome Nervensystem entsprechend LANGLEY (1898) in ein parasympathicotones und ein sympathi-
cotones in Anpassung an die klassischen Neurotransmitter zu unterteilen. Diese Einteilung trägt nicht der Fülle der heute bekannten Transmitter Rechnung (Abb. 18). Ebensowenig berücksichtigt sie die Tatsache, daß das einzelne Neuron mehrere Transmitter in verschiedener Geschwindigkeit und in verschiedenen Richtungen transportieren kann.
Die "Ein-Neuron" = "Ein-Transmitter-Theorie" (DALE) muß daher heute
aufgegeben werden.

Ebenso fallen lassen müssen wir die Theorie der Exklusivität des cholinergen und adrenergen autonomen Nervensystems. Bereits 1931 beschrieben von EULER und GADDUM im Darm eine acetylcholinartig wirkende Substanz, die durch Atropin nicht zu neutralisieren war. Sie nannten sie Substanz P. Dieses Polypeptid wurde später zusammen mit den
Hypophysenhormonen und hypothalamischen Releasing-Hormonen aus Hypo-
thalamus- und Gehirngewebe isoliert, mit deren Besprechung wir diesen Vortrag begonnen hatten. Da die Zellen in Gehirn, Nerven, Peripherie und besonders im Intestinum und endokrinen Gewebe, die Substanz P enthalten, besondere morphologische Besonderheiten aufweisen,
nannte BAUMGARTEN (1970) diese Nervenzellen "P"- oder "Peptiderge
Neurone".

Mittels Radioimmunologie und Immunhistologie- oder cytochemie (mit
und ohne Elektronenmikroskop) wurden diese Zellen weiter untersucht
und nach ihrer Funktion weiter klassifiziert (Abb. 19): In Analogie
zur endokrinen Zelle des "Diffusen Neuroendokrinen Systems" wurden
die peptidergen Neurone, die ihr Produkt direkt ins Blut abgeben,
"neuroendokrine" Neurone genannt. Diejenigen, die mit anderen Neuronen via neurosekretorischer Synapsen verbunden waren, nannte man
"neurokrine" oder "Neurotransmitter"-Neurone. Diejenigen Neurone
schließlich, die mit ihren Peptiden mit anderen endokrinen Zellen
in Verbindung standen, bezeichnete man in Analogie zu den sog. parakrinen Zellen des diffusen neuroendokrinen Systems "neuroparakrine"
Neurone. Hierbei ging man davon aus, daß dasselbe Peptid in verschiedenen Zellen in verschiedenen Regionen des Organismus gebildet werden und alle eben genannten verschiedenen Funktionen erfüllen kann.
Wirkt das Neuropeptid auf andere Neuropeptide oder Neurotransmitter
an Synapsen, dann fungiert es als Neuromodulator.

Von diesen neueren Vorstellungen ausgehend schlugen japanische Autoren vor, das gesamte "Diffuse Neuroendokrine System" wegen seiner
starken Anklänge an das Nervensystem als "System der Paraneurone"
aufzufassen (FUJITA und KOBAJASHI (1974)). Die Kriterien ihrer "para-
neuronen" Zellen bestehen im wesentlichen aus einer gewissen Ähnlichkeit mit Nervenzellen. Das heißt also, daß sie biogene Amine oder ein
Peptidhormon produzieren können, diese Substanzen sich dann in Form
von Vesicae oder Granulae nachweisen lassen, die Zellen zur Emiozyto-
se oder Exozytose, d.h. zur Freisetzung der Substanzen, fähig sind,
und schließlich vorwiegend von der Neuralleiste abstammen (Abb. 20).
Wesentlich erscheint es, daß nach dieser Auffassung die gleichzeitige
rezeptorsekretorische Funktion der Paraneuronzelle vertreten wird.
Damit handelt es sich um den Versuch, die Chemorezeptorfunktion der
Zellsysteme mit in die Betrachtungen einzubeziehen. Bei einem Teil
dieser Zellen kann dann die Rezeptorfunktion dominieren, bei einem
anderen die sekretorische Informationsleistung. Der erste Typ wäre
somit vorwiegend dem nervösen, der zweite dem endokrinen System zuzuordnen.

Monoamines

Dopamine

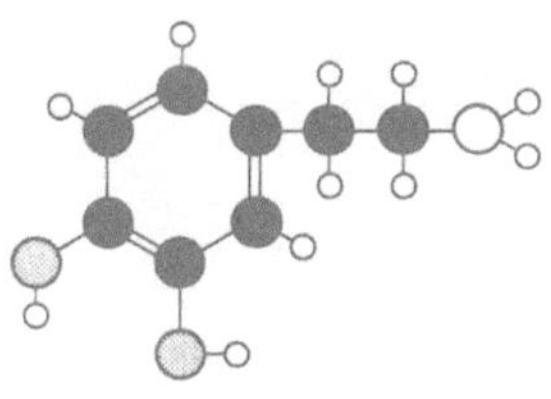

Norepinephrine

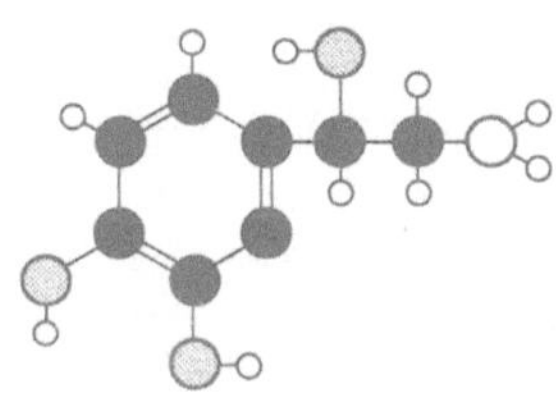

Serotonin

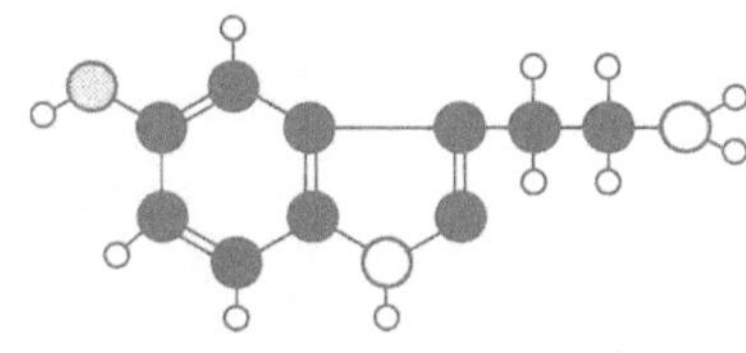

Acetylcholine

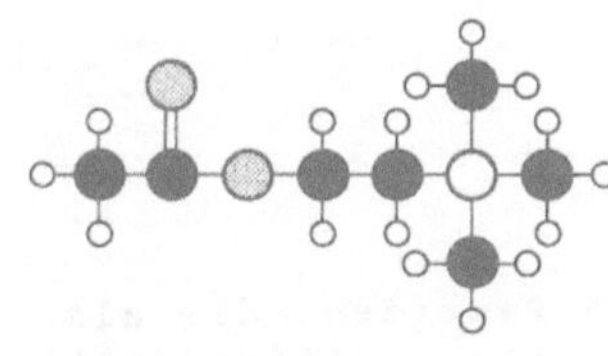

Histamine

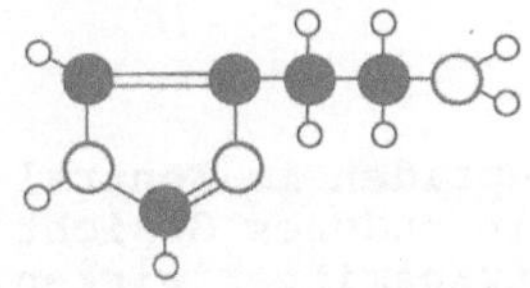

Amino Acids

Gamma-aminobutyric acid (GABA)

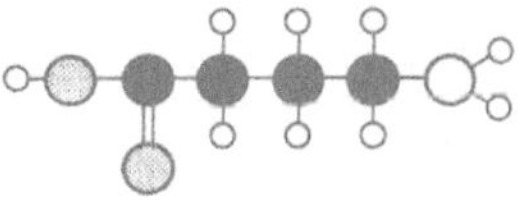

Glutamic acid

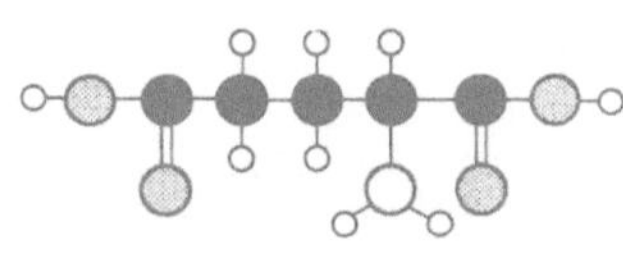

Glycine

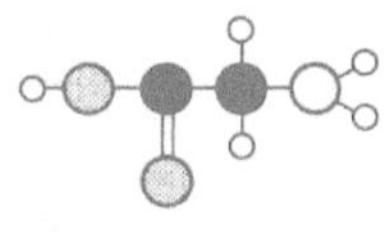

Taurine

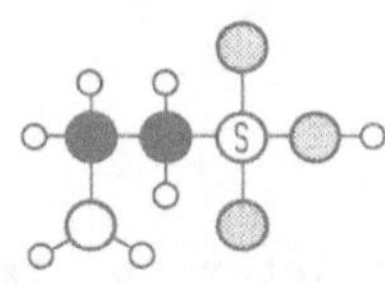

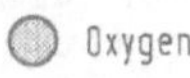

Abb. 18. Übersicht über verschiedene Transmitter, deren Existenz und Funktion überwiegend klargestellt werden konnte (mit Ausnahme von Histamin und Taurin). Sie sind charakteristischerweise in der Lage, in einem Teil des Gehirns anregend, im anderen Teil hemmend zu wirken. Es handelt sich bei allen um kleine Moleküle, die ein positiv geladenes Stickstoffatom aufweisen. (Aus: IVERSEN, L.L.: The Chemistry of the Brain. Scientific American 241: 118-129 (1979))

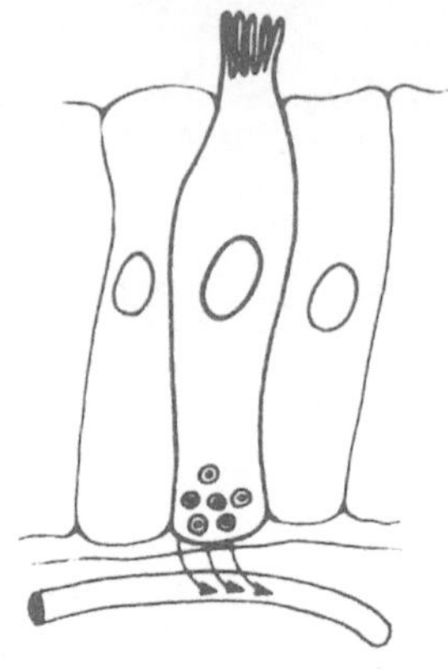

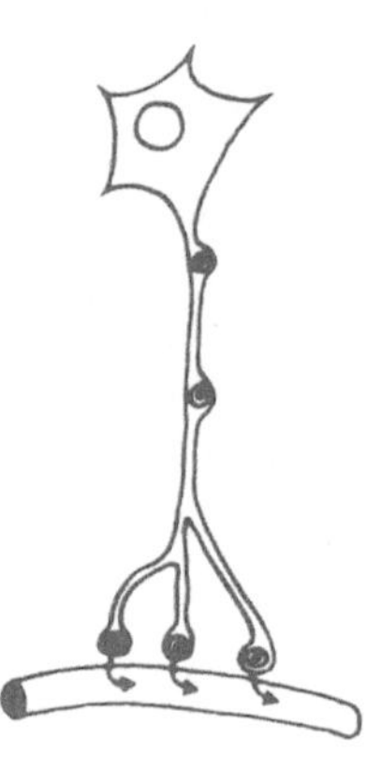

Abb. 19. Verschiedene Arten der Freisetzung von Peptiden, die als Darmhormone wirken mögen (oben rechts), als Neurotransmitter (unten links), als Neurohormone (unten rechts) und schließlich als parakrine Sendboten im intestinalen Gewebe (oben links). Dieselbe Substanz kann in einem einzigen Organismus in jeder dieser Funktionen wirksam werden. (Aus: DOCKRAY (1979))

Damit gewinnt das gemeinsame Vorkommen von Neuropeptiden im Zentralnervensystem und vornehmlich im Verdauungstrakt ein anderes Gesicht (s. Tabelle 6). Das gleiche Peptid kann als Neurotransmitter wirken, als Neuromodulator die Überträgerfunktion anderer Transmitter oder Peptide modifizieren, in streng lokaler Funktion "parakrin" im Sinne FEYRTER's die Zellen der Nachbarschaft beeinflussen, und schließlich via Kreislauf Informationen an weit entfernter liegende Zellgebiete weitergeben.

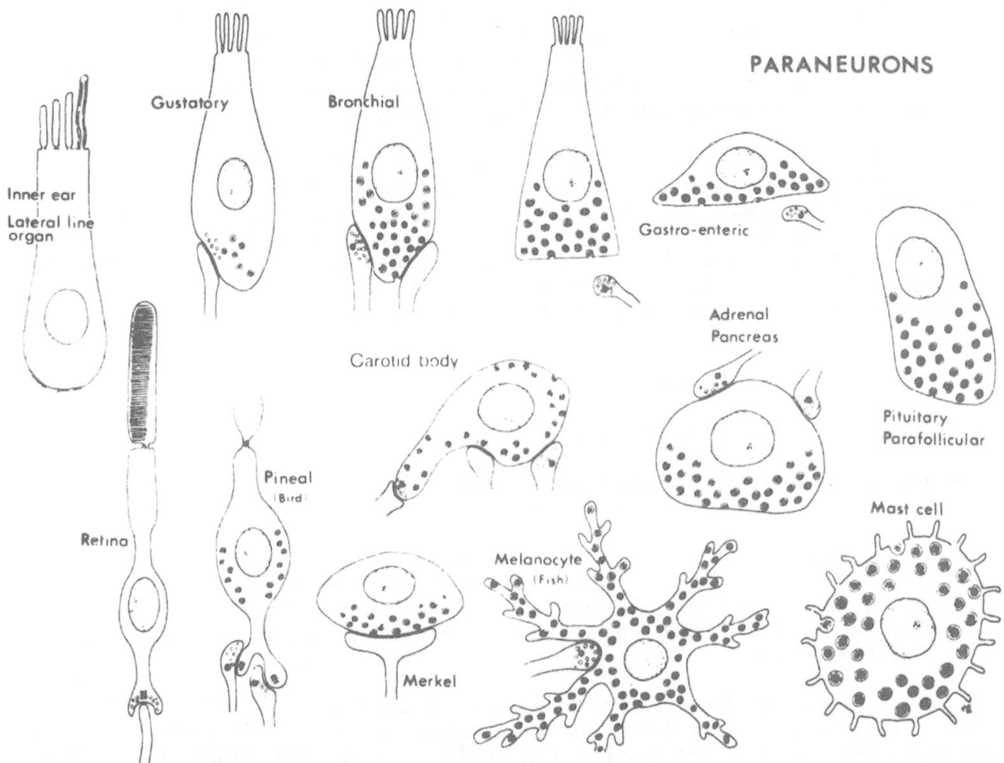

<u>Abb. 20.</u> Paraneurone Zellen

Einzelbeispiele dieser Art sind, daß bei Gastrin, CCK-Pankrezymin
und Neurotensin eine allgemeine Wirkung nachweisbar ist, aber hauptsächlich die lokale Funktion entsprechend der Herkunft aus den Muco-
sazellen des Darmes im Vordergrund steht. Hiervon ist aber schon wieder die Ausnahme zu nennen, daß das CCK-Pankrezymin in relativ großer
Quantität im Gehirn vorkommen und Nervenfasern des Vagus in der Peripherie das Hormon transportieren und freisetzen (REHFELD, LARSSON,
GOLTERMANN et al. (1980)). Ihm wird eine Rolle bei der Sättigung zugesprochen (STACHER, BAUER und STEINRINGER (1979)).

Beim Somatostatin und beim Bombesin stehen lokale und parakrine Funktionen zeitweise im Vordergrund, aber ebenso wie beim VIP und Substanz
P sowie Enkephalin liegen Neurotransmitter- und Neuromodulator-Funk-
tionen vor. Sie können sich sowohl im Sinne der Rezeptoreigenschaft
als auch im Sinne der Hemmung eines anderweit ausgelösten Stimulus
auswirken (HÖKFELT, JOHANSSON, LJUNGDAHL, LUNDBERG, SCHULTZBERG
(1980)).

Es ist somit tatsächlich an der Zeit, eine Reihe von traditionellen
Vorstellungen zu modifizieren, wenn nicht gar aufzugeben:

1. Eine absolute Hierarchie des Zentralnervensystems und seiner Peptide kann nicht mehr als gegeben vorausgesetzt werden.

2. Die Vorstellung von DALE, daß eine Zelle einen Neurotransmitter
   oder eine Zelle ein Hormon produziert und sezerniert, ist nicht
   mehr haltbar.

3. Prinzipiell bestehen zwischen der neuralen Reizübertragung und der
   endokrinen keinerlei Unterschiede. Ebenso verwischen sich die Begriffe hormonal und humoral bis zur Unkenntlichkeit, ja noch nicht
   einmal hinsichtlich der Geschwindigkeit der Einwirkung lassen sich
   prinzipielle Unterschiede vertreten (BLOOM (1980)).

4. Berücksichtigen wir schließlich die neueren Resultate der vegetativen und peptidergen Innervation endokriner Drüsen (FUXE, ANDERS-
   SON, HÖKFELT et al. (1979)), dann ist die Einheit von nervösem
   und endokrinem System tatsächlich komplett. Diese Schlußfolgerung
   stellt eine glänzende Bestätigung der Auffassung meines verehrten
   Lehrers, F. HOFF, vom Vegetativen System dar, ja sie kommt einer
   Renaissance dieses vereinheitlichenden Begriffs gleich.

V. Die "Neue Endokrinologie"

1. Die Evolution als Schlüssel zum Verständnis

2. Die Renaissance der Einheit des "Vegetativen Systems"

Mit diesem Bekenntnis zur Einheit des "Vegetativen Systems" ist der
zweite der in diesem letzten Abschnitt zu besprechenden Punkte an-
geschnitten. Es bleibt die Abhandlung der evolutionären Aspekte der
"Neuen Endokrinologie" zum Verständnis der mitunter fremdartig anmu-
tenden Zusammenhänge.

So konnten in meinem Laboratorium AMMON, MELANI und GRÖSCHL-STEWART
bereits 1964 Insulin aus dem Hepatopankreas und den Fußfortsätzen von
Schnecken extrahieren und isolieren. 1979 konnten wir Insulin, Glucagon und Somatostatin aus dem Gesamtextrakt von Bienen gewinnen (MAIER,
ETZRODT und PFEIFFER (1979)). Es muß sich also um sehr alte, gewissermaßen "archaische" Hormone handeln. Diesen Eindruck vermittelt auch
Abb. 21. Somatostatin-Aktivitäten, CCK/Gastri finden sich in endokrin-
artigen Zellen des Darmes der Protochordaten, Ciona und Amphioxus, Insulin und Glucagon kommen bei Acrania und den primitiven Vertretern
der Wirbeltiere, den Agnaten oder Cyclostomen, bei den Angelsachsen
Lamprey, bei uns Neunaugen genannt, vor.

Das gemeinsame Vorkommen bestimmter Peptide im ZNS und im Darm erscheint für die vergleichende Endokrinologie verständlich. Endokrine
Drüsen gibt es bei den niedrigen Vielzellern noch nicht (SCHARRER
(1976)). Die regulative Verbindung zwischen den Zellen wird durch
Nervengewebe hergestellt. Nervenzellen scheinen somit vorgesehen,
durch bestimmte, einfach konstruierte Peptide die extrazelluläre Kommunikation zu ermöglichen. Wachstum und Differenzierung sind bei den
Coelenteraten zumindest teilweise neurosekretorisch aktiven Nervenfasern anvertraut. Einige dieser Neuropeptide finden sich (später) in
Gehirn und Darm von Säugetieren (SCHALLER, FLOCK und DARAI (1977)).
Da die Coelenteraten noch kein Kreislaufsystem haben, kann nur die
neuroparakrine Diffusion durch den Extrazellulärraum die Information
weitergeben (DOCKRAY (1979)).

Diese parakrine Funktion in einer primär chemorezeptiven Zelle mag
durch die Herkunft der Zellprodukte dieser Zellen gefördert werden.
Nahrungsaufnahme setzt Verdauung voraus. Sie ist Zellenzymen anvertraut. Sie werden von Zellen entlang der Straße des Nahrungseintrit-
tes gebildet. Die gleiche Zelle, die das nahrungsspaltende Enzym im
Darmepithel produziert und in den Darm "exokrin" sezerniert, kann

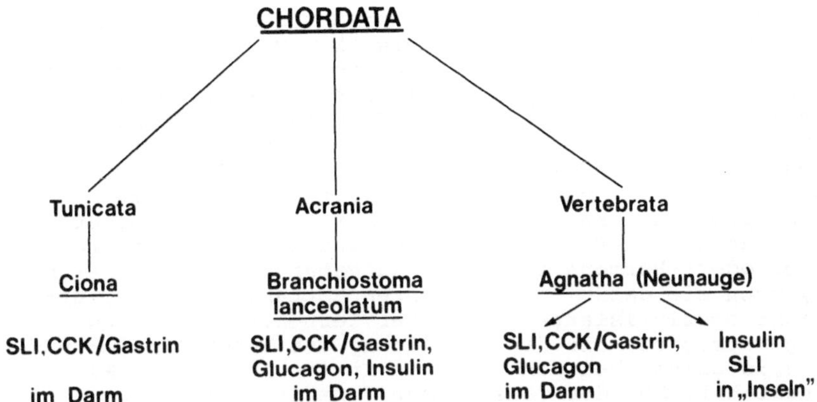

Abb. 21. Vorkommen von Neuropeptiden im Darm und in differenzierten Inseln bei primitiven Tieren der unteren Entwicklungsstufen wie Tunicaten, Acranien und ersten Vertretern der Wirbeltiere. Somatostatin-"like activity" finden sich ebenso wie Insulin bereits im Darm bevor differenzierte Inseln entwickelt wurden

"luminal" und "parakrin" ein als Hormon wirkendes Peptid emittieren (BARRINGTON (1964), STEINER, CLARK und RUBENSTEIN et al. (1969)). Die verschiedenen Möglichkeiten der Hormonabgabe und Funktion aus derartigen Zellkomplexen (parakrin, endokrin, neurotransmittorisch und neuroendokrin) nimmt dort ihren Anfang (s. oben).

Der Beitrag der vergleichenden Chemie zu diesem Konzept ist dreifach: Einerseits existieren Ähnlichkeiten zwischen den Aminosäurensequenzen von bestimmten Enzymen und Hormonen (WEINSTEIN (1972)). Nach DOCKRAY (1977) ist diese strukturelle Ähnlichkeit nicht erstaunlich. Enzyme seien auch an der Umwandlung von Pro-Hormonen in die aktiven Hormone beteiligt. Sie ähnelten oft den eigentlichen, ebenfalls proteolytisch wirkenden Enzymen des Darmtraktes (s. dort).

Andererseits läßt sich eine bemerkenswerte Tendenz nachweisen, bestimmte Aminosäurensequenzen in einer Reihe von Peptidhormonen über lange Perioden der Evolution hinweg mit durchaus verschiedenen Funktionen in verschiedenen Spezies zu konservieren (STEWART und CHANNABASAVAIAH (1979)). Dies läßt die Existenz bestimmter Peptid-Familien verstehen, die aus einer bestimmten genetischen Codierung der Vorzeit als Folge kontinuierlicher Gen-Duplikation und Modifikation entstanden sein müssen (DOCKRAY (1979)): Einerseits die Gastrin/Cholezystokinin (CCK)-, andererseits die Sekretin, Glucagon, "Vasoactive Intestinal Polypeptide" (VIP) und "Gastric Inhibitory Peptide (GIP) -"Familien". Über alle Spezies hinweg enthalten die dem COOH-Terminal anliegenden fünf Aminosäuren von Gastrin und Cholezystokinin das wesentliche biologisch aktive Fragment.

Sekretin und VIP können als Zeichen der evolutionären Veränderungen der Rezeptoren ihre Funktion bei verschiedenen Spezies vertauschen; Gastrin und CCK-Pankreozymin scheinen auf der Stufe der Trennung von Reptilien und Amphibien ihren Effekt zu ändern. Mitunter lassen sich bei Amphibien (Fröschen) eine Reihe bekannter neuro- und intestinaler Peptide in Hautdrüsen nachweisen, ohne daß für jedes dieser Peptide primär auch im Säugetierorganismus der Nachweis gelang (Bombesin, Caerulein, CCK-Pankreozymin, Tachykinin mit struktureller Verwandtschaft zu Substanz P und Neurotensin).

Schließlich treten offensichtlich, ebenfalls wieder durch Codierung
bedingt, Funktionswandlungen im Laufe der Entwicklung auf. So scheint
ACTH über lange Perioden hinweg Funktionen bei der Vermehrung erfüllt
zu haben. Durch Austausch eines Tripeptids in der Struktur des ACTHs
durch 4 Aminosäuren kam die Vorstufe von LH-RH zustande (DOCKRAY
(1979)). Der gewissermaßen "harte Kern" des ACTH-Moleküls zeigt ja
dann die verschiedenartigsten Verwandtschaften zu einer Reihe von
Hormonen, wie Parathormon und anderen, andererseits aber auch zu
den weiter vorne besprochenen Endorphinen und Enkephalinen. Schließlich ist immer zu bedenken, daß im Zuge der Evolution schon vorhandene Neurotransmitter oder -Hormone auch neue Aufgaben zugewiesen bekommen haben mußten, wenn sie dafür freie Valenzen hatten. Derartige Be-
züge mögen dem nicht spezialisierten Mediziner fern liegen. Er mag
mehr die Bedeutung verstehen, die die Ausbildung des Informations- und
Kommunikationsanteils allein bei den Primaten in den letzten 10 Mil-
lionen Jahren gehabt hat. Aus der gemeinsamen Vorstufe entwickelte
sich der Mensch über die Entwicklung der Greifhand zu den Hominiden
mit ihrem aufrechten Gang und der sprachlichen Kommunikation durch die
überragende Entwicklung des Gehirns (Abb. 22). Neurophysiologisch und
neuroanatomisch stellte die Voraussetzung die geradezu unglaubliche
quantitative Zunahme der mit assoziativen Funktionen verknüpften Anteile des Gehirns dar (Abb. 23). Allein die Entwicklung der Sprache
mit ihren "deskriptiven und argumentativen Funktionen" (POPPER) mußte
sämtliche "technischen" Hilfsmittel der Assoziation und Kommunikation
der über- und untergeordneten Großhirnanteile für sich in Anspruch
nehmen.

Es ist beinahe banal, noch einmal darauf zu verweisen, daß die vorhan-
denen Neuropeptide mit und ohne echte Hormonfunktion für derartige
Zwecke genutzt werden mußten. Und es scheint nicht zu absurd, daß die
Einwirkung des Geistes auf die Entwicklung des Organs, dem er seine
Existenz verdankte, ganz im Sinne von ECCLES (1973/1975) unserem Be-
streben nach einer Erklärung für diesen Evolutionsdruck entgegenkommt.

Es ist ein merkwürdiges Zusammentreffen, daß diese Entwicklung zumindest teilweise durch Neuropeptide zustande kam, die der Funktion der
Nahrungsaufnahme ihre Existenz verdankten. Die neuroendokrine Regulation von Ernährung und Verdauung ist für das Überleben aber zumindest
so bedeutungsvoll wie die Regulation von Wachstum und Vermehrung. Die
Austauschbarkeit der Hilfsmechanismen der Gehirn- und Darmfunktion
mögen den denkenden Menschen ermöglicht haben - und damit soll dieser
bis zur modernen Philosophie reichende Exkurs beendet werden -, der
aber als Individuum immer entscheiden kann "(whether) he wears his
wit in his belly or his guts in his head" (Shakespeare: Troilus und
Cressida, 2.Aufz.).

Zusammenfassung

Die Neuroendokrinologie hat in den letzten Jahren wesentliche Wand-
lungen erfahren. Die klassische Definition deckte sich praktisch mit
der der Neurosekretion (B. und E. SCHARRER, W. BARGMANN und G. HARRIS).
Sie umfasste die Wanderung des Neurosekretes entlang der Axone der
Neurone (mit oder ohne Vermittlung spezialisierter anatomischer Gefäß-
versorgungen) bis zur gezielten Stimulierung der hormonproduzierenden
Zellen in hirnnahen oder direkt zum ZNS gehörenden Geweben. Den vor-
läufigen Höhepunkt dieser dramatisch verlaufenden Forschungen stellten
Nachweis, Strukturanalyse und Synthese von Releasing- bzw. Inhibiting-
Faktoren oder -Hormonen (z.B. TRH, LH-FSH-RH, S-RIF oder Somatostatin,
P-IF, M-IF) aus dem Hypothalamus dar (R. GUILLEMIN, A. SCHALLY).
Funktionsanalysen von Hypothalamus und Hypophysenvorderlappen-Aktivi-

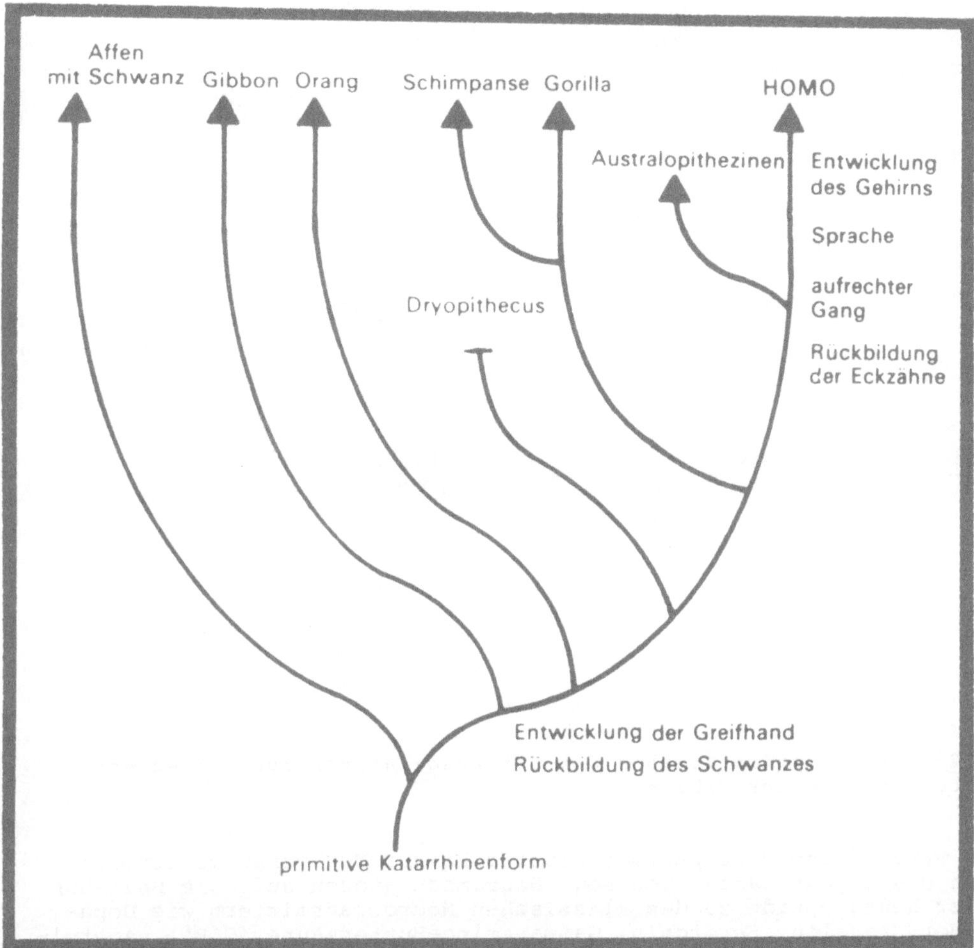

Abb. 22. Entwicklung des Menschen

täten wurden klinisch möglich und auch partielle Über- und Unterfunktionszustände ließen sich erkennen. Immer entsprach diese Lehre jedoch dem ursprünglichen SCHARRER'schen Konzept der Herkunft der Neurosekrete aus dem ZNS und ihrer Einflüsse auf endokrine Systeme oder Stoffwechselvorgänge außerhalb des Gehirns (z.B. Regulation des Flüssigkeitsstoffwechsels durch Hypophysenhinterlappenhormone oder Steuerung der an das Portalgefäßsystem angeschlossenen Hypophysenvorderlappenzellen durch Releasing-Faktoren etc.).

Überraschung rief daher die jüngste Entwicklung hervor. Neurosekretorische Mechanismen innerhalb des Gehirns mit regulatorischen Einflüssen auf das Nervensystem selbst wurden gefunden. Peptidergische Neurone ließen sich nicht nur im Hypothalamus als Bildungsstätten von Oxytocin und Vasopressin nachweisen. Sie fanden sich auch im gesamten ZNS mit synaptischen und/oder gleichzeitigen parakrinähnlichen Aktivitäten. β-Endorphin, Somatostatin und TRH hemmen, Substanz P, VIP oder Angiotensin verstärken den spontanen Aktionsstrom von Neuronen.

234

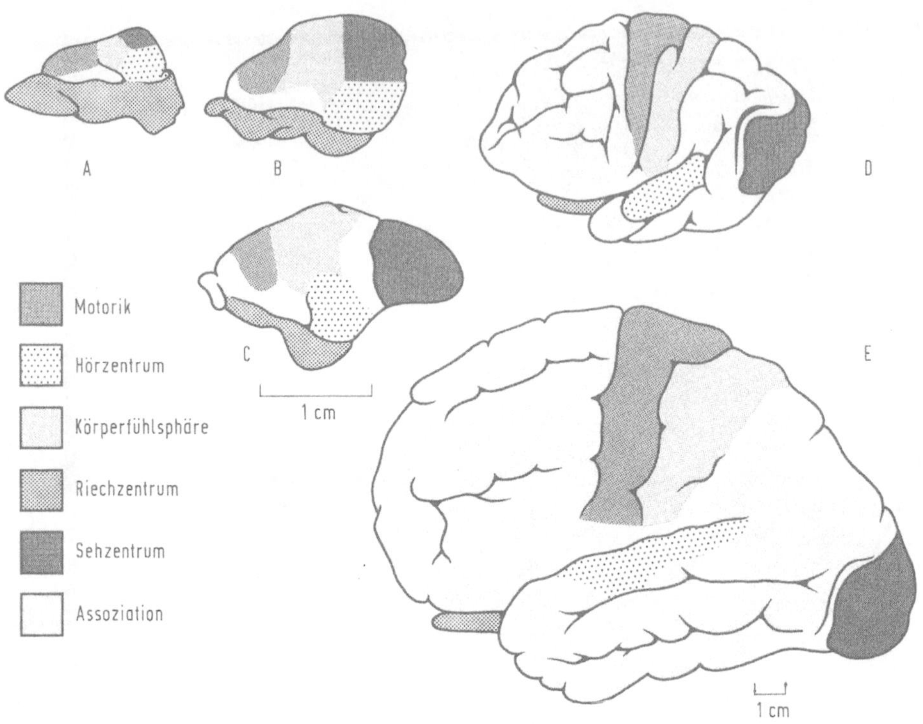

Abb. 23. Quantitative Zunahme der mit assoziativen Funktionen verknüpften Anteile des Gehirns

Damit waren diese Neuropeptide nicht mehr nur Neurotransmitter. Sie
wiesen die Eigenschaften von sog. Neuromodulatoren auf. Die Beziehungen der Neuropeptide zu den klassischen Neurotransmittern wie Dopamin, Noradrenalin, Serotonin, Gamma-Amino-Buttersäure (GABA), Acetylcholin und Histamin sind Gegenstand der Forschung.

Eine weitere Entdeckung stellt die Reaktion von Opiatrezeptoren im
ZNS mit endogenen Opioiden, den Endorphinen, dar. Diese Neuropeptide, ebenso wie die Enkephaline, modifizieren die Schmerzempfindung im
Sinne einer Erhöhung der Schmerzschwelle. Sie tragen zum Verständnis
der biochemischen Einflüsse auf das afferente Verhalten, das Bewußtsein und das Problem der Sucht bei. Beziehungen zur Pathophysiologie
von Schizophrenie und anderen psychischen Störungen werden diskutiert.
Ihre Freisetzung unter verschiedenartigsten Belastungen, generalisierten und lokalen Schmerzreizen und elektrischen Reizungen größerer
Hirngebiete, ebenso wie ihre Neutralisierung durch spezifische Opiat-
Antagonisten (Naloxon), stellen handfeste Befunde dar.

Die Renaissance der gastrointestinalen Hormone erfuhr durch den Nachweis des gleichzeitigen Vorkommens von Peptiden in Zellen des Gehirns
und des Intestinums (z.B. CCK-Cholecystokinin, Gastrin, VIP, Bombesin,
ACTH, MSH, Endorphine, Enkephaline, Substanz P, TRH, β-LPH) eine weitere Belebung. Diese "Diffusen endokrinen epithelialen Organe" (Helle Zellen) von F. FEYRTER (1938) sind als Vorläufer des APUD (Amin-
Precursor-Uptake-and Decarboxylation)-Systems von A.G.E. PEARSE anzusehen. Parakrine und luminale Sekretionsmodus sind wahrscheinlich.
Die Pathophysiologie dieses modernen "Diffusen endokrinen oder neuro-

endokrinen Systems" läßt sich aus Tumorpathologie (Somatostatinom, Vipom, Gastrinom, Glucagonom u.a.) sowie vielfältigen Wirkungen z.B. von Somatostatin und seinen Analogen ablesen. Hier sieht die praktische Therapie Ansätze.

Diese Dritte oder "Neue Endokrinologie" wird erst in Umrissen erkennbar. Der evolutionäre Aspekt (onto- und phylogenetisch, im biologischen und strukturchemischen Sinn) ist für das Verständnis unerläßlich. Ob die gemeinsame neuroektodermale Herkunft dieser Zellsysteme tatsächlich bewiesen werden kann, steht noch dahin: Deutlich ist jedoch bereits heute das Ende der Trennung der beiden großen Informationssysteme des Vielzellerorganismus, des neuralen und des hormonalen; sie stellen, ganz in Übereinstimmung mit F. HOFF, die Einheit des Vegetativen Systems dar.

Literatur

1. Ammon I, Melani F, Gröschel-Stewart U (1966) Insulinaktivität bei Schnecken (Helix pomatia, L.) In: Klein E (Hrsg) Die Pathogenese des Diabetes mellitus. Die endokrine Regulation des Fettstoffwechsels. 2. Tagung Dtsch Diab Ges Wiesbaden. Springer, Berlin, S 96-98

2. Arimura A, Schally AV (1976) Increase in basal and thyrotropin-releasing hormone (TRH)-stimulated secretion of thyrotropin (TSH) by passive immunization with antiserum to somatostatin in rats. Endocrinology 98: 1069-1072

3. Bargmann W (1966) International Review. Zytology 19: 183-201

4. Bargmann W, Scharrer E (1951) The site of origin of the hormones of the posterior pituitary. Amer Sci 39: 255-259

5. Bargmann W, Oksche A, Polenov A, Scharrer B (1978) Neurosecretion and Neuroendocrine Activity - Evolution, Structure and Function. Proceedings of the VIIth Internat. Symp. on Neurosecretion, Leningrad, August 15-21, 1976. Springer Verlag, Berlin Heidelberg New York

6. Bajusz E (1967) Modern Trends in Neuroendocrinology with Special Reference to Clinical Problems. A concluding review. In: Bajusz E (ed) An Introduction to Clinical Neuroendocrinology. S. Karger, Basel New York, p 428-534

7. Besser GM, Mortimer CH (1974) Hypothalamic Regulatory Hormones - A Review. J Clin Pathol 27: 173-184

8. Besser GM, Mortimer CH (1976) Clinical Neuroendocrinology. In: Martini L, Ganong WF (eds) Frontiers in Neuroendocrinology Vol 4. Raven Press, New York, p 227-254

9. Besser GM, Yeo T, Delitala G, Jones A, Stubbs WA, Wass JAH, Thorner MO (1979) Clinical Neuroendocrine Relationships in Normal and Disordered Prolactin Secretion. In: Fuxe K, Hoekfelt T, Luft R (eds) Central Regulation of the Endocrine System. Plenum Press, New York London, p 457-472

10. Bieger WH, Weicker H, Haymovits A (1979) Amino Acid Transport in the Exocrine Pancreas. IV. Do Glucagon or Insulin Mediate the in Vivo Effect of Caerulein on Amino Acid Transport and Incorporation? Horm Metab Res 11: 352-358

11. Bloom SR (1980) Gut and Brain - Endocrine Connections. The
    Goulstonian Lecture 1979. J Roy Coll Physic 14: 51-57

12. Bloom SR, Polak JM (1979) Neuropeptides in the Gut and Other
    Peripheral Tissues. In: Gotto AM, Peck EJ, Boyd AE (eds) Brain
    Peptides - A New Endocrinology. Elsevier/North Holland Biomedical
    Press

13. Bloom SR (1978) Gut Hormones. Churchill Livingston, Edinburgh
    London New York

14. Bohnet HG, McNeilly AS (1979) Prolactin: Assessment of its Role
    in the Human Female. Horm Metab Res 11: 533-546

15. Brazeau P, Rivier J, Vale W, Guillemin R (1974) Inhibition of
    the Growth Hormone Secretion in the Rat by Synthetic Somatosta-
    tin. Endocrinology 94: 184-187

16. Brazeau P, Vale W, Burgus R, Ling N, Butcher M, Rivier J,
    Guillemin R (1973) Hypothalamic Peptide that Inhibits the Secre-
    tion of Immunoreactive Growth Hormone. Science 179: 77-79

17. Buchanan KD (1979) Gastrointestinal Hormones. Clinics in Endo-
    crinology and Metabolism, Vol 8, No 2. W.B.Saunders Company Ltd.,
    London Philadelphia Toronto

18. Costom BH, Grumbach MM, Kaplan SL (1971) Effect of Thyrotropin-
    Releasing Factor on Serum Thyroid Stimulating Hormone. J Clin
    Invest 50: 2219-2225

19. Dale HH (1933) J Physiol London 80: 10-11

20. Dobbs RE, Unger RH (1979) Glucagon and Somatostatin. Contemporary
    Metabolism 1: 307-350

21. Dockray GJ (1977) Molecular Evolution of Gut Hormones: Application
    of Comparative Studies on the Regulation of Digestion. Gastro-
    enterology 72: 344-358

22. Dockray GJ (1979) Comparative Biochemistry and Physiology of
    Gut Hormones. Annu Rev Physiol 41: 83

23. Dockray GJ (1979) Evolutionary Relationship of the Gut Hormones.
    Federation Proc 38: 2295-2301

24. Eccles JC (1975) The Understanding of the Brain. McGraw-Hill
    Book Company, New York (Das Gehirn des Menschen. R.Piper und Co.
    Verlag München Zürich 1975)

25. Edwards CRW, Besser GM, Thorner MO (1979) Bromocriptin-Responsive
    Form of Idiopathic Oedema. The Lancet I: 94

26. Erspamer V (1971) Biogenic Amines and Active Polypeptides of the
    Amphibian Skin. Pharmacol Rev 3: 327-350

27. Etzrodt H, Rosenthal J (1980) Stimulation of Somatostatin Secre-
    tion by Arginin. Acta Endocrinol 94 (Suppl.234): 50-51

28. Euler von US, Gaddum JH (1931) An Unidentified Suppressor Sub-
    stance in Certain Tissue Abstracts. J Physiol 72: 74-87

29. Federman DD (1979) Endocrine Manifestations of Systemic Disease. Clinics in Endocrinology and Metabolism, Vol 8, No 3. W.B. Saunders Company Ltd., London Philadelphia Toronto

30. Fehm HL, Voigt KH, Pfeiffer EF (1973) Nebennierenrindeninsuffizienz als Folge eines isolierten Mangels an Corticotropin-Releasing-Hormon (CRH) Dtsch Med Wschr 98: 2066-2068

31. Fehm HL, Voigt KH, Lang R, Hetzel WD, Pfeiffer EF (1976) Adrenal Insufficiency Secondary to Hypothalamic Corticotropin-Releasing-Factor (CRF) Insufficiency with Hyperpigmentation: A Case Report. Horm Metab Res 8: 470-474

32. Fehm HL, Voigt KH, Kummer G, Pfeiffer EF (1979) Positive Rate-Sensitive Corticosteroid Feedback Mechanism of ACTH-Secretion in Cushing's Disease. J Clin Invest 64: 102-108

33. Feyrter F (1953) Über die peripheren, endokrinen und parakrinen Drüsen des Menschen, 2. Aufl. Verlag Wilhelm Maudrich, Wien Düsseldorf

34. Fisher DA, Dussault JH, Sack J, Chopra IJ (1977) Ontogenesis of Hypothalamic-Pituitary-Thyroid Function and Metabolism in Man, Sheep and Rat. In: Recent Progress in Hormone Research, Proc of the 1976 Laurentian Hormone Conference, Vol 33. Academic Press, New York San Francisco London, p 59-116

35. Floyd JC, Fajans SS, Pek S, Chance RE (1977) A newly Recognized Pancreatic Polypeptide; Plasma Levels in Health and Disease. In: Recent Progress in Hormone Research, Proc of the 1976 Laurentian Hormone Conference, Vol 33. Academic Press, New York San Francisco London, p 519-570

36. Fujita T, Kobayashi (1971) Experimentally Induced Granule Release in the Endocrine Cells of Dog Pyloric Antrum. Z Zellforsch 116: 52-60

37. Fujita T, Kobayashi SA (1979) Current Views on the Paraneurone Concept. Trends Neuro Sci 2: 27-30

38. Fujita T (1976) Endocrine Gut and Pancreas. Elsevier, Amsterdam

39. Fuxe K, Andersson K, Hökfelt T, Mutt V, Ferland L, Agnati LF, Ganten D, Said S, Eneroth P, Gustafsson JA (1979) Localization and Possible Function of Peptidergic Neurons and their Interactions with Central Catecholamine Neurons, and the Central Actions of Gut Hormones. Federation Proc 38: 2333-2340

40. Fuxe K, Hökfelt T, Luft R (1978) Central Regulation of the Endocrine System. Nobel Foundation Symposium. Plenum Publishing Corporation, New York London

41. Ganong WF, Martini L (1978) Frontiers in Neuroendocrinology, Vol 5. Raven Press, New York

42. Gerich JE, Raptis S, Rosenthal J (1978) Somatostatin-Symposium. Metabolism - Clinical and Experimental, Vol. XXVII, Suppl 1, No 9

43. Gotto AM, Peck EJ, Boyd AE (1979) Brain Peptides: A New Endocrinology. Elsevier/North Holland Biomedical Press

44. Greep RO (1975) Recent Progress in Hormone Research. Proceedings
    of the 1974 Laurentian Hormone Conference, Vol 31. Academic Press,
    New York San Francisco London

45. Greep RO (1979) Recent Progress in Hormone Research. Proceedings
    of the 1978 Laurentian Hormone Conference, Vol 35. Academic Press,
    New York San Francisco London

46. Greep RO (1978) Recent Progress in Hormone Research. Proceedings
    of the 1977 Laurentian Hormone Conference, Vol 34. Academic Press
    New York San Francisco London

47. Grube D, Helmstaedter V, Feuerle G, Yanaihara N, Forssmann WG (1977)
    Die entero-endokrinen Zellen des Spitzhörnchens (Tupaia belangeri)
    Verh Anat Ges 71: 1137-1143

48. Grube D, Voigt KH, Weber E (1978) Pancreatic Glucagon Cells Contain
    Endorphin-like Immunoreactivity. Histochemistry 59: 75-79

49. Grube D, Weber E (1979) Hypophysäre Hormone im Gastro-Entero-Pank-
    reatischen (GEP) Endokrinen System. Verh Anat Ges 73: 979-981

50. Grube D, Weber E (in press) Corticotropin-Lipotropin-Related Pep-
    tides in the GEP-Endocrine System of Rat, Dog and Man. Hiroshima
    Symposium on Gut Hormones 1979

51. Grube D, Forssmann WG (1979) Morphology and Function of the Entero-
    Endocrine Cells. Horm Metab Res 11: 589-606

52. Gual C, Rosenberg E (1973) Hypothalamic Hypophysiotropic Hormones -
    Physiological and Clinical Studies. Proceedings of the Serono
    Research Foundation Conf., Acapulco, Mexico, June 1972. Excerpta
    Medica, Amsterdam

53. Guillemin R (1968) Hypothalamic Control of Concomitant Secretion
    of ACTH and TSH. Mem Soc Endocrinol 17: 19-26

54. Guillemin R, Ling N, Burgus R (1976) Endorphines: Hypothalamic and
    Neurohypophysiopeptides with Morphinomimetric Activity. Isolation
    and Primary Structure of Alpha-Endorphin. Cr Acad Sci 282: 783-786

55. Guillemin R (1977) The Expanding Significance of Hypothalamic Pep-
    tides, or, Is Endocrinology a Branch of Neuroendocrinology? - The
    Gregory Pincus Memorial Lecture -. In: Recent Progress in Hormone
    Research, Proceedings of the 1976 Laurentian Hormone Conference
    Vol 33. Academic Press, New York San Francisco London, p 1-28

56. Guillemin R (1978) Biochemical and Physiological Correlates of
    Hypothalamic Peptides. The New Endocrinology of the Neuron. In:
    Reichlin S, Baldessarini RJ, Martin JB (eds) The Hypothalamus.
    Raven Press, New York, p 155-194

57. Gupta D, Voelter W (1975) Hypothalamic Hormones - Structure,
    Synthesis and Biological Activity. Proceedings of the Europ Collo-
    quium on Hypothalamic Hormones, Tübingen, February 1974. Verlag
    Chemie, Weinheim

58. Harris GW (1971) Humours and Hormones: The Sir Henry Dale Lecture
    for 1971. J Endocrinol 53: 1-23

59. Harris GW (1955) Neural Control of the Pituitary Gland. Edward Arnold, London

60. Herz A (1979) Die Endorphine: Ein Schlüssel zum Verständnis von Schmerz, Sucht und psychischen Störungen? Dtsch Med Wschr 104: 371-373

61. Hökfelt T, Johansson O, Ljungdahl A, Lundberg JM, Schultzberg M (1980) Peptidergic Neurons. Nature 284: 515-521

62. Knowles F, Vollrath L (1974) Neurosecretion - The Final Neuroendo-crine Pathway. VI. Internat. Symp. on Neurosecretion, London 1973. Springer-Verlag, Berlin Heidelberg New York

63. Kosterlitz HW (1976) Opiates and Endogenous Opioid Peptides. Proceedings of the Internat. Narcotic Research Club Meeting, Aberdeen, UK., July 1976. North Holland publishing Company, Amsterdam New York Oxford

64. Laube H, Sachse G, Breidenbach Th, Teschemacher H (1980) Das Verhalten von β-Endorphin im Plasma nach Gabe verschiedener Releasinghormone. Verh Ges Dtsch Ges Endokrinologie, 24. Symp Berlin

65. Laube H, Sachse G (1980) Zur Bedeutung der endogenen Opiate für die Glukohomöostase. Abstracts 15. Jahrestagung Dtsch Diab Ges Giessen, Mai 1980. Act endokrin 1: 187

66. Li CH (1964) Lipotropin, A New Active Peptide from Pituitary Glands. Nature 201: 924-925

67. Luft R, Efendic CS, Hoekfelt T (1978) Somatostatin: Both Hormon and Neurotransmitter? Diabetologia 14: 1-13

68. Maier V, Witznick G, Keller L, Pfeiffer EF (1978) Insulin- and Glucagon-Like Immunoreactivities in Apis mellifera (Honeybee). Acta endocr Suppl. 215: 69

69. Martini L, Ganong WF (1976) Frontiers in Neuroendocrinology, Vol 4. Raven Press, New York

70. Martini L, Ganong WF (1966) Neuroendocrinology Vol I. Academic Press, New York

71. Martini L, Ganong WF (1967) Neuroendocrinology Vol II. Academic Press, New York

72. Martini L, Ganong WF (1969) Frontiers in Neuroendocrinology, Vol 1. Oxford University Press, London

73. Martini L, Meites J (1970) Neurochemical Aspects of Hypothalamic Function. Academic Press, New York London

74. Martini L, Ganong WF (1971) Frontiers in Neuroendocrinology, Vol 2. Oxford University Press, London

75. Martini L, Ganong WF (1973) Frontiers in Neuroendocrinology, Vol 3. Oxford University Press, London

76. Marx JL (1979) Neurobiologists looking into the Brain opened a box that released not all the evils of the world but a seemingly never-ending stream of peptides. Science

240

77. Meissner C, Thum Ch, Beischer W, Winkler G, Schröder KE, Pfeiffer
    EF (1975) Antidiabetic Action of Somatostatin - Assessed by the
    Artificial Pancreas. Diabetes 24: 988-996

78. Motta M, Crosignani PG, Martini L (1975) Hypothalamic Hormones -
    Chemistry, Physiology, Pharmacology and Clinical Uses. Proceedings
    of the Serono Symposia Vol 6. Academic Press, London New York San
    Francisco

79. Pearse AGE (1968) Common Cytochemical and Ultrastructural Charac-
    teristics of Cells Producing Polypeptide Hormones (the APUD Series)
    and their Relevance to Thyroid and Ultimobranchial Cells and
    Calcitonin. Proc Roy Soc II: 170-171

80. Pearse AGE (1974) The APUD Cell Concept and Its Implications in
    Pathology. Path Ann 9: 27-41

81. Pearse AGE, Polak JM (1974) Endocrine Tumors of Neural Crest
    Origin: Neurolophomas, APUDomas and the APUD Concept. Med Biol
    52: 3-11

82. Pearse AGE, Polak JM, Bloom SR (1977) The Newer Gut Hormones -
    Cellular Sources, Physiology, Pathology and Clinical Aspects.
    Gastroenterology 72: 746-761

83. Pearse AGE (1979) The APUD Concept and its Relationship to the
    Neuropeptides. In: Gotto AM, Peck EJ, Boyd AE (eds) Brain Peptides:
    A New Endocrinology. Elsevier/North Holland Biomedical Press,
    p 89-101

84. Pearse AGE (1979) The Endocrine Division of the Nervous System: A
    Concept and Its Verification. In: MacIntyre, Szelke (eds) Molecular
    Endocrinology. Elsevier/North Holland Biomedical Press, p 3-18

85. Pfeiffer EF, Raptis S, Fussgänger R (1973) Gastrointestinal Hormones
    and islet Function. In: Jorpes JE, Mutt V (eds) Handbuch der ex-
    perimentellen Pharmakologie Vol XXXIV. Springer Verlag, Berlin Hei-
    delberg New York, S 259-310

86. Pfeiffer EF, Raptis S, Ziegler R (1976) Wechselbeziehungen zwischen
    gastrointestinalen Hormonen und endokriner Regulation. Z für
    Gastroenterologie 14 (Sonderheft)

87. Pierce JG, DuVigneaud V (1950) Preliminary Studies on Amino Acid
    Content of a High Potency Preparation of the Oxytocic Hormone of
    the Posterior Lobe of the Pituitary Gland. J Biol Chem 182: 359-366

88. Pittman JA, Haigler ED, Hershman JM, Pittman CS (1971) Hypothalamic
    Hypothyroidism. N Engl J Med 285: 844-845

89. Polleri A, McLeod RM (1979) Neuroendocrinology: Biological and
    Clinical Aspects. Proceedings of Serono Symposia, Vol 19. Academic
    Press, London New York San Francisco

90. Popenoe NA, DuVigneaud V (1954) A Partial Sequence of Amino Acids
    in Performic Acid-Oxidized Vasopressin. J Biol Chem 206: 353-360

91. Popper KR (1979) Objective Knowledge - An Evolutionary Approach
    (Revised Edition). Oxford at the Clarendon Press

92. Raptis S. Schlegel W, Pfeiffer EF (1978) Effects of Somatostatin on Gut and Pancreas. In: Bloom SR (ed) Gut Hormones. Churchill Livingstone, Edinburgh London New York, p 446-452

93. Rehfeld JF, Larsson LI, Goltermann NR, Schwartz TW, Holst JJ, Jensen SL, Morley JS (1980) Neural Regulation of Pancreatic Hormone Secretion by the C-terminal Tetrapeptide of CCK. Nature 284: 33-39

94. Reichlin S (1978) Introduction. In: Reichlin S, Baldessarini RJ, Martin JB (eds) The Hypothalamus. Raven Press, New York, p 1-14

95. Reichlin S, Balderassi RJ, Martin JB (1978) The Hypothalamus. Research Publications: Association for Research in Nervous and Mental Disease, Vol 56. Raven Press, New York

96. Reichlin S (1978) Discussion of Clinical Neuroendocrinology Section. In: Fuxe K, Hökfelt T, Luft R (eds) Central Regulation of the Endocrine System. Plenum Press, New York London, p 521-533

97. Saffran M (1974) Chemistry of Hypothalamic Hypophysiotropic Factors. In: Greep RO, Astwood EB (eds) Handbook of Physiology Vol 6, Part 2. Americ Physiol Soc, Washington D.C., p 563-586

98. Schaller HC, Flock K, Darai G (1977) A Neurohormone from Hydra is Present in Brain and Intestine of Rat Embryos. J Neurochem 29: 393

99. Schally AV, Arimura A, Kastin AJ, Matsuo H, Baba Y, Redding TW, Nair RMG, Debeljuk L (1971) Gonadotropin-Releasing-Hormone. One Polypeptide Regulates Secretion of Luteinizing and Follicel Stimulating Hormones. Science 173: 1036-1037

100. Schally AV, Arimura A, Kastin AJ (1973) Hypothalamic Regulatory Hormones. Science 179: 341-350

101. Schally AV, Dupont A, Arimura A, Redding TW, Linthicum GI (1975) Isolation of Porcine GH-Release Inhibiting Hormone, GH-RIH: The Experience of 3 Hours of GH-RIH. Federation Proc 34: 584

102. Schally AV, Arimura A, Coy DH, Kastin AJ, Meyers CA, Redding TW, Chihara K, Huang WY, Chang RCC, Pedroza E, Vilchez-Martinez J (1979) Hypothalamic Hormones Regulating Pituitary (and other) Functions: Their Physiology and Biochemistry as well as Recent Studies with Their Synthetic Analogues. In: Fuxe K, Hoekfelt T, Luft R (eds) Central Regulation of the Endocrine System. Plenum Press, New York London, p 9-29

103. Scharrer E, Scharrer B (1940) Secretory Cells within the Hypothalamus. In: The Hypothalamus Vol XX. Publication of the ARNMD. Hafner Publishing Col, New York, p 170-174

104. Scharrer E, Scharrer B (1954) Hormones Produced by Neurosecretory Cells. Recent Prog. Horm Res 10: 183-240

105. Schusdziarra V, Harris V, Conlon JM, Arimura A, Unger R (1978) Pancreatic and Gastric Somatostatin Release in Response to Intragastric and Intraduodenal Nutrients and HCl in the Dog. J Clin Invest 62: 509-518

106. Schusdziarra V, Zyznar E, Rouiller D, Boden G, Brown JC, Arimura A, Unger RH (1980) Splanchnic Somatostatin: A Hormonal Regulator of Nutrient Homeostasis. Science 207: 530-532

107. Schusdziarra V (1980) Role of Somatostatin During the Gastric Phase of a Meal. Hepato-Gastroenterology 27: 240-246

108. Sherman BM, Schlechte J, Halmi NS, Chapler FK, Harris CE, Duello TM, VanGilder J, Granner DK (1978) Pathogenesis of Prolactin-Secreting Pituitary Adenomas. The Lancet II: 1019

109. Stacher G, Bauer H, Steinringer H (1979) Cholecystokinin Decreases Appetite and Activation Evoked by Stimuli Arising from the Preparation of a Meal in Man. Physiology and Behavior 23: 325-331

110. Stewart JM, Channabasavaiah K (1979) Evolutionary Aspects of Some Neuropeptides. Federation Proc 38: 2302-2308

111. Straus E, Yalow RS (1979) Gastrointestinal Peptides in the Brain Federation Proc 38: 2320-2324

112. Teuscher A, Studer PB, Krebs A, Berger M, Eberhard P (1980) Diabetesverlauf und klinisches Bild bei Glucagonom. Schweiz Med Wschr 109: 1273-1280

113. Tobis G, Martin JB, Labrie F, Naftolin F (1979) Clinical Neuro-endocrinology - A Pathophysiological Approach. Raven Press, New York

114. Ufnaes J, Hughes J, Smith TW, Kosterlitz HW, Fothergill LA, Morgan BA, Morris HR (1975) Identification of Two Related Pentapeptides from the Brain with Potent Opiate Agonist Activity. Nature 258: 577-579

115. Unger RH, Dobbs RE (1978) Insulin, Glucagon and Somatostatin Secretion in the Regulation of Metabolism. Ann Rev Physiol 40: 307-343

116. Voigt KH, Dahlen HG, Fehm HL, Birk J, Schröder KE, Schneider HPG, Rothenbuchner G, Pfeiffer EF (1974) Simultaneous Stimulation Test for the Anterior Pituitary Hormones. Horm Metab Res 6: 436-437

117. Voigt KH, Weber E, Fehm HL, Martin R (1980) The Concomitant Storage and Simultaneous Release of ACTH and β-Endorphin. In: Wuttke W, Weindl A, Voigt KH, Dries RR (eds) Brain and Pituitary Peptides. S Karger,Basel, p 54-64

118. Weber E, Voigt KH, Martin R (1978) Pituitary Somatotrophs contain Met-Enkephalin-like Immunoreactivity. Proc nat Acad Sci 75: 6134-6138

119. Weber E, Martin R, Voigt KH (1979) Corticotropin/β-Endorphin Precursor: Concomitant Storage of its Fragments in the Secretory Granules of Anterior Pituitary Corticotropin/Endorphin Cells. Life Sciences 25: 1111-1118

120. Woodtli W, Hedinger CHR (1977) Inselzelltumoren des Pankreas und ihre Syndrome. I. Insulinome, organischer Hyperinsulinismus. Schweiz Med Wschr 107: 685-693

121. Wuttke W, Weindl A, Voigt KH, Dries RR (1980) Brain and Pituitary
     Peptides. Ferring Symposium on Brain and Pituitary Peptides,
     Nunich 1979. S Karger, Basel München Paris

122. Yoshioka M, Tanaguchi H, Kawaguchi A, Tsutuo A, Murakami K,
     Tamagawa M, Ejiri E, Utsumi M, Morita S, Baba S (1980) Release
     of Somatostatin, Glucagon and Insulin from Cultured Rat Islets
     During a Three Days Period. Horm Metab Res 12: 341-342

Neuroendokrinologische Aspekte der Endorphine[1]

A. Herz

Seit langem ist bekannt, daß Opiate ausgeprägte Wirkungen auf endokrine Funktionen, z.B. die der Hypophyse, haben (45). Die Entdeckung
körpereigener, morphinartig wirksamer Substanzen, der Endorphine,
verleiht diesen endokrinen Wirkungen exogen zugeführter Opiate besondere Bedeutung und läßt vermuten, daß Endorphine bei der Steuerung
endokriner Funktionen beteiligt sind. In diesem Referat sollen zunächst einige, im Zusammenhang mit endokrinologischen Fragen wesentliche Charakteristika der Endorphine dargestellt werden; sodann soll
ein kurzer Überblick über die Beeinflussung hypophysärer Hormone
durch Endorphine gegeben werden

Chemie und Verteilung der Endorphine

Im Jahre 1975 wurden von Hughes, Kosterlitz und Mitarbeitern (20)
zwei aus je 5 Aminosäuren bestehende Peptide, das Methionin (Met)-
Enkephalin (Tyr-Gly-Gly-Phe-Met) und das Leucin(Leu)-Enkephalin
(Tyr-Gly-Gly-Phe-Leu), aus Schweinegehirn extrahiert und als erste
endogene Substanzen mit opiatartiger Wirksamkeit identifiziert. In
der Folge zeigte sich schnell, daß die Aminosäurensequenz des Met-
Enkephalins in einem schon bekannten Hypophysenvorderlappenhormon,
dem aus 91 Aminosäuren bestehenden ß-Lipotropin, enthalten ist. ß-
Lipotropin besitzt als solches keine Opiatwirkung, durch enzymatische
Spaltung wird aus ihm aber ein Opioid, das aus 31 Aminosäuren bestehende ß-Endorphin, freigesetzt. Dieses ß-Endorphin weist am N-Termi-
nus die Aminosäurensequenz des Met-Enkephalins auf. ß-Lipotropin seinerseits ist wieder Bestandteil eines größeren Peptides, des Pro-Opiocor-
tins ('31 K-Peptid'). Bei dessen Spaltung entsteht neben ß-Lipotropin/
ß-Endorphin u.a. auch ACTH, das wiederum die Vorstufe von α-MSH und
CLIP darstellt (27) (Abb. 1).

Obwohl die Aminosäurensequenz des Met-Enkephalins im ß-Lipotropin enthalten ist, muß man heute annehmen, daß physiologischerweise Met-Enkephalin nicht aus ß-Lipotropin/ß-Endorphin entsteht, sondern aus anderen hochmolekularen Vorstufen gebildet wird, welche im einzelnen aber
noch nicht genau bekannt sind. Ähnliches gilt für die Vorstufen des
zweiten Pentapeptids, des Leu-Enkephalins. Dessen Aminosäurensequenz
ist in dem kürzlich aus der Hypophyse isolierten Dynorphin enthalten,
das alle anderen bisher bekannten Opioide an biologischer Wirksamkeit
an isolierten Präparaten übertrifft. Seine funktionellen Beziehungen
zum Leu-Enkephalin sind zunächst ungeklärt (12).

Die verschiedenen Endorphine weisen in Gehirn und Hypophyse charakteristische Verteilungen auf und finden sich darüber hinaus in verschiedenen peripheren Organen, z.B. dem Magendarmtrakt (2, 42). Die Vertei-

---

[1] Referat anläßlich der gemeinsamen Sitzung der Deutschen Gesellschaft
für Innere Medizin und der Deutschen Gesellschaft für Neurologie in
Wiesbaden am 14.4.1980

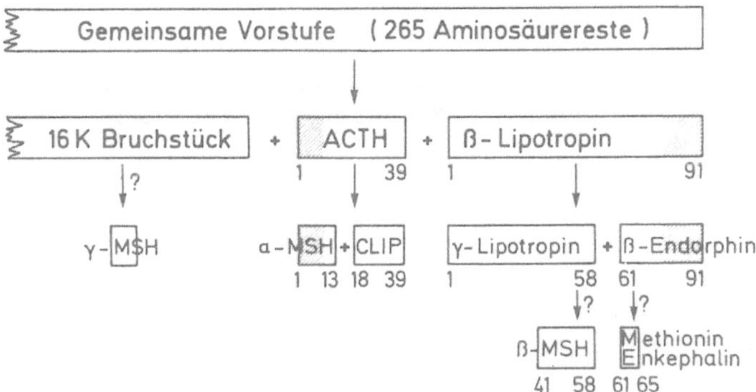

Abb. 1. Pro-Opiocortin, die Vorstufe von ACTH, ß-Lipotropin und des 16-K-Bruchstücks. Aus dem ACTH entsteht durch enzymatische Spaltung α-MSH und CLIP, aus ß-Lipotropin α-Lipotropin und ß-Endorphin. Im ß-Endorphin ist zwar die Aminosäuresequenz des Methionin-Enkephalins enthalten, doch stellt ß-Endorphin wahrscheinlich nicht die Vorstufe von Methionin-Enkephalin dar. Die Schraffierung gibt die immunreaktiven Bereiche der Peptide wieder, die von den üblichen Antikörpern erkannt werden (in Anlehnung an Mains et al., 1978)

lung von ß-Endorphin und Met-Enkephalin in Gehirn und Hypophyse ist unterschiedlich (13, 14, 24). ß-Endorphin ist in der höchsten Konzentration im Hypophysenvorderlappen enthalten. Viel geringere Mengen finden sich im Gehirn; es ist hier auf wenige Strukturen, wie den Hypothalamus und das periaquäduktale Grau, beschränkt. Die Enkephaline hingegen sind weiter verbreitet, hohe Konzentrationen finden sich insbesondere in zum extrapyramidalen System gehörigen Strukturen, wie Nucleus caudatus und Globus pallidus, aber auch im Hypothalamus (Nucleus paraventricularis und Nucleus supraopticus), was auf eine Rolle bei der Regulation neuroendokriner Funktionen schließen läßt (25, 38).

Die Tatsache, daß Pro-Opiocortin die Vorstufe von ß-Lipotropin/ß-Endorphin und von ACTH/α-MSH darstellt, macht es verständlich, daß beide Gruppen von Peptiden in Hypophyse und Gehirn eine recht ähnliche Verteilung aufweisen. Eine weitere Parallele zeigt sich, wenn man die einzelnen Peptide betrachtet: Im Hypophysenvorderlappen findet sich vor allem das jeweils größere Peptid (ACTH bzw. ß-Lipotropin), im Hypophysenzwischenlappen (der Ratte) das jeweils kleinere (ß-Endorphin bzw. α-MSH). Auch im Gehirn ist vorwiegend ß-Endorphin und α-MSH vorhanden. Dies läßt darauf schließen, daß die enzymatische Spaltung in beiden Klassen von Peptiden nach ähnlichen Prinzipien verläuft (13, 24).

Freisetzung der Endorphine

Das im Hypophysenvorderlappen und dem (bei der Ratte sehr gut ausgebildeten) Hypophysenzwischenlappen gespeicherte ß-Lipotropin/ß-Endorphin unterliegt offenbar unterschiedlichen Freisetzungsmechanismen (17, 33, 34) (Tabelle 1). In vitro werden diese Peptide aus dem Vorderlappen, zusammen mit ACTH, durch CRF ('corticotropin releasing factor') und Vasopressin ausgeschüttet. Diese beiden Substanzen sind am Zwischenlappen unwirksam. Umgekehrt hemmt Dopamin in vitro die Spontanfreisetzung von ß-Endorphin aus dem Zwischenlappen, nicht aber aus dem

Tabelle 1. Endorphine der Ratten-Hypophyse

	Vorderlappen	Zwischen/Hinterlappen
Verhältnis ß-Lipotropin/ß-Endorphin	~ 1 : 1	< 1 : 10
Freisetzung in vitro		
Kalium-Ionen	+	∅
CRF	+	∅
Vasopressin	+	∅
Noradrenalin	+	∅
Dopamin	∅	Hemmung der Basalfrei- setzung
Freisetzung in vivo z.B.Streß	+	?

+ wirksam; ∅ unwirksam

Vorderlappen. Während die in vivo Freisetzung von ß-Endorphin - zusammen mit ACTH - beim Streß bestens gesichert ist (16, 18), bleibt zunächst unklar, ob und unter welchen Bedingungen ß-Endorphin (und
α-MSH) aus dem Zwischenlappen ins Blut abgegeben wird.

Die normalerweise im Blut gefundenen Konzentrationen an ß-Endorphin
sind äußerst niedrig (Basalwerte bei der Ratte 20-50 fmoles/ml; beim
Menschen <10 fmoles/ml) (18, 19). Beim Streß, nach Adrenalektomie,
Behandlung mit Metyrapon oder Insulin, steigen die ß-Endorphinspiegel
(ähnlich wie die ACTH-Spiegel) stark an (Abb. 2).

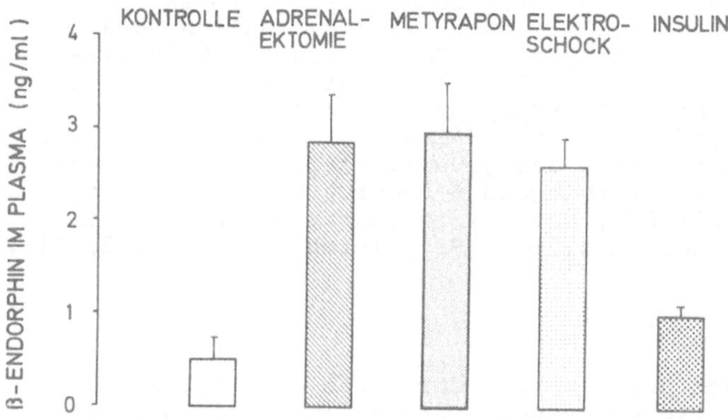

Abb. 2. Erhöhung der ß-Endorphin-Immunoreaktivität im Rattenplasma
nach Adrenalektomie, Metyrapon-Behandlung, Elektroschock und Insulin-
Behandlung (nach Höllt et al., 1978)

Beim Menschen werden bei mit erhöhter Aktivität des Hypophysenvorderlappens einhergehenden Erkrankungen (Morbus Addison, Morbus Cushing
und Nelson Tumor) Erhöhungen des ß-Endorphinspiegels im Plasma um das
Hundertfache und mehr gemessen. Dies geht mit entsprechender Erhöhung
der ACTH-Spiegel einher (19) (Abb. 3).

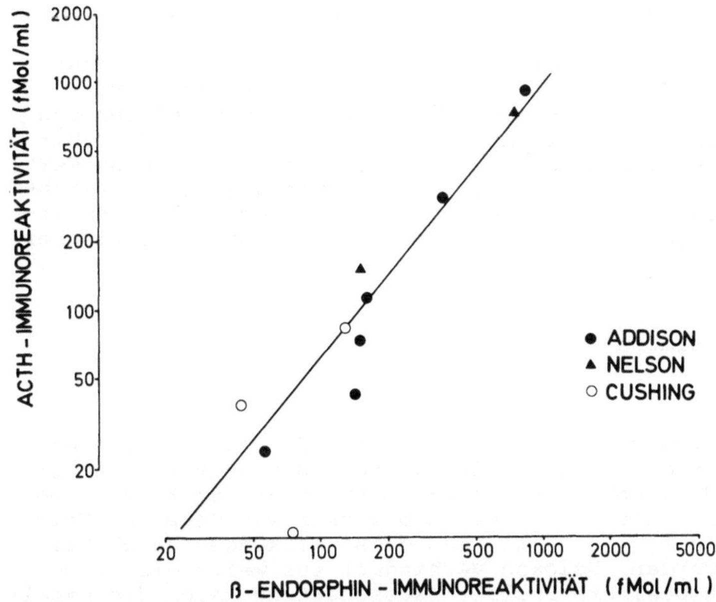

Abb. 3. Parallele Erhöhung von ACTH- und ß-Endorphin-Immunoreaktivität in menschlichem Plasma bei Addisonscher Krankheit, Cushingscher
Krankheit und Nelson Tumor (nach Höllt et al., 1979)

Im Gegensatz zum ACTH ist das Zielorgan des in das Blut freigesetzten
ß-Endorphins aber nicht bekannt. Es ist fraglich, ob selbst die beim
Streß im Blut zirkulierenden erhöhten Endorphinkonzentrationen hoch
genug sind, um die in peripheren Organen, z.B. dem Intestinaltrakt,
vorhandenen Opiatrezeptoren in effektivem Ausmaß besetzen zu können.
Das gilt auch für die im Vas deferens der Ratte gefundenen speziellen
Rezeptoren für ß-Endorphin (41), da die Affinität des ß-Endorphins zu
diesen Rezeptoren nicht sehr hoch ist ($K_d \sim 100$ nM). Über mögliche
spezielle Transportmechanismen, welche die offensichtliche Lücke von
mehreren Größenordnungen zwischen Affinität und Substanz-Konzentration
schließen könnten, ist bisher nichts bekannt.

In diesem Zusammenhang ist die Frage zu erörtern, inwieweit das in das
Blut ausgeschüttete ß-Endorphin das Zentralnervensystem oder die Hypophyse beeinflussen kann. Peptide vermögen die Blut-Gehirnschranke im
allgemeinen nur mit Schwierigkeiten zu überwinden. Das konnte jüngst
auch für ß-Endorphin gezeigt werden (30). Eine meßbare Permeation von
intravenös injiziertem ß-Endorphin in das Gehirn des Kaninchens wurde
nur im Hypothalamus (der teilweise einer Blut-Gehirnschranke entbehrt),
nicht aber in anderen Hirnabschnitten gefunden. Doch lagen auch hier
die Werte unter denen der Hypophyse. Nur sehr niedrige Spiegel an ß-
Endorphin wurden im Liquor cerebrospinalis gemessen. Aus diesen Befunden kann geschlossen werden, daß z.B. die beim Streß beobachtete verringerte Schmerzempfindlichkeit wohl kaum durch die Permeation des

hierbei vermehrt im Blut kreisenden ß-Endorphins in entsprechende, innerhalb der Blut-Hirnschranke liegende Hirnstrukturen zu erklären ist. Eher ist es denkbar, daß im Blut zirkulierendes ß-Endorphin die Hypothalamus-Hypophysenachse beeinflußt und auf diese Weise hormonelle Regulationen steuert.

Wirkungen der Endorphine auf die Hypothalamus-Hypophysenachse

Zahlreiche Befunde zeigen eine Beeinflussung hypophysärer Funktionen durch Morphin und andere Opiate. Die nach der Entdeckung der Endorphine vielfach vergleichend vorgenommene Untersuchung von Opiaten und Endorphinen erbrachte in der Regel ganz ähnliche Ergebnisse. Eine besondere Bedeutung hat in diesen neueren Arbeiten die Untersuchung der Wirkung von Opiatantagonisten, z.B. von Naloxon, bei alleiniger Verabfolgung, denn dadurch bewirkte Veränderungen endokriner Funktionen erlauben Schlüsse im Hinblick auf das Vorliegen endorphinerger tonischer Aktivität.

Hypophysenvorderlappenhormone

Prolaktin

Für die Prolaktinfreisetzung liegen die meisten und eindeutigsten Hinweise für eine Steuerung durch endorphinerge Mechanismen vor. Zahlreiche Befunde zeigen, daß Enkephaline und ß-Endorphin an der Ratte eine ähnliche Steigerung der Prolaktinsekretion bewirken wie Morphin. Naloxon hebt diese Wirkung auf, was zeigt, daß diese Wirkungen durch Opiatrezeptoren vermittelt werden. Naloxon verhindert teilweise die durch Streß oder durch Säugen bewirkte Prolaktinausschüttung. Auch die Basalsekretion von Prolaktin wird durch Naloxon gesenkt (8, 15, 21, 26, 36, 39, 43) (Abb. 4). Der nächtliche Prolaktinanstieg beim Menschen kann durch Naloxon verhindert werden (9). Diese Befunde lassen den Schluß zu, daß die Prolaktinsekretion unter der physiologischen Kontrolle endorphinerger Mechanismen steht.

Es erhebt sich die Frage nach dem Angriffspunkt dieser Mechanismen. Aus der Beobachtung, daß an isolierten Hypophysen oder suspendierten Hypophysenzellen weder Morphin, noch Naloxon eine Veränderung der Prolaktinfreisetzung bewirkte, wurde geschlossen, daß diese Regulation auf übergeordneter zentraler Ebene erfolgt (28, 29). Neue Versuche, die zeigen, daß die Freisetzung von Prolaktin aus isolierten Hypophysen durch Opioide gesteigert wird, wenn sie zuvor durch Zugabe von Dopamin gehemmt war, machen es aber wahrscheinlich, daß eine Kontrolle der Prolaktinfreisetzung durch Endorphine auf hypophysärer Ebene erfolgt - wenn freilich auch ein zusätzlicher hypothalamischer Angriffspunkt nicht ausgeschlossen werden kann (10).

Wachstumhormon

Die Beeinflussung der Freisetzung von Wachstumshormon aus dem Hypophysenvorderlappen durch Opioide zeigt viele Ähnlichkeiten mit dem Prolaktin. Morphin, Endorphine und Stress erhöhen die Sekretion von Wachstumshormon, zumindest an der Ratte; die Wirkung ist durch Naloxon reversibel. Naloxon vermindert auch die Basalsekretion (3, 11, 26, 28, 29, 39). In Vergleich zu Prolaktin weist die Antwort eine längere Latenz auf und zeigt Speziesdifferenzen. Auf welcher Ebene die Endorphine mit der Wachstumshormonfreisetzung interferieren ist nicht geklärt; eine

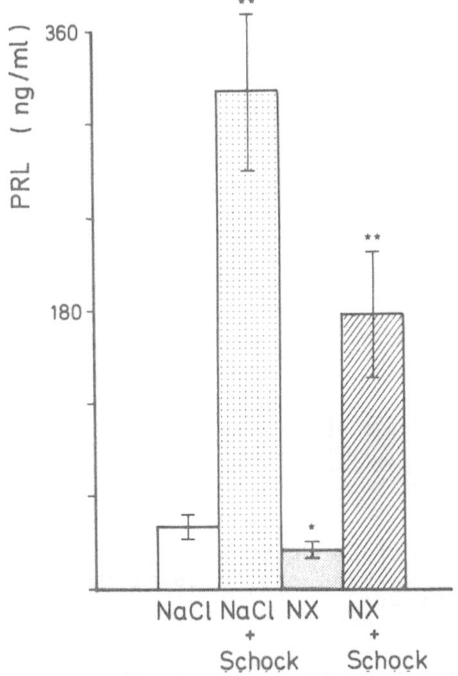

Abb. 4. Erhöhung des Prolaktinspiegels im Rattenplasma nach Schockbehandlung (foot-shock) und Erniedrigung durch Naloxon (10 mg/kg) (NX), <signifikante Differenz (p 0.05), < (p<0.01). (nach Rossier et al.1-80)

Wirkung auf Hypophysenebene ist bisher nicht gezeigt worden. Offenbar besteht aber keine Beziehung zu der durch Somatostatin bewirkten Freisetzungshemmung und es wird vermutet, daß im Falle des Wachstumshormons - im Gegensatz zum Prolaktin - die Endorphine ihre Kontrollfunktion über verschiedene Zwischenglieder ausüben.

Gonadotrope Hormone und Thyreotropes Hormon

Auch die Freisetzung des Luteinisierungshormones (LH) und des thyreotropen Hormons (TSH) scheint unter dem Einfluß endorphinerger Systeme zu stehen, doch ist hier, im Vergleich zu Prolaktin und Wachstumhormon, die Richtung der durch Opioide bewirkten Veränderungen umgekehrt. Opioide vermindern die Freisetzung von LH und TSH; diese Wirkung wird durch Naloxon antagonisiert. Naloxon allein verabfolgt führt zu einer starken Erhöhung des LH Spiegels im Blut, was zeigt, daß offenbar ein beträchtlicher endorphinerger Tonus physiologischerweise die LH-Sekretion bremst (5, 21, 28, 29, 31) (Abb. 5). Die nach Kastration beträchtlich erhöhten LH-Spiegel werden durch Naloxon noch weiter erhöht; daraus ist zu schließen, daß Endorphine auch unter diesen Bedingungen eine maximale Steigerung verhindern. Meist wird als Ort der Interaktion die Mediane Eminenz des Hypothalamus angenommen. Dopamin bewirkt hier Freisetzung von LHRH und es wird vermutet, daß die Endorphine mit der stimulierenden Wirkung des Dopamins auf die LHRH-Freisetzung aus den sekretorischen Nervenendigungen dieser Struktur interferieren (37). Damit unterscheidet sich die inhibitorische "präsynaptische" Wirkung der Endorphine auf die Freisetzung von LHRH aus der Medianen Eminenz von der stimulierenden "postsynaptischen" Wirkung auf die Prolaktinzelle des Hypophysenvorderlappens - obwohl in beiden Fällen eine Wechselwirkung mit Dopamin im Spiele ist.

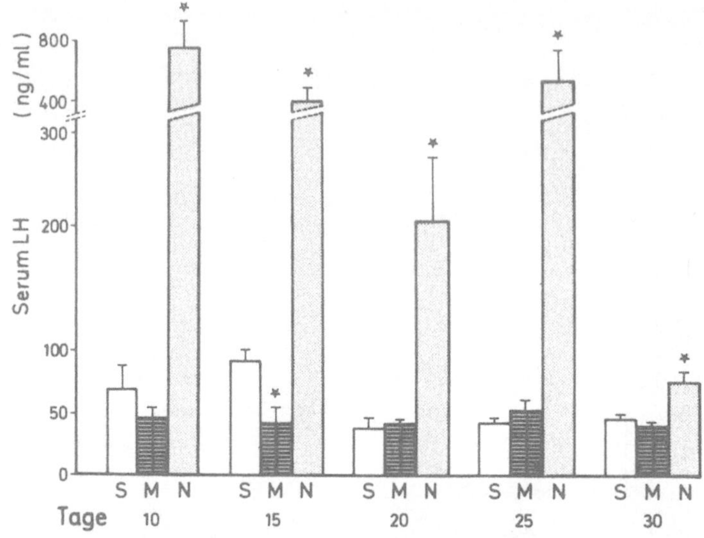

Abb. 5. Serum LH-Spiegel präpubertärer weiblicher Ratten verschiedenen
Alters nach Injektion von Morphin (M) und Naloxon (N).* signifikante
Differenz (p<0.05). (Nach Ieiri et al., 1979)

Eine Zusammenfassung der Beeinflussung der Sekretion der verschiedenen
Hypophysenvorderlappenhormone durch Opiate/Endorphine einerseits und
Naloxon andererseits gibt Tabelle 2.

Tabelle 2. Beeinflussung der Sekretion der verschiedenen Hypophysenvorderlappenhormone durch Opiate/Endorphine und durch Naloxon

	PRL	GH	LH	FSH	TSH
Opiate/ Endorphine	↗	↗	↙	±	↙
Naloxon	↙	↙	↗	↗	±

↗ Erhöhung;   ↙ Verminderung;   ± keine klare Beeinflussung

Hypophysenhinterlappenhormone

Eine Reihe von Befunden weist darauf hin, daß endorphinerge Mechanismen auch die Freisetzung der Hypophysenhinterlappenhormone Vasopressin
und Oxytocin beeinflussen und hierbei vor allem die Enkephaline im
Spiele sein dürften. So kommt im Hinterlappen Met-Enkephalin und Leu-
Enkephalin, kaum aber ß-Endorphin vor (7, 34). Eine beträchtliche Dichte von Opiatrezeptoren wurde hier, im Gegensatz zum Vorderlappen, gefunden (40). Schließlich förderte die Immunohistochemie ein vom Nucleus
magnocellularis des Hypothalamus zum Hinterlappen ziehendes, Enkephalin

enthaltendes Fasersystem zutage (35). Jüngste in vitro Versuche zeigen, daß Enkephalin die durch elektrische Reizung bewirkte Freisetzung
von Vasopressin aus isolierten Hinterlappen zu hemmen vermag (23).
Dieses letztere Ergebnis steht in Einklang mit einer Serie anderer Befunde, die zeigen, daß Endorphine die Freisetzung verschiedener Neurotransmitter aus Nervenendigungen hemmen; es überrascht aber im Hinblick
auf in vivo Versuche, die zeigen, daß Morphin zu einer Erhöhung des
Vasopressinspiegels im Blut führt (1, 6). Zur Erklärung solcher Widersprüche muß wohl angenommen werden, daß am intakten Individuum indirekte, zu vermehrter Vasopressinausschüttung führende Mechanismen den Aus-
schlag geben, über deren Natur bisher wenig bekannt ist. Es sei an dieser Stelle auch nochmals erwähnt, daß Vasopressin eine Freisetzung von
ß-Endorphin aus dem Hypophysenvorderlappen bewirkt und enge Verwandtschaft zwischen dem CRF (corticotropin releasing factor) und Vasopressin besteht (38). Die Implikationen dieses Zusammenhanges sind unklar.

Schlußbemerkungen

Die hier skizzierten Befunde zeigen, daß, obwohl noch viele Fragen
offen sind, an der physiologischen Bedeutung endorphinerger Mechanismen bei der Steuerung hypophysärer endokriner Funktionen kein Zweifel
besteht. In manchem erscheinen diese Wirkungen auf das endokrine System sogar überzeugender als andere, vieldiskutierte mögliche Funktionen der Endorphine, z.B. bei der Modulation der Schmerzempfindung. Neben den hier vorwiegend behandelten Wirkungen der Endorphine auf die
Hypothalamus-Hypophysenachse dürften Endorphine auch für die Funktion
anderer endokriner Organe von Bedeutung sein. So enthalten z.B. die
Langerhansschen Inseln (4, 22) oder die chromaffinen Zellen des Neben-
nierenmarks Endorphine (44). Aus letzteren werden sie zusammen mit dem
Noradrenalin ausgeschüttet. Über deren Funktion kann zunächst nur spe-
kuliert werden. Hier liegt noch ein weites Feld neuroendokrinologisch
orientierter Endorphinforschung.

Literatur

1. Bisset GH, Chowdrey HS, Feldberg W (1978) Brit J Pharmacol 62:
   370-371

2. Bloom FE, Rossier J, Battenberg ELF, Bayon A, French E, Henricksen
   SJ, Siggins GR, Segal D, Browne R, Ling N, Guillemin R (1978). In:
   Costa E, Trabuchi M (eds) The Endorphins. Raven Press, New York,
   p 89-109

3. Bruni JF, Van Vugt D, Marshall S, Meites J (1977) Life Sci 21:
   461-466

4. Bruni JF, Watkins WB, Yen SSC (1979) J Clin Endocrin and Metabolism
   49: 649-651

5. Cicero TJ, Meyer ER, Bell ED, Koch GA (1976) Endocrinology 98:
   367-372

6. De Bodo RC (1944) J Pharmacol exp Ther 82: 74-85

7. Duka T, Höllt V, Przewlocki R, Wesche D (1978) Biochem biophys Res
   Commun 85: 1119-1127

8. Dupont A, Cusan L, Labrie F, Coy DH, Li CH (1977) Biochem biophys
   Res Commun 75: 76-82

252

9. Dupont A, Cusan L, Fernand L, Lamay A, Labrie F (1979). In: Collu R, Barbeau A, Ducharme JR, Rochefort JG (eds) Central Nervous System Effects of Hypothalamic Hormones and Other Peptides. Raven Press, New York, p 283-300

10. Enjalbert A, Ruberg M, Arancibia S, Priam M, Kordon C (1979) Nature 280: 595-597

11. Ferland L, Kledzik GS, Cusan L, Labrie F (1978) J Mol Cell Endocr 12: 267-272

12. Goldstein A, Tachibana S, Lowney LI, Hunikapiller M, Hood L (1979) Proc Natl Acad Sci USA 76: 6666-6670

13. Gramsch Ch, Höllt V, Mehraein P, Pasi A, Herz A (1979) Brain Res 171: 261-270

14. Gramsch C, Kleber G, Höllt V, Pasi A, Mehraein P, Herz A (1980) Brain Res (im Druck)

15. Grandison L, Guidotti A (1977) Nature 270: 357-359

16. Guillemin R, Vargo T, Rossier J, Minick S, Ling N, Rivier C, Vale W, Bloom F (1977) Science 197: 1367-1369

17. Herz A, Duka Th, Gramsch C, Höllt V, Osborne H, Przewlocki R, Schulz R, Wüster W (1980) In: Neural Peptides and Neuronal Communications. Raven Press, New York (im Druck)

18. Höllt V, Przewlocki R, Herz A (1978) Naunyn-Schmiedeberg's Arch Pharmacol 303: 171-174

19. Höllt V, Müller OA, Fahlbusch R (1979) Life Sci 25: 37-44

20. Hughes J, Smith TW, Kosterlitz HW, Fothergill LA, Morgan BA, Morris HR (1975) Nature 258: 577-579

21. Ieiri T, Chen HT, Meites J (1979) Neuroendocrinology 29: 288-292

22. Ipp E, Dobbs R, Unger RH (1978) Nature 276: 190-191

23. Iversen LL, Iversen SD, Bloom FE (1980) Nature 284: 190-191

24. Kleber G, Gramsch C, Höllt V, Mehraein P, Pasi A, Herz A (1980) Neuroendocrinology (im Druck)

25. Krieger DT (1979) Science 205: 366-372

26. Lien EL, Clark DE, McGregor HW (1978) FEBS Lett 88: 208-210

27. Mains RE, Eipper BA, Ling N (1977) Proc Natl Acad Sci USA 74: 3014-3018

28. Meites J, Bruni JF, Van Vugt DA, Smith AF (1979) Life Sci 24: 1325-1336

29. Meites J, Bruni JF, Van Vugt DA (1979). In: Collu R, Barbeau A, Ducharme JR, Rochefort JG (eds) Central Nervous System Effects of Hypothalamic Hormones and Other Peptides. Raven Press, New York, p 261-271

30. Merin M, Höllt V, Przewlocki R, Herz A (1980) Life Sci (im Druck)

31. Pang CH, Zimmermann E, Sawyer CH (1977) Endocrinology 101: 1726-1732

32. Przewlocki R, Höllt V, Herz A (1978) Europ J Pharmacol 51: 179-183

33. Przewlocki R, Höllt V, Voigt KH, Herz A (1979) Life Sci 24: 1601-1608

34. Rossier J, Vargo T, Minick S, Ling N, Bloom FE, Guillemin R (1977) Proc Natl Acad Sci USA 74: 5162-5165

35. Rossier J, Battenberg E, Pittman Q, Bayon A, Koda L, Miller R, Guillemin R, Bloom F (1979) Nature 277: 653-655

36. Rossier J, French E, Rivier C, Shibasaki T, Guillemin R, Bloom F (1980) Proc Natl Acad Sci USA 77: 666-669

37. Rotsztejn WH, Drouva SH, Pattou E, Kordon C (1978) Nature 274: 281-282

38. Sar M, Stumpf WE, Miller RJ, Chang KJ, Cuatrecasas P (1978) J comp Neur 182: 17-38

39. Shaar CS, Frederickson RCA, Diminger NB, Jackson L (1977) Life Sci 21: 853-860

40. Simantov R, Snyder SH (1977) Brain Res 124: 178-184

41. Schulz R, Faase E, Wüster M, Herz A (1979) Life Sci 24: 843-850

42. Teschemacher H (1978) In: Herz A (ed) Developments in Opiate Research. Marcel Dekker Inc, New York, p 67-151

43. Van Vugt DA, Bruni JF, Meites J (1978) Life Sci 22: 88-90

44. Viveros OH, Diliberto EJ, Hazum E, Chang KJ (1979) Molecul Pharmacology 16: 1101-1108

45. Zimmermann E, Gispen WH, Marks BH, deWied D (1973) Drug Effects on neuroendocrine regulations. Progress in Brain Research Vol 19. Elsevier, Amsterdam

Funktionelle Anatomie neuroendokriner Systeme[a][1]

A. Weindl und M.V. Sofroniew

1. Einleitung

In den letzten Jahren wurde im Zentral-Nervensystem außer den als
klassische Neurohormone des Hypothalamus bekannten Oligopeptiden
eine wachsende Zahl von weiteren Peptiden gefunden. Da ein Teil dieser Peptide ursprünglich in Nervenzellen und -fasern oder sekretorischen Zellen des Gastrointestinaltrakts entdeckt wurde, ist für mehrere dieser Peptide auch die Bezeichnung "Neuro-gastrointestinopep-
tide" gebräuchlich.
Eine physiologische Funktion dieser Peptide im Zentral-Nerven-System
ist nur zum Teil gesichert. Tabelle 1 gibt eine Übersicht über die
bisher bekannt gewordenen Peptide im Zentral-Nerven-System.
Da bei einigen dieser Peptide das tatsächliche Vorkommen und eine
physiologische Bedeutung im Zentral-Nerven-System noch nicht vollständig geklärt ist, soll in dieser Übersicht im wesentlichen auf
immunhistochemische Befunde über die funktionelle Organisation neurosekretorischer Neurone eingegangen werden, die Hypothalamus-Hormone bilden. Die Existenz und physiologische Funktionen dieser Substanzen sind in zahlreichen mit verschiedenen Methoden durchgeführten Untersuchungen gesichert. In dieser Übersicht sollen am Gehirn
des Menschen und anderer Primaten erhobene Befunde besonders berücksichtigt werden.
Einzelheiten über die angewendete Immunperoxydasetechnik, die Gewin-
nung und Charakterisierung der Antikörper wurden an anderer Stelle
(26) ausführlich berichtet.

2. Peptiderge Neurone

2.1. Vaskuläre und neuronale efferente Verbindungen neurosekretorischer Hypothalamus-Neurone
2.1.1. Magnozelluläre Vasopressin-, Oxytocin und Neurophysin-Neurone
Vasopressin und Oxytocin entstehen zusammen mit ihren jeweiligen Be-
gleitpeptiden, den Neurophysinen (Molekulargewicht ca. 10000), aus

[a] Mit dankenswerter Unterstützung durch die Deutsche Forschungsgemeinschaft (We 608/6). Herrn Prof. N. Liebhardt, Gerichtsmedizinisches
Institut der Universität München, Herrn Prof. W. Wuttke und Herrn
Dr. B. Lee, Max-Planck-Institut für Biophysikalische Chemie, Göttingen, sowie Herrn Prof. H.J. Quabbe, Klinikum Steglitz, Berlin, danken wir für die Bereitstellung von frisch fixiertem Autopsiematerial
bzw. von Rhesusaffen-Gehirnen. Frau R. Köpp-Eckmann, Frau I. Wild,
Frau M. Stoeck, Frau P. Campbell und Frau E. Droessel sei für ihre
Hilfe gedankt

[1] Referat anläßlich der gemeinsamen Sitzung der Deutschen Gesellschaft
für Innere Medizin und der Deutschen Gesellschaft für Neurologie in
Wiesbaden am 14.4.1980

<u>Tabelle 1.</u> Übersicht über die Lokalisation und Funktion von Neuropeptiden

Peptid	Fundorte	Literatur	Funktionen
Vasopressin (9AS)	Magnozelluläres System: Neurone: Nu.supraopticus,paraventricularis Fasern: Hinterlappen Außenzone der Eminentia mediana Stria terminalis, Amygdala	(31) (25,35)	Antidiuresis, Hämostase ACTH-Freisetzung
	Parvozelluläres System: Neurone: Nu.suprachiasmaticus Fasern: laterales Septum, dorsaler Thalamus, Habenulae, Nu.interpeduncularis, med. Amygdala, ventraler Hippocampus	(24)	Neurotrope Wirkungen
Oxytocin (9AS)	Magnozelluläres System: Neurone: Nu.supraopticus,paraventricularis Fasern: Hinterlappen Kaudaler Hirnstamm (Nu.tractus solitarii), Rückenmark (Seiten-, Hinterhorn)	(25,35)	Uteruskontraktion, Milchejektion Neurotrope Wirkungen
Somatostatin (14AS)	Pankreas, Magen-Darm-Trakt, Schilddrüse Neurone: Nu.hypothalami anterior, Cortex, Hippocampus, Mesencephalon, Spinalganglien Fasern: Eminentia mediana Hypothalamuskerne, Tuberculum olfactorium, Nu.accumbens, Amygdala, Rückenmark (Hinterhorn)	(14,23) (14)	Sekretionshemmung Hemmung der Wachstumshormonsekretion Neurotrope Wirkungen
LRH (10AS)	Neurone: Praeoptische Region, vorderer Hypothalamus Fasern: Eminentia mediana, Organum vasculosum der Lamina terminalis, Septum, Thalamus, Mamillarregion, Nu.interpeduncularis, ventraler Hippocampus	(2) (2,35)	Gonadotropin-Freisetzung Neurotrope Wirkungen (Sexualverhalten)
TRH (3AS)	Neurone: dorsomedialer Hypothalamus Fasern: Eminentia mediana, Hirnstamm, Rückenmark	(14)	TSH-Freisetzung Neurotrope Wirkungen
β-Endorphin (30AS) ACTH (39AS)	Zwischenlappen (β-Endorphin) Vorderlappen (ACTH, β-LPH, α-MSH)		Analgesie Cortisonsekretion, Lipolyse, Melanophorenstimulation
β-Lipotropin (91AS) α-MSH (13AS)	Neurone: Mediobasaler Hypothalamus Fasern: vorderer Hypothalamus, Area praeoptica, ventrales Septum, dorsaler Thalamus, periaquaeductales Grau	(3,4,33)	Neurotrope Wirkungen

Tabelle 1 (Fortsetzung)

Met-Enke-phalin (5AS)	Darm, Sympathikusganglien	(14,23)	
	Neurone: Nu.arcuatus,ventromedialis paraventricularis, Septum laterale, Nu.interstitialis striae terminalis,		Neurotrope Wirkungen
Leu-Enke-phalin (5AS)	Substantia nigra, periaquaeductales Grau, Hirnstamm, Trigeminuskern Fasern: Hypothalamuskerne Eminentia mediana Hirnstamm, Rückenmark	(4,14)	u.a.Prolactin-Freisetzung, Schmerzmodulation
Sub-stance P (11AS)	Spinalganglien, Hautnerven, Hautgefäße	(14,23)	
	Neurone: Nu.praemamillaris, dorso-medialis, ventromedialis, Thalamus, Mesencephalon, Basalganglien, Amygdala, Spinalganglien Hirnstamm Rückenmark Fasern: Hypothalamuskerne, Rückenmark alle Hirnregionen außer Cortex	(6,14)	Neurotrope Wirkunken Schmerzmodulation
Vasoin-testina-les Peptid (28AS)	Darmwand, Blutgefäße, Urogenitaltrakt, Hirngefäßnerven	(10,23)	Vasodilatation
	Neurone: Hypothalamus, Neocortex Fasern: Hypothalamuskerne, Amygdala, Neostriatum, Neocortex	(10)	Neurotrope Wirkungen (excitatorisch)
Neuro-tensin (13AS)	Darmwand	(23,30)	Glucoregulation, Magensekretion, Darmmotilität
	Neurone: Hypothalamus Fasern: Substantia gelatinosa des Rückenmarks und Trigeminuskern, mesencephales Grau, Hypothalamus anterior und Regio praeoptica, Stria terminalis, Amygdala, Cortex	(30)	Neurotrope Wirkungen (Thermoregulation, Nociception)
Chole-cysto-kinin (13AS)	Darmwand, Pankreasinseln	(22)	
	Neurone: Cortex Fasern: Cortex, Hippocampus, Amygdala, Hypothalamus	(20,29)	Neurotrope Wirkungen
Angio-tensin II (8AS)	Juxtaglomerulärer Apparat		
	Neurone: Hypothalamus (Nu.paraventricularis) Fasern: dorsomedialer Hypothalamus, Eminentia mediana, Hirnstamm, Rückenmark	(13,14)	Durstregulation, Blutdrucksteigerung
Carnosin (2AS)	Olfaktorisches System	(15)	Neurotrope Wirkungen
Bombe-sin (14AS)	Amphibienhaut; bei Säugern: Gastrointestinaltrakt Hypothalamus, Thalamus und Mesencephalon	(17)	Neurotrope Wirkungen: Hypothermie, Hyperglycaemie, Analgesie

einem Praekursormolekül (Molekulargewicht ca. 25000) (12) in getrennten sekretorischen magnozellulären Neuronen des Nucleus supraopticus, Nucleus paraventricularis oder in dazwischen liegenden Neuronen (Abb. 1). Im Nucleus supraopticus des Menschen überwiegt die Zahl der Vasopressin-bildenden Neuronen sehr stark (8).
In Axonen werden Vasopressin, Oxytocin und Neurophysin durch die Innenzone des Infundibulums zum Hypophysenhinterlappen transportiert. Dort erfolgt die Speicherung und Abgabe in Kapillaren des allgemeinen Kreislaufs, deren gefenstertes Endothel für Peptide und Proteine durchlässig ist. Vasopressin und Oxytocin gelangen auf dem Blutweg zu entfernten Zielorganen. Vasopressin bewirkt eine erhöhte Permeabilität der distalen Tubulusmembran der Niere für die Wasserrückresorption. Weitere Wirkungen von Vasopressin sind Blutdrucksteigerung (16), und eine fördernde Wirkung auf die Blutgerinnung (32). Oxytocin bewirkt eine Kontraktion des Myometriums bei der Geburt und eine Milchejektion der Brustdrüse. Neurophysine sind im Blut nachweisbar, doch ist eine physiologische Wirkung der Neurophysine nicht bekannt. Neurophysin II ist durch Nikotin stimulierbar und mit Vasopressin assoziiert, Neurophysin I ist durch Östrogene stimulierbar und mit Oxytocin assoziiert (21).

Eine große Zahl von Vasopressin- und Neurophysin-Fasern aus dem Nucleus paraventricularis zieht über die Innenzone des Infundibulums zu Portalkapillaren der Außenzone (31). Eine bei der Ratte beobachtete Zunahme von Vasopressin und Neurophysin in der Außenzone nach Adrenalektomie, das Ausbleiben der Zunahme unter Glukokortikoid- nicht aber unter Mineralokortikoidsubstitution (27, 28) weist auf eine Beteiligung von Vasopressin bei der ACTH-Sekretion hin.

Magnozelluläre Neurone im Nucleus paraventricularis haben oft mehrere Fortsätze. Zentrale Fortsätze, die nicht zu Neurohämalregionen ziehen, projizieren zu anderen Neuronen (25, 35). Vom Nucleus paraventricularis ziehen Neurophysin und vorwiegend Vasopressin enthaltende Fortsätze in der Stria terminalis zum zentralen Amygdalakern. Neurophysin und vorwiegend Oxytocin enthaltende Fasern ziehen kaudalwärts zum Mittelhirn, Hirnstamm und Rückenmark. Hauptzielgebiete dieser Fasern sind der Nucleus tractus solitarii und der dorsale Vaguskern (Abb. 2, 3), wo kardiovaskuläre Reflexe und Blutdruck reguliert werden (5). Dort werden axosomatische und axodendritische Kontakte in großer Zahl gefunden (Abb. 2). Im Rückenmark werden Neurophysin- und Oxytocinfasern in der Umgebung des Zentralkanals, in der Marginalzone des Hinterhorns und im thorakalen Seitenhorn beobachtet (Abb. 3). Während Oxytocinfasern in der Substantia gelatinosa des Hinterhorns des Rückenmarks möglicherweise sensible Afferenzen einschließlich Schmerzafferenzen modulierend beeinflussen, könnten Fasern im Seitenhorn und im Nucleus tractus solitarii die Aktivität von Neuronen beeinflussen, die den Blutdruck und andere Kreislauffunktionen kontrollieren. Eine Rolle neurophysärer Peptide im Bereich des Kreislaufzentrums der kaudalen Medulla oblongata wurde von Möhring et al. (16) postuliert. Möglicherweise spielt dabei ein gewisses Verhältnis von Vasopressin zu Oxytocin eine Rolle.

2.1.2. Parvozelluläre Vasopressin- und Neurophysin-Neurone des Nucleus suprachiasmaticus
Der Nucleus suprachiasmaticus, der eine zentrale Integrationsfunktion bei der Regulation biologischer Rhythmen hat, enthält parvozelluläre Vasopressin- und Neurophysin-bildende, nicht aber Oxytocin-bildende Neurone.

Der Nucleus suprachiasmaticus erhält Afferenzen aus der Retina über die retino-hypothalamische Bahn (18), Serotoninfasern aus den Raphekernen des kaudalen Hirnstamms (1) und Somatostatinfasern (35).

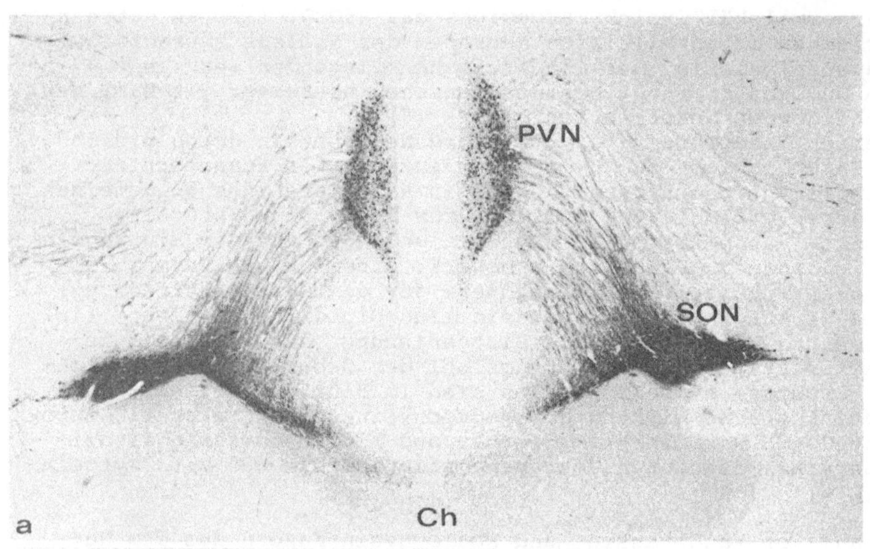
PVN
SON
Ch
a

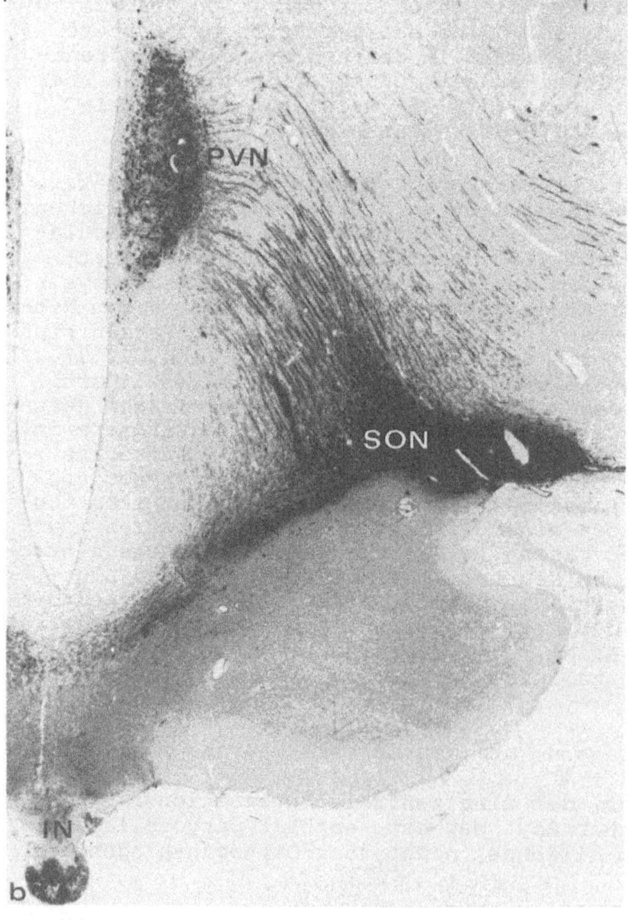
PVN
SON
IN
b

Feinkalibrige efferente Vasopressin- und Neurophysin-enthaltende Fasern des Nucleus suprachiasmaticus ziehen nicht zu Blutgefäßen in Neurohämalregionen, sondern zu zentralen Neuronengruppen, wo sie vorwiegend axosomatische Kontakte bilden: Hauptzielgebiete sind das laterale Septum, der dorsale Thalamus, laterale Habenularkerne, zentrales Höhlengrau des Mesencephalons, hinterer Hypothalamus, Nucleus interpeduncularis des Mittelhirns, medialer Amygdalakern und ventraler Hippocampus (24).
Vasopressin-Fasern des Nucleus suprachiasmaticus, die durch die Innenzone des Organum vasculosum der Lamina terminalis ziehen, enden nicht an dessen Gefäßen (36). Die Funktion dieser sehr ausgeprägten Vasopressin enthaltenden Projektionen ist nicht bekannt. Zentrale Wirkungen von Vasopressin auf die Retention von erlerntem Verhalten wurden bei der Ratte beobachtet (7).

2.1.3. LRH-Neurone
LRH wird in mediozellulären Neuronen (2) gebildet. LRH-bildende Zellen werden bei Nagern in der präoptischen Region und im vorderen Hypothalamus, bei Primaten zusätzlich auch im mediobasalen Hypothalamus gefunden (Abb. 4) (35). LRH-Fasern ziehen zu Portalkapillaren in der lateralen Außenzone des Infundibulums. Dopamin-Fasern, die in Juxtaposition zu LRH-Terminalen an Portalgefäßen enden, modulieren die Freisetzung von LRH und damit die Gonadotropinsekretion (11, 22). Eine große Zahl von LRH-Fasern endet an den permeablen Kapillaren des Organum vasculosum der Lamina terminalis, das eine weitere Abgabestelle von Hypothalamushormonen in das Blut darstellt. LRH-Fasern, die nicht mit anderen Neuronen in Verbindung treten, verlaufen von der präoptischen Region zur Mamillarregion und zum Nucleus interpeduncularis (34).
Eine weitere Gruppe von LRH-Fasern verläuft dorsal zum Epithalamus, zum periaquäduktalen Grau des Mesencephalons und über den Fasciculus retroflexus zum Nucleus interpeduncularis (35). Eine Einflußnahme von LRH-Fasern auf zentrale Neurone wird in Zusammenhang mit der Beeinflussung des Sexualverhaltens gesehen (19).

2.1.4. Somatostatin-Neurone
Somatostatinperikaryen liegen periventrikulär im vorderen Hypothalamus. Somatostatinfasern, die in Portalkapillaren der medialen Außenzone der Eminentia mediana enden, stammen von diesen Perikaryen (9). Diese Fasern hemmen die Sekretion von Wachstumshormon. Somatostatinfasern werden auch in der Umgebung von permeablen Kapillaren des Hypophysenhinterlappens (35), des Organum vasculosum der Lamina terminalis und nur vereinzelt im Subfornikalorgan (34) gefunden. Somatostatinfasern bilden dichte Felder von Terminalen in mehreren hypothalamischen Kernen (Nucleus praeopticus medianus, suprachiasmaticus, ventromedialis, infundibularis, praemamillaris, sowie Nucleus supraopticus und paraventricularis). Außerhalb des Hypothalamus werden Somatostatinperikaryen verstreut im Neocortex und Hippocampus gefunden (35). Im Bereich des Nucleus interpeduncularis des Mesencephalons bilden Somatostatinperikaryen eine dichte Gruppe. Von diesen extrahypothalamischen Perikaryen stammen Somatostatinfasern, die außerhalb des Hypothalamus im Nucleus interstitialis der Stria terminalis, in der Stria terminalis, im Nucleus accumbens, Nucleus amygdalae medialis, Tuberculum olfactorium,

---

Abb. 1a, b. Rhesusaffe. Frontalschnitte durch den Nucleus paraventricularis (PVN) und supraopticus (SON). Neurophysin-Immunperoxydasereaktion. Efferente Fasern beider magnozellulärer Kerne bilden die hypothalamo-neurohypophysäre Bahn. Neurophysin-Fasern in der Außenzone des Infundibulums (IN) enden an Portalkapillaren. a. 10x. b. 16x

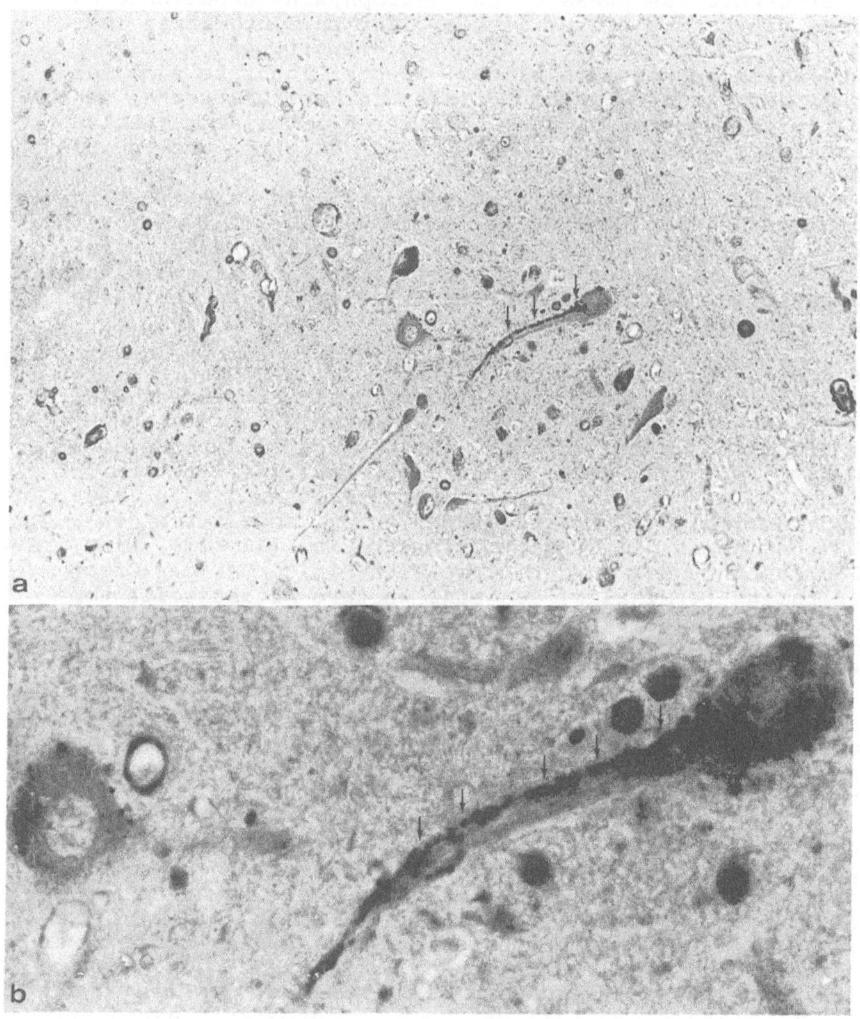

Abb. 2a, b. Mensch. Transversalschnitt durch den Übergangsbereich
Medulla oblongata - Cervicalmark. Oxytocin-Immunperoxydasereaktion.
Eine Oxytocin-Faser bildet axo-dendritische und axosomatische Kontakte (6) an einem Neuron im Bereich des dorsalen Vaguskerns.
a. Übersicht. 160x. b. Ausschnittvergrößerung von a. 640x

Abb. 3a, b. Schematische Darstellung kreislaufregulierender Bahnen.
a. In dem Schema von Cohen und Cabot (5) sind descendierende Bahnen,
die zum dorsalen Vaguskern, zum Nucleus tractus solitarii der kaudalen Medulla oblongata und zu präganglionären Neuronen des Sympathicus im thorakalen Seitenhorn projizieren, sowie deren z.T. hypothetische Transmitter dargestellt. b. In diesem Schema sind die descendierenden peptidergen Bahnen von a als extrahypophysäre descendierende
Oxytocin- und Neurophysin-Fasern magnozellulärer neurosekretorischer
Neurone des Nucleus paraventricularis (PVN) hervorgehoben, die im
dorsalen Vaguskern (DMV), Nucleus tractus solitarii (NTS) und im Intermediolateralbereich (IML) des Thorakalmarks enden. Extrahypophysäre
Vasopressin- und Neurophysin-Fasern magnozellulärer neurosekretorischer Neurone des Nucleus paraventricularis projizieren über die Stria
terminalis zu Neuronen im zentralen Amygdalakern ·(CA)

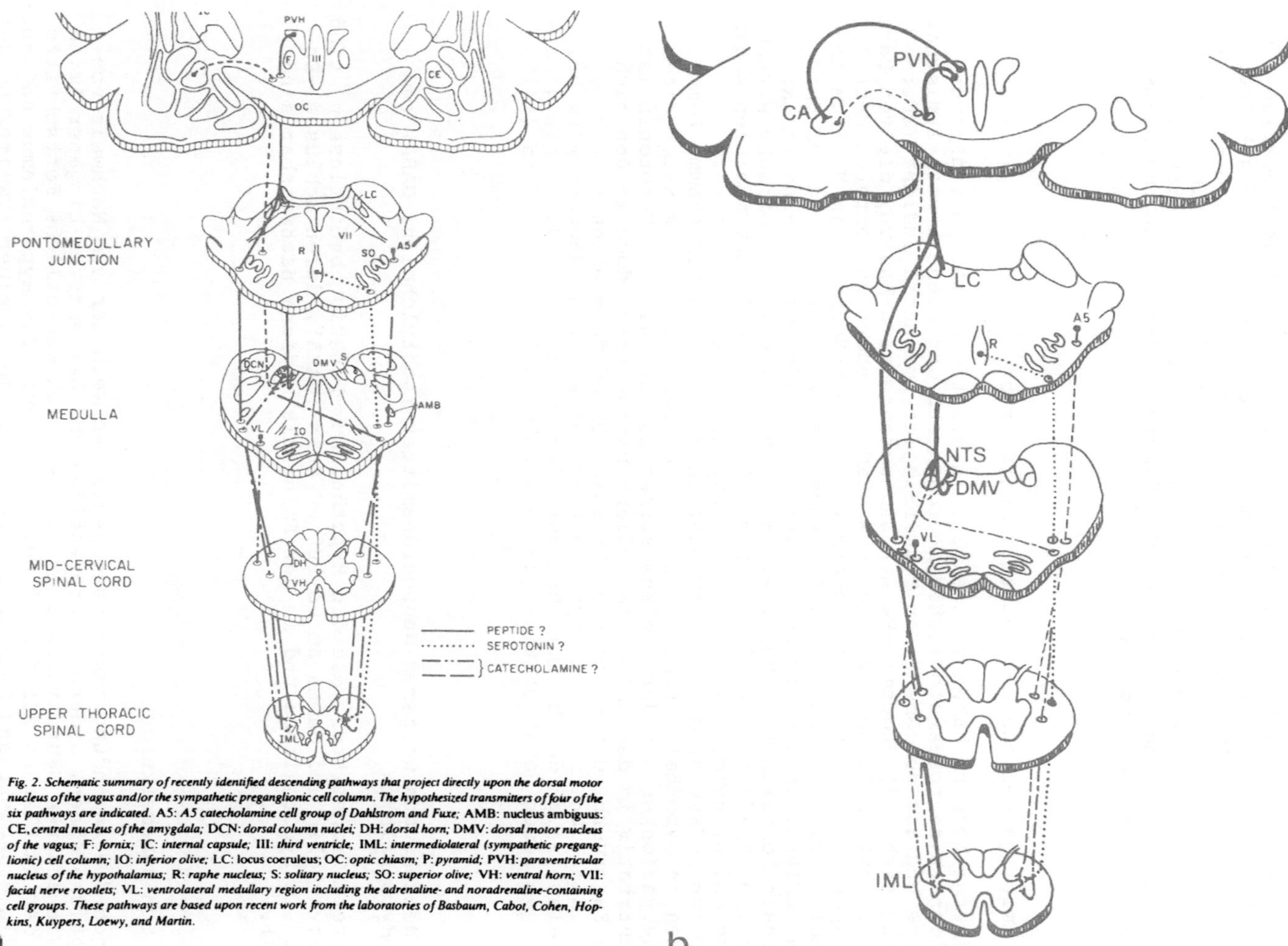

Fig. 2. Schematic summary of recently identified descending pathways that project directly upon the dorsal motor nucleus of the vagus and/or the sympathetic preganglionic cell column. The hypothesized transmitters of four of the six pathways are indicated. A5: A5 catecholamine cell group of Dahlstrom and Fuxe; AMB: nucleus ambiguus: CE, central nucleus of the amygdala; DCN: dorsal column nuclei; DH: dorsal horn; DMV: dorsal motor nucleus of the vagus; F: fornix; IC: internal capsule; III: third ventricle; IML: intermediolateral (sympathetic preganglionic) cell column; IO: inferior olive; LC: locus coeruleus; OC: optic chiasm; P: pyramid; PVH: paraventricular nucleus of the hypothalamus; R: raphe nucleus; S: solitary nucleus; SO: superior olive; VH: ventral horn; VII: facial nerve rootlets; VL: ventrolateral medullary region including the adrenaline- and noradrenaline-containing cell groups. These pathways are based upon recent work from the laboratories of Basbaum, Cabot, Cohen, Hopkins, Kuypers, Loewy, and Martin.

in den Callejaschen Inseln, im Nucleus tractus solitarii und im Hinterhorn des Rückenmarks (Abb. 5) beobachtet werden (35).

2.1.5. Weitere Neuropeptide und Hypothalamusfunktion
Die Funktionen weiterer Neuropeptide, die keine primär endokrine Funktion haben (s. Tabelle 1) sind noch nicht ausreichend geklärt. Beispielsweise wird durch Enkephalin-Fasern, die sowohl im Hypothalamus als auch in der Eminentia mediana enden, die Prolaktin-Sekretion stimuliert (14). Veränderungen des Cholecystokinin-Gehaltes werden mit einer Rolle dieses Peptids bei der Kontrolle der Nahrungsaufnahme in Zusammenhang gebracht (29).

3. Aminerge Neurone und Hypothalamusfunktion

Aminerge Neurone haben vielfältige Interaktionen mit peptidhormon-bildenden neurosekretorischen Neuronen auf der Ebene hypothalamischer Kerne und auf der Ebene der Terminale der Eminentia mediana (Übersicht siehe 14). Dopamin-Fasern und Noradrenalin-Fasern, die von Perikaryen außerhalb des Hypothalamus stammen, enden an mehreren Kerngruppen des Hypothalamus. Fasern von Dopamin-Neuronen im Nucleus infundibularis und ventomedialis, enden in der Zona externa der Eminentia mediana. In der lateralen Außenzone bilden Dopamin-Fasern axo-axonale Kontakte mit LRH-Fasern und haben eine inhibitorische Wirkung auf die LRH-Sekretion (14). Dopamin-Fasern, die in der medialen Außenzone enden, hemmen die Prolaktin-Sekretion (14).
Serotonin-Fasern, die von Raphekernen des unteren Hirnstamms kommen, enden in hypothalamischen Kernen. Eine besonders reiche Serotonin-Innervation erhält der Nucleus suprachiasmaticus (1). Serotonin ist quantitativ in der Eminentia mediana nachweisbar, doch ließen sich die Faserverbindungen noch nicht ausreichend darstellen.
Eine Einflußnahme peptiderger Neurone auf aminerge Neurone wird beispielsweise an den Dopamin-Neuronen des Nucleus infundibularis gefunden, an denen Somatostatin- (35) und Enkephalin-Fasern enden (14).

4. Beziehungen weiterer Neurotransmitter (Acetylcholin, GABA) zum Hypothalamus

Weitere Transmitter, die die Hypothalamus-Funktion beeinflussen, sind Acetylcholin und Gamma-amino-Buttersäure (GABA), deren Schlüssel-Enzyme im Hypothalamus und in der Eminentia mediana nachweisbar sind (14).

5. Schlußbemerkungen

Durch die Anwendung immunhistochemischer Methoden zum Nachweis von Peptidhormonen, anderen Neuropeptiden und Leitenzymen biogener Amine sowie anderer Neurotransmitter, ließen sich wesentliche Fortschritte in der Aufklärung der funktionellen Anatomie des Hypothalamus und seiner neuroendokrinen Funktionen erzielen, die zu einer Erweiterung der theoretischen Basis für die Pathophysiologie hypothalamischer und hormoneller Funktionsstörungen und ihrer pharmakologischen Beeinflussung beitragen.

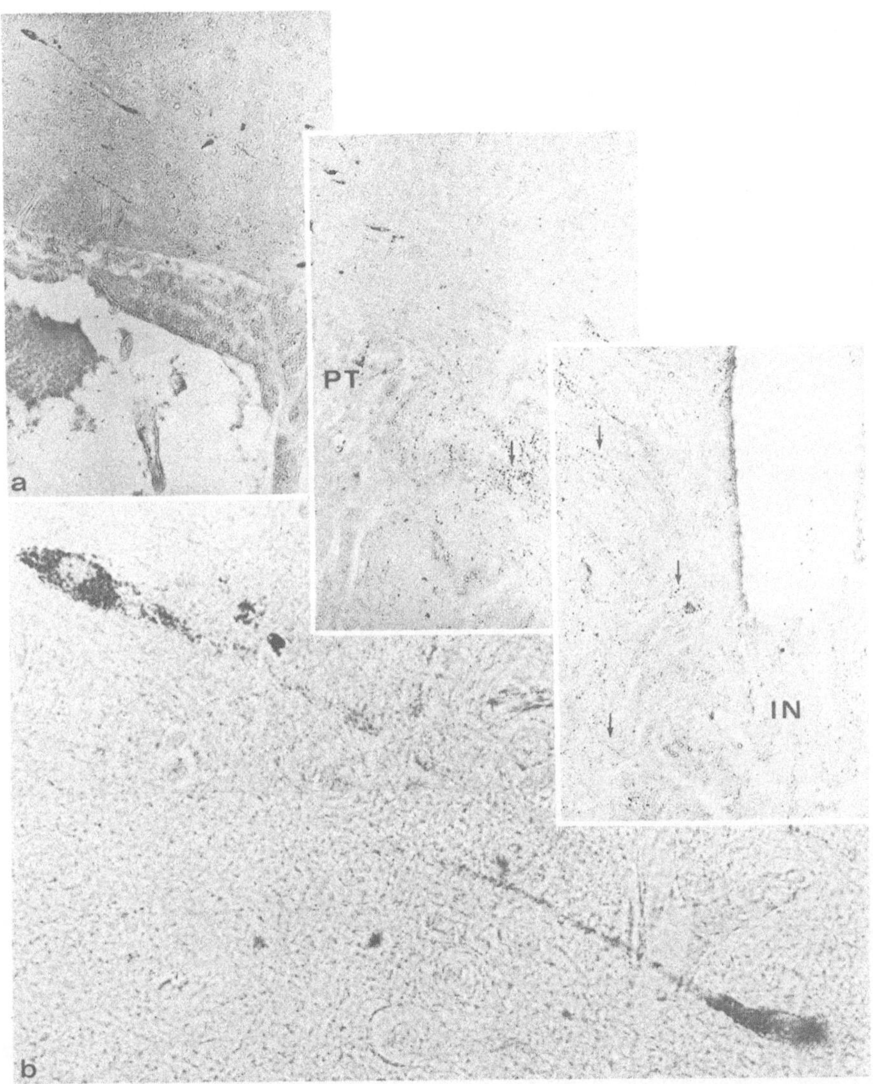

Abb. 4a, b. Rhesusaffe. Frontalschnitt durch den mediobasalen Hypothalamus und das Infundibulum (IN). LRH-Immunperoxydasereaktion. Beim
Rhesusaffen sind im mediobasalen Hypothalamus LRH-Neurone nachweisbar, deren Fortsätze teils zum Infundibulum, teils zentral gerichtet
sind. Im Infundibulum verlaufen LRH-Fasern (↓) zu Portalkapillaren.
PT pars tuberalis der Adenohypophyse. a. Übersicht. 80x. b. Ausschnittvergrößerung von a. 560x

Literatur

1. Aghajanian GK, Bloom FE, Sheard MH (1969) Electron microscopy of
   degeneration within the serotonin pathway of the rat. Brain Res 13:
   266-273

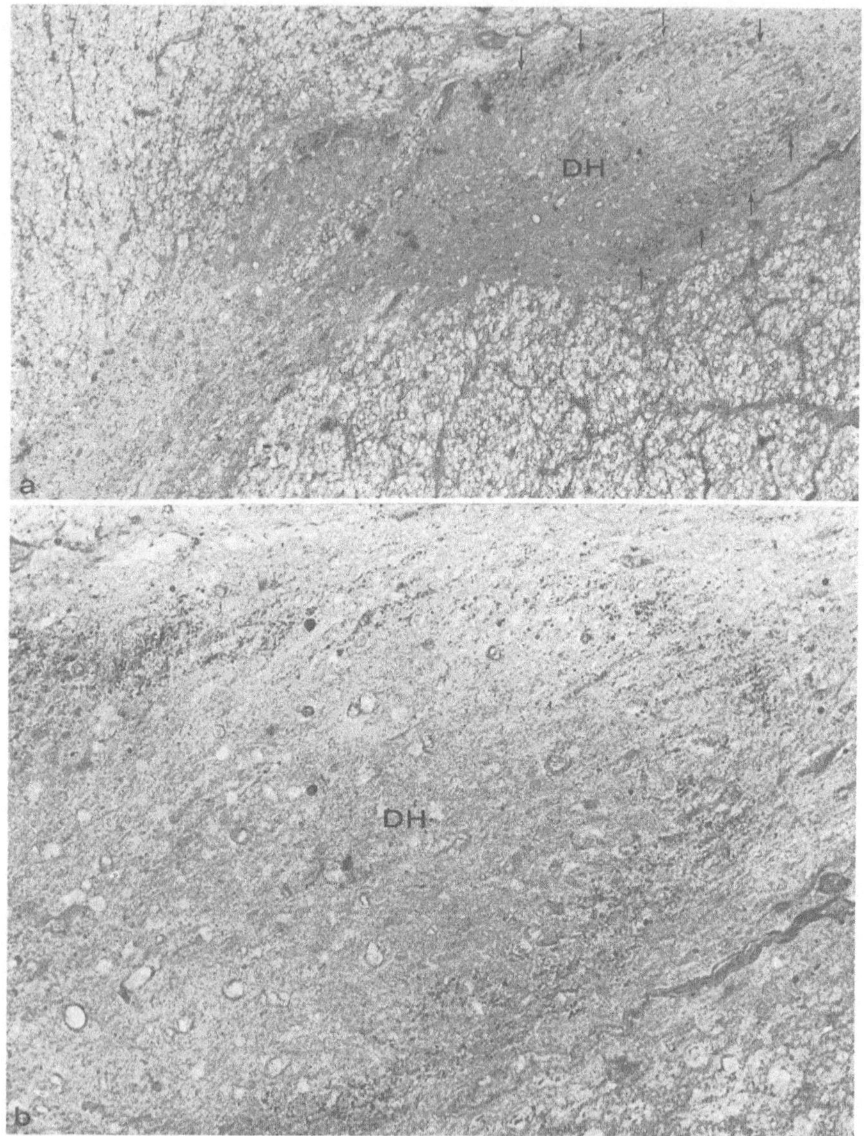

Abb. 5a, b. Mensch. Transversalschnitt durch das Hinterhorn des Cervicalmarks. Somatostatin-Immunperoxydasereaktion. Somatostatin-Fasern afferenter Hinterwurzel-Neurone enden in der Substantia gelatinosa (↓). a. Übersicht 64x. b. Ausschnittvergrößerung von a. 640x

2. Barry J, Dubois MP, Poulain P (1973) LRF producing cells of the mammalian hypothalamus. Z Zellforsch 146: 351-366

3. Bloch B, Bugnon C, Fellmann D, Lenys D, Gouget A (1979) Neurons of the rat hypothalamus reactive with antisera against endorphins, ACTH, MSH and β-LPH. Cell Tiss Res 204: 1-15

4. Bloom F, Battenberg E, Rossier J, Ling N, Guillemin R (1978)
   Neurons containing β-endorphin in rat brain exist separately from
   those containing enkephalin: Immunocytochemical studies. Proc Nat
   Acad Sci 75: 1591-1595

5. Cohen DH, Cabot JH (1979) Toward a cardiovascular neurobiology.
   Trends in Neurosciences 3: 273-276

6. Cuello AC, Kanazawa I (1978) The distribution of substance P
   immunoreactive fibers in the rat central nervous system. J Comp
   Neurol 178: 129-156

7. De Wied D (1976) Behavioral effects of intraventricularly
   administered vasopressin and vasopressin fragments. Life Sci 19:
   685-690

8. Diericks K, Vandesande F (1977) Immunocytochemical localization
   of the vasopressinergic and the oxytocinergic neurons in the
   human hypothalamus. Cell Tiss Res 184: 15-27

9. Elde R, Hökfelt T (1978) Distribution of hypothalamic hormones
   and other peptides in the brain. In: Ganong WF, Martini L (eds)
   Frontiers in Neuroendocrinology, Vol 5. Raven Press, New York, p 33

10. Fahrenkrug J (1980) Vasointestinal peptide. Trends in Neuroscien-
    ces 3: 1-2

11. Fuxe K, Hökfelt T, Lofstrom A, Johansson O, Agnati L, Everitt B,
    Goldstein M, Jeffcoate S, White N, Eneroth P, Gustafsson JA,
    Scott P (1976) On the role of neurotransmitters and hypothalamic
    hormones and their interactions in hypothalamic and extrahypotha-
    lamic control of pituitary function and sexual behavior. In:
    Naftolin F, Ryan KJ, Davies J (eds) Subcellular mechanism in re-
    productive neuroendocrinology. Elsevier, Amsterdam, p 53

12. Gainer H, Sarne Y, Brownstein M (1977) Biosynthesis and axonal
    transport of rat neurohypophysial proteins and peptides. J Cell
    Biol 73: 366-381

13. Ganten D, Fuxe K, Phillips MI, Mann JFE, Ganten U (1978) The
    brain renin-angiotensin system. Biochemistry, localization and
    possible role in drinking and blood pressure regulation. In:
    Ganong WF, Martini L (eds) Frontiers in Neuroendocrinology, Vol 5.
    Raven Press, New York, p 61

14. Hökfelt T, Elde R, Fuxe K, Johansson O, Ljundahl A, Goldstein M,
    Luft R, Efendic S, Nilsson G, Terenius L, Ganten D, Jeffcoate S,
    Rehfeld J, Said S, Perez de la Mora M, Possani L, Tapia R, Teran
    L, Palacios R (1978) Aminergic and peptidergic pathways in the
    nervous system with special reference to the hypothalamus. In:
    Reichlin S, Baldessarini RJ, Martin JB (eds) The hypothalamus.
    Raven Press, New York, p 66

15. Margolis FL (1978) Carnosine. Trends in Neurosciences 1: 42-44

16. Möhring J, Arbogast R, Düsing R, Glänzer K, Kintz J, Liard JF,
    Maciel JA, Montani JP, Schoun J (1980) Vasopressor role of vaso-
    pressin in hypertension. In: Wuttke W, Weindl A, Voigt KH,
    Dries RR (eds) Brain and pituitary peptides. Karger, Basel, p 10

17. Moody TW, Pert CB (1979) Bombesin-like peptides in rat brain: Quantitation and biochemical characterization. Biochem Biophys Res Comm 90: 7-14

18. Moore RY, Lenn NJ (1972) A retinohypothalamic projection in the rat. J Comp Neurol 146: 1-14

19. Moss RL, McCann SM (1973) Induction of mating behavior in rats by luteinizing hormone-releasing factor. Science 181: 171-179

20. Rehfeld JH (1980) Cholecystokinins. Trends in Neurosciences 3: 65-67

21. Robinson AG (1978) Neurophysins, an aid to understanding the structure and function of the neurohypophysis. In: Ganong WF, Martini L (eds) Frontiers in Neuroendocrinology, Vol 5. Raven Press, New York, p 24

22. Rotzstejn WH (1980) Neuromodulation in neuroendocrinology. Trends in Neurosciences 3: 67-70

23. Schultzberg M, Hökfelt T, Nilsson G, Terenius L, Rehfeld JH, Brown M, Elde R, Goldstein M, Said S (1980) Distribution of peptide- and catecholamine-containing neurons in the gastrointestinal tract of rat and guinea pit: immunohistochemical studies with antisera to substances P, vasoactive intestinal polypeptide, enkephalins, somatostatin, gastrin/cholecystokinin, neurotensin and dopamine β-hydroxylase. Neuroscience 5: 689-744

24. Sofroniew MV, Weindl A (1978) Projections from the parvocellular vasopressin- and neurophysin-containing neurons of the suprachiasmatic nucleus. Am J Anat 153: 391-430

25. Sofroniew MV, Weindl A (1981) Central nervous system distribution of vasopressin, oxytocin and neurophysin. In: Martinez JL, Jensen RA, Messing RB, Rigter H, McGaugh JL (eds) Endogenous peptides and learning and memory processes. Academic Press, New York, in press

26. Sofroniew MV, Weindl A, Schinko I, Wetzstein R (1979) The distribution of vasopressin-, oxytocin-, and neurophysin producing neurons in the guinea pig brain. I. The classical hypothalamoneurohypophyseal system. Cell Tiss Res 196: 367-384

27. Sofroniew MV, Weindl A, Wetzstein R (1977) Immunoperoxidase staining of vasopressin in the rat median eminence following adrenalectomy and steroid substitution. Acta endocrin Suppl 212: 93

28. Stillman MA, Recht LD, Rosario SL, Seif SM, Robinson AG, Zimmerman EA (1977) The effects of adrenalectomy and glucocorticoid replacement on vasopressin and vasopressin-neurophysin in the zona externa of the median eminence of the rat. Endocrinology 101: 42-49

29. Straus E, Yalow RS (1979) Cholecystokinin in the brains of obese and non-obese mice. Science 203: 68-69

30. Uhl G (1980) Neurotensin. In: Martin JB, Bick K, Reichlin S (eds) Neurosecretion and brain peptides: Implications for brain function and neurological disease. Raven Press, New York, in press

31. Vandesande F, Dierickx K, De Mey J (1977) The origin of the
    vasopressingergic and oxytocinergic fibres of the external region
    of the median eminence of the rat hypophysis. Cell Tiss Res 180:
    443-452

32. Voss H von, Geserick C, Untiedt H, Göbel U (1980) The role of
    vasopressin and its analogues in haemostasis. In: Wuttke W,
    Weindl A, Voigt KH, Dries RR (eds) Brain and pituitary peptides.
    Karger, Basel, p 18

33. Watson SJ, Barchas JD, Li CH (1977) β-Lipotropin: Localization
    of cells and axons in rat brain by immunocytochemistry. Proc Nat
    Acad Sci 74: 5155-5158

34. Weindl A, Sofroniew MV (1978) Neurohormones and circumventricular
    organs. In: Scott DE, Kozlowski GP, Weindl A (eds) Brain-Endocrine
    Interaction III. Neural hormones and reproduction. Karger, Basel,
    p 20

35. Weindl A, Sofroniew MV (1980) Immunohistochemical localization of
    hypothalamic peptide hormones in neural target areas. In: Wuttke
    W, Weindl A, Voigt KH, Dries RR (eds) Brain and pituitary pepti-
    des. Karger, Basel, p 50

36. Weindl A, Sofroniew MV (1980) Relation of neuropeptides to
    circumventricular organs. In: Martin JB, Bick K, Reichlin S (eds)
    Neurosecretion and brain peptides: Implications for brain function
    and neurological disease. Raven Press, New York, in press

Hypophysenvorderlappeninsuffizienz[1]

H.G. Solbach, H.K. Kley, J. Herrmann, W. Wiegelmann und
H.L. Krüskemper

Klinik

Erkrankungen im Zwischenhirnhypophysenbereich gehen häufig mit einer
Beeinträchtigung der Hypophysenvorderlappenfunktion einher, wobei
das klinische Bild sehr variiert. Für die Symptomatik ist das Lebensalter bei Krankheitsbeginn und das Ausmaß des Hormonmangels von maß-
geblicher Bedeutung.
Kommt es im Erwachsenenalter zu einem kompletten Ausfall der hypophysären Steuerungsfunktionen, einem sog. Panhypopituitarismus, so ist
der klinische Aspekt sehr charakteristisch. Die Patienten zeigen die
klassische Symptomatik der sekundären Hypothyreose, sekundären Nebennierenrindeninsuffizienz und des sekundären Hypogonadismus. Die Patienten klagen über eine große Hinfälligkeit, Müdigkeit, mangelnde Konzen-
trations- und Leistungsfähigkeit, Frauen geben eine Amenorrhoe, Männer
einen Verlust der Libido und Potenz an. Auffallend ist das blass-gelb-
liche Kolorit der meist trockenen und kühlen Haut, wobei man nicht
selten eine feine Runzelung im Gesicht, eine sog. Geroderma, findet.
Die lateralen Augenpartien sind ausgespart, Achsel- und Pubesbehaarung fallen aus, bei Männern ist der Bartwuchs, besonders der Backen-
bart schwach oder fehlt völlig. Das Genitale wird bei beiden Geschlech-
tern hypoplastisch. Bei den Patienten fällt ferner die alabasterfarbe-
ne Blässe auf, auch die Brustwarzen sind depigmentiert, dies ist durch
den Mangel an Melanozyten-stimulierendem Hormon hervorgerufen. Meist
findet sich ein leichtes Übergewicht.

Manifestiert sich das Krankheitsbild in der Kindheit oder Adoleszenz,
so ist die klinische Symptomatik bei totaler Hypophysenvorderlappeninsuffizienz zusätzlich durch Störungen des Wachstums und fehlendem
Pubertätseintritt mit komplettem praepuberalem Hypogonadismus geprägt.
Zwischen diesen ausgeprägten Formen der hypophysären Ausfallssymptoma-
tik und dem normalen Erscheinungsbild gibt es fliessende Übergänge,
je nachdem wie stark welche Partialfunktionen des Hypophysenvorderlappens von der Insuffizienz betroffen sind. So ist es durchaus möglich,
daß nur ein Hormon des Hypophysenvorderlappens, z.B. die somatotrope
Steuerung ausgefallen ist. Auch bei Beteiligung mehrerer Partialfunktionen können sich klinisch u.U. nur diskrete Symptome zeigen, wenn
nur eine partielle Funktionseinschränkung vorliegt.
Das eindruckvollste und schwerste Bild findet sich beim hypophysären
Koma, bei dem die Patienten über ein schläfriges und stuporöses Stadium tief komatös werden. Oft kommt es zu meist hypoglykämisch bedingten Krampfanfällen. Der gesamte Stoffwechsel ist auf ein sehr niedriges Niveau gesunken mit schwerer Hypothermie, Bradycardie und
schließlich Hypotonie bis zum Schock. Der Zustand ist äußerst ernst
und bedarf der sofortigen Substitutionstherapie.

---

[1] Referat anläßlich der gemeinsamen Sitzung der Deutschen Gesellschaft
für Innere Medizin und der Deutschen Gesellschaft für Neurologie in
Wiesbaden am 14.4.1980

Ursachen der diencephalo-hypophysären Insuffizienz

Aus der Tabelle 1 sind die Ursachen der diencephalo-hypophysären Insuffizienz aufgeführt. Historisch am bekanntesten ist das Sheehan-
Syndrom, bei dem es zu einer postpartalen Nekrose des Hypophysenvorderlappens gekommen ist. Diese akute Hypophysenvorderlappeninsuffizienz entwickelt sich im Anschluß an Geburten, die mit einer schweren
Blutung einhergehen. Das Krankheitsbild ist jedoch selten.

Tabelle 1. Ursachen der diencephalo-hypophysären Insuffizienz

---

1. Postpartale Hypophysennekrose (Sheehan-Syndrom)

2. Intra- und supraselläre Tumoren
   Hormonaktives chromophobes Adenom
   Craniopharyngiom
   Prolaktinom
   Eosinophiles Adenom (Akromegalie)
   Basophiles Adenom (Cushing-Syndrom)
   Carzinommetastasen
   Hypothalamusgliome
                       - meningiome
                       - epidermoide
   intra- und supraselläre Cysten

3. Entzündliche Hirnerkrankungen
   Virusinfektionen
                   Lues
                   Tuberkulose u.a.
   Protozoen Infektionen
                   z.B.: Toxoplasmose
   Mykosen   z.B.: Aktinomykose
                   Morbus Boeck
   Thrombophlebitis des Sinus cavernosus

4. Schwere Schädeltraumen
   Schädelbasisfrakturen
   Therapeutische Hypophysektomie

5. Diencephalo-hypophysärer Minderwuchs
   Cerebrale Geburtstraumen (patholog. Geburtslage, Asphyxie)
   Tumoren (vor allem Craniopharyngiom)
   Entzündungen
   Schwere Schädeltraumen
   Genetisch

Der Häufigkeit nach wesentlich wichtiger sind die intra- und suprasellären Tumoren. Hierbei entwickelt sich das Krankheitsbild in der
Regel langsam über mehrere Jahre hinweg. Das klassische Bild der Hypophysenvorderlappeninsuffizienz ist am reinsten bei den hormonaktiven chromophoben Adenomen und bei den Craniopharyngiomen ausgeprägt.
Hier gehören die Erscheinungen des sekundären Hypogonadismus zu den
Frühsymptomen, worauf schon 1953 Oberdisse und Tönnis (7) in ihren repräsentativen klinischen Untersuchungen hingewiesen hatten. Da das
Craniopharyngiom häufig im Wachstumsalter manifestiert ist, ist bei
diesem Krankheitsbild ein Minderwuchs in vielen Fällen vorhanden.

Bei den hormonaktiven Hypophysenvorderlappenadenomen, dem Prolaktinom
der Akromegalie und den basophilen Adenomen, sind die hypophysären
Partialfunktionen unterschiedlich und meist weniger betroffen. Hier
kommt es zu Mischbildern, wobei hormonale Überfunktions- und Insuffi-
zienzzeichen sich überlappen.
Carcinommetastasen in der Hypophyse bewirken relativ schnell eine Insuffizienz, hierzu zählen Fernmetastasen vor allem des Mamma- und des
Bronchial-Carcinoms, aber auch des Magen- und Prostata-Carcinoms.
Die in der Tabelle 1 aufgeführten Hypothalamus-Tumoren sowie die in-
tra- und suprasellären Zysten können gelegentlich ebenfalls hormonelle Ausfälle des Hypophysenvorderlappens herbeiführen.

Von den entzündlichen Hirnerkrankungen sind die Tuberkulose und der
Morbus Boeck die wichtigsten Kausalfaktoren für eine Hypophysenvorderlappeninsuffizienz entzündlicher Genese.
Schädelbasisfrakturen können die Hypophysenvorderlappenfunktion ebenfalls beeinträchtigen; die dann meist partiellen Insuffizienzerschei-
nungen sind klinisch nur diskret und werden exakt nur durch eine spezifisch endokrinologische Labordiagnostik aufgedeckt.

Therapeutische Hypophysektomien dagegen, z.B. bei metastasierendem
Mamma-Carcinom, bedingen einen Panhypopituitarismus, der einer Substitutionsbehandlung bedarf.

Der diencephalo-hypophysäre Minderwuchs ist am häufigsten durch cerebrale Geburtstraumen hervorgerufen, worauf besonders Bierich (1) hingewiesen hat. Aber auch Hirntumoren, vor allem Craniopharyngiome können Ursache dieses charakteristischen Krankheitsbildes sein, in dessen
Vordergrund die somatotrope Insuffizienz steht, bei dem aber auch alle
anderen Partialfunktionen, besonders die gonadotrope Funktion betroffen sein können.

Endokrinologische Funktionsdiagnostik

Das Ausmaß der oft nur durch diskrete Symptome gekennzeichneten Hypophysenvorderlappeninsuffizienz ist allein durch eine exakte endokrinologische Funktionsdiagnostik zu erfassen. Nur hierdurch kann festgestellt werden, ob mehrere Systeme an der Funktionseinschränkung beteiligt sind und ob sich Dissoziationen der Hormonsekretion für die einzelnen Partialfunktionen des Hypophysenvorderlappens ergeben (Solbach
et al. 1978 (10); Solbach et al. 1979 (11)). Durch die Anwendung der
radioimmunologischen Messverfahren ist die direkte Bestimmung der Hypophysenvorderlappenhormone im Blut möglich. Es hat sich jedoch gezeigt, daß die Basalwerte dieser Hormone bei Patienten mit diencephalo-hypophysärer Insuffizienz in einigen Fällen noch im unteren bis
mittleren Normbereich liegen. Wesentlich aussagekräftiger und unentbehrlich gegenüber solchen punktuellen Einzelbestimmungen sind deswegen Untersuchungen unter funktionsdynamischen Bedingungen, wobei Stimulationssubstanzen verabreicht werden.
In der Abbildung 1 sind die wichtigsten Stimulationstests zur Überprüfung der Hypophysenvorderlappenfunktionen aufgeführt. Zur Erfassung
der somatotropen Funktionsreserven ist die insulin-induzierte Hypoglykämie der wichtigste Provokationstest. Daneben ist der Arginin-Test in
bestimmten Fällen, z.B. bei diabetischen Patienten, ebenfalls als Stimulationstest verwendbar. Der LH- und FSH-Anstieg im Blut nach Gabe
von LH-RH ist ein spezifischer Parameter für die gonadotropen Hypophy-
senvorderlappenreserven. Nach TRH-Applikation ist sowohl ein Anstieg
des TSH als auch des Prolaktins unter normalen Verhältnissen provozierbar. Um Informationen über die adrenocorticotropen Reserven zu erhalten, wird ebenfalls am häufigsten der Insulin-Hypoglykämie-Test

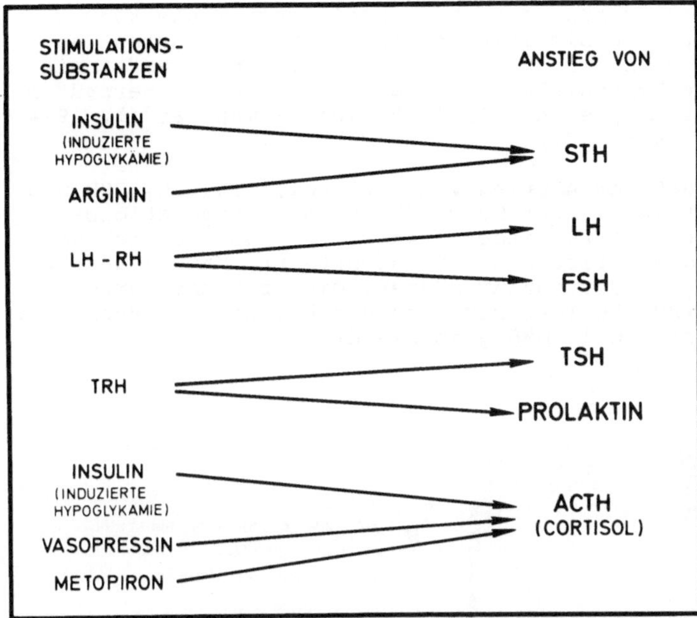

Abb. 1. Stimulationstests für Hypophysenvorderlappenhormone

meist mit Bestimmung des Cortisols und nur ausnahmsweise des ACTH
durchgeführt, da im allgemeinen Cortisol ein dem ACTH paralleles Verhalten zeigt. Zusätzlich sind der Metopyron- und auch der Vasopressin-
Test z.B. bei diabetischen Patienten anwendbar.
Die Durchführung der wichtigsten Stimulations-Tests ist in Tabelle 2
wiedergegeben, wobei Informationen über die Stimulationssubstanzen,
die applizierte Dosis und die Zeiten der Blutabnahmen zusammengefaßt
sind.

Tabelle 2. Durchführung des Insulinhypoglykämie/LH-RH und TRH-Tests

Test-Substanzen	Gemessene Hormone	Zeitpunkt der Blutent-nahme (min)
Insulin (o.1-0.2E kg KG i.v.)	STH	O
	Cortisol (ACTH)	30 60 90
TRH (200-400 µg i.v.)	TSH	O
	Prolaktin	30 60
LH-RH (50-100 µg i.v.)	LH	O
	FSH	15 30 60

Neben der isolierten Durchführung dieser verschiedenen Tests können
die einzelnen Test-Substanzen simultan in einem Kombinationstest angewandt werden, wodurch sich die Möglichkeit bietet, in einem einzigen Testansatz sämtliche hypophysären Partialfunktionen zu überprüfen
(Girard et al. 1974 (2); Kley et al. 1974 (5); Wiegelmann et al. 1974
(14); Wiegelmann et al. 1975 (13)).

Die Abbildung 2 zeigt, daß der Anstieg von Cortisol, STH, LH, FSH und
TSH bei getrennter und kombinierter Durchführung der Stimulations-
Tests keine signifikanten Unterschiede aufweist. Es handelt sich um
Mittelwerte und Standarddeviationen der Basalwerte und Maximalanstie-
ge bei einem Kollektiv gesunder junger Männer. Dieser kombinierte
Insulin-Hypoglykämie/LH/RH/TRH-Test wird von uns bei der Erfassung der
hypophysären Insuffizienz routinemäßig angewandt.

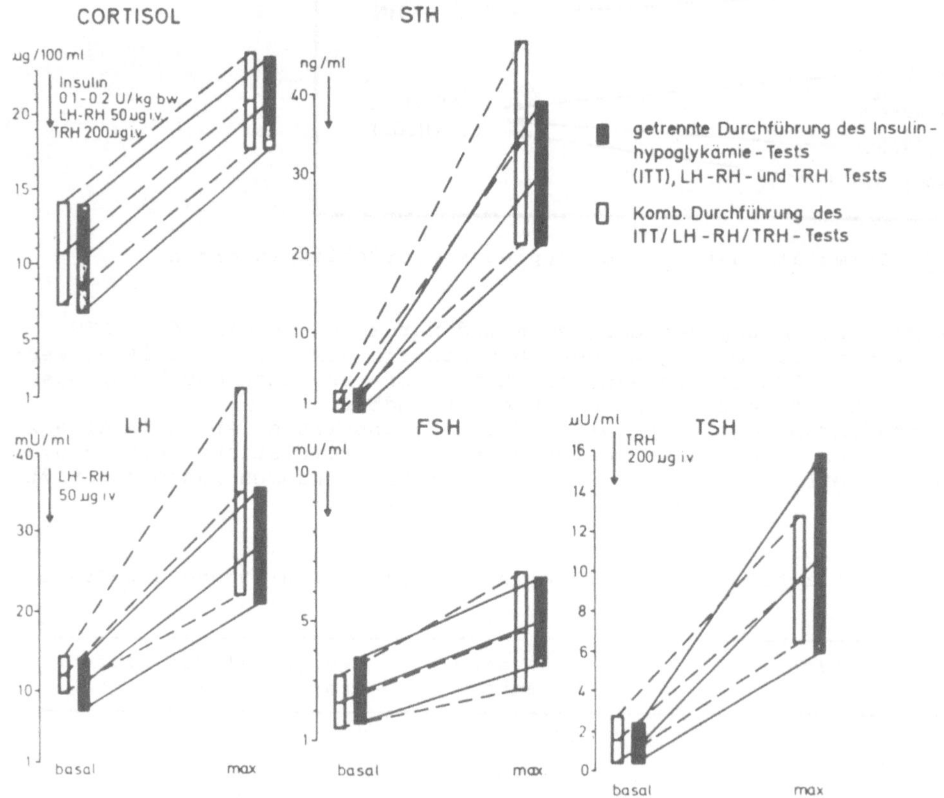

<u>Abb. 2.</u> Getrennte und kombinierte Durchführung des Insulinhypogly-
kämie-, LH-RH- und TRH-Tests

Untersuchungsergebnisse

Bei den verschiedenen untersuchten Krankheitsbildern zeigte sich nun
eine unterschiedlich ausgeprägte Hypophyseninsuffizienz. Wie die Abbildung 3 über die Befunde bei 8 Patientinnen mit einem Sheehan-Syndrom demonstriert, ist hierbei generell ein Panhypopituitarismus festzustellen. Sowohl das Wachstumshormon als auch Cortisol, LH, FSH, TSH

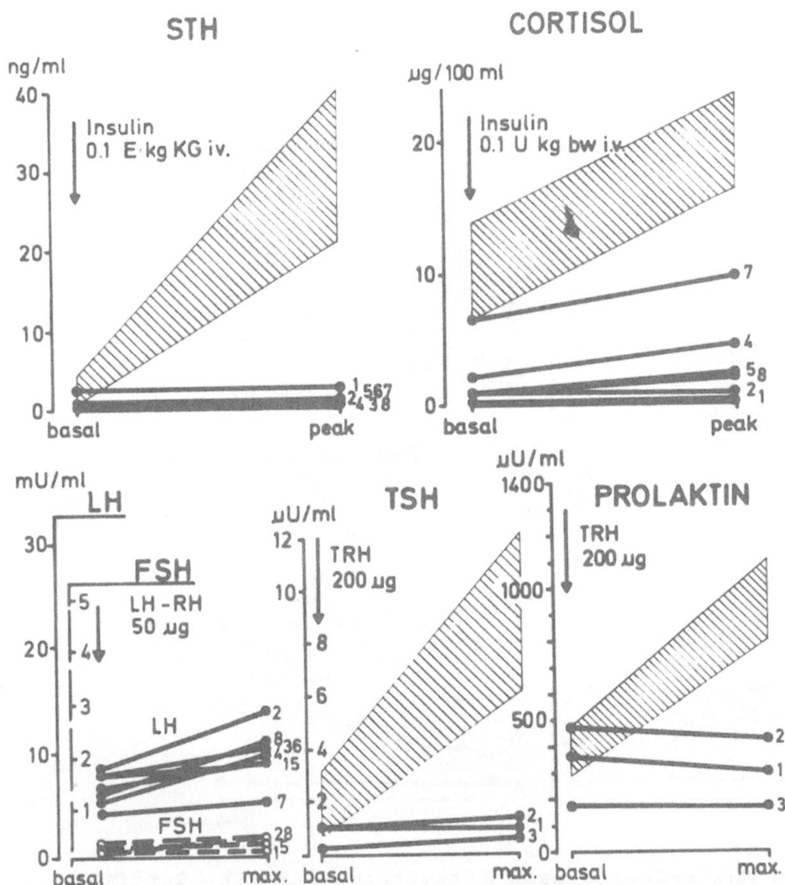

Abb. 3. Basal- und Maximalwerte nach Stimulation für STH, Cortisol, LH, FSH, TSH und Prolaktin bei Patientinnen mit einem Sheehan-Syndrom

und Prolaktin stiegen nach den verschiedenen Stimulationen nicht an, wobei auch schon bereits die Basalwerte erniedrigt waren. Die gestrichelten Areale zeigen jeweils den Normalbereich für die maximalen Anstiege der verschiedenen Hormone an. Alle Patientinnen wiesen aufgrund der klinischen Symptomatik eine sekundäre Nebennierenrindeninsuffizienz, eine Ovarialinsuffizienz sowie eine sekundäre Hypothyreose auf. Die Tatsache, daß bei allen Patientinnen eine deutliche Beeinträchtigung sämtlicher Partialfunktionen nachweisbar war, schließt jedoch nicht aus, daß es Übergangsformen mit unterschiedlich stark ausgeprägter Hypophysenvorderlappeninsuffizienz beim Sheehan-Syndrom gibt.

Ein anderes Bild ergibt sich beim diencephalo-hypophysären Zwergwuchs. In Abbildung 4 sind die Testresultate bei solchen Patienten, denen bei Patienten mit einer konstitutionellen Entwicklungsverzögerung gegenübergestellt. Beim diencephalo-hypophysären Zwergwuchs wiesen alle 59 von uns untersuchten Fälle eine fehlende oder stark verminderte Wachstumshormonsekretion auf. Im Gegensatz dazu war die Wachstumshormonfreisetzung der 44 Patienten mit einer konstitutionellen Entwicklungsverzögerung entweder normal oder nur mäßig reduziert. Die gonadotrope Funktion war bei der Mehrzahl der jugendlichen und erwachse-

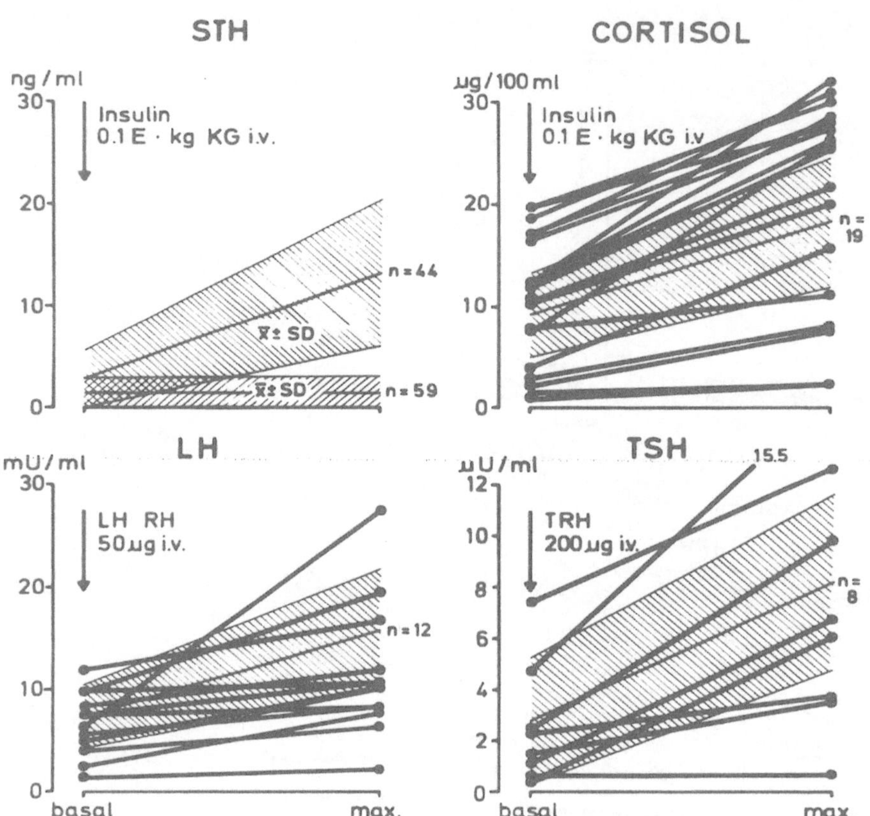

Abb. 4. Basal- und Maximalwerte nach Stimulation für STH, Cortisol, LH und TSH bei Patienten mit hypothalamo-hypophysärem Minderwuchs und konstitutioneller Entwicklungsverzögerung. Die Resultate für die Patienten mit konstitutioneller Entwicklungsverzögerung sind in den schraffierten Flächen als Mittelwerte und Streuungen dargestellt. Für das STH sind die Werte bei den Pat. mit hypothalamo-hypophysärem Minderwuchs im unteren Teil der Abbildung ebenfalls schraffiert als Mittelwerte und Streuungen wiedergegeben

nen Patienten mit einem diencephalohypophysären Minderwuchs im Sinne eines sekundären Hypogonadismus gestört. Dagegen zeigten die Patienten mit einer konstitutionellen Entwicklungsverzögerung normale LH-Anstiege auf die LH-RH-Stimulation. Nur eine geringe Zahl zwergwüchsiger Patienten hatte ein pathologisches Resultat im TRH-Test und die adrenocorticotrope Funktion war nur bei einem Viertel der Zwergwüchsigen beeinträchtigt. Der diencephalo-hypophysäre Minderwuchs hatte also ein sehr unterschiedliches Insuffizienz-Spektrum vom - seltenen - Panhypopituitarismus bis zur isolierten, allerdings obligaten somatotropen Insuffizienz.
Beim Craniopharyngiom (Abb. 5) ist in allen Fällen eine somatotrope Insuffizienz nachweisbar. Auch die gonadotrope Funktion ist erheblich beeinträchtigt. TSH und ACTH sind ebenfalls häufig von der Insuffizienz betroffen.

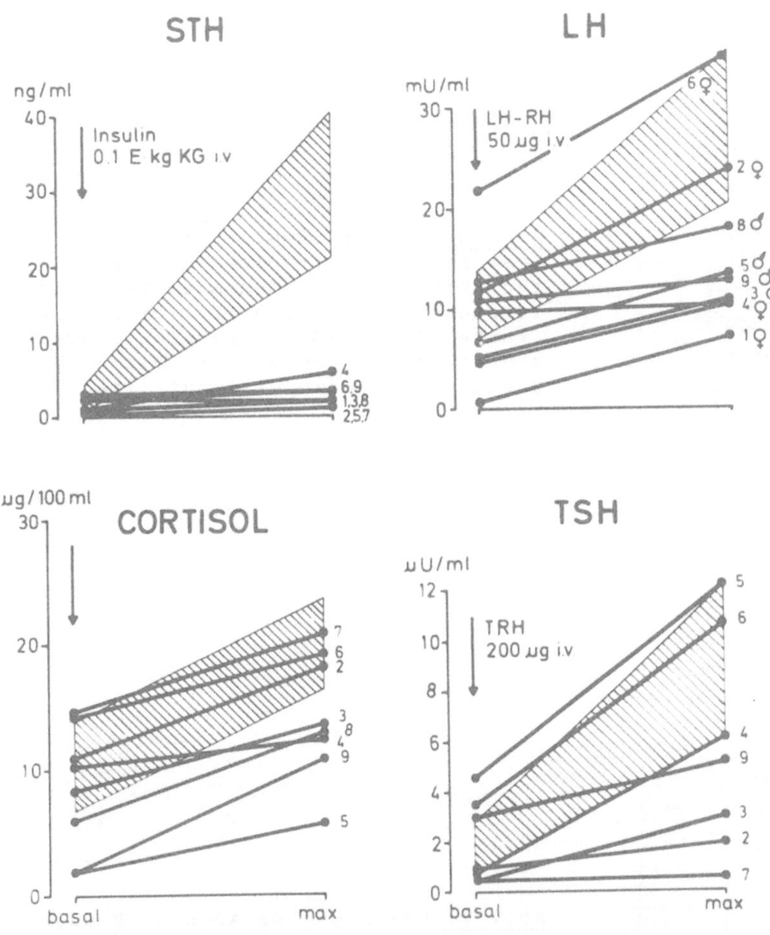

Abb. 5. Craniopharygiom. Basal- und Maximalwerte nach Stimulation
(Normalbereich schraffierte Fläche)

Beim chromophoben Adenom ist offensichtlich ebenfalls die somatotrope
Funktion regelmäßig erheblich eingeschränkt (Abb. 6). Von 53 Patienten
zeigten 43 überhaupt keinen Anstieg, 10 Patienten nur einen subnormalen Response. Die gonadotrope Steuerung ist in einem hohen Prozentsatz, d.h. in etwa 75%, TSH etwas weniger häufig, ACTH in 40% reduziert bzw. aufgehoben (Abb. 7).
Wie Abbildung 8 demonstriert, sind bei der Akromegalie die Partialfunktionen weniger stark von der Insuffizienz betroffen. Das gleiche
gilt für das Prolaktinom (Abb. 9), bei dem allerdings wieder die erhebliche Häufung der somatotropen Insuffizienz auffällt.
Es ist generell festzustellen, daß die Insuffizienz des Hypophysenvorderlappens bei der Erkrankung in dem Zwischenhirnhypophysenbereich
in einem hohen Prozentsatz das Wachstumshormon betrifft, die Akromegalie natürlich ausgenommen. Recht häufig sind auch die gonadotropen
Aktivitäten beeinträchtigt, dann folgt die thyreo-stimulierende Funktion und erst am Schluß die für die Lebensfähigkeit wichtigste, die
adrenocorticotrope Funktion. Eine klinische Relevanz des ohnehin seltenen Prolaktinmangels ist nicht bekannt, mit einer Ausnahme, nämlich
beim Sheehan-Syndrom, wo die Laktation postpartal prompt sistiert.

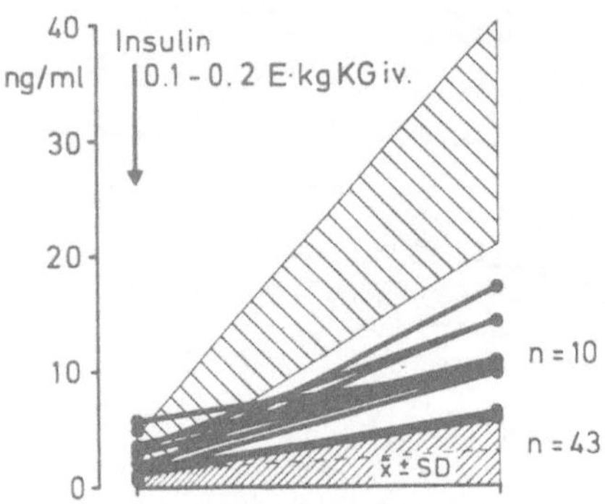

Abb. 6. STH im Insulinhypoglykämie-Test bei Pat. mit einem unbehandelten chromophoben Adenom im Vergleich zu einem Normalkollektiv (grobschraffierte Fläche: Normalbereich, engschraffierte Fläche: Pat. mit kompletter somatotroper Insuffizienz)

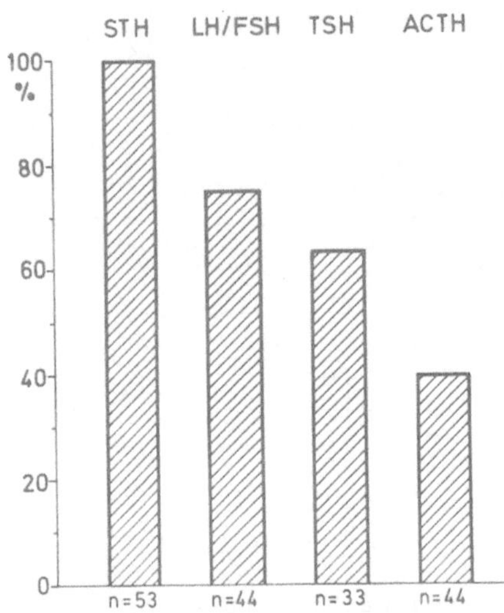

Abb. 7. Chromophobes Adenom. Prozentuale Häufigkeit der Insuffizienz hypophysärer Partialfunktionen

Auswirkungen auf periphere endokrine Organe

Es ergibt sich nun die Frage, wie stark sich die Beeinträchtigung der einzelnen hypophysären Partialfunktionen auf die von ihnen gesteuerten peripheren endokrinen Organe auswirkt. Um dies festzustellen, empfiehlt sich auf jeden Fall die Funktionsüberprüfung von Nebennierenrinde, Schilddrüse und Gonaden, d.h. die Bestimmung von Cortisol, Thyroxin und Trijodthyronin sowie der Sexualhormone im Blut. In den meisten Fällen wird ohnehin aus Gründen der Praktikabilität der Cortisolanstieg und nicht der des ACTH im Blut als Parameter gemessen. Sollten bei mangelhaftem Anstieg des Cortisol, eine ausreichende Hypoglykämie vorausgesetzt, Zweifel an der hypophysären Genese der Nebennierenrindeninsuffizienz bestehen, so ist die direkte ACTH-Bestimmung im Stimulationstest aussagekräftiger bzw. kann der ACTH-Stimulations-Test mit Cortisolbestimmung im Blut zusätzlich durchgeführt werden. Trijodthyronin und vor allem Thyroxin müssen immer bestimmt werden, um festzustellen, ob eine Hypothyreose vorliegt. Der TRH-Test zeigt dann durch hohe TSH-Werte deutlich an, wenn diese Hypothyreose primär bedingt ist. Jedoch spiegelt nach unserer Meinung der TRH-Test das Bestehen einer sekundä-

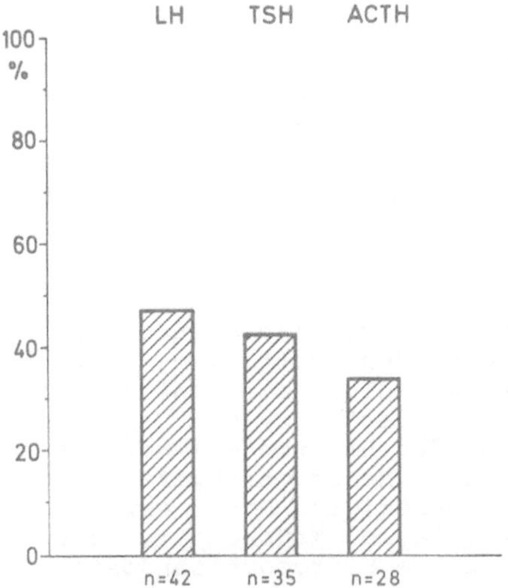

Abb. 8. Akromegalie. Prozentuale Häufigkeit der Insuffizienz hypophysärer
Partialfunktionen

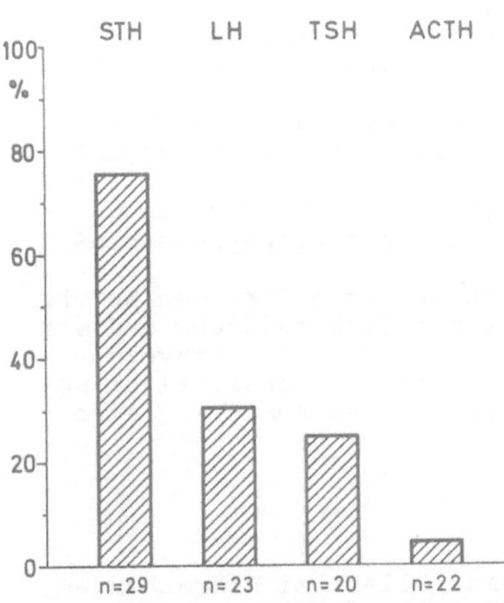

Abb. 9. Prolaktinom. Prozentuale Häufigkeit der Insuffizienz hypophysärer
Partialfunktionen

ren Hypothyreose nur unvollkommen wieder, wobei wir in Übereinstimmung mit anderen Autoren stehen (Jenkins et al. 1974 (3); Mc Laren
et al. 1974 (6); Patel u. Burger 1973 (8); Pickardt u. v.z. Mühlen
1975 (9)). Zwar gibt es Korrelationen zwischen einem mangelhaften Anstieg des TSH nach Stimulation mit TRH und einer sekundären Hypothyreose, jedoch kann ein normaler Anstieg von TSH im Stimulationstest
sowohl mit einer euthyreoten Funktion als auch mit einer sekundären
Hypothyreose einhergehen. Auf der anderen Seite findet sich eine fehlende oder subnormale Freisetzung des TSH nach TRH nicht nur bei sekundären Hypothyreosen sondern auch bei Bestehen einer euthyreoten
Schilddrüsenfunktion. Somit ist die Aussagekraft des TRH-Testes hinsichtlich des Nachweises einer sekundären Hypothyreose sehr begrenzt.
Für die Entscheidung, ob eine Substitution mit Schilddrüsenhormonen
erforderlich ist, bedarf es deshalb der Erfassung der T3- und T4-Kon-
zentrationen im Blut.

Im allgemeinen ist nach unserer Erfahrung eine verminderte Funktions-
reserve des LH mit einem hypogonadotropen Hypogonadismus korreliert.
Aber wir stimmen mit anderen Autoren (Valcke et al. 1974 (12)) überein, daß die klinischen Zeichen des Hypogonadismus nur diskret seien
oder sogar fehlen können. Um das Ausmaß der Gonadeninsuffizienz bei
Bestehen eines sekundären Hypogonadismus zu definieren, sind Messungen der Sexualhormone wünschenswert.

Substitutionstherapie

Für die Substitutionsbehandlung der Hypophysenvorderlappeninsuffizienz
ist die Therapie der sekundären Nebennierenrindeninsuffizienz am wichtigsten. Hier empfiehlt sich für die Dauerbehandlung die Gabe von
Hydrocortison 15 - 40 mg täglich über den Tag verteilt, d.h. entsprechend der physiologischen Tagesrhythmik ist der Hauptanteil morgens
einzunehmen und anschließend sind mittags und abends geringere Dosen
zu applizieren. Zur exakten Ermittlung der benötigten Dosis erweist
sich ein Cortisoltagesprofil als wertvoll (Kley u. Krüskemper, 1978
(4)). Bei außergewöhnlichen Belastungen ist die Hydrocortisondosis
bis auf 200 mg täglich zu erhöhen.

Die sekundäre Hypothyreose bedarf der Substitutionsbehandlung mit L-
Thyroxin, wobei die Dosis mit 25 μg täglich beginnt und dann langsam
gesteigert werden soll.
Die Substitutionsbehandlung des sekundären Hypogonadismus wird eingehender in späteren Vorträgen dieses Kongresses referiert, so daß
ich nicht darauf eingehen muß.
Der hypophysäre Minderwuchs kann mit menschlichem STH, über lange
Zeit verabreicht, behandelt werden, wenn noch kein Epiphysenschluß
stattgefunden hat.
Die Therapie des hypophysären Komas besteht in der sofortigen Zufuhr
von physiologischer Kochsalzlösung, hypertoner Glukoselösung und vor
allem von Hydrocortison in hohen Dosen bis zu 1 g. Die intravenöse
Gabe von Trijodthyronin erfolgt dann erst später in vorsichtiger Dosierung. Wegen der hohen Letalität des hypophysären Komas ist eine
Intensivüberwachung unumgänglich.

Zusammenfassung

Die Häufigkeit von hypophysären Funktionsausfällen bei Erkrankungen
im Zwischenhirn-Hypophysenbereich ist größer als früher angenommen.
Die klinische Symptomatologie ergibt vielfach wertvolle Hinweise,
aber sie ist manchmal so diskret, daß erst eine gezielte endokrinologische Funktionsdiagnostik die Insuffizienz aufdeckt.
Zur Erfassung der hypophysären Insuffizienz empfiehlt sich die Anwendung eines kombinierten Insulin-Hypoglykämie/LH-RH/TRH-Testes, mit
dessen Hilfe die Häufigkeit und das Ausmaß der hypophysären Funktions-
einschränkungen exakt zu beurteilen ist.
Bei den Erkrankungen im Zwischenhirn-Hypophysenbereich findet sich
nahezu regelmäßig eine somatotrope Insuffizienz und relativ häufig
eine Beeinträchtigung der gonadotropen Funktion. Auch die thyreotrope
und adrenocorticotrope Steuerung ist, wenn auch weniger frequent, gestört.
Die Überprüfung der Funktion der peripheren endokrinen Organe ist zusätzlich erforderlich, besonders im Hinblick auf die evtl. erforderli-
che Substitutionsbehandlung.

Danksagung

Frau Gyde Müller sei für ihre hervorragende technische Assistenz an
dieser Stelle besonders gedankt.

Literatur

1. Bierich JR (1965) Klinik des hypophysären Zwergwuchses. Symp
   Dtsch Ges Endokrin 11: 56

2. Girard J, Staub JJ, Baumann JB, Stahl M, Nars PW (1974) Assessment of hypothalamo-anterior pituitary secreting capacity with
   one single test. Acta endocr Suppl 184: 22

3. Jenkins JS, Gilbert CJ, Aug V (1976) Hypothalamic-pituitary function in patients with craniopharyngeom. J Clin Endocrinol Metab
   43: 394

4. Kley HK, Krüskemper HL (1978) Cortisolsubstitution bei Nebennierenrindeninsuffizienz. Dtsch med Wschr 103: 155

5. Kley HK, Wiegelmann W, Solbach HG, Krüskemper HL (1974) Kombinierter Stimulationstest zur Simultananalyse mehrerer Partialfunktionen der Adenohypophyse. Dtsch med Wschr 99: 2014

6. McLaren EH, Hendricks S, Pimstone BL (1974) Thyrotrophin response
   to intravenous thyreotropin-releasing-hormone in patients with
   hypothalamic and pituitary disease. Clin Endocr 3: 113

7. Oberdisse K, Tönnis W (1953) Pathophysiologie, Klinik und Behandlung der Hypophysenadenome. Ergeb inn Med Kinderheilk 4: 976

8. Patel YC, Burger HG (1973) Serum thyrotropin (TSH) in pituitary
   and/or hypothalamic hypothyroidism: normal or elevated basal
   levels and paradoxical responses to thyrotrophin releasing hormone.
   J Clin Endocrinol Metab 37: 190

9. Pickardt CR, Mühlen von zur A (1975) Established application for
   TRH stimulation test. Acta endocr Suppl 193: 178

10. Solbach HG, Wiegelmann W, Kley HK, Rudorff KH, Krüskemper HL (1978)
    Endocrine Evaluation of Pituitary Insufficiency. In: Fahlbusch R,
    Werder v K (eds) Treatment of Pituitary Adenomas. Thieme Verlag,
    Stuttgart, p 38

11. Solbach HG, Wiegelmann W, Kley HK, Rudorff KH, Krüskemper HL (1979)
    Endokrinologische Funktionsdiagnostik der hypothalamo-hypophysären
    Insuffizienz. Klin Wschr 57: 487-497

12. Valcke JC, Mahoudeau JA, Thieblot Ph, Pique L, Luton JP, Franchi-
    mont P, Moreau L, Bricaire H (1974) Critères d'interpretation du
    test utilisant l'hormone de liberation de la lutéostimuline (LH-
    RH). Ann Endocr 35: 423

13. Wiegelmann W, Herrmann J, Kley HK, Solbach HG, Wildmeister W, Krüs-
    kemper HL (1975) Simultandiagnostik der Hypophysenvorderlappenfunk-
    tion bei Erkrankungen des Zwischenhirnhypophysensystems. Verh Dtsch
    Ges Inn Med 81: 1509

14. Wiegelmann W, Kley HK, Solbach HG, Krüskemper HL (1974) Wachstumshormon, Gonadotropine und Cortisol im Plasma von Männern unter kombinierter Anwendung des Insulinhypoglykämie/LH-RH-Stimulationstests. Klin Wschr 52: 194

Raumfordernde Prozesse der Sellaregion[1]

E. Halves

Raumfordernde Prozesse der Sellaregion können entweder von den Zellen
des Sellainhalts, d.h. vom Hypophysengewebe oder von extrahypophysären Strukturen, wie z.B. den Hirnhäuten, dem Gehirn oder dem Knochen
ausgehen. Da fast ausschließlich Tumoren hypophysären Ursprungs (Adenome, Craniopharyngeome) zu neuroendokrinologischen Störungen (8)
führen und zahlenmäßig bei weitem überwiegen (30), sollen die übrigen
Tumoren nur im Rahmen der differentialdiagnostischen Überlegungen ge-
streift werden.

Im Krankengut großer Neurochirurgischer Kliniken findet man als Ursache einer sellanahen Raumforderung in etwa 60% Adenome (10, 13) und
10% Craniopharyngeome, während die extrasellären Tumoren mit 15% bei
den Meningeomen (12) und etwa 5% bei den Gliomen anzutreffen sind (30).
Die verbleibenden etwa 10% verteilen sich auf sehr seltene Raumforderungen wie Ventrikeltumoren, Metastasen Chondrome, Granulome usw. Von
allen intracerebralen Raumforderungen nehmen die Hypophysenadenome den
3. Rang in der Häufigkeit ein; in der Literatur (30) werden Zahlen zwischen 7 und 12% angegeben (Meningeom: 13-18%).

Die klinische Symptomatik der Tumoren extrahypophysärer Genese weist
einige charakteristische Züge auf, die eine Abgrenzung gegenüber den
Adenomen möglich machen kann. Da der Ursprungsort der Meningeome über
die gesamte Breite der Schädelbasis verteilt liegt, tritt oft zunächst
eine einseitige Visusminderung auf, die bis zur Erblindung führen
kann. Erst zusätzliche Sehstörungen am anderen Auge führen dann häufig
zur richtigen Diagnose und zur Einleitung der Therapie (12). Röntgeno-
logisch sind die sellanahen Meningeome gelegentlich durch Verkalkungen
erkennbar, die ausschlaggebende Untersuchung bei entsprechendem klinischem Verdacht ist jedoch das Computertomogramm.

Hormonelle Störungen sind präoperativ bei den Meningeomen sehr selten
und nur eine differenzierte endokrinologische Untersuchung kann gelegentlich hypopthalamisch-hypophysäre Achsenstörungen nachweisen
(8, 13). Zeichen erhöhten intrakraniellen Drucks mit Kopfschmerzen,
Erbrechen und einer Stauungspapille treten nur bei sehr großen Meningeomen infolge ihrer Masse auf, bei Craniopharyngeomen (34) Ventrikel-
und Hypothalamustumoren kann es aber aufgrund der Lokalisation zu
einer Blockade der Liquorabflußwege aus dem For.Monroi kommen und dadurch zu einem Hydrocephalus occlusivus (14, 15, 30).

Sowohl bei Craniopharyngeomen (22) wie auch besonders bei den Hypophysenadenomen gibt es praktisch keine Symptome einer intrasellären
Raumforderung. Obwohl auch schon die Mikroadenome (bis ungefähr 10 mm
Durchmesser) größere Areale des normalen Hypophysengewebes beanspru-
chen, kommt es gelegentlich zu einer funktionellen (8), nicht aber zu
einer druckbedingten Hypophysenvorderlappeninsuffizienz, da etwa ein
Zehntel des Hypophysenvorderlappengewebes in der Lage ist, eine normale Funktion aufrechtzuerhalten (13).

---

[1]Referat anläßlich der gemeinsamen Sitzung der Deutschen Gesellschaft
für Innere Medizin und der Deutschen Gesellschaft für Neurologie in
Wiesbaden am 14.4.1980

Extrahypophysäre Raumforderungen treten bei Makroadenomen auf, wenn
sich das Diaphragma sellae in die Zisterna chiasmatis vorwölbt (20,
23). Bei einer streng mittelständigen Raumforderung wird dabei das
Chiasma opticum komprimiert und aufgespreizt, so daß die hier kreu-
zenden nasalen Fasern der Sehnerven ausfallen und dadurch das typische Bild des Chiasma-Syndroms, der bitemporalen Hemianopsie hervorrufen (9). Besonders die hormonell inaktiven Adenome und die Prolactinome neigen zu sehr starkem Wachstum (8, 13, 20, 33). während ACTH
oder Wachstumshormon-(hGH)-bildende Adenome (Morbus Cushing, Nelson-
Syndrom, Akromegalie) auf dem sellären Raum oder seiner engeren Nachbarschaft begrenzt bleiben.

Aus dem eigenen Krankengut der vergangenen etwa 3 Jahre (operations-
technische Zäsur) waren von den 65 Patienten mit einem Adenom oder
Craniopharyngeom die nur unter dem Aspekt der Raumforderung operiert
wurden (ausgenommen hormonell aktive Mikroadenome) 18 Prolactinome,
aber nur 3 hGH-Adenome bei 28 inaktiven Adenomen und 13 Craniopharyngeomen. Das heißt, daß bei 21 Patienten mit endokrinen aktiven Adenomen die hormonelle Störung toleriert wurde und erst die Sehstörung
als Ausdruck der extrasellären Raumforderung zur Diagnose und Therapie führten.

Art und Ausmaß der ophthalmologischen Symptome korrelieren nur insofern mit der Tumorgröße, als kleine Adenome mit geringem suprasellä-
rem Wachstum auch nur geringe Sehstörungen - hier fast ausschließlich
im Sinne einer bitemporalen Hemi- oder Quadrantenanopsie - hervorrufen, während bei sehr ausgedehnten Adenomen Art und Ausmaß der Sehstörung abhängig sind von:
erstens der Wachstumsrichtung des Tumors,
zweitens der Beschaffenheit der begrenzenden Pseudokapsel und
drittens der lokalen Druckdynamik.
Wegen des sehr langsamen Wachstums der Adenome treten die Sehstörungen
meist schleichend auf und sind anfangs in der Regel uncharakteristisch,
so daß die Differenzialdiagnose gegenüber den entzündlichen, zirkulato-
rischen oder stoffwechselbedingten Ophthalmopathien schwerfällt. Die
retrospektiv ermittelte Symptomdauer unserer Patienten lag meist bei
mehreren Jahren mit zum Teil uncharakteristischen, aber nicht immer unbedeutenden Ausfällen. Selbst bei einseitiger Erblindung kam es oft
erst aufgrund eines akuten Ereignisses wie z.B. bei einer raschen Visusminderung oder Gesichtsfeldeinschränkung des anderen Auges oder dem
Auftreten von Doppelbildern zur Revision der Diagnose oder überhaupt
erst zur Aufnahme diagnostischer oder therapeutischer Schritte. Die
Toleranzbreite ist bei den verschiedenen Berufs- und Bevölkerungsgruppen sehr unterschiedlich ausgeprägt. Allgemein konnten wir feststellen,
daß besonders symmetrische Gesichtsfeldeinschränkungen sehr lange un-
bemerkt blieben, dabei aber einen sichereren ätiologischen Hinweis bieten als eine Visusminderung oder bulbu-motorische Störungen. Retrospektiv gab eine große Zahl unserer Patienten an, daß neben den oft
ebenfalls wechselnden Visusstörungen auch passagere Doppelbilder bestanden - Befunde, die auch beispielsweise gut zum Bild einer Encephalomyelitis disseminata passen. Dagegen führte bei 6 Patienten eine
ein- oder doppelseitige akute Ophthalmoplegie zur Diagnose einer sellären Raumforderung. Eine solche akute Zunahme der Tumorgröße fanden
wir bei Einblutungen (z.B. bei Marcumar-Behandlung oder bei Prolactinomen während der Gravidität) oder superinfizierten Adenomen, die
plötzlich in die keimbesiedelte Keilbeinhöhle eingebrochen waren. Diese akuten Krankheitsbilder erinnern sehr an eine basale Meningitis
oder eine Blutung aus einem Aneurysma der A.communicans posterior.

Damit es überhaupt zu einem Druckanstieg kommen kann, der geeignet
ist, die im Sinus cavernosus gut geschützt liegenden Augenmuskelnerven
zu komprimieren, muß die Pseudokapsel des Tumor, d.h. das Diaphragma
sellae und die Arachnoidea intakt sein, da sonst ein Druckausgleich in
den freien Subarachnoidalraum erfolgen kann. Auch bei einem langsamen
Durchwandern von Tumormassen durch ihre bindegewebigen Begrenzungen
kann es im Laufe von Jahren zu erheblichen supra-para- oder auch re-
trosellärem Wachstum kommen mit Ummauerung der Sehnerven aber ohne
wesentliche Kompression, die zu merklichen Funktionseinbußen führt.
Über die Beziehungen zwischen der Tumorgröße und dem Ausmaß der Sehstörungen läßt sich also folgendes feststellen:

1. Nur suprasellär wachsende Adenome führen zu Visus- und Gesichtsfeldstörungen.
2. Das Ausmaß der Sehstörungen läßt keine Aussage über die Größe des
   Tumors zu.

Beim Vorliegen von kompressionsbedingten Sehstörungen sind immer auch
knöcherne Veränderungen der Sella turcica nachweisbar (Abb. 1). Unter
Berücksichtigung dieses Zusammenhanges kann durch eine einzige seitliche Röntgenaufnahme des Schädels der Zeitraum zwischen der Äußerung
von Krankheitssymptomen durch den Patienten und den Beginn der kausalen Therapie durch den Neurochirurgen erheblich abgekürzt werden
(Abb. 2). Die entscheidende Voraussetzung für eine Erholungsfähigkeit
der Sehnerven bildet die Vitalität der Papille des N.opticus - bei
einer bereits eingetretenen Atrophie kommt jede Entlastung zu spät.

Trotz großer individueller Unterschiede in Form und Größe des Türken-
sattels lassen sich abgesehen vom ACTH-bildenden Adenom des Morbus
Cushing (3) oft sogar schon beim Mikroadenom die typischen radiologischen Veränderungen feststellen, über die im vorausgehenden Referat
eingehend berichtet wurde. Von den anderen neuroradiologischen Methoden haben sich zur Beurteilung von Art und Ausmaß der Raumforderung
einzelne gezielte Fragestellungen herauskristallisiert: Das Pneumen-
cephalogramm dient gelegentlich dazu, retroselläre Tumoranteile gegenüber dem Hirnstamm abzugrenzen, sowie zur Differenzialdiagnose gegenüber einem Empty-Sella-Syndrom, dessen Symptomatik mit atypischen Gesichtsfeldstörungen und evtl. dezenter Erweiterung der Sella turcica
eine Raumforderung vortäuschen kann. Ursächlich liegt hierbei aber
eine Abwinkelung der Sehnerven durch Verlagerung in eine primär (21)
oder sekundär (11) (=postoperativ) erweiterte Sella turcica vor.

Die Angiographie wird vorwiegend zur differenzialdiagnostischen Klärung gegenüber extrahypophysären Raumforderungen besonders Meningeomen
und Aneurysmen herangezogen und kann bei sehr ausgedehnten Tumoren und
besonders auch bei Rezidiven zur Veranschaulichung von Lagebeziehungen
des Gefäßes bis zum Tumor dienen.

Die hervorragende Stellung bei der Detailuntersuchung von raumfordernden Prozessen der Sellaregion nimmt zweifellos die Computertomographie
ein. Sie ist die einzige Untersuchungsmethode, die eine direkte Darstellung der Raumforderung erlaubt. Dadurch können Aussagen sowohl
über ihre Ausdehnung, Lagebeziehung und Struktur (Dichte) gemacht werden (Abb. 3).

Die Zuordnung klinisch-ophthalmologischer Befunde zur Art und Ausdehnung der Raumforderung im Computertomogramm ist nur bedingt möglich
und oft nur im Zusammenhang mit weiteren Untersuchungsdaten sinnvoll.
So stellt z.B. der Befund eines Meningeoms des Planum präsellare mit
vorwiegend unilateralen Visus- und Gesichtsfeldstörungen wegen der

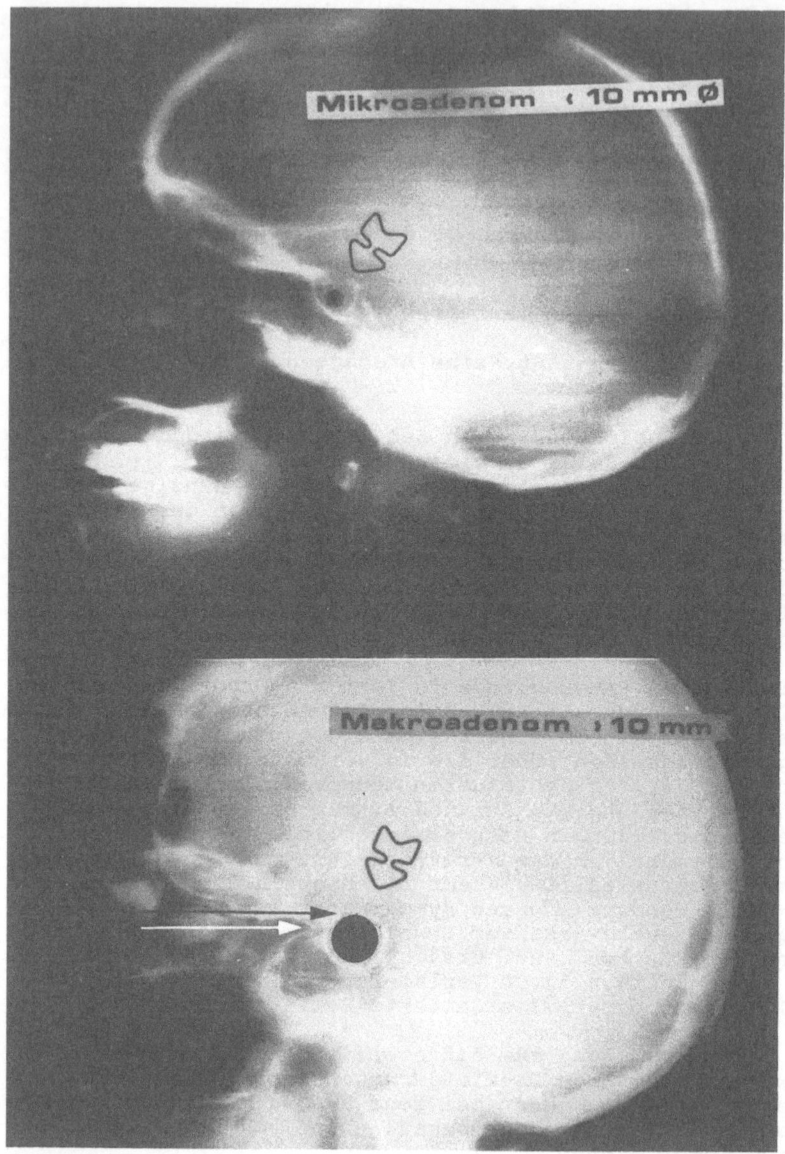

<u>Abb. 1.</u> Seitliche Röntgenaufnahme des Schädels. Oben: Mikroadenom
(skizziert) <u>ohne</u> (oder mit geringen) Veränderungen der Sella turcica.
Unten: Makroadenom (skizziert) <u>immer mit</u> pathologischer Erweiterung
der Sella turcica. Die Raumforderung (schwarzer Pfeil) überragt das
Niveau der vorderen Clinoidfortsätze (weißer Pfeil) und führt dadurch
zu Sehstörungen

sehr viel festeren Tumorkonsistenz und seiner innigen Gefäßbeziehungen
für die Sehkraft des Patienten die größere Bedrohung dar als eine Kompression des Chiasma durch ein viel größeres supra- und sogar retro-
sellär wachsendes Adenom. Da die Pseudokapsel des Adenoms im Computertomogramm nicht sicher zu identifizieren ist, läßt sich aus der Art

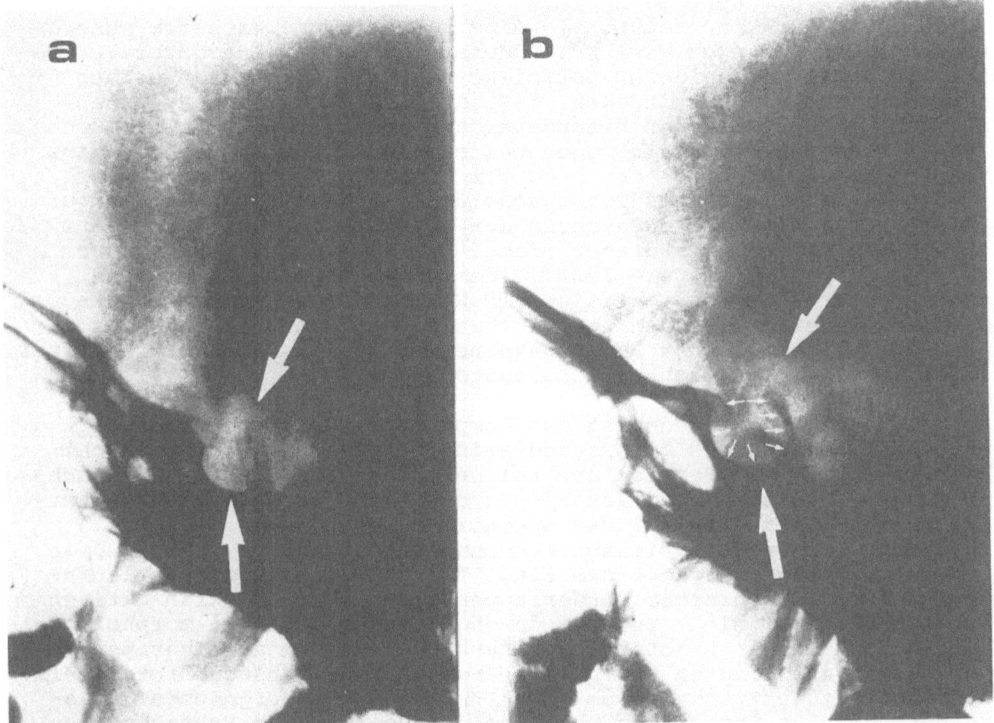

Abb. 2. Seitliche Röntgenaufnahme der Sella turcica. Entwicklung
einer Raumforderung innerhalb von 4 Jahren bei einem 12-jährigen Jungen (b) mit craniopharyngealer Cyste. Normalbefund (a) nach leichtem
Schädeltrauma - Sehstörungen und Panhypopituitarisumus (b)

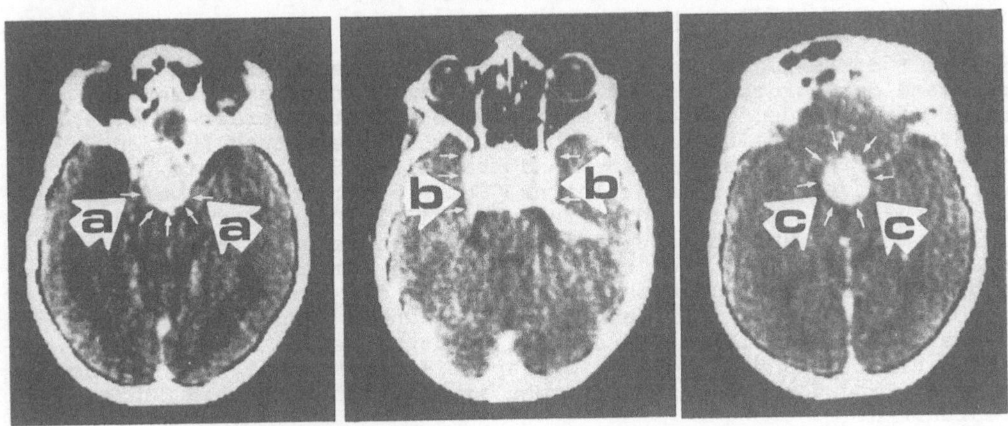

Abb. 3. Computertomographischer Nachweis eines retro- (a), para (b)-
und suprasellär (c) wachsenden Hypophysenadenoms. Sicherung der Diagnose und Entscheidungshilfe für die Wahl des operativen Zugangswe-
ges

des Bildes nur vermuten, ob das Adenom die Grenzen überschritten hat.
Ist dies der Fall, kann selbst ein gigantisches Tumorwachstum ohne
gravierende Sehstörungen bleiben. Andererseits kann eine derbe Pseudokapsel von basal her beide Nn.optici so stark gegen die Ränder des
knöchernen Opticuskanals drücken, daß eine Erblindung droht. Einen
derartigen Verlauf kann man besonders dann beobachten, wenn es durch
rasche Volumenzunahme in einem gut begrenzten Adenom z.B. durch eine
Einblutung kommt, die sich oft sogar im Computertomogramm nachweisen
läßt. Ein seitendifferentes Tumorwachstum ließ im eigenen Krankengut
oft zwar eine ipsilaterale Betonung der Sehstörungen erkennen, eine
strenge Korrelation bestand aber nicht. Das typische Chiasmasyndrom
mit bitemporaler Hemianopsie läßt im Computertomogramm meist eine
mediale symmetrische Konfiguration der Raumforderung erkennen. Besonders bei lateraler Ausdehnung der basalen Tumoranteile kann es zu
einer Drucksymptomatik der Augenmuskelnerven kommen, hierbei in erster
Linie des sehr empfindlichen N.oculomotorius.

Für den Neurochirurgen bedeutet das Computertomogramm aufgrund der
direkten Darstellung des Tumors und seiner Nachbarstrukturen sowohl
im basalen knöchernen Bereich der Keilbeinhöhle als auch in der Nachbarschaft von Hirnstamm und Ventrikelsystem die ausschlaggebende Entscheidungshilfe für die Wahl des operativen Zugangswegs (Abb. 3).
Postoperativ können Vergleichsuntersuchungen zusätzlich Aufschluß geben über die Vollständigkeit des Eingriffs ähnlich wie die Verlaufskontrolle hypersezernierter Vorderlappenhormone bei endokrin aktiven
Hypophysenadenomen. Nicht zuletzt durch die sehr präzisen morphologischen und funktionellen Kontrollmöglichkeiten wurden die Therapeuten
in den vergangenen Jahren stimuliert, bessere und konsequentere Operationsmethoden zu entwickeln, um nicht nur eine vorübergehende Entlastung der nervalen Strukturen, sondern die Heilung der Erkrankung zu
erreichen. Lange Zeit wurden Hypophysenadenome nur unter dem Aspekt
der Raumforderung entsprechend dem Ort ihrer Auswirkung am angehobenen Chiasma transkraniell operiert (20). Der zunächst von CUSHING
bereits 1910 entwickelte nasale Zugangsweg durch die Keilbeinhöhle
(19) wurde erst vor etwa 20 Jahren wiederentdeckt (10, 16), nachdem
technische Entwicklungen wie die perioperative Röntgenbildwandlerkon-
trolle und besonders das Operationsmikroskop die notwendigen Voraussetzungen geschaffen hatten für die Entwicklung einer gezielten mikrochirurgischen Technik an der Hypophyse (6).

Der Inhalt der Sella turcica kann wegen ihrer basalen Excavation am
Hinterrand der vorderen Schädelgrube nur vom transsphenoidalen Zu-
gangsweg aus mit dem Operationsmikroskop betrachtet werden (Abb. 4).
Gleichzeitig sind hierbei Operationsrisiko und Belastung für den
Patienten geringer als bei einem endokraniellen Eingriff mit langdauernder Elevation des Frontalhirns. Deshalb bemühten sich einige
Neurochirurgische Zentren, die transsphenoidale Operationsmethode so
weit als möglich auch bei suprasellären Raumforderungen anwenden zu
können (6, 10, 11, 29) oder beide Methoden zu kombinieren (4, 6, 13).
Die hohe Rezidivrate von Hypophysenadenomen, die sowohl in die Keilbeinhöhle, wie auch hinter das Chiasma gewachsen sind (9, 19, 20),
und die größere Komplikationsrate bei transkraniellen Eingriffen (4,
35) veranlaßte uns zu folgendem therapeutischen Konzept, das wir bei
der Behandlung von Hypophysenadenomen etwa in den letzten 3 Jahren
durchführten:
Alle Mikroadenome und Adenome mit intrasphenoidalem Anteil werden vom
nasalen Zugangsweg aus primär operiert. Bei Mikroadenomen wird eine
selektive Adenomexstirpation angestrebt, bei Makroadenomen ist es
durch eine endoskopische Operationstechnik (6) möglich geworden, laterale, präselläre und fixierte supraselläre Anteile zu entfernen, die
ca. 10 mm außerhalb der Sichtlinie des Operationsmikroskopes liegen
(Abb. 5). Tumoranteile außerhalb dieses Bereiches können häufig aber

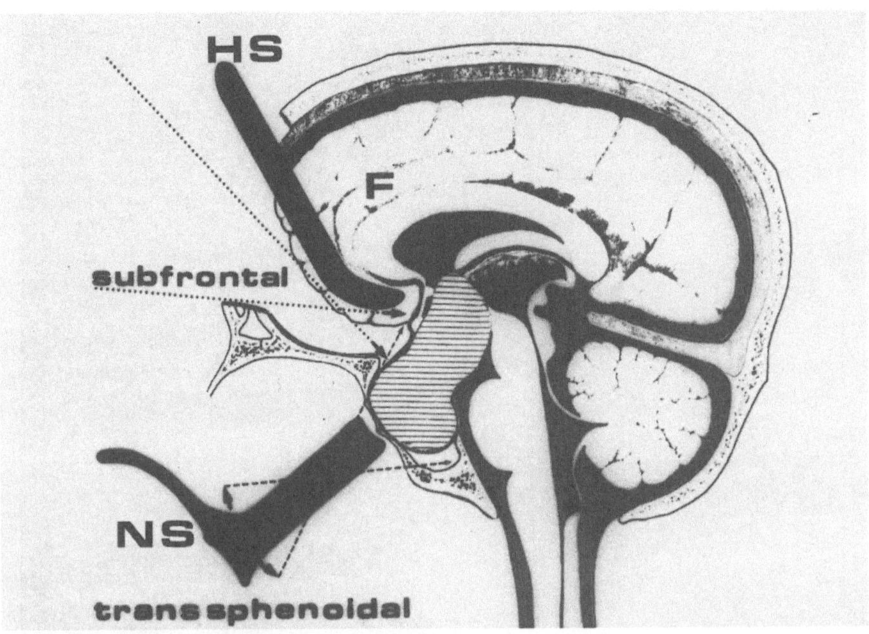

Abb. 4. Intrasphenoidal und supra-retrosellär wachsendes Hypophysenadenom (schraffiert). Die Einblickbegrenzung beim subfrontalen
(.......) Zugangsweg wurde nach Elevation des Frontalhirns (F) durch
einen Hirnspatel (HS) skizziert (........). Der maximale Blickwinkel
beim transsphenoidalen Zugangsweg (-------) wird durch Schwenken
des Nasenspeculums (NS) in der Vertikalen erreicht

in die Sicht und Reichweite des mikrochirurgischen Instrumentariums
gebracht werden. Dazu wird zunächst der basale Tumoranteil entfernt,
dann der intrakranielle Druck durch lumbale Luftinsufflation in den
Subarachnoidalraum kontrolliert erhöht und dadurch der Tumor nach basal verlagert (Abb. 6) (Abb. 7). Auf diese Art und Weise konnten wir
über 95% aller raumfordernder Adenome sicher und vollständig entfernen. Bei den verbleibenden ca. 5% wurde eine 2., subfrontale Operation
nach einem Intervall von ca. 4 Wochen erforderlich, um paraselläre und
extrakapsulär gelegene Tumoranteile zu entfernen. Die unter Sicht
vollständig operierten Adenome zeigten bis heute weder klinisch noch
computertomographisch ein erneutes Wachstum. In der Literatur werden
die Rezidivraten nach subfrontaler Operation zwischen 8% bis zu 45%
angegeben. Dabei bestehen in den einzelnen Zentren große Unterschiede in der Handhabung einer Nachbestrahlung (11, 20, 29). Während Komplikationen der Bestrahlung mit Telekobalt heutzutage sehr selten geworden sind (2, 38), scheint ein nützlicher Effekt besonders bei sicher in situ verbliebenem Adenomgewebe zu bestehen. Die günstigsten
Ergebnisse bei der operativen Behandlung von raumfordernden Hypophysenadenomen werden von GUIOT (11) angegeben, der ebenfalls fast ausschließlich transnasal operiert und häufig nachbestrahlt. Die Rezidivrate ließ sich in seinem sehr umfangreichen Krankengut bis auf 1% reduzieren. In der Würzburger Klinik sind wir dazu übergegangen, nur
noch gezielt nachzubestrahlen, wenn aufgrund des endoskopischen Befundes noch Tumormaterial nachweisbar war.

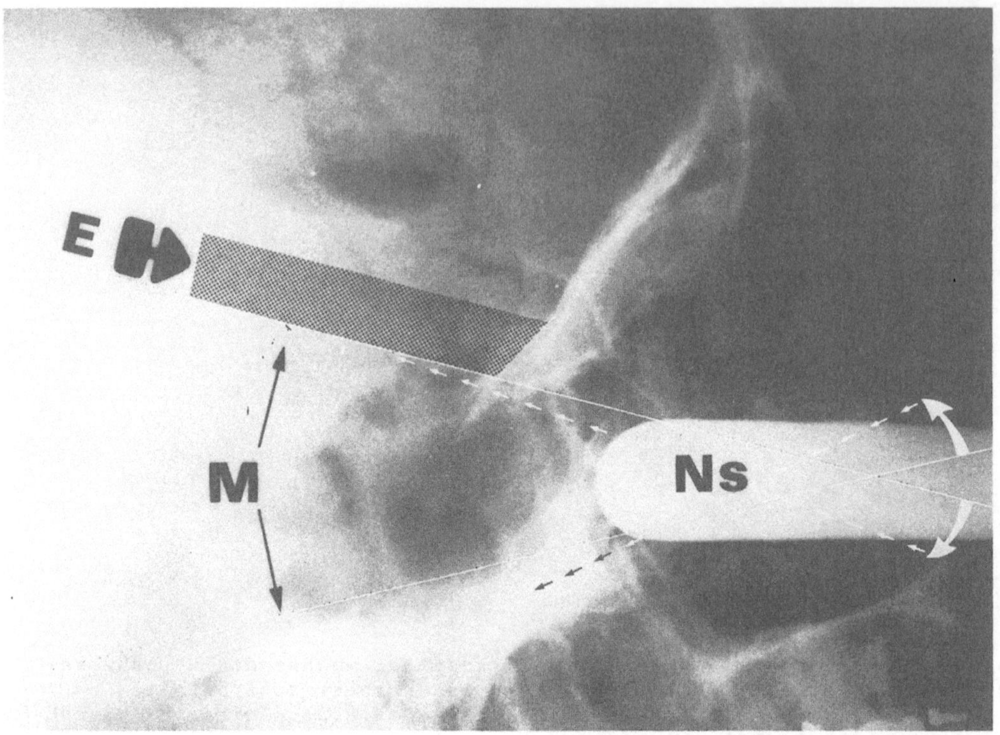

Abb. 5a. Seitliche Röntgenaufnahme des Schädels während einer transnasalen Hypophysenoperation. NS = Nasenspeculum; M = Blickfeld (= OP-
Sektor) mit dem Operationsmikroskop; E = Erweiterter OP-Sektor durch
das Endoskop. Der Gesamtsektor (M + E) kann vertikal geschwenkt werden. (Pfeile)

Neben dem Aspekt der Vollständigkeit einer Hypophysenoperation kommt
der Gewebeschonung der Nachbarstrukturen größte Bedeutung zu. Während
die direkte Präparation am komprimmierten Sehnerven bei transkranieller Operation oft zu unvermeidbaren Gewebsschäden führt, beobachten
wir nach einer transsphenoidalen Entlastung in der Regel eine rasche
Besserung der Sehleistung, die bereits nach wenigen Tagen einsetzte
und noch über mehrere Monate an Intensität zunahm. Die Erholungsfähigkeit des Sehnerven ist dabei vorrangig davon abhängig, inwieweit
bereits eine Atrophie eingetreten ist. Alter des Patienten, Dauer und
Ausmaße der Kompression spielten dabei erst eine sekundäre Rolle. Bei
Rezidivoperationen mit primärem transkraniellem Eingriff und suprasellären Verwachsungen war der Rückgang der Sehstörungen geringer,
jedoch deutlich günstiger als nach transkranieller Revision. Bei Craniopharyngeomen bestehen von vornherein meist ähnliche Adhäsionen,
die ebenfalls eine vollständige Entfernung des Tumors auf transnasalem
Wege allein nicht zulassen (14, 15, 22, 25, 34).

Bei endokrin aktiven Hypophysenadenomen besteht eine enge Beziehung
zwischen der Tumorgröße und den Plasmaspiegeln des hypersezernierten
Hormons, so daß sich aufgrund präoperativer Labordaten schon gewisse
Vorhersagen über die Operationsmöglichkeiten machen lassen:

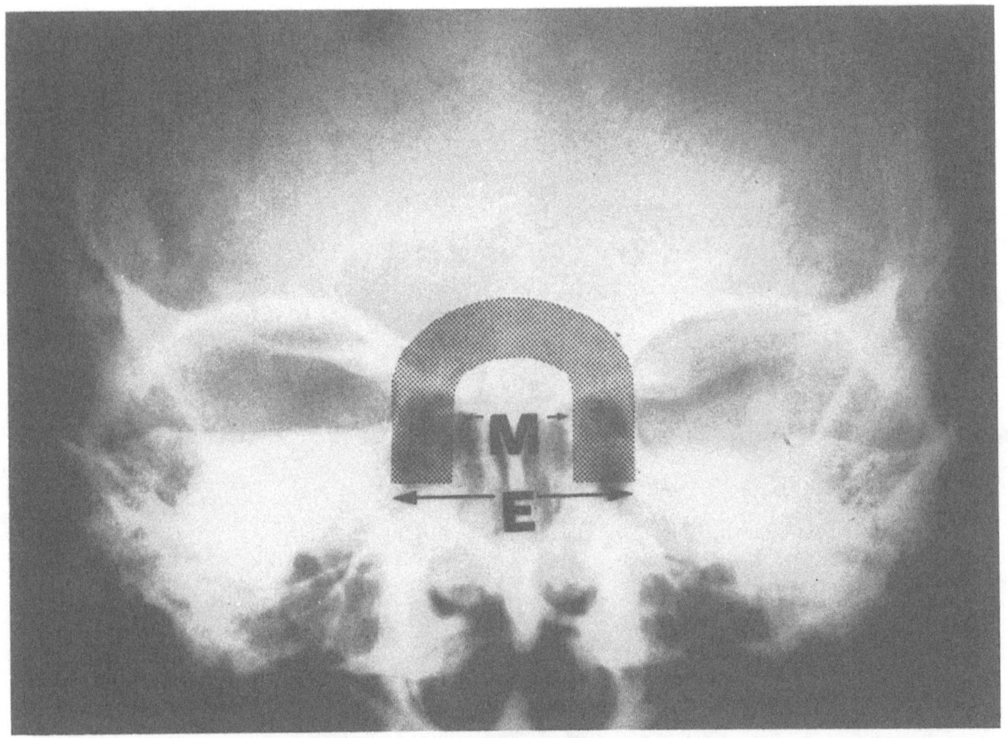

Abb. 5b. Ap-Röntgenaufnahme des Schädels. Die laterale Begrenzung des Operationssektors mit dem Mikroskop (M) und dem Endoskop (E = punktiert) bei transnasalem Zugangsweg wurden skizziert

Eine selektive Adenomoperation unter Schonung des normalen Hypophysenvorderlappengewebes ist nur bei Mikroadenomen bis ca. 10 mm Durchmesser mit ausreichender Sicherheit möglich (1, 13, 17, 18, 28); das entspricht einem Grenzwert von ca. 50 ng/ml Wachstumshormon oder 300 ng/ml Prolactin (8, 13).

In beiden Fällen bedeutet das etwa eine Sekretionsleistung, die über dem 10fachen der Norm liegt.

Eine Normalisierung der Hypersekretion bei Makroadenomen ist bis zu einer Größenordnung um 150 ng/ml Wachstumshormon oder 500 - 1000 ng/ml Prolactin möglich (8, 13, 28). Wesentlich höhere Ausgangsspiegel sind trotz der geschilderten kombinierten Operationstechnik oft nur auf die Hälfte (8) oder unter günstigen Bedingungen auf ein Viertel bis ein Zehntel (13) ihrer Ausgangsspiegel zu reduzieren oder zeigen sogar keine signifikanten Schwankungen, wenn makroskopisch Adenomgewebe in situ verbleiben muß. Es bleibt für die weitere Zukunft abzuwarten, ob die wenigen Zellverbände aktiver Adenome, die offensichtlich in den Randstrukturen oder im Hypophysenstiel in situ verbleiben, in der Lage sind, sich zu einem raumfordernden Adenom neu zu formieren.

Beim Morbus Cushing sollte nach Ausschluß eines Nebennierenadenoms die mikrochirurgische Exploration der Hypophyse erfolgen, um im Falle eines Mikroadenoms dieses selektiv zu exstirpieren und dadurch die

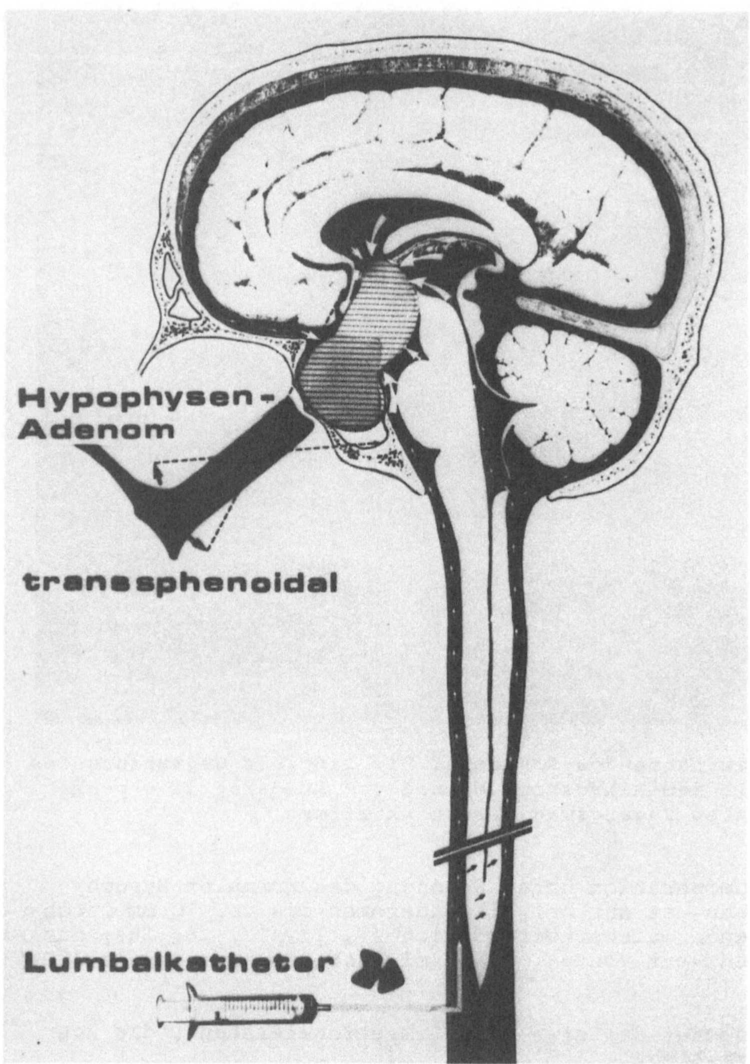

Abb. 6. Verlagerung der extrasphenoidalen (supra-para-retro- und präsellären) Adenomanteile (hell schraffiert) nach basal durch lumbale Luftinsoufflation. Die intrasellären und intrasphenoidalen Tumoranteile (dunkel schraffiert) wurden vorher reseziert

Nebennierenfunktion erhalten zu können (3, 7, 37). Ist während der operativen Exploration kein abgegrenztes Adenom feststellbar, sondern handelt es sich um eine diffuse Hyperplasie, wäre besonders bei jüngeren Patienten anstelle der dann notwendig werdenden Hypophysektomie (28) die bilaterale Adrenalektomie vorzuziehen, d.h. daß der operative Eingriff als Exploration beendet wird. Eine extraselläre Raumforderung beim Morbus Cushing, die zu einer operativen Therapie zwingt, wurde bisher nur nach Adrenalektomie als sog. Nelson-Tumor beobachtet (8, 37).

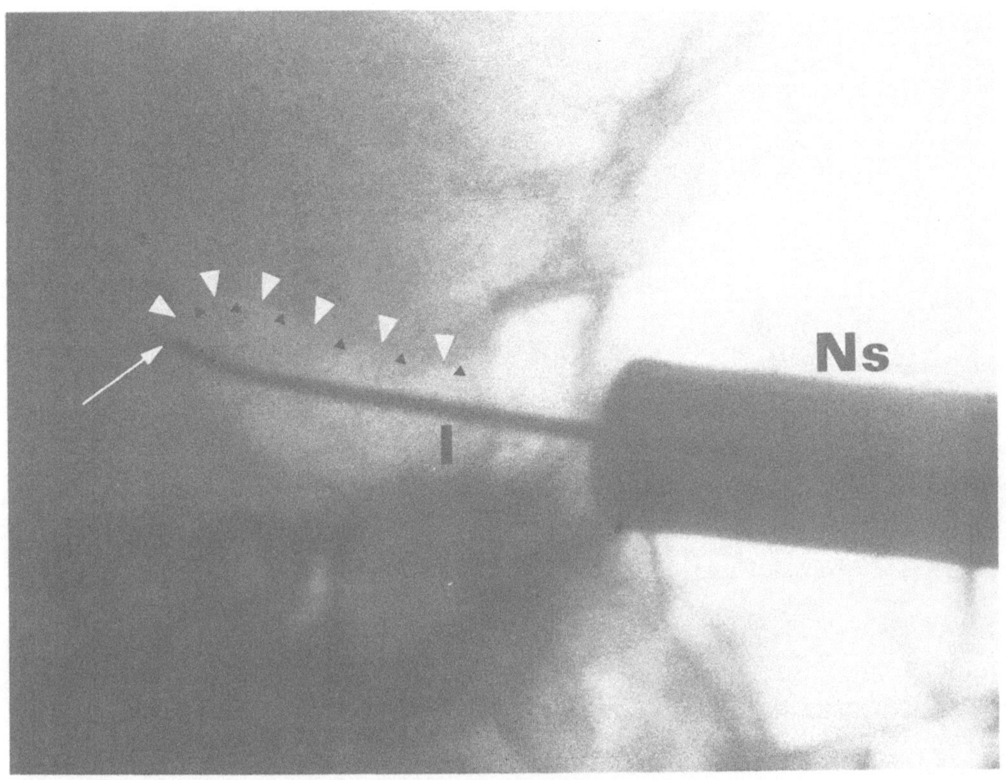

Abb. 7a. Intraoperative Röntgen-Bildwandler-Aufnahme bei transnasaler Adenomoperation. Instrument (I) an der Spitze der Sattellehne (—►) nach Resektion der intrasphenoidalen (und intrasellären Adenomanteile (Aufhellung)

Welche Alternativen zur Mikrochirurgie bieten sich bei der Behandlung raumfordernder Prozesse der Sellaregion an?

Zur Beantwortung dieser Frage muß klar unterschieden werden zwischen intra- und extrasellärer Raumforderung. Eine extrasellärer Raumforderung mit Kompression der Sehnerven oder der Augenmuskelnerven muß rasch und schonend beseitigt werden, so daß nur unterschiedliche Operationsmethoden zur Diskussion stehen. Echte Alternativen gibt es nur für die Therapie der hormonell aktiven intrasellären Mikroadenome (5, 23, 27, 36, 37). Eine sehr sinnvolle, weil funktionell und möglicherweise auch kausal in die Pathophysiologie der Adenomentwicklung eingreifende Therapie ist die medikamentöse Behandlung bei Mikroprolactinomen und bei einer Anzahl von wachstumshormonbildenden Adenomen (24), über die nachfolgend berichtet wird.

Von den nicht-chirurgischen Methoden hat sich die Bestrahlung mit schweren Teilchen aus dem Zyklotron (z.B. Proton) als einzige externe Strahlentherapie behauptet (23, 27). Da die Teilchenbestrahlung ihren Intensitätsgipfel am Ende ihrer Reichweite besitzt, läßt sich nach genauer Röntgenlokalisation der sellären und parasellären Strukturen fast ausschließlich der Sellainhalt bestrahlen. Der Therapieerfolg, d.h. der Abfall der hypersezernierten Hormone tritt allerdings nicht

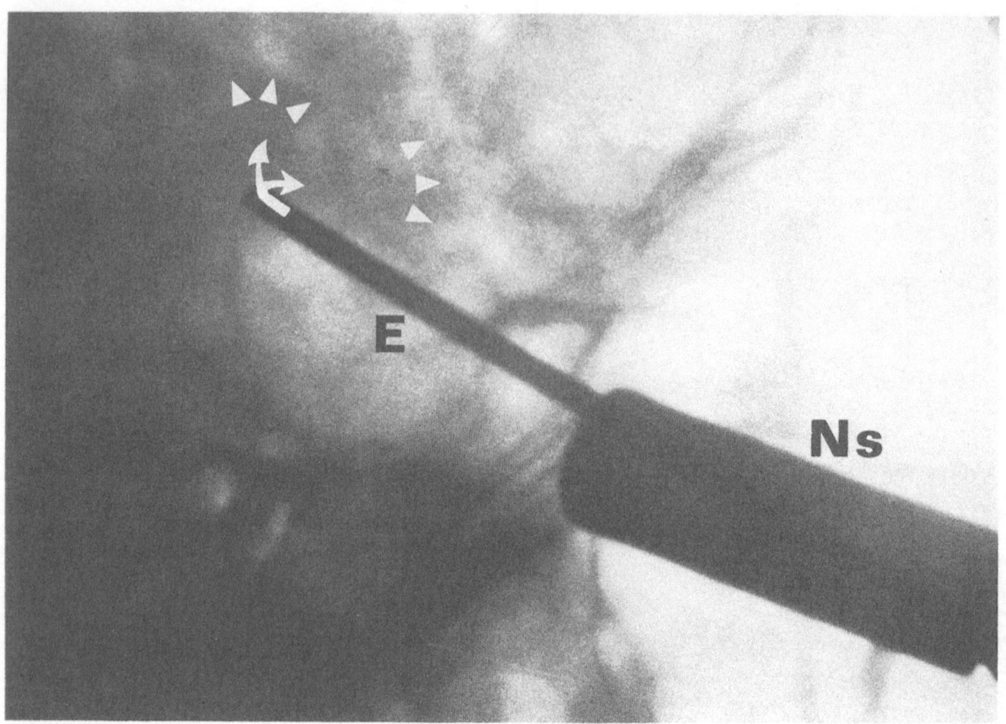

Abb. 7b. Nach lumbaler Luftfüllung zeichnen sich supraselläre Adenomreste ab (▲). Endoskopische (E) Kontrolle und Operation

wie bei mikrochirurgischen Eingriffen (1, 8, 13) innerhalb von Stunden, sondern erst nach Monaten bis zu 2 Jahren ein (23, 27). Die Erfolge liegen nach klinischen Kriterien gemessen, bei ca. 85% (23) im Falle der Akromegalie und damit im Bereich mikrochirurgischer Möglichkeiten (8, 18, 28).
Für die stereotaktischen Operationsmethoden kommen ebenfalls nur intraselläre Mikroadenome in Frage. Unter ihnen bietet die Anwendung einer Kältesonde in Lokalanästhesie (32) unter Kontrolle der Sehleistung den Vorteil, daß Wachstumshormon-Adenome offensichtlich empfindlicher sind als normales Hypophysenvorderlappengewebe und damit ähnliche Ergebnisse wie mit der selektiven Operationstechnik erreicht werden können (8, 31, 32, 36). Dahingegen haben sich die Nuklidimplantationen (5) und die Elektrokoagulation aufgrund einer größeren Komplikationsrate bei schlechteren endokrinologischen Ergebnissen weniger für die Adenombehandlung bewährt. Die Elektrokoagulation wird aber mit gutem Erfolg weiterhin zur Hypophysektomie bei metastasierenden Karzinomen von Mamma und Prostata angewendet (26). Da besonders die Teilchenbestrahlung und auch die Kryoapplikation einen hohen technischen Aufwand erfordern, werden sie auf wenige Zentren beschränkt bleiben.

Zusammenfassung wichtiger Aspekte (Abb. 8)

1. Die häufigste und sowohl endokrinologisch als auch neuroopthalmologisch bedeutendste Raumforderung der Sellaregion stellen die
   Hypophysenadenome dar.

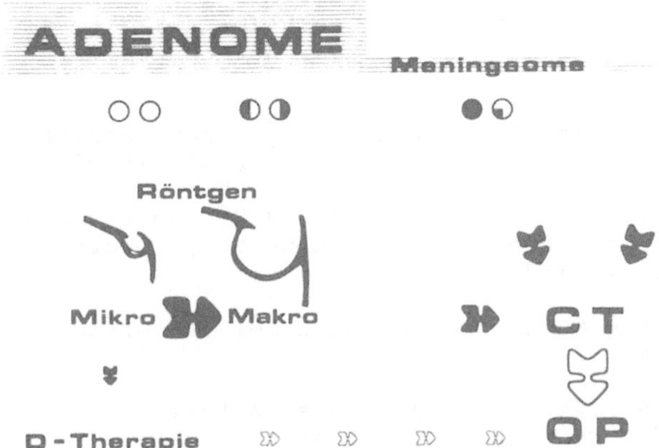

Abb. 8. Diagnostische und therapeutische Maßnahmen bei Raumforderungen der Sellaregion

2. Hormonell aktive Adenome müssen aufgrund ihrer endokrinen Störungen im Stadium des Mikroadenoms erfaßt werden, um eine Heilung auf Dauer bei intakter Hypophysenfunktion erreichen zu können

3. Gesichtsfeldausfälle weisen, auch ohne die typische Konfiguration des Chiasmasyndroms, deutlich auf eine sellanahe Raumforderung hin und müssen vorrangig auf ihre mechanische Genese hin abgeklärt werden.

4. Die Ursache von Sehstörungen aufgrund eines Hypophysenadenoms ist immer durch eine pathologische Erweiterung der Sella turcica im seitlichen Röntgenbild des Schädels zu erkennen; andere sellanahe Raumforderungen müssen durch eine Computertomographie nachgewiesen werden.

5. Die besten kausalen und funktionellen Ergebnisse sind durch einen differenzierten mikrochirurgischen Eingriff vorwiegend auf transnasalem Zugangsweg möglich; therapeutische Alternativen sind nur bei endokrin aktiven Mikroadenomen der Hypophyse gegeben.

Literatur

1. Allen JP, Cook DM, Greer MA, Paxton H, Castro A (1974) Serial plasma growth hormone concentration during selective removal of pituitary tumors in acromegaly. J Neurosurg 41: 38-43

2. Amine ARC, Sugar O (1971) Suprasellar osteogenic sarcoma following radiation for pituitary adenoma. J Neurosurg 44: 88-91

3. Bigos ST, Robert F, Pelletier G (1977) Cure of Cushing's disease by transsphenoidal removal of a microadenoma from a pituitary gland despite a radiographically normal sella turcica. J Clin Endocrinol Metab 45: 1251-1260

4. Burian K, Pendl G, Salah S (1970) Über die Rezidivhäufigkeit von Hypophysen-Adenomen nach transfrontaler, transsphenoidaler oder zweizeitig kombinierter Operation. Wien Med Wochenschr 120: 833-836

5. Burke CW, Doyle FH, Joplin GF, Arnot RN, Macerlin DP, Fraser TR
   (1973) Cushing's disease. Treatment by pituitary implantation of
   radioactive gold or yttrium seeds. Quart J Med, New Series 42
   (186): 693-714

6. Bushe KA, Halves E (1978) Modifizierte Technik bei transnasaler
   Operation der Hypophysengeschwülste. Acta Neurochir 41: 163-175

7. Carmalt MHB, Dalton GA, Fletcher RF, Smith WT (1977) The tratment
   of Cushing's disease by transsphenoidal hypophysectomy. Quart J
   Med, New Series 46 (181): 119-134

8. Fahlbusch R (1978) Endokrine Funktionsstörungen bei cerebralen
   Prozessen. Thieme, Stuttgart

9. German WJ, Flanigan S (1964) Pituitary adenomas: A follow-up study
   of the Cushing series. Clin Neurosurg 10: 72-81

10. Guiot G, Bouche J, Oproiu J (1973) Trans-sphenoidal approach in
    surgical treatment of pituitary adenomas: General principles and
    indications in non-functioning adenomas. In: Kohler PO, Ross GT
    (eds) Diagnosis and treatment of pituitary tumors. American Else-
    vier, New York, P 159

11. Guiot G (1978) Considerations on the surgical treatment of
    pituitary adenomas. In: Fahlbusch R, von Werder K (eds) Treatment
    of pituitary adenomas. Thieme, Stuttgart, p 202

12. Halves E, Vogt H (1975) Meningiomas of the sellar region. In: Klug
    W, Brock M, Klinger M, Spoerri O (eds) Advances in Neurosurgery
    Vol. 2. Springer, Berlin Heidelberg New York, p 60

13. Halves E (1979) Die Dynamik hypophysärer Partialfunktionen bei der
    operativen Behandlung der Hypophysentumoren. Habilitationsschrift,
    Würzburg

14. Halves E (1980) Die ergänzende transsphenoidale Operation bei
    Craniopharyngiomen im Kindes- und Jugenalter. Neurochirurgia (im
    Druck)

15. Hamberger CA, Hammer G, Norlen G, Jögren BS (1960) Surgical
    treatment of craniopharyngioma. Acta oto-laryng 52: 285-292

16. Hardy J (1969) Transsphenoidal microsurgery of the normal and
    pathological pituitary. Clin Neurosurg 16: 185-217

17. Hardy J (1973) Transsphenoidal surgery of hypersecreting pituitary
    tumors. In: Koler UO, Ross GT (eds) Diagnosis and treatment of
    pituitary tumors. American Elsevier, New York, p 179

18. Hardy J (1975) Transsphenoidal microsurgical removal of pituitary
    micro-adenomas. Progr Neurol Surg 6: 200-215

19. Henderson WR (1939) The pituitary adenomata: A follow-up study of
    the results of 338 cases (Dr.Harvey Cushing's series). Brit J
    Surg 26: 811-921

20. Jefferson A (1978) The treatment of chromophobe pituitary adenomas
    by means of transfrontal surgery, radiation therapy and supportive
    hormone therapy. In: Fahlbusch R, von Werder K (eds) Treatment of
    pituitary adenomas. Thieme, Stuttgart, p 237 .

21. Jordan RM, Kendall JW, Kerber CW (1977) The primary empty sella syndrome. Am J Med 62: 569-580

22. Katz EL (1975) Late results of radical excision of craniopharyngiomas in children. J Neurosurg 42: 86-93

23. Kjellberg RN, Kliman B (1975) Bragg peak proton hypophysectomy for hyperpituitarism, induced hypopituitarism and neoplasms. Progr neurol Surg 6: 295-215

24. Köberling J, Schwinn G, Dirks H (1975) Die Behandlung der Akromegalie mit Bromocriptin. Dtsch med Schr 100: 1540-1542

25. Kramer S, Southard M, Mansvield CM (1968) Radiotherapy in the management of craniopharyngiomas. American J Roentgenology 103 (1): 44-52

26. Landoldt AM, Siegfried J (1970) Zur Behandlung maligner, metastasierender Tumoren mit der stereotaktischen transsphenoidalen Elektrokoagulation der Hypophyse. Schweiz med Wschr 100: 1297-1306

27. Lawrence JH, Tobias CA, Linfoot JA, Born JL, Chong CY (1976) Heavy-particle therapy in acromegaly and Cushing disease. JAMA 235 (21): 2307-2310

28. Lüdecke D, Kautzki R, Saeger W, Schrader D (1976) Selective removal of hypersecreting pituitary adenomas? Acta Neurochir 35: 27-42

29. Nicola G (1975) Trans-sphenoidal surgery for pituitary adenomas with extrasellar extension. In: Krayenbühl H, Maspes PE, Sweet WH (eds) Progressiv Neurological Surgery Vol 6. Karger, Basel, p 142

30. Olivecrona H (1967) The surgical treatment of intracranial tumors. In: Olivecrona H, Tönnis W (eds) Handbuch der Neurochirurgie Bd IV/4. Springer, Berlin Heidelberg New York, p 1

31. Pelikonen R, Grahne B (1975) Treatment of acromegaly by trans-sphenoidal hypophysectomy with cryoapplication. Clin Endocrinol 4: 53-64

32. Rand RW, Heuser G, Adams DA (1975) Ten-year experience with stereotaxic cryohypophysectomy. In: Krayenbühl H, Maspes PE, Sweet WH (eds) Progressiv Neurological Surgery Vol 6. Karger, Basel, p 252

33. Ray BS, Patterson RH (1971) Surgical experience with chromophobe adenomas of the pituitary gland. J Neurosurg 34: 726-729

34. Rougerie J (1979) What can be expected from the surgical treatment of craniopharyngiomas in children. Child's Brain 5: 433-449

35. Scharphuis T, Halves E, Grumme T (1973) The subfrontal and transethmoidal approach applied to hypophysectomy. Modern Aspects of Neurosurgery 4: 150-151

36. Tulliom VD, Rand RW (1977) Efficacy of cryohypophysectomy in the treatment of acromegaly. Evaluation of 54 cases. J Neurosurg 46 (1): 1-11

37. Tyrell JB, Brooks RM, Fitzgerald PA, Cofoid PB, Forsham PH,
    Wilson CB (1978) Cushing's disease - Selective trans-sphenoidal
    resection of pituitary microadenomas. New Engl J Med 298 (14):
    753-758

38. Waltz TA, Brownell B (1966) Sarcomas: A possible late result of
    effective radiation therapy for pituitary adenoma. Neurosurg 24:
    901-907

Hypothalamisch-hypophysäres Cushing Syndrom[1]

P.C. Scriba, O.A. Müller und R. Fahlbusch

In diesem Saal ist zuletzt vor 15 Jahren beim 71. Kongress im Rahmen des ersten Hauptthemas "hypothalamische Steuerung des Hypophysenvorderlappens" am Rande auch über das Cushing-Syndrom verhandelt worden. Die seither erarbeiteten Fortschritte basieren auf den Entwicklungen der mikrochirurgischen Technik, der Radiologie und der sicherer gewordenen Hormonanalytik. Am auffälligsten sind das pathophysiologische Verständnis, die Präzision der Diagnose und die therapeutischen Ergebnisse verbessert worden.
Trotz seiner Seltenheit wird dem spontanen Cushing-Syndrom in Unterricht, Weiterbildung und Forschung vergleichsweise viel Aufmerksamkeit zuteil, nicht nur, weil es sich um ein so eindrucksvolles, in seinen pathophysiologischen Bezügen schön darstellbares Krankheitsbild handelt, sondern weil die häufigste Form, das ist das medikamentös induzierte Cushing-Syndrom, eben doch praktisch jeden Arzt irgendwann einmal mit der Problematik konfrontiert.
Das Lehrbuch von Labhart (13) enthält eine Zusammenstellung über die Häufigkeit der Symptome des spontanen Cushing-Syndroms bei über 1000 Fällen. Treffen die 10 Kardinalsymptome zusammen, wie Vollmondgesicht, stammbetonte Adipositas, Hypertonie, verminderte Glukosetoleranz, Amenorrhoe, bzw. Libido- und Potenzverlust, Hirsutismus, Adynamie, Striae rubrae, haemorrhagische Diathese und Osteoporose, so fällt die klinische Diagnose vergleichsweise leicht. Dennoch wird die Diagnose im Einzelfall gar nicht selten jahrelang übersehen und zwar bei unseren auswertbaren Fällen im Mittel mehr als 4 Jahre lang (Abb. 1).

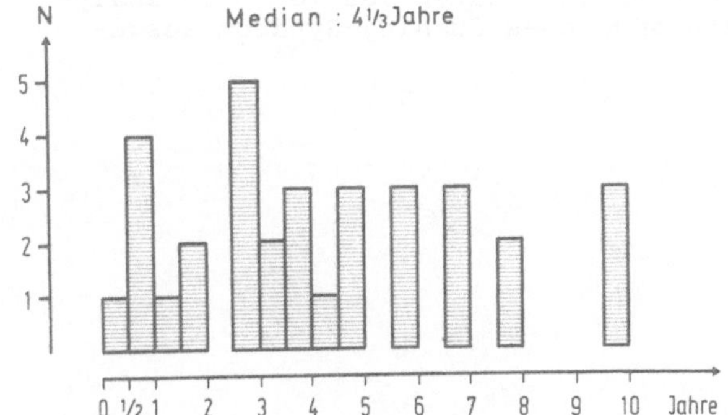

Abb. 1. Cushing-Syndrom (N=33). Retrospektiv ermittelter Zeitraum zwischen Auftreten des ersten Symptoms und Diagnose

Wir haben ferner die möglichen "Fehldiagnosen" untersucht. Die diagnostischen Fehlinterpretationen (Tabelle 1) vor allem des Hochdrucks, der Adipositas, der Amenorrhoe und des Diabetes mellitus gehen natürlich auch kombiniert in diese Statistik ein. Neben der häufigen Chronizität der Entwicklung des Krankheitsbildes ist vor allem eine Asymmetrie in der Ausprägung der Einzelsymptome Schuld an der Verzögerung, bzw. Verkennung der Diagnose.

[1] Referat anläßlich der gemeinsamen Sitzung der Deutschen Gesellschaft für Innere Medizin und der Deutschen Gesellschaft für Neurologie in Wiesbaden am 14.4.1980

Tabelle 1. Verkennung des Cushing-Syndroms (N=33) als

	N
Hypertonie	11
Adipositas (Stammfettsucht)	10
Oligo-, Amenorrhoe	10
Diabetes mellitus	9
Ödeme	4
Nephrolithiasis	4
Hirsutismus	3
Wachstumsstillstand	2
Adynamie	2
Hypokaliämie	1
"Striae"	1

Spontanes Cushing-Syndrom heißt vor allem ein chronisches Zuviel an Kortisol mit unterschiedlich ausgeprägtem begleitenden Überschuß an adrenalen Mineralokortikosteroiden und Androgenen. Wie geht man bei klinischem Verdacht vor, um zur Diagnose zu kommen?

Hier ist zunächst die Ausschlußdiagnose anzusprechen, da der Wunsch, ein Cushing-Syndrom z.B. bei alimentärer Adipositas oder Hypertonie auszuschließen, relativ häufig ist. Ein einzelner erhöhter, basaler, morgendlicher Kortisolwert ermöglicht noch nicht die Sicherung oder den Ausschluß eines Cushing-Syndroms. Das liegt sowohl an der bekanntlich episodischen Sekretion des Kortisols als auch an seiner Natur als "Stress-Hormon". Der Ausschluß eines Cushing-Syndroms gelingt am sichersten auch bei ambulanten Patienten durch den Dexamethasonhemmtest als Kurztest (7, 13, 16, 21). Bei abendlicher Gabe von 2 mg Dexamethason wird die ACTH- und Kortisolsekretion des Gesunden so gehemmt, daß am nächsten Morgen praktisch kein Kortisol zu messen ist. Unser Labor hatte in den letzten 14 Monaten 186 Teste zu analysieren, mit denen in etwa 90% ein spontanes Cushing-Syndrom ausgeschlossen wurde (Abb. 2).

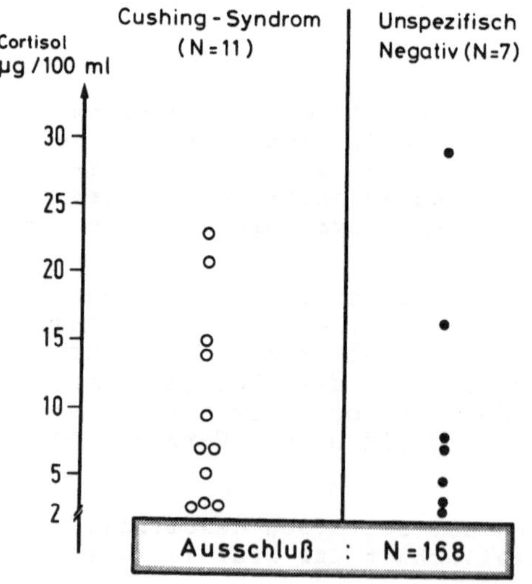

Abb. 2. Ergebnisse des Dexamethason-Kurztests (N=186)

Allerdings bedeutet eine fehlende oder verminderte Hemmbarkeit noch
nicht das Vorliegen eines Cushing-Syndroms, da der Dexamethasonhemmtest z.B. bei Depression unspezifisch negativ ausfallen kann (7, 13,
27). Bei unzureichender Supprimierbarkeit des Kortisols im Dexametha-
sonkurztest nehmen wir die Patienten zur Sicherung des Cushing-Syndroms stationär auf.

Dabei kommt man leider nicht mit einem einzigen Test aus (Tabelle 2).

Tabelle 2. Spezifische endokrinologische Funktionsdiagnostik des
Cushing-Syndroms (aus 16)

A. <u>Ausschluss der Verdachtsdiagnose</u>:

  Dexamethason-Hemmtest (Kurztest): ausreichende Suppression des
  Serum-Kortisol-Spiegels (<2 µg%) nach 2 mg Dexamethason

B. <u>Sicherung der Diagnose</u>:

  1. Serum-Kortisol-Spiegel:

     a) erhöht, aufgehobene Tagesrhythmik
     b) mangelnde Suppression nach 2 mg Dexamethason

  2. Kortikosteroid-Metaboliten bzw. freies Kortisol im 24-Stunden-
     Urin:

     a) erhöhte Ausscheidungswerte
     b) mangelnde Suppression nach 4 x 0,5 mg Dexamethason über
        2 Tage

  3. Unzureichender oder fehlender Anstieg von Kortisol und hGH im
     Insulin-Hypoglykämie-Test trotz ausreichender Hypoglykaemie
     (Blutzuckerwerte $<$ 50 mg%)

C. <u>Differentialdiagnose</u> (hypothalamisch-hypophysär- bzw. adrenal-
   bedingtes Cushing-Syndrom)

  1. ACTH-Plasmaspiegel

  2. Lysin-Vasopressin-Test

  3. Dexamethason-Hemmtest mit höheren Dosen, zum Beispiel 4 x 2 mg
     täglich

  4. Metopiron-Test

Als weiterführende Beweise für ein Cushing-Syndrom gelten ein aufge-
hobener Kortisoltagesrhythmus (7, 30), erhöhte Ausscheidungswerte
von freiem Kortisol bzw. der Kortikosteroidmetaboliten im 24 Stunden-
Urin mit unzureichender Hemmung beim Standard-Liddle-Test (7, 9, 14)
und ein unzureichender oder fehlender Anstieg von Kortisol und Wachstumshormon beim Insulinhypoglykaemietest (3, 16). Je eindeutiger die
Befunde in jedem einzelnen dieser Teste sind, desto eher kann auch
einmal einer ausgelassen werden. Die Reihung dieser Teste hinsichtlich ihrer diagnostischen Zuverlässigkeit ist etwas umstritten. Bevorzugt wird die Urinausscheidung von freiem Kortisol (9) bzw. der
Kortikosteroidmetaboliten mit dem über 2 Tage laufenden Hemmtest (14).
Wir schätzen ferner den Insulinhypoglykaemietest und halten den ver-
breiteten ACTH-Belastungstest für bei dieser Fragestellung am wenig-
sten aussagekräftig.

Ist der Hyperkortizismus, d.h. das Cushing-Syndrom als solches gesichert, so muß als nächstes die Differentialdiagnose der verschiedenen Formen des Cushing-Syndroms durchgeführt werden. Das Schema
(Abb. 3) zeigt links oben die normale Beziehung zwischen dem Kortisol der Nebennieren, dem ACTH des Hypophysenvorderlappens und dem
Corticotropin Releasing Factor, CRF, des Hypothalamus.

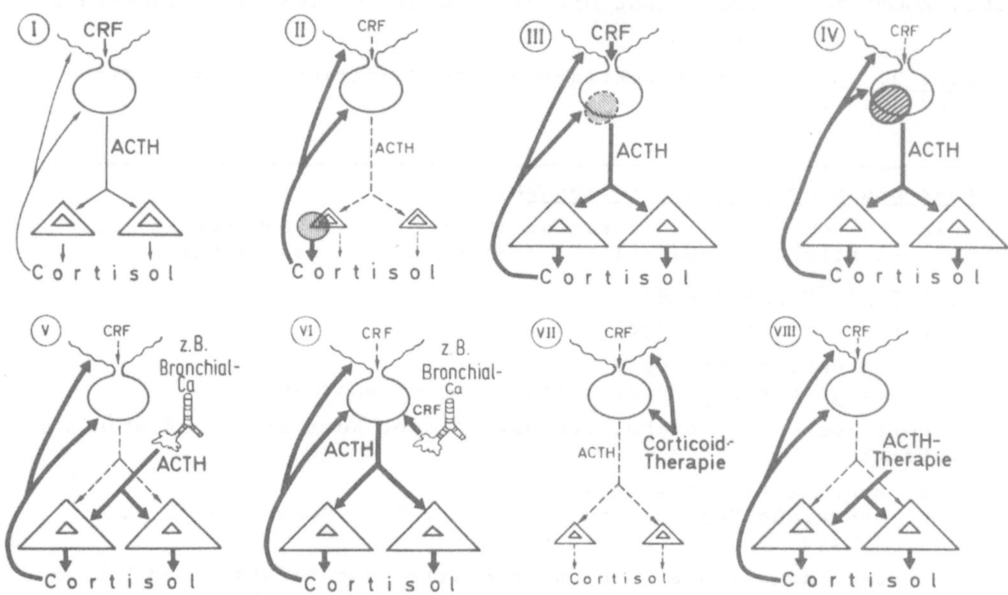

Abb. 3. Schematische Darstellung der Ursachen und der Pathophysiologie der verschiedenen Formen des Cushing-Syndroms (nach 16)

Der Kortisol-produzierende Tumor einer Nebenniere geht mit suppri-
mierten ACTH-Werten und Atrophie der kontralateralen Nebenniere
einher. Die zentralen hypothalamisch (III) oder hypophysär (IV)
bedingten Formen des Cushing-Syndroms mit und ohne Tumornachweis in
der Sella zeigen erhöhte ACTH-Werte und eine beiderseitige Nebennierenrindenhyperplasie. Paraneoplastisch gebildetes ACTH imitiert
diese Situation (V) und dies gilt noch mehr für die allerdings seltene paraneoplastische Bildung von Corticotropin Releasing Factor
(VI). Die medikamentösen Formen des Cushing-Syndroms sind ja meist
anamnestisch abgrenzbar.

Die Durchführung der Differentialdiagnose zwischen den hier skizzierten Formen erfolgt heute praktisch ausschließlich durch Hormonalany-
tik. Dabei hat die radioimmunologische Bestimmung des ACTH-Spiegels
im Plasma eine zentrale Bedeutung bekommen (2, 10, 18). Während sich
beim einseitigen Nebennierentumor erniedrigte ACTH-Spiegel finden,
sind diese bei den zentralen Formen des Cushing-Syndroms grenzwertig
bis deutlich erhöht (Abb. 4). Die Differentialdiagnose zwischen
einerseits primär adrenalem und andererseits zentralem Cushing-Syndrom ist also mit einer einzigen Bestimmung des basalen ACTH-Spiegels
möglich. Diese Methode gehört allerdings auch heute noch zu den etwas
schwierigeren Hormonanalysen (18). Wenn die ACTH-Bestimmung nicht
oder nicht zuverlässig zur Verfügung steht (Tabelle 2), wird man auf
den Lysin-Vasopressin Test (4) mit Anstieg der Kortisolwerte bei den

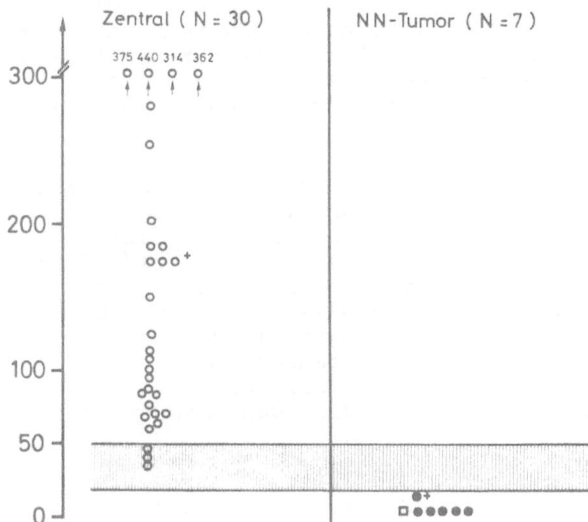

Abb. 4. ACTH-Plasmaspiegel
bei zentralem und primär
adrenalem Cushing-Syndrom
(aus 18)

zentralen Formen des Cushing-Syndroms zurückgreifen und auch den Hemmtest mit 4x2 mg Dexamethason (14) pro Tag durchführen. Diese Teste erlauben im allgemeinen auch zwischen zentralem Cushing-Syndrom und
paraneoplastischer ACTH-Produktion (11) zu unterscheiden (Abb. 3). In
Zweifelsfällen kann es allerdings erforderlich werden, nach einem
Gradienten des ACTH-Plasmaspiegels zu suchen, welcher beim zentralen
Cushing-Syndrom zwischen dem Bulbus venae jugularis cranialis und der
Peripherie gefunden wird. Während er an dieser Stelle beim paraneoplastischen ACTH-Syndrom vermißt wird (6, 12, 24).

Erwähnen möchte ich noch zwei Fälle, bei denen wir Schwierigkeiten mit der richtigen Zuordnung hatten (vgl. Abb. 4, durch ein Kreuz markierte Werte). Die eine Patientin litt an einem Pankreaskarzinom mit Verdacht auf paraneoplastische Produktion von CRF und dementsprechend erhöhter hypophysärer ACTH-Sekretion, die partiell
regulierbar blieb (18, 29). Ebenso selten wie diese Beobachtung ist die zweite Irr-
tumsmöglichkeit. Hier handelte es sich um ein zentrales Cushing-Syndrom, bei dem
sich aus der bilateralen Nebennierenrindenhyperplasie ein hyperplasiogenes Adenom
entwickelte, das funktionell autonom geworden war und wie die primären Nebennieren-
tumoren die endogene ACTH-Sekretion fast supprimiert hatte (18).

Bei der Häufigkeit (Tabelle 3) der verschiedenen Formen des Cushing-
Syndroms bei unseren Erwachsenen liegt mit Sicherheit eine Selektion
hinsichtlich des paraneoplastischen Cushing-Syndroms vor, die im wissenschaftlichen Interesse an diesem Problem begründet ist.

Tabelle 3. Häufigkeit der Formen des Cushing-Syndroms, 45 eigene Fälle (1975 - 1980)

	N	%
Zentral	30	67
NNR-Tumor	6	13
Paraneoplastisch	9	20

Etwa die Hälfte der z.T. gemeinsam mit Professor Dr. H. Blaha, Gauting, beobachteten Patienten mit ektoper ACTH-Sekretion hatten ein Bronchialkarzinom (18). Auf die meisten paraneoplastischen ACTH-Syndrome wird man bisher leider erst in fortgeschrittenen Stadien durch eindeutige klinische Zeichen, wie z.B. eine schwere hypokaliämische Alkalose aufmerksam. - Auch bei der Häufigkeit der zentralen, d.h. hypophysär-hypothalamischen Formen des Cushing-Syndroms in unserer Serie dürfte Selektion eine Rolle spielen, diesmal bedingt durch den Ruf der Münchener Neurochirurgie.

Die radiologischen Methoden kommen heute erst zum Einsatz, wenn die Artdiagnose des Cushing-Syndroms durch Hormonanalytik erfolgt ist. Computertomographie und auch Sonographie erlauben beim adrenalen Cushing-Syndrom die Seite des Tumors zu lokalisieren und seine Größe vorauszusagen. - Beim zentralen Cushing-Syndrom (N=34) zeigte die Sellaaufnahme die seltenen größeren ACTH-produzierenden Adenome (Makroadenom, N=2); hier kann die Computertomographie des Schädels dann die supra- oder paraselläre Ausdehnung erfassen. Bei 19 von 34 Fällen von zentralem Cushing-Syndrom fanden wir, am besten durch die Sellatomographie, nur sehr diskrete Veränderungen, die für ein Mikroadenom sprachen.

Damit komme ich zur Therapie. Hier haben die letzten Jahre einen grundsätzlichen Wandel gebracht. Gelingt die selektive Mikroadenom-entfernung aus der Hypophyse, so kann diese eine kurative Therapie ohne die Notwendigkeit einer lebenslangen Substitutionsbehandlung darstellen.

Früher wurde bei zentralem Cushing-Syndrom die bilaterale Adrenalektomie durchgeführt (22). Dies hatte zur Folge, daß die Patienten mit einer lebenslangen Kortisolsubstitutionsbehandlung versorgt werden mußten mit all ihren Problemen, vor allem der mangelnden Streßfähigkeit. Es ist mir besonders wichtig, auch in diesem Kreise darauf hinzuweisen, daß die reguläre Substitution eines beidseitig Adrenalektomierten mit 25 mg Kortisol über den Tag verteilt (10 - 5 - 5 - 5 mg) im Falle einer intercurrenten Erkrankung sofort auf das 5-10 fache der normalen Dosis, also auf ca. 150 bis 300 mg Kortisol pro 24 Stunden erhöht werden muß, da sonst eine akute "Addison-Krise" droht. Leider mußten wir bei einer ganzen Reihe der von uns betreuten Adrenalektomierten erleben, daß diese Notfallregel nicht beherzt genug durchgeführt wurde.

Überdies kommt es nach der Literatur bei 10-15% der wegen eines zentralen Cushing-Syndroms beidseitig adrenalektomierten Patienten zu einer zunehmenden Sellavergrößerung aufgrund eines ACTH-produzierenden Hypophysenadenom (15, 20). Für diesen als Nelson-Tumor bzw. Nelson-Syndrom bekannten Verlauf sind die Pigmentationszunahme und die Progredienz der Sellavergrößerung charakteristisch. Leider wächst ein Teil dieser Tumoren invasiv, so daß man sie mit einer radikalen Hypophysektomie behandeln und evtl. nachbestrahlen muß, was natürlich zu einer kompletten Hypophyseninsuffizienz führen kann.

Bei unseren 15 Patienten mit Nelson-Syndrom können wir zwei Gruppen unterscheiden (17, 18). Fünf Patienten hatten eine geringere Vergrößerung der Sella mit einer z.T. längeren Latenz zwischen Adrenalektomie und Manifestation des Hypophysentumors. Sofern keine Progredienz der begleitenden Hypophysenvorderlappeninsuffizienz und keine Größenzunahme des Tumors zu sichern war, haben wir uns bis zu jetzt 10 Jahre lang abwartend verhalten. Bei der zweiten Gruppe von inzwischen 10 Patienten hat sich der Tumor im allgemeinen rascher nach der Adrenalektomie gezeigt, einige dieser Patienten hatten bereits eine mehr oder weniger vollständige Hypophysenvorderlappeninsuffizienz, so daß der Hypophysentumor behandelt werden mußte. Invasives

Wachstum haben wir zweimal beobachtet. Die z.T. exzessive Höhe der ACTH-Spiegel
(17, 18) erlaubt keine prognostische Aussage darüber, ob ein Nelson-Tumor schließlich operiert werden muß.

Die ursprüngliche Erklärung des Nelson-Syndroms als hyperplasiogene
Geschwulst, die unter dem Einfluß einer vermehrten hypothalamischen
CRF-Produktion wächst, kann wohl nicht aufrecht erhalten werden. Bei
den meisten Fällen von hypothalamisch-hypophysärem Cushing-Syndrom
ist ja zum Zeitpunkt der Diagnose bereits ein Mikroadenom vorhanden.
Es ist wahrscheinlicher, daß es sich beim Nelson-Tumor um einen zu
einem beliebigen Zeitpunkt nach der beidseitigen Adrenalektomie of-
fenkundig werdenden ACTH-produzierenden Tumor handelt, der bei der
Adrenalektomie noch nicht diagnostiziert wurde.

Zurück zum zentralen Cushing-Syndrom! Mehrere Arbeitskreise haben in
den letzten Jahren berichtet, daß bei bis zu 90% der Patienten Mikroadenome in einer Größe von 2-10 mm Durchmesser in der Hypophyse zu
finden sind (5, 19, 23, 25, 26). Die Fortschritte der neurochirurgischen Operationstechnik (9a) erlauben die selektive Entfernung dieser Mikroadenome unter Erhalt der übrigen hypophysären Partialfunktionen (18, 19).

Für die Beurteilung des Erfolges der transsphenoidalen selektiven
Adenomektomie sind drei Phasen wichtig. Zunächst erlaubt die Bestimmung der perioperativ entnommenen ACTH-Plasmaspiegel (18, 19) bereits
eine Abschätzung des Erfolges des Eingriffes. - Wird der ACTH-Plasmaspiegel gesenkt (Abb. 5), so wird häufig eine passagere isolierte sekundäre Nebennierenrindeninsuffizienz durchgemacht. Die ACTH-produzierenden Zellen des gesunden Hypophysenvorderlappenanteils sind anfänglich noch durch den aus dem Adenom stammenden ACTH-Exzess supprimiert. Die z.T. nicht meßbar niedrigen Kortisolwerte normalisieren
sich manchmal erst Monate nach der Adenomektomie. - Wenn in der dritten Phase die normale Regulation des hypothalamisch-hypophysär-adre-
nalen Regelkreises wieder nachweisbar ist (19), so ist der Patient
als geheilt und, was besonders wichtig ist, auch als streßfähig zu
betrachten. Diejenigen Fälle von zentralem Cushing-Syndrom, die diesen
Verlauf zeigen, werden mit gutem Grund als Fälle von primär hypophy-
särem Adenom aufgefaßt (vgl. Abb. 3).

Daneben gibt es wahrscheinlich doch diejenige Form des zentralen
Cushing-Syndroms (1, 10), bei der eine primär-hypothalamische Mehr-
produktion von Corticotropin Releasing Factor (CRF) vorliegt. Der
direkte Beweis für diese Form ist zur Zeit nicht möglich, da kein
praktikabler CRF-Nachweis zur Verfügung steht. Zu vermuten ist ein
solches Krankheitsbild aber z.B. wenn der Neurochirurg bei gesichertem zentralem Cushing-Syndrom kein Mikroadenom findet und das ACTH
somit aus dem ganzen Hypophysenvorderlappen zu kommen scheint (10),
oder wenn die noch ausstehende Langzeitbeobachtung vieler Fälle zeigen sollte, daß ein Teil der Patienten, bei denen eine vermeintlich
kurative Entfernung des Mikroadenoms erfolgte, später doch ein Rezidiv bekommen. Bisher wurde unter den 20 in München transsphenoidal
operierten Patienten mit zentralem Cushing-Syndrom bei bis zu 8-jäh-
riger Nachbeobachtung erst ein fragliches Rezidiv nach 3 Jahren gesehen.

Weniger erfreulich ist die Erfahrung bei den zentralen Cushing-
Syndromen mit einem größeren ACTH-produzierenden Hypophysenadenom.
Bedingt durch die Zeichen der lokalen Raumforderung, wie Hypophysenvorderlappeninsuffizienz, evtl. auch Chiasmasyndrom, aber auch wegen
des z.T. invasiven Wachstums kommen hier radikalere neurochirurgische Verfahren, wie transsphenoidale oder auch transkranielle Hypo-

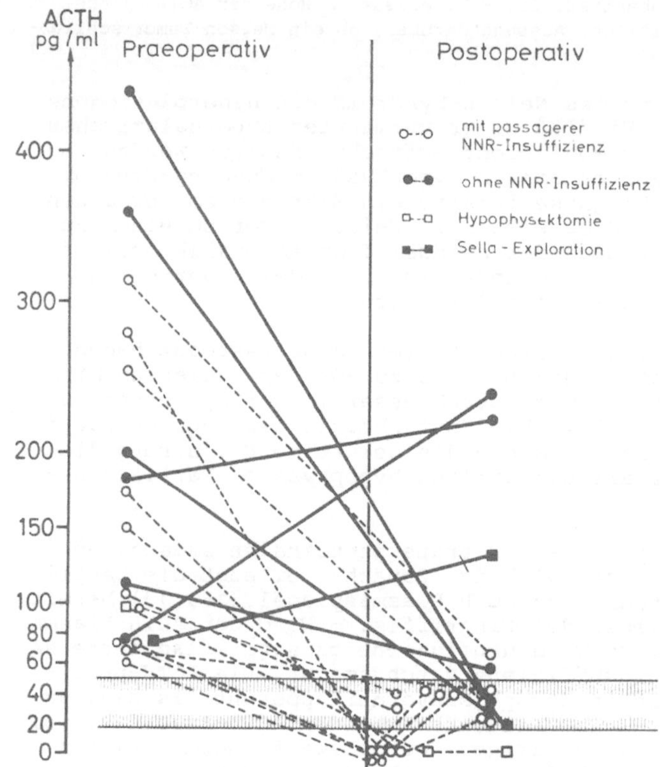

Abb. 5. ACTH-Plasmaspiegel vor und nach transsphenoidaler Hypophysenoperation (N=20) bei zentralem Cushing-Syndrom (aus 19)

physektomie mit Kryotherapie und anschließender externer Bestrahlung
zum Einsatz. Trotz des therapeutischen Aufwandes gelingt es keineswegs immer, den ACTH-Exzess zu beseitigen.

Aus der heutigen Sicht lassen sich unsere Vorschläge zur Differen-
tialtherapie der Formen des zentralen Cushing-Syndroms folgendermaßen zusammenfassen:

1. Der Patient mit gesichertem zentralem Cushing-Syndrom sollte bei
   normaler oder geringgradig vergrößerter Sella turcica die Chance
   erhalten, durch transsphenoidale selektive Entfernung eines Mikroadenoms geheilt zu werden.

2. Wird in diesen Fällen kein Mikroadenom gefunden, so wird zumindestens bei jüngeren Patienten nicht total hypophysektomiert, da
   hier die bilaterale Adrenalektomie vorzuziehen ist. Eine Nebennierenrindeninsuffizienz ist eben leichter zu substituieren als
   eine vollständige Hypophysenvorderlappeninsuffizienz.

3. Die bilaterale Adrenalektomie bietet den Vorteil der sicheren,
   sofortigen Beseitigung des Hyperkortizismus. Sie kann bei perakutem Cushing-Syndrom erforderlich sein und wird ferner durchgeführt,
   wenn der Neurochirurg kein Mikroadenom findet, oder wenn trotz an-
   gestrebter vollständiger Entfernung des ACTH-produzierenden Hypo-
   physenvorderlappenadenoms das zentrale Cushing-Syndrom persistiert.

4. Bei gesichertem zentralen Cushing-Syndrom und großem ACTH-produzierenden Hypophysentumor sind die aggressiveren neurochirurgischen und radiologischen Verfahren indiziert, besonders bei
   rascher Progredienz des Hypophysentumors und bei schon vorhandener Hypophysenvorderlappeninsuffizienz.

5. Der Nelson-Tumor muß operiert werden, wenn er rasch progredient
   ist.

6. Trotz vielfältiger positiver Ansatzpunkte (28) gibt es keine vergleichbar aussichtsreiche, medikamentöse Alternative zu der besprochenen chirurgischen Therapie des zentralen Cushing-Syndroms.

Die dargestellten Fortschritte in der Diagnostik, Differentialdiagnose und -Therapie des zentralen Cushing-Syndroms erlauben die Aussage, daß die Erkrankung mit den Vorstellungen von Harvey Cushing
(8) wieder besser vereinbar ist.

Literatur

1. Berlinger FG, Ruder HJ, Wilber JF (1977) Cushing's syndrome
   associated with galactorrhea, amenorrhea and hypothyroidism: A
   primary hypothalamic disorder. J Clin Endocrinol Metab 45: 1205-
   1210

2. Besser GM, Landon J (1968) Plasma levels of immunoreactive corti-
   cotrophin in patients with Cushing's syndrome. Brit Med J: 552-554

3. Bethge H, Winkelmann W, Zimmermann H (1966) Fehlender Anstieg der
   Corticosteroide im Plasma während der Insulinhypoglykaemie beim
   Cushing-Syndrom. Acta endocr (Kbh) 51: 166-174

4. Bethge H, Bayer JM, Winkelmann W (1969) Diagnosis of Cushing's
   syndrome. The differentiation between adrenocortical hyperplasia
   and adrenocortical adenoma by means of lysine-vasopressin. Acta
   endocr (Kbh) 60: 47-59

5. Bigos ST, Somma M, Rasio E, Eastman RC, Lanthier A, Johnston HH,
   Hardy J (1980) Cushing's disease: Management by transsphenoidal
   pituitary microsurgery. J Clin Endocrinol Metab 50: 348-354

6. Corrigan DF, Schaaf M, Whaley RA, Czerwinski CL, Earll JM (1977)
   Selective venous sampling to differentiate ectopic ACTH-secretion
   from pituitary Cushing's syndrome. New Engl J Med 296: 861-862

7. Crapo L (1979) Cushing's syndrome: A review of diagnostic tests.
   Metabolism 28: 955-977

8. Cushing H. (1932) The basophil adenomas of the pituitary body
   and their clinical manifestations (pituitary basophilism). Bull
   Johns Hopkins Hosp 50: 137-195

9. Eddy RL, Jones AL, Gilliland PF, Ibarra JD, Thompson JQ, McMurry
   JF (1973) Cushing's syndrome: A prospective study of diagnostic
   methods. Amer J Med 55: 621-630

9a. Fahlbusch R, Marguth F (1979) Concepts in neurosurgical treatment of pituitary adenomas. In: Marguth F, Brock M, Kazner E,
   Klinger M, Schmiedek P (eds) Neurovascular surgery. Specialized
   neurosurgical techniques. Springer, Berlin Heidelberg New York,
   p 129

10. Fehm HL, Voigt KH (1979) Pathophysiology of Cushing's disease. Pathobiology Annual 9: 225-255

11. Havemann K, Gropp C (1980) Ektope Hormonproduktion beim klein zelligen Bronchialkarzinom. Biologische und immunologische Aspekte. Internist 21: 84-94

12. Kley HK, Betzholz R, Stolze T, Körfer R, Krüskemper HL (1978) Differentialdiagnose zwischen dem hypothalamisch-hypophysären Cushing-Syndrom und dem ektopischen ACTH-Symdrom. Dtsch med Wschr 103: 783-786

13. Labhart A (1978) Klinik der Inneren Sekretion. Springer, Berlin Heidelberg New York, p 354

14. Liddle GW (1960) Tests of pituitary-adrenal suppressibility in the diagnosis of Cushing's syndrome. J Clin Endocrinol Metab 20: 1539-1560

15. Moore TJ, Dluhy RG, Williams GH, Cain JP (1976) Nelson's syndrome: Frequency, prognosis and effect of prior pituitary irradiation. Ann Intern Med 85: 731-734

16. Müller OA (1977) Cushing-Syndrom. Ausschluß und Differentialdiagnose. Zeitschr f Allgemeinmed 53: 1457-1462

17. Müller OA, Baur X, Fahlbusch R, Madler M, Marguth F, Uhlig C, Scriba PC, Bayer MJ (1978) Diagnosis and treatment of ACTH-producing pituitary tumors. In: Fahlbusch R, von Werder K (eds) Treatment of pituitary adenomas. Thieme, Stuttgart, p 343-351

18. Müller OA (1980) ACTH im Plasma: Bestimmungsmethoden und klinische Bedeutung. Thieme-Copythek, Stuttgart, p 1-179

19. Müller OA, Fahlbusch R, Scriba PC (1980) Cushing's disease: Endocrinology and treatment of ACTH producing pituitary microadenomas. Clin Endocrinology, im Druck

20. Nelson DH, Meakin JW, Thorn GW (1960) ACTH-producing pituitary tumors following adrenalectomy for Cushing's syndrome. Ann Intern Med 52: 560-569

21. Nugent CA, Nichols T, Tyler FH (1965) Diagnosis of Cushing's syndrome. Single dose dexamethasone suppression test. Arch Int Med 116: 172-176

22. Orth DN, Liddle GW (1971) Results of treatment in 108 patients with Cushing's syndrome. New Engl J Med 285: 243-247

23. Salassa RM, Laws ER, Carpenter PC, Northcutt RC (1978) Transphenoidal removal of pituitary microadenoma in Cushing's disease. Mayo Clin Proc 53: 24-28

24. Scriba PC, von Werder K, Richter J, Schwarz K (1968) Ein Beitrag zur klinischen Diagnostik des ektopischen ACTH-Syndroms. Klin Wschr 46: 49-51

25. Tyrrell JB, Brooks RM, Fitzgerald PA, Cofoid PB, Forsham PH, Wilson CB (1978) Cushing's disease. Selective transsphenoidal resection of pituitary microadenomas. New Engl J Med 298: 753-758

26. Wajchenberg BL, Silveira AA, Goldman J, Cesar FP, Marino R, Lima
    SS (1979) Evaluation of resection of pituitary microadenoma for
    the treatment of Cushing's disease in patients with radiologi-
    cally normal sella turcica. Clin Endocrinology 11: 323-331

27. Wallace EZ, Rosman P, Toshav N, Sacerdote A, Balthazar A (1980)
    Pituitary-adrenocortical function in chronic renal failure:
    Studies of episodic secretion of cortisol and dexamethasone
    suppressibility. J Clin Endocrinol Metab 50: 46-51

28. von Werder K, Brendel C, Eversmann T, Fahlbusch R, Müller OA,
    Rjosk HK (1980) Medical therapy of hyperprolactinemia and
    Cushing's disease associated with pituitary adenomas. In: Fablia
    G, Giovanelli MA (eds) Pituitary microadenomas. Academic Press,
    New York San Francisco, im Druck

29. Yamamoto H, Hirata Y, Matsukura S, Imura H, Nakamura M, Tanaka A
    (1976) Studies on ectopic ACTH-producing tumors. IV CRF-like
    activity in tumour tissue. Acta endocr (Kbh) 82: 183-192

30. Yoshida K, Satowa H, Sato A, Ichikawa Y, Kream J, Levin J,
    Zumoff B, Hellman L, Fukushima DK (1979) Plasma cortisol profiles
    in Cushing's syndrome. Acta endocr (Kbh) 91: 319-328

Die Bedeutung des Zentralnervensystems in der Ätiologie des Morbus Cushing[1]

H.L. Fehm, K.H. Vogt und E.F. Pfeiffer

Die eindrucksvollsten Erfolge der Mikroadenomektomie in der Behandlung des Morbus Cushing, wie sie Herr Professor Scriba im Vorangegangenen geschildert hat, haben zu einer Renaissance der bereits von Harvey Cushing entwickelten Vorstellung geführt, daß es sich beim Morbus Cushing um eine primär hypophysäre Erkrankung handelt. Im Rahmen dieser Sitzung, die von Internisten und Neurologen gemeinsam veranstaltet wird, halten wir es für angebracht, kurz unsere Befunde vorzustellen, die dafür sprechen, daß es sich beim Morbus Cushing primär um eine Erkrankung extrahypothalamischer zentralnervöser Strukturen handelt (s. auch Krieger, 1978).

1. Physiologie des Corticosteroid-Feedback-Mechanismus

Daß das Cortisol die ACTH-Sekretion im Sinne eines negativen Rückkoppelungs-Mechanismus hemmt, ist lange bekannt. Wir konnten in den letzten Jahren zeigen, daß dieser Feedback-Mechanismus in der Weise eines Differential-Integral-Reglers funktioniert, wie wir ihn aus der Technik oder auch von anderen biologischen Systemen her kennen (Fehm et al., 1979 a). Abbildung 1 illustriert dies an einem Beispiel. Hier wurden Patienten mit primärer Nebennierenrinden-Insuffizienz, also ohne endogene Cortisol-Sekretion, untersucht. Wir gaben 50 mg Cortisol als Kurzzeitinfusion über 15 Minuten. Man erkennt eine biphasische Reaktion der ACTH-Spiegel: ein erster Abfall wurde während der Cortisol-Infusion beobachtet; mit Beendigung der Infusion kam es zu einem kurzen Wiederanstieg der ACTH-Werte ehe ein zweiter, anhaltender Abfall der ACTH-Werte eintrat.

Durch vielfältige Variation der Cortisol-Dosis und -Applikationsweise konnte die ACTH-Reaktion genauer analysiert werden. Insgesamt ergab sich, daß einmal die ACTH-Sekretion immer dann gehemmt wird, wenn die Plasma-Cortisol-Konzentration sich ändert, d.h. ansteigt. Die absolute Höhe der Cortisol-Konzentration spielt dabei keine Rolle. Diese differentiale Komponente des Feedback setzt ohne zeitliche Verzögerung ein. Die integrale Komponente wird erst nach ca. 20 Minuten manifest. In dieser Phase entspricht das Ausmaß der Hemmung der applizierten Cortisol-Dosis, d.h. dem Integral der zeitlichen Verlaufskurve der Plasma-Cortisol-Konzentrationen.

2. Störung des Corticosteroid-Feedback-Mechanismus beim Morbus Cushing: die paradoxe ACTH-Reaktion

Der Morbus Cushing ist u.a. durch eine Störung des Steroid-Feedback-Mechanismus charakterisiert. Es galt nun die Frage zu beantworten, wie

---

[1] Referat anläßlich der gemeinsamen Sitzung der Deutschen Gesellschaft für Innere Medizin und der Deutschen Gesellschaft für Neurologie in Wiesbaden am 14.4.1980

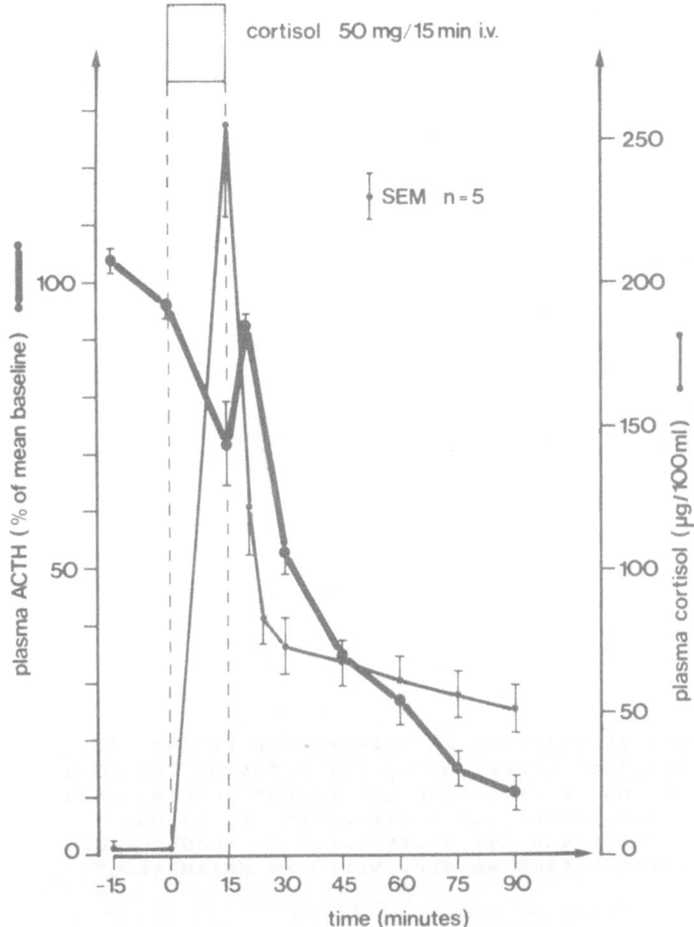

Abb. 1. Zeitlicher Verlauf der Plasma-ACTH-Werte (in Prozent des individuellen mittleren Ausgangswerts) und der Plasma-Cortisol-Konzentrationen unter der Infusion von 50 mg Cortisol während 15 Minuten bei 5 Patienten mit primärer Nebennierenrinden-Insuffizienz. Die zwei Phasen der Hemmung der ACTH-Sekretion sind deutlich zu erkennen

die differentialen und integralen Feedback-Mechanismen bei diesen Patienten funktionieren bzw. genauer zu definieren, worin die Störung des Feedback eigentlich besteht. Wir haben dazu mit der gleichen Versuchsanordnung wie eben skizziert Patienten untersucht, die wegen eines Morbus Cushing total adrenalektomiert worden waren (Abb. 2). Bei diesen Patienten führte die Kurzzeitinfusion von Cortisol zu einer paradoxen Stimulation der ACTH-Sekretion in der Phase, in der unter physiologischen Bedingungen der differentiale Feedback-Mechanismus wirksam wird.

Die eingehende Analyse dieses Phänomens ergab, daß die Cushing-Patienten dadurch gekennzeichnet sind, daß der normalerweise negative differentiale Feedback-Mechanismus in einen positiven umgekehrt ist.

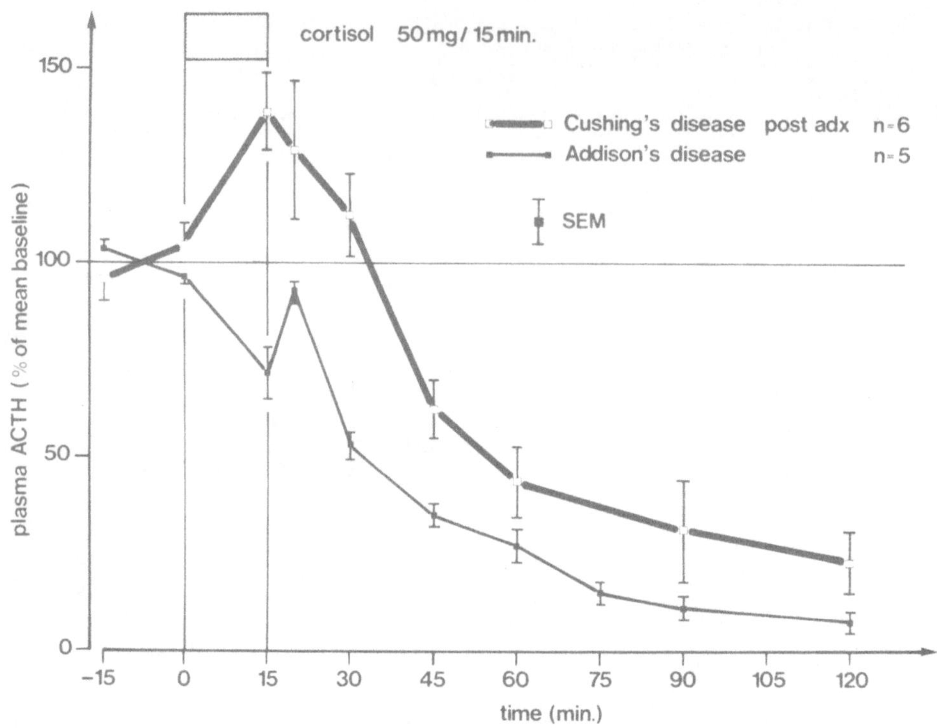

Abb. 2. Zeitlicher Verlauf der Plasma-ACTH-Spiegel (in Prozent des individuellen mittleren Ausgangswertes) unter der Infusion von 50 mg Cortisol während 15 Minuten bei 6 Patienten mit Morbus Cushing nach totaler Adrenalektomie (dicke Linie) und 5 Patienten mit Morbus Addison (dünne Linie). In der Phase des differentialen Feedback-Mechanismus zeigten die Cushing-Patienten eine paradoxe Stimulation der ACTH-Sekretion

Der integrale Mechanismus funktioniert dagegen ungestört (Fehm et al. 1977; Fehm et al., 1979 b). Damit liegt partiell ein circulus vitiosus vor, bei dem jeder Anstieg der Plasma-Cortisol-Konzentration mit einem paradoxen Anstieg der ACTH-Sekretion beantwortet wird. Es ist unsere Arbeitshypothese, daß diese Störung pathognomonisch für den Morbus Cushing ist.

Abb. 3. Wirkung von Desimipramin auf die ACTH-Sekretion bei Patienten mit Morbus Addison. Desimipramin allein hatte keinen Einfluß auf die ACTH-Spiegel. Die Reaktion der ACTH-Spiegel auf eine Cortisol-Infusion (50 mg in 20 Minuten) zeigte jedoch, daß eine Störung im Steroid-Feedback-Mechanismus ausgelöst wurde. Im Vergleich zu den Placebo-behandelten Patienten (gestrichelte Linie) zeigten die Desimipramin-behandelten Patienten eine paradoxe ACTH-Reaktion in der Phase des differentialen Feedback-Mechanismus. Der integrale Feedback-Mechanismus funktionierte offenbar ungestört. Die Parallele zur spontanen ACTH-Reaktion auf die Cortisol-Gabe bei Cushing-Patienten ist deutlich

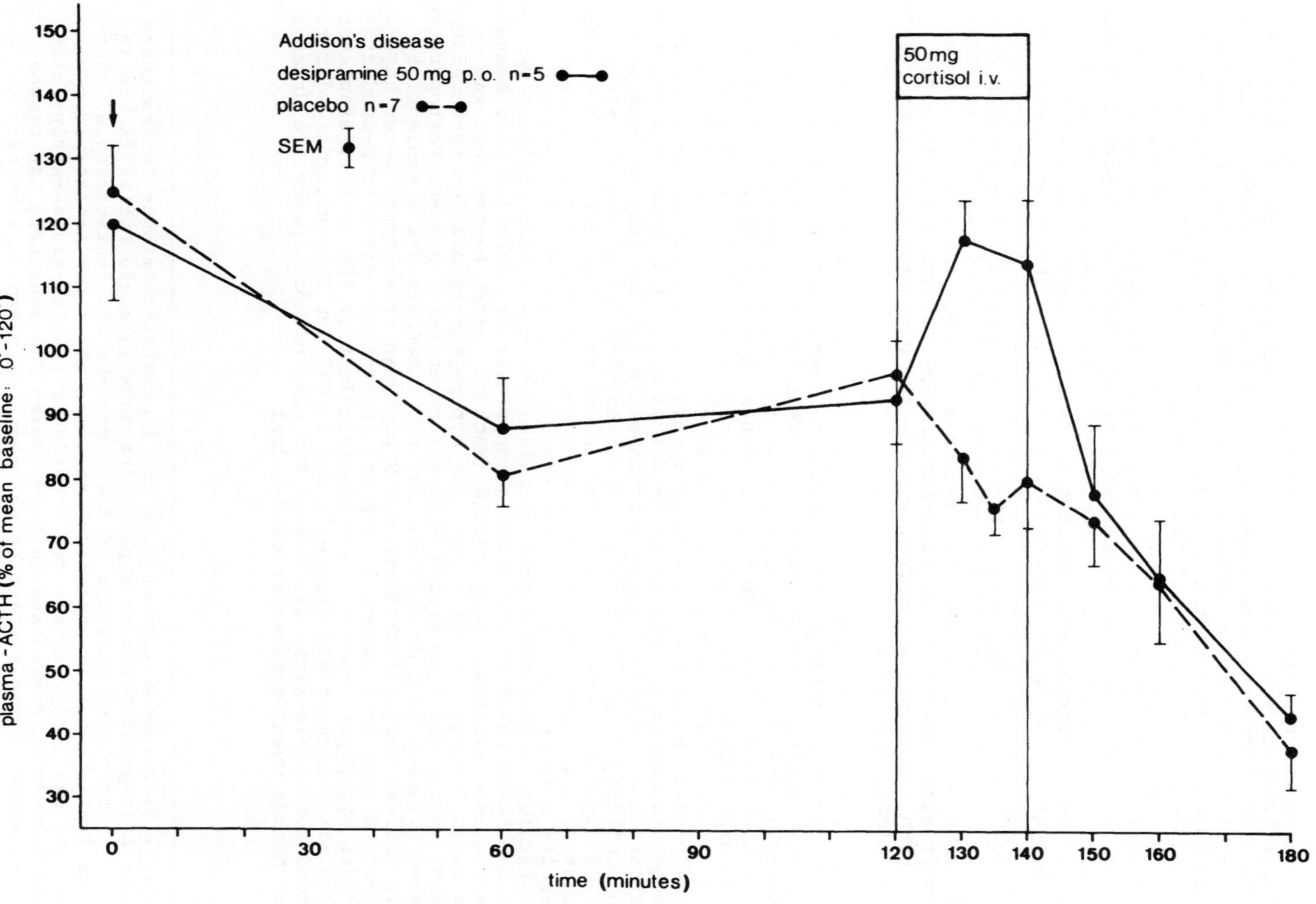

Addison's disease
desipramine 50 mg p.o. n=5
placebo n=7
SEM
50mg cortisol i.v.
plasma - ACTH (% of mean baseline: 0'-120')
150
140
130
120
110
100
90
80
70
60
50
40
30
0
30
60
90
120
130
140
150
160
180
time (minutes)

3. Das noradrenerge System und die paradoxe ACTH-Reaktion

Wir haben uns nun der Frage zugewandt, wie das Umkippen des differentialen Feedback von negativ nach positiv zustande kommt. 1978 berichtete eine japanische Arbeitsgruppe, daß bei Ratten, deren noradrener-
ges System im ZNS durch intraventrikuläre Injektion des Neurotoxins
6-OH-Dopamin ausgeschaltet ist, der differentiale Feedback-Mechanismus nicht mehr funktioniert (Kaneko & Hiroshige, 1978). Wir haben
deswegen den Einfluß von Neuropharmaka mit definierter Wirkung auf
das noradrenerge System auf die ACTH-Sekretion beim Menschen untersucht. Wir wählten dazu das bekannte trizyklische Antidepressivum Desimipramin, das selektiv den Re-Uptake von Noradrenalin hemmt und dadurch die Noradrenalin-Konzentration im synaptischen Spalt erhöht. Die
Wirkungen von 50 mg Desimipramin p.o. auf die ACTH-Sekretion bei Patienten mit primärer Nebennierenrinden-Insuffizienz sind in Abbildung
3 dargestellt. Desimipramin hatte keinen Einfluß auf die basalen ACTH-
Spiegel. Die Kurzzeitinfusion von Cortisol (50 mg in 20 Minuten) löste
jedoch eine paradoxe ACTH-Stimulation aus. Insgesamt bewirkte Desimipramin eine Störung im Cortisol-Feedback-Mechanismus, die in allen
Aspekten derjenigen entsprach, wie sie für Patienten mit Morbus Cushing
charakteristisch ist.

Aus diesen Daten leiten wir die Hypothese ab, daß beim Morbus Cushing
eine Störung im noradrenergen System vorliegt, die ihrerseits Ursache
für die gestörte ACTH-Sekretion ist. Wenn dem so ist, müßten Neuropharmaka, die das noradrenerge System in entgegengesetzter Richtung
beeinflussen wie das Desimipramin, einen günstigen Effekt auf den Morbus Cushing haben. Ein solches Medikament steht im Reserpin seit langem zur Verfügung, das ja u.a. die zentralnervösen Speicher für das
Noradrenalin entleert. Diese Überlegungen sowie einzelne kasuistische
Beobachtungen in der Literatur (Miura et al., 1975) haben uns ermutigt,
Patienten mit Morbus Cushing versuchsweise mit Reserpin zu behandeln.
In Abbildung 4 ist das Ergebnis einer solchen Behandlung bei einer
56-jährigen Patientin dargestellt. In der Abbildung sind nur die wichtigsten, zur Verlaufsbeobachtung geeigneten Parameter aufgezeichnet.
Bereits 2 Wochen nach Beginn der Behandlung waren die 17-Hydroxycorti-
costeroide im 24-Stunden-Urin normalisiert; das Plasma-Cortisol war im
Dexamethason-Kurztest vollständig supprimierbar. Parallel dazu besserte sich die klinische Symptomatik. Nach ca. einem halben Jahr kam es
zu einem Rezidiv. Es wurde nun eine Hypophysenexploration durchgeführt;
dabei konnte ein 5 mm großes Mikroadenom entfernt werden. Postoperativ
waren Plasma-ACTH und -Cortisol auf nicht meßbare Werte erniedrigt;
die übrigen Partialfunktionen des Hypophysenvorderlappen waren ungestört. Dieser Fall belegt 1. daß die Anwesenheit eines ACTH-produzierenden Hypophysenadenoms keine Kontraindikation für einen Therapieversuch mit Neuropharmaka darstellt und 2. daß der Therapieerfolg der Mikroadenomektomie nicht als Beweis für eine primär hypophysäre Ursache
des Morbus Cushing gewertet werden darf.

Abb. 5. Elektronenmikroskopische und immunhistochemische Untersuchung
eines ACTH-produzierenden Hypophysentumors (gleiche Patientin wie in
Abb. 4). Sämtliche Zellen sind dicht gepackt mit Sekretgranula; sämtliche Zellen geben eine positive Reaktion mit einem Antikörper gegen
ACTH und das 16 K-Fragment des Proopiocortin (Peroxidase-Antiperoxi-
dase Methode am entharzten, 0,5 μm dicken Eponschnitt). Identische
Bilder wurden mit einem Antikörper gegen β-Endorphin erhalten

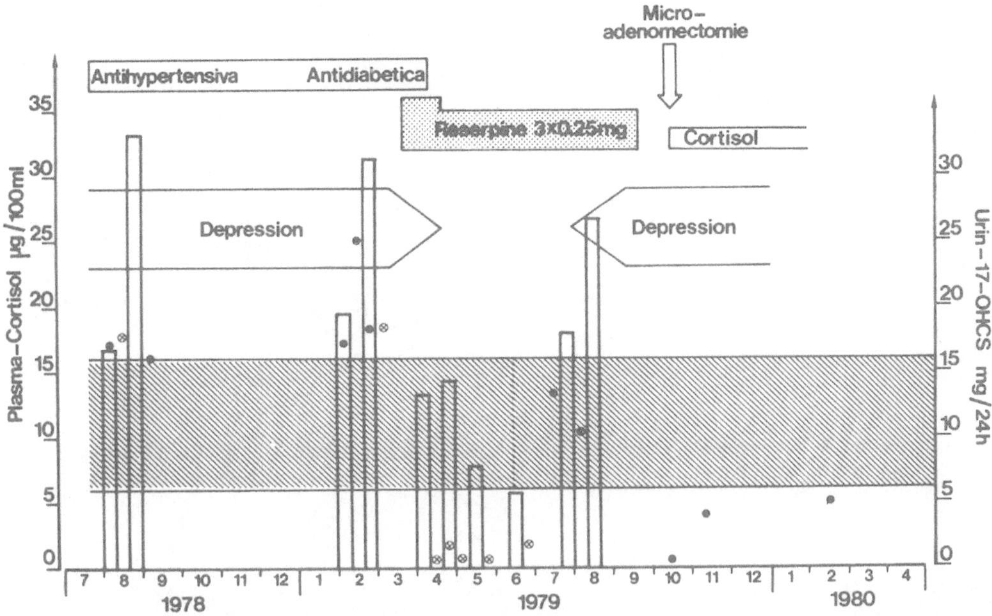

Abb. 4. Verlauf einiger klinischer und hormonanalytischer Daten bei einer Patientin mit Morbus Cushing unter der Therapie mit Reserpin. Bereits nach 2 Wochen war eine Remission eingetreten, die für etwa 1/2 Jahr aufrechterhalten werden konnte. ⊗ Plasma-Cortisol-Werte um 8 Uhr morgens, 9 Stunden nach Einnahme von 1 mg Dexamethason

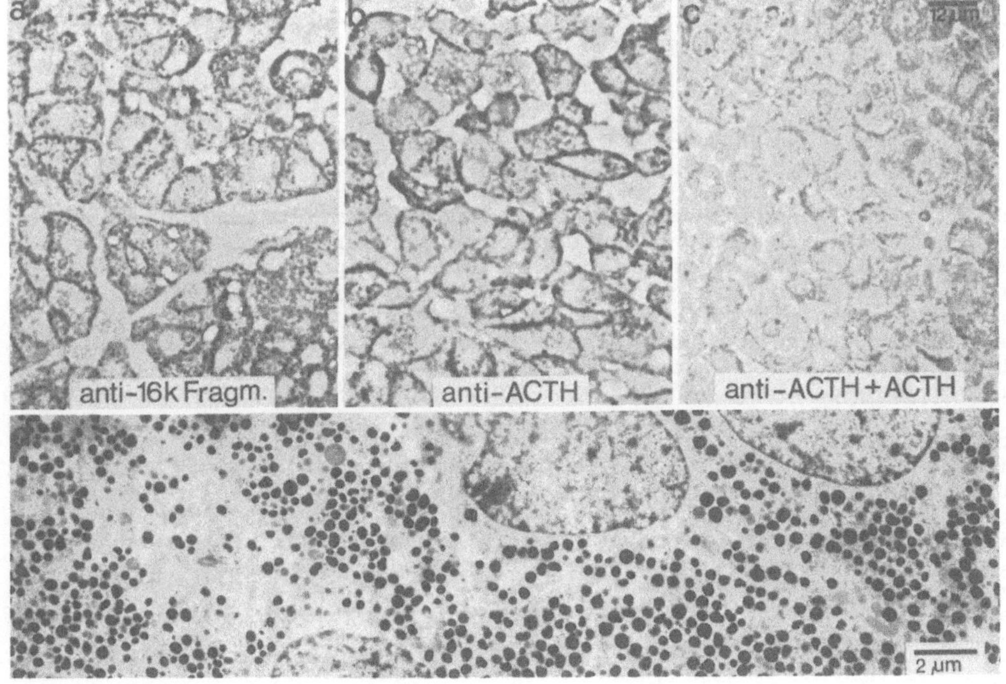

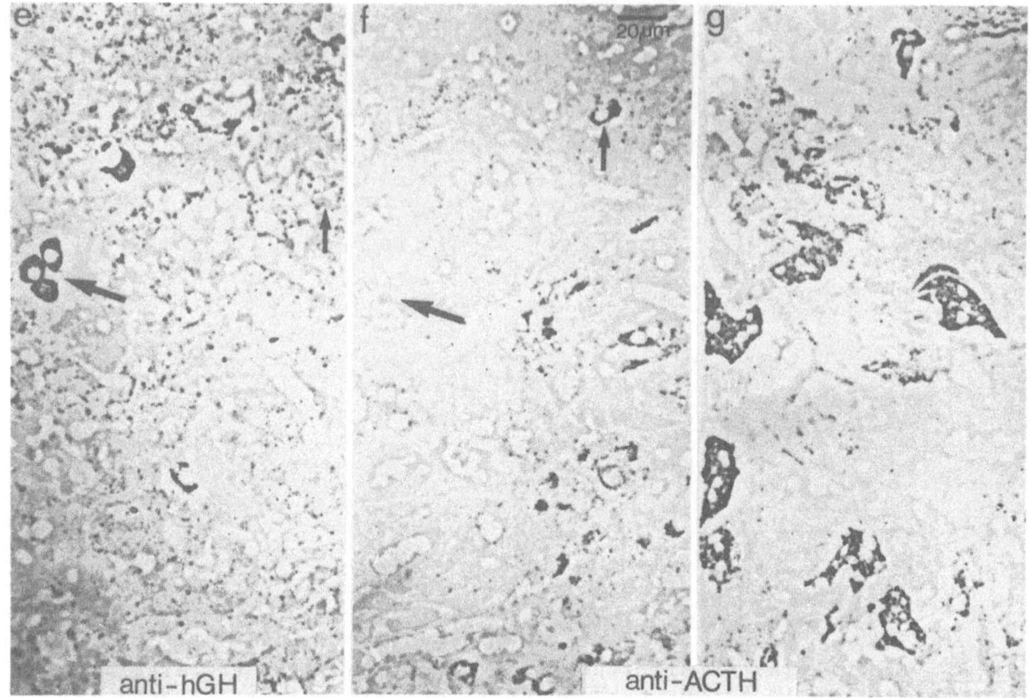

Abb. 6. Immunhistochemische Untersuchung des periadenomatösen Hypophysengewebes (gleiche Patientin wie Abb. 5). Es finden sich Abschnitte
mit einzelnen und nestförmig angeordneten ACTH-positiven Zellen. Im
linken Abschnitt Kontrollreaktion mit einem Antikörper gegen menschliches Wachstumhormon. Die Pfeile weisen auf identische Zellen mit
unterschiedlicher Immunreaktivität in benachbarten Serienschnitten

4. Morphologie und Bedeutung von ACTH-produzierenden Mikroadenomen der Hypophyse beim Morbus Cushing

Sehen wir uns nun das Hypophysenadenom dieser Patientin etwas näher
an. Herr Fahlbusch hat uns dankenswerterweise einen Teil des Tumors
sowie eine Biopsie aus dem nicht tumorösen Hypophysengewebe zur immunhistochemischen Aufarbeitung zugesandt. Inzwischen haben wir 15
solcher Tumoren mit dieser Methodik untersucht und die Ergebnisse
bei dieser Patientin sind durchaus representativ für alle übrigen.
Sämtliche Zellen des Tumors gaben eine positive Reaktion mit einem
Antikörper gegen ACTH und das 16 K-Fragment des Proopiocortin (Abb. 5).

Erstaunlicherweise fanden sich jedoch auch im paraadenomatösen Hypophysengewebe zahlreiche ACTH-positive Zellen (Abb. 6). Aufgrund des
klinischen Verlaufs muß man annehmen, daß diese ACTH-Zellen sekreto-
risch inaktiv waren. In Übereinstimmung mit Saeger (1977) sind wir der
Meinung, daß es sich bei diesen Tumoren um hyperplasiogene Geschwülste
handelt, die unter der Wirkung einer dauernden Stimulation durch den
Hypothalamus entstehen. Warum der hyperplasiogene Stimulus nur einen
Teil der ACTH-Zellen im Hypophysenvorderlappen trifft, während die
anderen ACTH-Zellen unter der Wirkung des Steroid-Feedback-Mechanismus ihre sekretorische Aktivität einstellen, bleibt ein ungelöstes
Rätsel.

Zusammenfassend müssen wir feststellen, daß derzeit die Frage, ob der Morbus Cushing primär hypophysärer oder primär zentralnervöser Ätiologie ist, nicht schlüssig beantwortet werden kann. Es gibt Argumente für die eine wie die andere Annahme und es fehlt an übergreifenden Hypothesen, die im Stande wären, alle Phänomene zu erklären. Bezüglich des gegenwärtigen Standes der Diskussion dürfen wir auf eine kürzlich erschienene Übersichtsarbeit verweisen (Fehm & Voigt, 1979).

Literatur

1. Fehm HL, Voigt KH, Lang RE, Beinert KE, Kummer GW, Pfeiffer EF (1977) Paradoxical ACTH response to glucocorticoids in Cushing's disease. N Engl J Med 297: 904-907

2. Fehm HL, Voigt KH, Kummer GW, Lang RE, Pfeiffer EF (1979 a) Differential and integral corticosteroid feedback effects on ACTH secretion in hypoadrenocorticism. J Clin Invest 63: 247-253

3. Fehm HL, Voigt KH, Kummer GW, Pfeiffer EF (1979 b) Positive rate-sensitive corticosteroid feedback mechanism of ACTH secretion in Cushing's disease. J Clin Invest 64: 102-108

4. Fehm HL, Voigt KH (1979) Pathophysiology of Cushing's disease. In: Ioachim HL (ed) Pathobiology Annual, Vol 9. Raven Press, New York, p 225-255

5. Kaneko M, Hiroshige T (1978) Site of fast, rate-sensitive feedback inhibition of adrenocorticotropin secretion during stress. Am J Physiol 234: R 46 - R 51

6. Krieger DT (1978) The central nervous system and Cushing's disease. Med Clinics of North Am 62: 261-268

7. Miura K, Aida M, Mihara A, Kato K, Ojima M, Demura R, Demura H, Okuyama M (1975) Treatment of Cushing's disease with reserpine and pituitary irradiation. J Clin Endocrinol Metab 41: 511-526

8. Saeger W (1977) Die Morphologie der paraadenomatösen Adenohypophyse. Virch Arch A Path Anat Histol 372: 299-314

Akromegalie[1]

K. Seige und F.E. Ulrich

Die physiologische Steuerung der Wachstumshormonsekretion (hGH) wird
über Neurohormone vermittelt. 1973 gelang es BRAZEAU und Mitarb. die
Struktur des Inhibiting Hormons (GRIH) aufzuklären. Es handelt sich
um das SOMATOSTATIN, das inzwischen vollsynthetisiert wurde. Sein
ubiquitäres Vorkommen und sein sich auf nahezu alle hormonellen Se-
kretionsprozesse erstreckender inhibitorischer Effekt haben berech-
tigte Zweifel an seiner Spezifität bezüglich der Wachstumshormonregu-
lation aufkommen lassen (19, 28). Bis heute ist die Strukturaufklärung
des GRH nicht gelungen. 1978 beschrieben NAIR et al. (18) ein aus Rin-
derhypothalami extrahiertes Peptid, das in vivo ein growth hormone
releasing Aktivität bei Ratten zeigte. Die GRH und GRIH enthaltenden
peptidergen Neuronen enden in der Eminentia medialis. Dieser Bereich
des basalen Hypothalamus ist über das hypophysäre Portalsystem mit
dem Hypophysenvorderlappen (HVL) verbunden. Die der hypophyseotropen
Hormonbildung übergeordneten Strukturen setzen Neurotransmitter vom
Monoamintyp frei. Dabei wird dem limbischen System, das eine Kontrollfunktion für hypophyseotrope Kernareale des Hypothalamus wahrnimmt,
die Bildung von SEROTONIN zugeschrieben. In diesem Gebiet wurden auch
GRH-haltige Zellen nachgewiesen. NORADRENALIN und DOPAMIN wurden in
den Nuclei ventromedialis und arcuatus gefunden. L-DOPA als Vorstufe
des DOPAMINS stimuliert bei Gesunden die hGH-Sekretion. Ebenso wirkt
das dopaminerge Apomorphin. 5-HYDROXYTRYPTAMIN (Serotonin) soll gleichfalls einen stimulatorischen Effekt haben. Nach MÜLLER et al. hemmt es
jedoch, zumindest beim Hund, die hypoglykämieinduzierte hGH-Freisetzung.
Die Wirkung wird hypothalamischen Regionen zugeordnet, in denen Gluko-
rezeptoren lokalisiert sind. Die hGH-Sekretionshemmung durch Hyperglykämie und Erhöhung der freien Fettsäuren wird auf eine serotoninerge
Regulation bezogen, weil beide Veränderungen mit einer Erhöhung der
5-Hydroxytryptaminsynthese einhergehen (5, 7, 9, 16, 17). Die physiologische hGH-Sekretion wird durch alpha-Blocker gehemmt, durch beta-
Blocker stimuliert. In Provokationstests zur Untersuchung der hGH-
Sekretion wird der verstärkende Effekt einer beta-Blockade genutzt.
(24, 26). Eine Übertragung tierexperimenteller Befunde auf den Menschen ist infolge Artspezifität meist nicht möglich. So ist selbst für
den gesunden menschlichen Organismus die eindeutige Zuordnung hemmender und stimulierender Faktoren der suprahypophysären hGH-Regulation
bislang noch nicht zu treffen.

Im Rahmen ätiopathogenetischer Überlegungen stellt sich die Frage nach
einer hypophysären oder hypothalamischen Lokalisation der Akromegalie-
auslösung. Mit der Herausbildung eines Adenoms könnte die Steuerungs-
fähigkeit der somatotropen Elemente im HVL durch den Hypothalamus ver-
lorengehen. Es sind jedoch Reaktionen der hGH-Sekretion bekannt, die
als paradox bezeichnet werden. Sie geben Ansätze für Arbeitshypothesen
zur Pathogenese der Akromegalie. An dieser Stelle sei an die die Synthese und Sekretion betreffenden Gemeinsamkeiten des hGH und des Prolaktin

---

[1] Referat anläßlich der gemeinsamen Sitzung der Deutschen Gesellschaft
für Innere Medizin und der Deutschen Gesellschaft für Neurologie in
Wiesbaden am 14.4.1980

erinnert. Sie haben ebenso wie gewisse strukturelle und funktionelle
Übereinstimmungen ihren Ursprung in phylogenetischen Entwicklungsvor-
gängen (3, 13, 17, 21, 23). L-Dopa, der Präkursor für Dopamin und
Noradrenalin, induziert zumindest bei einem Teil der Akromegalen eine
Depression der hGH-Werte. Aus dieser Gruppe rekrutieren sich die Patienten, deren hGH-Spiegel durch LHRH und TRH stimulierbar sind. Das
betrifft 20% bzw. 60% der Akromegalen. Eine hGH-Depression läßt sich
auch durch spezifische Dopaminrezeptorstimulatoren hervorrufen. Eine
Vielzahl von pharmakologischen Studien bestätigt die paradoxe dopaminerge Hemmung und fand sie auch für antiserotoninerge Substanzen wie
Methysergid und Methergolin als dopaminerg vermittelt (10, 17, 23, 27).
Die heute bekannten Möglichkeiten einer pharmakologischen Beeinflussung der hGH-Sekretion und -synthese (?) bei der Akromegalie geben für
die Betrachtung ihrer Pathogenese einige interessante Denkanstöße.

Eine rein hypophysäre Genese könnte begründet werden mit dem Verschwinden der paradoxen Reaktionen nach radikaler Entfernung der Adenome.
Das gilt sowohl für die durch TRH und LHRH als auch für die durch dopaminerge Substanzen hervorgerufenen hGH-Spiegelveränderungen. In vitro kann mit ihnen an Adenomgewebe eine hGH-Sekretionsstimulierung
oder -hemmung induziert werden. Die Erklärung für diese Phänomene, die
gleichzeitig die hypophysäre Genese der Akromegalie unterstützt, könnte in einer Entdifferenzierung der Rezeptoren der Adenomzelle gesucht
werden. Diese kann nicht mehr zwischen den einzelnen Stimuli unterscheiden. Auch könnten dopaminerge Substanzen physiologisch im Hypothalamus
stimulierend und in der Hypophyse hemmend auf die hGH-Sekretion wirken.
Im gesunden Organismus überwiegt der stimulierende Effekt. Durch einen
Kontaktverlust zwischen Hypothalamus und Hypophyse kommt es zum Überwiegen der Hemmung am HVL.

Die Hypothese impliziert, daß das paradoxe Verhalten der hGH-Sekretion
eine Eigenschaft der hypophysären Autonomie ist. Die auf dopaminerge
Substanzen nicht mit einem hGH-Abfall reagierenden Non-Responder un-
terlägen dann einer hypothalamischen Steuerung. Dieses Verhalten des
hGH korrespondiert nahezu vollständig mit dem des Prolaktins und
scheint individuell festgelegt zu sein. Unter Berücksichtigung der Gemeinsamkeiten dieser beiden Hormone wäre somit auch an eine Bildung in
einer somatomammotrophen Zelle zu denken. Diese könnte entweder in unterschiedlichen Anteilen hGH oder Prolaktin produzieren, oder diese
Doppelfunktion über eine Shift-Reaktion wahrnehmen. Untersuchungen in
vitro und der Nachweis erhöhter Prolaktinspiegel bei der Akromegalie -
speziell bei Respondern - lassen auch dieser Ansicht eine gewisse Bedeutung zukommen (13, 16, 17, 22, 28, 30).

Mit der Annahme eines unterschiedlichen Anteils von somatomammotrophen
Zellen oder Zellen mit TRH oder dopaminempfindlichen Rezeptoren lassen
sich Response und Non-Response und alle dazwischen liegenden Verhal-
tensweisen als auf hypophysärer Ebene vermittelte Vorgänge auffassen.
Jedoch gibt es für keine der angeführten Vorstellungen bislang so
stichhaltige Beweise, daß eine hypothalamische Genese der Akromegalie völlig ausgeschlossen wäre. So könnte TRH im Hypothalamus eine Minderung des dopaminergen Tonus bedingen. Insbesondere die Unbeeinfluß-
barkeit der TRH-induzierten hGH-Freisetzung durch dopaminerge Substanzen und das Wiederauftreten des tiefschlafgekoppelten Hormonanstieges
unter dopaminerger Behandlung sprechen eher dafür, daß hypothalamische
Areale für dieses Verhalten und damit für die Entstehung der Akromegalie verantwortlich sind. (10, 13). Der Nachweis eines GH-ausschütten-
den Faktors im Serum Akromegaler ist in in vitro-Versuchen an Affen-
hypophysen gelungen und läßt eine hypothalamische Mehrbildung von GRH
annehmen (8).

Derzeit entspricht wohl die Annahme, daß zwei Formen der Akromegalie, eine hypophysäre und eine - vorsichtig ausgedrückt - suprahypophysäre, bestehen, unseren Erkenntnissen am besten. Eine weitere Klärung ist erst zu erwarten, wenn GRH-Bestimmungen Einblicke in die hGH-bezogenen Regelmechanismen des Hypothalamus gestatten. Auch die Problematik der Akromegalen mit normalen hGH-Spiegeln, abnormem Regulationsverhalten und fehlendem Hypophysentumor wird dann transparenter (2, 4, 15).

Die fehlende Koinzidenz zwischen der Höhe der hGH-Spiegel und dem klinisch-metabolischen Erscheinungen bei der Akromegalie läßt sich nicht durch differente Anteile des biologisch weniger wirksamen big-big- und big-hGH an der Sekretion erklären (28). Über Konversionsmöglichkeiten bestehen unterschiedliche Meinungen. Die metabolische Clearance für hGH wird bei Akromegalen sowohl normal als auch vermindert gefunden. Unterschiede wurden in der Bindungsfähigkeit des little-hGH im Radiorezeptorassay gesehen. Eine abartige Struktur und Wirkung des little-hGH könnten damit durchaus für die oft fehlende Übereinstimmung zwischen dem Ausmaß des hGH-Exzesses und der Klinik als Erklärung dienen. Ein selektives Ansprechen biologisch stärker wirksamer hGH-Fraktionen auf dopaminerge Substanzen könnte auch der Grund für klinische Besserungen trotz ungenügender hGH-Suppression sein (23, 28).

Eine Erhöhung der Somatomedine im Serum wurde bei Akromegalie-Patienten mit erhöhten und normalen hGH-Spiegeln gefunden. Eine eindeutige Zuordnung dieser Substanzen zur Pathogenese der Akromegalie ist bisher nicht möglich (6).

Bereits 1772 berichtete SAUCEROTTE über einen Fall von "Acroissement singulier en grosseur des os d'un homme agé de 39 ans". 1868 - also vor mehr als 100 Jahren - beschrieb Pierre MARIE unter dem Begriff AKROMEGALIE eine "Hypertrophie singulaire noncongénitale des extrémités supérieures, inférieures et céphalique" (11, 28). Die Akromegalie ist eine seltene Erkrankung ohne Geschlechtsbevorzugung. Sie tritt vorwiegend im dritten und vierten Lebensjahrzehnt auf. Unbehandelt haben die Patienten eine mittlere Lebenserwartung von 13 Jahren. Zwischen den Erstsymptomen und der Diagnose liegen oft mehr als 10 Jahre. Anamnestisch finden sich diskrete Störungen im Antriebs- und Sexualverhalten, oft schon in der Pubertät. 25% der endokrin aktiven HVL-Tumoren rufen eine Akromegalie hervor. Etwa 5% bilden hGH und Prolaktin gleichzeitig und sind damit bihormonell. Morphologisch entsprechen 95% der Adenome bei der Akromegalie hochdifferenzierten oder undifferenzierten eosinophilen Tumoren. Der Rest wird chromophoben Geschwülsten, Hyperplasien oder ektopischen Hormonbildungen zugeschrieben (12, 20, 21, 25). Die Akromegalie ist die Folge eines Wachstumshormonüberschusses. Tagesschwankungen der Hormonspiegel, abhängig von körperlicher Aktivität und Stoffwechsel, sind nicht selten. Die Diagnose ist mit Hilfe der radioimmunologischen Bestimmung des hGH im Serum und mit der Untersuchung der Stimulierbarkeit oder Hemmung der Hormonausschüttung zu stellen.

Auch das p a r a d o x e Verhalten des hGH geht in die Diagnostik mit ein. Die seltene Form der normosomatotropen Akromegalie wird durch die gestörte Sekretionsdynamik erkannt. Sekundäre Hormonstörungen müssen durch gründliche endokrine Untersuchungen ausgeschlossen werden. Sellaziel- und -schichtaufnahmen, Computertomographie, Angiographie und Kontrollen der Gesichtsfelder sind nötig. Die klinische Symptomatik ist bekannt. Sie wird auch durch sekundäre Auswirkungen und durch die Raumforderung des sellären oder suprasellären Prozesses mitbestimmt (4, 15, 20).

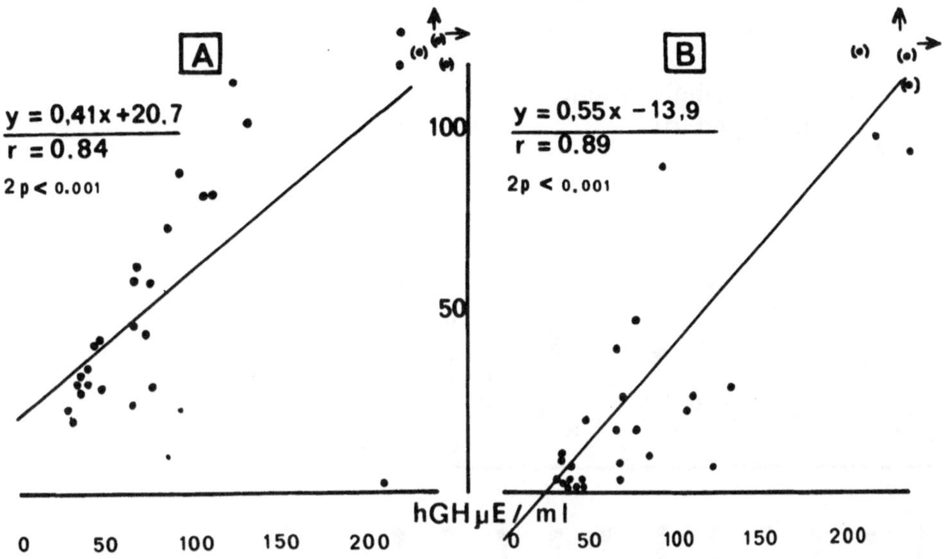

Abb. 1. Korrelationen zwischen △hGH (A), therapeutischem Optimum (B) und hGH-Ausgangswerten unter PARLODEL (n = 29)

Der klassische Phänotyp sollte vermuten lassen, daß dem "klinischen Blick" größte diagnostische Sicherheit zukommt. Trotz deutlicher Ausprägung der akromegalen Merkmale wird die Erkrankung jedoch erstaunlich oft übersehen, wie die Krankengeschichte eines 49-jährigen Mannes zeigt. Seit Anfang der 60er Jahre vergrößerten sich Hände und Füße, die Stimme wurde tiefer, und eine starke Ermüdbarkeit trat auf. 1968 kam es zu Zuständen von Narkolepsie mit Einschlafen im Stehen und am Lenkrad! Erst 1971 - 10 Jahre nach den Initialsymptomen - wurde die Diagnose "Akromegalie" gestellt und eine transphenoidale Hypophysektomie durchgeführt. Nach vorübergehender Besserung traten vor 5 Jahren wieder narkoleptische Zustände auf. Es entwickelte sich erneut ein Hypersomatotropismus. Seit drei Monaten steht der Patient in unserer Kontrolle. Die auf 250 μE/ml erhöhten hGH-Werte konnten durch 20 mg Parlodel täglich auf 50 μE/ml gesenkt werden. Ein Rezidiv des Hypophysentumors ist anzunehmen und wird zur Zweitoperation führen.

Bei einer 39-jährigen Frau wurde 1971 transfrontal ein eosinophiles Hypophysenadenom entfernt. Auch hier lagen mehr als 8 Jahre zwischen den ersten akromegalen Symptomen und der Operation. Das Operationsergebnis war unbefriedigend, da die hGH-Werte nie 200 μE/ml unterschritten. Ein Parlodel-Behandlungsversuch schlug fehl. Anfang 1980 Zweitoperation und jetzt Rekonvaleszenz. Für diese Frau hat sich die Akromegalie in ihrer ganzen Tragik dargestellt, da eine Zwillingsschwester als "gesunder" oder "normaler" Phänotyp ihr die eigene Verunstaltung nahezu spiegelbildlich vor Augen führte!

Die Therapie der Akromegalie wird heute mehr denn je vom Gedanken der Frühoperation bestimmt. Die neurologisch-neurochirurgische Konsultation ist unabhängig vom Sellabefund notwendig. Die Operation sollte, zumindest was das Chiasma-Syndrom anbelangt, präventiven Charakter haben. Die Methoden der Mikro- und Kryochirurgie und der transphenoidale Zugang haben die Ergebnisse entscheidend günstiger gestaltet. Läßt sich ein Hypophysentumor nicht nachweisen, und ist der Neurochirurg

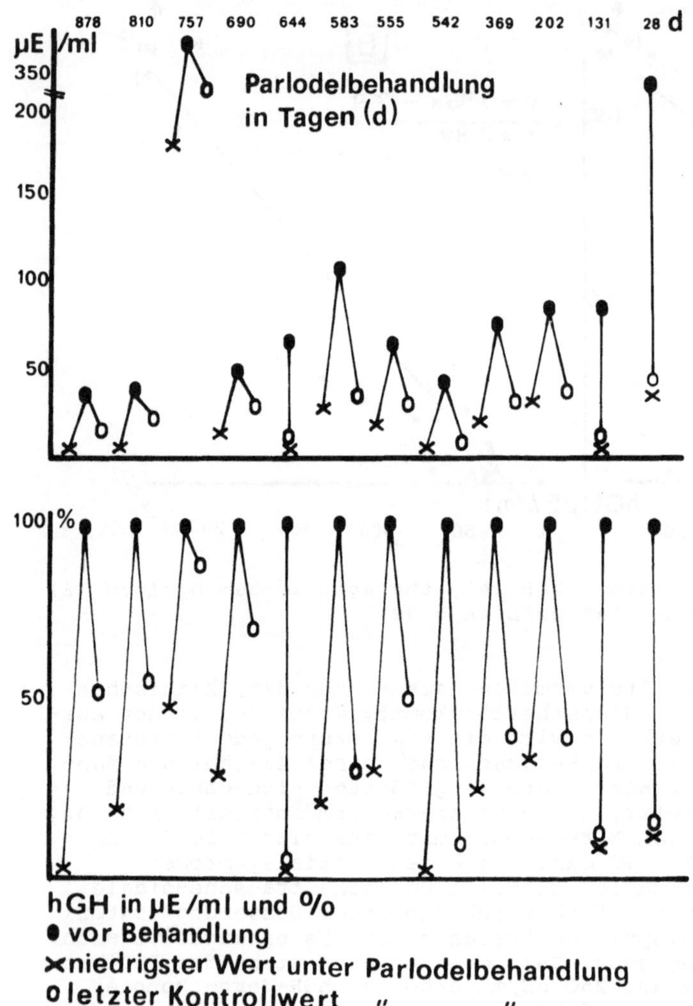

Abb. 2. Parlodelbehandlung in Tagen (d)

nicht von der Notwendigkeit eines Eingriffes zu überzeugen, oder stehen andere Gründe einer Operation entgegen, ist eine radiologische Therapie mit schweren Partikeln oder ^{90}Yttrium anzustreben. Mangeln andere Möglichkeiten, ist auch die konventionelle Bestrahlung einsetzbar (20, 29).

Erst wenn die postoperative Senkung der hGH-Spiegel nicht ausreicht, sollte eine Pharmakotherapie mit Bromocriptin einsetzen (1). Präoperativ ist sie nur bei mäßig ausgeprägter Akromegalie mit fehlendem Tumornachweis oder bei objektiv begründeter Operations- und Bestrahlungsunfähigkeit indiziert. Allenfalls kann sie während einer Bestrahlung zusätzlich angewandt werden. Eine engmaschige interdisziplinäre Kontrolle ist bei all diesen Patienten zwingend. Eine Hemmung des Tumorwachstums unter Pharmakotherapie ist für die Akromegalie bisher nicht erwiesen (14).

Die von uns mit Parlodel behandelten Patienten zeigten allgemein ein
gutes Ansprechen, wenn wir auch nicht immer das angestrebte Optimum
von Serum hGH unter 20 μE/ml erreichten. Wir sahen jedoch eine eindeutige Beziehung zwischen den hGH-Ausgangswerten und den Parlodel-
abhängigen Suppressionen. (Abb. 1).

Außerdem stellten wir zu verschiedenen Kontrollzeiten unterschiedli-
che Wirkungen auf den hGH-Spiegel fest. Dies möchten wir eher auf
Spontanschwankungen des Wachstumshormonspiegels als auf eine fehlende
Compliance der Patienten zurückführen. Es ist jedoch auch nicht aus-
schließbar, daß im Längsschnitt eine gewisse Abschwächung der hGH-
Hemmung eintritt. (Abb. 2).

In all unseren Fällen wurde maximal 20 mg Parlodel täglich auf drei
Einnahmezeiten verteilt gegeben.

Unsere Kenntnisse über die Pathogenese der Akromegalie haben in den
letzten Jahren durch Entdeckung und Einführung dopaminerger Behand-
lungsprinzipien an Tiefe gewonnen. Die Beziehungen zwischen physiologischen Steuerungen und pharmakologischen Effekten sind Anlaß für
Hypothesen, die mit unterschiedlichem Gewicht Denkanstöße zur Klärung
der Frage nach einer hypothalamischen oder hypophysären Genese des
organischen Hypersomatotropismus gegeben haben. Die vollgültige Antwort steht noch aus, jedoch mehren sich die Anzeichen, daß die Akromegalie, ähnlich wie das Cushing-Syndrom oder andere Endokrinopathien,
eine Krankheit ist, deren Entstehungsursachen für das Individuum auf
unterschiedlichen Regulationsebenen zu suchen sind.

Literatur

1. Belforte L, Camanni F, Liuzzi A, Massara F, Molinatti GM, Müller
   EE and Silvestrini F (1977) Acta endocr 85: 235-248

2. Camanni F, Massara F, Rosatello A and Molinatti GM (1977) J Endocr
   44: 465-473

3. Clark BJ, Flückiger E, Loew DM and Vigouret JM (1978) Triangle 17:
   21-31

4. Feingold KR, Goldfine ID and Weinstein PR (1979) J Neurosurg 50:
   503-507

5. Fraser WM, Tucker HS, Grubb SR, Wigand JP and Blackari WG (1979)
   Horm Metab Res 11: 149-155

6. Froesch ER (1979) Schweiz Rundschau Med 13: 412-416

7. Fuxe K (1978) Triangle 17: 1-11

8. Hagen TC, Lawrence AM and Kirsteins L (1971) J clin Endocrin
   metab 33: 448-451

9. Hornykiewicz O (1978) In: SANDOZ Gesellschaft (Hrsg) Bromocriptin
   (Parlodel R) Symposion vom 1.4.1978 in Wien. S 7-27

10. Ishibashi M, Yamaji T and Kosaka K (1977) J clin Endocr 45: 275-279

11. Kinnman J. In: Treatment of Pituitary Adenomas, S 130-154

12. Landolt AM (1979) The Journal of Histochemistry and Cytochemistry
    10: 1395-1397

13. Liuzzi A, Verde G and Chiodini PG (1978) Triangle 17: 41-47

14. McGregor AM, Scanlon MF, Hall R, Hall K (1979) Brit med J 2: 700-703

15. Mims RB and Bethune JE (1974) Ann Int med 81: 781-784

16. Müller EE, Gil-Ad I, Panerai AE, Sechhi C, Luzzi A, Chiodini PG and Silvestrini F (1976) Intern. Congr Series No 374. Excerpta Medica, Amsterdam Oxford, p 211-231

17. Müller EE, Chiodini PG, Cocchi D, Panerai AE, Oppizzi G, Colussi V, Iocatelli V and Liuzzi A (1979) Treatment of Pituitary Adenomas, S 360-377

18. Nair RMG, Villier G de, Barnes M, Antalis J and Wilbur DL (1978) Endocrinology 103: 112-120

19. Neeb S and Grabner W (1978) Med Klin 73: 1489-1498

20. Neeb S and Grabner W (1979) Med Klin 74: 573-580

21. Pasteels JL (1978) Triangle 17: 55-61

22. Peillon F, Oesselin F, Garnier PE, Brandi AM, Donnadieu M (1978) Acta endocr 87: 701-715

23. Quabbe HJ. In: Treatment of Pituitary Adenomas, S 47-60

24. Rohrberg R (1979) Inaugural-Dissertation Halle

25. Saeger W (1978) Endokrinologie 71: 45-59

26. Schönberger W, Grimm W, Ziegler R (1979) Deutsche med Wschr 104: 1811-1813

27. Smythe GA, Compton PJ and Lazarus L (1976) Internat Congr Series No 381. Excerpta Medica, Amsterdam Oxford New York, p 222-235

28. Von Werder K (1975) Wachstumshormone und Prolactin-Secretion des Menschen. Urban & Schwarzenberg, München Berlin Wien

29. Wilson CB and Dempsey LC (1978) J Neurosurg 48: 13-22

30. Winkelmann W, Fricke U, Hadam W, Heesen D and Mies R (1979) In: Treatment of Pituitary Adenomas S 87-90

Hyperprolaktinämie[1]

K.v. Werder, R. Fahlbusch und H.K. Rjosk

1. Einleitung

Die Entdeckung und Strukturaufklärung eines eigenständigen humanen
Prolaktins (hPRL) und die Möglichkeit, es beim Menschen radioimmunologisch zu messen, hat zu neuen Erkenntnissen in der Neuroendokrinologie und in der Reproduktions-Endokrinologie geführt (22). Das hu-
mane Prolaktin ist ein einkettiges Peptidhormon mit 3 Disulfidbrücken
und einem Molekulargewicht von 22.000 (18). Es ist chemisch dem humanen Wachstumshormon ähnlich, mit dem es sich zusammen mit dem placen-
taren Laktogen aus einem gemeinsamen Urpeptid entwickelt hat (13). Im
Gegensatz zum Wachstumshormon, dessen chemische Struktur bei verschiedenen Spezies sehr unterschiedlich ist, hat das Prolaktin-Molekül während der Evolution keine großen Änderungen erfahren (13). Dies steht
ganz im Gegensatz zur biologischen Aktivität, die bei verschiedenen
Spezies erheblich variiert. Bei Fischen und Reptilien ist das Prolaktin für die Regulation des Salz- und Wasserhaushaltes verantwortlich,
dazu wirkt es bei Fischen auf das Integument und motiviert zur Brut-
pflege. Bei Vögeln greift es in den Fett- und Kohlehydratstoffwechsel
ein und bei Nagern wirkt es vornehmlich luteotrop (22). Beim Menschen
steht die Wirkung auf die Brustdrüse der Frau im Vordergrund (Tabelle
1).

Tabelle 1. Physiologische Bedeutung des
Prolaktin bei der Frau

1. Galaktopoese
2. Laktogenese
3. Mammogenese
4. Luteotroper Effekt

So ist es für die Galactopoese und die Lactogenese, d.h. die Aufrechterhaltung und das Einsetzen der Laktation erforderlich. Für die Ausbildung der Brustdrüse, der Mammogenese, ist hPRL neben Oestrogenen
und weiteren anabolen Hormonen ebenfalls notwendig (22). Weiterhin ist
es für die Aufrechterhaltung des Corpus luteum von Bedeutung, wobei
der luteotrope Effekt allerdings bei anderen Spezies weitaus mehr im
Vordergrund steht, was ursprünglich dazu geführt hat, daß der Name
"luteotropes Hormon - LTH - " und Prolaktin synonym gebraucht wurden
(22). Beim Mann hat Prolaktin keine physiologische Bedeutung.

---

[1]Referat anläßlich der gemeinsamen Sitzung der Deutschen Gesellschaft
für Innere Medizin und der Deutschen Gesellschaft für Neurologie in
Wiesbaden am 14.4.1980

2. Regulation der Prolaktin-Sekretion

Als einzigstes Hypophysenvorderlappen-Hormon steht das Prolaktin unter
vorwiegend inhibitorischer hypothalamischer Kontrolle. Dabei handelt
es sich bei dem Prolaktin-Inhibiting-Faktor um das biogene Amin Dopamin (11). Ob es neben Dopamin noch einen weiteren peptidergen PIF gibt,
ist nicht bekannt (11, 22). Dopamin wirkt aber nicht nur über seine
PIF-Natur inhibierend auf die laktotrophe Zelle, sondern hat auch einen
hypothalamischen Angriffspunkt als Neurotransmitter für die tubero-in-
fundibulären dopaminergen Neuronen.

Neben dem dominierenden PIF gibt es noch einen Prolaktin-Releasing-Fak-
tor (PRF), wobei vieles darauf hinweist, daß sich dieser von dem TRH
unterscheidet, das ebenfalls zu einer Stimulation der Prolaktin-Sekretion führt (11, 22).

Zu den physiologischen Stimula der Prolaktin-Sekretion gehört der Saug-
reiz beim Stillen. Allein der taktile Reiz an der Mammille führt zur
Auslösung des neuroendokrinen Reflexes, der die Prolaktin-Ausschüttung
hervorruft. Die Prolaktin-Spiegel sind bei Frauen geringfügig höher
als beim Mann, was durch die permissive Wirkung der Oestrogene auf die
Prolaktin-Sekretion zu erklären ist. Deshalb kommt es auch im Verlauf
der Schwangerschaft zu einem kontinuierlichen Anstieg der Prolaktin-
Spiegel (14, 17).

Streß führt ebenfalls zu einer Stimulation der Prolaktin-Sekretion,
wobei dessen Bedeutung völlig ungeklärt ist. Mit dem Standard-Streß-
Test, der Insulin-Hypoglykämie, läßt sich deshalb nicht nur die Wachs-
tumshormon- und ACTH-Sekretion, sondern auch die Prolaktin-Sekretion
beurteilen.

Die Prolaktin-Sekretion unterliegt einem Tagesrhythmus. Dabei steigen
die Spiegel in der zweiten Hälfte der Nacht zum Morgen hin langsam an,
um im Verlauf des Tages wieder abzufallen (22).

3. Hyperprolaktinämischer Hypogonadismus

Pathophysiologisch spielt die verminderte Prolaktin-Sekretion, die zur
Stillunfähigkeit sowie zur Corpus luteum-Insuffizienz führen kann, keine große Rolle. Im Vordergrund steht hingegen die vermehrte Prolaktin-
Sekretion, die Hyperprolaktinämie. Auf Grund der für das Prolaktin
einzigartigen überwiegend inhibitorischen hypothalamischen Kontrolle
können sowohl hypophysäre als auch hypothalamische Erkrankungen zu
einer Prolaktin-Mehrsekretion führen (Tabelle 2). Ein Prolaktin-produzierendes Hypophysenadenom, ein sogenanntes Prolaktinom, kann zu einer
Erweiterung oder Destruktion der Sella turcica führen. Bei röntgenolo-
gisch normaler Sella turcica kann ein Mikroprolaktinom Ursache der Hyperprolaktinämie sein. Ist die Sella vergrößert bzw. destruiert, muß
allerdings das Prolaktin nicht im Tumor selbst gebildet werden. Bei
suprasellärer Extension und Kompression des Hypophysenstiels kann PIF
die Rest-Hypophyse nicht erreichen, die so enthemmt vermehrt PRL sezerniert. Auch bei suprasellären Prozessen, z.B. Kraniopharyngeomen, ist
die Hyperprolaktinämie durch die Zerstörung der PIF-freisetzenden hypothalamischen Zentren bedingt. Prozesse an der Schädelbasis, z.B.
granulomatöse Erkrankungen, können ebenso wie eine Hypophysenstiel-
Durchtrennung den PIF-Transport zur laktotrophen Zelle des HVL stören,
was eine Hyperprolaktinämie zur Folge hat. Sehr häufig ist die Hyperprolaktinämie medikamentös induziert. Hier stehen im Vordergrund die
Dopaminantagonisten, bzw. Katecholamin-Depletoren (Tabelle 3). Selten
ist die Ursache der Hyperprolaktinämie eine die inhibierende Kontrolle

Tabelle 2. Ursachen der Hyperprolaktinämie

A) **Physiologische Ursachen**

  1. Gravidität
  2. Postpartale Laktation
  3. Streß (Insulin-Hypoglykämie, Operation etc.)

B) **Pathologische Ursachen**

  1. Prolaktin-produzierendes Hypophysenadenom (Prolaktinom)
    a) Makroprolaktinom (generelle Vergrößerung der Sella turcica)
    b) Mikroadenom (normale Sella turcica oder diskrete Veränderun-
       gen der Sella-Kontur)

  2. Störung des PIF-Transports zur Adenohypophyse oder der PIF-Pro-
    duktion
    a) Kompression durch einen endokrin-inaktiven bzw. nicht PRL-
       produzierenden Tumor
    b) Hypophysenstiel-Durchtrennung
    c) granulomatöse Erkrankungen der basalen Hirnhäute
    d) supraselläre Tumoren (z.B. Kraniopharyngeom)

  3. Hypothalamische Stimulation bei Hypothyreose (endogenes TRH)

  4. Andere seltene Ursachen
    a) Herpes zoster-Encephalitis
    b) Trauma der Thoraxwand
    c) ektopische PRL-Produktion

überwiegende vermehrte hypothalamische Stimulation. Bei schweren Hypothyreosen kann die vermehrte endogene TRH-Sekretion zu einer persistierenden Hyperprolaktinämie mit Amenorrhoe und Galaktorrhoe führen (20).

Die klinische Symptomatik der Hyperprolaktinämie ist bei Frauen durch
Amenorrhoe oder anovulatorische Zyklusstörungen geprägt. Dazu findet
sich in 70% der Fälle eine Galaktorrhoe sowie Störungen der sexuellen Aktivität (19, 20). Auch leichte Virilisierungserscheinungen sind
häufig zu beobachten (15, 16, 20). Bei Männern stehen Störungen der
sexuellen Aktivität ganz im Vordergrund, eine Galaktorrhoe ist eher
selten (20). Ist die Ursache ein Prolaktinom, so können durch lokale
Einwirkungen des Hypophysenadenoms neben weiteren Partialausfällen der
HVL-Funktion Gesichtsfeldeinschränkungen durch supraselläre Tumorex-
tension und Kopfschmerzen auftreten (24).

Die Ursache der Amenorrhoe bzw. der Libido- und Potenzstörungen ist
ein hypothalamischer Hypogonadismus. Beim Gesunden hemmt Prolaktin
über eine Steigerung des hypothalamischen Dopamin-Umsatzes seine eigene Freisetzung (Abb. 1). Dopamin hemmt ferner die LHRH-Sekretion und
damit die Gonadotropin-Sekretion. Bei der Hyperprolaktinämie ist die
hypothalamische Dopamin-Konzentration erhöht, ohne daß dadurch die
autonome hypophysäre Prolaktinsekretion wesentlich beeinflußt wird.
Die endogene LHRH-Freisetzung wird allerdings supprimiert, was zu
einem hypogonadotropen Hypogonadismus führt (Abb. 1). Der LHRH-Mangel
führt zu einer sekundären Atrophie der gonadotrophen HVL-Zellen, die
gegenüber einer exogenen LHRH-Applikation refraktär bleiben (4, 16,
17). Die Stimulierbarkeit der LH- und FSH-Sekretion durch exogenes LHRH
bleibt erst nach länger dauernder Hyperprolaktinämie aus, mit einer
sekundären Atrophie der gonadotrophen Zellen infolge des endogenen LHRH-
Mangels gut vereinbar (17).

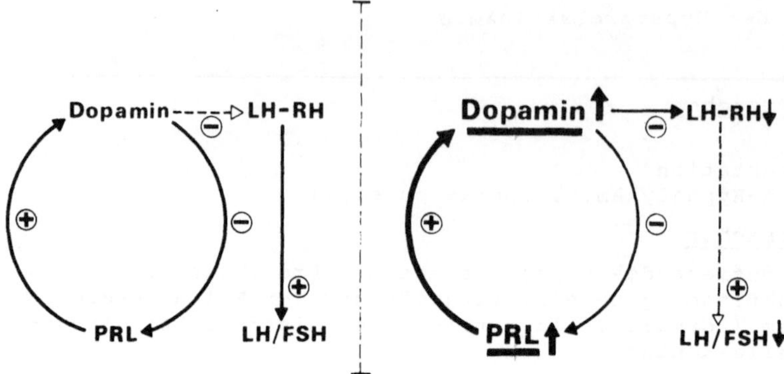

Abb. 1. Interaktion zwischen Prolaktin und Gonadotropin-Sekretion.
Normalzustand (links), hyperprolaktinämischer Hypogonadismus (rechts)

Tabelle 3. Pharmaka mit stimulierender Wirkung
auf die Prolaktin-Sekretion

Chlorpromazin

Perphenazin

Sulpirid

Met oclopramid

Pimozid

Butyrophenone

alpha-methyl-Dopa

Reserpin

Oestrogene (hohe Dosierung)

Die Hyperprolaktinämie ist keine seltene Erkrankung. So wird die
Häufigkeit der Hyperprolaktinämie als Ursache einer Amenorrhoe je
nach Autor mit 10-40% angegeben (20). Wir fanden bei 750 Patienten
mit sekundärer Amenorrhoe in etwa 19% eine Hyperprolaktinämie (Abb.2).

Der Prolaktin-produzierende Hypophysentumor ist das häufigste Hypophysenadenom überhaupt. Nach Einführung der Prolaktin-Bestimmung hat
sich herausgestellt, daß ein Großteil der früher als endokrin-inaktiv
angesehenen Adenome Prolaktin-produzierende Tumoren waren (9).

Von 307 hyperprolaktinämischen Patienten, die in unserer Klinik beobachtet wurden, fand sich bei 133 Frauen eine völlig normale Sella
turcica (Abb. 3). Bei 68 Patientinnen fand sich die Sella geringfügig
deformiert, auf ein Mikroadenom hinweisend. Im Gegensatz zu den Frauen
fand sich bei den hyperprolaktinämischen Männern nur selten eine normale Sella turcica bzw. röntgenologische Hinweise auf ein Mikroadenom.
Bei all diesen Patienten war eine medikamentöse Ursache der Hyperprolaktinämie vorher ausgeschlossen worden. Kein wesentlicher Geschlechts-
unterschied fand sich allerdings bei Patienten mit großen Hyperphysen-
adenomen, sogenannten Makroprolaktinomen. Es ist anzunehmen, daß es
sich bei Mikro- und Makroprolaktinomen um zwei verschiedene Krankheits-

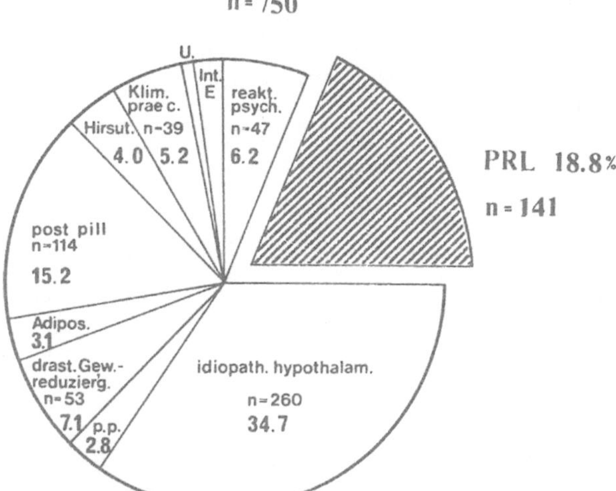

Abb. 2. Ursachen der sekundären Amenorrhoe bei 750
Patientinnen

bilder handelt. Letztere sind bei Männern und Frauen nahezu gleich häufig und zeichnen sich durch eine ausgeprägte Wachstumstendenz aus, wogegen Mikroprolaktinome praktisch ausschließlich bei der Frau vorkommen, wahrscheinlich Oestrogen-begünstigt sind und keinem ausgeprägten
Proliferationsreiz unterliegen (17, 23, 24). Der basale Prolaktinspiegel zeigt dabei eine gute Korrelation zu der Größe des Hypophysenadenoms (Abb. 3).

Die relative Häufigkeit der Hyperprolaktinämie hat die WHO dazu veranlaßt, die Prolaktin-Bestimmung als erste hormonanalytische Maßnahme
bei Störungen der weiblichen und männlichen Fertilität zu empfehlen
(3).

4. Therapie der Hyperprolaktinämie

Patienten mit hypophysären Hormonexzessen müssen einmal wegen einer
Raumforderung im Bereich der Sella turcica, zum anderen wegen der Hor-
monmehrsekretion behandelt werden. Letztere wäre keine unbedingte Indikation für ein operatives Vorgehen, wenn eine adäquate medikamentöse
Therapie zur Verfügung stände. Für den Morbus Cushing sowie für einen
Großteil der Akromegalen gibt es allerdings keine effektive medikamentöse Therapie (23). Im Gegensatz dazu hat die Einführung der langwirk-
samen Dopaminagonisten wie Bromocriptin dazu geführt, daß bei der Hyperprolaktinämie die medikamentöse Therapie zu einer echten Alternative zur chirurgischen Behandlung geworden ist. Obwohl die Wirksamkeit
von Bromocriptin gut dokumentiert ist, ist immer noch kontrovers, ob
Patienten mit radiologischen Hinweisen für ein Hypophysenadenom einer
primären medikamentösen oder chirurgischen Therapie zugeführt werden
sollen. Ziel der Behandlung der Hyperprolaktinämie ist einmal die Normalisation der Prolaktin-Sekretion sowie die Verminderung des Adenom-
gewebes. Es besteht kein Zweifel über die Art der Behandlung großer
Prolaktinome, die zur suprasellären Extension und sich schnell ent-
wickelndem Chiasma-Syndrom führen. Da eine rasche Verminderung der Ge-
websmasse ganz im Vordergrund steht, ist die neurochirurgische Intervention die Therapie der Wahl.

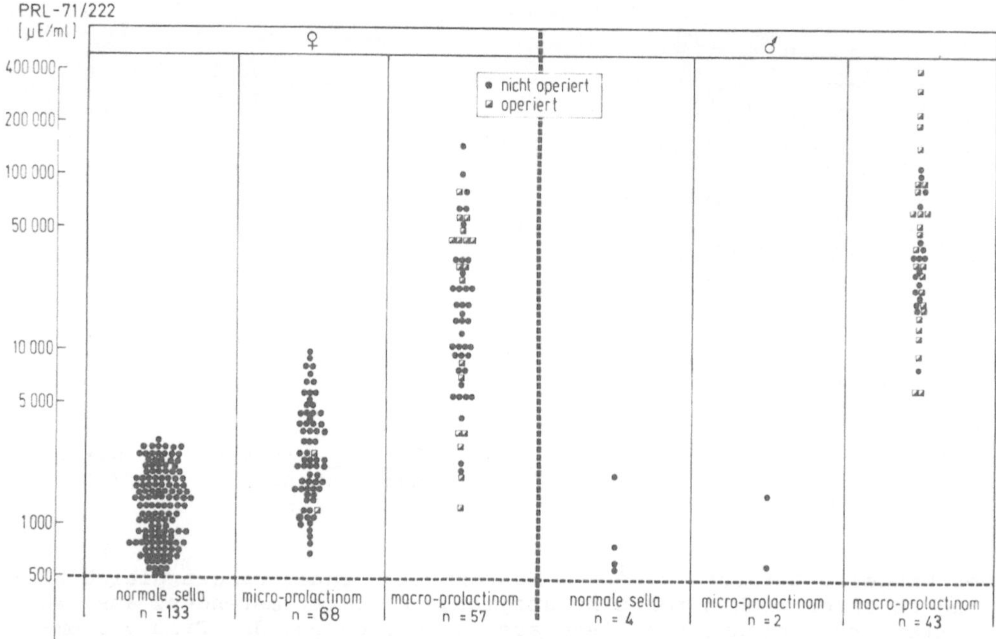

Abb. 3. Prolaktin-Spiegel bei 307 hyperprolaktinämischen Patienten mit Hypogonadismus mit und ohne Hinweis auf Vergrößerung der Sella turcica

Allerdings führen neurochirurgische Interventionen praktisch nie zu einer Normalisation extrem erhöhter Prolaktin-Spiegel bei Patienten mit großen Makroprolaktinomen (Abb. 4). Bei Patienten mit Mikroprolaktinomen oder auch intrasellären Makroprolaktinomen mit wenig erhöhten Prolaktin-Spiegeln sind die operativen Resultate deutlich besser (Abb. 4). Diese Patienten werden normalerweise auf transsphenoidalem Wege operiert, dagegen müssen große invasive Makroprolaktinome transfrontal oder aber kombiniert transsphenoidal-transfrontal angegangen werden (8).

Mikroadenome mit einem Durchmesser von 2-3 mm und nur mäßig erhöhten Prolaktin-Spiegeln können operativ praktisch immer normalisiert werden. Da diese Patienten allerdings immer gut auf Bromocriptin ansprechen, ist es fraglich, ob diese Patienten überhaupt operiert werden müssen. Bei Patienten mit völlig normaler Sella turcica und Hyperprolaktinämie ist die Operation kontraindiziert, zumal Spontanverläufe unbehandelter Hyperprolaktinämie-Patienten über mehrere Jahre gezeigt haben, daß es bei solchen Patienten praktisch nie zu einem Adenomwachstum kommt (17).

Es gibt nur wenig Berichte in der Literatur, die die Effektivität der Bestrahlung bei der Behandlung der Hyperprolaktinämie eindeutig dokumentieren (21). Die meisten Patienten, die eine primäre Strahlentherapie erhielten, hatten Mikroprolaktinome und wurden anschließend mit Bromocriptin behandelt, wodurch der Behandlungseffekt der externen Bestrahlung verwischt wurde (19). Nach unserer Erfahrung ist nur eine postoperative Bestrahlung bei Patienten mit sehr großen invasiven Makroadenomen gerechtfertigt, wobei in jedem Falle Bromocriptin ebenfalls gegeben werden sollte (24).

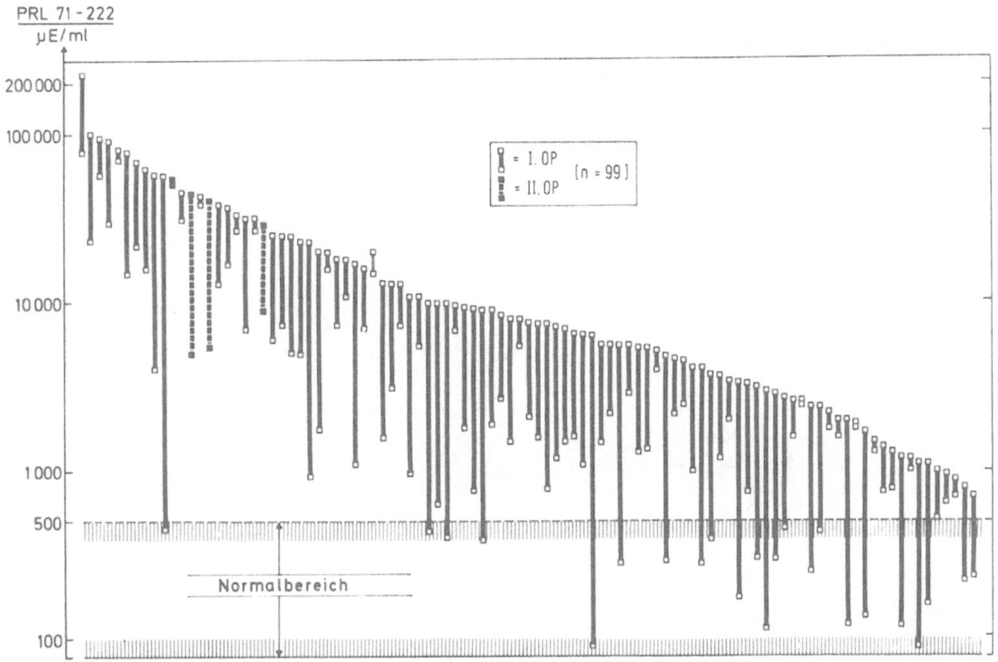

Abb. 4. Präoperative und postoperative Prolaktin-Spiegel bei 99 Patienten mit Prolaktinomen. Der postoperative Prolaktin-Spiegel wurde 1-2 Monate nach dem neurochirurgischen Eingriff gemessen

Unsere Kenntnisse bei der medikamentösen Behandlung der Hyperprolaktinämie beruhen praktisch ausschließlich auf der Erfahrung mit Bromocriptin, das zu einer langanhaltenden Normalisierung der erhöhten Prolaktin-Spiegel bei allen Patienten mit normaler Sella turcica und solchen mit Mikroprolaktinomen führt (5, 6). Aber auch bei Patienten mit Makroprolaktinomen und sehr hohen Prolaktin-Spiegeln kann Bromocriptin in der Regel zu einer Normalisierung der Prolaktin-Sekretion führen (Abb. 5). Wenn die Prolaktin-Spiegel bei Patientinnen allerdings über 15.000 μE/ml liegen, können auch hohe Bromocriptin-Tagesdosen in der Regel zu keiner vollständigen Normalisierung der Prolaktin-Sekretion führen (Abb. 5). Dies steht im Gegensatz zu den Befunden bei Männern, wo wesentlich höhere Prolaktin-Spiegel durch Bromocriptin normalisiert werden können (Abb. 6). Die bessere Wirkung von Bromocriptin bei Männern erklärt sich durch die niedrigeren Oestrogen-Spiegel des Mannes, die die dopaminagonistische Wirkung auf die Prolaktin-Sekretion antagonisieren (1).

In den letzten Jahren sind zahlreiche Fälle beschrieben worden, bei denen anhand von computertomographischen oder röntgenologischen Befunden gezeigt werden konnte, daß Bromocriptin nicht nur einen hemmenden Effekt auf die Prolaktin-Sekretion, sondern auch auf das Prolaktinom-Wachstum hat (10, 12, 23). Ein anderer Hinweis für die Reduktion laktotrophen Gewebes ist die persistierende Senkung der Prolaktin-Spiegel nach längerem Absetzen des Prolaktin-Hemmers (7). Abb. 7 zeigt die persistierende Senkung der Prolaktin-Spiegel auch nach Langzeitentzug des Dopaminagonisten bei 15 männlichen und 14 weiblichen Patienten. Wenn die Fälle im einzelnen analysiert wurden, fand sich eine gute Korrelation zwischen der Dauer der Behandlung und dem Aus-

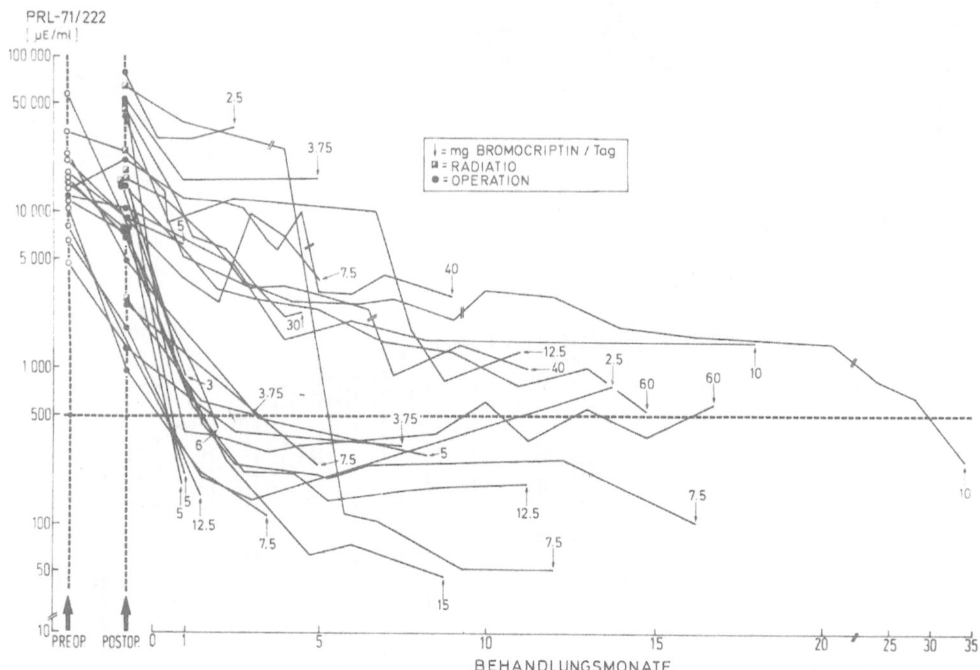

Abb. 5. Wirkung von Bromocriptin auf die Prolaktin-Spiegel bei 27
weiblichen Patienten mit Makroprolaktinomen. Prolaktin-Spiegel unter
12.000 µE/ml werden durch Bromocriptin in der Regel normalisiert. Die
meisten Patienten mit Prolaktin-Spiegeln über 20.000 µE/ml erhielten
zusätzlich eine Bestrahlung mit 5000 rad

maß der persistierenden Suppression. Der ausgeprägteste Effekt fand
sich bei Patienten mit invasiven Prolaktinomen und extrem erhöhten
Prolaktin-Spiegeln, von denen man weiß, daß sie mitosereich sind und
wenig Granula aufweisen, einen beschleunigten Prolaktin-Umsatz doku-
mentierend.

Diese Ergebnisse zeigen die Notwendigkeit auf, alle Patienten mit Makroprolaktinomen und postoperativ persistierender Hyperprolaktinämie
mit Bromocriptin zu behandeln. Da die Effektivität der chirurgischen
Behandlung bei Makroprolaktinomen mangelhaft ist, ist - wenn eine
akute Gefahr für den Sehnerv durch Gesichtsfelduntersuchungen und
Computer-Tomographie ausgeschlossen worden ist - eine primäre Pharmakotherapie ebenfalls gerechtfertigt. Allerdings müssen engmaschige
Kontrollen gewährleistet sein. Die Zukunft wird zeigen, ob sich bei
einigen dieser Patienten ein operatives Vorgehen überhaupt erübrigt,
oder ob durch die vorausgehende Therapie ein invasives Makroprolakti-
nom in neurochirurgisch resezierbares Adenom verwandelt werden kann.

5. Prolaktinom und Schwangerschaft

Schwangerschaften bei hyperprolaktinämischen Patientinnen sind nur
nach exogener Gonadotropin-Applikation oder nach Normalisation der
Prolaktin-Sekretion möglich. Die Einführung von Bromocriptin in die
Therapie hat die Konzeptionsrate bei hyperprolaktinämischen Patientinnen dramatisch erhöht. So können jetzt auch Patientinnen mit großen

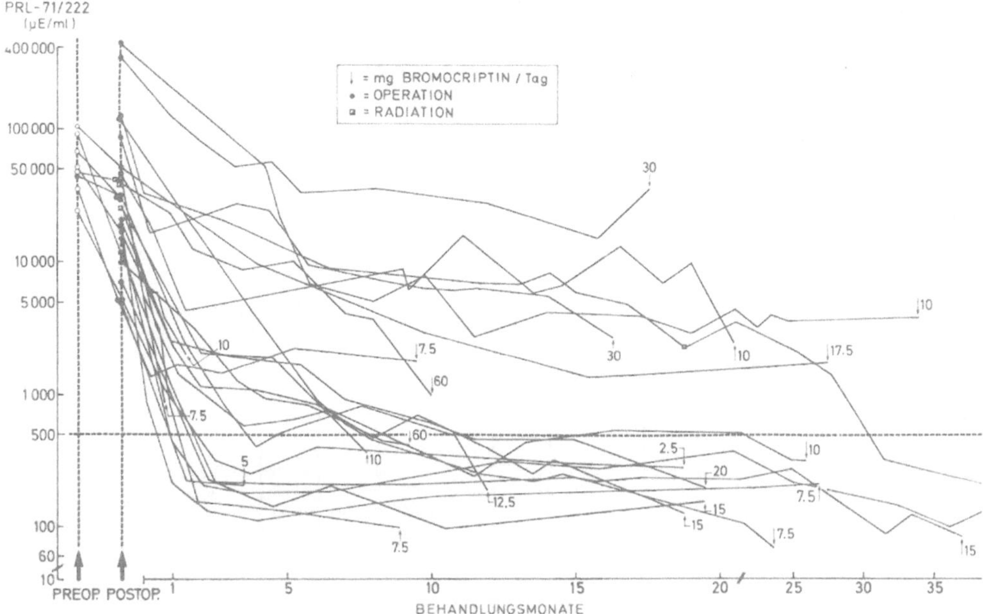

Abb. 6. Wirkung von Bromocriptin auf die Prolaktin-Spiegel bei 23 männlichen Patienten mit Makroprolaktinomen. Im Gegensatz zu den weiblichen Patienten führt Bromocriptin auch zu einer Normalisierung von Prolaktin-Spiegeln über 20.000 µE/ml

Makroprolaktinomen schwanger werden (2, 14). Allerdings kann es unter dem Einfluß der Oestrogene während der Schwangerschaft zu einem Prolaktinom-Wachstum kommen, was zu Sehstörungen und Kopfschmerzen führen kann. Bei Patientinnen mit Hyperprolaktinämie und normaler Sella turcica kommt es während der Schwangerschaft zu keiner dieser Komplikationen (14, 17). Auch zeigen die Patientinnen während der Schwangerschaft keine überschießenden Anstiege der Prolaktin-Spiegel (17). Bei Patientinnen mit eindeutigem Mikroadenom, die nicht operiert wurden, sondern bei denen die Schwangerschaft durch eine vorausgegangene Bromocriptin-Behandlung ermöglicht wurde, wurde ebenfalls in keinem Fall ein persistierendes Adenomwachstum registriert (14, 17). So stiegen zwar die Prolaktin-Spiegel bei manchen Patientinnen während der Schwangerschaft exzessiv an (17), fielen aber nach Beendigung der Schwangerschaft wieder auf den prätherapeutischen Bereich. Nur bei Patientinnen mit großen Prolaktinomen bzw. mit schon vor der Schwangerschaft bestehender suprasellärer Adenomextension wurden Gesichtsfeldeinschränkungen am Ende des 3. Trimesters beobachtet (17). Am Universitätsklinikum München werden Patientinnen mit Hyperprolaktinämie, die schwanger werden wollen, sowohl vom Gynäkologen, Neurochirurgen und Endokrinologen gesehen. Bei allen Patientinnen mit abnormer Sella turcica wird eine Computer-Tomographie sowie eine Gesichtsfelduntersuchung durchgeführt. Dazu werden die Hypophysenvorderlappen-Partialfunktionen untersucht. Alle Patientinnen mit Prolaktin-Spiegeln unter 4.000 µE/ml oder 200 ng/ml, einem intrasellären Adenom ohne Hinweis auf supraselläre Extension bzw. HVL-Insuffizienz werden allein mit Bromocriptin behandelt. Patientinnen mit höheren Prolaktin-Spiegeln, destruierter Sella turcica oder suprasellärer Extension werden vor der Schwangerschaft auf transsphenoidalem Wege operiert. Das Ziel ist die

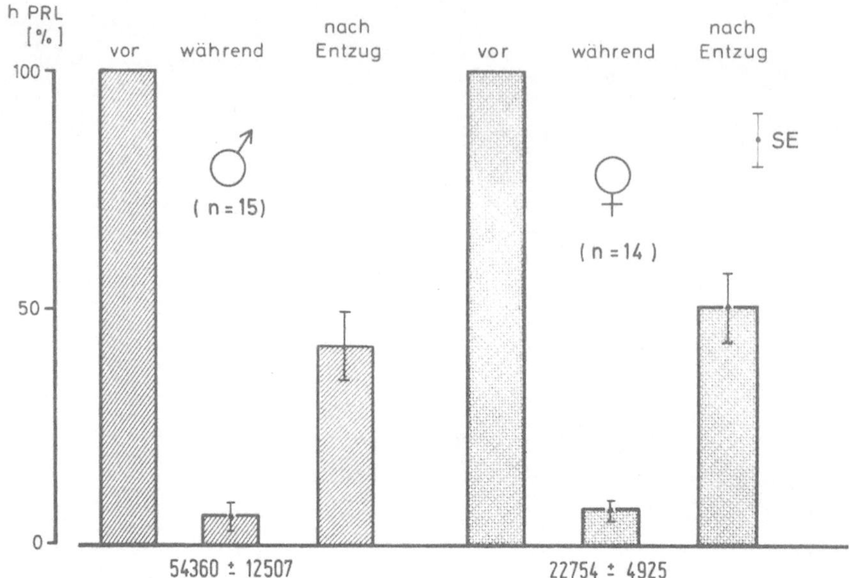

Abb. 7. Prolaktin-Spiegel vor und während der Bromocriptin-Therapie und nach Bromocriptin-Entzug bei 15 männlichen und 14 weiblichen Patienten mit Makroprolaktinomen. Der Prolaktin-Spiegel unter Bromocriptin und nach Entzug ist in Prozent des basalen Prolaktin-Spiegels vor Beginn der Therapie angegeben. Obwohl Bromocriptin mindestens 1 Monat ausgesetzt worden war, lagen die Prolaktin-Spiegel nach Bromocriptin-Entzug deutlich niedriger als vor Beginn der Behandlung

Reduktion von Adenomgewebe unter Aufrechterhaltung der gonadotrophen HVL-Funktion. Eine Normalisierung der Prolaktin-Spiegel muß nicht operativ erzwungen werden, da eine postoperative Bromocriptin-Therapie in jedem Falle erfolgreich sein wird.

Diesen Kriterien folgend, haben wir 61 Schwangerschaften bei 46 hyperprolaktinämischen Patientinnen beobachtet, ohne daß bei einer dieser Patientinnen es zu Adenom-assoziierten Komplikationen gekommen wäre (17). Dies dokumentiert den Nutzen und die Notwendigkeit einer interdisziplinären Betreuung und Therapie hyperprolaktinämischer Patientinnen mit Kinderwunsch.

Literatur

1. D'Agata R, Scapagnini U (1979) Effect of bromocriptine (CB-154) on estrogen induced prolactin release. Acta endocr (KbH) 90: 193-197

2. Bergh T, Nillius SJ, Wide L (1978) Clinical course and outcome of pregnancies in amenorrhoeic women with hyperprolactinemia and pituitary tumors. Brit med J 2: 875-880

3. Bettendorf G (1977) WHO-consultation on the diagnosis and treatment of endocrine causes of infertility. Endokr Inform 1: 20

4. Carter JN, Tyson JE, Tolis G, Van Vliet S, Faiman C, Friesen HG
   (1979) Prolactin secreting tumors and hypogonadism in 22 men.
   N Engl J Med 299: 847-852

5. del Pozo E, Friesen H, Burmeister P (1973) endocrine profile of
   a specific prolactin inhibitor: Br-ergocryptine (CB-154). Schweiz
   med Wschr 103: 847-848

6. del Pozo E, Varga L, Wyss H, Tolis G, Friesen H, Wenner R, Vetter
   L, Uettwiler A (1974) Clinical and hormonal response to bromocriptine (CB-154) in the galactorrhea syndromes. J Clin Endocr 39:
   18-25

7. Eversmann T, Fahlbusch R, Rjosk HK, von Werder K (1979) Persisting
   suppression of prolactin secretion after longterm treatment with
   bromocriptine in patients with prolactinomas. Acta endocr (kbh)
   92: 413-427

8. Fahlbusch R, Rjosk HK, von Werder K (1978) Operative treatment of
   prolactin producing adenomas. In: Fahlbusch R, von Werder K
   (Hrsg) Treatment of Pituitary Adenomas. Thieme, Stuttgart, p 225

9. Franks S, Nabarro JDN, Jacobs HS (1977) Prevalence and presenta-
   tion of hyperprolactinaemia in patients with "functionless"
   pituitary tumors. Lancet I: 778-780

10. George SR, Burrow GN, Zinman B, Ezrin C (1979) Regression of
    pituitary tumors, a possible effect of bromo-ergocryptine. Amer
    J Med 66: 697-702

11. Mac Leod RM (1976) Regulation of prolactin secretion. In: Marti-
    ni L, Ganong WF (eds) Frontiers in Neuroendocrinology, vol 4.
    Raven Press, New York, p 169-194

12. McGregor AM, Scanlon MF, Hall K, Cook DB, Hall R (1979) Reduction
    in size of a pituitary tumor by bromocriptine therapy. N Engl J
    Med 300: 291-293

13. Niall HD, Hogan ML, Sauer R, Rosenblum IY, Greenwood FC (1971)
    Sequences of pituitary and placental lactogenic and growth hor-
    mones: Evolution from a primordial peptide by gene reduplication.
    Proc Nat Acad Sci USA 68: 866

14. Rjosk HK, Fahlbusch R, Huber H, von Werder K (1978) Growth of
    prolactin producing pituitary adenomas during pregnancy. In:
    Fahlbusch R, von Werder K (eds) Treatment of Pituitary Adenomas.
    Thieme, Stuttgart, p 395

15. Rjosk HK, Fahlbusch R, von Werder K (1979) Hyperprolaktinämische
    Sterilität. Arch Gynäk 228: 518-530

16. Rjosk HK, von Werder K, Fahlbusch R (1976) Hyperprolaktinämische
    Amenorrhoe. Geburtsh Frauenheilk 36: 575-587

17. Rjosk HK (1980) Hyperprolaktinämische Sterilität, Habilitations-
    schrift, Universität München

18. Shome B, Parlow AF (1977) Human pituitary prolactin (hPRL): The
    entire linear amino acid sequence. J Clin Endocr 45: 1112-1115

19. Thorner MO (1977) Prolactin: Clinical physiology and the significance and management of hyperprolactinemia. In: Martini L, Besser GM (eds) Clinical Neuroendocrinology. Academic Press, New York San Francisco London, p 319

20. von Werder K, Fahlbusch R, Rjosk HK (1977) Hyperprolaktinämie. Internist 18: 520-528

21. von Werder K, Gottsmann M, Brendel C, Landgraf R, von Lieven H, Rjosk HK, Fahlbusch R (1978) Treatment of prolactinomas: efficacy of radiotherapy. Acta endocr (Kbh) Suppl. 215: 1

22. von Werder K, Rjosk HK (1979) Menschliches Prolaktin. Klin Wschr 57: 1-12

23. von Werder K, Brendel C, Eversmann T, Fahlbusch R, Müller OA, Rjosk HK (1980) Medical treatment of hyperprolactinemia and Cushing's disease with pituitary adenomas. In: Faglia E, Giovanelli M, Mac Leod R (eds) Pituitary Microadenomas. Academic Press, New York

24. von Werder K, Fahlbusch R, Landgraf R, Pickardt CR, Rjosk HK, Scriba PC (1978) Treatment of patients with prolactinomas. J Endocrinol Invest 1: 47-58

Hypothalamischer und hypophysärer Hypogonadismus des Mannes[1]

E. Nieschlag und G. Brabant

1. Definition und Klassifizierung des Hypogonadismus

Unter Hypogonadismus wird eine Störung der endokrinen und/oder exokrinen Hodenfunktion verstanden. Die Ursache für einen Hypogonadismus kann entweder in den Testes selber lokalisiert sein, in den übergeordneten steuernden Organen Hypothalamus und Hypophyse, in den Zielorganen der Androgene oder im Transportsystem für Androgene (Tabelle 1). In den letzten Jahren hat die Forschung gerade auf dem Gebiete der zentralen Steuerung der Hodenfunktion erhebliche Fortschritte gemacht, und es ergeben sich aus den physiologischen Beobachtungen neue Ansätze für Diagnostik und Therapie des Hypogonadismus.

2. Physiologie der Hypothalamus-Hypophysen-Testes-Funktion

2.1. LH-Sekretion

Zwischen den zentralen Strukturen Hypothalamus und Hypophyse und den Testes besteht ein Feedbackmechanismus, indem LH und FSH unter LH-RH-Kontrolle des Hypothalamus von der Hypophyse sezerniert werden und die testikuläre Hormonproduktion und die Spermatogenese anregen und indem von den Testes Steroide und auch Hormone mit Peptidcharakter sezerniert werden, die die Gonadotropinsekretion ihrerseits hemmen. Testosteron als das in höchsten Konzentrationen von den Testes sezernierte Steroid spielt eine wichtige Rolle in der negativen Feedbackkontrolle der Gonadotropinsekretion. Es ist jedoch diskutiert worden, ob Testosteron direkt auf die LH-RH-, LH- und FSH-sezernierenden Zellen einwirkt oder ob es erst zu Östradiol umgewandelt werden muß, um die Gonadotropinsekretion zu hemmen, ähnlich wie Testosteron durch ein spezifisches Enzymsystem zunächst in Dihydrotestosteron umgewandelt werden muß, um in Zielorganen wie der Haut und akzessorischen Geschlechtsdrüsen wirksam zu werden. Es konnte auch bei Ratten und Menschen nachgewiesen werden, daß im Hypothalamus Testosteron zu Östradiol umgewandelt werden kann (Naftolin et al. 1975). Untersuchungen am Menschen unter in vivo Bedingungen konnten zeigen, daß eine periphere Aromatisierung von Testosteron zu Östradiol zur Entfaltung der Wirksamkeit im Hypothalamus-Hypophysensystem nicht erforderlich ist (Marynick et al. 1979).
Bei Ratten steht die Gonadotropinsekretion unter einem α-adrenergen Einfluß. Versuche mit Alpha- und Betablockern am Menschen erbrachten jedoch keinen meßbaren Einfluß auf die Gonadotropinsekretion und erst in hohen Dosen konnten Effekte bei subhumanen Primaten nachgewiesen werden (Brown et al. 1979), Krulich 1979).
Beim erwachsenen Mann findet sich eine tonische basale LH-Sekretion auf die sich in etwa 90minütigen Abständen kurze LH-Gipfel aufpfropfen. Die Ausbildung dieses Spiking-Phänomens ist ein wesentliches Zeichen der pubertären Reifung des Hypophysen-Gonaden-Systems (Judd 1979). Die Ausreifung des hypothalamisch-hypophysären Systems hängt zunächst nicht von den gonadalen Steroiden ab, da sich auch bei

---

[1] Referat anläßlich der gemeinsamen Sitzung der Deutschen Gesellschaft für Innere Medizin und der Deutschen Gesellschaft für Neurologie in Wiesbaden am 14.4.1980

Tabelle 1. Einteilung des Hypogonadismus

Lokalisation der Ursache	Krankheitsbilder	Ursache
Hypothalamus	Idiopathischer Gonadotropin-mangel Kallmann-Syndrom Idiopathische Pubertas tarda Prader-Labhart-Willi-Syndrom Lawrence-Moon-Biedl-Syndrom Sarkoidose	LH-RH-Mangel
Hypophyse	Hypophyseninsuffizienz Kraniopharyngeome Adenome u.a. Prolaktinome	LH- und FSH-Mangel
	FSH-produz. Adenome	LH-Mangel
	Hämosiderin-Ablagerung	
	Fertile Eunuchen	Isolierter LH-Mangel
	Biologisch inaktives LH	
Testes	Angeborene Anorchie Erworbene Anorchie	Verminderte/fehlende Testosteron-Synthese
	Lageanomalien Klinefelter-Syndrom Seneszenz	
	Pseudohermaphroditismus masculinus	Enzymdefekt in Testosteron-Synthese
	Oviduktpersistenz	Anti-Müller-Hormon-Mangel
	Morbus Addison	Androgen-Präkursoren-Mangel
	Leydig-Zell-Tumor	Östrogen-Überproduktion
	Varikozele	Gestörte Hämodynamik
	Tubuläre Insuffizienz	Wenig bekannte Ursachen
	Sertoli-Cell-Only-Syndrom	
	Orchitis	Infektion
	Spermien-Antikörper	Autoimmunisierung
Transportsystem	Vermindertes biologisch aktives Testosteron	z.B. bei chronischer Diphenylhydantoin-Therapie
Zielorgane	Testikuläre Feminisierung	Androgen-Rezeptor-Mangel
	Perineoskrotale Hypospadie mit Pseudovagina	5- α L-Reduktase-Mangel

anorchen Kindern eine Ausprägung dieses Spiking-Phänomens zur Zeit der Pubertät beobachten ließ (Conte et al. 1979). Die LH-Spikes werden physiologischerweise in einer gewissen Verzögerung von Testosteron-Gipfeln gefolgt (Vigersky et al. 1976). Beim Rhesusaffen konnte ein den LH-Sekretions-Gipfeln entsprechender LH-RH-Gipfel im Portalvenengeflecht der Hypophyse nachgewiesen werden (Carmel et al. 1976). Bei der Frau ist die physiologische Bedeutung der pulsatilen LH-Sekretion eindeutig gesichert, da Ovulationen nur unter der pulsatilen und nicht unter einer tonischen LH-Sekretion zustandekommen (Schneider & Leyendecker 1979). Welche Rolle der pulsatilen LH-Sekretion beim Manne zukommt, ist noch nicht eindeutig gesichert. Neuere therapeutische Studien lassen jedoch vermuten, daß auch beim Mann die pulsatile LH-Sekretion für die Ausbildung der normalen Hodenfunktion verantwortlich ist. (Gutai et al. 1979; Jacobson et al. 1979).

2.2. FSH und Spermatogenese

Obwohl noch nicht endgültig gesichert, finden sich mehr und mehr Hinweise dafür, daß LH-RH auch das physiologische Freisetzungshormon für FSH ist (Wise et al. 1979). Eine dem LH entsprechende pulsatile Freisetzung des FSH ließ sich jedoch nicht nachweisen. Möglicherweise hängt dies mit der langen Halbwertszeit des FSH von etwa 40 Minuten gegenüber einer Halbwertszeit des LH von nur 10 Minuten zusammen.

Im klassischen Konzept der hypophysären Steuerung der Hodenfunktion wird dem FSH eine entscheidende Rolle in der Steuerung der Spermatogenese zugeschrieben. Bei kleinen Nagern, insbesondere der Ratte ist FSH jedoch nur für die Initiierung der Spermatogenese erforderlich, nicht aber für ihre Aufrechterhaltung (Dym et al. 1979). Beim Menschen gibt es dagegen klinische Hinweise, daß sich die Spermatogenese ohne FSH weder initiieren, noch aufrechterhalten läßt (Johnson 1966). Durch immunologische Neutralisierung des FSH konnte entsprechend bei einem subhumanen Primaten, dem Rhesusaffen, nachgewiesen werden, daß FSH für die Spermatogenese erforderlich ist (Wickings et al. 1980). Diese experimentell erhobenen Befunde am Rhesusaffen und die klinischen Erfahrungen beim Menschen geben Hinweise dafür, daß die Rolle des FSH bei Primaten und kleinen Nagern durchaus unterschiedlich ist.

Die FSH-Sekretion wird ähnlich wie die des LH auch durch Steroidhormone kontrolliert. Zusätzlich ist jedoch ein weiteres, von den Testes sezerniertes Hormon mit Peptidcharakter für die Kontrolle der FSH-Sekretion verantwortlich. Hierbei handelt es sich um das in den Sertolizellen gebildete Inhibin, dessen Existenz inzwischen beim Versuchstier und beim Menschen als gesichert gelten kann (Chowdhury et al. 1978; Franchimont et al. 1980; Steinberger et al. 1976).

2.3. Prolaktin

Die physiologische Rolle des Prolaktins in der Steuerung der Hodenfunktion ist noch unklar. Eine vermehrte Prolaktin-Sekretion kann jedoch einen Hypogonadismus mitverursachen (von Werder & Riojsk 1980).

3. Allgemeine klinische Symptomatik

Unabhängig von den verschiedenen Ursachen des Hypogonadismus sind die einzelnen Krankheitsbilder im wesentlichen durch Symptome des Androgenmangels gekennzeichnet. Entscheidend für die Ausprägung der Symptomatik ist der Zeitpunkt des Auftretens des Androgenmangels. Ein schon zur Zeit der Pubertät bestehender Androgenmangel führt zum eunuchoiden Hochwuchs mit überlangen Extremitäten. Die Testes bleiben klein, der Penis infantil, die sekundäre Geschlechtsbehaarung bildet sich kaum oder nur spärlich aus, vor allem die Stirn-Haargrenze bleibt gerade und die Pubesbehaarung steigt nicht bis zum Nabel auf, die Muskulatur bleibt schwach ausgeprägt, zur Mutation der Stimme kommt es nicht, Libido und Potenz entwickeln sich nicht. Ein nach erfolgter Pubertät eintretender Androgenmangel führt zur Abnahme von Libido und Potenz und als Folge des verminderten anabolen und erythropoetischen Effektes zu Muskelatrophie, Osteoporose und Anämie. Im Gegensatz zu Patienten mit nicht endokrin bedingten Potenzstörungen, die seitens dieses Symptoms einen starken Leidensdruck haben, fällt bei den Patienten mit sekundärem Hypogonadismus auf, daß Libido- und Potenzverlust selten ein den Patienten zum Arzt führendes Symptom ist, obwohl dies ein frühes Symptom ist, wie retrospektive Studien ergeben haben (Lundberg & Wide 1978).

4. Krankheitsbilder

4.1. Hypothalamische Ursachen

Die durch eine Funktionsstörung des Hypothalamus bedingten Krankheitsbilder des Hypogonadismus gehen letztlich auf eine verminderte oder
fehlende Sekretion des LH-RH zurück. Der LH-RH-Mangel kann als isolierte Funktionsstörung wie beim sogenannten idiopathischen Gonadotropin-
mangel (Synonyme: idiopathischer Eunuchoidismus oder hypogonadotroper
Eunuchoidismus) auftreten oder er kann in Assoziation mit einer Störung des Riechhirns wie beim Kallmann-Syndrom vorkommen. Ferner kann
die mangelnde LH-RH-Sekretion in Kombination mit anderen Symptomen wie
dem Prader-Labhardt-Willi-Syndrom (Minderwuchs, Adipositas, Imbezilität, Diabetes mellitus, Myotonien)(Morgner et al. 1975) oder dem Law-
rence-Moon-Biedl-Syndrom (Debilität, Polydaktylien, Adipositas, Retini-
tis pigmentosa, Minderwuchs) (Bowen et al. 1965) auftreten. Bei der
idiopathischen Pubertas tarda kommt die LH-RH-Sekretion nicht rechtzeitig, sondern erst mit erheblicher Verzögerung in Gang, sodaß die
Pubertät erst jenseits des 16. Lebensjahres einsetzt. Auch im Rahmen
von Systemerkrankungen, wie z.B. der Sarkoidose, kann es zu einem Mit-
befall des Hypothalamus und dadurch zu einem Hypogonadismus kommen
(Snyder et al. 1979).

4.2. Hypophysäre Ursachen

Hypophysäre Störungen gehen häufig von Tumoren (Craniopharyngeome, Adenome, Metastasen) aus. Adenome der Hypophyse können von jedem Zelltyp
abstammen, mit einer Übersekretion der entsprechenden Hormone (Akromegalie, Cushing-Syndrom) und mit einer partiellen oder totalen Hypo-
physen-Insuffizienz einhergehen. Ein durch Tumoren der Hypophyse verursachter LH- und FSH-Mangel und dadurch bedingter Hypogonadismus kann
vor und nach der Pubertät auftreten; vor der Pubertät handelt es sich
vorwiegend um Craniopharyngeome, nach der Pubertät vorwiegend um Adenome.

Gonadotropin-produzierende Hypophysenadenome sind selten. Bisher wurden nur wenige Tumoren beschrieben, bei denen entweder ausschließlich
oder in Kombination mit anderen Hormonen vermehrt FSH produziert wurde (Cunningham et al. 1977; Friend et al. 1976). Die vermehrte FSH-
Produktion führt dabei zu keiner spezifischen Symptomatik, sondern
stellt mehr einen Laborbefund dar.

Die häufigste Form eines hormonaktiven Tumors der Hypophyse stellt das
Prolaktinom dar (Carter et al. 1978; Franks et al. 1978). Die Hyperprolaktinämie muß bei der differentialdiagnostischen Abklärung einer
Gynäkomastie in Betracht gezogen werden. Die Hyperprolaktinämie kann
einen Hypogonadismus verursachen und zu Fertilitäts- und Potenzstörungen führen (Carter et al. 1978; Franks et al. 1978). Prolaktin übt
dabei wahrscheinlich einen direkten Einfluß auf die Testes und die
akzessorischen Geschlechtsdrüsen aus. Durch Versuche mit transplantier-
ten Tumoren an Ratten erscheint es jedoch auch wahrscheinlich, daß Prolaktin einen direkten Einfluß auf die LH-RH- und LH-Sekretion ausübt
(Hodson et al. 1980).

Zu einer Beeinträchtigung der Gonadotropinsekretion kann es auch
durch Ablagerung von Haemosiderin in der Hypophyse kommen. So wurde
bei Patienten mit Thalassaemia major eine verminderte Gonadotropin-
Sekretion und ein Hypogonadismus festgestellt, deren Schweregrad mit
der Dauer und Frequenz der notwendigen Transfusionen zunahm. Eine Beteiligung des Hypothalamus wurde dabei nicht festgestellt (Costin et
al. 1979; Kletzky et al. 1979; Snyder et al. 1979).

Axelrod et al. (1979) entdeckten einen interessanten Fall mit Hypogonadismus, bei dem die hohen LH-Werte im Serum zunächst an einen primären Hodenschaden denken ließen. Der Patient zeigte jedoch einen normalen Anstieg des Plasma-Testosteron auf hCG-Gabe hin. Weitere Untersuchungen zeigten, daß es sich hier um die Synthese eines immunologisch aktiven, jedoch biologisch inaktiven LH handelte. Die Eltern des Patienten waren nahe Blutsverwandte, und es konnten in der Familie noch weitere Fälle mit diesem abnormen LH entdeckt werden. Es bleibt weiteren Untersuchungen vorbehalten festzustellen, ob die bei ingezüchteten Bevölkerungsgruppen festzustellende Abnahme der Fertilität über diese abnorme Gonadotropinproduktion erklärt werden kann.

Pasqualini beschrieb ein Syndrom, bei dem eunuchoider Habitus mit normaler oder niedrig normaler Hodengröße und intakter Spermatogenese verbunden war (Pasqualini et al. 1951). Wegen dieser Symptomatik wurden die Patienten als "fertile Eunuchen" bezeichnet. Spätere Hormonmessungen zeigten, daß es sich hierbei um einen isolierten LH-Mangel handelte und die FSH-Sekretion intakt war (McCullagh 1953).

5. Labordiagnostik

5.1. Testosteron und hCG-Test

Da die Symptome der verschiedenen Krankheitsbilder des Hypogonadismus letztlich durch den Androgenmangel bedingt sind, und Störungen der Testes, des Hypothalamus oder der Hypophyse zu Krankheitsbildern mit sehr ähnlicher Symptomatik führen, kann eine exakte Lokalisation der Ursachen nur durch eine spezielle Labordiagnostik erfolgen.

Zunächst steht zur Sicherung des Androgenmangels die Bestimmung der Testosteron-Konzentration im Serum im Vordergrund. Bei der Beurteilung des im Labor ermittelten Testosteronwertes sind bestimmte physiologische und evtl. durch andere pathologische Zustände bedingte Einflüsse auf die Testosteron-Konzentration zu berücksichtigen (Nieschlag 1979). Nach dieser ersten Orientierung erlaubt der ebenfalls auf der Testosteronbestimmung im Plasma basierende hCG-Test oder Leydigzell-Funktionstest eine erste Differenzierung in eine primäre (= testikuläre) oder sekundäre Ursache des Hypogonadismus. Um vergleichbare Werte zu erhalten, muß dieser Test in standardisierter Weise durchgeführt werden (Nieschlag et al. 1971; Nieschlag et al. 1973; Trockel et al. 1979).

5.2. Gonadotropine und LH-RH-Test

Auch die Bestimmung der Gonadotropine LH und FSH erlaubt eine Differenzierung in primäre und sekundäre Ursachen des Hypogonadismus. Hohe Gonadotropinwerte weisen auf einen primären Schaden der Testes hin, während niedrige LH und FSH-Werte bei einer Funktionsstörung des Hypothalamus oder der Hypophyse gefunden werden. Da jedoch pathologisch niedrige Werte und niedrig-normale Werte häufig von den gängigen Radioimmunoassays für LH und PSH nicht differenziert werden können, muß sich als eine weitere differenzierende Methode der LH-RH-Test anschließen, der in den verschiedensten Modifikationen durchgeführt wird. Auf ein einheitliches LH-RH-Dosierungs- und Blutabnahme-Schema konnte man sich noch nicht einigen. Der Test muß jedoch so angelegt sein, daß er zur Differentialdiagnose beitragen kann. Bei sekundärem Hypogonadismus kommt es zu einem subnormalen oder fehlenden Anstieg der Gonadotropine, bei primären Formen des Hypogonadismus entsprechend

den hohen Ausgangswerten zu einer überschießenden Reaktion auf LH-RH.
Deshalb kann bei hohen Ausgangswerten in der Routinediagnostik auf
den LH-RH-Test verzichtet werden.

Die Differenzierung zwischen einer hypophysären oder einer hypothalamischen Ursache eines Hypogonadismus ist mit einer einmaligen LH-RH-
Injektion nicht möglich. Hier wurden verschiedene weitere Verfahren
erprobt. Der Clomiphen-Test, der sich bei dieser Fragestellung in der
gynäkologischen Endokrinologie bewährt hat, liefert beim Mann keine
eindeutigen Ergebnisse. Es wurde auch versucht, das auf eine LH-RH-
Infusion folgende LH-Sekretionsmuster für die Diagnostik auszunutzen,
das normalerweise in einer zweigipfligen LH-Kurve besteht. Bei einer
Störung der Hypophysenfunktion bleibt der zweite und oft auch der
erste Gipfel jedoch aus (Beitins et al. 1977; Bremner & Paulsen 1977;
Bremner et al. 1977). Ferner kann der nach mehrtägiger LH-RH-Vorbe-
handlung durchgeführte LH-RH-Test zwischen hypothalamischer und hypophysärer Ursache unterscheiden (Snyder et al. 1979). Aber auch eine
Vorbehandlung mit Testosteron führt dazu, daß im LH-RH-Test bei einer
hypothalamischen Störung ein Anstieg des LH erfolgt, der vor dieser
Behandlung nicht zu beobachten war, während dieser Anstieg bei Hypo-
physenstörung ausbleibt (eigene unveröffentlichte Beobachtung). Ein
auf diese Weise nach Testosteron-Vorbehandlung durchgeführter LH-RH-
Test kann auch zur Differentialdiagnose zwischen hypothalamischer und
hypophysärer Ursache einer Pubertas tarda beitragen, wobei bei einem
Patienten mit einer hypophysären Störung kein Anstieg, bei dem Jungen
mit einer Hypothalamus-Funktionsstörung ein Anstieg des LH erfolgt.

6. Therapie

Wenn der sekundäre Hypogonadismus durch einen Tumor bedingt ist, muß
zunächst stets erwogen werden, diesen Tumor zu beseitigen, insbesondere wenn lokale Druckerscheinungen den Nervus opticus und das Sehvermögen gefährden. Aber auch in der Phase bis zu einer evtl. Operation
und in der Erholungsphase sollte ein Androgenmangel ebenso wie ein Cor-
tisol- und Thyroxinmangel substituiert werden. Diese Substitutionstherapie darf erst abgesetzt werden, wenn erwiesen ist, daß die eigenen Funktionen vollständig zurückgekehrt sind.

Bei der Behandlung des Hypogonadismus sind zwei Zielsetzungen zu berücksichtigen. Ein Androgenmangel muß um schwerwiegende allgemeine
Störungen im Sinne einer Leistungsinsuffizienz, Muskelatrophie, Anämie
und Osteoporose zu vermeiden und um Libido und Potenz zu erhalten,
durch eine Substitutionstherapie mit Testosteron ausgeglichen werden.
Soll darüberhinaus die gleichzeitige Fertilitätsstörung behoben werden, müssen andere Therapieformen in Erwägung gezogen werden.

6.1. Substitution mit Testosteron

Da Testosteron eine kurze Halbwertszeit von nur 10 Minuten hat und
bei einer einmaligen Leberpassage fast vollständig abgebaut wird, werden zur Substitutionstherapie Testosteronester eingesetzt, die langsamer verstoffwechselt werden. Für die parenterale Langzeittherapie ist
Testosteronönanthat das Mittel der Wahl. Eine einmalige Injektion von
200 - 250 mg Testosteronönanthat (Testoviron® Depot 250 mg) führt zu
einer Erhöhung der Plasmaspiegel für 10 - 14 Tage (Nieschlag et al.
1975; Schulte-Beerbühl & Nieschlag 1980). Zur Dauersubstitution des
Hypogonadismus müssen 250 mg Testosteronönanthat alle 2 - 3 Wochen
i.m. injiziert werden.

In neuerer Zeit konnte festgestellt werden, daß Testosteron, wenn es
mit einer langen Seitenkette verestert ist, oral wirksam werden kann.
Mit Undecansäure verestertes Testosteron wird mittels der Chylomikro-
nen resorbiert und erreicht über den Lymphweg die Zirkulation und die
Zielorgane vor der Leberpassage. Nach einmaliger Gabe von 40 mg dieser Substanz (Andriol®) wird die maximale Testosteron-Konzentration
im Blut nach 4 Stunden gemessen, Basalwerte sind nach 8 Stunden wieder erreicht (Nieschlag et al. 1976). Als Therapieschema hat sich die
Gabe von 80 - 120 mg auf 2 - 3 Tagesdosen bewährt (Franchi et al.
1978). Wichtig ist, daß die Substanz mit einer Mahlzeit eingenommen
wird, da dadurch die Resorption wesentlich verbessert wird (Frey et
al. 1979).

Andere synthetische Androgenpräparate sind in der Substitution des
Hypogonadismus entbehrlich. Auf 17 α-Methyltestosteron sollte unter
allen Umständen verzichtet werden, da es zu cholestatischem Ikterus
und einer Peliosis der Leber kommen kann (deLorimer et al. 1965;
Westaby et al. 1977).

6.2. Gonadotropin-Behandlung

Soll bei einem sekundären Hypogonadismus auch die Fertilitätsstörung
behoben werden, so hat die Therapie mit Gonadotropinen eine hohe Erfolgsrate, wenn es nicht bereits zu einer Hyalinose des Tubulusepi-
thels der Testes gekommen ist. Eine Vorbehandlung für etwa 4 - 6 Wochen mit 5.000 I.E. hCG, i.m., zweimal wöchentlich hat sich bewährt.
Daran schließt sich eine Therapiephase mit 1.000 I.E. hCG und 75 I.E.
hMG (human menopausal gonadotrophin) das sowohl LH als auch FSH-Akti-
vität enthält, an. Da die Spermatogenese des Mannes etwa 72 Tage beansprucht, sind erste Erfolge etwa nach 3 Monaten zu erwarten. Die
Therapie sollte bis zum Eintritt einer Schwangerschaft fortgesetzt
werden. Die hohe Effektivität dieser Therapie wird in zahlreichen
Studien belegt (siehe Übersicht Schill 1979). Obwohl durch diese Therapie auch die Testosteronspiegel bis in den Normbereich angehoben werden können, macht die Häufigkeit der intramuskulären Injektionen es
unmöglich, diese Therapie als Dauersubstitution einzusetzen. Nach er-
reichter Schwangerschaft wird daher auch diese Therapie in eine Dauersubstitution mit Testosteron einmünden. Die hohe Erfolgsrate dieser
Therapieform bei sekundärem Hypogonadismus im Hinblick auf eine Schwangerschaft hat dazu geführt, daß die hCG/hMG-Therapie auch bei Patienten mit anderen Ursachen einer Fertilitätsstörung eingesetzt wurde. Wie
zu erwarten, sind diese Ergebnisse jedoch nicht überzeugend.

6.3. Therapieversuche mit LH-RH

Bei hypothalamisch verursachten Formen des Hypogonadismus mit einem
LH-RH-Mangel erscheint eine Therapie mit LH-RH sinnvoll. Es wurden
bei derartigen Patienten verschiedene Dosierungen und Applikationswe-
ge (intravenös, intramuskulär, subkutan, intranasal) erprobt und es
kamen neben dem nativen LH-RH auch LH-RH-Analoge mit verstärkter Wirkung ("Superagonisten") zur Anwendung. Es fanden sich z.T. zwar vorübergehende Anstiege von LH und FSH sowie auch des Testosterons, aber
einer Normalisierung der Hormonparameter über längere Zeit oder eine
eindeutige Verbesserung der Fertilität konnte nicht erreicht werden
(Happ et al. 1975; Mortimer et al. 1974; Tharandt et al. 1977). Auch
die Anwendung verschiedener LH-RH-Superagonisten erbrachte keine über-
zeugenden Ergebnisse (Jaramillo et al. 1978; Smith 1979; Tharandt 1977;
Wiegelmann et al. 1976). Es konnte sogar festgestellt werden, daß bei
längerer Anwendung ein paradoxer Effekt mit Abfall der Gonadotropine
und des Testosterons eintritt (Tharandt et al. 1977).

Die Erklärung für dieses Phänomen, sowie für die bisherigen geringen Erfolge gehen wahrscheinlich auf zwei Ursachen zurück. Bei einer höheren Dosierung des LH-RH kommt es zu einem Abfall der hypophysären Ansprechbarkeit auf LH-RH durch eine negative Rückkopplung der anfänglich erhöhten LH-Spiegel auf die Hypophyse und möglicherweise durch einen Verlust der hypophysären LH-RH-Rezeptoren (Patritti- Laborde & Odell 1978; Sandow 1980). Daneben führen die anfänglich erhöhten LH-Konzentrationen im Blut zu einem Verlust der testikulären LH-Rezeptoren (Hsueh et al. 1976; Labrie et al. 1978) was als "down-regulation" bezeichnet wird. Ferner berücksichtigen die bisher gewählten Therapieschemata meist die Physiologie der LH-RH und LH-Sekretion nur wenig, die - wie unter 2.1. erwähnt - durch ein pulsatiles Muster gekennzeichnet ist.

Die Übertragung dieser physiologischen Fakten auf die Therapie der hypothalamischen Amenorrhoe der Frau hat erwartungsgemäß zu guten Therapieerfolgen geführt (Leyendecker 1979). Auch beim männlichen hypothalamischen Hypogonadismus wurde bei einer durch eine Pumpe gesteuerten pulsatilen LH-RH-Therapie über erste Erfolge berichtet (Gutai et al. 1979; Jacobson et al. 1979).

Durch den Einsatz von LH-RH-Superagonisten wird sich das physiologische, pulsatile Muster der Gonadotropinsekretion kaum nachahmen lassen. Die Superagonisten werden eher zur Erzeugung des Effektes der "down-regulation" eingesetzt werden können. Entsprechend wird gegenwärtig erprobt, ob durch die Erzeugung dieses Phänomens ein neuer Weg zur Fertilitäts-Kontrolle gefunden werden kann. Während sich auch durch den Einsatz von LH-RH-Analogen Ovulationen unterdrücken lassen (Berquist et al. 1979a), konnte eine Suppression der Spermatogenese durch LH-RH-Analoge bisher noch nicht erreicht werden (Berquist et al. 1979b).

LH-RH läßt sich mit guten Erfolgsraten in der Behandlung der Lageanomalien der Testes einsetzen. In größeren Studien konnte gezeigt werden, daß durch die intranasale Anwendung von LH-RH in mehreren täglichen Dosen in einem hohen Prozentsatz eine Korrektur der Lageanomalie herbeigeführt werden kann (Cacciari et al. 1979; Happ et al. 1978; Illig et al. 1977). Vor allem die einfache Applikationsart läßt die intranasale LH-RH-Applikation als eine echte Alternative zur bisher praktizierten hCG-Therapie erscheinen.

Ähnlich wie die hCG/hMG-Therapie wurde auch die Therapie mit LH-RH und LH-RH-Analogen bei der Behandlung einer nicht endokrin bedingten Infertilität versucht. Hierbei sind jedoch die publizierten Erfolge und die einer eigenen Versuchsserie nicht überzeugend (Schwarzstein et al. 1978; Zarate et al. 1973). Auch Therapieversuche zur Behandlung der nicht endokrin bedingten Impotentia coeundi mit LH-RH brachte keine Erfolge (Davies et al. 1976).

Dankvermerk

Die eigenen hier zitierten Studien wurden mit Unterstützung der Deutschen Forschungsgemeinschaft und der Weltgesundheitsbehörde (WHO) durchgeführt. Frau Ch. Seiler danken wir für die sekretarielle Hilfe bei der Abfassung des Manuskriptes.

Literatur

1. Axelrod L, Neer RM, Kliman B (1979) Hypogonadism in a male with immunologically active, biologically inactive luteinizing hormone: an exception to a venerable rule. J Clin Endocrinol Metab 48: 279-287

2. Beitins IZ, Dufau ML, O'Loughlin K, Catt KJ, McArthur JW (1977) Analysis of biological and immunological activities in the two pools of LH released during constant infusion of luteinizing hormone-releasing hormone (LHRH) in men. J Clin Endocrinol Metab 45: 605-608

3. Berquist C, Nillius SJ, Wide L (1979a) Intranasal gonadotropin-releasing hormone agonist as a contraceptive agent. Lancet II: 215-217

4. Berquist C, Nillius SJ, Berg T, Skarin G, Wide L (1979b) Inhibitory effects on gonadotrophin secretion and gonadal function in men during chronic treatment with a potent stimulary luteinizing hormone-releasing hormone analogue. Acta endocr 91: 601-608

5. Bremner WJ, Paulsen CA (1977) Prolonged intravenous infusions of LH-releasing hormone into normal men. Horm Metab Res 9: 13-16

6. Bremner WJ, Fernando NN, Paulsen CA (1977) The effect of luteinizing hormone-releasing hormone in hypogonadotrophic eunuchoidism. Acta endocr 86: 1-14

7. Bowen P, Ferguson-Smith MA, Mosier D, Lee CSN, Butter HG (1965) The Lawrence-Moon-syndrome association with hypogonadotropic hypogonadism and sexchromosome anemploidy. Arch Intern Med 116: 598-602

8. Brown GM, Friend WC, Chambers JW (1979) Neuropharmacology of hypothalamic-pituitary regulation. In: Tolis G, Labrie F, Martin JB, Naftolin F (eds) Clinical neuroendocrinology. Raven Press, New York, p 47-80

9. Cacciari E, Cicognani A, Pirazzoli P, Bernardi F, Zappulla F, Capelli M, Tassinari D, Frejaville E (1979) Treatment of cryptorchidism by intranasal LH-RH. In: Laron Z, Tikva P (eds) Cryptorchidism. S. Karger, Basel München Paris London New York Syndney, p 173-179

10. Carmel PW, Araki S, Ferin M (1976) Pituitary stalk portal blood collection in rhesus monkeys evidence for pulsatile release of gonadotropin-releasing hormone (GnRH). Endocrinology 99: 243-248

11. Carter JN, Tyson JE, Tolis G, Van Vliet S, Faiman C, Friesen HG (1978) Prolactin-secreting tumors and hypogonadism in 22 men. N Engl J Med 299: 847-852

12. Chowdhury M, Steinberger A, Steinberger E (1978) Inhibition of de novo synthesis of FSH by the sertoli cell factor (SCF). Endocrinology 103: 644-649

13. Conte FA, Grumbach MM, Kaplan SL, Reiter EO (1980) Correlation of luteinizing hormone-releasing factor-induced luteinizing hormone and follicle-stimulating hormone release from infancy to 19 years with the changing pattern of gonadotropin secretion in agonadal patients: Relation to the restraint of puberty. J Clin Endocrinol Metab 50: 163-168

14. Costin G, Kogut MD, Hymann CB, Ortega JA (1979) Endocrine abnormalities in thalassemia major. Am J Dis Child 133: 497-502

15. Cunningham GR, Huckins C (1977) An FSH and prolactin-secreting pituitary tumor: Pituitary dynamics and testicular histology. J Clin Endocrinol Metab 44: 248-253

16. Davies TF, Mountjoy CQ, Gomez-Pan A, Watson MJ, Hanker JP, Besser GM, Hall R (1976) A double blind cross over trial of gonadotrophin releasing hormone (LHRH) in sexually impotent men. Clin Endocr 5: 601-607

17. Dym M, Raj HGM, Lin YC, Chemes HE, Kotite NJ, Nayfeh SN, French FS (1979) Is FSH required for maintenance of spermatogenesis in adult rats? J Reprod Fert Suppl 26: 175-182

18. Franchi F, Luisi M, Kicovic PM (1978) Long-term study of oral testosterone undecanoate in hypogonadal males. Int J Androl 3: 1-5

19. Franchimont P, Demoulin A, Verstraelen-Proyard J, Hazee-Hagelstein MT, Walton JS, Waites GMH (1978) Nature and mechanism of action of inhibin: perspective in regulation of male fertility. In J Androl Suppl 2: 69-80

20. Franks S, Jacobs HS, Martin N, Nabarro JDN (1978) Hyperprolactinaemia and impotence. Clin Endocrinol 8: 277-287

21. Frey H, Aakvaag A, Saanum B, Falch J (1979) Bioavailability of oral testosterone undecanoate in males. Europ J Clin Pharmacol 16: 345-349

22. Friend JN, Judge DM, Sherman BM, Santen JR (1976) FSH-secreting pituitary adenomas: stimulation and suppression studies in two patients. J Clin Endocrinol Metab 43: 650-657

23. Gutai JP, Daneman D, Foley TP (1979) Response to pulsatile gonadotropin releasing hormone in hypothalamic hypogonadism. Acta endocr (KbH) Suppl 225: 137

24. Happ J, Kollmann F, Krawehl C, Neubauer M, Krause U, Demisch K, Sandow J, von Rechenberg W, Beyer J (1978) Treatment of cryptorchidism with pernasal gonadotropin-releasing hormone therapy. Fertil Steril 29: 546-551

25. Hodson CA, Simpkins JW, Pass KA, Aylsworth CF, Steger RW, Meites J (1980) Effects of a prolactin secreting pituitary tumor on hypothalamic, gonadotropic and testicular function in male rats. Neuroendocrinology 30: 7-10

26. Hsueh AJ, Dufau ML, Catt KJ (1976) Regulation of luteinizing hormone receptors in testicular interstitial cells by gonadotropin. Biochem Biophys Res Commun 72: 1145-1150

27. Illig R, Kollmann F, Borkenstein M, Kuber W, Exner GU, Kellerer K, Lunglmayr L, Prader A (1977) Treatment of crytorchidism by intranasal synthetic luteinizing-hormone releasing hormone. Lancet II: 518-520

28. Jacobson RI, Seyler LE, Tamorlane WV, Gertner JM, Genel M (1979) Pulsatile subcutaneous nocturnal administration of GnRH by portable infusion pump in hypogonadotropic hypogonadism: initiation of gonadotropin responsiveness. J Clin Endocrinol Metab 49: 652-654

29. Jaramillo CJ, Charro-Salgado AL, Perez-Infante V, Obenza EB,
    Iglesias FC, Fernandez-Cruz A, Coy D, Schally AV (1978) Clinical
    studies with D-TRP^6-luteinizing hormone-releasing hormone in men
    with hypogonadotropic hypogonadism. Fertil Steril 30: 430-435

30. Johnsen SG (1966) A study of human testicular function by the use
    of human menopausal gonadotrophin and of human chorionic gonado-
    trophin in male hypogonadotrophic eunuchoidism and infantilism.
    Acta endocr 53: 315-341

31. Judd HL (1979) Biorhythms of gonadotropins and testicular hormone
    secretion. In: Krieger DT (ed) Endocrine Rhythms. Raven Press,
    New York, p 299-324

32. Kletzky OA, Costin G, Marrs RP, Bernstein G, March CM, Mishell DR
    (1979) Gonadotropin insufficiency in patients with thalassemia
    major. J Clin Endocrinol Metab 48: 901-905

33. Krulich L (1979) Central neurotransmitters and the secretion of
    prolactin, GH, LH and TSH. In: Edelman IS, Schultz SG (eds) Annual
    review of physiology. Annual Reviews Inc. Palo Alto, p 603-615

34. Labrie F. Auclair C, Cusan L, Kelly PA, Pelletier G, Ferland L
    (1978) Inhibitory effect of LHRH and its agonists on testicular
    gonadotrophin receptors and spermatogenesis in the rat. Int J
    Androl Suppl 2: 1-6

35. Leyendecker G (1979) The pathophysiology of hypothalamic ovarian
    failure. Europ J Obstet Gynec Reprod Biol 9: 175-186

36. deLorimer AA, Gordan GS, Lowe RC, Carbone JV (1965) Methyltesto-
    sterone, related steroids and liver function. Arch intern Med
    116: 289-294

37. Lundberg PO, Wide L (1978) Sexual function in males with pitui-
    tary tumors. Fertil Steril 29: 175-179

38. Marynick SP, Loriaux DL, Sherins RJ, Pita JC, Lipsett MB (1979)
    Evidence that testosterone can suppress pituitary gonadotropin
    secretion independently of peripheral aromatization. J Clin
    Endocrinol Metab 49: 396-398

39. Morgner KG, Geisthövel W, Niedergerke U, v.z. Mühlen A (1974)
    Hypogonadismus infolge Mangels an Luteotropin-Releasing-Hormon
    (LHRH) bei Prader-Labhart-Willi-Syndrom. Dtsch med Wschr 99:
    1196-1198

40. Mortimer CH, McNeilly AS, Fisher RA, Murray MAF, Besser GM (1974)
    Gonadotrophin-releasing hormone therapy in hypogonadal males with
    hypothalamic or pituitary dysfunction. Brit Med J 4: 617-621

41. Naftolin F, Ryan KJ, Davies IJ, Reddy VV, Flores F, Petro Z,
    Kuhn M, White RJ, Wolin L, Takaoka Y (1975) The formation of
    estrogens by central neuroendocrine tissues. Rec Progr Hormone
    Res 31: 295-300

42. Nieschlag E, Rohr M, Wombacher H, Overzier C (1971) Leydig-Zell-
    Funktionstest. - Bestimmung des Plasmatestosterons durch kompeti-
    tive Proteinbindung vor und nach hCG-Belastung. Klin Wschr 49:
    91-95

43. Nieschlag E, Kley KH, Wiegelmann W, Solbach HG, Krüskemper HL
    (1973) Lebensalter und endokrine Funktion der Testes des erwach-
    senen Mannes. Dtsch med Wschr 98: 1281-1283

44. Nieschlag E, Mauss J, Coert A, Kicovic P (1975) Plasma androgen
    levels in men after oral administration of testosterone or testo-
    sterone undecanoate. Acta endocr 79: 366-371

45. Nieschlag E, Cüppers HJ, Wiegelmann W, Wickings EJ (1976) Bio-
    availability and LH-suppressing effect of different testosterone
    preparations in normal and hypogonadal men. Horm Res 7: 138-142

46. Nieschlag E (1979) Der männliche Hypogonadismus. Internist 20:
    57-66

47. Pasqualini RQ (1950) Diagnostico de la insuficiencia testicular.
    Endocrinologia 1: 20-27

48. Patritti-Laborde N, Odell WD (1978) Short-loop feedback of
    luteinizing hormone: dose-response relationships and specificity
    Fertil Steril 30: 456-460

49. Sandow S, von der Ohe M, Kuhl H (1980) LH-RH and its analogues
    in contraception. Abstract S 113, VI. Intern Congress of Endocrino-
    logy, Melbourne/Australien

50. Schill WB (1979) Fortschritte in der pharmakologischen Therapie
    der Subfertilität beim Mann - eine Übersicht. Andrologia 11: 77-107

51. Schneider HPG, Leyendecker G (1980) The normal and dysregulated
    human menstrual cycle. In: Briggs MH, Corbin A (eds) Advances in
    steroid biochemistry and pharmacology. Academic Press, London,
    7: 23-50

52. Schwarzstein L, Aparicio NJ, Turner D, Calamera JC, Mancini R,
    Schally AV (1975) Use of synthetic luteinizing hormone releasing
    hormone in treatment of oligospermic men: a preliminary report.
    Fertil Steril 26: 331-336

53. Schulte-Beerbühl M, Nieschlag E (1980) Comparison of testosterone,
    dihydrotestosterone, luteinizing hormone, and follicle-stimulating
    hormone in serum after injection of testosterone enanthate or
    testosterone cypionate. Fertil Steril 33: 201-203

54. Smith R, Donald RA, Espiner EA, Stronach SG, Edwards IA (1979)
    Normal adults and subjects with hypogonadotropic hypogonadism re-
    spond differently to D-Ser (TBU)[6]-LH-RH-EA[10]. J Clin Endocrinol
    Metab 48: 167-180

55. Snyder PJ, Rudenstein RS, Gardner DF, Rothman JG (1979) Repetitive
    infusion of gonadotropin-releasing hormone distinguishes hypothala-
    mic from pituitary hypogonadism. J Clin Endocrinol Metab 48: 864-
    868

56. Steinberger A, Steinberger E (1976) Secretion of an FSH-inhibiting
    factor by cultured sertoli cells. Endocrinology 99: 918-922

57. Tharandt L, Schulte H, Benker G, Hackenberg K, Reinwein D (1977)
    Treatment of isolated gonadotropin deficiency in men with synthe-
    tic LH-RH and a more potent analogue of LH-RH. Neuroendocrinology
    24: 195-207

58. Trockel U, Nieschlag E, Krüskemper HL (1980) Die differentialdiagnostische Bedeutung des Leydig-Zell-Stimulationstestes. Med
Welt 31: 27-31

59. Vigersky RA, Easley RB, Loriaux DL (1976) Effect of fluoxymestero-
ne on the pituitary-gonadal axis: the role of testosterone estra-
diol-binding globulin. J Clin Endocrinol Metab 43: 1-5

60. Westaby D, Paradinas FJ, Ogle SJ, Randell JB, Murray-Lyon IM (1977)
Liver damage from long-term methyltestosterone. Lancet II: 261-272

61. Wickings EJ, Usadel KH, Dathe G, Nieschlag E (1980) The role of
follicle stimulating hormone in testicular function of the mature
rhesus monkey. Acta endocr (in Press)

62. Wiegelmann W, Solbach HG, Kley HK, Nieschlag E, Rudorff KH, Krüs-
kemper HL (1976) Effect of a new LH-RH analogue (D-Ser(TBU)^6-EA^{10}-
LH-RH) on gonadotrophin and gonadal steroid secretion in men.
Horm Res 7: 1-10

63. Wise PM, Rance N. Barr, GD, Barraclough C (1979) Further evidence
that luteinizing hormonereleasing hormone also is follicle-
stimulating hormone-releasing hormone. Endocrinology 104: 940-945

64. Zarate A, Valdés-Vallina F, González A, Perez-Ubierna C, Canales
ES, Schally AV (1973) Therapeutic effect of synthetic luteinizing
hormone-releasing hormone (LH-RH) in male infertility due to idiopathic azoospermia and oligospermia. Fertil Steril 24: 485-486

Diabetes Insipidus und Osmoregulation[1]

E. Uhlich

Der Diabetes insipidus (D. i.) ist ein Krankheitsbild, das durch die
Unfähigkeit, einen konzentrierten Harn zu bilden, charakterisiert ist.
Er gilt als eines der am besten charakterisierten Krankheitsbilder
überhaupt: Die Struktur des Hormones, eines Nonapeptides mit einem
20-gliedrigen Ring ist bekannt (9), die chemische Synthese ist gelungen und eine Substitutionstherapie (mit synthetisiertem Hormon oder
Derivaten) als Therapie der Wahl etabliert (1, 9). Über die Pathogenese besteht weitgehend Klarheit (2, 6), die Einteilung nach der Genese des D. i. ist kaum umstritten (s. Tabelle 1), diagnostisches
bzw. differentialdiagnostisches Vorgehen (s. Tabelle 2) sind standardisiert (2). Schließlich sind sowohl der zelluläre Angriffspunkt von
Vasopressin· als auch die molekularen Vorgänge der hormoninduzierten
Permeabilitätsänderungen gut definiert (8).

Tabelle 1. Einteilung des Diabetes insipidus

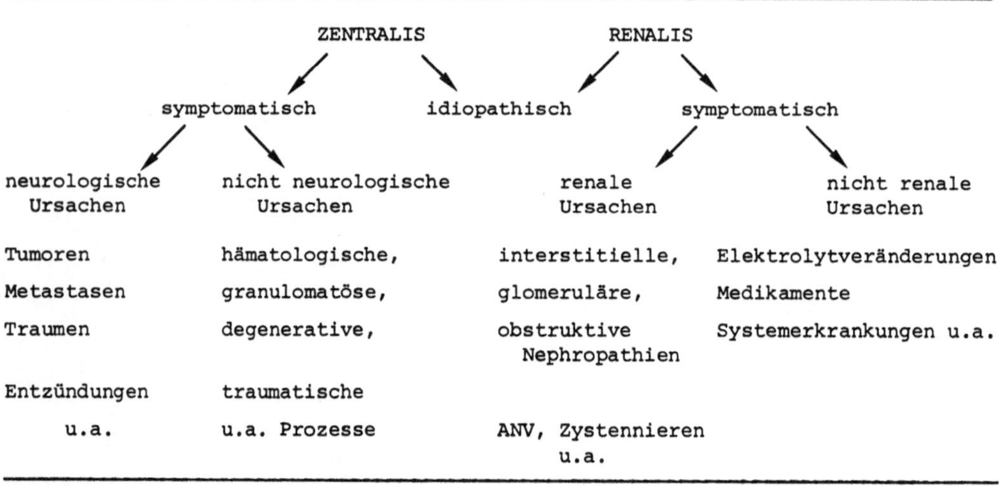

Vasopressin im ZNS

Intrazelluläres Vasopressin wird nicht nur in den Nuclei supraoptici
und paraventriculares, den klassischen Syntheseorten und im Hypophysenhinterlappen, dem Speicherort für ADH, nachgewiesen. Durch immun-

---

[1] Referat anläßlich der gemeinsamen Sitzung der Deutschen Gesellschaft
für Innere Medizin und der Deutschen Gesellschaft für Neurologie in
Wiesbaden am 14.4.1980

Tabelle 2. Diagnostik des Diabetes Insipidus

Bilanzierung

Durstversuch

Vasopressin-Substitution

Carter-Robbins-Test

ADH-Bestimmung im Plasma

Ergänzende Untersuchungen
(Rö., Neurol., Ophthalm. etc.)

---

histochemische Methoden gelang darüber hinaus der Nachweis von vaso-
pressinhaltigen Strukturen auch im N. triangularis und arcuatus, von
ADH-haltigen Nervenfasern die zum Seitenventrikel ziehen, von ADH-po-
sitiven Strukturen im Organum vasculosum der lamina terminalis und von
Vasopressin im Hypophysenvorderlappen (3, 7).

Funktionsdiagnostische Untersuchungen ergaben, daß die in den verschiedenen Arealen nachgewiesenen unterschiedlich hohen Vasopressinkonzentrationen durch verschiedene Stimuli jeweils auch unterschiedlich
stark zu beeinflussen sind.

Beispiel 1: Unter osmotischer Stimulation (Kochsalzbelastung) steigt
der ADH-Gehalt der Area retrochiasmatica an, während er
im gleichen Experiment im Hypophysenhinterlappen abfällt
und in der lamina terminalis unverändert bleibt.

Beispiel 2: Unter psychischer Stimulation nimmt der Vasopressingehalt
im Cortex cingularis um das zweifache zu, im Cortex frontalis um den gleichen Betrag ab, im Septum laterale bleibt
er unverändert.

Die Synthese des Hormones findet in neurosekretorischen Zellen statt,
die elektrophysiologisch gut zu charakterisieren sind. Der Transport
von Vasopressin erfolgt über einen schnellen axoplasmatischen Fluß,
der dem Transport in neurosekretorischen Granula entspricht (Flußgeschwindigkeit: 2-3 mm/h). Der langsame axoplasmatische, extragranuläre
Fluß repräsentiert den rasch verfügbaren aber quantitativ wesentlich
geringeren Hormonanteil.

Der enzymatische Abbau von Vasopressin erfolgt zum Teil bereits am
Syntheseort, besonders aber in Leber und Niere; ca. 20% werden unverändert mit dem Urin ausgeschieden.

ADH-Freisetzung

Die Abgabe von Vasopressin erfolgt rhythmisch; an isolierten Organen
oder Zellverbänden ist eine pulsatile Frequenz von einigen Minuten
nachgewiesen worden, beim Menschen lassen sich periodische Schwankungen mit einer Frequenz von einigen Stunden sowie eine diurnale Rhythmik
mit hohen Werten zur Nacht finden (2, 9). Die Werte des älteren Menschen scheinen höher zu sein als die im jugendlichen Alter. Geschlechts-
spezifische Unterschiede sind nicht nachweisbar.

Die aktuellen Plasmawerte gesunder Personen liegen bei 1 bis 5 pg/ml.
Es gibt große intra- und interindividuelle Schwankungen. Physiologische Anstiege, zum Beispiel im Durstversuch, führen zu Werten bis etwa 10 pg/ml, unter Streßbedingungen oder beim Syndrom inadäquater ADH-
Sekretion (SIADH) werden bis über das 100-fache der Norm erhöhte Werte gemessen (10). Die biologische Halbwertszeit liegt bei 5 bis 7 Minuten, der Verteilungsraum wird (dem Extrazellulärraum entsprechend)
mit ca. 35 l angegeben; eine nennenswerte Eiweißbindung besteht nicht.

Die klassischen Stimuli zur ADH-Abgabe sind Veränderungen der Serum-
osmolalität und Serum-Natriumkonzentration sowie Änderungen intrava-
saler Volumina (s. Abb. 1). Änderungen des Blutzuckergehaltes und der
Temperatur ("Glucostat" und "Thermostat") beeinflussen die ADH-Sekretion ebenfalls. Messungen des Plasma-Vasopressinspiegels bei Störungen des Gleichgewichtsorganes und im Streß beweisen, daß ein Sekre-
tionsstimulus auch vom Labyrinth, vom Brechzentrum und vom Gastrointestinaltrakt ausgehen kann. Schließlich ist eine Beeinflussung durch
Hormone, Medikamente, Gifte und andere Substanzen möglich (1, 2, 6,
9).

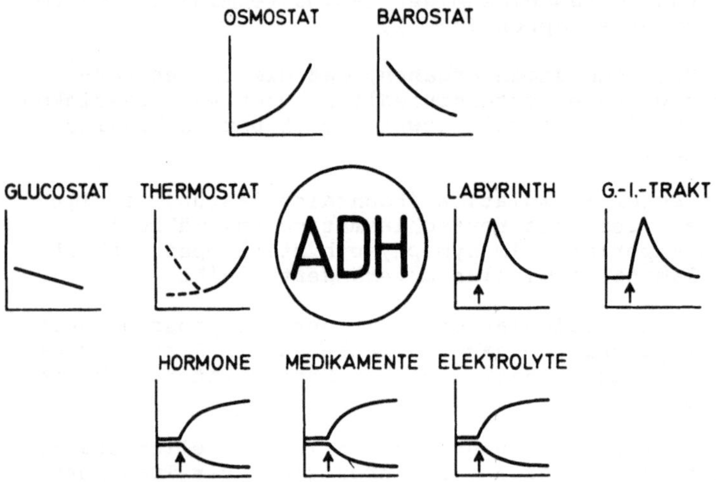

<u>Abb. 1.</u> Schema der verschiedenen Einflüsse auf das Vasopressin-System

Nicht renale Effekte von Vasopressin

Unter der Vielzahl der in letzter Zeit entdeckten extrarenalen Effekte von Vasopressin, die in ihrer physiologischen Bedeutung allerdings
noch nicht vollständig geklärt sind (ADH als Releasinghormon, inhibierender Effekt auf die Fettsäuresynthese, stimulierender Einfluß auf
die Glycogenolyse etc.) sind die Beeinflussung des Blutdruckes und
Effektes auf Gedächtnisleistungen besonders intensiv untersucht worden (4, 5, 12).

I. Blutdruckregulation

a) In-vitro wird an verschiedenen Gefäßabschnitten mit bereits sehr
   niedrigen ADH-Konzentrationen im Medium in Kombination mit anderen vasokonstriktorischen Hormonen eine deutliche Gefäßkontraktion ausgelöst. Dies könnte als ein Hinweis angesehen werden,

daß auch in vivo niedrige ADH-Konzentrationen über eine Gefäßkontraktion zu einem meßbaren Blutdruckanstieg führen.

b) Unter den Bedingungen des DOCA-Hochdruckes und bei spontan hypertensiven Ratten ist Vasopressin sehr wahrscheinlich an der Genese dieser Hypertonieform beteiligt; es findet sich eine positive Korrelation zwischen Blutdruck und Plasmavasopressin (s. Abb. 2).

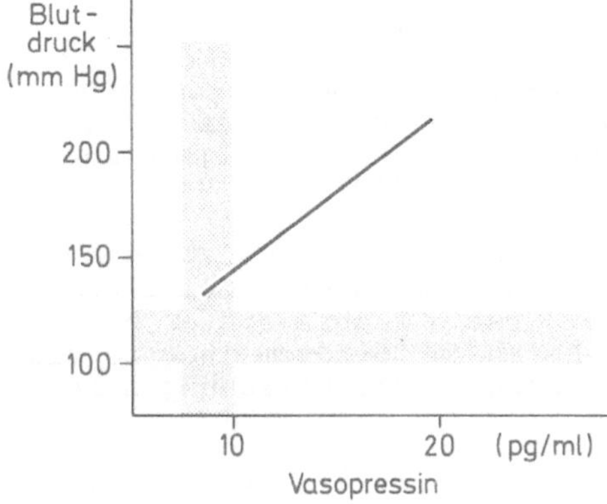

Abb. 2. Verhalten von Blutdruck und Vasopressinspiegel bei DOCA-hypertensiven Ratten (Schema)

c) Klinische Untersuchungen am Menschen zeigen, daß bei Patienten mit einem sogenannten "Orthostase-Syndrom" die barorezeptor-gesteuerte Regulierung der ADH-Sekretion gestört ist: Bereits relativ niedrige Vasopressinkonzentrationen führen hier zu einer arteriellen Druckerhöhung (s. Abb. 3).

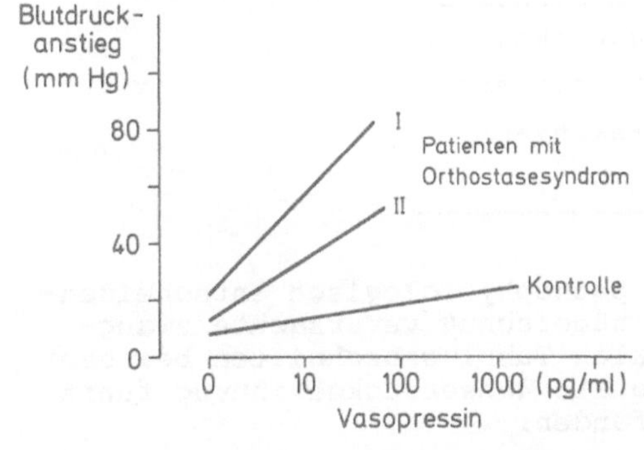

Abb. 3. Verhalten von Blutdruck und Vasopressinspiegel bei Patienten mit einem Orthostase-Syndrom (Schema)

II. Lern- und Gedächtnisleistungen

a) In recht sinnreichen tierexperimentellen Anordnungen konnte nachgewiesen werden, daß Lernvorgänge (z.B. die Betätigung eines Hebels um Futter zu bekommen) und Gedächtnisleistungen (z.B. Belohnung korrekt ausgeführter Vorgänge mit Futter, Bestrafung bei Fehlverhalten) nach Vasopressinapplikation signifikant positiv beeinflußt werden (12).

b) Die Applikation von Vasopressin bei Patienten nach einem cerebralen Trauma führte zu einer signifikanten Verkürzung der Rekonvalescenz dieser Patienten im Vergleich zu nicht vasopressinsubstituierten Verletzten. Kriterium der positiven Beurteilung: Dauer der retrograden Amnesie (5).

So wie Vasopressin durch adrenerge und cholinerge Substanzen beeinfluß wird, wirkt es seinerseits auf den zerebralen Noradrenalin-Stoffwechsel, welcher ja eng mit den Lern- und Gedächtnisprozessen verknüpft ist. Der Mechanismus dieser vasopressinbeeinflußten Lernvorgänge scheint auf einer Modulation der Neurotransmission an den noradrenergen Nervenendigungen zu beruhen.

Das ADH-Exzess-Syndrom (SIADH, Schwartz-Bartter-Syndrom)

Die pathophysiologische Grundlage aller ADH-Exzess-Syndrome ist eine Symptomatik, welche entweder durch inadäquat erhöhte Vasopressinspiegel oder durch eine inadäquate Reaktion des peripheren Erfolgsorganes auf normale Vasopressinspiegel hervorgerufen wird (10).

Eine allererste Beschreibung dieses Krankheitsbildes stammt von dem deutschen Kliniker Roth (1935), der eben diese Symptomatik bei einem Patienten mit einer Porphyrie beobachtete. Erst 20 Jahre später haben dann Schwartz und Bartter das nach ihnen benannte "Syndrom inappropriater ADH-Sekretion" zusammenfassend in mehreren Veröffentlichungen bekanntgemacht (2, 9, 10).

In der Folgezeit hat die Möglichkeit, aktuelle Vasopressinspiegel im Plasma zu bestimmen und die Kenntnis der Existenz dieser Symptomatik zur Entdeckung einer Vielzahl verschiedenster Krankheitsbilder geführt, bei denen sich erhöhte Vasopressinspiegel mit mehr oder minder ausgeprägter typischer Symptomatik nachweisen ließen (s. Tabelle 3).

Tabelle 3. Genese des ADH-Exzess-Syndromes

Tumoren (z.B. Carcinome, Sarkome, benigne Tumoren)

ZNS-Erkrankungen (Entzündungen, Verletzungen etc.)

Infektions-, Stoffwechsel-, Systemerkrankungen

Medikamente, Beatmung, "idiopathisch"

Der dieser Erkrankung zugrundeliegende pathophysiologisch entscheidende Vorgang ist die durch den Vasopressinüberschuß verursachte zwanghafte Wasserrückresorption in den distalen Tubulusabschnitten bei sehr hoher Wasserpermeabilität. Diese inadäquate Wasserrückgewinnung führt nun in der Folge zu den klassischen Befunden:

1. Erniedrigtes Plasma-Natrium und damit erniedrigte Plasmaosmolalität
2. Hohe osmotische Konzentration des Urines wegen eines hohen Urin-Natrium-Gehaltes
3. Niedrige Plasma-Harnsäurekonzentration bei hoher Harnsäureclearance

Ist die Vasopressin/Osmolalitäts-Relation in entsprechender Weise verschoben und findet sich kein Anhalt für eine sonstige primäre Störung von Nierenfunktion, Herz-Kreislaufsystem und Endokrinium, ist die Diagnose eines "SIADH" nahezu gesichert.

Therapiekonzepte ADH-abhängiger Krankheitsbilder

Die Geschichte der medikamentösen Behandlungsversuche beim D. i. ist
lang; es haben sich aber kaum andere als die zur echten hormonellen
Substitution brauchbaren Präparate auf Dauer bewährt. Von diesen wieder ist ein injizierbares, aber auch über die Nasenschleimhaut appli-
zierbares Derivat von Arginin-Vasopressin, das DDAVP (Minirin[R], Desmo-
pressin[R]), besonders hervorzuheben. Die Struktur ist nahezu identisch
zum Arginin-Vasopressin, die biologische Halbwertszeit und damit die
Wirkungsdauer beträgt 6 bis 10 Stunden. Im Vergleich zum Vasopressin
ist die pressorische Potenz des Derivates etwa 200-fach niedriger.
Die ACTH-stimulierende Wirkung entfällt in therapeutischer Dosis, es
gibt praktisch keine Toleranzentwicklung (1).

Der therapeutische Einsatz anderer Medikamente bleibt nur auf wenige
Einzelfälle beschränkt. Der Wirkungsmechanismus derartiger Präparate
beruht darauf, daß entweder minimale noch vorhandene endogene, aber
allein unwirksame ADH-Mengen am Erfolgsorgan potenziert werden (Beispiel: Chlorpropamid), oder über eine zentrale Stimulation Restakti-
vitäten von ADH freigesetzt und dann an der Niere wirksam werden
(Beispiel: Carbamazepin).

Darüber hinaus gibt es durchaus Patienten mit einem D. i., die keiner
medikamentösen Therapie bedürfen.

Die medikamentöse Behandlung des ADH-Exceß-Syndroms ist ebenfalls nicht
in allen Fällen nötig, allerdings auch bei kaum einem Patienten kausal
möglich. In einigen Fällen ist die Behandlung jedoch erprobt, es werden Lithium-Salze, Demeclocyclin und Phenhydan angewandt (s. Tabelle 4)
(10).

<u>Tabelle 4.</u> Therapiemöglichkeit beim ADH-Exzess-Syndrom

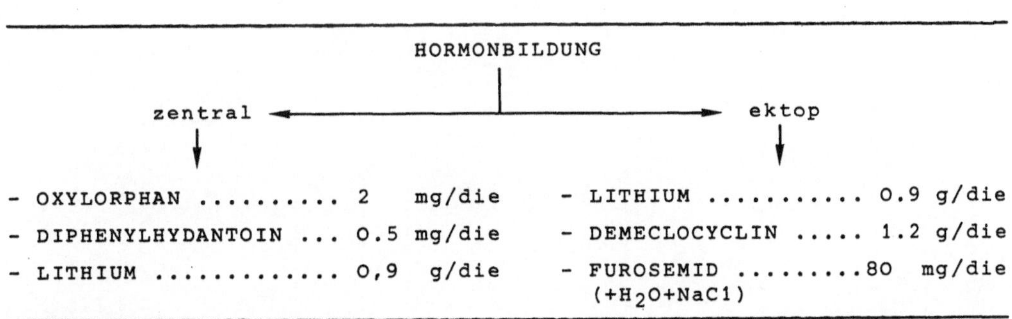

Literatur

1. Fichmann MP (1977) Disorders of Renal Concentration and Dilution.
   In: Gonick HC (ed) Current Nephrology I. Pinecliff Med. Pub. Comp.
   p 57

2. Forsling ML (1977) Antidiuretic Hormone. In: Ann Res. Rev Churchill
   Livingstone, Edinburgh, Vol 2

3. Hayward JN (1977) Hypothalamic Magnocellular Neuroendocrine Cell
   Activity and Neurohypophysial Hormone Release. In: Moses AM,
   Share L (eds) Neurohypophysis. S. Karger, Basel, p 67

4. Möhring J (1978) Neurohypophyseal Vasopressor Principle: Vasopressor Hormone as well as Antidiuretic Hormone? Klin Wschr 56:
   71

5. Oliveros JC, Jandall MK, Timsit-Berthier M, Remy R, Benghezal A,
   Audibert A, Moeglen J (1978) Vasopressin in Amnesia. Lancet I: 42

6. Robertson GL (1977) The Regulation of Vasopressin Function in
   Health and Disease. In: Greep RO (ed) Recent Progress in Hormone
   Research, Vol 22. Academic Press, New York, p 333

7. Sachs H, Fawcett P, Takabatake Y, Portanova R (1969) Biosynthesis
   and Release of Vasopressin and Neurophysin. In: Recent Progress
   in Hormone Research 25: 447

8. Schafer JA, Andreoli TE (1972) The effect of antidiuretic hormone
   on water flows in isolated mammalian collecting tubules. J Clin
   Invest 51: 1264

9. Uhlich E (1976) Vasopressin: Bestimmungsmethoden, Physiologie und
   Pathophysiologie der Sekretion. Thieme, Stuttgart

10. Uhlich E (1977) Das Syndrom der inadäquaten ADH-Sekretion (SIADH)
    "Schwartz-Bartter-Syndrom". Klin Wschr 55: 307

11. Walter R, Simmons WH (1977) Metabolism of Neurohypophyseal Hormo-
    nes: Considerations from a Molecular Viewpoint. In: Moses AM,
    Share L (eds) Neurohypophysis. S. Karger, Basel, p 167

12. de Wied D, Bohus D, van Ree JM, Urban J, van Wimersma Greidanus
    TB (1977) Neurohypophyseal Hormones and Behavior. In: Greep RO
    (ed) Neurohypophysis. Academic Press, New York, p 201

Psychopharmaka und Neuroendokrinium[1]

N. Matussek

In fast allen Bereichen der klinischen Medizin werden heute in zunehmendem Maße Psychopharmaka verordnet. Neben Tranquilizern werden auch außerhalb der Psychiatrie Antidepressiva und Neuroleptika[2] eingesetzt, während Lithiumsalze vorwiegend von Psychiatern verwendet werden. Da Psychopharmaka, wie fast alle heute im Handel befindlichen Medikamente, auch unerwünschte Wirkungen zeigen, ist es für den Arzt, der mit diesen Medikamenten umgeht, unbedingt notwendig, über die jeweiligen Nebenwirkungen orientiert zu sein. Im folgenden werden die Effekte der für den Internisten und Allgemeinarzt wichtigsten Psychopharmakagruppen auf das neuroendokrine System besprochen und ihre klinische Relevanz diskutiert. Dabei möchte ich hier nur auf klinisch-neuroendokrinologische Untersuchungen eingehen und keine tierexperimentellen Studien aufführen.

Neuroleptika

Von den heute zur Verfügung stehenden Psychopharmaka müssen vom Arzt besonders die neuroendokrinen Effekte der Neuroleptika berücksichtigt werden. Phenothiazin- und Thioxanten-Derivate sowie die Butyrophenone[2] werden vorwiegend zur antipsychotischen Behandlung bei der Schizophrenie und Manie herangezogen und meist von Psychiatern verordnet. Allerdings werden Phenothiazine, wie Neurocil und Atosil, auch in der Allgemeinpraxis bei schweren Schlafstörungen verschrieben. Weit verbreitet ist auch die Anwendung von Reserpin in Präparaten zur Hochdruckbehandlung und Sulpirid (Dogmatil) als Antidepressivum in der Allgemeinpraxis.

Alle aufgeführten bis heute bekannten neuroleptisch wirkenden Substanzen führen in mehr oder weniger starkem Maße zu einer gesteigerten Prolaktinsekretion (Abb. 1). Durch den Prolaktinanstieg kommt es bei mit diesen Substanzen behandelten Patienten häufig zu einer Gynäkomastie, Galaktorrhoe oder Amenorrhoe. Bedingt ist der Prolaktinanstieg – mit Ausnahme vom Reserpin – durch Blockade postsynaptischer Dopamin (DA)-Rezeptoren, die auch für die antipsychotische Wirkung verantwortlich gemacht wird. Eine ganze Reihe von Untersuchungen weist nämlich darauf hin, daß bei Schizophrenie und Manie eine postsynaptische DA-Rezeptorempfindlichkeit vorliegt, und der therapeutische Effekt der Neuroleptika wird auf die Blockade der DA-Rezeptoren zurückgeführt (10, 17). Mit Hilfe neuroendokrinologischer Methoden gelang es ferner, Hinweise auf eine postsynaptische DA-Rezeptorempfindlich-

---

[1]Referat anläßlich der gemeinsamen Sitzung der Deutschen Gesellschaft für Innere Medizin und der Deutschen Gesellschaft für Neurologie in Wiesbaden am 14.4.1980

[2]Heute sind rund 35 verschiedene Neuroleptika im Handel. Aus diesem Grunde ist es nicht möglich, alle Handelsnamen aufzuzählen

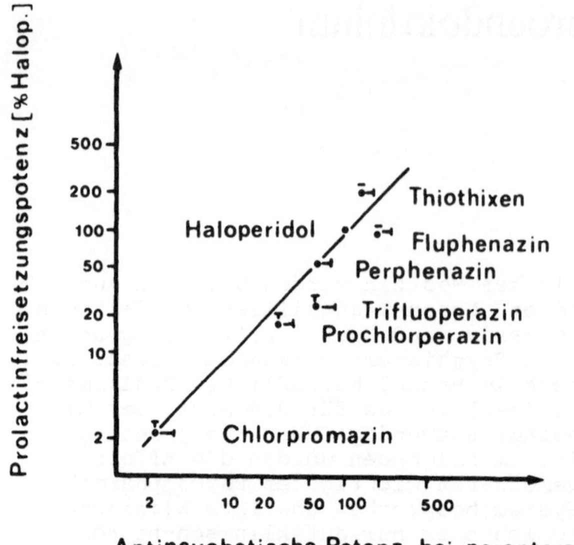

Abb. 1. Die Potenz von 7 Neuroleptika und ihre Beziehung zwischen Prolaktinfreisetzung und antipsychotischer Wirkung beim Menschen (LANGER et al.,1977)

keit bei Schizophrenen zu erhalten. Nach Gaben von Apomorphin, einem DA-Rezeptoragonisten, kommt es bei akut Schizophrenen zu einer signifikant früheren (16) und höheren (1, 15) Wachstumshormon (STH)-Sekretion als bei Kontrollen.

Besonders ausgeprägt ist der Prolaktinanstieg beim Sulpirid. Durch eine DA-Verarmung am postsynaptischen Rezeptor nach Reserpingaben kommt es ebenfalls zu einem Prolaktinanstieg. Aus den dargelegten Gründen ist es bei Patienten, die mit einer Galaktorrhoe oder Amenorrhoe in die Praxis kommen, unbedingt notwendig, eine Medikamentenanamnese, vor allem im Hinblick auf Neuroleptika, zu erheben.

Da die meisten Neuroleptika auch eine α-adrenolytische Aktivität besitzen, ist zu bedenken, daß manche neuroendokrinologischen Tests, vor allem im Hinblick auf die STH-Sekretion, davon beeinflußt werden und man unter Neuroleptika mit geringeren STH-Stimulationswerten rechnen muß. Da es nach Absetzen von Neuroleptika zu einer länger anhaltenden und starken Zunahme der postsynaptischen DA-Rezeptorempfindlichkeit kommt, muß dies bei der Interpretation neuroendokrinologischer Tests, an denen DA-Mechanismen, wie beim oben angeführten Apomorphintest, beteiligt sind, mit berücksichtigt werden.

Antidepressiva

Neuroendokrinologische Untersuchungen mit Antidepressiva sind bisher noch nicht so systematisch und intensiv durchgeführt worden wie mit Neuroleptika, und - soweit wir heute wissen - führen sie beim Patienten auch nicht zu so störenden Nebenwirkungen wie die Neuroleptika. Während Neuroleptika vorwiegend die Prolaktinsekretion stimulieren, kommt es nach Gabe von antidepressiv wirkenden Medikamenten vor allem zu einer Stimulation der STH- und manchmal auch der Prolaktinsekretion. Von den heute bekannten ungefähr 20 Antidepressiva beeinflussen alle den Noradrenalin (NA)- und, mit Ausnahme des Maprotilins (Ludiomil), auch den Serotoninstoffwechsel im Zentralnervensystem. Diese

Effekte scheinen für die antidepressive Wirksamkeit notwendig zu
sein, da klinisch-biochemische und neuroendokrinologische Studien
an depressiven Patienten auf Störungen aminerger Neurone hinweisen.
Da in den letzten Jahren eine ganze Reihe neuer Antidepressiva entwickelt wurden, die sich in ihrem Wirkungsmechanismus wesentlich mehr
als die Neuroleptika voneinander unterscheiden, sollen in diesem Zusammenhang nur an einigen ausgewählten Beispielen vorwiegend der
klassischen tricyclischen Thymoleptika die neuroendokrinen Effekte
aufgezeigt werden.

Als besonders guter Stimulator für die STH-Sekretion erwies sich nach
Untersuchungen an unserer Klinik Desmethylimipramin (DMI; = Pertofran;
6). Die dosisabhängige STH-Stimulation durch DMI (Abb. 2) ist sicherlich auf die NA-aufnahmehemmende Wirkung in die Nervenendigungen zurückzuführen, da Phentolamin, ein α-Adreno-Rezeptorblocker, diese
STH-Sekretion dosisabhängig reduziert. Von Interesse sind in diesem
Zusammenhang auch die Untersuchungen an depressiven Patienten. Neurotisch depressive Patienten zeigen - im Gegensatz zu den endogen depressiven - eine signifikant höhere STH-Stimulation nach DMI-Gaben
(7). Die neuroendokrinologische Unterscheidung von neurotisch und endogen depressiven Patienten gelingt auch mit anderen Stimulationstests,
wie Insulin-Hypoglykämie-, Amphetamin-, Clonidin-, Methylamphetamin-
und Dexamethasonhemmtest (Zusammenfassung darüber s. 9). Die mit den
verschiedenen neuroendokrinen Tests erhobenen Befunde legen die Vermutung nahe, daß bei endogenen Depressionen - im Gegensatz zur neuro-
tischen - eine geringere postsynaptische α-Rezeptorempfindlichkeit
vorliegt (11). Die geringere STH-Stimulierbarkeit in den verschiedenen Tests und die gesteigerte Cortisolsekretion endogen depressiver
Patienten sollte man bei neuroendokrinologischen Untersuchungen berücksichtigen.

Obwohl bei gesunden Probanden Antidepressiva die STH-Sekretion meist
stimulieren, wurde erst kürzlich eine paradoxe Wirkung von Amitriptylin (Saroten, Laroxyl) bei akromegalen Patienten beschrieben (3).
Ähnlich wie mit L-Dopa und Bromocryptin, die normalerweise die STH-
Sekretion steigern, kommt es auch nach Amitriptylin zu einer Erniedrigung der circadianen STH-Sekretion. Der Mechanismus der paradoxen
Wirkung dieser Substanzen ist bisher jedoch noch nicht bekannt.

In den therapeutisch angewandten Dosen, vor allem bei p.o. oder i.m.
Applikation, führen Antidepressiva vorwiegend zu einer Stimulation
der STH-Sekretion ohne nennenswerten Einfluß auf den Serum-Prolaktin-
spiegel. Wird Chlorimipramin (Anafranil) jedoch i.v. appliziert, kommt
es zu einem starken Serum-Prolaktinanstieg (Laakmann, persönliche Mitteilung). Von den älteren tricyclischen Thymoleptika hemmt Chlorimipramin am stärksten die Serotonin (5-HT)-Aufnahme in die Nervenendigungen. Dagegen führt Fluoxetin, ein neues Antidepressivum mit noch
stärkerer Blockade der 5-HT-Aufnahme, schon nach p.o. Medikation bei
einigen Patienten zu langanhaltenden Prolaktinanstiegen im Serum mit
extrapyramidalmotorischen Störungen (13). Diese Autoren vermuten, daß
Aktivitätszunahme serotonerger Neurone zu einer Hemmung nigrostriataler und tubero-infundibulärer dopaminerger Neurone führt und so den
Prolaktinanstieg bewirkt. Dies muß jedoch noch weiterhin geprüft werden.

Lithium

Obwohl, wie eingangs erwähnt, die Lithiumprophylaxe endogen depressiver Patienten fast ausschließlich von Psychiatern durchgeführt wird,
sollten wegen der Nebenwirkungen auch Internisten und Allgemeinmedi-

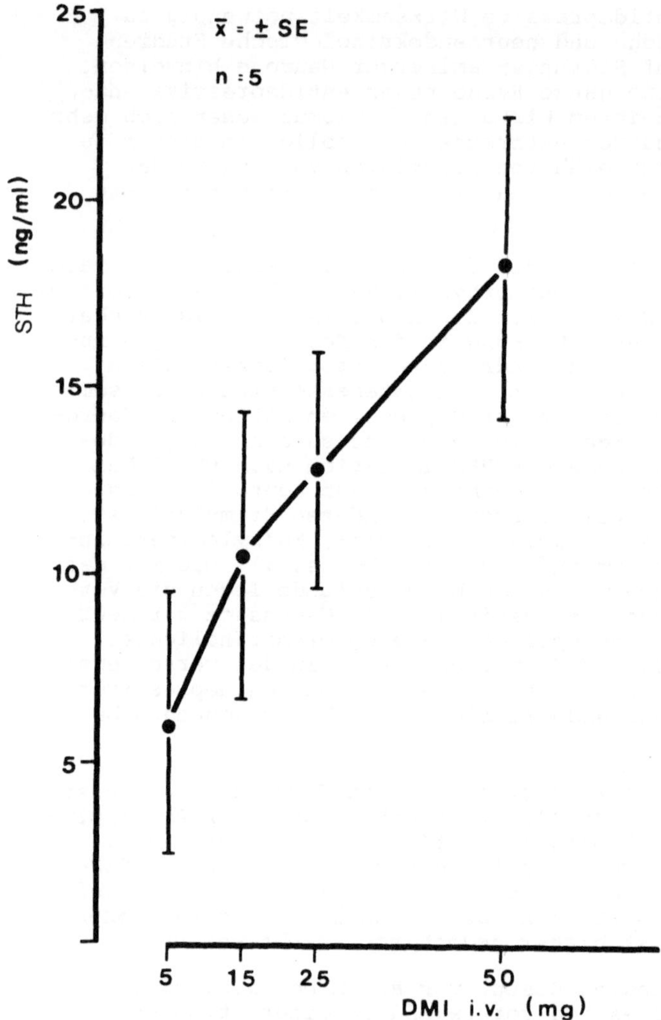

Abb. 2. STH-Maxima nach verschiedenen Dosen von DMI

ziner mit den neuroendokrinen Lithiumeffekten vertraut sein. Im Mittelpunkt steht dabei die Schilddrüse. Eine in unserer Klinik an 88
Patienten durchgeführte Untersuchung zeigte bei 63,7% der Lithiumgruppe eine Struma 1. und 2. Grades, im Gegensatz zu 40% der Kontrollgruppe. Die Strumahäufigkeit der Kontrollgruppe entspricht ungefähr der
Häufigkeit in Bayern, einem Jodmangelgebiet. Die peripheren Schilddrüsenhormone (T4 und T3) unterschieden sich dagegen nicht zwischen Kontrollgruppe und den mit Lithium behandelten Patienten. Die mittleren
Basalwerte des TSH liegen in der Lithiumgruppe jedoch signifikant
über der Kontrollgruppe, ebenso der TSH-Anstieg nach TRH-Injektion
(Tabelle 1; 4). Ähnliche Ergebnisse sind auch von anderen Gruppen erhalten worden (12, 2). Unter Lithiumbehandlung kommt es bei einem
Teil der Patienten zu einer sog. präklinischen Hypothyreose, bei der
klinische Symptome fehlen und T4 und T3 noch im Normbereich liegen.
Für den Internisten und Allgemeinpraktiker ergibt sich daraus jedoch,

Tabelle 1. Schilddrüsenfunktion bei Patienten unter Lithiumdauerbehandlung und einer Kontrollgruppe von Patienten mit affektiven Störungen ohne Lithium

	Lithium n = 88	Kontrollen n = 40	p < (t=Test)
T4 (μg/100 ml)	6,8 ± 1,9	7,6 ± 2,7	NS
T3 (ng/100 ml)	158,6 ± 52,0	145,2 ± 45,5	NS
TSH (μU/ml)	2,88 ± 2,0	1,97 ± 2,4	0,05
Δ TSH (μU/ml)	19,33 ± 15,1	11,14 ± 13,7	0,005
Struma I	n = 38 (43,2%)	n = 15 (37,5%)	
Struma II	n = 18 (20,5%)	n = 1 (2,5%)	

Δ TSH: TSH-Anstieg 25 Min. nach i.v. Injektion
von 200 μg TRH

Struma I: tastbare Struma

Struma II:sichtbare und tastbare Struma

daß er bei erhöhtem Δ TSH nach TRH auch an die Folge einer Lithiummedikation denken muß. Von Interesse ist in diesem Zusammenhang, daß depressive Patienten und Alkoholiker häufig eine verringerte STH-Stimulation nach TRH zeigen (8; dort weitere Literaturhinweise zu diesem Thema).

Benzodiazepine

Neuroendokrinologische Untersuchungen beim Menschen nach Benzodiazepinen, Tranquilizern und Schlafmitteln liegen - im Gegensatz zu Studien mit Neuroleptika und Antidepressiva - nur in geringer Zahl vor und spielen für die Klinik, bisher zumindest, eine untergeordnete Rolle. Das gleiche gilt für die Stimulantien und Halluzinogene.

Diazepamgaben führen zu einer Stimulation der STH-Sekretion (18). Koulu et al. (5) nehmen an, daß die Diazepam-induzierte STH-Sekretion durch dopaminerge Mechanismen gesteuert wird, da Pimozid, ein DA-Rezeptorantagonist, den STH-Anstieg blockt. Natrium-Valproat, ein GABA-Mimetikum, hemmt ebenfalls die Diazepam-bedingte STH-Sekretion, weshalb man annehmen darf, daß GABA eine inhibitorische Rolle bei der STH-Sekretion spielt. Bei den engen Beziehungen zwischen Benzodiazepinen und dem GABA-Stoffwechsel ist eine solche Interpretation möglich. Obwohl es in den oben angegebenen Studien nach akuter Diazepamgabe zu einer STH-Stimulation kommt, unterdrückt Diazepam signifikant nicht nur die nächtliche STH-, sondern auch die Cortisolsekretion, während Prolaktin und ACTH unbeeinflußt bleiben (19). Bekanntlich wird die nächtliche STH-Sekretion anders gesteuert als die am Tage. Der hemmende Diazepameinfluß auf die Cortisolsekretion sollte vor allem bei Untersuchungen depressiver Patienten bezüglich der circadianen Cortisolsekretion berücksichtigt werden. Systematische Studien über den Einfluß von Tranquilizern auf die Prolaktinsekretion liegen bisher nicht vor. Im letzten Jahr wurde jedoch der Fall einer Gynäkomastie unter Diazepammißbrauch beschrieben (14). Nach täglichen Dosen von 80 - 140 mg Diazepam entwickelte sich bei einem sonst klinisch und endokrinologisch gesunden männlichen Patienten eine bilaterale Gynäkomastie, die sich nach Diazepamentzug wieder zurückbildete. Obwohl erneute Diazepamapplikation keinen Prolaktinanstieg bei diesem Patienten ergab, glauben die Autoren trotzdem, daß sich die Gynäkomastie über GABA-erge Mechanismen ohne Prolaktinerhöhung gebildet haben könnte.

In Psychopharmakologie und klinischer Psychiatrie werden in steigendem Maße neuroendokrinologische Methoden angewandt. Einerseits lassen sich dadurch - wie bei Neuroleptika - bestimmte Nebenwirkungen erklären, andererseits erhält man aus neuroendokrinologischen Untersuchungen weitere Hinweise über die Wirkungsmechanismen von Pharmaka. Für die Psychiatrie ergeben sich mit Hilfe neuroendokrinologischer Methoden neue Möglichkeiten, den neurobiologischen Störungen - vor allem bei den Psychosen - näherzukommen.

Zusammenfassung

Neuroleptika führen durch Blockade postsynaptischer Dopaminrezeptoren oder Dopaminverarmung zu einem Serum-Prolaktinanstieg. Da bei Schizophrenie und Manie ein überempfindlicher postsynaptischer Dopaminrezeptor angenommen wird, steht die antipsychotische Wirkung der Neuroleptika in enger Beziehung zum Prolaktinanstieg. - Nach Antidepressiva, die den Noradrenalinstoffwechsel beeinflussen, kommt es bei gesunden Probanden häufig zu einer Wachstumshormonstimulation. Endogen depressive Patienten zeigen dagegen keine Wachstumshormonstimulation mit Antidepressiva, aber auch nicht nach Insulin, Amphetamin und Clonidin. - Unter einer Lithiumdauerbehandlung entwickelt sich häufig eine präklinische Hypothyreose. - Benzodiazepine führen zu einer Wachstumshormonstimulation, die über dopaminerge Mechanismen erklärt wird.

Literatur

1. Casper RC, Davis JM, Pandey GN, Garver DL, Dekirmenjian H (1977) Neuroendocrine and amine studies in affective illness. Psychoneuroendocrinology 2: 105-114

2. Emerson CH, Dyson WL, Utiger RD (1973) Serum thyrotropin and thyroxine concentrations in patients receiving lithium carbonate. J Clin Endocr Metab 36: 338-346

3. Glass AR, Schaaf M, Dimond RC (1980) Amitriptyline-induced suppression of growth hormone in acromegaly. Psychoneuroendocrinology 5: 81-86

4. Greil W (1980) Pharmakokinetik und Toxikologie des Lithiums. Internationales Symposium über aktuelle Perspektive der Lithiumprophylaxe. Bibliotheca Psychiatrica. Karger Verlag (im Druck)

5. Koulu M, Lammintausta R, Kangas L, Dahlström S (1979) The effect of methysergide, pimozide, and sodium valproate on the diazepam-stimulated growth hormone secretion in man. J Clin Endocr Metab 48: 119-122

6. Laakmann G, Schumacher G, Benkert O, v Werder K (1977) Stimulation of growth hormone secretion by desimipramine and chlorimipramin in man. J Clin Endocr Metab 44: 1010

7. Laakmann G (1980) Beeinflussung der Hypophysenvorderlappen-Hormon-Sekretion durch Antidepressiva bei gesunden Versuchspersonen, neurotisch und endogen depressiven Patienten. Nervenarzt (im Druck)

7a.Langer G, Sachar EJ, Gruen PH, Halpern FS (1977) Human prolactin responses to neuroleptic drugs correlate with antischizophrenic potency. Nature 266: 639-640

8. Loosen PT, Prange AJ (1980) Thyrotropin releasing hormone (TRH): a useful tool for psychoneuroendocrine investigation. Psychoneuroendocrinology 5: 63-80

9. Matussek N (1978) Neuroendokrinologische Untersuchungen bei depressiven Syndromen. Nervenarzt 49: 569-575

10. Matussek N (1980) Stoffwechselpathologie der Zyklothymie und Schizophrenie. In: Meyer EJ (ed) Psychiatrie der Gegenwart, Bd. II. Springer Heidelberg

11. Matussek N, Ackenheil A, Hippius H, Müller F, Schröder HTh, Schultes H, Wasilewski B (1980) Effect of clonidine on growth hormone release in psychiatric patients and controls. Psychiatry Research (im Druck)

12. Mc Larty DG, O'Boyle JH, Spencer AC, Ratcliffe JG (1975) Effect of lithium on hypothalamic-pituitary-thyroid function in patients with affective disorders. Br Med J 3: 623-625

13. Meltzer HY, Young M, Metz J, Fang VS, Schyve PM, Arora RC (1979) Extrapyramidal side effects and increased serum prolactin following fluoxetine, a new antidepressant. J Neural Transm 45: 165-175

14. Moerck H-J, Magelund G (1979) Gynaecomastia and diazepam abuse. Lancet I: 1344-1345

15. Pandey GN, Barger DL, Tamminga C, Ericksen S, Ali SI, Davis JM (1977) Postsynaptic supersensitivity in schizophrenia. Am J Psychiat 134: 518-522

16. Rotrosen J, Angrist BM, Gershon S, Sachar EJ, Malpern FS (1976) Dopamine receptor alteration in schizophrenia: neuroendocrine evidence. Psychopharmacology 51: 1-7

17. Silverstone T (1978) Dopamine, mood, and manic depressive psychosis. In: Depressive Disorders. Schattauer, Stuttgart New York

18. Syvälahti EKG, Kango JH (1975) Serum growth hormone, serum immunoreactive insulin, and blood glucose response to oral and intravenous diazepam in man. Int J Clin Pharmacol 12: 74-82

19. Tormey WP, Dolphin C, Darragh AS (1979) The effects of diazepam on sleep, and on the nocturnal release of growth hormone, prolactin, ACTH, and cortisol. Brit J Clin Pharmacol 8: 90-92

Psychosomatik der Anorexia nervosa[1]

D. Ploog

Die Anorexia nervosa ist wahrscheinlich die erste Krankheit, die unter
psychosomatischen Gesichtspunkten beschrieben und erklärt worden ist.
Die früheste Kasuistik stammt bereits aus dem Jahre 660 P.D. (Schadewaldt, 1965). Die ersten Ärzte, die das Krankheitsbild vor etwa 100
Jahren genauer beschrieben, waren sich schon darüber einig, daß der
Krankheit psychische Ursachen zugrunde liegen. Anders als Morton
(1689) und Gull (1873) führte Laseque (1873) im Sinne der Charcot-
schen Hysterielehre die Symptome allerdings auf eine "perversion du
système central nerveux" zurück. Das Doppelgesicht dieser Erkrankung,
die zentralnervöse und endokrine Störung auf der einen, die psychische
Genese mit den schweren Verhaltensstörungen auf der anderen Seite -
prädestinieren die Anorexia nervosa für die psychosomatische Erforschung der komplementären Zusammenhänge seelischer und körperlicher
Prozesse im Sinne Victor v. Weizsäckers (1947). Nicht die Beschreibung
der psychosozialen Konstellationen, die zur Anorexie führen können,
sondern die komplementären somatopsychischen Prozesse sollen Gegenstand dieses kurzen Referates sein.

Ich werde über einige tierexperimentell begründete neurobiologische
Prozesse der Nahrungsaufnahme und über das pathologisch triebhafte
Nahrungsverhalten der magersüchtigen Patienten mit dessen endokrinen
Folgen sprechen. Bemerkungen zur Verhaltenstherapie der Magersucht
bilden den Schluß.

Die ursprüngliche Annahme, daß die Nahrungsaufnahme allein von zwei
antagonistischen Zentren des Hypothalamus gesteuert wird, hat inzwischen beträchtliche Korrekturen erfahren (Abb. 1.). Zwar vermindert
die Zerstörung des lateralen Hypothalamus die Freßlust von Ratten bis
zur Aphagie, doch erholen die Tiere sich über mehrere Stadien so, daß
sie ihr Körpergewicht auf einem niedrigen Niveau normal regeln können,
jedoch sehr wählerisch bleiben. Dies steht im Einklang mit Läsionen
des ventromedialen Hypothalamus. Diese fetten Tiere können ihr Gewicht
ebenfalls bei variiertem Kalorienangebot auf höherem Niveau regeln.
Das Freßverhalten der lädierten Tiere ist stark von der Nahrungsbe-
schaffenheit abhängig und daher stark von Wahrnehmungsreizen gesteuert
(Powley u. Keesey, 1970). Die Eßgier und die "Freßorgien" der Magersüchtigen (häufig mit anschließendem Erbrechen) wie auch ihr außerordentlich wählerisches Eßverhalten muß man in diesem Zusammenhang sehen. Man nimmt an, daß die Erhaltung des Körpergewichts durch das Zusammenwirken von inhibitorischem Einfluß des ventromedialen und dem
exzitorischen Einfluß des lateralen Hypothalamus kontrolliert wird.
Bei der Entstehung und Ausprägung der Magersucht, der übrigens öfters
Übergewichtigkeit vorangeht oder nachfolgt, dürften Störungen dieses
Gleichgewichts vorliegen. Die Bedeutung der Thermoregulation für die
Nahrungsaufnahme kann ich nur streifen. Thermoregulatorische Zellen
des vorderen Hypothalamus nehmen Einfluß auf den ventromedialen und
lateralen Hypothalamus (Hamilton, 1969). Bei den Magersüchtigen liegt
neben der Eßstörung auch eine Störung der Temperaturregulation vor.
Sie haben einen großen, oft exzessiven Bewegungsdrang und sind sehr
kälteempfindlich.

[1] Referat anläßlich der gemeinsamen Sitzung der Deutschen Gesellschaft
für Innere Medizin und der Deutschen Gesellschaft für Neurologie in
Wiesbaden am 14.4.1980

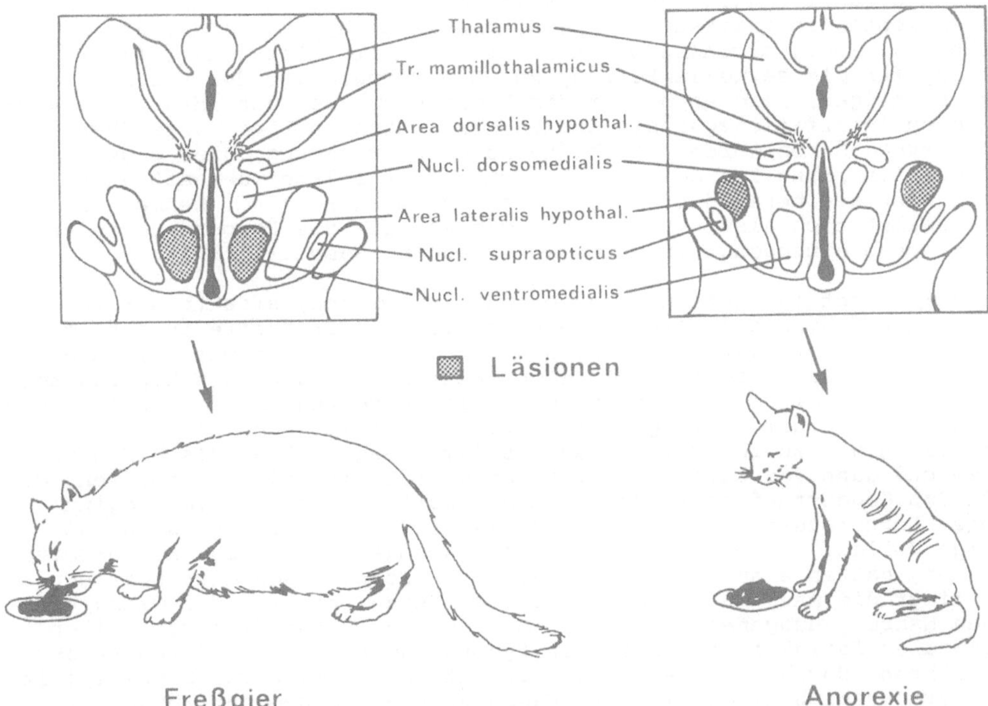

Abb. 1. Läsion des lateralen Hypothalamus vermindert, Läsionen des ventromedialen Hypothalamus vermehrt die Freßlust (nach Netter, 1957)

Die für die Nahrungsaufnahme verantwortlichen Hirnprozesse sind in das gesamte Trieb- und Motivationssystem des Organismus eingebettet. Dies zeigt sich am besten bei elektrischen Störungsreizen im Hypothalamus von Säugetieren. Gibt man den Tieren die Möglichkeit, ihr eigenes Gehirn elektrisch zu reizen, bevorzugen sie - bestimmte Lokalisationen der Hirnelektroden vorausgesetzt - den Hirnreiz anstelle von Futter und Wasser. Durch die Selbstreizung ändert sich das "Milieu interne" und ruft eine Änderung der Reaktionsbereitschaft gegenüber Reizen aus der Umgebung hervor. Man unterscheidet ein positiv motivierendes und ein negativ motivierendes Hirnsystem. Beide Substrate überlappen sich im medialen Hypothalamus. Während im vorderen Anteil der Übergangszone zum lateralen Hypothalamus vorwiegend sexuelles Verhalten ausgelöst werden kann, wird im mittleren Abschnitt Fressen und Trinken und im hinteren Abschnitt wiederum sexuelles Verhalten ausgelöst (Olds, 1977). Gelangt man beim Affen jedoch in den Nucl. ventromedialis, treten hochgradig aversive Reizeffekte auf. Reizpunkte nahe der Ventrikelwand führen zum Ausspucken von Nahrung, andere zur Nahrungsverweigerung und zum Erbrechen (Robinson u. Mishkin, 1968).

Der Suchtcharakter der Anorexie wird durch den Terminus Magersucht hervorgehoben. Die angeführten Beziehungen zwischen Hirnfunktionen und triebhaftem Verhalten weisen auf die Hirnprozesse hin, die anorektisches Verhalten bedingen und hervorrufen können. Gefühle der Freßgier und der Nahrungsaversion mischen sich in widersprüchlicher Weise, so daß selbst Erbrechen zur Lust werden und von Niedergeschlagenheit,

Angst und Ruhelosigkeit gefolgt sein kann. Nicht selten masturbieren die Patientinnen exzessiv. Dem ventromedialen Hypothalamus, dem benachbarten Nucl. arcuatus und dem Tuber cinereum kommt eine große Bedeutung für die sexuelle Reifung zu. Die Sexualangst der Pubertätsmagersüchtigen, ihre Angst vor dem Erwachsenwerden und ihre damit verbundenen Insuffizienzgefühle dem zu bewältigenden Leben gegenüber sind oft hervorgehoben worden. Auch die Selbstwahrnehmung ihrer eigenen Körpererscheinung ist meist erheblich, nicht selten wahnhaft gestört. Sogar wenn sie bereits bis zum Gerippe abgemagert sind, nehmen sie sich selbst noch als zu dick wahr, während sie die Körpermaße anderer recht genau einzuschätzen vermögen (Slade u. Russell, 1973).

Die komplementären Beziehungen von wahrgenommenen, affektbesetzten Objekten und hypothalamischer Nervenzelltätigkeit konnte in den letzten Jahren eindrucksvoll bewiesen werden. Registriert man beim Rhesusaffen die Entladungsmuster einzelner Neurone im lateralen Hypothalamus, findet man in einer Population von Zellen eine Zunahme der Entladungsfrequenz, wenn der hungrige Affe Futter erblickt. Nach Sättigung hören die Zellen auf zu feuern. Werden bestimmte Gegenstände als bedingende Reize und dann das Futter geboten, antwortet die Zelle schon, wenn der Affe den Gegenstand anblickt, ohne das Futter zu sehen. Vor Beginn dieses Lernprozesses spricht die Zelle nicht auf den Gegenstand an. Einige Zellen, die eine zunehmende Entladungsfrequenz auf Futterreize zeigten, hatten eine Hemmung auf aversive Reize. Nach diesen Ergebnissen liegt die Annahme auf der Hand, daß Reize, die von der wahrgenommenen Nahrung ausgehen, auch beim Menschen zu einer differentiellen neuronalen Tätigkeit im lateralen Hypothalamus und in anderen Strukturen führen, durch die Eßverhalten direkt gesteuert wird. Dabei spielt die Lerngeschichte, die mit den Nahrungsobjekten gemacht wurde, eine mitbestimmende Rolle (Rolls et al., 1976; Rolls et al., 1979).

Außer der neuronalen Kontrolle des Triebverhaltens und der Nahrungsaufnahme spielt die neurochemische bzw. endokrinologische Kontrolle eine ebenso wichtige und - wie wir sehen werden - beim anorektischen Patienten auch indirekt meßbare Rolle. Dafür sind zwei zentrale Katecholamin-Wirkungsmechanismen verantwortlich - ein noradrenerger, anregender Mechanismus mit Rezeptoren im medialen Hypothalamus und ein hemmender mit dopaminergen Rezeptoren im lateralen Hypothalamus. Gleichzeitig sind diese reich mit Katecholamin-Nervenendigungen besetzten Strukturen verantwortlich für die Kontrolle und Ausschüttung der Hypophysenhormone. Hier setzen die klinisch endokrinologischen Untersuchungen bei den Magersüchtigen an (Leibowitz, 1976).

Ein wesentliches Symptom der Magersucht ist die Amenorrhoe; die Menstruation kann bereits vor dem Beginn der Gewichtsabnahme sistieren. Die Sekretionsmuster des luteinisierenden Hormons und des Cortisols sind bei uns von Doerr und Pirke durch Blutentnahmen während des Schlafens und Wachens in halbstündigen Abständen bei 16 anorektischen Patienten vor, während und nach der Therapie untersucht worden (Doerr et al., 1980; Pirke et al., 1979). Die gewonnenen Werte wurden in drei

---

Abb. 2. LH (luteinisierendes Hormon)-Untersuchungen bei einer 17-jährigen Patientin mit Anorexia nervosa. Bei der Aufnahme (oben) zeigte die Patientin ein infantiles LH-Muster, das durch niedrige Werte (um 5ng/ml) und geringe Fluktuationen ausgezeichnet ist. Nach Gewichtszunahme um etwa 14% (Mitte) wies die Patientin ein pubertäres Muster auf, das durch signifikant höhere LH-Werte während des Schlafes gekennzeichnet ist. Die polygraphisch registrierte Schlafzeit ging von 24.00 bis 7.30 Uhr. Vor der Entlassung (unten) war das LH-Muster adult, das heißt, die Schlafabhängigkeit war wieder verloren gegangen und die LH-Werte lagen im Mittel über 8 ng/ml

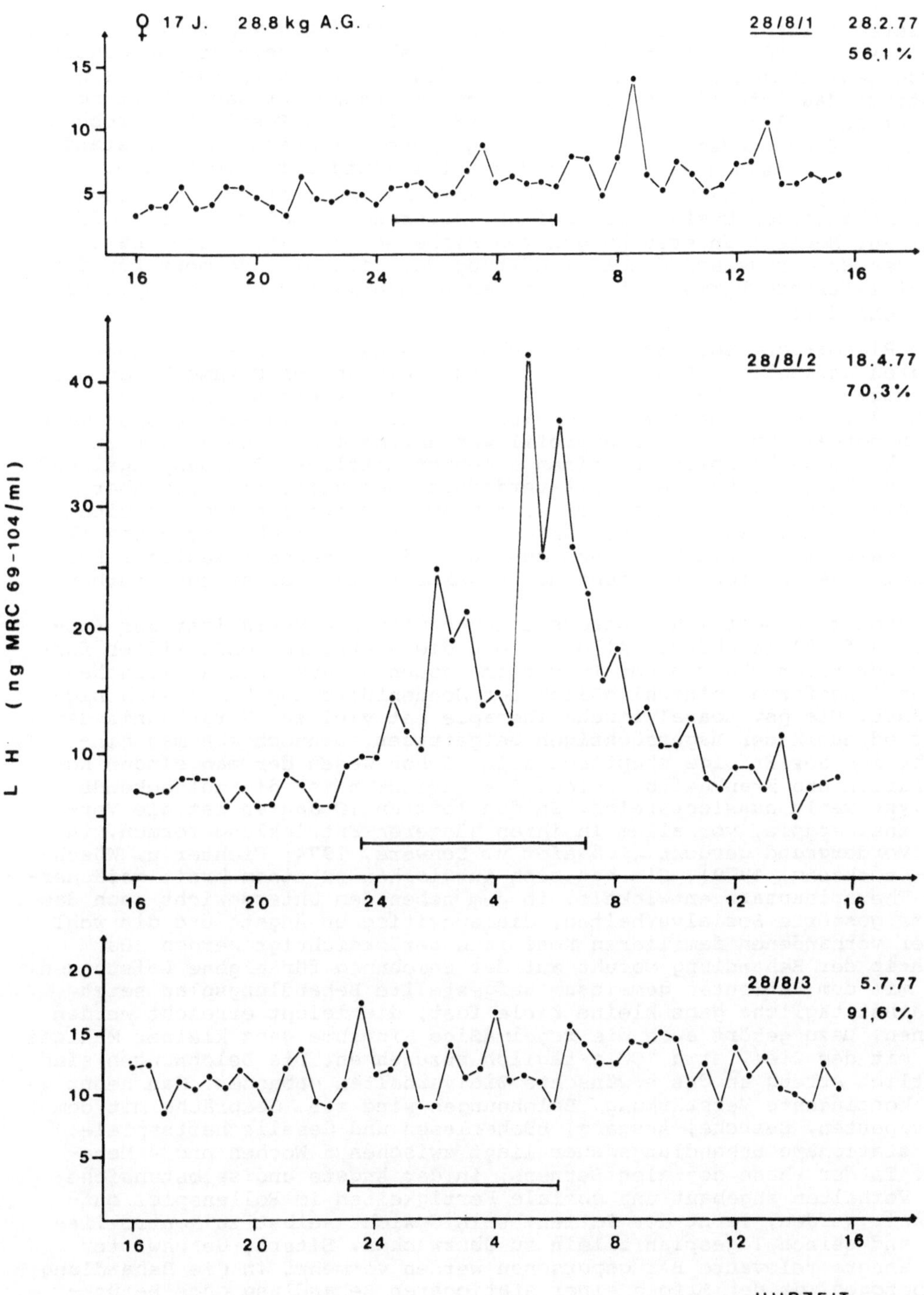

Ausscheidungsmuster klassifiziert, das infantile, pubertäre und adulte Muster, exemplarisch dargestellt bei einer 17-jährigen Patientin bei der Aufnahme mit niedrigen Werten und geringer Fluktuation (Abb. 2, oben), nach Gewichtszunahme von 14% mit einem Peak während des

Schlafes (Mitte) und normal hohen Werten unabhängig vom Schlaf (unten).
Die Muster sind nicht von der Gewichtszunahme, sondern vom absoluten
Körpergewicht abhängig. Unterhalb 69% des idealen Körpergewichts persistiert das infantile Muster. Die untere Grenze für das pubertäre
Muster ist 70% und für das adulte Muster 80%. Die Resultate sprechen
dafür, daß der jedem Muster zugehörige Hypothalamusfunktionszustand
strikt gewichtsabhängig ist. Ob die Entwicklung der Hormonmuster
lediglich gewichtsabhängig ist oder aber Ausdruck einer spezifisch
hypothalamischen Dysfunktion bei der Magersucht, muß vorläufig offen
bleiben. Neueste Untersuchungen von Pirke an der Ratte legen nahe,
daß der Hungerzustand die Ausschüttung des Releasing Hormons für das
luteinisierende Hormon (LHRH) von der Eminentia mediana des Hypothalamus behindert.

Beim Plasma-Cortisol sind die Ergebnisse anders. Alle Patientinnen
zeigten anfänglich eine ungenügende Suppression auf Dexamethason oder
ein sogenanntes, ebenfalls pathologisches early escape Phänomen
(Abb. 3). Nach einer 10%igen Gewichtszunahme war die Suppression meist
schon normal. Das 24-Stundenprofil war anfänglich in bezug auf zu viele sekretorische Episoden, einen erhöhten mittleren Plasmaspiegel und
eine verlängerte Halbwertszeit verändert, normalisierte sich aber
hochsignifikant schon nach den ersten 10% Gewichtsanstieg, zu einem
Zeitpunkt also, wo von einer Änderung der anorektischen Symptomatik
noch keine Rede sein kann. Man muß daher die gemessene zentrale Dysfunktion dem Fasten und nicht dem Krankheitsbild selbst zuschreiben.

Aufgrund katamnestischer Untersuchungen wird die Mortalität der Anorexie auf 15% geschätzt. Allein schon diese erschreckende Ziffer fordert zur Erforschung neuer Therapiemethoden heraus. Die somatischen
Behandlungsformen einschließlich der Sondenfütterung haben sich nicht
bewährt. Die psychoanalytische Therapie hat viel zum Verständnis der
Psychodynamik der Magersüchtigen beigetragen. Dennoch muß man hinsichtlich der Erfolge skeptisch sein. Schon wegen der mangelnden Kooperation und Krankheitseinsicht der Patienten ist die aufdeckende
Analyse wenig aussichtsreich. In den letzten 10 Jahren ist die Verhaltenstherapie, vor allem in ihren jüngeren Entwicklungsformen, in
den Vordergrund gerückt (Schaefer u. Schwarz, 1974; Fichter u. Wüschner-Stockheim, 1979). Sie hat sich inzwischen zu einem breit gefächer-
ten Therapieansatz entwickelt, in dem neben dem Untergewicht auch das
stets gestörte Sozialverhalten, die spezifischen Ängste und die wohl
immer vorhandenen familiären Konflikte berücksichtigt werden. Das
Prinzip der Behandlung beruht auf der Belohnung für eigene Leistungen.
Der mit dem Patienten gemeinsam aufgestellte Behandlungsplan setzt
zunächst tägliche ganz kleine Ziele fest, die leicht erreicht werden
können. Dazu gehört auch die regelmäßige Einnahme ganz kleiner Mahlzeiten mit dem Ziel, etwa 100 g täglich zuzunehmen. Die Belohnungen sind
zeitlich streng an das erwünschte Zielverhalten gebunden. Man nennt
das kontingente Verstärkung. Belohnungen sind z.B. Gespräche mit dem
Therapeuten, Besuche, Ausgang, Bücherlesen und Gesellschaftsspiele.
Die stationäre Behandlungsdauer liegt zwischen 6 Wochen und 4 Monaten. In der Phase sozialen Lernens, in der Ängste und selbstunsiche-
res Verhalten abgebaut und soziale Fertigkeiten im Rollenspiel entwickelt werden, lernt der Patient sein Gewicht selbst zu kontrollieren und seinen Tagesplan allein zu überwachen. Eltern, Geschwister
und andere relevante Bezugspersonen werden vermehrt in die Behandlung
einbezogen, da der Erfolg einer stationären Behandlung ohne Berücksichtigung der sozialen Bindungen und Beziehungen unsicherer und die
Rückfallgefährdung größer ist. Wegen der meist noch instabilen Ein-
stellungen und Zielvorstellungen ist eine ambulante Nachbetreuung notwendig. Dies zeigt der folgende Verlauf (Abb. 4). Nach kurzer Unterbrechung der ambulanten Überwachung erleidet die Patientin einen
schweren Rückfall, der erst nach einer zweiten stationären Behandlung

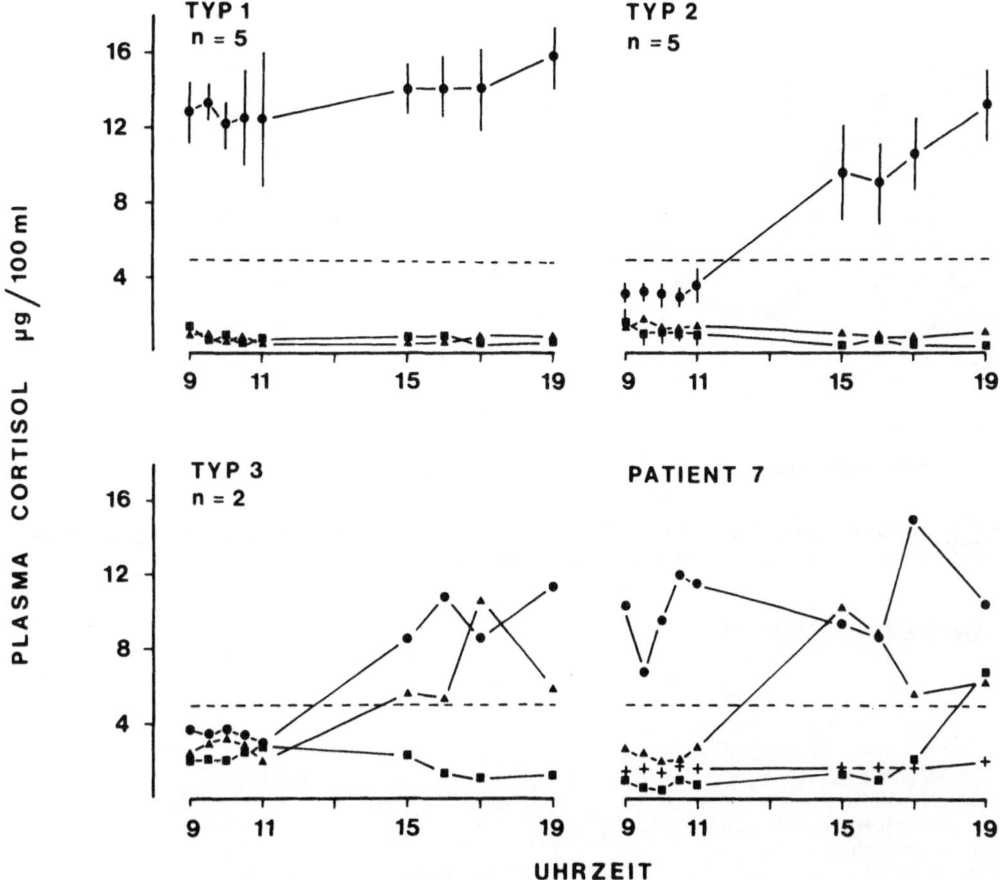

Abb. 3. Unterschiedliche Verlaufstypen beim Dexamethason-Suppressions-Test. Jeweils am Vorabend der Blutuntersuchung wurde um 23.00 Uhr 1,5 mg Dexamethason oral verabreicht. Punkte bedeuten die erste Untersuchung, Dreiecke die Untersuchung nach Gewichtszunahme um 10% des IBW, Quadrate Gewichtszunahme um 20% des IBW und Kreuze (nur bei Patient 7) Gewichtszunahme um 30% des IBW

bis jetzt dauerhaft behoben werden konnte. Die genauere Ausarbeitung prognostisch günstiger und ungünstiger Zeichen ist dringend erforderlich, um den Zeitpunkt der Entlassung besser festlegen zu können. Die eingangs erwähnte Beurteilung des eigenen Körperumfangs ist möglicherweise ein empfindlicher Indikator (Ploog et al., 1980).

Mit der Abbildung 5 sollen die bisher bekannten komplementären Prozesse bei der Magersucht zusammengefaßt werden.

a) Die reduzierte Nahrungsaufnahme führt zu Gewichtsverlust und Mangelernährung.

b) Diese wirkt auf die Hypothalamus-Hypophysenfunktion mit Abnahme des LH und Zunahme des Cortisols auf der einen Seite und führt

c) zur zunehmenden Ausprägung anorektischen Erlebens und Verhaltens auf der anderen Seite.

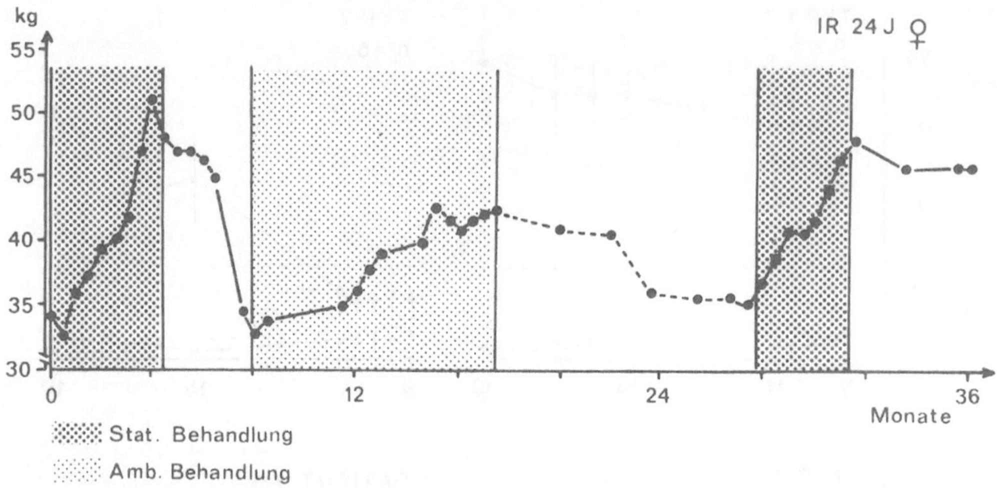

Abb. 4. Gewichtsverlauf bei einer 24-jährigen verhaltenstherapeutisch behandelten Anorexiepatientin über ca. 4 Jahre

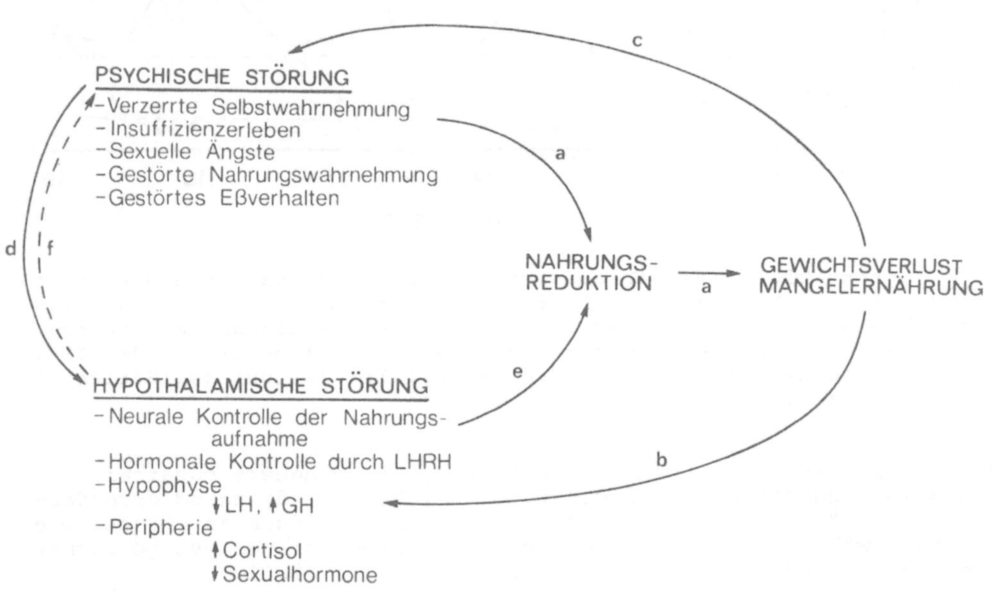

Abb. 5. Erklärung im Text (nach Russell, 1977, modifiziert und ergänzt)

d) Dieses wiederum wirkt auf die hypothalamischen Funktionen mit Folgen für die HHN- und HHG-Achsen,

e) sowie auf die neurale Kontrolle der Nahrungsaufnahme, die zu reduziertem Essen führt.

f) Unsicher bleibt, ob sich die hypothalamische Störung direkt auf
die geistig-seelische Verfassung auswirkt und unmittelbar für die
Sucht bzw. das süchtige Verhalten verantwortlich zu machen ist. Aus
den erwähnten Tierversuchen muß man diesen Schluß ziehen. Bei der
Darstellung dieser komplementären Prozesse beim Menschen muß man
aber bekennen, daß ein faßbares körperliches Substrat, das krankheits-
spezifisch ist, bisher nicht gefunden wurde. Denn die vorläufig gemessenen Veränderungen im Hormonhaushalt sind Folge des Gewichtsver-
lustes und der kalorischen Mangelernährung. Die Suche nach krankheits-
spezifischen komplementären Störungen im Hypothalamus ist nicht abgeschlossen (Ploog et al., 1980).

Literatur

1. Doerr P, Fichter M, Pirke KM, Lund R (1980) Relationship between
   weight gain and hypothalamic pituitary adrenal function in
   patients with anorexia nervosa. J Steroid Biochem

2. Fichter MM, Wüschner-Stockheim M (1979) Die Pubertätsmagersucht:
   Symptomatik, Verlauf und Behandlungsmöglichkeiten. Pädiat prax
   22: 411-422

3. Gull W (1873) Anorexia nervosa (apepsia hysterica). Brit Med J
   II: 527

4. Hamilton CL (1969) Ingestion of nonnutritive bulk and wheel
   running in the rat. J Comp Physiol Psychol 69: 481-484

5. Lasègue EC (1873) De l'anorexie hysterique. Arch gén méd 21: 385

6. Leibowitz SF (1976) Brain catecholaminergic mechanisms for control
   of hunger. In: Novin D, Wyrwicka W, Bray G (eds) Basic mechanisms
   and clinical implications. Raven Press, New York, p 1-18

7. Morton R (1691) Phthisiologia seu exercitationes de phthisi.
   Frankfurt u. Leipzig, Erstauflage London 1689

8. Olds J (1977) Drives and reinforcements. Behavioral studies of
   hypothalamic functions. Raven Press, New York

9. Pirke KM, Fichter MM, Lund R, Doerr P (1979) Twenty-four hour
   sleep-wake pattern of plasma LH in patients with anorexia nervosa.
   Act endocrin 92: 193-204

10. Ploog D, Fichter M, Doerr P, Pirke KM (1980) Anorexia nervosa:
    Neurobiologie, Psychosomatik und Verhaltenstherapie. Der Inter-
    nist (im Druck)

11. Powley TL, Keesey RE (1970) Relationship of body weight to the
    lateral hypothalamic feeding syndrome. J Comp Physiol Psychol
    70: 25-36

12. Rolls ET, Burton MJ, Mora F (1976) Hypothalamic neural responses
    associated with the sight of food. Brain Res 111: 53-66

13. Rolls ET, Sanghera MK, Roper-Hall A (1979) The latency of
    activation of neurones in the lateral hypothalamus and substantia
    innominata during feeding in the monkey. Brain Res 164: 121-135

14. Russell GFM (1977) The present status of anorexia nervosa.
Psychol Med 7: 363-367

15. Slade PD, Russell GFM (1973) Awareness of body dimension in
anorexia nervosa. Cross-sectional and longitudinal studies.
Psychol Med 3: 188-199

16. Schadewaldt H (1965) Medizingeschichtliche Betrachtungen zum
Anorexie-Problem. In: Meyer JE, Feldmann H (Hrsg) Anorexia nervosa. Thieme, Stuttgart, S 1-14

17. Schaefer K, Schwarz D (1974) Verhaltenstherapeutische Ansätze
für die Anorexia nervosa. Z Klin Psychol Psychother 22: 267-284

18. Weizsäcker V v (1947) Der Gestaltkreis. Theorie der Einheit von
Wahrnehmen und Bewegen. Thieme, Stuttgart, 3. Aufl.

Die Wirkung von Piribedil auf den Parkinson-Tremor

W. Großmann, P. Vehlo-Groneberg und G. Paal

Einleitung

Den Arbeiten von GOLDSTEIN et al (1973) und CORRODI et al (1972) zu-
folge steigert Piribedil die Dopaminsynthese und bewirkt eine direkte
Stimulation der Dopaminrezeptoren im striären System.
VAKIL et al (1972) und RONDOT et al (1975) berichteten erstmals über
die Wirkung von Piribedil bei der Behandlung von Parkinsonpatienten.
Bei klinischer Bewertung zeigte sich, daß von den Kardinalsymptomen
Akinese, Rigor und Tremor vorrangig der Tremor positiv beeinflußt
wird. Eigene Beobachtungen bestätigten dieses Resultat.
Ziel der vorliegenden Arbeit war es, die Wirkung von Piribedil auf
den Parkinsontremor und auf Katecholaminmetaboliten im Liquor cerebrospinalis zu quantifizieren.

Methodik

Die Untersuchung wurde an 14 Parkinsonpatienten mit deutlicher Tremorsymptomatik (Alter 52 bis 76 Jahren) offen über einen Zeitraum von je
10-14 Tagen durchgeführt. Bei 6 ambulanten Patienten wurde Piribedil
oral bis zu einer Maximaldosis von 120 mg täglich verabreicht und der
Tremor wie folgt bewertet:
- standardisierte klinische Bewertung des Tremors
- Selbstbeurteilung des Patienten anhand einer Skala
- indirekte Tremortests in Form von Messung der feinmotorischen Geschicklichkeit (Schreiben, Zeichnen, Perlen auffädeln)
- direkte Tremormessung (elektromyographisch und mittels piezoelektri-
  schen miniaturisiertem Akzelerometer) unter verschiedenen psychomotorischen Bedingungen.
Bei 8 stationären Patienten wurde täglich morgens 4,5 mg Piribedil
p.i. und abends 3,5 mg i.m. verabreicht und nach dem genannten Behand-
lungszeitraum Liquor zur Bestimmung von Katecholaminmetaboliten lumbal
entnommen.

Ergebnisse

Piribedil zeigte eine gute Wirkung bei leichtem bis mittelschwerem
Ruhe- und Haltetremor. Hierbei wurde (Bewertung durch Arzt wie durch
Patienten) in leichten Fällen völlige Beschwerdefreiheit, bei ausge-
prägterer Tremorsymptomatik ein deutlich Tremor-dämpfender Effekt er-
zielt. Bei 2 Patienten mit starkem Tremor konnte hingegen kein siche-
rer Effekt beobachtet werden.
Bei den Schrift- und Zeichenproben fand sich ein der klinischen Be-
wertung des Behandlungserfolges analoges Ergebnis.
Beim Auffädeln von 50 Perlen wurde eine Verkürzung der benötigten Zeit
um 35 ± 18% gemessen.
Die unter verschiedenen Bedingungen durchgeführten akzelerometrischen
Messungen des Tremors ergaben bei 8 Patienten in Ruhe- und Halteposi-

tion eine deutliche Dämpfung der Tremoramplitude, während unter mental drive intermittierend immer wieder Phasen mit ausgeprägtem Tremor zu beobachten waren. Bei 2 Patienten wurde der Tremor in Ruhe- und Halteposition mit und ohne mental drive völlig unterdrückt.

Tabelle 1. Die Wirkung von Piribedil (4,5 mg p.i. und 3,5 mg i.m./die, Dauer der Behandlung 14 Tage) auf den Ruhe- und Haltetremor von 14 Patienten (mit und ohne mental drive) gemessen in Beschleunigungsamplitude cm^{-2}

	vorher	nachher
Ruheposition	523 ± 62	146 ± 35
Ruheposition + mental drive	683 ± 129	377 ± 112
Halteposition	496 ± 99	93 ± 79
Halteposition + mental drive	659 ± 153	391 ± 146

Nebenwirkungen traten in 2 Fällen in Form von Inappetenz, Völlegefühl, Übelkeit und Brechreiz auf. In 1 Fall waren bei parenteraler Verabreichung Verwirrtheitszustände mit motorischer Unruhe zu beobachten. Die Nebenwirkungen bildeten sich nach Dosisreduktion ausnahmslos schnell zurück.

Diskussion

Als Monotherapeutikum erzielt Piribedil einen guten Effekt beim Parkinsontremor. Bei leichter bis mittelgradiger Symptomatik wurde in Ruheposition eine völlige bis weitgehende Beschwerdefreiheit erzielt. Der Effekt ist dosisabhängig. Insbesondere bei Patienten mit schwerer Tremorsymptomatik war beim Ruhe- und Haltetremor unter mental drive Bedingungen immer wieder ein deutlicher Tremor zu registrieren. Insofern entspricht die Piribedil-Wirkung qualitativ dem Therapieeffekt anderer Anti-Tremormittel. Die bislang zur Behandlung des Tremors eingesetzten Anticholinergica erzielen entsprechend den klinischen Prüfungs- und Erfahrungsberichten (GANGLBERGER und UMBACH, 1965; AVENARIUS und GERSTENBRAND, 1978) in etwa 2/3 der Fälle einen guten klinischen Erfolg. Insofern dürfte bei ausreichender Dosierung der Therapieeffekt von Piribedil mit dem der Anticholinergica quantitativ vergleichbar sein.
Die dopaminerge Wirkung von Piribedil (CORRODI et al. 1972; GOLDSTEIN et al. 1973) scheint nur teilweise für den tremordämpfenden Effekt verantwortlich zu sein. Bei Parkinson-Patienten, bei denen durch Erhöhung der L-Dopa-Dauermedikation kein zusätzlicher therapeutischer Effekt auf den Tremor zu erzielen war, bewirkte der Zusatz von Piribedil eine weitere Besserung der motorischen Störung. Über das Ergebnis der Liquoruntersuchung wird berichtet.

Literatur

1. Avenarius HJ, Gerstenbrandt F (1968) Kr 339, ein neues tremorhemmendes Präparat zur Behandlung des Parkinsonsyndroms. Wien Klin Wschr 80: 460-462

2. Corrodi H, Farnebo LO, Fuxe K, Hamberger B, Ungerstedt U (1972)
   ET 495 and brain catecholamine mechanism: Evidence for stimulation
   of dopamine receptors. Europ J Pharmacol 20: 195-204

3. Ganglberger DA, Umbach W (1965) Vergleichende neurophysiologische
   Untersuchungen tremorwirksamer Substanzen. Med Klin 60: 1283-1288

4. Goldstein M, Battista AI, Ohmoto T, Anagnoste B, Fuxe K (1973)
   Tremor and involuntary movements in monkeys; effect of L-Dopa and
   of a dopamine receptor stimulating agent. Science 179: 816-817

5. Rondot P, Bathien N, Ribadeau Dumas JL (1975) Indications of
   Piribedil in L-Dopa treated parkinsonian patients: physio-patholo-
   gic implications. In: Calne DB, Chase TN, Barbeau A (eds) Advances
   in Neurology, Vol. 9. Raven Press, New York, p 373

6. Vakil SD, Calne DB, Reid JL, Seymour CA (1973) Pirimidylpiperonyl-
   piperazine (ET 495) in parkinsonism. In: Calne DB (ed) Progess in
   treatment of parkinsonism. Raven Press, New York, p 121

Agonistic Effects of MIF (MSH-Release Inhibiting Factor) in Levodopa-Treated Parkinsonian Patients[1]

E. Schneider, P.-A. Fischer, P. Jacobi and W. Reeh

The use of Pro-Leu-Gly-NH$_2$ (PLG) synthezised by NAIR et al (9) and
considered as MSH-release inhibiting factor (MIF-I) in the treatment
of parkinsonism is based on clinical and experimental findings. It
could be shown that the application of MSH leads to an aggravation
of the parkinsonian symptomatology. In animal studies it was shown
that PLG (MIF-I) is able to potentiate the effects of levodopa and
to antagonize the effects of reserpine and oxotremorine (for review
see 8, 3). The positive effects of PLG (MIF-I) on the parkinsonian
symptomatology, first shown by KASTIN and BARBEAU (2) using doses
of 20-40 mg , soon were confirmed by CHASE et al (4) and FISCHER et
al (6) who, in addition, could demonstrate mood elevating properties
of PLG (MIF-I). This latter finding was confirmed also with larger
doses of PLG in parkinsonian patients (7) and patients with endo-
geneous depression (5). In the present study an analysis of the
levodopa potentiating effect on motor performances, mood and drive
was carried out.

Patients and methods

The investigations were done in 20 parkinsonian patients (7 men,
13 women) aged from 40-77 years (mean 66,6). The patients had been
under levodopa/decarboxylase inhibitor for many years. Due to regular
control investigations they also were used to psychological tests.
In this study the following tests were applied: Purdue Pegboard,
Minnesota Rate of Manipulation Test, State of Well-being Scale (v.
ZERSSEN), 2-point tapping and simple and complex visual reaction
tests. In order to reduce the influence of learning effects, the
patients were trained twice at an interval of 30 min. the day before
drug administration. The results of the second course were taken as
baseline values. The study was conceived as a double-blind study.
Each patient was administered 1 capsule Madopar 250^R (=200 mg levodopa and 50 mg benserazid) and 200 mg of PLG[1] slowly intravenously
and 10 ml 0,9% NaCl, respectively, at 10.30 a. m. The first test
procedure took place 45 min. after drug administration and was
repeated 3 times in hourly intervals.

Results

The effects of PLG (MIF-I)on motor performances, mood, drive and
visual reaction times are depicted in Fig. 1 and Table 1. At first,
a clear improvement of motor performances can be seen. The more
coarse scores of hand performances in the Minnesota Rate of
Manipulation Test demonstrate a more marked increase than the
scores of finger dexterity in Purdue Pegboard. At the same time
an increase in working speed can be seen e. g. demonstrated in the
2-point-tapping. With regard to the visual reaction time, simple
as well as complex reaction times are shorter, indicating an
improvement of visuomotor coordination and cognitive functions.

---

[1]PLG was provided by Höchst AG Frankfurt a. M.

Table 1. Course of motor performance and visual reaction tests and state of well-being after intravenous application of 200 mg PLG (MIF-I). Mean baseline differences

Psychological Tests	Time after injection			
	45 min	105 min	165 min	225 min
Purdue Pegboard				
đ PLG	+ 0,87	+ 1,23	+ 1,57[1]	- 0,13
đ NaCl 0,9%	+ 0,53	+ 1,10	+ 0,87	+ 0,30
2-Point-Tapping				
đ PLG	+ 7,80[1]	+ 12,90[1]	+ 10,40[1]	+ 5,45
đ NaCl 0,9%	- 0,55	+ 5,95	+ 3,65	+ 3,85
Complex Visual Reaction Time				
đ PLG	- 3,11[1]	- 4,01	- 4,30[1]	+ 0,78
đ NaCl 0,9%	+ 3,31	+ 0,22	+ 2,46	+ 2,51
B-Scale (v. ZERSSEN)				
đ PLG	- 6,1	- 9,9	- 12,9[1]	- 7,9
đ NaCl 0,9%	- 2,9	- 2,8	- 3,4	- 4,5

[1] stastically significant in t-Test

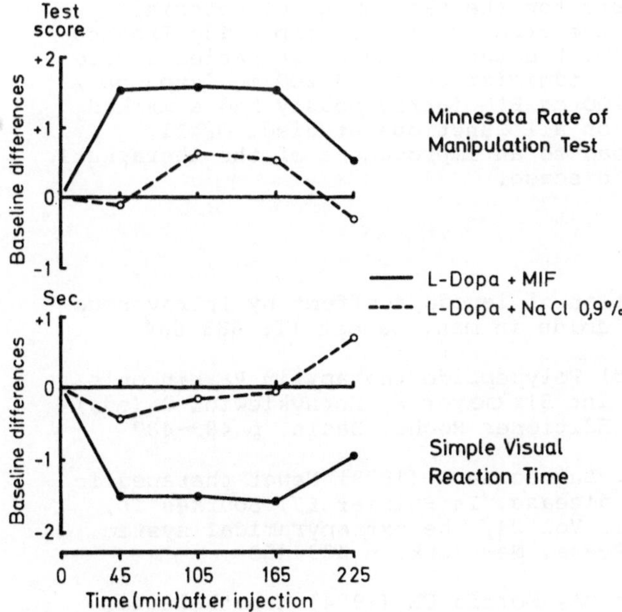

Fig. 1. Course of motor performance in Minnesota Rate of Manipulation Test and simple visual reaction test after administration of 200 mg PLG

Also mood as measured by the well-being scale by v. ZERSSEN demonstrates a reduction of previously pathologic scores. The positive effects are limited to about 3 hours after the administration of levodopa and PLG. No side effects were observed.

Discussion

The results demonstrate that PLG (MIF-I) has levodopa potentiating effects also in man. They confirm previous findings in smaller groups of parkinsonian patients (1, 8, 10). The effects are not confined to the motorial performances, independent of a pretreatment with levodopa. There is also an increase in drive and a positive influence on cognitive functions, e. g. demonstrable in the complex visual reaction time and block design (WAIS), an improvement in concentration and mood. Even maniac reactions could be observed (7). No other side effects are known up to now. Unfortunately, the substance has not been effective in oral longterm treatment even when higher doses were used (2). In the meantime, further efforts to synthezise an also orally effective compound seems to have been successful. It is a parapeptide of the chemical structure L-propyl-N-methyl-D-leucylglycin amid (3), of which positive effects in Parkinson's disease can be expected according to the results in animal studies. Therapeutic results in man are not yet available. The mode of action of PLG (MIF-I) is still not clarified. For the time being an action at postsynaptic sites seems to be probable. There was no evidence that PLG has an influence on cerebral catecholamine levels, their turnover or distribution as well as on reuptake and release mechanisms (2).

Summary

By means of psychological tests for the assessment of motorial performances, drive and mood the effects of the tripeptide Pro-Leu-Gly-NH$_2$ (PLG-MIF-I) in levodopa treated parkinsonian patients were investigated. The simultaneous administration of 200 mg levodopa / 50 mg benzerazid orally and 200 mg PLG intravenously had a marked levodopa potentiating effect on all functions studied. Orally effective parapeptides may lead to an improvement of the therapeutic possibilities in Parkinson's disease.

References

1. Barbeau A (1975) Potentiation of levodopa effect by intravenous L-propyl-L-leucyl-glycine amide in man. Lancet II: 683-684

2. Barbeau A, Kastin AJ (1976) Polypeptide therapy in Parkinson's disease - a new approach. In: Birkmayer W, Hornykiewicz O (eds) Advances in Parkinsonism. Editiones Roche, Basle, p 483-487

3. Barbeau A, Roy M, Gonce M, Labrecque R (1979) Newer therapeutic approaches in Parkinson's disease. In Poirier LJ, Sourkes TL, Bédard PJ (eds), Adv Neurol Vol 24, The extrapyramidal system and its disorders. Raven Press, New York, p 433-450

4. Chase TN, Woods AC, Lipton MA, Morris CE (1974) Hypothalamic releasing factors and Parkinson's disease. Arch Neurol 31: 55-56

5. Ehrensing RH, Kastin AJ (1978) Dose-related biphasic effect of propyl-leucyl-glycinamide (MIF-I) in depression. Am J Psychiat 135: 562-566

6. Fischer PA, Schneider E. Jacobi P, Maxion H (1974) Effect of melanocyte-stimulating hormone-release inhibiting factor (MIF) in Parkinson's syndrome. Eur Neurol 12: 360-368

7. Gerstenbrand F, Binder H, Grünberger J, Kozmac C, Pusch St, Reisner Th (1976) Infusion therapy with MIF (melanocyte inhibiting factor) in Parkinson's disease. In: Birmayer W, Hornykiewicz O, (eds) Advances in Parkinsonism. Editiones Roche, Basle, p 456-461

8. Gonce M, Barbeau A (1978) Essais physiologiques avec le M. I. F.-I. dans la maladie de Parkinson. Rev Neurol (Paris) 134: 141-150

9. Nair RMG, Kastin AJ, Schally AV (1971) Isolation and structure of hypothalamic MSH release-inhibiting hormone. Biochem Biophys Res Commun 43: 1376-1381

10. Schneider E, Fischer P-A, Jacobi P, Reeh W (1978) Der Einfluß von MIF (Melanozyten inhibierender Faktor) auf Psychomotorik und Stimmungsverhalten von Parkinsonkranken. Arzneim Forsch (Drug Res) 28: 1296-1297

Mortality in Parkinson's disease under levodopa

E. Schneider, P.-A. Fischer, P. Jacobi and R. Kolb

The death rate of parkinsonian patients prior to the introduction
of levodopa was 3 times that of the general population (6, 2). For
Germany no relevant data are available. One problem of levodopa
long-term treatment was that of the modification of the longevity of
these patients. The hitherto published results of mortality studies
are still controversial. Whereas some authors found a virtually normal
death rate (2, 12), others could not demonstrate any significant
change (1). However, in most studies a reduction of the rate of
mortality between 1.5 - 1.9 was observed (4, 5, 7, 8, 9, 10, 11). The
variability of these results partly can be explained by selection
criteria with patients of different stages of the disease, different
numbers of the groups, varying duration of treatment and also by
methodological problems in the calculation of the death rate of the
general population.

Patients and methods

The own investigations were done in a group of 127 patients (54 men,
73 women) aged from 37 - 79 years (mean 62.9) and a duration of the
illness from 1 - 18 years (mean 4.4) at the beginning of treatment.
In these patients a levodopa and levodopa/decarboxylase inhibitor
treatment, respectively, was initiated between 1970 - 1973. The
patients were followed up 5 years at the maximum. Only patients who
at least had been treated for one year were taken into consideration
concerning the question of mortality. The calculation of the expected
mortality was done due to the method proposed by DIAMOND and MARKHAM
(3) which has been slightly modified by MARTTILA (8). Accordingly,
the probability of death for each patient and each year of treatment
is calculated, using the Mortality Tables 1970/72 of the Federal
Republic of Germany. The calculated death rate is compared with the
number of observed deaths. The ratio of observed to expected death
rates defines the risk of mortality of a certain group of patients
and illness, respectively, in comparison with the risk of mortality
in the general population.

Results

Of our patients 30 (23,6%) died during the observation period of
5 years. As can be seen from Table 1 that means an excess mortality
of 1.65 for both sexes combined. A separate analysis for men and
women demonstrates a lower ratio for men than for women: 1.34 to 1.95.
Of the patients 12 died of parkinsonism itself or diseases which are
consequences of it like marasmus, pneumonia and general physical
weakness. Very frequent are diseases of the vascular system as causes
of death and 3 of our patients died of suicide.
An analyses of the importance of the pretreatment status of the
patients and the response of the symptomatology to levodopa revealed
that patients with marked signs of cerebro-organic impairment are

Table 1. Mortality in male and female parkinsonian patients

Age at entry (years)	Number of patients	Observed deaths	Expected deaths
35-44	3	0	0,05181
45-49	7	2	0,20164
50-54	8	2	0,19732
55-59	19	1	1,31142
60-64	32	4	3,31768
65-69	30	10	4,84582
70-74	17	6	3,47405
75-79	11	5	4,72403
	127	30	18,12377

$$\text{ratio} \quad \frac{\text{observed}}{\text{expected}} = \frac{30}{18,12377} = 1,65528$$

significantly more often among those who died. It can be demonstrated
that the prognosis is especially due to the response to levodopa. As
can be seen from Fig. 1 the dead ones have a significantly less marked
improvement of the neurological symptomatology during the observation
period of 1 year. That is true for all symptoms but tremor.

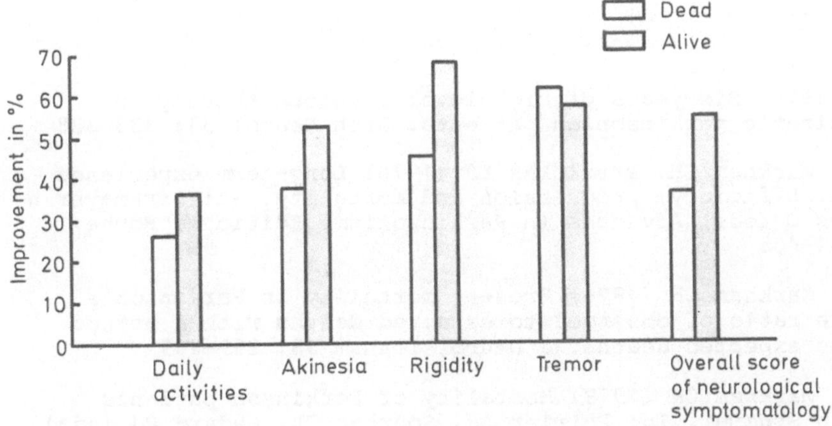

Figure 1. Improvement of parkinsonian symptomatology after 1 year's
treatment with levodopa or levodopa/decarboxylase inhibitor.
Comparison between dead and surviving patients

Discussion

The up to now published results concerning the problem of mortality
in Parkinson's disease demonstrate that the introduction of levodopa
has brought about a clear reduction of the former excess mortality.
The ratio of mortality of the own group can be placed among the

results of most of the studies cited. Also from our study can be
seen that not all patients take the same advantage from levodopa
therapy. Paradoxically, patients who were treated with plain levodopa
(2, 7) do have a nearly normal mortality disregarding BARBEAU's (1)
results in a severely akinetic group of patients. As more patients
respond better to the combination of levodopa/decarboxylase inhibitor
and as they have at the same time less adverse reactions, one would
have expected a more marked reduction in their mortality rate. In
contrast, DIAMOND et al (4) are able to demonstrate that their patients
who were treated with the combination therapy (SINEMET^R) right from
the beginning have a higher ratio of mortality than those of JOSEPH
et al (7) who only had received levodopa. In both cases the results
are due to multicenter studies. Besides, the patients of the SINEMET
group had a lower initial disability score and a shorter duration of
the illness. This result again elucidates the assumption derived from
our material that the severity of the initial symptomatology is not
the main factor and at the same time it revives the discussion about
different courses of the disease.

Summary

In 127 parkinsonian patients, in whom a treatment with levodopa and
levodopa/decarboxylase inhibitor, respectively, was initiated between
1970 - 73 and who took the drug regularly, the modification of the
mortality was studied. All patients had taken the drug for at least
1 year. We found an excess mortality of 65% (men 42%, women 95%).
That means a clear reduction in comparison with the prelevodopa excess
mortality of 200%. The dead were characterized by a more marked psychoorganic alteration and a significantly less favorable response to
levodopa.

References

1. Barbeau A (1976) Six years of high-level levodopa therapy in
   severely akinetic parkinsonian patients. Arch Neurol 33: 333-338

2. Diamond SG, Markham CH, Treciokas LJ (1976) Long-term experience
   with L-Dopa: Efficiacy, progression and mortality. In: Birkmayer W,
   Hornykiewicz O (eds) Advances in Parkinsonism. Editiones Roche,
   Basel, p 444-455

3. Diamond SG, Markham CH (1976) Present mortality in Parkinson's
   disease: the ratio of observed to expected deaths with a method
   to calculate expected deaths. J Neurol Transm 38: 259-269

4. Diamond SG, Markham CH (1979) Mortality of Parkinson patients
   treated with Sinemet. In: Poirier LJ, Sourkes TL, Bédard PJ (eds)
   The extrapyramidal system and its disorders. Adv Neurol Vol 24.
   Raven Press, New York, p 489-497

5. Guillard A, Chastang C (1978) Maladie de Parkinson. Les facteurs
   de pronostic a long terme. Rev Neurol (Paris) 134: 341-354

6. Hoehn MM, Yahr MD (1967) Parkinsonism: onset, progression and
   mortality. Neurology 17: 427-442

7. Joseph C, Chassan JB, Koch M-L (1978) Levodopa in Parkinson's
   disease: a longterm appraisal of mortality. Ann Neurol 3: 116-118

8. Marttila RJ, Rinne UK, Siirtola T, Sonninen V (1977) Mortality of patients with Parkinson's disease treated with levodopa. J Neurol 216: 147-153

9. McDowell FH, Papavasiliou P, Sweet R (1979) Long-term study and effect of human growth hormone in parkinsonian patients treated with levodopa. In: Poirier LJ, Sourkes TL, Bédard PJ (eds). The extrapyramidal system and its disorders. Adv Neurol Vol 24. Raven Press, New York, p 475-488

10. Sweet RD, McDowell FH (1975) Five years treatment of Parkinson's disease with levodopa. Am Int Med 83: 456-463

11. Yahr MD (1976) Evaluation of long-term therapy in Parkinson's disease: mortality and therapeutic efficacy. In: Birkmayer W, Hornykiewicz O (eds) Advances in Parkinsonism. Editiones Roches Basle, p 435-443

12. Zumstein H, Siegfried J (1976) Mortality among Parkinson patients treated with levodopa combined with a decarboxylase inhibitor. Eur Neurol 14: 321-327

Langzeitbeobachtung von 2 Patienten mit einer Kombination von Paraspastik und Parkinson-Syndrom

W.D. Werry und H. Przuntek

Seit HUNT 1917 eine juvenile Form der Paralysis agitans mit spät-in-
fantil einsetzenden torsionsdystonischen Symptomen, Haltungsstörungen
und terminaler Rigidität/Akinese beschrieb und auf eine Systemdegeneration des efferenten Pallidum-Systems zurückführte, sind in den
30-ger und 40-ger Jahren besonders durch van BOGAERT mit wechselnden
Ko-Autoren weitere Fälle klinisch-pathologisch untersucht worden. Er
grenzte von dem HUNTschen Syndrom Fälle reiner Pallidum-Atrophie ab,
er nannte das Syndrom "progressive Pallidum-Atrophie", während er
eigene und die von HUNT beschriebenen Fälle in den Rahmen eines umfassenden Degenerationsprozesses einordnete mit Übergreifen des
dystrophischen Prozesses auf das Putamen und die Substantia nigra.
Später wurden diese Fälle von JELLINGER als "erweiterte Pallidum-
Atrophie" bezeichnet.

In den 50-ger Jahren berichteten nur DAVISON und NEUMANN über das
Syndrom der Pallidum-Atrophie, bei DAVISON kombiniert mit Pyramiden-
bahndegeneration, bei NEUMANN mit Degeneration des Dentatum-Bindearm-
Systems.

JELLINGER stellte 1968 je einen Fall einer reinen bzw. erweiterten Pallidum-Atrophie klinisch-pathologisch vor, während in den 70-ger Jahren
unseres Wissens nur Fälle als Pallidum-Atrophie vorgestellt wurden,
die unserer Meinung nach nicht diesem Syndrom, sondern eher der progressiven supranukleaeren Paralyse zuzuordnen sind.

Unsere eigenen 2 Fälle glauben wir im Einteilungsrahmen JELLINGERS
der Gruppe von kombinierten Systemdegenerationen der Pallidum-Atrophie
mit denen anderer cerebrospinaler Systeme, in unseren Fällen des Pyra-
midenbahnsystems, einordnen zu sollen.

Bei dem 1. Fall handelt es sich um eine Patientin, die mit 16 Jahren
unter zunehmender Steifigkeit der Beine zu leiden hatte. Bei der Untersuchung in der Neurologischen Universitätsklinik Würzburg, die die
Patientin 19-jährig vornehmen ließ, hatte man den Verdacht auf eine
spastische Spinalparalyse geäußert. Man fand eine geringfügige Paraparese, eine deutliche spastische Tonuserhöhung sowie gesteigerte Muskeleigenreflexe an den unteren Extremitäten und ein positives Babinski-Phänomen beidseits. Etwa 4-5 Jahre nach Beginn der Erkrankung wurde
von der Patientin ein leichter Tremor an den oberen Extremitäten beobachtet. Nach weiteren 2 Jahren wurde bei einer Nachuntersuchung in
unserer Klinik eine beginnende Akinese mit Rigor sowie ein Ruhetremor
festgestellt.

Es zeigt sich eine Mischsymptomatik aus Akinese, Rigor und Tremor an
den oberen, sowie ein Übergang von Spastik in Rigor und Akinese an
den unteren Extremitäten. Die Muskeleigenreflexe sind an den unteren
Extremitäten sehr lebhaft. Positives Zehenspreizphänomen. Bei Tonus-
prüfung ist der Tonus deutlich erhöht, bei beschleunigter Bewegung
erhöht er sich zunehmend. Der Gang ist kleinschrittig und stampfend.

Die Patientin wird nunmehr seit 8 Jahren konstant mit 3x125 mg Madopar[R] behandelt. Unter dieser Therapie bildete sich die Parkinson-Symptomatik deutlich zurück und die spastische Komponente tritt klarer hervor. Die jetzt 40-jährige Patientin ist als Kindergartenleiterin voll einsatzfähig. Bis jetzt sind keine Hyperkinesen beobachtet worden und kein on-off-Phänomen. Bei Absetzen der Medikation tritt innerhalb von 3 Tagen das volle Bild der Erkrankung wieder auf. In der näheren Verwandtschaft konnten keine ähnlichen klinischen Symptome beobachtet werden.

Der 2. Patient ist ein 21-jähriger Mann, der mit 15 Jahren eine zunehmende Dysarthrie entwickelte, nach 1 1/2 Jahren kamen dystone Bewegungsstörungen der Nackenmuskulatur hinzu, dann entwickelte sich ein Tremor der Zunge, der Augenlider sowie der Extremitäten, sodaß er seine Maurer-Lehre abbrechen mußte.

Bei der Untersuchung ist der Tonus im Sinne eines ausgeprägten Rigors mit positivem Zahnradphänomen erhöht, die Muskeldehnungsreflexe sind an allen Extremitäten gesteigert, ASR beidseits kloniform. Babinski und Nebenreflexe fehlen. Im übrigen keine sensiblen Störungen, keine sicheren Beeinträchtigungen des koordinativen Systems.

Der Gang erfolgt mit in den Knien gestreckten Beinen, die Füße sind beidseits halbextendiert, der Patient läuft auf den Zehenballen, schlurfend; der Oberkörper zeigt die vom Parkinson-Syndrom her bekannte Haltung mit Vorbeugen des Oberkörpers, flektierten Armen. Anfallsweise kommt es zu einer Dystonie der Nacken- sowie der buccofacialen Muskulatur. Dann auf 4x125 mg Madopar nach etwa 2 Wochen findet sich eine fast vollständige Normalisierung des klinischen Syndroms, lediglich anfallsweise kommt es noch zu den dystonen Symptomen, die Sie zu Beginn des Filmes sahen.

Bei beiden Patienten sind sämtliche Serum- und Liquorparameter Caeruloplasmin, Kupferausscheidung, EEG unauffällig. Beim 2. Patienten wurde anfangs in einer auswärtigen Klinik im Luftencephalogramm eine Verplumpung der Stammganglien-Taille registriert, wir konnten im Computertomogramm keine sichere Atrophie in dieser Zone erkennen.
Beide Patienten zeigen also eine Mischform von Spastik und Parkinson-Symptomatik, beim 2. Patienten verbunden mit dystonen Bewegungsstörungen bei einem Krankheitsbeginn in der Pubertät.

Soweit es die jetzt rund 21-jährige Beobachtungszeit bei der 1. Patientin zu beurteilen erlaubt, besteht nur eine sehr geringe Progredienz der Symptome, während das Ansprechen auf Madopar[R] als sehr gut bezeichnet werden muß und bisher keine nachlassende Wirkung erkennen läßt. Während sich bei der Patientin die Paraspastik einige Jahre vor dem Parkinson-Symptom entwickelte, besteht bei dem 2. Patienten offenbar keine zeitliche Differenz im Auftreten der extra- und pyramidalen Symptome. Eine familiäre Belastung ist in diesen Fällen nicht gegeben.

Wenn natürlich auch eine ausschließlich auf klinischen Kriterien beruhende Zuordnung zu dem ja neuro-pathologisch definierten Syndrom problematisch ist, so glauben wir uns doch durch die Kombination pyramidaler und extrapyramidaler Symptome, das Erkrankungsalter und den Verlauf zu der Einordnung in die Gruppe der kombinierten Pallidum-pyramidalen Atrophie berechtigt.

Literatur

1. Jellinger K (1968) Progressive Pallidumatrophie. J neurol S 6:
   19-44

2. Takahashi K, Nakashima R, Takao T, Nakamura H (1977) Pallido-
   Nigro-Luysial Atrophy Associated with Degeneration of the Centrum
   Medianum. A Clinicopathologic and Electron Microscopic Study.
   Acta neuropath 37: 81-85

Die progressive supranucleaere Paralyse (PSP)

W.D. Werry, P. Krauseneck und R. Rohkamm

Die progressive supranucleaere Paralyse ist eine eigenständige, heterogene Systemdegeneration des zentralen Nervensystems bisher unbekannter Ätiologie, die sich klinisch durch vertikale Blickparese,
Dystonie der Nacken- und Rumpfmuskulatur, Pseudobulbärparalyse, cerebelläre Störungen, leichte Persönlichkeitsveränderungen mit Demenz,
Rigidität und Bradykinese der Extremitäten sowie Zeichen einer Läsion des ersten motorischen Neurons ausdrückt. (Abb. 1).

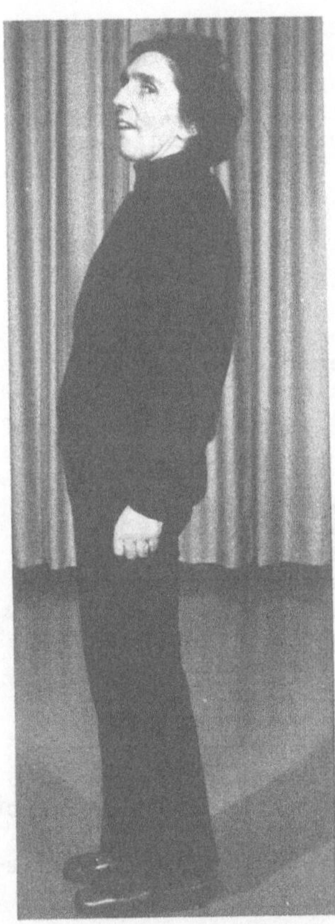

Abb. 1. Patientin B.P. ca. 1 Jahr nach Beginn
der Erkrankung zeigt als Ausdruck der Dystonie
der Nackenmuskulatur und Rückenstrecker Rekli-
nation des Rumpfes und des Kopfes

Die Krankheit beginnt häufig im 6. und 7. Lebensjahrzehnt und führt
innerhalb von 4-7 Jahren über zunehmende Immobilisierung durch die
ausgedehnte Rigidität und Auszehrung infolge von Schluckstörungen zum
Tod durch interkurrente Krankheiten.

Seit STEELE, RICHARDSON und OLSZEWSKI, 1964 das Syndrom als klinisch-
pathologisch definierte Einheit etablierten, sind etwas mehr als 210
Fälle in der Literatur mitgeteilt worden, von denen 51 autopsiert

wurden. Es fand sich ein Geschlechtsverhältnis von 1,5 : 1 zugunsten
der Männer, eine rassische oder regionale Bevorzugung ließ sich bisher nicht erkennen. Die pathologischen Veränderungen sind auf das
Gehirn beschränkt und finden sich als neurofibrilläre Knäuel, granu-
lovacuoläre Degeneration, Gliose und Demyelinisation vorwiegend im
Hirnstamm, Cerebellum und basalen Ganglien, während cerebraler und
cerebellärer Cortex sowie die weiße Substanz nicht befallen sind.
(Tabelle 1).

In den letzten 4 Jahren haben wir die progressive supranucleaere
Paralyse in unserer Klinik 5 Mal diagnostiziert; zwei Patienten verstarben inzwischen, in einem Fall konnte eine Hirnsektion durchgeführt werden, die die Diagnose bestätigte. Wie in den anderen, in
der Literatur mitgeteilten Fällen, waren die gängigen Serum- und Liquorparameter einschließlich Virologie, sowie das EEG normal, im Computertomogramm zeigten sich allenfalls Hinweise für eine leichte bis
mäßige innere und äußere Hirnatrophie.

Eigene therapeutische Versuche mit L-Dopa hatten bei allen Patienten
keinen nachhaltigen Effekt auf die parkinsonoiden Symptome, wie auch
die Ophthalmoplegie und Dystonie nicht beeinflußt wurden. Für uns
überraschend, fanden wir dann bei zwei Patienten eine deutliche Besserung der Bradykinese und Rigidität sowie der nuchalen Dystonie auf
parenterale Zufuhr von Amandatine in der Dosierung von 200 mg/die, ein
Effekt, der sich nach Umstellung auf äquivalente orale Dosen nicht
halten ließ.

Im letzten Jahr haben wir bei zwei Patienten mit einem Krankheitsverlauf von weniger als zwei Jahren und relativ milden extrapyramidalen
Störungen mit Bromocriptin als Monotherapie in Dosen zwischen 60 bis
80 mg täglich behandelt, in der Hoffnung, durch diesen direkten Dopa-
Agonisten im Striatum, unabhängig vom Zustand der nigrostriatalen Bahnen, eine Stimulierung der postsynaptischen Neurone zu erreichen. Leider ohne klinisch erkennbaren Erfolg.

Bei einem Krankheitsprozess, der zu so weitgestreuten, neuropathologischen Veränderungen im Gehirn führt, ist eine Korrelation des voll
entwickelten klinischen Bildes mit den später gefundenen neuropathologischen Veränderungen schwierig. Dies erscheint allenfalls zu Beginn
der Erkrankung möglich, wenn man annehmen darf, daß die Symptome durch
dann noch umschriebene neuropathologische Veränderungen verursacht werden. Nun finden sich in der Literatur, wie bei unseren Patienten als
Frühsymptom häufig Angaben über "verschwommenes Sehen, bzw. Sehstörungen", ohne daß die dann erfolgte augenärztliche Untersuchung Veränderungen des Visus bzw. der Pupillo- oder Bulbusmotorik ergab. Bei gesicherter Diagnose der PSP ist aber aus elektronystagmographischen Ableitungen bekannt, daß als erstes Symptom einer sich entwickelnden Blickparese eine Verlangsamung der schnellen Phase des optokinetischen bzw.
vestibulären Nystagmus auftritt, bevor Störungen der Willkür- und Folgebewegungen nachweisbar sind.

Aus den Untersuchungen von HENN, BÜTTNER und BÜTTNER-ENNEVER, an Affen,
ergibt sich, daß die schnellen Augenbewegungen in der horizontalen Ebene in der beidseitigen paramedialen pontinen retikulären Formation
(PPRF) generiert werden, und diese Strukturen wohl auch eine übergeord-
nete Funktion für die Generation schneller Augenbewegungen in der vertikalen Ebene haben, wofür allerdings die seitengleich intakte Funktion
der rostralen Kerne der mesencephalen reticulären Formation (MRF) an der
Grenze vom Diencephalon zum Mesencephalon Voraussetzung ist.

Tabelle 1. Synopsis der wichtigsten Krankheitsparameter unserer Patienten

	Geschlecht	Alter bei Krankheits- beginn	vertikale Blick- Parese	Dystonie d.Nacken- Muskulatur	Pseudo- Bulbär- paralyse	extra- pyramidale Symptome	Einweisungs- Diagnose	Autopsie
B.P.	♀	45 J	++	++	+++	+	akinetisches Par- kinson Syndrom	ja
M.G.	♀	66 J	++	++	Ø	Ø	extrapyramidales Syndrom ungeklär- ter Genese	–
H.W.	♂	60 J	++	++	++	++	Morbus Parkinson	ja
L.B.	♂	58 J	++	+	+	+	Wernicke Encepha- lopathie	–
D.H.	♀	61 J	++	++	Ø	++	Parkinson-Syndrom	–

Ausprägungsgrad: Ø fehlend; + leicht; ++ mittelschwer; +++ schwer, stark

Da immer zuerst die vertikale Blickparese bei der PSP auftritt, spricht einiges dafür, in der rostralen MRF den Beginn der dystrophischen Veränderungen zu sehen, die sich dann beidseits in die PPRF ausdehnen, wodurch es nach Ausfall der sakkadischen Augenbewegungen in der horizontalen Ebene zur horizontalen Blickparese kommt, wenn schließlich auch das hintere Längsbündel betroffen ist, ist auch der occulocephale Reflex nicht mehr auslösbar, bzw. eine internucleaere Ophthalmoplegie vorhanden.

Dementsprechend zeigen die neuropathologischen Befunde im Tectum und Tegmentum Mesencephali regelmäßig die schwersten Veränderungen, wie auch in der Brücke der Schwerpunkt der degenerativen Veränderungen im Tegmentum zu finden ist.

Bei einer Patientin (M.G.) wurde durch evozierte Hirnstammpotentiale bereits intra vitam der Verdacht auf degenerative Veränderungen auch außerhalb des supranucleaeren Apparates der Blickmotorik gelenkt. Durch Reizung beider Ohren mit Klick's definierter Frequenz und Intensität fanden sich beidseits abnorme Hirnstammpotentiale, die auf Läsionen in beiden Nuclei olivares supp. und Colliculi inferiores hindeuten könnten; bisher war immer eine Aussparung der unteren Hügel vom degenerativen Prozess berichtet worden.

Auch die Ableitung der somato-sensorisch evozierten Potentiale bei derselben Patientin ergab einen Befund, der für eine Ausdehnung des degenerativen Prozesses über bisher beschriebene Regionen sprechen könnte. Es fanden sich dabei Hinweise auf eine fast komplette funktionelle Trennung beider Hemispheren durch Blockierung der transcallosalen Überleitung von beiden Seiten. Sollte dieser Befund bestätigt werden können und evtl. häufiger bei der PSP auftreten, wäre hier möglicherweise ein morphologisches Substrat der bisher nur vage umschriebenen Persönlichkeitsänderung und Demenz gefunden.

Literatur

1. Albert ML, Feldman RG, Willis AL (1974) The 'subcortical dementia' of progressive supranuclear palsy. J Neurol Neurosurg Psychiatry 37: 121-130

2. Donaldson IM (1973) The Treatment of Progressive Supranuclear Palsy with L-Dopa. Aust N Z J Med 3: 413-416

3. Fuchs AF, Evinger LC, King WM, Lisberger SG, Baker R (1977) Die unterschiedliche Rolle des hinteren Längsbündels bei horizontalen und vertikalen willkürlich und vestibulär ausgelösten Augenbewegungen: Einzelfaserableitungen und Läsionsstudien beim Affen. Symposion der Deutsch Ophthalmolog Gesellsch 15.-17.April 1977 in Freiburg, S 153-157

4. Henn V, Büttner U, Büttner-Ennever J (1977) Supranukleäre Störungen der Okulomotorik - physiologische und anatomische Grundlagen. Symposion der Deutsch Ophthalmolog Gesellsch 15.-17.April 1977 in Freiburg, S 129-143

5. Klawans HL, Ringel SP (1971) Observations on the Efficacy of L-Dopa in Progressive Supranuclear Palsy. Europ Neurol 5: 115-129

6. Laffont F, Autret A, Minz M, Beillevaire T, Gilbert A, Cathala HP, Castaigne P (1979) Étude Polygraphique du sommeil dans 9 Cas de Maladie de Steele-Richardson. Rev Neurol 135: 127-142

7. Sperry RW, Gazzaniga MS, Bogen JE (1969) Interhemispheric relationships: the neocortical commissures; syndromes of hemisphere dis-
   connection. In: Vinken PJ, Bruyn GW (eds) Handbook of Clinical
   Neurology Vol 4. North-Holland Publishing Company, Amsterdam New
   York, p 273-290

8. Steele JC, Richardson JC, Olszewski J (1964) Progressive Supranuclear Palsy. Arch Neurol 10: 333-359

9. Steele JC (1975) Progressive supranuclear palsy. In: Vinken PJ,
   Bruyn GW (eds) Handbook of Clinical Neurology, vol 22. North
   Holland Publishing Company, Amsterdam New York, p 217-229

Studie zu einer familiären amyotrophen Lateralsklerose mit Parkinson-Dementia-Komplex

W. Emser und Ch. Heimes

Über die Kombination einer amyotrophen Lateralsklerose (ALS) und eines Parkinson-Dementia-Komplexes (PD) als endemische Erkrankung auf der Insel Guam ist mehrfach aus klinischer, pathologisch-anatomischer und epidemiologischer Sicht berichtet worden (1-4). Wir konnten jetzt ebenfalls bei einem Patienten das Zusammentreffen eines PD-Komplexes und einer ALS klinisch beobachten und korrelierende pathologisch-anatomische Veränderungen finden.

Beim Propositus, mit unauffälliger Vorgeschichte, bemerkte man im Alter von 45 Jahren ein rasch nachlassendes geistiges Leistungsvermögen. Mit 48 Jahren traten extrapyramidale und vegetative Störungen auf, wurden nervenfachärztlich nachgewiesen und als Parkinson-Syndrom diagnostiziert. Mit 50 Jahren erfolgte wegen des schweren dementiellen Prozesses die Berentung. Im Alter von 56 Jahren wurden bei einer stationären Durchuntersuchung in einer neurologischen Klinik die Diagnosen einer ALS und schweren Demenz gestellt. In der folgenden Zeit kam es zu progredienten bulbären Symptomen, totaler Pflegebedürftigkeit und Verlust des Gehvermögens.

Nachdem es zu einer weiteren Verschlechterung der Erkrankung gekommen war, erfolgte im Alter von 58 Jahren hier stationäre Aufnahme (1976). Der Patient war in einem erheblich reduzierten AZ, KZ und EZ. Im Hirnnervenbereich bestanden schwerste bulbäre Ausfälle mit Verlust des Kauens, Schluckens und Sprechens. Die Muskeleigenreflexe waren gesteigert mit positiven Pyramidenbahnzeichen und spastischer Tonuserhöhung, die Muskulatur war überall hochgradig atrophisch, die Kraft entsprechend reduziert. Daneben fand sich generalisiertes Faszikulieren. Stehen und Gehen waren ohne Unterstützung nicht möglich. Psychopathologisch bestand ein schweres dement-stuporöses Bild.

Röntgenaufnahmen des Schädels, des Thorax sowie das EEG waren altersentsprechend unauffällig, ebenso die Liquoruntersuchungen einschließlich Elektrophorese und Zytologie. Bei der gesteuerten Pneumoencephalographie mit Tomographie ergab sich eine ganz ausgeprägte zentrale und corticale Hirnatrophie. In der Elektromyographie war ein Denervierungsprozeß nachzuweisen.

Im Alter von 59 Jahren und 3 Monaten verstarb der Patient. Eine Gehirn- und Rückenmarksektion sowie Muskelentnahmen konnten durchgeführt werden. Die neuro-pathologische Untersuchung bestätigte dann die schwere corticale Atrophie; dem Parkinson-Syndrom entsprachen die systembezogenen Veränderungen in der Substantia nigra; eine Schädigung des ersten Motoneurons stellte sich nicht eindeutig dar, dagegen war die Degeneration des zweiten Motoneurons durch die Vorderhornzellreduktion mit den entsprechenden neurogenen Atrophien in der Muskulatur deutlich erkennbar.[1]

---

[1] Diese vorläufige Befundung verdanken wir dem Neuropathologischen Institut der Universität Heidelberg (Dir. Prof. Dr. G. Ule). Eine ausführliche Darstellung wird an anderer Stelle erfolgen

Angaben über ein gehäuftes Auftreten ähnlicher Erkrankungen in der
Verwandtschaft des Patienten sind wir nachgegangen und es fanden sich
noch weitere 10 Fälle, zwei noch lebend.

Bei ihnen sowie bei den acht Verstorbenen konnten aufgrund von Fremd-
anamnesen, den hausärztlichen Unterlagen und den Krankengeschichten
von stationären Behandlungen die Krankheitsverläufe, die sich bei allen weitgehend glichen, gut rekonstruiert werden. Zwischen dem 45. und
50. Lebensjahr kam es zum Auftreten eines progredienten dementiellen
Prozesses, eines Parkinson-Syndroms mit Tremor, Akinese und Rigor, bevor sich dann meist nach dem 50. Lebensjahr die Muskelatrophie, die
Gehunfähigkeit und im weiteren Verlauf die bulbären Ausfälle entwickelten. Nach ein- bis zweijähriger Bettlägerigkeit trat dann in der Regel
um das 60. Lebensjahr der Tod ein. Von den beiden noch Lebenden bietet
die jetzt 63-jährige das Vollbild der Erkrankung, sie ist total pflege-
bedürftig, bettlägerig mit hochgradigen Paresen, bulbären Ausfällen,
dement mit schwersten Affektstörungen. Bei der 56-jährigen ist zur
Zeit eine Tetraspastik und beginnende Tetraparese vorhanden, während
bulbäre Störungen noch nicht nachzuweisen sind.

Wie wir anhand der Familienuntersuchungen und der sich teils bis in
das 17. Jahrhundert zurückzuverfolgenden Stammbäume ersehen konnten,
trat der PD-Komplex in Kombination mit einer ALS nur bei Familienmitgliedern auf, deren Eltern einmal untereinander verwandt waren, oder
den im Stammbaum (Abb. 1) aufgezeigten ältesten Familien entstammten,
die alle in demselben kleinen Ort ansässig waren.

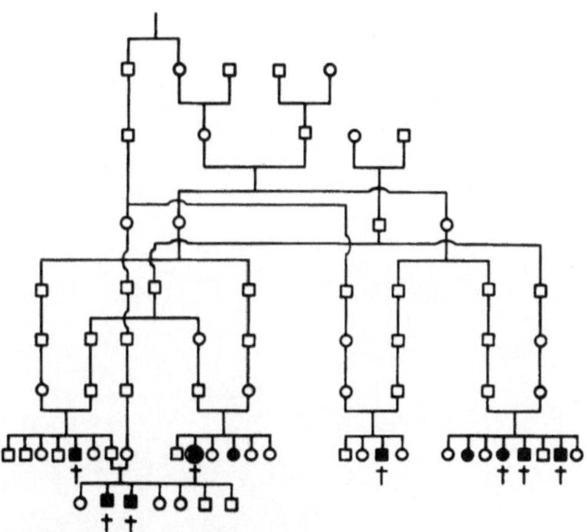

Abb. 1. Stammbaum der Patienten
mit dem PD-Komplex in Kombination mit einer ALS

Damit scheint ein autosomal rezessiver Erbgang vorzuliegen. Aufgrund
der unvollständigen Unterlagen gelang es uns bisher nicht, unter allen ältesten Vorfahren eine Verwandtschaftsbeziehung herzustellen.

Die Rezessivität in dem vorliegenden Vererbungsmodus scheint deshalb
interessant, weil bei den familiären Formen der ALS meist ein autosomal dominanter Erbgang angenommen wird (5).

Im Ablauf und in den klinischen Manifestationen dieser Krankheitsfälle ergeben sich Paralellen zu den auf Guam beobachteten Erkrankungen.
Bei den pathologisch-anatomischen Befunden ist uns ein Vergleich nicht
ohne weiteres möglich, da uns bisher nur dieser einzige morphologisch
gut dokumentierte Fall zur Verfügung steht.

Literatur

1. Hirano A, Kurland LT, Krooth RS, Lessell S (1961) Parkinsonism-
   Dementia Complex, an Endemic Disease on the Island of Guam, I
   Clinical Features. Brain 84: 642-661

2. Hirano A, Malamud N, Kurland LT (1961) Parkinsonism-Dementia Complex, an Endemic Disease on the Island of Guam, II Pathological
   Features. Brain 84: 662-679

3. Hirano A, Malmud N, Elizan TS, Kurland LT (1966) Amyotrophic Lateral Sclerosis and Parkinsonism-Dementia Complex on Guam. Arch
   Neurol 15: 35-51

4. Reed DM, Brody JA (1975) Amyotrophic Lateral Sclerosis and Parkinsonism-Dementia on Guam, 1945-1972, I. Descriptive Epidemiology.
   Amer J of Epidem 101: 287-310

5. Horton WA, Eldridge R, Brody J (1975) Familial motor neuron disease,
   Evidence for at least three different types. Neurology 26: 460-465

Epidemiologische Untersuchungen zum Morbus Wilson in der Bundesrepublik Deutschland

E. Hoffmann und H. Przuntek

BEARN (2) fand bei seinen Untersuchungen in New York eine Prävalenzrate von 1 : 1 000 000 homozygoter Wilson-Patienten. WALSHE (7) hielt
diese nach Untersuchungen in Großbritannien für zu niedrig. ARIMA und
SANO (1) fanden in Japan eine Prävalenzrate von 1 : 200 000. Wir haben versucht, eine epidemiologische Untersuchung über den Morbus Wilson in der Bundesrepublik durchzuführen.

In unserer Studie erfuhren wir von 174 gesicherten homozygoten Morbus Wilson-Patienten. Hieraus ergibt sich für die Bundesrepublik eine
Prävalenzrate von 1 : 350 000 für die homozygoten Erbmalsträger. Für
die einzelnen Bundesländer ergaben sich große Unterschiede. So lag
die Prävalenzrate für Rheinland-Pfalz, Baden-Württemberg und Bayern
um 1 : 200 000, während sie in Niedersachsen mit 1 : 1 800 000 am
niedrigsten lag.

Aus den auswertbaren Krankengeschichten ließen sich von hier 154 homozygoten Wilson-Patienten 40 abdominelle, 62 juvenile und 20 pseudosklerotische Verlaufsformen differenzieren, während die übrigen 32
asymptomatisch waren. Die einzelnen Formen sind nicht immer scharf
voneinander abgrenzbar gewesen. Vielmehr gab es fließende Übergangsformen. Zu den abdominellen Formen zählten wir die Patienten, bei
denen abdominelle Symptome im Vordergrund standen. Das Erkrankungsalter lag bei der abdominellen Form zwischen 5 und 19 Jahren mit einem
Durchschnitt von 12,3 Jahren (vgl. Abb. 1). Das durchschnittliche Erkrankungsalter lag bei den Jungen mit 10,7 Jahren um 3 Jahre unter dem
der Mädchen mit 13,9 Jahren. Als erste Symptome waren meist Appetitlo-
sigkeit, Übelkeit und Erbrechen, unklare Oberbauchbeschwerden, ikteri-
sche Schübe und Nachlassen der schulischen Leistungen angegeben worden.

Zur juvenilen Form wurden Patienten gezählt, bei welchen die abdominelle Symptomatik gegenüber der neurologischen ganz im Hintergrund
stand. Das Erkrankungsalter lag bei dieser Form zwischen dem 6. und
27. Lebensjahr, im Mittel bei 16,3 Jahren. Die ersten Symptome setzten mit Zittern in einer Hand, verwaschener Sprache, Gangunsicherheit, Muskelschwäche, Müdigkeit oder psychischen Symptomen ein. Im
Vordergrund stand meist ein Parkinson-Syndrom, das aber fast regelmäßig von einem Intentionstremor begleitet wurde.

Die pseudosklerotische Form manifestierte sich am spätesten und hatte
den langsamsten Verlauf. Die Erkrankung begann zwischen dem 16. und
37. Lebensjahr mit einem Schnitt um 24,1 Jahre. Diese Form geht eher
mit cerebellären Symptomen einher. Im Vordergrund standen die dysarthrische Sprache oder der Intentionstremor, weiterhin waren Verhaltensstörungen auffällig. Ein Kayser-Fleischer-Cornealring (vgl. Tabelle 1) war bei 108 manifesten Formen in 85 Fällen positiv angegeben worden, bei 29 asymptomatischen Wilson-Patienten fand sich ein Kayser-
Fleischer-Cornealring nur in 6 Fällen. Bei erfolgreicher D-Penicilla-
mintherapie bildete sich der Kayser-Fleischer-Cornealring in 11 Fällen
wieder vollständig zurück.

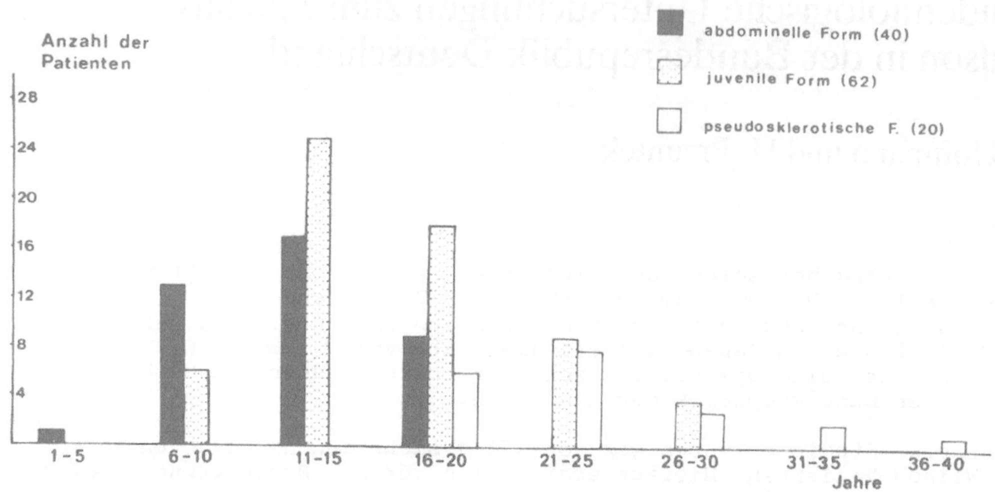

Abb. 1. Manifestationsalter bei 122 Morbus-Wilson-Patienten

Der Caeruloplasminspiegel des Serums kann immunelektrophoretisch oder
mit der Phenoloxidase-Methode bestimmt werden. Bei einem Normwert
zwischen 20 und 45 mg/100 ml spricht die Erniedrigung dieses Wertes
unter 20 mg/100 ml für einen Morbus Wilson, wenngleich wir in letzter
Zeit bei vermehrten Untersuchungen gehäuft Patienten mit erniedrigten
Caeruloplasminwerten finden ohne daß ein Morbus Wilson vorliegt. Bereits WALSHE (5) wies 1967 darauf hin, daß der Caeruloplasminspiegel
nicht in jedem Fall erniedrigt sein muß und daß umgekehrt auch bei
heterozygoten ein Wert unter dieser Normgrenze vorliegen kann. Bei
134 homozygoten Wilson-Patienten lag in 21 Fällen der Caeruloplasminspiegel im Normbereich, bei 6 von 30 heterozygoten fand sich der
Caeruloplasminspiegel unter der Norm erniedrigt. Bei einem Normwert
des Serum-Kupfers zwischen 70 und 150 ug/100 ml fand sich in 35 von
102 homozygoten Wilson-Patienten im Normbereich. Der Kupfer-Spiegel
im Serum scheint somit ein relativ unzuverlässiger Parameter in der
Diagnostik des Morbus Wilson zu sein. Aussagekräftiger schien die
Kupferausscheidung im 24-Stunden-Urin und der Kupfergehalt der Leber
zu sein. Die tägliche Kupferausscheidung beträgt normalerweise weniger als 40 ug/Tag, bei Wilson-Patienten meist mehr. Aber auch hier
zeigten von 63 Patienten 9 Wilson-Patienten einen Wert unter 40 ug/
die und somit einen Normwert. Der Kupfergehalt der Leber übersteigt
bei Wilson-Patienten 100 ug/g Trockengewicht, die vom Gesunden nicht
erreicht werden. Bei unseren Patienten war diese Grenze bei der manifesten Form in 2 von 32 Fällen nicht erreicht worden, während bei 2
von 19 asymptomatischen Patienten der Wert mit unter 100 ug/g Trockengewicht angegeben wurde.

Zusammenfassung

In einer epidemiologischen Studie wird für den Morbus Wilson in der
Bundesrepublik für die Jahre 1970 bis 1979 eine Prävalenz von 1 :
350 000 gefunden. In Süddeutschland wurde eine wesentlich größere Häufigkeit als im norddeutschen Raum beobachtet. Es scheint, als ob die
abdominelle Form des Morbus Wilson besonders häufig in Baden zu finden
sei, daß die verschiedenen Prävalenzraten mit den unterschiedlichen
diagnostischen Möglichkeiten zusammenhängen, kann man nur vermuten.

Tabelle 1

Angegebene Labordaten	abd.	juv.	pskl.	manifest	asy.	heterozyg.
Caeruloplasmin						
unter 20 mg/100 ml	26	53	11	90	23	6
über 20 mg/100 ml	8	2	6	16	5	24
Anzahl der Patienten	34	55	17	106	28	30
Kupfer im Serum (bei Diagnosestellung)						
unter 70 ug/100 ml	13	33	8	54	13	2
über 70 ug/100 ml	16	9	6	31	4	15
Anzahl der Patienten	29	42	14	85	17	17
Kupfer im Urin (bei Diagnosestellung)						
über 40 μg/die	21	26	7	54	17	2
unter40 μg/die	3	4	2	9	2	15
Anzahl der Patienten	24	30	9	63	19	17
Kupfergehalt der Leber						
über 100 μg/g TG.	10	20	2	32	17	1
unter 100 μg/g TG.	1	1	O	2	2	7
Anzahl der Patienten	11	21	2	34	19	8
Kayser-Fleischer-Cornealring						
Positiv angegeben	12	54	19	85	6	–
Negativ angegeben	17	5	O	23	24	–
Anzahl der Patienten	29	59	19	108	30	–
Durchschnittliches Manifestationsalter in Jahren	12,3	16,3	24,1	16,2	–	–
Anzahl der Patienten	40	62	20	122		

Die Lebenserwartung scheint auch heute bei der abdominellen Form deutlich herabgesetzt, weil sie meist zu spät erkannt wird. Von 19 verstorbenen Wilson-Patienten starben 17 direkt infolge ihrer Krankheit. 15 an einem abdominellen Morbus Wilson.

Die klinisch-chemischen Untersuchungen zeigen, daß eine Bestimmung von Caeruloplasmin und Kupfer im Serum sowie Kupfer im Urin alleine einer homozygoten und heterozygoten Differenzierung nicht durchgeführt werden kann. Untersuchungen von Patienten mit einer Lebercirrhose, die nicht durch einen Morbus Wilson bedingt war, zeigten, daß auch hier erhebliche Erhöhungen des Kupfer-Spiegels im Lebergewebe zu finden waren. Zum jetzigen Zeitpunkt scheint uns die homo- und heterozygoten Differenzierung als Messung der Kupfereinbaurate in Caeruloplasmin immer noch die verläßlichste Methode, um klinisch-chemisch einen Morbus Wilson nachzuweisen (3, 4, 5, 8).

Literatur

1. Arima M, Sano I (1968) Genetic Studies of Wilson's disease in Japan. Birth Defects 4: 54-59

2. Bearn AG (1960) A genetical analysis of thirty families with Wilson's disease (hepatolenticular degeneration). Ann Hum Genet 24: 33-43

3. Przuntek H (1975) Therapie bei Morbus Wilson. Proceed of the Neurootological and Equilibriometric Sec. Ed. Medicin and Pharmacie IV: 329-341

4. Przuntek H (1978) Morbus Wilson. In: Flügel K (Hrsg) Neurologische und Psychiatrische Therapie. Straube Verlag Erlangen, S 224-248

5. Przuntek H, Wesch H (1976) Frühsymptomatik und Frühdiagnostik bei hepatocerebraler Degeneration. Verh Dtsch Ges Inn Med 82: 678-680

6. Sternlieb I (1976) Die Wilson'sche Krankheit (Hepatocerebrale Degeneration). Internist 17: 342-347

7. Walshe JM (1967) The physiology of copper and its relation to Wilson's disease. Brain 90: 149-176

8. Wesch H, Przuntek H, Feist D (1980) Morbus Wilson. Rasche Diagnose und Differenzierung heterozygoter und homozygoter Anlageträger des Morbus Wilson mit 64 CuCl. Dtsch Med Wschr 105: 483-488

Für die freundliche Unterstützung bei der Studie danken wir allen Kollegen, die uns bei der Erstellung der Studie behilflich waren, besonders Dr.A.Arfken, Dr.U.Beneicke, Priv.Doz.Dr.K.L.Birnberger, Dr.H.Bleckmann, Dr.A.Dennig, Dr.Fr.-J.Deupmann, Prof.Dr.J.Eisenburg, Prof.Dr.A.Ewers, Priv.Doz.Dr.D.Feist, Dr.K.Giese, Dr.A.Haberer, Prof. Dr.K.E.Hampel, Priv.Doz.Dr.D.Harms, Dr.A.Henkes, Prof.Dr.K.H.Holtermüller, Dr.P.Hoppe-Seyler, Prof.Dr.H.J.Karl, Prof.Dr.H.Karte, Priv. Doz.Dr.H.Kilp, Prof.Dr.H.H.Kornhuber, Prof.Dr.P.Körtge, Priv.Doz.Dr. H.Kratz, Prof.Dr.J.Lange, Prof.Dr.H.G.Lenard, Dr.A.Matz, Prof.Dr.C. Mietens, Dr.R.Mokros, Prof.Dr.E.Müller, Prof.Dr.H.Noelle, Dr.P.Oßwald, Prof.Dr.H.Penin, Dr.F.Petruch, Dr.A.Pfeiffer, Priv.Doz.Dr.D.Pongratz, Dr.A.Preußner-Uhde, Dr.J.Rupp, Priv.Doz.Dr.J.Schaub, Prof.Dr.R.Schiffter, Prof.Dr.K.Schimrigk, Prof.Dr.D.Seitz, Prof.Dr.D.Soyka, Prof.Dr. G.Strohmeyer, Prof.Dr.A.Sturm, Prof.Dr.H.Stutte, Dr.C.Weiner, Dr.M. Weinzierl und Dr.H.Wesch

Sechs Jahre Erfahrung mit dem ^{64}Cu-Test zur Homozygoten- und Heterozygoten-Differenzierung von Wilson-Patienten

H. Wesch, H. Przuntek und D. Feist

Der frühzeitigen und sicheren Diagnostik des homozygoten Morbus Wilson kommt zur Vermeidung irreversibler Organschäden eine besondere Bedeutung zu, da diese zwar recht seltene Erkrankung erfolgreich behandelt werden kann. Ebenso ist es notwendig, den heterozygoten, klinisch gesunden Merkmalsträger zu erkennen, damit dieser keinesfalls der unnötigen und nicht unproblematischen lebenslangen Behandlung mit D-Penicillamin unterzogen wird.

Die herkömmlichen Laboratoriumsmethoden reichen zur Diagnosesicherung des homozygoten Morbus Wilson nicht immer aus, und der heterozygote Merkmalsträger kann mit diesen Methoden vom homozygoten Kranken nicht eindeutig abgegrenzt und vom normozygoten Gesunden nicht unterschieden werden (1, 2). Dagegen kann mit dem Radio-Kupfer-Test (3, 4) besonders in der von uns modifizierten Form (5) der unbehandelte homozygote Morbus Wilson sicher und der heterozygote Merkmalsträger mit einer großen Treffsicherheit diagnostiziert werden.

Patienten und Methode

In den letzten sechs Jahren wurden von uns 172 Untersuchungen mit Radio-Kupfer durchgeführt. Hierunter befanden sich 118 Mitglieder aus 34 Wilson-Familien, 20 gesunde Probanden und 34 fragliche Wilson-Patienten.

Das für den Radio-Kupfer-Test benötigte ^{64}Cu wird am Forschungsreaktor TRIGA II des Deutschen Krebsforschungszentrums hergestellt und nach Überführung in die Chloridform in physiologischer Kochsalzlösung aufgenommen. Nach einer einmaligen Injektion (Erwachsenendosis: 100 μg Cu; 80 - 120 μCi ^{64}Cu) werden nach 3, 8, 24 Stunden jeweils 8 ml Blut entnommen und die Einbaurate des ^{64}Cu in das Caeruloplasmin bestimmt. Während der gesamten Untersuchungszeit wird der Urin gesammelt und danach die darin ausgeschiedene Aktivität gemessen.

Ergebnisse

Das typische Ergebnis einer Familienuntersuchung mit ^{64}Cu Cl$_2$ ist in der Abb. 1 wiedergegeben. Ein Sohn (S1) der Familie war als homozygoter Merkmalsträger bekannt. Der Bruder (S2), ebenfalls ein homozygoter Merkmalsträger, war vollkommen symptomlos mit einem Caeruloplasminspiegel im unteren Normbereich. Ein weiterer Bruder (S3) sowie Mutter und Vater sind heterozygote Merkmalsträger. Die in der Abbildung dargestellten Bereiche sind Extrembereiche, die wir nach 5-jähriger Arbeit definiert haben.

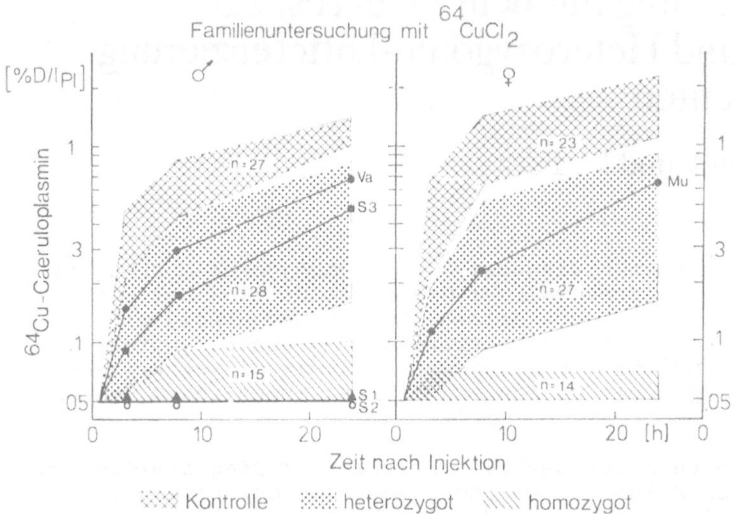

Abb. 1. Ergebnisse einer Familienuntersuchung nach Festlegung der Grenzbereiche. (S2) Symptomloser Bruder eines bekannten homozygoten Morbus Wilson (S1) mit zugehörigen Eltern (Mu, Va) und weiterem Bruder (S3)

Besprechung

Der Radio-Kupfer-Test läßt sich leicht ambulant in dafür eingerichteten Zentren durchführen. Das Ergebnis liegt nach 30 Stunden vor. Mit dem Test konnten wir bisher alle unbehandelten Morbus-Wilson-Patienten eindeutig diagnostizieren. Sechs homozygote Patienten, die zum Zeitpunkt der Untersuchung bereits mehrere Jahre mit D-Penicillamin behandelt waren, lagen im heterozygoten Bereich. Inwieweit diese Tatsache als prognostischer Hinweis gedeutet werden kann, bleibt abzuwarten.

Die Heterozygotendifferenzierung gelingt nur, wenn die Caeruloplasminsynthese beeinflussende Faktoren ausgeschlossen werden können. Es sind dies Infektionen, Contrazeptiva, Tumoren und Leberschädigungen. Die Messwerte liegen dann im Bereich der Kontrollen oder darüber, aber niemals im homozygoten Bereich.

Eine erniedrigte Caeruloplasminsyntheserate, die einen heterozygoten Merkmalsträger vortäuscht, wurde bei biliären Zirrhosen beobachtet. Dies ist nicht überraschend, da diese Erkrankung ebenfalls größere Mengen an Kupfer in der Leber speichert.

Zusammenfassung

Mit dem Radio-Kupfer-Test steht ein Verfahren zur eindeutigen Diagnose des homozygoten und heterozygoten Morbus Wilson zur Verfügung. Die Diskriminierung des heterozygoten Merkmalsträgers wird durch die Caeruloplasminsynthese stimulierende Faktoren wie Antikonzeptiva, Infektionen gestört. Der Test ist ambulant durchführbar, und Ergebnisse liegen innerhalb von 30 Stunden vor.

Literatur

1. Feist D, Wesch H, Schmid-Rüter E (1978) Frühdiagnose des Morbus
   Wilson im Kindesalter. Mschr Kinderheilk 126: 371

2. Sternlieb I (1976) Die Wilsonsche Krankheit. Internist 17: 342

3. Sternlieb I, Morell AG, Bauer CD et al. (1961) Detection of the
   heterozygous carrier of the Wilson's disease gene. J clin Invest
   40: 707

4. Sternlieb I, Morell AG, Tucker WD et al. (1961) The incorporation
   of copper into ceruloplasmin in vivo. Studies with ^{64}Cu and ^{67}Cu.
   J clin Invest 40: 1834

5. Wesch H, Przuntek H, Feist D (1980) Morbus Wilson. Rasche Diagnose
   und Differenzierung heterozygoter und homozygoter Anlageträger mit
   ^{64}CuCl$_2$. Dtsch med Wschr 105: 483-488

Elektromyographische Befunde bei umschriebenen dystonischen Syndromen

K. Fasshauer

Dystonische Syndrome sind durch fortdauernde, unwillkürliche, oft
drehende Bewegungen und Körperhaltungen gekennzeichnet (2, 3, 4). Neben der generalisierten Form der Torsionsdystonie werden die auf
einen umschriebenen Bezirk der Muskulatur begrenzten, klinisch ähnlichen Bewegungsstörungen oft als deren Abortivform oder besondere
Ausprägungen aufgefaßt (6, 8). Daneben werden auch symptomatische
dystonische Syndrome in Verbindung mit anderen zentralmotorischen
Störungen beobachtet (7, 9). Mit Hilfe der Elektromyographie ist es
möglich, verschiedene Erscheinungsformen dystonischer Muskelaktivität zu differenzieren. Wir haben zwei Patienten mit zwei Typen umschriebener dystonischer Muskelaktivität in ungewöhnlicher Lokalisation beobachtet, deren elektromyographische Befunde beschrieben werden sollen.

Kasuistik

Ein 40jähriger Mann (W.W., EMG-Nr.1596/78, 583/79, 1280/79) klagte
seit sechs Monaten über eine Behinderung im Bereich der linken Schulter durch eine umschriebene Muskelverkrampfung. Im Gebiet des linken
M.trapezius hinter der Schulter fand sich eine etwa faustgroße wulst-
ähnliche Muskelverdickung. Der übrige neurologische Befund und der
der Zusatzuntersuchungen war unauffällig. Im Gebiet des Muskelwulstes
waren elektromyographisch ununterbrochene Muskelentladungen einzelner
oder mehrerer normalkonfigurierter motorischer Einheiten zu erkennen
(Abb. 1).

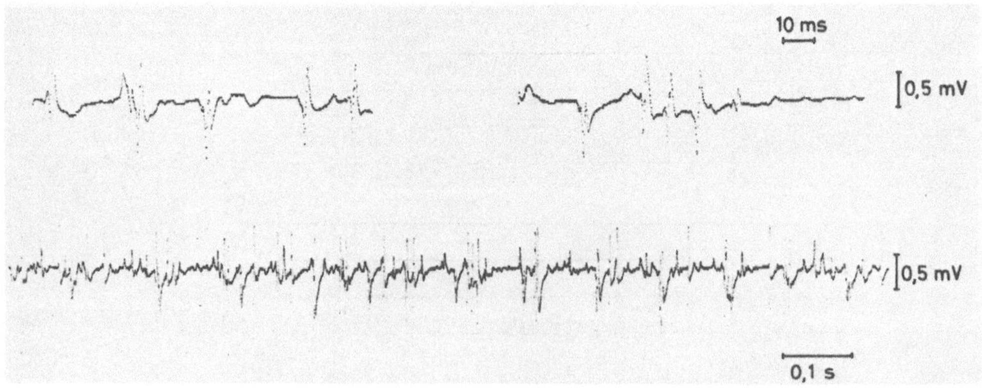

Abb. 1. Umschriebenes dystonisches Syndrom. Elektromyographie mit
konzentrischer Nadelelektrode aus einem umschriebenen, spontan kon-
trahierten Bezirk des M.trapezius links: Spontane Dauerentladungen
motorischer Einheiten (Pat. W.W., 41 J., m., EMG Nr.1280/79)

Ein getriggertes charakteristisches Potential konnte über 15 Minuten
kontinuierlich beobachtet werden. Die Entladungsfrequenzen der einzelnen Potentiale betrugen 8 - 11/sec. In den Muskeln der Umgebung
herrschte elektrische Stille. Zehn Monate später wurden zusätzlich
in der tiefen Nackenmuskulatur in Ruhestellung einzelne, spontan
auftretende motorische Einheiten in Frequenzen von 9 - 11/sec registriert. Bei willkürlicher Kopfdrehbewegung nach rechts kam es neben
der dichten Agonistenaktivität in der Nackenmuskulatur rechts zu
einer starken Antagonistenmitinnervation links, bei Kopfdrehbewegun-
gen nach links jedoch nicht zu einer ähnlichen Mitinnervation rechts.
Zusammenfassend handelte es sich um eine spontan vorhandene dystonische Dauerkontraktion in einem ganz umschriebenen Bezirk des M.tra-
pezius und gering auch in der gleichseitigen Nackenmuskulatur. Sie
ähnelten der Dauerkontraktion im M.sternocleidomastoideus und in der
Nackenmuskulatur, wie wir sie bei 55 Patienten mit einem Torticollis
spasmodicus in den letzten Jahren elektromyographisch registriert
haben. Auch hier ist vor allem bei länger bestehenden Erkrankungen
eine unaufhörliche Muskelaktivität zu beobachten, die zu der Dauer-
fehlstellung des Kopfes führt. Ferner wird auch beim Torticollis
eine Mitinnervation der betroffenen Nackenmuskulatur bei willkürlicher
Kopfdrehung zur Gegenseite elektromyographisch nachgewiesen. Wir haben das Krankheitsbild unseres Patienten daher als ein besonders loka-
lisiertes dystonisches Syndrom aus dem Formenkreis des Torticollis
spasmodicus gedeutet.

Von dieser tonischen Daueraktivität sind elektromyographisch dystonische Störungen abzugrenzen, die eine mehr phasische Erscheinungsform aufweisen. Ein derartiges Krankheitsbild haben wir ebenfalls in
umschriebener Form beobachtet. Ein 48jähriger Mann (J.B., EMG-Nr.
984/78) hatte drei Jahre zuvor bei einem Motorradunfall ein komplettes
Querschnittssyndrom ab D6 erlitten. Seither bestand eine hochgradige
Paraspastik der Beine. Bei passiver Verdrehung des Rumpfes, die wegen
seiner Parese nur mit Hilfe der Arme bewerkstelligt werden konnte,
kam es jeweils zu einer einige Sekunden anhaltenden wulstartigen Kontraktion der sonst schlaffen Muskulatur an der rechten seitlichen
Bauchwand. Elektromyographisch herrschte in dem fraglichen Gebiet
des M.obliquus abdominis externus rechts in Ruhelage elektrische
Stille. Nach langsamer passiver Drehung des Oberkörpers nach links
trat jedoch Muskelaktivität auf, die nach 1 - 2 Sekunden bis zu einem
Maximum anschwoll, um nach weiteren 4 - 6 Sekunden langsam wieder ab-
zuklingen. Danach herrschte wieder elektrische Stille trotz Beibehal-
tung der gedrehten Rumpfstellung. Durch Beklopfen oder rasche Dehnung
der Bauchdeckenmuskulatur war keine reflektorische Muskelaktivität zu
provozieren. Die langsam an- und abschwellende dystonische Hyperkine-
senentladung ähnelte einer "lengthening reaction" (1). Sie wurde durch
die langsame Dehnung der Bauchdecke aufgrund der passiven Thoraxrota-
tion provoziert. Der elektromyographische Befund ähnelte Veränderungen,
wie wir sie auch bei 11 Patienten mit unterschiedlichen torsions-dy-
stonischen Syndromen bei ortsgebundenen oder telemetrischen Ableitungen registriert haben.

Besprechung

Elektromyographisch haben wir somit zwei verschiedene Formen dystonischer Muskelaktivität bei den beschriebenen Patienten beobachten können, wobei ein mögliches Ineinanderübergehen bei manchen Fällen nicht
ausgeschlossen werden soll. Bei dem ersten Patienten lag eine unaufhörliche tonische Daueraktivität vor. Bei dem zweiten Patienten wurden dagegen provozierbare, langsame phasische Aktivitätszüge registriert. Die tonische Daueraktivität haben wir bei der Mehrzahl unse-

rer Patienten mit einem Torticollis spasmodicus beobachtet. Wir haben daher die umschriebene dystonische Symptomatik bei dem ersten Patienten dem Formenkreis dieser Erkrankung zugeordnet. Wir möchten annehmen, daß beim Torticollis spasmodicus und verwandten Syndromen ein heterogenes Krankheitsbild vorliegt, worauf auch die unterschiedliche Ansprechbarkeit auf verschiedenartige Medikamente hinweist (5). Nur ein Teil der Fälle ist möglicherweise als Abortivform der Torsionsdystonie im Erwachsenenalter aufzufassen. Mehr phasisch ablaufende Hyperkinesenaktivität im Elektromyogramm möchten wir als Hinweis auf eine Verwandtschaft mit der Torsionsdystonie werten, wie wir sie in umschriebener Form und ungewöhnlicher Lokalisation bei der offenbar symptomatisch begründeten hyperkinetischen Störung des zweiten Patienten gesehen haben. Phasische Hyperkinesenentladungen im M.sternocleidomastoideus, die zu einer tortikollisähnlichen Kopfhaltung führten, fanden wir auch bei Patienten mit einer idiopathischen Torsionsdystonie. Zusammenfassend haben wir somit zwei unterschiedliche Formen dystonischer Muskelaktivität elektromyographisch registriert. Wir möchten sie als Hinweis auf eine Heterogenität der sonst ähnlichen Erkrankungen aus diesem Formenkreis werten.

Zusammenfassung

Die elektromyographische Differenzierung eines phasischen und eines tonischen Typs dystonischer Muskelentladungen wird am Beispiel von 2 Patienten beschrieben. Bei einem Kranken wurde ein umschriebenes dystonisches Syndrom in Form einer wulstartigen Dauerkontraktion in einem umgrenzten Bezirk des M.trapezius registriert. Der elektromyographische Befund glich dem in der Hals- und Nackenmuskulatur beim Torticollis spasmodicus. Bei einem anderen Patienten wurden durch Drehbewegungen des Thorax provozierte phasische Kontraktionen des M.obliquus abdominis externus beobachtet, die elektromyographisch spontanen Muskelkontraktionen bei der Torsionsdystonie ähnelten. Die Befunde werden als Hinweis auf eine Heterogenität dystonischer Syndrome gewertet.

Literatur

1. Denny-Brown D (1968) Clinical symptomatology of diseases of the basal ganglia. In: Vinken PJ, Bruyn GW (eds) Handbook of clinical neurology. Vol VI. North Holland, Amsterdam, p 133

2. Fahn S, Eldridge R (1976) Definition of dystonia and classification of the dystonic states. Adv Neurol 14: 1-5

3. Hassler R (1953) Extrapyramidal-motorische Syndrome und Erkrankungen. Das dystonische Syndrom. In: Bergmann G, Frey W, Schwiegk H (Hrsg) Handbuch der Inneren Medizin, 4.Aufl. Bd. V/3. Springer, Berlin Göttingen Heidelberg, p 762

4. Herz E (1944) Dystonia. II. Clinical classification. Arch Neurol Psychiat 51: 319-355

5. Lal S, Hoyte K, Kiely ME, Sourkes TL, Baxter DW, Missala K, Andermann F (1979) Neuropharmacological investigation and treatment of spasmodic torticollis. Adv Neurol 24: 335-351

6. Marsden CD (1976) The problem of adult-onset idiopathic torsion dystonia and other isolated dyskinesias in adult life (including blepharospasm, oromandibular dystonia, dystonic writer's cramp, and torticollis, or axial dystonia). Adv Neurol 14: 259-276

7. Said G (1972) Les dystonies. Nouv Presse Méd 1: 527-532

8. Zeman W (1976) Dystonia: an overview. Adv Neurol 14: 91-103

9. Zeman W, Whitlock CC (1968) Symptomatic dystonias. In: Vinken PJ, Bruyn GW (eds) Handbook of clinical neurology, Vol VI. North Holland, Amsterdam, p 544

Augenbewegungen bei Chorea Huntington

G. Oepen, P. Clarenbach und U. Thoden

Eine Verlangsamung vertikaler und horizontaler Sakkaden wurde ver-
schiedentlich bei Chorea Huntington beschrieben (1 - 8). Störungen
der verschiedenen Augenbewegungen im Wachzustand und Schlaf an Choreatikern und Familienangehörigen wurden in dieser Arbeit quantitativ erfaßt.

Es wurden bei Patienten mit manifester Chorea Huntington, klinisch
unauffälligen Nachkommen und Normalpersonen vertikale und horizontale Augenbewegungen im Routine-Elektronystagmogramm, sowie die raschen Augenbewegungen (REM) in polygraphischen Schlafableitungen registriert. Im einzelnen wurde die Geschwindigkeit von horizontalen
und vertikalen Willkürsakkaden, Refixationssakkaden (Anblicken wechselweise angeschalteter Lämpchen), optokinetischer und vestibulärer
Nystagmussakkaden gemessen, sowie horizontale schnelle (O,5 Hz) und
langsame (O,3 Hz) Pendelfolgebewegungen registriert. Hierbei war der
Kopf des sitzenden Patienten fixiert.

In den polygraphischen Schlafableitungen mit Registrierung der Augenbewegungen durch horizontale paraokuläre Elektroden, wurde in den REM-
Phasen die Häufigkeit der Augenbewegungen insgesamt, die Häufigkeit
der steilen Augenbewegungen, sowie der Anteil steiler Augenbewegungen
an der Gesamtzahl der Augenbewegungen bestimmt. Als "steil" galten
Augenbewegungen mit einem Anstieg über 45° bei einem Papiervorschub
von 15 mm/sec. Aufgrund der geringen Anzahl von Patienten und Nachkommen und den erheblichen Streuungen, wurde auf statistische Vergleiche verzichtet.

Vertikale Augenbewegungen

Die auffälligste Störung war bei Choreatikern, aber auch bei klinisch
unauffälligen Nachkommen, eine Verlangsamung der vertikalen Willkürsakkaden auf eine Geschwindigkeit von 172°/sec ± 55 ($\bar{X}$ ± SD) gegenüber 361°/sec ± 103 bei Normalpersonen (Abb. 1a). Eine Korrelation
zwischen klinischem Schweregrad, Dauer der Erkrankung und Ausmaß der
Sakkadenstörung fand sich nicht, ebensowenig geschlechts- oder alters-
bedingte Unterschiede. Die vertikalen Refixationssakkaden waren demgegenüber schneller (190°/sec ± 51). Dieser Unterschied zwischen beiden Sakkadentypen fand sich nicht bei Normalpersonen (Tab. 1). Auch
die Sakkaden des vertikalen optokinetischen Nystagmus waren mit 109°/
sec ± 18 deutlich verlangsamt (Normalpersonen = 232°/sec ± 68). Selten traten aber auch bei Normalpersonen langsame vertikale Sakkaden
auf, besonders beim Blick nach unten (bis 120°/sec).

Horizontale Augenbewegungen

Auch die horizontalen Willkürsakkaden waren gegenüber Normalpersonen
(351°/sec ± 73) deutlich verlangsamt (Chorea Huntington: 224°/sec ±
75) ohne deutlichen Unterschied zwischen Willkür- und Refixations-

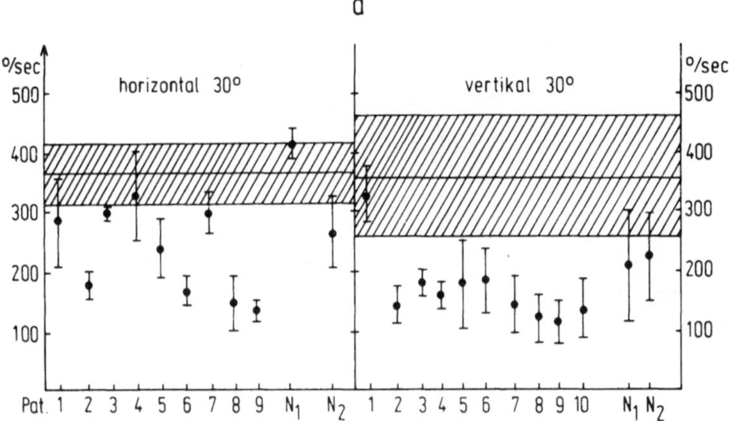

Abb. 1a. Geschwindigkeit horizontaler und vertikaler Willkürsakkaden (30°) im Wachzustand. Der schraffierte Bereich zeigt die Werte für Normalpersonen ($\bar{X} \pm$ SD)

Tabelle 1. Durchschnittliche Geschwindigkeit horizontaler und vertikaler Willkür- und Refixationssakkaden bei Choreatikern, Nachkommen und Normalpersonen

	Choreatiker (n=10)	Nachkomme 1	Nachkomme 2	Normalpers. (n=14)
horizontal (Willkür-u. Refix.sacc.)	224 ± (75)	424 ± (26)	240 ± (38)	351 ± (73)
vertik. Refix.sacc.	209 ± (72)	412 ± (90)	240 ± (20)	325 ± (81)
vertik. Willkür- saccaden	164 ± (52)	194 ± (90)	221 ± (72)	361 ± (103)

sakkaden. Die optokinetischen Sakkaden waren bei Chorea Huntington mit 187°/sec gegenüber Normalpersonen (232°/sec) nur leicht verlangsamt. Der kalorisch ausgelöste vestibuläre Nystagmus zeigte in der Geschwindigkeit der schnellen Phase keine deutlichen Unterschiede zu Normalpersonen. Horizontale Folgebewegungen waren bei allen Choreatikern in einigen Phasen glatt, wurden aber bei 6 von 10 Patienten durch nicht kompensatorische hyperkinetische Rucke regellos in jeder Pendelphase in unvorhersagbarer Richtung und Amplitude gestört. Diese Störungen traten bei höherer Pendelfrequenz häufiger und stärker auf. Keine der 3 Nachkommen zeigte solche Rucke.

Augenbewegungen während des REM-Schlafes

Bei Choreatikern war die mittlere Häufigkeit von Augenbewegungen im REM-Schlaf auf 20% ± 10 gegenüber 41% ± 15 bei Normalpersonen reduziert (Abb. 1b), ebenso zeigte sich eine Verminderung der steilen

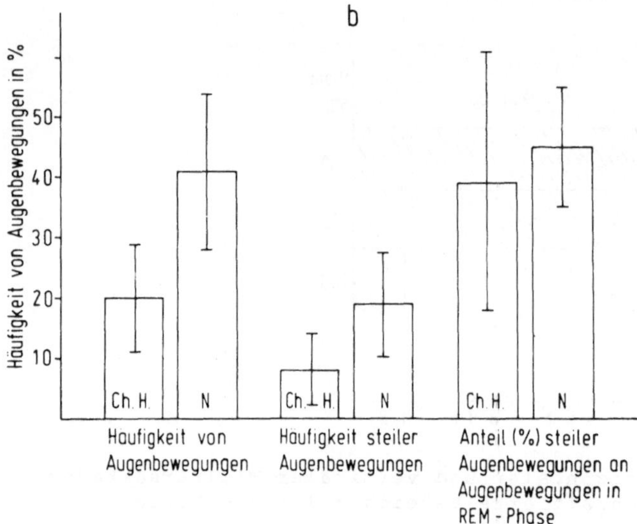

Abb. 1b. Augenbewegungen im Schlaf (REM-Phase) bei Choreatikern und
Normalpersonen mit Standardabweichung

Augenbewegungen von 19% ± 9 bei Normalpersonen auf 8% ± 7. Bei Chorea
Huntington waren nur 39% ± 24 der Augenbewegungen steil gegenüber
45% ± 10 bei Normalpersonen.

Die in der Vertikalen betonte Störung der Willkürsakkaden, Refixationssakkaden und Sakkaden des optokinetischen Nystagmus bei Choreatikern,
die weniger ausgeprägt sich schon im präklinischen Stadium der Nachkommen zeigen kann, bestätigt und erweitert frühere Befunde (1, 2, 4,
6 - 8).

Die stärkere Verlangsamung von Willkürsakkaden gegenüber Refixationssakkaden (2, 7) könnte durch eine frühe Störung der Augenfelder des
frontalen Cortex zu erklären sein, der früh atrophische Veränderungen
zeigt (2, 3, 7). Diese frühe frontale Atrophie kann aber das unterschiedliche Ausmaß der Sakkadenstörung in vertikaler und horizontaler
Richtung nicht erklären. Weiter ist die Rolle des früh atrophierenden
Striatums, besonders des Caput nuclei caudati, für die verschiedenen
Störungen der Augenbewegungen (2, 5, 7, 8) noch unklar.

Die deutliche Verminderung der Häufigkeit von Augenbewegungen im REM-
Schlaf und die herabgesetzte Häufigkeit steiler Augenbewegungen,
also die Verlangsamung von Augenbewegungen auch im Schlaf spricht für
eine wesentliche Beteiligung retikulärer Integrationssysteme der
Blickmotorik. Wahrscheinlich sind also bei dem progressiven Verlauf
der erblichen degenerativen Erkrankung alle Komponenten der Blickmotorik zu unterschiedlichem Zeitpunkt in unterschiedlichem Ausmaß betroffen.

Literatur

1. André-Thomas M, Abely X, Ajuriaguerra J, Eullier L (1945) Troubles
   de l'Elevation des globes oculaires dans un cas de chorée de
   Huntington. Rev Neur 77: 248-250

2. Avanzini G, Girotti F, Caraceni T, Spreafico R (1979) Oculomotor disorders in Huntington's chorea. J Neur Neurosurg Psych 42: 581-589

3. Bruyn GW (1969) Huntington's chorea: Historical, clinical and laboratory synopsis. In: Vinken PJ and Bruyn GW (eds) Handbook of Neurology, Vol. 13. North Holland Publishing Company, Amsterdam, New York, Oxford, p 298-378

4. Dereux J (1945) Chorée chronique et paralysie hypertonique du regard. Rev Neurol 77: 207-208

5. Hoyt WF, Daroff RB (1971) Supranuclear disorders of ocular control system in man. In: Bach-y-Rita P, Collins CC, Hyde JE (eds) The control of eye movements. Academic Press, New York, p 175-235

6. Petit H, Tillroy R, Dhedin G, Milbled G (1971) Application au diagnostic précoce de la chorée de Huntington d'une technique d'enregistrement des movements oculaires. Lille Médical 16 (10): 1386-1397

7. Petit H, Milbled G (1973) Anomalies of conjugate ocular movements in Huntingtons Chorea: Application to early detection. Advances in Neurology I: 287-294

8. Starr A (1967) A disorder of rapid eye movements in Huntington's Chorea. Brain 90: 545-564

Erste Erfahrungen mit einem Met-Enkephalin-Analogon in der Behandlung choreatischer Syndrome

F. Gerstenbrand und W. Poewe

Einleitung

Die Strukturaufklärung der beiden Pentapeptide Leucin-Enkephalin
und Methionin-Enkephalin durch HUGHES und Mitarbeiter im Jahre 1975
(1) hat intensive Erforschungsmöglichkeiten ihrer pharmakologischen
Eigenschaften und Verteilung im Gehirn geboten. Die höchsten Konzentrationen der Enkephaline konnten im Globus pallidus gefunden werden
(2). Die immunhistochemische Anfärbung in diesem Kerngebiet entspricht Zellfortsätzen, deren zugehörige Zellkörper im Nucleus caudatus und Putamen lokalisiert sind (3). Die deutlich erniedrigten
striatalen Enkephalin-Konzentrationen nach intrastriataler Kainsäure-
Injektion bei der Ratte (4) sowie die erniedrigten Enkephalin-Konzentrationen im Globus pallidus von postmortem Gehirnen bei Chorea-Huntington-Patienten (5) weisen auf eine mögliche pathogenetische Rolle
eines Enkephalin-Defizits im caudato-pallidalen System bei der Choreo-
Huntington hin.

Die klinische Anwendung von Enkephalinen scheiterte bislang an den
extrem kurzen Halbwertszeiten dieser Peptide. Durch ein synthetisches
Met-Enkephalin-Analogon mit wesentlich verlängerter Halbwertszeit war
es möglich, die Substanz bei extrapyramidalen Hyperkinesen anzuwen-
den.

Patientengut und Methodik

7 Patienten mit einem hyperkinetischen Syndrom, und zwar 4 mit einer
Chorea Huntington (3 Männer und eine Frau) und 3 mit Dyskinesien
(2 Patienten mit einer Tardive Dyskinesia, ein Mann, eine Frau; ein
Mann mit postencephalitischer Dyskinesie) wurden mit dem Met-Enkephalin-Analogon (FK 33-824) behandelt.[1]

Die Substanz wurde 6 Patienten in einer Tagesdosis von 100 mg per-
oral verabreicht, an 4 aufeinanderfolgenden Tagen. Der 7. Patient erhielt das Medikament intravenös in einer Tagesdosis von 5 mg.

Zur Erfassung der Wirkung wurden die Patienten mit einer Videokamera
gefilmt, die Bewegungsstörungen durch Auszählen der Frequenz pro Minute der verschiedenen Unruhebewegungen analysiert.

Ergebnisse

Bei 3 der 4 Chorea-Huntington-Patienten konnte nach Applikation des
Medikamentes eine signifikante Abnahme der Frequenz der groben oder
der feinen Hyperkinesien, bei 2 Patienten beider Formen beobachtet
werden (Abb. 1).

---

[1] Der Firma Sandoz, Basel, ist für die Überlassung des Präparates
zu danken

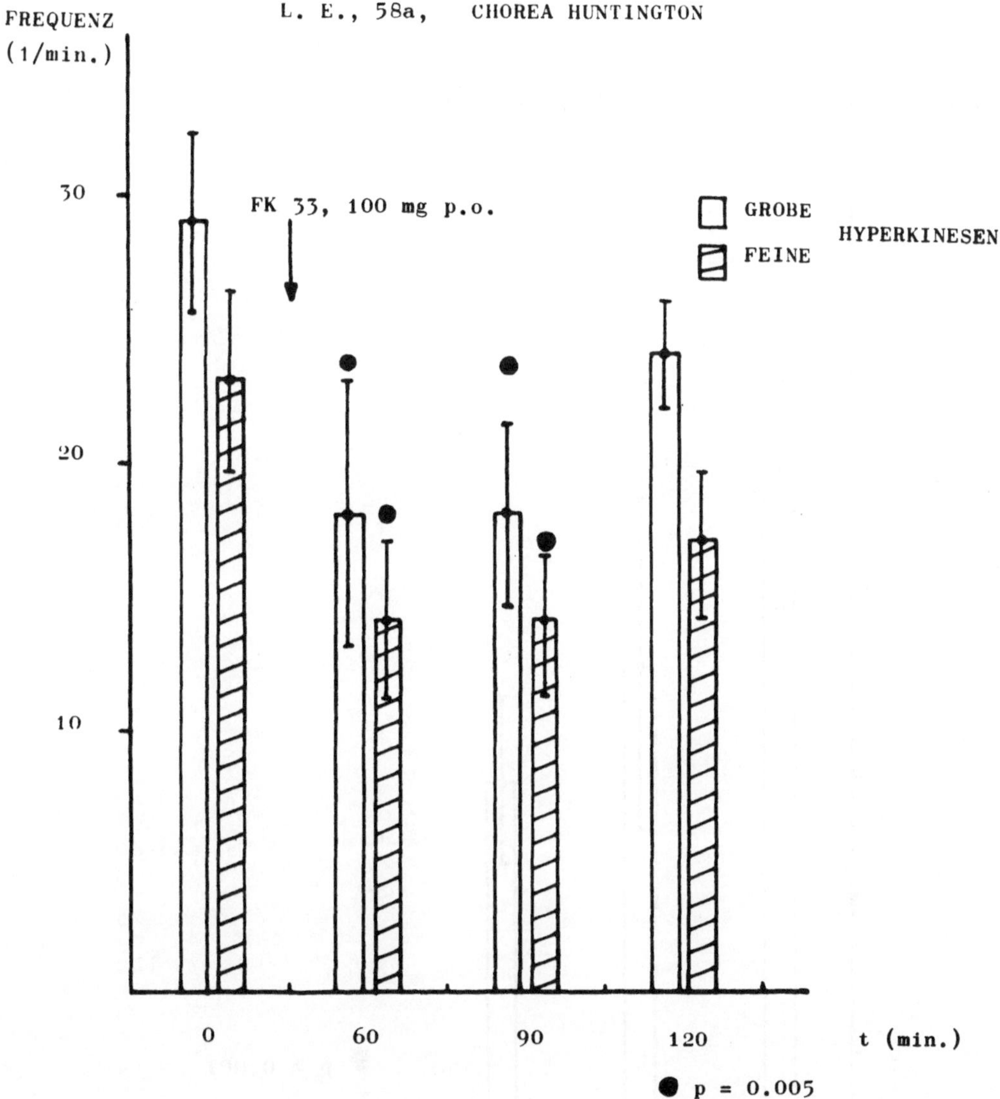

Abb. 1. Signifikante Abnahme der Frequenz der groben und feinen Hyperkinesen 60 und 90 Minuten nach peroraler Applikation von 100 mg FK 33-824 im Fall einer Chorea Huntington

Bei peroraler Applikation trat der Effekt nach einer Stunde ein und war über eine bis 2 Stunden nachweisbar, während nach intravenöser Gabe bereits nach 20 Minuten ein Effekt zu beobachten war. In einem Fall einer Chorea Huntington wurden keine Veränderungen der Hyperkinesen über 3 Stunden nach peroraler Verabreichung von 100 mg beobachtet. Bei diesem Patienten kam es jedoch zu einer signifikanten Abnahme der Basisfrequenz der groben Hyperkinesen am 4. Behandlungstag (Abb. 2).

Bei den Patienten mit Dyskinesien konnte kein Einfluß des Medikamentes auf die Bewegungsstörungen festgestellt werden.

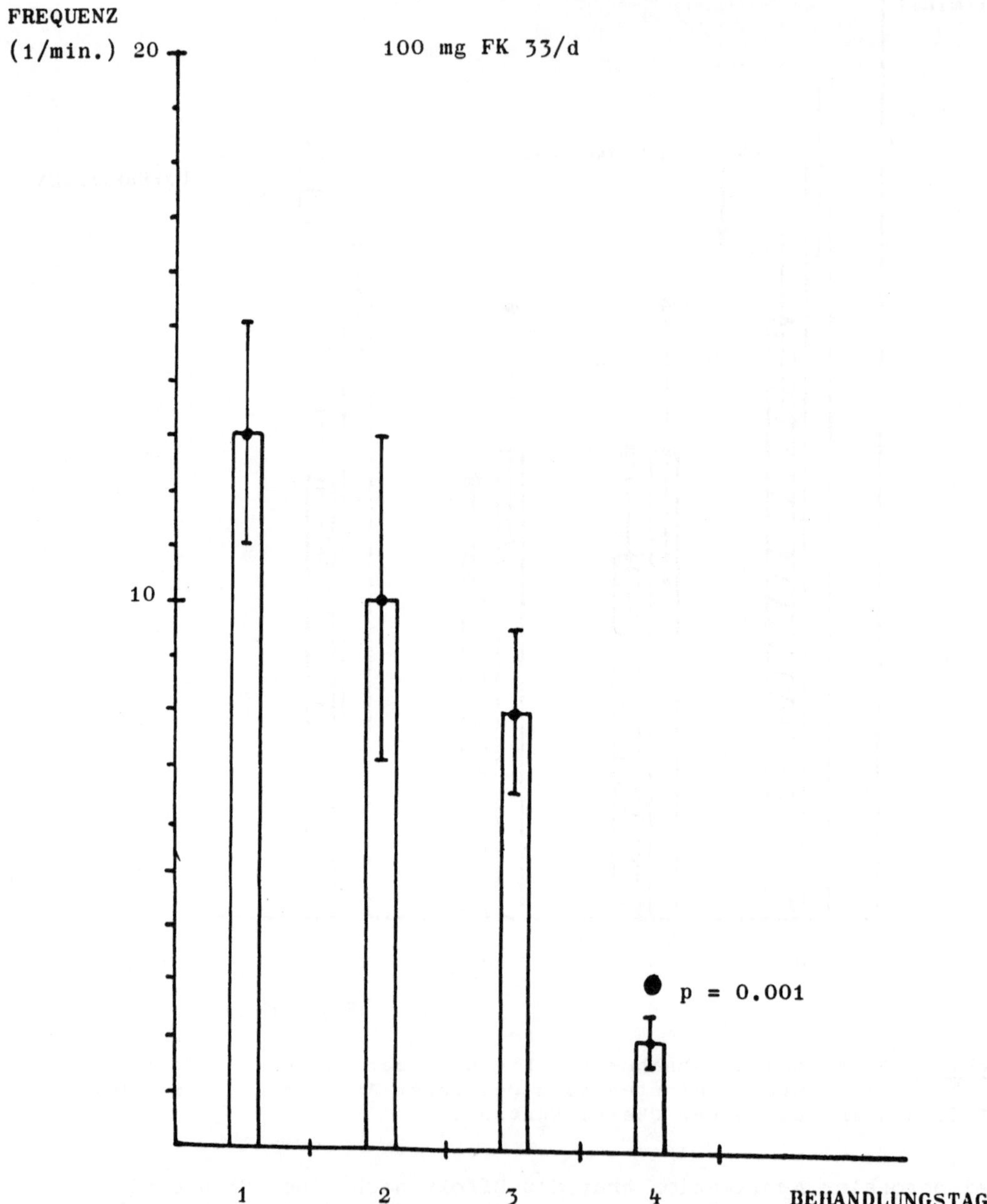

Abb. 2. Signifikante Abnahme der Basisfrequenz der groben Hyperkinesen, nach viertägiger Behandlung mit täglich 100 mg FK 33-824 per os
bei einem Fall einer Chorea Huntington

Die Nebenerscheinungen waren durchwegs flüchtig. Es kam bei allen Patienten zu einer leichten Müdigkeit verbunden mit Schweregefühl der
Glieder, ein Zustand, der eine Stunde nach der oralen Verabreichung

anhielt. Bei 5 Patienten trat eine halbe Stunde nach oraler Applikation eine vorübergehende Gesichtsrötung und Chemosis auf, die ebenfalls über eine Stunde anhielten. In 4 Fällen kam es nach peroraler
Applikation zu leichter Übelkeit. Die Patientin, die die Substanz
intravenös erhielt, zeigte eine über Stunden nach Verabreichung anhaltende Reizbarkeit.

Reizbarkeit wurde auch in einem Selbstversuch beobachtet (25-jähriger
Arzt). Auf Entspannung und Ausgeglichenheit über 40 Minuten folgten
innere Unruhe und Reizbarkeit, die ungefähr 17 Minuten anhielt. Die
normale Motorik war ausgeglichener und zielsicherer. Die Ergebnisse
der Flimmerverschmelzungsfrequenz waren besser. Vermehrte Diurese
wurde beobachtet.

Die Routine-Laborwerte zeigten bei allen 7 Patienten keine signifikanten Veränderungen. Das gleiche gilt für Blutdruck und Puls. Der Serumspiegel von Prolactin stieg bei allen Patienten deutlich an, der des
HGH gering.

Zusammenfassung

Zusammenfassend läßt sich nach den ersten Behandlungsergebnissen mit
einem Met-Enkephalin-Analogon (FK 33-824) eine Wirksamkeit auf die Unruhebewegungen in Fällen einer Chorea Huntington feststellen. Bei Patienten mit Dyskinesien war keine Wirkung zu beobachten. Die Beeinflussung der Chorea-Hyperkinesen hielt über 1 1/2 Stunden an. Bemerkenswert ist die psychotrope Wirkung nach i.v. Applikation, die sowohl
im Selbstversuch, als auch bei einer Chorea-Huntington-Patientin beobachtet wurde, ebenso der Anstieg von Prolaktin und HGH.

Literatur

1. Hughes J, Smith T, Morgan B, Fothergill L (1975) Purification and
   properties of enkephalin - the possible endogenous ligand for the
   morphine receptor. Life Sci 16: 1753-1758

2. Hong JS, Yang HYT, Fratta W, Costa E (1977) Determination of
   methionine enkephalin in discrete regions of rat brain. Brain Res
   134: 383-386

3. Watson SJ, Akil H, Sullivan S, Barchas JD (1977) Immunocytochemical
   localization of methionine enkephalin. Life Sci 21: 733-738

4. Childers SR, Schwarz R, Coyle JT, Snyder SH (1978) Radioimmunoassay of enkephalins: levels of methionine- and leucine-enkephalin
   in morphine-dependent and kainic-acid lesioned rat brains. In:
   Costa E, Trabucchi M (eds) Adv in Biochem Psychopharmacology, Vol
   18: The Endorphins. Raven Press, New York, p 161-173

5. Arregui A, Iversen LI, Spokes EGS, Emson PC (1979) Alterations in
   postmortem brain angiotensinconverting enzyme activity and some
   neuropeptides in Huntington's disease. In: Chase TN et al. (eds)
   Advances in Neurology, Vol 23. Raven Press, New York, p 517-525

Gibt es ein einheitliches klinisches Syndrom bei bilateralen entzündlichen Läsionen des Thalamus

G. Hopp, E. Schneider, H. Marcu, P.-A. Fischer, P. Jacobi und K. Hubener

Bilaterale symmetrische Erweichungen der Thalamuskerne als Folge cerebraler Durchblutungsstörungen im Ausbreitungsgebiet retromamillärer Äste der A.cerebri posterior sind pathologisch-anatomisch beschrieben worden. Klinisch können sie mit schweren Störungen des Bewußtseins, Coma vigile, apallischem Syndrom oder akinetischem Mutismus einhergehen (1, 2, 3, 6, 9, 10). Durch die Einführung der Computertomographie ist die Darstellung thalamischer Läsionen auch an lebenden Personen möglich geworden. Entsprechende Berichte einschließlich der klinischen Korrelate liegen in der Literatur auch bereits vor (3, 7, 8). MARCU et al (7) schlugen für die im Rahmen entzündlicher Gehirnaffektionen erfaßbaren thalamischen Läsionen die Bezeichnung "bilaterale reversible Thalamitis" vor. Eine solche Definition läßt an eine klinische Entität und eine Begrenzung des Prozesses auf dieses Hirnreal denken. Verlaufsbeobachtungen an Patienten unserer Klinik zeigen, daß es sich nicht immer um reversible Läsionen handelt und sehr heterogene klinische Syndrome vorliegen können.

Kasuistik

Fall 1: Der 48jährige, adipöse Patient erkrankte am 30.10.1978 mit einer rasch progredienten Bewußtseinsstörung. Bei der Klinikaufnahme war er nicht ansprechbar, reagierte jedoch gezielt auf Schmerzreize. Der neurologische Befund war bis auf fehlende MDR unauffällig. Nach 2 Tagen ging der Zustand in eine stark wechselnde Bewußtseinslage über, nach etwa 2 Wochen fiel eine schwere Störung des Eigenantriebs auf. Der Patient war nur durch massive Aufforderungen dazu zu bewegen, etwa aufzustehen und zu gehen, blieb jedoch nach wenigen Schritten wieder stehen, mußte gefüttert und gewaschen werden. In der Computertomographie (CT) zeigte sich zu diesem Zeitpunkt eine symmetrische Dichteminderung beidseits im Thalamus von etwa 2,5 cm Durchmesser (Abb. 1). Ein cerebraler Gefäßprozeß konnte mittels Angiographie ausgeschlossen werden, im Liquor lagen keine entzündlichen Veränderungen vor. Die serologischen Untersuchungen ergaben erhöhte Titer gegen Coxsackie, Polio- und Cytomegalievirus mit ansteigender Tendenz gegenüber Cytomegalie. Der Verlauf war durch den weiteren Verlust des Eigenantriebs gekennzeichnet. Der früher lustige, fleißige und gesellige Mann saß oder lag jetzt stundenlang an einer Stelle, ohne spontan ein Wort zu sagen, tat nur das, was ihm aufgetragen wurde. In verschiedenen psychologischen Tests zur Erfassung der Antriebssituation erreichte er niemals Altersmittelwerte. Dabei waren die motorischen Tests stärker beeinträchtigt als die kognitiven und zeigten vor allem keine wesentliche Änderung während des Beobachtungszeitraumes von mehr als einem Jahr (Einzelwerte in der Tabelle 1). Bei einer CT-Kontrolluntersuchung etwa ein Jahr nach Krankheitsbeginn zeigte sich, daß es nicht zu einer Rückbildung der im Thalamus gelegenen Läsionen gekommen war.

Fall 2: Der 29jährige, insulinpflichtige Diabetiker erlitt am 24.6.1979 einen generalisierten Krampfanfall. Anschließend befand er sich für 2 Wochen in einem somnolenten Bewußtseinszustand, wobei er jedoch gezielt

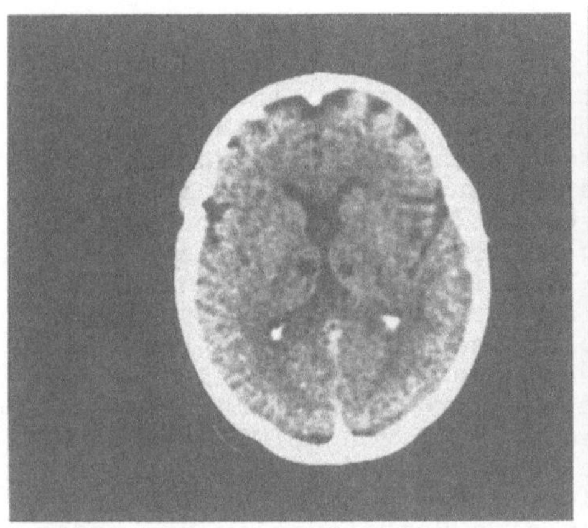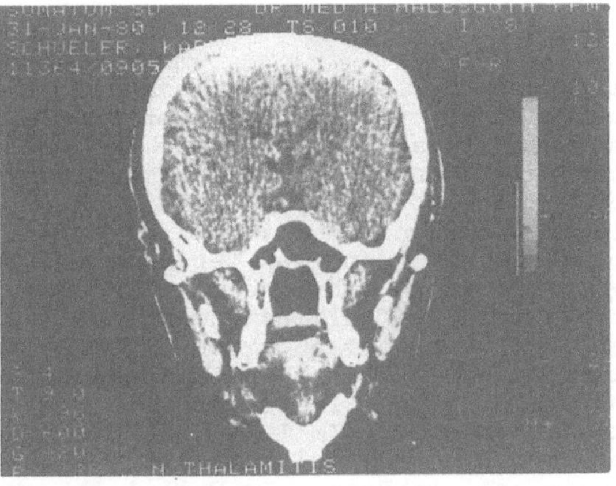

Abb. 1. Bilaterale Dichteminderungen im Thalamus in axialer (a) und coronarer (b) Schnittführung etwa 1 Jahr nach Erkrankungsbeginn

Tabelle 1. Neuropsychologische Verlaufsbefunde bei persistierender symmetrischer Thalamusläsion

Test \ Datum	15.12.78	12.1.79	9.7.79	3.1.80
Trail making A		79	57	47
(sek.) B		215	173	115
Purdue Pegboard				
re	10	12	12	12
li	12	12	11	11
beidhändig	8	9	8	9
Komplexe optische Reaktionszeit (Sek.)	72,5	48,0	38,6	42,0

auf Schmerzreize reagierte. Vorübergehend bestand ein geringgradiger Meningismus, die MDR fehlten. Er wurde dann zeitweilig psychomotorisch unruhig, dann wieder lag er still mit geöffneten Augen da, ohne jedoch zu fixieren. Zwischen der 2. und 3. Krankheitswoche entwickelte er ein typisches Klüver-Bucy-Syndrom mit anfänglich ausgeprägter oraler, später sexueller Enthemmung. Dieser Zustand währte etwa 3 Wochen und ging dann in ein hirnorganisches Psychosyndrom mit zeitlicher und örtlicher Desorientierung und einer hochgradigen Störung des Kurzzeitgedächtnisses über. In der CT hatte sich vorübergehend eine symmetrische Dichteminderung im Thalamus gefunden, während der angiographische Befund regelrecht war. Im Liquor fanden sich 15/3 Zellen und ein Gesamteiweiß von 45mg%. Serologisch konnten ansteigende Titer auf Coxsackie festgestellt werden. In der Folgezeit fiel der Patient durch eine erhebliche Verlangsamung und verminderte Belastbarkeit auf. Ausführliche, von ihm selbst verfaßte Berichte lassen jedoch auf einen Wiedergewinn der Eigeninitiative schließen.

Diskussion

Die geschilderten Fälle weisen als Initialsymptomatik eine tiefe Bewußtseinsstörung mit fehlender Ansprechbarkeit und erhaltener gezielter Reaktion auf Schmerzreize auf. Während sich im Fall 1 daraus eine schwere Störung des Eigenantriebs bei erhaltener Fremdanregbarkeit entwickelt und auch persistiert, kommt es im Fall 2 zu einem typischen Klüver-Bucy-Syndrom mit relativ günstiger Rückbildungstendenz entsprechend dem günstigen Verlauf des CT-Befundes. Die unterschiedlichen Syndrome machen wahrscheinlich, daß in den beiden Fällen verschiedene Strukturen des Thalamus und seiner Verbindungssysteme getroffen wurden, wenn man überhaupt von einer Begrenzung auf die thalamischen Gebiete ausgehen kann. Eine Ausdehnung auf weitere Hirnbezirke erscheint im Fall 2 in Übereinstimmung mit der Beobachtung von REINING et al (8) durchaus möglich. Im Thalamus käme eine Schädigung des Nc. anterior, der über den Fasciculus mamillo-thalamicus Verbindungen zum limbischen System hat, in Frage. Im Fall 1 ist eher eine Schädigung im Nc. medialis des Thalamus zu diskutieren, der mit den Assoziationsgebieten des Frontallappens verbunden ist. Störungen dieses Kerngebietes haben ein Stirnhirnsyndrom mit dem Verlust der Selbstrepräsentation zur Folge (5).

Zusammenfassung

Es wird über 2 Patienten mit in der CT nachgewiesenen symmetrischen Dichteminderungen im Thalamus mit unterschiedlichen klinischen Syndromen (Stirnhirn- und Klüver-Bucy-Syndrom) und ihre möglichen Beziehungen zu den betroffenen thalamischen Strukturen berichtet. Die Läsionen bildeten sich in einem Fall entsprechend der klinischen Besserung zurück und persistierten im anderen mit einem schweren pathologischen Defektsyndrom.

Literatur

1. Brage D (1961) Syndrome nécrotique tegmento-thalmique avec mutisme akinetique. Rev neurol 104: 126-137

2. Castaigne P, Buge A, Cambier J, Escourolle R, Brunet P, Degos JD (1966) Démence thalamique d'origine, vasculaire par ramollissement bilatéral, limite au territoire du pédicule rétromamillaire. Rev neurol 144: 89-107

3. von Cramon D, Eilert P (1979) Ein Beitrag zum amnestischen Syndrom des Menschen. Nervenarzt 50: 643-648

4. Duus P (1976) Neurologisch-topische Diagnostik. Thieme, Stuttgart, S 242

5. Hassler R (1967) Funktionelle Neuroanatomie und Psychiatrie. In: Psychiatrie der Gegenwart. Vol. I/1A, Berlin Heidelberg New York, S 152-285

6. Lhermitte F, Gautier JC, Mateau R, Chain F (1963) Troubles de la conscience et mutisme akinetique. Rev neurol 109: 113-115

7. Marcu H, Hacker H, Vonofakos D (1979) Bilateral reversible thalamic lesions on computed tomography. Neuroradiology 18: 201-204

8. Reining R, Firnhaber W, Hacker H, Marcu H (1979) Besondere klinische Verlaufsform eines Falles von Hirnstammencephalitis. Vortrag auf der Gemeinsamen Arbeitstagung der Deutschen Gesellschaft für Neurologie und der Gesellschaft Österreichischer Nervenärzte und Psychiater. Wien, 3.-6.10.1979

9. Segarra JM (1970) Cerebral vascular disease and behaviour. Arch Neurol 22: 408-418

10. Szirmai I, Gusea A, Molnár M (1977) Bilateral symmetrical softening of the thalamus. J Neurol 217: 57-65

Ein weiterer Fall von „bilateraler Thalamusentzündung"

E. Wegener, M. Ratzka und W. Kießling

Nachdem aus Frankfurt/Main über zwei Fälle von doppelseitiger Thalamuserweichung - möglicherweise entzündlicher bzw. viraler Genese - berichtet wurde, kam etwa zur gleichen Zeit ein Patient aus dem Rhein-Main-Gebiet mit unklarer klinischer Symptomatik zur Aufnahme.

Das sofort nach der Aufnahme bei uns durchgeführte Computer-Tomogramm (das dritte nach zwei auswärts als unauffällig bewerteten Untersuchungen) ergab überraschenderweise ebenfalls das Bild einer doppelseitigen Thalamuserweichung - überraschend deshalb, weil der Patient als führendes neurologisches Zeichen eine vertikale Blickparese mit "Puppenaugenphänomen" bot. Störungen waren in allen intellektuellen Bereichen festzustellen, hervorstehend waren aber Orientiertheitsstörungen und Merkfähigkeitsstörungen, so daß der Patient beispielsweise sein Alter nicht richtig angeben konnte. Weiterhin bestand eine Antriebsverminderung und auf affektivem Gebiet Monotonie und geringe Modulationsfähigkeit.

Versucht man aus der morphologischen Läsion das klinische Bild der Blickparese abzuleiten, so kommt man zu dem Schluß, daß es sich um eine doppelseitige thalamusnahe ventromediale Erweichung von Teilen der inneren Kapsel handeln muß, also eine doppelseitige Unterbrechung der Bahnen aus dem frontalen Blickzentrum der Brodmannschen area 8 zur vorderen Vierhügelplatte vorliegt. Das Bestehen eines Puppenaugenphänomens zeigt, daß die Bahn von den reflektorischen (okkzipitalen) Blickzentren der area striata, parastriata und peristriata intakt geblieben sein muß.

Vergleicht man andererseits die Systematik der Thalamussyndrome mit den von dem Patienten gebotenen Symptomen, so ist zumindest die hochgradige zeitliche Orientiertheitsstörung (Achronotaxie) auffällig, welche der Patient im Rahmen des sonst eher unkonfigurierten Psychosyndromes mit wechselnder psychomotorischer Unruhe und geringen mnestischen Störungen bot.

Daß das Syndrom scheinbar unvermittelt mehr oder weniger apoplektiform auftrat ist letztlich für eine vaskuläre Genese nicht beweisend, wenn auch ein Hinweis. Die betroffenen Gefäße sind kleine perforierende Thalamusäste bzw. die aa. diencephalicae mediales und laterales, die ihren Ursprung von der A. communicans posterior und dem proximalen Abschnitt der A. cerebri posterior nehmen. Eine doppelseitige Erweichung in den Versorgungsbereichen dieser Gefäße legt die Vermutung einer Basilarisinsuffizienz in diesem Endversorgungsgebiet nahe.

Die Zusatzuntersuchungen verliefen bei unserem Patienten unergiebig. Der Liquor war unauffällig und Titerbewegungen von viralen Antikörpern waren weder im Serum noch im Liquor zu beobachten. Das EEG zeigte schwere Allgemeinveränderungen mit hypersynchronisierten Deltawellen mit steilen Potentialen. Im Zuge der klinischen Besserung kam es dann wieder zum Vorherrschen des Alphagrundrhythmus. Die rCBF-Messung mit Xenon-Inhalation ergab in verschiedenen Arealen Hinweise für eine

unterschiedlich ausgeprägte generalisierte corticale Minderperfusion.
Das Angiogramm zeigte als Normvariante eine atypische späte Vereini-
gung der Vertebralarterien ohne Hinweis auf eine vertebrobasiläre Insuffizienz.

Der klinische Verlauf zeigte eine langsame Rückbildung der Krankheitssymptome, wenn auch nach drei Monaten die vertikale Blickparese mit
zeitlicher Einordnungsstörung immer noch, wenn auch gebessert, bestand. Eine CT-Kontrolle nach drei Monaten zeigt noch deutlich den
doppelseitigen Thalamusherd (Abb. 1).

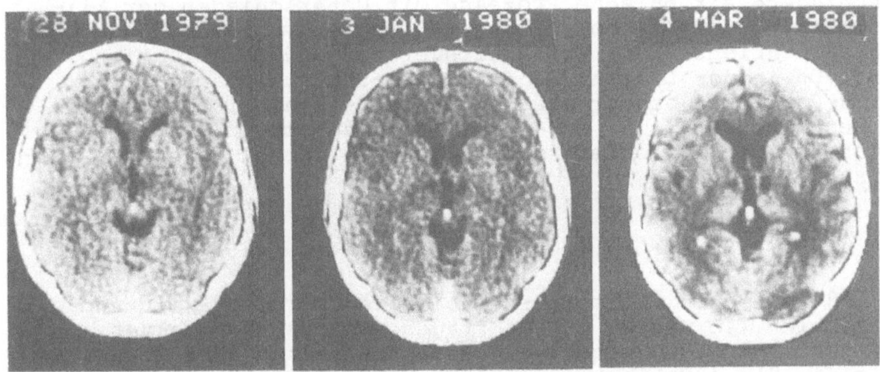

Abb. 1. Krankheitsverlauf im CT-Scan. A.Erstuntersuchung: bilaterale
hypodense Herde im Thalamusbereich beidseits. B.Befund nach fünf Wochen: deutliche Demarkation der Herde. C.Befund nach drei Monaten unverändert

Zusammenfassung

Bei einem Patienten mit doppelseitiger Thalamuserweichung, der eine
zeitliche Orientierungsstörung, eine vertikale Blickparese und im
EEG Deltawellen aufwies, bestand zunächst ein vager epidemiologischer
Anhaltspunkt für eine virale bzw. entzündliche Genese, doch muß nach
Zusammenschau aller Befunde eine vaskuläre Ursache im Sinne einer Mi-
krozirkulationsstörung nach (funktioneller) vertebrobasilärer Insuffizienz als wahrscheinlicher angesehen werden.

Literatur

1. Szirmai I, Guseo A, Molnar M (1977) Bilateral symmetrical softening
   of the thalamus. J Neurol 217: 57-65

2. Marcu H, Hacker H, Vonofakos D (1979) Bilateral Reversible Thalamic Lesions on Computed Tomography. Neuroradiology 18: 201-204

3. Sachsenweger R (1969) Clinical localisation of oculomotor disturbances. In: Vinken PJ, Bruyn GW (eds) Handbook of Clinical Neurology Vol 2. North Holland Publishing Company, Amsterdam, p 286-358

4. Martin JJ (1969) Thalamic Syndromes. In: Vinken PJ, Bruyn GW (eds)
   Handbook of Clinical Neurology Vol 2. North Holland Publishing
   Company, Amsterdam, p 469-497

Computer-Tomographie bei Atrophien im Bereich der hinteren Schädelgrube

D. Claus und J.C. Aschoff

Unter dem Begriff der spino-cerebellären Heredoataxien werden mehr
als 50 verschiedene atrophische Prozesse mit Unterschieden der klinischen Erscheinung, der pathologischen Anatomie, von verschiedenem
Erbgang, Manifestationsalter, Krankheitsverlauf und Lokalisation zusammengefaßt. Da in der Literatur bislang CT-Schichtungen von nur
10 FRIEDREICH-Patienten beschrieben und keine einheitlichen Befunde
erhoben werden konnten (7, 8) haben wir an insgesamt 68 Patienten
die unterschiedlichen Atrophieformen im Bereich der hinteren Schädelgrube untersucht.

Methode

1979 wurden 68 Patienten mit spino-cerebellären Heredoataxien und
Kleinhirnatrophien (40 Männer und 28 Frauen, Durchschnittsalter
38,8 Jahre) stationär untersucht. 45 Patienten litten an FRIEDREICH'
scher Ataxie (1, 2), 4 Patienten an NONNE-MARIE-Syndrom, 14 Kranke
an Kleinhirnspätatrophien; 5 Patienten konnten keiner Symptomgruppe
sicher zugeordnet werden.

Bei allen Patienten wurde ein axiales Computer-Tomogramm des Schädels, mindestens 12 Schichten a 10 mm Dicke, mit dem Siretom 2000
angefertigt.
Bei der Auswertung wurde auf pathologisch weite Furchenzeichnung
in Relation zu den Erfahrungs-Normwerten der entsprechenden Alters-
gruppe über den Großhirn- und Kleinhirnhemisphären geachtet. Außerdem wurden die Distanzen der inneren Liquorräume (siehe Abb. 1) sowie
Weite von Oberwurmcisterne und infratentoriellen Cisternen gemessen.
Eine Oberwurmatrophie wurde diagnostiziert (5), wenn auf einer CT-
Schicht 4 oder mehr Vermisfurchen deutlich sichtbar waren.

Ergebnisse

Bei 7 der 42 Patienten (17%) mit FRIEDREICH'scher Ataxie (siehe
Tabelle 1) konnte eine Atrophie der Großhirnrinde nachgewiesen werden. Infratentoriell wurde eine Atrophie von Oberwurm (Culmen und
Declive) und/oder Paravermis in 34 Fällen (81%) nachgewiesen. Vergleicht man die 34 Patienten, deren Erkrankung vor mehr als 10 Jahren begonnen hat, mit den 8 erst seit kürzerer Zeit Erkrankten, so
findet man Großhirnatrophien nur in der ersten Gruppe und ebenso
die Atrophien von Vermis und Paravermis bei den länger Erkrankten
mit 88% (gegenüber 50%) deutlich häufiger.

Bei den 4 Patienten mit NONNE-MARIE'schem Syndrom wurden in jedem
Fall Atrophien von Vermis, Paravermis und auch von dorsalen und lateralen Anteilen der oberen Kleinhirnhemisphären nachgewiesen, dagegen fanden sich keine Veränderungen der Großhirnrinde.

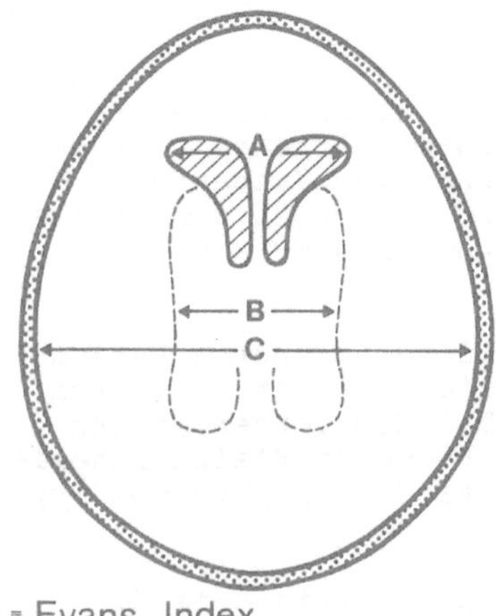

$\dfrac{A}{C}$ - Evans Index

$\dfrac{B}{C}$ - Cella media Index

Abb. 1. Auf einer axialen Schicht sind die Cellae mediae und Vorderhörner beider Seitenventrikel skizziert, aus deren Querdurchmesser jeweils der Quotient mit der größten inneren Kalottendistanz gebildet wird

Tabelle 1. Verteilung und Häufigkeit computer-tomographisch gefundener supra- sowie infratentorieller Atrophien bei 42 Patienten mit Friedreich'scher Ataxie

Friedreichsche Ataxie (n = 42)					
Verteilung und Häufigkeit von Atrophien					
cerebraler Cortex	Cerebellum		verplumpte Zisternen		
	Vermis und Paravermis	dorsale und laterale Hemisphären	KHBW-Zisterne	Zisterna pontis	Zisterna ambiens
n 7	34	1	2	1	4
(17%)	(81%)	(2%)	(5%)	(2%)	(10%)

Bei 10 der 14 Patienten mit Kleinhirnspätatrophien (Alkohol, paraneoplastisch, Diphenylhydantoin, idiopathisch) fand sich zusätzlich zu den Kleinhirnveränderungen eine Atrophie der Großhirnrinde. Die infratentoriellen Atrophien sind ubiquitär, sie erfassen Vermis und Paravermis (93%) ebenso wie auch die dorsalen und lateralen Hemisphärenanteile (100%). Öfter als in den vorgenannten Gruppen sind auch die basalen Cisternen verplumpt (Cisterna ambiens 5 mal, Kleinhirnbrückenwinkelcisterne 7 mal).

Diskussion

Das Kleinhirn ist bei der FRIEDREICH'schen Ataxie makroskopisch oft unauffällig, zeigt aber mikroskopisch degenerative Veränderungen vor allem an den oberen Lamellen. Computer-tomographisch ist eine mit längerer Krankheitsdauer zunehmende Erweiterung der äußeren Liquorräume über dem Palaeocerebellum (81%), die naturgemäß nur in situ, also nicht nach pathologisch-anatomischer Präparation zu sehen ist (6) auffällig.

Bei den 3 untersuchten Erkrankungsgruppen konnten anhand des CT verschiedene Atrophietypen abgegrenzt werden:

- Bei der FRIEDREICH'schen Ataxie treten nach längerer Krankheitsdauer nicht selten Erweiterungen des Subarachnoidalraumes über dem Palaeocerebellum auf. Die lateralen Kleinhirnhemisphärenanteile sind davon nicht betroffen, Erweiterungen der Cisternen sind selten und untypisch. Atrophien der Großhirnrinde kommen bei längerer Krankheitsdauer vor.

- Die Erkrankungsgruppe NONNE-PIERRE MARIE (allerdings nur 4 Patienten) weist einheitliche CT-Befunde auf, nämlich eine Atrophie von Vermis und Paravermis, die sich anders als bei dem vorher genannten Bild auf dorsale und laterale Anteile der oberen Kleinhirnhemisphären ausdehnt, entsprechend der Kleinhirnrindenatrophie vom Typ HOLMES (4).

- Die symptomatischen und späten Kleinhirnatrophien zeigen im CT eine ubiquitäre Substanzminderung von Kleinhirnrinde - mit Betonung des Palaeocerebellums - und Hirnstamm, die sich nicht selten auf das Großhirn ausdehnt (5, 9).

Auch bei der schwierigen Unterscheidung zwischen der Kleinhirnrindenatrophie vom Typ HOLMES und der olivo-ponto-cerebellären Atrophie vom Typ MENZEL kann das CT differentialdiagnostisch weiterhelfen. Wie wir bei einem solchen Fall sahen, sind die gesamten Kleinhirnhemisphären mit Betonung der lateral gelegenen neocerebellaren Anteile atrophisch, der 4. Ventrikel ist oft verplumpt. Auf tiefen CT-Schichten weichen die Kleinhirntonsillen auseinander. Der Vermis ist im Gegensatz zu den anderen Atrophie-Typen kaum betroffen (3, 9).

Zusammenfassung

Zur Differenzierung verschiedener Formen von Kleinhirnatrophien wurden axiale Computer-Tomogramme des Schädels bei 68 Patienten (45 Patienten mit Friedreich'scher Ataxie, 14 Patienten mit idiopatischer oder symptomatischer Kleinhirnatrophie, 4 Patienten mit M. Nonne-Marie, 1 Fall mit olivo-ponto-cerebellärer Atrophie) durchgeführt. Die Atrophien sind unterschiedlich und zum Teil charakteristisch verteilt. Schwere Formen von Friedreich'scher Ataxie gehen oft mit Atrophie von Oberwurm und Paravermis einher, sind also nicht rein spinal lokalisiert.

Literatur

1. Barbeau A (1976) Friedreich's Ataxia 1976 - an overview. J Can Sci Neurol 3: 389-397

2. Bodechtel G, Schrader A (1953) Die Erkrankungen des Rückenmarks. In: Handbuch der inneren Medizin, Bd II/5. Springer Verlag, Berlin Göttingen Heidelberg, S 512-520

3. Gilroy J, Lynn GE (1978) Computerized tomography and auditory evoked potentials. Arch Neurol 35: 143-147

4. Greenfield JG (1954) The spino-cerebellar degenerations. Blackwell Scientific Publ 64, Oxford

5. Haubek A, Lee K (1979) Computed tomography in alcoholic cerebellar atrophy. Neuroradiol 18: 77-79

6. Kennedy P, Swash M, Wylie IG (1976) The clinical significance of pneumographic cerebellar atrophy. Brit J Radiol 49: 903-911

7. Langelier R, Bouchard JP, Bouchard R (1979) Computed tomography of posterior fossa in hereditary ataxias. J Can Sci Neurol 6: 195-198

8. Maruyama S (1977) Examination of spinocerebellar degenerative patients by computerized tomography. Research Group on spinocerebellar degeneration, Report No. 1, Japan: 119-129

9. Rothmann SLG, Glanz S (1978) Cerebellar atrophy: The differential diagnosis by computerized tomography. Neuroradiology 16: 123-126

Cerebellare Heredoataxie NONNE-MARIE – eine nosologische Einheit?

D. Kömpf und B. Neundörfer

Die Unterschiedlichkeit der Ausfallsmuster sowohl im klinischen
Bild wie in den pathologisch-anatomischen Befunden erklärt die
Schwierigkeit der Einordnung von Degenerationserkrankungen vorwiegend cerebellärer Symptomatik in gut abgrenzbare Krankheitseinheiten.
V.a. im deutschsprachigen Raum wird an der NONNE-MARIE'schen Heredoataxie als nosologischer Einheit festgehalten, seit dieser Begriff
durch die Arbeiten von PIERRE MARIE 1893 Eingang in die Literatur
fand; differenziert wird hier zum einen gegen die olivo-ponto-cerebelläre Ataxie und zum andern gegen die Atrophie cerebelleuse tardive.

Anhand der Analyse von eigenen Fallbeispielen - eine Sippe mit im
mittleren bis höheren Lebensalter aufgetretenen cerebellaren Störungen sowie vier sporadische Fälle mit im Vordergrund stehenden Zeichen cerebellärer Degeneration (Tabelle 1) - erweist sich erneut die
Problematik der eindeutigen Einordnung in diese Gruppen nur unscharf
abgegrenzter Krankheitsbilder.

Eine unschwere, präzisere nosologische Zuordnung (Tabelle 1) ergab
sich hingegen in die zwei v.a. in der angelsächsischen Literatur
(2, 3)vorwiegend aufgrund neuropathologischen Befunden unterschiede-
nen Formen cerebellärer Ataxie, welche auch klinisch meist recht klar
gegeneinander abzugrenzen sind:

I. Die hereditäre cerebello-olivare Atrophie (Typ HOLMES), die neuropathologisch mit einem primären Untergang der PURKINJE-Zellen der
Kleinhirnrinde und nur sec. retrograden Veränderungen in den Oliven
einhergeht (2). Die sporadisch auftretende Atrophie cerebelleuse tardive à prédominance corticale MARIE-FOIX-ALAJOUANINE stellt hierzu
quasi ein Pendant dar (2, 9).

II. Die hereditäre olivo-ponto-cerebelläre Ataxie (Typ MENZEL), die
mit einer primären Degeneration olivo-cerebellärer und pontocerebel-
lärer Fasersysteme und sec. Zelluntergängen im Kleinhirn einhergeht.
Darüber hinaus sind meist auch stärkere Veränderungen in der Medulla
oblongata und im Rückenmark nachweisbar. Sporadische Fälle werden
hier als Typ DEJERINE-THOMAS bezeichnet.

In allen vier Fällen, in denen ein CT durchgeführt werden konnte (Tabelle 1) zeigt sich neben einer leichteren inneren und äußeren Hirnatrophie eine im Vordergrund stehende cerebelläre Atrophie, die sowohl Vermisstrukturen als auch die Kleinhirnrinde betrifft (Abbildung
1). Übereinstimmend mit der Literatur (2, 7) ergeben sich anhand der
neurologischen Ausfallerscheinungen der berichteten Fälle (Tabelle 1)
die Charakteristika dieser Formen vorwiegend cerebellärer Degenerationserkrankungen. Zusammenfassend wird bei cerebello-olivaren Formen (I) die klinische Symptomatik im wesentlichen geprägt von progredienten cerebellären Störungen. Im Vordergrund steht die lokomotori-
sche Ataxie (2, 4, 5). Erst später werden die oberen Extremitäten betroffen und es zeigt sich eine Dysdiadochokinese, ein Intentionstremor und eine Dysmetrie. Die Artikulation wird verwaschen und skan-

Tabelle 1. Klinische Charakteristika u. CT-Befunde der Pat. mit vorw. cerebellärer Degen.-Erkrankung
(BRN Blickrichtungsnystagmus, AER Armeigenreflexe, Z. Zeichen, A. Atrophie, KHV Knie-Hackenversuch,
m männlich, w weiblich)

	Pat.	Alter	Geschl.	Beginn	Neurolog. Symptomatik	CT	
Cerebel-lo-oli-vare Atrophie Typ Holmes	E.M. und Sippe M.B. M.J. E.J.	61 37 52 69	m w m w	34 LJ 36 LJ 45 LJ 44 LJ	Ataxie ++, BRN horiz. u. vertical. Intentions-tremor, Dysdiadochoki-nese, Rebound +, AER li. > re. u. leichte Dys-arthrie	∅ (Hist: Klein-hirnrinden-A. vom Purkinjezelltyp retrograd-trans-neurale Deg. in unteren Oliven	heredi-tär, autosomal-dominant
Atrophie cerebel-leuse tardive	M.D.	41	m	36 LJ	Ataxie +, BRN horiz. Intentionstremor, Dys-arthrie, Oppenheim Z. re +, reizb., euphor.	Cerebelläre A., mäßige corticale A.	Sporadisch
	S.P.	58	m	56 LJ	Ataxie ++, Endstell-nystagmus, Rebound +, senso-mot., dist. Poly-neuropathie, affekt-labil, mnest. Stör.	Leichte cerebel-läre u. ausge-prägte inn. u. äußere Hirn A.	Alkohol
Olivo-ponto-cerebel-läre Atrophie Typ De-jerine-Thomas	J.B.	56	m	40 LJ	Ataxie ++, BRN horiz. Dysarthrie, AER re>li. Oppenh. Z., Gordon Z. u. Strümpellphänomen re.+	Kleinhirn u. insbes. Wurm A.	Alkohol
	E.S.	84	m	77 LJ	Ataxie ++, Intentions-tremor, KHV dysme-trisch, Parese des re. Beins, PSR re.>li.	Cerebelläre, ins-besond. Vermis-A., innere u. äußere Hirn A.	Sporadisch

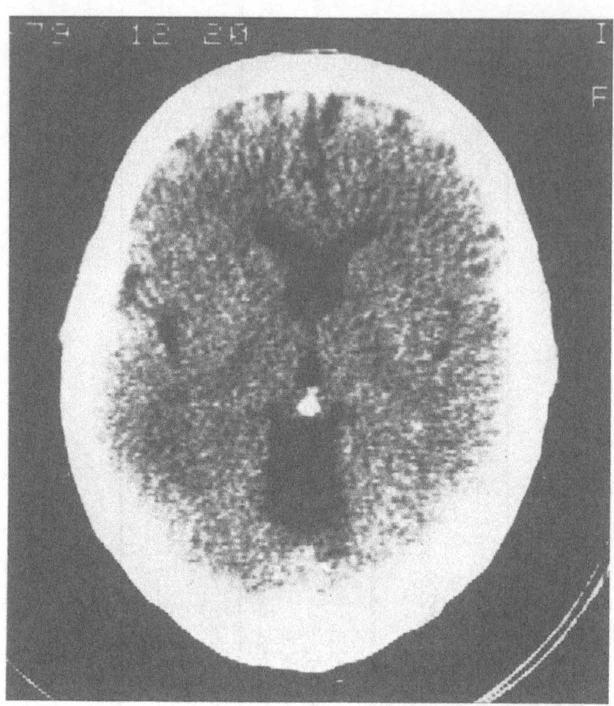

Abb. 1. Cerebrale Computertomographie: Deutliche Zeichen einer Kleinhirn- und Wurmatrophie bei olivo-ponto-cerebellärer Atrophie Typ Dejerine-Thomas (Pat. W.B.)

dierend. An neuropsychiatrischen Symptomen ist eine in einem Teil der Fälle v.a. im Spätstadium auftretende Demenz (8) zu erwähnen. Nur selten werden spastische Symptome oder extrapyramidale Störungen gefunden. Auch bei der Atrophie cerebelleuse tardive kommt es vorwiegend zu Zelluntergängen in der Kleinhirnrinde mit entsprechender klinischer Symptomatik, wobei als Ursache chronischer Alkoholismus, Ernährungsstörungen und Karzinome im Sinne eines paraneoplastischen Syndroms angegeben werden (u.a. 3, 6). Auch die olivo-ponto-cerebellären Formen (2) beginnen typischerweise mit einer cerebellär-ataktischen Gangstörung, jedoch findet man hier häufiger und im Verlauf der Erkrankung auch früher Pyramidenbahnsymptome, extrapyramidale Störungen, Hirnnervenausfälle und auch Blasenstörungen (2, 3). Atrophien vom Typ MENZEL sind außerordentlich selten und lassen sich allein vom klinischen Bild her nicht immer sicher vom Typ HOLMES abgrenzen; hier läßt dann nur der Obduktionsbefund eine Entscheidung zu.

Die v.a. in der deutschsprachigen Literatur als Krankheitseinheit beschriebene Heredoataxie NONNE-MARIE erweist sich unter diesen Gesichtspunkten sowohl morphologisch als auch klinisch als eine inhomogene Krankheitsgruppe. EADIE (2) und BECKER (1) weisen darauf hin, daß sich unter den in der Literatur unter der Diagnose M. NONNE-MARIE oder MARIE'sche Ataxie mitgeteilten Sippen sowohl cerebello-olivare als auch olivo-ponto-cerebelläre Ataxien befinden. Die NONNE-MARIE'sche Erkrankung wird somit als nosologische Einheit infrage gestellt.

Literatur

1. Becker PE (1966) Humangenetik. Band V/1. Thieme, Stuttgart

2. Eadie MJ (1975) Cerebello-olivary atrophy (Holmes type), olivo-ponto-cerebellar atrophy (Dejerine-Thomas). In: Vinken PJ, Bruyn GW (eds) Handbook of Clinical Neurology. Bd. 21. North Holland Publishing Company, Amsterdam Oxford, p 403

3. Greenfield JG (1954) The spino-cerebellar degenerations. Springfield Ill., Charles C. Thomas

4. Hoffmann PM, Stuart WH, Earle KM, Brody JA (1971) Hereditary late-onset cerebellar degeneration. Neurology 21: 771-777

5. Holmes G (1907) A form of familial degeneration of the cerebellum. Brain 30: 466-489

6. Marie P, Foix C, Alajouanine T (1922) de l'atrophie cérébelleuse tardive á prédominance corticale. Rev Neurol 29: 1082-1111

7. Neundörfer B, Dietrich B, Scharf R (1979) Die hereditär bedingte Cerebello-Olivare Atrophie (Typ Holmes). Nervenarzt 50: 626-630

8. Victor M, Adams RD, Mancott EL (1959) A restricted form of cere-bellar cortical degeneration occuring in alcoholic patients. Arch Neurol 1: 579-688

Familiäre episodische Ataxie

P. Wolf

Die familiäre episodische Ataxie ist eine äußerst seltene Krankheit,
die 1947 zum erstenmal erwähnt worden ist, zusammen mit der paroxysmalen Dysarthrie und Ataxie in einem Aufsatz aus der Mayo-Klinik über
"periodische Ataxie" (4). Man hatte dort einige Fälle mit anfallsweise auftretender Ataxie, meist auch Dysarthrie beobachtet und bemerkt,
daß bei einigen die Anfälle schwer waren, und diese hatten eine familiäre Belastung, während die anderen kurze Anfälle hatten und an
multipler Sklerose litten. Aber erst FARMER und MUSTIAN gaben 1963
eine ausführliche Beschreibung einer Sippe mit solchen Anfällen, und
seither sind drei weitere Familien publik geworden (2, 3, 6). Die
Beobachtung einer 5. Familie, der ersten außerhalb der USA, gibt mir
Anlaß, diese Krankheit vorzustellen.

Ihre wesentlichen und konstanten Merkmale sind die drei im Titel genannten: die Patienten leiden an einer cerebellären Ataxie, die aber
bei völlig oder annähernd unauffälligem Intervallbefund nur episodisch
auftritt, häufig ausgelöst durch Anstrengung, manchmal auch durch Alkohol. Sie pflegen zu einer Familie zu gehören, in der diese Krankheit autosomal-dominant vererbt wird. Diesen Modus würde man (s. Abb.1)
aufgrund unserer kleinen Sippe bereits vermuten, in der 3 von 8 Kindern eines betroffenen Vaters erkrankt sind, wobei das Jüngste noch
nicht das Manifestationsalter erreicht hat. Die anderen publizierten
Familien sind größer, und da steht die dominante Vererbung ganz außer
Zweifel.

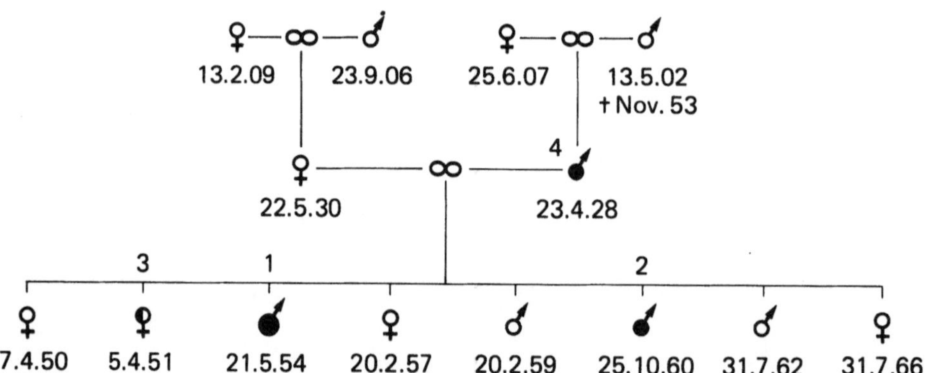

Abb. 1. Stammbaum der Familie J. mit dominant vererbter episodischer
Ataxie. Voller Kreis = voll ausgeprägtes Krankheitsbild; halbvoller
Kreis = forme fruste. Die Ziffern geben die Reihenfolge der Untersu-
chungen an

Zu dem Kern-Syndrom kommen eine ganze Reihe von fakultativen Syndromen, die dann jeweils wieder für die betreffende Sippe verbindlich
sind (Tabelle 1). Als besonders häufig und wichtig sind hier

Tabelle 1. Familiäre episodische Ataxie

Kernsyndrom	Sippeneigentümlichkeiten	Individuelle Varianten
Cerebelläre Ataxie	Dysarthrie	progrediente cerebelläre Ataxie
Episodisches Auftreten	Nystagmus, Oscillopsie	im Intervall:
Auslösbarkeit	oculomotorische Störungen	Taubheit (2 Pat.))‚ in 1 Fam.
Normaler Intervallbefund	Schwindel, Nausea	Spastizität (1 P.))
autosomal - dominante	and.vegetative Störungen	im Anfall:
Vererbung	Tinnitus	Tremor) verschiedene
	Manifestationsalter	Chorea) Patienten in
	Episodendauer	Myoklonien) 1 Familie
	Intervallsymptome	Kopfschmerz)
	Verlauf	nur Nystagmus und oculomotorische Störung als Anfall (1 P.)

Dysarthrie, Nystagmus, Oscillopsie und Schwindel zu nennen. Variabel von Familie zu Familie sind auch das Manifestationsalter (1., 2. oder 3. Dekade), der Krankheitsverlauf und die Dauer der Episoden, die Stunden oder Tage betragen kann.

Eine typische Krankengeschichte (Patient 1 der Abb. 1) liest sich so: Bei unauffälliger Vorgeschichte ereignet sich mit 11 Jahren beim Schulsport die erste von vielen identischen Episoden: nach einem Hitzegefühl und Schweißausbruch wird der Gang schwankend und die Sprache lallend wie bei einem schwer Betrunkenen; manchmal tritt Doppelsehen hinzu. Dieser Zustand dauert 2-4 Stunden, er läßt sich dadurch abkürzen, daß sich der Patient zur Ruhe legt. Die Episoden wiederholen sich in den ersten Jahren alle paar Wochen, ausgelöst etwa durch Fußballspielen, aber auch durch geringe Mengen von Alkohol, dann werden sie häufiger, mit 20 Jahren 1-2 mal pro Woche, der Patient verliert seine Arbeit und wird zum ersten Mal zum Nervenarzt geschickt. Dieser erhebt einen unauffälligen Befund und vermutet eine psychogene Störung. Mit 24, als wir ihn kennenlernen, hat er mittlerweile im Intervall einen unerschöpflichen horizontalen Blickrichtungsnystagmus. Im Anfall bekommt er eine massive Gang- und Standataxie bei kaum gestörten Zeigeversuchen, der Romberg ist negativ, der Nystagmus bedeutend stärker als im Intervall und nun auch vertikal, die Sprache ist wegen verwaschener Artikulation, Näseln und öfters explosionsartiger Phonation kaum zu verstehen. Das EEG während des Anfalls unterscheidet sich nicht vom Intervallbefund.

Außer dem familienspezifischen gibt es auch individuelle zusätzliche Befunde und Variationen (vgl. Tabelle 1), in einer Familie allerdings nie. In einer anderen kommen extrapyramidal-motorische Störungen hinzu. Das Vorkommen einer progredienten Ataxie ohne Anfälle oder einer Spastizität im Intervallbefund bei einzelnen Familienmitgliedern legt eine Verwandtschaft zu den Heredo-Ataxien nahe. In unserer Familie hat die Patientin 3 der Abb. 1 Anfälle ohne Ataxie und Dysarthrie, die aber ebenfalls durch Anstrengungen und kleine Alkoholmengen auslösbar sind. Dabei kommt es subjektiv zu einem Druck auf die Augen, Doppelbildern und vertikaler Oscillopsie, objektiv zu einem spontanen Vertikalnystagmus nach oben und einer linksseitigen Abdu-

428

censparese sowie einem grobschlägigen Blickrichtungsnystagmus in
allen Richtungen. Die Anfälle, die im Liegen nach ca. 1/2 Std. abklingen und sonst Stunden dauern, ähneln einem von SOGG und HOYT (5)
in einer Familie beschriebenen "intermittierenden Nystagmus" und
scheinen eine Forme fruste der Erkrankung darzustellen.

Man weiß noch nichts Rechtes über Ätiologie und Pathogenese. Eine
Fülle von Parametern ist untersucht worden, immer mit negativen Ergebnissen: alle üblichen apparativen Untersuchungen, sowie die üblichen Blut- und Liquorbefunde einschließlich Elektrolyte, Bestimmungen von Aminosäuren, der Phytansäure und Porphyrine, Chromosomenana-
lysen. Nur in einer Familie (2) wurden minimale Abweichungen im Lak-
tat – und Pyruvatstoffwechsel festgestellt. Trotz der ungeklärten
Pathogenese kennt man aber seit kurzem eine Therapie, die zufällig
entdeckt wurde, weil in einem Fall anfänglich an eine periodische
Lähmung gedacht worden und mit Acetazolamid behandelt worden war.
Tatsächlich ließen sich auch die ataktischen Episoden hierdurch be-
herrschen (2), was sich auch in unserer Familie bestätigt hat. Wir
haben nun noch die Frage nach dem wirksamen Prinzip hierbei gestellt:
Es zeigte sich, daß andere Diuretica (Furosemid, Spironolacton) wirkungslos sind, daß aber ein anderer Carboanhydrasehemmer, Sulthiam,
ebenfalls therapeutisch wirkte. Dabei entstand anfangs eine leichte
Azidose mit Abfall des Standard-Bicarbonats auf Werte von 16–18, doch
blieb die Wirkung erhalten, wenn die Werte zur Norm zurückkehrten.
Eine Kaliumsubstitution war bei beiden Medikamenten erforderlich.

Der Wert einer wirksamen Therapie bei einer im Spontanverlauf oft
sehr behindernden Krankheit bedarf keiner Erörterung. Schon deshalb
sollte sie trotz ihrer Seltenheit in den differentialdiagnostischen
Horizont einbezogen werden.

Zusammenfassung

Die familiäre episodische Ataxie ist eine sehr seltene, autosomal-
dominant vererbte Krankheit mit stunden- oder tagelangen Episoden
von cerebellärer Ataxie, oft auch Dysarthrie und Nystagmus, meist
auslösbar durch Anstrengungen oder etwas Alkohol. Ihr typisches Erscheinungsbild und ihre Variationen werden beschrieben. Behandlung
mit Carboanhydrasehemmern ist erfolgversprechend.

Literatur

1. Farmer TW, Mustian VM (1963) Vestibulocerebellar Ataxia. A Newly
   Defined Hereditary Syndrome with Periodic Manifestations. Arch
   Neurol 8: 471–480

2. Griggs RC, Moxley RT, Lafrance RA, McQuillen J (1978) Hereditary
   paroxysmal ataxia: Response to acetazolamide. Neurology 28: 1259–
   1264

3. Hill W, Sherman H (1968) Acute Intermittent Familial Cerebellar
   Ataxia. Arch Neurol 18: 350–357

4. Parker HL (1947) Periodic Ataxia. Coll Papers Mayo Clin Mayo
   Found 1946. Vol. 38, Saunders, Philadelphia, p 642–645

5. Sogg RL, Hoyt WF (1962) Intermittent Vertical Nystagmus in a
   Father and Son. Arch Ophthalm 68: 515–517

6. White JC (1969) Familial Periodic Nystagmus, Vertigo, and Ataxia.
   Arch Neurol 20: 276–280

Die L-Tryptophanbehandlung der Dyssynergia cerebellaris myoclonica, Ramsay Hunt

L. Burger und K. Schimrigk

Serotonin wurde 1953 erstmals von TWAROG und PAGE im Gehirn entdeckt.
1961 fanden BERNHEIMER und BIRKMAYER eine Anreicherung des Serotonins
im Hirnstamm und Hypothalamus.
Aufgrund tierexperimenteller Studien, vor allem an Mollusken wird eine
hemmende Wirkung der serotonergen Synapsen diskutiert (STEINER). STARK
und FRANZ konnten eine Anreicherung des 5-Hydroxytryptamins ebenfalls
im Hirnstamm in tierexperimentellen Studien nachweisen.

Von RAMSAY HUNT wurde erstmals im Jahre 1921 das Syndrom der Dyssynergia cerebellaris myoclonica beschrieben. Von sechs beschriebenen Fällen gelangte Fall 5 zur Sektion. Es zeigte sich eine Dentatum-Binde-
armatrophie.
Führendes klinisches Symptom sind komplexe Myoklonien des Rumpfes und
der proximalen Extremitätenmuskulatur. Das cerebelläre Symptom ist
durch einen ausgeprägten Intentionstremor gekennzeichnet, sowie durch
eine skandierend-dysphone Sprechstörung.
Drittes charakteristisches und häufiges Syndrom ist die Epilepsie. Das
Erkrankungsalter in der Literatur lag zwischen dem 7. und 21. Lebensjahr. Es wurde eine erbliche Genese diskutiert. Lediglich der 1954 von
BRADSHOW beschriebene Fall (2) erkrankte im Alter von 50 Jahren. In
diesem Fall ließ sich keine Heredität nachweisen. Therapeutisch werden
Antikonvulsiva gegeben und insbesondere unter Rivotril fanden sich anfänglich erstaunliche Besserungen (KETZ, MUTANI, CHADWICK).

Wir hatten Gelegenheit, eine 65-jährige Patientin mit der klinischen
Befundkonstellation einer Dyssynergia cerebellaris myoclonica zu sehen.
Trotz hoher antiepileptischer Therapie kam es im Krankheitsverlauf zu
einer zunehmenden Verschlechterung. Die für uns frappierende Besserung
auf hohe Dosen von L-Tryptophan, insbesondere der cerebellären Symptomatik, veranlaßte uns zu dieser Mitteilung. Die Besserung wurde mit
Hilfe des Video-Recorders dokumentiert.

In der Familie der Patientin sind keinerlei neurologische Erkrankungen
bekannt. Erstmals im Alter von 50 Jahren traten Zuckungen der Arme und
Beine auf, die bei willkürlichen Bewegungen an Intensität zunahmen. Mit
55 Jahren Zunahme der Symptome, die Patientin kam im Alter von 60 Jahren erstmals nach einem Grand mal Anfall in unsere Behandlung. Der
psychische Befund war unauffällig. Es fanden sich ein Hypertonus von
190/100 mm Hg sowie eine ausgeprägte Fettstoffwechselstörung Typ IV
nach FREDRICKSON.

Bei der neurologischen Untersuchung: myoklone Zuckungen, insbesondere
der Extremitätenmuskulatur. Bei intendierenden Bewegungen Zunahme der
motorischen Störungen. Der übrige neurologische Befund war unauffällig.
In den folgenden Jahren kam die Patientin dann sechsmal zur stationären Aufnahme, wobei sich stets eine Zunahme der Myoklonien zeigte.

Erstmals im Jahre 1977 konnte eine deutliche cerebelläre Störung mit
einem ausgeprägten Intensionstremor, einer dysarthrisch-skandierenden
Sprache bis hin zur Anarthrie beobachtet werden. Ein Jahr darauf wurde

430

eine leichte Tonuserhöhung sowie eine psycho-organische Wesensänderung
beschrieben, wobei mnestische Störungen im Vordergrund standen.

Das EEG im Jahre 1975 war pathologisch durch die ausgeprägte Dysrhythmie und Krampfaktivität in Form von Poly-Spikes-Komponenten mit schneller Nachschwankung, meist synchron und generalisiert, vor allem tem-
porobasal mit Seitenwechsel. Im Laufe des Beobachtungszeitraumes kam
es zu einer elektroencephalographisch nachweisbaren Verschlechterung.
Auf Flickerlicht Poly-Spikes-wave-Komplexe temporo-basal. Die Krampfaktivität geht dann mit myoklonen Entladungen in den Muskeln des Un-
terarmes rechts einher (Abb. 1).

Computertomographisch fand sich eine allgemeine leichtgradige corticale und zentrale Hirnatrophie. Auch im subtentoriellen Bereich fand sich
eine Vergröberung der Zisternen im Sinne einer leichtgradigen cerebellären Atrophie. Die weiteren Untersuchungen konnten zur Klärung nicht
beitragen.
Nachdem im Jahre 1975 das Krankheitsbild nicht eindeutig zugeordnet
werden konnte, fand sich erstmals im Jahre 1978 das Vollbild des Syndroms der Dyssynergia cerebellaris myoclonica mit Aktionsmyoklonien,
epileptischen Anfällen sowie einer deutlichen cerebellären Symptomatik.
Eine hochdosierte antikonvulsive Therapie führte zu keiner dauernden
Besserung. Auch Rivotril, das in der Regel empfohlen wird, zeigte nur
eine vorübergehende Besserung.

RONDOT, VAN WOERT und Mitarbeiter fanden deutliche Besserungen von
Myoklonien auf 5-Hydroxytryptophan. Unter der von uns durchgeführten
L-Tryptophanbehandlung (3 g pro die) fand sich nicht nur eine Besserung
der Myoklonien sondern auch eine deutliche Besserung der cerebellären
Symptomatik, die jetzt 1 Jahr anhält. Die Besserung auf L-Tryptophan
als Vorstufe des Serotonins legt die Bedeutung dieses Transmitters,
insbesondere an hemmenden Synapsen im Hirnstamm nahe. Hieraus jedoch
weitergehende neurologische, pathologische oder pharmakologische
Schlußfolgerungen zu ziehen, erscheint verfrüht. Wir haben in zwei weiteren Fällen einer reinen cerebellären Ataxie L-Tryptophan angewandt
und hierunter keine wesentliche Änderung gesehen.

Zusammenfassung

Eine jetzt 65 Jahre alte Patientin leidet seit dem 50. Lebensjahr an
Epilepsie, Myoklonien und cerebellären Symptomen. Im Krankheitsverlauf
progrediente Verschlechterung trotz hoher antikonvulsiver Medikation.
Psychopathologisch sich entwickelnde zunehmende Demenz.

Internistisch bestehen ein Hypertonus und eine ausgeprägte Fettstoffwechselstörung Typ IV nach FREDRICKSON.

Neurologisch: komplexe Myoklonien der Extremitätenmuskulatur und ausgeprägte cerebelläre Symptomatik.

Unter der L-Tryptophanbehandlung kam es zu einer deutlichen Besserung,
insbesondere der bisher kaum beeinflußbaren cerebellären Symptomatik.

Kontrolle des Therapieverlaufes mit Hilfe von Video-Aufnahmen

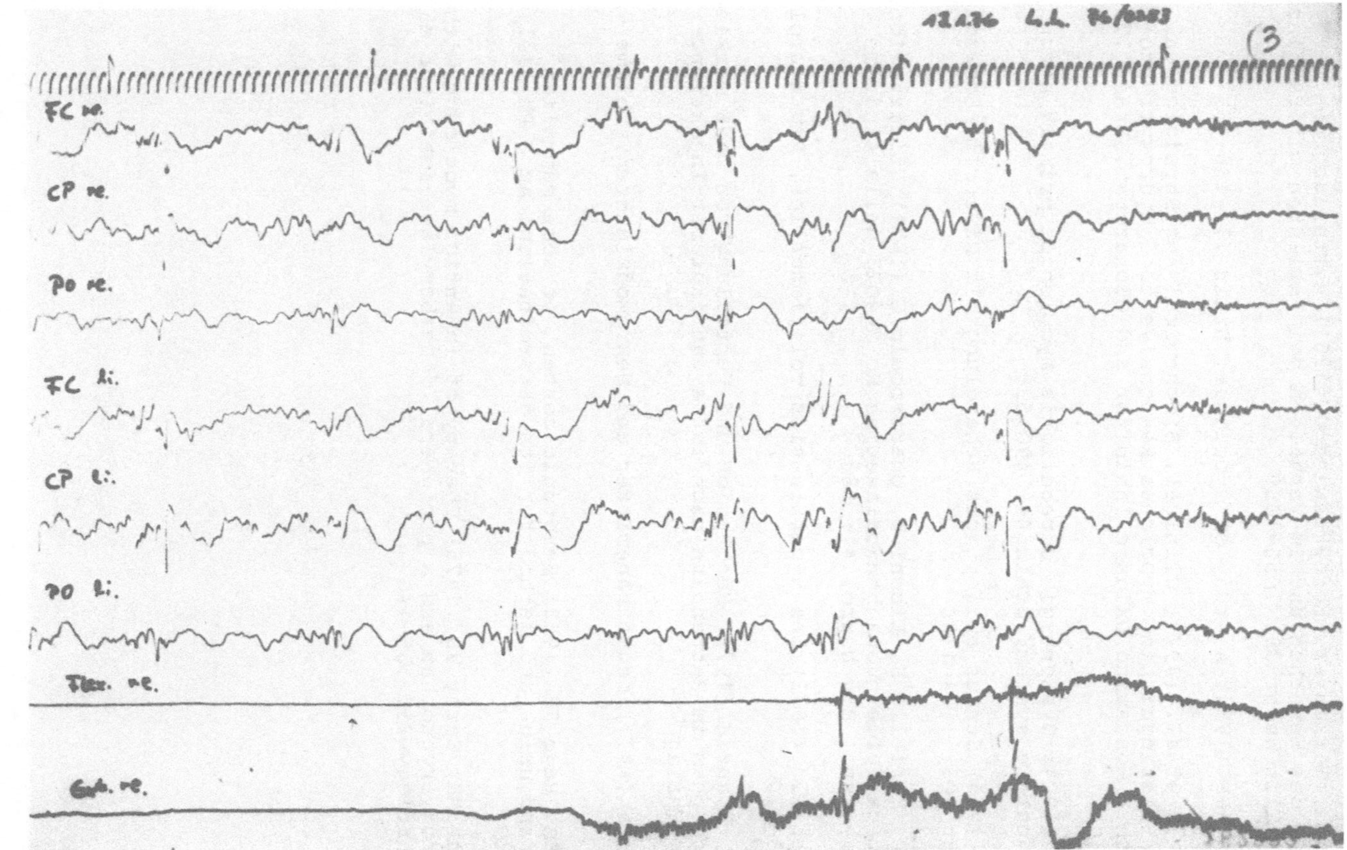

Abb. 1. EEG- und synchrone EMG-Registrierung an Extensoren und Flexoren des rechten Unter-
armes synchron mit den Poly-Spikes-wave-Komplexen. Im EEG erfolgen die myoklonen Entladungen

Literatur

1. Bernheimer, Birkmayer, Hornykiewicz O (1961) Verteilung des 5-HT
   im Gehirn des Menschen und im Verhalten bei Patienten mit Parkinson-
   Syndrom. Klin Wschr 39: 1056-1059

2. Bradshow JPP (1954) A study of myoclonus. Brain 77: 138-157

3. Chadwick D et al. (1977) Clinical, Biochemical and Physiological
   Features Distinguishing Myoclonus Responsive to 5-Hydroxytrypto-
   phan with a Monoamine Oxidase Inhibitor and Clonazepam. Brain 77:
   455-489

4. Hunt JR (1921) Dyssynergia cerebellaris myoclonica primary atrophy
   of the dentate system. Brain 44: 490-538

5. Ketz E (1973) Status epilepticus Behandlung mit Rivotril. Schweiz
   med Wschr 103: 1134-1138

6. Mutani R, Fariello R, Liboni W, Quattrocolo G (1971) Utilizzazione
   terapeutica della nuova benzodiazepina Ro 5-4023 della sindrome
   di Ramsay Hunt. Riv Neurol 41: 283

7. Rondot et al. (1972) Les hyperkinésies volitionnelles. Rev neurol
   126: 415-426

8. Stark M, Franz H (1972) Resorption und Verteilung von DANS markiertem Tryptophan im Rattenhirn nach intraventrikulärer Injektion.
   Springer Verlag

9. Steiner FA (1971) Neurotransmitter und Neuromodulatoren. Thieme
   Verlag

10. Twarog BM, Page JH (1953) Serotonic content of some mammalian
    tissues and urine and method for its determination. Am J Physiol
    175: 157

11. van Woert MH, Sethy VH (1975) Therapy of intention myoclonus with
    L-5-hydroxytryptophan and a peripheral decarboxylase inhibitor MK
    486. Neurology 25: 135-140

Myoklonien als Problem in der Intensivmedizin

W. Rohr, P. Hohnstädt, R.W.C. Janzen, A. Müller-Jensen und
St. Zschocke

Myoklonien sind als Symptom einer gestörten zentralen Erregbarkeit
(4) Begleitphänomene bei metabolisch toxischen oder/und posthypoxisch
bedingten diffusen Encephalopathien (10). Nur selten spiegeln sie
eine herdförmige cerebrale Funktionsstörung wider und müssen gegen
fokale epileptische motorische Äquivalente (Jackson-/Koževnikov-An-
fälle) abgegrenzt werden (9). Ihre Entstehung und prognostische Bedeutung wurde an 37 Intensivpatienten mit generalisierten oder regional begrenzten Myoklonien klinisch, neurophysiologisch, pharmakothe-
rapeutisch und im Verlauf untersucht (Tabelle 1). Folgende Gruppen
wurden unterschieden:

I. Myoklonie bei metabolisch-toxischen Encephalopathien

Ia) Opsoklonus-Syndrom = OPS (7) (Tabelle 1-Ia):

Alle Patienten zeigten spontane generalisierte polytope meist asynchrone Myoklonien aller Muskelgruppen (=Polymyoklonien), zusammen
mit Opsokloni (Abb. 1-A). Die motorischen Phänomene liefen anhaltend,
meist ohne eine spontane Periodik oder regelhafte Sequenz ab, akustische und cutane Reize provozierten oder verschlimmerten. Ein OPS
setzte häufig unvermittelt vor Beginn oder in der Frühphase eines
Comas ein und kündigte die terminale Krankheitsphase an (Tabelle 1)
(7).

Ib) Generalisierte Polymyoklonien (Tabelle 1-Ib):

Diese Gruppe repräsentiert den Hauptanteil von Intensivpatienten mit
schweren diffusen Hirnfunktionsstörungen verschiedener Genese (Leber/
Nieren-Insuffizienz, Sepsis; zusätzlich: Intoxikation, Hypoxie; Tabelle 1-IB). Polymyoklonien bevorzugten stammnahe, facio-pharyngeale
Muskeln sowie das Zwerchfell und waren im persistierenden Coma meist
weiteres Zeichen eines irreversiblen Funktionsverfalls. Regional begrenzte Myoklonien waren selten.

II. Myoklonien bei posthypoxischer Encephalopathie (phE)

IIa) Akute post-hypoxische Myoklonien (1) (ph):

Wenige Minuten bis zu 24h nach einer Phase von minutenlanger cerebraler Hypoxie traten mit Manifestation eines anhaltenden posthypoxischen
Comas spontan oder nach externer Stimuli synchrone oder asynchrone
Polymyoklonien auf (Abb. 1-B), und zwar selten passager, meist bis
zum Tode über Tage bis Monate anhaltend (Tabelle 1-IIa).

IIb) Spätmanifeste phM:

Nach einer nur wenig kürzeren cerebralen Hypoxie entwickelten sich
innerhalb von Tagen bis Wochen spontane Polymyoklonien, welche zunächst bei zunehmender Vigilanz (nach Stimuli, bei Intention (11),

Tabelle 1. I=Patienten mit Myoklonien bei einer metabolisch-toxischen Encephalopathie, a=mit Opsoklonien, b=ohne Opsoklonien; II=Patienten mit post-hypoxischen
Myoklonien (phM) a=Frühmanifestation, b=Spätmanifestation. Zeichenerklärung: A=
Alter/G=Geschlecht/BS=Burst-Suppression-Muster im EEG/KP=Krampfpotentiale/SY=es
bestand eine zeitliche, einheitliche Beziehung zwischen Krampfpotential (EEG-Muster)
und Muskelzuckung (EMG)/Cl=antimyoklonische Wirkung von Clonazepam, bzw. von Diazepam (Di)/(+=Wirkung nachweisbar, Ø=keine Wirkung, -=nicht untersucht); T1=Dauer
von Beginn des Komas bis Auftreten der Myoklonien/T2=Dauer vom Auftreten der Myoklonien bis zum Tod (?=Zeitraum nicht sicher)/h=Stunden, min=Minuten, d=Tage, J=
Jahr (Angaben ohne Zahlen geben nur die Größenordnung an); *): Myoklonien und
Krampfpotentiale nur durch Flunitrazepam i.v. zu unterdrücken; **): Passagere Unterdrückung der phM mit Phenobarbital und Clomethiazol; ***): Pat. mit Pentylene-
tetrazol-Vergiftung, phM auch durch Piracetam und 5-Hydroxytryptophan/Carbidopa
nicht beeinflußbar

PATIENTENÜBERSICHT

Pat.	A	G	BS	KP	SY	Cl	Di	T1	T2	Grunderkrankung
Gruppe I a :										
L.A.	11	w	−	+	−	+	−	h	?	Z.n.Reanimation
S.H.	27	w	−	−	−	+	−	wach	2d	M.Crohn,Nephropathie
K.S.	54	m	−	−	−	Ø	−	wach	12h	Kachexie, TBC
D.O.	19	m	−	+	−	+	−	wach	3h	Hirntrauma,Hyperkalie
D.C.	28	w	−	+	−	+	−	1d	4d	Lungenödem,Hypoxie
V.B.	31	w	(+)	+	+	+	−	36h	8d	Gestose,Leberzerfall
W.M.	73	w	−	+	+	+	−	min	lebt	Lymphatische Leukämie
Gruppe I b :										
W.A.	46	m	−	(+)	−	−	−	h	?	Leberversagen
K.K.	38	w	−	(+)	+	+	−	wach	d	Leberzerfallskoma
M.H.	40	m	−	+	−	++	−	24h	2d	Urämie,Nierenversagen
L.S.	70	w	−	−	−	−	−	?	8d	Niereninsuffizienz
L.E.	68	w	−	−	−	−	−	d	8d	Niereninsuffizienz
R.B.	58	m	−	−	−	−	−	?	?	Anurie,Hepatopathie
G.A.	23	w	−	(+)	−	+	−	h	3d	Septischer Schock
D.P.	70	w	−	−	−	+	−	wach	3d	Niereninsuffizienz
S.K.	25	m	+	+	+	Ø	Ø *)	h	1d	Strychninintox.,Hypoxie
S.I.	50	w	+	?	−	Ø	−	h	?	Leberzerfall
K.E.	55	w	+	+	−	+	−	h	lebt	Ruiter-Syndr.,Hypokaliämie
Gruppe II a :										
P.P.	35	m	+	(+)	−	−	−	h	2d	Z.n.Reanimation
J.D.	34	m	+	−	−	−	−	min	1d	Z.n.Reanimation
N.J.	1	m	+	−	−	+	+	h	5d	Hypoxie **)
H.R.	56	m	+	−	−	+	−	24h	1d	Z.n.Reanimation
S.K.	59	m	+	−	−	−	−	min	6d	Z.n.Reanimation,SHT
S.L.	85	w	+	−	+	+	+	min	2d	Z.n.Reanimation
M.K.	63	m	+	+	−	+	−	min	7d	Z.n.Reanimation,Insult
M.H.	21	m	(+)	+	+	+	−	24h	1/2J	Hypoxie,Intoxikation
R.E.	46	m	−	+	+	+	−	h	?	Z.n.Reanimation
R.H.	36	m	−	−	−	+	+	?	?	Pulmonale Insuffizienz
M.W.	80	m	−	−	−	−	−	2d	2d	Pulmonale Insuffizienz
W.M.	65	m	−	−	−	−	−	?	?	Z.n.Aspiration
T.H.	5	w	−	+	−	−	−	6h	3d	Z.n.Reanimation
O.A.	36	w	−	−	−	+	+	min	lebt	Strangulation (S.V.)
P.G.	55	w	−	+	−	−	−	h	lebt	Lungenembolie
S.W.	50	m	−	−	−	+	(+)	12h	lebt	Z.n.Status epilepticus
Gruppe II b :										
M.B.	27	w	−	−	+	+	(+)	14d	lebt	Hypoxie,Intoxikation ***)
P.A.	50	m	−	+	−	−	+	d	lebt	Asphyxie

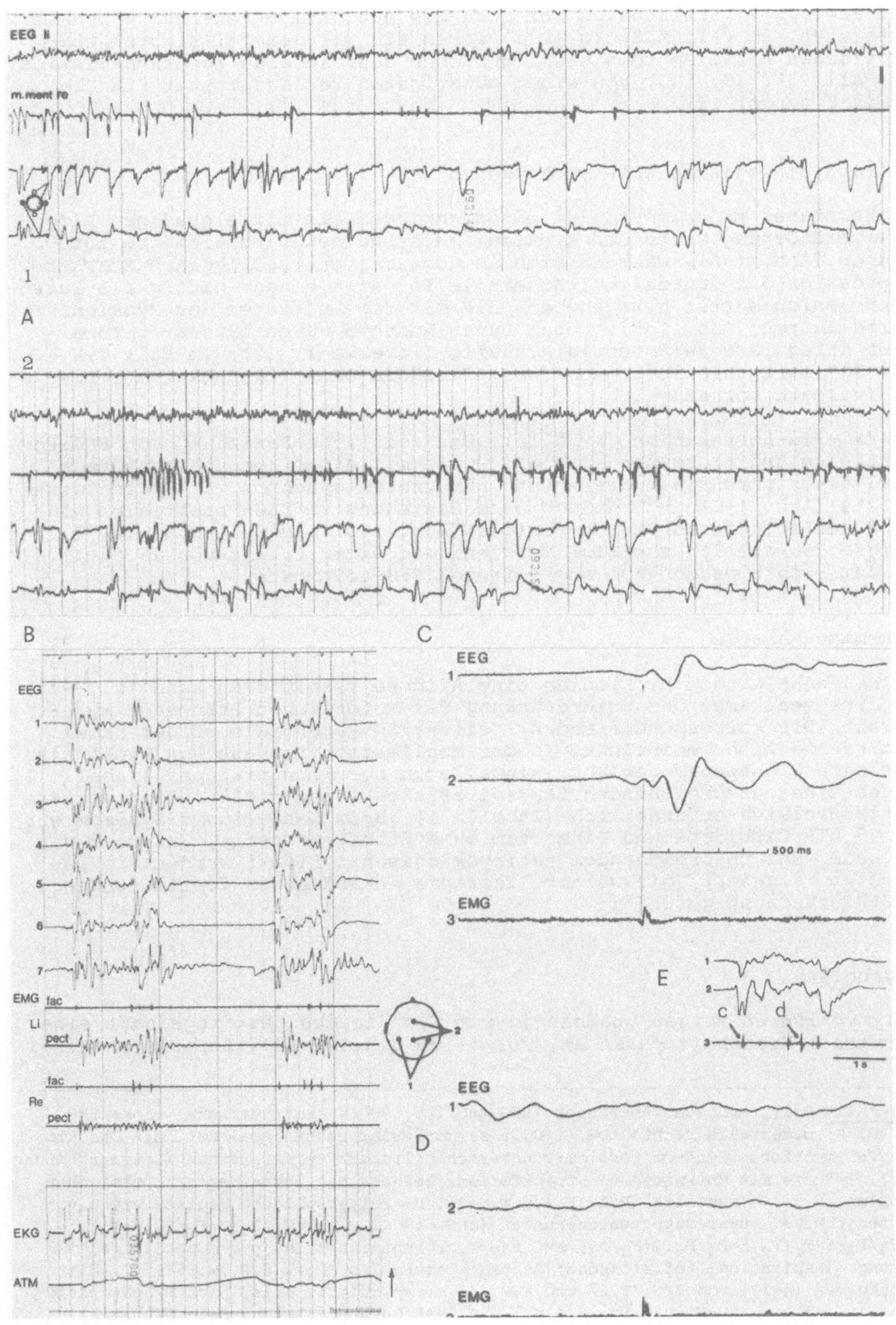

Abb. 1. Legende siehe Seite 436 unten

bei Bewegung), schließlich nur noch als Aktionsmyokloni bei Wachheit
auftraten. Im Fall M.B. (w, 27J) waren sie mit generalisierten epileptischen Anfällen kombiniert und ohne ausreichende Spontanremission,
im Fall P.A. (m, 50J) von einem günstigeren Verlaufsmuster (Lance-
Adams-Syndrom) (2).

Neurophysiologische Untersuchungen

a) Spontanes EEG: Im Stadium einer geringen bis mittelgradigen Allgemeinveränderung waren den Myokloni meist keine Graphoelemente zuzuordnen (Abb. 1-A), während sich im Coma bei unterschiedlich starker
Depression der Grundaktivität steile Potentiale sehr häufig als Burst-
Suppression-Muster heraushoben, die mit dem Auftreten der Myokloni
korrelierten (Abb. 1-B). Neben Burst-Mustern waren hypersynchrone
oder irreguläre SW-Potentiale häufig (Tabelle 1) (7); im Fall T.H.
(w, 5J) waren bioelektrische Krampfabläufe ohne erkennbare motorische
Äquivalente vorhanden.

b) EEG-EMG-Korrelation (4 Fälle): Die zeitliche Beziehung von EEG-Potentialen und einzelnen Myokloni wurde mit einem computergestützten
Analyseverfahren (5) untersucht. phM traten synchron mit Beginn eines
Bursts (Abb. 1-C) auf, jedoch ohne Beziehung zu EEG-Potentialen während der ablaufenden Burst-Periode (Abb. 1-D). Im Fall W.M. (w, 73J)
folgten fokale linksseitige Myokloni mit einer Latenz von 28.6.-41.6
ms dem rechts präzentral abgeleiteten EEG-Leitmuster.

Pharmakotherapie

Da bei anhaltenden Myoklonien eine Azidose resultieren kann (6), wurde eine medikamentöse Unterdrückung der motorischen Phänomene angestrebt. Die korrespondierenden steilen EEG-Potentiale wurden dabei
unterschiedlich beeinflußt. In der Manifestationsphase von Myoklonien
hat sich Clonazepam bewährt, einmal auch nur Flunitrazepam (Tabelle 1);
wegen eines unzureichenden Langzeiteffekts waren nicht selten weitere
Antikonvulsiva erforderlich (Tabelle 1). Beim Lance-Adams-Syndrom wurden 5-HTP/Carbidopa und Piracetam ohne Effekt versucht, Valproat war
wirksam. Bei unzureichendem antimyoklonischen Effekt wurden die Patienten relaxiert, die weitere Therapie anhand einer fortlaufenden
EEG-Überwachung geführt.

Ergebnisse

Polymyoklonien zeigen unabhängig vom Grundleiden fast regelhaft eine
terminale Krankheitsphase an, vor allem ein OPS (7). Bereits in einer

---

Abb. 1. Polygraphische Ableitung (EEG, t=0.1 s; 50 μV zentroparietal links/EMG,
t=0.01 s; m.mentalis rechts/EOG, t=0.35 s; monocular rechts) bei Pat. mit Opsoklo-
nus-Polymyoklonus Syndrom (OPS) mit unterschiedlichem Papiervorschub (Zeitmarkierung
1/2). 1=Phase mit überwiegenden Opsoklonien, 2=Phase mit lebhaften arrhythmischen
Myoklonien des m.mentalis (Pat. K.S., m,54J). B: Polygraphische Registrierung von
akuten phM bei Burst-Suppression-Muster (EEG, t=0.1 s - 1=F_z/P_4; 2=F_z/P_3; 3=F_3F_4;
4=P_3/P_4; 5=F_z/P_z; 6=F_4/P_4; 7=F_3/P_3; EMG fac=m.orbicularis oris, pec=m.pecoralis, ATM=
Atmung (Inspiration-Pfeilrichtung) Zeitmarkierung 1/s (Pat. S.L.,w.85J). C: Mittel-
wertkurven (n=10) von EEG (1,2) und EMG (3),m.orbicularis oris, nach Synchronisierung auf erstes EMG-Signal im B e g i n n des Bursts (gleiche Pat. wie in B).
D: Gleiche Mittelwertbildung wie in C, jedoch Synchronisierung auf EMG-Signal
w ä h r e n d einer Burst-Phase. E: 1,2: EEG; 3: EMG. Die Markierungen (c,d) geben an, auf welche Ereignisse in C bzw. D synchronisiert wurde

präcomatösen Phase können Myoklonien entstehen, ohne zu faßbaren Synchronisationsphänomenen im EEG zu führen. Im Coma dagegen korrelieren gleichartige Myoklonien zu steilen EEG-Potentialen verschiedener Muster. Mit Beginn der myoklonischen Aktivität präsentiert sich nahezu synchron ein neuronales Ereignis im EEG (5). Auch wenn der zeitliche Abstand beider Ereignisse Schwankungen ("jitter") unterliegt, ist ihre Initiation im Hirnstamm zu vermuten und zwar mit corticopetaler und spinopetaler Projection. Eine Dissoziation der Impulsflüsse wurde im Fall P.P. (m, 35J) beobachtet (5). Ein corticaler Ursprung von Myoklonien ließ sich im Fall W.M. (w, 73J) wahrscheinlich machen (corticaler Myoklonus).

Diskussion

Im Zusammenhang mit der Hypothese, daß bei Polymyoklonien infolge einer hypoxischen Partialschädigung des serotoninergen Systems des Hirnstamms (2) spontan, nach akustischen und cutanen Stimuli (8) (reticular reflex myoclonus) (3), nach intendierter cortifugaler Aktivierung eine abnorm synchronisierte neuronale Tätigkeit im Hirnstamm induziert wird, spricht die vorgelegte Gesamtkasuistik verschiedener polymyoklonischer Syndrome dafür, daß polytope Myoklonien (einschließlich Opsoklonien), im Beginn und während eines Comas über eine Vielzahl von Noxen angestoßen, ein relativ monotones Reaktionsmuster des Hirnstamms widerspiegeln. Bisher muß offenbleiben, ob eine regionale Hypoxie und/oder eine multifaktoriell entstandene Funktionsstörung serotoninerger Synapsen das gemeinsame pathogenetische Prinzip sind.

Zusammenfassung:

37 Intensivpatienten mit schweren metabolisch-toxischen und/oder posthypoxischen (ph) Encephalopathien boten verschiedene, prognostisch meist ungünstige myoklonische Syndrome (Poly-Myoklonien, Opsoklonus-Polymyoklonus-Syndrom, akute oder späte ph Myokloni). In den meisten Fällen war anhand neurophysiologischer Kriterien ein clonazepamempfindlicher Generator im Hirnstamm zu vermuten. Polymyokloni im Coma spiegeln wahrscheinlich ein Reaktionsmuster des Hirnstamms wider, das multifaktoriell über eine regionale Hypoxie und/oder infolge einer Funktionsstörung an regionalen serotoninergen Synapsen ausgelöst werden kann.

Literatur

1. Butenuth J, Kubicki S (1971) Über die prognostische Bedeutung bestimmter Formen der Myoklonien und korrespondierender EEG-Muster nach Hypoxien. Z EEG-EMG 2: 78-83

2. Chadwick D, Hallett M, Harris R, Jenner P, Reynolds EH, Marsden CD (1977) Clinical, biochemical, and physiological features distinguishing myoclonus responsive to 5-hydroxytryptophan with a monoamine oxidase inhibitor, and clonazepam. Brain 100: 455-487

3. Hallett M, Chadwick D, Adam J, Mardsen CD (1977) Reticular reflex myoclonus. J Neurol Neurosurg Psychiat 40: 253-264

4. Janzen RWC (1980) Myoklonus-motorisches Elementarphänomen bei gestörter zentraler Erregbarkeit. Verh Dtsch Ges Neurol (im Druck)

5. Janzen RWC, Zschocke S (1979) Klinisch-neurophysiologische Untersuchungen zur Entstehung hypoxischer Myoklonien. Z EEG-EMG 10: 46

6. Langston JW, Ricci DR, Portlock C (1977) Nonhypoxemic hazards of prolonged myoclonus. Neurology 27: 542-545

7. Müller-Jensen A, Janzen RWC (1978) Der Opsoklonus - klinisch-neurologische Aspekte. In: Kommerell G (Hrsg) Augenbewegungsstörungen. Neurophysiologie und Klinik. Bergmann, München, p 255

8. Niedermeyer E, Bauer G, Burnitz R, Reichenbach D (1977) Selective stimulus-sensitive myoclonus in acute cerebral anoxia. Arch Neurol 34: 365-368

9. Singh BM, Gupta DR, Strobos RJ (1974) Non-ketonic hyperglykaemia and epilepsia partialis continua. Arch Neurol 29: 187-190

10. Wolf P (1977) Periodic synchronous and stereotyped myoclonus with postanoxic coma. J Neurol 215: 39-47

11. Young RR, Ahanhani BT (1979) Clinical neurophysiological aspects of post-hypoxic intention myoclonus. In: Fahn S, Davis JN, Rowland LP (eds) Advances in Neurology, Vol. 26. Raven Press, New York, p 85

Spinale Myoklonien bei Hirnstammfunktionsverlust

P. Hohnstädt, R.W.C. Janzen und D. Kühne

Daß Myoklonien (Mk) spinal entstehen können, ist bereits 1881 von
FRIEDREICH (3) vermutet worden und gilt neuerdings, nicht zuletzt
aufgrund tierexperimenteller Befunde (8), als erwiesen (5). Spinale
Myoklonien (spMk) treten segmental oder regional betont auf (4, 6, 7,
9), aber auch generalisiert ("spinale Epilepsie") (2). In den bisher
mitgeteilten Kasuistiken war eine Einwirkung supraspinaler Strukturen meist nicht auszuschließen. Ob spMk allerdings auch ohne supra-
spinale Beeinflußung auftreten können, d.h. im Stadium der Spinalisation, ist bisher noch wenig untersucht (1).

Kasuistik

Fall 1 (Abb. 1-II): Bei einem bis dahin neurologisch unauffälligen
Mann (52J.) kam es nach einer Intubationsnarkose zu einer 7-8 Min.
dauernden Asphyxie. Nach einer Nottracheotomie blieb er beatmungs-
pflichtig und komatös; bis auf Mk des Zwerchfells und im Bereich des
N.facialis die klinischen Zeichen des Hirnstammfunktionsverlustes;
Bauchhautreflexe und Babinski-Phänomen nicht auslösbar, kein Plantar-
reflex; schlaffer Tonus der Beine, Quadriceps- und Triceps surae Reflex nicht auslösbar, am linken Arm schwache Muskeleigenreflexe. Nach
24 h waren die MER an den Armen extrem lebhaft, parallel dazu entwickelten sich spontane, rhythmische, hochfrequente und symmetrische
Mk des M.pectoralis major und episodisch hinzutretend, gleichartige
Mk der Mm.biceps brachii et brachioradialis (Abb. 1-II). EEG: Graphoelemente mit einer Frequenz von 5-6/s = 300-360/min., nach Relaxierung
mit Suxamethoniumchlorid als Schleuderartefakte gesichert (Abb. 1-II);
gleichzeitig Demaskierung von trägen Komplexen etwa alle 20 s, die als
burst-artige Aktivität gedeutet wurden. Die Mk persistierten auch unter Phenobarbital (400 μ mol/1) ohne Frequenzänderung über 24 h und waren noch im Stadium des sog. isoelektrischen EEG vorhanden. Fall 2
(Abb. 1-I): Ein gesunder Motorradfahrer (21J.) erlitt bei hoher Geschwindigkeit ein schweres Schädel-Hirn-Trauma. Bereits bei Klinikaufnahme keine Zeichen einer cerebralen- oder Hirnstamm-Funktion; Arme
links mehr als rechts in leichter Beugehaltung, ebenso die Beine; gelegentlich spontan synchronisierte Beugespasmen in allen Extremitäten.
EEG: Graphoelemente (6-7/s=360-420/min.) als Ausdruck spontan rhythmischer, hochfrequenter Mk der Arme und Beine, nach Relaxierung isoelektrischer Potentialverlauf. Die Mk hatten eine spontane Frequenz von
360-420/min., zeigten spontane Modulation und Gruppierung der Zuckungs-
charakteristik (Abb. 1-I), keine Reaktion auf die maschinelle Beatmung
und konnten durch passive Streckung gegen erhöhten Beugetonus unterdrückt werden. Die Phänomene sistierten nach passagerer Aktivierung
unter Einwirkung von Suxamethoniumchlorid. Katheterangiographie: Zeichen eines cerebralen Kreislaufstillstands im Carotisstromgebiet, Stop
der Kontrastmittelsäule in Höhe HWK 2/3 im Vertebralisstromgebiet, cer-
vico-cephale Dislokation in Höhe des Atlas. Obduktion: Komplette Kon-
tinuitätstrennung des Rückenmarks (RM) in Höhe des Foramen magnum,
Verdacht auf Zerreißung beider Aa.vertebrales; ausgedehntes Hämatom der
Schädelbasis, bis in die Halswirbelsäule reichend; bis in Höhe HWK 3
reichendes intramedulläres Hämatom des RM.

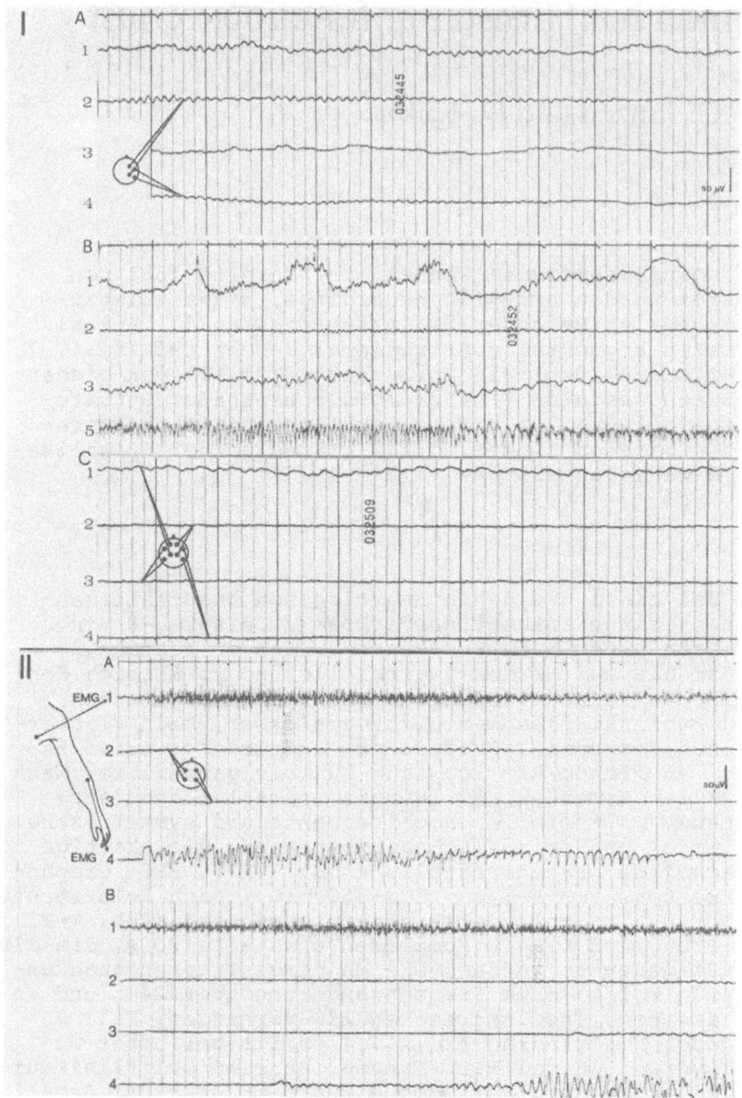

Abb. 1. I-A: EEG bei Hirntod infolge cervico-cephaler Diskonnektion mit Artefakten von hochfrequenten Myoklonien (Fall 2); linksseitiger (1,3) und rechtsseitiger (2,4) symmetrischer Abgriff; Zeitmarkierung 1 s. I-B: EEG (1-3 wie I-A) mit inspiratorischen (i) Artefakten; 5: EMG vom M. pectoralis links. I-C: isoelektrischer Potentialverlauf nach Suxamethoniumchlorid; Zeitachse wie I-A. II-A und B: Simultane EEG- und EMG-Aufzeichnung (24 h nach Asphyxie; Fall 1) mit Ableiteschema; 1=EMG des M.pectoralis links, 4=EMG des M.brachioradialis links. EEG nach Relaxierung als suppression-burst einzuordnen

Bei beiden Pat. wurden identische Mk mit einer Frequenz um 360/min. beobachtet. Sie erfaßten, überwiegend symmetrisch, die Beugemuskulatur, variierten in der zeitlichen und räumlichen Rekrutierung motorischer Einheiten und waren in einem Fall durch passive Streckung der

Extremität unterdrückbar. In beiden Fällen traten die Mk nach Manifestation des Hirntodes auf, infolge Hypoxie bzw. nach akuter cervico-cephaler Diskonnektion; im Fall 1 bereits im Stadium des Bulbärhirnsyndroms. Neben diesen klinischen Kriterien spricht auch der fehlende Barbiturateffekt (Fall 1) für einen rein spinalen Entstehungsort der beschriebenen Mk (8).

Die klinischen Kriterien der eigenen Fälle stimmen mit denen aus bisher vorliegenden Beobachtungen von spMk überein (4, 6, 7, 9). In diesen Kasuistiken lagen allerdings die Frequenzen niedriger (10-150/min.)
(6). Als Ursache wurden umschriebene Tumoren oder andersartige, lokale
Myelopathien angenommen. Pathophysiologisch wurden die segmentalen spMk
als lokales Irritationszeichen von Motoneuronen angesehen (9), bei regional betonten spMk zusätzliche spinale Enthemmungsphänomene diskutiert. Trotz Fehlens von charakteristischen EEG-Veränderungen kommt
eine gewisse Modulation spMk durch spinale Afferenzen bzw. supraspina-
le Einflüsse vor (2). Dieser Einfluß ist jedoch keine Bedingung für die
Entstehung spMk, wie die vorgelegte Kasuistik zeigt. spMk gehören zu
den Funktionsmöglichkeiten des RM im Stadium der Spinalisation. Ob allerdings spMk der vorgestellten Art (um 360/min., Bevorzugung der Beu-
ger) einen Elementarvorgang bei der Generation von rhythmischer Aktivität im spinalen System widerspiegeln und ob sie in jedem Fall Zeichen
einer sich entwickelnden Spinalisation sind, muß noch offen bleiben.
Das sofortige Auftreten nach akuter Spinalisation im Fall 2 und das
Auftreten im Stadium des Bulbärhirnsyndroms nach kurzdauernder Phase
des MER-Verlustes im Fall 1 sprechen eher für diese Annahme.

Zusammenfassung

Bei 2 Pat. mit gesichertem Hirnstammfunktionsverlust wurden spontane
spinale Myoklonien mit einer Frequenz um 360/min. beobachtet. Diese
Myoklonien sind als Ausdruck elementarer Funktionsmöglichkeiten des
isolierten Rückenmarks zu werten und zeigen vermutlich die beginnende
Spinalisation an.

Literatur

1. Allen N, Burkholder J, Comiscioni J (1978) Clinical Criteria of
   Brain Death. Annals NYAS: 70-96

2. Egli M, Bernoulli C, Baumgartner G (1974) Spinale Epilepsie: Tonische Anfälle nach zervikalem Spinalis-anterior-Syndrom. Z EEG-EMG
   5: 87-95

3. Friedreich N (1881) Paramyoklonus multiplex. Virchow Arch Pathol
   Anat 86: 421-434

4. Garcin R, Rondot P, Guiot G (1968) Rhythmic myoclonus of the right
   arm as the presenting symptom of a cervical cord tumor. Brain 91:
   75-84

5. Halliday AM (1967) The electrophysiological study of myoclonus in
   man. Brain 90: 241-284

6. Hoehn MM, Cherington M (1977) Spinal myoclonus. Neurology 27: 942-
   946

7. Hopkins AP, Micheal WF (1974) Spinal myoclonus. J Neurol Neurosurg Psychiat 37: 1112-1115

8. Luttrell CN, Bang FB (1957) Pathophysiology of rhythmic myoclonus
   in cats subject to acute transactions of central nervous system.
   Trans Am neurol Ass 82: 86-89

9. Nohl M, Doose H, Gross-Selbeck G, Jensen HP (1978) Spinal myoclonus.
   Eur Neurol 17: 129-135

Entwicklung abnormer Erregbarkeit im Akutverlauf bei JACOB-CREUTZFELDTscher Erkrankung

H.v. Koschitzky, St. Zschocke, W. Rohr und R.W.C. Janzen

GIBBS und GAJDUSEK (4) konnten zeigen, daß die JAKOB-CREUTZFELDTsche
Erkrankung (JC) eine übertragbare Krankheit vom Typ der "slow virus
infections" ist. Während ihrer individuellen Manifestation entwickeln
sich pathognomonische EEG-Phänomene, mit deren Entstehung und Bedeutung sich zahlreiche Untersucher beschäftigt haben. Entwicklung und
Präsentation der JC werden im Lichte neurophysiologischer Untersuchungen an einem akut verlaufenen Einzelfall besprochen.

Ein 66-jähriger Autoverkäufer entwickelte innerhalb von 1 Woche ein
hirnorganisches Psychosyndrom mit Desorientiertheit und apraktischen
Störungen, welches im Laufe von 4 Wochen in Somnolenz überging. Wegen eines diskreten Halbseitenbefundes und einer umschriebenen li-
temporal ableitbaren Delta-Aktivität wurde zunächst eine Raumforderung
vermutet, die aber neuroradiologisch ausgeschlossen werden konnte. In
der 6. Woche nach Beginn der Erkrankung wurden im EEG erstmals Zeichen
einer regionalen kontinuierlich ablaufenden abnormen Erregung festgestellt, meist in Form von "slow spike-slow wave"-Komplexen, 1 bis 2
pro Sekunde. Im weiteren Verlauf breiteten sich diese periodischen
bioelektrischen Aktivitäten auf die rechte Hemisphäre aus, disseminier-
te Myoklonien traten auf, die bei Sinnesreizen (Schall, Licht, Berührung, Elektrostimulation) zunahmen. Gleichzeitig wurde der Patient
weitgehend areaktiv und comatös und bot schließlich eine periodische
Atmung vom CHEYNE-STOKES-Typ, wobei heftige generalisierte Myoklonien
während der Phasen tiefen Atmens abwechselten mit motorischer Ruhe
während der Hypoventilationsphasen (Abb. 1A). Phenobarbital und Phe-
nylhydantoin konnten weder die Periodik noch den Ablauf der Atmung
und Myokloni beeinflussen. Clonazepam führte nach iv-Applikation unmittelbar, aber nur vorübergehend zum Verschwinden der periodischen
steilen Abläufe im EEG und zum Sistieren der Myoklonien. Die periodische Atmung blieb unbeeinflußt. Eine Zuordnung der Myoklonien und kor-
relierender EEG-Phänomene zu verschiedenen Atemphasen, wie sie bei der
SSPE vorkommt, gelang nicht (3).

Bei visueller Auswertung konnten die Myokloni jeweils "slow spikes"-
Komplexen zugeordnet werden (Abb. 1B). Im Gegensatz zu LEE und BLAIR
(6) fand sich keine feste Relation: Die Myoklonien traten vor, mit oder
nach diesen Komplexen auf ("jitter"), wie die computergestützte Analyse
zeigt (Abb. 1C-ab). Lag eine mehr tonische Grundinnervation der untersuchten Muskeln vor, waren den steilen EEG-Potentialen Phasen motorischer Ruhe ("negative myoclonus") zuzuordnen (Abb. 1C-cd). In dieser
Entwicklungsphase zeichneten sich die visuell evozierten Potentiale
(VEP) durch eine übernormale Amplitude aus (6); die somatosensorisch
evozierten Potentiale (SEP) erschienen verformt und von geringer Amplitude.

Nach insgesamt 4-monatigem Krankheitsverlauf starb der Patient unter
zunehmender zentraler Atemdysregulation. Bei der neuropathologischen
Untersuchung fand sich die typische Trias der JC: Status spongiosus,
Neuronenuntergang und Proliferation der hypertrophen Astrocyten (1).

Der Prozeß war linkshirnig weiter fortgeschritten als rechts und betraf
die gesamte Großhirnrinde, die Stammganglien, die Kleinhirnrinde sowie
die Formatio reticularis - entsprechend dem diffusen Typ der JC (7).

Diskussion

Erst in der postakuten Phase fanden sich im vorgestellten Fall die für
eine JC typischen, synchronen steilen Komplexe (Abb. 1A). Sie entwickel-

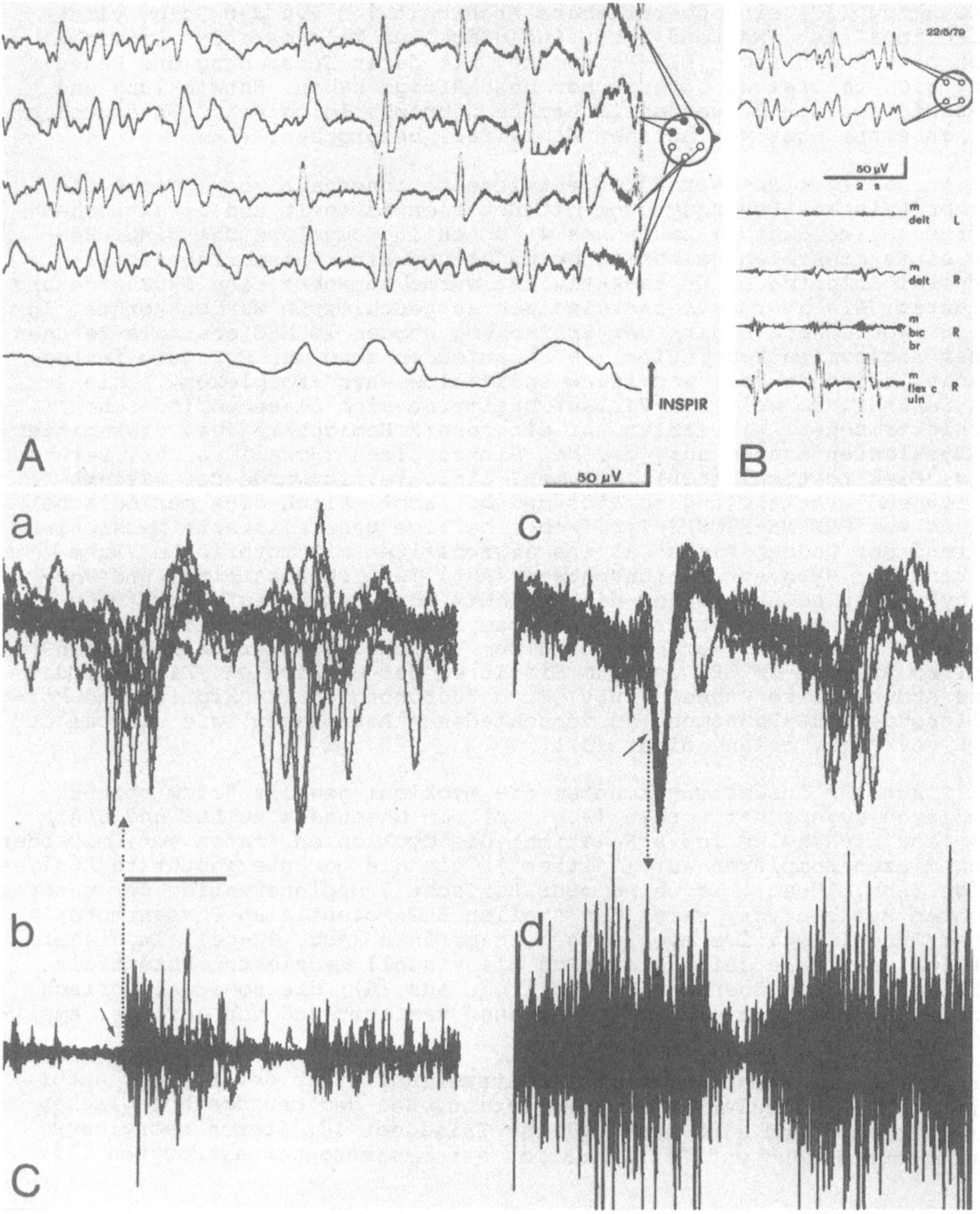

ten sich aus einer links temporal lokalisierten Delta-Aktivität und
projizierten dann auch transcallosal, ehe sich schließlich eine generalisierte synchrone Ausbreitung dokumentierte. Die parallele Entwicklung von rechtsbetonten Myoklonien und Coma wurde als Zeichen
einer Funktionsstörung des Hirnstamms aufgefaßt. Prinzipiell ist ein
corticaler und/oder subcorticaler Schrittmacher diskutiert worden
(5, 6). Dabei wird einerseits vermutet, daß im Gefolge einer Rarefizierung von corticalen Neuronen und einer Funktionsstörung der Glia
spontane intracorticale Synchronisationsphänomene in Gang kommen, wie
z.B. in der Amplitudenerhöhung der VEPs erkennbar, andererseits wird
postuliert, daß synchrone corticale Entladungen nur dann auftreten,
wenn die hemmende Einwirkung der Rinde auf den Hirnstamm fortfällt
und so Hypersynchronisationen im Hirnstamm begünstigt werden, welche
über die kaum betroffenen thalamocorticalen Projektionssysteme zu
corticalen Reaktionspotentialen führen. Besonders die mesencephale
Formatio reticularis soll Generator sowohl der Myokloni als auch der
EEG-Komplexe sein, eine Annahme, die durch die eigenen Ergebnisse unterstützt werden kann (Abb. 1C-ab); vor allem die stimulus-sensitiven
Myokloni, ihre Abhängigkeit vom Vigilanzniveau (2) sowie Clonazepam-
Empfindlichkeit sprechen in diese Richtung. Bemerkenswert ist, daß
vermutlich subcortical induzierte EEG-Komplexe nur eine lockere Beziehung zu Myoklonien haben, während sie strenger zu einer Hemmphase
im EEG korrelieren. Es stellt sich die Frage, ob diese postmyoklonische Hemmung direkt cortico-spinal induziert wird und parallel andere
Hemmungsvorgänge unterhält, die nur passager (z.B. während spontaner
Hypoventilation) unterbrochen werden.

Zusammenfassung

Die Ergebnisse von polygraphischen Registrierungen (EEG, VEP, SEP,
EMG, Atmung) bei einem 66-jährigen Mann mit einer später histologisch
gesicherten JAKOB-CREUTZFELDTschen Erkrankung werden im Verlauf dargestellt. Die Untersuchung der Beziehung zwischen den charakteristischen
EEG-Komplexen und den zugeordneten Myokloni ergab nur einen lockeren
zeitlichen Zusammenhang zwischen dem Beginn der motorischen Aktivität
und der steilen EEG-Komplexe, während eine enge Korrelation zwischen
dieser EEG-Aktivität und Hemmphasen motorischer tonischer EMG-Aktivität besteht. Als deren Ursache wird eine direkte cortico-spinale Inhibition diskutiert.

Abb. 1. Polygraphische Registrierung bei einem Pat. mit Jakob-Creutzfeldtscher Erkrankung. A: Spontaner, abrupter Übergang von einer hypo-
ventilatorischen in eine vertiefte Atemphase (Atemkurve: Inspiration
in Pfeilrichtung) mit aufgesetzten Zwerchfellmyokloni, die verschiedenen bioelektrischen Phasen im EEG zugeordnet sind (EEG siehe Ableitschema). B: Polygraphische Aufzeichnung von Myoklonien und EEG (s.Ab-
leitschema); m delt =M. deltoideus L und R, m bic br=M. biceps brachii
R, m flex c uln=M. flexor carpi ulnaris R. C: Computergestützte simultane Darstellung von "slow spike-slow wave"-Komplexen im EEG (F_3/T_3
links: a,c) und EMG-Aktivität (M. flexor carpi ulnaris rechts); Zählsumme: 8 (a,b), 10 (c,d); Zeitachse: 200 ms. b: Bes Synchronisation
des EEG (a) mit Beginn der burst-artigen EMG-Aktivität (b) (Pfeil)
Jitter-Phänomen der steilen positiv gerichteten Komponente des EEG-
Komplexes; c,d: Bei Synchronisation der Tonischen Aktivität im EEG (d)
mit Beginn der gleichen EEG-Komplexe wie in a (Pfeil) Markierung einer
Entladungspause im EMG nach etwa 100-200 ms

Literatur

1. Beck E, Daniel PM, Matthews WB, Stevens DL, Alpers MP, Asher DM, Gajdusek DC, Gibbs CJ (1969) Creutzfeldt-Jakob disease - The neuropathology of a transmissionexperiment. Brain 92: 699-716

2. Bücking PH, Regli F (1979) Die kurze Periodik paroxysmaler Wellenkomplexe im hirnelektrischen und klinischen Verlauf der Creutzfeldt-Jakobschen Krankheit. Z EEG-EMG 10: 80-87

3. Fenyö E. Hasznos T (1964) Periodic EEG complexes in subacute panencephalitis: Reactivity, response to drugs and respiratory relationship. Electroenceph clin Neurophysiol 16: 446-458

4. Gibbs CJ, Gajdusek DC (1969) Infection as the etiology of spongiform encephalopathy (Creutzfeldt-Jakob disease) Science 165: 1023-1025

5. Goto K, Umezaki H, Suezugu M (1976) Encephalographic and clinicopathological studies on Creutzfeldt-Jakob syndrome. J Neurol Neurosurg Psychiat 39: 931-940

6. Lee RG, Blair RDG (1973) Evolution of EEG and visual evoked response changes in Jakob-Creutzfeldt disease. Electroencephalography and Clinical Neurophysiology 35: 133-142

7. Roos R, Gajdusek DC, Gibbs CJ (1973) The clinical characteristics of transmissible Creutzfeldt-Jakob disease. Brain 96: 1-20

Diencephale hormonelle Funktionsstörungen bei Tumoren in der Pinealisregion

H.E. Clar und W. Andler

Bei Patienten mit Tumoren in der Pinealisregion sind endokrine Funktionsstörungen in Einzelfällen wiederholt beschrieben worden. Dennoch liegen bisher neuere Untersuchungen bei einem größeren Patientengut nicht vor. Wir haben daher systematisch hormonelle Untersuchungen bei Patienten mit Tumoren in der Pinealisregion durchgeführt (1, 4).

Material und Methode

Es wurden 16 Patienten (12 männliche, 4 weibliche im Alter von 4 bis 54 Jahren, Durchschnittsalter 20 Jahre) mit Tumoren in der Pinealisregion untersucht. Die Lokalisationsdiagnostik erfolgte mit dem Encephalotomogramm oder Computertomogramm entsprechend der Einteilung nach KOGIYAMA (Abb. 1). Endokrinologische Untersuchungen erstreckten sich auf die Bestimmung der somatotropen Achse (HGH - Insulinhypoglykaemie), corticotrope Achse (Cortison-Insulinhypoglykaemie/Lysin-Vasopressintest), thyreotrope Achse (TRH-Test), gonadotrope Achse (LHRH, FRH-Test) und des Wasserhaushalts (Blutosmolalität und spezifisches Gewicht) (3, 5).

Ergebnisse

Die Untersuchungen zeigten, daß bei den untersuchten Patienten nur in 2 Fällen eine normale hypothalamisch-hypophysäre Funktion nachweisbar war. 12 Patienten zeigten Ausfälle der thyreotropen und 2 Patienten eine Unterfunktion der gonadotropen Hormone. Ein Diabetes insipidus konnte bei 4 Patienten festgestellt werden. Es handelt sich in allen Fällen um Ausfälle hypothalamischen Ursprungs, in den meisten Fällen konnte eine Ansprechbarkeit der Hypophyse nach Gaben von Releasinghormonen festgestellt werden (Tabelle 1). Nach der Lokalisation werden Störungen der somatotropen Achse isoliert vorwiegend bei Patienten mit Tumoren des Typ 1 gefunden. Bei Tumoren des Wachstumstyp 2 und 3 finden sich häufiger Ausfälle mehrerer Achsen in Verbindung mit einem Diabetes insipidus.

Diskussion

Unsere Untersuchungen zeigen, daß hypothalamisch bedingte endokrine Funktionsstörungen bei der Mehrzahl der untersuchten Patienten mit Tumoren in der Pinealisregion nachweisbar sind. Für das Muster der Ausfallserscheinungen scheint in erster Linie die Lokalisation eines Pinealistumors verantwortlich zu sein. Diese Beobachtungen stimmen mit Berichten von YONEMASU überein, der bei Patienten mit Tumoren des Typ 2 und 3 häufig Ausfälle der somatotropen, thyreotropen und corticotropen Funktion beobachtete gemeinsam mit einem Diabetes insipidus. Dagegen sollten Tumoren des Typ 1 nach seiner Erfahrung seltener endokrine Störungen verursachen. Unsere Befunde widerlegen diese Tatsachen eindeutig. Wenn auch weniger Funktionsachsen beeinträchtigt sind als

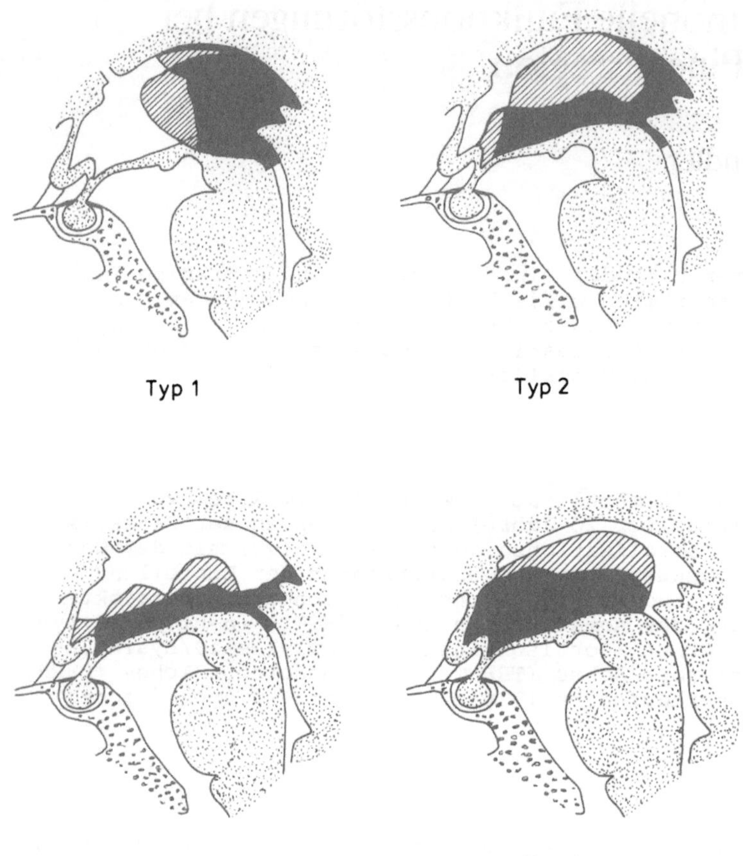

Abb. 1. Lokalisation von Tumoren in der Pinealisregion nach Kagiyama

bei anderen Lokalisationen von Pinealistumoren, so ist bei gezielter Untersuchung ein Ausfall der somatotropen Achse mit 3 Ausnahmen nachweisbar. Bei keinem unserer Patienten konnte eine Pubertas praecox beobachtet oder endokrinologisch nachgewiesen werden. Inwieweit echte Zusammenhänge zwischen dem Wachstum von Tumoren in der Pinealisregion und dem Auftreten einer pubertas praecox bestehen, sollte mit heutigen Methoden überprüft werden. Wir fanden lediglich eine Verminderung der gonatotropen Hormone in 3 von 9 untersuchten Fällen.

Unsere Untersuchungen zeigen, daß Tumoren in der Pinealisregion ebenso häufig zu Funktionsstörungen des hypothalamisch hypophysären Systems führen wie supraselläre Tumoren. Diese bisher kaum bekannte Tatsache scheint von großer therapeutischer Bedeutung zu sein.

Aus den Ergebnissen ergeben sich daher bei Patienten mit Pinealistumoren folgende Schlußfolgerungen:

1. Durchführen einer genauen Lokalisationsdiagnostik von Pinealistumoren mit Encephalotomogramm oder Computertomogramm, da deutliche Abhängigkeiten zwischen Lokalisation und hypothalamischen Ausfällen bestehen,

Tabelle 1. Hypothalamische Ausfallserscheinungen bei 16 Patienten mit Pinealistumoren

Name	Alter	Geschl.	Typ	somato- trope Achse	cortico- trope Achse	thyreo- trope Achse	gonado- trope Achse	Diabetes insipidus
K.M.	4	♂	2	↓	↓	normal	?	∅
S.M.	6	♂	1	↓	normal	normal	?	∅
L.M.	7	♂	1	↓	normal	normal	?	∅
S.R.	9	♂	1	↓	normal	normal	normal	∅
L.T.	12	♂	3	↓	↓	↓	↓	+
K.M.	14	♂	1	↓	normal	normal	?	∅
S.R.	15	♂	2	↓	↓	normal	?	+
F.D.	15	♂	1	↓	↓	↓	↓	+
B.W.	16	♂	1	↓	normal	normal	?	∅
K.A.	16	♂	1	↓	normal	normal	normal	∅
R.K.	17	♀	1	↓	normal	normal	normal	∅
F.J.	19	♀	1	↓	normal	normal	?	∅
P.E.	20	♂	2	?	↓	?	?	+
H.R.	45	♀	1	normal	normal	normal	normal	∅
B.H.	48	♂	1	normal	↓	normal	normal	∅
R.A.	54	♀	1	normal	normal	normal	normal	∅

2. vollständiger endokrinologischer Hormonstatus, um das gesamte Spektrum hormoneller Störungen zu erhalten
3. gezielte hormonelle Substitution zur Kompensation latenter oder manifester hormoneller Insuffizienzen.

Auf diese Weise ist es möglich, klinisch noch stumme Störungen des hypothalamisch-hypophysären Systems bei Pinealistumoren frühzeitig zu erfassen.

Zusammenfassung

Die Arbeit befaßt sich mit den Untersuchungsergebnissen von 16 Patienten mit Tumoren in der Pinealisregion. Die Lokalisationsdiagnostik erfolgte mit Hilfe des Encephalotomogramms und des Computertomogramms. In 14 Fällen wurden Ausfälle einer oder mehrerer Funktionsachsen nachgewiesen. Das Muster der Ausfälle deutete auf eine hypothalamische Ursache der Störungen hin. Nach unseren Ergebnissen führen daher Tumoren der Pinealisregion ebenso häufig zu Funktionsstörungen des hypothalamisch-hypophysären Systems wie supraselläre Tumoren (Craniopharyngeom). Diese Tatsache scheint von großer therapeutischer Bedeutung zu sein.

Literatur

1. Andler W, Roosen K, Clar HE (1979) Pre- and postoperative evaluation of hypothalamo-pituitary function in children with craniopharyngeomas. Acta neurochir 45: 297-299

2. Kagiyama N, Belsky R (1961) Ectopic pinealoma in the chiasma region. Neurology 11: 312-327

3. Clar HE (1979) Clinical and morphological studies of pituitary and diencephalic space occupying lesions before and after operation with special reference to temperature regulation. Acta neurochir 50: 153-199

4. Clar HE, Reinhardt V, Gerhard L, Hensell V (1979) Clinical and morphological studies of pinealistumors. Acta neurochir 46: 59-76

5. Clar HE, Bock WJ, Grote W, Löhr E (1978) Vergleichende Untersuchungen im Encephalo-Tomogramm und Computertomogramm bei raumfordernden Prozessen der Mittellinie und des Kleinhirnbrückenwinkels. Radiologe 18: 92-96

6. Yonemasu Y, Kitamura K, Okudera T, Kyuslu T (1975) Tumors of the pineal region. A clinicopathological study of 77 cases. Vortrag 5. Europ. Congress Neurochir. Oxford

Familiäre und sporadische Fälle von Akromegalie und Pachydermoperiostose

H. Krüger und E. Halves

Das durch vermehrte HGH-Produktion des Hypophysenvorderlappens hervorgerufene Krankheitsbild der Akromegalie (AM) bereitet wegen seiner typischen Symptomatologie keine diagnostischen Schwierigkeiten.

Die seltenere Pachydermoperiostose (PDP), auch Touraine-Solente-Golé-Syndrom genannt, ist gekennzeichnet durch Pachydermie und Volumenzunahme vorzugsweise im Bereich des Kopfes, der Unterarme und Hände sowie der Unterschenkel und Füße, weiter oft durch Trommelschlegelfinger, Uhrglasnägel, Cutis verticis gyrata an Stirn, Schädeldach und Nacken, teilweise auch Händen und Füßen; ferner findet man inkonstant Bänderverknöcherungen, Periostauflagerungen an den Röhrenknochen und am Schädel. Die Sella turcica bleibt hingegen im allgemeinen unverändert.

Während bei den über 100 bisher bekannten Fällen von PDP oft über ein familiäres Vorkommen berichtet wird, sind Hinweise auf eine Erblichkeit der AM sehr selten. Seit FRIEDREICHS Erstveröffentlichung (1) zieht sich die Diskussion durch die Literatur, ob es sich bei der PDP um eine Variante der AM handelt. Die von uns beobachteten Fälle liefern zu dieser Fragestellung einen interessanten Beitrag.

Bei unserem 71-jährigen Patienten M. K. hatten die Hautveränderungen i.S. einer Pachydermie und einer Cutis verticis gyrata in der Pubertät begonnen. Bald kam es auch zu einer sehr langsam fortschreitenden Vergröberung des Gesichts und zu einer Verplumpung der Akren. Die Schuhgröße nahm von 42 auf 45 zu. Jetzt zeigt der Patient die ausgeprägte Symptomatik sowohl einer PDP als auch einer AM. Während des jahrzehntelangen Verlaufes sei die Krankheit über längere Zeit zum Stillstand gekommen, wobei sich die Hautveränderungen sogar besserten.- Bei der Mutter unseres Patienten hätten eindeutig die Symptome einer PDP bestanden. Im Rahmen unserer Familienuntersuchung haben wir insgesamt 58 Personen erfaßt, soweit möglich durch ambulante Untersuchungen, sonst anamnestisch unter Zuhilfenahme von Familienfotos oder mit Unterstützung des Hausarztes. 3 Söhne und 1 Tochter von den 9 Kindern der Stammbaummutter sind bzw. waren an einer PDP mit mehr oder weniger ausgeprägten akromegalen Symptomen erkrankt. Von den 6 Kindern der Tochter zeigt wiederum eine Tochter Zeichen der Erkrankung. Ein erkrankter Sohn blieb kinderlos. Die beiden Kinder des weiteren betroffenen Sohnes sind symptomfrei. Von den 5 Kindern unseres Probanden weisen 2 Söhne und 1 Tochter die Zeichen der PDP mit akromegalen Zügen auf. Die 2 Töchter und der Sohn der in den USA lebenden Tochter sowie der Sohn und eine Tochter des in der Schweiz lebenden Sohnes lassen auch Symptome erkennen.

Insgesamt sind also von den 58 erfaßten Mitgliedern der Sippe 14 erkrankt, z.T. in der 4. Generation. Der Erbgang scheint autosomal dominant mit erheblicher Variabilität in der Expressivität zu sein (s. Abb. 1). - Nach der Literaturdurchsicht handelt es sich bei unserer Sippe um das umfangreichste, bisher beschriebene familiäre Vorkommen von PDP mit unterschiedlich stark ausgeprägtem akromegalen Charakter. Ebenfalls bedeutsame Sippen publizierten RIMOIN (5) und KRIVOSHEEV (3).

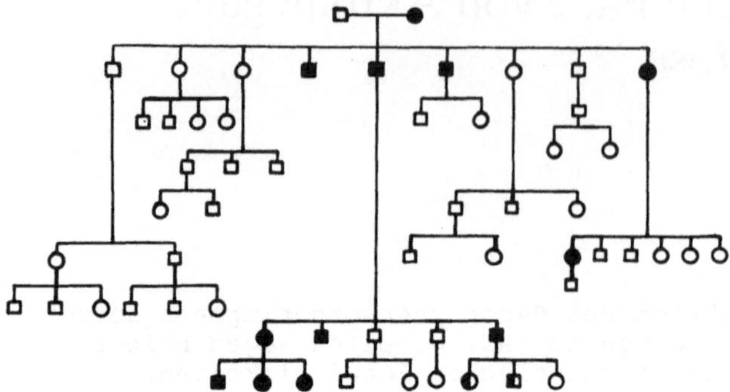

Abb. 1 Stammbaum der Sippe K.

1970 vermutete SCHUBERT (7) in seiner Veröffentlichung eines sporadischen Falles von PDP angesichts pathologischer HGH-Werte seines Probanden, die PDP stelle eine Variante der AM ohne nachweisbares Hypophysenadenom dar. Bei der Sektion des 4 Jh. nach der Publikation verstorbenen Pat. fand sich als Korrelat zum seinerzeit erhöhten HGH-
Spiegel eine diffuse Vermehrung eosinophiler Zellen im Hypophysenvorderlappen. - Bei unserem 71-jährigen Pat. M.K. hatten sich vor 6 Jh.
bei röntgenologischen und hormonellen Untersuchungen, einschließlich
der HGH-Bestimmung, keine eindeutigen Hinweise für ein Hypophysenadenom ergeben. Jetzt konnte das Hypophysenadenom durch Sellaverän-
derungen im Röntgenbild, außerdem im CT und durch den Hormonstatus gesichert werden. Beim komb. Hypophysenfunktionstest fanden sich nicht
supprimierbare HGH-Spiegel beim GTT um 50 ng/ml, die auch unter TRH
und IHG nicht stimulierbar waren. Die übrigen Partialfunktionen waren
nicht wesentlich beeinträchtigt. Gesamtöstrogene, TSH, T3 u. T4, 17-
Ketosteroide u. 17-Hydroxycorticoide, FSH, LH und Testosteron waren
unauffällig. - Bei dem 27-jährigen Sohn des M.K., B.K., war bereits
vor 6 Jh. die Diagnose einer PDP mit akromegalen Zügen gestellt worden. Sella-Aufnahme und CT waren auch jetzt normal. Im komb. Hypophysenfunktionstest war auffällig, daß HGH unter IHG sehr rasch und
exzessiv hoch bis auf 45 ng/ml anstieg. Möglicherweise liegt hier
eine Neigung zu erhöhten HGH-Spiegeln unter bestimmten Streßbelastun-
gen oder Stoffwechselsituationen vor. - Kürzlich konnten wir einen
sporadischen Fall von PDP beobachten. Der Vater und die 2 Schwestern
des Pat. haben einen athletischen Habitus, aber keine Veränderungen
i.S. einer PDP. Bei dem 25-jährigen Probanden stellten sich in den
letzten 6 Jh. zunehmende Hautveränderungen vor allem im Kopfbereich
ein. Es kam zu einer Vergröberung des Gesichts. Weiter bestanden
Müdigkeit, psychische Veränderungen und eine Hyperhidrosis. Im Röntgenbild und im CT war die Sella unauffällig. Der komb. Hypophysenfunktionstest verlief normal.

In der Geschichte des Krankheitsbildes PDP spiegelt sich die nosologisch nicht eindeutige und durch Übergangsbilder erschwerte Abgrenzung
von der AM wider. Als TOURAINE, SOLENTE und GOLÉ (8) 1935 die PDP von
der AM und von der Osteoarthropathie hypertrophiante BAMBERGER-MARIE
abgrenzten, trugen sie der oft erheblich differierenden Ausprägung
der Symptome Rechnung, indem sie mehrere Untergruppen etablierten.
Zwischen der PDP und der AM sind die Schwerpunkte der Symptomausge-
staltung verschieden gelagert; grundsätzlich können jedoch alle Symptome bei den beiden Erkrankungen wechselseitig vorkommen, wofür wir
in der Literatur zahlreiche Beispiele finden konnten. So sind in
einer Arbeit von SCHILLING (6) mehrere Fälle von AM mit einer ausgeprägten Cutis verticis gyrata erwähnt, die sich nach OP des Adenoms

zurückbildete. Möglicherweise hängt die unterschiedliche Symptomge-
staltung mit dem Krankheitsbeginn zusammen. Während die PDP überwiegend in der Pubertät beginnt und sehr langsam verläuft, setzt die AM
meist später ein und verläuft schneller. In der Literatur fanden wir
10 Fälle von PDP, bei denen entweder ein Hypophysenadenom nachgewiesen wurde oder sich entsprechende Anzeichen, z.B. HGH-Erhöhungen,
fanden. - Selbst die bei der PDP sehr häufige Erblichkeit kommt auch
bei der AM vor. LEHMANN (4) konnte 20 familiäre Fälle aus der Literatur aufführen. KOCH und TIWISINA (2) geben 6 Literaturhinweise auf
Zwillingsbeobachtungen von AM. - URSING (9) und weitere Autoren erwähnen Fälle von BAMBERGER-MARIE-Syndrom, bei denen vermehrte eosino-
phile Zellen im Hypophysenvorderlappen oder erhöhte HGH-Spiegel gefunden wurden. Abschließend können wir angesichts der zahlreichen
Literaturhinweise und unserer eindrucksvollen Fälle feststellen, daß
nicht nur bei der AM, sondern auch bei der PDP und möglicherweise auch
bei der BAMBERGER-MARIEschen Krankheit eine zumindest zeitweise erhöhte HGH-Produktion pathogenetisch die entscheidende Rolle spielt.

Zusammenfassung

Die Autoren berichten über die umfangreichste bisher bekannte Sippe
mit familiärem Vorkommen von Akromegalie mit Pachydermoperiostose
über 4 Generationen und über 2 sporadische Fälle von Pachydermoperiostose.

Literatur

1. Friedreich N (1868) Hyperostose des gesamten Skelettes. Virchows
   Arch f path Anat 43: 83-87

2. Koch G, Tiwisina T (1959) Beitrag zur Erblichkeit der Akromegalie
   und der Hyperostosis generalisata mit Pachydermie

3. Krivosheev BN, Bogatyoeva AV, Tonysheva TI, Ershov VN (1978)
   Pachydermoperiostosis. Vestn Dermatol Venerol 2: 57-60

4. Lehmann W (1964) Krankheiten der Drüsen mit innerer Sekretion
   - Akromegalie. In: Becker PE (eds) Humangenetik, Bd. III/1,
   Thieme, Stuttgart, p 157

5. Rimoin DL (1965) Pachydermoperiostosis. N Engl J Med 272: 923-931

6. Schilling F, Knick B, Kuck H (1961) Hyperostosis generalisata mit
   Cutis verticis gyrata und ihre Differentialdiagnose. Dtsch Arch
   f klin Med 207: 456-491

7. Schubert E, Vetter H, Juchems R (1970) Pachydermoperiostose.
   Touraine-Solente-Golé-Syndrom. M med Wschr 112: 229-235

8. Touraine A, Solente G, Golé L (1935) Un syndrome ostéodermo-
   pathique: la pachydermie plicaturée avec pachypériostose des
   extrémités. Presse méd 43: 1820-1824

9. Ursing B (1970) Pachydermoperiostosis. Acta med scand 188: 157-160

Twenty-Four-Hour Secretory Profiles of LH, FSH, Prolactin and Cortisol in Controls and Narcoleptics

L. Lachenmayer, C. Mohs, St. Zschocke, H.G. Baumgarten and
W. Wuttke

The pathophysiology of narcolepsy, a syndrome characterized by excess
daytime sleep attacks, cataplexy and hypnagogic hallucinations, is
unknown. Data obtained in animal models of narcolepsy suggest
disturbances in central monoaminergic activity (dopamine and serotonin dysfunctions (cf.1)). Comparable data in humans are sparse. It is
well known that the secretion of pituitary hormones is controlled by
hypothalamic factors, the release of which is modulated (among others)
by central monoaminergic systems. The activity of monoaminergic systems
and the release of certain pituitary hormones is influenced by
circadian rhythms (3) but it is unknown whether both are causally
related. Furthermore, the secretion of at least growth hormone (HGH)
and prolactin (HPL) exhibit typical relationship with the sleep-
waking cycle (cf.6). The aim of the present study was to analyze the
24-hour secretory pattern of HPL, LH, FSH and of cortisol in control
subjects and narcoleptics in relationship with temporal EEG changes.

Following one night of adaptation, continuous 24-hour polygraphic
EEG recordings were taken from 5 healthy male subjects (aged 22-30 y.)
and from 5 male narcoleptics (aged 30-42 y.) with typical clinical and
EEG symptoms of narcolepsy. Sleep stages were classified according to
RECHTSCHAFFEN and KALES (4). Blood samples were drawn every 30 minutes
during daytime and every 20 minutes during the night via an indwelling
central venous catheter. Hormones were determined by conventional
standard radioimmunoassays or protein-binding assay (cortisol).

In control subjects, HPL levels were low during daytime (2-7 ng/ml)
but fluctuations of different amplitudes were apparent in all subjects
with secretory pulses occuring every 90-120 min. HPL surges (from 3-7,
3-8 and 5-15 ng/ml) were seen in the early afternoon in 3 cases which
appeared to be related to the only daytime postprandial nap. With the
exception of one individual, all subjects showed a steep rise in HPL
that was associated with the onset of nocturnal sleep (at about 23-
24 h) and was followed by several HPL surges at intervals (45-60 min)
shorter than during daytime. HPL surges were evident during daytime in
narcoleptics that correlated with sleep attacks. Similar HPL surges
occurred at night-time but there was no consistent relationship of
either sleep-onset-REM sleep or normal sleep cycles to the secretory
episodes. Nocturnal HPL surges in these narcoleptics occurred at less
regular intervals than in controls.

FSH blood levels in controls fluctuated rather regularly - but with
interindividual differences in interpeak intervals - during daytime
and showed no relationship to daytime nap. Interestingly, the
frequency of FSH secretory bursts increased 2-3 fold during night-
time without notable changes in amplitude and without relationship to
either sleep onset or sleep cycling. In narcoleptics, the day-night
differences in the interval of secretory events (seen in controls)
were absent but the amplitude of individual FSH surges was significantly elevated. As in controls, there was no relationship between
sleep events and FSH oscillations.

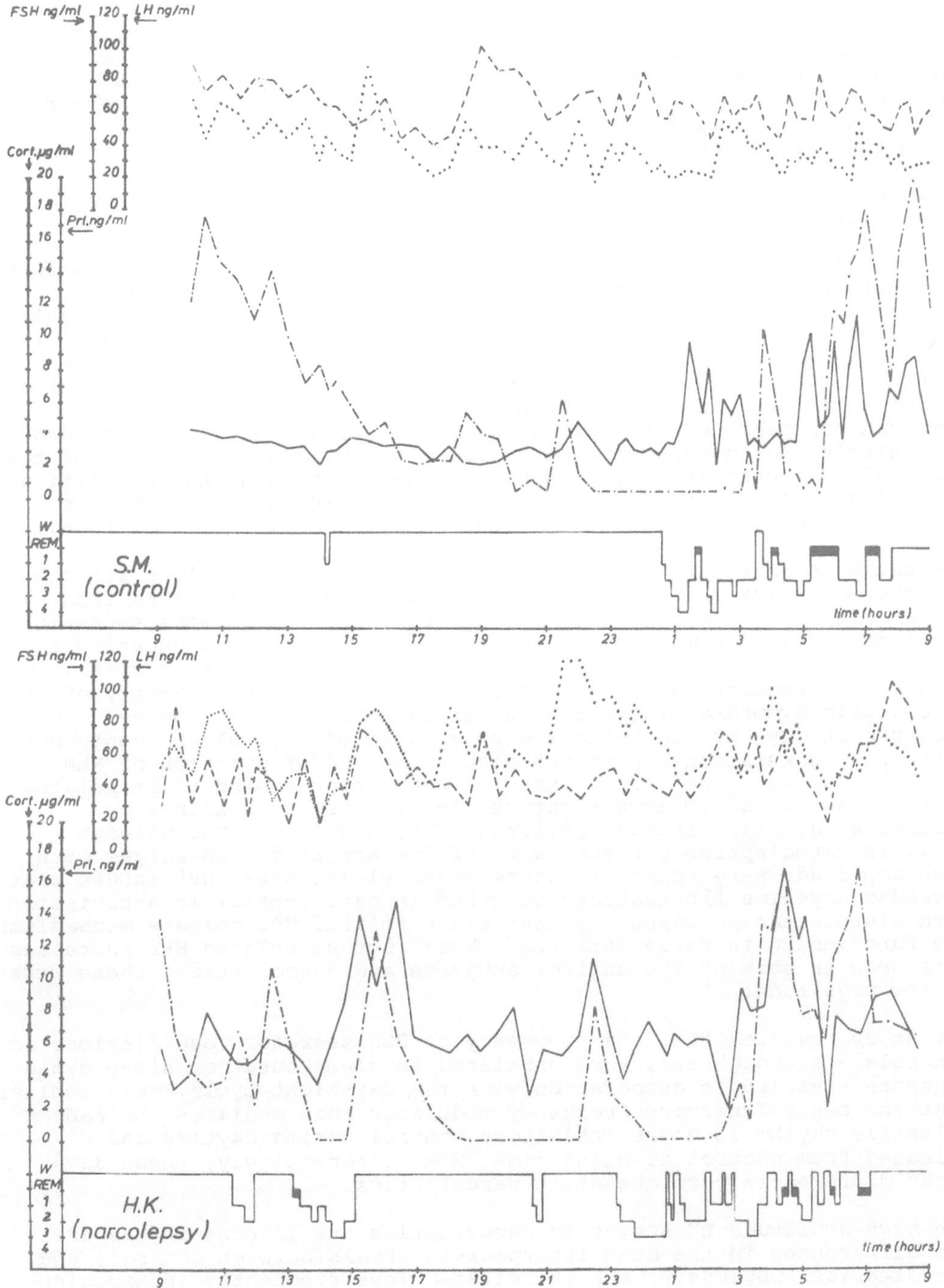

Fig. 1. 24-hour plasma concentration profiles of LH, FSH, HPL and cortisol in correlation with sleep stages of a male control subject (S.M.) [upper tracing] and a male narcoleptic patient (H.K.) [lower tracing]. (LH: ......, FSH: ----, HPL: ———, cortisol: -.-.-)

LH levels in controls exhibited secretory surges of varying amplitude
(2-80 ng/ml) and at variable intervals (40-180 min) during day- and
night-time without recognizable relationship to sleep. LH surges of
large amplitude alternated with (serial) small amplitude peaks. In
narcoleptics, series of high amplitude LH surges occurred at rather
regular intervals during night-time. Integrated mean blood LH
concentrations in narcoleptics were significantly higher than in
controls, though there were large differences in mean levels of
different individuals. No association of LH secretory bursting with
sleep events was evident.

In agreement with published data on 24-hour cortisol secretion pattern
in controls (cf.6), cortisol blood levels showed rises to maxima
during early morning time; these emerged from early night time levels
that were low and sometimes close to the sensitivity of the assay. In
contrast, secretory peaks of moderate height were seen in the late
afternoon. There were no gross abnormalities in the circadian cortisol
secretory rhythms in narcoleptics.
Simultaneous plots of 24-hour LH, HPL and cortisol secretion patterns
in controls and in narcoleptics revealed no obvious coincidence of the
temporal characteristics of the hormone secretion sequence suggesting
lack of mutual interdependence of secretory driving mechanisms for
these hormones and excluding identical neurotransmitter regulation.

The patients investigated here all had several daytime sleep attacks
and showed typical sleep onset REM periods which characterize them
as narcoleptics. Despite these common criteria, the hormone secretion
profiles revealed remarkable interindividual variation suggesting that
the patients investigated may belong to different as yet undefined sub-
groups of narcoleptics - apart from differences in the severity of the
narcoleptic symptomatology. HPL surges in narcoleptics, whether they
occurred at day- or night-time, were associated with sleep events but
there was no relationship to the occurrence and/or duration of REM
periods. However, the rising phase of HPL surges seemed to be related
to the onset of sleep events per se. In contrast to findings by
HIGUCHI et al. (2), initial nocturnal HPL surges occurred without
delay in narcoleptics but they were of low amplitude and surges with
high amplitude were found 3-4 hours after sleep onset. HPL surges that
exceeded day-time fluctuations occurred in narcoleptics in association
with sleep attacks suggesting that sleep related HPL release mechanisms
are functioning in these patients. Though stress related HPL increases
were seen in some of the control subjects and narcoleptics, these were
of low magnitude.

Our study revealed that the frequency of FSH secretory oscillations in
controls - although they were unrelated to sleep onset or sleep cycle
sequence - varied in association with the day-night cycle. This implies
that the central nervous frequency modulator that mediates the FSH-RF
pulsatile rhythm is under inhibitory control during daytime and
released from control at night-time. Most interestingly, these day-
night differences were absent in narcoleptics.

The high-amplitude LH surges in narcoleptics are interesting as are
the differences in the mean interpeak-intervals between controls and
narcoleptics. Obviously, LRF is released less frequently in narcoleptics but in larger amounts per secretory event. This finding may
suggest that the mechanisms which control the synchrony and quantity
of LRF release are impaired in narcoleptics. While serotonin is
generally considered to influence temporal release patterns in con-
junction with circadian periodicity, dopamine may have a role in LRF

inhibition (5). Both transmitter mechanisms may be impaired in narcoleptics. In support of this, animal models of narcolepsy show a deficit in central dopamine and serotonin turnover (1).

References

1. Faull K, Foutz AS, Holman RB, Anderson PJ, Dement WC (1979) Assays of monoamine metabolites in CSF samples from control and narcoleptic canines. In: Usdin E, Kopin IJ, Barchas J (eds) Catecholamines: Basic and clinical frontiers. Vol 2. Pergamon Press, New York Oxford Toronto Sydney Frankfurt Paris, p 1602-1604

2. Higuchi T, Takahashi Y, Takahashi K, Niimi Y, Miyasita A (1979) Twenty-four hour secretory patterns of growth hormone, prolactin, and cortisol in narcolepsy. J Clin Endocrinol Metab 49: 197-204

3. Quabbe HJ (1980) The sleep-endocrine link. Physiol Rev (submitted)

4. Rechtschaffen A, Kales A (1968) A manual of standardized terminology, techniques and scoring system for sleep stages of human subjects. BIS/BRI, UCLA, Los Angeles

5. Weiner RJ, Ganong WF (1978) Role of brain monoamines and histamine in regulation of anterior pituitary secretion. Physiol Rev 58: 905-976

6. Weitzman ED (1976) Twenty-four hour neuroendocrine secretory patterns: observations on patients with narcolepsy. In: Guilleminault C, Dement WC, Passouant P (eds) Narcolepsy. Spectrum Publ Inc, New York, p 521-543

HGH-assoziierte Schlafsteuerung bei symptomatischer Narkolepsie, Bromocriptin bei symptomatischer und idiopathischer Narkolepsie.

H. Krüger und E. Halves

Die Schlafforschung lieferte sowohl bei Normalpersonen als auch bei
verschiedenen Schlafstörungen Hinweise auf eine hypothalamischhypo-
physäre, insbesondere HGH-assoziierte Schlafsteuerung (1, 4, 5, 6, 7,
9). Wir beobachteten eine erfolgreich mit Bromocriptin (Brc) behandelte symptomatische Narkolepsie bei Akromegalie und unternahmen einen
Therapieversuch mit Brc bei 3 Pat. mit idiopathischer Narkolepsie.

Patientengut, Methoden und Ergebnisse

1. 71-j. Pat. M.K. mit Akromegalie; seit einigen Jahren Narkolepsie
mit häufigen Schlafanfällen, gestörtem Nachtschlaf, Kataplexie, vermehrter Reizbarkeit und allgemeiner Abgeschlagenheit. 1-stündige
polygraphische Ableitung vormittags: Überwiegend 6-7/sec-Thetatätig-
keit selten langsamer Alpharhythmus, wiederholt Einschlaf- und Schlafphasen. Nach einer Probeableitung polygraphische Nachtschlafregistrie-
rung: Initiale REM-Phase, wiederholtes Erwachen, vergrößerter B-Sta-
dium-Anteil hauptsächlich zu Lasten des C-Stadiums. Kombinierter Hypophysenfunktionstest (Hyt): s. Abb. 1 (Angaben in ng/ml). Während einer
3-stündigen polygraphischen Tagesableitung wurde viertelstündlich Blut
zur HGH-Bestimmung entnommen. Zusätzlich Blutentnahme zu Beginn von
Einschlafphasen. HGH zwischen 60 und 114. Bei den signifikanten An-
stiegen von 60 auf 85 und von 83 auf 100 bestand eine Korrelation zu
Schlafphasen mit EEG-Verlangsamungen. Brc-Test: s. Tabelle 1 Kontrolle
nach Brc 7,5 mg/die über 6 Mon.: HGH zwischen 2 und 4. HPr zwischen
1,3 und 2,3. - Der bereits 1 Jahr anhaltende Brc-Effekt hatte das
Sistieren der narkoleptischen Anfälle, besseren Nachtschlaf, psychische Ausgeglichenheit und eine insgesamt angehobene Vigilanz zur
Folge, was sich in einem schnellen Alpharhythmus dokumentierte. -
2. 55-j. Pat. A.M.-L., seit 12. Lbjh. Narkolepsie, Kataplexie und gestörter Nachtschlaf. 1-stündige polygraphische Tagesableitung: Mehrere
Einschlafphasen. Polygraphische Nachtableitung: REM-Narkolepsie. HyT:
s. Abb. 1 Brc-Test: s. Tabelle 1. Spätere Kontrolle unter Brc 7,5 mg/
die: HPr um 1; niedriges HGH ohne Stimulation. - Unter Brc 7,5 mg/die
kaum Besserung der Narkolepsie, mit 40 mg/die nur noch abends Schlafanfälle, weiterhin gestörter Nachtschlaf. EEG unter Brc: Keine signifikante Änderung. -
3. 37-j. Pat. B.K., seit 17. Lbjh. Narkolepsie, später Kataplexie,
dissoziierter Schlaf, Schlaflähmungen und hypnagoge Halluzinationen.
Gute Besserung der Kataplexie unter Tofranil, mäßige Besserung der
Narkolepsie unter Ritalin. 1973 war an der Neurol. Klinik der TU
München bei polygraphischen Nachtableitungen eine REM-Narkolepsie
diagnostiziert worden. HyT: s. Abb. 1 Brc-Test: s. Tabelle 1. Unter
Brc 7,5 mg/die nur geringe Besserung der Narkolepsie; mit 40 mg/die
deutliche Besserung: Oft mehrere Tage ohne Schlafanfälle. Pat. zieht
Brc dem Ritalin vor. EEG unter Brc: Noch zahlreiche Vigilanzschwankun-
gen, aber insgesamt weniger und kürzere Einschlafphasen. -
4. 35-j. Pat. W.M., seit 13. Lbjh. Narkolepsie und gestörter Nachtschlaf, später auch Kataplexie und Wachanfälle. Seit 1 Jahr keine
Medikation wegen Magenbeschwerden. 1-stündige polygraphische Tages-

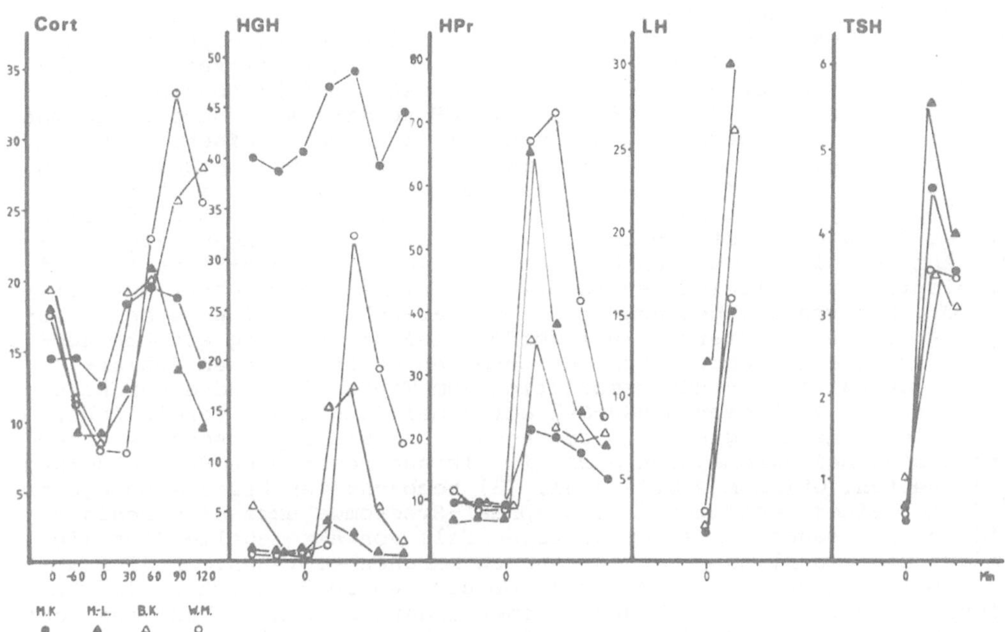

Abb. 1. Kombinierter Hypophysenfunktionstest

Tabelle 1. Bromocriptin-Test: Zu Beginn 2,5 mg Brc oral

Zeit	Nr.	M.K.	M.L.		W.M.		B.K.	
		HGH	HGH	HPr	HGH	HPr	HGH	HPr
8.00	0	44,1	0,8	10,3	0,5	18,6	0,3	9,3
9.00	1	23,7	0,6	5,9	0,5	8,7	0,5	7,3
10.00	2	7,5	0,4	3,6	0,7	5,6	0,2	3,6
11.00	3	3,7	4,6	2,4	0,5	4,3	6,8	3,2
12.00	4	3,8	1,2	1,4	0,5	2,8	1,7	2,7
13.00	5	7,9	0,6	2,4	0,5	3,7	1,5	2,5
14.00	6	4,4	3,2	0,6	0,5	3,0	1,3	2,3

ableitung: Einschlafphasen, Polygraphische Nachtableitung: REM-Narkolepsie. HyT s. Abb. 1 Brc-Test: s. Tabelle 1. Kontrolle nach Brc
7,5 mg/die: HGH im unteren Normbereich. HPr bei 2,4. - Unter Brc
7,5 mg/die leichte Verminderung der Schlafanfälle, aber Magenbeschwerden, mit 40 mg/die außerdem allgemeine Nervosität, Nachtschlaf
noch unruhiger als vorher. EEG unter Brc: Keine signifikante Änderung.

Diskussion

Mit Hilfe der Radioimmun-Technik konnte in den letzten Jahren der
Verlauf der spontanen Hypophysenhormonsekretion nachgewiesen werden.
Die tageszeitlichen Einflüsse und der Schlaf-Wach-Rhythmus sind mit

den hypothalamischen nervalen Afferenzen verbunden, die über die
hypophysäre Sekretion wirken. Das hauptsächlich einer dopaminergen
Kontrolle unterliegende HGH (4) weist bei Gesunden mit seinen erhöhten Sekretionsphasen vor allem Korrelationen zum Schlafbeginn und zu
Tiefschlafphasen auf (1, 4, 6, 7, 9). HGH scheint als anaboles Hormon
den Prozeß der Restauration, die man dem langsamen Tiefschlaf zu-
schreibt, zu erleichtern. Die HGH-Sekretion zeigt bei Narkoleptikern
keine präzise Relation zu den Schlafstadien (1, 7, 9). Das für die
Narkolepsie typische, häufige Alternieren von Wach- und Schlafzustand
ist der Schlaforganisation bei 12-17 Wo. alten Säuglingen vergleichbar. Ähnlich wie bei diesen Neugeborenen weist die HGH-Sekretion bei
Narkoleptikern zahlreiche sekretorische Spitzen im Tagesverlauf auf
(2, 10). Die von uns beobachtete symptomatische Narkolepsie bei Akromegalie könnte so interpretiert werden, daß die ständig erhöhte HGH-
Ausschüttung einer Abkehr von der normalen monophasischen Schlaf-
Wach-Organisation mit HGH-Assoziation zum Tiefschlaf und einer Rückkehr zur eher zirkadianen HGH-Sekretion bei Säuglingen vergleichbar
ist. Allgemeine Müdigkeit bis zu Tagesschlaf und psychische Veränderungen sind bei Akromegalen auch mit Mikroadenomen ohne Raumforderung
nicht selten. GUILLEMINAULT et al. (3) beobachteten bei 2 Akromegalen
im Rahmen eines zentralen "sleep apnea"-Syndromes exzessive Schlafanfälle. Wir sahen bei einem weiteren Fall von Akromegalie "Anfälle",
die auf einem ähnlichen Mechanismus zu beruhen schienen. In diesem
Zusammenhang taucht die Frage auf, ob die HGH-Peaks durch Schlafphasen
stimuliert werden, oder ob durch einen andersartigen Mechanismus über
eine erhöhte HGH-Ausschüttung die Schlafphasen ausgelöst werden. Zur
weiteren Klärung dieser Frage beabsichtigen wir, unter polygraphischer
Kontrolle die Wirkung von HGH-Infusionen zu untersuchen. Der anhaltend
gute Brc-Effekt mit normalisierten HGH-Spiegeln bei unserer sympt.
Narkolepsie entspricht den Erfahrungen bei Akromegalie. Ob das damit
verbundene Sistieren der Schlafanfälle, der verbesserte Nachtschlaf,
die psychische Ausgeglichenheit und die insgesamt angehobene Vigilanz
als direkte Folge der normalisierten HGH-Spiegel oder als Ergebnis der
weiterreichenden dopaminergen Brc-Wirkung aufzufassen sind, können
unsere Untersuchungsergebnisse nicht beantworten.

Ähnlich wie in der Literatur (1, 4, 5, 6, 7, 9) bereits beschrieben,
wiesen die Ergebnisse der HyT's und der Brc-Tests bei 2 unserer Pat.
mit idiopathischer Narkolepsie auf eine möglicherweise schlechte
zentrale, d.h. gegenüber Gesunden veränderte Ansteuerung der HGH-
Sekretion hin. Bei der 3. Pat. ergab sich ein regelrechter Testver-
lauf. PARKES et al. (6) sahen unter Brc keine Weckreaktion bei Gesunden oder Narkoleptikern. SOLIS u. Mitarbeiter (8) fanden den Brc-
Einsatz bei Narkolepsie hilfreich. Wir sahen bei 2 Pat. unter 40 mg/
die gute Resultate. Bei dem 3. Pat. verlief der Therapieversuch mit der
gleichen Dosis unbefriedigend. Eine abschließende Beurteilung der Wirksamkeit von Brc bei der idiopathischen Narkolepsie ist erst nach dem
Therapieversuch mit einer größeren Patientengruppe möglich.

Zusammenfassung

Bei einer erfolgreich mit Bromocriptin behandelten symptomatischen
Narkolepsie bei Akromegalie ergaben sich Hinweise auf eine hypothalamisch-hypophysäre, insbesondere HGH-assoziierte Schlafsteuerung.
Weiterhin wird über einen Therapieversuch mit Bromocriptin bei idiopathischer Narkolepsie berichtet.

Literatur

1. Besset A, Billard M, Paulet AC, Passouant P (1975) Sécrétion de GH et de cortisol en rapport avec les états de vigilance au cours du nycthémère chez 10 narcoletiques. Rev Electroencephalogr Neurophysiol Clin 6: 17-22

2. Delange M, Castan P, Cadilhac J, Passouant P (1961) Etude EEG des divers stades du sommeil de nuit chez l'enfant. Considérations sur le stade IV ou d'activité onirique. Rev Neurol 105: 176-181

3. Guilleminault C, Hoed J, Mitler MM (1978) Clinical overview of the sleep apnea syndromes. In: Guilleminault C, Dement WC (eds) Sleep apnea syndromes. Kroc Foundation, New York, p 1-12

4. Imura H, Kato Y (1974) Role of monoamines in the control of growth hormone and prolactin secretion in man and rats. In: Hatotani N (ed) Psychoneuroendocrinology. Karger, Basel München Paris London New York Syndney, p 243-250

5. Miles LE, Austin S, Guilleminault C (1978) Secretion of glucose, growth hormone, and cortisol during sleep in patients with obstructive sleep apnea. In: Guilleminault C, Dement WC (eds) Sleep apnea syndromes. Kroc Foundation, New York, p 323

6. Parkes JD, Debono AG, Jenner P, Walters J (1977) Amphetamines, growth hormone and narcolepsy. Br J clin Pharmac 4: 343-349

7. Passouant P, Besset A, Billard M (1976) Sécrétions endocriniennes et états de vigilance. Lille Médical 21: 478-483

8. Solis H, Jurado JL, Fernandez-Guadiola A, Martinez-Campos A, Morato T, Cardenas JI, Valverde LC (1976) Secrecion nocturna de somatotropina, tirotropina y cortisol en un paciente con narcolepsia. In: XVI. Reunion Au., Soc. Mex. de Nutricion y Endocrinol, p 9

9. Takahashi K, Takahashi Y, Takahashi S, Honda Y (1974) Growth hormone and cortisol secretion during nocturnal sleep in narcoleptics and in cogs. In: Hatotani N (ed) Psychoneuroendocrinology. Karger, Basel München Paris London New York Syndney, p 67

10. Vigneri R, Agata R (1971) Growth hormone release during the first year of life in relation to sleep wake periods. J Clin Endocrin Metab 33: 561-563

Unspezifische dienzephale Granulomatose unter dem Gesichtspunkt osmotischer und hormonaler Dysregulation

R. Rohkamm, H. Przuntek und M. Scheler

Einleitung

Der Sellabereich ist ein Prädilektionsort für die seltenen Granulationsgeschwülste, die Übergänge zwischen einer unspezifischen Entzündung zu einem malignen Tumor zeigen. Das Granulationsgewebe setzt sich histologisch aus fokalen, vaskularisierten Ansammlungen von Histiozyten, Lymphozyten, Plasmazellen, eosinophilen Zellen und hypertrophisierten Fibroblasten zusammen (5). Spezifische Granulome treten im Rahmen von Allgemeinerkrankungen auf bzw. lassen sie sich histologisch als Krankheitseinheiten charakterisieren (7). Unspezifische Granulome sind histologisch nicht eindeutig klassifizierbar. Ihr klinisches Bild besteht aus den Zeichen einer lokalen Raumverdrängung des Tumors mit hormonalen und homöostatischen Funktionsstörungen.

Falldarstellung

Bei einem 27-jährigem Mann (H.M., geb. am 3.2.1946) bestand seit 1 Jahr eine Impotenz, dann Sehstörungen als Ausdruck einer bitemporalen Hemianopsie, Hypotonie, Konzentrations- und Merkfähigkeitsstörungen. Die Diagnose eines unspezifischen dienzephalen Granuloms wurde klinisch durch die neurologische, ophthalmologische, laborchemische und röntgenologische Untersuchung mit Nachweis eines dienzephalen Prozesses und auf Grund der histologischen Begutachtung des operativ entfernten hypothalamisch-hypophysären Tumors gesichert. Nach zweijährigem Krankheitsverlauf starb der Patient. Bei der Sektion fand sich ein Tumor in der Hypothalamus-Region, der sich histologisch als unspezifisches Granulom einordnen ließ. Während der gesamten Erkrankungszeit bestand eine behandlungsbedürftige Hypernatriämie (bis 180 mval/ml) und relative Hypokaliämie (bis 3.0 mval/ml) mit Adipsie. Die hormonale Funktionsdiagnostik vor der Operation zeigte eine verringerte Ausscheidung der 17-Ketosteroide im Urin. Gonadotropine, Testosteron, FSH, LH, Thyroxin, Trijodthyronin lagen im unteren Normbereich. Renin war deutlich erhöht. Plasma-Cortisol war vor der Insulinbelastung erniedrigt und zeigte während der Belastung einen Anstieg auf subnormale Werte. HGH stieg bei der Insulinbelastung von subnormalen Ausgangswerten nicht weiter an. ADH war nach Angiotensin-Belastung normal.

Diskussion

Pathomorphologisch nehmen die unspezifischen Granulome entweder ihren Ausgang vom Tuber cinereum und infiltrieren dann im weiteren Verlauf das Chiasma opticum, den dritten Ventrikel und den Hypophysenhinterlappen, oder sie breiten sich von der Schädelbasis mit weiterer Invasion des Vorderlappens und des Infundibulums der Hypophyse unter Einbeziehung der Basalzisterne und des Chiasma opticums aus (7). Diese Lokalisation erklärt die klinischen Symptome: Libidoverlust und Impotenz (Tuber cinereum, 11), Kreislaufregulationsstörungen (Area posterior hypothalami, 8), Hyperphagie und Obesitas (ventromedialer

Hypothalamus, 2, 4), Temperaturregulationsstörungen (medialer und
ventromedialer Hypothalamus, 1), neuroophthalmologische Störungen
(Chiasma opticum), psychische Symptome (Müdigkeit, Leistungsminderung,
zunehmendes Schlafbedürfnis). Immer tritt ein Diabetes insipidus auf.
Er kann sich früh (Ausgang vom Tuber cinereum) oder spät (Ausgang von
der Schädelbasis) im Krankheitsverlauf manifestieren. Unterschiedliche Formen des Diabetes insipidus (6, 13) können sich hierbei zeigen.
Bei unserem Patienten bestand eine Adipsie ohne Störung der ADH-Sekretion oder der Diurese. Die Erniedrigung der Gonadotropine, des FSH,
LH, Thyroxins, Trijodthyronins und HGH indiziert die hypothalamische
Läsion mit folgender Suppression der Nebennierenrinden-Funktion (17-
Ketosteroide, Plasma-Cortisol erniedrigt). Eine persistierende Hypernatriämie ist bei hypothalamischen Prozessen, speziell Granulomen,
häufiger anzutreffen (3, 12, 14). Eine Dissoziation zwischen Osmorezeptoren und ADH-sezernierendem System wird hierfür verantwortlich gemacht (3). So erklärt sich die Adipsie bei normaler ADH-Sekretion.
Klinisch resultiert wegen der verminderten Flüssigkeitszufuhr ein Anstieg der Serumosmolalität und eine entsprechende Hypernatriämie, die
Diurese ist unauffällig, der Durstversuch ist mit normalem Anstieg
der Urinosmolalität regelrecht. Die bei unserem Patienten gefundene
hohe Reninaktivität kann als Ausdruck der Hypovolämie interpretiert
werden, die einen indirekten Stimulus der Reninausschüttung darstellt
(12). Das erniedrigte Aldosteron ist Folge einer direkten Inhibition
durch die Hypernatriämie, relative Hypokaliämie und der niedrige ACTH-
Spiegel als Folge der hypothalamischen Störung wirken hier synergi-
stisch (10).

Zusammenfassung

Histologisch nicht klassifizierbare Granulome der Hypothalamus-Region
sind klinisch charakterisiert durch: 1.) Folgen der lokalen Raumver-
drängung (Sehstörungen), 2.) Hormonale Funktionsstörungen (in erster
Linie Diabetes insipidus, Impotenz bzw. Libidoverlust, Hypothyreose,
Nebennierenrinden-Insuffizienz), 3.) Elektrolytstörungen (vorwiegend
Hypernatriämie und relative Hypokaliämie). Die Hypernatriämie ist
Ausdruck einer Dissoziation zwischen Osmorezeptoren und dem ADH-sezer-
nierenden System.

Literatur

1. Adams AE (1975) Hypothalamus: Einige Grundlagen zur Diagnostik.
   Münch med Wschr 117: 321-236

2. Annand BK, Dua S, Shoenberg S (1955) Hypothalamic control of food
   intake in cats and monkeys. J Physiol 127: 143

3. Halter JB, Goldberg AP, Robertson GL, Porte DJr (1977) Selective
   osmoreceptor dysfunction in the syndrome of chronic hypernatremia.
   J Clin Endocrinol Metab 44: 609-616

4. Hetherington AW, Ranson SW (1940) Hypothalamic lesions and
   adiposity in the rat. Anat Rec 78: 149

5. Kepes JJ, Kepes M (1969) Predominantly cerebral forms of
   Histiocytosis X. Acta neuropath 14: 77-98

6. Mahoney JH, Goodman AD (1968) Diabetes insipidus. New Engl J
   Med 279: 1191

7. Orthner H (1955) Tumoröse Veränderungen im Sellabereich. Handb
d spez Path Anat, Bd. XIII/5. Springer, Berlin Göttingen Heidelberg

8. Przuntek H, Guimaraes S, Philippu A (1971) Importance of adrenergic
neurons of the brain for the rise of blood pressure evoked by
hypothalamic stimulation. Naunyn Schmiedebergs Arch Pharmakol
271: 311

9. Ramsay DJ, Canong WF (1977) CNS regulation of salt and water intake. Hosp Practice 3: 63-69

10. Siegenthaler W, Werning C, Vetter W (1975) Nebenniere. In: Siegenthaler W (Hrsg) Klinische Pathophysiologie. Georg Thieme,
Stuttgart, S 335-361

11. Spatz H, Witterman E (1935) Über das Verhalten der vegetativen
Zentren des Zwischenhirns beim Kraniopharyngealtumor. Z ges Neurol
Psychiat 24: 419-420

12. Sridhar CB, Calvert GD, Ibbertson HK (1974) Syndrome of hypernatremia, hypodipsia and partial diabetes insipidus: a new interpretation. J Clin Endocrinol 38: 890-901

13. Uhlich E, Buchborn E (1972) Diabetes insipidus (Einteilung, Diagnostik, Therapie). Der Internist 13: 141-147

14. Voigt K, Dietz V (1972) Granulome des Hypothalamus. Arch Psychiat
Nervenkr 216: 343-357

Der posttraumatische Diabetes insipidus centralis

K.-F. Druschky, H. Jochem, G. Schackert und H. Groitl

Störungen der Bildung oder der Ausschüttung des antidiuretischen
Hormons (ADH) können zum Krankheitsbild des Diabetes insipidus centralis führen, wobei durch den ADH-Mangel die Wasserresorption im
distalen Teil des Nephrons unzureichend ist (4). Als Ursachen des
symptomatischen Diabetes insipidus centralis kommen neben Hirntumoren, entzündlichen Erkrankungen, degenerativen und vaskulären Prozessen und der therapeutischen Hypophysektomie in etwa 10% traumatische Schädigungen in Betracht. JAZRA und BERNDT (3) wiesen bei 2%
von 702 Patienten mit einem schweren Schädelhirntrauma ein posttrau-
matisches Diabetes-insipidus-Syndrom nach.

In der Chirurgischen und Neurochirurgischen Klinik sowie der Nervenklinik Erlangen wurde in einem Zeitraum von 1967 bis 1979 bei 33 Patienten, 9 Frauen und 24 Männern, mit einem Durchschnittsalter von
23 Jahren ein posttraumatischer Diabetes insipidus centralis beobachtet. Als Ursachen werden Kontusionsherde im Stammhirnbereich, Schädelbasisfrakturen, das posttraumatische Hirnödem und intrakranielle
Massenverschiebungen angesehen (3, 4, 7). 29 unserer Patienten boten
neurologisch Zeichen einer Hirnstammschädigung. Bei 20 der Kranken
ergaben sich Hinweise auf ein akutes Mittelhirnsyndrom, 11 von ihnen
verstarben. Die 9 Patienten, bei denen klinisch ein Bulbärhirnsyndrom
vorlag, kamen ausnahmslos ad exitum. In einem Drittel der Fälle waren
Schädelbasisfrakturen nachweisbar. bei 6 Kranken bestand ein epidura-
les Hämatom.

Falldarstellung

Herr G.W., 41 Jahre alt, erlitt am 22.12.1979 bei einem Verkehrsunfall
eine leichte bis mittelschwere Hirnkontusion und multiple Frakturen.
Die Röntgenaufnahmen des Schädels ergaben eine Felsenbeinfraktur links.
Im kranialen Computertomogramm kam links occipital ein Kontusionsherd
zur Darstellung. Bei der neurologischen Untersuchung ließen sich eine
periphere Fazialisparese links und eine Abduzensparese beiderseits
nachweisen. Der psychische Befund entsprach in den ersten Tagen einer
Bewußtseinstrübung.

Am 4. Tage der stationären Behandlung stieg die Urinausscheidung auf
12,1 l/die an, das spezifische Gewicht des Urins betrug 1005. Die
quantitative Bestimmung des antidiuretischen Hormons im Serum (Bio-
scientia, Ingelheim) ergab mit 0,7 fmol/ml einen deutlich erniedrigten Wert. Nach Gabe von Pitressin Tannat kam es am 6. Tag zu einer
Normalisierung der Urinexkretion und des spezifischen Gewichtes
(Abb. 1). Der ADH-Spiegel lag mit 1,7 und 2,2 fmol/ml Serum im Normbereich. Die Bestimmung des letzten ADH-Wertes erfolgte zu einem Zeitpunkt, an dem keine Substitution mehr stattfand.

Die klinische Symptomatik des posttraumatischen Diabetes insipidus
entwickelte sich bei 9 Patienten innerhalb der ersten 24 Stunden nach
dem stattgehabten Schädelhirntrauma, in 8 Fällen zwischen einem und

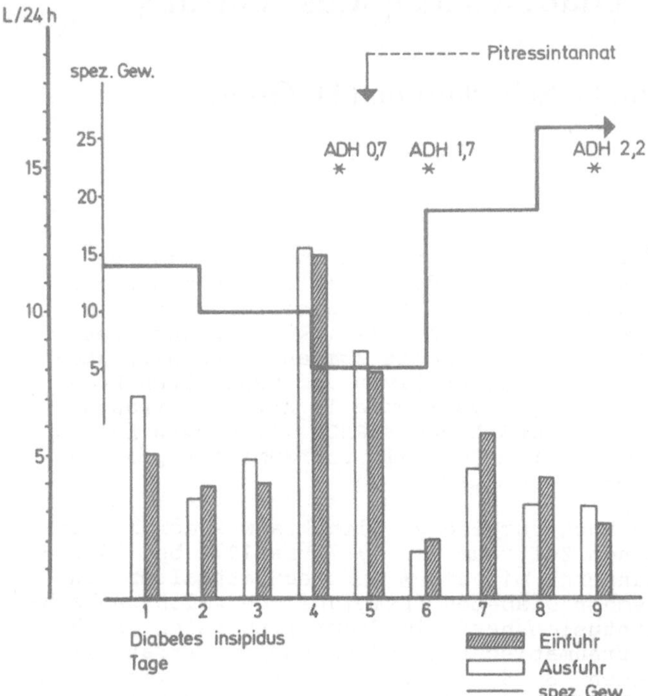

Abb. 1. Posttraumatischer Diabetes insipidus centralis. Verlaufsbeobachtung bei einem Patienten mit leichter bis mittelschwerer
Hirnkontusion. Zum Zeitpunkt der letzten ADH-Bestimmung erfolgte
keine ADH-Substitution mehr (Einzelheiten im Text)

drei Tagen und bei 15 Kranken zwischen 4 und 14 Tagen. In einem Fall
zeigten sich die Symptome erst nach 60 Tagen.
11 der 19 verstorbenen Patienten boten zum Zeitpunkt ihres Ablebens
eine Polyurie mit einer Urinausscheidung zwischen 5,5 und 18 l. Die
spezifischen Gewichte lagen zwischen 1002 und 1012, die Natriumwerte
im Serum waren bei der Hälfte dieser Patienten erhöht und sprachen für
eine hypertone Dehydratation.
Bei ambulanten Nachuntersuchungen von 7 der überlebenden Patienten
wurde in allen Fällen über eine Rückbildung der Polydipsie berichtet.
Eine ADH-Substitution erfolgte bei keinem dieser Kranken mehr. Die bei
5 Patienten durchgeführten ADH-Bestimmungen im Serum ergaben allerdings
durchweg noch erniedrigte Werte zwischen 0,3 und 1,2 fmol/ml. Der Normalbereich liegt zwischen 1,4 und 3,8 fmol/ml Serum (5). Die erhobenen Befunde entsprachen etwa den ADH-Konzentrationen von 3 Kranken mit
einem Diabetes insipidus centralis aus anderen Ursachen mit behand-
lungsbedürftiger klinischer Symptomatik. Die Messungen bei diesen Patienten waren nach vorübergehendem Absetzen der Minirin[R]-Dauermedika-
tion erfolgt und ergaben Werte zwischen 0,5 und 0,7 fmol/ml Serum.

Der Diabetes insipidus centralis ist durch eine Polyurie mit einer
Ausscheidung von mehr als 4 l täglich, ein Absinken des spezifischen
Gewichtes des Urins meist auf unter 1005 und eine Erniedrigung der Na-
trium-Konzentration und der Osmolalität im Urin gekennzeichnet. Dem
Leitsymptom "Durst" kommt meist weniger Bedeutung zu, da die Patienten
in der Initialphase, insbesondere nach schweren oder mittelschweren

Hirnkontusionen, bewußtlos oder bewußtseinsgetrübt sind. Bestimmungen
von ADH sind an Speziallaboratorien gebunden und eignen sich wegen des
zeitlichen Aufwandes weniger für die Akutdiagnostik.

Therapeutisch erfolgt beim Diabetes insipidus centralis zunächst eine
Angleichung der Flüssigkeitszufuhr an den Bedarf, wobei der Flüssig-
keitsersatz überwiegend elektrolytfrei zu erfolgen hat (1, 6, 8). Bei
ausgeprägteren Formen - einer unserer Patienten schied bis 27 l/die
aus - stellt die Therapie der Wahl eine ADH-Substitution mit dem Va-
sopressinanalogon DDAVP dar, welches eine bis 12 Stunden andauernde
antidiuretische Wirkung entfaltet. Die intranasale Applikation mit
der Rhinyle muß hierbei durch den Patienten selbst erfolgen, da nur
dann durch gleichzeitiges Anheben des Gaumensegels ein Verschluß des
Nasen-Rachen-Raumes bewirkt wird und die Lösung nicht in den Rachen
läuft. Bei bewußtlosen oder bewußtseinsgetrübten Patienten ist die
intravenöse Applikation von DDAVP vorzuziehen. In jedem Falle muß
eine genaue Bilanzierung durchgeführt werden.

Literatur

1. Barwich D, Werner HP (1975) Therapie des Diabetes insipidus centralis. Klinikarzt 4: 10-15

2. Eigler J (1972) Die Diagnose des Diabetes insipidus. Dtsch med
   Wschr 97: 1217-1219

3. Jazra S, Berndt V (1978) Das posttraumatische Diabetes-insipidus-
   Syndrom. Dtsch med Wschr 103: 111-120

4. Labhart A (1978) Klinik der inneren Sekretion, 3. neubearbeitete
   Auflage. Springer, Berlin Heidelberg New York

5. Möhring J (1978) Ferring workshop on the radioimmunoassay of vasopressin. Endokrinologie Informationen 2: 201-210

6. Moses AM, Miller M, Streeten DHP (1976) Pathophysiologic and
   pharmacologic alterations in the release and action of ADH.
   Metabolism 25: 697-721

7. Shucart WA, Jackson I (1976) Management of diabetes insipidus in
   neurosurgical patients. J Neurosurg 44: 65-71

8. Uhlich E, Buchborn E (1972) Diabetes insipidus (Einteilung, Diagnostik, Therapie). Internist 13: 141-147

Osmoregulation, Hirnschaden und Prognose

H.A. Trost, M. Gaab, L. Haubitz, K.W. Pflughaupt und E. Halves

Einleitung

In den vergangenen Jahren wurde mehrfach über diencephal bedingte
Regulationsstörungen wie Hyperglykämie, Azotämie und Hyperthermie
nach Schädel-Hirn-Traumen (SHT) berichtet (4, 8, 9). Auch die Regulation des Wasserhaushaltes stellt eine diencephal-hypothalamische
Funktion dar; so ist sowohl ein Diabetes insipidus als umgekehrt
auch eine inappropriate ADH-Sekretion mit Wasserintoxikation, das
sog. SCHWARZ-BARTTER-Syndrom, nach SHT nicht selten. Parameter der
Wasserregulation ist die Osmolalität (Osm), die in allen Körperflüs-
sigkeiten konstant auf 289 ± 8 mosml/kg reguliert wird (7). Wir haben
daher das Verhalten der Serum-Osmolalität bei Patienten nach schwerem SHT untersucht.

Material und Methodik

Bei 102 Patienten mit schwerem SHT (mind. 48 h Koma) wurde täglich
die Serum-Osm kryoskopisch gemessen[1], gleichzeitig wurden Elektrolyte
und Substrate im 18-Kanal-Auto-Analyzer bestimmt und daraus eine
rechnerische Osm ermittelt (Osm (mosml/kg) = $1{,}86 \cdot Na^+$ (mmol/kg) + Glu
(mg/dl)/18 + BUN (mg/dl)/2,8) (5). Bei einigen Patienten wurden entsprechende Liquorwerte bestimmt. Der klinische Verlauf wurde mit
einer modifizierten Glasgow-Koma-Skala verfolgt.

Ergebnisse

Die gemessene Osm liegt in den ersten 14 Tagen nach SHT großenteils
außerhalb der Normgrenze, wobei hyperosmolare Werte überwiegen, besonders bei Nicht-Überlebenden. Zum Teil erreichen einzelne Patienten Extremwerte von über 400 mosml/kg. Die hyperosmolare Störung ist
bei Nicht-Überlebenden im Vergleich zu Überlebenden statistisch hoch
signifikant häufiger zu verzeichnen (Abb. 1). Sogar die Mittelwerte
übersteigen die Grenze von 320 mosml/kg, oberhalb welcher neurologische
wie renale Störungen, etwa die Öffnung der Blut-Hirn-Schranke auftreten (3, 10). Unmittelbar vor hirndruckbedingtem Tod wurde stets eine
extreme Hyperosmolalität von bis über 400 mosml/kg gemessen. Die prognostische Beziehung der Hyperosmolalität ist eindrucksvoll; Werte von
300 bis 320 mosml/kg sind nach 4 Tagen kritisch, höhere Entgleisungen
werden immer kürzer, über 360 mosml/kg kaum mehr überlebt (Tabelle 1)
Demgegenüber blieb aber Na^+ und damit zusammenhängend auch Cl^- ohne
statistischen Zusammenhang zum klinischen Verlauf im oberen Normbereich. Mehr zur Osmolalitätsentgleisung trugen Glucose und Harnstoff
bei, die bei Nicht-Überlebenden signifikant gesteigert waren. Diese

---

[1] Für die Überlassung des Knauer-Osmometers danken wir der Firma
Fresenius

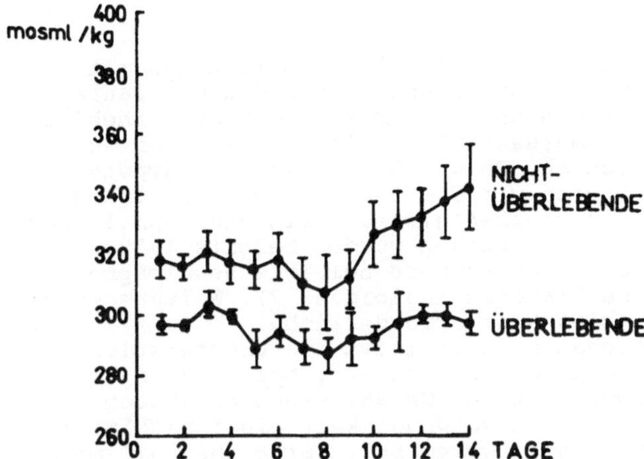

Abb. 1. Mittelwerte der Osmolalität. Mittelwerte und Standardabweichungen der Osmolalität angegeben in mosml/kg. Die Werte sind für die ersten 14 Tage angegeben, und nach Überlebenden und Nicht-Überlebenden getrennt

Tabelle 1. Mortalität bei hyperosmolarer Entgleisung. Bei Patienten ohne hyperosmolare Entgleisung beträgt die Mortalität 20%. [a]Werte durch geringe Probandenzahl verzerrt

Anzahl der Überschreitungen in Tagen	Osmolalität überschreitet Werte von			
	300	320	340	360
1	44,1	50	70,8	100
2	54,2	82,3	100	
3	65	66,6		
4	70	33,3[a]		
5	60[a]	100		
6	33,3[a]			
7	100			

Steigerungen erklären allerdings nur zum Teil den Anstieg der Osmolalität. Die Berechnung der Osmolalität nach der oben genannten und anderen bekannten Formeln ergibt erheblich zu niedrige Werte, der Fehler geht weit über die literaturbekannten 5 bis 8 mosml/kg hinaus (5).

Hyposmolare Entgleisungen treten weitaus seltener, insbesondere aber bei Kindern auf. Die hyposmolare Wasserintoxikation führte jeweils zu einem stürmisch verlaufenden Hirnödem und stark erhöhtem Intrakranial-Druck. Durch Dekompression und strengen Wasserentzug konnten die meisten Patienten gerettet werden.

Diskussion

Nach schwerem SHT treten erhebliche Osmoregulationsstörungen mit
überwiegend hyperosmolaren Entgleisungen auf. Die Störungen laufen
zum Teil parallel zu Hyperglykämie und Azotämie, und haben erhebliche
prognostische Bedeutung. Die gemessenen Osmolalitäten weichen deutlich von den errechneten Werten ab. Da die Osmolalität im Hypothalamus reguliert wird, interpretieren wir die Osmoregulationsstörung
ebenso wie die Glucose- und Harnstoffentgleisung als diencephale Reg-
lerstörung (4, 9). Entsprechende Störungen wurden bereits 1939 bei
Hirntumoren beschrieben (1) und insbesondere bei Zwischenhirnprozes-
sen gesehen, und zwar oft ohne Diabetes insipidus (2). Weitere endokrinologische Untersuchungen sind hier erforderlich.
Im Gegensatz zu diesem diencephalen Ausfall ist die Überfunktion, die
inappropiate ADH-Sekretion, seltener. Sie scheint bei Kindern mit
Hirntumoren häufiger vorzukommen mit der Gefahr eines perakuten Hirnödems (2). Die Ergebnisse zeigen die Notwendigkeit einer regelmäßigen
direkten Osmolalitätsmessung nach schwerem SHT. Werte über 310 mosml/
kg müssen behandelt werden, ab 350 mosml/kg ist mit schweren neurologischen Störungen zu rechnen. Die Osmolalitätssenkung muß jedoch wegen
der Gefahr des Hirnödems vorsichtig durchgeführt werden (3). Werte
unter 260 mosml/kg müssen wegen der drohenden diffusen Hirnschwellung
ebenfalls therapiert werden. Die Ergebnisse sprechen weiterhin gegen
unkritische Anwendung der Osmotherapie, die eventuell zu akut toxischer Hyperosmolalität (6), oder bei chronischer Anwendung durch progrediente Na^+-Retention zur Osmolalitätserhöhung führen kann.

Zusammenfassung

Nach schwerem SHT treten Osmoregulationsstörungen auf. Häufiger sind
hyperosmolare Entgleisungen, deren Ausmaß und Dauer mit der Prognose
korrelieren, und die oft parallel zu Glucosämie und Azotämie gehen.
Hyposmolare Störungen sind seltener, können jedoch zu perakutem Hirnödem führen. Die Störungen werden als Zwischenhirnschaden, im Extrem-
fall als "hypothalamischer Tod" interpretiert. Regelmäßige Osmolali-
tätsmessungen sind anzustreben; Störungen über 310 mosml/kg und unter
260 mosml/kg sind zu behandeln.

Literatur

1. Allot EN (1939) Sodium and chloride retention without renal
   disease. Lancet 1: 1035-1037

2. Andler W, Roosen K, Reinhardt V (1979) Hypothalamisch bedingte Störungen der Osmoregulation im Kindesalter. Neurochirurgia 22: 56-68

3. Arieff AI, Guisado R, Lazarowitz VC (1977) Pathophysiology of
   hyperosmolar states. In: Andreoli TE, Grantham JJ, Reuter FC (eds)
   Disturbances in body fluid osmolality. Williams & Wilkins,
   Bethesda Baltimore, p 227-250

4. Auer L, Holzer H, Tritthart H, Goll G (1978) Azotaemia in severe
   head injury - central dysregulation or renal failure? Acta Neurochir 41: 355-361

5. Dorwart WV, Chalmers L (1975) Comparison of methods for calculating
   serum osmolality from chemical concentrations, and the prognostic
   value of such calculation. Clin Chem 21: 190-194

6. Gaab M, Gruß P, Ratzka M, Wodarz R (1978) Critical intracranial effects of osmotherapy. In: Wüllenweber R, Wenker H, Brock M, Klinger M (eds) Advances in Neurosurgery, Vol 6, Treatment of Hydrocephalus-Computed Tomography. Springer, Berlin Heidelberg New York, p 193-205

7. Hendry EB (1962) The osmotic pressure and chemical composition of human body fluids. Clin Chem 8: 246-265

8. Lausberg G (1972) Zentrale Störungen der Temperaturregulation. Acta Neurochir Suppl 19

9. Pentelényi T, Kammerer L, Péter F, Felute M, Koragyi L, Stützle M, Veress G, Bezzegh A (1979) Prognostic significance of the changes in the carbohydrate metabolism in severe head injury. Acta Neurochir Suppl 28: 103-107

10. Sterrett PR, Thompson AM, Chapman AL, Matzke HA (1974) The effects of hyperosmolarity on the blood-brain barrier. A morphological and physiological correlation. Brain Res 77: 281-295

Klinik und Differentialdiagnose der spontanen Hypophysentumornekrose (sog. Hypophysentumorapoplexie)

A. Müller-Jensen und D. Lüdecke

Infolge der klassischen Erstbeschreibungen (1, 2, 6) auf der Basis neuropathologischer Beobachtungen herrschte lange Zeit die Meinung vor, daß es sich bei der spontanen Hypophysentumornekrose stets um ein dramatisches, vitalbedrohliches Krankheitsbild handeln müsse. Klinische Einzelbeobachtungen (4, 5, 8) konnten jedoch schon zeigen, daß dies keineswegs immer der Fall sein muß. Aufgrund unserer eigenen Erfahrungen sind blande Krankheitsverläufe ohne Zeichen einer zusätzlichen Tumorkapselruptur, d.h. ohne Hinweise einer meningealen Reaktion im Liquor, mit Tendenz zur spontanen Symptomrückbildung sogar relativ häufig. Hier sind Verkennungen der Ursache und Fehlinterpretationen des klinischen Syndroms leicht möglich. Im folgenden möchten wir anhand unseres Krankengutes (72 Fälle) auf die Besonderheiten der klinischen Symptomatologie sowie auf differentialdiagnostische Überlegungen hinweisen.

Patientengut und Ergebnisse

Seit 1970 (Einführung der transnasalen Hypophysenadenomoperation) fanden wir unter 586 operierten Hypophysentumoren in 72 Fällen (12,3%) intraoperativ - später auch histologisch gesichert - ausgedehnte zystische Tumornekrosen mit meist haemorrhagischer Komponente. In Tabelle 1 sind diese Fälle im Hinblick auf die zugrundeliegende Tumorart zusammengestellt.

Tabelle 1

Tumorart	Anzahl	Tumornekrose ohne Ruptur	Tumornekrose mit Ruptur
Klinisch hormoninaktive Adenome (incl. Prolactinome)	280	53 (18,9%)	4 (1,4%)
STH-Zell-Adenome	240	7 (2,9%)	1 (0,4%)
ACTH-Zell-Adenome			
Nelson-Syndrom	14	2 (14,3%)	1 (7,1%)
M.Cushing	31	-	-
Cystische Sellatumoren (Epidermoide, Craniopharyngeome)	21	?	4 (19,0%)
	586 (100%)	62 (10,6%)	10 (1,7%)
		72 (12,3%)	

In 62 Fällen (10,6%) fand sich lediglich eine Tumornekrose ohne eindeutige Hinweise auf eine Tumorkapselruptur. Nur 10 Fälle (1,7%) boten bereits nach dem Liquorbefund (blutiger/xanthochromer und/oder "entzündlich" veränderter Liquor) die sicheren Zeichen einer zusätzlich vorliegenden Tumorkapselruptur. Die Tabelle 1 zeigt, daß die spontane Hypophysentumornekrose am häufigsten bei den klinisch hormonalinaktiven Adenomen (incl. Prolactinomen) vorkommt. In etwa 60% dieser früher nicht klassifizierbaren Fälle handelte es sich um Prolactinome.

Tabelle 2 gibt als Übersicht die klinischen Leitsymptome und Befunde unserer Fälle wieder, aufgeschlüsselt in solche mit bzw. ohne Tumorkapselruptur.

Tabelle 2. Klinische Leitsymptomatik (n=58) der spontanen Hypophysentumornekrose (N=72)[1]

Symptome/Befunde	Tumornekrose ohne Ruptur (n=48)	Tumornekrose mit Ruptur (n=10)
akuter frontaler Kopfschmerz	36 (75%)	10 (100%)
akute Visus- und Gesichtsfeldstörung	25 (52%)	7 (70%)
Diplopie (Störungen der Hirnnerven III, IV, VI)	17 (35%)	7 (70%)
Zeichen der meningealen Reaktion im Liquor	–	10 (100%)
Bewußtseinsstörung	–	4 (40%)

[1] 14 Fälle ohne klinische Akutsymptomatik

14 Fälle konnten hier nicht berücksichtigt werden, da bei ihnen akute Symptome nicht auftraten. Bei diesen "klinisch stummen" Fällen handelte es sich ausschließlich um Tumornekrosen ohne Ruptur. Aus der Tabelle 2 geht hervor, daß in den übrigen Fällen mit Auftreten akuter Beschwerden das klinische Leitsymptom ein akut einsetzender frontalbetonter Kopfschmerz war. Infolge Kompression und Beeinträchtigung von hypophysären Nachbarstrukturen (vordere Sehbahn, Hirnnerven III bis VI im Sinus cavernosus, Hypothalamus) kam es darüber hinaus zu akuten Visus- und Gesichtsfeldstörungen sowie oculären Motilitätsstörungen vom peripheren Typ mit Diplopie. In allen 10 Fällen mit einer zusätzlichen Tumorkapselruptur entwickelte sich ein Meningismus mit den Zeichen einer meningealen Reaktion im Liquor. In 4 Fällen fanden sich zudem stärkergradige Störungen des Bewußtseins. Lediglich in einem Fall mit letalem Ausgang ergaben sich Hinweise eines Tumoreinbruchs in den Hypothalamus mit dem klinischen Bild eines "hypothalamischen Komas".

Die Röntgennativanalyse des Schädels (incl. Tomographie) ergab in allen Fällen einen pathologischen Sellabefund. Darüber hinaus fanden sich in fast allen Fällen bei entsprechend ausgerichteter Diagnostik endokrinologische Auffälligkeiten als Hinweis auf das Vorliegen eines Hypophysentumors.

474

Diskussion

Die vorliegenden Ergebnisse zeigen, daß die klinische Symptomatologie,
die Akuität des Prozesses sowie der Krankheitsverlauf ganz entscheidend von dem individuell sehr unterschiedlichen Ausmaß und der Lokalisation der Tumornekrose abhängig sind. Klinisch ist es von Bedeutung,
ob es zusätzlich zu einer Tumorkapselruptur mit meningealer Reaktion
im Liquor kommt. Die Hypophysentumornekrose ohne Ruptur - mit einer
grundsätzlich klinisch weniger gravierenden Symptomatologie (Tabelle
2) - findet sich bei den hormonalinaktiven Hypophysentumoren (einschließlich der Prolactinome) sehr viel häufiger als bei den STH-Zell-
adenomen. Allgemein scheinen rasch wachsende Adenome oder Adenome in
einem Wachstumsschub (Gravidität/in unserem Kollektiv dreimal beobachtet) besonders zu Nekrosen zu neigen. Bei relativ langsam wachsenden
STH- und ACTH-Zelladenomen dagegen sind Spontannekrosen selten (Tabelle 1). In bisherigen Publikationen mit nur geringen Fallzahlen fehlen
derartige Angaben zur Häufigkeit (2, 3, 7).

Aufgrund der Analyse unserer Krankheitsfälle mit Akutsymptomatik ergeben sich differentialdiagnostisch Schwierigkeiten bei der Abgrenzung
gegenüber folgenden Krankheitsbildern:
1. spontane Subarachnoidalblutung
2. Meningitis bzw. Meningoencephalitis
3. akute Retrobulbärneuritis
4. Riesenzellarteriitis HORTON
5. diabetische Ophthalmoplegie
6. ophthalmoplegische Migräne
7. Vertebralis-Basilaris-Insuffizienz.

In Übereinstimmung mit früheren klinischen Beobachtungen (2, 3) war
auch in unseren Fällen mit einer Tumorruptur zunächst die Verkennung
des Krankheitsbildes als Meningitis bzw. spontane Subarachnoidalblutung bei Verdacht auf ein supraklinoidales Aneurysma die Regel. In Bezug auf die Differentialdiagnostik sei deshalb besonders auf die Bedeutung endokrinologischer Feinsymptome sowie entsprechender anamne-
stischer Daten für die Diagnosestellung hingewiesen. In den meisten
Fällen kann der Verdacht auf eine Hypophysentumornekrose dann durch
die Röntgensellaaufnahme erhärtet werden. In unserem Kollektiv fanden
sich in nahezu allen Fällen endokrinologische Auffälligkeiten; stets
war der Röntgensellabefund positiv.

Bezüglich therapeutischer Maßnahmen liegt nach unseren Erfahrungen bei
der spontanen Hypophysentumornekrose nicht immer eine neurochirurgische Notfallsituation vor. In Einzelfällen können spontane Symptom-
rückbildungen beobachtet werden. Grundsätzlich sollte jedoch in Abhängigkeit von der klinischen Gesamtsituation (Symptomatologie, AZ,
Alter, Tumorausdehnung), die transnasale Tumorentfernung sobald als
möglich angestrebt werden.

Zusammenfassung

Unter 586 operierten Hypophysentumoren fanden sich 72 Fälle (12,3%)
mit den Zeichen einer spontanen Hypophysentumornekrose. Aber nur in 10
Fällen (1,7%) ergaben sich Hinweise auf eine zusätzliche Tumorruptur
mit den Zeichen einer meningealen Reaktion im Liquor. Fälle mit relativ blander klinischer Symptomatik und Remissionstendenz sind häufiger
als allgemein angenommen wird. Die spontane Tumornekrose mit und ohne
Ruptur kommt bei den hormonalinaktiven Hypophysenadenomen (incl. Prolactinomen) im Gegensatz zu STH- und ACTH-Zelladenomen sehr viel häu-

figer vor. Anhand des Krankengutes werden die klinische Symptomatologie sowie die Differentialdiagnostik der spontanen Hypophysentumornekrose mit und ohne Ruptur erörtert.

Literatur

1. Bleibtreu L (1905) Ein Fall von Akromegalie (Zerstörung der Hypophysis durch Blutung). Münch Med Wschr 52: 2079-2080

2. Brougham M, Heusner AP, Adams RD (1950) Acute degenerative changes in adenomas of the pituitary body with special reference to pituitary apoplexy. J Neurosurg 7: 421-439

3. David NJ, Gargano FP, Glaser JS (1975) Pituitary apoplexy in clinical perspective. In: Glaser JS, Smith JL (eds) Neuro-ophthalmology. Volume VIII. Mosby, Saint Louis, p 140-165

4. Jacobi JD, Fishman LN, Daroff RB (1974) Pituitary apoplexy in acromegaly followed by partial pituitary insuffiency. Arch Intern Med 134: 559-561

5. Krueger EG, Unger SM, Roswit B (1960) Hemorrhage into pituitary adenoma with spontaneous recovery and reossification of the sella turcica. Neurology 10: 691-696

6. Kux E (1931) Über ein bösartiges Pinealom und ein bösartiges fötales Adenom der Hypophyse. Beitr path Anat 87: 59-70

7. Rovit R, Fein JM (1972) Pituitary apoplexy: a review and reappraisal. J Neurosurg 37: 280-288

8. Wright RL, Ojemann RG, Drew JH (1965) Hemorrhage into pituitary adenomata; report of two cases with spontaneous recovery. Arch Neurol 12: 326-333

Das Riesenaneurysma als Differentialdiagnose raumfordernder Prozesse der Sellaregion

G. Lausberg

Als cerebrale Riesenaneurysmen werden solche Aneurysmen bezeichnet, deren Durchmesser mehr als 25 mm beträgt. Sie können bei Lokalisation im vorderen communikalen Abschnitt und im Bereich der Arteria carotis interna durch ihre Ausdehnung eine Opticuskompression verschiedenen Ausmaßes verursachen und dadurch das Vorliegen eines Tumors der Sellaregion vortäuschen. Die Häufigkeit der Riesenaneurysmen wird in verschiedenen Statistiken unterschiedlich angegeben. So beschreibt KEMPE (1979) in seinem Krankengut unter 510 Aneurysmen im supraklinoidalen Abschnitt der Arteria carotis interna nur 6 Riesenaneurysmen, einem Prozentsatz von 1,2 entsprechend. Eine ähnliche Häufigkeit für diesen intracraniellen Gefäßabschnitt fanden MORLEY und BARR (1968). Die Häufigkeit von Riesenaneurysmen im gesamten Hirngefäßbereich liegt nach der Studie der gleichen Autoren bei 4,5%; PIA und ZIERSKI (1979) hatten in ihrer Serie 4,9% Riesenaneurysmen.

Die eigene Kasuistik zeigt unter 93 operierten Aneurysmen 8 Riesenaneurysmen entsprechend 8,6%. Die Aneurysmen gingen in 5 Fällen von der Arteria carotis interna aus und betrafen in 3 Fällen den unmittelbaren sellanahen Bereich (Tabelle 1).

Tabelle 1. Riesen-Aneurysmen - Klinische Befunde

Fall Nr.	Lokalisation	Alter	Geschlecht	Erstsymptome	B e f u n d e		
					neurol.	psych.	ophth.
1	Car.int.re	32	m	Krampfanfall	(+)	OB	OB
2	Car.int.li	38	m	Kopfschmerz mehrf.kl.SAB	OB	+	+
3	Car.int.li	39	m	Visusminderung 3 Mon.	OB	OB	+
4	Car.int.li	58	w	Amaurose li 5 Jahre	OB	OB	+
5	Car.int.li	62	w	Amaurose li 10 Jahre	OB	+	+
6	Sellabereich	69	m	Kopfschmerz	OB	OB	+
7	Comm.ant.li	53	m	Amaurose re 5 Jahre	OB	OB	+
8	Comm.ant.li	55	w	Psych.Störungen mehrf.kl. SAB	OB	+	OB

Das Lebensalter der 3 weiblichen und 5 männlichen Patienten lag zwischen 32 und 69 Jahren. Als Erstsymptome wurden in 4 Fällen Augensymptome, zweimal Kopfschmerzen und einmal psychische Störungen, bei

2 Fällen begleitet von leichten recidivierenden Subarachnoidalblutungen und einmal ein Krampfanfall angegeben. Der neurologische Befund zeigte lediglich in einem Fall eine leichte Halbseitensymptomatik. Psychische Störungen in Form einer Kritiklosigkeit und Witzelsucht bei vorher unauffälliger Persönlichkeitsentwicklung zeigt ein Fall, zwei andere wiesen eine erhebliche Antriebsverminderung auf und waren desorientiert.

Demgegenüber war der ophthalmologische Befund in 6 der 8 Fälle teilweise ausgeprägt pathologisch verändert (Tabelle 2).

<u>Tabelle 2.</u> Riesen-Aneurysmen - Ophthalmologische Befunde

Fall Nr.	Lokalisation	Alter	Geschlecht	Seite	Visus	Gesichtsfeld	Papille
1	Car.int.re	32	m	re	oB	oB	oB
				li			
2	Car.int.li	38	m	re	oB	oB	oB
				li		Quadr.-Ausfall	
3	Car.int.li	39	m	re	oB	oB	oB
				li	O.15	nas.Hemianopsie	l.Abblassung
4	Car.int.li	58	w	re	oB	oB	oB
				li	Amaurose seit 5 J.		Atrophie
5	Car.int.li	62	w	re	oB	oB	oB
				li	Amaurose seit 10 J.		Atrophie
6	Sellabereich	69	m	re	oB	oB	l.Abblassung
				li		temp.Hemianopsie	
7	Comm.ant.li	53	m	re	Amaurose seit 5 J.		Atrophie
				li	O.3	temp.Hemianopsie	
8	Comm.ant.li	55	w	re	oB	oB	oB
				li			

Nur 2 Fälle zeigten völlig normale Visus- und Gesichtsfeldbefunde, einmal bei einem thrombosierten Carotis interna-Riesenaneurysma, das unmittelbar nach der Teilungsstelle abging und nach latero-frontal lokalisiert war. Das andere vom vorderen Communicansabschnitt links ausgehende Riesenaneurysma war nach vorn oben gerichtet und verursachte dadurch gleichfalls keine Opticus- oder Chiasmakompression. Dieses Aneurysma konnte total ausgeschaltet werden. Pathologische Veränderungen zeigten bei 6 Fällen 5-mal einseitig und 1-mal doppelseitig Visus- und Gesichtsfeldausfälle bis zur einseitigen Amaurose. Besonders bemerkenswert ist die lange Zeitdauer des einseitigen Visusverlustes bei den Fällen 4 und 8 je 5 Jahre und bei Fall 5 sogar 10 Jahre. Das Einsetzen des Visusverlustes wurde jeweils als Folge vasculärer Störungen aufgefaßt, obgleich die Patienten beim Auftreten der Sehstörungen erst 53, 52 und 48 Jahre alt waren und keine sonstigen vasculären Störungen zeigten. In einem Fall wurde sogar in einer Fachklinik eine rechtsseitige Angiographie durchgeführt. Bei einer späteren erneuten Untersuchung zeigte sich das teilthrombosierte Riesenaneurysma nur von links her dargestellt. Auch dieses Aneurysma konnte ausgeschaltet und der teilweise thrombosierte Aneurysmasack ausgeräumt und damit der raumfordernde Prozeß im Chiasmabereich beseitigt werden.

In allen 8 Fällen wurde eine Operation durchgeführt (Tabelle 3), die
7-mal die unmittelbare Versorgung des Riesenaneurysmas zum Ziel hatte.

Tabelle 3. Riesen-Aneurysmen - Operations-Verfahren und Verlauf

Fall Nr.	Lokalisation	Alter	Geschlecht	Op.-Verfahren	Verlauf
1	Car.int.re	32	m	Total-Ausschaltung	†
2	Car.int.li	38	m	Muskel-Umlagerung	†
3	Car.int.li	39	m	Total-Ausschaltung	oB
4	Car.int.li	58	w	Drosselung A.car. com.	oB
5	Car.int.li	62	w	Teil-Ausschaltung	anhaltende psych.Störg.
6	Sellabereich	69	m	nur Darstellung	oB
7	Comm.ant.li	53	m	Total-Ausschaltung	oB
8	Comm.ant.li	55	w	Total-Ausschaltung	oB

In einem Fall wurde durch eine Drosselung der Arteria carotis communis
links eine computer-tomographisch nachweisbare Teilthrombosierung des
Riesenaneurysmas erreicht. In 4 Fällen war eine Totalausschaltung des
Riesenaneurysmas möglich, einmal wurde eine Teilausschaltung und einmal nur eine Muskelumlagerung durchgeführt. Dieser Fall mit mehrfachen
kleinen Subarachnoidalblutungen in der Vorgeschichte verstarb 8 Tage
nach der Operation an einer erneuten, diesmal massiven Subarachnoidalblutung unter den Zeichen eines primären Mittelhirnsyndroms. Bei dem
zweiten tödlich verlaufenden Fall handelt es sich um einen 32-jähri-
gen Mann mit einem thrombosierten Aneurysma der rechten Carotis interna. Bei der Operation kam es zum Einriß des Aneurysmahalses an der Carotis interna. Es gelang die Gefäßabdichtung durch eine muskelplastische
Versorgung, die die Durchgängigkeit des Gefäßes gewährleistete. Als Ne-
benbefund zeigte sich ein zweites Aneurysma im Communicans anterior-
Abschnitt nur von links her gefüllt. Postoperativ bot der Patient das
Bild eines Mittelhirnsyndroms mit Mydriasis der gegenseitigen Pupille.
Die Autopsie deckte eine Blutung im linken, d.h. der Operation gegenseitigen Mittelhirnbereich auf, deren Ursache letztlich ungeklärt geblieben ist.

Bei einem 69-jährigen Mann wurde bei negativem angiographischen Befund die Operation unter der computertomographischen erhärteten Diagnose eines Prozesses im Sellabereich eine Freilegung des Chiasmas
durchgeführt. Bei dreimaliger Punktion des Tumors an jeweils verschiedenen Stellen wurde nach Durchdringen von einer ca. 1 1/2 cm dicken
Kapsel arterielles Blut aspiriert und unter der Diagnose eines teil-
thrombosierten Riesenaneurysmas der Prozess in situ belassen.

Die 6 überlebenden Patienten sind mit Ausnahme einer 62-jährigen Frau,
deren hochgradige Antriebsverminderung bei Teilausschaltung des Riesenaneurysmas bestehengeblieben ist, in sehr gutem Zustand. Natürlich
hat sich durch den Eingriff die einseitige Amaurose nicht beeinflussen
lassen, Visus und Gesichtsfelder des nicht amaurotischen Auges haben
sich hingegen eindeutig postoperativ gebessert.

Zusammengefaßt ergibt sich aus dem Dargelegten, daß zur differentialdiagnostischen Erörterung raumfordernder Prozesse im Sellabereich das
Vorkommen cerebraler Riesenaneurysmen eine wichtige Bedeutung besitzt.
Diese Aneurysmen verursachen als Erstsymptome bevorzugt Visus-Störun-
gen und Gesichtsfeldausfälle sowie psychische Auffälligkeiten, hingegen fast nie das Bild einer massiven Subarachnoidalblutung. Es sollte durch den Einsatz der Computer-Tomographie zukünftig gelingen, die
Diagnose des Opticus oder Chiasma komprimierenden Prozesses vor Auftreten einer totalen Amaurose zu stellen. Die Möglichkeiten einer operativen Totalausschaltung von Riesenaneurysmen im Sellabereich sind
besonders durch den Einsatz des Operationsmikroskopes herausragend
verbessert worden.

Literatur

1. Kempe LG (1979) General experiences with aneurysms of the posterior
   communicating artery region. In: Pia HW, Langmaid C, Zierski J
   (eds) Cerebral Aneurysms. Springer, Berlin Heidelberg New York,
   p 260

2. Lausberg G (1980) Die Operationsindikation bei Hirngefäßaneurysmen
   unter Berücksichtigung des Operationszeitpunktes. Advances in
   Neurosurgery. Springer, Berlin Heidelberg (in press)

3. Morley TP, Barr HWK (1968) Giant intracranial aneurysms. Diagnosis,
   course and management. Clin Neurosurg 16: 73-93

4. Pia HW, Zierski J (1979) Problems in treatment of giant aneurysms.
   In: Pia HW, Langmaid C, Zierski J (eds) Cerebral Aneurysms. Springer, Berlin Heidelberg New York, p 336

The Central Serotonin System: Anatomy, Physiology and Clinical Relevance

L. Lachenmayer, H.G. Baumgarten and W. Wuttke

Knowledge on the anatomy of the central serotonin system in mammals
is rather advanced due to the availability of methods for visualizing
serotonergic neurons in brain and methods for selectively lesioning
central serotonin axons and terminals in experimental animals (1, 2).
The central 5-HT-system - a phylogenetically ancient system of
brainstrem reticular neurons most of which are localized in or
associated with the raphé nuclei and adjacent baso-lateral tegmental
reticular nuclei - shows unique organizational features such as
1. an ernormous degree of collateralization of the bifurcating
ascending and descending main axons of a single perikaryon providing
individual neurons with multidirectional projections and widespread
modulatory effects on innervated target systems that subserve different
functions in the CNS, 2. regional variations in the numerical relationship between synaptic and synaptoid forms of contact to target neurons;
a preponderance of non-synaptic contacts would be compatible with local
hormone-like modulatory actions on a variety of target cells rather
than rapid and precise, restricted transmitter functions on synaptically
coupled individual target neurons, 3. elaborate systems of intraventricular axon terminals which are able to release 5-HT into the ventricular fluid (3); CSF-transported serotonin (a neurohormone) might then
act on distant ventricle - or surface - near 5-HT-sensitive receptor
systems of the brain, and 4. co-existence of peptide neuromodulators
such as substance P and possibly also enkephalins with serotonin in the
same neuron (in e.g. some of the bulbospinal serotonergic neurons) (4).

According to the main direction of axonal projections in the CNS, three
major serotonergic systems may be subdivided: a large mesotelencephalic
system, a minor ponto-cerebellar system and ponto-medullary 5-HT-neurons
with local projections into neighbouring reticular, motor and sensory
nuclei and a large bulbospinal system. This classification ignores the
established multidirectionality of the main axons of many 5-HT neurons
and also ignores the fact that the projections of 5-HT neurons in sub-
nuclei of the raphé complex may be restricted to certain target areas
despite considerable overlap in the terminal fields of many 5-HT
neurons (5).

In face of these anatomical characteristics of the 5-HT neurons (high
degree of collaterlization, high probability of synaptoid rather than
synaptic contacts, termination of 5-HT axons on interneurons rather
than executive neurons in a given circuit) the physiological role of
5-HT in brain functions must be considered permissive and modulatory
rather than obligatory and executive. The literature thus contains
many contradictory findings and opinions on the involvement of 5-HT in
endocrine, autonomic, somato-sensory, motor and higher integrative
functions. Clinical observations and results from animal experiments
(mostly lesion studies) suggest a role of 5-HT in neuroendocrine
regulation, in involuntary and intentional control of motoneuron
excitability via inhibitory modulation of somato-sensory input, of
pain sensitivity, sleep-triggering mechanisms, and emotion and
affective behavior.

The obvious difficulties in finding reliable neurochemical correlates
of defined neurological syndromes in man necessitates appropriate
animals models to unravel the pathophysiological implication of
disturbed serotonergic transmission. Such models are now available,
e.g. the selective serotonin-deficiency syndrome in animals produced
through chemical destruction of serotonergic axons by intrathecal or
intracerebral administration of 5,7-dihydroxytryptamine (5,7-DHT) in
desipramine (DMI) or nomifensin (NOM) pretreated animals (for protection of central noradrenaline (NA) and dopamine (DA) axons against
undesired toxic damage by 5,7-DHT) (6). This model has enabled us to
study the role of 5-HT in neuroendocrine control (7, 8, 9, 10), hypoxic
myoclonus, social interaction, aggressiveness and pain sensitivity,
some results of which will be presented here.

In male rats, serotonin depletion by DMI/5,7-DHT (100-150 μg 5,7 DHT)
resulted in initial reductions of serum prolactin in mildly stressed
animals. Ether stress was able to overcome this attenuation of
prolactin release. The secretion of LH was dose-dependently decreased
over longer periods of time with subsequent gradual recovery to normal
serum levels by 26-55 days. This recovery correlated with regeneration
of 5-HT axons and compensatorily increased turnover of 5-HT in the
hypothalamus (7, 8, 9). Proestrous surges in LH (and prolactin) were
not notably impaired by moderate depletion of 5-HT; high doses of
5,7-DHT (200μg) – which according to our findings decrease forebrain
NA and DA non-specifically – inhibited PMSG-induced ovulations (11);
this inhibition cannot be solely attributed to disruption of 5-HT
transmission. Results in ovariectomized rats indicated that the
frequency of the pulse release of LH was initially reduced to half
the normal frequency in DMI/5,7-DHT (50μg) treated rats but that the
amplitude of the individual LH bursts was unchanged (8, 9); thus,
serotonin acts on a frequency modulator in the pulsatile release of
LRF (10). The most likely site of action of 5-HT ·is the suprachiasmatic
nucleus where LRF perikarya are densely innervated by 5-HT terminals.
If L-5-hydroxytryptophan (L-5-HTP) (20 mg/kg, ip.) was given to DMI/
5,7-DHT treated male rats (within 5-15 days after destruction of 5-HT
axons), the amount of prolactin released in mildly-stressed rats was
significantly higher than in vehicle-treated ones; this increased
prolactin response to 5-HTP which is sensitive to inhibition by metergoline (5 mg/kg ip.) can be explained by the development of a post-
synaptic-type 5-HT-receptor supersensitivity (9). Since this increased
prolactin secretion occurs even in animals in which PIF, i.e. dopamine,
action is eliminated by appropriate DA-receptor antagonists (which by
themselves moderately elevate prolactin levels), it can be concluded
that 5-HT acts by stimulating a prolactin-releasing-factor (PRF) (12).
In addition, a serotonergic inhibition of PIF (i.e. dopamine) neurons
may also contribute to increased release of prolactin under certain
circumstances since 5-HT axons end on DA neurons of the arcuate
nucleus. It is as yet difficult to seperate these two possibilities.

The question whether 5-HT levels in the hypothalamus fluctuate in
parallel with estradiolbenzoate induced surges in LH and prolactin of
ovariectomized rats and whether they correlate with hormone levels
changes in the intact, cycling rat has also been investigated. The
results are shown in Fig. 1 and Table 1 and reveal no major changes in
5-HT of the anterior mediobasal hypothalamus that would reasonably
correlate with the enormous differences in serum LH and prolactin
levels as they occur in the afternoon of proestrous (compared to those
in the morning of proestrous or as they occur in ovariectomized rats).
Probably steady-state levels of 5-HT are poor indicators of functional
changes in serotonergic neurons (13, 14).

482

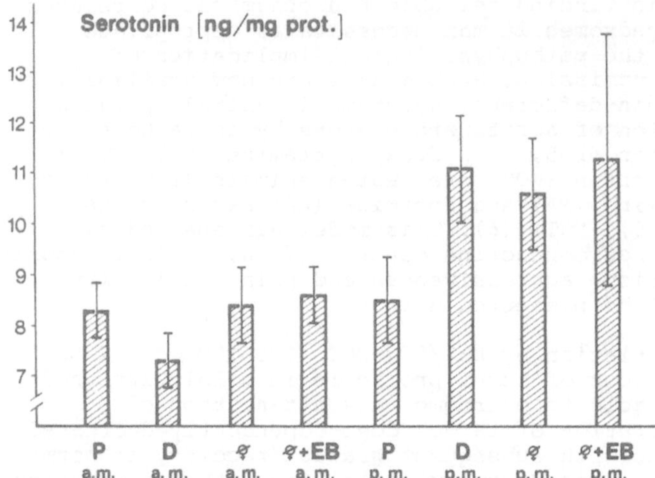

<u>Fig. 1.</u> 5-HT concentrations in the anterior, medio-basal hypothalamus of adult female rats in the morning (10 h, a.m.) and afternoon (5 h, p.m.) of proestrous (P)and diestrous (D), and of overiectomized (♀) rats treated with estradiolbenzoate (EB,5μg, once daily, 48 and 24 h before killing). Note that 5-HT levels in the afternoon of diestrous and of ovariectomized, EB-treated rats are higher than in the morning. These differences do not correlate with fluctuations in plasma LH and prolactin levels (cf. Table 1). From Wuttke, unpublished observations

<u>Table 1.</u> Serum prolactin and LH levels in proestrous (P) and diestrous rats (D) killed in the morning (10 h, a.m.) or afternoon (5 h, p.m.) and of ovariectomized (ovx) and ovariectomized, estradiolbenzoate-treated (ovx EB) rats (see Legend to Fig. 1 for details and for 5-HT levels in the anterior, medio-basal hypothalamus of the same animals). From Wuttke, unpublished observations

	Prolactin (ng/ml)	LH (ng/ml)
P,a.m.	24 ± 5	17 ± 4
P,p.m.	239 ± 56	420 ± 152
D,a.m.	21 ± 3	12 ± 7
D,p.m.	49 ± 10	19 ± 7
ovx, a.m.	23 ± 6	1435 ± 497
ovx, p.m.	38 ± 9	1817 ± 389
ovx, EB., a.m.	106 ± 19	263 ± 43
ovx, EB., p.am.	223 ± 24	861 ± 276

Serotonin depletion by the same method (DMI/5,7-DHT) initially slightly reduced serum ACTH levels (by 7 days) but ACTH concentrations returned to control levels rather rapidly (by 14 days) (Fig. 2). Raised hypophysial ACTH levels on day 7 in the treated animals may indeed reflect reduced release of CRF from the hypothalamus. The rapid return of ACTH

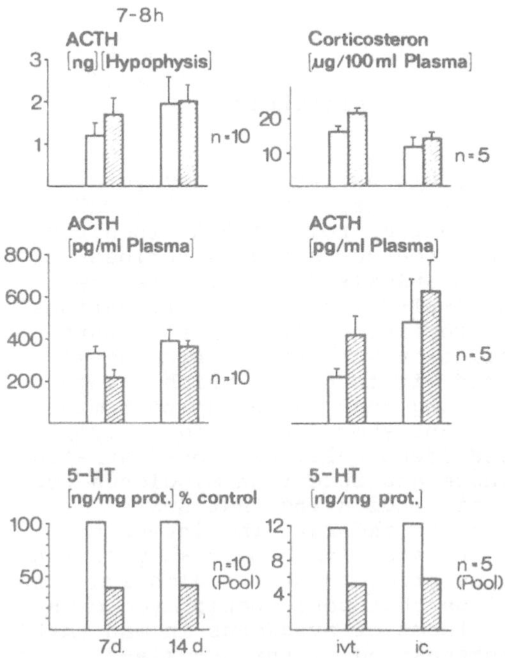

<u>Fig. 2.</u> ACTH levels in plasma and anterior pituitary (ng/hypophysis) and plasma corticosteron levels, and 5-HT concentrations in the hypothalamus of mildly-stressed adult male rats injected into the left lateral ventricle with vehicle (open columns) or 5,7-DHT (100μg) (hatched columns) following pretreatment with DMI (25 mg/kg i.p., 45 min. before 5,7-DHT); the rats were killed in the morning (7-8 h, a.m.) on day 7 or 14 after treatment (left panel of Fig. 2). Right panel of Fig. 2 represent corresponding data from rats treated with 5,7-DHT (given either into the left lateral ventricle, ivt., or into the fourth ventricle, ic.) following protection of the central NA and DA systems with nomifensin (25 mg/kg, i.p., 30 min before 150 μg 5,7-DHT). In this case, all rats were killed on day 12 after treatment and received a single dose of 20 mg/kg L-5-hydroxytryptophan 20 min before decapitation (hatched columns) or vehicle (open columns). Based on unpublished data by Vogt, Lang, Jenner and Baumgarten

levels to normal may be explained by a poor sensitivity of the CRF-modulating 5-HT neurons to the toxic action of 5,7-DHT connected with a rapid regeneration of their partially lesioned axons. L-5-HTP given to vehicle-injected and NOM/5-7-DHT treated rats caused more pronounced rises of corticosteron and ACTH in the 5,7-DHT treated animals despite similar hypothalamic 5-HT values (Fig. 2). Both studies are compatible with the concept of serotonin as a CRF-stimulating transmitter or modulator.

At least what concerns the serotonergic modulation of prolactin and ACTH, there is evidence for a stimulatory effect of serotonin on release of both hormones in the human based on results obtained in studies employing serotonin antagonists (15, 16), emphasizing the validity of our animal model for investigating neuroendocrine control mechanisms. If serotonin controls the timing of pulsatile secretory

484

activity in peptidergic hypothalamic neurons as suggested by our
findings in the rat, then changes in the frequency of secretory
surges in LH, FSH and other stress-insensitive hormones as demonstrated by us in narcoleptics (Lachenmayer et al., this volume (17))
may tentatively be interpreted to indicate a serotonergic
disturbance in this disease.

In search of an animal model of human myoclonus, we (Lachenmayer,
Janzen and Baumgarten, unpublished observations) have used 5,7-DHT
in two different ways to unravel the potential role of 5-HT in hypoxic
myoclonus of the rat. First, we have pretreated rats as described
earlier (5,7-DHT given to DMI pretreated animals 7 days before the
experiment) and subjected controls and 5-HT-deficient rats to various
periods of hypoxia (10-22 min) i.e. by replacing air with a mixture
of 97% N_2 and 3% O_2; following reventilation with air, disseminated,
high-frequency myoclonic jerks developed within 60 sec which changed
into stretch- and flexion-myoclonic jerking that lasted up to 5 min.
Thereafter, the animals appeared normal and showed no residual symptoms. Vehicle-injected controls treated identically developed stretch-
and flexionmyoclonus for about one minute and intention myoclonus for
another 60 sec after reoxygenation by air indicating that 5-HT
deficiency facilitates myoclonic jerking in the rat. The intensity
and duration of the myoclonic jerking in rats with a partially lesioned
central 5-HT system can be attenuated by prior treatment with low doses
(10-20 mg/kp ip.) of L-5-HTP. We conclude that posthypoxic myoclonus
in 5-HT-deficient rats resembles those forms of myoclonus in man that
respond favourably to L-5-HTP. Most interestingly, the hypoxia-
resistance (and thus the survival rate) was greater in the 5,7-DHT/DMI
and 5,7-DHT/NOM treated rats suggesting that intact sertonergic transmission may have an inhibitory modulating effect on central respiratory
control. This new animal model of posthypoxic serotonin-deficient
myoclonus must be distinghished from 5-HTP-induced myoclonus which
involves both serotonin and dopamine (cf. van Woert and
Hwang 1979;Volkman et al. 1978). We have been able to mimick this
syndrome in the rat by acute injections of 5,7-DHT in DMI- or NOM-
pretreated rats provided the injections of 5,7-DHT were performed under
ether or a shortacting barbiturate. Within about 10-15 min after
intraventricular 5,7-DHT (100 αg or more), the rats exhibited myoclonic
jerks that are caused by massive release of 5-HT. Since these jerks
are more pronounced in animals treated with DMI rather than NOM it
appears possible that DA is also involved in this syndrome. The
clinical relevance of this syndrome is as yet unknown but administration of drugs that stimulate postsynaptic 5-HT receptors (e.g.
quipazine or L-5-HTP) may provoke similar actions in disposed
individuals (e.g. those that suffer from increased 5-HT receptor
supersensitivity). These results indicate that depending on as yet
ill defined conditions serotonergic mechanisms may either protect
against or stimulate myoclonus in man.

Rats treated with DMI/5,7-DHT or NOM/5,7-DHT exhibit increased
irritability and pain sensitivity and show, when grouped, attacks of
bizarre and aggressive social behaviour and indiscriminate hyper-
sexuality indicating that serotonin controls sensitivity threshold in
sensory systems and limbic system circuitries. Whether these findings
have any correlate in the human is as yet unknown.

Further progress in understanding the role of serotonin in disturbed
brain function requires simultaneous determination of the activity of
multiple transmitter and modulator systems and of the sensitivity
levels of their associated pre- and postsynaptic receptors.

Literatur

1. Fuxe K, Jonsson G (1967) A modification of the histochemical
   fluorescence method for the improved localization of 5-hydroxy-
   tryptamine. Histochemie 11: 161-166

2. Baumgarten HG, Klemm HP, Lachenmayer L, Björklund A, Lovenberg W,
   Schlossberger HG (1978) Mode and mechanism of action of neurotoxic
   indoleamines: a review and progress report. Ann NY Acad Sci 305:
   3-24

3. Richards JG, Lorez HP (1973) Indolealkylamine nerve terminals in
   cerebral ventricles: identification by electron microscopy and
   fluorescence histochemistry. Brain Res 57: 277-288

4. Chan-Palay V, Jonsson G, Palay SL (1978) Serotonin and substance
   P coexist in neurons of the rat's central nervous system: Neurobiology 3: 1582-1586

5. Azmitia EC (1978) The serotonin producing neurons of the midbrain
   median and dorsal raphe nuclei. In: Iversen LL, Iversen SD and
   Snyder SH (eds) Handbook of Psychopharmacol. Vol. 9. Plenum Press,
   New York, p 233-314

6. Baumgarten HG, Jenner S, Schlossberger HG (1980) Serotonin
   neurotoxins: effects of drugs on the destruction of brain
   serotonergic, noradrenergic and dopaminergic axons in the adult
   rat by intraventricularly, intracisternally or intracerebrally
   administered 5,7-dihydroxytryptamine and related compounds. In:
   Chubb IW and Geffen LB (eds) Neurotoxins, fundamental and clinical
   advances. Adelaide University Union Press, in press

7. Wuttke W, Björklund A, Baumgarten HG, Lachenmayer L, Fenske M,
   Klemm HP (1977) De- and regeneration of brain serotonin neurons
   following 5,7-dihydroxytryptamine treatment: effects on serum LH,
   FSH and prolactin levels in male rats. Brain Res 134: 317-331

8. Wuttke W, Hancke JL, Höhn KG, Baumgarten HG (1978) Effect of
   intraventricular injection of 5,7-dihydroxytryptamine on serum
   gonatropins and prolactin. Ann NY Acad Sci 305: 423-436

9. Baumgarten HG, Björklund A, Wuttke W (1977) Neural control of
   pituitary LH, FSH and prolactin secretion: the role of serotonin.
   In: Scott DE, Kozlowski GP, Weindl A (eds) Brain-Endocrine Interaction III. Neural Hormones and Reproduction. Karger, Basel,
   p 327-343

10. Hancke JL, Beck W, Baumgarten HG, Höhn K, Wuttke W (1977)
    Modulatory effect of noradrenaline and serotonin on circoral LH
    release in adult ovariectomized rat. Acta endocr Suppl 208: 22-23

11. Meyer DC (1978) Hypothalamic and Raphe Serotonergic Systems in
    Ovulation Control. Endocrinology: 1067-1074

12. Clemens JA, Roush ME, Fuller RW (1978) Evidence that Serotonin
    Neurons stimulate Secretion of Prolactin releasing Factor. Life
    Sci 22: 2209-2214

13. Advis JP, Simpkins JW, Chen HT, Meites J (1978) Relation of
    Biogenic Amines to Onset of Puberty in the Female Rat. Endocrino-
    logy: 11-16

14. Höhn KG, Wuttke W (1979) Ontogeny of Catecholamine turnover Rates in Limbic and Hypothalamic Structures in Relation to Serum Prolactin and Gonadotropin Levels. Brain Research: 281-293

15. Fuller RW, Snoddy HD (1979) The Effects of Metergoline and Other Serotonin Receptor Antagonists on Serum Corticosterone in Rats. Endocrinology: 923-928

16. Ferrari C, Caldara R, Romussi M, Rampine P, Telloli P, Zaatar S, Curtarelli G (1978) Prolactin Suppression by Serotonin Antagonists in Man: Further Evidence for Serotoninergic Control of Prolactin Secretion. Neuroendocrinology: 319-328

17. Lachenmayer L, Mohs C, Zschocke S, Baumgarten HG, Wuttke W (1980) Twenty-four-hour secretory profiles of LH, FSH, Prolactin and Cortisol in controls and narcoleptics; same volume

Monoaminerge Regulation der Prolaktinfreisetzung

P. Clarenbach, E. del Pozo und H. Cramer

Einleitung

Für die Freisetzung von Prolaktin wird wie für die Sekretion der
anderen Hormone der Adenohypophyse eine Kontrolle durch hypothalamische releasing and release inhibiting Faktoren postuliert. Während
die Natur dieser tuberoinfundibulären neurosekretorischen Substanzen
noch nicht aufgeklärt ist, spricht eine große Zahl von Befunden für
eine regulative Funktion der Neurotransmitter Dopamin und Serotonin
im Hypothalamus und - im Falle des Dopamin - in der Hypophyse selbst.
Unter physiologischen und experimentellen Bedingungen wird die Prolaktinfreisetzung durch Dopamin gehemmt. Dies haben pharmakologische
Untersuchungen mit Dopaminvorläufern, Agonisten wie Piribedil und
Antagonisten wie den Neuroleptika gezeigt. Auch für das Lysergsäure-
derivat Bromocriptin wurde eine starke Inhibition der Prolaktinfreisetzung über hypothalamische und hypophysäre Dopaminrezeptoren nachgewiesen (5, 10).
Eine Rolle des Serotonin in der Kontrolle der Prolaktinfreisetzung ergab sich aus Untersuchungen mit Serotoninvorläufern, Agonisten wie
Quipazine und Antagonisten wie 5,7-Dihydroxytryptamin. Auch die ge-
minderte Prolaktinsekretion nach Methysergid (9) und Metergolin (4)
wurde im Sinne einer antiserotonergen Wirkung dieser Substanzen interpretiert, obwohl ihre Ergot-Struktur analog dem Ergot-Präparat
Bromocriptin eine dopaminerge Wirksamkeit wahrscheinlich macht.
Wir haben daher mit Pizotifen, einem Nicht-Ergot-Serotoninantagoni-
sten ähnlich dem Cyproheptadin, und mit Bromocriptin den nächtlichen
schlafbedingten Anstieg von Prolaktin bei gesunden Probanden untersucht. Auch die basale Prolaktinfreisetzung am Tage wurde nach diesen Präparaten sowie nach Methysergid bestimmt.

Methoden

An den Schlafuntersuchungen nahmen 10 Probanden zwischen 22 und 32
Jahren teil; nach einer Adaptationsnacht und einer Nacht zur Erhebung
der Kontrollwerte folgte die Behandlung mit Pizotifen (Sandomigran^R
3 x 0.5 mg täglich für 12 Tage. Bromocriptin (Pravidel^R 5 mg täglich)
wurde 3 Tage lang gegeben. Occipitales und präzentrales EEG, EOG und
EMG des M. mentalis wurden von 23 bis 6 Uhr polygraphisch registriert.
Die Schlafauswertung erfolgte nach den Kriterien von RECHTSCHAFFEN und
KALES. Über einen Venenkatheter wurde ohne Störung des Probanden in
20-Minuten Intervallen Blut entnommen. Bei den Taguntersuchungen be-
kamen 10 Normalpersonen zwischen 22 und 28 Jahren Placebo, 2 mg Pizotifen, 2 mg Methysergid (Deseril^R) oder 2 mg Bromocriptin. Zweimal
vor und in einstündigen Intervallen sechsmal nach der Einnahme der
Substanz wurde Blut entnommen. Prolaktin und Wachstumshormon wurden
radioimmunologisch bestimmt.

Ergebnisse

Das nächtliche Sekretionsprofil von Prolaktin war nach Pizotifen
nicht signifikant verändert (Abb. 1), nach Bromocriptin dagegen

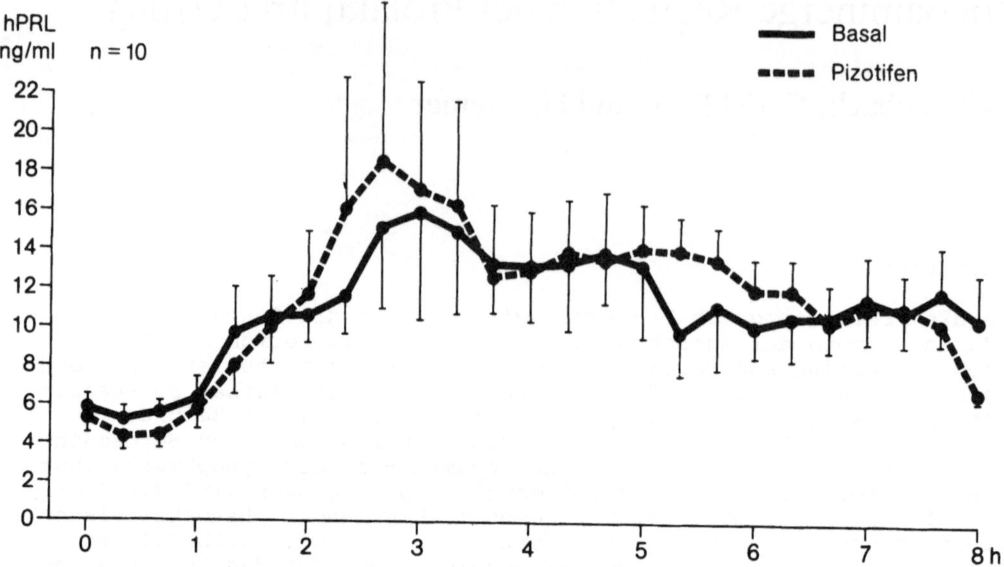

Abbildung 1. Sekretionsprofil von Prolaktin im Schlaf. Mittelwerte ± SD von 10 Probanden unter Kontrollbedingungen und nach Pizotifen (3 x 0,5 mg tgl. an 12 Tagen)

völlig aufgehoben. Die basalen Tagwerte zeigten nach Pizotifen wiederum keine signifikante Änderung, während sie nach Methysergid und Bromocriptin signifikant (p < 0.01 und 0.001) erniedrigt waren. Die basale und die schlafbedingte Freisetzung von Wachstumshormon waren nach Pizotifen nicht signifikant verändert, Methysergid und Bromocriptin erhöhten die basalen Werte signifikant (p < 0.01) 1 bis 3 Stunden nach der Einnahme; der nächtliche peak war nach Bromocriptin signifikant verlängert (p < 0.05).
Im Schlafpolygramm zeigte sich nach Pizotifen eine signifikant verkürzte Einschlaflatenz ohne weitere Änderung der Schlafparameter, Bromocriptin minderte signifikant die Anteile des Tiefschlafs und des REM-Schlafs.

Diskussion

Unsere Befunde zeigen einen unterschiedlichen Effekt von Ergot- und Nicht-Ergot Serotoninantagonisten auf die Freisetzung von Prolaktin: Während sie durch die Ergot-Präparate Methysergid und Bromocriptin gemindert wird, bleiben die Prolaktinplasmaspiegel nach Pizotifen unverändert. Dies gilt für die basale sowie für die schlafabhängige Sekretion und entspricht den unterschiedlichen Ergebnissen mit Methysergid und Pizotifen bei Hyperprolaktinämie (8) sowie den Befunden mit anderen Ergot-Alkaloiden wie Metergolin und Lisurid-Hydrogenmaleat (3, 6) einerseits und dem Nicht-Ergot Serotoninantagonisten Cyproheptadin andererseits (2). Der deutliche Anstieg der Wachstumshormonspiegel nach den Ergot-Präparaten und die angedeutete, wenn auch nicht signifikante Senkung nach Pizotifen bestätigen Befunde nach L-Dopa und Apomorphin (7) sowie nach Cyproheptadin (1) und damit einer dopaminergen Wirksamkeit der Ergot-Alkaloide. Die vermutete stimulierende Rolle des Serotonin für die Prolaktinfreisetzung wird durch unsere Befunde zwar nicht widerlegt, doch wird die Hemmung der Prolaktinfreisetzung durch antiserotonerge Substanzen vom Ergot-Typ als Ausdruck einer dopaminergen Wirkung dieser Substanzgruppe interpretiert.

Zusammenfassung

Bei je 10 gesunden Probanden wurden das Sekretionsprofil von Prolaktin und Wachstumshormon bei Tag nach Methysergid, Bromocriptin und Pizotifen sowie das nächtliche Sekretionsprofil nach Bromocriptin und Pizotifen untersucht. Während die Präparate vom Ergot-Typ die Prolaktinwerte signifikant senkten, war Pizotifen als Nicht-Ergot Serotoninantagonist ohne Wirkung. Die Wachstumshormonfreisetzung wurde durch Bromocriptin und Methysergid signifikant stimuliert, der nächtliche peak war nach Pizotifen signifikant erniedrigt, die basale Freisetzung bei Tage nach Pizotifen unverändert. Es wird auf eine dopaminerge Wirkung der Serotoninantagonisten vom Ergot-Typ geschlossen.

Literatur

1. Chihara K, Kato J, Maeda K, Matsukura S, Imura H (1976) Suppression by Cyproheptadine of Growth Hormone and Cortisol Secretion during Sleep. J Clin Invest 57: 1393-1492

2. Crosignani PG, Lombroso GC, Mattei A, Caccamo A, Trojsi L (1979) Effect of Three Serotonin Antagonists on Plasma Prolactin Response to Suckling in Puerperal Woman. J Clin Endocrinol Metab 48: 335-337

3. Delitala G, Lodico G, Masala A, Alagua S, Devilla L (1977) Action of metergoline in Suppressing PRL release induced by mechanical breast emptying. J Clin Endocrinol Metab 44: 763-765

4. Ferrari C, Caldara R, Romussi M, Rampini P, Telloli PR, Zastar S, Curtarelli G (1978) Prolactin Suppression by Serotonin Antagonists in Man: Further Evidence for Serotoninergic Control of Prolactin Secretion. Neuroendocrinol 25: 319-328

5. Flückiger E (1972) Drugs and the control of prolactin secretion. In: Boyns AR, Griffiths K (eds) Prolactin and Carcinogenesis. Alpha Omega Alpha Publishing, Cardiff Wales, p 162-171

6. Gräf KJ, Neumann F, Horowski R (1976) Effect of the Ergot Derivative Lisuride Hydrogen Maleate on Serum PRL Concentrations in Female Rats. Endocrinology 98: 598-605

7. Lal S, Martin JB, de la Vega CE, Friesen HG (1975) Comparison of the Effect of Apomorphine and L-Dopa on Serum Growth Hormone Levels in Normal Men. Clin Endocrinol 4: 278-285

8. Lancranjan I, del Pozo E, Picciolini E, D'Antone W, Genazzani AR (1979) Effects of Two Serotonin Antagonists on Prolactin Release Induced by Breast Stimulation in Postpartum Women. Horm Res 10: 14-19

9. Mendelson WB, Jacobs LS, Reichman JD, Othmer E, Cryer PE, Triverdi B, Daughaday WH (1975) Methysergide. Suppression of Sleep-Related Prolactin Secretion and Enhancement of Sleep-Related Growth Hormone Secretion. J Clin Invest 56: 690-697

10. del Pozo E, Friesen H, Burmeister P (1973) Endocrine profile of a specific prolactin inhibitor: Br-ergo-cryptine (CB 154). A preliminary report. Schweiz Med Wochenschr 103: 847-848

Zerebrale Neurotransmitter bei Hirninfarkt und metabolischen Enzephalopathien

K. Jellinger, P. Riederer und W. Wesemann

Hirninfarkt und metabolische Enzephalopathien gehen mit Störungen
zentraler Neurotransmitter (NT) einher (3). Bei experimenteller
zerebraler Ischämie und in der Infarktzone besteht massive Abnahme
von Noradrenalin (NA), Dopamin (DA) und Serotonin (5-HT) mit Anstieg
ihrer Metaboliten Homovanillinsäure (HVS) und 5-Hydroxyindolessigsäure
(5-HIES), der 5-HT-Vorstufe Tryptophan (TRP), von GABA und cyclischem
AMP bei Reduktion von DA und 5-HT in nicht-ischämischen Hirngebieten.
Die perifokale Ödemzone zeigt starke Anhäufung von 5-HT, 5-HIES, TRP
und GABA, die in der Randzone alter Infarkte als Hinweis auf Normalisierung des 5-HT-Umsatzes wieder absinken (3). Bei metabolischen Enzephalopathien (Coma hepaticum, uraemicum, Insulin-behandeltem Coma
diabeticum) liegt massive, in Hirnstamm und mesolimbischen Systemen
akzentuierte Zunahme von 5-HT, 5-HIES und TRP bei Verschiebungen zwischen aromatischen und verzweigtkettigen Aminosäuren (AS) in Plasma
und Hirngewebe vor (3, 7, 8). Eine Korrektur der bei hepatischer Enzephalopathie pathogenetisch wichtigen AS-Verschiebungen durch Gabe
der verzweigtkettigen AS L-Valin führt über kompetitiven Transport
durch die Blut-Hirnschranke (BHS) und Senkung der Ammoniakkonzentration
zu Normalisierung der zentralen NT-Profile und günstigem klinischen
Effekt auf das Koma (5, 7, 8). Im folgenden werden weitere Befunde
über das Verhalten von NT bei Hirninfarkt und Koma vorgelegt.

Material und Methoden

1. TRP und KYN wurden im Serum und postmortalem (pm) Hirngewebe von
Kontrollen (n=14), Pat. mit Leberzirrhose ohne Koma (n=12 bzw.6), akutem exogenen und Leberzerfallskoma (n=14/6), mit L-Valin behandeltem
Leberkoma (n=4) und Insulin-behandeltem C.diabeticum (n=4) untersucht
(Methoden 1,4;PM-Zeit 9 St).
2. Tyrosinhydroxylase (TH)-Aktivität wurde im N.caudatus radio enzymatisch (6) bei Kontrollen (n=15), C.hepaticum (n=4) und diabeticum
(n=3), Zirrhose ohne Koma (n=3), mit L-Valin behandeltem Leberkoma
mit Tod an akuter Blutung (n=3) und vaskulärer Enzephalopathie (n=2)
bestimmt. PM-Zeit 3,5-15 Std.
3. 5-HT-Bindung wurde an 45 000 x g Sedimenten von PM Hirngewebe bei
akutem Hirninfarkt (n=1) durchgeführt (9).
4. 5-HT-Aufnahme in Synaptosomen von PM menschlichem Hirngewebe wurde
bei M.Parkinson (n=3), hepatischer Enzephalopathie (n=3) und Kontrollen (n=3) untersucht (Methode siehe 2).

Ergebnisse

TRP und KYN im Serum zeigen bei Leberinsuffizienz einen mit deren
Schweregrad korrelierten Anstieg mit höchsten Werten bei Leberzerfallskoma, wobei TRP (260% der Norm) deutlich weniger als die daraus durch
TRP-2,3-dioxygenase entstehende AS KYN (870% der Norm) zunimmt. Das
spricht für eine Induktion dieses Enzyms in der Peripherie durch die
hohe TRP-Konzentration, die auf einen gesteigerten Proteinumsatz bei
Leberfunktionsausfall hinweist (5). Während TRP im Hirngewebe bei

Tabelle 1. Post mortem Hirnkonzentrationen von Kynurenin bei metabolischen Enzephalopathien und Hirninfarkt

Hirnregion	Kontrollen ng/g	D.hepaticum Stadium 3,4 ng/g	C.hepaticum L-Valinther ng/g	C.diabeticum Insulinther. ng/g	Akuter Infarkt Nekrose intakt ng/g		Älterer Infarkt Nekrose intakt ng/g	
N.caudatus	542±61(14)	n.u.	n.u.	n.u.	1632(2)	1057(1)	n.u.	854±295(2)
Putamen	533±76(14)	1213±320(3)	543±163(3)	900±262(3)	1555(2)	1217(2)	n.u.	845±330(2)
G.pallidus	567±72(16)	804 (2)	401±164(4)	895±166(3)	n.u.	n.u.	n.u.	n.u.
G.cinguli	557±72(15)	1322±223(3)	357±183(3)	865±186(3)	n.u.	n.u.	n.u.	n.u.
Hippokampus	562±71(3)	1130±112(4)	60/453 (2)	903 (2)	n.u.	n.u.	n.u.	n.u.
N.amagdalae	669±106(3)	n.u.	n.u.	n.u.	2156(2)	n.u.	n.u.	939 (2)
Front.Rinde	533±86(12)	1000±169(4)	489±399(3)	650± 90(3)	1403(2)	1750(2)	1181(1)	724±231(3)
Front.Mark	434±49(15)	n.u.	n.u.	n.u.	1884(2)	1120(2)	393(1)	565± 32(3)
N.raphe	557±62(9)	1359±149(3)	578±318(3)	800 (2)	n.u.	n.u.	n.u.	n.u.

Zahl der Fälle in Klammern   n.u. = nicht untersucht

Leberkoma um das 5-15fache der Normwerte ansteigt (7), liegen die
KYN-Werte bei Leberkoma bei 180-220% der Norm und zeigen bei C.diabeti-
cum geringeren Anstieg. Nach parenteraler L-Valintherapie des Leberko-
mas gehen die TRP- und KYN-Werte im Hirngewebe auf Normbereiche zurück
(Tabelle 1). Bei akutem Hirninfarkt ist KYN 3-4fach, im intakten Hirngewebe geringer erhöht, während bei alten Infarkten ein Trend zur Normalisierung besteht (Tabelle 1).
Die TH-Aktivität im Striatum ist bei C.hepaticum und diabeticum mit
25,2 ±9,1 bzw. 19,6±9,4 nmol/g/h etwa im Normbereich (27,8±2,3 nmol/g/
h), bei im akuten Blutungsschock gestorbenen Zirrhose-Pat. ohne Koma
bzw. L-Valin-behandeltem Koma (10,0±0,9 bzw. 11,5±1,0 nmol/g/h) sowie
bei vaskulärer Enzephalopathie (3,0-4,5 nmol/g/h) stark erniedrigt.
Die 5-HT-Bindung in den Nekrosearealen bei akutem Hirninfarkt zeigt
gegenüber morphologisch intakten Regionen signifikante Abnahme (Tabelle 2). Die 5-HT-Aufnahme in Synaptosomen ist bei C.hepaticum gegenüber Kontrollen sowie M.Parkinson signifikant herabgesetzt (unpubl. Ergebnisse).

<u>Tabelle 2.</u> Spezifische 5-HT-Bindung bei menschlichem Hirninfarkt
(fmol/mg Protein)

| | | Akuter Hirninfarkt | |
Hirnregion[x]	Kontrollen	Nekrosezone	Intakte Region
Frontalrinde	98,3±8,5 (3)	16,4±1,1 (1)	68,2±13,5 (3)
Frontalmark	66,7 (1)	10,8±3,2 (2)	95,3±15,6 (2)

x) Von jeder Region wurde die spezifische 5-HT-Bindung an je 2 unabhängig isolierten 45000x g Sedimenten gewonnen. Alle Bindungsex-
perimente wurden jeweils 6-fach durchgeführt
Zahl der untersuchten Fälle in Klammern

Besprechung

Während bei Leberkoma TRP in vielen Hirnregionen um ein Vielfaches
der Norm ansteigt, ergibt die relativ geringe Zunahme von KYN im ZNS
keine Hinweise auf eine Induktion des Enzyms TRP-2,3-Dioxygenase, die
im Serum nachweisbar ist. Die Verdoppelung der zerebralen KYN-Werte
bei hepatischer Enzephalopathie könnte bei der starken KYN-Erhöhung
in der Peripherie auch Folge einer gesteigerten peripheren Synthese
dieser BHS-gängigen AS, nicht aber einer zerebralen Enzyminduktion
sein. Da die regionale KYN-Verteilung im ZNS jener von TRP und nicht
von 5-HT entspricht, dürfte TRP-2,3-Dioxygenase nicht an serotonerge
Neurone gebunden sein. Während O_2-abhängige Enzyme extraneuronaler
Lokalisation den durch Abnahme der zerebralen Durchblutung bedingten
O_2-Mangel nicht kompensieren können, weisen normale TH-Aktivitäten
im ZNS bei C.hepaticum und diabeticum auf eine vermutlich durch gesteigerte O_2-Affinität während hypoxischer Zustände ausreichende O_2-
Versorgung neuronaler Systeme hin. Progrediente, tödlich verlaufende
Lebererkrankungen führen im Endstadium aber zu Störungen im Energie-
haushalt des ZNS mit verminderter 5-HT-Aufnahme in präsynaptischen
Nervendigungen. In gleiche Richtung weisen Befunde über fast völli-
gen Verlust der 5-HT-Rezeptorbindung bei Hirninfarkt sowie die schwere Funktionsstörung der TH im ZNS bei durch periphere Blutungen be-
dingtem O_2-Mangel. Diese Funktionsstörung liegt offenbar nicht nur
im - kompensierbaren - O_2-Mangel, sondern im Enzym selbst bzw. seinem Co-Faktor BH_4. Andererseits bedingt die Störung der BHS bei

metabolischen Enzephalopathien durch bevorzugte Aufnahme von Indol-
Substanzen gegenüber solchen mit Phenyl-Struktur eine gesteigerte
Synthese hemmender NT, insb. von 5-HT, die durch Beeinflussung bewußt-
seinssteuernder Systeme das klinische Bild prägen. Der bei hepatischen
Enzephalopathien günstige Kompensationseffekt von L-Valin sei hier be-
tont (6, 8).

Zusammenfassung

Bei Hirninfarkt und metabolischen Enzephalopathien bestehen Störungen
serotonerger ZNS-Systeme. Geringere KYN-Aufnahme bei starkem TRP-An-
stieg im Hirngewebe und hohe Serumkonzentrationen von TRP und KYN bei
Leberkoma weisen auf verminderte ZNS-Aktivität des vermutlich extra-
neuronalen Enzyms TRP-2,3-Dioxygenase, während erhaltene TH-Aktivität
im Hirngewebe bei metabolischen Enzephalopathien auf bevorzugte O_2-
Versorgung neuronaler Transmittersysteme bei Hypoxie hinweist. Bei
Leberkoma besteht signifikante Reduktion der 5-HT-Aufnahme in Synaptosomen. Bei Hirninfarkt zeigt die Nekrosezone signifikanten Abfall der
5-HT-Rezeptorbindung. Diese Befunde sprechen für progredienten, irreversiblen O_2-Mangel bzw. Zusammenbruch energieabhängiger Systeme im
ZNS.

Literatur

1. Denckla WD, Dewey HK (1967) The determination of tryptophan in
   plasma, liver and urine. J Lab clin Med 69: 929-934

2. Enna SJ, Bennett JP Jr, Byland DD, Creese I, Burt DB, Charness ME,
   Yamamura HI, Simantov R, Snyder SN (1977) Neurotransmitter receptor
   binding: Regional distribution in human brain. J Neurochem 28:
   233-236

3. Jellinger K, Klatzo I, Riederer P (1978) Neurotransmitters in coma
   and stroke. J Neural Transm Suppl: 14

4. Joseph MH, Baker HF, Lawson AM (1978) Positive identification of
   dynurenine in rat and human brain. Biochem Soc Trans 6: 123-126

5. Kleinberger G, Ferenci P, Gassner A, Lochs W, Pall H, Pichler M
   (1977) Behandlung des Coma hepaticum durch vollständige parenterale Ernährung und L-Valin. Schweiz med Wschr 107: 1639

6. McGeer EG, Gibson S, McGeer PL (1967) Some characteristics of
   brain tyrosine hydroxylase. J Lab clin Med 69: 929-934

7. Riederer P, Jellinger K, Rausch WD, Kleinberger G, Kothbauer P
   (1978) Zur Biochemie der hepatischen Enzephalopathien. Z Gastroent
   12: 768-777

8. Riederer P, Kleinberger G, Jellinger K (1980) Tryptophan pathways:
   their significance in fulminant hepatic coma. Gastroent (in Druck)

9. Weiner N, Martin C, Wesemann W, Riederer P (1979) Effects of post
   mortem storage on synaptic 5-HT binding and uptake in mammalian
   brain. J Neural Transm 46: 253-262

Tierexperimentelle Befunde zum Einfluß von Hypothyreose auf adrenerge Rezeptoren des Cortex cerebralis

G. Groß

Einleitung

Schilddrüsenhormone entfalten ihre Wirkung an peripheren Organen zum
Teil durch eine Beeinflussung adrenerger Mechanismen. An Rattenherzen
wurde bei Hyperthyreose eine vermehrte (9) bei Hypothyreose eine verminderte Anzahl (1) von β-Adrenozeptoren nachgewiesen. Die physiologische Reaktion auf Stimulation kardialer β-Adrenozeptoren wurde bei
hypothyreoten Ratten ebenfalls vermindert gefunden (7). Die Symptomatik der Hypothyreose legt nahe, daß auch im Zentralnervensystem Veränderungen der noradrenergen Erregungsübertragung beteiligt sind. Der
zugrunde liegende biochemische Mechanismus blieb weitgehend ungeklärt.
Wir untersuchten am Großhirnrindengewebe hypothyreoter Ratten den
durch Adrenozeptoren vermittelten Anstieg des intrazellulären "second
messengers" cAMP und bestimmten Eigenschaften und Anzahl von β-Adreno-
zeptoren mit Hilfe eines Radioligandbindungstests.

Methoden

Bei juvenilen und ausgewachsenen männlichen Wistar Ratten wurde durch
Verabreichung eines Standardfutters, das 0,15% 6-Propyl-2-thiouracil
(PTU) enthielt, eine Hypothyreose induziert. Den cAMP-Gehalt von
Schnitten des cerebralen Cortex bestimmten wir mit dem Proteinbindungs-
test nach GILMAN (3). Hierzu wurde das Gewebe 60 min. in Krebs-Ringer-
Lösung vorinkubiert. Adrenerge Agonisten ließen wir 10 min. lang einwirken; Antagonisten wurden 10 min. zuvor hinzugegeben. Die Phosphodiesteraseaktivität wurde nach der Methode von PÖCH (6) gemessen. Zur
Markierung von β-Adrenozeptoren in einer Membranfraktion des Hirnrin-
dengewebes verwendeten wir den spezifischen β-Antagonisten ^{3}H-Dihydro-
alprenolol (^{3}H-DHA). Die spezifische Bindung wurde definiert als diejenige, die in Parallelinkubationen durch 10 μmol/l (-) Propranolol
verdrängt wurde. Anzahl der ^{3}H-DHA-Bindungsstellen sowie die Affinität
des Liganden zum Rezeptor (K_D) wurden mittels Scatchard-Analyse errechnet (2).

Ergebnisse

Inkubation von Hirnrindenschnitten mit (-) Noradrenalin (NA) und dem
selektiven β-Agonisten (-) Isoprenalin (IPN) in Konzentrationen von
3×10^{-6} bis 3×10^{-5} mol/l führt dosisabhängig zu einem Anstieg der cAMP-
Konzentration. Der basale cAMP Gehalt im Gewebe euthyreoter und hypothyreoter Tiere unterscheidet sich nicht signifikant. Hingegen ist
die cAMP-Akkumulation, hervorgerufen durch NA und IPN bei PTU-behandelten Ratten signifikant gegenüber den Kontrolltieren erniedrigt
(s. Abb. 1). Im Zustand der Euthyreose bewirken die beiden Agonisten
bei der jeweils höchsten verwendeten Konzentration einen cAMP-Anstieg
auf 335% (NA) bzw. 257% (IPN) des Basalwertes. Dem stehen 255% (NA)
und 178% (IPN) bei PTU-behandelten Tieren gegenüber. Eine α-adrenerge
Stimulation mittels NA (10^{-5} und 10^{-4} mol/l) in Gegenwart von 10^{-5}

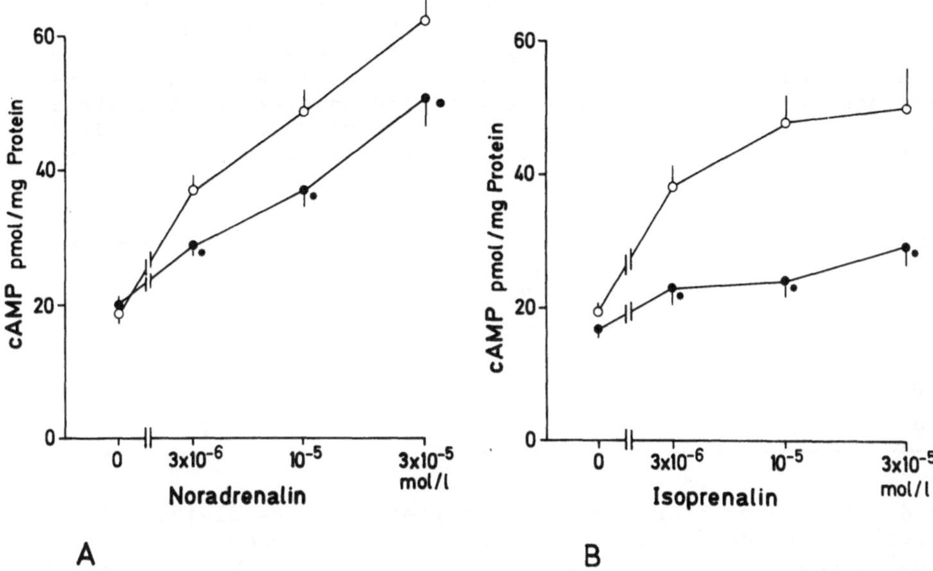

Abb. 1. Einfluß verschiedener Konzentrationen von (-) Noradrenalin
(A) und (-) Isoprenalin (B) auf den cAMP-Gehalt cortikaler Hirnschnitte euthyreoter (o–o) und PTU-behandelter (o–o) Ratten. Angegeben sind Mittelwerte $\pm$ $S_{\bar{x}}$. N >10. P < 0,05 (Students t-Test), verglichen mit den entsprechenden Werten unbehandelter Tiere

mol/l ($\pm$) Propranolol, die im Rattencortex ebenfalls eine wenngleich
geringe cAMP-Akkumulation hervorruft, ergab keinen signifikanten Unterschied zwischen euthyreoten und hypothyreoten Tieren. Die nach
PTU-Behandlung unverändert gefundene Phosphodiesteraseaktivität spricht
gegen einen vermehrten Abbau des cyclischen Nukleotids. Die spezifische
^{3}H-DHA-Bindung an Membranen der Hirnrinde euthyreoter Ratten zeigte
eine Sättigung mit zunehmender Konzentration des Liganden (0,5 - 5 nM),
war rasch ($t_{\frac{1}{2}}$ < 2 min), reversibel ($t_{\frac{1}{2}}$ = 4,8 min) und von hoher Affinität. Die Dissoziationskonstante (K_D) wurde mit 1,2nM aus Sättigungs-
kurven und mit 1,1nM aus kinetischen Experimenten errechnet. Die maximale Anzahl der Bindungsstellen (B_{max}) betrug bei euthyreoten Tieren 9,7 $\pm$ 0,4 pmol/g Feuchtgewicht und war nach 14 Tagen PTU-Behandlung signifikant auf 82% (n=4, P < 0,0005), nach 6 Wochen auf 58% (n=7,
P < 0,0005) des Normalwertes reduziert (s. Tabelle 1). Hingegen blieben
K_D ebenso wie IC_{50}-Werte für (-) Noradrenalin, (-) Isoprenalin, (-)
Propranolol und ($\pm$) Pindolol unverändert.

Diskussion

Die Veränderung der zentralen noradrenergen Erregungsübertragung bei
dystyreoten Tieren wurde bisher einem erhöhten bzw. erniedrigten
Noradrenalinturnover zugeschrieben (4, 5, 8). Die vorliegenden Ergebnisse demonstrieren, daß auch die postsynaptische Rezeptor-Seite bei
Hypothyreose betroffen ist. Die intrazelluläre cAMP-Akkumulation, die
die physiologische Antwort auf eine β-adrenerge Stimulation darstellt,
wurde vermindert gefunden. Die Ursache hierfür scheint eine Reduktion
der Anzahl der an die Adenylcyclase gekoppelten β-Adrenozeptoren zu
sein. Unveränderte K_D und IC_{50}-Werte weisen darauf hin, daß die Eigen-

Tabelle 1. Einfluß von PTU-Behandlung auf Anzahl und Affinität von
^{3}H-DHA Bindungsstellen an Membranen des cerebralen Cortex der Ratte.
Es sind Mittelwerte $\pm$ $S_{\bar{x}}$ von N unabhängigen Versuchen angegeben. Die
Maximale Anzahl der Bindungsstellen/g Feuchtgewicht (B_{max}) sowie die
Dissoziationskonstanten (K_D) wurden aus Sättigungsexperimenten mit 6
verschiedenen Konzentrationen ^{3}H-DHA (0,5 - 5 nM) durch Scatchard-
Analyse errechnet. ^{x}P <0,0005, signifikant unterschiedlich von Kon-
trollwerten nach Students t-Test

Behandlung	N	B_{max} (pmol/g)	K_D (nM)
keine	8	9,71 $\pm$ 0,36	1,2 $\pm$ 0,2
2 Wo. PTU	4	7,13 $\pm$ 0,97^x	0,8 $\pm$ 0,2
6 Wo. PTU	7	5,63 $\pm$ 0,88^x	1,0 $\pm$ 0,1

schaften der β-Adrenozeptoren nicht betroffen sind. Es bleibt offen,
ob Schilddrüsenhormone direkt die Anzahl der vorhandenen β-Adrenozep-
toren regulieren, oder ob ihre Verminderung eine adaptive Veränderung
an einen erhöhten NA-turnover bedeutet.

Zusammenfassung

Der durch β-adrenerge Stimulation bedingte cAMP-Anstieg in Cortex-
schnitten hypothyreoter Ratten wird, verglichen mit euthyreoten Tieren, signifikant vermindert gefunden. Dies ist auf eine reduzierte
Anzahl von β-Adrenozeptoren zurückzuführen; ihre Eigenschaften bleiben von der Hypothyreose unbeeinflußt.

Literatur

1. Banerjee SP, Kung LS (1977) β-Adrenergic receptors in rat heart:
   effect of thyroidectomy. Eur J Pharmacol 43: 207-208

2. Bylund DB, Snyder SH (1976) Beta adrenergic receptor binding in
   membrane preparations from mammalian brain. Mol Pharmacol 12:
   568-580

3. Gilman AG (1970) A protein binding assay for adenosine 3', 5'-
   cyclic monophosphate. Proc Natl Acad Sci USA 67: 305-312

4. Jacoby JH, Mueller G, Wurtman RJ (1975) Thyroid state and brain
   monoamine metabolism. Endocrinology 97: 1332-1335

5. Lipton MA, Prange AJ, Dairman W, Udenfriend S (1968) Increased
   rate of norepinephrine biosynthesis in hypothyroid rats. Fed Proc
   27: 399

6. Pöch G (1971) Assay of phosphodiesterase with radioactively
   labeled cyclic 3', 5'-AMP as substrate. Arch Pharmacol 268: 272-299

7. Schümann HJ, Borowski E, Groß G (1979) Changes of adrenoceptor-
   mediated responses in the pithed rat during propylthiouracil-in-
   duced hypothyroidism. Eur J Pharmacol 56: 145-152

8. Strömbom U, Svensson TH, Jackson DM, Engström G (1977) Hyperthyroidism: speciffically increased response to central NA-(α) receptor stimulation and generally increased monoamine turnover in brain. J Neural Transmission 41: 77-92

9. Williams LT, Lefkowitz RJ, Watanabe AM, Hathaway DR, Besch HR (1977) Thyroid hormone regulation of β-adrenergic receptor number. J Biol Chem 252: 2787-2789

Adrenerge und cholinerge Beeinflussung der Bildung zyklischer Nukleotide im Plexus chorioideus[1]

P. Maier, H. Schindler, E. Schröter und H. Cramer

Einleitung

60-70% des Liquor cerebrospinalis werden von den Plexus chorioidei
der Hirnventrikel gebildet (9). Unklar ist, wie die Liquorsekretion
gesteuert wird, doch gibt es Befunde über eine sowohl adrenerge (7)
als auch cholinerge (6) Innervation des Plexus. Untersuchungen bei
Kaninchen zeigten, daß Adenylatzyklaseaktivitäten vor allem an der
apikalen Membran, Guanylatzyklaseaktivitäten vorwiegend an der baso-
lateralen Seite von Plexusepithelzellen lokalisiert sind (9). Wir haben den Einfluß von adrenergen und cholinergen Substanzen auf den Gehalt zyklischer Nukleotide im Plexus chorioideus untersucht.

Material und Methodik

Von erwachsenen mischrassigen Kaninchen wurden Plexus der Seitenventrikel in Krebs-Henseleit Lösung (pH 7,4, 5 mmol/l Glukose, 5,7 mmol/l
Ascorbinsäure und 10 mmol/l Theophyllin bzw. 0,1 mmol/l 3-Isobuty-1-
methylxanthine) 20 min lang vorinkubiert. Durch Zugabe des zu unter-
suchenden Hormons starteten wir die Inkubation, nach Ablauf der In-
kubationszeit wurden die Plexus chorioidei gewaschen, in 5%iger Trich-
loressigsäure homogenisiert, zentrifugiert, der Überstand ausgeäthert
und die zyklischen Nukleotide cAMP und cGMP radioimmunologisch (2, 3)
gemessen. Die Bestimmung der Proteinkonzentration erfolgte aus dem
Sediment (1).

Ergebnisse

Nach Gabe von Noradrenalin (5 x 10^{-4} mol/l) stieg der intrazelluläre
cAMP-Gehalt des Plexus nach 20 min um 95% gegenüber der Kontrolle an.
Zur Charakterisierung des adrenergen Rezeptors wurde die Wirkung von
Isoprenalin untersucht. 10^{-5} mol/l Isoprenalin führte bereits nach
5 min zu einer Steigerung des cAMP-Gehaltes um 96% gegenüber der Kontrolle (Tabelle 1). Die maximal wirksame Dosis von Isoprenalin betrug
10^{-5} mol/l (Abb. 1 A). Propranolol, ein beta-Blocker (10^{-3} mol/l)
hemmte Isoprenalin in dieser Konzentration um 43,1%. Der alpha-Agonist
Phenylephrin erhöhte den cAMP-Spiegel nur bei hohen Konzentrationen
(über 10^{-3} mol/l) mäßig (38%) und hatte keinen Einfluß auf die Wirkung
von Isoprenalin (10^{-5} mol/l). Der intrazelluläre cGMP-Gehalt wurde
weder von Phenylephrin noch von Isoprenalin (Abb. 1 A) verändert.

Die Inkubation mit Carbamoylcholin (8 min) führte ab einer Konzentration von 10^{-6} mol/l zu einem signifikanten cGMP-Anstieg, der bei einer
Konzentration von 5 x 10^{-4} mol/l um das 3fache über der Kontrolle lag
(Abb. 1 B). Bei dieser Konzentration war der cGMP-Anstieg bereits nach
2 min signifikant erhöht (p 0,0005), fiel nach 13 min wieder ab und

---

[1]Durch die Deutsche Forschungsgemeinschaft (SFB 70) gefördert

Tabelle 1. Einfluß von 10^{-5} mol/l Isoprenalin auf den cAMP-Gehalt von Plexus chorioidei während der Inkubation über 20 min

Inkubationszeit (min)	cAMP (pmol ± S.E.M./mg Protein)	
Kontrolle	54,8 ± 3,6	(n=6)
2,5	86,6 ± 6,1*	(n=4)
5	107,5 ± 8,2**	(n=4)
10	93,8 ± 12,3*	(n=3)
20	97,6 ± 11,9**	(n=3)

p* 0,0025,   p** 0,0005 gegenüber der Kontrolle

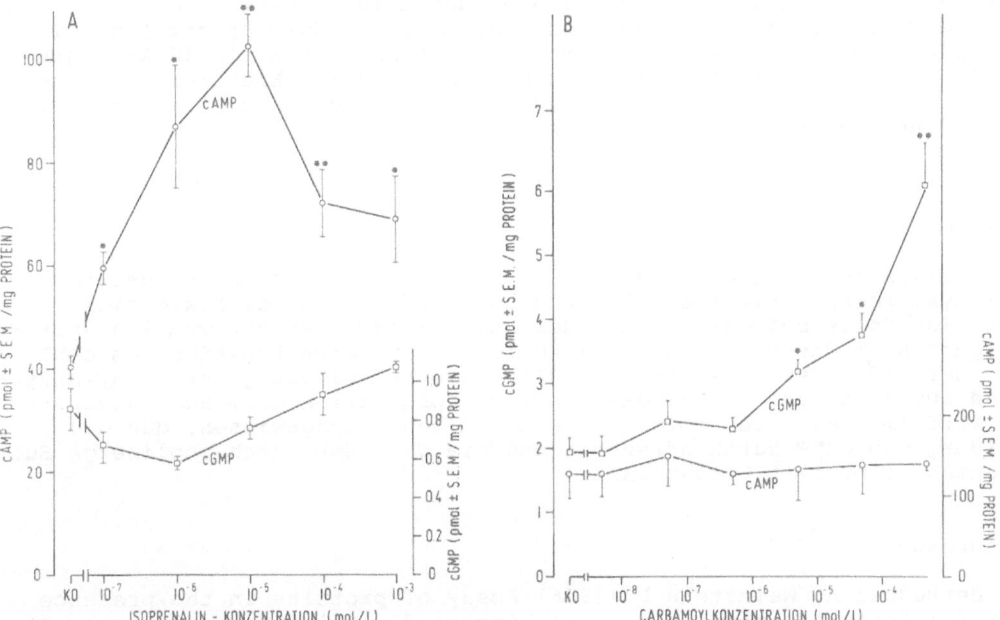

Abb. 1. A=Einfluß von Isoprenalin (10^{-7} mol/l bis 10^{-3} mol/l) auf den intrazellulären cAMP- bzw. cGMP-Gehalt. 20 min Vorinkubation mit 10 mmol/l Theophyllin. Inkubationsdauer 10 min; N=3-6. * p 0,0025,** p 0,0005. B=Einfluß von Carbamoylcholin (10^{-8} mol/l bis 10^{-4} mol/l) auf den intrazellulären cAMP- bzw. cGMP-Gehalt. 20 min Vorinkubation mit 0,1 mmol/l 3-Isobutyl-1-methylxanthine. Inkubationsdauer 8 min; N=4. *p 0,005, **p 0,0005

erreichte den Kontrollwert nach 20 min. Die durch Carbamoylcholin hervorgerufene cGMP-Steigerung war durch Atropin (10^{-6} mol/l) hemmbar. Auf den cAMP-Gehalt des Plexus hatte Carbamoylcholin keinen Effekt (Abb. 1 B).

Diskussion

Die Untersuchungsergebnisse lassen darauf schließen, daß die Bildung
zyklischer Nukleotide im Plexus chorioideus einer beta-adrenergen
und einer cholinergen Kontrolle unterliegt. Am Plexus von Ratten fand
sich ebenfalls ein beta-adrenerg stimuliertes Adenylatzyklasesystem
(8). Obwohl ein direkter Effekt adrenerger Substanzen auf die Liquor-
Sekretion bisher nicht nachgewiesen werden konnte, ändert sympathische
Denervierung des Plexus die Liquor-Sekretion und steigert Cholera Toxin den cAMP-Gehalt im Plexus (4) ebenso wie die Liquorproduktion bei
Hunden (5). Die cholinerge Innervation des Plexus chorioideus kann
nach unseren Untersuchungen über eine Stimulation der Guanylatzyklase
auf die Zellen des Plexus Einfluß nehmen. Ungeklärt bleibt, ob Cholinergika die Guanylatzyklase direkt oder indirekt stimulieren. Weitere
Untersuchungen müssen klären, ob und wie ein erhöhter intrazellulärer
cGMP-Gehalt ähnlich wie Cholinergika sekretorische Eigenschaften des
Plexus ändert. Bisher sind im wesentlichen 2 an der Regulation der Liquorproduktion und Elektrolytzusammensetzung beteiligte Enzyme bekannt,
die Na^+, K^+-abhängige Membran-ATPase, durch deren Hemmung mit Strophan-
tin im Tierversuch eine Drosselung der Liquorproduktion erreicht wird,
und die Carboanhydrase, über deren Hemmung mit Azetazolamid klinisch
eine Senkung des Hirndrucks versucht wird. Unseres Erachtens bestehen
Hinweise, daß als drittes Enzymsystem, nerval oder humoral gesteuert,
die Adenylat- und die Guanylatzyklase an dieser Funktion beteiligt
sind.

Zusammenfassung

Der Plexus chorioideus weist hohe Konzentrationen und Bildungsraten
der zyklischen Nukleotide cAMP und cGMP auf. Für beide Nukleotide
ist eine Rolle bei der Bildung des Liquors bzw. bei aktiven Transportvorgängen in diesem Organ zu diskutieren. Für eine Funktion von cAMP
bei der Flüssigkeitssekretion spricht die Stimulierung der Adenylatzyk-
lase durch Cholera Toxin, das die Liquorproduktion beim Hund steigert.
Es wird im Plexus chorioideus des Kaninchens nachgewiesen, daß die
Bildung von cAMP durch adrenerge und die des cGMP durch cholinerge Substanzen stimuliert werden kann.

Literatur

1. Bensadoun A, Weinstein D (1976) Assay of proteins in the presence
   of interfering materials. Anal Biochem 70: 241-250

2. Cailla HL, Racine-Weisbuch MS, Delaage MA (1973) Adenosine 3', 5'-
   cyclic monophosphate assay at 10^{-15} level. Anal Biochem 56: 394-407

3. Cailla HL, Vannier CJ, Delaage MA (1976) Guanosine 3', 5'-cyclic
   monophosphate assay at 10^{-15} mole level. Anal Biochem 70: 203-207

4. Cramer H, Hammers R, Maier P, Schindler H (1978) Cyclic 3', 5'-
   adenosine monophosphate in the choroid plexus: stimulation by
   cholera toxin. Biochem Biophys Res Comm 84: 1031-1037

5. Epstein MH, Feldman AM, Brusilow SW (1977) Cerebrospinal fluid production: stimulation by cholera toxin. Science 196: 1012-1013

6. Lindvall M, Edvinsson L, Owman Ch (1977) Histochemical study on
   regional differences in the cholinergic nerve supply of the choroid
   plexus from various laboratory animals. Exp Neurol 55: 152-159

7. Lindvall M, Edvinsson L, Owman Ch (1978) Sympathetic nervous control of cerebrospinal fluid production from the choroid plexus. Science 201: 176–178

8. Rudman D, Hollins BM, Lewis NC, Scott JW (1977) Effects of hormones on 3': 5'-cyclic adenosine monophosphate in choroid plexus. Am J Physiol 232: E353–E357

9. Wright EM (1978) Transport process in the formation of the cerebrospinal fluid. Rev Physiol Biochem Pharmacol 83: 1–34

Wirkung der Neuromodulatoren Adenosin, Substanz P und Somatostatin auf die dopaminsensitive Adenylatzyklase im Corpus caudatum der Ratte[1]

E. Schröter und H. Cramer

Einleitung

Es ist hinreichend belegt, daß ein Parkinson-Syndrom entweder durch
eine Verarmung des Striatum an Dopamin (DA) oder durch eine Blockierung von DA-Rezeptoren zustande kommen kann. Unbekannt sind dagegen
die postsynaptischen Veränderungen, die in beiden Fällen resultieren.
Seitdem KEBABIAN et al.(2) eine DA-sensitive Adenylatcyclase (AC) im
Caudatum beschrieben, welche durch Neuroleptika blockierbar war,
stellt sich die Frage nach einer Bedeutung dieses Enzyms und seines
Produktes cAMP in der Funktion und der Pathophysiologie des Neostriatum. DA-stimulierbare AC-Aktivität findet sich cytochemisch vornehmlich postsynaptisch und Membran-assoziiert (6). Obwohl sich in Gehirnen von Parkinsonpatienten Zeichen einer Überempfindlichkeit eines
DA-Rezeptors finden (4) und bei Ratten Niger-Läsionen zu einer Überempfindlichkeit der DA-sensitiven AC führen (5), gibt es andere Befunde, die nicht mit der von KEBABIAN postulierten Rezeptoreigenschaft
der AC für DA in Einklang zu bringen sind (10). Unseres Erachtens ist
die Möglichkeit nicht-DA-erger Konvergenzen an cAMP-bildenden Enzym-
systemen im Caudatum bisher nicht genügend berücksichtigt worden. Es
erschien uns daher sinnvoll, die DA-sensitive AC des Caudatum der Ratte auf Wirkungen einiger "nicht-klassischer" putativer Neurotransmitter zu testen.

Material und Methode

Adenosin, cycl.3',5'-Adenosinmonophosphat, ATP, cycl. 3',5'-Guanosin-
monophosphat,GTP und Adenosindesaminase wurden von BOEHRINGER (Mannheim) bezogen, 5'-Adenylylimidodiphosphat, 5'-Guanylylimidodiphosphat,
EGTA und Papaverinhydrochlorid von SIGMA (München, 5'-Adenylylimido-
diphosphat - $\alpha-^{32}P$ von ICN (Irvine,Calif.) und ATP - $\alpha-^{32}P$ sowie cycl.
3',5'-Adenosinmonophosphat -^3H von AMERSHAM-BUCHLER (Braunschweig).
Männliche Sprague-Dawley-Ratten wurden dekapitiert, die Gehirne sofort entnommen, das Caput corporis caudati in eiskalter, Carbogen (95%
O_2,5% CO_2)-gesättigter Krebs-Ringer-Lösung herauspräpariert und mit
einem Glas/Teflon-Homogenisator in Tris-HCl-Puffer (10 mmol/l, 4 mmol/l
EGTA,pH 7,46) homogenisiert. Anschließend wurde bei 0^oC mit 1500 g
zentrifugiert, dekantiert, mit Puffer aufgefüllt, suspendiert, wiederum zentrifugiert, gewaschen und verdünnt. Die resultierende Partikel-
Suspension wurde im HEPES-Puffer (25 mmol/l,pH 7,3) inkubiert. Das Medium enthielt $MgCl_2$ (0,1 mmol/l), Papaverin (0,1 mmol/l), 5'-Guanylyl-
imidodiphosphat (0,01 mmol/l),cAMP-^3H (4000-6000 cpm/Röhrchen) als
Substrat 5'-Adenylylimidodiphosphat - $\alpha-^{32}P$ (0,1 mmol/l) oder ATP-
$\alpha - ^{32}P$ (0,1 mmol/l) Adenosindesaminase (ADA) (10 ug/ml) und Partikel-
Suspension (ca. 2,5 mg Gewebe/ml). Es wurde ohne Substrat bei 30^oC vorinkubiert und durch Zugabe von radioaktivem Substrat gestartet. Nach

---

[1] Durch die Deutsche Forschungsgemeinschaft (SFB 70) gefördert

10 min wurde mit einer Lösung von ATP (10 mmol/l), cAMP (10 mmol/l)
Natriumdodecylsulfat (2%), Tris (50 mmol/l, pH 8) gestoppt. Die Bestimmung der Adenylatcyclase-Aktivität erfolgte nach SALOMON et al.
(9).

Ergebnisse

Tabelle 1 zeigt, daß die basale AC-Aktivität nach Senkung des endogenen Adenosingehaltes durch ADA von 56,7 $\pm$ 4,0 auf 39,5 $\pm$ 2,9 pmol
cAMP/mg Protein min abfällt. Eine dosisabhängige Stimulation durch
2 Cl-Adenosin läßt sich danach erreichen (rechte Spalte). Sie ist mit
dem DA-Effekt additiv. Substanz P wirkt in Gegenwart von Gpp (NH)p
stimulierend, während Somatostation eine von Gpp(NH)p als Kofaktor
unabhängige Hemmung entfaltet.

Tabelle 1. Wirkung von Adenosindeaminase (ADA, 10 ug/ml), Dopamin
und 2-Cl-Adenosin auf die AC-Aktivität in Membranpräparationen des
Caudatum

Konzentra-tion (mol/l)	pmol cAMP$\pm$S.E.M./ mg Protein min bei Stimulation		
	Dopamin ohne ADA	Dopamin mit ADA	2 Cl-Adenosin mit ADA und Dopamin 10^{-5}mol/l
0	56,7 $\pm$ 4,0	39,5 $\pm$ 2,9	57,1 $\pm$ 5,7
10^{-8}	60,1 $\pm$ 2,4	44,4 $\pm$ 4,8	65,3 $\pm$ 1,0
10^{-7}	71,3 $\pm$ 3,3	49,1 $\pm$ 2,8	73,5 $\pm$ 5,3
10^{-6}	77,3 $\pm$ 3,4	58,2 $\pm$ 2,4	78,5 $\pm$ 2,1
10^{-5}	82,6 $\pm$ 3,6	60,8 $\pm$ 2,8	86,6 $\pm$ 4,6
10^{-4}	69,7 $\pm$ 9,2	55,8 $\pm$ 3,1	76,0 $\pm$ 3,8
10^{-3}	61,8 $\pm$ 3,2	54,3 $\pm$ 2,9	63,5 $\pm$ 1,9

Diskussion

Eine adenosinerge Stimulation der DA-sensitiven AC des Caudatum läßt
sich somit sowohl mittels Ausschaltung einer endogenen Stimulation
als auch der Verwendung eines exogenen Adenosinagonisten nachweisen.
Dies stützt die Rolle von Adenosin als Neurotransmitter (7), welche
bisher durch den Nachweis eines extrazellulären Angriffspunktes,
einer Potenzierung durch uptake-Hemmung und einer Blockierung durch
antagonistische Analoge und Methylxanthine nahegelegt wurde. Die Neuropeptide Substanz P und Somatostatin kommen im menschlichen Striatum in relativ hohen Konzentrationen vor (1). Somatostatin gehört zu
einer Gruppe von Neuropeptiden, für die bisher nur eine definierte
Funktion im neuroendokrinen Hypothalamus erkennbar ist (8). Applikation von Substanz P im Locus niger stimuliert die dopaminerge Stria-
tumafferenz (3). Unsere Befunde ergeben erste Anhaltspunkte für eine
intrastriatale Wirkung von Substanz P, aber auch von Somatostatin.

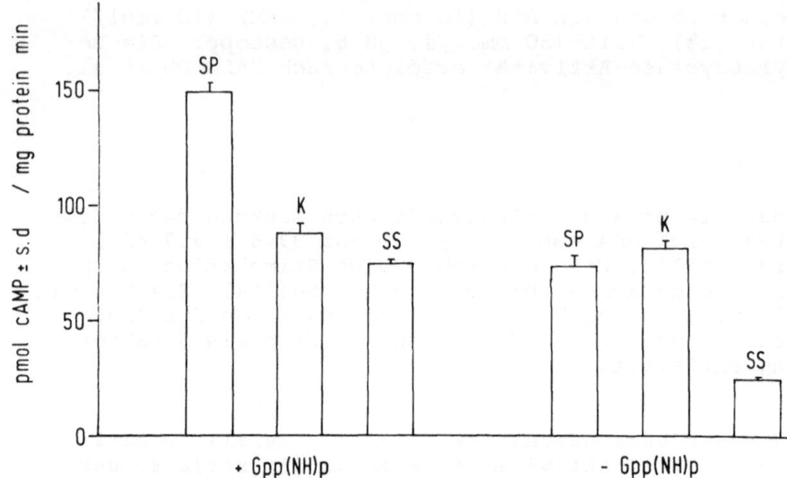

Abb. 1. Wirkung von Substanz P und Somatostatin auf die Adenylatcyclase des Corpus striatum. SP - Substanz P; SS - Somatostatin;
K - Kontrolle ; Gpp(NH)p - 5'-Guanylylimidodiphosphat. Mittelwerte
aus drei Bestimmungen. Bei der rechten Gruppe enthielt das Inkuba-
tionsmedium kein Gpp(NH)p

Zusammenfassung

An Membranpräparationen vom Caudatum der Ratte wird eine Stimulierung
der Adenylatcyclase-Aktivität durch Dopamin und Adenosin nachgewiesen.
Substanz P stimuliert und Somatostatin hemmt die Aktivität desselben
Enzyms.

Literatur

1. Eckernäs SA, Aquilonius SM, Lundqvist G, Roos BE (1978) Regional
   distribution of cholinergic and monoaminergic markers, somatostatin and substance P in the human brain. Acta neurol scand 57
   (Suppl. 67): 22-226

2. Kebabian J, Petzold GL, Greengard P (1972) Dopamine-sensitive
   adenylate cyclase activity in caudate nucleus of rat brain and
   its similarity to the "dopamine receptor". Proc natn Acad Sci
   (Wash) 69: 2145-2149

3. Kelley AE, Stinus L, Iversen SD (1979) Behavioural activation induced in the rat by substance P infusion into ventral tegmental
   area: implication of dopaminergic A10 neurones. Neurosci Letters
   11: 335-339

4. Lee T, Seeman P, Rajput A, Farley IJ, Hornykiewicz O (1978) Receptor basis for dopaminergic supersensitivity in parkinson's
   disease. Nature (Lond) 273: 59-61

5. Mishra RK, Gardner EL, Katzman R, Makman MH (1974) Enhancement of
   dopamine-stimulated adenylate cyclase activity in rat caudate after
   lesions in substantia nigra: evidence for denervation supersensitivity. Proc natn Acad Sci (Wash) 71: 3883-3887

6. Panula P, Rechardt L (1979) Ultrastructural demonstration of adenylate cyclase activity in the rat neostriatum. Neurosci 4: 779-788

7. Prémont J, Perez M. Bockaert J (1977) Adenosine-sensitive adenylate cyclase in rat striatal homogenates and its relationship to dopamine-and Ca $^{2+}$-sensitive adenylate cyclases. Molec Pharmacol 13: 662-670

8. Renaud LP, Martin JB, Brazeau P (1975) Depressant action of TRH, LH-RH and somatostatin on activity of central neurones. Nature (Lond) 255: 233-235

9. Salomon Y (1979) Adenylate cyclase assay. In: Brooker G, Greengard P, Robison GA (eds) Adv in cyclic nucleotide research, Vol 10. Raven Press, New York

10. Sulser F, Vetulani J (1977) Psychotropic drugs and cyclic AMP in the central nervous system (with particular reference to striatal and mesolimbic structures). In: Cramer H, Schultz J (eds) Cyclic 3',5'-nucleotides: mechanisms of action. Wiley & Sons, London New York Toronto Sydney, p 337

Der Effekt von Prodipin, Bromocriptin und Apomorphin auf den Neurotransmittergehalt des Gehirns nach Vorbehandlung mit Reserpin Compound 48/80, Polymyxin B und Oxotremorin

W. Kuhn, P. Kestler, D. Kohtz, K.W. Pflughaupt und H. Przuntek

Da die medikamentöse Therapie des Morbus Parkinson nach wie vor Probleme aufweist und der therapeutische Langzeiteffekt begrenzt ist und noch immer nicht geklärt ist, inwieweit die zur Zeit üblichen Antiparkinsonmittel selbst die Degeneration nigrostriataler Neurone beschleunigen, ist der versuchsweise Einsatz von neuen Antiparkinson-Mitteln nach wie vor gerechtfertigt. Über den klinischen Einsatz von Prodipin haben wir bereits früher berichtet (7). Prodipin zeigte bei einer negativen Patientenauslese in ca. 30% noch einen günstigen Effekt auf Akinese und Rigor und auch in einem geringeren Maße auf den Tremor. In Einzelfällen war eine Wirkung noch zu verzeichnen, wenn L-Dopa nicht vertragen wurde oder nicht zu einer Besserung führte.

MENGE (4) konnte tierexperimentell nachweisen, daß die Haloperidol und Reserpin bedingte Bewegungshemmung und die Perphenazin induzierte Katalepsie wie das Oxotremorin-Syndrom durch Prodipin antagonisiert werden konnte.

Um einen Eindruck gewinnen zu können, welchen Einfluß Prodipin auf die einzelnen Transmittersysteme hat, zum anderen inwieweit es mit anderen Antiparkinsonmitteln kombinierbar ist, haben wir den Einfluß von Prodipin auf den Acetylcholin-, GABA-, Dopamin-, Noradrenalin-, Serotonin- und Histamingehalt überprüft. Weiterhin haben wir den Effekt von Prodipin auf das Reserpinmodell mit der Wirkung von Apomorphin und Bromocriptin verglichen. Acetylcholin wurde gaschromatographisch (3), GABA wurde fluorimetrisch (8) und mittels der Rezeptormethode (2) bestimmt. Dopamin, Noradrenalin, Serotonin und Histamin wurden säulenchromatographisch über DOWEX X-W-50 getrennt und fluorimetrisch bestimmt (1). Die Untersuchungen wurden an männlichen SPRAGUE-DAWLEY-RATTEN (300 g) durchgeführt.
Bei Prodipin handelt es sich um 1-Isopropyl-4.4-Diphenylpiperidin.

Bei Gabe von 2 bzw. 10 mg Prodipin konnte nach 2 Stunden keine wesentliche Veränderung von Dopamin, Noradrenalin, Histamin und Serotonin gefunden werden. Auch der Acetylcholingehalt war nicht verändert. Bei GABA zeigte sich eine geringe Erniedrigung des GABA-Gehaltes nach i.p. Injektion von 10 mg Prodipin. Wenn wir an drei aufeinanderfolgenden Tagen Prodipin gaben, dann konnte eine signifikante dosisabhängige Histaminerhöhung gefunden werden (6) (Abb. 1).

Reserpin

Das bekannteste Parkinsonmodell im Tierexperiment ist das Reserpin induzierte Parkinsonsyndrom, das vor allem Akinese und Rigor aufweist. Bei Vorbehandlung mit 4 x 0,3 bzw. 1,8 mg/kg KG und von 3 x 10 mg/kg KG zeigte sich kein signifikanter Unterschied des Neurotransmittergehaltes. Bei Reduzierung der Reserpindosis auf 1 x 1 mg/kg KG konnte ebenfalls eine signifikante Änderung nicht gefunden werden. Bei einmaliger Vorbehandlung 3 Tage vor Dekapitation mit Reserpin 1 x 1 mg/kg KG führte die 3malige Applikation von Prodipin zu einer Senkung des

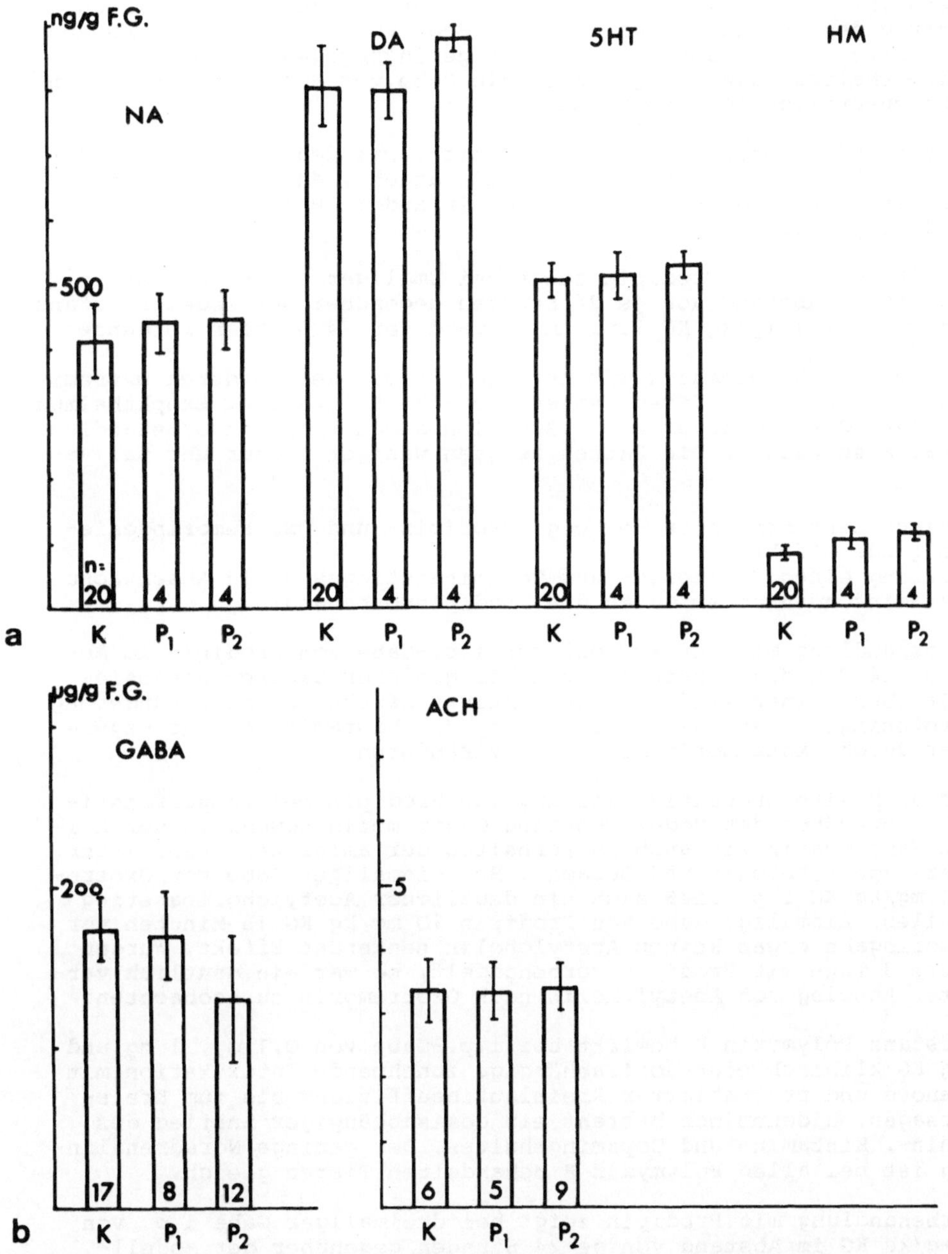

Abb. 1. a Der Einfluß von Prodipin (P_1 = 2 mg/kg KG. i.p. und P_2 = 10 mg/kg Kg. i.p.) auf den Gehalt des Gehirns an Noradrenalin (NA), Dopamin (DA), Serotonin (5 HT) und Histamin (HM. K = Kontrollen * p $\leq$ 0,005, b Der Einfluß von Prodipin (P_1 = 2 mg/kg KG. i.p. und P_2 = 10 mg/kg Kg. i.p.) auf den Gammaaminobuttersäuregehalt (GABA) und Acetylcholingehalt (ACH) des Rattengehirns. K = Kontrollen

Noradrenalin- und Dopamingehaltes, und ebenfalls zu einer geringfügigen Senkung des Serotoningehaltes. Die Gabe von 1 x 0,1 mg/kg KG Reserpin führte nur bei Dopamin zu einer geringfügigen Erniedrigung des Amin-Gehaltes. Hier zeigte auch die Gabe von Prodipin noch einen deutlich zusätzlich Amin senkenden Effekt.

Apomorphin und Bromocriptin verhalten sich, was den Einfluß von Noradrenalin-, Serotonin- und Dopamingehalt angeht, ähnlich. Bei Bromocriptin ist eine im Gegensatz zu Prodipin andere Pharmakokinetik zu berücksichtigen (5).

Die Vorbehandlung mit Prodipin zeigt bei 3maliger i.p.-Gabe von je 10 mg/kg KG im Abstand von je 24 Stunden gegenüber der Modellsubstanz Oxotremorin 2 x 1 mg/kg KG i.p. im Abstand von 24 Stunden folgende klinische Wirkung:
Die Oxotremorin-Symptomatik wie heftiger Tremor der vorderen Extremität und des Kopfes der Versuchstiere, starke Salivation, Exophthalmus mit massiver Chromodakryorrhoe, läßt sich durch Prodipinvorbehandlung erkennbar abschwächen: Die Ratten zeigten weniger Tremor und Salivation.

Biochemisch bestehen unter der o.g. Prodipin- und Oxotremorindosierung folgende Effekte:
Verhinderung eines Serotonin- und Dopaminanstieges sowie Abschwächung der Histaminschwankungen durch die Prodipinvorbehandlung.

Die Vorbehandlung mit nur zweimaliger i.p.-Gabe von Prodipin im Abstand von 24 Stunden erbringt gegenüber gleicher Oxotremorindosierung wie oben keinen eindeutig protektiven Effekt: Keine Veränderung des Serotoningehaltes, weiterer Anstieg des Histamingehaltes gegenüber der durch Oxotremorin bewirkten Veränderung.

Es fand sich eine protektive Wirkung von Prodipin bei längerfristiger Gabe gegenüber der Modellsubstanz Oxotremorin sowohl in der klinischen Symptomatik wie auch im Verhalten der aminergen Transmitter, besonders von Serotonin und Dopamin. Bei einmaliger Gabe von Oxotremorin 1 mg/kg KG i.p. ließ sich ein deutlicher Acetylcholinanstieg feststellen. Einmalige Gabe von Prodipin 10 mg/kg KG 15 Minuten vor Oxotremoringabe ergab keinen Acetylcholin senkenden Effekt. Wurden die Tiere 3 Tage mit Prodipin vorbehandelt, so war ein deutlich verminderter Anstieg von Acetylcholin nach Oxotremorin zu beobachten.

Die Substanz Polymyxin B bewirkt bei i.p.-Gabe von 0,1 mg, 1 mg und 5 mg/kg KG klinisch eine dosisabhängige zunehmende Intoxikation mit Akrocyanose und protrahierter Kreislaufinsuffizienz bis zum Kreislaufversagen. Biochemisch besteht ein dosisabhängiger Anstieg des Serotonin-, Histamin- und Dopamingehaltes. Der geringe Noradrenalinanstieg ist bei allen Polymyxin B behandelten Tieren gleich.

Die Vorbehandlung mit Prodipin zeigt bei dreimaliger Gabe i.p. von je 10 mg/kg KG im Abstand von je 24 Stunden gegenüber der Modellsubstanz Polymyxin B in einer Dosis von 1 x 0,5 mg/kg KG i.p. folgende Effekte:
Klinisch traten unter Prodipintherapie keinerlei Intoxikationszeichen mehr auf. Biochemisch bestehen folgende Wirkungen: Verhinderung des Serotonin- und Histaminanstieges 30 Min. nach Polymyxin B-Injektion; prolongierter Serotoninanstieg 2 Stunden nach Polymyxin B-Injektion; Dopaminerhöhung mit zunehmendem Abstand von der Polymyxin B-Gabe. Keine Veränderung des Noradrenalingehaltes. Die dreimalige Gabe von Prodipin 10 mg i.p. zeigte gegenüber zweimaliger i.p.-Gabe von Polymyxin B je 0,5 mg/kg KG folgende Wirkung:

Klinisch blieben Akrocyanose und Bewegungsarmut nahezu völlig aus.
Biochemisch bestehen folgende Effekte:
Zum Zeitpunkt maximaler Polymyxin B bedingter Transmitterveränderungen 60 Min. nach 2. Injektion kommt es nicht zu einem Serotonin-,
Histamin- und Dopaminanstieg, wie er durch Polymyxin B hervorgerufen wird; die Änderung im Noradrenalingehalt wird nicht beeinflußt.
Prodipin zeigt klinisch und biochemisch bei dreitägiger Vorbehandlung einen deutlichen protektiven Effekt gegenüber der Modellsubstanz Polymyxin B. Der durch Polymyxin B hervorgerufenen Schocksitua-
tion vermag Prodipin im Sinne eines Antihistaminikums vorzubeugen.

Compound 48-80

Der Histaminliberator Compound 48-80 zeigt bei Gabe von 1,3 und
5 mg/kg KG i.p. eine mit zunehmender Dosis ausgeprägtere Sedierung
der Versuchstiere, die erst nach einigen Stunden nachläßt. C 48-80
bewirkt folgende Transmitterveränderungen: Dosisabhängige Senkung
des Histamin- und Noradrenalingehaltes im Rattengehirn. 5 mg/kg KG
erzeugen einen Anstieg des Dopamin- und Serotoningehaltes.

Bei einer Wirkzeit von nur 1 Stunde gegenüber 24 Stunden in einer
Dosis von 1 mg/kg KG bewirkt C 48-80 einen Abfall des Histamin-, Do-
pamin- und Noradrenalingehaltes; der Serotoningehalt ist nach 1 Stunde nicht verändert.
Die Vorbehandlung mit Prodipin zeigt bei dreimaliger i.p.-Gabe von je
10 mg/kg KG im Abstand von je 24 Stunden gegenüber der Gabe von 1,3
und 5 mg/kg KG C 48-80 folgende Effekte:
Klinisch deutlich verzögerter Eintritt der Sedierung der Versuchstiere
mit Verkürzung der Sedierungszeitdauer auf die Hälfte. Biochemisch
läßt sich unter Prodipin der durch C 48-80 beobachtete Effekt auf die
biogenen Amine antagonisieren.
Prodipin zeigt bei dreitägiger Vorbehandlung klinisch und biochemisch
einen deutlichen Schutzeffekt gegenüber den durch die Modellsubstanz
C 48-80 hervorgerufenen Veränderungen.

Zusammenfassung

Prodipin erweist sich bei längerfristiger Vorbehandlung als protektive Substanz gegenüber den Histaminliberatoren Polymyxin B und Compound
48-80 sowie der tremorogenen Substanz Oxotremorin. Gegenüber Reserpin
hat es, was die Motorik angeht, einen antagonistischen Effekt, bei
Vorbehandlung mit niedrigeren Reserpindosen kommt es unter Prodipin zu
einer weiteren Senkung des Amingehaltes, was für eine Rezeptor stimulierende Wirkung von Prodipin sprechen könnte. Daraus läßt sich fol-
gern: 1. Der protrahierte Effekt von Prodipin läßt eine Kombinationstherapie mit L-Dopa in der Parkinson-Therapie als sinnvoll erscheinen.
2. Darüberhinaus ist die Möglichkeit einer Prophylaxe endogener mono-
phasischer Depression durch langfristige Prodipingabe bei geringer Nebenwirkung zu erwägen. 3. Es ist möglich, daß Prodipin in der Prophylaxe des allergischen Schocks z.B. bei Röntgenkontrastmitteln oder bei
der Behandlung von Immunkrankheiten anwendbar ist.

Literatur

1. Atack CV, Magnusson T (1970) Individual Eluation of noradrenaline,
   dopamine, 5-hydroxytryptamine and histamine from a single strong
   cation exchange column, by means of mineral acidorganic solvent
   mixtures. J of Pharmacy & Pharmacology 22: 625

2. Enna SJ, Wood SH, Snyder SH (1977) Gamma-Aminobutyric acid (GABA) in human cerebro-spinal fluid radioreceptor assay. J Neurochem 28: 1121-1124

3. Jenden DJ, Hanin J (1974) Gaschromatographie Microestimation of choline and acetylcholine after N-demethyllation by sodium benzenthilate. Choline and Acetylcholine. In: Hanin J (ed) Handbook of Chemical assay Methody. Raven Press, New York, p 135-150

4. Menge G (pers. Mitteilung)

5. Przuntek H, Kohtz D, Stumptner K (zur Publikation eingereicht) Der Effekt von Prodipin, Bromocriptin und Apomoerphin auf den Gehalt der biogenen Amine, DA, NA, 5HT und HM nach Reserpinvorbehandlung. Arzneimittelforsch

6. Przuntek H, Pflughaupt KW, Kestler P, Stumptner K, Kuhn W (Zur Publikation eingereicht) Der Effekt von Prodipin auf den DA, NA, 5HT, HM, ACH und Gaba-Gehalt des Rattenhirns nach Oxotremorin und Compound 48/80 Applikation. Arzneimittelforsch

7. Przuntek H, Pflughaupt KW, Stumptner K, Kestler P (1977) Influence of isopropyldiphenylpiperidine on Parkinson's disease and DA, NA, 5HT, HM, Gaba, Ach content of rat brain. Excerpta Med 427: 204

8. Sandman RP (1962) The determination of gamma amino butyric acid in brain. Anal Biochem 3: 158-163

Beta-Endorphin im Liquor Cerebrospinalis

G. Biró, K. Schimrigk und H. Glasner

Über die Funktion von beta-Endorphin (b-E) im Liquor besteht bislang
Unklarheit. Nach intracerebraler Injektion zeigt das als "körpereigenes Opiat" bezeichnete b-E bei Tieren eine hohe analgetische Wirksamkeit. Naloxon ist nicht nur ein Morphin- sondern auch ein b-E-An-
tagonist. Eine besondere Rolle scheint b-E bei psychiatrischen Erkrankungen, der Akupunktur und bei Schmerzsyndromen zu spielen. Um die
biologische Bedeutung dieses Stoffes und seine Stellung außerhalb
psychiatrischer Erkrankungen und der Analgesie zu untersuchen, haben
wir b-E an einem unausgewählten, neurologischen Krankengut bestimmt.

Methodik

Durch Lyophilisierung wurde der lumbal entnommene Liquor etwa auf
das 5-fache konzentriert. Um eine Proteolyse zu vermeiden, wurde
außerdem 1 mg Glycin und 0,05 ml 0,1 n HCL pro ml Liquor zugesetzt.
Beta-Lipotropin (b-LPH) und b-E wurden säulenchromatographisch
(Sephadex G-75-Säule von 14 cm Länge und 1 cm Ø) getrennt, da das
im Radioimmunoassay (RIA)-Verfahren verwendete Antiserum gegen beide
Substanzen gerichtet war. Der kommerziell erhältliche Tracer wurde
ebenfalls chromatographisch gereinigt. Als Elutionslösung diente
1%ige Ameisensäure (Elutionsgeschwindigkeit = 0,1 - 0,2 ml/min.).
Die gesammelten b-E-Fraktionen wurden durch RIA quantitativ bestimmt.
Die RIA-Konditionen waren: 48 Stunden kalte Vorinkubation, 6 Stunden
Tracerinkubation mit einer Tracerkonzentration von etwa 1 pMol/Liter/
Ansatz und anschließende Doppelantikörper-Polyaethylenglycol-Trennung
(Assay-Daten siehe Tabelle 1). Spezifitätsprüfungen wurden für dieses
RIA-Verfahren mit folgenden Substanzen durchgeführt: Adrenocorticotro-
phes Hormon (ACTH), gamma-Lipotrophin (γ-LPH), Enkephalin, Substanz P,
Somatostatin, alpha-Melanozyten-stimulierendes Hormon (α-MSH), Corti-
cotropin-like intermediate lobe peptide (CLIP), Prolactin und Wachs-
tumshormon (HGH).

Ergebnisse

Unsere Befunde zeigen zunächst, daß b-E im Liquor bei neurologischen
Erkrankungen in unterschiedlichen Konzentrationen anzutreffen ist.
Eine Schwerpunktsbildung bei irgendwelchen Diagnosen war nicht zu erkennen. Auch bezüglich anderer Untersuchungsbefunde, wie Zellzahlen
(ZZ) und Gesamteiweiß (GE) (siehe Abb. 1) zeigte sich keine Korrelation. Sowohl hohe b-E-Werte bei normalen ZZ und normalem GE wie auch
niedrige b-E-Werte bei sonstigen pathologischen Liquorbefunden waren
möglich. Aufgrund dieser Befunde ergab sich für die b-E-Konzentration
und die ZZ ein Korrelationskoeffizient: r = -0,08 bzw. für das GE:
r = -0,09 bei 120 Bestimmungen. Wir schließen daraus, daß zwischen
b-E und den ZZ bzw. dem GE keine Abhängigkeit besteht. Es fiel allerdings auf, daß bei entzündlichen Affektionen des Zentralnervensystems
(ZNS) und Subarachnoidalblutungen die zunächst erhöhten b-E-Konzentrationen mit Zunahme der ZZ allmählich abnahmen. Akute ZNS-Affektionen

<u>Tabelle 1.</u> Assay-Daten

Normbereich ($\bar{X}\pm$SD): 53,3 pMol/l$\pm$16,8   (N=40)

Empfindlichkeit: 5,3 pMol/l (~20 pg/ml)

Präzision: Intraassay VK = 12,7%   (N=20)

            Interassay VK = 18,8%   (N=6)

$\bar{X}$: Arithmetischer Mittelwert

SD: Standardabweichung

N: Anzahl der Proben

VK: Variationskoeffizient

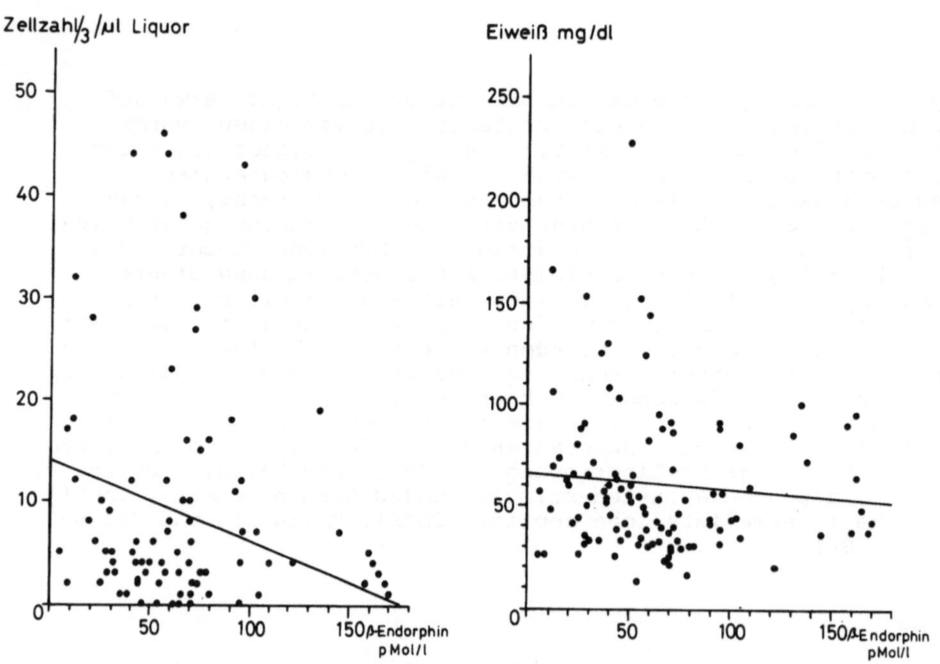

<u>Abb. 1.</u> β-Endorphin - Konzentrationen im Liquor cerebrospinalis in Abhängigkeit von den Zellzahlen und dem Gesamteiweiß

von 15 Patienten zeigten eine mittlere b-E-Konzentration mit 53,9 pMol/L, welche im Vergleich zu 19 Patienten mit nicht akuten ZNS-Erkrankungen mit einem arithmetischen Mittelwert von 69,9 pMol/L deutlich geringer war. Der Unterschied zeigt die Möglichkeit einer Tendenz zu signifikanter Trennung an.

Diskussion

Die radioimmunologische b-E-Bestimmung beinhaltet nicht nur im Plasma
sondern auch im Liquor erhebliche methodische Probleme. Sie ist in
der von uns beschriebenen Weise jedoch gut durchführbar. Eine chroma-
tographische Trennung von b-E und b-LPH ist allerdings bei Verwendung
eines nicht spezifischen Antikörpers unumgänglich. Daß b-LPH im Liquor
offenbar stabilen Charakter hat und nicht Zulieferant von immunreak-
tivem b-E sein kann, konnten wir durch b-LPH-Standard-Zugabe zu normalem Liquor beweisen. Nach anschließender chromatographischer Trennung
blieb der vorher bestimmte b-E-Anteil unverändert. Aus unseren Untersuchungen ergibt sich, daß b-E bei den verschiedensten krankhaften
Zuständen des ZNS im Liquor erhöht sein kann; eine ausschließliche Erhöhung - im Gegensatz zu einigen Literaturstellen - allein bei der
Schizophrenie oder Manie besteht nicht. Auch der Befund, daß bei akuten neurologischen Erkrankungen niedrigere b-E-Konzentrationen zu messen waren als bei nicht akuten Störungen ist letztlich in seiner Bedeutung nicht sicher zuzuordnen. Während die Abnahme der b-E-Konzentration im Verlaufe von entzündlichen ZNS-Affektionen und Subarachnoidalblutungen auf die Möglichkeit einer vermehrten b-E-Ausschüttung in
Streß-Situationen hindeutet, wird diese Deutung jedoch durch die niedrigeren b-E-Konzentrationen bei akuten ZNS-Affektionen im Vergleich zu
nicht akuten ZNS-Erkrankungen widerlegt.

Zusammenfassung

Es ist demnach festzustellen, daß b-E im Liquor Cerebrospinalis metho-
disch im Routinelabor bestimmbar ist. Die Bedeutung des b-E bei Erkrankungen des Nervensystems bleibt weiterhin unklar. Eine alleinige
Vermehrung von b-E bei psychiatrischen Erkrankungen oder Schmerzsyndromen besteht nicht.

Literatur

1. Jeffcoate WJ, Rees LH, Mc Loughlin L, Hope J, Ratter SJ, Lowny PJ,
   Besser GH (1978) β-endorphin in human cerebrospinal fluid. Lancet
   II: 119-121

2. Rossier J, Bloom FE, Gillemin R (1979) Stimulation of human peri-
   aqueductal gray for pain relief increases immunreaktive β-endorphin
   in ventricular fluid. Science 203: 279-281

3. Guillemin R, Ling N, Vargo T (1977) Radioimmunoassay for β-endorphin and endorphin. Biochem Biophys Res Com 77: 93-97

4. Wiedemann E, Saito T, Linfoot JA, Hao Li Ch (1979) Beta-andorphin
   and beta-lipotrophin im human cerebrospinal fluid. In: The endokrine
   society 61st annual meeting Anaheim Cal. USA 224: 128-129

Enkephalin-Bestimmung im Liquor Cerebrospinalis. Säulenchromatographische Trennung von Beta-Endorphin-Enkephalin und Substanz P

D. Neuser, K.P. Lesch, K.W. Pflughaupt, H. Przuntek und J.P. Stasch

Das Studium der endogenen Opioidpeptide hat, seit ihrer Entdeckung
1975 (1, 2), ein breites Spektrum an physiologischen und pharmakologischen Wirkungen aufgezeigt. Neben dem analgetischen Effekt (3) ist
vor allem die erhöhte Endorphinkonzentration im Liquor cerebrospinalis von Schizophrenen und Patienten (4) mit Psychosen (4) sowie erniedrigte Endorphinkonzentrationen bei Patienten mit chronischem
Schmerzsyndrom (5) klinisch von Bedeutung. Der Endorphingehalt wurde
in diesen Untersuchungen jedoch mit einem Opiatrezeptorassay bestimmt, der die Summe aller an diesem Rezeptor aktiven Substanzen
erfaßt, und deshalb nur zu bedingt aussagekräftigen Ergebnissen
führt. Eine sorgfältige Differenzierung und Abgrenzung der Effekte
der verschiedenen Endorphine, Leucin-Enkephalin (Leu-Enk.), Methionin-Enkephalin (Met-Enk.), β-Endorphin (β-End.) vor allem von den von
Terenius et al. (5) isolierten Faktoren I und II ist unerläßlich.
Diese Tatsache erfordert im Blick auf die Analytik im Gehirnextrakt
oder Liquor sehr empfindliche und spezifische Nachweismethoden. Dem
wurde von Akil et al. (7) durch den radioimmunologischen Nachweis
von Met-Enk. im Liquor entsprochen. Durchschnittliche Konzentrationen von circa 3 pmol/ml konnten nachgewiesen werden. Unsere Zielset-
zung bestand darin, aus einer Liquorprobe möglichst viele endogene
Peptide durch deren Separation und spezifischen radioimmunologischen
Nachweis zu bestimmen.

Bildung von gegen Leu-Enk. und Met-Enk. gerichtete Antikörper

Durch Kopplung der beiden Enkephaline mit CDI als Kopplungs-Reagens
wurden die entsprechenden Antigene erhalten (6). Eine Mischung von
Antigen und komplettem Freundschen Adjuvans (I:I) wurde Kaninchen
(Dalmatiner) intradermal injiziert. Im Abstand von 2 Wochen wurde
3 x nachinjiziert und nach 10 bis 14 Wochen konnten die entsprechenden Antiseren gewonnen werden.

Radioimmunoassay für Leu-Enk. und Met-Enk.

Die Radioimmunoassays wurden in Anlehnung an Duka et. al. (6) durchgeführt. Antiserum (Leu-Enk. 1:250, Met-Enk. 1:100) wurde mit Stan-
dardlösung oder Liquorextrakt 2 Stunden bei 4° vorinkubiert, und die
Reaktion durch Zugabe von ^{3}H-Leu-Enk. oder ^{3}H-Met-Enk. gestartet.
Nach der 4-stündigen Hauptinkubation wurde an Antikörper gebundenes
und nicht gebundenes Antigen durch Filtration an Milliporefiltern
(0,45 μ) getrennt. Die auf dem Filter zurückgebliebene Aktivität wurde im Flüssigkeitsszintillationszähler bestimmt.

Säulenchromatographische Trennung von Leu-Enk., Met-Enk., Beta-End.
und Substanz P unter Liquorbedingungen

Abb. 1. Säulenchromatographische Trennung von Met-, Leu-Enk., β-End.
und Substanz P. Säulenmaterial: Sephadex SP; Puffer: Pyridinium-Formiat

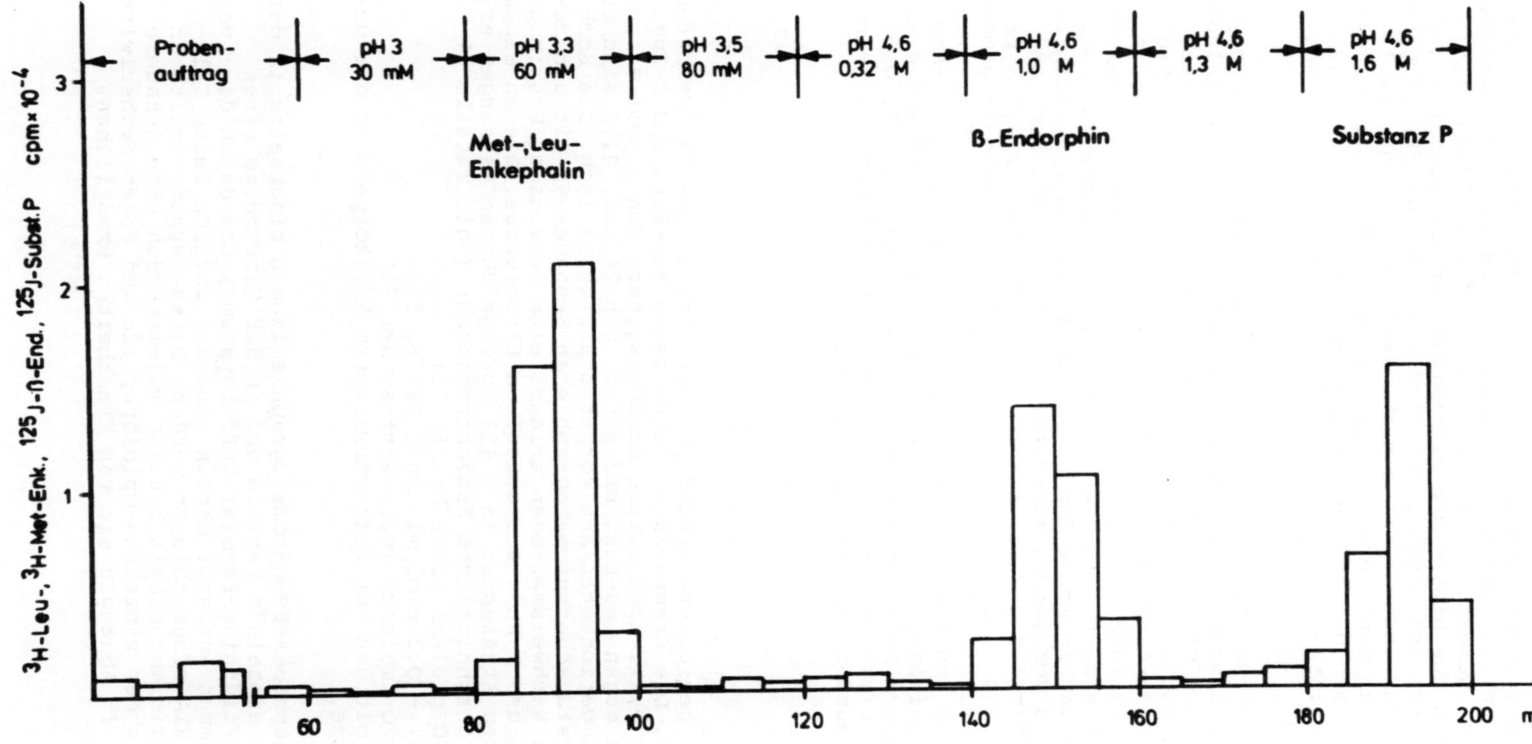

Proben-auftrag
pH 3 30 mM
pH 3,3 60 mM
pH 3,5 80 mM
pH 4,6 0,32 M
pH 4,6 1,0 M
pH 4,6 1,3 M
pH 4,6 1,6 M
Met-, Leu-Enkephalin
β-Endorphin
Substanz P
^{3}H-Leu-, ^{3}H-Met-Enk., ^{125}J-n-End., ^{125}J-Subst.P   cpm × 10^{-4}
3
2
1
60
80
100
120
140
160
180
200
ml

Die beschriebenen endogenen Opioidpeptide können auf Grund ihrer unterschiedlichen Ladungsverteilung im sauren Bereich an einem Kationenaustauscher getrennt werden. Die in der Literatur (7) gängige Isolierung der Enkephaline aus Liquor und Hirnextrakt an XAD-Adsorber und Dowex-Ionenaustauscher ist wegen ihrer geringen Recovery für längerkettige Endorphine für unsere Zwecke nicht geeignet. Dagegen stellt die Chromatographie an Sephadex-SP (Kationenaustauscher) mit Pyridinium-Formiat-Puffer ein brauchbares System dar. Durch schrittweise Variation der Ionenstärke und des pH-Wertes ist eine gezielte Isolierung der Peptide aus Liquor möglich.

Der Liquor wurde nach seiner Entnahme (Lumbalpunktion) in Methanol/CO_2 tiefgefroren und in diesem Zustand bis zu seiner Aufarbeitung gelagert. Nach dem Auftauen wird der Liquor im Mikrowellenherd kurz erhitzt, um eventuellen enzymatischen Abbau der Peptide zu verhindern. Die Probe (5 ml) wird anschließend auf den pH-Wert und die Ionenstärke des Äquilibrationspuffers (Pyridinium-Formiat 30 mM, pH 3,0) der Sephadex SP-Säule (0,5 x 30 cm) eingestellt und aufgetragen. Mit demselben Puffer wird nachgewaschen und in Folge Leu-Enk. und Met-Enk. mit Pyridinium-Formiat 60 mM pH 3,3 vom Ionenaustauscher eluiert. β-End. kann anschließend mit Puffer I M pH 4,6 und Substanz P mit Puffer 1,6 M pH 4,6 eluiert werden (vgl. Abb. 1). Die Recovery dieser Methodik gemessen mit radioaktiv markierten Peptiden liegt für alle drei Substanzen in der Größenordnung von 95% (vgl. Akil et al. (7) Recovery Met-Enk. 85%). Nach der Lyophilisation der einzelnen Fraktionen werden die Rückstände im jeweiligen RIA-Puffer aufgenommen. Met- und Leu-Enk. wird nach der oben beschriebenen Methode bestimmt. Der Nachweis von β-End. erfolgt wie im folgenden Vortrag beschrieben.

Ergebnisse

Der gegen Leu-Enk. gerichtete Antikörper hat eine untere Nachweisgrenze von 0,1 pmol/ml. Die Kreuzreaktivitäten gegen Met-Enk. und β-End. liegen bei 5% bzw. 0,1%. Eine untere Nachweisgrenze von 1 pmol/ml und Kreuzreaktivitäten gegen Leu-Enk. und β-End. von 2% bzw. 0,1% sind für den gegen Met-Enk. gerichteten Antikörper charakteristisch. Die Kombination der Ionenaustauscherchromatographie an Sephadex-SP mit den radioimmunologischen Nachweismethoden erlaubt eine gemeinsame Bestimmung von Leu-, Met-Enk. und β-End. aus derselben Liquorprobe. Die an einem nichtselektionierten Krankengut (n = 15) durchgeführten Messungen ergaben folgende durchschnittliche Konzentrationen: (vgl. Tabelle 1)
Met-Enkephalin: 3.0 pmol/ml (ohne Nr. 5, 15)
Leu-Enkephalin: 0.1 - 0.3 pmol/ml (ohne Nr. 5, 15)
β-Endorphin: 20 - 70 fmole/ml (vgl. Vortrag Nr. 71)
Substanz P: liegt mit den zur Zeit verwerteten Antikörpern an der unteren Nachweisgrenze.

Die Vorteile der Sephadex-SP-Chromatographie liegen einerseits in der hohen Recovery der einzelnen Peptide und in der Verwendung eines leichtflüchtigen Pyridinium-Formiat Puffersystems, das durch die Lyophilisation vollkommen entfernt werden kann und dadurch keine Salzrückstände in den RIA eingeschleppt werden. Diese Methode sollte in Verknüpfung mit radioimmunologischen Nachweismethoden eine genauere Analyse der Effekte der einzelnen Opioidpeptide und deren Wechselwirkung untereinander in Abhängigkeit von Krankheiten ermöglichen.

Tabelle 1. Konzentrationen im Liquor cerebrospinalis

Proben-Nr.	Methionin-Enkephalin (pmole/ml)	Leucin-Enkephalin (pmole/ml)	β-Endorphin (fmole/ml)
1	1,6	0,3	13,7
2	5,1	< 0,05	28,3
3	3,6	< 0,05	29,2
4	3,9	< 0,05	24
5	84	10,5	17,2
6	2,5	0,3	36,5
7	1,3	0,13	70,8
8	3	0,05	42,4
9	2,1	0,09	38,7
10	4,6	0,05	20,5
11	4,3	0,05	30
12	2,4	0,05	23
13	2,6	0,05	10
14	3,2	0,07	10
15	35,3	0,05	10

Zusammenfassung

Die Leu-Enk., Met-Enk. und β-End.-Konzentration konnten in einer Liquor-Probe bestimmt werden. Die Trennung der Peptide erfolgte an einem Sephadex-SP-Ionenaustauscher. Die radioimmunologisch nachgewiesenen Liquorkonzentrationen eines nicht selektionierten Krankengutes waren für Met-Enk. 3 pmol/ml, für Leu-Enk. 0,1-0,3 pmol/ml und für β-End. 10-70 fmole/ml. Substanz P liegt mit dem zur Zeit verfügbaren RIA an der unteren Nachweisgrenze.

Literatur

1. Hughes J, Smith TW, Kosterlitz HW, Fothergill LA, Morgan BA und Morris HR (1975) Identification of two related pentapeptides from brain with potent opiate agonist. activity. Nature 258: 577-579

2. Li CH und Chung D (1976) Isolation and structure of an untria-Kontapeptide with opiate activity from carnel pituitary glands. Proc natn Acad Sci 73: 1145-1148

3. Hosobuchi Y and Li CH (1979) Demonstration of the Analgesic Activity of Human β-Endorphin in Six Patients. In: Usdin E, Bunney WE, Kline NS (eds) Endorphins in mental Health Research. p 553-560

4. Gunne LM, Lindström L und Widerlöv E (1979) Possible Role of Endorphins in Schizophrenia and other Psychiatric Disorders. In: Usdin E (ed) Endorphins in mental Health Research. p 547-552

5. Terenius L und Wahlström A (1976) Morphin-like ligand for opiate receptors in human CSF. Life Science 16: 1759-1764

6. Duka T, Höllt V, Prezwlocki R und Wesche D (1978) Distribution of Methionin- and Leucin-Enkephalin within the rat pituitory gland measured by highly spezific Radioimmunoassays. Biochem biophys Res Commun 85: 1119-1127

7. Akil H, Watson ST, Sullivans S and Barchas JD (1978) Enkephalin-
   Like Material in normal Human CSF: Measurements and Levels. Life
   Science 23: 121-126

Methodische Probleme bei der Bestimmung des Beta-Human Endorphins im Liquor cerebrospinalis

J.P. Stasch, M. Graf, N. Gropp, K.W. Pflughaupt, H. Przuntek und M. Witteler

Endorphine sind endogene morphinähnlich wirkende Substanzen. Sie stellen die körpereigenen Liganden der Opiatrezeptoren dar. Das bekannteste dieser Gruppe ist das Beta-Human-Endorphin (β_h-E), das COOH-terminale 31-Aminosäurefragment des Beta-Human-Lipotropins (β_h-LPH). Dieses größte körpereigene Peptid mit opiatähnlicher Wirkung wurde beim Menschen im hypophysär-hypothalamischen System und anderen Regionen des Zentralnervensystems, wie im Blut und im Liquor cerebrospinalis (C.S.F.) gefunden. Trotz vieler Spekulationen besteht über die Funktion des β_h-E im C.S.F. immer noch Unklarheit. Die Untersuchungen über Vorkommen und biologische Wirkungen der Endorphine erfolgten mittels Bioassay, Radiorezeptorassay, Adenylzyklaseaktivierung und Radioimmunoassay (RIA) deren Aussagekraft und Ergebnisse nur bedingt vergleichbar sind. Weil der RIA relativ spezifisch und empfindlich ist, wählten wir diese Methode um β_h-E aus dem C.S.F. zu bestimmen.

Methoden

Antiserum

Es wurden von A.HERZ und V.HÖLLT in Kaninchen erzeugte Antikörper gegen β_h-E verwendet (1). Wie wir zeigen konnten, beträgt die Kreuzreaktivität dieses Antikörpers unter unseren RIA-Bedingungen auf molarer Basis zu β_h-LPH 40%, während sie zu Leu- und Met-Enkephalin, Alpha- und Gamma-Endorphin, Substanz P und Alpha-MSH (ACTH (1-13)) geringer als 1% war. Ebenso zeigte der Antikörper keine Kreuzreaktivität zur Fraktion I und Fraktion II, die in Anlehnung an die Versuche von TERENIUS (3) isoliert wurden.

Extraktion von β_h-E-like-immunreaktiven Substanzen aus Liquorproben

2 ml Liquor wurden mit 100 μl Natriumphosphatpuffer und 50 ml Kieselsäure versetzt und geschüttelt. Dieses Gemisch wurde zentrifugiert und der Überstand abpippettiert. Nach 2maligem Waschen mit je 2 ml H_2O erfolgte die Desorption mit 2 x 1,5 ml Aceton/0,1 N Salzsäure (vol/vol = 40/60). Die vereinigten Desorbate wurden lyophilisiert. Für die β_h-E-Bestimmung mit dem RIA wurde das Lyophilisat in 350 μl RIA-Puffer aufgenommen. Die Recovery R der Adsorption/Desorption an Kieselsäure wurde durch Zugabe von ^{125}J-β_h-E bzw. ^{125}J-β_h-LPH zu 2 ml Liquor bestimmt ($R^{125}J$-β_h-LPH = 33%).

Säulenchromatographische Trennung

200 ml Liquor wurden lyophilisiert bzw. zuvor einer Adsorption/Desorption an Kieselsäure unterworfen. Das Lyophilisat wurde jeweils in 2,5 ml RIA-Puffer aufgenommen, zentrifugiert und 2 ml des Überstandes auf einer Sephadex G 50 superfine Säule (900 x 14 mm)chromatographiert. Äquilibriert und eluiert wurde bei 4°C mit dem RIA-Puffer. Bei einer

520

Flußgeschwindigkeit von 10 ml/studee wurden Fraktionen von 2,5 ml
aufgefangen und 350 l davon direkt dem Assay unterworfen (Abb. 1 a,b).

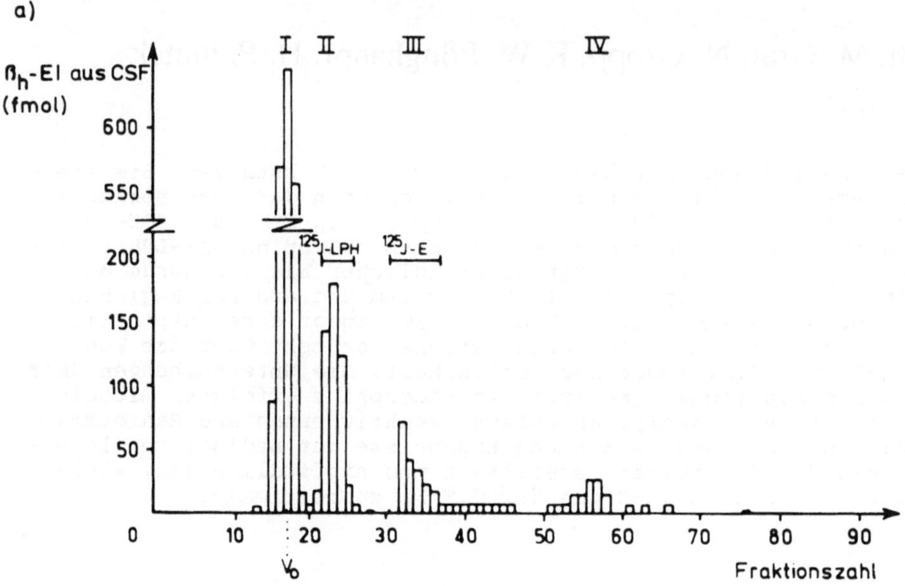

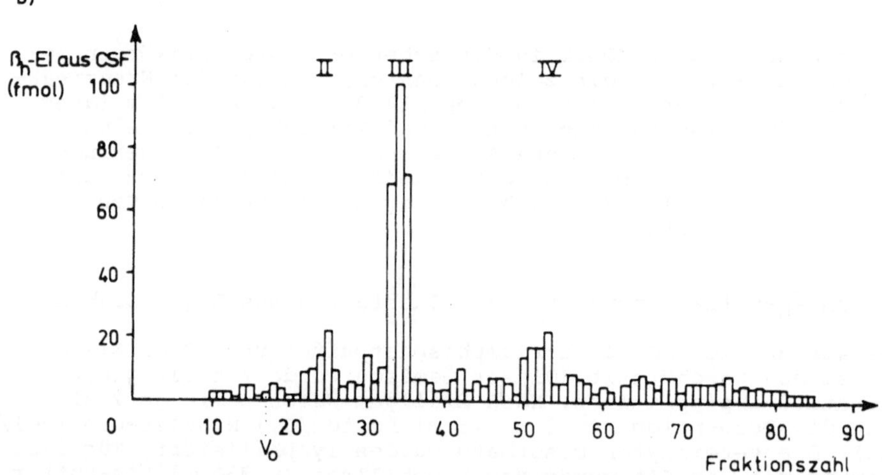

Abb. 1 a,b. Die Konzentration der verschiedenen β_h-Endorphin-like immunreaktiven Substanzen (β_h-EI) in CSF, bestimmt mit dem RIA, ist als
Funktion der Fraktionszahl nach erfolgter Sephadex G50 Chromatographie aufgetragen (Peak I – IV). Das Leervolumen V_o wurde mit Blue Dextran bestimmt. a Die Querbalken zeigen, in welchen Fraktionen ^{125}J-
β_h-Endorphin (^{125}J-E) bzw. ^{125}J-β_h-Lipotropin (^{125}J-LPH) erscheinen. b
Vor der Sephadex G50 Chromatographie wurde eine Adsorption/Desorption
der β_h-EI aus CSF mit Kieselsäure durchgeführt

Ergebnisse und Diskussion

Eine geeignete Methode in Kombination mit einer effektiven Adsorption/Desorption an Kieselsäure zur routinemäßigen Ermittlung von β_h-E im C.S.F. wurde erstellt (2). Wie auch allen anderen veröffentlichten (1, 4, 5), so haftet auch diesem RIA ein zentrales methodologisches Problem an. Denn wie durch säulenchromatographische Auftrennung des Liquors gezeigt werden konnte, reagiert der Antikörper neben β_h-E und β_h-LPH mit zwei weiteren Komponenten. Bei der Komponente mit dem kleineren Molekulargewicht als β_h-E könnte es sich um ein weiteres Abbauprodukt von β_h-E oder β_h-LPH handeln, welches schon im menschlichen Plasma (6) aber noch nicht im C.S.F. beobachtet werden konnte (4, 5). Ob es sich bei der Liquorkomponente, die im Leervolumen eluiert wird, um den 31-K-Precursor, den gemeinsamen biosynthetischen Ursprung des β_h-LPH und des ACTH handelt, oder nur um einen Konzentrationseffekt an Peptiden mit hohem Molekulargewicht im Leervolumen, welcher zu einer kinetischen Hemmung der Antigen-Antikörper-Reaktion führt, was dann mit einer Vortäuschung einer β_h-E-like-immunreaktiven Substanz einhergehen würde, bleibt noch zu klären (Abb. 1a).
Wird allerdings der Liquor vor der säulenchromatographischen Auftrennung einer Adsorption/Desorption an Kieselsäure unterworfen, so wird in diesem Fall β_h-E als Hauptfraktion eluiert. Die Spezifität der β_h-E-Bestimmung im Liquor wird demnach durch die Adsorption/Desorption an Kieselsäure, die dem RIA vorangeschaltet ist, entscheidend erhöht (Abb. 1b).
Die Werte 28 verschiedener Liquores von Patienten mit unterschiedlichen neurologischen Erkrankungen lagen zwischen 20 und 70 pg/ml. Vier Liquores unter 20 pg/ml stammten von Meningitis-Patienten, welche unter einer Corticoidtherapie standen. Weitere Zusammenhänge zwischen β_h-E-Immunreaktivität im Liquor und Diagnose konnten bisher noch nicht festgestellt werden.

Zusammenfassung

Die dargelegten Daten machen deutlich, daß eine annähernd verläßliche Bestimmung von β_h-Endorphin auch heute noch schwierig ist.
Die Adsorption und Desorption von Liquor-β_h-Endorphin an und von Kieselsäure ermöglicht, aus geringen Mengen Liquor relativ spezifisch β_h-Endorphin zu isolieren. Der Vorteil ist hiermit gegeben, daß die immunreaktive Komponente I im Desorbat nicht mehr erscheint und die Komponenten II und IV gering gegenüber dem desorbierten β_h-Endorphin sind. Die β_h-Endorphin-Werte 28 unausgewählter Liquores lagen zwischen 20 und 70 pg/ml. Eine Korrelation neurologischer Krankheitsbilder zu Veränderungen des β_h-Endorphinspiegels konnte hiermit noch nicht nachgewiesen werden.

Literatur

1. Hollt V, Przewlocki R, Herz A (1978) Radioimmunoassay of β-Endorphin, basal and stimulated levels in extracted rat plasma. Naunyn-Schmiedeberg's Arch Pharmacol 303: 171

2. Przuntek H, Stasch JP, Graf M, Pflughaupt KW, Gropp N, Witteler M (zur Publikation eingereicht) Vereinfachte Methodik zur Bestimmung von Beta-h-Endorphin im Liquor cerebrospinalis. J Neurol

3. Wahlström A, Johansson L, Terenius L (1976) Characterisation of
   endorphines im human csf and brain extracts. In: Kosterlitz HW
   (ed) Opiates and endogenous opioid peptides. Elsevier, North Holland Biomedical Press, Amsterdam

4. Emrich HM, Höllt V, Kissling W, Fischler M, Laspe H, Heinemann H,
   Zersson D, Herz A (1979) β-Endorphin-loke immunreactivity in
   cerebrospinal fluid and plasma of patients with schizophrenia and
   other neuropsychiatric disorders. Pharmacopsychiatr 12: 269

5. Jeffcoate WJ, Rees LH, McLoughlin L, Ratter SJ, Hope J, Lowry PS,
   Besser GM (1978) β-Endorphin in human cerebrospinal fluid

6. Höllt V, Müller OA, Fahlbusch R (1979) β-Endorphin in human plasma.
   Basal and pathologically elevated levels. Life Sci 25: 37

Zur Pathophysiologie der Liquorenzyme

H. Glasner und N. Graf

Über die diagnostische Wertigkeit der Liquorenzyme herrscht bis heute
Unklarheit. Eine Enzymdiagnostik im Liquor cerebrospinalis zum Nachweis krankhafter Zustände des ZNS wird in der Routine nicht durchgeführt. Um eine grundsätzliche Klärung über die diagnostische Bedeutung der Liquorenzyme herbeizuführen, haben wir LDH, ~-HBDH, ChE, GOT,
GPT, LAP, γ-GT, GLDH, AP und CK im Liquor und Serum untersucht.

Methodik

Die Liquorenzyme wurden mit handelsüblichen Reagenzien photometrisch
bei einer Reaktionstemperatur von 37° C (Ausnahme: ChE bei 25° C) und
doppelten Liquorvolumen im Vergleich zu den Serumbedingungen bestimmt.
Die niedrigen Liquorenzymaktivitäten waren bis hinab zu o,6 U/l mit
einer Präzision von 5,3% zu messen.

Ergebnisse

Nur für die Enzyme LDH, -HBDH, ChE und GOT bestehen signifikante Unterschiede zwischen nichtakuten und akuten ZNS-Erkrankungen (siehe
Abb. 1).

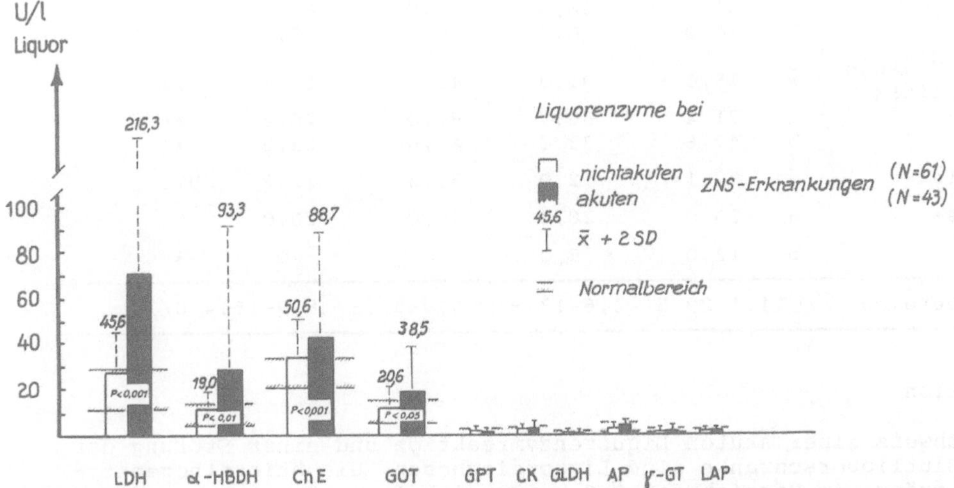

Abb. 1. Vergleich der Enzymaktivitäten im Liquor cerebrospinalis bei
nichtakuten und akuten ZNS-Erkrankungen. Nur die Liquorenzyme LDH,
α-HBDH, ChE und GOT zeigen signifikante Unterschiede zwischen nichtakuten und akuten ZNS Affektionen. N: Anzahl der untersuchten Liquores,
x̄: Arithmetischer Mittelwert, SD: Standardabweichung, p: Wahrscheinlichkeit der signifikanten Trennung (Kolmogorov-Smirnov two-sample
test, α^2-Test)

Oberhalb der Grenzwerte für nichtakute ZNS-Affektionen (LDH 45,6 U/l, α-HBDH 19,o U/l, ChE 5o,6 U/l und GOT 20,6 U/l) zeigen also diese vier Enzyme eine akute Liquor-Enzymreaktion, welche auf eine akute ZNS-Erkrankung hinweist, an. Fehlende Korrelationen zwischen den Liquorenzymen und den Zellzahlen, dem Gesamteiweiß und den normalen Serumenzymen lassen erkennen, daß die Liquorenzyme unabhängige Untersuchungsparameter darstellen. Lediglich ein höherer Korrelationskoeffizient zwischen Liquorenzymen und pathologischen Serumenzymen im Vergleich zu dem Koeffizient zwischen Liquorenzymen und normalen Serumenzymen weist darauf hin, daß Liquorenzyme von erhöhten Serumenzymen beeinflußt werden können. Als Ausnahme findet sich auch ein Korrelationskoeffizient von o,83 zwischen Liquor-GOT und Serum-GOT bei Totalproteinwerten oberhalb von 70 mg/dl. Veränderungen der Liquorenzyme sind also auch durch eine Störung der Enzym-Blutliquorschranke möglich.

Die akute Liquor-Enzymreaktion ist unterschiedlich lange bei akuten ZNS-Affektionen nachweisbar. Liquor-LDH und - α-HBDH sind am ausgeprägtesten zwischen dem 1. und 15. Tag, - GOT zwischen dem 5. und 10. Tag und - ChE zwischen dem 15. und 25. Tag der Erkrankungsdauer vorhanden. Auch innerhalb einzelner Krankheitsgruppen sind pathologische Enzyme und die akute Enzymreaktion unterschiedlich ausgeprägt und häufig (s. Tabelle 1).

Tabelle 1. Enzymaktivitäten im Liquor bei verschiedenen ZNS-Erkrankungen. N: Anzahl der Patienten, $\bar{x}$: Arithmetischer Mittelwert, a: Häufigkeit pathologischer Enzymbefunde, b: Häufigkeit der akuten Enzymreaktion

		LDH	α-HBDH	ChE	GOT	
Malazie	$\bar{x}$	45,1	21,8	35,1	17,8	U/l
N = 16	a	81,3	56,3	50,0	62,5	%
	b	50,0	56,3	6,3	18,8	%
Virale Meningo-encephalitis	$\bar{x}$	75,1	31,3	45,5	17,6	U/l
N = 21	a	71,4	66,7	81,0	28,6	%
	b	47,6	33,3	47,6	23,8	%
Multiple	$\bar{x}$	27,1	12,0	33,3	11,2	U/l
Sklerose	a	20,0	28,0	40,0	20,0	%
N = 25	b	12,0	8,0	O	O	%
Normalbereich		11,1-29,5	4,6-13,9	20,9-33,8	5,7-15,4	U/l

Diskussion

Der Nachweis einer akuten Liquorenzymreaktion und einer Störung der Enzym-Blutliquorschranke sind Liquordiagnosen, die ätiopathogenetische Vorgänge im Bereich des ZNS berücksichtigen, ähnlich wie die Immunreaktion und die Störung der Blutliquorschranke in der Liquoreiweißdiagnostik (1). Nur selten wurde in der Vergangenheit vermutet, daß das akute Stadium der ZNS-Affektionen in erster Linie für das Ausmaß der Enzymreaktion verantwortlich ist (3). Weiterhin werden unsere Ergebnisse durch tierexperimentelle Studien (4) gestützt. So war eine Liquor-GOT-Erhöhung auf über 733% des Ausgangswertes nach einem ex-

perimentell gesetzten Hirninfarkt während 250 Stunden nachweisbar.
Nach dieser Zeit kehrte die Liquor-GOT wieder zu ihrem Ausgangswert
zurück. Erst in zweiter Linie ist das Ausmaß der ZNS-Läsion bestim-
mend für die Enzymaktivitäten, da auch große Hirninfarkte nach an-
fänglichem Auftreten einer Liquorenzymreaktion eine Normalisierung
der Enzyme erkennen lassen. Aufgrund der biochemischen Befunde ist
anzunehmen, daß die akute Enzymreaktion durch Veränderungen im Bereich des ZNS verursacht wird. Gewebeuntersuchungen an der Stirn-
rinde des Menschen haben gezeigt, daß die überwiegenden Enzymaktivitäten in dem Cytoplasma der Zellen vorhanden sind (2), während
Mitochondrien, Mikrosomen und Kernfraktionen wesentlich weniger Enzym
(LDH) enthielten. Es ist also anzunehmen, daß die Enzyme durch eine
Zellschädigung in den Liquor übergetreten sind. Das Vorhandensein
pathologischer Liquorenzyme bei der Multiplen Sklerose läßt vermuten,
daß auch bei einem Krankheitsprozess, der überwiegend im Bereich der
Myelinscheiden des Gehirns lokalisiert ist, Enzyme frei werden.

Zusammenfassung

Der Nachweis der akuten Liquorenzymreaktion hat bei akuten ZNS-Erkrankungen große Bedeutung, da meist in diesen Fällen die übrigen
Liquorbefunde noch normal oder unspezifisch verändert sind. Bei pathologischen Serumenzymen ist eine Beeinflussung der Liquorenzyme
möglich. Auch Liquor-GOT kann als Ausnahme bei Eiweißwerten höher
als 70 mg/dl von Serum-GOT überlagert sein. Die akute Enzymreaktion
im Liquor ist unterschiedlich lange während akuter ZNS-Affektionen
nachweisbar.

Literatur

1. Glasner H (1975) Barrier impairment and immune reaction in the
   CSF. Europ Neurol 13: 304-314

2. Kleine TO (1965) Zur Lokalisation der CK in Mitochondrien und
   Mikrosomen von Skelettmuskel, Herz und Hirnrinde des Menschen.
   Klin Wschr 43: 504-510

3. Schütz E, Solcher H (1963) Über den diagnostischen Wert von Fer-
   mentbestimmungen im Liquor. Dtsch Z f Nervenheilk 185: 488-501

4. Wakim KG, Fleisher GA (1956) The effect of experimental cerebral
   infarction on transaminase activity in serum, CSF and infarcted
   tissue. Proc Staff Meet Mayo Clin 31: 391-399

Multiple Sklerose: Erniedrigte Glutaminsäurewerte im Liquor cerebrospinalis

J.-S. Kim und B. Holzmüller

Die Multiple Sklerose (MS) ist ein ätiologisch nicht geklärtes Krankheitsbild, in dessen Verlauf es zu einer Zerstörung von Nervengewebe
im Bereich des gesamten Zentralnervensystems im Sinne einer dissemi-
nierten Demyelinisierung kommt. Die Diagnose ist in erster Linie klinisch zu stellen, wenn auch Zusatzuntersuchungen wie Liquorserologie,
die Ableitung optisch evozierter Potentiale (7) und die Computer-
Tomographie (1) einen Gewinn an diagnostischer Sicherheit gebracht
haben. Ein spezifischer klinisch-biochemischer Parameter zur diagnostischen Früherfassung der MS existiert derzeit noch nicht. Die aktuelle Forschung auf dem Gebiet der Ätiologie und Pathogenese der MS
konzentriert sich auf virologische und immungenetische Aspekte der
Erkrankung.

Methode

In der Annahme, daß zumindest ein Teil der MS-Symptomatik sich durch
eine gestörte Neurotransmission erklären läßt, welche ihrerseits Folge
des Demyelinisierungsprozesses ist, haben wir das Verhalten des Neurotransmitters Glutaminsäure im Liquor cerebrospinalis und Serum von 15
Patienten mit klinisch sicherer Diagnose einer MS untersucht. Als
Vergleichskollektiv dienten Liquores von 20 Patienten mit Kreuzschmerzen. Es wurden nur Liquores ohne Auffälligkeiten bezüglich Liquor-
druck, Zellzahl, Gesamteiweiß und Eiweißfraktionen verwendet. In der
Gruppe der MS-Patienten befanden sich 6 Männer, das Durchschnittsalter
betrug 40 ± 2 Jahre, im Vergleichskollektiv waren 11 Männer, dessen
Alter war im Mittel 48 ± 4 Jahre. Die Punktionen wurden einheitlich
an nüchternen, sitzenden Patienten morgens um 10 Uhr durchgeführt,
gleichzeitig Blut aus der Vena cubitalis gewonnen. Liquor und Serum
wurden sofort bei -80 Grad Celsius tiefgefroren. Die Glutaminsäure
wurde mit einem Aminco SPF-500 Spectrophotofluorometer spezifisch
enzymatisch bestimmt. Nach einer Modifikation (9) der Methode von
GRAHAM und APRISON (3) wurden Dreifachbestimmungen durchgeführt.

Ergebnisse

Aus der Tabelle sind die Glutaminsäurekonzentrationen im Liquor der
MS- und der Kontrollpatienten zu ersehen. Der Glutaminsäurespiegel bei
den MS-Patienten ist gegenüber der Kontrollgruppe signifikant erniedrigt (p<0,001, paired t-Test). Die Glutaminsäure im Serum weist dagegen keinen signifikanten Unterschied zwischen den beiden Gruppen
auf, sie betrug für die MS im Mittel 216,67 ± 12,64, für die Kontrollgruppe 230,62 ± 16,38 nMol/ml (p>0,1). Dauer der Erkrankung, Krankheitsverlauf und klinische Symptomatik ließen sich nicht mit dem Ausmaß der Glutaminsäureerniedrigung korrelieren.

Tabelle 1. Glutaminsäurewerte im Liquor cerebrospinalis bei MS und einer Kontrollgruppe von Bandscheibenerkrankungen

	Zahl der Patienten	Mittelwert Glutaminsäure (nMol/ml)	Mittlere Standardabweichung
Kontrollgruppe	20	44.54	$\pm$ 1.72
Multiple Sklerose	15	28.90	$\pm$ 1.57

$p < 0,001$

Diskussion

Die Rolle der Glutaminsäure als exzitatorischer Neurotransmitter ist heute gut belegt (2, 6). Daneben hat die Glutaminsäure Bedeutung als Proteinbaustein und Stoffwechselmetabolit. Bei der Ratte finden sich hohe Konzentrationen im Cortex, Cerebellum, Rückenmark, Striatum, Hippokampus und Retina (6, 5). Die in vorliegender Untersuchung festgestellte Glutaminsäureerniedrigung könnte eine Erklärung darin finden, daß die der MS eigene Demyelinisierung pathophysiologisch zu einer partiellen oder totalen Unterbrechung der neuronalen Impulsleitung führt, was eine Verminderung der Glutaminsäurefreisetzung am synaptischen Spalt glutaminerger Nervenendigungen zur Folge hätte (4). Von Bedeutung erscheint uns in diesem Zusammenhang, daß bereits Frühstadien der Erkrankung diese Erniedrigung aufwiesen.

Auch die seit langem bekannten hirnatrophischen Abbauprozesse bei der MS finden sich bereits in Frühstadien der Erkrankung. Über die Herkunft der Glutaminsäure im Liquor cerebrospinalis ist wenig bekannt. Die unveränderten Serumspiegel in vorliegender Untersuchung sprechen jedoch für eine Abhängigkeit des Glutaminsäurespiegels von zentralnervösen Vorgängen. Auch MC GALE et al. (8) berichten, daß der Glutaminsäurespiegel im Liquor nicht von Veränderungen des Blutspiegels beeinflußt wird. Unsere Ergebnisse stehen im Widerspruch zu Befunden von VAN SANDE et al. (10), welche im Liquor von 7 MS-Patienten erhöhte Glutaminsäurewerte fanden. Eine Erklärung hierfür könnte in methodischen Unterschieden zu suchen sein, VAN SANDES Ergebnisse wurden chromatographisch gewonnen. Die gefundenen Werte zeigten sehr hohe Standartabweichungen, Liquorgewinnung und -Konservierung waren nicht standardisiert, die Kühltemperatur betrug lediglich -20 Grad Celsius. Die Zahl der untersuchten Patienten war vergleichsweise gering.

Zusammenfassung

Glutaminsäure wurde mit einer spezifischen enzymatischen Methode spectrophotofluorometrisch bestimmt, die Werte wurden mit einer Kontrollgruppe von Patienten mit Bandscheibenerkrankungen verglichen. Es fand sich eine signifikante Erniedrigung der Glutaminsäurewerte im Liquor der MS-Patienten, während die Serumspiegel keine Veränderungen zwischen beiden Gruppen aufwiesen. Von Bedeutung erscheint die Tatsache, daß bereits Frühstadien der MS diese Erniedrigung zeigten. Die Ergebnisse werden als Folge der verminderten Glutaminsäurefreisetzung an der Nervenendigung und der hirnatrophischen Veränderungen bei der MS interpretiert.

528

Literatur

1. Aschoff JC, Lischewski R, Magos J (1979) Hirnatrophische Prozesse bei Multipler Sklerose. Der Nervenarzt 50: 638-642

2. Curtis DR, Johnston GAR (1974) Amino acid transmitters in the mammalian central nervous system. Ergebn Physiol 69: 97-188

3. Graham LT, Jr. Aprison MH (1966) Fluorometric determination of aspartate, glutamate and γ-aminobutyrate in nerve tissue using enzymic methods. Analytical Biochemistry 15: 487-497

4. Halliday AM, Mc Donald WI (1977) Pathophysiology of demyelinating disease. Br Med Bul 33: 21-26

5. Johnson JL (1972) Glutamic acid as a synaptic transmitter in the nervous system. A review. Brain Research 37: 1-19

6. Kim JS, Hassler R, Haug P, Paik KS (1977) Effect of frontal cortex ablation on striatal glutamic acid level in rat. Brain Research 132: 370-374

7. Lowitzsch K, Kuhnt U, Sackmann CH, Maurer K, Hopf HC, Schott D, Thäter K (1976): Visual pattern evoked responses and blink reflexes in assessment of MS diagnosis. J Neurol 213: 17-32

8. Mc Gale EHF, Pye IF, Stonier C, Hutchinson EC, Aber GM (1977) Studies of the inter-relationship between cerebrospinal fluid and plasma amino acid concentrations in normal individuals. Journal of Neurochemistry 29: 291-297

9. Nitsch C, Kim JK, Shimada C, Okada Y (1979) Effect of hippocampus exstirpation in the rat on glutamate levels in target structures of hippocampal efferents. Neuroscience letters 11: 295-299

10. Van Sande M, Mardens Y, Ardiaessens K, Lowenthal A (1970) The free amino acids in human cerebrospinal fluid. Journal of Neurochemistry 17: 125-135

Neurohumorale und humorale Steuerung von Liquorphagozyten

W.-U. Weitbrecht

Einleitung

Monozytoide Zellreaktionen d.h. relative Vermehrung der Liquorphagozyten im Liquorzytogramm sind der häufigste Befund bei nicht-entzündlichen Erkrankungen des Zentralnervensystems sowohl bei Pleozytosen als auch bei normaler Zellzahl des Liquor (2, 9, 11). So kann zum Beispiel bei Schädelhirntraumen in Abhängigkeit von der Schwere des Trauma und bei Bandscheibenvorfällen in Abhängigkeit vom Ausmaß des Vorfalles eine relative Zunahme der Liquorphagozyten gefunden werden (12, 13). Im Zellbild vermehrt sind Liquorphagozyten auch bei Insulten, Blutungen, Hirndruck u.a.. Phagozyten spielen eine wesentliche Rolle bei Abräumreaktionen (15), der unspezifischen Tumorabwehr (6, 14) und sie haben eine "Helferfunktion" bei der Antigenerkennung (3). Frühere Untersuchungen haben gezeigt, daß bei pathologischen Prozessen im Zentralnervensystem sowohl ortsständige als auch Blutmonozyten aktiviert werden und als Phagozyten vermehrt im Gewebe und im Liquor auftreten (10). Zur Frage welche lokalen und allgemeinen Faktoren zu einer Aktivierung der Liquorphagozyten führen ist nur wenig bekannt (10).

Material und Methodik

Bei jeder Versuchsserie wurden von je 10 unausgelesenen Liquorproben von Patienten der Neurologischen Universitätsklinik Freiburg 3 Ansätze (Kontrolle, 2 Konzentrationen) durchgeführt. Es wurde der Einfluß von Adrenalin, Adrenalin + Phentolamin, Adrenalin + Propanolol, Histamin, Prostaglandin $F_2 \alpha$ (PG $F_2\alpha$), Prostaglandin E_2, o-Butyryl-cAMP (o-B-cAMP) und o-Butyryl-cGMP (o-B-cGMP) auf die invitro Phagozytose von Tuschpartikeln bestimmt (Konzentrationen siehe Tabelle 1). Als Phagozytoserate wird angegeben die Zahl der Tuschepartikel pagozytierenden Phagozyten dividiert durch die Gesamtzahl der auf dem Sedimentkammerpräparat auszählbaren Phagozyten. Die statische Auswertung erfolgte mit dem t-Test für gepaarte Proben.

Ergebnisse

Liquorphagozyten werden beim invitro Versuch durch Adrenalin stimuliert. Dabei nimmt nicht nur die Zahl der phagozytierenden Zellen zu, die Phagozyten vergrößern sich auch und Granulierung sowie Bläschenbildung im Zytoplasma nehmen deutlich zu. Dieser Effekt läßt sich durch Phentolamin unterdrücken, nicht dagegen durch Propanolol. Histamin aktiviert die Phagozyten nur in geringen Konzentrationen, höhere Konzentrationen scheinen eher zu einer Hemmung zu führen. In ähnlicher Weise beeinflußt o-B-cAMP die Aufnahme von Tuschepartikeln durch die Makrophagen, während o-B-cGMP nur in hoher Dosierung zu einer leichten Hemmung führt. Bei den zyklischen Nucleotiden scheint die intrazelluläre Wirkung von der Position des Butyrylrestes abhängig zu sein. Eine entsprechende Untersuchung in unserem Labor mit n-B-cAMP und n-B-cGMP führte zu keiner wesentlichen Beeinflussung der Phagozyten.

Tabelle 1. Einfluß von Adrenalin, Histamin, Prostaglandinen und cyclischen Nucleotiden auf die Phagocytoserate von Liquorphagocyten (Erläuterungen siehe Text)

Substanz	Versuchsansätze			Statistik		
	Kontrolle	1	2	K zu 1	1 zu 2	K zu 2
Adrenalin	$0,409\pm0,109$	5 ug/ml $0,547\pm0,088$	20 ug/ml $0,575\pm0,146$	p<0,0005	p>0,25	p<0,0025
Adrenalin+ α-Blocker	$0,270\pm0,119$	Ph.+Adr.5ug/ml $0,252\pm0,131$	+Adr.20ug/ml $0,463\pm0,123$	p>0,35	p<0,0005	p<0,0025
Adrenalin+ β-Blocker	$0,287\pm0,140$	Pr.+Adr.5ug/ml $0,415\pm0,145$	+Adr.20ug/ml $0,465\pm0,137$	p<0,0005	p<0,05	p<0,0005
Histamin	$0,396\pm0,088$	5 ug/ml $0,486\pm0,069$	20 ug/ml $0,388\pm0,096$	p<0,0005	p<0,0025	p>0,35
PG $F_2\alpha$	$0,473\pm0,125$	25 ug/ml $0,284\pm0,133$	50 ug/ml $0,275\pm0,198$	p<0,0005	p>0,25	p<0,0025
PG E_2	$0,418\pm0,092$	5 ug/ml $0,530\pm0,083$	20 ug/ml $0,403\pm0,109$	p<0,01	p<0,005	p>0,95
o-B-cAMP	$0,364\pm0,089$	$2,5\mathrm{x}10^{-6}$M $0,504\pm0,096$	$2,5\mathrm{x}10^{-5}$M $0,352\pm0,089$	p<0,0005	p<0,0005	p>0,20
o-B-cGMP	$0,422\pm0,097$	$2,5\mathrm{x}10^{-6}$M $0,380\pm0,154$	$2,5\mathrm{x}10^{-5}$ $0,357\pm0,119$	p>0,10	p>0,20	p<0,0125

Auch die Prostaglandine beeinflussen die Phagozyten in unterschiedlicher Weise. Prostaglandin $F_2\alpha$ hemmt schon in niedriger Dosierung
die Phagozytoseaktivität der Liquorphagozyten erheblich, während
Prostaglandin E_2 in niedriger Dosierung stimuliert und in höherer Dosierung ohne Effekt ist. Die Ergebnisse sind signifikant. Einzelheiten
siehe Tabelle 1.

Besprechung der Ergebnisse

In den letzten Jahren konnte durch verschiedene Untersuchungen gezeigt werden, daß monozytoide Phagozyten sowohl durch unspezifische
(Haftung von Fremdkörpern an der Zelloberfläche) (8) als auch durch
spezifische Rezeptoren (igG, Komplement C3) (7) an ihrer Membranober-
fläche angeregt werden können, wenn sie in direkten Kontakt mit dem
Substrat gebracht werden. Daß diese Rezeptoren auch bei Liquorphagozyten nachgewiesen werden können, ist auch Untersuchungen von OEHMICHEN
(10) bekannt. Humoral ist eine Beeinflussung der monozytoiden Phagozyten in Anwesenheit von Lymphozyten durch Lyphokine bekannt (5). Unsere Ergebnisse legen den Schluß nahe, daß monozytoide Phagozyten -
außer durch die bekannten Faktoren - auch durch Adrenalin (bzw. Noradrenalin) über einen α-Rezeptor aktiviert werden können. Das würde bedeuten, daß zum Beispiel bei einer Streßreaktion durch die neurohumorale
Sekretion von Hormonen des Nebennierenmarkes (Adrenalin/Noradrenalin)
Phagozyten - d.h. die unspezifische Abwehr - aktiviert würden. Auch
das bei der lokalen Entzündungsreaktion von den Mastzellen sezernierte
Histamin kann zumindest in geringen Konzentrationen Phagozyten aktivieren.

Die von uns gefundene Stimulierung durch cAMP in niedriger Konzentration und der eher hemmende Effekt höherer Konzentrationen des cAMP bzw.
von cGMP entspricht den Befunden aus Tierversuchen anderer Autoren (1).

GEMSA et al. (4, 4a) konnten zeigen, daß ruhende Makrophagen Prostaglandin $F_{2\alpha}$, aktivierte dagegen Prostaglandin E_1 und E_2 absondern.
Nach unseren Befunden wäre dieses Ergebnis so zu interpretieren, daß
die ruhenden Makrophagen sich durch Ausscheidung von Prostaglandin
$F_2\alpha$ gegenseitig inaktivieren, die aktivierten Makrophagen dagegen
durch Absonderung von Prostaglandin E_2 weitere Phagozyten zur Bewälti-
gung ihrer Aufgabe aktivieren können.

Literatur

1. Cramer H, Schultz J (1977) Cyclic 3',5'-Nucleotides: Mechanism of
   Action. John Wiley & Sons, London New York Sidney Toronto

2. Dufresne JJ (1973) Praktische Zytologie des Liquors. Documenta
   Geigy

3. Fellenberg von R (1978) Kompendium der allgemeinen Immunologie.
   Paul Parey, Berlin Hamburg

4. Gemsa D, Seitz M, Till G, Resch K (1977) PGE_1 Sensitivity and PGE_1
   Synthesis of Macrophages. Z Immunitätsf 153: 301

4a.Gemsa D, Seitz M, Grimm W, Kramer W, Till G (1978) Conditions Con-
   tributing to Prostaglandin Release from Macrophages. Z Immunitätsf
   154: 316

Fräulein Landfried danke ich für die technische Assistenz

532

5. Hahn H (1976) Lysosomen und Infektabwehr. Verh Dtsch Ges Path 60: 175-184

6. Hibbs JB, Lambert LH, Remington JS (1972) Possible Role of Macrophage Nonspecific Cytotoxicity in Tumor Resistance. Nature New Biologie 235: 48-50

7. Huber H, Michlmayr G, Müller-Eberhard HJ, Fudenberg HH (1970) Receptoren an menschlichen Monozyten für IgG und Komplement. Schweiz Med Wschr 100: 344-347

8. Kaplan G, Gaudernack G, Seljelidt R (1975) Localisation of Receptors and Early Events of Phagocytosis in the Macrophage. Exp Cell Research 95: 365-375

9. Oehmichen M (1976) Cerebrospinal Fluid Cytology. Thieme, Stuttgart

10. Oehmichen M (1978) Mononuclear Phagocytes in the Central Nervous System. Springer, Berlin Heidelberg New York

11. Sayk J (1960) Cytologie der Cerebrospinalflüssigkeit. VEB Fischer, Jena

12. Weitbrecht WU, Weigel K, Stengele G (1978) Cytologie, Lactatdehydrogenase und Creatinkinase im Liquor cerebrospinalis bei leichten Schädelhirntraumen. Arch Psychiat Nervenkr 225: 349-357

13. Weitbrecht WU, Thron A, Thoden U (1978) Wertigkeit des Liquorbefundes bei lumbalen Bandscheibenvorfällen. Nervenarzt 49: 480-483

14. Yanamoto S, Tokunaga T (1978) In Vitro Cytotoxicity of Peritoneal Macrophages Activated with Mycobacterium Smegmatis. Microbiol Immunol 22: 27-40

15. Zollinger HU (1968) Pathologische Anatomie, Band I. Thieme, Stuttgart

Zytologische Diagnostik entzündlicher Prozesse der Hirnbasis mit Tumorsymptomatik

H. Wiethölter, J. Peiffer und J. Dichgans

Die seltenen entzündlichen granulomatösen Prozesse der Hirnbasis benötigen zu ihrer Aufklärung oft des Einsatzes des vollen apparativ-
diagnostischen Repertoires, gelegentlich unter Einbeziehung einer
Probeexzision.

Die klassischen erregerbedingten Granulome bei einer Tuberkulose
oder Lues werden durch Serologie bzw. klinische Befunde wahrscheinlich gemacht. Mykotische Granulome mit Candida, Cryptococcus, Histo-
plasma capsulatum oder Aspergillus lassen sich daneben nicht selten
durch direkten Erregernachweis im Liquor cerebrospinalis (L.c.) zuordnen. Dagegen gelingt ein Erregernachweis im L.c. bei parasitären
Granulomen durch Cysticercus, Echinococcus und Toxocara so gut wie
nie. Gleichfalls läßt auch bei den ausgesprochen seltenen Toxoplas-
mosen die mikroskopische Erregersuche im L.c. im Stich. Eine letzte
Gruppe von Granulomen wird nicht oder durch bisher unbekannte Erreger verursacht: Der M. BOECK, dessen Nachweis recht häufig durch
Leberbiopsie gelingt und der M. WHIPPLE, der durch eine Dünndarm-
Biopsie relativ einfach bewiesen werden kann, wenn durch das Ergebnis der Liquorzytologie erst einmal auf ihn aufmerksam gemacht wurde.
Für die "reticulo-histiozytäre granulomatöse Encephalitis (r.-h.g.E.)
(7) ist häufig lediglich die zytologische Untersuchung des L.c. rich-
tungsweisend.

An vier Beispielen soll die Aufmerksamkeit auf einige seltene basale
Granulome gelenkt und die gelegentlich hervortretende Bedeutung der
zytologischen Untersuchungen des L.c. demonstriert werden.

a) C.H., 18.6.1970: 8-j. indischer Junge, der seit dem 6. Lebensmonat
an großen Anfällen litt. Wegen eines Hydrocephalus Anlage eines Spitz-
Holter-Ventils. Im zuvor gewonnenen L.c. 60/3 Zellen, GE 20 mg%, Zuk-
ker o.B., IgG mit 5,9 mg/dl leicht erhöht. Aufgrund der liquorzytolo-
gisch erkennbaren deutlichen lympho-monozytären Reaktion mit Auftreten
von Plasmazellen und einer größeren Anzahl eosinophiler Granulozyten
wurde der Verdacht auf eine Parasitose geäußert. Die anschließend ven-
trikulographisch nachgewiesene Raumforderung wurde daher trotz mehrfach negativer Serologie und fehlender Bluteosinophilie als Echinococcus bzw. Cysticercus-Cyste betrachtet. Bei der Autopsie fanden sich
neben zwei basalen Zysten multiple Herde eines Echinococcus cysticus.
Die cerebrale war die einzige Manifestationsform des Echinococcus.

b) H.B., 3.11.1958: 19-j. Mädchen, bei welchem bereits mit 11 Jahren
unklare Fieberschübe als Folge zentraler Temperaturregulationsstörungen aufgetreten waren. Mit 14 Jahren fand man eine bitemporale Hemianopsie und eine totale HVL-Insuffizienz. Hirnszintigraphisch stellte
sich eine supraselläre Raumforderung dar, die pneumencephalographisch
gesichert werden konnte. Bei der zytologischen Untersuchung des L.c.
traten bei einer ausgeprägten lympho-monozytären Reaktion mit stimulierten Lymphozyten, Plasmazellen, aktivierten Monozyten auffallend
großkernige jugendliche Monozyten mit teilweise leicht basophilem
Zytoplasma auf. Unter der Operation wurde der Verdacht auf ein Spon-

534

gioblastom geäußert. Histologisch erwies sich der Tumor als r.-h.g.E.
mit allerdings bemerkenswert vielen myeloblastenähnlichen Zellen. Für
ein Retikulosarkom war das Zellbild zu bunt.

c) W.U., 6.10.1944 (2): 33-j. Frau, die seit 3 Jahren an einem Diabetes insipidus, einer Amenorrhö und schließlich Temperaturregulationsstörungen litt. BSG ca. 40/80 mm. Im Hirnszintigramm und Computer-Tomogramm Verdacht auf tiefsitzenden Mittelhirnprozeß. Mehrfache Lumbal-
punktionen ergaben jeweils 40-60/3 Zellen, GE um 90 mg% und jeweils
deutliche IgG-Erhöhung (Schrankenstörung!). Zytologisch anfangs gemischtzellige Reaktion mit neutrophilen (vereinzelt auch eosinophilen)
Granulozyten, Monozyten, stimulierten Rundzellen und Plasmazellen, ab
der zweiten Punktion keine Granulozyten. Es wurde der Verdacht auf
eine granulomatöse Entzündung geäußert. Bei der Hirnsektion fand sich
im Hypothalamusbereich ein etwa kirschgroßer, relativ scharf abgrenz-
barer, weißlicher Tumor, der sich histologisch als typische r.-h.g.E.
darstellte.

d) N.G., 31,8.1942: 37-j. Patient, der seit Jahren wegen rheumatoider
Arthritis mit Gelenkbeschwerden, Leukozytose, BSG-Erhöhung behandelt
wurde. Neurologisch auffällig wurde er, als 1978 ein durch das Fehlen
aller Sakkaden bedingter Schwindel mit Scheinbewegungen auftrat. Computer-tomographisch stellte sich eine suprasellär gelegene, ca. kirsch-
große Raumforderung dar, die aufgrund der liquorzytologischen Untersuchung zunächst als Granulom gedeutet wurde, da bei jeweils mäßig erhöhten Zellzahlen um 60/3 zytologisch eine gemischtzellige Reaktion vorlag, mit Zellen, die als Plasmazellen mit RUSSEL'schen Körperchen gedeutet wurde. Die Leberbiopsie sowie die Suche nach Parasiten, Pilzen
und säurefesten Stäbchen blieb negativ. Bei einer neurochirurgischen
Exploration wurde eine Teilexzision durchgeführt. Histologisch dachte
man zunächst wegen massiver PAS-positiver Zelleinschlüsse an einen
Granularzelltumor. Die nochmalige Durchsicht der Liquorpräparate mit
PAS-Färbung ließ die für einen M. WHIPPLE typischen Sieracki-Zellen
(Abb. 1) erkennen, bei denen es sich um Makrophagen handelt, die massiv Bakterien und Bakterienmembranen gespeichert haben (1, 8). Sie
werden auch als SPC-Zellen (Sickle particle containing) bezeichnet.
Eine daraufhin durchgeführte Jejunum-Biopsie konnte den somit überhaupt
erstmals aus der Liquorzytologie geäußerten Verdacht auf das Vorliegen
eines M. WHIPPLE bestätigen.

Zusammenfassung

Alle hier dargestellten entzündlichen granulomatösen Veränderungen an
der Hirnbasis stellen ausgesprochen seltene Erkrankungen dar. Trotzdem sollte vor allem bei entsprechenden computer-tomographischen Hinweisen und fehlenden Veränderungen am Schädelknochen und an den inneren Organen an diese Erkrankungen gedacht werden. Dabei dürfte im regelmäßig entzündlich veränderten Liquor eine zytologisch konstant
nachweisbare Eosinophilie am ehesten auf einen parasitären Prozeß hinweisen und eine gemischtzellige Reaktion, wobei auffallend junge großkernige Monozyten auftreten können, an eine r.-h.g.E. denken lassen.
Charakteristisch und beweisend für eine Granulom-Encephalitis bei
M.WHIPPLE ist das Auftreten der hier dargestellten Sieracki-Zellen.

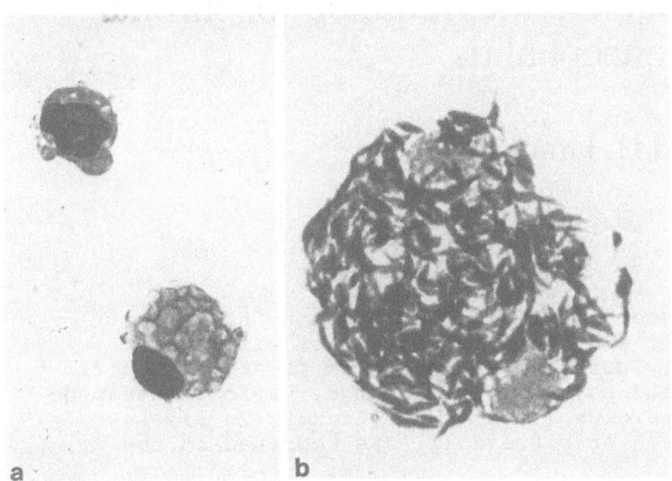

Abb. 1. Liquorzellsediment Pat. N.G. (Sedimentkammerverfahren nach
SAYK) a Vergr. X 750, Färbung nach Pappenheim. Typische SIERACKI-
Zelle (bzw. SPC-Zelle): Großer Makrophage mit randständig gelegenem
Kern und großlumigen homogen taubenblau gefärbten Vakuolen. Zum
Größenvergleich ein normaler Monozyt (oben). b Vergr. X 1000, PAS-
Färbung. Doppelkernige SIERACKI-Zelle, angefüllt mit PAS-positiven
länglich konfigurierten, sichelartigen Materialien

Literatur

1. Engelhardt P, Trostdorf D (1979) Liquoreosinophilie bei Zystizerkose. akt neurol 6: 81-85

2. Feurle GE, Volk B, Waldherr R (1979) Cerebral Whipple's disease
   with negative jejunal histology. N Engl J Med 300: 907-908

3. Foerster K, Baum R (1979) Diencephale Granulomencephalitis -
   psychiatrische und neurologische Aspekte. Nervenarzt 50: 590-592

4. Maida E, Summer K (1979) Pilzmeningitis: Verlaufsbeobachtung und
   Therapie. akt neurol 6: 99-104

5. Oehmichen M (1976) Cerebrospinal fluid cytology: an introduction
   and atlas. Thieme, Stuttgart

6. Pilz P, Harrer G (1979) Zur Sarkoidose des Nervensystems. Wien
   klin Wschr 91: 590-592

7. Stammler A, Cervós-Navarro J (1965) Die retikulo-histiozytäre
   granulomatöse Enzephalitis. Fortschr Neurol Psychiat 33: 1-24

8. Themann H, Roberts DM, Knust FJ, Schmidt E (1969) Elektronenmikroskopischer Beitrag zum Morbus Whipple. Beitr path Anat 139: 12-36

9. Voigt K, Dietz V (1972) Granulome des Hypothalamus. Arch Psychiat
   Nervenkr 216: 343-357

Antilymphocyte globulin in the treatment of chronic abacterious meningoencephalitis

H. Baas, E. Schneider and H. Grau

Introduction

Chronic abacterious meningoencephalitis (CAM) of non infectious
origin remains a diagnostic and therapeutic problem with such
complications as epilepsy, increased intracranial pressure, motoric
dysfunction, visual loss and psychoorganic change. Various therapeutic results with corticosteroids (1, 4), Methotrexat (2, 3), L-
asparaginase (3) and Cytosin-Arabinosid (2) are reported in the
literature.

Antilymphocyte globulin (ALG) has mainly been used for immunosuppres-
sion after organ transplants. In the therapy of neurological diseases
it has to our knowledge been used only in treatment of multiple
sclerosis (MS) and myasthenia gravis (MG). Good results were reported
in the acute stages of these diseases while longterm results were
uncertain (8, 9, 10).

Case report

4 months before being admitted to our hospital the 32 years old
Indian patient suffered an attack of heavy fever, headache and
unconsciousness for two days. After the attack he was mentally con-
fused and suffered from vision disorders. Without specific therapy
the patient remained well until one month before admission when he
developed heavy occipital head pain. He was admitted to our department at the end of July 1978 in a status of excitation. Physical
examination showed some meningism, papilledema with visual loss and
discrete leftside hemiparesis. In the cerebrospinal fluid (CSF) we
found 24 cells/mm^3 with a high percentage of eosinophils, 92,5mg%
protein and 42mg% gamma-globulin in the electrophoresis. The computertomogramm (CT), (Matrix 128 x 128, Siritom I, 133 kV) showed a
large oedema of the white matter with accentuation of the right side
(Fig. 1 a). Tests for infections including tropical agents were
negative. During the next months the patient's condition deteriorated
in a relapsing course, although high dosed corticosteroid therapy was
performed until march 1979. The Azathioprinetherapy which was started
November 1978 in a dosage of 150 - 200mg daily and 6 intrathecal
injections of 80mg Cytarabine resulted in no improvement. The patient
developed a progredient visual loss, several heavy attacks of increased
intracranial pressure, generalized and focal seizures. The amount of
cells in the CSF increased to 384/mm^3, the content of protein to
111,5mg%. After administration of ALG (Fa. Behring,Marburg) in a
dosage of 500mg daily for 17 days we observed a rapid improvement of
the clinical status and the CSF abnormalities: 19 cells/mm^3 and 57mg%
protein. A relapse after two months was also successfully treated with
ALG in a dosage of max. 3500mg daily (for synopsis see Table 1).
During the following period of 5 months there was no further relapse.
The only sideeffects we noted were a slight leukopenia and anemia.
The CT also showed considerable regression of the oedema of the white

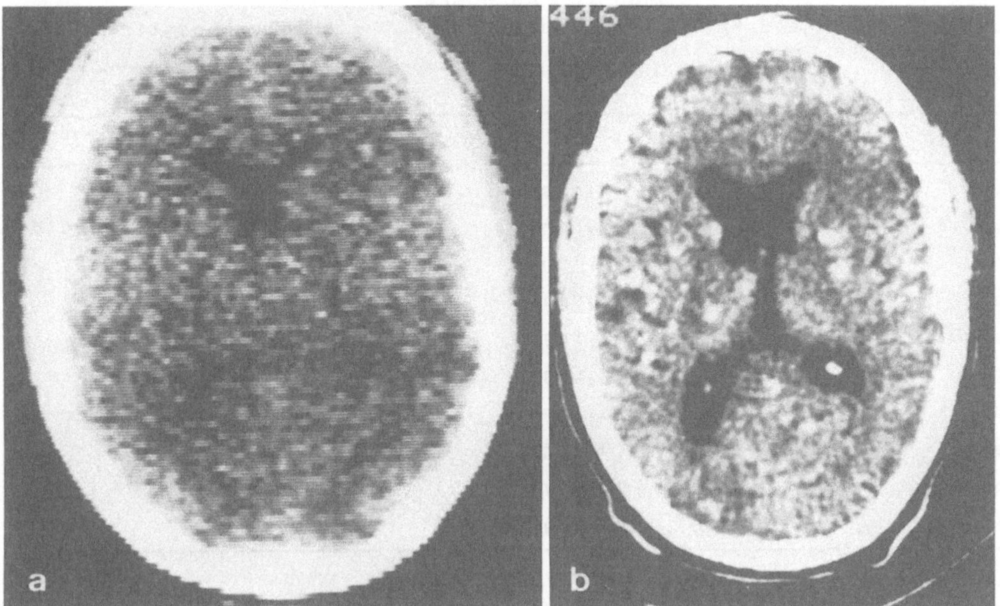

Fig. 1. J.S., 33 years old male. A.: CT 10463, July 1978, (Siretom I,
133 KV, matrix 128/128). Diffuse inflammatory brain-swelling.
Hypodense areas in the right temporal and occipital lobe with compression of the trigonum and the occipital horn. B.: CT 10800, Nov.
1979, (Somatom SD, 95 KV, matrix 256/256). Severe dilatation of the
ventricles, enlargement of the sulci. Multiple calcifications in
both hemispheres. Cysticercosis

matter. However later examinations with the more efficient Somatom
SD (Matrix 256 x 256, 95kV) revealed numerous inflamed and calcified
foci (Fig. 1 b). New serological tests for parasites showed positive
titers against cysticercosis. Specific treatment will be started.

Discussion

Despite the typical clinical course and CSF abnormalities (6, 7) the
diagnosis 'intracerebral cysticercosis' was delayed because of false
negative serological results during corticosteroid therapy. After
usual immunosuppressive therapy of CAM (1, 2, 3, 4) had failed, there
was a rapid improvement only after treatment with ALG. This was
probably caused by the specific antilymphocytic effect of ALG. The
longterm effect can only be estimated cautiously especially with
respect to the results with MS and MG (8, 9, 10). Despite the delayed
final diagnosis 'cysticercosis' the success of the treatment with ALG
can be explained by a suppression of the reactive inflammation around
the multiple cysticerces. Because of the nature of the disease there
was no danger of an increase in the number of cysticerces by a
weakened defense system.

Table 1. Synopsis of changes in the number of cells and protein content in CSF and therapeutic measures. ALG = Antilymphocytic globulin

	Cells/mm^3	CSF-protein		Therapy
July 78	24	92,5mg%		
Sept.	9	55,5mg%		Corticosteroid
Nov.	104	70,5mg%		
Jan. 79	128	50,9mg%	Cytarabin	
March	384	111,5mg%	←ALG	
Apr.	19	57,6mg%		
July	122	66,3mg%		Azathioprine
Sept.	13	48,5mg%	←ALG	
Nov.	26	46,6mg%		
Jan. 80	15	31,7mg%		

Summary

We report the case of a 32 year old patient with chronic abacterious meningoencephalitis. After unsuccessful treatment with the usual immunosuppressive drugs we observed a rapid improvement of the clinical status and of the CSF abnormalities over a period of several months following administration of ALG. The final diagnosis of intracerebral cysticercosis was delayed by false negative serological results during a corticosteroid therapy. Specific treatment will be required.

References

1. Frick E, Meyer JE (1960) Über eine besondere Gruppe chronischer Meningitiden unbekannter Ätiologie. Dtsch Z Nervenheilk 181: 46-61

2. Dommasch D, Fuhrmeister U, Krauseneck P (1977) Chronisch proliferative lympho-plasmozytäre Meningitiden - diagnostische und therapeutische Probleme. Verh Ges Inn Med 83: 1432-1436

3. Caron JC, Petit H (1973) La forme subaigue de la méningo-encéphalite herpétique. Nouv. Press Med 2 I: 446

4. Findley LJ (1975) Relapsing meningoencephalitis. Proc roy Soc Med 68: 594-596

5. Sirik LM (1977) Verlaufsformen der chronischen Meningoencephalitis mit Jackson Epilepsie. ZH Nevropatol Psikhiatr 78: 196-198

6. Pilz H, Müller D (1972) Cerebrale Cysticerkose des Menschen. Z Neurol 201: 241-260

7. Möbius W (1970) Zystizerkose des Gehirns und Eosinophilie im Liquor. Dtsch med Wschr 95 I: 1318-1323

8. Lhermitte F, Marteau R, de Saxce H (1979) Traitement des formes graves de sclérose en plaques par le sérum antilymphocytaire. Rev Neurol (Paris) 135: 389–400

9. Leovey A, Szobor A, Szegedy GY et al. (1975) Myasthenia gravis: ALG treatment of seriously ill patients. Eur Neurol 13: 422–432

10. McFadyen DL, Reive CE, Bratty PJ (1973) Failure of antilymphocytic globulin therapy in chronic progressive multiple sclerosis. Neurology 23: 592–598

Neurologische Symptome bei der Makroglobulinämie Waldenström

U. Patzold, P. Haller, K. Heinrichs und H.H. Peter

Einleitung

Eine durch neurologische Symptome komplizierte Makroglobulinämie Waldenström (MW) wird in der Literatur nicht selten als Bing-Neel-Syndrom bezeichnet, obschon nicht feststeht, ob die vor der Erstbeschreibung der Erkrankung durch Waldenström im Jahre 1944 Ende der dreißiger Jahre von Bing und Neel sowie Bing, Fog und Neel publizierten 3 Krankheitsfälle in der Tat an einer MW litten. Neurologische Symptome sind bei der MW keinesfalls eine Rarität. Sie kommen nach einer Literaturübersicht von Logothetis et al. (1960) bei 25% der Betroffenen vor. Angeregt durch die Beobachtung einzelner Kranker, bei denen neurologische Symptome ganz im Vordergrund der Erkrankung standen, haben wir die bei MW auftretenden neurologischen Komplikationen anhand eines größeren Krankengutes näher analysiert.

Methodik und Krankengut

Untersucht wurden 22 Kranke mit MW. Davon waren allein 4 Kranke primär in die Neurologische Klinik zur Behandlung gekommen. Die anderen standen in teils langjähriger Betreuung der Abteilung für Klinische Immunologie. Klinische und immunologische Parameter wurden miteinander korreliert.

Ergebnisse

Von den 22 Kranken hatten 5 Hinweise auf eine leichte, sensible Polyneuropathie: Sie klagten über entsprechende, teils schmerzhafte Mißempfindungen an Händen und Beinen, vor allem bei Kälteexposition, hatten socken- bzw. handschuhförmig begrenzte Sensibilitätsstörungen und abgeschwächte oder erloschene Triceps-surae-Reflexe. (Fall 1, 5, 9, 12, 18).

Zweimal (Fall 7 und 10) konnten wir eine schwere, chronisch progrediente, weitgehend symmetrische, distal betonte, motorisch-sensible Polyneuropathie mit hochgradigen Muskelatrophien und trophischen Störungen der Haut beobachten: Sie stellte sich im Fall 7 ein, nachdem die Erkrankung schon 2 Jahre bekannt war. Im Fall 10 war sie erstes und führendes Krankheitssymptom. Auch bei diesen chronischen Polyneuropathien waren schmerzhafte begleitende Mißempfindungen stark temperaturabhängig. Die Lähmungserscheinungen schritten bei beiden Kranken im weiteren Verlauf trotz Besserung der Paraproteinämie unter einer zweckdienlichen Behandlung weiter fort.

Asymmetrische Schwerpunktpolyneuropathien konnten wir bei 3 Kranken sehen: Sie stellten sich, wie auch andere ähnliche Polyneuropathien akut, mit begleitenden Schmerzen ein und bildeten sich bei allen drei Betroffenen gut zurück (Fall 2, 6, 16). Die Lähmungserscheinungen betrafen im Fall 2 die Glutealmuskulatur und die ischiokruralen Muskel-

gruppen, im Falle 6 die Unterschenkel- und Fußstreckmuskulatur und im
Fall 16 Hüftbeuge- und Oberschenkelstreckmuskulatur. Der letztgenannte hatte eine schwere Paraproteinämie mit hochgradiger Anämie und Hyperviskositätssyndrom. Plasmapheresen besserten seinen Zustand nicht,
eine Remission trat erst nach zytostatischer Behandlung ein.

Frau Sch. (Fall 20) hatte seit schon 5 Jahren ein eigentümliches
Krankheitsbild, das zunächst durch eine ganz im Vordergrund stehende
distale sensomotorische Polyneuropathie gekannzeichnet war, die im
weiteren Krankheitsverlauf zunehmend von Symptomen einer spastischen
Tetraparese überlagert wurde, so daß man sich zum Ausschluß einer
spinalen Raumforderung sogar zu einer Myelographie entschloß. Bei ihr
sind trotz zytostatischer Behandlung wie bei den 2 Kranken mit chronischer Polyneuropathie die spastischen Lähmungen weiter progredient.

Eine schwere Rumpf- und Gangataxie bei einer nur leichten Gliedmaßen-
ataxie, die klinisch wie eine Atrophie cerebelleuse tardive à prédominance corticale imponierte, konnten wir einmal beobachten (Fall 3).
Sie stellte sich langsam progredient im Verlaufe von mehreren Jahren
ein. Auch bei diesem Kranken wurde die Paraproteinämie erst im weiteren Krankheitsverlauf entdeckt. Obschon nach dem klinischen Bild eine
Kleinhirnatrophie zu vermuten war, ließ sie sich computertomographisch
nicht fassen.

Im letzten Fall (17) stand schließlich eine doppelseitige Optikusschädigung ganz im Vordergrund. Bei dieser Kranken war ebenfalls ein
ausgeprägtes Hyperviskositätssyndrom vorhanden. Eine Plasmapherese-
behandlung hatte aber wenig Erfolg (siehe Beitrag Haller et al.).

Eine Korrelation der klinisch-neurologischen Befunde zu den Laborpa-
rametern konnten wir nicht ermitteln. Insbesondere korrespondierte
das Ausmaß der neurologischen Störungen nicht mit der Schwere der Paraproteinämie oder dem Auftreten von Immunkomplexen (Tabelle 1).

Diskussion

Unsere Untersuchungen bestätigen die große Häufigkeit und bunte Vielfalt neurologischer Komplikationen bei MW. Sie erstrecken sich nicht
nur auf das zentrale, sondern vor allem auch auf das periphere Nervensystem. So ist in den letzten Jahren über einzelne Fälle von schweren
fortschreitenden sensomotorischen Polyneuropathien, aber auch über
Kranke mit einer sogenannten Mononeuritis multiplex berichtet worden
(2, 3, 4, 6, 7, 8). Fälle, bei denen eine atrophisierende Lähmung mit
Symptomen einer Pyramidenbahnschädigung wie bei einer myatrophen Lateralsklerose einhergehen, sind ebenfalls beschrieben worden (1).

Die neurologischen Komplikationen können theoretisch hervorgerufen
werden durch Anämie, Blutungsneigung, Hyperviskosität, lymphoplasma-
zelluläre Infiltrate und Amyloidablagerungen. Die Polyneuropathien
entstehen möglicherweise auch durch Antikörperbildung gegen Nervengewebe. IgM wurde mit Immunfluoreszenztechniken auf den Markscheiden
peripherer Nerven nachgewiesen (4, 5, 8). Bei einem Teil der neurologischen Komplikationen bleibt man eine befriedigende Erklärung
ihrer Pathogenese schuldig. Man wird sie vorerst unverbindlich als
paraneoplastische Syndrome einordnen müssen.

Tabelle 1

Nr.	Name	Geschlecht	Alter	Neurol. Symptome	BSG mm n.W.	IgM g/l	Immun- komplexe	Coombs- Test	Kälte- aggl.	Kryo- globuline
1	B.,W.	männlich	57	sens.Polyneurop.	146/130	46,8	pos.	−	pos.	−
2	B.,M.	weiblich	42	asym. Polyneurop.	67/85	4,3	pos.	pos.	pos.	−
3	B.,E.	männlich	59	cerebelläre Ataxie	55/91	10,0	−	−	−	−
4	H.,F.	männlich	48	−	28/37	13,0	pos.	neg.	neg.	neg.
5	H.,H.	männlich	56	sens. Polyneurop.	125/130	90,0	−	neg.	neg.	neg.
6	H.,A.	männlich	66	asym. Polyneurop. Hemiparese, Opti- kusmalazie	120/130	2,7	pos.	neg.	neg.	neg.
7	H.,G.H.	weiblich	68	Polyneuropathie	40/53	8,7	pos.	neg.	neg.	neg.
8	H.,R.	weiblich	58	−	55/66	2,9	pos.	neg.	neg.	neg.
9	H.,A.	weiblich	75	sens. Polyneurop.	7/21	0,6	pos.	−	−	−
10	Ka.,W.	männlich	68	Polyneuropathie	22/50	3,9	−	neg.	pos.	neg.
11	K.,A.	weiblich	63	−	84/117	24,0	pos.	−	−	−
12	K.,K.	weiblich	60	sens. Polyneurop.	127/132	1,3	pos.	−	−	−
13	K.,W.	männlich	59	−	58/74	18,0	neg.	−	−	−
14	K.,O.	männlich	67	−	20/45	12,1	neg.	−	−	−
15	K.,I.	weiblich	55	Bewußtlosigkeits- anfälle	127/130	36,0	pos.	neg.	neg.	neg.
16	M.,W.	männlich	73	asym. Polyneurop.	nicht bestimm- bar	66,0	pos.	neg.	neg.	pos.
17	N.,E.	weiblich	49	Optikusläsion bds.	110/134	39,2	pos.	neg.	pos.	−
18	P.,H.	männlich	58	sens. Polyneurop.	98/130	35,0	pos.	−	−	−
19	R.,B.	männlich	57	−	90/120	34,4	pos.	−	−	−
20	Sch.,E.	weiblich	67	Tetraspastik, Polyneuropathie	14/31	7,5	pos.	−	−	−
21	S.,M.	männlich	59	−	135/140	43,1	neg.	−	−	−
22	T.,Th.	männlich	66	−	67/95	8,7	pos.	−	−	−

Literatur

1. Bauer M, Bergström R, Ritter B, Olsson Y (1977) Macroglobulinemia
   Waldenström and motor neuron syndrom. Acta Neurol Scandinav 55:
   245-250

2. Fraser DM, Parker AC, Amer S, Campbell IW (1976) Mononeuritis multiplex in a patient with macroglobulinaemia. J Neurol Neurosurg
   Psychiatry 39: 711-715

3. Iwashita H, Argyrakis A, Lowitzsch K, Spaar FW (1974) Polyneuropathy in Waldenström's Macroglobulinaemia. J Neurol Sci 21: 341-354

4. Julien J, Vital C, Vallat JM, Lagueny A, Deminiere C, Darriet D
   (1978) Polyneuropathy in Waldenström's Macroglobulinemia. Deposition of M Component on Myelin Sheaths. Arch Neurol 35: 423-425

5. Logothetis J, Silverstein Pl, Coe J (1960) Neurologic aspects of
   Waldenström's macroglobulinemia. Report of a case. Arch Neurol 5:
   564-573

6. Massey EW, Pleet AB, Brannon WL (1978) Waldenström's Macroglobulinemia and Mononeuritis Multiplex. Ann int Med 88: 360-361

7. Neundörfer B, Potz G, Rentsch I, Stocker W, Loewe KR, Hübner G
   (1976) Polyneuropathie bei Morbus Waldenström. Schweiz med Wschr
   106: 438-443

8. Propp RP, Means E, Deibel R, Sherer G, Barron K (1975) Waldenström's
   macroglobulinemia and neuropathy. Deposition of M-component on
   myelin sheaths. Neurology 25: 980-988

Neurologische Störungen bei einem Fall von SHARP-Syndrom

K.F. Leonhardt und R. Hagenah

Das SHARP-Syndrom wurde 1972 von G. SHARP (1) als "Mixed Connective
tissue Disease (MCTD)" beschrieben. Wenn auch klinische Ähnlichkeiten
zum systemischen Lupus erythematodes (SLE) und zur Sklerodermie (SD)
bestehen, ist die MCTD inzwischen allgemein als ein eigenständiges
Krankheitsbild anerkannt, das besonders dem internistisch und hier
dem immunologisch Interessierten bekannt ist. Als Leitsymptome gelten
das RAYNAUD-Syndrom, Schwellungen von Händen und Fingern, Polyarthralgien bzw. -arthritiden sowie eine Begleitmyositis. Daneben werden häufiger auch oesophageale Motilitätsstörungen, Fieber, Sklerodermie und
Hautexanthem, interstitielle Lungenfibrose, Lymphadenopathie und Poly-
serositis (Pleuritis und Pericarditis) beobachtet, selten Spleno- und
Hepatomegalien. Im Gegensatz zum SLE sind Nephropathien beim MCTD
Raritäten und zeigen insgesamt einen günstigeren Verlauf (2).

Dennoch bietet das SHARP-Syndrom klinisch internistisch ein so buntes
Krankheitsbild, das aufgrund der klinischen Befunde und des Krankheits-
verlaufs nur schwer die Verdachtsdiagnose gestellt werden kann.

Die Diagnose des SHARP-Syndroms wird bei klinischem Verdacht immunologisch gestellt durch den Nachweis hoher Titer von Antikörpern gegen
Ribunukleinprotein. Daneben finden sich hohe Titer von Antikörpern (AK)
gegen extrahierbares, lösliches Kernantigen (ENA). Durch Vorbehandlung
des Antigens (ENA) mit Ribunuklease kommt es charakteristischerweise
zum signifikanten Titerabfall. Antikörper gegen DNS kommen beim SHARP-
Syndrom relativ selten vor (3).

In der Literatur ist beim SHARP-Syndrom bisher, abgesehen von einer
Trigeminusneuralgie, keine weitere neurologische Symptomatik aufgeführt.

Eine Patientin mit führender und überwiegend neurologischer Symptomatik beim SHARP-Syndrom wird bei uns seit 4 Jahren behandelt.

Zunächst erkrankte die Patientin an einem RAYNAUD-Syndrom. Dann kamen
multiple Hirnnervenstörungen und Symptome der langen Bahnen hinzu. Im
EMG fanden sich neurogene Schäden. Der Liquor war entzündlich verändert. Therapieversuche mit Corticosteroiden führten passager zu einer
Besserung der Symptomatik, nach Dosisreduktion jedoch zu einer deutlichen Verschlechterung des Krankheitsbildes. So kamen Polyarthralgien
hinzu und die bulbäre neurologische Symptomatik nahm ein bedrohliches
Ausmaß an. Eine diffuse, überwiegend corticale Encephalopathie führte
schließlich zu einem schweren Psycho-Syndrom mit zeitweiser Produktiv-
symptomatik.

Die Immunserologie sicherte die Diagnose eines SHARP-Syndroms entsprechend den oben ausgeführten Kriterien. Bioptisch war eine Myositis
nicht nachweisbar, dagegen jedoch eine Immunvasculitis, die als pathogenetischer Faktor für die neurologische Symptomatik zumindest mitverantwortlich ist. Unter einer ausreichend hoch dosierten Corticosteroid-

therapie konnte eine langanhaltende Remission der neurologischen Störungen erreicht werden, dieser günstige therapeutische Verlauf ist auch aus der Literatur bekannt.

Der hier dargestellte Fall muß den Neurologen veranlassen, zusätzlich zu den bisher bekannten immunogenetischen Erkrankungen auch das SHARP-Syndrom zukünftig zu berücksichtigen, zumal sich aus einer Spezifizierung der Immunerkrankungen nicht nur wissenschaftliche Aspekte, sondern auch wesentliche therapeutische Maßnahmen und prognostische Aussagen ergeben.

Literatur

1. Sharp GC, Irvin WS, Tan IM, Gould RE, Holman BR (1972) Mixed connective tissue disease, an apparently distinct rheumatic disease-syndrome associated with a specific antibody to an extractable nuclear antigen (ENA). Amer J Med 52: 148-159

2. Parker MD (1973) Ribonucleoprotein antibodies: frequencies and clinical significance in systemic lupus erythematosus, scleroderma and mixed connective tissue disease. J Lab clin Med 82: 769-775

3. Rosenthal M (1976) Das Sharp-Syndrom. Schweiz med Wschr 106: 129-134

IgM – Paraproteinämie mit Optikusbeteiligung: Verlaufsbeobachtung von 2 Fällen mit Sehstörungen als führendem Krankheitssymptom

P. Haller, H. Kolbe, H. Werry und Angelika Wrabetz-Wölke

Einleitung

Okuläre Symptome werden in 30% bis 70% der an Morbus Waldenström
(M.W.) Erkrankten beobachtet (2, 12, 16). Meist handelt es sich dabei
um vorübergehende geringgradige Sehstörungen infolge Netzhautbeteili-
gung mit Venenstauungen und Thrombosen, kleinen Blutungen aus Mikro-
aneurysmen, Exsudaten und Ödemen (Fundus paraproteinämicus), worauf
bereits 1944 Waldenström bei der Erstbeschreibung der Makroglobulinämie hingewiesen hatte (14, 11, 10).

Dagegen sind Sehstörungen durch eine Optikusbeteiligung bei M.W. bisher selten beobachtet worden (5, 6, 10). Sie eignen sich wegen der
strengen topographischen Gliederung des visuellen Systemes bevorzugt
für Verlaufskontrollen und Überprüfung verschiedener Therapieformen.

Methodik

Bei 2 Patienten mit M.W. waren Sehstörungen infolge einer Optikusschädigung nicht nur dominierender ophthalmologischer Befund sondern
erstes Symptom überhaupt gewesen. Die so Erkrankten wurden von uns 12
und 18 Monate regelmäßig neurologisch und ophthalmologisch untersucht.
Das Ausmaß der Funktionsstörung im Sehnerv wurde quantitativ und qualitativ mittels subtiler Gesichtsfelduntersuchungen (statische Perimetrie nach HARMS 1950) erfaßt (8). Der Grad der Sehnervenfunktion
konnte in einem Falle rechnerisch durch numerische Integration der
Profilperimetriekurve beschrieben (7) und in Beziehung zur Therapie
gesetzt werden.

Ergebnisse

Fall 1: Erika N., geb. am 26.1.1931, erkrankte im Dezember 1978 mit
Sehstörungen und Schmerzen des linken Auges. Im Mai 1979 wurde sie
wegen eines ausgeprägten beidseitigen Papillenödems in die Klinik
eingewiesen.

Bei unauffälligen vorderen Augenabschnitten fand sich ophthalmologisch
eine beidseitige Papillenprominenz von 2 dtpr., Venenstauung, der Visus betrug zunächst noch beiderseits 1,0. Im Gesichtsfeld fand sich
lediglich eine Vergrößerung des blinden Fleckes. Der neurologische
Status war regelrecht. BSG 110/134 mm n.W., Serum Elektrophorese Erhöhung der Gamma-Fraktion auf 36%, Serum-Immunelektrophorese IgM
39,2 g/l (normal 0,6 - 2,8 g/l). Liquor: 248/3 Zellen mit Überwiegen
lymphozytärer Elemente. Liquor IgM 81 mg/l. Vollblutviskosität 78,8
CP sec.$^{-1}$. Die Beckenkammbiopsie ergab lymphoide Infiltrate wie bei
Morbus Waldenström. In den folgenden Tagen trat ein zunehmender Vi-
susverfall mit unregelmäßigen Gesichtsfeldgrenzen sowie zeitweiligen
Obskurationen auf. Es entwickelte sich aus dem ophthalmologisch zunächst mehrdeutigen Befund das charakteristische Bild des Fundus para-

proteinämicus. Bei hoher Vergrößerung ließ sich an der Spaltlampe ein
deutliches Slugde-blood-Phänomen der Bindehautgefäße nachweisen.

Es wurden unter anderen 7 Plasmapherese-Behandlungen durchgeführt,
die keinen nennenswerten Einfluß auf die Sehnervenfunktion und keine
nachhaltige Besserung der Plasma- und Blutviskosität erbrachten (Abb.
1). Das Sehvermögen korrelierte nicht mit der Plasmaviskosität. Es
fand sich dagegen eine deutliche Visus- und Gesichtsfeldbesserung unter einer hochdosierten Kortikosteroid-Behandlung (Prednison) (Abb.
1). Im weiteren Krankheitsverlauf blieben die bedrohlichen Schwankungen des Sehvermögens aus. Unter einer zytostatischen Therapie konnte
die Kortikosteroid-Medikation reduziert werden.

Fall 2: Alfred H., geb. am 26.1.1913, erkrankte im August 1978 mit
plötzlicher linksseitiger Erblindung. 4 Wochen vorher hatte er bereits
über Schmerzen und leichte Schwäche im rechten Bein geklagt. Im September fand sich ophthalmologisch eine linksseitige Optikus-Atrophie
sowie im wesentlichen altersentsprechende, leicht arteriosklerotisch
veränderte Netzhautgefäße. Der Visus betrug rechts 0,8, links weniger
als 0,1, hier war ein großes Zentralskotom festzustellen. Die Fluores-
zensangiographie ergab deutliche Engstellung der Netzhautgefäße mit
Wandunregelmäßigkeiten, jedoch keine Zeichen eines Papillenödems. Der
neurologische Befund wies eine asymmetrische Schwerpunktpolyneuropa-
thie des rechten Beines mit Verlust der Eigenreflexe, Sensibilitätsstörungen und Muskelatrophien auf.

Laborwerte: BSG 120/130 mm n.W., Serum-IgM 90 g/l., Immunkomplexe im
Serum erhöht.

Unter hochdosierter Prednisonmedikation (100 mg/die in absteigender
Dosierung) kam es zu einer deutlichen Besserung des Sehvermögens mit
passagerem Visusanstieg auf 0,3. Das Zentralskotom war nicht mehr nachweisbar und 2 Monate nach Reduktion der Kortikosteroide verschlechterten sich die visuellen Parameter. Zusätzlich wurde eine Zytostatika-Be-
handlung durchgeführt. Während der stationären Behandlung kam es zu
einer akuten Hemiparese rechts mit vollständiger Rückbildung, Hinweise
auf einen extrakraniellen Karotisverschluß fanden sich nicht.

Diskussion

Sehstörungen infolge einer Optikusschädigung können, wie die eigenen
Beobachtungen zeigen, beim M.W. auch ohne typischen Fundus paraprotenä-
micus auftreten. Ein Hyperviskositätssyndrom spielt im Gegensatz zur
Retinopathie (1, 12) offensichtlich pathogenetisch keine entscheidende
Rolle. Die Plasmaviskositätswerte korrespondierten nicht mit dem Ausmaß der Sehstörungen und wiederholte Plasmapheresen brachten keine entscheidende Besserung der Optikusfunktion, wie sie andere bei der Retinopathie feststellen konnten (3, 13).

Im Fall 1 muß man die Optikusschädigung auf eine basale, in die Opti-
kusmeningen hineinreichende lymphoide Infiltration der Hirnhäute zurückführen. Im Fall 2 kam es zu dem Bild einer ischämischen, d.h. vaskulären Optikusschädigung. Hier zeigten die zusätzlichen Organmanife-
stationen ebenfalls einen vaskulären Charakter (Schwerpunkt-Polyneuro-
pathie, zerebraler ischämischer Insult). Eine hochdosierte Kortikosteroid-Behandlung brachte in beiden Fällen Besserung, was dafür sprechen könnte, daß zelluläre Infiltrationen der Gefäßwände vorlagen.
Entscheidend für die Langzeitprognose dürfte aber eine konsequente systematische zytostatische Behandlung sein.

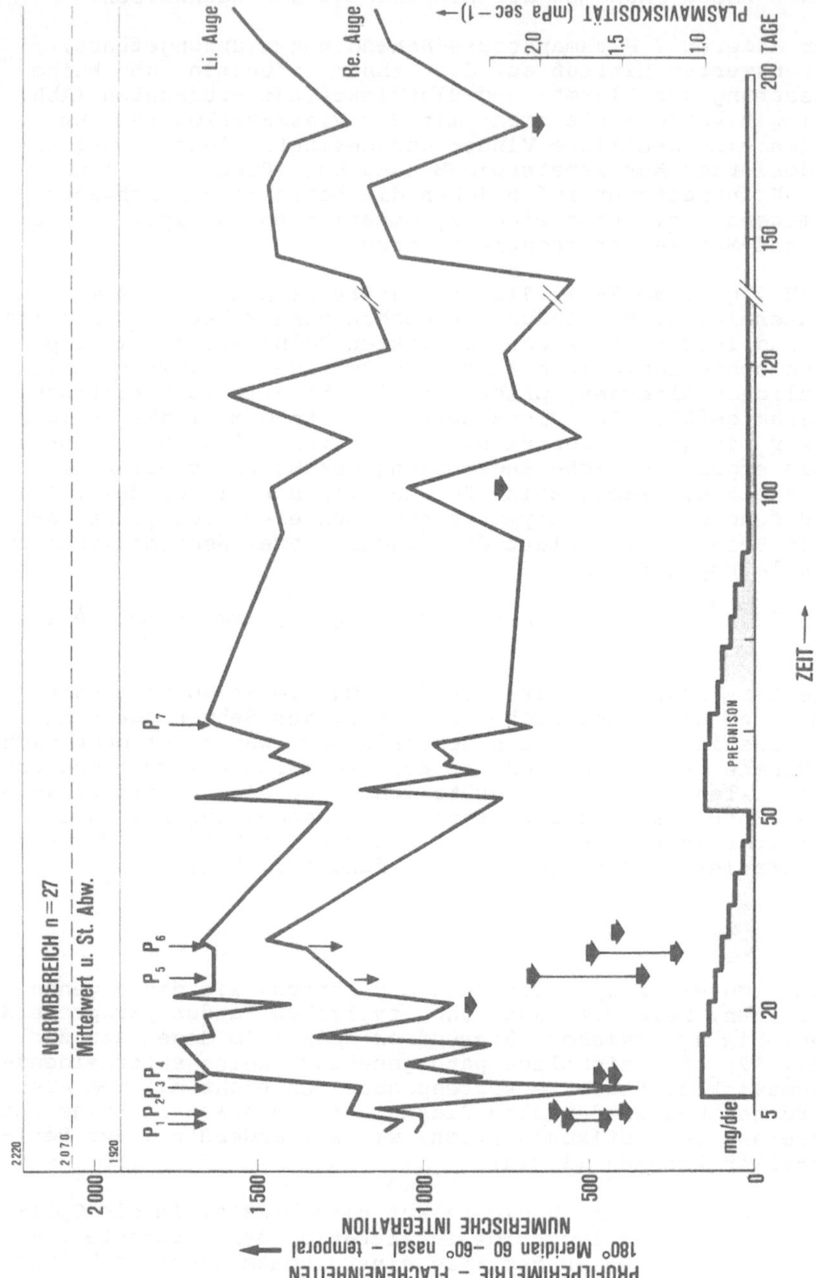

<u>Abb. 1.</u> Einfluß verschiedener Therapieformen auf die Sehnervenfunktion bei bds.Optikus-läsion infolge IgM - Paraproteinämie (Morbus Waldenström): Zytostatika seit 30. Behandlungstag (Fall 1)►Plasmaviskosität, P_1-P_7 Plasmapheresen►Plasmaviskosität vor und nach Plasmapherese

Literatur

1. Ashton N, Kok DA, Foulds WS (1963) Ocular pathology in Macroglobulinaemia

2. Cagianut B (1958) Le syndrome oculaire de la Macroglobulinèmie. Annales d'Oculistique 191: 579-591

3. Coyle JT, Frank PE, Leonard AI, Weiner A (1961) Macroblobulinemia and its effect upon the eye. Arch Ophth 65: 75-80

4. Fateh-Mogadam A (1974) Paraproteinämische Hämoblastosen. Handb d inneren Medizin, Bd. II/5, 5. Aufl. Springer Verlag, Berlin Heidelberg New York

5. Haas W, Hoffmann H, Teichmann W (1956) Zur Nosologie der Makroglobulinämie Waldenström. Z Klin Med 154: 252-273

6. Hagen W (1955) Zur Differentialdiagnose der Makroglobulinämie Waldenström. Ärztl Forsch 9: 547

7. Haller P (1979) Die Optikusneuritis. Habilitationsschrift, Hannover

8. Harms H (1950) Die praktische Bedeutung quantitativer Perimetrie. Klin Mon Bl Augenheilk 181: 683-692

9. Mannik M (1974) Blood viscosity in Waldenström's Macroglobulinemia. Blood 44: 87-98

10. Massa JM, De Vloo N, Jamotton L (1966) Les manifestations oculaires de hemopathies. Bull Soc Belge d'Ophtal 142: 345-373

11. Panfique L, Royer J (1959) Les signes oculaires de dysprotèinèmies. Annales d' Oculistique 192: 721-735

12. Rosen ES, Simmons AV, Warner TW (1968) Retinopathy of Waldenströms Macroglobulinemia: Photographic assessment. Amer J Ophthal 65: 696-706

13. Schwab PJ, Okun E, Fahey JL (1960) Reversat of retinopathy in Waldenström's macroglobulinemia by plasmapheresis: A report of two cases. Arch Ophth 64: 515

14. Waldenström JG (1944) Incipient myelomatosis or "essential" hyperglobulinemia with fibrinogenopenia: A new syndrome? Acta Med Scand 117: 216-247

15. Waldenström JG (1970) Benigne und maligne monoklonale Hypergammaglobulinämie. Schweiz Med Wschr 100: 290-296

16. Walsh FB, Hoyt WF (1969) Clinical neuroophthalmology. 3. Aufl. The Williams and Wilkins Company, Baltimore, p 1912-1913

Die Raynaud-Symptomatik in der Differential-
diagnose neurologisch-psychiatrischer Syndrome

W. Gottwald

Das klassische Raynaud-Syndrom (R.S.) mit seinem typischen Tricolor-
phänomen manifestiert sich offensichtlich nicht mit Sicherheit bei
oft zitierten neurologischen Krankheitsbildern (2). Regelhafte bilaterale Symmetrie oder Beteiligung der Akren der Mittellinie deuten
auf mitbestimmende zentralnervöse Faktoren und schwere Allgemein-
krankheit hin. Das - sekundäre - R.S. kommt in der Hauptsache bei
Autoimmunkrankheiten vor. Das R.S. etabliert sich bei Sklerodermie
(Skl.) praktisch immer und u.U. jahrzehntelang als Vorreiter, beim
Erythematodes (E.) in 20 - 25%, bei Dermatomyositis (D.) relativ
selten, bei der Kussmaul-Meierschen Krankheit und beim Sjögren-Syndrom (Sj.S.) noch seltener. Beim Karpaltunnelsyndrom üblicher Genese
erwartet man ein R.S. in vielleicht 1% (3), allerdings ohne Beteiligung von Zunge und Nasenspitze. Karpaltunnelsyndrome kennen wir aber
auch z.B. bei Skl. Bei Skl. aller Formen entstehen neurologisch-
psychiatrische Syndrome in mindestens 35% aller Fälle, beim E. in
40 - 50%. Myositis und Neurotiden sind bei Skl. auch nach eigenen Untersuchungen (1) häufiger als vermutet. Beim E. wird in 80% der Fälle
Polymyositis bzw. "lupoide Myopathie" und in 20% Polyneuritiden gefunden, oft schon vergesellschaftet mit Epilepsie und Encephalomala-
cien. Der "neuro-muskuläre Schwerpunkt" der Vasculitis nodosa (V.n.)
Kussmaul-Meier wird mit 85% angegeben; umgekehrt wie beim E. diagnostiziert man aber hier in 80% Polyneuritiden und nur in 20% Polymyositis. Isolierte Hirnnervenparesen sind bei Skl. selten; eine "glos-
sische Dyslalie" und anderes kann jedoch bulbär-paralytische bzw.
pontin-medulläre Bilder vortäuschen. Bekannt ist die Triade Dysphagie,
R.S. und Calcinosis cutis. Eine sog. "myogene" (oder "myoplegische")
Bulbärparalyse etabliert sich u.U. bei D. Das Sj.S. bleibt oft oligo-
symptomatisch und führt neben zentralnervösen Zeichen zur Kombination
Myopathie-Polymyositis-Polyneuritis; mitunter erleichtert die Dominanz rezidivierender Hirnnervenparesen mit rekurrierender Schwellung
der Speicheldrüsen diese Diagnose. Abgesehen von der V.n. manifestieren sich meningo-encephalitische Syndrome beim E. häufiger und eklatan-
ter als bei der Skl. oder dem Sj.S. Neuropathologisch imponieren beim
E. eine hämorrhagische Note sowie gefäß- und gewebsentzündliche Prozesse; das R.S. tritt infolge des massiven klinischen Gesamtaspektes
dann in den Hintergrund. Symptomatische Psychosen gehören beim E.zu
Frühsymptomen. Da aber (symptomatische) Krampfanfälle beim E. im
Prinzip das häufigste zentralnervöse Syndrom darstellen, sogar im
oligosymptomatischen Verlauf präliminieren und noch vor Manifestie-
rung dermatologischer Zeichen auftreten können, wird man bei der Kombination R.S., Epilepsie und Polymyositis in erster Linie an einen E.
denken, bei Inzidenz von R.S., epileptiformen Attacken und ausgeprägter Polyneuritis hingegen eher an eine V.n. Die Skl. erzeugt seltener
und in der Regel blande ähnliche Symptome, zeigt aber mitunter sogar
maligne Verläufe mit nekrotisierender Encephalitis; das R.S. bleibt
bei Skl. also praktisch obligat. Hingewiesen sei auf die Kombination
Morphaea en coup de sabre bzw. Hemiatrophia faciei, (symptomatische)
Epilepsie und gesichtsferne Myositis. Eine "Encephalomyelitis disseminata" imitieren u.a. der E., die Skl. aller Formen sowie das Sj.S. Die
Multiple Sklerose, die letztlich neuropathologisch zu determinieren

ist, zeigt aber eine stärkere Remissionsneigung als die eben genannten Morbi, andererseits etwa in Frühstadien manchmal eine "Polyneuritis migrans" oder "Neuritis levissima" = "algetische Form". Zur Poly-
sklerose gehören aber auf keinen Fall Myositis oder R.S. Und im Gegensatz zu den Kollagenosen treten bei M.S. Funktionspsychosen nur
in 1% und symptomatische epileptische Phänomene lediglich in 1,2% aller Fälle auf.

Zusammenfassung

Die klassische Raynaud-Symptomatik manifestiert sich auch bei Syndromen des peripheren und/oder zentralen Nervensystems sowie u.U. in
Kombination mit muskulärer Symptomatologie und kann bei ätiopathoge-
netisch unklaren neurologisch-psychiatrischen Krankheitsbildern diagnostisch mitentscheidend sein. Unter diesem Blickwinkel werden die
Hauptpunkte von Klinik und Differentialdiagnose bei Sklerodermie,
Erythematodes, Dermatomyositis, Sjögren-Syndrom, Vasculitis nodosa
und Karpaltunnelsyndrom besprochen.

Literatur

1. Gottwald W (1976) Sklerodermie und Nervensystem, perimed, Erlangen

2. Gottwald W (1980) Das Raynaud-Syndrom bei Erkrankungen des Nervensystems und der Muskulatur: Differentialdiagnose und Klinik. Akt
Rheumatol (im Druck

3. Neundörfer B, Dietrich B, Braun B (1977) Raynaud-Phänomen beim
Carpaltunnelsyndrom. Wien klin Wschr 89: 131-133

Das Bing-Horton-Syndrom aus klinischer Sicht

D. Soyka und K. Christiani

Das BING-HORTON-Syndrom hat eine bewegte medizin-historische Vergangenheit und taucht in der Literatur unter den verschiedensten Bezeichnungen auf. Bis heute hat sich keine einheitliche Nomenklatur
durchsetzen können. Überwiegend als ein eigenständiges Krankheitsbild betrachtet, wurde und wird das BING-HORTON-Syndrom von einigen
Autoren als eine Variante der Migräne aufgefaßt und von anderen als
eine Neuralgie gewertet oder zumindest in die Nähe der Neuralgien
gerückt.

Material und Fragestellung

Es konnten die klinischen Daten von 23 BING-HORTON-Fällen ausgewertet
werden (Tabelle 1). Dabei interessierten wir uns speziell für Fragen
der nosologischen Einordnung des Syndroms und seine Besonderheiten
gegenüber der Migräne und der idiopathischen Trigeminusneuralgie.

Ergebnisse

Schmerzform und Lokalisation: Der Schmerz tritt streng einseitig auf
und breitet sich in der Umgebung des Auges zur Schläfen- und Stirn-
region aus, bisweilen bis zum Nacken. Er hat einen ausgesprochen
paroxysmalen Charakter. Im Vergleich mit der Migräne entwickelt er
sich wesentlich rascher, die Attacken sind schärfer abgesetzt und
kürzer. Sie dauern zwischen 15 Minuten und 2 bis 3 Stunden. Der
Schmerz ist brennend oder bohrend, durchweg äußerst heftig. Gegenüber der Trigeminusneuralgie fehlt der blitzartig einschießende
Schmerzcharakter. Eine eindeutige Seitenbevorzugung besteht nicht.
Im eigenen Material beträgt die Rechts-Links-Relation 9/14. Von anderen Autoren (1, 4) wird eine leichte Rechtsdominanz angegeben.

Begleitende Symptome: Allgemein gelten vegetativ-vasomotorische Be-
gleitsymptome auf der Seite der Schmerzattacke als charakteristisch.
Beschrieben werden Rötung der Haut und insbesondere der Konjunktiva,
vermehrter Tränenfluß, eine verstopfte oder laufende Nase (1, 3, 4,
5, 6). Diese Erscheinungen sind jedoch nicht obligatorisch. Im eigenen Material von 23 Patienten fand sich eine Rötung der Konjunktiva
13 mal, eine Rötung der Gesichtshaut 15 mal, demgegenüber aber auch
4 mal eine ausgesprochene Gesichtsblässe, eine vermehrte Lakrimation
18 mal, eine verstopfte Nase oder Rhinorrhoe 16 mal, Lichtscheu 5 mal.

Manifestation: Im eigenen Krankengut schwankt das Erkrankungsalter
zwischen dem 17. und dem 56. Lebensjahr. Das mittlere Erkrankungsalter liegt bei 30 Jahren und damit später als bei der Migräne und
deutlich früher als bei der Trigeminusneuralgie. HEYCK (4) referiert
vereinzelte Erkrankungsfälle schon in der Kindheit und gibt das mittlere Erkrankungsalter mit 36 Jahren an.

Tabelle 1. BING-HORTON-Syndrom (Cluster Headache)

	SOYKA n = 23	FRIEDMAN n = 237
Manifestationsalter	17 - 56 (30)	10 - 64 (20 - 40)
Verhältnis Männer/Frauen	6 : 1	3 : 1
Verhältnis rechts/links	9 : 14	?
Verhältnis Migräne/Bing Horton	40 : 1	11 : 1
Kopfschmerz in der Familienanamnese	10%	10%
Häufigkeit pro Tag	1 - 6	1 - 3
Nächtliche Attacken	> 50%	50%
Dauer der Attacken in Minuten	15 - 180	20 : 90
Dauer der Anfallsperioden in Wochen	2 - 12	5 - 10
Dauer der freien Intervalle in Monaten	1 - 24	6 - 18
Begleitsymptome (nicht obligat)	Lacrimatio, Rötung der Conjunctiva Hautrötung, Rhinorrhoe, verstopfte Nase	
Horner	selten	
Auslöser (nicht obligat)	Alkohol	

Geschlechtsrelation: In Übereinstimmung mit allen Angaben der Literatur und entgegen den Konstellationen bei der Migräne und der Trigeminusneuralgie ergibt sich eine starke Dominanz des männlichen Geschlechtes. Im eigenen Material beträgt die Relation Männer:Frauen 6:1, entsprechende Angaben finden sich bei HEYCK (4) und HORTON (5).

Verlauf: Als nahezu pathognomosisch ist die Cluster-Bildung zu werten. Alle eigenen Fälle bieten mehr oder weniger lange freie Intervalle und andererseits Phasen mit praktisch täglich auftretenden Attacken. Die Nachtstunden sind gegenüber den Tagstunden bevorzugt. Über mehrfache tägliche Attacken berichten 9 von 23 Patienten. Im Verlauf der Erkrankung nimmt die Dauer der einzelnen Attacken zu, während die freien Intervalle kürzer werden. In der Literatur werden auch Fälle mit chronischem Verlauf, also ohne Cluster-Bildung angegeben (2, 4). Sie sind offenbar selten und fehlen im eigenen Krankengut völlig (Abb. 1).

Auslösung: Als charakteristisch gilt eine Auslösung durch Alkohol (1). Entsprechende Angaben fanden wir nur bei 5 von 23 Patienten. Besteht eine entsprechende Disposition, so erfolgt die Auslösung allerdings nahezu gesetzmäßig, jeweils nur in den Cluster-Perioden. Recht zuverlässig ist eine diagnostische Provokation durch Nitroglyzerin. Der Trigeminusneuralgie analoge Triggermechanismen fehlen völlig.

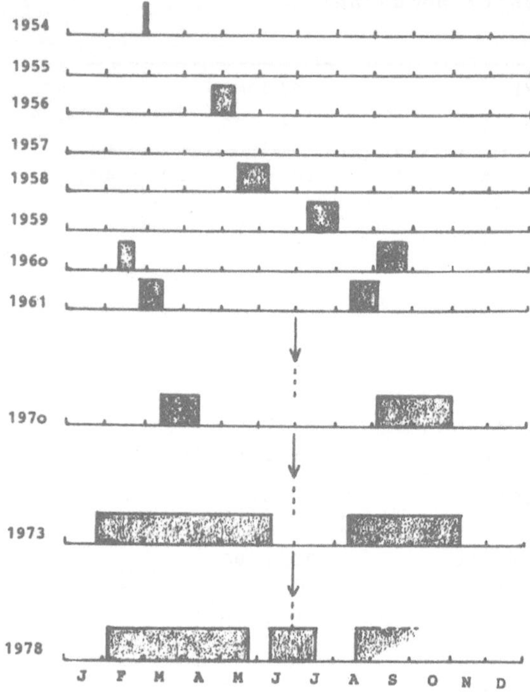

Abb. 1. Rekonstruktion eines 24jährigen BING-HORTON-Verlaufs

Sonstiges: Die Familienanamnese bietet durchweg keine vergleichbaren Fälle. Nur von einem Patienten wird Migräne im Familienkreis angegeben. Unter den eigenen Fällen war nie ein Übergang des Syndroms in eine Migräne oder Neuralgie zu sehen. Nur bei einem Patienten sahen wir ein HORNER-Syndrom.

Therapie: Zur Anfallsbekämpfung bewährt sich analog den Literaturangaben (1, 3, 4, 6) Ergotamin. In der Dauertherapie während der Cluster-Phasen sind Steroide (Prednisolon) den häufig empfohlenen Serotonin-Antagonisten überlegen.

Zusammenfassung

Das BING-HORTON-Syndrom stellt ein eigenständiges Krankheitsbild dar. In der Abgrenzung gegenüber der Migräne sind wesentlich die Dominanz des männlichen Geschlechtes, die vergleichsweise kürzere Dauer des einzelnen Anfalles, die Cluster-Bildung und Neigung zu wiederholten Attacken innerhalb eines Tages unter Bevorzugung der Abend- und Nachtstunden sowie die durchweg fehlende Vergesellschaftung mit typischen Migräneanfällen. Gegenüber der idiopathischen Trigeminusneuralgie sind hervorzuheben das frühere Manifestationsalter, ein anderer Schmerztyp, die Bevorzugung der oberen Gesichtsregion und das Fehlen analoger Triggermechanismen. Von den Symptomen und therapeutischen Ansätzen her steht das Syndrom der Migräne sicher näher als der Trigeminusneuralgie.

Literatur

1. Bickerstaff ER (1968) Cluster headaches. In: Vinken PJ, Bruyn GW (eds) Handbook of Clinical Neurology. North-Holland Publ., Amsterdam

2. Ekbom K, De FINE OLIVARIUS B (1871) zitiert bei Heyck (4)

3. Friedman AP (1969) Atypical Facial Pain. Headache 9: 27-31

4. Heyck H (1975) Der Kopfschmerz, 4. Aufl. G. Thieme, Stuttgart

5. Horton BT (1956) Histamine cephalgia; differential diagnosis and treatment. Proc Mayo Clin 31: 325-333

6. Soyka D (1973) Der Gesichtsschmerz. Schattauer, Stuttgart New York

Die Wirkung des Äthylalkohols auf die neuromuskuläre Übertragung bei der Myasthenia gravis

M. Mortillaro, W. Emser und K. Schimrigk

Die Wirkungen des Äthylalkohols auf die neuromuskuläre Übertragung
entgeht dem Gesunden. Doch manchen Myasthenikern wird sie bewußt,
weil bei ihnen der Sicherheitsfaktor der Transmission herabgesetzt
ist. Sie berichten dann auch über eine Besserung ihrer Symptome unter
Alkoholeinnahme.

Bei Experimenten am Zwerchfell-Phrenikuspräparat der Ratte waren bei
1% Alkoholkonzentration eine Verbesserung der Muskelkontraktionen
und bei 3% eine Blockierung derselben neben einem Antikurareeffekt
aufgefallen (1). Eine Zunahme der Amplitude und Frequenz der Miniatur-
endplattenpotentiale als Folge einer vermehrten Azetylcholinfreisetzung wurden später beschrieben. Im postsynaptischen Bereich wurden
verlängerte Öffnungszeiten der Ionenkanäle registriert (2, 3). Doch
auch diese Untersuchungen waren mit unphysiologisch hohen Äthanolkon-
zentrationen von 1% durchgeführt.

Jetzt konnte experimentell mit in vivo verträglichen Äthylalkoholkon-
zentrationen, so von 2 ‰ an einer spannungsgeklemmten, isolierten
Endplatte aus dem M. cutaneus pectoris des Frosches eine Verdoppelung
des durch Azetylcholinapplikation hervorgerufenen Endplattenstromes
beobachtet werden. Diesem Effekt liegt eine Verringerung der Dissoziationskonstante zugrunde, wie in Gleichgewichtsdosiswirkungskurven an
dem selben Präparat gezeigt werden konnte (4)". So schien es sinnvoll,
auch im klinischen Test der Wirkung des Äthanols auf die neuromuskuläre Übertragung beim Myastheniker nachzugehen. Erste Mitteilungen über
klinische Auswirkungen des Äthylalkohols und vielleicht mögliche An-
wendungen als Testsubstanz für den Sicherheitsfaktor der neuromuskulären Transmission beim Myastheniker waren von uns erfolgt (5).

Jetzt sollte weitgehend unabhängig von der Therapie, also am ausreichend eingestellten Patienten, mittels des Stimulations-EMG's der
Äthanoleffekt weiter untersucht werden. Dies war unter standardisierten Bedingungen bei 7 Myasthenikern und bei 1 Patienten mit einem
Lambert-Eaton-Syndrom möglich. Gereizt wurde supramaximal entweder der
N. ulnaris mit Ableitung über Hypothenar oder der N. axillaris mit Ableitung über dem M. deltoideus der rechten Körperseite mit 3/sec. und
8 Impulsen. Die Konstanz der Temperatur wurde durch Messung im Ablei-
tungsbereich überprüft. Äthanol wurde in einer 5%igen Infusionslösung
intravenös am linken Arm appliziert, 10 ml/min. bis zu 0,15 g/kg Körpergewicht. Die Blutalkoholspiegel bewegten sich zwischen 0,2 und 0,3
‰. Unterbrochen wurde die Alkoholinfusion wenn sich subjektive Unver-
träglichkeitserscheinungen (vorwiegend Klagen über allgemeines Unwohl-
sein) einstellten.

Das Verhalten der Reizantworten und des Decremts vor und unter der Alkoholeinwirkung sind in Tabelle 1 zusammengefaßt. Wir sehen, daß die
Beeinflussung des Decrements, des eigentlich myasthenen Phänomens, mit
Verbesserungen bis zu 9, in der Regel um 4 - 6% der fünften Antwort
nur gering ist. Bemerkenswert ist hingegen die Zunahme der ersten und
auch der folgenden Antworten unter Alkohol bei 4 Myasthenikern von
10 - 12%.

Tabelle 1. Resultate der Stimulationselektromyogramme vor und während der Äthanoleinwirkung. Die I Antwort vor Alkoholgabe wurde gleich 100% gesetzt und das Decrement der II, III und V in % der I Antwort angegeben. Die I Antwort unter Alkoholeinfluß wurde in % der I Antwort vor Alkoholgabe, die Decremente wieder in % der I Antwort unter Alkohol angegeben. (L.E.S.: Lambert-Eaton-Syndrom, M. g.: Myasthenia gravis, Uln.: Reiz des N. ulnaris, Ax.: REiz des N. axillaris)

| | | | | | Reizantworten in % | | | | | | | |
| | | | | | vor | | | | während | | | |
Patient	Alter	Geschl.	Diagn.	Reizort	I	II	III	V	I	II	III	V
A.J.	45	m	L.E.S.	Uln.	100	28	24	22	100	26	20	21
B.E.	54	w	M.g.	Ax.	100	23	21	18	98	20	18	15
H.A.	22	w	M.g.	Uln.	100	3	5	6	110	2	0	0
V.H.	82	m	M.g.	Uln.	100	17	12	5	100	15	7	5
W.H.	41	w	M.g.	Uln.	100	35	32	30	110	28	24	21
S.K.	61	m	M.g.	Uln.	100	38	32	35	100	31	30	28
H.K.	37	m	M.g.	Ax.	100	35	30	28	112	27	26	24
P.R.	33	w	M.g.	Uln.	100	12	21	24	111	7	21	23

Dieses Verhalten entspricht von den experimentellen Ergebnissen her der Erwartung. Es kommt unter Alkoholeinwirkung zu einer Verbesserung des Öffnungsmechanismus der Ionenkanäle, damit wird die Übertragung an vorher blockierten Endplatten und eine Zunahme der Amplitude der Reizantwortpotentiale möglich. Äthanol hat in physiologischen Dosen keinen Einfluß auf die Cholinesterasefunktion (4). Wahrscheinlich kommt der Beeinflussung der Azetylcholinfreisetzung auch keine größere Rolle zu, weil das Verhalten des Decrements nur geringfügig verbessert wird. Bei dem Patienten mit Lambert-Eaton-Syndrom zeigt sich entsprechend weder klinisch noch im EMG unter Alkohol ein Effekt. Äthylalkohol scheint dagegen wohl in der Lage zu sein, die Muskelkraft bei Myasthenikern zu verbessern und zwar durch zusätzliche Bereitstellung von Endplatten, die zuvor unterhalb der Schwelle lagen, durch eine Beeinflussung der postsynaptischen Membran (4). Bei den 4 erwähnten Myastheniepatienten, die Verbesserungen der ersten und folgenden Antworten zeigen, war auch im Tensilontest noch eine Leistungsverbesserung deutlich, im Gegensatz zu den drei restlichen Patienten.

Literatur

1. Rummel W, Schmitz TH (1954) Die Anticurarewirkung des Alkohols. Arch exper Path u Pharmakol 222: 257-261

2. Inoue F, Frank GB (1967) Effects of ethyl alcohol on excitability and on neuromuscular transmission in frog skeletal muscle. Br J Pharmac Chemother 30: 186-193

3. Gage PW (1965) The effect of methyl ethyl and n-prophyl alcohol on neuromuscular transmission in the rat. The Journal of Pharmacol and Experimental Therapeutics 150: 236-243

4. Bradley R, Peper K, Sterz R (1980) Postsynaptic effects of ethanol at the frog neuromuscular junction. Major Vol 284 Nr. 5751: 60-62

5. Emser W, Mortillaro M, Schimrigk K (1979) Der Alkoholtest bei der Myasthenia gravis. Gem Arbeitstagung der Dtsch Ges f Neurologie und der Ges Österr Nervenärzte und Psychiater, Wien

Die Einzelfaserelektromyographie bei Myasthenia gravis

J. Milonas, D. Kountouris, G. Karoutas, J. Haan und E. Müller

Subklinisch und leicht verlaufende Formen von Myasthenie lassen sich
mit der konventionellen Elektromyographie unter Einschluß von repetitiver Reizung und Tensilon-Test nicht immer erfassen (1). Die Einzelfasermyographie kann, wie EKSTEDT (3, 4) gezeigt hat, in solchen Fällen die Diagnose klären. Unsere Beobachtungen bei 16 Myasthenikern
zwischen 15 und 58 Jahren bestätigen dies.

Methodik

Die Einzelfasermyographie erfolgte aus den M. extensor digitorum
communis, M. deltoideus, M. biceps brachii und M. vastus medialis. Die
Kippgeschwindigkeit betrug 0,1 - 2 msec./cm; die Ableitung erfolgte
von 5 - 10 Einzelfaserpotentialen jeweils 10mal (2). Das Normalfeld
des Jitter lag um 50 μsec. (5, 6). Die Jitterberechnung erfolgte durch
graphische Wiedergabe aufeinanderfolgender Potentiale mit Messung der
sukzessiven Differenzen, wobei die Messung immer zwischen den gleichen
Punkten stattfand; die Messungen wurden 5mal wiederholt.

Ergebnisse

Bei allen 16 Myasthenie-Patienten war der Jitter in 60% der abgeleiteten Potentiale verzögert (höher als 50 μsec.). Eine Blockierung wurde
bei 25% gefunden. Diese machte sich bemerkbar, wenn der Jitter 65
μsec. betrug. Bei Jitterwerten über 90 μsec. gab es 90% Blockierungen.
Auch im klinisch unauffälligen Muskel wurden zunehmende Jitterwerte
registriert. Die intravenöse Tensilon-Gabe verringerte den Jitter-Wert
und die Blockierungsfrequenz. Bei 6 Patienten, die täglich 10 - 50 mg
Diazepam per os nahmen, ergab die Untersuchung 1 Woche später keine
Änderung der Jitterwerte und der Blockierungsfrequenz.

Diskussion

Die Einzelfaserelektromyographie ist die zuverlässigste Methode für
die Diagnose der Myasthenia gravis. Ihre Bedeutung zeigt sich darin,
daß auch bei nicht befallenen Muskeln der Jitter verzögert ist. Die
Blockierung steht in Analogie zum Grad der Muskelschwäche. Im Gegensatz zur Einzelfasermyographie ist die repetitive Reizung, die auch
bei Gesunden in 10% falsch positive Ergebnisse zeigen kann (1), weniger verläßlich.

Ob die Zunahme des Jitters auf eine Beeinträchtigung der Impulsüberlei-
tung an der neuromuskulären Synapse zurückzuführen ist, oder mit einer
Abnahme eines Sicherheitsfaktors (6) bei diesen neuromuskulären Erkrankungen zusammenhängt, bleibt offen.

Schlußfolgerung

Da Jitterwert und Frequenzblockierung unter Tensilon abnehmen, ist
eine direkte Wirkung des Edrophonium-Chlorids im Bereich der neuromuskulären Synapse anzunehmen. Für die Behandlung, insbesondere choli-
nergischer Krisen, scheint dies sehr wichtig zu sein. Unsere Untersuchungen bestätigen auch, daß Diazepam nicht an den neuromuskulären
Synapsen, sondern offenbar supraspinal angreift.

Literatur

1. Desmedt J (1973) The neuromuscular disorder in myasthenia gravis.
   Electrical and mechanical response to nerve stimulation in hand
   muscels. In: Desmedt J (ed) New Developments in EMG and Clinical
   Neurophysiology. Karger, Basel, p 241

2. Ekstedt J (1964) Human single muscle fiber action potentials.
   Acta Physiol Scand 61 Suppl 226: 1-96

3. Ekstedt J, Stalberg E (1967) Myasthenia gravis. Diagnostic aspects
   by a new electrophysiological method. Opuscula medica 12: 73-76

4. Ekstedt J, Nilsson G, Stalberg E (1974) Calculation of the electromyographic jitter. J Neurol Neurosurg Psychiat 37: 526-539

5. Stalberg E, Ekstedt J, Broman A (1971) The electromyographic jitter
   in normal human muscles. Electroenceph clin Neurophysiol 31:
   429-438

6. Stalberg E, Schiller H, Schwartz M (1975) Safety factor in single
   human motor end plates studied in vivo with single fibre
   electromyography. J Neurol Neurosurg Psychiat 38: 799-804

Die Funktion der Hypophysen-Schilddrüsen-Achse bei Myasthenia gravis

W.R. Kießling, K.W. Pflughaupt, K. Ricker und L. Haubitz

Einleitung

Es wird angenommen, daß im Rahmen einer Myasthenia gravis in 3-10%
eine Hyperthyreose als Begleitkrankheit vorliegt (4, 5, 6, 8, 9).
Diesbezügliche Untersuchungen wurden zu einer Zeit durchgeführt, als
zur Beurteilung der Schilddrüsenfunktion lediglich der Grundumsatz,
der Radiojodtest und die Messung des proteingebundenen Jods (PBI)
als diagnostische Parameter zur Verfügung standen. Die heutige Schilddrüsendiagnostik bietet zum Ausschluß einer Hyperthyreose wesentlich
differenziertere Untersuchungsmethoden. Neben der Messung von Trijodthyronin (T_3) und Thyroxin (T_4) hat sich vor allem der TRH-Test bewährt. Dieser Stimulationstest mit synthetischem Thyreotropin
Releasing Hormon (TRH) ist auf Grund der Stimulierbarkeit von endogenem TSH ein besonders empfindlicher Indikator der Schilddrüsenregulation (3). Läßt sich nach TRH-Gabe ein ausreichender TSH-Anstieg
messen (positiver TRH-Test), so schließt dies mit Sicherheit das Vorliegen einer Hyperthyreose aus. Es bot sich somit an, mit Hilfe dieses Tests erneut bei einem Kollektiv von Myastheniepatienten die
Schilddrüsenfunktion zu überprüfen, unter zusätzlicher Berücksichtigung der Serumkonzentrationen von T_3, T_4 und TBG (Thyroxinbindendes
Globulin).

Patienten und Methoden

Das Patientenkollektiv umfaßt 47 Myastheniepatienten, davon 18 männliche Personen im Alter von 15-70 Jahren und 29 weibliche Personen
im Alter von 15-64 Jahren. Das Kontrollkollektiv umfaßt 50 Personen
ohne Schilddrüsenerkrankung, 27 Männer im Alter von 19-87 Jahren und
23 Frauen im Alter von 18-72 Jahren. TRH-Test: i.v. 200 μg Relefact-
TRH (Hoechst, Frankfurt/Main), zweite TSH-Bestimmung nach 30 Minuten.
Positiver TRH-Test Δ TSH Δ 2.5 >E/ml, bei greisen Patienten μ TSH >
1.5 μ E/ml. Gesamt-T_3, Gesamt-T_4, TBG und TSH wurden radioimmunologisch bestimmt (RIA-Kits von Henning GmbH, Berlin).[1]

Statistik: Als Variablen wurden die Schilddrüsenfunktionsparameter
beider Patientengruppen aufgenommen. Folgende Tests wurden durchgeführt: Berechnung von Mittelwert und Streuung (7), Test auf Normalverteilung (10), U-Test (11) und χ^2-Test (7). Das Signifikanzniveau
wurde auf p < 0.05 festgesetzt.

Ergebnisse

Die Mittelwerte sämtlicher gemessener Schilddrüsenparameter sind in
Tab. 1 zusammengefaßt. Im Vergleich mit dem Kontrollkollektiv waren
bei den Myastheniepatienten T_3 und T_4 statistisch signifikant erhöht.

---

[1] Wir danken Fa. Henning GmbH, Berlin, für die freundliche Bereitstellung der RIA-Kits

Tabelle 1. Periphere Schilddrüsenparameter und TRH-Test bei Myasthenia gravis und Normalpersonen (Mittelwert ± Streuung d.Mittelwertes) $p(U) < 0.05^+$, $p(U) < 0.01^{++}$, $p(U) < 0.001^{+++}$

Normbereiche	Kontrollkollektiv n = 50	Myasthenia gravis n = 47
T_4 40-130 ng/ml	75.9 ± 25.1	96.4 ± 33.7^{+++}
TBG 13-30 mg/l	21.4 ± 5.4	23.8 ± 4.6^{++}
T_4/TBG 2.2-5.4	3.5 ± 0.77	4.0 ± 1.17$^+$
T_3 0.70-2.00 ng/ml	1.26 ± 0.24	1.37 ± 0.28$^+$
TSH 0-4 μE/ml	1.19 ± 1.09	1.27 ± 1.63
μ TSH Δ2.5 >E/ml bzw.> 1.5 μ E/ml	6.8 ± 4.2	8.3 ± 5.3

Während bis auf 2 Probandinnen (60 u. 72 Jahre alt) alle Normalpersonen eine ausreichende TSH-Antwort nach TRH-Gabe zeigten, fand sich lediglich bei 40 der 47 Myastheniepatienten ein positiver TRH-Test. Weitere Besonderheiten dieses statistisch nicht signifikanten Befundes sind Tabelle 2 zu entnehmen.

Tabelle 2. TRH-Antwort und periphere Schilddrüsenparameter bei Myasthenia gravis (n=47) χ^2 1.24 (nicht signifikant).

Periphere Schilddrüsenparameter	positiver TRH-Test n = 40	negativer TRH-Test n = 7
T_4, T_4/TBG u. T_3 euthyreot	n = 35	n = 5
T_4, T_4/TBG u./o. T_3 hyperthyreot	n = 5	n = 2

Demnach zeigte sich ein negativer TRH-Test in 2 Fällen bei hyperthyreoter Konstellation der peripheren Schilddrüsenparameter. In 5 Fällen war bei euthyreoter Konstellation der peripheren Schilddrüsenhormone TSH als Ausdruck einer "subklinischen" Hyperthyreose (2) nicht stimulierbar. In weiteren 5 Fällen mit hyperthyreoten T_3- T_4-, bzw. T_4/TBG-Befunden ließ sich allerdings ein ausreichender TSH-Anstieg messen.

Diskussion

Die Ergebnisse lassen erkennen, daß in 2 Fällen (ca. 4%) eine manifeste Hyperthyreose und in 5 Fällen (ca. 11%) eine Schilddrüsenautonomie im Sinne einer subklinischen Hyperthyreose gefunden wurde.

Bezogen auf das Gesamtkollektiv der Myastheniepatienten könnte somit in 15% eine hyperthyreote Störung angenommen werden. Möglicherweise ist die als "subklinische" Hyperthyreose klassifizierte Gruppe identisch mit dem von SCHIMRIGK auf Grund von Radiojodstudien beschriebenen Hyperthyreoid bei Myasthenia gravis (9). Ein weiter abzuklärender Befund wäre allerdings der TSH-Anstieg bei hyperthyreoten T_3- und T_4-Verhältnissen. Als Ausdruck eines intakten Hypophysen-Schilddrüsen-Regelkreises würde man bei vorliegender Konstellation erwarten, daß die zuletzt genannten Parameter im Normbereich liegen sollten. Man muß sich daher die Frage stellen, ob die gemessenen T_3- und T_4-Konzentrationen tatsächlich hinreichend zuverlässig die aktuelle Schilddrüsen-Stoffwechsellage repräsentieren. Es wäre nämlich zu berücksichtigen, daß bei den angewandten radioimmunologischen Bestimmungsmethoden zirkulierende T_3- und T_4-Antikörper falsch erhöhte T_3- und T_4-Serumkonzentrationen vortäuschen könnten (1). Da diese Frage erst gelöst werden muß, ist dem TRH-Test eine entscheidende Bedeutung beizumessen, wenn es darum geht, eine hyperthyreote Stoffwechsellage bei Myasthenia gravis sicher zu erfassen.

Literatur

1. Ginsburg J, Segal D, Ehrlich RM, Walfish PF (1978) Inappropriate T_3 und T_4 radioimmunoassay levels secondary to circulating thyroid hormone antibodies. Clin Endocr 8: 133-139

2. Hall R, Smith BR (1975) Thyroid stimulators in health and disease. Clin Endocr 4: 213-217

3. Lauridsen UB, Deckert T, Friis TH, Kirkegaard J, Mølholm-Hansen J, Siersbaek-Nielsen K (1974) Estimation of serum TSH and stimulation with TRH in thyroid diseases. Acta med scand 196: 171-176

4. Mertens H-G, Seitz D (1964) Schilddrüse und Muskelkrankheiten. In: Schlegel B (ed) Verh dtsch Ges Inn Med. Bergmann, München, p 942-945

5. Millikan C-H, Haines S-F (1953) The thyroid gland in the relationship to neuromuscular disease. Arch Intern Med 92: 5-39

6. Namba T, Grob D (1971) Myasthenia gravis and hyperthyroidism occuring in two sisters. Neurology (Minneap.) 21: 377-382

7. Pfanzagl J (1966) Allgemeine Methodenlehre der Statistik II, 2. Aufl. Sammlung Göschen, Berlin

8. Rowland L-P, Aranow H, Hoefer PFA (1966) Endocrine aspects of myasthenia gravis. In: Kuhn E (ed) Progressive Muskeldystrophie, Myotonie, Myasthenie. Springer, Berlin Heidelberg New York, p 416-426

9. Schimrigk K (1966) Myasthenia gravis und Schilddrüse. In: Kuhn E (ed) Progressive Muskeldystrophie, Myotonie, Myasthenie. Springer, Berlin Heidelberg New York, p 426-430

10. Waerden van der BL (1965) Mathematische Statistik, 2. Aufl. Springer, Berlin Heidelberg New York

11. Weber E (1967) Grundriß der biologischen Statistik. 6. Aufl. Fischer, Stuttgart

Die Bewertung des Spontanverlaufs bei der Selektion immunsuppressiver Maßnahmen in der Therapie der Myasthenia gravis

L. Lachenmayer und R.W.C. Janzen

Die Thymektomie hat inzwischen einen festen Platz im Therapieplan der
Myasthenia gravis, nachdem gezeigt werden konnte, daß besonders nach
frühzeitiger Thymektomie mit Remissionen der myasthenen Reaktion gerechnet werden kann (1, 3). Nach der Thymektomie stellt sich die Frage, ob eine zusätzliche medikamentöse Immunsuppression (z.B. durch
Corticosteroide, ACTH oder Azathioprin) erforderlich ist. Günstige
Effekte einer medikamentösen Immunsuppression auf den Verlauf der
Myasthenie sind gut belegt (7), erfordern allerdings eine langfristige Anwendung mit dem Risiko daraus resultierender Nebenwirkungen. In
der vorliegenden Untersuchung soll versucht werden, anhand der Krankheitsverläufe der in unserer Klinik thymektomierten Myasthenie-Patienten die Selektionskriterien zur medikamentösen Immunsuppression zu
überprüfen.

Von 1967 bis 1980 wurden in der Neurologischen Universitätsklinik Hamburg bei 47 Myasthenie-Patienten eine Thymektomie durchgeführt (34
Frauen, 13 Männer). Davon hatten 16 Patienten ein Thymom (8 Frauen,
8 Männer; Alter 5-62 Jahre, Durchschnittsalter 43 Jahre), 31 Patienten eine Thymushyperplasie (26 Frauen, 5 Männer; Alter 12-64 Jahre,
Durchschnittsalter 29 Jahre). Von den 16 Patienten mit Thymom wurden
12 zusätzlich mit Immunsuppressiva, 4 lediglich symptomatisch mit Pyridostigmin weiterbehandelt. Dieses Verhältnis war bei den Patienten mit
Thymushyperplasie umgekehrt, von 31 Patienten wurden nur 8 mit, aber
23 ohne Immunsuppressiva behandelt. Die Krankheitsverläufe nach Thymektomie sollen für die beschriebenen 4 Gruppen getrennt dargestellt werden. Zur Verlaufsdokumentation haben wir den Schweregrad der Myasthenie
unter Berücksichtigung der symptomatischen Therapie mit Cholinesterase-
hemmern in einem 7-Stadien-Schema erfaßt:
VI = schwere generalisierte Myasthenie unter Beatmung.
V = schwere generalisierte Myasthenie ohne Beatmung.
IV = mittelschwere gen. Myasthenie mit facio-pharyngealen Symptomen.
III= leichte generalisierte Myasthenie.
II = minimale Myasthenie-Symptome unter Mestinon-Therapie.
I = symptomfrei unter Mestinontherapie
O = symptomfrei ohne Mestinontherapie.

1. Thymushyperplasie ohne immunsuppressive Nachbehandlung (s. Abb. 1,
A): Bei allen 23 Patienten aus dieser Gruppe überblicken wir den post-
operativen Verlauf bis heute (1980). Die postoperative Verlaufsdauer
beträgt 1-13 Jahre. 14 von 23 Patienten sind inzwischen symptomfrei
Stadium O, I; die restlichen 9 Patienten sind im Stadium II oder III,
haben also höchstens noch eine leichte generalisierte Myasthenie.
Einige Patienten sind bereits seit etwa 10 Jahren ständig symptomfrei.

2. Thymushyperplasie und immunsuppressive Nachbehandlung (s. Abb. 1,
B): Bei allen 8 Patienten aus dieser Gruppe (aus 31 Fällen mit Thymushyperplasie) hatten wir uns noch im Jahr der Thymektomie zu einer zusätzlichen Behandlung mit Immunsuppressiva entschlossen (2 bis 3 mg
Azathiopin pro kg Körpergewicht; bei einigen Patienten zusätzlich Corticosteroide, ACTH oder vereinzelte Plasmapharesen), weil es postopera-

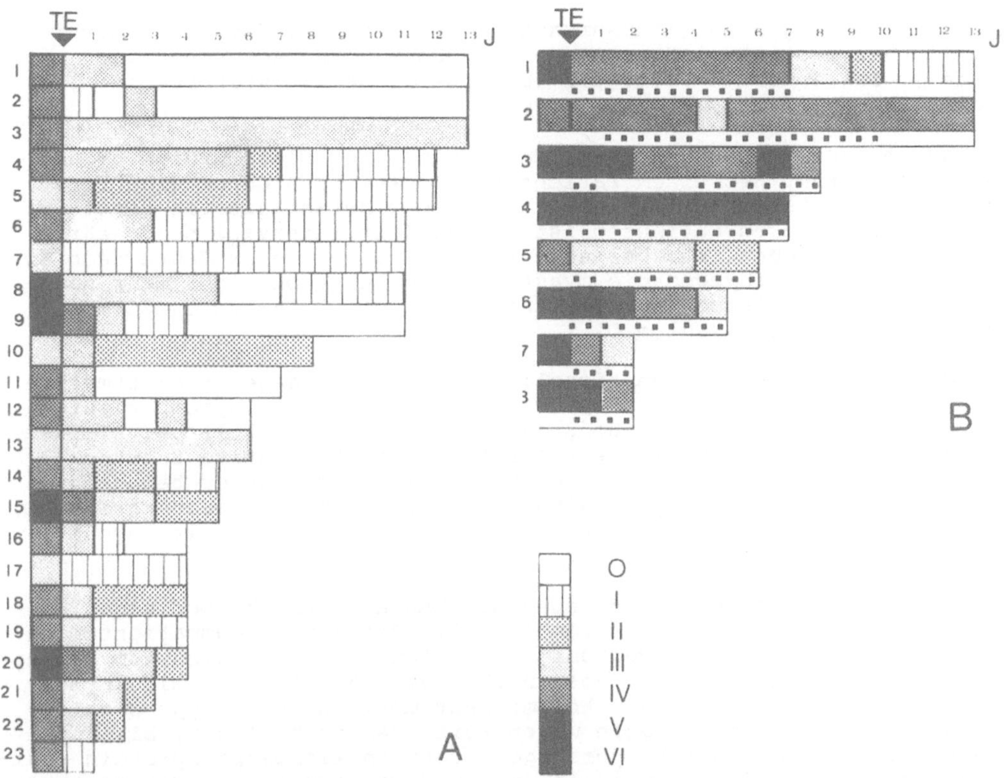

Abb. 1. Graphische Darstellung der präoperativen Befunde und der Krankheitsverläufe nach Thymektomie (TE) von 23 Myasthenie-Patienten ohne immunsuppressive Nachbehandlung (A) und von 8 Myasthenie-Patienten mit immunsuppressiver Nachbehandlung (B). Bei beiden Patientengruppen war histologisch eine Thymushyperplasie nachgewiesen worden. Skalierung des Schweregrades der Myasthenie von O-VI (s.Text). Die Dauer der immunsuppressiven Therapie ist durch ∎∎∎ markiert (B)

tiv zu keiner ausreichenden Besserung der Myasthenie gekommen war. Im bisherigen Verlauf ist nur ein Patient symptomfrei (I) geworden, ein weiterer hat nur noch minimale Symptome (II). Bei 6 von 8 Patienten bestehen trotz der immunsuppressiven Therapie noch deutliche Myastheniesymptome fort. Eine Patientin muß seit 7 Jahren intermittierend beatmet werden, bei einer Patientin ist es während der immunsuppressiven Behandlung zu einer myasthenen Krise, inzwischen aber zu einer deutlichen Besserung gekommen.

3. Thymom und immunsuppressive Nachbehandlung: Bei einem dieser 12 Patienten ist eine Myasthenia gravis erst 5 Jahre nach einer Thymomexstirpation aufgetreten - sogen. Postthymektomie-Myasthenie - (5) und hat sich dann unter Azathioprin-Therapie wieder gebessert. 7 von 12 Patienten haben eine wesentliche Besserung der Myasthenia gravis erreicht und heute höchstens noch minimale Symptome (Stadium I, II). Nur in einem Fall ist es unter der Immunsuppression vorübergehend zu einer wesentlichen Verschlechterung (myasthene Krise) gekommen. 3 von 12 Patienten sind inzwischen verstorben, allerdings keiner primär an

566

der Myasthenia gravis (Todesursachen: metastasierendes Mamma-Carcinom, Lungenembolie bei Nierenvenenthrombose, ösophago-tracheale
Fistel). Bei 4 der 12 Patienten (bzw. bei 2 der 3 verstorbenen) lag
ein malignes (invasives) Thymom vor.

4. Thymom ohne immunsuppressive Nachbehandlung: Diese Gruppe umfaßt
nur 4 Patienten. Bei einem Patienten handelte es sich um eine Postthymektomie-Myasthenie (5), er ist an einer Metastasierung verstorben. Bei 2 weiteren Patienten ist das Verlaufsintervall noch sehr
kurz. Hervorzuheben ist aber eine Patientin, bei der 2 Jahre nach Exstirpation eines Thymoms die myasthenische Reaktion nicht mehr nachweisbar war, inzwischen ist die Patientin seit 7 Jahren symptomfrei
und ohne Therapie (Stadium O).

Die Untersuchung von konventionellen Antikörpern gegen Skelettmuskulatur[1] (MAK) (s.2) vor der Thymektomie ergab bei 16 Thymompatienten
13 positive und 2 negative Befunde (1 nicht untersucht); bei 31 Patienten mit Thymushyperplasie 9 positive und 15 negative Befunde (7
nicht untersucht). Alle Patienten mit Thymushyperplasie, bei denen
wir postoperativ Immunsuppressiva anwandten, hatten praeoperativ MAK,
von den 23 nicht immunsuppressiv behandelten Patienten mit Thymushyperplasie hatten 15 keine MAK.

Bei einigen Patienten wurden neben den MAK auch Antikörper gegen Acetylcholinrezeptorprotein bestimmt[1] (s.6). Bei den Thymompatienten waren beide Antikörper nachweisbar, eine sichere Korrelation zum Schweregrad der Myasthenie bestand aber nicht. Bei 13 Patienten mit Thymushyperplasie wurden beide Antikörper bestimmt; in der Gruppe ohne immunsuppressive Zusatztherapie waren keine MAK nachweisbar, bis auf
einen Fall aber die Antikörper gegen Acetylcholinrezeptorprotein positiv (Titer von 3 bis 32 nmol/l); in der Patientengruppe, die postoperativ mit Azathioprin behandelt wurde, waren die MAK positiv ebenso wie
die Rezeptorantikörper (Titer von 9 bis 40 nmol/l).

Es besteht heute eine breite Übereinstimmung, daß eine frühzeitige
Thymektomie den Verlauf der Myasthenia gravis günstig beeinflußt (1,
3). Die Analyse der Krankheitsverläufe nach Thymektomie zeigt, daß es
berechtigt ist, bei guter postoperativer Besserung der Myasthenie-Symptomatik auf eine medikamentöse Immunsuppression zunächst zu verzichten. Langjährige günstige Krankheitsverläufe mit z.T. jahrelanger
Symptomfreiheit und Ausbleiben von Rezidiven sind belegt (s. Abb. 1).
Dies gilt insbesondere für Patienten mit Thymushyperplasie, wurde jedoch auch vereinzelt bei Thymom-Patienten beobachtet. Die Befunde zeigen, daß eine medikamentöse Immunsuppression nach Thymektomie nicht
generell gerechtfertigt ist, eine Indikation zur Behandlung mit Immunsuppressiva ergibt sich aber beim Ausbleiben einer Remission bzw. bei
einer erneuten Verschlechterung der myasthenen Reaktion. Bei Thymompatienten ist wegen großer Schwankungen im Krankheitsverlauf eher eine
immunsuppressive Nachbehandlung zu erwägen, die Verläufe sind dann weniger durch Schwankungen der myasthenen Reaktion als durch andere parathymische Syndrome (4) oder durch Komplikationen des (evtl. nur teilresezierten) Thymoms geprägt. Die Bestimmung von Antikörpern gegen Skelettmuskulatur und gegen Acetylcholinrezeptorprotein liefert keine sichere Hilfe bei der Indikationsstellung einer immunsuppressiven Behandlung. Sind aber bei einem Patienten beide Antikörper nachweisbar, könnte dies den Entschluß zur medikamentösen Immunsuppression stützen.

---

[1] Wir danken Herrn Prof. Fischer, Abt. für Klin. Immunpathologie der
Univ.-Kinderklinik Hamburg u. Herrn Prof. Kalden, Inst. f. Klin. Immunologie der Univ.-Erlangen, für die Bestimmungen

Literatur

1. Buckingham JM, Howard FM, Bernatz PE, Payne WS, Harrison EG, O'Brien
   PC, Weiland LH (1976) The value of thymectomy in myasthenia gravis:
   a computer-assisted matched study. Am Surg 184: 453–457

2. Fischer K, Mertens HG, Schimrigk K (1965) Ein Beitrag zur Immunpathologie bei Myasthenia gravis. Dtsch med Wschr 90: 1760

3. Genkins G, Papatestas AE, Horowitz SH, Kornfeld P (1975) Studies in
   myasthenia gravis: early thymectomy. Am J Med 58: 517–524

4. Janzen RWC, Lachenmayer L (1977) Früh- und Spätsyndrome bei Thymom.
   In: Hertel G, Mertens HG, Ricker K, Schimrigk K (eds) Myasthenia
   gravis und andere Störungen der neuromuskulären Synapse. Georg
   Thieme Verlag, Stuttgart, p 132–139

5. Janzen RWC, Lachenmayer L, Fischer K (1977) Probleme der Postthymek-
   tomie-Syndrome – am Beispiel der myasthenischen Reaktion. Med Klin
   72: 1931–1937

6. Kalies J, Kalden JR, Heinz F, Janzen RWC, Lachenmayer L (1979) Nachweis von Acetylcholin-Rezeptor-Antikörpern im Serum von Myasthenia
   gravis Patienten unter Verwendung affinitätschromatografisch gereinigter humaner Acetylcholin-Rezeptor-Präparationen. Klin Wochenschr
   57: 875–881

7. Mertens HG, Balzereit F, Leipert M (1969) The treatment of severe
   myasthenia gravis with immunosuppressive agents. Europ Neurol 2:
   321–339

Die Bedeutung eines quantitativen klinischen Bewertungssystems für die Verlaufsbeurteilung der Myasthenia gravis: Eine prospektive Studie

U.A. Besinger, K.V. Toyka, A. Fateh-Moghadam, F. Schumm,
K. Heininger, K.L. Birnberger, P. Sandel, E. Hömberg und A. Struppler

Es kann heute als gesichert gelten, daß die Myasthenia gravis (MG
zu den humoral vermittelten Autoimmunerkrankungen zählt. Die Störung
der neuromuskulären Erregungsübertragung wird durch Antikörper (AK)
gegen Acetylcholinrezeptoren (ACHR) verursacht (10). Die immunpathologische Interaktion der AK mit den postsynaptischen ACHR führt zu
einer Verminderung der funktionell verfügbaren Rezeptoren (1, 3).

Für die klinische Diagnostik der MG haben sich Immunpräzipitations-
assays besonders bewährt. Mehr als 90% der MG-Patienten haben in
ihrem Serum erhöhte AK-Titer gegen ACHR (4, 5, 11). Einzelverläufe
unter Plasmapheresetherapie (7) und langdauernder immunsuppressiver
Behandlung mit Azathioprin (9) zeigten eine gute Übereinstimmung zwischen AK-Titer und klinischem Befund. Eine Beziehung zwischen kurzfristigen klinischen Veränderungen und dem AK-Titerverlauf konnte
jedoch nicht sicher festgestellt werden. Da aber fortlaufende Messungen der AK-Titer zur Verlaufsbeobachtung nur sinnvoll erscheinen,
wenn kurzfristige Veränderungen beurteilt werden können, haben wir
mit einem neu entwickelten MG Score eine größere Gruppe von Patienten kontrolliert und die Beziehungen zwischen kurzfristigen klinischen Befundänderungen und AK-Titerverlauf analysiert.

Patienten

50 Patienten (27 männlich, 23 weiblich) mit gesicherter MG wurden
über einen Zeitraum von 6-36 Monaten nach einem standardisierten Untersuchungsprogramm kontrolliert. Alle Patienten standen unter einer
Basistherapie mit Pyridostigmin (240-800 mg), 7 wurden mit Prednison
behandelt (20-50 mg/jeden 2. Tag), 25 erhielten Azathioprin (2-2,5
mg/kg KG), 8 Patienten wurden thymektomiert und 6 mit zusätzlicher
Plasmapherese behandelt.
45 Patienten ohne Muskelschwäche und 19 gesunde Probanden dienten
als Kontrollen zur Erstellung der Score-Grenzen. (Tabelle 1).

Methoden

MC-Score: die klinischen Untersuchungen wurden nach einem standardisierten Untersuchungsprogramm, zur gleichen Tageszeit und unter opti-
maler Cholinesterasenhemmer-Dosis durchgeführt. Die Ermüdbarkeit der
Muskulatur wurde weitgehend quantitativ erfaßt. Für die faciale und
bulbäre Muskulatur konnten keine quantitativen Meßwerte erhoben werden.

Normalwerte für die Einzelparameter des MG-Score wurden an 64 Patienten ohne Muskelschwäche erhoben. Ein Wert unterhalb der 90 Perzentile
des Normalbereiches wurde als Normgrenze des MG Score eingesetzt. Die
Bewertung der einzelnen gemessenen Parameter erfolgte in einer 4-Stu-
fen-Skala. Aus der Summe der einzelnen Bewertungsziffern, geteilt
durch die Anzahl der gemessenen Parameter, wurde der Scorewert gebil-

Tabelle 1. SCORE-Werttabelle des klinischen Befundes. Abgebildet sind die bei jeder Untersuchung gemessenen Parameter mit ihrer Gewichtung. Generalisierte MG werden nach den Parametern 1.1 und 1.2 berechnet, die okulären MG nach 2. Score-Berechnung: Summe der Gewichte der Einzelparameter geteilt durch die Zahl der gemessenen Parameter ist gleich SCORE-Wert (O-3). Veränderungen des SCORE-Wertes $\pm$ O.3 = klinisch nicht wesentlich geändert; $\pm$ O.3 - 1.O = klinisch relevante Veränderung; $\pm$ 1.O klinisch deutliche Veränderung

---

Klinischer Myasthenie Score

1. Generalisierte Symptome

1.1. Extremitäten und Rumpfmuskulatur

Scorewertskala	ohne Sympt.	Gering	Ausprägung der Schwäche mässig	stark
	O	1	2	3
Armvorhalten (90° stehend)	>240"	>90-240"	>10-90"	<10"
Beinvorhalten (45° Rückenlage)	>120"	>30-120"	>O-30"	O"
Kopfheben (45° Rückenlage)	>120"	>30-120"	>O-30"	O"
Treppensteigen (10 stand.Stufen ohne Hände)	<6"	>6-10"	>10-30"	unmöglich >30"
Vigorimetertest (Dekrement nach 10 max.Faustschlüssen)	O	>20%	>20-75%	>75%
Vitalkapazität (max. Expir. nach max. Inspir.)	♂ 4L	>1,5-4L	>1,5-2,5L	<1,5L
	♀ 3L	>2-3L	>1,2-2L	<1,2L

1.2. Facio-Pharyngeale Muskulatur

Gesichtsmuskulatur	normal	mim.Schwäche (Lidschluß-Test, 1,O)	Lidschluss inkomplett 1,O deutl. eingeschr.)	Amimie
Kauen	normal	Kauschwäche (Ermüdung während des Essens	Zerkleinerte Kost	Magensonde
Schlucken	normal	Erschwert (Ermüdung bei Essen und Trinken)	Inkompl.Gaumenschluss (Häufiges Verschlucken, nasale Sprache	Magensonde

2. Okuläre Symptome

Doppelbilder	>60	>10-60	>O-10	spontan
Ptosis	>60	>10-60	>O-10	spontan

det. Die Differenz der Score-Werte aus 2 aufeinander folgenden Un-
tersuchungen wurde als klinische Veränderung bewertet und mit den
AK-Titerveränderungen verglichen. 12 Patienten wurden zum gleichen
Kontrolltermin von mehreren Untersuchern kontrolliert.

Bestimmung der AK gegen ACHR: 1 ml des 125-J-α-Bungarotoxins (NEN)
markierten Muskelextraktes (ca. 1 pmol ACHR/g Frischgewicht) wurde
mit 5 μ l Patientenserum inkubiert, mit Antihuman IgG präzipitiert,
der Niederschlag gemessen und die AK-Titer in 1 x 10-9mol Bungaroto-
xinbindung/L angegeben. Die Messung aller Proben der Verlaufsstudie
erfolgte mit demselben Rezeptorextrakt (VK = 2,7% Intraassay).
Statistik: die Korrelationsberechnung erfolgten nach dem Bivariate
Plotting Programm (BMDP6D) auf einem Siemens 40004/151 Computer.

Ergebnisse

MG Score: Der MG Score wurde für insgesamt 175 Untersuchungen berechnet. Die Score-Differenzen bei den 12 Patienten, welche zu einem
Termin von verschiedenen Untersuchern gemessen wurden, lagen alle unter 10% (4,8% - 9,7%). Die Normalwerte der Kontrollgruppe schwankten
in einem relativ weiten Bereich.

Verlaufskorrelation: Titerabfall (28 von 50 Pat.): 19 Patienten waren
klinisch gebessert, 9 unverändert und keiner verschlechtert. Titeranstieg (7 von 50 Patienten): 2 waren klinisch verschlechtert, 4 unverändert, eine Pat. verbesserte sich. Titer konstant (15 von 50 Patienten): 11 Patienten waren auch klinisch unverändert, 4 zeigten geringgradige klinische Veränderungen (3 gebessert, 1 verschlechtert).
Zur weiteren Analyse der kurzfristigen Veränderungen von AK-Titer
und klinischem Verlauf unterteilten wir den gesamten Beobachtungs-
zeitraum in kurze Intervalle (Phasen) von mehr als 2 Monaten Dauer.
Es fand sich eine hochsignifikante Korrelation (Abb. 1). In einigen
Phasen konnte eine Dissoziation zwischen dem klinischen Verlauf und
den AK-Titerveränderungen beobachtet werden (je 3 mal klinische Verschlechterung trotz Titerreduktion und klinische Besserung trotz
Titeranstieg). Bei konstantem AK-Titer fanden sich in 11 bzw. 7 von
64 Einzelphasen klinische Verbesserungen und Verschlechterungen. Die
klinischen Veränderungen folgten in einigen Fällen den vorausgegangenen Titerveränderungen nach.

Diskussion

Unsere Ergebnisse zeigten eine gute Korrelation zwischen den kurzfristigen AK-Titerveränderungen und den Veränderungen des klinischen Befundes. Dies weist erneut auf die Beziehung zwischen der Konzentration der AK gegen ACHR und dem Schweregrad der MG hin (1). Darüberhinaus bestätigen unsere Befunde die früheren Untersuchungen an kleineren Patientengruppen unter Plasmapheresetherapie (7) oder Azathio-
prinbehandlung (9). Mit Hilfe des neu entwickelten klinischen MG Score
konnten wir den Wert der fortlaufenden Messung der AK gegen ACHR aufzeigen. Dieses klinische Bewertungssystem ist u.E. den bisherigen dadurch überlegen, daß 1. nahezu alle Muskelgruppen quantitativ erfaßt
werden können und sich so auch Symptomfluktuationen innerhalb verschiedener Muskelgruppen erkennen lassen; 2. der klinische Gesamtbefund sich quantitativ mit AK-Titerveränderungen korrelieren läßt;
und 3. vor allem anderen gut reproduzierbar und nicht von der Erfahrung des jeweiligen Untersuchers mit dem Krankheitsbild der MG abhängig ist. Für die Dissoziation zwischen dem klinischen Befund und
den AK-Titerveränderungen können folgende Mechanismen in Frage kommen:

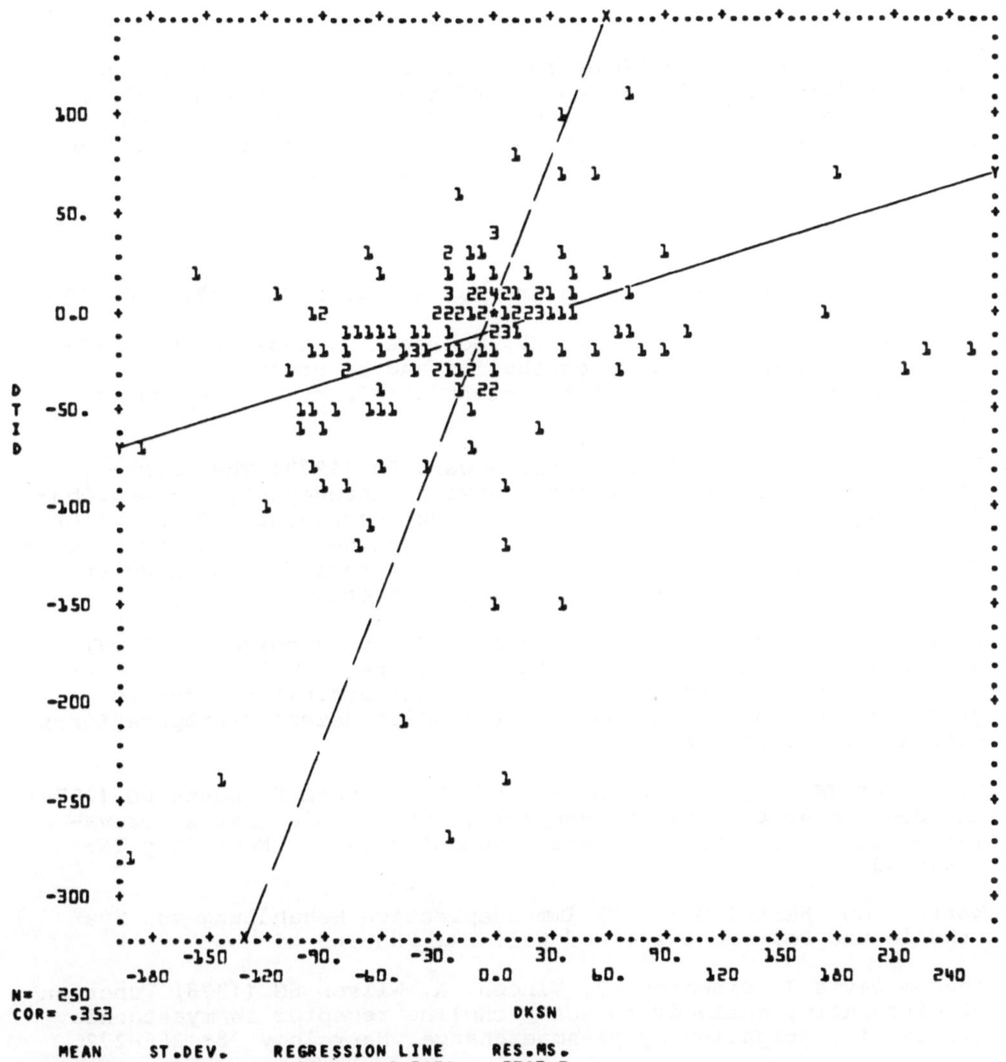

Abb. 1. Verlaufskontrolle von Patienten mit MG; Beziehungen zwischen Veränderungen des AK Titers und des klinischen Befundes. Jeder Punkt entspricht den Veränderungen innerhalb einer Krankheitsphase. n = 250 Ereignisse; r = 0.353 (P 0.0001; bivariate plotting). Ordinate: AK-Titer in %: + = Titeranstieg, - = Titerabfall; Abszisse: Score-Wert-änderung + = Verschlechterung. - = Verbesserung des klinischen Befundes

1. Zeitverlauf der Rezeptordegradierung nach Titeranstieg als verzögernde Komponente (3), 2. heterogene AK-Zusammensetzung, wobei mit dem angewandten Assay nur eine AK-Klasse gemessen werden kann, 3. nicht immunologische Mechanismen, z.B. hormonelle Einflüsse an der motorischen Endplatte (2). Trotz der nur geringen Zahl solcher Phasen sollte ein ansteigender Titer bei konstantem Befund zu intensiveren Kontrollen Anlaß geben, eine immunsuppressive Therapie sollte nicht reduziert werden, bis in einer oder mehreren Kontrollphasen der möglicherweise verzögerte klinische Verlauf sicher beurteilbar ist.

Zusammenfassung

Mit einem neuen klinischen MG Score ließen sich enge Korrelationen
zwischen kurzfristigen klinischen Veränderungen und Änderungen der
fortlaufend gemessenen AK-Titer gegen ACHR zeigen. MG Score und fortlaufende AK-Titerbestimmungen geben in der Verlaufskontrolle der MG
wertvolle therapeutisch-prognostische Entscheidungshilfen.

Literatur

1. Drachman DB (1978) Myasthenia gravis. N Engl J Med 298: 136-142

2. Dudel J, Birnberger KL, Toyka KV, Schlegel C, Besinger UA (1979)
   Effects of myasthenic immunoglobulins and of prednisone on
   spontaneous miniature endplate potentials in mouse diaphragms.
   Exp Neurol 66: 365-380

3. Engel AG, Sahashi K, Lambert EH, Howard FM (1979) The ultrastructural localisation of the acetylcholinreceptor, immunoglobulin G and the third and ninth complement components at the motor
   endplate and their implications for the pathogenesis of myasthenia
   gravis. In: Aguayo AJ, Karpati G (eds) Current Topics in Nerve
   and Muscle Research. Excerpta Medica, Amsterdam

4. Kalies I, Kalden JR, Heinz F, Janzen RWC, Lachenmayer L (1979)
   Nachweis von Acetylcholinrezeptor-Antikörpern im Serum von Myasthenia gravis-Patienten unter Verwendung affinitätschromato-
   graphisch gereinigter humaner Acetylcholin-Rezeptor-Präparationen.
   Klin Wschr 57: 857-881

5. Lindstrom JM, Seybold ME, Lennon VA, Wittingham S, Duane DD (1976)
   Antibody to acetylcholine receptor in myasthenia gravis: prevalence, clinical correlates and diagnostic value. Neurology 26:
   1045-1059

6. Mertens HG, Hertel G (1972) Immundepressive Behandlung von Myasthenie und Polymyositis. Med Welt 24: 955-963

7. Newsom-Davis J, Pinching AJ, Vincent A, Wilson SG (1978) Function
   of circulating antibody to acetylcholine receptor in myasthenia
   gravis: investigation by plasmaexchange. Neurology 28: 266-272

8. Papatestas AE, Alpert LT, Osserman KE (1971) Studies in Myasthenia
   gravis: effects of thymectomy results on 185 patients with nonthy-
   momatous and thymomatous myasthenia gravis 1941-1969. Am J Med 50:
   465-474

9. Reuther P, Fulpius BW, Mertens HG, Hertel G (1979) Anti-acetyl-
   choline receptor antibody under long-term azathioprine treatment
   in myasthenia gravis. In: Dau PC (ed) Plasmapheresis and the
   immunbiology of myasthenia gravis. Boston

10. Toyka KV, Drachman DB, Griffin DE, Pestronk A, Winkelstein JA,
    Fishbeck KH, Kao I (1977) Myasthenia gravis: Study of human
    immunomechanism by passive transfer to mice. N Engl J Med 296:
    125-131

11. Toyka KV, Becker T, Fateh-Moghadam A, Besinger UA, Brehm G, Neu-
    meier D, Heininger K, Birnberger KL (1979) Die Bedeutung der Be-
    stimmung von Antikörpern gegen Acetylcholinrezeptoren in der Dia-
    gnostik der Myasthenia gravis. Klin Wschr 57: 937-942

Maus-Transfer-Modell der Myasthenia gravis: Protektive Wirkung von Fab-Fragmenten

K.V. Toyka, K. Heininger, K.L. Birnberger, U.A. Besinger und
A. Fateh-Moghadam

Die Myasthenia gravis (MG) ist eine humoral vermittelte Autoimmun-
erkrankung, bei der Antikörpern (AK) gegen Acetylcholin-Rezeptoren
(ACh-R) an der motorischen Endplatte eine entscheidende pathogenetische Bedeutung zukommt (Übersicht bei 1, 2, 3). Dieser Nachweis gelang durch passive Übertragung von Immunglobulinen myasthenischer
Patienten auf die Maus (4) sowie - indirekt - durch die Beobachtung,
daß die Entfernung von AK mittels Plasmapherese therapeutisch wirksam ist (5, 6). Im Maus-Transfer-Modell lassen sich charakteristische
MG-Symptome reproduzieren: 1. Reduktion der Amplituden der Miniatur-
Endplattenpotentiale (Mepp) und Endplattenpotentiale (Epp); 2. Verminderung der Zahl verfügbarer ACh-R, gemessen über die Bindung von
alpha-Bungarotoxin; 3. Dekrement bei Nervenserienreizung sowie Muskelschwäche bei einzelnen Tieren (4, 7, 8). Das Komplementsystem
wirkt verstärkend auf die myasthenogene Interaktion zwischen Immunglobulinen (Ig) und ACh-R (7). Ultrastrukturelle Veränderungen wie
bei chronischer MG beim Menschen finden sich an der Endplatte der
Maus jedoch nicht, möglicherweise bedingt durch Spezies-Unterschiede
bei der Komplementaktivation (8). Untersuchungen an Muskelzellkultu-
ren in vitro haben gezeigt, daß die bivalente Bindung des nativen AK
(IgG)-Moleküls am ACh-R zu einem beschleunigten Abbau von ACh-R führt
("cross-linking"), während die Bindung des monovalenten AK-Fragmentes
Fab unwirksam ist (9).

In dieser Arbeit haben wir untersucht, ob die passive Übertragung von
Fab-Fragmenten die myasthene Wirkung von nativem IgG in vivo blockieren kann, ohne selbst eine neuromuskuläre Übertragungsstörung herbeizuführen.

Material und Methodik

Präparation der Ig-Fraktionen: Aus dem Serum von zwei Patienten mit
klinisch und immunologisch gesicherter Myasthenia gravis und aus
einem Normalserum wurde gereinigtes IgG über eine Ionenaustauscher-
Chromotographie (DEAE-Sephacel^R, 0,05 M Phosphatpuffer, pH 8,0) isoliert. Aus einem Kontrollserum wurde zusätzlich durch Ammoniumsulfat-
Fällung eine ungereinigte Ig-Fraktion gewonnen. Fab-Fragmente wurden
nach der Porter'schen Methode durch Papain-Spaltung und nachfolgende
Ionenaustauscher-Chromotographie (DEAE-Sephadex A 50^R) hergestellt.
Alle Ig-Fraktionen wurden vor Anwendung konzentriert, auf Reinheit
geprüft und Filter-sterilisiert. Die Rezeptor-Bindungsfähigkeit blieb
bei den von MG-Patienten gewonnenen Ig-Fraktionen erhalten, was durch
Bestimmung der alpha-Bungarotoxin-Bindung im Immunpräzipitations-
Assay belegt wurde (6).

Maus-Transfer-Modell

Zehn weibliche BDF$_1$-Mäuse wurden täglich mit 12-16 mg der sterilen
IgG-Lösung beziehungsweise mit 8 mg der Fab-Fraktion sieben bis zehn

Tage lang i.p. injiziert und am zweiten Tag mit Cyclophosphamid
immunsupprimiert (vgl. Tabelle 1).

Tabelle 1. Amplituden der Miniatur-Endplattenpotentiale (Mepp) am
Zwerchfell der Maus nach passiver Übertragung von Immunglobuninen (Ig)
*   Der Mittelwert der Mepp-Amplituden betrug bei Mäusen, die mit
     Kontroll-Ig injiziert waren, 0,71 mV und 0,38 mV nach Gabe von
     Ig von Myasthenie-Patienten (8)
**   Bei sieben der zehn Mäuse wurde der M. tibialis anterior immun-
     histochemisch untersucht
**** Aus Ig-Fraktionen von zwei Myasthenie-Patienten

Anzahl der Mäuse[**] (BDF$_1$/J)	Injektion von	Dosis (mg)	Dauer der Übertragung (Tage)	Mepp-Amplitude [*] ($\bar{x}$, mV)
3	MG-IgG	12	10	0,37/ 0,32/ -- [*]
2	Kontroll-Ig	12	10	0,70/-- [*]
2	MG-Fab	8	9	0,80/ 0,95
1	Kontroll-Fab	8	7	0,69
2	MG-Fab + IgG	8+12/ 8+16	9	0,80/ 1,14 [***]

Zwei der Tiere erhielten anfangs Fab und anschließend täglich Fab zusammen mit IgG in entsprechender Dosierung. Bei Versuchsende wurden
die Tiere anästhesiert, das Zwerchfell wurde entfernt und in eine mit
Carbogen versetzte, modifizierte Liliy'schen Lösung überführt. Die
Messung der Mepp erfolgte mit Standard-Mikroelektroden-Technik bei
31°C, wie früher beschrieben (8). Der Mittelwert der Mepp-Amplituden
wurde aus den Mittelwerten der Einzelfasern für das gesamte Zwerchfell errechnet. Für histologische und immunhistochemische Untersuchungen wurde der M. tibialis anterior entnommen und schockgefroren. Dünn-
schnitte des Muskels wurden fixiert und die Endplatten mit Protein-A-
Immunperoxydase auf IgG und mit Anti-Fab-IgG-Immunperoxydase auf Fab
gefärbt und anschließend licht- bzw. elektronenmikroskopisch untersucht.

Ergebnisse

Bei den mit MG-IgG behandelten Mäusen fand sich eine deutliche Ampli-
tudenminderung der Mepp auf 0,37 ± 0,1 mV bzw. 0,32 ± 0,13 mV gegenüber 0,7 ± 0,3 mV bei der Kontrollmaus (Tabelle 1). Die mit Fab-Fragmenten behandelten Tiere zeigten hingegen Mepp-Amplituden, die im Normalbereich lagen (0,51 - 1,25 mV (5, unveröffentlichte Beobachtungen)).
Nach Injektion von Fab plus IgG fand sich keine Reduktion der Mepp-
Amplituden. Über die immunhistochemischen Befunde wird an anderem Orte
berichtet (TOYKA, LÖWENADLER, HEININGER et al., in Vorbereitung). Bei
den Tieren, die mit myasthenen IgG bzw. Fab-Fragmenten behandelt waren, ließ sich die entsprechende Ig-Fraktion an der Endplatte nachweisen, nicht aber bei den Kontrolltieren.

Diskussion

Unsere Befunde sprechen dafür, daß Fab-Fragmente aus der IgG-Fraktion
von MG-Patienten einen protektiven Effekt gegenüber der Wirkung nati-
ver IgG-Antikörper auf die neuromuskuläre Übertragung besitzen. Fab-
Fragmente selbst führten zu keiner Transmissionsstörung, wie dies
nach passiver Übertragung des nativen IgG derselben Patienten gezeigt
werden konnte. Die Validität der Messung von Mepp als zuverlässiger
und empfindlicher Parameter für die myasthenische Übertragungsstörung
wurde von zahlreichen Autoren in früheren Untersuchungen belegt (10,
11, 12, 7, 8). Immunhistochemisch konnte darüber hinaus bestätigt werden, daß natives IgG sowie Fab-Fragmente an der motorischen Endplatte
gebunden waren. Die Unwirksamkeit von Fab-Fragmenten kann über zwei
Mechanismen erklärt werden: 1. Fab aktiviert nach Bindung an Antigen
kein Komplement (13); 2. Fab kann aus sterischen Gründen kein "cross-
linking" von ACh-R-Bindungsstellen bilden, wie dies bei nativem IgG
erfolgt. (Abb. 1; 9).

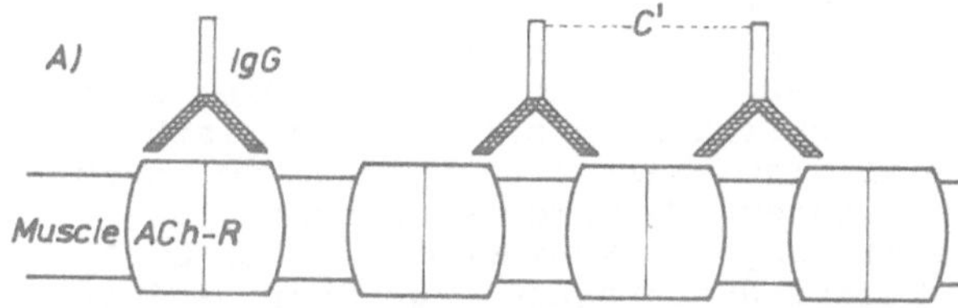

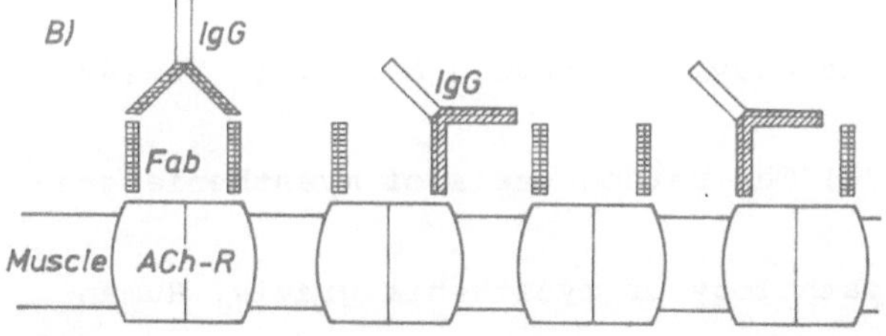

Abb. 1. Schematische Darstellung der immunpathologischen Interaktion
zwischen Acetylcholin-Rezeptoren (ACh-R), Fab-Fragmenten und nativen
IgG-Antikörpern im Maus-Transfer-Modell der Myasthenia gravis
Muscle Muskelzellmembran
Schraffiert Fab-Fragment bzw. Fab-Anteil des IgG-Moleküls
C' Komplement-Aktivation durch Fc-Anteil
Die Brückenbildung ("cross-linking") zwischen ACh-R-Bindungsstellen
und Antikörpern (A) wird durch Fab-Fragmente blockiert (B)

In Analogie zu unseren Befunden am in vivo-Modell konnte kürzlich in
biochemischen Bindungsstudien an Hyperimmunglobulinen von Kaninchen
mit experimentell-allergischer MG nachgewiesen werden, daß Fab die
Bindung von IgG an ACh-R in vitro blockiert (14). Die Konzentration
des heterologen Fab im Plasma der Maus wurde in einem Fall bestimmt
und war überraschend niedrig, wenn man mit der Kinetik dieser Fragmente in anderen Spezies vergleicht (15). Es kann deshalb nicht ausgeschlossen werden, daß die effektive Fab-Konzentration am Rezeptor

trotz immunhistochemischer Anfärbung zu niedrig war, um zu einer
nachweisbaren Transmissionsstörung zu führen. Um so erstaunlicher
ist dann, daß eine Vor- und Simultanbehandlung mit Fab in gleicher
Konzentration zu einer Blockade des IgG-Effektes geführt hat. Wir
nehmen an, daß Fab mit IgG um die Bindung am ACh-R konkurriert. Wenn
die Brückenbildung der IgG-Moleküle ("cross-linking") tatsächlich für
die immunpathologische Reaktion entscheidend ist, müßte nur ein Bruchteil der vorhandenen AK-Bindungsstellen am ACh-R durch Fab besetzt
sein, um die Ausbildung eines Netzwerkes von AK-ACh-R-Komplexen zu
verhindern. Dadurch wäre erklärbar, daß die geringen Fab-Konzentra-
tionen für eine protektive Wirkung gegenüber IgG ausgereicht hat. Es
ist nicht bekannt, ob Fab auch nach erfolgter Reaktion von AK und
ACh-R einen ähnlichen Effekt besitzt. In diesem Fall könnten sich ho-
mologe Fab-Fragmente mit längerer Halbwertszeit als eine Form der
Immuntherapie experimentell anwenden lassen.

Zusammenfassung

Am Maus-Transfer-Modell der Myasthenia gravis (MG) wurde die Wirkung
von nativen, myasthenen IgG-Antikörpern und von monovalenten Fab-
Fragmenten auf die neuromuskuläre Übertragung untersucht. Nach Gabe
von IgG fand sich eine deutliche Amplitudenreduktion der Miniatur-
Endplattenpotentiale am Zwerchfell der Maus. Fab allein erwies sich
als unwirksam, obwohl es an der motorischen Endplatte spezifisch gebunden wurde. Wenn Fab zusammen mit IgG übertragen wurde, kam es zu
keiner Verminderung der Mepp-Amplituden. Es wird geschlossen, daß
Fab-Fragmente nach monovalenter Bindung an AK-Bindungsstellen am Ace-
tylcholin-Rezeptor die neuromuskuläre Übertragung gegenüber nativen
IgG-Antikörpern protektiv beeinflussen.

Literatur

1. Drachmann DB (1978) Myasthenia gravis. N Engl J Med 298: 136-142;
   186-193

2. Heilbronn E, Stalberg E (1978) The pathogenesis of myasthenia gravis. J Neurochem 31: 5-11

3. Lennon VA (1978) The immunopathology of myasthenia gravis. Human
   Pathol 9: 541-551

4. Toyka KV, Drachmann DB, Pestronk A, Kao I (1975) Myasthenia gravis: passive transfer from man to mouse. Science 190: 397-399

5. Newsom-Davis J, Pinching AJ, Vincent A, Wilson SG (1978) Function
   of circulating antibody to acetylcholine receptor in myasthenia
   gravis: investigation by plasma exchange. Neurology (Minn) 28:
   266-272

6. Toyka KV, Becker T, Fateh-Moghadam A, Besinger UA, Brehm G, Neu-
   meier D, Heininger K, Birnberger KL (1979) Die Bedeutung der Bestimmung von Antikörpern gegen Acetylcholin-Rezeptoren in der
   Diagnostik der Myasthenia gravis. Klin Wochenschr 57: 937-942

7. Toyka KV, Drachmann DB, Griffin DE, Pestronk A, Winkelstein JA,
   Fischbeck KH, Kao I (1977) Myasthenia gravis: study of humoral
   immune mechanisms by passive transfer to mice. N Engl J Med 296:
   125-131

8. Toyka KV, Birnberger KL, Anzil AP, Schlegel C, Besinger UA,
   Struppler A (1978) Myasthenia gravis: further electrophysiological
   and ultrastructural analysis of the transmission failure in the
   mouse passive transfer model. J Neurol Neurosurg Psychiat 41: 746-
   753

9. Drachmann DB, Angus CW, Adams RN, Michelson JD, Hoffmann GJ (1978)
   Myasthenic antibodies cross-link acetylcholine receptors to
   accelerate degradation. N Engl J Med 298: 1116-1122

10. Albuquerque EX, Rash JE, Mayer RF, Satterfield JR (1976) An electro-
    physiological and morphological study of the neuromuscular junction,
    in patients with myasthenia gravis. Exp Neurology 51: 536-563

11. Heilbronn E, Mattson C, Thornell LE, Sjöström M, Stalberg E, Hil-
    ton-Brown P, Elmqvist D. Experimental myasthenia in rabbits: bio-
    chemical, immunological, electrophysiological and morphological
    aspects. Ann N Y Acad Sci 274: 337-353

12. Lambert EH, Lindstrom JM, Lennon VA (1976) End-plate potentials
    in experimental autoimmune myasthenia gravis in rats. Ann N Y Acad
    Sci 274: 300-318

13. Ruddy S, Gigli I, Austen KF (1972) The complement system in man.
    N Engl J Med 287: 489-495

14. Milhovilovic M, Martinez-Carrion M (1979) Purification of high-
    affinity Fab fragments from experimental autoimmune myasthenia
    gravis rabbits and their effect on isolated acetylcholine recep-
    tors. Biochemistry 18: 4522-4528

15. Smith TW, Lloyd BL, Spicer N, Haber E (1979) Immunogenicity and
    kinetics of distribution and elimination of sheep digoxin-specific
    IgG and Fab fragments in the rabbit and baboon. Clin exp Immunol
    36: 384-396

Myopathie und Encephalopathie als Früh- und Leitsymptom des Hypercorticismus

H.-J. Röthig und K.-F. Leonhardt

Die Diagnose eines Morbus Cushing wird klinisch gestellt. Nach LAB-
HART (2) sind die Kardinalsymptome Vollmondgesicht (90%), Stammfett-
sucht (85%), verminderte Glukosetoleranz (85%), Hypertonie (80%),
Osteoporose (70%), Amenorrhoe (70%), Striae rubrae und Ekchymosen
(60%) in 60 - 90% vorhanden. In 25 - 50% der Fälle wird beim Morbus
Cushing eine Myopathie beschrieben, die als Spätsymptom auftritt (6).
Charakteristisch sind symmetrische proximale Atrophien vorwiegend im
Beckengürtel- weniger im Schultergürtelbereich; Kopf- und Nackenmuskulatur sind kaum betroffen (5). Elektromyographisch findet man ver-
schmälerte Aktionspotentiale, reduzierte Amplituden und Polyphasien
(3). Die typischen histologischen Veränderungen bestehen in einer
Typ II-Faseratrophie, häufig werden auch vacuoläre Degenerationen
beschrieben (4).

Psychische Veränderungen kommen beim Morbus Cushing in 45% der Fälle
vor. Es überwiegen hirnorganische Psychosyndrome mit amnestischen und
affektiven Störungen, die bei leichter Ausprägung häufig nicht erkannt
werden. In 15-25% der Fälle werden psychotische Reaktionen beschrieben (1).

Wir untersuchten eine 31-jährige Patientin mit einem Morbus Cushing,
die als Erstsymptom eine langsam zunehmende Schwäche beim Treppen-
steigen und eine Kraftminderung des linken Armes bemerkte. Später kamen Kau- und Schluckstörungen dazu. - Muskelatrophien bestanden im
Bereich des linken Schultergürtels und Oberarmes, sowie beider Ober-
schenkel; außerdem fanden wir eine Kopfhebeschwäche und eine Facies
myopathica mit inkomplettem Augenschluß. Parallel dazu entwickelte
sich eine Wesensänderung mit Antriebsminderung und Affektstörungen.
Testpsychologisch ergaben sich Hinweise für eine organische Genese.

Das EEG war pathologisch verändert im Sinne einer fluktuierenden
leichten Allgemeinveränderung. Im cranialen Computer-Tomogramm zeigte
sich eine Erweiterung der inneren und äußeren Liquorräume.

Elektromyographisch waren auffällig schmale Potentiale und Polyphasien
nachweisbar. Die Serum-Muskelenzyme lagen im Normbereich; auch nach
Belastung erfolgte kein Anstieg. Es bestand eine erhöhte Kreatinurie;
Kreatinin und 3-N-Methyl-Histidin wurden deutlich vermindert ausgeschieden. Histologisch fand sich eine Atrophie der Typ IIb-Fasern.

Die Diagnose eines Morbus Cushing wurde gestellt durch erhöhte Plasma-
cortisolwerte mit fehlender Tagesrhythmik und einem negativen Dexamethason-Hemmtest. Ursächlich konnte szintigraphisch ein linksseitiges
Nebennierenadenom nachgewiesen werden.

Der von uns untersuchte Casus eines Morbus Cushing zeigte keines der
bekannten sieben Kardinalsymptome. Das klinische Bild war geprägt
durch eine asymmetrisch ausgeprägte Myopathie mit Beteiligung der
facio-pharyngealen Muskulatur, wie sie vom Verteilungstyp her für den
Morbus Cushing ungewöhnlich ist.

Daraus ergibt sich, daß Myopathie und Encephalopathie in besonderen Fällen Leitsymptom eines Hypercorticismus sein können.

Literatur

1. Bleuler E (1975) Lehrbuch der Psychiatrie, 13. Auflage. Springer, Berlin Heidelberg New York

2. Labhart A (1971) Klinik der inneren Sekretion, 2. Auflage. Springer, Berlin Heidelberg New York

3. Moser H, Fiechter R, Ludin HP, Jerusalem F (1974) Die Steroidmyopathie im Kindesalter. Z Kinderheilk 118: 177-196

4. Pongratz D (1976) Differentialdiagnose der Erkrankungen der Skelettmuskulatur. Georg Thieme, Stuttgart

5. Schimrigk K (1972) Klinik und Therapie stoffwechselbedingter und anderer symptomatischer Myopathien. Der Internist 13: 97-107

6. Schindler H, Koller K (1974) Schwere Myopathie und periphere Nervenläsion bei Cushing-Syndrom infolge eines Nebennierenrindenadenoms. Wien Med Wschr 51: 758-761

Das Enzymmuster des energieliefernden Stoffwechsels der Muskulatur zum Nachweis einer energetischen Insuffizienz bei chronischem Alkoholabusus

H.D. Langohr, J. Peiffer, W. Wiethölter und K. Scheglmann

Alkoholkranke zeigen häufig starke Atrophien und Leistungsminderung
der Muskulatur, ohne daß entsprechend schwere motorische Neuropathien
objektiviert werden können. Exotoxische Strukturmyopathien entsprechender Ausprägung fehlen ebenfalls häufig. Wir konnten zeigen, daß
Anomalien des energetischen Muskelstoffwechsels Vorboten einer be-
ginnenden primären axonalen Neuropathie bei chronischem Alkoholabusus sein können (4). Jetzt ergab sich die Frage, ob Veränderungen
des Muskelstoffwechsels mit der Folge der Leistungsminderung auch
Frühsymptome einer Myopathie oder möglicherweise eine direkte Folge
der toxischen Wirkung auf die Enzymsysteme sind.

Nach eingehender klinischer Untersuchung wurden bei 22 alkoholkranken Patienten im Alter von 35 bis 53 Jahren vergleichende elektrophysiologische, biochemische und histologische Untersuchungen des
M.tibialis anterior durchgeführt. Nur 2 dieser Patienten zeigten eine
Parese des M.tibialis anterior. Bei den übrigen Patienten fanden sich
entweder keine neurologischen Ausfälle oder es waren die Zeichen einer
leichten, vorwiegend sensiblen Polyneuropathie mit abgeschwächten
Achillessehnenreflexen, gestörter Tiefensensibilität oder diskreten
Oberflächensensibilitätsstörungen nachweisbar. Elektromyographisch
und elektroneurographisch zeigten 5 Patienten einen Normalbefund, 10
Patienten eine leichte, 3 Patienten eine mäßige axonale Polyneuropathie (PNP), 1 Patient eine leichte demyelinisierende PNP, 2 Patienten eine mäßige axonale und demyelinisierende PNP. In den Muskelgewebsproben aus dem M.tibialis anterior wurden biochemisch die Haupt-
kettenenzyme der Glykogenolyse (PH), der Glykolyse (TPDH, LDH, HIM),
der ß-Oxydation der Fettsäuren (HAD), des Citratcyclus (CS, MDH), der
Hexokinasereaktion (HK) und des Pentosephosphat-Cyclus (6-PGDH) bestimmt (2, 3, 4, 5, 6). Als Kontrollkollektiv dienten die Muskelgewebsproben von 15 gesunden Personen entsprechender Altersverteilung.
Enzymaktivitäten der Alkoholikergruppe, die unterhalb des aus dieser
Vergleichsgruppe ermittelten Normalbereichs lagen, wurden als pathologisch angesehen. In den Muskelgewebsproben wurden gleichzeitig histologische und histochemische Untersuchungen durchgeführt.

Biochemisch hatten nur 2 Patienten einen Normalbefund, 8 eine leichte
und 11 eine mäßige bis schwere Erniedrigung glykolytischer Enzyme. Zu
einer Aktivitätsminderung der osydativen Enzyme (HAD, CS, MDH) kam es
bei 6 Patienten, in der Regel bei gleichzeitiger Aktivitätsminderung
glykolytischer Enzyme. Bei 2 Patienten mit schwerer Erniedrigung glykolytischer und oxydativer Enzyme zeigte sich ein Anstieg der 6-PGDH.

Die Abb. 1 zeigt exemplarisch oben das Enzymmuster eines Patienten
mit chronischem Alkoholismus und den Zeichen einer leichten axoma-
len PNP im EMG. Es ist zu erkennen, daß im Vergleich zum Kontrollkollektiv die Enzymaktivitäten der PH, TPDH und LDH signifikant erniedrigt sind. Das Diagramm unten zeigt das Enzymmuster eines alkoholkranken Patienten mit schwerer axonaler und demyelinisierender PNP.
Sowohl die oxydativen als auch die glykolytischen Enzyme sind stark

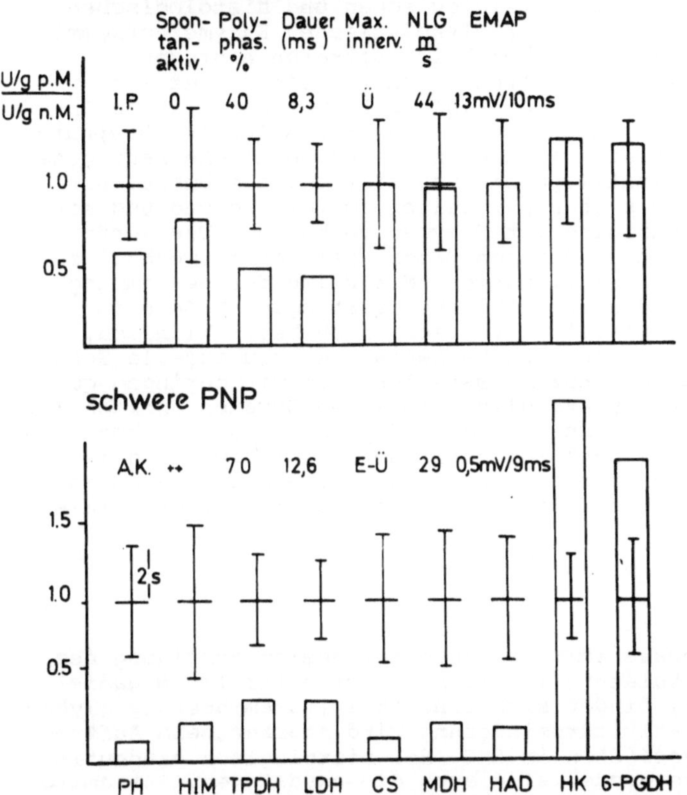

Abb. 1. Enzymmuster und elektrophysiologischer Befund im M.tibialis anterior eines Patienten mit leichter axonaler Polyneuropathie (oben) und eines Patienten mit schwerer Polyneuropathie (unten). Dargestellt sind die Enzymaktivitäten des neurogen geschädigten Muskels (U/g p.M.), bezogen auf die Aktivitäten eines Kontrollkollektivs von 15 normalen Muskeln (U/g n.M.).
NLG: maximale motorische Nervenleitgeschwindigkeit; EMAP: evoziertes Muskelaktionspotential; E: Einzelentladungsmuster; O: Übergangsmuster

⊥ Mittelwert ± doppelte Standardabweichung des Kontrollkollektivs

abgefallen. Die Enzymaktivitäten der HK und 6-PGDH sind angestiegen. Auch Patienten mit normalen klinischen und elektrophysiologischen Befunden zeigten verminderte Enzymaktivitäten von PH, TPDH und LDH.

Histologisch fanden sich neurogene, myopathische oder unspezifische Muskelveränderungen. Von den 22 Patienten hatten 8 eindeutige, wenn auch teilweise nur diskrete neurogene Veränderungen. Sichere myopathische Veränderungen waren nur bei 4 Patienten nachweisbar. Je 7 Patienten zeigten eine Atrophie der Typ-I-Fasern und Ringbinden. Auflockerungen des intermyofibrillären Netzwerkes, vor allem der Typ-I-Fasern in der NADH-Diaphorase-Reaktion fanden sich bei insgesamt 12 Patienten. Normalbefunde waren bei 9 Patienten nachweisbar.

Der Vergleich der elektrophysiologischen, biochemischen und histologischen Befunde zeigte, daß beim chronischen Alkoholismus auch bei
noch normalen klinischen, elektrophysiologischen und histologischen
Befunden eine Aktivitätsminderung der glykolytischen Enzyme vorkommt.
Diese Aktivitätsminderung wird stärker beim Auftreten neurogener
Schädigungszeichen im EMG. Beim Auftreten von Paresen findet sich neben einer starken Erniedrigung glykolytischer Enzyme auch ein Absinken oxydativer Enzyme und ein Anstieg der Enzyme des Pentosephosphat-
zyklus. Histologisch finden sich in diesen Fällen deutliche neurogene
Schädigungszeichen mit Begleitmyopathie und fibrotischem Umbau. Die
myopathischen Veränderungen stehen nur selten im Vordergrund und sind
dann nicht mit einer Erniedrigung von Enzymen verbunden. Das veränderte Muskelenzymmuster führt über den gestörten Energiestoffwechsel zu
einer Beeinträchtigung der Muskelfunktion. Mit Hilfe der Bestimmung
von Enzymmustern läßt sich die tatsächliche Leistungseinbuße beim
chronischen Alkoholiker quantitativ erfassen, noch bevor klinisch,
elektrophysiologisch und histologisch nachweisbare strukturelle Schädigungen aufgetreten sind. Die Enzymausstattung ist mit geringen qua-
litativen und quantitativen Unterschieden in allen Organen ähnlich (5).
Da bekannt ist, daß das Gehirn seine Energie vor allem durch Abbau von
Kohlenhydraten bezieht, ist, wenn man ähnliche Schädigungsmechanismen
wie in der Muskulatur zugrundelegt, eine frühzeitige Aktivitätsminderung glykolytischer Enzyme vielleicht auch die Ursache der cerebralen
Funktionsstörungen.

Zusammenfassung

Bei chronischem Alkoholabusus kommt es zu einer Beeinträchtigung des
Nervensystems und der Muskulatur (1, 7). Bevor strukturelle Schädigungen nachweisbar werden, findet sich eine Aktivitätsminderung glykolytischer Enzyme. Diese Aktivitätsminderung wird stärker beim Auftreten neurogener Schädigungszeichen im EMG. Bei histologisch eindeutigen neurogenen Schädigungszeichen sind auch die oxydativen, intramito-
chondrialen Enzyme erniedrigt und die Enzyme des Pentosephosphatcyc-
lus steigen an. Myopathische Frühveränderungen gehen offensichtlich
nicht mit einer Erniedrigung von Enzymen einher.

Das beim Alkoholiker frühzeitig veränderte Enzymmuster führt zu einer
energetischen Insuffizienz und erklärt die geklagten Beschwerden über
eine Leistungseinbuße der Muskulatur. Möglicherweise finden sich ähnliche Enzymaktivitätsveränderungen auch im Gehirn. Die daraus resultierende verminderte körperliche und psychische Leistungsfähigkeit
sollte bei der Behandlung von alkoholkranken Patienten berücksichtigt
werden. Vielleicht ist sie mitverantwortlich für das häufige Versagen
der Entziehungsbehandlung, an der sich nicht nur der Psychiater, sondern auch der Stoffwechselspezialist beteiligen sollte.

Literatur

1. Bosch EP, Pelham RW, Rasool CG, Chatterjee A, Lash RW, Brown L,
   Munsat TL, Bradley WG (1979) Animal models of alcoholic neuropathy:
   morphologic, electrophysiologic, and biochemical findings. Muscle
   & Nerve 2: 133-144

2. Bücher Th, Luh W, Pette D (1964) Einfache und zusammengesetzte
   Tests mit Pyridinnucleotiden. In: Hoppe-Seyler, Thierfelder (Hrsg)
   Handbuch f. Physiol Chemie, Bd VI/A. Springer, Berlin Heidelberg
   New York, S 292

3. Bücher Th, Pette D (1965) Über die Enzymaktivitätsmuster in Bezug
   zur Differenzierung der Skeletmuskulatur. In: Verhandl d Deutsch
   Ges f inn Medizin 71. Kongreß. Bergmann, München, S 104

4. Langohr HD, Schumm F, Luithle HJ, Mayer K, Rentschler R (1977)
   Vergleichende biochemische und elektrophysiologische Untersuchungen in der Skeletmuskulatur bei Alkoholismus. Arch Psychiat Nervenkr 223: 249-263

5. Pette D (1965) Plan und Muster im zellulären Stoffwechsel. Naturwissenschaften 52: 597-616

6. Pette D, Staudte HW (1973) Differences between red and white
   muscles. In: Keul J (ed) Limiting factors of physical performance.
   Thieme, Stuttgart, p 23

7. Victor M, Adams RD (1961) On the etiology of the alcoholic neurologic diseases with special reference to the role of nutrition.
   Amer J Clin Nutr 9: 379-397

Dilatative Cardiomyopathie als Todesursache bei klinisch und histologisch nicht eindeutig klassifizierbarer progressiver Muskeldystrophie (PMD)

J. Haan, G. Sabin, F.L. Welter und D. Kountouris

Wir haben vereinzelt pathologische Herzbefunde bei Patienten mit einer PMD festgestellt. Die hier dargestellte, durch jahrelange Fehldiagnosen gekennzeichnete und weder klinisch noch histologisch eindeutig einzuordnende Form mit ungewöhnlichen kardiologischen Befunden, erscheint uns mitteilungswert. Vor allem hervorzuheben ist, daß kardiale Störungen erstmalig zu einer Durchuntersuchung führten, und die Muskeldystrophie erst Jahre später erkannt wurde.

Fallbeschreibung

M.H.,geb.am 28.o4.45 lernte verspätet sitzen, stehen und gehen. Nach der normalen Einschulung wurde er in die Sonderschule versetzt. Später erfolgte wegen mangelnder Einsatzfähigkeit ein häufiger Berufswechsel. Eine erste kardiologische Durchuntersuchung wurde im Alter von 21 Jahren wegen einer Belastungsdyspnoe durchgeführt. Man fand ein leichtes P-dextrocardiale bei einer Sinustachycardie. Das Phonocardiogramm war unauffällig. Mittels Herzkatheteruntersuchung wurde eine leichte valvuläre Pulmonalstenose diagnostiziert. Die Entlassung erfolgte mit der zusätzlichen Diagnose einer Psychopathie bei Imbezilität. Vier Jahre später, im Anschluß an eine erste neurologische und elektromyographische Untersuchung, wurde er berentet wegen einer PMD.

Im Alter von 34 Jahren erfolgte die Notaufnahme bei uns wegen einer schweren Ruhedyspnoe bei dekompensierter Herzinsuffizienz mit doppelseitigem Pleuraerguß, gestauten Hals- und Armvenen, gestauter Leber sowie systolisch-diastolischem Geräusch bei schlecht abgrenzbaren Herztönen. Neurologisch fielen ausgeprägte Atrophien der gesamten Muskulatur unter Aussparung der Unterarm- und kleinen Handmuskeln auf. Es bestand ein watschelnder Gang, beim Aufstehen kletterte der Patient an sich hoch. Bei relativer Blasen- und Mastdarminkontinenz bestand ein schlaffer Analsphinctertonus. Am Skelett fielen eine Hyperlordose der LWS, eine Verstärkung der Brustwirbelsäulenkyphose und Hohlfüße beidseits auf. Psychisch war der Patient unauffällig. Eine Minderbegabung konnte nicht nachgewiesen werden.

Befunde der technischen Untersuchungen

EMG: Myopathisches Muster unter Aussparung der Unterarm- und Handmuskulatur.

Muskelbiopsie[1]: Spärliche Befunde an der Skelettmuskulatur und eine fast völlig fehlende perimyseale Fibrose erwecken den Verdacht auf eine PMD vom Becker-Typ. Eine Vermehrung der zentralen Kerne und ein ausgeprägtes Fasersplitting lassen an eine myotone Dystrophie denken.

---

[1] Histologischer Befund von Fr.Prof.Dr.Gerhard, Neuropathologisches Institut am Klinikum, Hufelandstraße 55, 43 Essen

EKG: Sinustachycardie (Frequenz 126 Schlag/min.), Steiltyp, links-
ventrikuläre Zeichen der Störung in der Phase der Totalerregung.

Ultraschall (UKG): Bild der dilatativen Kardiomyopathie mit Einschränkung der linksventrikulären Funktion.

Röntgenaufnahme des Thorax: Ausgeprägte Rechts-linksdilatation des
Herzens, doppelseitiger rechtsbetonter Pleuraerguß.

Laborparameter: CK 669 mU/ml; CK-MB 120 mU/ml; LDH 321 mU/ml; Blut-
bild und BSG entzündlich verändert. Sonstige Werte im Normbereich.

Unter intravenöser Applikation von Digitalis, Diuretica und Antibiotika wurden der Pleuraerguß und die Stauungspneumonie erfolgreich behandelt. Eine bessere Herztonisierung sowie eine Änderung des EKG,
UKG und Auskultationsbefundes wurden nicht erreicht. Hinweise auf
eine kongestive Kardiomyopathie, eine virale oder bakterielle Ursache
der kardialen Störungen wurden nicht gefunden. Der initialen Besserung folgte eine erneute Verschlechterung mit dem Exitus letalis 3
Monate später. Die Obduktion wurde nicht genehmigt.

Zusammenfassung

Eine frühkindliche Form der PMD war lange unerkannt und fehldiagnosti-
ziert worden. Klinisch und histologisch war eine Zuordnung nicht möglich, während elektromyographische und laborchemische Parameter für
die PMD typische Befunde ergaben.
Auch wenn für die PMD, besonders beim Typ Duchenne kardiale Störungen beschrieben sind, sind diese meistens weniger ausgeprägt (1), selten Todesursache (3) und beschränken sich häufig auf Tachycardien (2).

Folgerungen

- Bei jeder Form der PMD sollte bereits frühzeitig nach kardialen
Störungen gefahndet werden. Eine regelmäßige kardiologische Überwachung ist angezeigt.
- Bei nachgewiesenen kardialen Störungen ist eine beratende Informie-
rung besonders hinsichtlich der Lebensführung notwendig. Allerdings
sind offenbar foudroyante Verläufe möglich (5 Monate vor der Aufnahme bei uns war eine Thoraxdurchleuchtung unauffällig gewesen).
- Wir können die beschriebene Digitalisresistenz der Kardiomyopathie
bei der PMD bestätigen.
- Weitere Untersuchungen im Bezug auf Verteilung, Verlauf und kardio-
pulmonale Störungen bei PMD sind sicherlich angezeigt, da nicht alle
Formen sich den bekannten Typen zuordnen lassen.

Literatur

1. Duke M, Crosby DJ (1964) Clinical, hemodynamic, electrocardiogra-
   phic and vectorcardiographic observations in progressive muscular
   dystrophy of 34 years' duration. Amer Heart J 67: 251-257

2. Gailani S, Danowski TS, Fisher DS (1958) Muscular Dystrophy
   Catheterization Studies Indicating Latent Congestive Heart Failure.
   Circulation 17: 583-588

3. Gilroy J, Cahalan JL, Berman R, Newman M (1963) Cardiac and Pul-
   monary Complications in Duchenne's Progressive Muscular Dystrophy.
   Circulation 27: 484-493

Cardiomyopathie und Skelettmuskelbeteiligung

K. Kunze und M. Schlepper

Zeichen einer Cardiomyopathie sind bei neuromuskulären Erkrankungen,
wie den verschiedenen Formen der Myopathien, inklusive der Glykogen-
Speicherkrankheiten, aber auch bei neurogenen Affektionen, z.B. der
Friedreich'schen Ataxie, nicht selten (PERLOFF et al. 1966, 1971;
GRIGGS 1974), sie finden sich aber am ausgeprägtesten mit einer Häufigkeit von über 80% bei der progressiven Muskeldystrophie vom Typ
Duchenne (DURNIN et al. 1971; LETH und WULFF 1976) und können auch
bei Konduktorinnen vorkommen. Die cardialen Veränderungen bestehen
zunächst in EKG-Veränderungen mit einem hochamplitudigen R-rechts-
präcordial, einem tiefen Q-linkspräcordial und verbreiterten QRS-Kom-
plexen wohingegen bei der myotonischen Dystrophie vor allem Veränderungen im Erregungsleitungssystem auftreten. Klinische Symptome einer
Cardiomyopathie stehen bei diesen Erkrankungen im Hintergrund und treten meist erst in späteren Phasen des klinischen Verlaufes auf und können dann aber eine für die Grunderkrankung entscheidende Bedeutung erhalten. Andererseits haben sich bei primären Cardiomyopathien Hinweise auf eine mögliche Beteiligung der Skelettmuskulatur ergeben (SHAFIQ
et al. 1972; KUNZE et al. 1976) die bei Vergleichsuntersuchungen überprüft werden sollten.

Material und Methodik

Bei 26 Patienten mit einer ideopathisch-hypertrophischen subaortalen
Stenose (IHSS) mit einem Alter zwischen 16 - 68 Jahren, mittlerem Alter 42 ± 14 Jahren, 12 Patienten mit einem Herzklappenfehler (Alter:
30 - 60 Jahre, mittleres Alter 46 ± 10 Jahre) und 12 Patienten mit
einer koronaren Herzerkrankung (Alter: 40 - 64 Jahre, mittleres Alter
54 ± 8 Jahre) wurden bioptisch-histologische und morphometrische Untersuchungen aus dem M. pectoralis, überwiegend aus dem sternalen Anteil durchgeführt. Im wesentlichen erfolgten die Untersuchungen an
Männern, nur in der Gruppe IHSS fanden sich vier Frauen und in der
Gruppe Klappenfehler fünf Frauen. Die jeweilige Diagnose war durch
entsprechende cardiologische Untersuchungsverfahren unter Berücksichtigung auch der invasiven Diagnostik gesichert. Die Biopsieentnahme
und Weiterverarbeitung erfolgte in der üblichen Technik für Gefrier-
schnitte, wobei H.E.-Färbungen und Routine-ATPase-Reaktionen und die
NADH-Reaktion verwendet wurde. Quantitativ-morphometrische Auswertun-
gen der Schnitte erfolgten von repräsentativen Schnitt-Anteilen nach
der Methode von BROOKE und ENGEL (1969), wobei für jeden Patienten etwa 400 Fasern ausgewertet wurden.

Ergebnisse

Die morphologischen und morphometrischen Untersuchungsergebnisse sind
unter dem Aspekt zu beurteilen, daß sich bei diesen Patienten von neu-
rologisch-myologischer Seite aus keine Ausfälle fanden, insbesondere
keine Muskelatrophien oder Paresen bestanden und sich lediglich im Biceps brachii und Pectoralis eine Verkürzung der mittleren Potential-

dauer bei einer Vermehrung von polyphasischen Einzelpotentialen elektromyographisch nachweisen ließ. Die Auswertung der Muskelbiopsien ließ strukturelle Veränderungen der Muskelfasern vermissen. Dagegen fand sich in der Verteilung der Fasertypen ein Überwiegen der Typ II-Fasern bei Patienten mit IHSS und Klappenfehlern, während die Durchmesser der Typ I-Fasern bei Klappenfehlern und koronarer Herzerkrankung signifikant gegenüber IHSS vermindert waren, wobei sich auch Atrophie-Faktoren für die Typ I-Fasern in diesen Gruppen ergaben (Tabelle 1). Im Vergleich zu Kontrollen (POLGAR et al. 1973; eigene Werte) waren aber auch bei IHSS die Faserdurchmesser bei Typ I und II vermindert.

Tabelle 1. Fasertypverteilung, Faserdurchmesser und Atrophiefaktoren im M. pectoralis bei Patienten mit IHSS, Klappenfehlern und koronarer Herzerkrankung. Kontrollen: Durchmesser I 51,5 $\pm$ 11,2; II 56,5 $\pm$ 9,8 μ Typ I 58%, Typ II 42%

M. pectoralis	Fasertypverteilung		Faserdurchmesser		Atrophiefaktoren	
	I (%)	II (%)	I (μ)	II (μ)	I	II
IHSS n=26	34,77 (±13,76)	65,23	49,87 (±6,37) $p<0,01$ $p<0,4$	53,70 (±8,90) $p<0,4$ –	0,451 (±0,312) $p<0,05$ $p<0,1$	0,363 (±0,304 $p<0,3$ $p<0,5$
Klappenfehler n=12	36,57 (±14,10)	63,43	42,98 (±4,22) $p<0,4$	50,20 (±12,30)	0,746 (±0,368)	0,581 (±0,664
KHK n=12	46,09 (±16,18)	53,91	46,56 (±12,17)	52,70 (±12,40)	0,844 (±0,714)	0,516 (±0,644

Zusammenfassung

Morphologisch-morphometrische Untersuchungen im M. pectoralis, welcher aus technischen Gründen gewählt wurde, bei IHSS bei 26 Fällen zeigten im wesentlichen ein Überwiegen der Typ II-Fasern ohne strukturelle Auffälligkeiten. Dagegen wiesen Patienten mit Klappenfehlern (N=12) und koronarer Herzerkrankung (N=12) signifikante Verminderung der Durchmesser für die Typ I-Fasern und Atrophiefaktoren auf. Keiner der Patienten zeigte Muskelatrophien oder Paresen. Damit ließen sich die von MEERSCHWAM und HOOTSMANS (1971) und SHAFIQ et al. (1972) erhobenen Befunde nicht bestätigen.

Literatur

1. Brooke MH, King Engel W (1969) The histographic analysis of human muscle biopsies with regard to fiber type. Neurology 19: 221-233

2. Durnin RE, Ziska JH, Zellweger H (1971) Observations on the electrocardiogramm in Duchenne's progressive muscular dystrophy. Helv paediat Acta 26: 331-339

3. Griggs RC (1974) Hypertrophy and Cardiomyopathy in the Neuromuscular Diseases. Circulation Research 34, Suppl II: 145-151

4. Kunze K, Schlepper M, Schaper J, Zimmermann P (1976) Pathologische Veränderungen in der Skelettmuskulatur bei Patienten mit asymmetrischer septaler Hypertrophie (ASH). Verh Dtsch Ges Kreislaufforschg 42: 366-369

5. Leth A, Wulff K (1976) Myocardiopathy in Duchenne progressive muscular dystrophy. Acta paediat scand 65: 28-32

6. Meerschwam IS, Hootsmans WJM (1971) An electromyographic study in hypertrophic obstructive cardiomyopathy. In: Hypertrophic obructive Myopathy. Ciba-Symposium. Churchill, London

7. Perloff JK, De Leon AC, O'Doherty D (1966) The Cardiomyopathy of progressive muscular Dystrophy. Circulation 33: 625-628

8. Perloff JK (1971) Cardiomyopathy Associated with Heredofamilial Neuromyopathic Diseases. Modern concepts of cardiovascular disease 40: 23-26

9. Polgar J, Johnson MA, Weightman D, Appleton D (1973) Data on Fibre Size in Thirty-six Human Muscles. Journal of the neurological Sciences 19: 307-318

10. Shafiq SA, Sande MA, Carruthers RR, Killip T, Milhorat AT (1972) Skeletal Muscle in Idiopathic Cardiomyopathy. J neurol Sci 15: 303-320

Membranfluidität (Capping) der Lymphozyten bei Muskeldystrophie vom Duchenne Typ[1]

A.D. Ho, S. Stojakowits, B. Reitter, W. Fiehn und W. Hunstein

Einleitung

Die Muskeldystrophie vom Duchenne Typ (DMD) ist ein X-chromosomal
rezessives Erbleiden, das zu progredientem Muskelschwund und zum Tode
führt. Es wurden viele Versuche unternommen, die Konduktorinnen durch
EMG, Muskelbiopsie oder durch Bestimmung von Serumenzyme zu ermitteln. Alle bisherigen Methoden können jedoch nur einen Teil der Konduktorinnen erfassen (3, 6). Es liegen nun Hinweise dafür vor, daß der DMD
ein generalisierter Membrandefekt zugrunde liegt (2, 3). Eine Möglichkeit zum Nachweis einer gestörten Membranfunktion stellt die Untersuchung des Capping-Phänomens von Lymphozyten dar (4). Es handelt sich
dabei um eine fluoreszenzmikroskopisch erfaßbare Umverteilung der Ober-
flächen-Immunglobuline nach Antigenkontakt. Ein normaler Ablauf des
Capping-Phänomens ist ein Hinweis auf eine normale intramembranöse
Protein-Motilität, die eine normale Funktion des Mikroskelettsystems
(Mikrofilament- und mikrotubuläre Struktur) erfordert.

Pickard et al. hat sowohl bei Patienten mit DMD als auch bei den Überträgerinnen dieser Erkrankung eine verminderte Membranfluidität feststellen können (2). Um die Anwendung dieser Methode zur Ermittlung von
Konduktorinnen zu überprüfen, haben wir eine Untersuchung an unseren
Patienten unternommen.

Material und Methodik

12 Patienten mit DMD und 13 Überträgerinnen wurden untersucht. Die
Diagnose wurde in der Universitäts-Kinderklinik Heidelberg gestellt.

Lymphozyten wurden aus dem peripheren Blut durch Ficoll-Hypaque Dich-
tegradient isoliert und auf eine Konzentration von 1-2 x 10^7 Zellen/
ml eingestellt. 0,1 ml dieser Zellsuspension wurde dann mit 0,1 ml
einer 32-fachen Verdünnung von Fluorescein konjugiertem polyvalentem
Antihumanimmunglobulin (Antiserum) von der Ziege (Behring Werke AG,
Marburg, B.R.D.) im Dunkeln bei 4°C 30 Minuten inkubiert. Nach Zentri-
fugation wurden die Zellen weitere 15 Minuten bei 37°C inkubiert und
danach mit einem Zeiss-Photomikroskop II bei Auflicht betrachtet. 200
Lymphozyten wurden ausgezählt um den Prozentsatz der Zellen mit Oberflächenimmunglobulinen zu ermitteln. Danach wurden weitere Lymphozyten mit Oberflächenimmunglobulinen auf das Capping-Phänomen hin untersucht.

Die Markierung der Lymphozyten mit Concanavalin A (F-Con A, Miles Laboratories, Ltd. Rohovot, Israel) erfolgte ähnlich wie die Markierung
mit Antiserum. Nach einer Inkubation von 15 Minuten um 4°C mit F-Con
A wurden die Lymphozyten für weitere 20 Minuten bei 37°C inkubiert.
Der Prozentsatz der Lymphozyten mit Capping wurde dann ausgezählt.

---

[1]Mit der Unterstützung der Karl- und Maria Biesinger Stiftung sowie
des Tumorzentrums Heidelberg/Mannheim

Ergebnisse

In Abb. 1a und 1b sind die Ergebnisse der Untersuchung wiedergegeben.
Lymphozyten von Kontrollpersonen (n=50) zeigten mit Fluorescein markiertem Antiserum gegen Immunglobuline mit 50,1% (Bereich 32-72,5%)
und mit Fluorescein markiertem Concanavalin A (F-Con A) 25,8% (Bereich
18,5-31,5%) ein positives Capping-Phänomen.

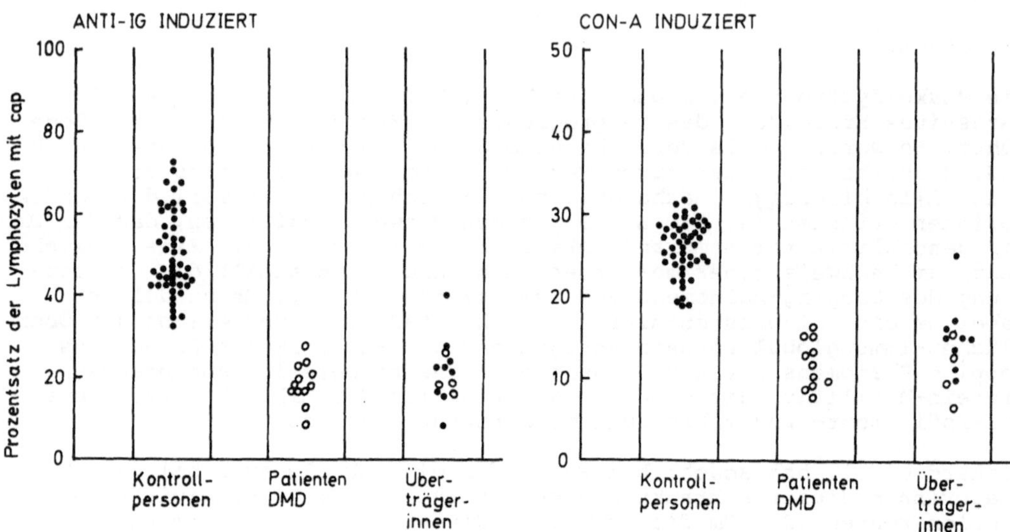

Abb. 1. a = Prozentueller Anteil der Antiserum-induzierten "caps" der
Lymphozyten bei Normalpersonen (n=50), Patienten mit Duchenne Muskeldystrophie (n=12) und Überträgerinnen (n=13). Die Punkte stellen die
Probande mit normaler CK-Aktivität (< 55 U/l) und die Ringe die Probande mit erhöhter CK-Aktivität dar. Der Bereich der CK-Aktivität der
DMD Patienten lag bei 151-1550 U/l. b = Prozentueller Anteil der Concanavalin A-induzierten "caps" der Lymphozyten bei Normalpersonen
(n=50), Patienten mit DMD (n=11) und Überträgerinnen (n=13)

Demgegenüber war bei Patienten mit DMD, bei denen stark erhöhte Krea-
tinkinase-Werte (CK) gefunden wurden, das Capping-Phänomen mit Antiserum auf durchschnittlich 18,5% (Bereich 8-28%) und mit F-Con A auf
11,7% (Bereich 7,5-16%) vermindert. Vier Patientenmütter mit erhöhten
CK-Werten zeigten ein vermindertes Capping. Das Capping war bei weiteren acht Müttern mit normalen CK-Werten ebenso stark vermindert, so
daß anzunehmen ist, daß es sich um Konduktorinnen handelt.

Besprechung

Pickard und Mitarbeiter haben eine Verminderung des Capping-Phänomens
bei Lymphozyten der DMD Patienten und deren Konduktorinnen feststellen können und haben vorgeschlagen, daß diese Methode als Screening
für Konduktorinnen und für die pränatale Ermittlung von kranken Kindern eingesetzt wird (2). Die Versuche einiger Arbeitsgruppen, diese
Resultate zu reproduzieren, ergaben jedoch widersprüchliche Ergebnisse (1, 5). Wir haben durch die Optimierung der Methodik ein vermindertes Capping bei allen Patienten feststellen können. Mit Ausnahme von
einer zeigten alle Mütter unserer Patienten eine Reduzierung der Mem-

branfluidität der Lymphozyten in dem gleichen Ausmaß wie die Patienten. Bei einigen Müttern haben wir die Versuche 2 bis 3 mal im Laufe von 7 Monaten wiederholt. Eine Abweichung von maximal 3% wurde beobachtet. Unser Ergebnis unterstützt die Hypothese, daß die Muskeldystrophie vom Duchenne-Typ mit einem generalisierten Membrandefekt einhergeht. Dieser Defekt läßt sich mittels Capping außerdem auch bei klinisch und laborchemisch unauffälligen Konduktorinnen nachweisen. Diese Methode könnte sich bei der genetischen Beratung als wertvoll erweisen, da sie nach den bisherigen Ergebnissen weniger falsch negative Resultate liefert als die alleinige Bestimmung der CK-Aktivität im Serum.

Zusammenfassung

Das Capping-Phänomen der Lymphozyten wurde bei 12 Patienten mit DMD und 13 Überträgerinnen untersucht. Bei den Patienten war das Capping-Phänomen sowohl mit Antiserum als auch mit Concanavalin A ausnahmslos vermindert. Bei 12 der 13 Überträgerinnen wurde ein reduziertes Capping in demselben Ausmaß wie bei den Patienten nachgewiesen. Die CK-Aktivität war jedoch nur bei 4 Müttern pathologisch erhöht. Unser Ergebnis unterstützt die Hypothese, daß der Muskeldystrophie vom Duchenne-Typ ein generalisierter Membrandefekt zugrunde liegt. Dieser Defekt läßt sich mittels Capping auch bei Konduktorinnen mit normalen CK-Werten nachweisen.

Literatur

1. Hauser SL, Weiner HL, Bresnan MJ and Ault KA (1979) Lymphocyte capping in muscular dystrophy. Neurology 29: 1419-1421

2. Pickard NA, Gruemer HD, Verrill HL, et al. (1978) Systemic membrane defect in the proximal muscular dystrophies. N Engl J Med 299: 841-846

3. Roses AD, Roses MJ, Miller SE et al. (1976) Carrier detection in Duchenne muscular dystrophy. N Engl J Med 294: 193-198

4. Schreiner GF, Unanue ER (1976) Membrane and cytoplasmic changes in B lymphocytes induced by ligand-surface immunoglobulin interaction. Adv Immunol 24: 37-165

5. Stern CMM, Kahan MD, Dubowitz V (1979) Lymphocyte capping in Duchenne muscular dystrophy. Lancet I: 1300

6. Thompson MW, Murphy EG, Mc Alpine PJ (1971) In assessment of the creatine kinase test in the detection of carriers in Duchenne muscular dystrophy. J Pediatr 71: 82-95

Hypermagnesiämie und periodische Lähmung

W. Emser und F. Dreyer

In einer Familie mit einer Adynamia episodica hereditaria fand sich
ein 18-jähriger Schüler, der neben dieser noch unter einer weiteren
periodischen Lähmung litt.

Um das 12. bis 13. Lebensjahr kam es bei ihm zum Auftreten von Lähmungen, die mehrere Tage dauerten und im Verlauf des Lebens stärker
und andauernder wurden. Sie treten jetzt im Monat ein- bis zweimal
auf, dauern sechs bis acht Tage. Ohne Prodromi stellen sich die Lähmungen morgens ein, verstärken sich über ein bis zwei Tage, bleiben
so zwei bis drei Tage bestehen, bis es dann wieder allmählich zur
Rückbildung kommt. Das Auftreten ist völlig unabhängig von exogenen
Faktoren. Befallen sind in der Regel die Extremitätenmuskeln, zu Beginn die Extensoren, im Gefolge auch die Flexoren, seltener der
Beckengürtel, ganz selten auch einmal die Rückenmuskulatur. Die Atem-,
Facio- und Pharyngealmuskulatur sind nie betroffen.

Dieser Lähmungstyp, der vom klinischen Bild her einer Paralysis
periodica entsprechen könnte, ist keine hypo- oder gar eine Variante der hyperkaliämischen Lähmung, wie wir durch die während den
Lähmungen durchgeführten kontinuierlichen Elektrolytbestimmungen
sowie durch entsprechende Elektrolytbelastungen zeigen konnten. Bei
den beschriebenen periodischen Lähmungen waren immer Serum Magnesiumerhöhungen festzustellen gewesen (Serum Magnesiumspiegel bis zu 2.3
mmol/1 erhöht) (1).

Die periodischen Hypermagnesiämien beruhen auf einer herabgesetzten
renalen Magnesiumelimination, wahrscheinlich infolge einer erhöhten
Rückresorption in den distaleren Teilen des tubulären Systems, wo
vor allem Magnesium im Gegensatz zu den anderen Kationen reabsor-
biert wird (2). Dies kann erklären, warum gerade Magnesium von einer
solchen Störung betroffen ist. Gestützt wird die Annahme einer gesteigerten tubulären Rückresorption auch durch die Tatsache, daß mit
einer Hemmung des aktiven Ionentransportes durch Digitalis oder Lithium die hypermagnesiämischen periodischen Lähmungen verhindert werden konnten (1).

Bei der Lähmungsentstehung wird man zunächst einen neuromuskulären
Block bei der erhöhten Magnesiumkonzentration erwarten. In der Sti-
mulationselektromyographie an einem gelähmten Handmuskel fand sich
allerdings kein Anhalt für eine Störung im damit erfaßten Bereich
der Endplatte. Cholinesterasehemmer waren auch ohne Effekt, ebenso
intravenöse Ca-Gaben. Damit ist allerdings eine teilweise Übertra-
gungsblockierung nicht auszuschließen; abgesehen von einem präsynaptischen Effekt beeinflußt Magnesium auch die postsynaptischen Mem-
braneigenschaften.

Störungen der Nervenleitung durch die beim Patienten festgestellten
Magnesiumerhöhungen als Ursache der Lähmungen sind unwahrscheinlich.
Der klinische Befund war hierfür nicht typisch, und die Nervenleit-
geschwindigkeitsbestimmung ergab normale Werte.

Bei der Entstehung der Parese muß auch ein Effekt an der Muskelfaser
selbst diskutiert werden. Bei der extrazellulären Magnesiumanreicherung
auf über das Doppelte des Normwertes scheint ein Influx in die Zelle
vorstellbar. Schon kleine Magnesiumkonzentrationsanstiege in der Muskelfaser können die Aktivierung des kontraktilen Systems beeinflussen,
weil so die Kalziumfreisetzung aus dem sarkoplasmatischen Retikulum
behindert wird. So führt bei in vitro Untersuchungen an der "skinned
fiber" eine 3 mmolare Magnesiumlösung schon zu einer fast vollständigen Unterdrückung der Calciumfreisetzung und zu einer ganz erheblichen
Hemmung der Kontraktionskraft (3).

Da Magnesium die elektrische Schwelle der Muskelfasermembran erhöht,
könnte auch der extrazelluläre Konzentrationsanstieg so zu einer Kon-
traktionsbehinderung beitragen (4).

Diese offenen Fragen waren schließlich Anlaß, in einigen Experimenten
dem Magnesiumfluß auf die Kontraktionskraft der Muskulatur nachzugehen. Als Modell diente zunächst ein Nerv-Muskelpräparat des Frosches
(R. esculenta, M. sartorius). Bei indirekter Reizung sahen wir schon
unter 2mmol/1 Mg-Konzentration in der Badlösung eine Reduktion der
Kraftentfaltung auf 60% des Ausgangswertes, unter 4mmol/1 eine weitere Reduktion auf ca. 30% und bei 8mmol/1 eine fast vollständige Blok-
kierung. Auch unter Prostigmin (Konzentration: 1.5 und 3 μMol) war die
Herabsetzung der Kontraktionsstärke in fast dem Ausmaß wie eben beschrieben zu erhalten. Im Gegensatz dazu kommt es bei der direkten
Muskelreizung bei 4mmol/1 zu einer leichten und erst unter 8mmol/1
zu einer deutlichen Herabsetzung der Kraftentfaltung. Die Endplatte
war dabei durch Curarisierung (Konzentration: 5 μMol d-Tubocurarin)
blockiert (Abb. 1).

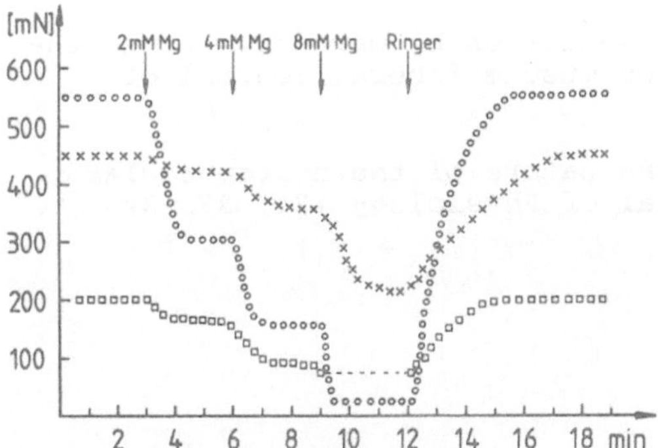

Abb. 1. Abhängigkeit der Muskelkontraktion von der Magnesiumkonzentration am M. sartorius des Frosches (Rana esculenta); (O) bei indirekter Reizung kommt es schon unter kleinen Magnesiumkonzentratio-
nen zu einer deutlichen Hemmung; (□) unter Prostigmin (1.5 und 3 μM)
ist dieser Effekt in ähnlicher Ausprägung zu erhalten; (x) bei direkter Reizung unter Curarisierung (5 μM) ist der blockierende Effekt
deutlich geringer. Die Untersuchungen wurden an verschiedenen Muskeln
durchgeführt

Die Ergebnisse am Nerv-Muskelpräparat des Warmblüters, M. extensor
digitorum longus, M. soleus und Diaphragma der Ratte, waren ähnlich.
Es ergab sich außerdem eine unterschiedliche Empfindlichkeit der
einzelnen Muskeln gegenüber Magnesium. So war unter indirekter Rei-

594

zung bei dem M. extensor digitorum longus bei 4.8mmol/1Mg schon fast
eine vollständige, beim M. soleus eine deutliche und beim Diaphragma
noch keine Blockierung zu sehen. Letzteres zeigte erst bei 9.6mmol/1Mg
eine Reduktion auf 50%. Die ausführliche Darstellung der Methoden und
Ergebnisse wird an anderer Stelle erfolgen.

Dieses Phänomen der unterschiedlichen Empfindlichkeit einzelner Muskelgruppen konnten wir klinisch schon beim Patienten beobachten. Bei
den hypermagnesiämischen Lähmungen werden auch zuerst die sogenannten schnellen Muskeln, die langsamen erst bei höheren Konzentrationen
paretisch, während Atemmuskulatur und Zwerchfell nie betroffen sind.

Von den experimentellen Ergebnissen ausgehend, scheint die unmittelbare Beeinflussung der Muskelfasern durch Magnesium, bei den in vivo
gemessenen Konzentrationen, gering zu sein. Cholinesterasehemmer waren klinisch wie auch im Experiment ohne Wirkung. Daher wäre die Entstehung der Paresen in den präsynaptischen Bereich zu lokalisieren.
Daß Calcium klinisch keinen sicheren antagonistischen Effekt hatte,
spricht nicht dagegen. Aus medizinischen Gründen können allenfalls
einige mMol appliziert werden, was den Ca-Serumspiegel nur wenig an-
hebt.

Literatur

1. Emser W (1980) Hypermagnesemic periodic paralysis: treatment with
   Digitalis and Lithium. Submitted for publication: Neurology
   (Mineap.)

2. Quamme GA, Wong NCM, Dirks JH, Roinel N, De Rouffignac C and
   Morel F (1978) Magnesium handling in the dog kidney: a micro-
   puncture study. Pflügers Archiv 377: 95-99

3. Stephenson EW, Podolsky RJ (1977) Regulation by magnesium of intracellular calcium movement in skinned muscle fibers. Journal of
   General Physiology 69: 1-16

4. Del Castillo J, Engbaek L (1954) The nature of the neuromuscular
   block produced by magnesium. Journal of Physiology 124: 370-384

Neurologische Komplikationen beim Botulismus

F. Láhoda

Obwohl der Botulismus zu den relativ seltenen neurologischen Erkrankungen zählt, ist er dennoch wegen der teils lebensbedrohlich verlaufenden Komplikationen gefürchtet. Bei entsprechender Vorgeschichte
und typischem Verlauf ist die Diagnose verhältnismäßig leicht zu
stellen. Somit lassen sich auch bei rasch fortschreitenden schweren
Verlaufsformen im Rahmen der unbedingt erforderlichen Intensivüberwachung vor allem Atemstörungen frühzeitig behandeln.

Wesentlich schwieriger ist die Situation, wenn in der Anamnese weder
der Genuß verdorbener Speisen, noch gastrointestinale Beschwerden
sicher eruierbar sind. Als Beispiel hierfür sollen zwei von uns beobachtete schwerere Verlaufsformen dienen:

So kam eine 53-jährige Frau wegen Schluck- und Atemstörungen auf unserer Intensivstation zur Aufnahme, bei der diese Komplikationen nach
einer angeblichen Halsentzündung vor ca. 8 Tagen aufgetreten waren.
Sie wurde deswegen, auch wie zwei ihrer gleichzeitig erkrankten En-
kelkinder, mit Penicillin behandelt. Bei der Aufnahme bestand eine
Akkomodations- und Abducensparese, eine allgemeine Muskelschwäche mit
abgeschwächten Reflexen und subjektivem Kribbelgefühl an Händen und
Füßen sowie eine deutliche Schwäche der Intercostalmuskulatur. Im EKG
fanden sich ausgeprägte Herzrhythmusstörungen, über Mundtrockenheit
klagte die Patientin nicht. Der positive Toxinneutralisationstest er-
laubte eine klare differentialdiagnostische Abgrenzung gegenüber einer
möglichen postdiphtherischen Polyneuritis und rechtfertigte somit die
Gabe von Antitoxin. Die Patientin konnte sich nicht an den Genuß verdorbener Speisen bzw. an gastrointestinale Beschwerden erinnern.

Im zweiten Fall wurde uns ein 23-jähriger Kraftfahrzeug-Mechaniker
unter dem Verdacht einer Kohlenmonoxyd-Intoxikation bzw. Encephalitis mit beginnender Atemstörung zur Intensivtherapie überwiesen. Er
hatte 9 Tage zuvor im Betrieb über Kopfschmerzen und Verschwommensehen geklagt, anschließend waren Doppelbilder, eine beidseitige Ptosis,
Schluckstörungen bei Mundtrockenheit und eine zunehmende Schwäche der
proximalen Extremitäten- und Intercostalmuskulatur aufgetreten. Da es
nach der Aufnahme zunächst zu einer weiteren Verschlechterung mit
Atemstillstand kam, wurde trotz negativem Toxinneutralisationstest
Serum verabreicht, 10 Tage später konnte der Patient extubiert werden.
Er erinnerte sich nicht an den Genuß verdorbener Speisen bzw. an vorausgehende gastrointestinale Beschwerden. Interessanterweise traten
bei der Mutter des Patienten während dessen Erkrankung vorübergehend
eine leichte Ptosis und Mydriasis mit Verschwommensehen nach Genuß von
selbstgeräuchertem Fleisch auf.

Bei einigen von uns beobachteten leichteren Fällen von Botulismus
ließ sich die Verdachtsdiagnose erst retrospektiv nach dem Verlauf
stellen, da auch hier eindeutige anamnestische Hinweise auf eine In-
toxikationsquelle fehlten. Dies ist bei therapeutischen Überlegungen
hinsichtlich einer Serumapplikation zu berücksichtigen.

Literatur

1. Berndt SF (1978) Botulismus. Med Klin 73: 879-887

2. Flügel KA, Druschky KF (1976) Botulismusdiagnostik und Intensivtherapie. Intensivmed Suppl 2: 243-248

3. Ricker K, Berndt SF (1978) Botulismus. In: Flügel KA (Hrsg) Neurologische und psychiatrische Therapie. Perimed Erlangen, S 44

Intoxikation mit Acetylcholinesterase-Hemmern

A. Hartmann, K.v. Olshausen und P. Wahl

Alkylphosphate sind Acetylcholinesterase-Hemmer, welche als Ester
oder Amide der Phosphonsäure, Phosphorsäure oder Phosphinsäure gegen
Pflanzenschädlinge in Landwirtschaft, Forstwirtschaft und Gartenbau
eingesetzt werden. Sie werden biologisch abgebaut und somit im Organismus nicht lange gespeichert. Allerdings führt ihre hohe akute
Toxizität bei akzidenteller oder suizidaler Einnahme häufig schnell
zum Tode. Ihre Wirkung beruht auf einer Hemmung der spezifischen
strukturgebundenen Acetylcholinesterase an den Nervenendigungen des
vegetativen Nervensystems bzw. der motorischen Endplatte, so daß der
Organismus im Sinne einer sekundär endogenen Intoxikation bei mangel-
hafter Hydrolysierung mit Acetylcholin überschwemmt wird. Die unspezifische im Leberparenchym synthetisierte Acetylcholinesterase wird in
gleicher Weise gehemmt, ist für die Vergiftung jedoch weniger von Bedeutung. Ein Teil der Phosphorsäureester wird im Körper zu Metaboliten umgewandelt, welche die Acetylcholinesterase noch stärker hemmen
als die Muttersubstanz: Giftung. So wird Parathion (E 605) in das
noch giftigere Sauerstoff-Analog Paraoxon umgewandelt. Eine weitere
Gefahr dieser Substanzen besteht in der Möglichkeit, daß einige Alkylphosphate aus dem Gewebe ins Blut rückverteilt bzw. aus dem Gastrointestinaltrakt nachresorbiert werden. Giftung und Nachresorption sind
Ursache einer protrahierten klinischen Wirkung (23). Die Symptomatik
einer Alkylphosphatvergiftung beruht neben der Wirkung auf das autonome Nervensystem, die motorische Endplatte und das zentrale Nervensystem
auf einer direkten toxischen Wirkung auf Leber und Niere. Allerdings
müssen dabei ursächlich immer Komplikationen der Acetylcholinesterase-
Hemmung wie Hypoxie und Acidose in Betracht gezogen werden. Einige Abkömmlinge der Alkylphosphate können auch polyneuritische Krankheitsbilder verursachen, wobei dann die motorischen Lähmungen im Vordergrund stehen (2, 17).

Die Ansammlung von Acetylcholin verursacht folgende Symptome:

1. Zentrales Nervensystem

Verwirrtheit, Ruhelosigkeit, Kopfschmerzen, Gangunsicherheit, Ataxie,
Dysarthrie, vertikaler/horizontaler Nystagmus, tonisch-klonische
Krämpfe, Bewußtseinsstörungen bis zum Koma (welches bis zu einer Woche
ununterbrochen anhalten kann), zentrale Atemlähmung und Hypothermie
(23). EEG-Veränderungen bestehen gelegentlich in einem flachen, desyn-
chronisierten Muster (19, 18, 22), wie es als "Alpha-Koma" bei Schädigungen des Hirnstamms beschrieben wurde (15). Bei unseren Fällen haben
wir derartige elektroencephalographische Muster auch im Koma nicht ableiten können. Sie scheinen eher selten zu sein.

2. Peripheres Nervensystem

2.1. Muscarinartige Wirkung: Die Acetylcholin-Akkumulation an para-
sympathisch innervierten Drüsen führt zur Entgleisung der Schweißdrü-
sen-, Tränendrüsen-, Speicheldrüsen-, Magensaft-, Pankreassaft- und

Bronchialsekretion. Die letztere imponierte auch bei unseren Fällen
häufig als massives Lungenödem. Die pathologische Erregung der glatten Muskulatur resultiert in Durchfall, Erbrechen, Urinabgang und
Bronchospasmus. Die Innervation des Musculus constrictor pupillae
zeigt sich als extreme Miosis, welche aber in 1/5 der Fälle fehlt
und nur bedingt als therapeutischer Leitparameter für die Atropin-
dosierung verwendet werden kann. Wir haben bei einem Teil unserer Patienten trotz tiefer Bewußtlosigkeit und ausgeprägter persistierender
Konzentrationssenkung der Serum-Acetylcholinesterase wechselnde Zustände von Miosis und Mydriasis beobachtet. Auch der Blutdruckabfall
bzw. eine Bradycardie infolge cardiovaskulärer Wirkung können ausbleiben oder erst im weiteren Verlauf auftreten, da die nicotinartigen Effekte der Acetylcholin-Ansammlung am Nebennierenmark eine mas-
kierende Wirkung ausüben können. Als therapeutisches Leitsymptom ist
die Menge des Bronchialsekrets am zuverlässigsten.

2.2. Nicotinartige Wirkungen: Sie entstehen infolge unerschöpfter Erregung an Acetylcholin-empfindlichen Rezeptoren der Ganglien des adrenergen Nervensystems und der Rezeptoren der quergestreiften Muskulatur. Es resultieren Tachycardie, Hypertonie, unwillkürliche Skelett-
muskelentladungen an Lid, Zunge, Gesichtsmuskulatur und Extremitäten.
Als Frühsymptom gelten Zuckungen der Augenlider und Zunge, im weiteren
Verlauf treten schnell Lähmungen auf. Die andauernde Endplattendepola-
risation kann Ursache einer Störung des Kaliumstoffwechsels sein, welche in Gegenwart einer Acidose noch verstärkt wird (16). Sehr hohe
Acetylcholin-Konzentrationen sollen Muskelnekrosen hervorrufen können
(1, 13).

Zwar ist das Ausmaß der Hemmung der spezifischen Acetylcholinesterase
für die Symptomatik verantwortlich, doch läßt sie sich anhand der
klinisch eher unbedeutenden aber leicht nachweisbaren und parallel
laufenden Hemmung der unspezifischen Serum-Acetylcholinesterase ab-
schätzen (Acholest-Test[R]). Mit Hilfe von 50 μl Serum des Patienten
sowie eines Acholest-Test-Streifens und eines Vergleichsstreifens
wird die verbliebene Serum-Acetylcholinesterase-Aktivität aufgrund
der verflossenen Zeit bis zum Eintritt von Farbgleichheit zwischen
beiden Streifen gemessen. Tabelle 1 gibt den Versuch einer Korrelation
der im Acholest-Test geschätzten Restkonzentration der Acetylcholinesterase mit der klinischen Symptomatik wieder. Wegen Nachresorption
aus dem Gastrointestinaltrakt und der Rückverteilung aus dem Fettgewe-
be kann dieser Test über Wochen pathologisch ausfallen und zeigt damit
die weitere Notwendigkeit einer Intensivbetreuung an. Der Test ist
aber eher ungeeignet zur exakten Dosierung des Atropins, hier müssen
andere klinische Parameter herangezogen werden. Im übrigen muß darauf
hingewiesen werden, daß ein Leberparenchymschaden zu einer Erniedrigung des Acetylcholinesterase-Spiegels führt. Der Test ist nicht imstande, zwischen verminderter Acetylcholinesterase-Synthese und toxin-
bedingter Acetylcholinesterase-Erniedrigung zu unterscheiden. Er mißt
lediglich die verbliebene Serumaktivität, gleich welcher Ursache sie
ist.

Patientengut

Von 1976 - 1979 hatten wir 10 Patienten mit Alkylphosphatintoxikation
gesehen, von denen 6 Parathion (E 605) eingenommen hatten, 5 davon in
suizidaler Absicht. Die anderen 4 Patienten hatten Suizidversuche mit
Carbamaten unternommen. Der jüngste der Patienten war 17, der älteste
49 Jahre alt. 3 Patienten starben an einer E 605-Vergiftung (Tabelle
2). 6 konnten 18 - 27 Tage nach der Aufnahme beschwerdefrei entlassen
werden. Ein Patient mußte wegen eines Myocardinfarktes weiterbehandelt

Tabelle 1. Korrelation von Konzentration der Acetylcholinesterase,
Zeit bis zum Auftreten der Farbgleichheit im Acholest-Test und klinischer Symptomatik bei E 605-Intoxikation

Konzentration d. ACH-Esterase	Acholest-Test	Klinische Symptomatik
60-40% d. Norm Stufe I	17-30'	Schweißneigung,Übelkeit,Speichelfluß,Tränenfluß,gastrointestinale Beschwerden: <u>leichte</u> Intoxikation
40-20% d. Norm Stufe II	30-50'	Zeichen der Stufe I,plus: Muskelfibrillation der Zunge,Schwäche der quergestreiften Muskulatur, Erbrechen,Durchfall: <u>mittlere</u> Intoxikation
20-0% d. Norm Stufe III	länger als 50'	Zeichen der Stufe II,plus: Bronchospasmus,maximale Bronchialsekretion,Myoklonien,tonisch-klonische Anfälle,Atemlähmung,Bewußtseinsstörungen,Hypothermie,Kammerflattern bzw. -flimmern: <u>schwere</u> Intoxikation

werden. Bei allen Patienten wurde der Acholest-Test durchgeführt. Wir
gewannen dabei den Eindruck, daß er die Schwere der Intoxikation ausreichend anzeigt, doch nur bedingt für die therapeutischen Maßnahmen
herangezogen werden darf. Bei einem Patienten, der infolge akzidenteller E 605-Einnahme nur leichte gastrointestinale Beschwerden hatte,
zeigte der Acholest-Test schon eine deutliche Hemmung der Serum-Cholinesterase an. Bei einer anderen Patientin, welche 18 Tage nach Einnahme
von 100 ml Parathion verstarb, war er bis zum Tode intermittierend
stark positiv, so daß hier die Nachresorption von Parathion bzw. eine
Rückverteilung in das Blut angenommen wurde. Die Patientin wurde initial mit Atropin, 2 x 250 mg Toxogonin und im weiteren Verlauf mit
Atropin-Dosen bis zu einer Gesamtdosis von 10 g behandelt. Phasen guter Bewußtseinslage mit Möglichkeit der verbalen Kommunikation wechselten mehrfach mit komatösen Zuständen ab. Im wachen Zustand zeigten
sich geringe Anzeichen einer sensorischen Polyneuropathie, jedoch keine peripheren Lähmungen. Der Tod trat im protrahierten Herz-Kreislaufversagen auf. - Der zweite verstorbene Patient kam 14 Stunden nach
Einnahme von 70 ml E 605 trotz initialer Toxogonin-Medikation, Atropin-
Verabreichung in hohen Dosen und einer einmaligen Hämoperfusion nach
Herzstillstand ad exitum. Im Gegensatz zur erstgenannten Patientin
stand hier die ständige Miosis im Vordergrund der Pupillensymptomatik.
- Der dritte Patient verstarb 2 Tage nach Intoxikation, wobei mehrfach
eine Hämoperfusion durchgeführt wurde. Bei allen Patienten ergab die
Autopsie Anzeichen eines ausgeprägten Hirnödems (11) (Tabelle 2).

Bei 3 Patienten, welche trotz zum Teil hoher E 605-Dosen überlebten,
hatten wir je nach Menge des aufgenommenen Giftes, Möglichkeit der
Primärtherapie, wechselnder Bewußtseinslage und Stärke der Bronchialsekretion die Hämoperfusion eingesetzt. Einer unserer Patienten hatte
nach 3-wöchiger Beatmung mit intermittierenden komatösen Zuständen
überlebt.

Tabelle 2. 3 im Verlauf einer E 605-Intoxikation verstorbene Patienten

W/M Alter	Intoxikation	Über-lebens-zeit	Therapie	Todesursache	Sektionsbefund
W 51	100 ml Folidol[R] (Parathion)	18 Tage	Atropin bis 10 g, Toxo-gonin,Hämo-perfusion	Protrahiertes Herzkreislauf-versagen	Coronararteriensklerose, Tubulopathie der Nieren, Lungenödem. Allgemeines Hirnödem mit Schnürfurchen an den gyri parahippocampales und Kleinhirntonsillen, fri-scher Erweichungsherd im Bereich der A. cerebri posterior rechts.
M 52	1/2 Schach-E 605	2 Tage	Atropin, Toxogo-nin,Hämo-perfusion	Herzkreis-laufversa-gen	Coronararteriensklerose, hypoxicardiale Innenwand-schädigung,Hyperämie der Nieren und Milz. Hirnödem mit Schnürfurchen an den gyri parahippocampales und Kleinhirntonsillen, ödematöse Veränderungen des Rindenbandes und des centrum semiovale.
M 42	70 ml Folidol[R] (Parathion)	1 Tag	Atropin, Toxogonin, Hämoperfu-sion	Herzstill-stand	Hypoxische Myocardverän-derungen,Lungenatelektase, Lungenödem,Tubulopathie der Nieren.Hirnödem mit Aufhellung des centrum semiovale,frische hypoxi-sche Nervenzellschäden im Neostriatum,globus palli-dum und den Brückenfuß-kernen.

Als Konsequenz unserer derzeitigen Erfahrung halten wir folgendes the-rapeutisches Vorgehen bei Alkylphosphat-Intoxikation für angemessen:

1. Aufnahme ausnahmslos auf eine Intensivstation, auch bei jenen Pa-tienten, die subjektiv nur geringe Beschwerden haben. Bei oraler Auf-nahme oder nach Schleimhautkontakt erfolgt meist eine schnelle Resorp-tion, nach perkutaner Intoxikation liegt aber oft eine stundenlanges freies Intervall vor. Die Giftung verzögert ebenfalls das Auftreten klinischer Intoxikationszeichen.

2. Sofortige Überwachung der Blutgase, notfalls Intubation und mecha-nische Beatmung. Relaxierung ist nicht erforderlich, da die nicotinar-tige Intoxikation bereits vorliegt.

3. Entfernung der Kleider, Abwaschen des Körpers mit Wasser und Seife, der Augen mit 3%iger Bicarbonatlösung. Magenspülung mit bis zu 100 l Wasser und dann Instillation von Teerkohle, welche Alkylphosphate bin-den kann. Am günstigsten ist die Verwendung einer doppelläufigen Ma-gensonde. Nach 6 Stunden wird die Kohle abgepumpt und eine erneute

Spülung mit Gabe von Teerkohle vorgenommen. Zum Teil wurden noch Tage nach der Intoxikation Substanzen in der Magenflüssigkeit nachgewiesen (3), so daß in den ersten 5 Tagen täglich derartige Maßnahmen durchgeführt werden müssen. Der Krankheitsverlauf kann durch das Erzeugen von Diarrhoen (z.B. mit hyperosmolaren Sorbit-Lösungen) verkürzt werden. Zusätzlich müssen 3 mal täglich hohe Einläufe zur Colonentleerung initial angewandt werden. Eine Besserung der Darmatonie kann mit Prostigmin erreicht werden.

4. Wenn klinisch gesichert ist, daß keine Acidose vorliegt, Beginn der Antidot-Behandlung. Atropin kann in Gegenwart eines Sauerstoffmangels Kammerflimmern oder Kammerflattern hervorrufen. Atropin mindert die muscarinartigen Intoxikationszeichen, da es mit Alkylphosphaten am entsprechenden Rezeptor konkurriert. Zum Teil werden auch zentralnervöse Intoxikationszeichen wie Anfälle günstig beeinflußt. Initial werden 2 - 5 mg i.v. verabreicht, nach 5 - 10 Minuten wird diese Dosis erneut gegeben. Werden die Zeichen einer ausreichenden Atropinisierung (Tachycardie, Sistieren der verstärkten Bronchialsekretion) nicht erreicht, muß Atropin notfalls auf für mehrere Tage über den Perfusor gegeben werden. Die bei unseren Patienten verabreichte Atropin-Maximaldosis betrug 1 000 mg/Tag und 10 g in 2 Wochen. Vor zu niedrigen Dosen muß gewarnt werden, eher sollte eine Überdosierung riskiert werden. - Atropin wirkt nicht auf die nicotinartigen Intoxikationserscheinungen, so daß bei Vorliegen des Stadiums 2 des Acholest-Testes das kausale Antidot Obidoxim oder Pralidoxim verabreicht werden muß (8). Das erste ist vorzuziehen, da es schneller wirkt und rascher die Bluthirnschranke kreuzt. Die Oxime reaktivieren die Acetylcholinesterase. Boelcke et al. (3) hatten die wiederholte Obidoxim-Gabe über mehrere Tage erfolgreich eingesetzt. Überalterte Bindungen zwischen toxischer Substanz und Acetylcholinesterase können durch Oxime jedoch nicht mehr gelöst werden. Es ergibt sich hieraus die Frage, inwieweit neue Acetylcholinesterase-Alkylphosphat-Bindungen infolge Nachresorption mit wiederholter, prolongierter Antidot-Behandlung sinnvoll therapiert werden können. Im allgemeinen werden 5 Minuten nach der ersten Atropin-Medikation 250 ml Toxogonin langsam i.v. gegeben, in den ersten 24 - 48 Stunden sollen nicht mehr als 750 mg als Gesamtdosis verabreicht werden, da ansonsten die Esterasen gehemmt werden können (4, 7). Wir haben keine Erfahrung mit der Injektion ungehemmter Acetylcholinesterase (19).

5. Die extracorporale Hämodialyse (24) hat in der Literatur zu unterschiedlicher Beurteilung geführt (9, 21). Je lipophiler die Intoxikationssubstanz ist, desto geringer ist der Dialyseeffekt (21). Hämodialyse, Peritonealdialyse sowie Blutaustausch-Transfusionen (3, 10) wurden wegen im allgemeinen schlechter Erfolgsaussichten von uns nicht angewandt.

6. Die Hämoperfusion (5, 6, 14) wird bei schweren Vergiftungen angewandt, möglichst schon bei Stufe 2 des Acholest-Testes. In den hier vorliegenden Fällen wurde die Hämoperfusion bei 6 Patienten eingesetzt, 3 Patienten verstarben. Auch die Hämoperfusion muß notfalls über Wochen wiederholt eingesetzt werden. Die mit acrylsaurem Hydrogel verkapselte Aktivkohle (Haemacol^R) ist in der Lage, u.a. Alkylphosphate so zu binden, daß innerhalb kurzer Zeit die Serumkonzentration der Intoxikationssubstanz um die Hälfte gesenkt werden kann (14, 20). In jedem Fall muß eine ausreichende Heparinisierung durchgeführt werden.

7. Wegen der cardiovaskulären Intoxikationszeichen, die infolge Nachresorption und Rückverteilung auch noch Tage nach der Aufnahme plötzlich auftreten können, halten wir eine ständige Monitorüberwachung für notwendig, ein Schrittmacher ist bei manchen Fällen erforderlich.

8. In der Behandlung kontraindiziert sind folgende Medikamente: Atropin vor der Beseitigung einer Ateminsuffizienz, Morphin, Theophyllin, Aminophyllin, Succinylcholin, Reserpin und Phenothiazine.

9. Die Vergiftung mit Carbaminsäureestern unterscheidet sich hauptsächlich durch die unterschiedlich lange Depression der Acetylcholinesterase-Aktivität im Blut. Auch bei Vergiftung mit diesen Substanzen kommt es zur endogenen Acetylcholin-Vergiftung; es handelt sich jedoch um eine reversible Hemmung der Acetylcholinesterase mit einer langsamen, aber nahezu vollständigen Herstellung der Enzymstruktur innerhalb von 3 - 7 Tagen. Die Vergiftungssymtpome sind grundsätzlich die gleichen wie bei Alkylphosphat-Vergiftung, nur schwinden sie rascher, so daß Todesfälle seltener sind. Zur Therapie dieser Vergiftung werden hohe Atropin-Dosen verabreicht, die Gabe von Oximen sollte unterbleiben. Bisher haben wir keinen Patienten mit einer derartigen Intoxikation verloren.

Zusammenfassend möchten wir darauf hinweisen, daß eine schwere Alkylphosphat-Vergiftung mit Parathion trotz Maximalüberwachung und Einsetzen der Hämoperfusion noch bis zu 2 Wochen nach der Intoxikation kritische Situationen entstehen lassen kann. Dem Hirnödem kommt hier eine entscheidende Funktion zu.

Literatur

1. Ariens ATH, Meeter E. Woltius OL, van Benthem RML (1969) Reversible necrosis at the end-plate region in striated muscels of the rat poisoned with cholinesterase inhibitors. Experientia 25: 57-59

2. Bidstrup PL, Bonnell JA, Bectett G (1953) Paralysis following poisoning by a new organic phosphorus insectizide following poisoning by a new organic phosphorus insectizide (Mitapox) Brit Med J: 1068-1072

3. Boelcke G, Butigan N, Davar H, Erdmann WD, Gaaz JW, Nenner M (1970) Neue Erfahrungen bei der toxikologisch kontrollierten Therapie einer ungewöhnlich schweren Vergiftung mit Nitrostigmin (E 605 forte). Dtsch Med Wschr 95: 2516-2520

4. Brackfield J, Zavon MR (1965) Organic phosphate (Phosdrin) intoxication. Arch Environm Health 11: 859-867

5. Chang TMS, Gonda A, Dirks JH, Malave N (1971) Clinical evaluation of chronic intermittend or short term hemoperfusion in patients with chronic renal failure using semipermeable microcapsules formed from membrane-coated activated charcoal. Trans Amer Soc Artif Intern Org: 246-252

6. Chang TMS, Migchelsen M (1973) Characterization of possible "toxic" metabolites in uremia and hepatic coma based on the clearance spectrum for larger molecules by the ACAC microcapsula artificial kidney. Trans Amer Soc Artif Intern Org 19: 314-319

7. Erdmann WD, Zech R, Franke P, Bosse I (1966) Zur Frage der therapeutischen Wirksamkeit von Esterase-Reaktivatoren bei der Vergiftung mit Dimethoat. Arzneimittel-Forsch 16: 492-494

8. Erdmann WD, v Clarmann M (1963) Ein neuer Esterase-Reaktivator für
   die Behandlung von Vergiftungen mit Alkylphosphaten. Dtsch Med
   Wschr 88: 2201-2206

9. Gal G, Simon L, Rengei B, Mindszenty L, Ember M (1970) Hemodialy-
   sis in the treatment of poisoning by methylparathion. Res Com Chem
   Path Pharm 1: 553-559

10. Goebel R, Zeichen R, Giebauf W (1969) Wien Med Wschr 119: 649-652

11. Grevic N, Jadro-Santel D, Jukic S (1977) Cerebral changes in Para-
    quat poisoning. In: Roizin L, Shiraki H, Grcevic (eds) Neurotoxo-
    coloy. Raven Press, New York, p 469-484

12. von der Haardt H, Cardesa A (1971) Die histopathologischen Früh-
    veränderungen nach Paraquat-Intoxikation. Klin Wschr 49: 544-550

13. Kibler WB (1973) Skeletal muscle necrosis secondary to parathion.
    Toxicol Appl Pharmacol 25: 117-122

14. Lesch P, Blume U, Scheibe G, Sussmann P, Schmidt FW, Bartels M,
    Okonek S (1976) Hämoperfusion durch verkapselte Aktivkohle zur
    Therapie exogener und endogener Intoxikationen. Klin Wschr 54:
    509-519

15. Loeb C, Poggio G (1953) Electroencephalograms in a case with ponto-
    mesencephalic haemorrhage. Electroenceph Clin Neurophysiol 5:
    295-296

16. Lüderitz B, Boelcke G, Gaaz JW, Schmidt H, Rieker G (1974) Wieder-
    holte kriminelle Vergiftung mit Nitrostigmin. Dtsch Med Wschr 99:
    529-533

17. Namba T (1971) Cholinesterase inhibition by organophosphorus com-
    pounds and its clinical effects. Bull WHO 44: 289-307

18. Neundörfer B, Meyer-Wahl L, Meyer JG (1974) Alpha-EEG und Bewußt-
    losigkeit. Ein kasuistischer Beitrag zur lokal-diagnostischen Be-
    deutung des Alpha-EEG beim bewußtlosen Patienten. Z EEG EMG 5: 106

19. Okonek S (1975) Aktuelle Gesichtspunkte zur Intoxikation durch
    Alkylphosphate. Internist 16: 123-130

20. Okonek S (1977) Klinisch-toxokologische Untersuchungen über die
    Behandlung von Vergiftungen durch Pflanzenschutzmittel vom Typ
    "E 605" und vom Typ "Paraquat" mit Hämoperfusion. In: Demling L,
    Bartels O (Hrsg) Entgiftung mit Hämoperfusion. Bindernagel,
    Friedberg, p 66-72

21. Okonek S, Boelcke G, Hollmann H (1976) Therapeutic properties of
    haemodialysis and blood exchange transfusion in organophosphate
    poisoning. Europ J Intensive care Med 2: 13-18

22. Okonek S, Reger H (1975) EEG-Veränderungen bei Alkylphosphat-Ver-
    giftungen. EEG-EMG 6: 19-27

23. Schmidt F, Kiefer H (1955) Die E 605-Vergiftung. Münch Med Wschr
    97: 1649-1662

24. Trautmann A (1972) Die Dialyse von Arzneimitteln und Giften. Med
    Klin 67: 1525-1531

Enzymatische Untersuchungsverfahren zum Nachweis eines Vitamin B 1-, B 2- und B 6-Mangels bei neurologischen Erkrankungen

H.D. Langohr, F. Petruch und G. Schroth

Die Vitamine der B-Gruppe nehmen als Coenzyme an zahlreichen wichtigen Enzymreaktionen teil. Die Vitamine B 1, B 2 und B 6 spielen vor allem im Glucose- und Aminosäurestoffwechsel eine Rolle. Das Nervensystem reagiert besonders empfindlich auf einen Vitamin B-Mangel. In der nervenärztlichen Praxis werden die B-Vitamine allerdings zu häufig ohne gesicherte Indikationsstellung verordnet. Ihre weitverbreitete und ungezielte Verordnung ist nicht zuletzt darauf zurückzuführen, daß objektive Nachweisverfahren bisher fehlten. Methoden zum Nachweis eines Vitamin B 1-, B 2- und B 6-Mangels sind erst in den letzten Jahren entwickelt worden (1, 2, 4, 5, 6, 7). Diese enzymatischen Methoden haben den Vorteil, daß der Vitaminmangel direkt in der Zelle, d.h. im Erythrozyten oder Fibroblasten, gemessen werden kann. Ihre Anwendung bei verschiedenen neurologischen Symptomen, die als Folge eines Vitaminmangels entstehen können, soll im folgenden beschrieben werden. Ferner sollen die Beziehungen zwischen Vitamin B 1-, B 2- und B 6-Mangelzuständen und neurologischen Ausfallerscheinungen dargestellt werden.

Bei einem Mangel an Vitamin B 1, B 2 und B 6 kommt es zu einer ungenügenden Sättigung spezifischer Apoenzyme mit den entsprechenden Coenzymen. Diese ungenügende Sättigung und somit der Vitaminmangel lassen sich als verminderte Enzymaktivität nachweisen. Der Anstieg der Enzymaktivität nach Zugabe des Vitamins in vitro ist ein direktes Maß für den vorliegenden Vitaminmangel. Zum Nachweis eines Vitamin B 1-Mangels wird ein NADH-abhängiger Transketolase-Aktivierungstest, bei Verdacht auf B 2-Mangel ein NADPH-abhängiger Glutathionreduktase-Aktivierungstest, und für B 6 ein NADH-abhängiger Glutamat-Oxalacetat-Transaminase-Aktivierungstest verwendet (1, 2, 4, 5, 6, 7). Die Enzymaktivitäten werden in U/gHb angegeben. Der Aktivierungskoeffizient dient als Maß für den Vitaminmangel. Er entspricht dem Verhältnis der Enzymaktivität nach Zugabe des Vitamins in vitro zur Enzymaktivität vor Zugabe des Vitamins. Bei einem Kontrollkollektiv von 26 gesunden und normal ernährten Männern im Alter zwischen 19 und 79 Jahren wurde der obere Grenzwert, d.h. der mittlere Aktivierungskoeffizient + 2 s ermittelt. Unter gleichzeitiger Berücksichtigung der Angaben in der Literatur wurde bei den dann untersuchten Kranken ein geringes, mäßiges und hohes Mangelrisiko unterschieden.

Die Abb. 1 zeigt die Ergebnisse der enzymatischen Testverfahren bei 43 Patienten mit chronischem Alkoholabusus im Vergleich zu denen bei der Kontrollgruppe. Es ist ersichtlich, daß sich in der Gruppe der alkoholkranken Patienten signifikant erniedrigte Aktivitäten der Transketolase als Hinweis auf einen Thiaminmangel (B 1), der Glutathionreduktase als Hinweis auf einen Riboflavinmangel (B 2) und der Glutamat-Oxalacetat-Transaminase als Hinweis auf einen Pyridoxinmangel (B 6) fanden. Nach Zugabe von Thiaminpyrophosphat (Vitamin B 1), Flavinadenindinukleotid (Vitamin B 2), Pyridoxalphosphat (Vitamin B 6) stiegen im Paarvergleich die entsprechenden Enzymaktivitäten zwar signifikant an (T-Test), waren aber nach wie vor in der Alkoholiker-Gruppe signifikant niedriger als in der Kontrollgruppe.

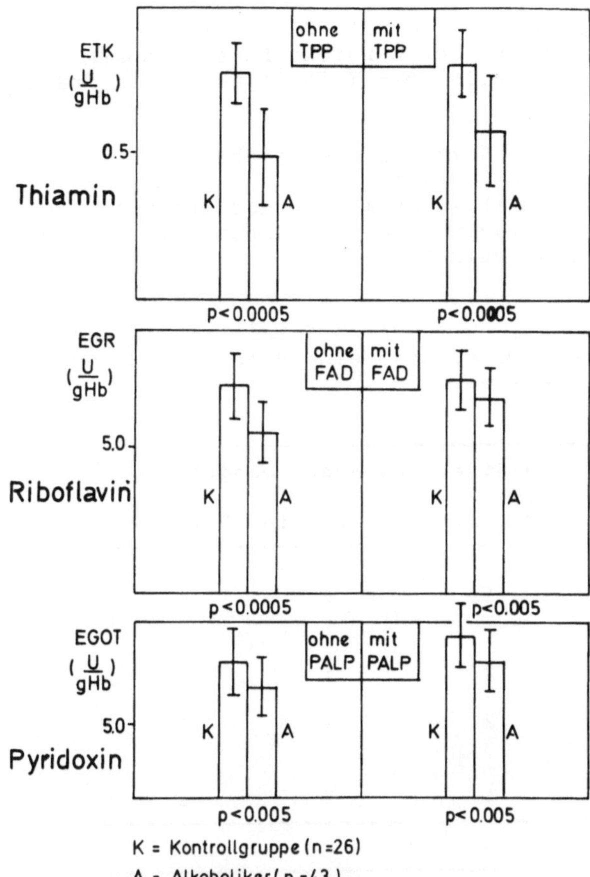

Abb. 1. Erythrozyten-Transketolase-, -Glutathionreduktase- und Glutamat-Oxalacetat-Transaminase-Aktivität bei 43 Alkoholikern im Vergleich zu einem Kontrollkollektiv von 26 gesunden Personen vor und nach Vitamin-Zugabe (TPP, FAD, PALP). Mittelwerte und Standardabweichungen, t-Test für unpaare und gepaarte Daten

Daraus folgt, daß bei den alkoholkranken Patienten zwar ein Vitamin B 1-, B 2- und B 6-Mangel vorlag, daß aber als Ursache der erniedrigten Enzymaktivitäten auch nach Vitaminzugabe in vitro ein zusätzlicher Apoenzymmangel, vermutlich in Folge der katabolischen Stoffwechselstörung bei verminderter Leberfunktion besteht (9).

Von den 43 alkoholkranken Patienten mit einem mäßigen bis hohen Mangel an Vitamin B 1, B 2 oder B 6 hatten 84% Kleinhirn- und/oder Hirnstammsymptome, 56% einen Tremor, 67% eine Polyneuropathie und 53% vegetative Symptome. Kleinhirn- und/oder Hirnstammsymptome waren nachweisbar als Bein-betonte Ataxie, Optokinetikminderung, gestörte Pendelblickfolge oder Nystagmus. Bei Alkoholkranken ohne einen signifikanten Vitamin B 1-, B 2- oder B 6-Mangel sah diese Verteilung der Symptome anders aus. Am häufigsten waren hier die Zeichen einer Neuropathie, gefolgt von Tremor und cerebellären Symptomen.

Daraus folgt, daß es insbesondere die Kleinhirnsymptome und/oder Hirnstammsymptome sind, auf die man zu achten hat, um bei einem chronischen Alkoholkranken frühzeitig einen Mangel an Vitamin B 1, B 2 oder B 6 zu erkennen. Diese Symptome haben für den weiteren Verlauf und die Prognose der Alkoholkrankheit eine große Bedeutung. Sie können auf eine beginnende Wernicke-Encephalopathie und auf eine Hirn- oder Kleinhirnatrophie hinweisen. Die Wernicke-Encephalopathie ist viel

häufiger als im allgemeinen angenommen wird (3). Einig sind sich die
meisten Autoren darin, daß als Ursache der Wernicke-Encephalopathie
multiple Vitaminmangelzustände, vor allem ein Thiaminmangel, in Frage
kommen (8).

Anomalien von Vitamin B 1, B 2 und B 6 fanden sich nicht nur bei Alkoholikern, sondern auch bei anderen Kranken.
Wie die Tabelle 1 zeigt, war bei 2 Patienten mit Opticusatrophie unbekannter Ätiologie ein hoher Riboflavinmangel, in einem Fall gleichzeitig auch ein Thiaminmangel nachzuweisen.

Tabelle 1. Anomalien von Vitamin B 1, B 2 oder B 6 bei anderen neurologischen Erkrankungen, bei denen als Ursache eine Malnutrition oder
intestinale Malabsorption in Frage kommt

Diagnosen	Zahl der Patienten	mäßiger bis hoher Mangel an		
		Thiamin	Riboflavin	Pyridoxin
Opticusatrophie unbekannter Ätiologie	2	1	2	
Myelopathie unbekannter Ätiologie	2	2	1	
funikuläre Myelose	3	2	1	1
diabetische Polyneuropathie	5	4	2	2
	11	8	6	3

Bei den 2 Patienten mit einer Myelopathie unbekannter Ätiologie fand
sich ein hoher Thiamin- und zusätzlich einmal ein hoher Riboflavinmangel, in 3 Fällen mit funiculärer Myelose war zusätzlich zur Vitamin B 12-Resorptionsstörung ein hoher Thiaminmangel bei gleichzeitig
mäßigem Pyridoxinmangel, und einmal zusätzlich ein hoher Riboflavinmangel nachzuweisen. Auch bei 5 Patienten mit diabetischer Polyneuropathie lag 4 mal ein Thiaminmangel, 2 mal gleichzeitig ein Riboflavin-
und ein mäßiger Pyridoxinmangel vor.

Zusammenfassung

Bei Patienten mit neurologischen Symptomen, die möglicherweise als
Folge einer Malnutrition oder intestinalen Malabsorption aufgetreten
sind, wird die Anwendung enzymatischer Untersuchungsverfahren zum
Nachweis eines Vitamin B 1-, B 2- und B 6-Mangels im Erythrozyten-
hämolysat beschrieben. Besonders Alkoholkranke leiden unter einem Vi-
tamin-B-Mangel. Kleinhirn- und/oder Hirnstammsymptome sind die häufigsten Befunde beim Alkoholkranken mit einem hohen Mangel an Vitamin
B 1 und B 2. Anomalien von Vitamin B 1, B 2 und B 6 fanden sich auch
bei Patienten mit Opticusatrophie und Myelopathie unbekannter Ätiologie, bei B 12-Neuromyelopathie und bei diabetischer Polyneuropathie.
Bei pathologischem Befund der beschriebenen enzymatischen Untersuchungsverfahren ist eine weitere diagnostische Abklärung zum Nachweis
einer intestinalen Malabsorption oder einer anderen Ursache eines
Vitamin B-Mangels erforderlich.

Literatur

1. Bayoumi RA, Rosalki SB (1976) Evaluation of methods of coenzyme activation of erythrocyte enzymes for detection of deficiency of vitamins B_1, B_2 and B_6. Clin Chem 22: 327-335

2. Glatzle D, Körner WF, Christeller S, Wiss O (1970) Method for the detection of a biochemical riboflavin deficiency. Stimulation of $NADPH_2$-dependent glutathione reductase from human erythrocytes by FAD in vitro. Investigations on the vitamin B_2 status in healthy people and geriatric patients. Internat J Vit Res 40: 166-183

3. Harper C (1979) Wernicke's encephalopathy: a more common disease than realised. A neuropathological study of 51 cases. J Neurol Neurosurg Psychiat 42: 226-231

4. Hell D, Six P (1977) Thiamin-, Riboflavin- und Pyridoxin-Versorgung bei chronischem Alkoholismus. Dtsch med Wschr 102: 962-966

5. Kishi H, Kishi T, Williams RH, Folkers K (1975) Human deficiencies of vitamin B_6. I. Studies on parameters of the assay of the glutamic oxaloacetic transaminase by the CAS principle. Res Comm Chem Path Pharm 12: 557-569

6. Reinken L, Dapunt O, Kammerlander H (1973) Vitamin-B_6-Verarmung bei Einnahme oraler Contraceptiva. Internat Z Vit Ern Forsch 43: 20-27

7. Smeets EHJ, Muller H (1971) A NADH-dependent transketolase assay in erythrocyte hemolysates. Clin Chim acta 33: 379-386

8. Victor M, Adams RD, Collins GH (1971) The Wernicke-Korsakoff syndrome. F.A.Davis Comp., Philadelphia

9. Wood B, Breen KJ, Penington DG (1977) Thiamine status in alcoholism. Aust N Z J Med 7: 475-484

Periphere Nervenerkrankungen bei Vitamin B 12-Mangel

K. Niemöller, B. Neundörfer, D. Kömpf und C. Kayser-Gatchalian

Während der causale Zusammenhang zwischen Vitamin B_{12}-Mangel und Myelopathie (= funikuläre Myelose) außer jedem Zweifel steht, ist die Diskussion darüber noch nicht völlig abgeschlossen, ob, in welcher Weise und in welchem Ausmaß auch die peripheren Nerven dadurch geschädigt werden können. Noch in seinem 1974 herausgegebenen Buch (2) lehnt BODECHTEL eine solche Beziehung weitgehend ab, während PALLIS und LEWIS (13) das Vorkommen einer Polyneuropathie für die üblichste ("commenest") Komplikation eines Vitamin B_{12}-Mangels halten. Schon ältere Autoren (u.a. 3, 4, 7, 16) haben auf eine Mitbeteiligung der peripheren Nerven bei funikulärer Myelose hingewiesen. Sie begründeten ihre Ansicht vor allem damit, daß die Anordnung der Oberflächensensibilitätsstörungen in socken- oder strumpfförmiger Abgrenzung, die oft distale Betonung motorischer Ausfälle und das Fehlen der ASR oft als Erstsymptom das typische Ausfallsmuster polyneuritischer Krankheitsbilder seien. In der Tat konnte auch schon in der Zeit vor dem 2. Weltkrieg in Obduktionsmaterial von Patienten mit einer funikulären Myelose pathologisch-histologisch eine Läsion der peripheren Nerven nachgewiesen werden (6, 8).

Gleichsam neuen Auftrieb und zugleich auch Bestätigung fand die Ansicht, ein Vitamin B_{12}-Mangel könnte sich auch auf das periphere Nervensystem schädlich auswirken, durch die Einführung der Elektromyographie und -neurographie, die auch bei Überdeckung durch spinale Symptome eine periphere Nervenschädigung zu objektivieren vermögen. So ließ sich sowohl aus der Beobachtung einzelner Patienten, wie auch in größeren Reihenuntersuchungen aufzeigen, daß unter einer Vitamin B_{12}-Mangelsituation bei einem nicht unbeträchtlichen Prozentsatz von Patienten eine peripher-nervöse Läsion entstehen kann (1, 5, 9, 10, 11, 14, 15, 17, 18).

Im folgenden möchten wir an Hand von 10 eigenen Fallbeobachtungen aus den letzten Jahren nochmals darauf aufmerksam machen, daß sich sowohl im Rahmen einer funikulären Myelose wie auch isoliert bei Vitamin B_{12}-Mangel eine Polyneuropathie entwickeln kann.

Krankengut

7 Patienten kamen in der Neurologischen Universitätsklinik in Mannheim, 3 in der Klinik für Neurologie der Medizinischen Hochschule in Lübeck zur Beobachtung. Zusammengefaßt ließen sich folgende Befunde erheben: Bei 3 Patienten (Fall 4, 5, 6) waren sichere Strangsymptome wie gesteigerte Eigenreflexe und/oder positive Pyramidenbahnzeichen nachzuweisen, sodaß bei diesen Patienten von einer funikulären Myelose ausgegangen werden konnte. Bei den 7 anderen Patienten aber (Fall 1, 2, 6-9, 10) waren keine Symptome zu beobachten, die als eindeutig spinal bedingt angesehen werden konnten, sodaß hier vom klinischen Syndrom her lediglich die Symptomatologie einer Polyneuropathie vorlag. Dabei handelte es sich in 4 Fällen um rein symmetrisch-sensible, in den 3 anderen (Fall 2, 6, 7) um symmetrisch-paretische Ausfälle. Die Sensibilitätsstörungen betrafen in der Regel sowohl die Oberflächen- wie die Tiefensensibilität.

Der Nachweis des Vitamin B_{12}-Mangels wurde in 9 Fällen mit Hilfe des
Schillingtests geführt; einmal (Fall 3) wurde auf den Vitamin B_{12}-
Mangel aus den dafür charakteristischen Blutbildveränderungen ein-
schließlich Sternalpunktat geschlossen. Bei 7 Patienten fand sich ein
Intrinsic-factor-Mangel (Fall 1, 2, 4, 7 - 10), bei den 2 anderen eine
Dünndarmresorptionsstörung, was daraus erkennbar war, daß auch bei
Zugabe des Intrinsic-factors der Schillingtest pathologisch blieb.
Nur bei 6 Patienten (Fall 1 - 3, 6, 7, 9) bestand eine hyperchrome
Anämie, die anderen waren normo- oder sogar hypochrom. Bei 6 Patien-
ten konnte ein Xylosetest durchgeführt werden, der 4mal (Fall 4 - 7)
pathologische Werte ergab und somit bei 2 weiteren Patienten (Fall 4,
7) auf eine zusätzliche Resorptionsstörung im Dünndarm schließen ließ.
In den 6 Fällen (Fall 1, 4, 6 - 9), in denen eine Gastroskopie mit
Biopsie vorgenommen worden war, fand sich jeweils eine sogenannte
atrophische Gastritis. In allen Fällen ergab der elektromyographische
oder/und -neurographische Befund pathologische Veränderungen (Tabelle 1).

Tabelle 1. Elektromyographische und -neurographische Befunde

Fall Nr.	Denervierungs- aktivität	Motor. NLG d. N. peronaeus		Motor. NLG d. N. tibialis		Sens. NLG d. N. suralis	
1	−	38	m/sec	40	m/sec	−	m/sec
2	+	55	"	42	"	−	"
3	−	38	"	36	"	−	"
4	+	52	"	42	"	57	"
5	+	36	"	42	"	−	"
6	+	34,6	"	36	"	−	"
7	+	kein Aktionspotential				18,3	"
8	+	48,3	"	43,3	"	52	"
9	−	26	"	−	"	−	"
10	+	41,2	"	42	"	−	"

Diskussion

Aus diesen Befunden lassen sich u.E. folgende Schlüsse ziehen: 1) Ein
Vitamin B_{12}-Mangel kann auch allein enterogen bedingt sein. 2) Sensible und motorische Störungen bei der funikulären Myelose sind nicht
ausschließlich als spinal bedingt anzusehen, sondern können durchaus
auch Folgen einer peripheren Nervenschädigung sein. 3) Bei der Differentialdiagnose einer symmetrisch-sensiblen bzw. symmetrisch-pare-
tischen Polyneuropathie sollte unbedingt auch an einen Vitamin B_{12}-
Mangel gedacht werden, sodaß die Durchführung eines Schillingtests
bzw. die Bestimmung des Vitamin B_{12}-Spiegels im Serum routinemäßig
zur Abklärung einer unklaren Polyneuropathie gehören soll.

Wir möchten zwar nicht so weit gehen, daß wir bei allen 10 Patienten
den Vitamin B_{12}-Mangel als den einzigen pathogenen Faktor ansehen, ihm
aber doch zumindest eine sehr wesentliche Rolle zumessen. Die häufigsten Ursachen von Polyneuropathien (12) wie Alkoholismus und Diabetes
mellitus sowie der Einfluß neurotoxischer Substanzen konnte zwar weit-

gehend ausgeschlossen werden, jedoch zeigten immerhin 4 von 6 Patienten einen pathologischen Xylosetest, sodaß auch ein Mangel an anderen wasserlöslichen Vitaminen, wie Vitamin B_1 und B_6, in diesen Fällen hinzugekommen sein könnte.

Literatur

1. Bischoff A, Lütschg J, Meier Cl (1975) Polyneuropathie bei Vitamin-B 12- und Folsäuremangel. Klinisch-histopathologische Studie mit elektronenmikroskopischer Analyse des Nervus suralis. Münch med Wschr 117: 1593-1398

2. Bodechtel G (1974) Erkrankungen des peripheren Nervensystems. In: Bodechtel G (Hrsg) Differentialdiagnose neurologischer Krankheitsbilder. Thieme, Stuttgart, S 1

3. Collier J (1925) Discussion on the aetiology and treatment of subacute combined degeneration of the spinal cord. Proc Roy Soc Med 18: 21-27

4. Dynes JB, Norcross JW (1943) Peripheral neuritis as a complication of pernicious anemia and combined system disease. J Amer med Ass 122: 586-588

5. Gilliat RW, Sears TA (1958) Sensory nerve action potentials in patients with peripheral nerve lesions. J Neurol Neurosurg Psychiat 21: 109-118

6. Greenfield JG, Carmichael EA (1935) The peripheral nerves in cases of subacute combined degeneration of the cord. Brain 58: 483-491

7. Grinker RR (1926) Pernicious anemia, achylia gastrica and combined cord degeneration and their relationship. Arch Intern Med 38: 292-302

8. Hamilton AS, Nixon CF (1921) Sensory changes in the subacute combined degeneration of pernicious anemia. Arch Neurol Psychiat 6: 1-31

9. Kayser-Gatchalian MC, Neundörfer B (1977) Peripheral neuropathy with vitamin B_{12} deficiency. J Neurol 214: 183-193

10. Kunze K, Leitenmaier K (1976) Vitamin B_{12} deficiency and subacute combined degeneration of the spinal cord. In: Vinken PJ, Bruyn CW (eds) Handbook of Clinical Neurology, Vol 28. North Holland Publ Comp, Amsterdam Oxford New York, p 141

11. Mayer RF (1965) Peripheral nerve function in vitamin B_{12} deficiency. Arch Neurol 13: 355-362

12. Neundörfer B (1978) Zur Klinik der Polyneuritiden. Therapiewoche 28: 4881-4894

13. Pallis ChA, Lewis PD (1974) The neurology of gastrointestinal disease, Vol 3. Saunders WB Comp Ltd, London Philadelphia Toronto

14. Roos D (1977) Electrophysiological findings in gastrectomized patients with low serum B_{12}. Acta Neurol Scand 56: 247-255

15. Spatz R, Thimm R, Heinze HG, Ross A, König M (1976) Zum klinischen Gestaltswandel der Vitamin B_{12}-Mangelerkrankungen. Nervenarzt 47: 169-172

16. Van der Sheer WN, Koek HC (1938) Peripheral nerve lesions in cases of pernicious anaemia. Acta psychiat neurol 13: 61-92

17. Werner W (1977) Funikuläre Myelose. Befunde vor und nach der Vitamin-B_{12}-Behandlung. Verlaufsuntersuchungen bei einer klinischen Diagnose. Thieme Copythek, Thieme, Stuttgart

18. Werner W, Mortillaro M (1973) Zur Frage der peripheren Nervenläsion bei neurologischen B_{12}-Mangelsyndromen. Nervenarzt 43: 458-464

Klinik und Differentialdiagnose der posterolateralen Myelopathien

K. Kunze, A. Zeides und M. Strunk

In der Klinik der Rückenmarkserkrankungen ist die Verwendung von Einteilungskriterien unterschiedlicher Kategorien, wie Verlauf, Defektlokalisation und klinischer Symptomatik häufig verwirrend. Schwierigkeiten machen dabei nicht die akuten Formen, sondern die Zuordnung und Beurteilung der chronischen Verlaufsformen mit unterschiedlicher Symptomatik (Tabelle 1).

Tabelle 1. Differentialdiagnose der Myelopathien

akute	chronische
Querschnittssyndrome	spinales Allgemeinsyndrom (initial)
mechanisch/traumatisch (Raumforderungen)	mechanisch/raumfordernd (z.B. cervikale Myelopathie, Tumoren cervikale Mißbildungen)
entzündlich	entzündlich (z.B. chronische Verläufe mit und ohne Remission, "spinale MS")
vasculär	vasculär (z.B. chron. vasculäre Myelopathie, Angiome)
	metabolisch, toxisch (z.B. B_{12}-Mangel, gastrointestinale Erkr., Lebererkr., maligne Tu., Leukämien, Strahlenmyelopathie
	heredodegenerativ (z.B. spast. Spinalparalyse Friedreich'sche Ataxie, ALS, Mißbildungskrankheiten)

Dabei ist gerade bei diesen Formen häufig initial nur eine uncharakteristische Allgemeinsymptomatik vorhanden, die sich vor allem auf ein Schwächegefühl in den unteren aber auch oberen Extremitäten und zunächst schwer zu deutende Paraesthesien bezieht. Die Manifestation im Alter vor allem jenseits der 50er Jahre und gelegentliche, allerdings nicht anhaltende Spontanremissionen, eröffnen ein weites Feld für die Differentialdiagnose, in die natürlich auch gerade bei den chronischen Formen die Encephalomyelitis disseminata miteinbezogen werden muß, wobei zu berücksichtigen ist, daß isolierte Formen der multiplen Sklerose ohne anamnestische oder objektive Hinweise auf zusätzliche Symptome selten sind.

Betrachtet man die häufigsten Ursachen für die chronischen Myelopathien
mit Beteiligung von Seiten- und Hintersträngen, also mit Paraspastik
vorwiegend der unteren Extremitäten und spinaler Ataxie, die in unterschiedlicher Gewichtung der Ausprägung der jeweiligen Symptomatik vorkommen, dann sind vor allem die metabolischen Myelopathien einerseits
und die cervikale Myelopathie andererseits zu berücksichtigen.

Unter den metabolischen Myelopathien ist vor allem die B 12-Mangelmyelo-
pathie bzw. die funikuläre Spinalerkrankung im engeren Sinne am besten
untersucht, sie ist allerdings heute wesentlich seltener geworden. Im
Vergleich der klinischen Symptomatik des Krankengutes verschiedener Autoren steht die Hinterstrangssymptomatik mit Entwicklung einer spastischen Paraparese im Bereich der unteren Extremitäten ganz im Vordergrund (Abb. 1). Blasenstörung, fehlende Bauchdeckenreflexe und Hirn-
nervensymptome sind dagegen bei der multiplen Sklerose häufiger, während hier die Hinterstrangssymptomatik zurücktritt. Eine leichte Neuropathie in Form einer vorwiegend axonalen Schädigung fand sich in unserem Krankengut in 22% der Fälle mit isoliertem B 12-Mangel, während die
Neuropathie beim komplexen B 12-Mangel bei Malabsorptionssyndromen mit
57% wesentlich häufiger und schwerer war, bei dieser Gruppe ließ sich
auch durch Muskelbiopsie eine neurogene Muskelatrophie nachweisen. Neben Malabsorptionssyndromen ohne B 12-Mangel kommen aber auch metabolisch bedingte Myelopathien z.B. bei Lebererkrankungen, wahrscheinlich
aber auch bei anderen Stoffwechselstörungen vor.

Mit diesen Myelopathien haben die cervikalen Myelopathien gemeinsam,
daß auch bei diesen Erkrankungen die Symptomatik häufig über Jahre besteht, ehe die endgültige Diagnose gestellt wird. Unter Berücksichtigung einer retrospektiven Studie von cervikalen Myelopathien und Radikulopathien von insgesamt 208 Patienten, die hier nur auszugsweise berücksichtigt werden kann, fand sich unter den verschiedenen Befunden
(Abb. 2) eine Hinterstrangsbeteiligung und spastische Parese der unteren bzw. der oberen Extremitäten in etwa 60 - 70% der Fälle, eine Bla-
sen-Mastdarmstörung und Pyramidenbahnzeichen in 30 - 40% der Fälle.
Dabei waren die Männer in der Überzahl betroffen (akute CM 82%, chronische CM 74,5%) während eine Wurzelreizsymptomatik bei beiden Formen
in 74 - 82% vorhanden war. Der Altersgipfel lag für die akute Form
zwischen 50 - 60 Jahren, für die chronische Form zwischen 60 - 70 Jahren. Unter den subjektiven Beschwerden wurden Schwächegefühl und Paraesthesien und Schmerzen in oberen und unteren Extremitäten aber auch
lokale Nackenschmerzen angegeben. Ein Diskusprolaps bzw. eine Protru-
sion fand sich in 50 - 60% der Fälle, ein enger cervikaler Spinalkanal
in 20 - 30%, degenerative Veränderungen der HWS in 70% der Fälle bei
chronischer CM. Dabei waren in der Reihenfolge der Häufigkeit die Wurzeln C 7, C 5 und C 8 betroffen.

Problematisch sind Kombinationsformen dieser beiden Krankheitsgruppen,
schon auch deshalb, weil sich bei den metabolischen Myelopathien gehäuft degenerative Veränderungen an der Halswirbelsäule finden. So
findet sich in unserem Krankengut eine Patientin mit einem M. Bechterew,
bei der die Paraesthesien und Schmerzen im Bereich des Nackens als Ausdruck der Halswirbelsäulenschädigung gedeutet wurden, ebenso die beginnende Gangataxie. Die ausführlichen Untersuchungen ergaben aber eine
zusätzlich bestehende Myelopathie bedingt durch einen Vitamin B 12-Man-
gel. Bei einem anderen Patienten wurden wegen einer progredienten Hinterstrangssymptomatik und einer zunehmend sich entwickelnden Paraspastik mehrfach sämtliche Untersuchungen nach einer metabolischen Ursache
für die Myelopathie gefahndet, jedoch ohne Erfolg. Wegen der zunehmenden Symptomatik entschloß man sich zur operativen Behandlung einer
leichten Bandscheibenprotrusion im cervikalen Bereich unter der Annahme
einer cervikalen Myelopathie. Der Patient kam aus anderen Gründen ad

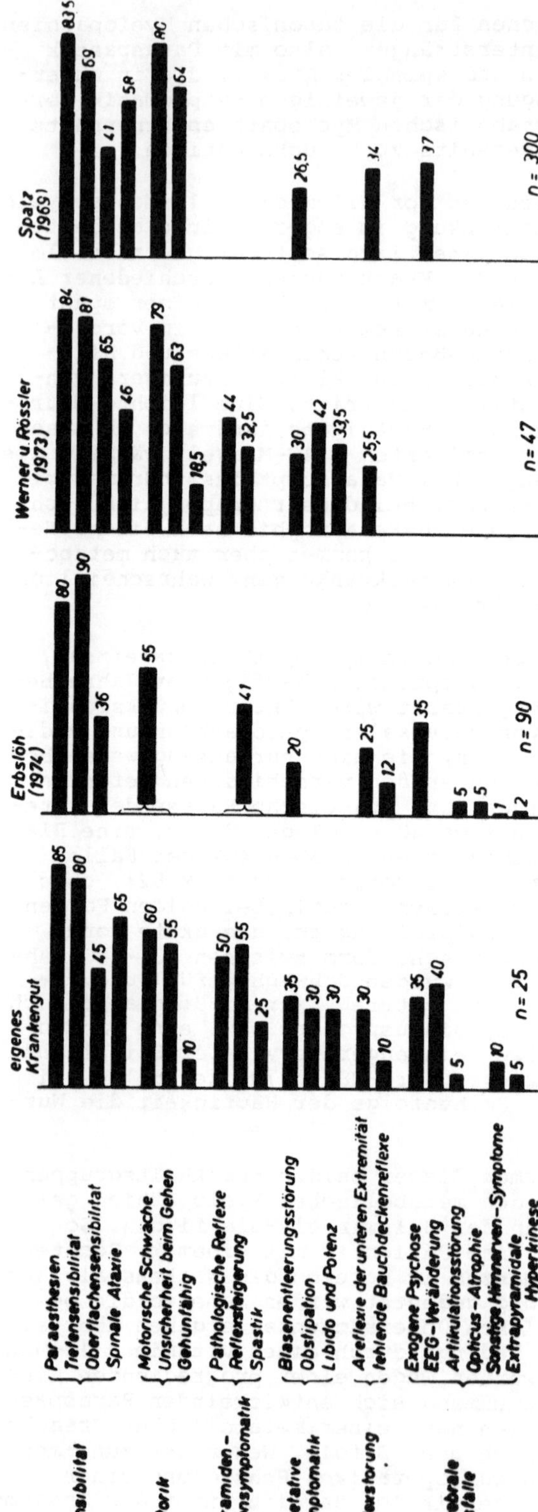

Abb. 1. Symptomatik bei funikulärer Spinalerkrankung, die durch einen isolierten Vitamin B 12-Mangel bedingt ist. Berücksichtigt wurden die Symptome jeweils in prozentualer Häufung wie sie von den verschiedenen Autoren angegeben wurden

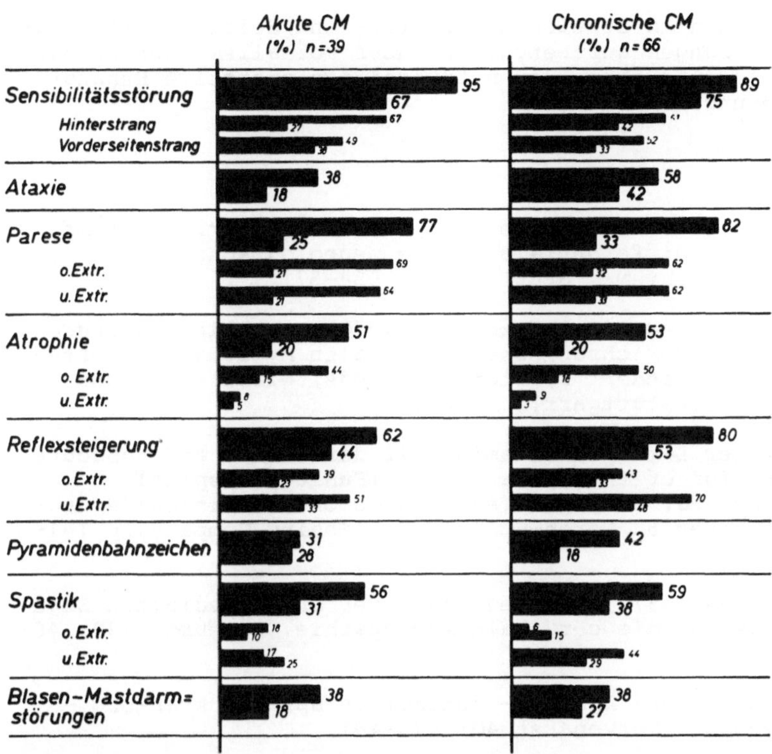

Abb. 2. Klinische Befunde bei akuter und chronischer cervikaler Myelopathie (CM). Zahlenangaben jeweils in Prozent. Für die Balken, die für die jeweiligen Symptome nach Lokalisation unterteilt sind finden sich darunter kürzere Balken jeweils auch mit Zahlenangaben. Die kürzeren Balken beziehen sich auf die Häufigkeit in denen eine Besserung der jeweiligen Symptome bei jeweiliger Lokalisation nach der Operation aufgetreten ist. Einteilung der Sensibilitätsstörungen bezogen auf die Bahnensysteme (Schenck 1971)

exitum und neuropathologisch ergab sich der klassische Befund einer funikulären Spinalerkrankung mit typisch angeordneten Degenerationen in Hinter- und Seitensträngen in den verschiedenen Höhen des Rückenmarks.

Zusammenfassung

Chronische Myelopathien weisen besondere diagnostische Schwierigkeiten auf und sind schwierig zu behandeln. Die Problematik liegt nicht alleine darin, daß initial häufig nur ein uncharakteristisches Allgemeinsyndrom von seiten des Rückenmarkes vorliegt, sondern auch darin, daß ein Rückschluß auf die Ursache bei Ausfällen in den einzelnen Strangsystemen schwierig ist und besonders breiter differentialdiagnostischer Erwägun-

Herrn Prof. Dr. Dr. med. h.c. Pia, Direktor der neurochirurgischen Universitätsklinik Gießen sei besonders für die Möglichkeit gedankt, Krankengeschichten seiner Klinik auszuwerten

gen bedarf. Bei Läsionen im Bereich der Hinter- und Seitenstränge, die
bei metabolischen Störungen auftreten, ist aber vor allem auch an die
cervikale Myelopathie zu denken, deren frühzeitige operative Behandlung zu einer Besserung führen kann.

Literatur

1. Erbslöh F (1974) Dystrophische Prozesse des Zentralnervensystems.
   In: Bodechtel G (ed) Differentialdiagnose neurologischer Krankheitsbilder 3. Aufl. Thieme, Stuttgart, p 554-571

2. Kuhlendahl H, Hirschbiegel H, Böckem KF (1970) Die klinisch-neurologische Symptomatik der chronischen cervikalen Myelopathie verte-
   braler Genese. In: Trostdorf E, Stender H (eds) Wirbelsäule und
   Nervensystem. Thieme, Stuttgart, p 108-112

3. Kunze K, Leitenmaier L (1976) Vitamin B 12 deficiency and subacute
   combined degeneration of the spinal cord. (Funicular spinal
   disease) In: Vinken PJ, Bruyn GW (eds) Handbook of Clinical Neurology, Vol. 28, chapter 6. North-Holland Publishing Company, p 141-
   198

4. Lurati M, Mertens HG (1971) Die Bedeutung der anlagebedingten Enge
   des Cervikalkanals für die cervikale Myelopathie. Z Neurol 199: 46-
   66

5. Spatz R (1969) Perniciöse Anämie - funikuläre Spinalerkrankung -
   Perniciosa - Psychose. Nervenarzt 40: 475-481

6. Spatz R (1969) Die funikuläre Spinalerkrankung. Münch med Wochenschr
   10: 550-551

7. Werner W, Rössler B (1973) Die neurologischen Folgen des Vitamin
   B 12 Mangels (1949 - 1970) Fortsch Neurol Psychiat 41: 301-326

8. Schenck E (1971) Neurologische Untersuchungsmethoden. Georg Thieme
   Verlag, Stuttgart, p 83

Neuropathie bei monoklonaler Gammopathie: Passiver Transfer von Mensch zu Maus

U.A. Besinger, A.P. Anzil, K.V. Toyka, A. Fateh-Moghadam, R. Rauscher und A. Struppler

Patienten mit monoklonaler Gammopathie zeigen in unserem Krankengut in etwa 10% eine sensibel-motorische Polyneuropathie (PNP) (1). Die typischen morphologischen Zeichen der PNP bestehen in einer segmentalen Demyelinisierung (3, 11). In den Nervenscheiden konnten monoklonale Immunglobuline (Ig) und Komplement mit immunhistochemischen Methoden nachgewiesen werden (2, 9). Das Auftreten einer Reihe immunpathologischer Erkrankungen bei monoklonaler Gammopathie (6) und der Nachweis von Autoantikörper-Eigenschaften der Paraproteine (12) lassen auch bei der Neuropathie im Rahmen eines Plasmozytoms einen immunologisch bedingten Pathomechanismus vermuten. Ein möglicher Nachweis einer pathogenetischen Bedeutung der monoklonalen Ig besteht darin, durch passiven Transfer auf ein gesundes Testtier charakteristische Krankheitszeichen experimentell zu reproduzieren, wie dies in ähnlicher Weise bei Myasthenia gravis gelungen ist (14). Wir berichten in dieser Studie über den passiven Transfer der Plasmozytom-PNP mit monoklonalem IgG (m-IgG) und Fab-Fragmenten.

Material und Methodik

m-IgG wurde mit Ionenaustauscher-Chromatographie aus dem Plasma von 6 Patienten mit gesichertem IgG-Plasmazytom, die mit Plasmapherese therapiert worden waren, isoliert (7) und auf eine Konzentration von 20-40 mg/ml eingestellt. Fab- und Fc-Fragmente wurden aus dem m-IgG eines Patienten hergestellt (5). Kontroll-IgG und Fab wurde aus dem Serum gesunder Probanden in gleicher Weise gewonnen und als Pool verwendet. Täglich wurden 20 mg m-IgG jeweils eines einzelnen Patienten B6D2F$_1$/J-Inzucht-Mäusen (BDF$_1$, Jackson Lab., Bar Harbor, Maine, USA) i.p. injiziert. 17 Tiere erhielten m-IgG, 15 Pool-IgG, 3 Fab- bzw. Fc.-Fragmente. 10 unbehandelte Mäuse dienten als Leerkontrollen. Die Versuchsdauer betrug bei 14 Mäusen 8-10 Wochen, bei 17 Tieren 1-6 Wochen. Alle Mäuse wurden am 2. Injektionstag mit 300 mg/kg KG Cyclophosphamid (14) immunsupprimiert. Die Konzentration des humanen m-IgG bzw. IgG im Plasma der Tiere betrug 8,5-12 g/l, was etwa dem humanen IgG-Spiegel entspricht.

Die Nervenleitgeschwindigkeit (NLG) wurde in vivo am Schwanznerven der Maus im Thermostat-gesteuerten Paraffinbad bei 30°C gemessen. Die Stimulation erfolgte mit supramaximalen, 0,1 ms langen Einzelreizen am Schwanzende mit 2 subcutanen Tungsten-Mikroelektroden, die Ableitung mit gleichen Elektroden an der Schwanzwurzel. Nach Verstärkung wurden die Nerven-Summenaktionspotentiale auf einem Speicheroszillographen abgebildet und auf Polaroidfilm registriert. Die Messungen erfolgten bei den 14 langzeit-behandelten Tieren 1 mal wöchentlich über die ganze Versuchsdauer, bei den übrigen Mäusen zu Beginn und am Ende des Experimentes. Der Referenzbereich wurde an 5 Leerkontrollen in 54 Messungen mit 31,8 ± 1,4 m/s ermittelt. Die Meßgenauigkeit wurde wiederholt geprüft und ergab einen VK von 4,4% (inter-Assay) und 2,8% (intra-Assay).

618

Teile des Schwanznerven und des N. ischiadicus wurden nach Pentobarbi-
tal-Anästhesie der Mäuse in 2,5%igem, gepuffertem Glutaraldehyd (pH
7,4) fixiert und in üblicher Weise für die Elektronenmikroskopie vorbereitet. Nach Fixierung in 2% Osmiumtetroxyd wurden Zupfpräparate hergestellt und insgesamt 50 Einzelfasern (ca. 300 Internodien) unter dem
Phasenkontrast-Mikroskop beurteilt.

Ergebnisse

5 Tiere der Langzeit-Studie (m-IgG von 3 der 6 Plasmozytom-Patienten,
8-10 Wochen) zeigten nach Versuchsende alle charakteristischen Zeichen einer segmentalen Demyelinisierung am Schwanznerv und am N.
ischiadicus. 25-30% der untersuchten Einzelfasern wiesen alle pathologischen Phasen von der nodalen Erweiterung über die paranodale Demyelinisierung bis zum Myelinabbau in einem ganzen Internodium auf
(Abb. 1, Tabelle 1). Dicke und dünne Fasern waren gleichermaßen befallen. Elektronenmikroskopisch (Abb. 1) fand sich ebenfalls eine Demyelinisierung ohne Axonbeteiligung oder Schwannzell-Schädigung. Eine
"Waller-ähnliche" Degeneration zeigte sich nur in vereinzelten Nervenfasern. Bereits nach einer Woche Injektionsdauer fanden sich nodale
Erweiterung und beginnende paranodale Demyelinisierung. Auch hier
stimmten die Befunde der gezupften Einzelfasern mit denen der Elektronenmikroskopie überein. Der Schweregrad der Demyelinisierung wies keine sichere Abhängigkeit von der Behandlungsdauer auf.

Die mit Fab-Fragmenten aus m-IgG injizierte Maus zeigte, ähnlich wie
die mit dem selben m-IgG behandelte Maus, bereits nach einer Woche
eine beginnende paranodale Demyelinisierung.

Die m-IgG der 3 weiteren Plasmozytom-Patienten, die Fc.-Fragmente
aus m-IgG sowie sämtliche Kontroll-IgG-Fraktionen einschließlich Fab-
Fragmenten führten nach passiver Übertragung zu keinen pathologischen
Veränderungen der Nervenfasern (Tabelle 1.).

Die NLG am Schwanznerven fand sich frühestens nach drei Wochen eindeutig vermindert. Eine deutliche, bei Stimulation an mehreren Reizorten
nach distal sprunghaft zunehmende Leitungsverzögerung bis hin zum
Leitungsblock spiegelte sich in besonders ausgeprägter segmentaler Demyelinisierung der entsprechenden Nervenfasern wider.

Diskussion

Wie unsere Befunde zeigen, konnten wir mit m-IgG von Patienten mit
IgG-Plasmozytom eine der menschlichen, paraneoblastischen PNP ähnliche
Neuropathie durch passive Übertragung auf die Maus erzeugen. Diese
segmental-demyelinisierende PNP konnte bei allen Tieren morphologisch
und elektrophysiologisch nachgewiesen werden, die mit den m-IgG von 3
der 6 Patienten behandelt worden waren. Dadurch wird erstmals die Bedeutung der m-IgG für die Pathogenese der PNP bei monoklonaler Gammopathie belegt, wie es auf Grund immunhistochemischer Untersuchungen
am menschlichen Nerven bisher allenfalls vermutet (2, 9), von anderen
Autoren aber für unwahrscheinlich gehalten wurde (13). Die Tatsache,
daß die m-IgG von nur der Hälfte der untersuchten Patienten eine PNP
beim Testtier hervorriefen, entspricht ähnlichen Beobachtungen beim
experimentellen Myelom der Maus (4). Eine sichere Korrelation unserer
experimentellen Befunde mit klinischen Symptomen der Patienten war
nicht möglich, da die Mehrzahl bereits verstorben oder nicht mehr auf-
findbar waren.

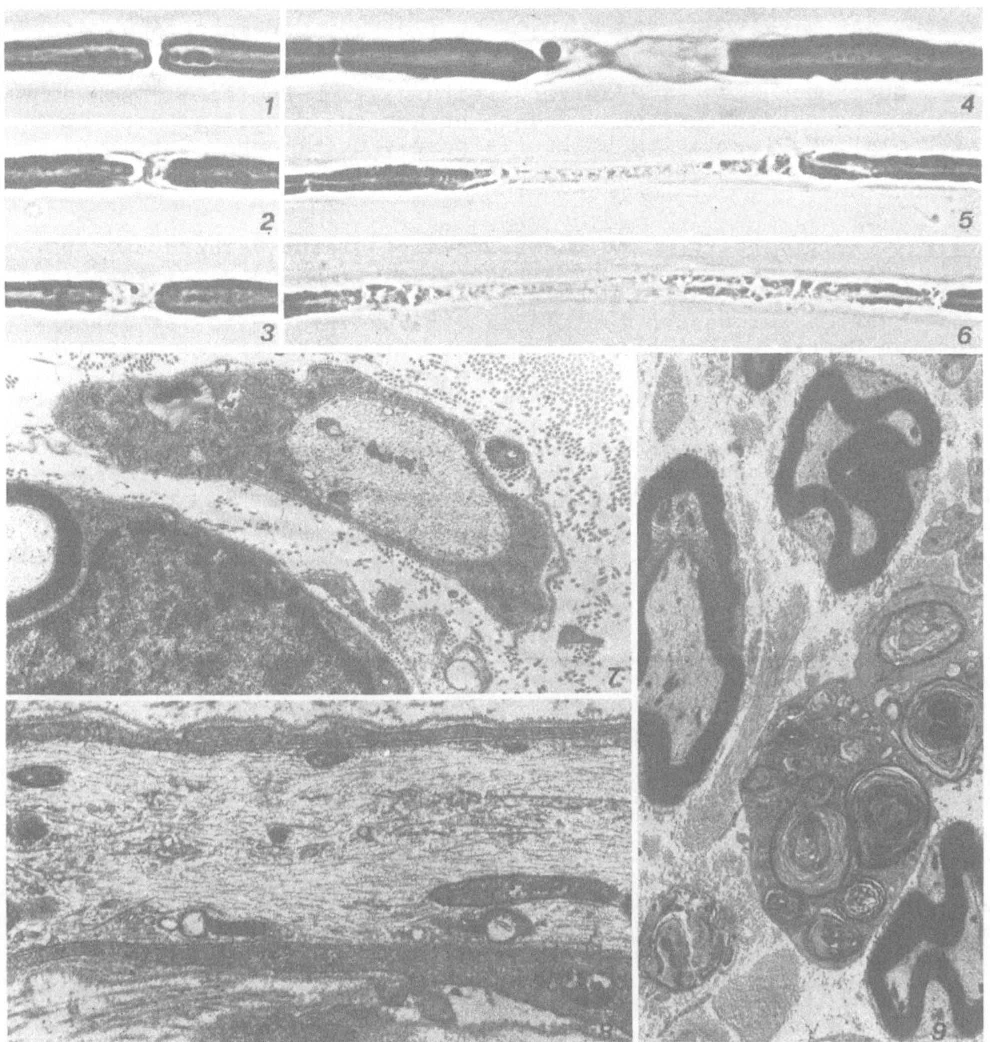

Abb. 1. Lichtmikroskopische und ultrastrukturelle Veränderungen nach
passiver Übertragung von monoklonalen Immunglobulinen auf die Maus.
Zupfpräparate von Einzelfasern mit intaktem Ranvier'schem Schnürring
(1), mit unterschiedlich stark ausgeprägter Demyelinisierung (2-4)
sowie mit verschieden langen internodalen Entmarkungen (5-6), Vergrö-
ßerungen x819 (1-3), x1600 (4), x640 (5-6). Elektronenmikroskopisches
Bild einer quergeschnittenen, demyelinisierten Nervenfaser (x15000
(7)), einer entmarkten, längsgeschnittenen Faser (x18000 (8)) sowie
in Endoneuralzellen gelegene Myelin-Abbauprodukte neben intakten Nervenfasern (x5700 (9))

Unsere vorläufigen Befunde bei passiver Übertragung von Fab-Fragmenten aus m-IgG stützen die Hypothese, daß der PNP ein immunpathologischer Prozeß zu Grunde liegt, da nur dieser Teil des IgG-Moleküls An-
tigen-Bindungsstellen besitzt (12). Da die Veränderungen am Nerven
ähnlich stark ausgeprägt waren wie bei Anwendung des nativen m-IgG,

erscheint die Mitwirkung von Komplement (10) bei der Entstehung dieser PNP nicht erforderlich zu sein.

Weitere Untersuchungen sind in Vorbereitung, um m-IgG spezifisch am Nerven der Maus nachzuweisen und das Antigen zu identifizieren. Ob die PNP bei IgM-Plasmozytom ebenfalls passiv übertragbar ist, muß weiteren Experimenten vorbehalten bleiben.

Tabelle 1. Morphologische und elektrophysiologische Befunde bei BDF_1-Mäusen, die täglich mit 20 mg säulenchromatographisch gereinigtem, monoklonalem IgG von 6 Patienten mit IgG-Plasmozytom bzw. polyklonalem IgG gesunder Probanden i.p. injiziert wurden. + = 10-15% der untersuchten Fasern pathologisch verändert; ++ = 15-25%; +++ = 25-30%;
1) Mittelwerte der gemessenen Nervenleitgeschwindigkeiten (m/s);
2) Das IgG bzw. Fab entspricht einem der 3 m-IgG, die im Langzeitversuch pathologische Veränderungen am Nerven der Maus verursachten;
3) p < 0,01; die statistische Berechnung der NLG-Verlangsamung während der Behandlung mit monoklonalem IgG erfolgte für alle Tiere gemeinsam nach dem Wilcoxon-Test für gepaarte Meßwerte

	Injektions-dauer Wochen	Elektronen-Mikroskop	Einzelfaser-Untersuchg.	NLG[1] Versuchsbeginn	NLG[1] Versuchsende	ΔNLG % 3)	Zahl d. Tiere	Zahl d. Patient.
Monoclonales IGG	8 - 10	+	+++	30.2.	25.1.	-17,5	5	3
		∅	∅	30.2.	29.6.	- 2	4	3
Pool IGG	8 - 10	∅	∅	31.1.	30.7.	- 1,3	5	Pool
Monoclonales IGG	1 - 2	+	++	31.7.	31.4.	- 1,2	4	
	3 - 6	+	++ - +++	34.6.	29.1.	-16	4	1[2]
Monoclonales FAB	1	+	+	-	-	-	1	
Pool IGG	1 - 6	∅	∅	31.3.	30.9.	- 1,3	5	Pool

Zusammenfassung

Die passive Übertragung von monoklonalem Immunglobulin G (m-IgG) auf die Maus über 1-10 Wochen führte zu einer experimentellen Polyneuropathie mit Abnahme der Nervenleitgeschwindigkeit und morphologisch nachweisbarer segmentaler Demyelinisierung. Fab-Fragmente der m-IgG zeigten einen ähnlichen Effekt, während Fc.-Fragmente unwirksam blieben. Die m-IgG von 3 der 6 untersuchten Patienten mit IgG-Plasmozytom zeigten diese Wirkung bei passivem Transfer, während die übrigen sowie alle Kontroll-IgG keine Veränderungen am Nerven der Maus bewirkten. Unsere Ergebnisse belegen die Bedeutung der m-IgG für die Pathogenese der Plasmozytom-Neuropathie und deuten auf einen möglichen, immunpathologischen Mechanismus dieser Erkrankung hin.

Literatur

1. Besinger UA, Fateh Moghadam A, Toyka KV, Kissel H, Struppler A
   (in Vorbereitung) Die Neuropathie bei monoklonalen Gammopathien:
   eine klinische und elektrophysiologische Feldstudie

2. Chazot G, Berger G, Bady B, Dumas R, Creysel R, Tommasi M, Schott
   B, Girard P (1974) Neuropathie périphérique au cours des dysglo-
   bulinémies malignes: aspects immunopathologiques. Nouv Pr Med 3:
   1355–1358

3. Dayan AD, Urich H, Gardner-Ghorpe C (1971) Peripheral neuropathy
   and myeloma. J neurol Sci 14: 21–35

4. Dayan AD, Stokes MI (1972) Peripheral neuropathy and experimental
   myeloma in the mouse. Nature New Biol 236: 117–118

5. Edelman GM, Marchalonis JJ (1967) Preparation of antigens and
   antibodies. In: Williams CA, Chase MW (eds) Methods in Immunology
   and Immunochemistry, Vol 1. Academic Press, New York

6. Fateh-Moghadam A (1974) Paraproteinämische Hämoblastosen. In:
   Begemann H (Hrsg) Handbuch der Inneren Medizin Teil 5: Krankheiten des Lymphozytären Systems. Springer Verlag Berlin, S 245–452

7. Peterson EA (1970) Cellulosic ion exchangers. In: Work TS, Work E
   (eds) Laboratory Techniques in Biochemistry and Molecular Biology
   Vol 2 Part II. North Holland Publishing Co, Amsterdam

8. Potter M (1971) Myeloma proteins (M-components) with antibody-
   like activities. N Engl Med 284: 831–838

9. Propp RP, Means E, Deibel R, Sherer G, Barron K (1975) Waldenström's macroglobulinemia and neuropathy: deposition of M-component on myelin sheaths. Neurology 25: 980–988

10. Ruddy S, Gigli I, Austen KF (1972) The complement system in man.
    New Engl J Med 287: 489–495

11. Rushton DI (1965) Peripheral sensory-motor neuropathy associated
    with a localized myeloma. Brit Med J 2: 203–205

12. Schalch W, Wright JK, Rodky LS, Braun DG (1979) Distinct function
    of monoclonal IgG antibody depend on antigen-site specificities.
    J exp Med 149: 923–937

13. Swash M, Perrin J, Schwartz MS (1979) Significance of immunoglo-
    bulin deposition in peripheral nerve in neuropathies associated
    witz paraproteinemia. J Neurol Neurosurg Psychiat 42: 179–183

14. Toyka KV, Drachman DB, Griffin DE, Pestronk A, Winkelstein JA,
    Fischbeck KH, Kao I (1977) Myasthenia gravis: study of humoral
    immune mechanisms by passive transfer to mice. New Engl J Med
    296: 125–131

Zur Wirksamkeit von Clomipramin bei der Behandlung neurogener Schmerzen

F. Petruch, H.D. Langohr und K. Mayer

Schmerz ist nicht nur Perzeption eines Reizes, sondern das Schmerzerleben hängt ab von vorausgegangenen Erfahrungen, sich daran knüpfenden Bedeutungserlebnissen und der sich daraus ergebenden Erwartungen. Daneben spielen affektive und motivierende Reaktionen eine Rolle (5, 6). Unter Berücksichtigung dieser psychologischen Dimension des Schmerzes wird in unserer Klinik seit über 20 Jahren die zentralerregbarkeitsdämpfende Wirkung der Neuroleptica zur Behandlung chronischer Schmerzzustände erfolgreich benutzt (4). Die affektiven Begleitreaktionen des Schmerzes werden gedämpft, und damit wird das Schmerzerleben häufig entscheidend beeinflußt. Außer der Gabe von Neuroleptica hat sich in den letzten Jahren die gleichzeitige Verabreichung von Thymoleptica durchgesetzt (3). Es konnte davon ausgegangen werden, daß eine Kombinationsbehandlung mit Thymoleptica und Neuroleptica noch besser in der Lage ist, den circulus vitiosus - Schmerz - Angst - Depression - Schmerz - zu unterbrechen. Die dämpfende Wirkung der Neuroleptica verhindert die durch die analeptische Wirkung der Thymoleptica induzierten Schlafstörungen und vegetativen Erregungszustände. In den letzten drei Jahren hat sich bei uns zunehmend das Clomipramin (Anafranil[R]) bei der Behandlung chronischer Schmerzzustände bewährt. Die Behandlung erfolgt initial in langsam steigender Dosierung bis zu 6 Ampullen in Laevuloselösung durch Infusion, erst danach erfolgt der Übergang auf eine Dauerbehandlung oral mit 3 bis 6 mal 25 mg täglich. Die völlige Wirkung der thymoleptischen Behandlung tritt häufig erst am 6. bis 10. Tag ein. Zumindest anfangs werden vor allem bei heftigen Schmerzzuständen und dadurch bedingten Schlafstörungen zusätzlich Neuroleptica, vor allem Neurocil[R] und seltener Melleril[R] sowie Haldol[R], gegeben. Nach der Ätiologie gliedern sich die medikamentös behandelten Schmerzpatienten in 24 Kranke mit postherpetischer Neuralgie, 24 mit Schmerzsyndromen bei Erkrankungen von Nervenwurzeln, Nervengeflechten und peripheren Nerven (Neuralgien, Hyperpathien und Causalgien) und 19 Kranke mit Stumpf- und Phantomschmerzen. Die Behandlung mit Neuroleptica allein wurde mit dem Ergebnis der Behandlung mit Clomipramin in Kombination mit geringen Mengen von Neuroleptica verglichen. Das Behandlungsergebnis wurde in 5 Stufen klassifiziert: vollständige, gute, geringe und ausgebliebene Besserung sowie Abbruch der Behandlung wegen Unverträglichkeit. Als Maß für die Besserung dienten die Angaben der Patienten über den Grad der Schmerzlinderung, bzw. über Schmerzfreiheit, die Reduktion der Analgetikadosis, die Verbesserung des Nachtschlafes und die Zunahme an körperlicher Aktivität. Die Befundprotokolle wurden von zwei Untersuchern unabhängig voneinander ausgewertet.

Ergebnisse

Bei der postherpetischen Neuralgie wurde mit Neuroleptica allein eine gute Besserung in 40% der Fälle erreicht, bei 24% der Patienten mußte die Behandlung wegen Nebenwirkungen abgebrochen werden. Bei gleichzeitiger Anwendung von Clomipramin wurden 14% der Patienten schmerzfrei und 72% zeigten eine gute Besserung. Stärkere Nebenwirkungen traten in dieser Gruppe nicht auf.

Bei Schmerzsyndromen nach traumatischen Läsionen peripherer Nerven, Wurzeln oder Plexus wurde in 46% der Fälle mit Clomipramin und Neuroleptica eine gute Besserung erreicht. Im Vergleich dazu kam es nur in 20% der Fälle zu einem guten Ergebnis mit Neuroleptica allein.

In der Gruppe der Patienten mit Stumpf- und Phantomschmerzen waren die Behandlungsergebnisse in der Clomipramin-Gruppe denen in der Neuroleptica-Gruppe nur leicht überlegen. Bei zwei mit Clomipramin behandelten Patienten mußte die Behandlung vorzeitig wegen Nebenwirkungen abgebrochen werden. Bei ihnen trat vorübergehend ein Verwirrtheitszustand auf.

Die Abb. 1 zeigt zusammengefaßt den Behandlungserfolg bei neurogenen Schmerzsyndromen.

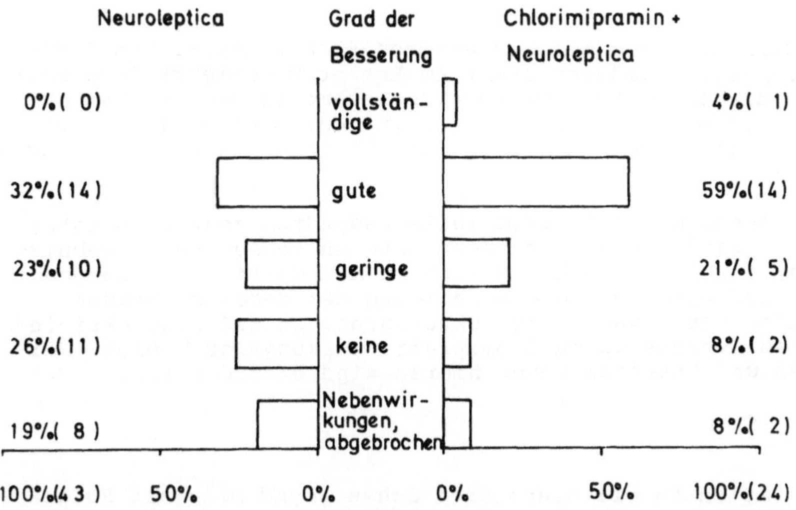

Abb. 1. Vergleich der Ergebnisse einer Behandlung von neurogenen Schmerzsyndromen mit Neuroleptica allein (links) und mit einer Kombination von Clomipramin und geringen Dosen von Neuroleptica (rechts)

Mit Neuroleptica allein wurde eine gute Besserung in 32% der Fälle erreicht. Bei 19% der Patienten mußte die Behandlung wegen Nebenwirkungen wie Blutdruckabfall und Verwirrtheitszuständen abgebrochen werden. Bei Gabe von Clomipramin zeigte sich eine vollständige Remission der Schmerzen in 4% und eine gute Besserung in 59% der Fälle. Nebenwirkungen traten in der mit Clomipramin behandelten Gruppe nur in 8% der Fälle auf. Ein statistischer Vergleich der Erfolge der Neuroleptica-Behandlung (vollständige und gute Besserung) bei 43 Patienten und der kombinierten Behandlung bei 24 Patienten zeigte eine signifikante Überlegenheit der Kombinationsbehandlung mit Clomipramin (Tabelle 1).

Die eigenen Beobachtungen und die Ergebnisse anderer Autoren (3, 7) sprechen für die spezifische Wirkung des Serotoninagonisten Clomipramin auf das schmerzhemmende System, besonders bei peripheren Nervenirritationen. Sie unterstützen die Hypothese, daß die Serotoninkonzentration im Hirnstamm bei der Regulation der Schmerzintensität eine wichtige Rolle spielt. Wie Tierversuche zeigten, sinkt die Schmerzschwelle mit Erniedrigung der Serotoninkonzentration in der Medulla oblongata und normalisiert sich wieder mit steigender Serotoninkon-

Tabelle 1. Statistischer Vergleich der beiden Gruppen mit dem Vierfeldertest

	Neurogene Schmerzsyndrome	
	Erfolg	Kein Erfolg
Neuroleptica	14	29
Chlorimipramin + Neuroleptica	15	9

CHI-Quadrat = 5,63 (P < 0,05)

zentration (1). Clomipramin hemmt den aktiven Rücktransport von Serotonin in die Nervenzelle. Dadurch steht am Rezeptor vermehrt Serotonin zur Verfügung und die medullären Neurone des schmerzhemmenden Systems werden aktiviert. Sie projizieren zu spinalen Schaltzellen im Hinterhorn, welche ihrerseits durch Endorphin ausschüttende Zwischenneurone gehemmt werden (2).

Schmerz kann aber auch, wie z.B. beim Thalamussyndrom zentral entstehen. Möglicherweise sind die von uns beobachteten schlechten Ergebnisse einer Clomipramin-Behandlung bei Patienten mit Multipler Sklerose und Syringomyelie auf eine zentrale Schädigung der descendierenden schmerzinhibierenden Fasersysteme zurückzuführen, so daß eine Aktivierung der medullären Neurone durch Clomipramin wirkungslos bleibt. Weitere Beobachtungen und Untersuchungen hierzu sind erforderlich.

Zusammenfassung

Bei insgesamt 67 Patienten mit neurogenen Schmerzsyndromen als Folge einer postherpetischen Neuralgie, einer traumatischen Läsion peripherer Nerven, Wurzeln oder Plexus oder einer Amputation wurde der Erfolg einer alleinigen Neuroleptica-Therapie mit einer Kombinationsbehandlung von Clomipramin und geringen Dosen von Neuroleptica verglichen. Die Behandlung mit Clomipramin (und Neuroleptica) war der mit Neuroleptica allein überlegen. Diese Beobachtungen unterstützen die Annahme, daß die Serotoninkonzentration im Hirnstamm bei der Regulation der Schmerzintensität eine Rolle spielt. Zumindest bei peripherer Nervenirritation kann die zusätzliche Gabe von Clomipramin erfolgversprechend sein. Einzelbeobachtungen bei Patienten mit zentralen Schmerzsyndromen lassen schlechte Behandlungsergebnisse bei Anwendung von Clomipramin erwarten.

Literatur

1. Akil H, Mayer DJ (1972) Antagonism of stimulation-produced analgesia by p-CPA, a serotonin synthesis inhibitor. Brain Res 44: 692-697

2. Basbaum AI, Fields HL (1978) Endogenous pain control mechanism: review and hypothesis. Ann Neurol 4: 451-462

3. Kocher R (1978) Die Behandlung chronischer Schmerzen mit Psychopharmaka. Schweiz med Wschr 108: 686-691

4. Mayer K (1959) Klinische und pharmakopsychologische Untersuchungen zur therapeutischen Wirkungsweise von Phenothiazinen. Medizinische 15: 733-736

5. Mayer K (1974) Schmerzbefinden und Schmerzverhalten. Zur Neurophysiologie und Neuropsychologie des Schmerzes. Universitas 29: 1051-1062

6. Melzack R (1980) Psychologic Aspects of pain. In: Bonica JJ (ed) Pain. Raven Press, New York, p 143

7. Sternbach RA, Janowsky DS, Huey LY, Segal DS (1976) Effects of altering brain serotonin activity on human chronic pain. In: Bonica JJ, Albe-Fessard D (eds) Advances in pain research and therapy. Raven Press, New York, Vol 1, p 601

Einfluß der transcutanen Nervenstimulation (TNS) auf evozierte Rückenmark-Potentiale (ERMP)

M. Mortillaro

Die Anwendung der ERMP für diagnostische Zwecke hat in diesen letzten
Jahren eine große Verbreitung gefunden, obwohl die Genese der durch
Reiz der peripheren Nerven ausgelösten Antworten noch nicht geklärt
worden ist.
Für eine ausführliche Diskussion über die Deutung der verschiedenen
Komponenten des ERMPs wird auf die Arbeit von CRACCO & CRACCO (1976)
verwiesen.
In dieser Studie soll untersucht werden, ob die Hauptkomponenten des
ERMPs durch gleichzeitige TNS verändert werden.

Methodik

Bei 10 Patienten, die keine neurologischen Ausfälle hatten, wurden
ERMP bei elektrischer Stimulation im N.Medianus rechts am Handgelenk
studiert. Für eine ausführliche Beschreibung der Methodik wird auf
frühere Arbeiten unseres Labors verwiesen (MORTILLARO & EMSER 1974,
THIELEN 1979). Die TNS wurde mittels eines NEUROMED MEDTRONIC-Gerätes[1]
durchgeführt. Die Plazierung der Elektroden erfolgte am Ellenbogen
oberhalb des N. Medianus-Stammes. Die Reizstärke im N.Medianus am
Handgelenk wurde so eingestellt, daß ein maximales ERMP bei hoch er-
träglichem Schmerz ausgelöst wurde. Die Reizparameter der TNS wurden
so ausgewählt, daß der Patient leichte Parästhesien im Innervations-
gebiet des N. Medianus verspürte. Die Reizfrequenz lag zwischen 50
und 100 Hz. Nachdem eine maximale und reproduzierbare Antwort erreicht
worden war, begann die Untersuchung bei unveränderten Reizparametern
unter TNS.

Die Auswertung der ERMP erfolgte, indem die Latenzen und Amplituden
der Komponenten N1 und P2 gemessen und mit denjenigen der Kontrolle
(ohne TNS) verglichen wurden. Die Daten wurden danach statistisch
ausgewertet.

Ergebnisse

Abbildung 1 zeigt zwei repräsentative Antworten vor (A) und unter (B)
TNS: es werden hier in diesem Zusammenhang nur die negative (N1) und
die positive (P2) Komponente berücksichtigt. Die Latenzen der Komponenten N1 und P2 blieben unter TNS unverändert. Die leichte Schwankung der Latenz der P2 Komponente liegt unserer Erfahrung nach im Normbereich. Die Amplituden von N1, P2 und N1 P2 (peak to peak) wiesen unter TNS leichte Schwankungen auf: die statistische Auswertung zeigte
aber, daß die Veränderungen nicht signifikant waren (P immer >0,2).
Der Schmerz wurde auch unter TNS nicht gelindert.

---

[1] Der Firma Medtronic, Hamburg, danken wir für das überlassene Gerät

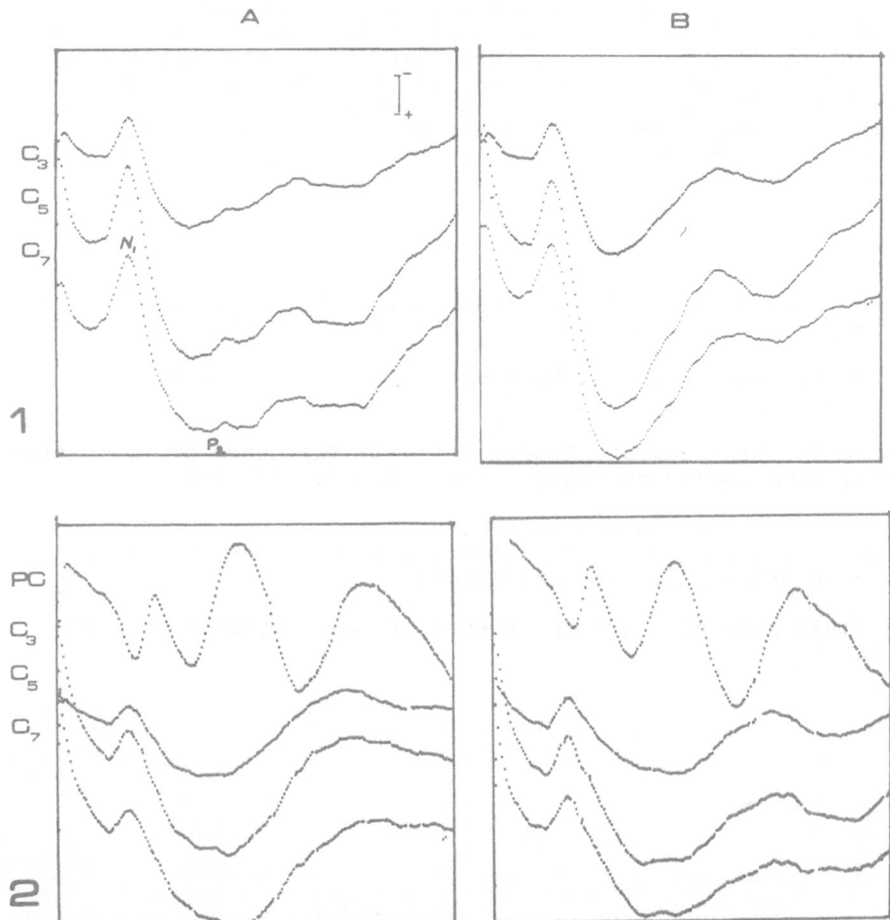

Abb. 1. ERMP Aufzeichnung bei Reiz im N.Medianus rechts am Handgelenk:
Ableitung vom Nacken auf Niveau C_3-C_5-C_7 (Oberflächenelektroden) Bei
Patient 2 wurde auch das somatosensorische Potential aus der postzentralen Region links (PC) aufgezeichnet. A ohne und B unter TNS. Analy-
sezeit 90 ms, Mittelwert von 1024 Reizungen, Eichung 5uV

Diskussion

Unsere Ergebnisse zeigen, daß unter TNS keine Änderung der Hauptkomponenten N1 und P2 des ERMPs auftraten. STRASSBURG et al. (1977) wiesen
nach, daß unter TNS die evozierten somatosensorischen Potentiale unverändert blieben, was auch wir bestätigen konnten (siehe Abb. 1 Pat
2). Da sowohl die Genese der ERMP als auch der Mechanismus der TNS
noch nicht geklärt sind, ist die Deutung unserer Ergebnisse schwer.
Es gibt Hinweise dafür, daß die für die Auslösung der ERMP verantwortlichen Afferenzen in den raschen Fasern der Gruppe II zu suchen sind
(THIELEN 1979). Es ist möglich, daß auch für eine wirkungsvolle TNS
die cutanen Afferenzen der Gruppe II rekrutiert werden müssen. Ob und
inwieweit das Fehlen einer Modulation bzw. Änderung der ERMP unter TNS
auf die Erregung derselben Fasern zurückzuführen ist, bleibt offen. In
diesem Zusammenhang sei erwähnt, daß nach der Gate Control Theory die

TNS eine prä- und postsynaptische Hemmung mit Depolarisation der terminalen Afferenzen und ein dorsal root potential bewirkt (WALL 1978), und daß einige Befunde darauf hinweisen, daß die P2 Komponente des ERMPs der P-Welle des cord dorsum potential entsprechen könnte. Es ist wohl möglich, daß die abnorme starke räumliche und zeitliche Konvergenz der Afferenzen, die durch unsere Reizstärke im N. Medianus am Handgelenk ausgelöst wurde, nicht geeignet war, eine Wirkung der TNS auf die ERMP zu dokumentieren.

Literatur

1. Cracco RQ, Cracco JB (1976) Somatosensory evoked potential in man: far field potentials. Elektroenceph clin Neurophysiol 41: 460-466

2. Mortillaro M, Emser W (1974) Über die Reizantwort-Potentiale aus dem zervikalen Rückenmark. Med Welt 25: 1690-1693

3. Strassburg HM, Krainick JU, Thoden D (1978) Influence of transentanous nerve stimulation on acute pain. J Neurol 217: 1-9

4. Thielen T (1979) Über Reizantwort-Potentiale aus dem zervikalen Rückenmark bei sensibler Stimulation des N. Medianus. Inaugural Dissertation Universität des Saarlandes

5. Wall PB (1978) The gate control theory of pain Mechanisms. Brain 101: 1-18

Zur Wertigkeit von visuell evozierten Potentialen (VEP), Computertomographie (CT) des Schädels und Elektroencephalogramm (EEG) bei Multipler Sklerose (MS)

J. Haan, F.L. Welter, D. Kountouris und E. Müller

Die Bedeutung der VEP in der Diagnostik der MS ist unbestritten. Inwieweit die CT des Schädels weiterhelfen kann, soll untersucht werden. Die Angaben über die Bedeutung des EEG's werden überprüft.

Patientengut und Methodik

Untersucht wurden 24 Patienten mit der gesicherten Diagnose einer MS. Die Krankheitsdauer lag zwischen 6 Monaten und 16 Jahren. Die Diagnose wurde durch die Erfüllung folgender Kriterien gesichert:
a) schubweiser Verlauf zumindest zu Beginn der Erkrankung
b) sensible und motorische Störungen
c) Nachweis einer Erhöhung der Gammaglobuline im Liquor.
Bei allen Patienten wurde eine CT des Schädels durchgeführt (ELSCINT 700) und ein EEG abgeleitet (10/20-System). Die Bestimmung der VEP erfolgte nach monocularer Reizung durch TV-Schachbrettmusterinversion und Mittelwertbildung aus 100 Reizen.

Ergebnisse

a) VEP: Nur bei 2 Patienten waren die VEP unauffällig. Bei den übrigen 22 bestand eine ein- oder doppelseitig verlängerte Latenzzeit unabhängig davon, ob Sehstörungen oder ein auffälliger ophthalmologischer Befund zum Zeitpunkt der Untersuchung bestanden oder nicht. 5 von 22 Patienten hatten zu keinem Zeitpunkt der Erkrankung über irgendwelche Sehstörungen geklagt. Die Latenzzeitverlängerung war unabhängig von der Dauer der Erkrankung und dem Alter der Patienten.
b) CT des Schädels: Die computertomographischen Befunde ließen sich in 4 Gruppen einteilen:
1) 5 Patienten boten ein unauffälliges Computertomogramm
2) bei 3 Untersuchten ließ sich eine leichte Ventrikelerweiterung nachweisen
3) 4 Patienten zeigten Entmarkungsherde ohne Ventrikel- oder Hirnfurchenerweiterungen
4) bei den übrigen 12 fanden sich Entmarkungsherde mit zum Teil beträchtlichen Erweiterungen der intra- und extracerebralen Liquorräume.
Leichte Ventrikelerweiterungen, geringe Entmarkungsherde sowie beide Veränderungen in Kombination wurden vornehmlich zu Beginn der Erkrankung oder bei langsam progredientem Verlauf mit nur gering ausgeprägtem schubweisem Fortschreiten beobachtet. Bei lange bestehender Erkrankung und ausgeprägten neurologischen (und psychischen) Ausfällen waren markante Entmarkungsherde und Erweiterungen des Ventrikelsystems und der Hirnfurchen nachweisbar. Eine Korrelation zwischen der Latenzzeitverlängerung der VEP und den computertomographischen Veränderungen ergab sich nicht. Die 2 Patienten, die normale VEP boten, wiesen einmal isoliert kleine Entmarkungsherde und einmal Entmarkungsherde mit einer einseitigen leichten Ventrikelerweiterung auf.

c) EEG: Nur 13 Patienten boten EEG-Veränderungen. Hierbei handelte es
sich um Allgemeinveränderungen im Sinne einer Grundrhythmusverlangsamung mit Wellen aus dem Theta- und nur vereinzelt aus dem Deltabereich.
Einmal fanden sich auch etwas steilere Wellen ohne klinisches Korrelat.
Herdförmige Veränderungen kamen nicht zur Darstellung. Die EEG-Veränderungen waren am ausgeprägtesten bei Ableitung in der Phase eines akuten Schubes oder bei langjährigem mit schweren klinischen Ausfällen
einhergehendem Verlauf.

Diskussion

Seit den Arbeiten von HALLIDAY und Mitarbeitern ist die Bedeutung der
VEP für die Diagnose von Opticusprozessen besonders bei MS unbestritten (2, 3). Bei geringen objektiven Befunden oder unklaren Beschwerden erhärtet eine verlängerte Latenzzeit der VEP die Diagnose MS.
Selbstverständlich schließen negative Befunde eine solche Erkrankung
nicht aus, auch wenn in solchen Fällen Zurückhaltung bei der Diagnose
MS ratsam scheint.

Die CT des Schädels bringt zu Beginn der Erkrankung, vor allem wenn
die Diagnose noch nicht eindeutig ist, nur eine geringe Hilfe. Negative oder uncharakteristische Befunde, wie die vieldeutigen leichten
Ventrikelerweiterungen, erlauben meistens keine Stellungnahme. Selten
finden sich im Frühstadium Entmarkungsherde. Der Wert der CT besteht
darin, daß eventuell ein Gefäß- oder ein raumfordernder Prozeß mit
ähnlichen Beschwerden entdeckt wird. Die CT hat somit über die Diagnose eine prognostische und/oder therapeutische Bedeutung. Seine routine-
mäßige Durchführung ist deshalb zu empfehlen.

EEG-Veränderungen sind in unterschiedlicher Ausprägung und Häufigkeit
bei der MS beschrieben. JASPER und Mitarbeiter sahen die deutlichsten
Veränderungen im akuten Schub (4). TARLAU und Mitarbeiter fanden hingegen am meisten pathologische Befunde bei chronischen Verläufen (5).
Auch die in unserem Patientengut festgestellten EEG-Veränderungen
zeigten den meisten Literaturangaben entsprechend (1) keine Befunde
von diagnostischem Wert.

Folgerungen

Zur Diagnose der MS trägt am meisten die Anamnese, der neurologische
Befund, die Liquoruntersuchung und die Ableitung der VEP bei. Die CT
des Schädels ist wichtig zur Abgrenzung gegenüber anderen Leiden wie
Gefäßprozessen und Raumforderungen. Das EEG hat eine untergeordnete
Bedeutung.

Literatur

1. Czopf J, Hegedüs K, Kóczán G, Pálffy G, Kis-Antal M (1977) Der
   Wert der Elektroencephalographie für die Diagnose der multiplen
   Sklerose. EEG-EMG 8: 57-64

2. Halliday AM, McDonald WI, Mushin J (1972) Visual evoked response
   in optic neuritis. Lancet 1: 982-985

3. Halliday AM, McDonald WI, Mushin J (1973) Visual evoked response
   in diagnosis of multiple sclerosis. Brit med J 4: 661-664

4. Jasper H, Bickford R, Magnus O (1950) The electroencephalogram in multiple sclerosis. Res Pub Ass Nerv Ment Dis 28: 421-427

5. Tarlau M, Hills F (1960) The electroencephalogram in multiple sclerosis. A comparison of acute and chronic cases. Electroencephal clin Neurophysiol 12: 548-559

Visual Evoked Potentials bei FRIEDREICH'scher Ataxie

W. Wenzel, L. Camacho, D. Claus und J. Aschoff

Einleitung

Veränderungen der visuell evozierten Potentials (VEP) sind bei zahlreichen neurologischen und opthalmologischen Krankheitsbildern beschrieben worden, bislang jedoch noch nicht bei FRIEDREICH'scher
Ataxie (5). Die Angaben über Opticusbeteiligung beim Morbus FRIED-
REICH schwanken zwischen 5,2 (1) und 52% (8). Von unserer Arbeitsgruppe wurden daher im Rahmen einer Untersuchung spinocerebellärer Systematrophien bei 35 Patienten mit Morbus FRIEDREICH visuell evozierte
Potentiale abgeleitet.

Patienten und Methoden

Es wurden 35 Patienten mit aufgrund der üblichen Kriterien (2) gesicherter FRIEDREICH'scher Ataxie untersucht, 22 Männer, 13 Frauen,
Durchschnittsalter 32,5 ± 13,6 Jahre, Erkrankungsbeginn mit 11,3 ±
5,5 Jahren, Dauer 21,2 ± 9,4 Jahre.
Nach ophthalmologischer Untersuchung wurde das TV-pattern stimulated-
VEP bipolar abgeleitet. Die Latenzzeitmessung wurde an der 1. positiven Komponente (P 1) vorgenommen. Ein Wert wurde dann als pathologisch bezeichnet, wenn er oberhalb unseres laboreigenen Mittelwertes
(97,5 ± 6,7 msec.) + 3 SD lag, oder die interokuläre Differenz 8 msec.
überschritt.

Ergebnisse

Bei 4 Patienten konnte wegen einer Opticus-Atrophie das VEP nicht abgeleitet werden, bei 19 fand sich ein pathologisches Ergebnis, 16 waren unauffällig. Insgesamt fanden wir also bei 54% ein pathologisches
VEP. Signifikante Unterschiede zwischen dem rechten und linken Auge
wurden nicht beobachtet. Die Latenzzeit für P 1 war bei den FRIED-
REICH-Patienten im Mittel 114,69 ± 18,3 msec., die interokuläre Differenz 6,0 ± 7,1 msec. Im Vergleich hierzu Normalpersonen: Latenzzeit
P 1 97,5 ± 6,9 msec., interokuläre Differenz 1,9 ± 1,3 msec. im Mittel. Der Unterschied ist signifikant auf dem 1% Niveau.
Eine statistisch signifikante Beziehung fanden wir weder zwischen Visus noch zwischen dem Alter der Patienten und dem Ausfall des VEP,
ebenso nicht zwischen Erkrankungsdauer und pathologischem VEP, hierzu
siehe Abb. 1. Der relative Gipfel zwischen 11 und 15 und 21 und 25
Jahren entspricht der Altersverteilung unseres Kollektives.
Aufgefallen ist uns eine familiäre Häufung pathologischer Befunde,
von den 35 Patienten waren 16 Geschwister, hiervon hatten 11 pathologische VEP's. Wir fanden nur eine Familie, in der nicht alle Geschwister die gleichen - pathologischen oder normalen - Befunde aufwiesen.

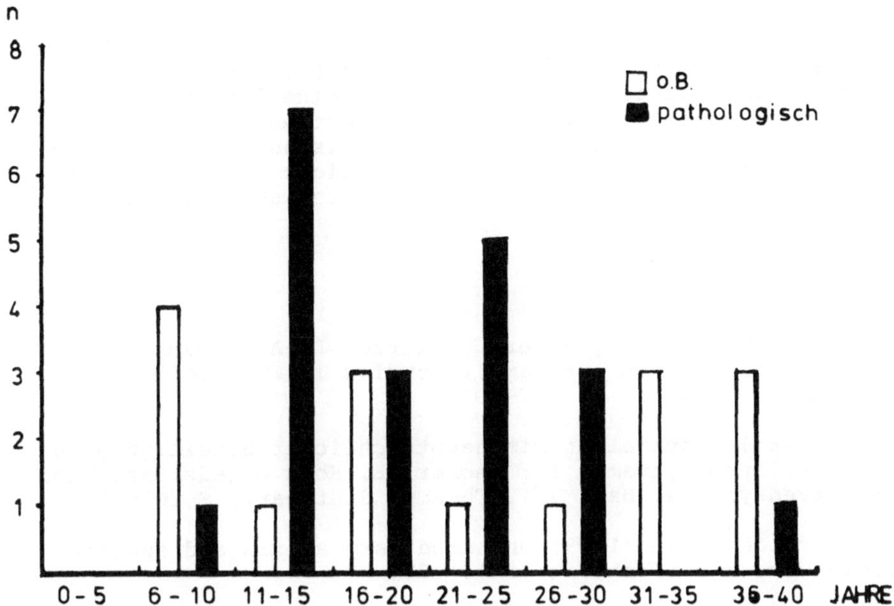

Abb. 1. Häufigkeit pathologischer Befunde in Relation zur Erkrankungsdauer

Diskussion

Im Gegensatz zur NONNE-PIERRE MARIE'schen Erkrankung, wo Opticus-Beteiligung fast obligatorisch ist (4), wird diese bei FRIEDREICH'scher
Ataxie eher als selten angesehen, wobei allerdings Zahlenangaben zwischen 5,2 (1)und 52% (8) schwanken. Unsere Ergebnisse zeigen nun bei
FRIEDREICH'scher Ataxie eine deutlich höhere Beteiligung auch des optischen Systems. Die VEP-Veränderungen können wohl als Vorläufer
einer Opticus-Atrophie angesehen werden, dies wird auch gestützt durch
die hohe zahlenmäßige Übereinstimmung mit SJÖGREN (8), dieser fand bei
FRIEDREICH-Patienten mit mehr als 20jährigem Verlauf in 52% der Fälle
abgeblasste Papillen oder Opticus-Atrophie. Aus den pathologisch-anatomischen Untersuchungen ist zú erwähnen, daß VAN LEEUWEN und VAN
BOGAERT (6) am Opticus von Patienten mit FRIEDREICH'scher Ataxie das
Bild einer Retrobulbärneuritis mit Degeneration des maculo-papillären
Bündels und totaler Atrophie fanden. OPPENHEIMER (7) beschrieb einen
Verlust von Nervenfasern aus dem Opticus in der Hälfte seiner Fälle.
Eine familiäre Häufung von Opticus-Atrophien wurde bereits von BELL
und CARMICHAEL (3) beschrieben.

Diese und unsere eigenen Ergebnisse zeigen, daß es sich bei den Opti-
cusläsionen bei der FRIEDREICH'schen Ataxie, wie sie durch das VEP
frühzeitig nachgewiesen werden können, um ein eigenständiges Krankheitssymptom handelt, das familiär gehäuft auftritt und nach längerer
Krankheitsdauer als Opticus-Atrophie manifest wird. Diese Opticusbeteiligung ist aber auch nach jahrzehntelanger Krankheitsdauer nicht
als ein obligater, sondern als bei etwa der Hälfte der Patienten fa-
kultativer Befall der Sehnerven anzusehen, da wir bei 16 von 35 Patienten trotz z.T. sehr langer Krankheitsdauer und schwerster sonstiger Veränderungen kein pathologisches VEP fanden.

634

Zusammenfassung

Bei 54% der von uns untersuchten 35 Patienten mit FRIEDREICH'scher
Ataxie konnte ein pathologisches VEP und damit eine Opticusläsion
nachgewiesen werden. Diese tritt familiär gehäuft auf. Eine gute
Übereinstimmung besteht mit pathologisch-anatomischen und epidemiologischen Untersuchungen. Damit dürfte eine Opticus-Beteiligung im
Rahmen der FRIEDREICH'schen Ataxie nicht so selten sein wie bisher
vielfach angenommen.

Literatur

1. Andermann E, Remillard GM, Goyer C, Blitzer L, Andermann F,
   Barbeau A (1976) Genetic and Family Studies in Friedreich's
   Ataxia. J Can Sci Neurol 3: 287-301

2. Becker PE (1966) Krankheiten mit hauptsächlicher Beteiligung des
   spino-cerebellären Systems. In: Becker PE, Koch G (eds) Krankheiten des Nervensystems, Band V/1. Thieme, Stuttgart, S 208-313

3. Bell J, Carrmichael EA (1939) On hereditary ataxia and spastic
   paraplegia. Treas hum Inherit 4: 141-281

4. Hassler R (1953) Erkrankungen des Kleinhirns. In: Handbuch der
   Inneren Medizin, Band V/3. Springer, Berlin Göttingen Heidelberg,
   Chap 7

5. Huber Ch (1978) Klinische Anwendung visuell evozierter Potentiale der Sehrinde. Akt neurol 5: 211-225

6. Van Leeuwen A, van Bogaert L (1949) Hereditary Ataxia with Optic
   Atrophy of the Retrobulbar Neuritis Type and Latent Pallidoysian
   Degeneration. Brain 72: 340-363

7. Oppenheimer DR (1976) Diseases of the basal ganglia, cerebellum
   and motor neurons. In: Blackwood W, Corsellis JAN (eds) Greenfield's Neuropathology. 3rd Ed Edw. Arnold Publ, London

8. Sjögren T (1943) Klinische und erbbiologische Untersuchungen
   über die Heredo-Ataxien. Acta psychiat Suppl 27: 1-197

9. Tyrer JH (1975) Friedreich's Ataxia. In: Vinken PJ, Bruyn GW (eds)
   Handbook of clinical Neurology Vol 21. North Holland Publ Comp,
   p 319-364

10. Ule G (1957) Die Friedreich'sche Ataxie. In: Handbuch der spez
    path Anatomie und Histologie Band 13. Springer, Berlin Göttingen
    Heidelberg, p 1043-1063

Abhängigkeit der frühen akustisch evozierten Potentiale (FAEP) von Reizparametern Sog und Druck

K. Maurer, E. Schäfer und H. Leitner

Beim Menschen ist die topographische Zuordnung der Wellen I-V der
FAEP in vivo nur durch eine Korrelation bekannter neurologischer
Ausfälle mit entsprechenden Wellenveränderungen möglich (Starr und
Achor, 1975 (4); Stockard and Rossiter, 1977 (5)). Zur Absicherung
der lokalisationsdiagnostischen Aussage der FAEP sind neben der Aus-
wertung pathologischer Befunde Untersuchungen an Normalhörenden von
Bedeutung, da nur hier definierte Reiz-, Ableite- und Auswertekriterien erarbeitet werden können. Unser Beitrag soll aufzeigen, daß
die elektrische Polarität bzw. die mechanische Wirkungsweise des
Reizes die FAEP wesentlich beeinflußt. Sog, im angloamerikanischen
Sprachraum als rarefaction (Verdünnung) bezeichnet, bewirkt eine
Auswärtsbewegung und Druck (condensation-Verdichtung) eine Einwärts-
bewegung des Trommelfells. Bei 8 Probanden sind Normalwerte für Latenzen und Amplituden der Wellen I-V auf Sog- und Druckreize hin ermittelt worden.

Material und Methodik

8 Normalhörende wurden identischen Versuchsbedingungen unterworfen.
Die detaillierte methodische Beschreibung wurde schon in einer früheren Publikation vorgenommen (Maurer et al., 1979 (1)). Das in bipola-
rer Anordnung (Vertex-ipsilaterales Mastoid) gewonnene und durch ein
Hoch- und Tiefpassfilter auf einen Signalfrequenzbereich von 300 bis
3200 Hz eingeschränkte Biosignal wurde bei einer Reizfolgefrequenz
von 10/s 1000 mal dem Mittlungsprozeß unterworfen. Der Ableitemodus
wurde für jedes Ohr 2 mal durchgeführt und die Komponenten übereinanderprojiziert und auf ihre Reproduzierbarkeit hin überprüft. Die Aus-
lenkung der Kopfhörermembran erfolgte mit einer Sinushalbwelle (Dauer
250 μ s); auf der akustischen Seite resultierte eine sinusförmige
Schwingung mit steilem Anstieg und einigen Nachschwankungen; die Konfiguration des Signals wird dabei weitgehend von den Übertragungs-
eigenschaften des Kopfhörers bestimmt. Die Latenzen wurden vom Reizbeginn bis zum nach oben gerichteten positiven Gipfel der Wellen I-V
gemessen; die Amplitudenbestimmung erfolgte für die Wellen I und V vom
positiven Gipfel bis zur nachfolgenden negativen Senke und für die
Potentiale II, III und IV von der neg. Senke zum folgenden pos. Gipfel
und entspricht dem Vorgehen, wie es 1979 von uns beschrieben worden
ist (Maurer et al., 1979). Bei einem IV/V-Komplex wurde der höchste
Punkt für die Latenzmessung herangezogen; die Amplitudenbestimmung erfolgte hier in Bezug zur folgenden neg. Senke.

Ergebnisse

Wellen I-III konnten in allen Fällen mit identischer Konfiguration
abgeleitet werden; der Stichprobenumfang war deshalb ausreichend, um
statistische Berechnungen durchzuführen. Bei Wellen IV, V bzw. dem
IV/V-Komplex war der Stichprobenumfang jedoch zu gering; es wurde deshalb bei diesen Komponenten auf die Einzeldarstellung zurückgegriffen.

Wellen I - III

Für weitere statistische Berechnungen war es wichtig die intraindividuellen Schwankungen der Wellen I-III im Links-Rechtsvergleich zu ermitteln. Sämtliche Wertepaare der Antworten von links und rechts wurden für Sog und Druck getrennt dem t-Test unterworfen. Es ergab sich dabei keine signifikante Änderung der Latenzen und Amplituden (Tabelle 1). Es war somit möglich, die Mittelwerte (MW) der Links- bzw. Rechtsantworten zu verwenden.

Tabelle 1. Auflistung von Latenzen und Amplituden in Abhängigkeit von Sog- und Druckimpulsen für die Komponenten I-V. Für die Wellen I-III konnte bei ausreichendem Stichprobenumfang der t-Test ermittelt werden. Sämtliche Werte wurden bei einer Reizintensität von 80 dBHL ermittelt

		I		II		III		IV		V		IV/V	
		Sog	Druck	Sog	Druck	Sog	Druck	Sog	Druck	Sog	Druck	Sog	Druck
L m s	$\bar{X}$	1.5	1.56	2.75	2.64	3.73	3.65	4.9	4.63	5.56	5.57	5.04	5.24
	S_x	0.08	0.1	0.09	0.11	0.11	0.12	0.1	0.29	0.17	0.14	0.13	0.17
t Test		n.	s.	α = 5%		α = 5%		zu kleiner Stichprobenumfang					
A n V	$\bar{X}$	320	256	320	272	352	342	342	212	365	500	518	416
	S_x	50	90	40	98	82	120	75	85	106	165	147	78
t Test		α = 5%		n. s.		n. s.		zu kleiner Stichprobenumfang					
t Test		Vergleich li.-re. n.s.		Vergleich li.-re. n.s.		Vergleich li.-re. n.s.		entfällt					

Daraufhin wurden die MW der Sog-Antworten den MW der Druck-Antworten gegenübergestellt. Es zeigte sich dabei keine signifikante Latenzänderung der Welle I, aber eine Verkürzung für Potentiale II und III (α <5%) nach Druckreizen. Bei den Amplituden waren die Differenzen für die Wellen II und III nicht signifikant; Welle I war nach Sogimpulsen höheramplitudig (α <5%).

Wellen IV, V bzw. IV/V

Die Latenzen und Amplitudenwerte sind aus Tabelle 1 zu entnehmen. Neben einer geringen Verkürzung der Latenz der Welle IV nach Druckreizen imponierte vor allem eine wesentlich höhere Amplitude für die Welle IV nach Sogreizen. Welle V war nicht different was die Latenzen anbetrifft; von den Amplituden her gesehen erzeugte der Druck jedoch eine höhere Amplitude als der Sog. Der IV/V-Komplex schließlich zeigte im Schnitt kürzere Latenzen und höhere Amplituden nach Sogreizen.

Verläßt man die absoluten Latenzen und betrachtet die Zwischenwellenleitzeiten in Beziehung zur Welle I (I-II, I-III, usw.), ergaben sich kürzere Werte für die I-II und I-III Zeit (α <5%) nach Druckreizen; der Trend zur Verkürzung war auch noch bei Welle IV nachweisbar (zu kleiner Stichprobenumfang). Welle V bzw. die I-V Leitzeit waren nicht different in Abhängigkeit von Sog und Druck.

Diskussion

Trotz der geringen Fallzahl konnten wesentliche Informationen aus den
o.b. Befunden für die Vereinheitlichung der Methode gewonnen werden.
Entscheidend bei der Reizapplikation ist ein steiler Anstieg und eine
kurze Dauer des Stimulus. Bei Anwendung einer Sinusschwingung genügt
eine Halbwelle zur gut reproduzierbaren Auslösung der FAEP (Abb. 1,
A und B).

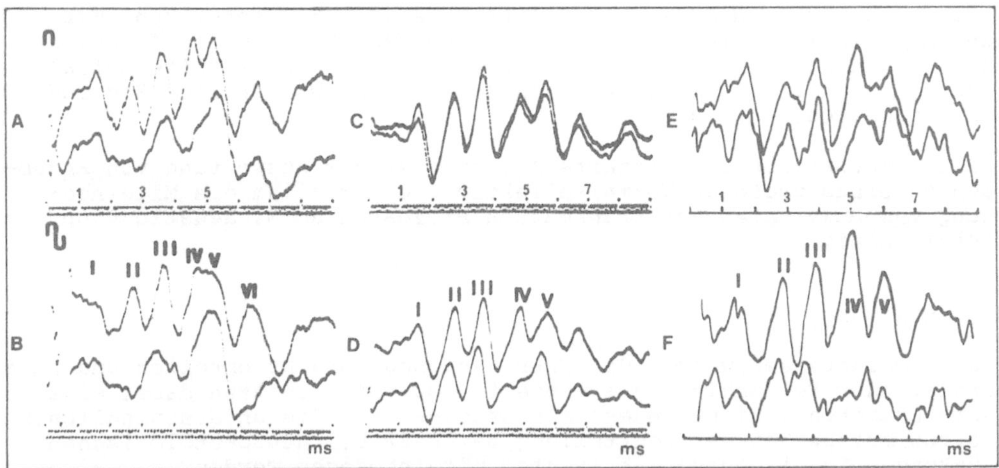

Abb. 1. A. FAEP bei einem normalhörenden Probanden. Jede Kurve repräsentiert das Summationsprodukt von 1000 Durchgängen. Obere Kurve: Antwort nach Sog; untere Kurve: Antwort nach Druck. Als Reiz diente eine
Sinushalbwelle mit einer Dauer von 250 μs. B. Gleicher Ableitungsmo-
dus wie unter A. Als Reiz wurde eine volle Sinuswelle appliziert (Dauer
500 μs). Komponente I wurde in ihrer Erkennbarkeit durch die Zunahme
des Reizartefaktes eingeschränkt. C. Alternierende Reizweise bei einem
anderen Probanden. 2 mal 1500 Durchgänge wurden übereinanderprojiziert.
Durch die Reizdarbietung mit wechselweise entgegengesetzter Polarität
wurde der Reizartefakt reduziert. D. Summationsprodukt von 1000 Sogreizen (obere Kurve) und 1000 Druckreizen (untere Kurve). E. Alternierender Reizmodus; jede Kurve repräsentiert das Summationsprodukt von
1000 Einzelreizen. Es handelt sich hier um FAEP bei einem Pat. mit
einer vertebro-basilären Insuffizienz. F. Sog (oben) und Druck (unten).
Nach Sog-Impulsen ergibt sich eine leichte Verzögerung von IV und V
bei normaler Amplitude. Die Antwort nach Druck-Impulsen läßt an eine
Funktionsstörung im ponto-mesencephalen Bereich denken

Der Verschiedenheiten der Antworten nach Sog- und Druckreizen ist bislang im neurologischen Bereich wenig Bedeutung zugemessen worden, obwohl schon Salomon und Elberling, 1971 (3) und Ornitz und Walter, 1975
(2) darauf hingewiesen haben. Beim Normalhörenden sind die Unterschiede z.T. signifikant auf dem 5%-Niveau; bei alternierender Reizweise
haben die Latenz- und Amplitudenunterschiede jedoch wenig Einwirkung
auf das Summationsergebnis (Abb. 1, C und D). In den meisten Fällen resultiert ein Kurvenbild, das dem Sog-Ergebnis am nächsten kommt (Abb.
1, E und F). Der Vorteil einer wechselweisen Darbietung des Reizes
liegt sicherlich in der Unterdrückung von Artefakten begründet. Meistens ist der primäre pos. Anstieg von I noch gut abgrenzbar (Abb. 1,C);
bei hohen Reizstärken (z.B. 90 dBHL) wird die I nicht von Artefakten

638

in ihrer Erkennbarkeit reduziert. Der alternierende Modus ist somit
von Bedeutung bei otologischen Erkrankungen, wo bei hoher Reizintensität, bedingt durch die vorhandene Schwellenerhöhung, eine gut definier-
bare 1. Komponente erwünscht ist. Bei neurologischen Erkrankungen im
Hirnstamm mit normalem cochleärem "output" und somit normaler I ist jedoch die Entscheidung für eine Reizform anzuraten. Dafür sprechen die
signifikant kürzeren Latenzen der Wellen II und III nach Druck und die
Variabilität der Wellen IV, V und IV/V. Bei alternierender Reizweise
können dann Wellenveränderungen auftreten, die nicht durch neuronale
Mechanismen bedingt sind, sondern beim Mittlungsprozeß durch Aufaddie-
ren von sich nicht in Phase befindlichen Aktivitäten entstehen. Wir
haben uns inzwischen für die Auswertung beider Phasen entschieden, da
es als noch nicht geklärt angesehen werden kann, welche differentialdiagnostische Bedeutung die unterschiedlichen Antworten nach Sog und
Druck beinhalten.

Für eine statistisch abgesicherte Aussage ist die Auswertung von Ergebnissen an einem größeren Normalkollektiv und vor allem die Miteinbe-
ziehung von Resultaten bei krankhaften Prozessen am N. acusticus und im
Hirnstamm nötig.

Zusammenfassung

Bei 8 Normalhörenden wurden die FAEP nach Sog- und Druckreizen und nach
alternierender Reizanbietung ermittelt. Sog-Reize zeigten dabei eine
bessere Synchronisationstendenz als Druck-Reize. Die unterschiedlichen
Antworten müssen bei der Beurteilung der FAEP bei neuro-otologischen
Erkrankungen in die Auswertekriterien miteinbezogen werden.

Literatur

1. Maurer K, Leitner H, Schäfer E (1979) Neurological applications of
   early auditory evoked potentials (EAEP) in acoustic nerve and brain
   stem disorders Scand Audiol (in press)

2. Ornitz EM, Walter DO (1975) The effect of sound pressure waveform
   on human brain stem auditory evoked responses. Brain Res 92: 490-
   498

3. Salomon G, Elberling C (1971) Cochlear nerve potentials recorded
   from the ear canal in man. Acta Otolaryng 71: 319-325

4. Starr A, Achor LJ (1975) Auditory brain stem responses in neurological disease. Arch Neurol 32: 761-768

5. Stockard JJ, Rossiter US (1977) Clinical and pathological correlates of brain stem auditory response abnormalities. Neurology 27:
   316-325

Längsschnittuntersuchung bei Kohlenmonoxyd-Intoxikation

J. Haan, G. Sabin, F.L. Welter und D. Kountouris

Die Häufigkeit neurogener Frühsymptome (1) und die Seltenheit von
Spätschäden nach CO-Intoxikation sind bekannt. Defektheilungen sind
besonders im Bereich der Basalganglien untersucht (4, 5), cardiale
(3) und ophthalmologische (2) Störungen sind seltener beschrieben.
Unsere Verlaufsbeobachtungen bei einer CO-Intoxikation lieferten in
der Korrelation von klinischen Befunden mit Computertomogramm (CT)
des Schädels, visuell evozierten Potentialen (VEP) und Elektroencephalogramm (EEG) sowie Elektrocardiogramm (EKG) bemerkenswerte Ergebnisse. Sie scheinen neue Möglichkeiten für die Diagnostik von Tremor
und die Therapie extrapyramidaler Störungen zu bieten.

Kasuistik

L.H. erlitt mit 25 Jahren eine schwere CO-Intoxikation. Nach initialem Koma, generalisierten hirnorganischen Anfällen trat eine Besserung
mit erneuter Verschlechterung auf. Acht Tage danach stellten wir ein
schweres parkinsonähnliches Bild mit rechtsbetontem Rigor und Tremor,
Hypo- bis Akinese, Rechtsbetonung der Reflexe, Bewegungsstörungen wie
bei einer Katalepsie, Schnapp- und Greifreflexe, hochgradige Sehstörungen, die nur Hell- und Dunkelunterscheidung möglich machten sowie
Kodierungs- und Dekodierungsstörungen fest. Psychopathologisch bestand
ein Durchgangssyndrom mit Unruhe und späterem Übergang in flache Eupho-
rie.

Technische Untersuchungsbefunde

EEG: hochgradige Grundrhythmusverlangsamung mit Delta- und Zwischen-
wellen, Linksbetonung und paroxysmal dysrhythmischen unter Hyperven-
tilation verstärkt hervortretenden Gruppen.
CT des Schädels: leichte Erweiterung des Ventrikelsystems.
EKG: Tachycardie, Linksherzschaden; bei Belastung hypersympathiko-
tone Kreislaufdysregulation; im Ultraschall Erweiterung des rechten
Ventrikels und Septumhypokinesie.
VEP (abgeleitet nach Besserung des Sehvermögens): hochgradige Ver-
längerung der Latenzzeit (links 170 msec., rechts 166 msec.).
Goldmann-Perimetrie: zentrale Gesichtsfeldausfälle mit Verdacht auf
Schädigung vorwiegend im Bereich der linken Sehstrahlung.

Verlauf und Diskussion

Neben Physiotherapie wurde medikamentös mit Amantadin und Piracetam
behandelt, wobei eine Besserung des Rigors und der Akinese auftrat.
Die Beeinflussung des Tremors gelang mit Propranolol, das wegen der
Sinustachycardie verabreicht wurde. Der Ruhetremor verschwand nach
zusätzlicher Gabe von Trazodon. Durch die Beseitigung des Ruhetremors
wurde ein therapieresistenter Intentionstremor festgestellt.

Im weiteren Verlauf kam es zu einer zunehmenden Besserung des Sehvermögens, der psychopathologischen und der neuropsychologischen Veränderungen. Nach 9 Monaten war trotz klinischer Besserung keine Änderung
der VEP und des Gesichtsfeldes eingetreten. Im CT wurde eine Zunahme
der Ventrikelweite und die Manifestation einer Hirnfurchenerweiterung
festgestellt. Im EEG bestanden noch ein verlangsamter Grundrhythmus
der häufig von schnellen Frequenzen überlagert wurde. Eine paroxysmale Dysrhythmie trat nur noch unter Hyperventilation auf. Nach einem
medikamentösen Auslaßversuch trat sofort eine Verschlechterung der
Parkinsonsymptomatik und des EEG-Befundes auf.

Die Längsschnittuntersuchung lehrt, daß die extrapyramidalmotorischen
Störungen trotz Zunahme der anatomischen Veränderungen gut beeinflußt
wurden. Neben der Antitremorwirkung des Propranolol hat Trazodon offenbar (wie auch in anderen Fällen) eine solche Wirkung und brachte
den Ruhetremor erst zum Verschwinden. Unbeeinflußt blieb ein cerebellärer Intentionstremor, dessen Unterscheidung vom Parkinsontremor
erst unter und nach der Therapie möglich war.

Die Korrelation der technischen Untersuchungsbefunde mit der Klinik
zeigt die begrenzte Aussagefähigkeit dieser Untersuchungen hinsichtlich Besserung oder Verschlechterung eines Zustandes. Trotz Verschlechterung des CT-Befundes trat eine klinische Besserung auf. Die Besserung des EEG-Befundes war offenbar Medikamenteneffekt, die der apha-
sischen und eines Teils der visuellen Schäden, also der kortikalen
Störungen, schien dem Spontanverlauf zu entsprechen. Während extrapyramidale Symptome therapeutisch gut zu beeinflussen waren, sprachen
cerebelläre Störungen, Veränderungen am Sehnerven, der Sehstrahlung
und dem Herzen nicht oder nur geringgradig an.

Folgerungen

1) Die Diskrepanz zwischen den sogenannten atrophisierenden Veränder-
rungen im CT des Schädels und klinischer Besserung beweist die Rela-
tivität anatomischer Befunde und die Divergenz zwischen funktionellem
und pathologisch-anatomischem Befund. Die Feststellung eines Hirn-
substanzschwundes, einer sogenannten Atrophie erlaubt nicht eine in-
fauste Prognose anzunehmen.

2) Die Besserung des EEG-Befundes sollte nur mit Vorsicht als Maßstab
für eine Besserung genommen werden. Sie kann durch Medikamentenwirkung vorgetäuscht sein.

3) Das EEG gestattet zusammen mit der Klinik die Folgerung, daß subcorticale, zentrenzephale Strukturen offenbar stärker gestört sind
als kortikale Funktionen.

4) Die Unterscheidung verschiedener Tremorarten ist nach wie vor wichtig und schwer. Sie ist hier (möglicherweise auch in anderen Fällen)
durch die unterschiedliche Ansprechbarkeit der Hyperkinesen auf Medikamente möglich. Dies dürfte auch für die Pathophysiologie der einzelnen Tremorarten von Bedeutung sein.

5) In der Therapie des immer schwer zu beeinflussenden extrapyramidalen Tremors scheint das Trazodon eine neue Perspektive aufzuzeigen.
Sie muß weiter überprüft werden.

Literatur

1. Garland H, Pearce J (1976) Neurological complications of CO-poisoning. Quart J Med 36: 445–455

2. Gyula T (1924) Blindness caused by inhalation of coal gases. Am J Ophthalmol 7: 522–523

3. Radtke W (1932) Changes in papillary muscle after poisoning with illuminating gas. Deut Zeit ges Gerichtliche Medizin 19: 26–31

4. Raskin N, Mallauer OC (1940) The mental and neurological sequelae of CO asphysia in a case observed for fifteen years. J nerv ment Dis 92: 640–659

5. Shillito FH, Drinker CK, Shaughnessy TJ (1936) The problem of nervous and mental sequelae in CO-poisoning. J am med Ass 106: 669–674

Diagnostische Bedeutung der somatosensorischen evozierten Potentiale nach Trigeminusstimulation

F. Petruch, M. Stöhr und K. Scheglmann

Nach elektrischer Stimulation der trigeminalen Endäste an Ober- und Unterlippe läßt sich über dem kontralateralen somatosensorischen Cortex ein evoziertes Potential ableiten mit 2 negativen und 2 positiven Potentialschwankungen (Abb. 1).

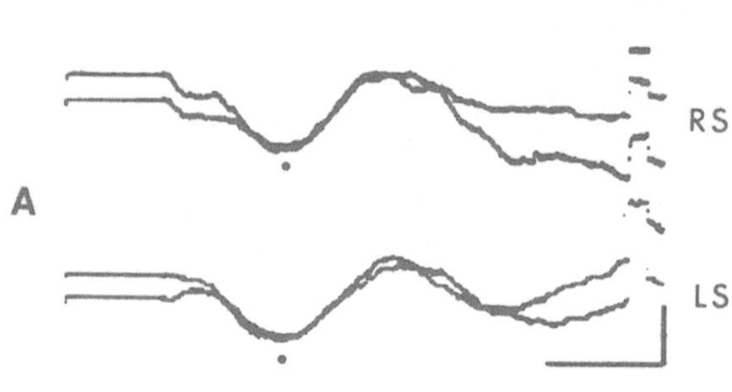

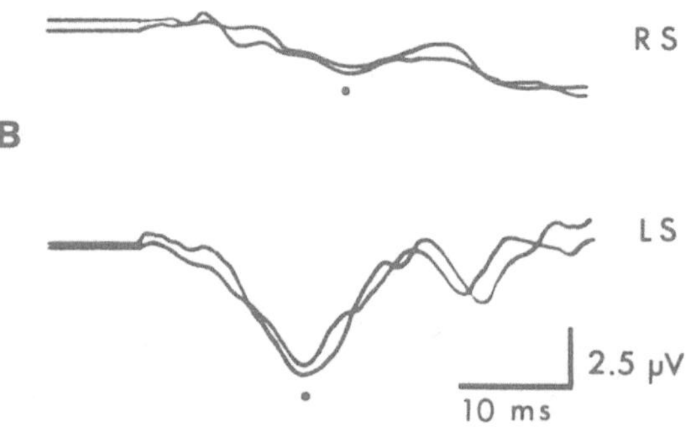

Abb. 1. A. Normales Trigeminus-SEP nach Reizung auf der rechten (RS) und auf der linken Seite (LS) bei einer gesunden Versuchsperson. B. Nach Reizung auf der rechten Seite verzögertes und erniedrigtes Trigeminus-SEP bei einem 58-jährigen Patienten mit einem WALLENBERG-Syndrom rechts (mit diskreten klinischen Hinweisen auf eine Ausdehnung des Infarktes bis in die Brückenhaube)

Der erste positive Gipfel (P 1 = P 19) ist wegen seiner konstanten Ausprägung für Amplituden- und Latenzzeitmessungen besonders geeignet. Die mittlere Latenz von P 1 beträgt 18, 5 ms, die mittlere Seitendifferenz o,55 ms. Als pathologisch gelten Latenzen von mehr als 22,3 ms ($\bar{x}$ + 2 1/2 s) sowie Seitendifferenzen von mehr als 1,9 ms (3). Die Amplituden sind wesentlich variabler und deshalb von geringerem diagnostischen Wert.

Material und Methode

Wir untersuchten die diagnostische Bedeutung des Trigeminus-SEP bei
3 Patientengruppen:

1. 15 Patienten mit ischämischen Hirnstamminsulten
2. 15 Patienten mit idiopathischer Trigeminusneuralgie
3. 24 Patienten mit klinisch sicherer multipler Sklerose

Die Stimulation erfolgte einseitig an Ober- und Unterlippe mit einer
breitflächigen Reizelektrode (Medelec EL 200 M) mit Impulsen von 8-
10 mA, einer Dauer von o,1 ms und einer Frequenz von 2 Hz. Die Ableitung wurde mit Platinelektroden (Disa 25 C o4) über C 5, bzw. C 6
gegen eine frontale Referenzelektrode (Fz, 10-20 System) vorgenommen.
Jede Messung wurde mit 124-512 Durchgängen mindestens 1 mal wiederholt.

Ergebnisse

1. Bei 6 von 7 Patienten mit WALLENBERG-Syndrom fand sich ein pathologischer Befund: In 3 Fällen bestand ein Ausfall, in 3 weiteren Fällen eine ipsilaterale Latenzverlängerung und Amplitudenreduktion von
P 1 (Abb. 1). Diese Befunde sprechen vermutlich weniger für eine Im-
pulsfortleitung über den spinalen Trigeminuskern, als für das häufige
Mitbetroffensein des sensiblen Hauptkerns beim WALLENBERG-Syndrom.
Bei 2 Patienten war auch auf der Gegenseite die Latenz verzögert. 8
weitere Patienten mit Hirnstamminsulten zeigten folgende Befunde: In
2 Fällen mit im Vordergrund stehenden cerebellären Störungen und 2
Fällen mit vorwiegend vestibulären Symptomen waren die P 1 -Latenzen
einseitig pathologisch, wobei nur je einmal eine Hypästhesie im Gesicht bestand. Von 4 Patienten mit mesencephaler Symptomatik ohne
Sensibilitätsstörungen im Gesicht wies nur einer eine verlängerte P 1
-Latenz auf.

2. Bei 12 Patienten mit idiopathischer Trigeminusneuralgie (im 2.u./
o.3. Ast, nur 1 mal im 1.u.2. Ast) war auf der betroffenen Seite P 1
im Mittel um 1,4 ms verlängert (t-Test, p <o,o1). 6 mal waren die
absoluten Werte pathologisch (Seitendifferenz >1,9 ms). Bei 2 von 3
operierten Patienten konnte kein Potential registriert werden, bei 1
Patienten mit p.o. nur diskreter Hypästhesie auf der Wange waren die
Latenzen seitengleich.

3. Von 24 MS-Patienten hatten 16 pathologische Befunde, 12 mal in
Form einer P 1 -Latenzverlängerung, 2 mal mit pathologischer Seitendifferenz und 2 mal mit Ausfall des SEP. 9 der Patienten mit pathologischem Trigeminus-SEP wiesen bei klinischer Prüfung keine Sensibilitätsstörungen im Trigeminusareal auf.

Diskussion

Bei Hirnstamminsulten mit lateralem Pons-Oblongata-Syndrom findet
sich häufig eine pathologische Latenzverzögerung des Trigeminus-SEP,
seltener auch ein Potentialverlust. Besonders auffällig ist die Koinzidenz von cerebellärer Ataxie und/oder Horner-Syndrom und pathologischem Trigeminus-SEP. Die Tatsache, daß eine Hirnstammläsion mit
Beteiligung der rostralen Hirnnerven und eine Großhirnläsion, selbst
bei deutlicher Sensibilitätsstörung im Gesicht, in der Regel nicht
zu einer Latenzverzögerung führen, erlaubt den Schluß, daß bei normalem SEP die für eine Sensibilitätsstörung verantwortliche Läsion
nicht im unteren Hirnstamm gelegen ist. Die Latenzverzögerung bei

einem Teil der Fälle mit idiopathischer Trigeminusneuralgie könnte
auf eine chronische Kompression mit lokaler Demyelinisierung, z.B.
durch ein aberrierendes Gefäß, hinweisen. Über die Häufigkeit von abnorm verlaufenden Gefäßen bei idiopathischer Trigeminusneuralgie haben
JANETTA und RAND (2) hingeweisen. Ob eine ipsilaterale P 1 -Verzöge-
rung einen präoperativen Hinweis auf eine solche Pathogenese zu liefern vermag, läßt sich erst entscheiden, wenn Operationserfahrungen
mit entsprechenden Patienten vorliegen.

In der Gruppe der MS-Patienten fanden sich in 2/3 der Fälle pathologische Latenzen. Wesentlich für die Diagnostik ist, daß mehr als die
Hälfte dieser Kranken keine klinisch faßbaren Sensibilitätsstörungen
im Gesicht aufwies. Somit ist diese Methode ähnlich wie die visuell
evozierten Potentiale (1) geeignet, eine klinisch latente supraspina-
le Demyelinisierung aufzudecken. Analog zu den Erfahrungen bei den
visuell evozierten Potentialen (VEP) bleibt die Latenzverzögerung
trotz Rückbildung etwaiger klinischer Symptome vielfach bestehen.

Zusammenfassung

Bei elektrischer Stimulation der trigeminalen Endaufzweigungen am
Mund läßt sich über dem kontralateralen Gyrus postcentralis ein evoziertes Potential ableiten. Läsionen des N. trigeminus, z.B. im Klein-
hirnbrückenwinkel, sowie entzündliche und vaskuläre Prozesse im bulbo-
pontinen Bereich führen häufig zu Latenzverzögerungen, häufig mit Amplitudenreduktion der ersten positiven Welle.

Die Messung der Trigeminus-SEP ergänzt die bereits bestehenden Methoden der Hirnnerven- und Hirnstammdiagnostik und erlaubt den objektiven Nachweis einer Läsion der trigeminalen Leitungsbahnen, besonders
im Bereich des 1. Neurons und des Trigeminuskerngebietes.

Literatur

1. Halliday AM, Mc Donald WI, Mushin J (1973) Visual evoked response
   in diagnosis of multiple sclerosis. Brit Med J 4: 661-664

2. Jannetta PJ, Rand RW (1967) Arterial compression of the trigeminal
   nerve at the pons in patients with trigeminal neuralgia. J Neurosurg 26: 159-162

3. Stöhr M, Petruch F (1979) Somatosensory evoked potentials following
   stimulation of the trigeminal nerve in man. J Neurol 220: 95-98

Verlaufsbeobachtungen visuell evozierter Potentiale bei Multipler Sklerose

H.C. Diener und H. Scheibler

Verlaufsuntersuchungen visuell evozierter Potentiale (VEP) konzentrierten sich bisher auf Änderungen der VEP-Amplitude während und nach Retrobulbärneuritiden (1). Matthews und Small (3) konnten zeigen, daß im Verlauf der Multiplen Sklerose auch die Latenzen der VEPs kürzer oder länger werden können. Wir führten mit einer erweiterten Stimulationstechnik Verlaufsbeobachtungen an MS-Patienten durch und versuchten die Veränderungen der VEPs mit der Corticoidtherapie zu korrelieren.

Methode

Die Reizmuster wurden durch einen selbst gebauten Generator auf einem Fernsehschirm präsentiert. Zwei verschiedene Muster - das Schachbrettmuster (15 x 12°) mit einer Kästchengröße von 1° und ein fovealer Reiz, bestehend aus einem 1 x 1° großen Kästchen in der Mitte des Fernsehschirmes, wurden mit Helldunkelumkehr dargeboten. Die Frequenz der Bildmusterumkehr betrug 0,8 Hz. Die Normwerte (und die +2 1/2 s Obergrenzen) für die Latenz von P 1, an 20 Gesunden bestimmt, betrugen 107,6 ± 5 ms (120 ms) für die Schachbrett- und 124 ± 9,5 ms (150 ms) für die foveale Stimulation. Wir untersuchten 68 MS-Patienten, von denen nach den Kriterien von McAlpine et al. (4) 22 eine sichere, 25 eine wahrscheinliche und 21 eine mögliche MS hatten. Das mittlere Zeitintervall zwischen zwei Untersuchungen betrug 34 Tage. Von den 68 Patienten wurden 54 mit ACTH behandelt. Gemessen an einer Normalpopulation bestand eine signifikante Änderung der Latenz von P 1, wenn sich die Latenz bei der Schachbrettstimulation um 10 msec oder mehr und bei fovealem Reiz um 15 msec oder mehr änderte. Eine signifikante Änderung des VEPs wurde auch angenommen, wenn in einer der Untersuchungen ein gut identifizierbares P 1-Potential abzuleiten war, das bei der Kontrolluntersuchung nicht auftrat, und umgekehrt.

Ergebnisse

Wie bei vergleichbaren Studien war die Rate pathologischer VEPs in der Gruppe der Patienten mit sicherer MS und bei Patienten mit einer akuten oder früheren Retrobulbärneuritis (RBN) am höchsten. Die zusätzliche Verwendung des fovealen Reizes erhöhte die Trefferquote der Methode, insbesondere bei Patienten ohne vorausgegangene RBN (2,5) von 57 auf 92%. Im Verlauf der Untersuchung blieben die VEPs bei 37 Patienten unverändert, besserten sich bei 19 Patienten und verschlechterten sich bei 8. 4 Patienten zeigten einseitig eine Verbesserung, bei gleichzeitiger Verschlimmerung kontralateral. Die Korrelation zwischen Änderungen der VEP-Latenz und gleichzeitiger Änderung der Sehschärfe war schlecht. Nur 25% der untersuchten Augen mit signifikanter Änderung der Latenz von P 1 wiesen eine gleichsinnige, signifikante Änderung des Visus auf. Bei den 13 Augen, bei denen sich die VEPs nach dem Amplitudenkriterium geändert hatten, betrug die Korrelation mit Veränderungen des Visus dagegen 100% für die Schachbrett- und

81% für die foveale Stimulation. Tabelle 1 zeigt, daß Veränderungen
der VEPs im Verlauf signifikant häufiger bei Patienten mit akuter
RBN waren (chi^2 = 28,3, p 0,01).

Tabelle 1. Änderungen der VEPs (%) bei Retrobulbärneuritis (RBN)

	keine Änderung	gebessert	verschlechtert	N[+]
akute RBN	13	58	29	24
ältere RBN	60	27	13	10
keine RBN	72	17	11	38

[+]Die Summe (72) ist größer als die Patientenzahl, da vier Patienten
sowohl Besserungen wie auch Verschlechterungen des VEPs aufwiesen
und beiden Gruppen zugeteilt wurden

Bei den mit ACTH behandelten Patienten kam es bei 36% zu einer Besserung der VEPs, bei 12% zu einer Verschlechterung; bei den unbehandelten Patienten waren 14% gebessert und 36% verschlechtert. Jeweils
etwa 50% der Patienten zeigten keine Veränderung der VEPs. Der Unterschied war allerdings nicht signifikant.

Unsere Ergebnisse sind in guter Übereinstimmung mit denen von Matthews
und Small, bei denen allerdings die Korrelation von Visusänderungen
und Latenzänderungen höher war. Latenzverlängerungen lassen sich am
ehesten durch Demyelinisierung im Bereich des optischen Traktes erklären. Die Besserung der VEPs, z.T. innerhalb von Tagen, kann aber nicht
durch Remyelisierung allein erklärt werden, sondern beruht wahrscheinlich eher auf einem reversiblen Leitungsblock auf der Basis einer
Ischämie durch Kompression von Nervengewebe durch ein Ödem des peri-
neuralen Gewebes.
Verlaufsbeobachtungen der VEPs sind in der Lage, klinisch inapparent
verlaufende Retrobulbärneuritiden aktuell zu identifizieren.

Zusammenfassung

Visuelle corticale Potentiale wurden durch Musterumkehr eines Schach-
brettmusters und eines kleinen fovealen Reizes evoziert. Die Untersuchung von 68 MS-Patienten ergab die höchste Trefferrate pathologischer VEPs bei Kombination beider Reizmethoden. Verlaufsbeobachtungen
zeigten bei beinahe der Hälfte der Patienten Besserungen oder Verschlechterungen der VEP-Latenz und/oder Amplitude. Meistens waren die
VEP-Änderungen mit akuter Retrobulbärneuritis vergesellschaftet.

Literatur

1. Halliday AM, McDonald WI and Mushin J (1973) Delayed pattern
   evoked responses in optic neuritis in relation to visual acuity.
   Trans ophthal Soc U K 93: 315-324

2. Hennerici M, Wenzel D and Freund JH (1977) The comparison of small
   size rectangle and checkerboard stimulation for the evaluation of
   delayed visual evoked responses in patients suspected to multiple
   sclerosis. Brain 100: 119-136

3. Metthews EB and Small DG (1979) Serial recording of visual and somatosensory evoked potentials in multiple sclerosis. J neurol Sci 40: 11-21

4. Mc Alpine D, Lumsden LE, Acheson ED (1972) Multiple Sclerosis. A reappraisal. Churchill Edinbourgh Livingstone, p 653

5. Wist ER, Hennerici M, Dichgans J (1978) The pulfrich spatial frequency phenomenon: A psychophysical method competitive to visual evoked potentials in the diagnosis of multiple sclerosis. J Neurol Neurosurg Psychiat 41: 1069-1077

Aktivitätsabhängige Änderungen der Nervenerregbarkeit am N. medianus des Menschen

M. Stöhr

Aktivitätsabhängige Veränderungen der Schwellenerregbarkeit mit der
Sequenz Nervenaktionspotential - absolute und relative Refraktärperiode - Supernormalität - Depression werden als allgemeines Charak-
teristikum der Axon-Physiologie angesehen (9). Entsprechende Modifikationen wurden in marklosen und markhaltigen Fasern des peripheren
und zentralen Nervensystems von Amphibien und Säugetieren beobachtet
(2, 5, 6, 10). Amplitude und Dauer dieser aktivitätsabhängigen Schwellenerregbarkeitsänderungen sind ausgeprägter in langsam leitenden als
in schnell leitenden Fasern und zeigen eine Akzentuierung im Bereich
der axonalen Endaufzweigungen (9). An sensiblen Nervenfasern des Menschen wurde die einem konditionierenden Impuls folgende Phase supernormaler Erregbarkeit von GILLIATT und WILLISON (3) nachgewiesen,
während BERGMANS (1) an motorischen Fasern des menschlichen N. medianus das Vorkommen super- und subnormaler Erregbarkeitsphasen demon-
strierte. In der vorliegenden Untersuchung an sensiblen Fasern des
N. medianus werden die Erregbarkeitsänderungen während der gesamten
Erholungsphase (Recovery Cycle) dargestellt.

Material und Methodik

Die Untersuchungen erfolgten an 5 gesunden Versuchspersonen mit einem
durchschnittlichen Alter von 34 Jahren (13 bis 56 Jahre). Die konditionierenden und die Test-Impulse wurden von zwei voneinander unabhängigen Stimulatoren über die gleiche Oberflächenelektrode (Kathode
proximal) in Höhe des Handgelenkes appliziert. Zur Konditionierung
dienten maximale Einzelimpulse (S 1). Für Schwellenmessungen wurde
die Stärke des unkonditionierten (S 2 uncond) bzw. konditionierten
Testimpulses (S 2 cond) solange erhöht, bis eine eben sichtbare Reiz-
antwort am Schirm beobachtet wurde, wobei die entsprechende Strom-
stärke mit einer Genauigkeit von 0,1 mA abgelesen wurde. Alternativ
hierzu wurde eine indirekte Methode zur Feststellung von Schwellenänderungen benützt, wobei die Stärke des Testimpulses konstant gehalten und Änderungen in der Amplitude des hierdurch evozierten Nerven-
aktionspotentials gemessen wurden. Die Ableitung der sensiblen Nervenaktionspotentiale erfolgte unipolar in der von GILLIATT und WILLI-
SON (3) beschriebenen Weise. Die Hauttemperatur wurde während des Un-
tersuchungszeitraumes auf über 35°C gehalten.

Ergebnisse

Ein Vergleich der Schwellenmessungen bei alleiniger Applikation des
Testreizes mit denen nach Applikation konditionierter Testreize mit
Intervallen zwischen 1,5 und 120 ms zeigt eine gesetzmäßige Abfolge
von Schwellenerregbarkeitsänderungen im Gefolge des den Nerven durch-
laufenden konditionierenden Impulses (Abb. 1). Im Anschluß an die absolute Refraktärperiode besteht eine bis maximal 3,4 ms nach S 1 andauernde Phase herabgesetzter Erregbarkeit, während derer die Relation der Schwellenstromstärken S 2 cond/S 2 uncond erhöht ist. Dieser

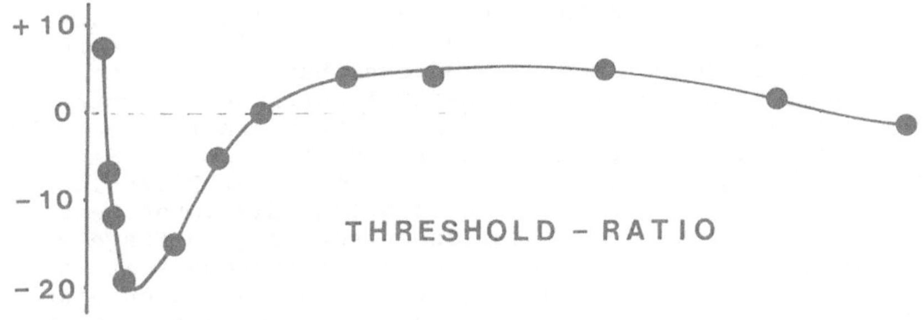

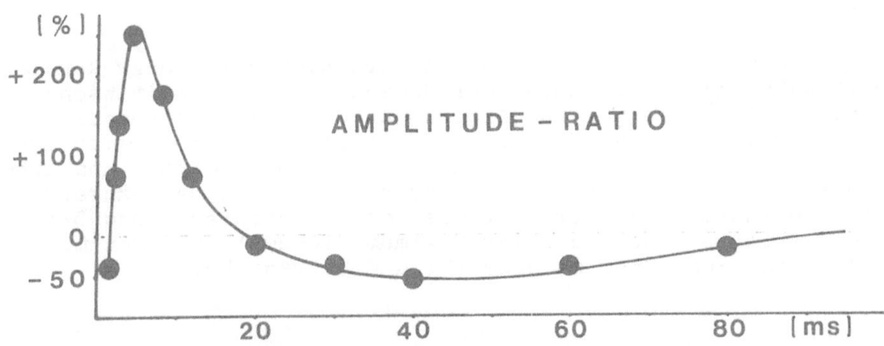

Abb. 1. a, Erholungszyklus der Nervenerregbarkeit 2 - 100 ms nach
einem konditionierenden Einzelreiz, dargestellt als Verhältnis der
Schwellenstromstärken zwischen konditioniertem und nicht konditioniertem Testreiz (oben); b, Erholungszyklus der Nervenerregbarkeit, dargestellt als Verhältnis der Amplituden der Nervenaktionspotentiale nach
Applikation eines schwellennahen konditionierten bzw. unkonditionierten Testreizes (unten)

Phase der relativen Refraktärität folgt eine Periode supernormaler Erregbarkeit, die bis maximal 22 ms nach S 1 andauert und ein Amplituden-
maximum bei 5-6 ms aufweist. Die maximale Herabsetzung der Schwellen-
Relation variiert bei den verschiedenen Versuchspersonen zwischen 12
und 20%. Der Erholungszyklus der Nervenerregbarkeit wird abgeschlossen durch eine Phase subnormaler Erregbarkeit, die 80-120 ms nach dem
konditionierenden Reiz abgeschlossen ist. Die Amplitude dieser Depression ist maximal zwischen 30 und 60 ms nach S 1 und liegt hier zwischen 5 und 13%.

Bei Verwendung der indirekten Methode der Erfassung von Schwellenerregbarkeitsänderungen über Änderungen der Amplitude der evozierten
Nervenaktionspotentiale bei gleichbleibendem Testreiz sind die Ergebnisse prinzipiell gleichartig, jedoch ist der Grad der Super- und Subnormalität noch deutlicher (Abb. 1).

Diskussion

Am N. medianus des Menschen läßt sich konstant ein Recovery Cycle
nachweisen, der dem von in situ belassenen Nerven verschiedener Versuchstiere (2,5) entspricht. Verglichen mit Kaltblütlernerven (6) ist
die Abfolge der Schwellenerregbarkeitsänderung jedoch wesentlich rascher.

650

Der Mechanismus der der relativen Refraktärperiode folgenden Phase
supernormaler Erregbarkeit ist bisher nicht völlig geklärt. Theore-
tische Erwägungen und tierexperimentelle Untersuchungsergebnisse sprechen für eine passagere Depolarisation, bedingt durch Herabsetzung des
Gleichgewichtspotentials von K^+ (7), so daß das Membranpotential näher
an die kritische Schwelle heranreicht. Der K^+-Ausstrom in der Repola-
risationsphase des Aktionspotentials führt infolge einer Diffusions-
barriere (4) zu einer periaxonalen K^+-Akkumulation, die lange genug
andauert um für diese Periode der Schwellenerniedrigung in Frage zu
kommen (7). Die längerdauernde Periode subnormaler Erregbarkeit korrespondiert mit einer Membran-Hyperpolarisation, bedingt durch eine
elektrogene Jonenpumpen-Aktivität, die von der Na^+-Konzentration in
der Nervenfaser und der periaxonalen K^+-Konzentration abhängt (8).

Zusammenfassung

Am N. medianus gesunder Versuchspersonen lassen sich mit großer Konstanz aktivitätsabhängige Änderungen der Schwellenerregbarkeit nachweisen, die sich auf vorübergehende Änderungen der Membranpermeabilität und der Jonenpumpen-Aktivität zurückführen lassen. Der gesamte Er-
holungszyklus-Aktionspotential, Refraktärperiode, supernormale und subnormale Erregbarkeitsphase - dauert durchschnittlich 100 ms. Während
der Phase der Supernormalität erreicht die Schwellenerniedrigung 5-6
ms nach dem konditionierenden Reiz ihr Maximum (12-20%). Das Maximum
der Depression wird nach 30-60 ms erreicht und beträgt 5-13%.

Literatur

1. Bergmans J (1970) The physiology of single human nerve fibers.
   Vander, Louvain

2. Gasser HS, Grundfest H (1936) Action and excitability in mammalian
   A fibers. Am J Physiol 117: 113-133

3. Gilliatt RW, Willison RG (1963) The refractory and supernormal
   periods of the human median nerve. J Neurol Neurosurg Psychiat 26:
   136-147

4. London DN, Langley OK (1969) Cationic binding at the node of
   Ranvier. J Anat 105: 196

5. Lorento de Nó R (1947) A study of nerve physiology. Studies from
   the Rockefeller Institute for Medical Research, Vol 131 and 132.
   The Rockefeller Institute for Medical Research, New York

6. Raymond SA (1979) Effects of nerve impulses on threshold of frog
   sciatic nerve fibers. J Physiol 290: 273-303

7. Raymond SA, Lettvin JY (1978) Aftereffects of activity in peripheral axons as a clue to nervous coding. In: Waxman SG (ed)
   Physiology and Pathophysiology of Axons. Raven Press, New York,
   p 203-225

8. Ritchie JM (1973) Energetic aspects of nerve conduction: The
   relationships between heat production, electrical activity, and
   metabolism. Progresses in Biophysics and molecular Biology 26:
   147-187

9. Swadlow HA, Waxman SG (1978) Activity-dependent variations in the conduction properties of central axons. In: Waxman SG (ed) Physiology and Pathophysiology of Axons. Raven Press, New York, p 191-202

10. Waxman SG, Swadlow HA (1976) Morphology and physiology of visual callosal axons: evidence for a supernormal period in central myelinated axons. Brain Res 113: 179-187

Modifikationen des Recovery Cycle am N. medianus des Menschen durch Membrandepolarisation und -hyperpolarisation

M. Stöhr, R.W. Gilliatt und R.G. Willison

Aus tierexpemimentellen Untersuchungen ist bekannt, daß sich unter
Anoxie bzw. Ischämie eine vorübergehende Depolarisation der Nervenmembran entwickelt, die in der postanoxischen Phase von einer vorüber-
gehenden Hyperpolarisation gefolgt wird (5, 2). Eine Hyperpolarisation
der Nervenmembran läßt sich außerdem durch tetanische Nervenreizung
induzieren (3). Ziel der vorliegenden Studie war eine Erhellung der
dem Recovery Cycle zugrundeliegenden Mechanismen durch Registrierung
der unter experimenteller Verschiebung des Ruhe-Membranpotentials
eintretenden Modifikationen.

Material und Methodik

An 5 gesunden zwischen 13 und 56 Jahren alten Versuchspersonen erfolgten Messungen des Recovery Cycle des N. medianus in der in Referat
113 dargelegten Weise (Stöhr M: Aktivitätsabhängige Änderungen der
Nervenerregbarkeit am N. medianus des Menschen). Zur Herbeiführung
einer Membrandepolarisation wurde eine Ischämie des untersuchten Armes durch rasches Aufpumpen einer um den Oberarm gelegten Blutdruck-
manschette auf einen Wert von 40 mm Hg über dem systolischen Druck erzeugt und für 12-13 Minuten beibehalten. Eine Membranhyperpolarisation
wurde entweder postischämisch durch Lösung der Staubinde oder posttet-
tanisch nach Nervenstimulation mit einer Frequenz von 100/s über 3 Minuten induziert.

Ergebnisse

Die bei der Testung mit unkonditionierten Einzelreizen feststellbaren
Schwellenänderungen während und nach Ischämie (Abb. 1a) stimmen gut
mit den eingangs erwähnten, aus Tierexperimenten bekannten Änderungen
des Ruhemembranpotentials überein. Zu Beginn der Ischämieperiode tritt
eine Schwellenerniedrigung mit maximaler Ausprägung innerhalb von 6
Minuten ein; danach findet sich ein sekundärer Schwellenanstieg, wobei
der Ausgangswert 8-10 Minuten nach Beginn der Blutleere überschritten
wird. Postischämisch steigt die Schwelle für weitere 1-2 Minuten an,
um danach allmählich zum Ausgangswert zurückzukehren.

Der Recovery Cycle ist unter Ischämie durch eine progrediente Zunahme
von Dauer und Ausmaß der Refraktärität, sowie einen progredienten Verlust der Supernormalität (Abb. 1b, 6 ms-Intervall) charakterisiert.
Die Subnormalität (40 ms nach dem konditionierenden Reiz) ist zunächst
etwas ausgeprägter, in der zweiten Hälfte der 12-13-minütigen Ischämie-
phase leicht erniedrigt (Abb. 1b, 40 ms-Intervall). In der postischämischen Periode nimmt die supernormale Erregbarkeit zu (Abb. 1b), sowohl
was deren Amplitude als auch was deren Dauer betrifft; d.h. die Phase
supernormaler Erregbarkeit reicht nunmehr z.B. von 2-40 ms (anstatt
von 2,5-18 ms in der präischämischen Periode), so daß Intervalle die
normalerweise innerhalb der relativen Refraktärzeit bzw. innerhalb der

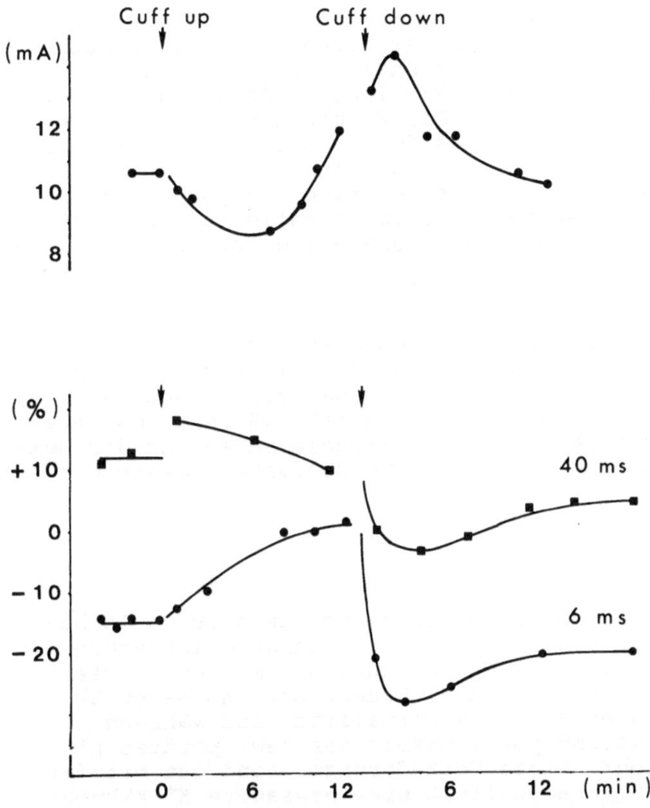

Abb. 1. a) Schwellenänderungen für unkonditionierte Testimpulse während und nach Ischämie (oben); b) Zeitlicher Verlauf der Supernormalität (Reizintervall zwischen konditionierendem- und Test-Impuls 6 ms) und der Subnormalität (Intervall 40 ms) während und nach Ischämie (unten)

subnormalen Erregbarkeitsphase gelegen sind, nunmehr in die supernormale Phase fallen. Eine gleichartige Veränderung des Recovery Cycle ist während posttetanischer Hyperpolarisation feststellbar.

Diskussion

Die unter Ischämie auftretenden Schwellenänderungen für einen unkonditionierten Reiz (Abb. 1a) lassen sich durch die hierbei auftretende Membrandepolarisation erklären. Die zunächst leichte Depolarisation erniedrigt die Schwelle, da das Ruhemembranpotential näher an die kritische Schwelle herangeführt wird. Bei weiter zunehmender Depolarisation kommt es dann infolge progredienter Inaktivierung des Na^+-Systems und zunehmender K^+-Permeabilität zu einem sekundären Schwellenanstieg und schließlich zur Unerregbarkeit (Depolarisationsblock). Die erhöhten Schwellenwerte in der postischämischen Periode und während posttetanischer Hyperpolarisation korrespondieren der Hyperpolarisation der Nervenmembran.

Schwieriger ist die Interpretation der Veränderungen des Recovery Cycle. Die eindrucksvollste Veränderung unter Ischämie ist der rasch progrediente Verlust der Supernormalität (Abb. 1b, 6 ms-Intervall).

Die zeitlich begrenzte supernormale Erregbarkeit eines Nerven nach
Durchlaufen eines konditionierenden Impulses beruht vermutlich auf
einer passageren K^+-Akkumulation im periaxonalen Spalt. Unter dem
Einfluß der Ischämie resultiert eine zusätzliche K^+-Akkumulation mit
fortschreitender Membrandepolarisation. Die Kombination beider Mechanismen ist wahrscheinlich die Ursache des fortschreitenden Verlustes
der Supernormalität innerhalb der 12-minütigen Ischämieperiode; m.a.W.
das der Supernormalität korrespondierende negative Nachpotential (1)
überlagert sich der ischämie-induzierten Depolarisation und bedingt
einen rasch zunehmenden (relativen) Schwellenanstieg für konditionier-
te Testimpulse mit einem Intervall von 6 ms im Vergleich zu nicht konditionierten Testreizen.

Die in der postischämischen Periode eintretende Zunahme der supernor-
malen Erregbarkeit bezüglich Amplitude und Dauer (4) entspricht der
tierexperimentell festgestellten Zunahme des negativen Nachpotentials
(1). Gleichartige Veränderungen der Supernormalität während posttetanischer Hyperpolarisation sprechen für eine kausale Bedeutung der Membranhyperpolarisation am Zustandekommen der vorübergehend gesteigerten Supernormalität.

Zusammenfassung

Experimentelle Verschiebungen des Ruhemembranpotentials durch Ischämie oder tetanische Nervenstimulation führen zu charakteristischen
Modifikationen des Recovery Cycle am N. medianus des Menschen. Die
ausgeprägtesten Veränderungen betreffen die Phase supernormaler Erregbarkeit: Amplitude und Dauer der Supernormalität sind während
Ischämie herabgesetzt, im Zustand postischämischer bzw. posttetanischer Hyperpolarisation erhöht. Diese Veränderungen sind gut mit der
Annahme vereinbar, daß der Supernormalität eine passagere K^+-Akkumu-
lation im periaxonalen Spalt mit leichter Membrandepolarisation zugrundeliegt.

Literatur

1. Lehmann JE (1937) The effect of asphyxia on mammalian A nerve
   fibres. Am J Physiol 119: 111-120

2. Maruhashi J, Wright EB (1967) Effect of oxygen lack on the single
   isolated mammalian (rat) nerve fiber. J Neurophysiol 30: 434-452

3. Ritchie JM, Straub RW (1957) The hyperpolarization which follows
   activity in mammalian non-medullated fibres. J Physiol 136: 80-97

4. Stöhr M, Gilliatt RW, Willison RG (in press) Supernormal excitability of human sensory fibres after ischemia. Muscle and Nerve

5. Wright EB (1947) The effects of asphyxiation and narcosis on
   peripheral nerve polarization and conduction. Am J Physiol 148:
   174-184

Bedeutung der Kontrastmittelanreicherung im CT für die Prognose des ischämischen Hirninfarktes

R.v. Kummer, B. Terwey und E.-W. Radü

Einleitung

Ischämische Hirninfarkte zeigen im Computertomogramm (CT) in einem
hohem Prozentsatz eine Dichteanhebung nach Injektion von Kontrast-
mittel (KM). Daß diesem Phänomen eine prognostische Bedeutung für den
Verlauf des Insultes zukommt, ist bisher nur vermutet (6), aber unseres Wissens nicht systematisch untersucht worden. Wir haben deswegen
den klinischen Verlauf von Hirninfarkt-Patienten mit den verschiedenen Anreicherungsmustern im CT verglichen.

Methode

In einer retrospektiven Studie wurde anhand der Krankenblätter der
klinische Verlauf von 145 Patienten beurteilt, bei denen in der Neurologischen Univ.-Klinik Heidelberg ein ischämischer Hirninfarkt festgestellt worden war. Bei Störung des Bewußtseins oder der Unfähigkeit
der selbständigen Fortbewegung während der Aufnahmeuntersuchung wurde
der Insult als schwer, in allen anderen Fällen als leicht klassifiziert. Der Grad der Remission neurologischer Ausfälle wurde aufgrund
des Entlassungsbefundes festgestellt. Die mittlere stationäre Beobach-
tungsdauer betrug 31 $\pm$ 20 Tage. Bei allen Patienten wurden ein oder
mehrere CT (Pfizer 0200 FS, Matrix 256 x 256) jeweils vor und nach i.v.
Injektion von 100 ml Megluminamidotrizoat durchgeführt. Die Gruppen-
einteilung nach verschiedenen KM-Anreicherungsmustern erfolgte ohne
Kenntnis des klinischen Verlaufes. Die klinischen Daten wurden mit dem
Ergebnis der CT-Untersuchung korreliert. Die statistische Auswertung
erfolgte in 4-Feldertafeln durch Berechnung von chi^2, dessen Signifikanz für zweiseitige Fragestellungen bestimmt wurde.

Ergebnisse

Bei 100 (69%) der 145 Patienten konnte der Hirninfarkt im CT nachgewiesen werden. Eine Dichteanhebung im Infarktgebiet nach KM-Injektion
wurde bei 43 Patienten festgestellt. Hierbei bestand eine deutliche
Abhängigkeit des Anteils der angereicherten Infarkte vom Zeitintervall
zwischen Insulteintritt und CT-Untersuchungstermin (siehe Abb. 1). Die
verschiedenen Muster der KM-Anreicherung wurden von uns in 3 Gruppen
unterteilt. Bei 14 Patienten zeigte sich eine girlandenförmige gyrale
Dichteanhebung. 21 Kranke boten eine mehr oder weniger homogene flächi-
ge Anreicherung cortikaler und subcortikaler Strukturen. Bei 8 Patienten konnte KM im Infarkt nur randständig, häufig ringförmig nachgewiesen werden.

In Tabelle 1 werden 39 in den ersten 5 Wochen nach Insulteintritt im
CT untersuchte Patienten ohne KM-Anreicherung im Infarkt mit 43 Patien-
ten, die angereicherte Infarkte aufwiesen, hinsichtlich des klinischen
Verlaufes verglichen.

Tabelle 1. Aufnahmebefund und klinischer Verlauf bei 82 Hirninfarkt-
Patienten mit verschiedenem KM-Anreicherungsmuster im CT

Hirninfarkt-Patienten				
	leicht	schwer	Teilremission	keine Remiss.
39 ohne KM-Anreicherung	21	18	32	7
43 mit KM-Anreicherung	26	17	25	18
14 mit gyraler Anreich.	7	7	12	2
21 mit flächiger Anreich.	15	6	11	10
8 mit randständiger Anreicherung	4	4	2	6

Hinsichtlich der Schwere der initialen Symptomatik zeigt sich zwischen
den in Tabelle 1 dargestellten Gruppen kein signifikanter Unterschied.
Es kommt jedoch bei den angereicherten Infarkten signifikant (0,05 >
> p < 0,01) häufiger zu Verläufen ohne Remission. Mit einem hohen An-
teil an günstigen Verläufen unterscheiden sich Infarkte mit gyraler
Dichteanhebung nach KM-Gabe deutlich (0,05 > p < 0,01) von den übrigen
Anreicherungsformen.

Besprechung

Mit dem CT ist es möglich, strukturelle Veränderungen des ischämisch
infarzierten Hirnparenchyms in Hinblick auf Lokalisation, Ausdehnung
und Entwicklung zu beobachten. Typische Stadien des Insultverlaufes
im CT können unterschieden werden (2, 8). Das CT nach KM-Injektion
bietet bei Insult-Patienten möglicherweise darüberhinaus Einblick in
die Funktionsstörung der Blutgefäße im Infarktgebiet.

Die von uns beobachtete Zunahme des Anteils der angereicherten Infarkte in der zweiten Krankheitswoche ist charakteristisch für die Mehrzahl der Hirninfarkte (1, 4, 6, 7, 8, 9, 10). Ebenso wie andere Autoren stellten wir fest, daß das KM in verschiedenen Anreicherungsmustern
im Hirninfarkt gefunden wird (2, 7, 9, 10). Als Ursache für die Erhöhung der Röntgenabsorptionswerte durch KM-Injektion wurde der Austritt
von KM aus den Blutgefäßen infolge einer Bluthirnschrankenstörung nachgewiesen (5). Andere Autoren nehmen zusätzlich eine fokale Hyperämie
im Infarktgebiet oder den Randzonen an (1, 2, 3). Es werden also sowohl strukturelle Alterationen der Gefäßwand als auch nur Änderungen
der Gefäßfunktion diskutiert.

Andere Parameter, die für die Prognose des Insultes von Bedeutung sein
können, wie z.B. Ausdehnung und Lokalisation des Infarktes sowie die
Ausprägung eines initialen Hirnödems, ließ unsere Untersuchung außer
Betracht. Die positive Korrelation zwischen KM-Anreicherung im Infarkt
und ungünstigen Insultverlauf bei unseren Patienten sollte von daher
nicht vorschnell als kausal bedingt aufgefaßt werden. Andererseits erscheint es nicht abwegig, den Nachweis der Bluthirnschrankenstörung
als ungünstigen Faktor für die Erholung ischämisch geschädigten Hirnparenchyms anzusehen. Bei nur randständig angereicherten Infarkten ist
es möglicherweise zu einer vollständigen Unterbrechung der Blutversorgung im zentralen Infarktgebiet gekommen.

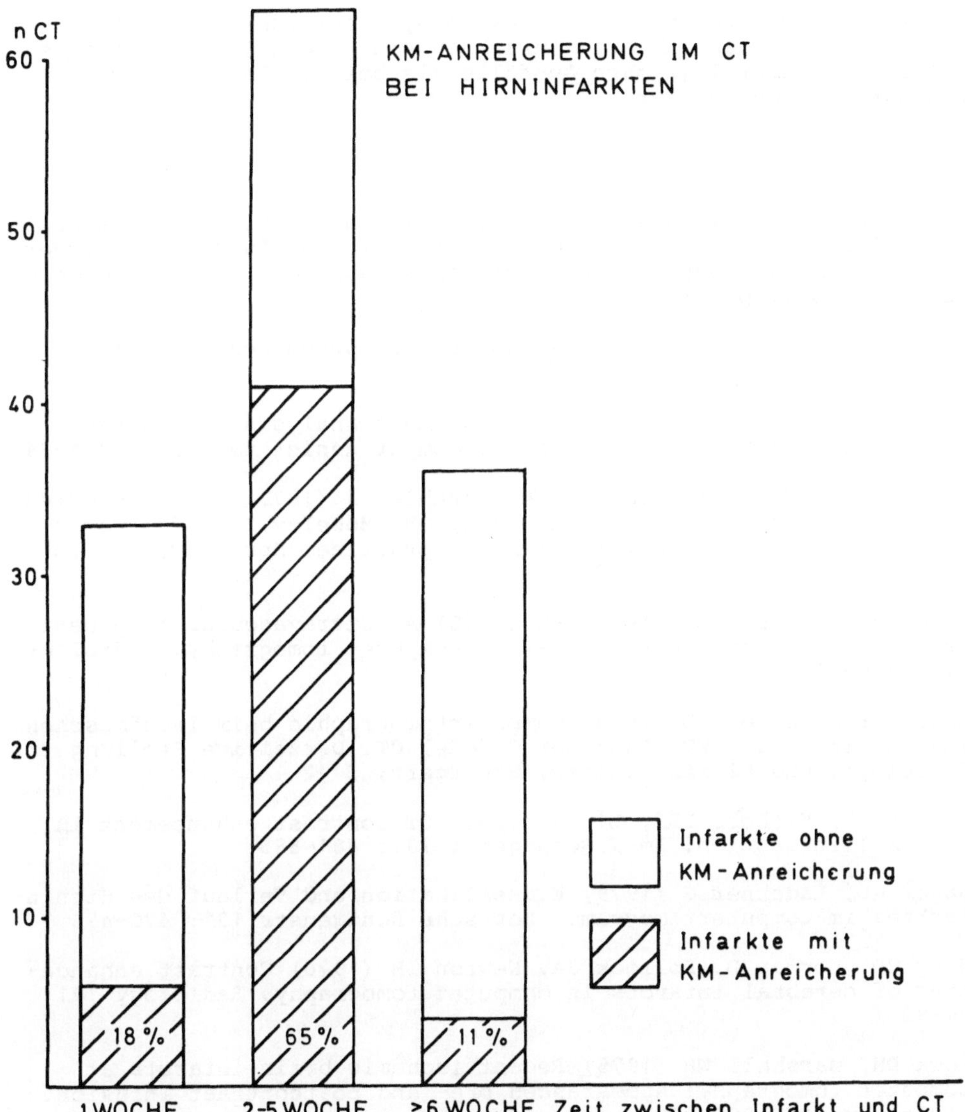

<u>Abb. 1.</u> Abhängigkeit des Anteils der mit KM angereicherten Hirninfarkte vom Untersuchungszeitpunkt bei 132 CT-Untersuchungen

Die von uns beobachtete gute Erholungstendenz bei Insulten mit nur cortikaler KM-Anreicherung spricht unseres Erachtens für eine Alteration nur der Gefäßfunktion mit paralytischer Erweiterung. Diese Ansicht können wir durch die angiographische Beobachtung einer auffällig frühen Füllung aszendierender Venen im Infarktgebiet bei 2 Patienten mit gyraler Infarktanreicherung stützen.

Zusammenfassung

Bei 145 Patienten mit ischämischem Hirninfarkt wird der klinische Verlauf mit dem CT-Befund verglichen. Bei den Infarkten, die sich im CT

nicht oder nur im Bereich der cortikalen Gyri anreichern, zeigt sich
bei gleichem Anteil an schweren Infarkten eine signifikant häufigere
Rückbildung der neurologischen Ausfälle als bei den Infarkten mit
anderen Anreicherungsmustern.

Literatur

1. Aulich A, Wende S, Fenske A, Lange S, Steinhoff H (1976) Diagnosis
   and follow-up studies in cerebral infarcts. In: Lanksch W, Kazner'
   E (eds) Cranial computerized tomography. Springer, Berlin Heidelberg New York, p 273

2. Aulich A, Fenske A (1977) Das Computertomogramm des Schlaganfalls.
   akt neurol 4: 129-140

3. Bergström M, Ericson K (1979) Compartment analysis of contrast
   enhancement in brain infarction. J comput assist tomogr 3: 234-240

4. Constant P, Renou AM, Caillé JM, Vernhiet J (1977) C.A.T. Studies
   of cerebral ischaemia. In: du Boulay GH, Moseley IF (eds) Computerized axial tomography in clinical practice. Springer, Berlin
   Heidelberg New York, p 227

5. Gado MH, Phelps ME, Coleman RE (1975) An extravascular component
   of contrast enhancement in cranial computet tomography. Radiology
   117: 589-597

6. Ladurner G, Sager WD (1979) Computertomographie beim ischämischen
   Insult. In: Sager WD, Ladurner G (eds) CT. Derzeitige Stellung in
   Radiologie und Klinik. Thieme, Stuttgart, S 42

7. Norton GA, Kishore PRS, Lin J (1978) CT contrast enhancement in
   cerebral infarction. Am J Roentgenol 131: 881-885

8. Sager WD, Ladurner G (1979) Klassifikation und Verlauf des Hirnin-
   farktes im Computertomogramm. Fortschr Röntgenstr 131: 470-475

9. Wing SD, Norman D, Pollock JA, Newton TH (1976) Contrast enhancement of cerebral infarcts in computet tomography. Radiology 121:
   89-92

10. Yock DH, Marshall WH (1975) Recent ischemic brain infarcts at
    computet tomography: appearances pre- and postcontrast Infusion.
    Radiology 117: 599-608

Beziehungen zwischen neurologischen Ausfällen und computertomographischen (CT) Befunden bei Hirnstamminfarkten

O. Busse, A.L. Agnoli und H. Feistner

Einleitung

Bei supratentoriellen ischämischen Hirninfarkten ist computertomographisch in der Regel eine Zone verminderter Dichte erkennbar. (1, 2, 3, 5, 8). Sie entspricht beim frischen Infarkt dem Infarktödem, während es sich im Defektstadium um eine mehr oder weniger ausgedehnte Infarktzyste handelt. Nur lakunäre Infarkte entziehen sich öfter dem computertomographischen Nachweis (4, 6, 9). Wegen ihrer nur geringen Ausdehnung und der oft schwierigen Abgrenzung von Artefakten gelingt die Darstellung ischämischer Infarkte im Hirnstamm viel seltener. JACOBS et al. (7) berichten über acht autoptisch verifizierte Hirnstamminfarkte, von denen nur vier einen computertomographischen Befund in entsprechender Lokalisation erkennen ließen.

Methodik

Bei 54 Patienten mit Hirnstamminfarkten führten wir computertomographische Analysen durch. Die Mehrzahl der Patienten wurde innerhalb der ersten Krankheitswoche untersucht. Verlaufskontrollen waren nur in wenigen Fällen möglich. Regelmäßig fertigten wir für das Hirnstammgebiet überlappende Schichten an. An dem zwecks besserer Detailerkennbarkeit vergrößerten Schichtbild mit der vermuteten Infarktzone wurden Dichtemessungen durchgeführt. Bei positivem CT-Befund verglichen wir unsere neurologisch-topische Diagnose mit der Lokalisation des hypodensen Infarktbezirks im Hirnstamm.

Ergebnisse

Bei 13 Patienten (24%) war der Hirnstamminfarkt im CT sichtbar, bei weiteren 12 (22%) war eine sichere Abgrenzung von Artefakten nicht möglich (Tabelle 1).

Tabelle 1. Häufigkeitsvergleich positiver CT-Befunde bei ischämischen supra- und infratentoriellen Infarkten

Lokalisation Diagnose	supratentoriell n=208	Hirnstamm n=54	Kleinhirn n=10
positiv	188 (90%)	13 (24%)	9 (90%)
fraglich	-	12 (22%)	-
negativ	20 (10%)	29 (54%)	1 (10%)

Mit 90% vergleichsweise hoch war der Anteil positiver CT-Befunde bei
supratentoriellen Infarkten. Im Kleinhirn lokalisierte Infarkte ließen sich computertomographisch in 9 von 10 Fällen erfassen.

Hypodense Bezirke im Hirnstamm fanden sich in unserem Krankengut bislang nur in der Brücke und im Mittelhirn. Die topische Diagnose ließ
sich in diesen Fällen durch die Lokalisation des hypodensen Infarktbezirks im Hirnstamm bestätigen.

Fallbeispiel

Bei einem 73-jährigen Patienten entwickelte sich plötzlich eine rechtsseitige Schwäche. Gleichzeitig trat eine verwaschene Sprache auf. In
den folgenden Stunden entwickelte sich eine zunehmende Bewußtseinstö-
rung. Bei der Aufnahmeuntersuchung am gleichen Tage war der Patient
somnolent. Es fand sich eine schwere sensomotorische Hemiparese rechts
mit positivem Babinskizeichen beidseits sowie eine linksseitige Hemia-
taxie. Horizontale Blickparese nach links mit blickparetischem Hori-
zontalnystagmus. Supranukleäre Zungen- und Schlucklähmung mit ausgeprägter Dysarthrie.

Rö.-Schädel und Liquor o.B. Im EEG leichte Allgemeinveränderung ohne
Herdbefund. Eine Angiographie wurde wegen des schlechten Allgemeinzu-
standes nicht durchgeführt.

Klinische Diagnose: links paramedian gelegener Brückeninfarkt mit Aus-
                     dehnung zur Gegenseite.

CT-Befund: Am pontomesenzephalen Übergang zentral gelegene
                     hypodense Zone mit Ausdehnung nach ventral. (Abb.1).

Nachdem der klinische Befund nach vier Wochen im wesentlichen unverändert geblieben war, erfolgte die Verlegung des Patienten in eine neurologische Nachsorgeklinik.

Diskussion

Bei weniger als einem Viertel unserer Patienten mit der klinischen Diagnose eines Hirnstamminfarktes war es möglich, eine hypodense Zone im
Computertomogramm nachzuweisen. Zusätzliche computertomographische Analysen waren dabei von nur begrenztem Wert, denn meist war der pathologische Befund bereits bei der Ausgangsuntersuchung erkennbar. Nur in
Ausnahmefällen konnten durch überlappende Schichtbilder des Hirnstammes
zusammen mit Vergrößerungsaufnahmen und Dichtemessungen zuvor fragliche
Befunde gesichert werden. Hypodense Infarktzonen ließen sich bislang
lediglich in der Brücke und im Mittelhirn nachweisen, nicht aber in der
Medulla oblongata, obwohl ein großer Teil unserer Patienten mit Hirnstamminfarkten an einem Wallenbergsyndrom erkrankt waren. Ursache hierfür sind die bei der Darstellung der Medulla als Folge einer Überlage-
rung durch knöcherne Strukturen häufig auftretenden Artefakte. Unsere
Kasuistik hat gezeigt, daß die Lokalisation der hypodensen Zone im CT
der topischen Zuordnung des Infarkts im Hirnstamm auf Grund der neurologischen Ausfälle entspricht. Als weitere Beispiele für die gute
Übereinstimmung zwischen der klinischen und computertomographischen
Diagnose seien ein unteres Nucleus ruber-Syndrom, ein doppelseitiger
Pons- sowie ein Oberwurminfarkt genannt. Bei Patienten, die den Hirnstamminfarkt nicht überlebt haben, konnte die Lokalisation des Hirnstamminfarkts auch autoptisch bestätigt werden.

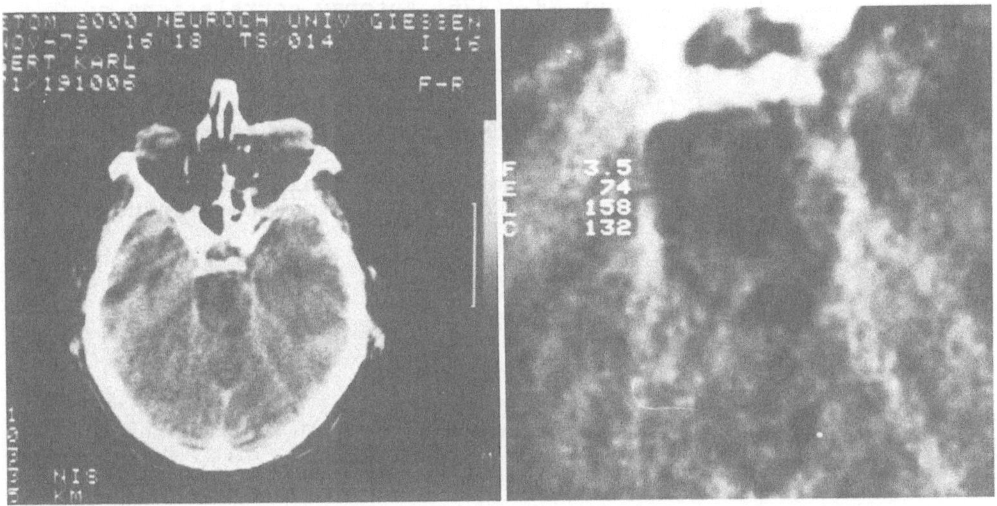

Abb. 1 a+b. Zentral im Hirnstamm am pontomesencephalen Übergang gelegene hypodense Zone

Zusammenfassung

Der computertomographische Nachweis eines Infarkts gelingt im Hirnstamm seltener als in der Großhirnhemisphäre. Ursächlich sind hierfür die geringe Größe eines Hirnstamminfarkts und die oft schwierige
Abgrenzung von Artefakten anzusehen. Bei einem Viertel unserer Patienten war der Hirnstamminfarkt im CT nachweisbar, wobei zusätzliche
computertomographische Analysen einen begrenzten Wert hatten. Die Lokalisation des hypodensen Infarktbezirks ließ sich zwanglos der neuro-
logisch-topischen Diagnose zuordnen.

Literatur

1. Aulich A, Fenske A (1977) Das Computer-Tomogramm des Schlaganfalls.
   Akt Neurol 4: 129-140

2. Campbell JK, Houser OW, Stevens HC, Wahner HW, Baker HL, Folger WN
   (1978) Computed Tomography and radionuclide imaging in the evaluation of ischemic stroke. Radiology 126: 695-702

3. Constant P, Renou AM, Caille JM, Vernhiet J (1977) C.A.T. Studies
   of Cerebral Ischaemia. In: du Boulay GH, Moseley IF (eds) Computerized axial tomography in clinical practice. Springer, Berlin
   Heidelberg New York, p 227

4. Harrison MJG (1977) The use of C.A.T. in Cerebral infarction. In:
   du Boulay GH, Moseley IF (eds) Computerized axial tomography in
   clinical practice. Springer, Berlin Heidelberg New York, p 221

5. Kinkel WR, Jacobs L (1977) Computerized axial transverse tomography
   in cerebrovascular disease. Neurology 26: 924-930

6. Lukin RR, Chambers AA, Tomsick TA (1977) Cerebral Vascular Lesions:
   Infarction, Hemorrhage, Aneurysm and Arteriovenous Malformation.
   Seminars in Roentgenology XII: 77-89

7. Jacobs L, Kinkel WR, Heffner RR (1976) Autopsy correlations of
computerized tomography: Experience with 6,000 CT scans. Neurology
26: 1111-1118

8. Sager WD, Ladurner G (1979) Klassifikation und Verlauf des Hirnin-
farktes im Computertomogramm. Fortschr Röntgenstr 131: 470-475

9. Yock DH, Marshall WH (1975) Recent Ischemic Brain Infarct at
Computed Tomography: Appearances Pre- and Postcontrast Infusion.
Radiology 117: 599-608

Koinzidenz von Karotisobstruktionen mit kardialen und peripheren arteriellen Gefäßläsionen: eine dopplersonographische Untersuchung

H. Haferkamp, H.P. Kröll und A.v. Ungern-Sternberg

In der vorliegenden Untersuchung war zu klären, ob es sinnvoll ist, in einem angiologischen Krankengut bei allen Patienten auch eine Obstruktion der Karotiden auszuschließen. Voraussetzung eines solchen Vorgehens ist, daß die Untersuchung ohne großen zeitlichen, personellen und finanziellen Aufwand, sowie ohne Risiko für den Patienten durchführbar ist, da andernfalls der Rahmen einer Ambulanz gesprengt würde. Mit der periorbitalen Doppler-Ultraschall-Sonographie (DUS) steht eine Methode zur Verfügung, die alle dargelegten Bedingungen erfüllt und mit einer Trefferquote von ca. 90% auch eine ausreichende Sicherheit der Diagnose bietet (3, 4). Auf eine zusätzliche Untersuchung der Halsgefäße direkt (1) wurde verzichtet, da eine Differenzierung zwischen Stenose oder Verschluß der Karotiden für die vorliegende Fragestellung irrelevant ist.

Material und Methodik

Untersucht wurden 369 unausgewählte Patienten, die zur Diagnostik peripherer arterieller Durchblutungsstörungen in die angiologische Ambulanz der II. Medizinischen Klinik der Universität Mainz überwiesen wurden. Die dort erhobenen Befunde und anamnestischen Daten in Bezug auf Risikofaktoren für Gefäßerkrankungen wurden mit den Ergebnissen der DUS verglichen. Eine statistische Absicherung erfolgte mit dem Chi-Quadrat-Test.

Die DUS wurde in den periorbitalen Endästen der A. ophthalmice, der A. frontalis medialis (Afm) und -lateralis (Afl) durchgeführt. Bewertet wurde über der Afm 1. die Strömungsrichtung, 2. eine Seitendifferenz des Dopplersignals von mehr als 60% bei orthograder Strömungsrichtung (3), sowie 3. sowohl über der Afm als auch der Afl das Ergebnis der Kompression der Äste der A. carotis externa (3, 4). In keinem Fall darf es dabei zu einer Reduktion der Amplitude des Doppler-Signals kommen.
Die Untersuchung erfolgte mit dem direktionellen Ultraschall-Gerät der Fa. Delalande. Gewertet wurde das maximal erreichbare Signal.

Ergebnisse

Die sich aus Anamnese und Risikofaktoren ergebenden Gruppen sind in Tabelle 1 zusammengefaßt. Dabei bezieht sich die Prozentzahl in der Rubrik "in % aller Patienten" jeweils auf das Gesamtkollektiv von 369 Patienten. Die Prozentzahl in der Rubrik "in % der Gruppe" gibt den Anteil der pathologischen Dopplerbefunde im jeweiligen Kollektiv in der gleichen Zeile an. In einigen Gruppen wurde versucht, durch Bildung von Untergruppen eine verfeinerte Aussage zu erreichen. Die sich hierbei ergebende Aufsplitterung bei den Gruppen Diabetes, Hyperlipidämie und zerebrale Durchblutungsstörungen ließ aber keine statistische Aussage mehr zu, weshalb die sich ergebenden Resultate nur als Trend zu werten sind.

Tabelle 1

	Patien-tenzahl	in % aller Pat.	pathol DUS	in % d. Gruppe	Chi-Quadrat
Gesamtkollektiv	369	100	30	8,1	
davon Männer	255	69	22	8,6	0,87/n.s.
Frauen	114	31	8	7,0	
Altersgruppe - 49 J	106	28,7	2	1,9	
50 - 59 J	106	28,7	7	6,6	11,65/ 1%
> 60 J	157	42,6	21	13,3	
Risikofaktoren					
Blutdruck					
Normotonie - 140/90	150	40,7	3	2,0	
Grenzwerth.- 160/95	57	15,4	2	3,5	20,74/0,1%
Hypertonie > 160/95	162	43,9	25	15,4	
Diabetes mellitus	92	24,9	14	15,2	8,16/ 2%
latenter Diabetes	20	5,4	3	15,0	
Diät/orale Med.	54	14,6	10	18,5	
Insulinpfl. Diabetes	18	4,9	1	5,5	
Übergewicht	202	54,7	17	8,4	0,05/n.s.
Hyperlipidämie	103	27,9	17	16,5	18,56/0,1%
Hypercholesterinämie	28	7,6	6	21,4	
Hypertriglyceridämie	22	6,0	6	27,2	
Rauchen	201	70,7	24	9,2	1,35/n.s.
Anamnest. Durchblutungsst.					
Herz	91	24,6	12	13,2	4,14/ 2%
Peripherie	240	65,0	17	7,0	1,01/n.s.
Gehirn	170	46,0	22	12,9	9,77/ 5%
davon Insulte	35	9,5	10	28,6	
TIA	22	6,0	6	27,3	
diffuse Sympt.	113	30,6	6	5,3	

Zu definieren ist weiter in einigen Fällen die Grundlage der Gruppenbildung, soweit dies nicht schon den Daten der Tabelle zu entnehmen ist:
1. Zur Gruppe Hyperlipidämie wurden alle die Patienten gezählt, deren Cholesterinwerte über 250 mg% bzw. Triglyceride über 200 mg% betrugen.
2. Als übergewichtig wurden die Patienten eingestuft, deren Körpergewicht über dem Normalgewicht (nach der Formel: Körpergröße in cm - 100) lag. Der Versuch einer weiteren Unterteilung nach dem Ausmaß des Übergewichts ergab keine neuen Gesichtspunkte.
3. Die Gruppe "Anamnestische Durchblutungsstörungen" setzt sich zusammen aus Patienten, deren Anamnese Anhaltspunkte für eine kardiale

(z.B. als Angina pectoris), periphere oder zerebrale Störung der
Durchblutung ergab. Da die Untersuchung in einer angiologischen Ambulanz durchgeführt wurde ist der hohe Anteil peripherer Durchblutungsstörungen verständlich.

Diskussion

Pathologische Befunde der periorbitalen DUS als Hinweis für eine
hämodynamisch wirksame Karotisobstruktion ergaben sich im untersuchten Kollektiv in 8,1%, gering häufiger bei männlichen als bei weiblichen Patienten. Dabei nahm die Zahl der Karotisobstruktionen, wie zu
erwarten, mit steigendem Lebensalter der Patienten zu. Weiter wurde
untersucht, ob sich aus anamnestischen Daten oder dem Vorliegen einzelner Risikofaktoren eine höhere Wahrscheinlichkeit für eine Karo-
tiserkrankung ableiten läßt und daher gezielt bei solchen Patienten
eine DUS erfolgen sollte. Tatsächlich fanden sich Korrelationen mit
hoher statistischer Signifikanz für Hypertonie und Hyperlipidämie,
in etwas geringerer Ausprägung auch für Diabetes mellitus und anamnestische zerebrale Funktionsstörungen. Eine interessante Verschiebung der Schwerpunkte innerhalb dieser letzten beiden Gruppen ergibt
sich durch eine weitere Aufteilung: so zeigt sich, daß innerhalb der
Diagnose Diabetes die Wahrscheinlichkeit einer Karotisobstruktion
bei den Patienten, die mit Diät oder oraler Antidiabetika behandelt
werden, um das 3fache höher liegt als bei insulinpflichtigen Diabetikern und auch höher ist, als bei Vorliegen eines latenten Diabetes.
Innerhalb der Gruppe der zerebralen Funktionsstörungen in der Anamnese ist ein pathologischer Befund der DUS vor allem bei Patienten mit
vorausgegangenem Insult oder transitorisch ischämischen Attacken (TIA)
zu erwarten, ein relativ geringes Risiko findet sich hingegen bei Patienten mit diffusen zerebralen Funktionsausfällen. Statistisch nicht
signifikant ist die Relation kardialer oder peripherer Durchblutungsstörungen zu Karotisobstruktionen im untersuchten Kollektiv. Dieser
Befund überrascht, da kardiale Störungen häufige Todesursache nach
Karotisobstruktion sind (2), Daß Nikotinabusus nicht zu den hervor-
zuhebenden Risikofaktoren zu zählen ist, beruht auf der großen Zahl
von Rauchern im Gesamtkrankengut, die mit 71% deutlich über dem Durchschnitt liegt. Es läßt sich lediglich ableiten, daß bei Rauchern die
Karotis unter den möglichen Manifestationsorten der Arteriosklerose
keine besondere Rolle spielt.

Zu erwähnen ist noch, daß bei den 30 Patienten mit pathologischer DUS
nur bei 19 die Auskultation der Karotis und in 13 die Palpation einen
Hinweis auf die Erkrankung gaben, der Wert dieser einfachen Methoden
also für die Karotisdiagnostik beschränkt ist.

Zusammenfassung

Die vorliegende Untersuchung beweist die Notwendigkeit in einem angiologischen Krankengut im Screening auch nach Manifestation der Arteriosklerose an den Karotiden zu fahnden. Hierbei hat sich die DUS als
Untersuchungsmethode bewährt. Insbesondere sollte die DUS bei Patienten mit Hypertonie, Diabetes mellitus, Hyperlipidämie sowie bei anamnestischen Angaben fokaler zerebraler Ausfälle in Form eines Insultes
oder von TIA erfolgen.

Literatur

1. Büdingen HJ, v.Reutern GM, Freund HJ (1976) Die Differenzierung der Halsgefäße mit der direktionellen Doppler-Sonographie. ARch Psychiat Nervenkr 222: 177

2. Dorndorf W (1979) Spontanverlauf der Hirninfarkte. akt neurol 6: 171-177

3. Haferkamp G (1975) Untersuchungen zur Aussagekraft der direktionellen Doppler-Ultraschall-Sonographie in der Diagnostik cerebraler Durchblutungsstörungen. Habil.-Schrift, Univ. Mainz

4. Keller R, Baumgartner G, Regli F (1973) Carotisstenosen und -occlusionen. Diagnose durch perkutane Ultraschall-Doppler-Sonographie an der A. supraorbitalis oder A. supratrochlearis. Dtsch med Wschr 98: 1691-1698

Das sogenannte Verschlußsyndrom der Arteria spinalis anterior

H. Schneider

1904 berichtete Preobraschenskij "Über syphilitische Paraplegien mit
dissoziierten Störungen der Sensibilität".[1] Das Syndrom wurde seitdem
mehrfach bei "spinaler Lues" als Ergebnis einer spezifischen Endarte-
riitis der Rückenmarksgefäße beschrieben, wobei neben der Arteria spinalis anterior (ASA) regelmäßig auch kleinere Rückenmarks-Arterien befallen sind. Heute ist die spinale Lues selten geworden. Dennoch besteht die Tendenz, das Bild einer Myelopathie mit spastischer Paraparese und dissoziierter Empfindungsstörung auf einen Verschluß der ASA
zurückzuführen. Tatsächlich finden sich in der Literatur nur etwa 13
gesicherte Verschlüsse der ASA mit Myelomalazien, die z.T. nicht nur
die ventralen 2/3, sondern den gesamten Querschnitt betreffen (SCHNEI-
DER, 1980). Andererseits gibt es symptomlose Verschlüsse der vorderen
Spinalarterie, die kurz dargestellt werden sollen.

Material und Methode

Bei der systematischen Bearbeitung des Rückenmarks bei über 90-jähri-
gen (50 Fälle) und der Untersuchung spinaler Prozesse bei klinischer
Symptomatik (18 Fälle) wurden Art und Ausdehnung vaskulärer Veränderungen und die Zuordnung zu myelomalazischen Prozessen verfolgt. Das
Material wurde segmentweise in Celloidin und/oder Paraffin eingebettet, u.U. in Stufenschnitten untersucht.

Ergebnisse

Bei der Durchsicht von 68 Medullae spinales fanden sich 12 Verschlüsse
spinaler Arterien (Tabelle 1). Nur in einem Fall war der subtotale
Verschluß der ASA makroskopisch erkennbar (Abb. 1); im übrigen handelt
es sich um histologische Befunde. In den 3 Beobachtungen eines Ver-
schlusses der ASA fehlten sowohl klinische als auch anatomische Ausfälle (Abb. 1 und 2). Wie aus der Tabelle zu ersehen, treten am ehesten bei Verschlüssen intramedullärer Arterien ischämische Infarkte
auf, besonders wenn Sulco-commissural- oder Zentralarterien betroffen
sind. Dies gilt vor allem für das Vorliegen multipler embolischer Verschlüsse z.B. durch atheromatöses oder fibrokartilaginäres Material.
Nur in den 2 Fällen mit Embolisierung fibrokartilaginären Materials
in die spinalen Endarterien lag ein Infarkt der ventralen 2/3 des Rük-
kenmarkquerschnittes vor (ohne Verschluß der ASA).

In 5 Beobachtungen von vaskulärer Myelopathie wurde nur einmal der
isolierte Verschluß einer Sulcusarterie gefunden. Komplette Myelomalazien, wahrscheinlich vaskulärer Ätiologie (3 Fälle), zeigten ausnahmslos unauffällige extra- und intramedulläre Arterien. Autochthone
Thrombosen von Spinalarterien kommen praktisch nicht vor, zumal arteriosklerotische Veränderungen bis ins hohe Alter vermißt werden.

---

[1] Die Übersetzung der Arbeit von Pr. aus dem Russischen verdanke ich
Herrn Prof.Dr.W.MÜLLER-DIETZ, FU Berlin

Tabelle 1. Ursachen und Auswirkungen spinaler Gefäßverschlüsse

Fall-Nr.	Grundleiden	betroffener Gefäßabschnitt	Symptomatik	morpholog. Ausfälle
1	Embolie? Arteriitis	a.spin.ant.,L 1 (s. Abb. 1a)	keine	keine
2	?	a.spin.ant. Th 10	keine	keine
3	produktive Meningitis	a.spin.ant., C 8 (Abb. 1b)	keine	keine
4	Mikroembolie (atheromat. Material)	a.spin.post. Th 8	keine	keine
5	?	Sulcusarterie C 6	spast. Parese, nukleäre Atrophien	zentrale Vorderhorn-Nekrose
6-9	? (10.Lebens-jahrzehnt)	Sulcusarterien Cerv. + Thor.	keine	keine
10	Embolie (fibrokartila-ginäres Material)	Sulcus-, Zen-tral-Pia-Arte-rien Th 1-4	ventrale 2/3 nekrotisch	Paraplegie, dissoz. Sens.Störung
11	Embolie (wie 10)	wie 10	ventrale 2/3 zentr.Vorder-horn-Nekrose	wie 10
12	produktive Meningitis (Tbc)	Pia-Arterien, a.spin.post. (Lumb., Thor.)	(nicht gefäß-abhäng.Rand-entmarkungen + Stiftnekr.)	progred. ascendieren-de Myelo-pathie

Diskussion

Die Studie legt nahe, die strikte Zuordnung von Gefäßverschluß und Rückenmark-Infarkt zu vermeiden. Ischämische Ausfälle im Versorgungs-gebiet der ASA sind wesentlich häufiger als ein Verschluß dieser Ar-terie. 14 von 21 Myelomalazien in dem Material von GRUNER und LAPRESLE (1962) hatten ihren Schwerpunkt in diesem Territorium. In keinem die-ser Fälle war jedoch die ASA verschlossen.

Andererseits kann der Verschluß der ASA, wie hier gezeigt, völlig symptomlos bleiben. Wie auch experimentelle Ergebnisse der letzten Jahre zeigen, ist die Plastizität des extramedullären Gefäßsystems größer als gemeinhin angenommen (Übersicht s. SCHNEIDER, 1980). SLAVIN et al. (1975) fanden bei 11 von 28 älteren Patienten mit schwerer all-gemeiner Arteriosklerose Verschlüsse der Spinalarterie im Lumbosakral-bereich als Folge einer Embolisation atheromatösen Materials. Nur einer dieser Patienten hatte klinisch die Zeichen einer Myelomalazie. Nach unserer Erfahrung führen nur intramedulläre Gefäßverschlüsse gesetz-mäßig zu Ausfällen.

Es kann offen bleiben, ob man am "Syndrom der Arteria spinalis anterior" festhält; um ein Verschluß-Syndrom handelt es sich in der Regel nicht.

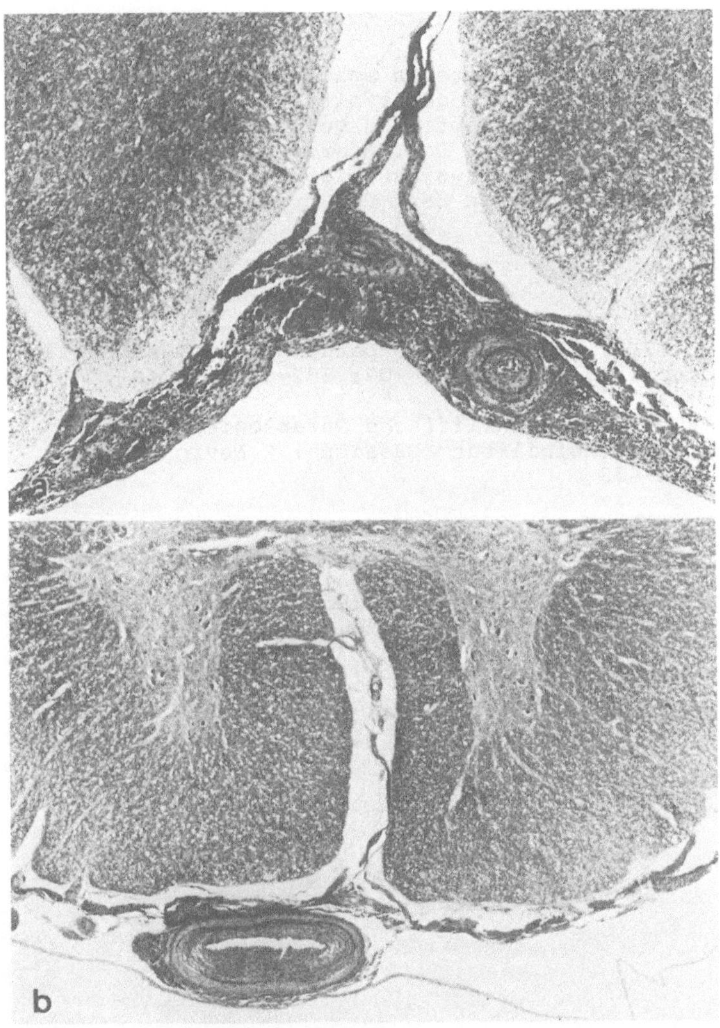

<u>Abb. 1</u>. Symptomloser Verschluß der Arteria spinalis ant. a) subtotaler, älterer Verschluß mit konzentrischer Intimaproliferation (Vergr. x 8); b) endangitische Reaktion bei produktiver Meningitis (Vergr. x 20); a) und b) Elastica-van Gieson

M.E. geht diese Bezeichnung am Wesen der Sache vorbei. Myelomalazien entwickeln sich in der Regel infolge intramedullärer Gefäßveränderungen und Mikrozirkulationsstörungen, während das anastomosenreiche arterielle Netz der Rückenmarks-Oberfläche einzelne Gefäßverschlüsse besser kompensieren kann. Die ischämische Infarzierung der ventralen zwei Drittel des Querschnittes ist eher eine inkomplett gebliebene Myelomalazie. Man kann daher von einer inkompletten ventralen Myelomalazie sprechen, die zur Tetra- bzw. Paraparese mit dissoziierten Empfindungsstörung führt.

Zusammenfassung

Bei dem sogen. Verschluß-Syndrom der Arteria spinalis anterior liegt
in der Regel kein Gefäßverschluß vor. Andererseits werden, wie in
dieser Arbeit gezeigt, immer wieder symptomlos gebliebene Verschlüsse der vorderen Spinalarterie gefunden. Die Infarzierung der ventralen
zwei Drittel des Rückenmark-Querschnittes ist als ventrale inkomplette
Myelomalazie anzusehen, die klinisch an Hand der typischen Symptomatik diagnostizierbar ist.

Literatur

1. Gruner J, Lapresle J (1962) Etude anatomo-pathologique des medullo-
   pathies d'origine vasculaire. Rev Neurol 107: 592-631

2. Prebraschenskij A (1904) Über syphilitische Paraplegien mit dissoziierten Störungen der Sensibilität (Russisch) Z Nevropatol
   Psichiatr Moskva 4: 394-433

3. Schneider H (1980) Kreislaufstörungen und Gefäßprozesse des Rückenmarks. In: Handb Spez Path Anat Bd 13/1

4. Slavin RE, Gonzalez-Vitale JC, Martin OS (1975) Atheromatous emboli
   to the lumbosacral spinal cord. Stroke 6: 411-416

Zur Diagnostik von Hirnvenen- und Sinusthrombosen unter Berücksichtigung von Gerinnungsfaktoren

A. Wieck, E. Hiller und K.M. Einhäupl

Im Gegensatz zur septischen Hirnvenen- und Sinusthrombose, bei der
meist ein fortgeleiteter entzündlicher Prozeß zum Verschluß eines
Sinus führt, bleibt die Ursache der blanden Hirnvenen- und Sinusthrombose (HVT/SVT) häufig unklar. Mit dem Auftreten dieses Krankheitsbildes stellt sich stets die Frage einer systemischen Hyperkoagulabilität. Dies veranlaßt uns, bei Patienten mit diesem Krankheitsbild verschiedene Parameter zur Erfassung einer Hyperkoagulabilität
zu analysieren.

Patienten und Methode

Untersucht wurden 18 Patienten, bei denen die Diagnose einer HVT/SVT
gestellt worden ist. Acht Frauen hatten ein Durchschnittsalter von
34 Jahren (14 bis 47 Jahre), vier davon wurden mit Sexualhormonen behandelt, ein Mädchen war in der Menarche. Zehn Männer mit einem Durchschnittsalter von 36 Jahren waren zwischen 17 und 62 Jahre alt.

In die Studie wurden nur solche Patienten aufgenommen, bei denen der
klinische Verdacht einer HVT/SVT angiographisch bestätigt werden konnte. Als angiographische Zeichen werteten wir: Nichtdarstellung des
Sinus sagittalis superior - zumindest in einem Teilstück -, des Sinus
rectus oder beider Sinus transversus (14 Patienten), und/oder eine
Verzögerung der Perfusionszeit über 12 sec. (normal bis 8 sec.) (4 Patienten).

Keiner der Patienten stand vor Blutabnahme unter Antikoagulantien oder
Thrombozyten-Aggregationshemmern. Bestimmt wurden HKT, HB, Thrombozyten, Quick, PTT und Fibrinogen. Von jedem Patienten wurde darüber hinaus neben 10 ml Citratblut (1:10 mit 3,8%igem Na-Citrat) für die Bestimmung der löslichen Fibrinmonomerkomplexe (LFMK) 10 ml antikoagu-
liertes Blut (1:10 mit 0,129 M Na-Citrat, 0,06 M TES, 1000 KIU/ml
Trasylol[R], pH 7,5) entnommen. Als Vergleichspersonen dienten 15 Ange-
stellte des Klinikpersonals. Die LFMK als Hinweis auf eine Aktivierung der intravasalen Gerinnung wurde in Anlehnung an HAFTER und
GRAEFF (2) bestimmt. Die Fibrinogen Spaltprodukte (FSP) wurden mit
Hilfe des Staphylokokken-Klumpungstest (Behringwerke, Marburg) bestimmt. Antithrombin III (AT III) wurde immunologisch mit der Immun-
elektrophorese nach Laurell (Antiserum der Behringwerke, Marburg) und
photometrisch mit der Substanz S 2238 (Fa. Kabi, München) bestimmt.

Ergebnisse

In der Abb. 1 sind die Mittelwerte mit Standardabweichungen der Bestimmungen der LFMK und des Fibrinogens von Patientengruppen und Kontrollgruppen eingetragen. Ferner die Ergebnisse der AT III Bestimmung.
Weder für die LFMK noch für das Fibrinogen ergeben sich statistisch
signifikante Unterschiede. Auch für die AT III ergeben sich zwischen
Patienten- und Kontrollgruppen sowohl für das immunologisch wie photo-

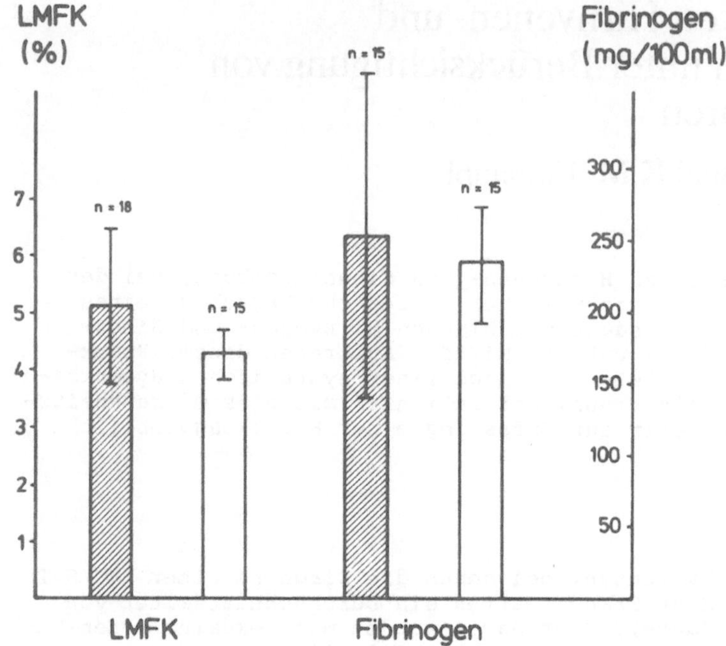

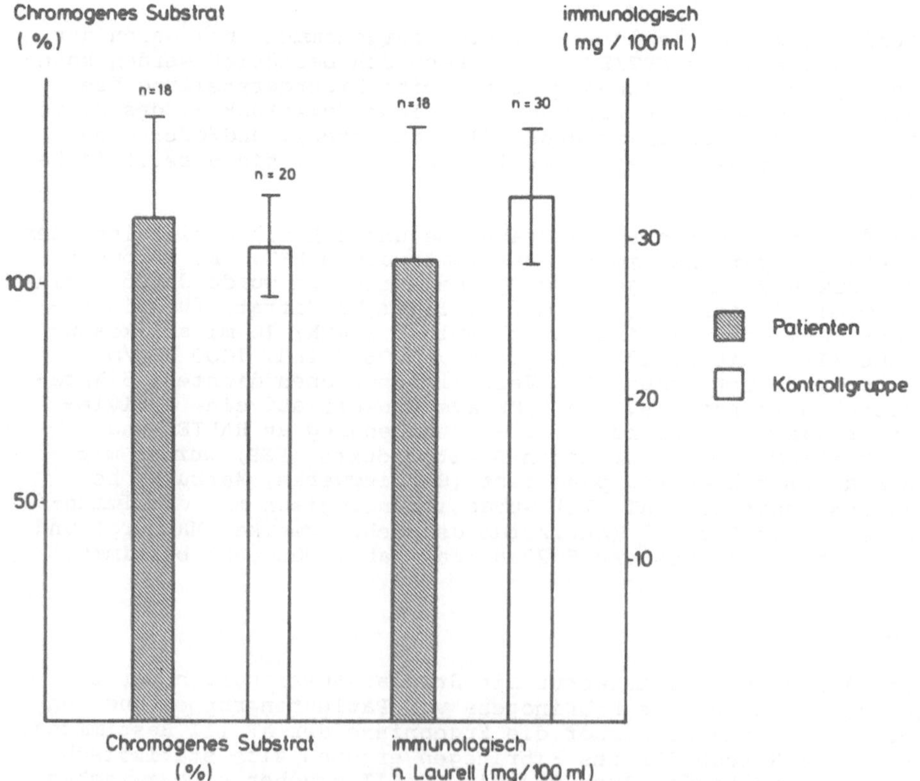

Abb. 1. LFMK Fibrinogen und AT III von Patienten und Kontrollpersonen

metrisch gemessene AT III keine signifikanten Unterschiede. Die FSP
waren nur bei einer Patientin auf 100 ug/ml erhöht, in allen anderen
Fällen negativ. Thrombozyten, Hämatokrit und partielle Thromboplastinzeit (PTT) ergaben für Patienten- und Kontrollgruppen keine Unterschiede (Tabelle 1). Der Äthanol-Geltest war bei drei Patienten positiv.

Tabelle 1. Thrombozyten, PTT und Hämatokrit der Patientengruppe

	Thrombozyten / ul	PTT (sec.)	Hämatokrit (%)
Normalwert	150000 - 400000	bis 40	37 - 47
Mittelwert	209000 ± 63000	34,5 ± 6,1	39,9 ± 5,3
Höchster Wert	362000	39	47,5
Niedrigster Wert	134000	27	26,4

Auffällig war, daß bei drei Patienten die LFMK auf Werte zwischen 10
und 11% (Normalwert: 4,5 ± 0,9%) erhöht war und bei einem dieser Patienten das AT III auf 60% bzw. 20 mg/100 ml erniedrigt war.

Diskussion

Während die Hypokoagulabilität laborchemisch heute gut erfaßbar ist,
eignen sich für den Nachweis einer Hyperkoagulabilität nur wenige Gerinnungsparameter. Eine vermehrte Thrombinfreisetzung läßt sich aus
der Höhe des Fibrinopeptids A und der LFMK schließen. Zwar fanden wir
in drei Fällen bei unseren Patienten eine Erhöhung der LFMK, der Unterschied zur Kontrollgruppe war jedoch nicht signifikant. Bei 17 Patienten war der AT III-Spiegel im Normbereich, bei einem Patienten
grenzwertig. Ein Mangel dieses Hemmkörpers der plasmatischen Gerinnung kommt als Ursache für HVT/SVT nicht in Betracht. Auch die Thrombo-
zytenwerte unserer Patienten lagen ausnahmslos unterhalb des oberen
Grenzwertes. Ebenso scheidet eine Polyglobulie als möglicher pathogenetischer Faktor in unserem Krankengut aus. Während HUHNs (3) Material
hinsichtlich gerinnungsphysiologischer Untersuchungen für eine statistische Auswertung zu klein ist, fanden ESTANOL et al. (1) eine Übergerinnbarkeit bei 10 von 14 Frauen mit HVT/SVT. Die Ergebnisse dieser
Arbeitsgruppe beruhen jedoch auf der Analyse einer Reihe zum Teil un-
spezifischer globaler Gerinnungsteste, die nach unserem Ermessen nicht
als sicherer Hinweis für eine Hyperkoagulabilität gewertet werden können. Der fehlende Nachweis einer Hyperkoagulabilität bei Hirnvenen-
und Sinusthrombosen spricht nach unserer Auffassung nicht gegen das
Vorliegen einer humoralen Gerinnungsstörung. Das Problem besteht derzeit in der mangelnden klinischen Erfaßbarkeit einer Störung im Sinne
einer Übergerinnbarkeit.

Literatur

1. Estanol B et al. (1979) Intracranial venous thrombosis in young
   women. Stroke 10: 680

2. Hafter R, Graeff H (1976) Estimation of soluble fibrin manomer
   complexes by agarose gel filtration. In: Davidson JF et al. (eds)
   Progress in Chemical Fibrinolysis and Thrombolysis, Vol. 2. Raven
   Press, New York

3. Huhn A (1965) Die Thrombosen der intracraniellen Venen und Sinus.
   FK Schattauer, Stuttgart

Thrombolytische Therapie der Sinusthrombose

U. Bogdahn, D. Dommasch, U. Fuhrmeister und R. Wodarz

Die symptomatische Pharmakotherapie der blanden, nicht-septischen
Hirnvenen- und Sinusthrombosen ist antiödematös und antikonvulsiv.
Nur wenige Autoren empfehlen die Antikoagulantien-Therapie mit Hepa-
rin, bei der Kontraindikationen zu beachten sind (2, 3, 5, 6). Die
Thrombolyse wurde bisher allgemein abgelehnt.

In der Würzburger Klinik wurden Sinusthrombosen dagegen seit etwa
1970 überwiegend mit Heparin behandelt. Seitdem sich das Ausmaß
bereits bestehender cerebraler Erweichungen durch die Computertomographie feststellen läßt, haben wir 3 Patienten mit Sinusthrombosen
thrombolytisch mit Streptase (bei Rezidiv-Therapie mit Urokinase) behandelt.

Patienten

Wir behandelten zehn Patienten (Durchschnittsalter 32 Jahre) mit angiographisch verifizierter Sinusthrombose, die unter verschiedensten Diagnosen eingewiesen worden waren: Wochenbettpsychose, Verdacht auf in-
tracerebrale Metastasierung, Subarachnoidalblutung, unklares Koma,
Status epilepticus. Nur in einem Fall diagnostizierte schon der ein-
weisende Arzt eine Sinusthrombose. Bei 2 Patienten blieb die Ursache
der Sinusthrombose unbekannt. Bei den übrigen kamen als kausale Faktoren extracerebrale Neoplasien, Einnahme von Kontrazeptive, Wochenbett,
fieberhafte Infekte, Intoxikation (Suizidversuch) in Betracht. Im Vordergrund der klinischen Symptomatik standen epileptische Anfälle,
Halbseitenbefunde, leichter Meningismus und eine meist schwere Störung
des Bewußtseins.

Die oft schwierige Diagnose wurde im Zeitraum zwischen zehn Stunden
und vier Tagen nach Auftreten der Symptomatik gestellt. Dabei waren
bei je drei Patienten Angiographie und Liquordiagnostik (Blutbeimengung,
erhöhter Druck) und bei 4 Patienten die Computertomographie für die Diagnosestellung entscheidend. Weitaus am häufigsten war der Sinus sagittalis superior betroffen.

8 Patienten wurden sofort nach Stellung der Diagnose mit Heparin behandelt. Unter der eher niedrigen Standarddosierung von etwa 15.000 IE/24h
wurde in der Regel keine Verlängerung der Thrombinzeit auf das 2-5fache,
also den für andere Fachgebiete gültigen therapeutischen Bereich, erzielt.
Es trat aber auch bei keinem Patienten eine sekundäre hämorrhagische
Infarzierung auf. Sieben von acht Patienten erholten sich fast vollständig innerhalb weniger Tage. Zwei Patienten verstarben, die Todesursachen waren ein toxischer Myocardschaden und ein neoplastisches Grundleiden. Bei einer Patientin mit primärer Sinus-sagittalis-superior-
Thrombose, die sich zunächst unter Heparin-Behandlung gut erholt hatte,
kam es zwei mal zu einem Thrombose-Rezidiv, erkennbar an Halbseitensymptomatik, Koma, Krampfanfällen und schwersten Allgemeinveränderungen im
EEG. Im Computertomogramm stellte sich der thrombosierte Sinus sagittalis superior und eine der Lokalisation entsprechende Ödemzone dar
(Abb. 1 und 2).

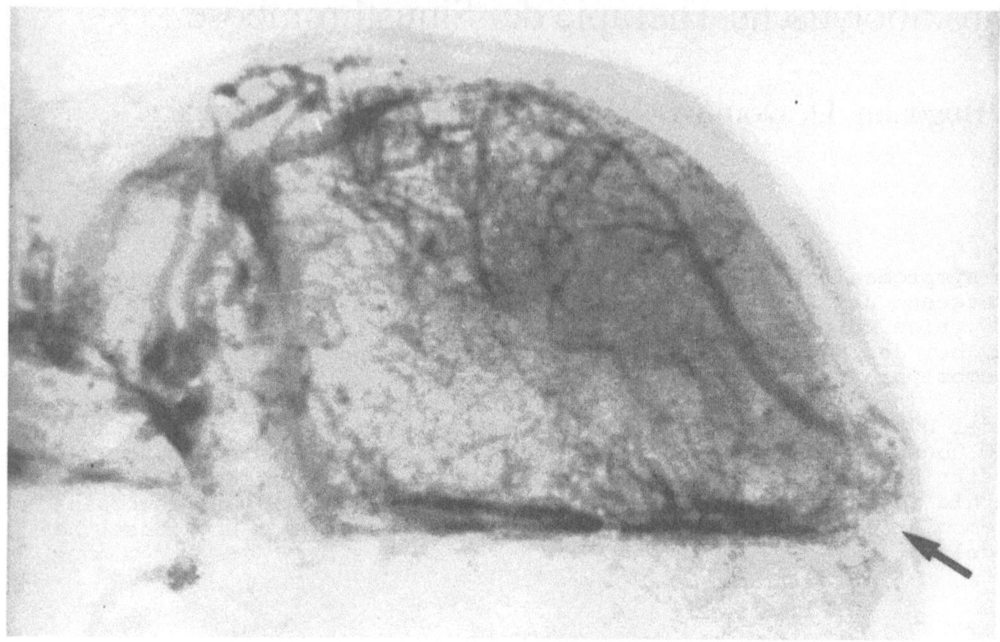

<u>Abb. 1.</u> Carotis-Angiographie der Patientin mit zwei
Thrombose-Rezidiven mit fehlender Darstellung des
Sinus sagittalis superior

Wir entschlossen uns daher bei dieser Patientin zu einer thrombolytischen Therapie mit Streptase, worunter es bereits innerhalb einer
Stunde zu einer dramatischen Besserung kam. Als sich dann beim Übergang auf die Heparin-Therapie nach zehn Tagen ein erneutes Rezidiv
entwickelte, wurde die Patientin drei Tage lang mit Urokinase behandelt, auch jetzt bildeten sich die Symptome prompt zurück. Zwei weitere Patientinnen wurden primär mit Streptase behandelt, da die neurologischen Symptome von Anfang an schwer und bedrohlich progredient
waren, eine Patientin mußte beatmet werden. Auch bei den drei mit
Streptase behandelten Patientinnen kam es nicht zu einer intracerebralen Blutung.

Nach Absetzen von Streptase bzw. Urokinase wurden die Patienten noch
für zwei Wochen mit Heparin behandelt, anschließend wurden Cumarin-
derivate oder Plättchenaggregationshemmer gegeben. Alle drei Patientinnen waren bei Entlassung klinisch symptomfrei.

Folgende absolute Kontraindikationen (1, 5) sind bei der thrombolytischen Therapie zu beachten: akute Blutung (intracerebral, Gastro-In-
testinaltrakt, Urogenitaltrakt), kurzfristig überstandene Blutung
oder Trauma, Infarkt, intracerebraler Tumor. Als relative Kontraindikationen gelten vor allem starke Blutbeimengungen im Liquor. Außerdem
sollte die Symptomatik nicht länger als 24 Stunden vor Therapie-Be-
ginn bestanden haben.

Vor Beginn einer Lyse-Therapie wurde ein Gerinnungsstatus (Thrombinzeit, Prothrombinzeit, Partielle Thromboplastinzeit, Thrombozyten-
zahl) erhoben. Antikoagulantien, Aggregationshemmer und Dextran wurden unter der Lyse-Behandlung abgesetzt. Wir gaben initial 250.000 IE

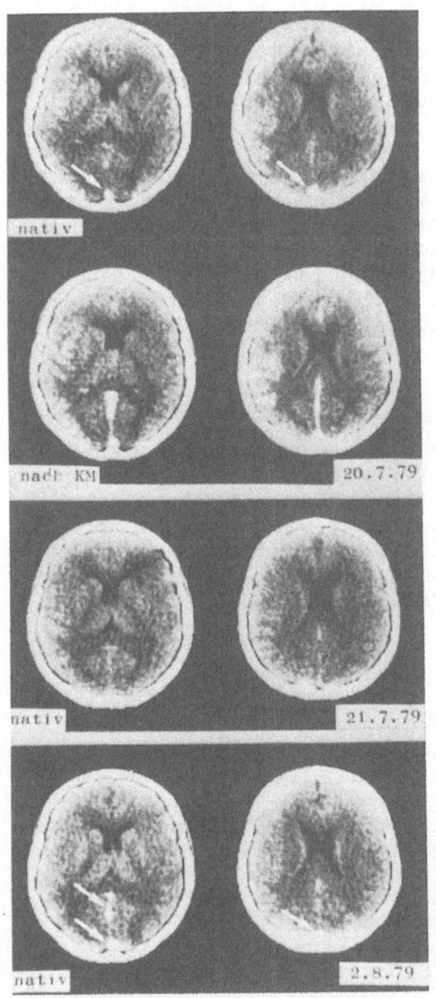

Abb. 2. Computertomographie derselben
Patientin wie Abb. 1. Oberster Block
(nach erstem Rezidiv) mit thrombosiertem Sinus sagittalis superior; mitt-
lerer Block (nach Thrombolyse) mit
freiem Sinus sag. sup.; unterer Block
(nach zweitem Rezeidiv) mit thrombosiertem Sinus sag. sup. und teilweise
thrombosiertem Sinus rectus

Streptase innerhalb 30 Min. i.v., dann über bis zu 72 h 100.000 IE
Streptase/h im Dauertropf. Urokinase wurde initial mit 4400 IE/kgKG
über 10 Min. i.v. gegeben, dann ebenfalls 72 h 100.000 IE/h im Dauertropf. Die Anwendung von Urokinase, die an sich keine therapeutischen
Vorteile bietet, ist bei einer wiederholten Lyse wegen der voraufge-
gangenen Sensibilisierung gegen Streptokinase notwendig. Die thrombolytische Therapie wurde bis zum Abschluß unter Intensivpflegebedingungen
durchgeführt.

Die thrombolytische Therapie der Sinusthrombose ist noch weithin umstritten. Einer möglichen Verminderung der hohen Letalität der meist
jungen Patienten und einer Vermeidung von Spätschäden (5, 7) wurde
die Gefährdung der wenigen überlebenden Patienten gegenübergestellt
(4, 7). So reichte das Spektrum der therapeutischen Empfehlungen von
der kompletten Ablehnung sowohl der Antikoagulantien (4) als auch der
thrombolytischen Therapie (4, 6) bis zu einer vorsichtigen Indikationsstellung (5). Eine kürzlich erfolgte Zusammenstellung (1) der
Komplikationen einer Thrombolyse-Therapie unter verschiedensten, meist
nicht-neurologischen Indikationen zeigte, daß nur in 5 bis 25% der

678

Fälle eine solche Therapie wegen - meist vom Ort der primären Schädigung weit entfernt aufgetretener - Blutungen mit Epsilonaminocapronsäure unterbrochen werden mußte. In unserem Kollektiv traten erfreulicherweise keine Komplikationen auf. Nach unseren noch nicht umfangreichen Erfahrungen scheint also sowohl eine Behandlung mit Heparin als auch die Thrombolyse möglich zu sein.

Eine Entscheidung für diese gefährliche Therapie kann man nur treffen, wenn die kraniale Computertomographie zur Verfügung steht. Mit dieser Methode können nämlich die wichtigsten Kontraindikationen, ausgedehnte Erweichungsherde und präexistente Hämorrhagien ausgeschlossen werden. Außerdem vermeidet man die Risiken der Angiographie, Blutungen aus dem Stichkanal bei anschließender Thrombolyse. Auch eine gefahrlose Verlaufskontrolle ist mit dieser neuen radiologischen Methode möglich.

Zusammenfassung

Es wird über zehn Patienten mit Sinusthrombose berichtet, von denen zwei primär und eine Patientin nach Auftreten von Rezidiven thrombolytisch behandelt wurden. Die anderen Patienten wurden mit Heparin behandelt. Bei möglichst rascher und atraumatischer Diagnostik (Computertomographie) sowie strenger Beachtung der Kontraindikationen (ausgedehnte Erweichungen und präexistente Hemmorrhagien) könnte häufiger die Indikation zu einer thrombolytischen Therapie der Sinusthrombosen gestellt werden.

Literatur

1. Bell WR et al. (1979) Guidelines For the Use of Thrombolytic Agents. N Engl J Med 301: 1266-1270

2. Castaigne P et al. (1977) Superior Sagittal Sinus Thrombosis. Arch Neurol 3: 788-789

3. Geraud G et al. (1977) Hypertension intra-cránienne bénigne par thrombose d'un sinus transverse. Nouv Presse Med 6: 4125-4131

4. Gettelfinger DM et al. (1977) Superior Sagittal Sinus Thrombosis. Arch Neurol 34: 2-6

5. Huhn A et al. (1972) Klinik der venösen Abflußstörungen des Gehirns.In: Gänshirt H (Hrsg) Der Hirnkreislauf. Georg Thieme, Stuttgart, S 651-679

6. Lahoda F (1978) Hirnvenen und Hirnsinusthrombosen. In: Flügel K (Hrsg) Neurologische und Psychiatrische Therapie. Perimed-Verlag, Erlangen, S 181-183

7. Rousseaux P et al. (1977) Thrombose des sinus veneux intra-crániens après prise d'estro-progestatifs. Nouv Presse Med 6: 2049-2054

8. Wendling L (1978) Intracranial Venous Thrombosis: Diagnosis Suggested by Computed Tomography. Am J Roentgenol 130: 978-980

Neurologische Komplikationen bei Antikoagulantienbehandlung

K. Christiani, H.-D. Bruhn und A.U. Muhtaroglu

Bei der Antikoagulantientherapie kann es zu Nebenwirkungen unterschiedlicher Ausprägung und zu schwerwiegenden Komplikationen kommen,
Zu letzteren zählen Blutungen in Nieren und Harnwegen, im Magen-Darm-
Trakt sowie im zentralen und peripheren Nervensystem. Anhand der bisher in der Literatur mitgeteilten knapp 400 Fälle mit neurologischen
Komplikationen lassen sich folgende Punkte hervorheben: In etwa 80%
der Fälle kam es zu intrakraniellen Blutungen (intracerebral, intracerebellär, subdural und subarachnoidal). In jeweils 10% handelte es
sich um spinale Blutungen (epidural, subdural und intramedullär) sowie um periphere Nervenläsionen unterschiedlicher Lokalisation. Auffällig war die hohe Mortalität der intrakraniellen Blutungen mit 30-
40%. Die neurologischen Komplikationen traten zu jedem Zeitpunkt der
Antikoagulantientherapie auf, das Risiko nahm jedoch mit höherem Lebensalter zu, besonders bevorzugt waren das 6. und 7. Lebensjahrzehnt.
Ursache der Blutungen waren sowohl eine zu niedrige Prothrombinkonzentration, bedingt durch eine primäre Überdosierung der Antikoagulantien oder durch einen Überdosierungseffekt durch Interaktionen mit anderen Medikamenten bzw. zusätzlichen Erkrankungen als auch Bagatell-
traumen und ärztliche Eingriffe bei Prothrombinkonzentration im Normbereich. In wenigen Fällen fand sich als Ätiologie die Außerachtlas-
sung von Kontraindikationen.

Krankengut

Von 1970 bis 1979 kamen in der Neurologischen, Medizinischen und Neurochirurgischen Klinik der Universität Kiel insgesamt 58 Patienten wegen einer neurologischen Komplikation bei Antikoagulantienbehandlung
zur Aufnahme. Es handelte sich um 48 Männer und 10 Frauen. Der jüngste
Patient war 38 Jahre, der älteste 76. Das Durchschnittsalter betrug
60,4 Jahre. Als Indikation zur Antikoagulantientherapie lagen folgende Grunderkrankungen vor: Herzinfarkt (19 mal), postoperative Prophylaxe (9 mal), periphere arterielle Durchblutungsstörungen (8 mal),
tiefe Beinvenenthrombose (8 mal), Herzklappenersatz (5 mal), Pulmonal-
arterienembolie (4 mal), Herzrhythmusstörungen (3 mal) und cerebrale
Durchblutungsstörungen (2 mal).

Die Therapiedauer lag zwischen wenigen Tagen und mehreren Jahren, die
durchschnittliche Dauer der Therapie betrug 40,2 Monate. 56 Patienten
nahmen Marcumar ein, 2 Kranke wurden mit Heparin behandelt.

Neurologische Komplikationen

Bei 45 Patienten kam es zu einer intrakraniellen Blutung: Intracerebral (18), intracerebellär (1), subdural (19) und subarachnoidal (7).
Bei einer Patientin trat 2 mal eine Subarachnoidalblutung auf. Spinale Blutungen fanden sich 3 mal, 2 mal epidural und einmal subdural.
Läsionen peripherer Nerven traten bei 10 Patienten auf, 3 mal betrafen sie mehrere Anteile des Plexus lumbosacralis, 3 mal isoliert den

N. ischiadicus und jeweils 2 mal den N. femoralis und den N. peronaeus.
22 der 58 Patienten verstarben an den Folgen der Blutung. Die Mortalität betrug bei den intracerebralen Blutungen 68%, bei den subduralen
26% und bei den subarachnoidalen 38%. Von den Kranken mit einer spinalen Blutung kam einer ad exitum.

Ätiologie

41 mal manifestierte sich die Blutung spontan ohne äußeren Anlaß, je
8 mal war ein Bagatelltrauma bzw. ein Unfall vorangegangen. Einmal
kam es nach einer Überanstrengung (Gymnastik) und einmal nach einem
ärztlichen Eingriff (Lumbalpunktion) zu einer Blutung. Die bei der
stationären Aufnahme vorgenommene Bestimmung des Quick-Wertes ergab,
daß er in 23 Fällen im therapeutischen Bereich von 15-25% lag. Ein
Quick-Wert unter 15% wurde 15 mal, ein Wert über 25% 16 mal festgestellt, in 5 Fällen fehlten die Angaben in den Krankengeschichten. In
den 16 Fällen, in denen eine äußere Einwirkung vorausgegangen war, lag
der Quick-Wert mit nur 3 Ausnahmen immer im therapeutischen Bereich
oder sogar darüber.

Risikofaktoren

Bis zum Zeitpunkt des Auftretens der Blutung hatten 12 Patienten zusätzlich andere Medikamente eingenommen, z.B. Breitbandantibiotika,
Sulfonamide, Salizylate und Mutterkornalkaloide. Bei 8 Kranken bestand
ein Hypertonus, bei einem ein labiler Hypertonus.

Diskussion

Neurologische Komplikationen bei der Antikoagulantientherapie kommen
zwar selten vor, stellen jedoch bei intrakranieller oder spinaler Lokalisation eine Lebensbedrohung für den Patienten dar. Von den eigenen
Untersuchungsergebnissen ist hervorzuheben, daß bei ca. einem Drittel
der Kranken Risikofaktoren (Hypertonus, Interaktion mit anderen Medikamenten) vorhanden waren. Außerdem wurde in manchen Fällen die Symptomatik einer sich anbahnenden Komplikation nicht rechtzeitig erkannt,
so daß es trotz operativer Maßnahmen zum Exitus letalis kam. Die Komplikationsrate bei der Antikoagulantientherapie läßt sich nur dann
senken, wenn die Indikationsstellung streng gehandhabt wird, Kontraindikationen beachtet und regelmäßige Kontrolluntersuchungen des Quick-
Wertes vorgenommen werden. Es ist zu erörtern, ob nicht grundsätzlich
nach jedem Trauma eines antikoagulierten Patienten eine stationäre Beobachtung erfolgen sollte bzw. vorübergehend die Antikoagulantientherapie zu unterbrechen wäre. Darüber hinaus muß der Patient durch den
Arzt aufgeklärt werden, daß durch die Einnahme bestimmter Medikamente
die Blutungsgefährdung erheblich steigt.

Zusammenfassung

Innerhalb der letzten 10 Jahre wurden in drei verschiedenen Universitätskliniken in Kiel 58 Patienten mit neurologischen Komplikationen
unter der Antikoagulantientherapie stationär behandelt. Am häufigsten
waren intrakranielle Blutungen (77,6%), 5,1% der Blutungen waren spinal lokalisiert, 16,9% betrafen das periphere Nervensystem. 37,3% der
Kranken kamen ad exitum. Besonders hoch lag die Mortalität bei den intracerebralen Hämatomen mit 68%. In 30,5% der Fälle ging der Blutung
ein Trauma voraus. In knapp 1/5 der Fälle lagen Risikofaktoren vor.

Der Einfluß von Tranexamsäure auf die Gerinnungsverhältnisse und den Verlauf bei akuter spontaner Subarachnoidalblutung

Ch. Wenig, E. Wenzel, P. Hellstern, H. Jäger und L. Pfordt

1. Einleitung

Rezidive cerebraler Aneurysmablutungen können durch synthetische Antifibrinolytika (Tranexamsäure = trans-4-amino-methylcyclohexan-karbonsäure-(1)=t-AMCHA-AMCA) reduziert werden (1, 2, 3, 6, 8, 10), gleichzeitig besteht aber die Gefahr einer erhöhten Thromboseneigung. Systematische Untersuchungen über das Gerinnungssystem bei eingetretener Blutung und umfassende Hämostasestudien bei Subarachnoidalblutung stehen noch aus. Da jetzt die Möglichkeit besteht, Serinproteasen hochempfindlich und ihre physiologischen Hemmstoffe äußerst spezifisch zu messen, sollen in Ergänzung zum derzeitigen Stand der Literatur erste hinweisende Einzelergebnisse in Verbindung mit eigenen klinischen Verlaufsbeobachtungen dargestellt werden.

2. Methodik

2.1 Analysen

Im plättchenfreien Citratplasma wurden konventionelle Gerinnungsparameter (Prothrombinzeit/Quick, partielle Thromboplastinzeit, Thrombinzeit, Fibrinogen, Thrombincoagulasezeit) und immunologisch Plasminogen, Alpha 1-Antitrypsin, Alpha 2-Makroglobulin und Fibrinogen bestimmt sowie photometrisch (amidolytische Nachweismethode) Plasminogen-Aktivator, Plasmin, Antiplasmin, Thrombin und Antitrypsin (freie Aktivität und Aktivität nach Inkubation). Spezielle Angaben sind der Literatur zu entnehmen (13).

2.2 Patientenauswahl

Untersucht wurden Plasma und Liquor von 16 Patienten ohne Subarachnoidalblutung (neurologische Grunderkrankungen: Polyneuropathie und Polyneuritis, Myasthenie, Multiple Sklerose, Epilepsie, myatrophische Lateralsklerose, Hirninfarkt, Tic, Narkolepsie, Wurzelkompressionssyndrome und Zustand nach traumatischer Rückenmarksschädigung) und 16 Patienten mit akuter Subarachnoidalblutung (SAB) vor und eine Woche nach Therapie mit 6 g Tranexamsäure/24 Std. iv. als Dauerinfusion.

Die Daten von 23 Patienten mit Aneurysmablutungen, die mit AMCA behandelt wurden, lauten folgendermaßen: 6 Männer und 17 Frauen im Alter von 18 bis 71 Jahren, Durchschnittsalter 48 Jahre. AMCA-Therapiedauer zwischen 6 und 54 Tagen, durchschnittlich 19,17 Tage. AMCA-Dosis: 6 x 3 g/24 Std., 17 x 6 g/24 Std. (Initial- und Erhaltungsdosis). Intervall SAB - Beginn der AMCA-Therapie zwischen 0 und 17 Tagen, durchschnittlich 5,65 Tage. Nachblutungen: insgesamt 10 bei 6 Patienten (26,08%), venöse und arterielle Thromboembolien bei 6 Patienten (26,08%), Spasmen im Angiogramm bei 13 Patienten (56,52%), Hirninfarkte bei 2 Patienten (8,69%), Hydrocephalus bei 12 Patienten (52,17%), Shunt erforderlich bei einem Patienten (4,34%). Alle Patienten wurden laufend computertomographisch überwacht. Von 6 Patienten mit AMCA-Therapiebeginn innerhalb von 24 Stunden nach der ersten Blutung erlitten 4 ein Rezidiv innerhalb von 6 Tagen.

2.3 Literaturauswahl und eigenes Krankengut

Wegen der Beschränkung der Literaturzitate wurden ausschließlich die kontrollierten Studien über die Anwendung von AMCA bei SAB (1, 2, 3, 6, 8, 10) ausgewertet und mit den eigenen Beobachtungen verglichen.

2.4 Liquor von Patienten ohne Hinweise für Subarachnoidalblutungen

(neurologische Grunderkrankungen: siehe oben) wurde zu normalem plättchenfreiem Plasma zugefügt (1:4) und bei konstanter Citrat-Konzentration und pH in Plastikgefäße 30 Minuten bei 37°C inkubiert. Dabei ließen sich in den unter 2.1 aufgeführten Testsystemen keine systematischen Veränderungen im Normalplasma erfassen.

3. Ergebnisse

3.1 In den untersuchten Liquores wurde eine deutliche Antitrypsin-Aktivität etwa 100fach niedriger als im Normalplasma gemessen, obwohl immunologisch Alpha 1-Antitrypsin nicht zu erfassen war. Andere Hemmstoff-Aktivitäten oder Spurenproteine (Alpha 2-Makroglobulin, Fibrinogen, Plasminogen, Antithrombin III) wurden im Liquor nicht nachgewiesen, in den zugehörigen Plasmen wurden Normalwerte für diese Parameter ermittelt. In 4 der 6 untersuchten Liquores wurden übereinstimmend mit dem Verhalten im Plasma erhöhte, sog. Aktivator (Urokinaseähnliche)-Aktivitäten erfaßt. Allerdings wurde keine freie Plasmin-Aktivität in den Liquores und in den zugehörigen Plasmen nachgewiesen. Lediglich in einem der untersuchten Liquores mit erhöhter Plasminogen-Aktivator-Aktivität wurde eine deutliche Antiplasmin-Aktivität zusammen mit geringen Spuren freier Thrombin-Aktivität amidolytisch erfaßt.

3.2 Nach einwöchiger Tranexamsäure-Therapie ergaben sich ein signifikanter Fibrinogenanstieg (p=0,01, Abb. 1) und eine signifikante Verlängerung der Thrombincoagulasezeit (p=0.01, Abb. 2) und der Plasmathrombinzeit (p=0.1). Prothrombinzeit (Quick) und partielle Thromboplastinzeit zeigten keine signifikanten Differenzen.

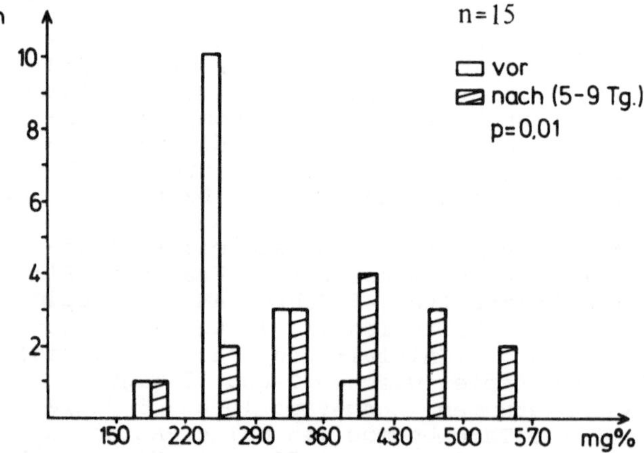

Abb. 1. Konzentration des gerinnbaren Fibrinogens im Plasma bei akuter Subarachnoidalblutung vor und nach Therapie mit Tranexamsäure (6 g/24 Std. iv.). Signifikanter Fibrinogenanstieg (p=0.01) unter Therapie

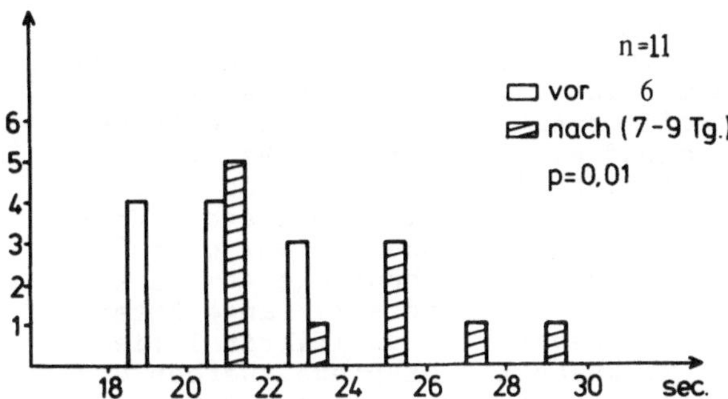

Abb. 2. Thrombincoagulasezeit im Plasma bei akuter Subarachnoidalblutung vor und nach Therapie mit Tranexamsäure (6 g/24 Std. iv.). Signifikante Verlängerung (p=0.01) unter Therapie

3.3 Bei 2 von 3 Patienten mit Subarachnoidalblutungen unter Tranexamsäure-Therapie waren die vorher beschriebenen Antitrypsin-Aktivitäten im Liquor extrem hoch und gleichzeitig konnte Alpha 1-Antitrypsin immunologisch erfaßt werden. Das Verhalten des Antitrypsin im Plasma dieser Patienten korrespondiert ausgezeichnet zu diesen Liquor-Werten.

3.4 Tabelle 1 gibt die Ergebnisse von 6 kontrollierten Studien über den Einfluß von AMCA-Medikation auf den Verlauf von Subarachnoidalblutungen wieder.

Tabelle 1. Ergebnisse aus sechs kontrollierten Studien über den Einfluß von AMCA auf den Verlauf von Subarachnoidalblutungen (1, 2, 3, 6, 8, 10). Reduz. = reduziert. N.Red.= nicht reduziert. N.Beeinfl.= nicht beeinflußt. N.Häuf. = nicht häufiger

Ergebnisse aus 6 kontrollierten Studien üb.d. Einfluß von AMCA auf d.Verlauf v. Subarachnoidalbl.			keine Angaben
Nachblutungen	Reduz./N.Red.	= 4:2	0
Mortalität	Red./N.Beeinfl.	= 2:3	1
Hirnart, Spasm.	N.Häuf./Häufiger=	1:2	3
Hydrocephalus	N.Häuf./Häufiger=	1:2	3
Thromboembol.	N.Häuf./Häufiger=	1:3	2

4. Besprechung

Normaler Liquor enthält weder Plasminogen noch Plasmin, wohl aber einen Plasminogen-Aktivator (4, 14, eigene Befunde). Dieser wandelt zusammen mit den bei der Aneurysmaruptur freigesetzten Gewebsaktivatoren das bei einer Blutung in den Liquorraum, durch Bluthirnschranken-Störung aus dem Plasma oder durch Exsudation aus dem arteriellen Gewebe freiwerdende Plasminogen in das aktive Enzym Plasmin um. Die bei der Subarachnoidalblutung mit in den Liquor eingeschwemmten Inhibitor-Plasmaproteine des fibrinolytischen Systems werden jedoch durch den Verdünnungseffekt des Liquors weitgehend blockiert, so daß von der Liquorseite her durch eine freie fibrinolytische Aktivität im Bereich des aneurysmatischen Verschlußthrombus ein Fibrinabbau möglich wird (5). PATTERSON und HARPEL (9) konnten tierexperimentell belegen, daß sich durch Antifibrinolytika Größe und Härte des intra-aneurysmatischen Gerinnsels erhalten lassen. Die in den letzten Jahren mit ACMA durchgeführten kontrollierten Studien bei akuter Subarachnoidalblutung ergaben überwiegend eine Tendenz zur Reduzierung der Zahl der Rezidivblutungen bei gleichzeitiger Zunahme der Hirnarterienspasmen, Ventrikelerweiterungen und thromboembolischen Komplikationen (1, 2, 3, 6, 8, 10). Im eigenen Krankengut war gegenüber der Literatur (7) keine Abnahme der Nachblutungshäufigkeit zu erkennen. Ursache dafür dürfte das mit fast 6 Tagen relativ lange Intervall zwischen der Erstblutung und dem Beginn der antifibrinolytischen Therapie sein. Antifibrinolytisch wirksame Liquorspiegel werden erst nach 2-4 Tagen und der Gipfel der AMCA-Konzentration nach 7 Tagen erreicht (11, 12), während die meisten Rezidivblutungen in den ersten 14 Tagen nach dem initialen Ereignis auftreten (7).

5. Zusammenfassung

5.1 Kontrollierte Studien über die antifibrinolytische Therapie (mit AMCA) der akuten Aneurysmablutung ergaben eine Tendenz zur Reduzierung der Rezidivblutungen bei gleichzeitiger Zunahme von Hirnarterienspasmen, Ventrikelerweiterungen und thromboembolischen Komplikationen. Für das Therapieziel, die Verhinderung der Nachblutung, besteht nur dann eine gewisse Erfolgschance, wenn das Antifibrinolytikum sobald als möglich nach Blutungseintritt verabreicht wird.

5.2 Mit photometrisch-amidolytischen Nachweisverfahren gelingt es im Liquor unmittelbar spezifische Hemmstoffaktivitäten gegenüber Serinproteasen empfindlicher nachzuweisen als es mit immunologischen Proteinkonzentrationsmessungen möglich ist. Auch geringe Aktivitäten freier Serinproteasen können im Liquor amidolytisch-photometrisch erfaßt werden (z.B. Plasmin, Thrombin). Nach diesen Erfahrungen wird zunächst geprüft werden, inwieweit die Entnahmetechnik des Liquors für diese hochempfindlichen Methoden zu standardisieren ist. Vorteilhaft erscheint, daß immunologische und Aktivitätsmessungen mit vergleichbarer Präzision und Empfindlichkeit im Plasma wie im Liquor durchgeführt werden können.

Literatur

1. Beck OJ (1979) Preoperative treatment of intracranial aneurysms. In: Pia HW, Langmaid C, Zierski J (eds) Cerebral Aneurysms. Springer, Berlin Heidelberg New York, p 197

2. Fodstad H. Liliequist B, Schannong M, Thulin CA (1978) Tranexamic acid in the preoperative management of ruptured intracranial aneurysms. Surg Neurol 10: 9-15

3. Gibbs JR, Corkill AGL (1971) Use of an anti-fibrinolytic agent (tranexamic acid) in the management of ruptured intracranial aneurysms. Postgraduate Med J 47: 199-200

4. Hindersin P, Heidrich R (1977) In-vitro-Versuche zur Klärung der fibrinolytischen Aktivität im Normalliquor. Psychiat Neurol med Psychol (Leipzig) 29: 275-284

5. Hindersin P, Heidrich R (1977) Hämostatische Abläufe bei Aneurysmablutungen. Psychiat Neurol med Psychol (Leipzig) 29: 129-144

6. Kaste M, Ramsay M (1979) Tranexamic acid in subarachnoid hemorrhage. A double-blind study. Stroke 10: 519-522

7. Locksley H (1966) Natural history of subarachnoid hemorrhage, intracranial aneurysms and arteriovenous malformations. J Neurosurg 25: 219-239

8. Maurice-Williams RS (1978) Prolonged antifibrinolysis: an effective non-surgical treatment for ruptured intracranial aneurysms. Brit med J 1: 945-947

9. Patterson RH, Harpel P (1971) The effect of epsilon aminocaproic acid and tranexamic acid on thrombus size and strength in a simulated arterial aneurysm. J Neurosurg 34: 365-371

10. van Rossum J, Wintzen AR, Endtz LJ, Schoen JHR, de Jonge H (1977) Effect of tranexamic acid on rebleeding after subarachnoid hemorrhage: a double-blind controlled clinical trial. Ann Neurol 2: 242-245

11. Tovi (1968) zit. nach Prentice CRM (1975) Indications for antifibrinolytic therapy. Thrombos Diathes haemorrh (Stuttg.) 34: 634-643

12. Tovi D, Thulin CA (1972) Ability of tranexamic acid to cross the blood-brain barrier and its use in patients with ruptured intracranial aneurysms. Acta Neurol Scandinav 48: 257

13. Wenzel E, Holzhüter H, Muschietti F, Angelkort B, Ochs HG, Pusztai-Markos S, Nowak H, Stürner H (1974) Zuverlässigkeit des Fibrinogen-(Fibrin)-Spaltproduktnachweises im Plasma mit Thrombinkoagulase-, Reptilase- und Thrombin-Gerinnungszeit. Dtsch med Wschr 99: 746-756

14. Wu KK, Jacobsen CD, Hoak JC (1973) Plasminogen in normal and abnormal human cerebrospinal fluid. Arch Neurol 28: 64-66

Zum klinischen Bild des cerebrovaskulären Ergotismus

K.M. Einhäupl, M. Pellkofer und M. Prosiegl

Während das Krankheitsbild der Ergotaminintoxikation aus Endemien
gut bekannt ist, liegen Berichte über den Ergotismus - also das Auftreten von Vasospasmen durch therapeutische Dosen von Ergotamin -
nur für Manifestationen an den Extremitäten in größerem Umfang vor.
Es wurden bisher drei angiographisch gesicherte Fälle von cerebrovaskulärem Ergotismus publiziert (3, 4, 5), die wir zusammen mit drei
von uns selbst beobachteten, angiographierten Fällen analysierten.

Methode

Wir untersuchten die vorliegenden Fälle hinsichtlich Prodromie, neurologische Störungen bei Klinikaufnahme, Veränderungen im Carotis-
angiogramm, Dosis und Dauer der Einnahme. Patienten mit Ergotaminintoxikation wurden nicht in die Studie einbezogen.

Ergebnisse

Es handelt sich um fünf Frauen im Alter zwischen 36 und 46 Jahren, bei
denen die Einnahme von Ergotamintartrat (ET) bzw. Methysergit zu klinischen Erscheinungen geführt hat, und um einen 14-jährigen Jungen,
der LSD eingenommen hat, eine dem Ergotamin verwandte Substanz. Keine
der fünf Frauen nahm am Tag der akuten Erkrankung oder in der Woche
davor eine Dosis, die die vom Hersteller angegebene Höchstdosis über-
schreitet. Die Patientinnen hatten vorher ET-haltige Medikamente über
einen Zeitraum zwischen vier Monaten und 20 Jahren eingenommen.

Vor Klinikaufnahme hatten drei der sechs Patientinnen Schwindelanfäl-
le, ein Patient war ataktisch. Dreimal führte ein Anfall zur Klinikaufnahme, zweimal neurologische Herdsymptome, einmal eine zunehmende
Apathie. Vier der sechs Patientinnen waren bei Klinikaufnahme verwirrt
oder bewußtlos, zwei Patientinnen hatten bei Aufnahme neurologische
Herdsymptome im Sinne einer Hemiparese. Zwei Patienten entwickelten
im Verlauf ihrer Erkrankung extrapyramidale Symptome, eine Patientin
hatte eine homonyme Hemianopsie.

Bemerkenswert war der fluktuierende Verlauf, besonders der Herdsympto-
me, den wir bei drei Patienten feststellten (Abb. 1). Der Wechsel von
Hemiparesen und Tetraparese, sowie der Seitenwechsel der Paresen im
Verlauf der Erkrankung wurde bei zwei unserer Patientinnen und bei
SOBELS's Patienten beobachtet.

Bei zwei Patienten ist der Verlauf nicht bekannt, eine unserer Patientinnen verstarb nach sechswöchigem Krankheitsverlauf infolge intrakranieller Drucksteigerung. Während des gesamten Beobachtungszeitraums
schwankte die Bewußtseinslage zwischen tiefcomatös und somnolent. Bei
drei Patienten kam es zu einer restitutio ad integrum nach 20 - 23 Tagen. In diesen drei Fällen überdauerte das Psychosyndrom die herdneu-
rologischen Störungen. Die Analyse der Carotisangiogramme ergab sichere

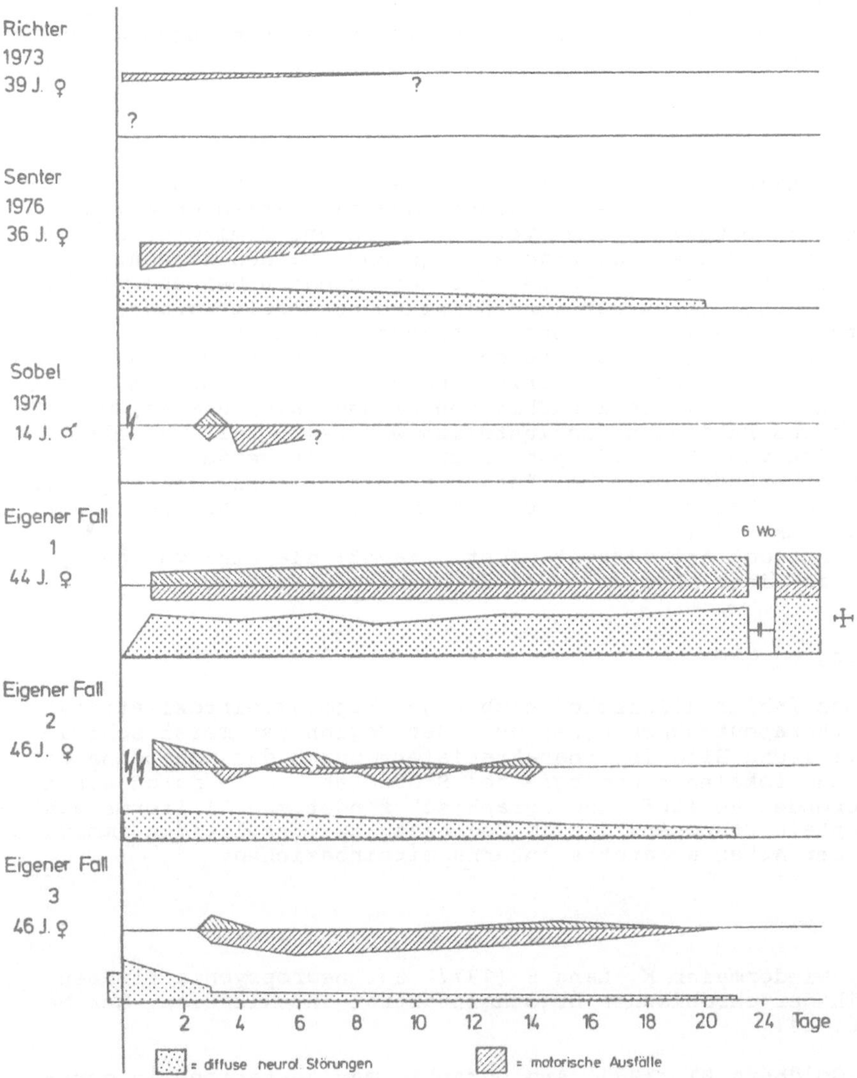

Abb. 1. Verlauf von diffusen und fokalen neurologischen Störungen bei sechs Patienten mit cerebrovaskulärem Ergotismus

Veränderungen im Sinne eines Ergotismus bei fünf und fragliche bei einer Patientin. Die Veränderungen waren bei allen Patienten im Halsteil der Arteria carotis interna zu finden und bestanden in einer glattwandigen segmentalen filiformen Stenose. In zwei Fällen erstreckte sich die Engstellung bis zum supraclinoidalen Anteil der Arteria carotis, in einem Fall bis zur Media. In drei doppelseitig untersuchten Fällen betrafen die Veränderungen beide Carotiden, in einem Fall waren sie nur einseitig. Das Vertebralis-Strombahngebiet wurde nur bei einer unserer Patientinnen untersucht, wo sich ebenfalls deutliche Veränderungen fanden. Die Angiographie war zwischen dem 2. und dem 51. Tag durchgeführt worden. Bei einer Patientin zeigte eine Reangio-

688

graphie 12 Tage nach Beginn der Erkrankung einen thrombotischen Verschluß beider Carotiden, eine zweite Patientin, die am 51. Tag nach-
angiographiert wurde, zeigte keine wesentlichen Veränderungen gegenüber dem Vorbefund.

Diskussion

Diagnostische Schwierigkeiten ergeben sich einerseits aus der Seltenheit der Erkrankung, andererseits daraus, daß die Patienten bei Klinikaufnahme häufig bewußtlos oder verwirrt sind und somit keine Angaben über die zugrunde liegende Ergotamineinnahme machen können.
Eine unserer Patientinnen war Wochen vor der Aufnahme bei uns mit neurologischen Störungen in auswärtigen Kliniken behandelt worden, ohne
daß die Ergotamineinnahme als Ursache erkannt worden war.
Flügel (1) beobachtete einen ähnlichen Fall. Der dem Ergotismus zugrunde liegende Mechanismus ist derzeit noch ungeklärt. Es ist zu diskutieren, ob die kombinierte Einnahme von ET und Barbituraten, wie sie
bei vier der sechs Patienten festzustellen war, eine Rolle spielt.
In einer kürzlich von LEEDS (2) publizierten Arbeit werden ähnliche
angiographische Veränderungen bei Patienten beschrieben, die nur Barbiturate eingenommen hatten. Zu diskutieren sind auch Phänomene im Rahmen einer Idiosynkrasie.
Ein wirksames Antidot ist derzeit nicht bekannt, die einzige Therapie
besteht somit in einer Absetzung der Ergotaminmedikation.

Zusammenfassung

Beim Ergotismus fehlen klinische Zeichen der Ergotaminintoxikation,
er tritt bei therapeutischen Dosen auf. Der Beginn ist meist schleichend, das klinische Bild ist charakterisiert durch das Nebeneinander
von diffusen und fokalen neurologischen Störungen, sowie durch einen
oft flukturierenden Verlauf. Angiographisch findet man filiforme glatt-
wandige segmentale Stenosen, die im Gegensatz zu Vaskulitiden immer
den Halsteil der Arteria carotis interna miteinbeziehen.

Literatur

1. Flügel KA, Niedermaier K, Lang E (1977) Zur neuropsychiatrischen
   Symptomatik der chronischen Ergotamintartrat-Intoxikation. Der Nervenarzt 48: 441

2. Leeds NE, Goldberg HI (1971) Angiographic manifestations in cerebral inflammatory disease. Radiology 98: 595

3. Richter AM, Banker VP (1973) Carotid Ergotism. Radiology 106: 339

4. Senter HJ, Liebermann AN, Pinto R (1976) Cerebral manifestations
   of ergotism. Stroke 7: 88

5. Sobel J, Espinas OE, Friedman SA (1971) Carotid artery obstruction
   following LSD capsule ingestion. Arch Intern Med 127: 290

Die Wirkung von Pentoxifyllin auf die regionale Gehirndurchblutung und das regionale Hirnblutvolumen bei chronischen cerebralen Durchblutungsstörungen

A. Hartmann

Einleitung

Der Einsatz von primär oder sekundär die Durchblutung steigernden Substanzen in der Behandlung zerebraler Durchblutungsstörungen ist umstritten (26, 29). Sie finden z.B. unter der Vorstellung Verwendung, daß die Perfusion jener Gewebeareale verbessert werden soll, deren metabolischen Anforderungen die Durchblutung nicht gerecht wird. Die Applikation vasoaktiver Substanzen in der akuten Phase des Schlaganfalls ist gefährlich, weil die Vasodilation gesunder Bezirke aus gefäßparalytischen Arealen Blut stehlen kann: Steal-Phänomen (5, 25, 27). Die nur geringfügige Behinderung der Gefäßmotilität minderperfundierten Gewebes bei arteriosklerotischer oder präseniler nicht arteriosklerotischer Demenz führt bei Gabe von gefäßerweiternden Substanzen im allgemeinen nicht zum Steal-Effekt. Es ist aber wichtig, über das Ausmaß der Wirkung einer durchblutungsverändernden Substanz auf die eventuell vorhandene partielle oder komplette Gefäßparalyse bei diesen Erkrankungen Information zu gewinnen.

Eine große Anzahl gefäßaktiver Substanzen wurde bisher bei chronischen zerebro-vaskulären Krankheiten eingesetzt (4, 18, 19, 27, 28, 32, 37, 43). Da viele Durchblutungsstörungen regional beschränkt sind, werden sie bei Messung der globalen Hirndurchblutung und bei Bestimmung des globalen Stoffwechselumsatzes häufig nicht erkannt oder zumindest hinsichtlich ihres exakten Ausmaßes durch das gesunde Gewebe maskiert. Die regionale Messung des zerebralen Stoffwechselumsatzes beim Menschen steckt in den methodischen Anfängen und ist für die klinische Routine-Anwendung noch nicht einsatzfähig (1, 35). Mit der Bestimmung der regionalen Gehirndurchblutung nach Injektion einer radioaktiven Substanz in die Arteria carotis interna und konsekutiver Registrierung der Auswaschkurven lassen sich regionale Durchblutungswerte einer Hemisphäre exakt erfassen (11, 15, 24).

Um von den bei Patienten gewonnenen Durchblutungswerten und ihren Veränderungen durch durchblutungssteigernde Substanzen Rückschlüsse auf die klinische Anwendbarkeit der Medikamente schließen zu können, müssen einige Voraussetzungen erfüllt sein:

1. Die Substanz muß in der Applikationsform gegeben werden, in der sie später in der Therapie benutzt werden soll.

2. Die Messung der regionalen Durchblutung kurz nach einer einmaligen Gabe eines Medikamentes sagt nur wenig über die Wirkung der Substanz auf die Durchblutung in der klinischen Praxis aus. Es ist erforderlich, ein Medikament nach der initialen Durchblutungsstudie über längere Zeit zu geben und dann mehrere Stunden nach der letzten Applikation die Durchblutungsmessung zu wiederholen.

3. Eventuell gemessene Veränderungen der Durchblutung müssen auf die Applikation der Substanz zurückzuführen sein und dürfen nicht einem Spontanverlauf entsprechen.

690

Die Mehrzahl der Medikamente dieser Art wurde bisher im Akutversuch
erprobt. Dabei stellten sich unterschiedliche Ergebnisse heraus, welche u.a. auf die technischen Unterschiede der einzelnen Meßstände zurückzuführen sind (18, 21). Im Akutversuch wurde bisher für die meisten dieser Medikamente keine Durchblutungssteigerung festgestellt,
während sie bei rheologisch wirkenden Maßnahmen gesichert erscheint
(5, 6, 12, 14, 23). Unseres Wissens gibt es bisher nur eine Untersuchung, in der die Wirkung eines über längere Zeit verabreichten primär vasoaktiven Pharmakons auf die regionale Gehirndurchblutung untersucht wurde (30).

Pentoxifyllin (P.) - 3,7 - Dimethyl (- 1 - (5-oxohexyl)-xanthin -
wird heutzutage als durchblutungsfördernde Substanz eingesetzt. Aufgrund der haemorheologischen und biochemischen Eigenschaften (2, 3,
10, 31, 34, 36, 38, 39, 40, 41) könnte sie theoretisch in der Lage
sein, im Stromgebiet der Hirngefäße eine Durchblutungsänderung zu veranlassen. Nachdem entsprechende experimentelle Arbeiten (22) und Untersuchungen im Akutversuch bei Patienten (23) vorliegen, haben wir
in unserem Hirnkreislauflabor die Wirkung von P[1] auf die regionale Gehirndurchblutung von Patienten mit chronischen zerebralen Durchblutungsstörungen vor und nach therapeutischer Anwendung des Präparates
untersucht.

Methodik

Die Studie wurde bei 33 Patienten mit einer seit mindestens 4 Monaten
bekannten neurologischen Erkrankung des ZNS begonnen und konnte bei
25 Patienten gemäß dem Protokoll zu Ende geführt werden; über diese
Patienten wird hier berichtet.

Die Diagnose stützte sich auf Anamnese, klinischen Befund und technische Zusatzuntersuchungen. Bei allen Patienten wurde eine zerebrale
Arteriographie vor der Durchblutungsstudie veranlaßt, bei Patienten
mit Demenz auf dem Boden einer nicht-vaskulären Erkrankung auch eine
Pneumencephalographie. Folgende Diagnosen wurden gestellt:

Patienten Nr. 1 - 11: Morbus Alzheimer, Morbus Pick (46 - 68 Jahre)
Patienten Nr. 12 - 16: Alter Infarkt im Gebiet der Arteria cerebri
                       media (53 - 73 Jahre)
Patienten Nr. 17 - 21: Arteriosklerotische Demenz (62 - 72 Jahre)
Patienten Nr. 22 - 25: Hirnstamminfarkt, chronischer Alkoholismus mit
                       Demenz, apallisches Syndrom nach Subarachnoidal-
                       blutung (31 - 76 Jahre).

Die Bestimmung der regionalen Gehirndurchblutung (rCBF) und des regionalen Hirnblutvolumens (rCBV) erfolgte im Wachzustand nach Injektion
von 3 - 4 mCi Xenon 133 bzw. 1 - 2 mCi Technetium 99^m in die Arteria
carotis interna und Registrierung der Auswaschkurven über 16 - 32
Arealen (ROI) mittels einer computerisierten Gamma-Kamera. Die selektive Füllung der Hemisphäre bestätigte sich durch Beobachtung der Verteilung des radioaktiven Materials über das Gehirn auf dem Oszilloskop-
schirm des Computers. Der Detektor der Gamma-Kamera wurde über dem lateralen Aspekt der betroffenen Hemisphäre parallel zum Sinus sagittalis superior und zur Schädelbasis angebracht. Während der Messungen
wurden Blutdruck mittels der Riva-Rocci-Methode und die arteriellen
Partialdruckwerte der Blutgase regelmäßig überprüft.

---

[1]Trantal

Nach der initialen rCBF-Messung wurde nach Injektion von Technetium 99^m die regionale Durchblutungszeit rCBTT bestimmt. Das regionale Hirnblutvolumen rCBV ergab sich aus der Multiplikation von rCBF und rCBTT. 20 Minuten nach Beendigung der rCBTT-Bestimmung erfolgte eine weitere rCBF/rCBTT-Messung unter Hyperventilation (Hypokapnie). Aus den rCBF-Werten der ersten und zweiten Messung und der Differenz der $PaCO_2$-Werte wurde der individuelle Blutgasreaktivitätsfaktor RF bestimmt, mit dessen Hilfe jeder rCBF- und rCBV-Wert auf einen $PaCO_2$ von 40 mm Hg umgerechnet wurde. Nur unter diesen Umständen sind wiederholte Messungen bei jedem einzelnen Patienten vergleichbar. In dieser Arbeit werden lediglich die individuell korrigierten Durchblutungswerte bei einem $PaCO_2$-Wert von 40 mm Hg mitgeteilt.

Die Auswertung der regionalen Auswaschkurven nach einer Registrierzeit von 11 Minuten erfolgte mittels der stochastischen Methode. Die Verwendung der Gamma-Kamera erlaubt es, neben den regionalen Daten auch den Hemisphärenwert der Durchblutung und des Hirnblutvolumens (hCBF bzw. hCBV) zu berechnen. Im Gegensatz zur Verwendung von wenigen Einzeldetektoren handelt es sich nicht um einen mittleren rCBF-Wert, bei dessen Berechnung einzelne Gewebeanteile nicht in den Auswaschvorgang einbezogen werden.

Die Abweichung des Hemisphären-Durchblutungswertes vom steady-state-Wert wird als signifikant betrachtet, wenn eine Veränderung von wenigstens 7,5% unter gleichen $PaCO_2$-Bedingungen berechnet wird. Eine Änderung der regionalen Daten unter gleichen $PaCO_2$-Bedingungen ist dann signifikant, wenn die Veränderung mindestens 15% beträgt.

Am Tage dieser initialen Durchblutungsstudie begann die Behandlung mit P., welches morgens und nachmittags als 300 mg-Dosis in 250 ml 0,9%-iger Kochsalzlösung über jeweils 1,5 Stunden infundiert wurde. Während dieser Behandlungszeit von 14 Tagen wurden weder antiödematöse Substanzen noch Dextranlösungen oder vasoaktive Pharmaka verabreicht. Am 14. Tag der Therapie wurde 4 Stunden nach Beendigung der morgendlichen Infusion die rCBF/rCBV-Studie wiederholt.

Ergebnisse

Alle hier mitgeteilten 25 Patienten vertrugen die Infusion ohne klinisch auffällige Nebenwirkungen. Bei etwa 20% der Patienten kam es zu einer deutlichen Vigilanzsteigerung. Eine psychologische Testung bzw. eine neurologische Untersuchung nach einem Punktesystem erfolgte nicht, da Aussagen subjektiver Untersuchungsverfahren lediglich nach einer gekreuzten Doppelblindstudie von Wert sind.

a) Hemisphärenwerte

Tabelle 1 gibt die Hemisphärenwerte für Hirndurchblutung (hCBF) und Hirnblutvolumen (hCBV) vor und nach Behandlung mit P. wieder. Bei 12 Patienten stieg hCBF signifikant an, bei 5 wurde eine signifikante Durchblutungsabnahme gemessen. hCBV stieg bei 9 Patienten um mehr als 7,5% an und nahm bei 3 Patienten um mehr als 7,5% ab. Bei 7 Fällen wurde ein gleichzeitiger signifikanter Anstieg von hCBF und hCBV registriert, bei keinem Fall kam es zu einer gleichzeitigen signifikanten Abnahme beider Parameter (Abb. 1). Die mittleren Veränderungen von hCBF für das gesamte Patientenkollektiv waren statistisch signifikant (p< 0,025).

Entsprechend der Einteilung des gesamten Patientenkollektivs und Diagnosegruppen ergaben sich folgende Veränderungen:

Tabelle 1. Hemisphärendurchblutung und Hemisphärenblutvolumen vor und nach Pentoxifyllin-Behandlung

Pt.	$hCBF_{40}$ vor P. (ml/100g min)	$hCBF_{40}$ nach P. (ml/100g min)	Änd. in %	$hCBV_{40}$ vor P. (ml/100g)	$hCBV_{40}$ nach P. (ml/100g)	Änd. in %
1	43.5	39.3	- 9.7	4.4	4.5	+ 2.3
2	30.3	33.5	+10.6	4.9	1.8	-63.3
3	42.5	40.5	- 4.7	4.4	3.6	-18.2
4	60.6	65.7	+ 8.5	4.7	6.1	+29.8
5	38.5	53.4	+38.7	2.7	3.4	+25.9
6	37.4	44.1	+17.8	4.1	4.3	+ 4.9
7	45.0	46.1	+ 2.4	4.6	4.9	+28.3
8	44.3	45.5	+ 2.8	3.5	3.5	O
9	29.4	36.0	+22.5	4.3	4.7	+ 9.3
10	40.5	43.6	+ 7.6	3.9	4.4	+12.8
11	40.2	42.7	+ 6.1	4.8	5.0	+ 4.2
12	48.7	44.9	- 7.7	3.5	3.6	+ 2.9
13	38.2	44.4	+16.2	3.3	2.3	-30.3
14	32.9	40.4	+22.8	4.4	4.8	+ 9.1
15	35.4	46.5	+31.3	3.7	4.6	+24.3
16	36.7	55.9	+52.3	3.6	4.4	+22.0
17	40.2	42.5	+ 5.6	4.1	4.3	+ 4.9
18	43.5	40.9	- 5.1	3.3	3.3	O
19	37.3	33.8	- 9.4	4.4	4.5	+ 2.3
20	38.7	42.1	+ 8.7	3.8	3.6	- 5.3
21	47.0	49.0	+ 4.3	3.7	3.8	+ 2.7
22	56.0	50.4	- 9.9	4.4	4.1	- 6.8
23	62.3	51.8	-16.9	4.5	-	-
24	41.1	43.5	+ 6.1	4.4	6.7	+52.3
25	35.0	38.9	+11.0	3.2	3.1	- 3.1
Mittel	41.8 ± 8.4	44.7 ± 7.2		4.0 ±0.6	4.0 ±0.9	

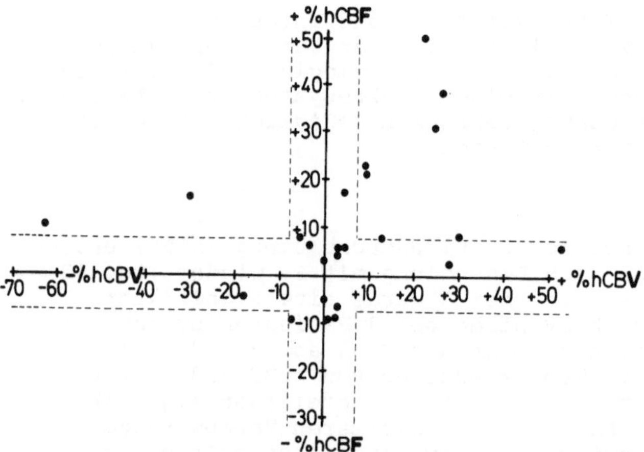

Abb. 1. Prozentuale Veränderung von hCBF und hCBV nach Pentoxifyllin-Behandlung. Jeder Punkt der Abb. stellt gleichzeitig die prozentuale Veränderung von hCBF und hCBV dar. Die gestrichelte Linie zeigt die Signifikanzgrenze an. Kein Patient zeigte einen gleichzeitigen signifikanten Abfall von hCBF und hCBV

Patienten 1 - 11: hCBF = + 9,3% (±13,3); hCBV = + 3,3% (±26,2)
Patienten 12 - 16: hCBF = + 23,0% (±21,9); hCBV = + 5,6% (±22,0)
Patienten 17 - 21: hCBF = + 0,8% (± 7,7); hCBV = + 0,9% (± 3,9).

b) Regionale Veränderungen

Bei 25 Patienten wurden insgesamt 642 Areale (ROI) ausgewertet. Die
prozentuale Veränderung von rCBF in diesen ROI ist Tabelle 2 a zu
entnehmen. Bei 223 ROI (36%) fand sich ein signifikanter rCBF-Anstieg
von mindestens 15,1%, bei 116 ROI (18%) wurde ein signifikanter Durch-
blutungsabfall von mindestens 15,1% errechnet. Alle drei diagnostischen Gruppen profitierten im relativen Verhältnis zueinander von diesem Durchblutungsanstieg, während eine signifikante Durchblutungsabnahme anteilig am häufigsten in der Gruppe der Patienten mit zurück-
liegendem Infarkt im Gebiet der Arteria cerebri media beobachtet wurde.

Tabelle 2a. Prozentuale rCBF- bzw. rCBV-Änderung der Areale nach Pentoxifyllin-Behandlung

Prozentuale Änderung	Regionale Hirndurchblutung (rCBF)				Regionales Hirnblutvolumen (rCBV)			
	Pt.1-11	Pt.12-16	Pt.17-21	alle Pt	Pt.1-11	Pt.12-16	Pt.17-21	alle Pt
	Anzahl der Areale				Anzahl der Areale			
keine Änderung	3	0	5	11	22	10	14	48
+0.1% bis +15%	75	39	36	161	98	51	36	192
+15.1% bis +30%	46	18	22	93 ╲	72	49	21	148 ╲
mehr als +30%	42	39	33	130 ╱ 223	12	4	3	29 ╱ 177
-0.1% bis -15%	62	31	30	131	52	28	31	126
-15.1% bis -30%	20	18	11	64 ╲	22	19	8	69 ╲
mehr als -30%	10	19	6	52 ╱ 116	10	6	7	30 ╱ 99
				642				642

Die Veränderung des regionalen Hirnblutvolumens aller 642 ROI ergibt
sich aus Tabelle 2a. 177 ROI (27,6%) wiesen eine signifikante Steigerung, 99 ROI (15,4%) eine signifikante Abnahme des regionalen Hirnblutvolumens auf. Veränderungen von rCBV um mindestens 30,1% kamen
weniger vor als derartige Veränderungen von rCBF.

Eine unverhältnismäßig ausgeprägte regionale Hirnblutvolumenverkleine-
rung als mögliches Korrelat eines interregionalen Steal-Effektes läßt
sich in keiner der drei Patientengruppen nachweisen.

Von Bedeutung für die Beurteilung der Wirkung eines zerebroaktiven
Pharmakons ist vor allem der Effekt auf minderdurchblutete Areale.
Alle ROI, deren rCBF-Wert vom Hemisphärenwert um mehr als 8,0% abwei-
chen, werden als hypo- bzw. hyperämisch eingestuft (20). 252 ROI
(39,3%) aller 642 Areale der 25 Patienten waren hypoämisch, 99 ROI
(15,4%) hyperämisch. Tabelle 2b ist zu entnehmen, daß bei 133 hypoämischen ROI ein Durchblutungsanstieg von mindestens 15,1% gemessen wurde;

Tabelle 2b. Prozentuale rCBF-Änderung hypoämischer Areale nach
Pentoxifyllin-Behandlung

	Regionale Hirndurchblutung (rCBF)			
Prozentuale	Pt.1-11	Pt.12-16	Pt.17-21	alle Pt
Änderung	Anzahl der Areale			
keine Änderung	2	1	1	4
+0.1% bis +15%	23	8	6	49
+15.1% bis +30%	30	15	11	61 ╲
mehr als +30%	26	19	24	72 ╱ 133
-0.1% bis -15%	18	4	9	33
-15.1% bis -30%	10	9	3	26 ╲
mehr als -30%	2	0	4	7 ╱ 33
				252

hingegen fanden sich bei nur 33 ROI der 252 hypoämischen Areale eine
signifikante Durchblutungssenkung. Das bedeutet, daß viermal mehr
hypoämische ROI signifikante Perfusionsanstiege aufwiesen als -abnah-
men. Für die einzelnen drei Patientengruppen 1 - 11, 12 - 16 und
17 - 21 konnte kein typisches regionales Muster erarbeitet werden,
nach dem die regionale Durchblutungssteigerung angeordnet war. So
zeigten z.B. die hypoämischen Areale im Territorium der Arteria cerebri media keine andere Verteilung und keinen anderen Grad der regionalen Durchblutungsveränderung als hypoämische Areale in anderen Per-
fusionsterritorien dieser Patienten.

Abb. 2 gibt die mittlere Verteilung der hypoämischen Areale mit einer
rCBF-Steigerung wieder.

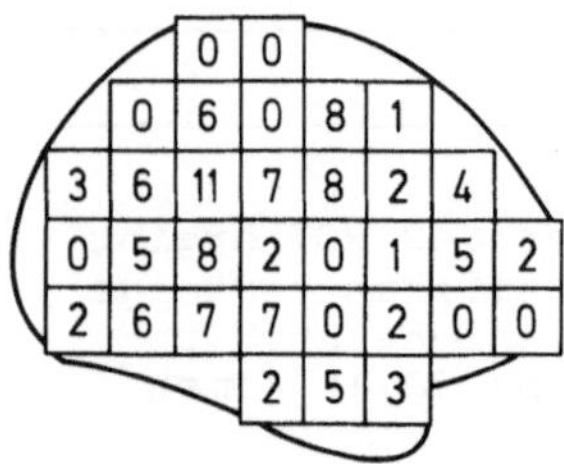

Abb. 2. Anzahl der Patienten pro Areal mit
einem signifikanten rCBF-Anstieg

Diskussion

Die Messung der regionalen Gehirndurchblutung mit der erwähnten Technik ist eine zuverlässige Methode, die Wirkung von Medikamenten bei
zentral-nervösen Erkrankungen mit Einschränkung der Hirndurchblutung
zu überprüfen. Seit Einführung dieser Methodik sind eine Reihe von
Arbeiten erschienen, in denen über Wirkung mehrerer Medikamente auf
die Hemisphärendurchblutung bzw. die regionale Durchblutung berichtet wurde (4, 13, 16, 17, 32, 37). Eine endgültige Aussage kann aber
nur gemacht werden, wenn Stoffwechseleffekte und die klinische Wirksamkeit zusätzlich überprüft werden. Bei den meisten Präparaten mit

isoliert vasodilatierender Wirkung konnte eine sichere Durchblutungssteigerung im Gehirn nicht nachgewiesen werden, während nach Hämodilution bzw. Verbesserung der Blutrheologie ein Perfusionsanstieg beobachtet wurde (6, 14). Die oben aufgestellten Forderungen für die
Überprüfung der Wirkung von Medikamenten auf die regionale Gehirndurchblutung konnten von uns in zwei Punkten befolgt werden: Pentoxifyllin steht als intravenöse Applikationsform zur Verfügung und wird
bei peripheren und zentral-nervösen Durchblutungsstörungen eingesetzt.
Wegen der kombinierten rheologischen, metabolischen und unmittelbar
gefäßbezogenen Komponente erscheint eine längere Anwendung bei Überprüfung der einzelnen Effekte sinnvoll. Aus diesem Grunde haben wir
die Substanz 14 Tage gegeben, bevor die zweite Messung angeschlossen
wurde.

Die Verwendung der intraarteriellen Xenon 133-Methodik verbietet aber
eine Doppelblindstudie ebenso wie die geplante wiederholte Messung
der regionalen Gehirndurchblutung bei nicht behandelten Patienten.
Die hier vorgestellten Daten konnten daher nur mit Messwerten von 6
nicht behandelten Patienten verglichen werden, welche an einer Demenz
litten und bei denen im Abstand von mindestens 2 Wochen aus anderen
Gründen eine Durchblutungsstudie durchgeführt wurde. Bei diesen 6
nicht behandelten Patienten änderte sich die mittlere regionale Gehirndurchblutung um minus 1,2% (Abb. 3).

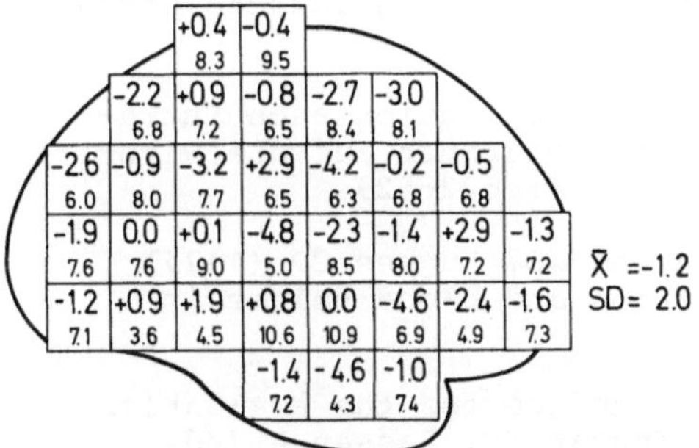

Abb. 3. Mittlere regionale Veränderung v. Standardabweichung der
Hirndurchblutung innerhalb 2–5
Wochen bei 6 Patienten mit arteriosklerotischer Demenz

Diese Beobachtung entspricht auch den Wiederholungsmessungen anderer
Autoren mit kürzeren Zwischenzeiten (8, 16, 33). Bei der behandelten
Gruppe fanden wir bei nahezu 50% der Patienten einen signifikanten
Anstieg der Hemisphärendurchblutung. Dieser Durchblutungsanstieg ist
auf die regionale Durchblutungssteigerung in 36% aller gemessenen
Areale zurückzuführen, wobei 133 der 223 günstig beeinflußten Areale
vor der Messung relativ hypoämisch waren. Demzufolge ist die Steigerung der Durchblutung nicht nur auf minderperfundierte, sondern auch
auf normal durchblutete Areale zurückzuführen, ein Effekt, welcher
sicherlich mit der rheologischen Eigenschaft von Pentoxifyllin zu
erklären ist (12, 31, 36). Dementsprechend fanden wir auch keine Bevorzugung hypoämischer Areale im Gebiet der Arteria cerebri media bei
den Patienten mit einem zurückliegenden Infarkt in diesem Territorium.

Zusammenfassung

Zusammenfassend kann aus dieser Pilotstudie gefolgert werden, daß
Pentoxifyllin in der Lage zu sein scheint, bei zerebralen Durchblutungsstörungen in mehr als 1/3 der gemessenen Areale eine signifikante Durchblutungssteigerung zu veranlassen. Rückschlüsse auf die

therapeutische Anwendung dürfen aber erst dann gezogen werden, wenn
eine Doppelblindstudie weitere Auskünfte gegeben hat. Mit der bei uns
jetzt eingeführten atraumatischen Methodik zur Bestimmung der regionalen Gehirndurchblutung (9) ist eine derartige Doppelblindstudie
praktizierbar.

Literatur

1. Alpert NM, Ackerman RH, Correia JA, Baron JC, Brownell GL,
   Taveras JM (1977) Measurement of rCBF and $rCMRO_2$ by continuous
   inhalation of ^{15}O-labeled CO_2. In: Ingvar DH, Lassen NA (eds)
   Cerebral function, metabolism and circulation. Munksgaard, Copenhagen: 9.10-9.11

2. Cardinali DP (1978) Effect of pentoxifylline and aminophylline
   on biogenic amine metabolism of the rat brain. European J
   Pharmacol 47: 239-243

3. Ganser V, Boksay I (1965) Effect of pentoxifylline on cerebral
   edema in cats. Neurology 24: 487-493

4. Gottstein U (1962) Der Hirnkreislauf unter dem Einfluß vasoaktiver Substanzen. Hüthig, Heidelberg

5. Gottstein U (1974) Behandlung der zerebralen Mangeldurchblutung.
   Internist 15: 575-587

6. Gottstein U, Held K (1969) Effekt der Hämodilution nach intravenöser Infusion von niedermolekularen Dextranen auf die Hirnzir-
   kulation des Menschen. Dtsch med Wschr 94: 522-529

7. Grubb RL, Raichle ME, Gado MH, Eichling JO, Hughes CP (1977)
   Cerebral blood flow, oxygen utilization and blood volume in
   dementia. Neurology 27: 905-910

8. Hacker H (1969) Problems in control studies for the evaluation
   of drugs. In: Brock M, Fieschi DH, Ingvar NS, Lassen K (eds)
   Cerebral Blood Flow. Schürmann Springer Verlag, Berlin Heidelberg New York, p 15-17

9. Hartmann A, v.Kummer R (1979) Die atraumatische Messung der regionalen Gehirndurchblutung. Gemeinsame Tagung deutscher und
   österreichischer Nervenärzte, Wien (im Druck)

10. Hartmann JF, Becker RA, Cohen MM (1977) Effects of pentoxifylline
    on cerebral ultrastructure of normal and ischemic gerbils.
    Neurology 27: 77-84

11. Hartmann A, Lange D, Alberti E, Dorndorf W (1977) Die Bestimmung
    der regionalen Hirndurchblutung mit der Gammakamera. Fortschr
    Röntgenstr 126: 52-60

12. Heidrich H, Ott MS (1974) Vasodilatantien und Blutviskosität.
    Herz-Kreislauf 6: 542-546

13. Heiss WD (1973) Drug effects on regional cerebral blood flow in
    focal cerebrovascular diseases. J N Sciences 19: 461-482

14. Heiss WD, Prosenz P, Herles HJ (1973) Effekt der Hämodilution und
    Dehydratation auf die regionale Hirndurchblutung. Nervenarzt 44:
    166-169

15. Heiss W, Prosenz P, Roszuczky A (1972) Technical considerations
    in the use of a gamma camera 1600 channel analyzer system for
    the measurement of regional cerebral blood flow. J Nucl Med 13:
    534-541

16. Heiss WD, Zeiler K (1978) Medikamentöse Beeinflussung der Hirn-
    durchblutung. Pharmakotherapie 1: 137-144

17. Herrschaft H (1975) Die regionale Gehirndurchblutung. Springer
    Verlag, Berlin Heidelberg New York

18. Herrschaft H (1976) Die Therapie der cerebralen Mangeldurchblu-
    tung. Nervenarzt 47: 639-650

19. Herrschaft H (1977) Kann die Hirndurchblutung medikamentös ver-
    bessert werden? Schweiz Med Wschr 107: 581-583

20. Ingvar DH, Schwartz MS (1975) Blood flow patterns induced in the
    dominant hemisphere by speech and reading. Brain 97: 274-288

21. Kohlmeyer K (1973) Messung der regionalen Hirndurchblutung mit
    Xenon-133 vor und nach intravenöser Verabfolgung verschiedener
    sogenannter vasoaktiver und zerebralstoffwechselaktiver Pharmaka
    im Akutversuch. Verh dtsch Ges Kreisl Forsch 39: 96

22. Komarek J, Hüsselrath A, Just M (1977) Die Wirkung von Pentoxi-
    fyllin auf die Gehirndurchblutung und den Gehirnstoffwechsel beim
    Hund. Drug Res 27: 1939-1942

23. Koppenhagen K, Wenig HG, Müller K (1977) The effect of pentoxi-
    fylline on cerebral blood flow: a double-blind study. Curr Med
    Res Op 4: 681-687

24. Lassen NA, Hoedt-Rasmussen K, Sorensen SC, Skinhoj E, Cronqvist S,
    Bodforss B, Eng E, Ingvar DH (1963) Regional cerebral blood flow
    in man determined by krypton-85. Neurology 13: 719-726

25. Lechner H, Ott E (1977) Was ist gesichert an der medikamentösen
    Behandlung zerebraler Durchblutungsstörungen? N Psych 3: 245-251

26. Marshall J (1976) The Management of Cerebrovascular Disease.
    Blackwell Scientific Publications, Oxford-London-Edinburgh-Mel-
    bourne

27. Mc Henry LC (1972) Cerebral vasodilator therapy in stroke. Stroke
    3: 686-691

28. Merory J, Du Boulay GH, Marshall J, Morris J, Ross Russell RW,
    Symon L, Thomas DJ (1978) Effect of tinofedrine Homburg D8955 on
    cerebral blood flow in multi-infarct dementia. Journ of Neurol
    Neurosurg Psych 41: 900-902

29. Meyer JS (1975) Medical and surgical treatment of cerebrovascular
    disease. In: Meyer JS (ed) Modern Concepts of Cerebrovascular
    Disease. Spectrum Publications, Inc, New York, p 109-115

30. Meyer JS, Mathew NT, Hartmann A, Rivera VM (1974) Orally admini-
    stered Betahistine (Serc) and regional cerebral blood flow in
    cerebrovascular disease. J Clin Pharmacol 14: 280-286

698

31. Müller R, Lehrach F, Grigoleit HG (1975) Zum Wirkungsmechanismus von Pentoxifyllin. M Monatsschr 29: 487–491

32. Olesen J (1974) Cerebral blood flow. Methods for measurements, regulations, effects of drugs and changes in disease. Fadl Kopenhagen Arhus Odense

33. Paulson OB (1970) Regional cerebral blood flow in apoplexy due to occlusion of the middle cerebral artery. Neurology 20: 63–77

34. Popendiker K, Boksay I, Bollmann V (1971) Zur Pharmakologie des neuen peripheren Gefäßdilatators 3,7-Dimethyl-1-(5-oxohexyl)-xanthin. Drug Res 21: 1160–1171

35. Reivich M, Kuhl D, Wolf A, Greenberg J, Phelps M, Ido T, Casella V, Fowler J, Gallagher B, Hoffmann E, Alavi A, Sokloff L (1977) Measurement of local cerebral glucose metabolism in man ^{18}F-Fluoro-2-Deoxy-D-Glucose. In: Ingvar DH, Lassen NA (eds) Cerebral function metabolism and circulation. Munksgaard, Amsterdam, p 914–915

36. Smud R, Sermukslis B, Kartin D (1976) Changes in blood viscosity induced by pentoxifylline. Pharmatherapeutica 1: 229–233

37. Sokoloff L (1959) The action of drugs on cerebral circulation. Pharmacological Review 11: 1–85

38. Stefanovich V (1973) Effect of 3,7-dimethyl-1-(5-oxo-hexyl)-xanthine and 1-exyl-3,7-dimethyl-xanthine on cyclic AMP phosphodiesterase of the human umbilical cord vessel. Res Comm Chemical Pathol and Pharmacol 5: 655–662

39. Stefanovich V (1974) Concerning specifity of the influence of pentoxifylline on various cyclic AMP phosphodiesterases. Res Comm Chem Pathol and Pharmacol 8: 673–680

40. Stefanovich V, Jarvis P, Grigoleit HG (1975) Effekt von Pentoxifyllin auf das zyklische AMP-System in Thrombozyten. Med Welt 26: 19–23

41. Stefanovich V, Maculat M, Hunn G (1976) Effect of Pentoxifylline on brain adenine nucleotidde levels in anoxic rats. IRCS Med Science 4: 506

42. Toole JF, Truscott BL, Anderson WW et al. (1973) Medical and surgical management of stroke. Report of the Joint Committee for Stroke Facilities. Stroke 4: 269–320

43. Wyper DJ, McAlpine CJ, Jawad K, Jennett B (1976) Effects of a carbonic anhydrase inhibitor on cerebral blood flow in geriatric patients. Journal Neur Neurosurg Psych 39: 885–889

Das akute Leriche-Syndrom mit Querschnittssymptomatik als Notfallsituation

K.-F. Druschky, H. Daun, D. Raithel und H. Groitl

Akute Gefäßverschlüsse führen zu einer Mangeldurchblutung der nachge-
schalteten Organabschnitte mit drohemdem Gewebstod. Arterielle Throm-
boembolien stellen die periphere Manifestation eines anderweitigen
Grundleidens dar (2, 8). In fast 90% der Fälle ist die linke Herzseite
als Ausgangspunkt einer arteriellen Embolie anzusehen. Embolien aus
Thromben der linken Kammer bei koronarer Herzerkrankung mit und ohne
Herzinfarkt dominieren. Rheumatische Herzfehler oder Embolien nach
Klappenersatz kommen als weitere Ursachen in Betracht (2, 8).

Der akute embolische Verschluß im Bereich der Aortenbifurkation wird
als akutes LERICHE-Syndrom bezeichnet (6, 9). Der Anteil der akuten
LERICHE-Syndrome unter den 477 Patienten mit Embolien der Extremitä-
tenarterien aus den Jahren 1956 bis 1978 in der Chirurgischen Universitätsklinik Erlangen betrug 5,7%.

Nach JELLINGER (4) sind Aortenembolien nur dann durch neurologische
Ausfälle kompliziert, wenn sie bis zum Abgang der Nieren- und Mesen-
terialarterien reichen. Die klinische Symptomatik bietet kein einheitliches Bild. Zur Veranschaulichung dienen zwei Patienten, die als Not-
fälle mit dem Hubschrauber in die Klinik eingeliefert wurden.

Falldarstellung

Herr E.B., 47 Jahre alt, verspürte am 8.10.1979 beim Aufheben einer
Holzplatte plötzlich Kreuzschmerzen sowie stärkste Schmerzen in beiden
Beinen. Außerdem traten Paresen der unteren Extremitäten und eine Bla-
senlähmung auf. Die Einweisung erfolgte unter der Verdachtsdiagnose
eines Bandscheibenvorfalles. Bei der neurologischen Untersuchung klagte der Patient nach wie vor über ausgeprägte Schmerzen in den Waden
und Oberschenkeln, die Beine wirkten kühl und waren an den distalen
Abschnitten blaß, die Femoralis-, Poplitea- und Fußpulse ließen sich
nicht tasten. Die Prüfung der groben Kraft ergab eine Paraparalyse,
die Bauchmuskulatur wurde nicht innerviert. An beiden Beinen gab Herr
B. bis einschließlich des Dermatoms L1 ausgeprägte Hypästhesie an, in
leichterem Ausmaße bis zum Dermatom Th 10 reichend. Die Beineigenre-
flexe waren erloschen, es bestand eine Mastdarmlähmung. Der Patient
konnte nicht Wasser lassen (Abb. 1). Nach sofortiger Verlegung in die
Chirurgische Klinik unter der Diagnose "reitender Thrombus an der
Aortenbifurkation" erfolgte 6 Stunden nach dem akuten Ereignis die
Embolektomie. Es fanden sich ein Verschluß der Aorta in Höhe der Bifurkation durch einen gemischten Thrombus von 8 cm Länge und einem
Durchmesser bis 1,5 cm mit dunkelroten Fortsätzen in der Peripherie
von 4 bzw. 8 cm Länge, der bis 6 cm oberhalb der Bifurkation reichte,
und ein Embolus in einer an der Aortenhinterwand abgehenden dicken Arteria lumbalis. Kontrolluntersuchungen ergaben eine weitgehende Rückbildung der neurologischen Störungen.

Frau A.W., 63 Jahre alt, befand sich wegen einer flüchtigen zerebralen
Hypoxidose in einem auswärtigen Krankenhaus. Am 3.4.1978 traten plötz-

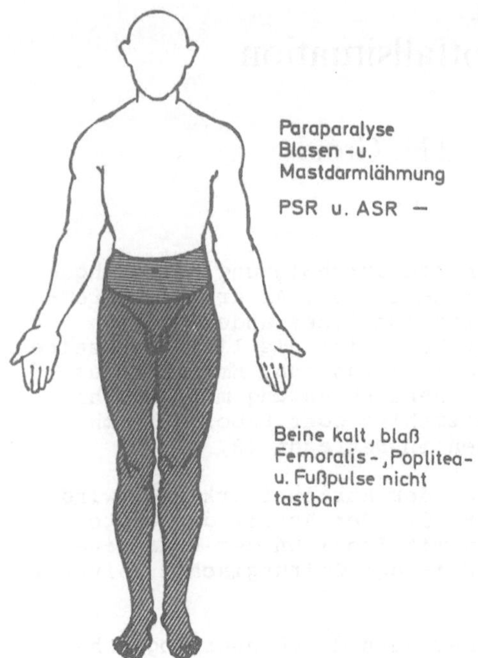

Abb. 1. Akutes Leriche-Syndrom: Klinische Symptomatik zum Aufnahmezeitpunkt. (Patient E.B., 47 Jahre alt). Die Sensibilitätsstörungen sind schraffiert angegeben

lich Schmerzen in beiden Beinen und Parästhesien auf. Vorübergehend bestand eine kräftige Marmorierung der Haut in diesem Bereich. Die Verlegung erfolgte unter der Diagnose "reitender Thrombus auf der Aortenbifurkation".
Bei der neurologischen Untersuchung klagte Frau W. über kolikartige Bauchschmerzen und Schmerzen in beiden Oberschenkeln. Die Beine waren blaß, kalt und pulslos. Es fanden sich hochgradige Paresen der Fußheber und der Mm. peronaei rechts. Im Bereich des rechten Beines wurde bis zur Mitte des Unterschenkels Hypästhesie angegeben. Links waren die Angaben wechselnd. Die Achillessehnenreflexe ließen sich beiderseits nicht, die Patellarsehnenreflexe allenfalls schwach auslösen.
6 1/2 Stunden nach dem akuten Ereignis erfolgte die operative Entfernung eines reitenden Aortenembolus samt Anschlußthrombose mittels FOGARTY-Katheter, wobei zwei bis 7 cm lange Gerinnsel mit einem Durchmesser von 5 bis 10 mm gefunden wurden.
Anläßlich einer Nachuntersuchung nach 4 Tagen hatten sich die Sensibilitätsstörungen zurückgebildet, die Paresen am rechten Bein waren noch nachweisbar.

In der Vaskularisation des Rückenmarks nimmt die Art. radicularis magna eine Sonderstellung ein (4, 7). Als größte Vorderwandarterie kann sie mit ihrem Ramus descendens und seinen Ästen die gesamte Versorgung des lumbalen Bereiches übernehmen. Die Art. radicularis magna tritt zwischen D 6 und L 5 an das Rückenmark heran und entspringt meist aus den untersten Interkostalarterien, selten aus den beiden oralen Lumbalarterien. Die Teilungsstelle der Aorta liegt in Höhe des 4. Lendenwirbelkörpers. Falls ein Aortenembolus weit hinauf reicht und die Art. radicularis magna eine tiefe Lokalisation aufweist, kann es bei einem reitenden Embolus der Aorta zu einer vollständigen Querschnittssymptomatik kommen (1, 3, 5, 10), wie bei unserem ersten Patienten. Bei der zweiten Patientin kam es nur zu partiellen Störungen, die als ischämische Muskel- oder Nervenschädigung gedeutet werden können (3).

In den Jahren 1968 bis 1979 wurden in der Chirurgischen Universitätsklinik Erlangen 17 Patienten im Alter zwischen 42 und 82 Jahren wegen
eines akuten LERICHE-Syndroms aufgenommen. Die zeitlichen Intervalle
zwischen dem Auftreten der Embolie und der Operation lagen zwischen
einer und 48 Stunden. Bei 9 der Kranken ergaben sich Hinweise für
eine partielle oder komplette Querschnittssymptomatik (Tabelle 1).
6 der Kranken verstarben.

Tabelle 1. Klinik des akuten Leriche-Syndroms (Chirurgische Klinik
und Nervenklinik, 1968-1979, N = 17)

Plötzliches Auftreten starker Schmerzen an den unteren Extremitäten	17
Beine kalt und blaß marmoriert	17
Femoralis-, Poplitea- und Fußpulse nicht zu tasten	17
komplette oder inkomplette Querschnittssymptomatik	9

Die Diagnose eines akuten LERICHE-Syndroms läßt sich im Hinblick auf
die akut auftretenden, heftigsten Schmerzen in den unteren Extremitäten, die kühle und blasse Haut in diesem Bereich, die fehlenden Fe-
moralis-, Poplitea- und Fußpulse und gegebenenfalls die vollständige
oder inkomplette Querschnittssymptomatik stellen. Das akute LERICHE-
Syndrom stellt ein akutes dramatisches Ereignis (9) dar, eine entscheidende Senkung der Letalitätsrate gelingt nur durch schnellste Verlegung in eine Klinik mit gefäßchirurgischen Möglichkeiten unter Einsatz
modernster Transportmittel.

Literatur

1. Burt CC, Learmonth J, Richards RL (1952) On occlusion of the ab-
   dominal aorta. Part III - Aortic embolism. Edinburgh Med J 59:
   113-142

2. Heberer G, Rau G, Schoop W (1974) Angiologie. Grundlagen, Klinik
   und Praxis, 2. völlig neubearbeitete Auflage. Thieme, Stuttgart

3. Heckl RW (1974) Spinale Schädigung bei Affektion der Aorta und
   ihrer Äste. Med Welt 25: 1710-1714

4. Jellinger K (1980) Morphologie und Pathogenese spinaler Durchblutungsstörungen. Nervenarzt 51: 65-77

5. Lazorthes G (1972) Pathology, classification and clinical aspects
   of vascular diseases of the spinal cord. In: Vinken PJ, Bruyn GW
   (eds) Handbook of Clinical Neurology, Vol 12. North-Holland
   Publishing Company, Amsterdam, p 492-506

6. Leriche R (1940) De la résection du carrefour aortoiliaque avec
   double sympathectomie lombaire pour thrombose aortique. La
   syndrome de L'obliteration termino-aortique par artérite. Press
   Med 48: 601

7. Piscol K (1972) Die Blutversorgung des Rückenmarks und ihre klinische Relevanz. Springer, Berlin Heidelberg New York

8. Raithel D (1977) Der akute Gefäßverschluß. Fortschr Med 95: 1325-1328

9. Schrader A (1955) Die Klinik der arteriellen Thrombosen im Beckenbereich. Springer, Berlin Heidelberg

10. Wolf G (1960) Über gefäßbedingte Rückenmarkssyndrome. Fortschr Neurol Psychiat 28: 273-285

Antikonvulsiva und Neuroendokrinium

H. Fichsel

In den letzten Jahren häuften sich die Hinweise auf den Einfluß, den
die Antikonvulsiva während der Langzeittherapie auf die verschiedenen
Hormonsysteme ausüben. Vor allem die Veränderungen des Schilddrüsen-
hormonsystems unter der Einwirkung der verschiedenen Antikonvulsiva
erfuhren eingehende Untersuchungen, aber auch die Auswirkungen der
Antikonvulsiva auf die Sexualhormone, die übrigen Steroide, das Insulin, Calcitonin und Parathormon wurden untersucht (4, 2). Dabei ergaben sich z.T. erhebliche Wirkungen auf die Hormonsysteme. Die Angriffspunkte der Antikonvulsiva sind dabei auf verschiedenen Ebenen zu suchen, wie dies besonders an den Auswirkungen der Antiepileptika auf
das Schilddrüsenhormonsystem demonstriert werden konnte (2). Im Vordergrund stehen Verdrängungseffekte der Hormone aus ihrem Transport-
und Bindungsprotein, ebenso wichtig scheinen die Auswirkungen der
durch die Antikonvulsiva induzierten Enzymsysteme auf den peripheren
Metabolismus der verschiedenen Hormone zu sein und schließlich ergaben sich Hinweise auf eine Hemmung der Ausschüttung einzelner Hormone
sowie eine mögliche Blockierung ihrer Releasingfaktoren (2). Dies
lenkte das Interesse auf die Wirkungen der Antikonvulsiva im Bereich
der Hypophyse und des Hypothalamus.

Material und Methodik

Bei 9 epileptischen Kindern und Jugendlichen wurde vor und nach Einleitung einer Carbamazepin- oder Diphenylhydantoinmonotherapie radiolo-
immunologisch der Anstieg des Wachstumshormons unter Arginininfusion
sowie die Prolaktinantwort auf thyreotropes Hormon untersucht, außerdem bestimmten wir FSH und LH. Wir möchten hier kurz die wenigen in
der Literatur vorliegenden Untersuchungsergebnisse zusammenfassend
darstellen und mit den Resultaten unserer ersten, orientierenden Untersuchungen vergleichen.

Ergebnisse und Besprechung

Die Untersuchung des Verhaltens des Wachstumshormons während der Arginininfusion ergab leichte Anstiege des Wachstumshormons unter Carbama-
zepin- und DPH-Monotherapie, ein Befund den LUOMA, MYLLYLÄ und HOKKANEN
sowie LONDON bei Insulinhypoglykämie bestätigen konnten. Auch UHLICH
und von WERDER konnten bereits 1972 unter Carbamazepin einen leichten,
etwas verzögerten Anstieg des Wachstumshormons unter und nach Arginininfusion feststellen, einen Befund, den sie als solchen damals nicht
herausstellten. Es bleibt festzuhalten, daß Carbamazepin und DPH einen
- wenn auch nur leichten - steigernden Einfluß auf die Wachstumshormonsekretion haben. Einen suppressiven Effekt haben sie nachweislich
nicht (4, 5, 7). Nach unseren Ergebnissen und Resultaten von LONDON
(4) wird die Prolaktinantwort auf die Gabe von thyreotropen Hormon
(TRH) leicht erhöht. Die Erhöhung bewegt sich unter Carbamazepin und
DPH in der Größenordnung von 10 bis 20%. Am längsten ist der Einfluß
des Carbamazepins auf die Sekretion des Adiuretins bekannt. Carba-

704

mazepin erhöht die Sekretion von Adiuretin, was ihm einen festen
Platz in der Behandlung des Diabebetes insipidus eingebracht hat
(1, 3). Neuere Untersuchungen von PERRUCCA und RICHENS (6) lassen
einen inhibitorischen Effekt des DPH auf die Adiuretinsekretion und
Freisetzung vermuten, so daß DPH einen dem Carbamazepin entgegengesetzten Effekt im Hinblick auf die Adiuretinsekretion besitzen würde
und imstande wäre, seine Wirkung aufzuheben. Allerdings werden auch
andere Mechanismen dieses Phänomens diskutiert. FSH und LH scheinen
durch Carbamazepin oder DPH nicht beeinflußt zu werden. Diese, meist
erst vorläufigen Befunde weisen auf Angriffspunkte zumindest des
Carbamazepins und des DPHs, vielleicht aber auch weitere Antikonvulsiva im Bereich des Neuroendokriniums auf der Ebene des Hypothalamus-
Hypophysensystems hin. Ihre klinische Relevanz bedarf eingehender Erforschung, denn sie könnte im Hinblick auf die Entwicklung kindlicher
und jugendlicher Epileptiker unter antikonvulsiver Langzeitbehandlung
von besonderer Bedeutung sein. Intensive weitere Untersuchungen sind
hier erforderlich.

Zusammenfassung

In den letzten Jahren häuften sich die Hinweise auf den Einfluß, den
die Antikonvulsiva während einer Langzeittherapie auf die verschiedenen Hormonsysteme auszuüben vermögen. Eigene Untersuchungen und die
verschiedener anderer Autoren weisen auf Auswirkungen auf das Neuro-
endokrinium hin.

Für das Carbamazepin war schon vor Jahren ein stimulierender Effekt
auf die Sekretion des Adiuretins nachgewiesen worden. In letzter Zeit
konnte nun gezeigt werden, daß Diphenylhydantoin diesem Effekt ent-
gegenwirkt. Carbamazepin und Diphenylhydantoin führen zu einem verstärkten Anstieg des Wachstumshormons nach Insulinhypoglykämie und
Arginininfusion. Beide Antikonvulsiva bewirken eine erhöhte Prolaktinantwort auf thyreotropes Hormon. Weitere Untersuchungen sind erforderlich.

Literatur

1. Braunhofer J, Zicha L (1966) Eröffnet Tegretal neue Therapiemöglichkeiten bei bestimmten neurologischen und endokrinen Krankheitsbildern? Med Welt 17: 1875-1881

2. Fichsel H, Knöpfle G (1978) Effects of anticonvulsant drugs on
   thyroid hormons in epileptic children. Epilepsia 19: 323-336

3. Frahm H, Smejkal V (1969) Hemmung der Polydypsie und Polyurie durch
   Tegretal bei hypophysenoperierten Patienten und bei Kindern mit
   Diabetes insipidus. Med Welt 20: 1529-1533

4. London DR (1979) A review of the endocrine effects of antiepileptic
   drugs. 11th Epilepsy Int Symposium, Firenze 122

5. Luoma PV, Myllylä VV, Hokkanen E (1979) Elevated serum growth hormone levels in patients treated with anticonvulsants. 11th Epilepsy Int Symposium, Firenze, 132

6. Perrucha E, Richens A (1979) Reversal of the antidiuretic effect
   of carbamazepine by phenytoin: Pharmacokinetics or pharmacodynamic
   interaction. 11th Epilepsy Int Symposium, Firenze, p 145-146

7. Uhlich E, von Werder K (1972) Einfluß von Carbamazepin auf die
   Sekretion von Wachstumshormon (GH). Klin Wschr 50: 981-938

Quantitative Bestimmung des Mineralsalzgehaltes des Knochens unter Antikonvulsiva mit einem röntgendensitometrischen Verfahren (Quotientendensitometrie)

W.-D. Möller, H. Schulz, K. Vanselow und K. Wolschendorf

Über ein gehäuftes Auftreten von Osteopathien bei Kindern unter antiepileptischer Langzeittherapie berichteten erstmalig SCHMID 1967 und
KRUSE 1968 (5, 7). Seit 1970 wird auch über das Auftreten von Osteo-
malazie bei Erwachsenen berichtet (1, 2, 3, 4, 6). Die Angaben über
die Häufigkeit dieser Komplikationen schwanken und reichen von 5% bis
77%. Eine genaue Vorstellung über die Art der Mineralstoffwechsel-
störung bei chronischer Einnahme von Hydantoin- und/oder Barbiturat-
Präparaten ist nicht genau bekannt. Es wird angenommen, daß diese Medikamente einen Einfluß auf den Vitamin-D-Stoffwechsel haben.

Die qualitativ bekannte Entkalkung des Knochens unter Antikonvulsiva
wurde jetzt bei 89 Patienten (42 Männern und 47 Frauen) quantitativ
mit einem röntgenologischen Verfahren bestimmt. Über unterschiedliche
Zeiträume wurde Hydantoin in verschiedener Form gegeben (nur Hydantoin, Hydantoin und Barbiturate und Hydantoin und Carbamazepin). Die
Untersuchungsgruppe zeigte eine normale Altersverteilung zwischen 20
und 70 Jahren. Die Dauer der Medikamentengabe reichte von 1 bis 25
Jahre. Die Bestimmung des Mineralgehaltes im Calcaneus wurde auf rönt-
gendensitometrischem Wege vorgenommen. Entsprechend der von VANSELOW
und HEUCK entwickelten Methode wurde hierbei der Fuß des Patienten in
ein Wasserbad gestellt, in dem sich gleichzeitig eine Referenztreppe
befand, die aus spongiosagleichem Hydroxylapatit verschiedener Konzentration bestand und die ebenfalls auf dem Röntgenbild abgebildet wurde (8). Die opto-elektronische Auswertung des Röntgenbildes erfolgt
nach einem im Institut für angewandte Physik der Universität Kiel entwickelten und von WOLSCHENDORF, MÜLLER-DEILE und VANSELOW beschriebenen Quotientenverfahren, bei dem durch Division der densitometrischen
Werte von Meß- und Referenzsignal eine weitgehende Unterdrückung der
aufnahmeseitig anfallenden Störeinflüsse erreicht werden konnte (9).
Es wurde eine Meßgenauigkeit erreicht, die besser als 5% war. Der
Kalksalzgehalt wurde bestimmt für jeden einzelnen Patienten und ausgewertet unter Bezug auf die Dauer der medikamentösen Behandlung.

Die graphische Darstellung (s. Abb. 1) zeigt einen signifikanten Abfall des Mineralgehaltes von etwa 250 mg/cm^3 am Anfang bis hinab zu
einem Wert von ca. 160 mg/cm^3 nach 20-jähriger medikamentöser Behandlung. Der Abfall war annähernd linear und sein Wert beläuft sich auf
etwa 1,2% pro Jahr für Hydantoin allein und 2% pro Jahr für die Kombination Hydantoin und Barbiturat bzw. Hydantoin und Carbamazepin. Dieser Wert der Demineralisation ist beträchtlich höher als der, der von
einer Vergleichsgruppe mit 20 Personen, die keine Medikamente erhielten, gewonnen wurde. Hier war der Abfall etwa nur 0,5% pro Jahr, was
der normalen Demineralisation mit zunehmendem Lebensalter entspricht.

Zusammenfassend ist zu sagen, daß der Einfluß der Dauer der antiepi-
leptischen Medikation auf den Mineralgehalt des Knochens bisher noch
nicht untersucht wurde. Ein Vergleich der vorliegenden Ergebnisse mit
denen anderer Untersucher ist nur bedingt möglich, da eine quantitative Knochenmineralgehaltsbestimmung mit Hilfe der Photodensitometrie
bisher nicht durchgeführt wurde und die Mehrzahl der bekannten rönt-

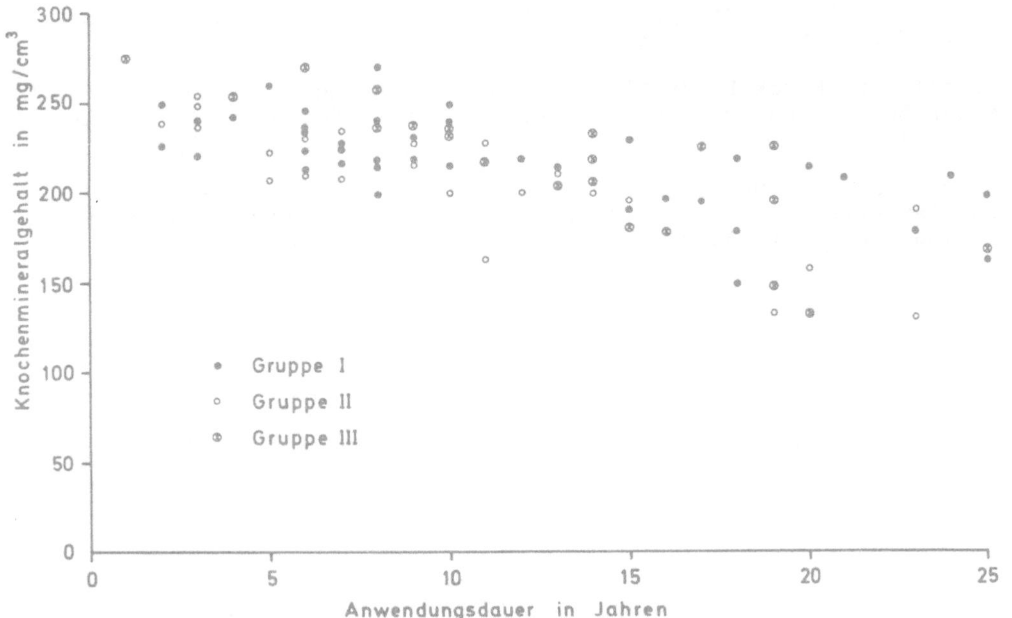

Abb. 1. Abnahme des Mineralsalzgehaltes im Calcaneus unter der unterschiedlichen Medikamentengabe in Abhängigkeit von der Anwendungsdauer. Gruppe I: Patienten, die nur Hydantoine erhielten. Gruppe II: Patienten, die Hydantoin und Barbiturate einnahmen, Gruppe III: Patienten, denen Hydantoin und Carbamazepin verordnet wurde

genologischen Untersuchungen auf der visuellen Auswertung von Röntgenbildern beruhen. Die angewandte Methode scheint wegen des Vorteils der quantitativen Mineralgehaltsbestimmung, der guten Reproduzierbarkeit und auch letztlich der leichten Handhabung für Verlaufskontrollen bei antikonvulsiver Langzeittherapie besonders geeignet.

Literatur

1. Ashworth B, Horn DB (1977) Evidence of Osteomalazia in an Outpatient Group of Adult Epileptics. Epilepsia 18: 37-43

2. Berger G, Minde B (1970) Knochenstrukturveränderungen bei antikonvulsiver Langzeitbehandlung. Dtsch Gesundh Wes: 1549-1551

3. Christiansen C, Rodbro P, Munck O (1975) Actions of Vitamin D_2 and D_3 and 25-OHD in Anticonvulsant Osteomalacia. Br Med J 2: 363-365

4. Krause KH, Prager P, Schmidt-Gayk H, Ritz E (1977) Diagnostik der Osteopathia antiepileptica im Erwachsenenalter. Dtsch med Wschr 102: 1872-1877

5. Kruse R (1968) Osteopathien bei antiepileptischer Langzeittherapie. Mschr Kinderheilk 116: 378-380

6. Prager PJ, Krause KH, Ritz E, Schmidt-Gayk H (1977) Handskelettaufnahmen in Mammographietechnik bei Patienten unter antiepileptischer Medikation. Fortschr Rö Strahlen 126: 371-375

7. Schmidt F (1967) Osteopathien bei antiepileptischer Dauerbehandlung. Fortschr Med 85: 381-382

8. Vanselow K, Heuck F (1970) Kritische Überlegungen zur radiologischen Bestimmung des Knochenmineralgehaltes. Fortschr Rö Strahlen 112: 344-353

9. Wolschendorf K, Müller-Deile J, Vanselow K (1978) Ein exaktes Quotientenverfahren zur Auswertung in der Röntgencinedensitometrie. Biomed Techn 23: 235-240

Zur Frage der mikrosomalen Enzyminduktion bei Rauchern; Untersuchung der Glucarsäure-Ausscheidung im Urin und der Halbwertszeit von Phenytoin im Serum

K. Fiedler, E. Schröter und H. Cramer

Einleitung

Ausgangspunkt war die Beschäftigung mit der Frage einer Beeinflussung
des Stoffwechsels von Phenytoin (DPH) durch polycyclische Kohlenwas-
serstoffe des Zigarettenrauchs. Einerseits ist die Veränderung der
metabolischen Situation bei Rauchern für eine Reihe von Medikamenten
wie Theophyllin, Pentazocin nachgewiesen, andererseits lassen die
großen Schwankungen in der Metabolisierung von DPH nach i.v.Applika-
tion (4, 9) die Frage zu, ob neben genetisch bedingten Aktivitätsun-
terschieden der Leberenzyme auch eine Enzyminduktion durch exogene
Substanzen, wie sie im Zigarettenrauch vorkommen, für die unterschiedliche Abbaugeschwindigkeit von DPH verantwortlich zu machen ist. Anhand der Halbwertszeit ($t_{1/2}$) von DPH nach i.v.Applikation kann seine
Metabolisierung bei Rauchern und Nichtrauchern verglichen werden. Seit
der Entdeckung der D-Glucarsäure (GS) im menschlichen Urin durch MARSH
(7) gilt die GS-Ausscheidung als indirektes Maß für die Aktivität der
mikrosomalen Leberenzyme (1). Der Vergleich der GS-Ausscheidung zwischen gesunden Rauchern und Nichtrauchern soll untersuchen, ob sich
so eine Aussage über eventuelle Unterschiede in der Enzymaktivität
beider Gruppen machen läßt.

Material und Methoden

Kreatinin Test Kit von BOEHRINGER (Mannheim), ß-Glucuronidase (Typ
Helix Pomatia), Phenolphtalein-ß, D-Glucuronid, D-Glucarsäure von
SIGMA (München). Alle Pufferreagentien und sonstigen Chemikalien ent-
sprachen den analytischen Reinheitsbedingungen. Die DPH-Bestimmung
erfolgte mittels des EMIT DPH Assays von SYVA (Palo Alto, USA). Das
Prinzip dieser Methode ist ein Enzymmuntest.

Zur GS-Bestimmung wählten wir die enzymatische Methode nach SIMMONS
et al. (10), da hier die zeitaufwendige pH-Einstellung durch das
Titrieren entfällt. In sauer gekochtem Urin entsteht aus der GS u.a.
ihr 1,4-Lacton, dessen Gehalt sich auf Grund seiner spezifischen In-
hibitorwirkung auf die ß-Glucuronidase-Aktivität bestimmen läßt.

Ergebnisse

Die bei 12 gesunden Versuchspersonen nach einmaliger i.v.Applikation
von 250 mg DPH stündlich bestimmten DPH Serum-Konzentrationen ergaben
eine mittlere Halbwertszeit von 19,5 ± 2,8 (±S.D.) Stunden. Sowohl
beim Vergleich der Raucher und Nichtraucher als auch hinsichtlich der
Alters- und Geschlechtsverteilung und Dosis pro kg Körpergewicht ließen sich keine signifikanten Unterschiede feststellen (Tabelle 1).

Bei 52 gesunden Versuchspersonen, die keine Medikamente einnahmen,
wurde die GS im ersten Morgenurin gemessen. Sie betrug im Mittel
41,9 ± 2,2 mol GS/g Kreatinin. Die mittlere GS Ausscheidung der

Tabelle 1. DPH-Halbwertszeiten und Dosierungen bei Rauchern (R) $t_{1/2}$=18,4 ± 2,5 Stunden (±S.D.) und Nichtrauchern (N) $t_{1/2}$=20,5 ± 2,8 Stunden. Der Unterschied ist nicht signifikant

	R_1	R_2	R_3	R_4	R_5	R_6
$t_{1/2}$	18,4	20,3	20,1	20,3	13,8	17,5
DPH (mg/kg)	3,7	3,2	5,2	4,3	3,6	4,5
	N_1	N_2	N_3	N_4	N_5	N_6
$t_{1/3}$	22,8	16,6	20,3	24,2	18,6	21,5
DPH (mg/kg)	3,3	3,9	4,8	4,5	2,8	3,8

Raucher (n=28) von 41,0 ± 3,1 μmol unterschied sich nicht signifikant von der der Nichtraucher (n=23 43,1 ± 3,4 μmol). Die Aufteilung in eine männliche (n=23 40,4 ± 3,4 μmol) und eine weibliche Gruppe (n=28 43,3 ± 3,0 μmol) ließ keinen geschlechtsspezifischen Unterschied erkennen. Lediglich die Altersverteilung der Versuchspersonen zeigte eine positive Korrelation zwischen GS Ausscheidung und zunehmendem Alter (Abb. 1).

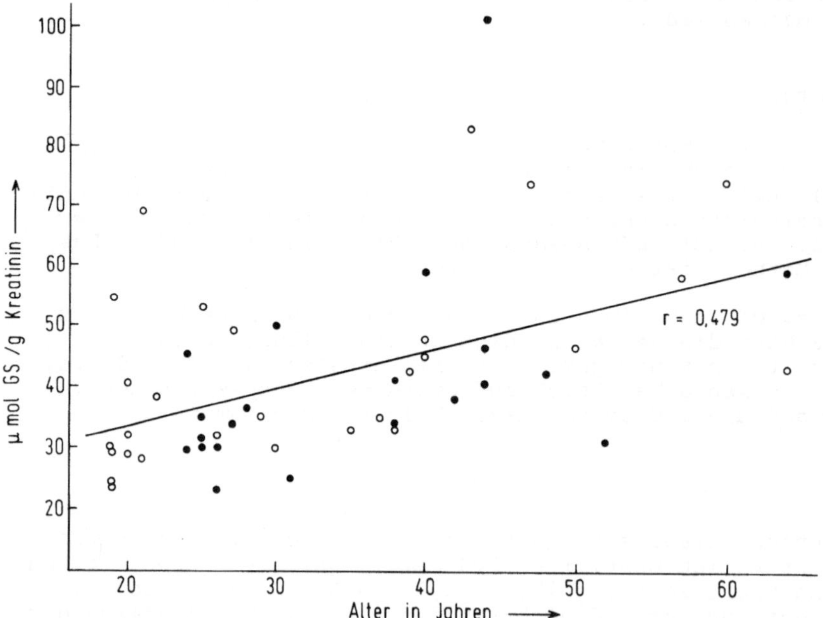

Abb. 1. Korrelation zwischen dem Alter und der Glucarsäure Ausscheidung im Urin bei 51 gesunden Versuchspersonen. (r = 0,479 p > 0,001); o Frauen, n = 28; Männer, n = 23

Diskussion

Bei gesunden Versuchspersonen wurden nach i.v.Gabe von 250-300 mg
DPH Serumhalbwertszeiten zwischen 12,4 (9) und 18,3 (4) Stunden mitgeteilt. Die im vorliegenden Versuch bei Nichtrauchern um 2,1 Stunden verlängerte Halbwertszeit unterscheidet sich nicht signifikant
von der der Raucher, so daß unter gegebenen Versuchsbedingungen die
beschriebenen interindividuellen Schwankungen bei der Metabolisierung von DPH nicht durch die An- oder Abwesenheit einer möglichen
Enzyminduktion durch Zigarettenrauch erklärt werden können. Die Ergebnisse in den bisher bekannten Arbeiten über die GS schwanken zwischen 8,6 (3) und 61,7 μmol GS/g, Kreat (8). Trotz der zwischen Raucher und Nichtraucher für einige Medikamente bekannten Unterschiede
in der Metabolisierungsgeschwindigkeit unterscheidet sich die GS Ausscheidung zwischen diesen beiden Gruppen nicht merklich. Deshalb ist
es fraglich, ob die GS Bestimmung im Sinne einer Screening-Methode
die Aussage über das pharmakokinetische Verhalten eines zu verabrei-
chenden Medikamentes vorwegnehmen kann. Die positive Korrelation zwischen dem Alter und der GS Ausscheidung (Abb. 1) läßt sich möglicherweise in Zusammenhang mit der Kumulation induzierender Substanzen aus
der Umweltverschmutzung (2) setzen. Für einige dieser Substanzen, wie
20-Methylcholantren, DDT u.a. wiesen Lake et al. die stimulierende
Wirkung auf die Ausscheidung bei Ratten nach.

Zusammenfassung

Die bei 12 gesunden Probanden nach einmaliger i.v.Gabe ermittelten
Halbwertszeiten von DPH ergaben keinen Unterschied zwischen den Rauchern ($t_{1/2}$=18,4 ± 2,5 Std.) und den Nichtrauchern ($t_{1/2}$=20,5 ± 2,8
Std.). Die Untersuchung der Gluacarsäure-Ausscheidung im Urin bei
51 gesunden Versuchspersonen ($\bar{x}$ = 41,9 ± 2,2 μmol GS/ g Kreatinin) ergab weder beim Vergleich der Raucher und Nichtraucher noch bei der Unterscheidung in männliche und weibliche Probanden einen signifikanten
Unterschied. Lediglich die Altersverteilung ließ eine positive Korrelation zwischen Alter und GS-Ausscheidung erkennen (r = 0,479 p <0,001).

Literatur

1. Aarts EM (1965) Evidence for the function of D-glucaric acid as
   an indicator for drug induced enhanced metabolism through the
   glucoronic acid pathway in man. Biochem Pharmacol 14: 359-363

2. Conney AH (1967) Pharmacological implications of microsomal
   enzyme induction. Pharmacol Rev 19: 317-366

3. Davidson DC, McIntosh WB, Ford JA (1974) Assessment of plasma
   glutamyltranspeptidase and urinary D-glucaric acid excretion as
   indices of enzyme induction. Clin Sci Mol Med 47: 279-283

4. Kostenbauer HD, Rapp RP, McGovern JP, Foster TS, Perroer DG,
   Blaker HM, Hulon WC, Kinkel AW (1975) Biovailability and single -
   dose pharmacokinetics of intramuscular phenytoin. Clin Pharmacol
   Therap 18: 449-456

5. Lake BG, Longland RC, Gangolli SD, Lloyd AG (1976) The influence
   of some foreign compounds on hepatic xenobiotic metabolism and the
   urinary excretion of D-glucaric acid metabolites in the rat.
   Toxicol app Pharmacol 35: 113-122

6. Latham AN (1974) D-glucaric acid as an index of hepatic enzyme
   induction by anticonvulsant drugs in man. J Pharma Pharmacol 26:
   284-286

7. Marsh CA (1963) Metabolism of D-glucuronolactone in mammalian
   systems. Identification of D-glucaric acid as a normal constituent
   of urine. Biochem J 86: 77-86

8. March J, Turner WJ, Shanley I, Field J (1974) Values of urinary
   excretion of D-glucaric acid by normal individuals. Clin Chem 20:
   1155-1158

9. Schmidt D (1975) Effect of ethanol intake on phenytoin metabolism
   in Volunteers. Experentia 31: 1313

10. Simmons CJ, Davis M, Dordoni B, Williams R (1974) Urinary D-gluca-
    ric assay by an improved enzymatic method procedure. Clin Chim
    Acta 51: 47-51

Sprachstörungen bei Läsionen der Basalganglien und der supplementär-motorischen Area von PENFIELD

C. Wallesch und R.J. Brunner

Erste Hinweise auf eine Beteiligung der Basalganglien an sprachlichen Funktionen finden sich bei JACKSON (3), der insbesondere eine mögliche Rolle des Caudatum hervorhob.
In neuerer Zeit wurden transiente Sprachstörungen bei Stereotaxie im lateralen Thalamus und im Pallidum beschrieben, ebenso wie sprachliche Alterationen bei Stimulation im lateralen und hinteren Thalamus (6). Es gibt auch klinische Beobachtungen von Sprachstörungen bei vaskulären Thalamusläsionen der sprachdominanten Hemisphäre, sowie vereinzelte Beobachtungen bei Basalganglienläsionen (1).
Sprachstörungen nach Läsionen der supplementärmotorischen Spracharea von PENFIELD (7) wurden von RUBENS (9), RACY et al. (8, sowie MASDEAU et al. (4) beschrieben.

Im Rahmen einer Pilotstudie wurden 39 Patienten mit computertomographisch verifizierten, demarkierten Infarkten der sprachdominanten Hemisphäre untersucht, außerdem 100 Normalpersonen und 10 Patienten mit rechtshirnigen Läsionen. Das Alter der Versuchspersonen betrug 26-73 Jahre, im Mittel 56 Jahre. Der Infarkt lag 5 Monate bis 16 Jahre, im Mittel 2 1/2 Jahre zurück. Fälle mit generalisierter Hirnatrophie oder Mehrfachinfarkten wurden nicht in die Serie aufgenommen.
Als Testverfahren wurde ein modifizierter GOODGLASS-Test (2) verwendet, wobei hochgradig geübtes sprachliches Material, Flüssigkeit und Wortfindung eingehender als im Originaltest geprüft wurden. Bei der Analyse wurden repetitive sprachliche Phänomene (Perseverationen, Floskeln, Automatismen, recurring utterances) besonders berücksichtigt.

Bei prärolandischen Infarkten mit Beteiligung der Broca-Area ohne Läsion tieferer Strukturen traten lediglich transiente Aphasien auf. Diese Befunde stimmen gut mit den PENFIELD'schen (7) Excisionsexperimenten überein. Auch MOHR et al. (5) fanden bei computertomographisch verifizierter Läsion von Broca's Area keine anhaltende aphasische Störung.

Bei Läsionen von Broca's Area in Kombination mit einer Basalganglienläsion (hier des Kopfes des nc. caudatus) traten dagegen langanhaltende aphasische Störungen auf. Es handelte sich um Residuen von Broca-Aphasien, bei denen die Wortfindungsstörung im Vordergrund stand, eine grammatische Störung jedoch noch nachweisbar war.

Retrorolandische Läsionen mit Beteiligung von Wernicke's Area hatten in jedem Fall, sowohl bei Nichtbeteiligung als auch bei Beteiligung der Basalganglien, eine langanhaltende Aphasie zur Folge. Die Symptomatik der Sprachstörung mit und ohne Basalganglienbeteiligung ist jedoch unterscheidbar. Bei kleineren retrorolandischen Infarkten traten Automatismen u.a. Symptome einer globalen Aphasie nur bei gleichzeitigem Vorliegen einer Basalganglienläsion (hier des nc. lenticularis) auf.
Auch bei größeren cortikalen Infarkten mit Einbeziehung prä- und retrorolandischer Anteile war die Aphasie bei Kombination mit einer Basalganglienläsion schwerer. Recurring utterances fanden sich nur bei

drei Patienten, bei denen eine erhebliche Basalganglienläsion vorlag.
Das Auftreten von automatisierten repetitiven sprachlichen Phänomenen
kann als ein konstituierendes Symptom der globalen Aphasie aufgefaßt
werden. Es ist besonders deutlich bei flüssigen globalen Aphasien
(Typ I nach STACHOWIAK et al. (10)).

Es wurden insgesamt sieben Patienten mit subcortikalen Infarkten im
Bereich der Basalganglien untersucht. Dabei handelte es sich in keinem Fall um einen kompletten Infarkt auch nur eines Kernes, sondern
jeweils um Teilinfarkte, die pathologisch-anatomisch als tiefe Grenz-
linieninfarkte aufzufassen sind (Abb. 1). Bei allen sieben Patienten
wurde initial eine Aphasie diagnostiziert. Zwei Patienten, die wir in
den ersten Wochen nach dem Infarkt beobachten konnten, zeigten einmal
über Wochen eine typische Broca-Aphasie mit Wortfindungsstörungen,
grammatischer Störung, prosodischer Störung usw., die dann remittier-
te, und einmal eine über Monate anhaltende amnestische Aphasie.

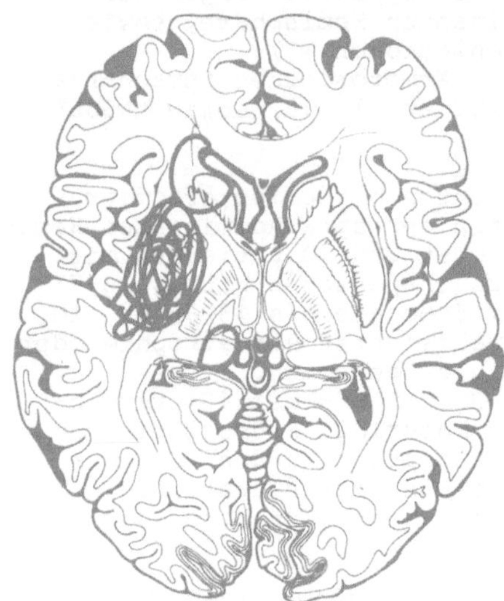

Abb. 1. Lokalisation der demarkierten
Läsionen bei 7 Patienten mit subcortikalen Infarkten und Basalganglienbeteiligung, übereinander auf eine
Schicht projiziert. Die Ränder der Infarktzonen sind mit schwarzen Linien
markiert. (Unter Verwendung einer Abbildung aus R.Nieuwenhuys, J.Voogd,
Chr.van Huijzen: The Human Central
Nervous System. Springer, Berlin Heidelberg New York, 1978)

Das Kollektiv dieser sieben nachuntersuchten Patienten zeigte noch
Monate bis Jahre nach dem Infarkt im Vergleich zu einem Normalkollektiv sprachliche Auffälligkeiten, und zwar viermal Wortfindungsstörungen und viermal diskrete grammatische Störungen, vor allem im Sinne
einer grammatischen Reduktion, aber auch als Paragrammatismen. Die
grammatische Störung hob sich allerdings nur bei zwei Patienten signifikant von der Norm ab. Dreimal fand sich eine deutliche Störung der
Flüssigkeit, sowohl in der Spontansprache als auch bei der Generation
von Wörtern einer Kategorie pro Minute. Drei von sieben Patienten hatten über die Altersnorm hinausgehende Fehlerzahlen im Token-Test.

Wir haben die Annahme einer Aphasie zurückhaltend gehandhabt und nur
bei zwei von sieben Patienten, bei denen die Wortfindungsstörung die
Kommunikationsfähigkeit mehr als nur geringfügig beeinträchtigte und
bei denen typische Umwegsstrategien auftraten, die Diagnose einer amnestischen Aphasie als Residuum gestellt.
Die Sprachstörung bei Patienten mit Basalganglienläsionen ohne Beteiligung cortikaler Strukturen zeigte in allen Fällen eine sehr gute
Rückbildungstendenz, etwa vergleichbar der bei isolierter Läsion der

Broca-Area. Die Sprachstörung und ihre Rückbildung kann nicht durch
eine mögliche Raumforderung, z.B. durch Ödem, mit Druckwirkung auf
den Cortex oder das subcortikale Weiß erklärt werden. Die Computer-
tomogramme in der Initialphase zeigten in keinem Fall ein raumfordern-
des Ödem; außerdem ist die Ödemphase nach allgemeiner computertomographischer Erfahrung drei Wochen nach dem Infarkt abgeschlossen.

In unserem Krankengut befindet sich ein Patient mit einem linksseitigen Anteriorinfarkt mit Einschluß der Grenzzonen zu anderen Versorgungs-
gebieten. Das supplementärmotorische Areal sowie Teile des Caudatum
sind betroffen. Bei diesem Patienten besteht zwei Jahre nach dem Infarkt noch eine, allerdings gut zurückgebildete Broca-Aphasie.
Wir halten zusammenfassend eine Beteiligung folgender anatomischer
Strukturen an sprachlichen Funktionen für wahrscheinlich:
Broca's Area, Wernicke's Area, die linksseitige supplementärmotorische
Area, Basalganglien sowie möglicherweise einige Thalamuskerne. Die
anatomischen Verbindungen sind nach derzeitigem Wissen kompliziert.
Die cortikalen Sprachareale stehen wahrscheinlich über cortiko-cortika-
le Bahnen miteinander in Verbindung. Der motorische Ausgang der cortikalen Strukturen geht anscheinend von Broca's Area zum motorischen Cortex und von allen drei cortikalen Arealen zum Basalgangliensystem, wobei eine Rückkopplungsschleife über die lateralen Thalamuskerne zu bestehen scheint.

Wir halten für wahrscheinlich, daß einzelne Anteile des cerebralen
Sprachsystems im Falle einer Läsion einer Struktur vikariierend für-
einander eintreten können und so eine weitgehende oder vollständige
Kompensation erreicht werden kann.
Einzig der Ausfall von Wernicke's Area scheint nicht oder nur ver-
gleichsweise selten kompensiert werden zu können.

Zusammenfassung

39 Patienten mit gut demarkierten Infarkten der sprachdominanten Hemi-
sphäre wurden auf Sprachstörungen untersucht.
Subcortikale Infarkte mit Läsion der Basalganglien führten zu transi-
enten Aphasien. Diskrete Sprachstörungen konnten noch nach Jahren fest-
gestellt werden.
Das klinische Bild von cortikalen Infarkten mit und ohne Läsion der
Basalganglien ist unterscheidbar.
Das Auftreten einer Broca-Aphasie ist nicht an eine Läsion von Broca's
Area gebunden. Sie fand sich auch bei einem Patienten mit Anterior-
infarkt. Cortikale Infarkte in Broca's Area führten nur zu transienten
Aphasien.

Literatur

1. Benson DF (1979) Aphasia, Alexia and Agraphia; Churchill Livingstone, New York

2. Goodglass H, Kaplan E (1972) The assessment of aphasia and related
   disorders. Lea & Febiger, Chicago

3. Jackson JH, nach Taylor J (ed) (1958) Selected Writings of John
   Hughlings Jackson. Vol 2. Basic Books, New York

4. Masdeau JC, Schoene WC, Funkenstein H (1978) Aphasia following
   infarction of the left supplementary motor area. Neurology 28:
   1220-1223

5. Mohr JP, Pessin MS, Finkelstein S, Funkenstein HH, Duncan GW, Davis KR (1978) Broca aphasia: pathology and clinical. Neurology 28: 311-324

6. Ojemann GW, Ward AA (1971) Speech representation in ventrolateral thalamus. Brain 94: 669-680

7. Penfield W, Roberts L (1959) Speech and brain mechanisms. Princeton University Press, Princeton

8. Racy A, Janotta FS, Lehner LH (1979) Aphasia resulting from occlusion of the left anterior cerebral artery. Arch Neurol 36: 221-224

9. Rubens AB (1965) Aphasia with infarction in the territory of the anterior cerebral artery. Cortex 1: 239-250

10. Stachowiak FJ, Huber W, Kerschensteiner M, Poeck K, Weniger D (1977) Die globale Aphasie. J Neurol 214: 75-87

Abschluß und Ausblick

H.G. Mertens

Mit dem Ende der wissenschaftlichen Sitzung des heutigen Tages endet
die 50. Jahresversammlung der Deutschen Gesellschaft für Neurologie
offiziell.

Die Symposien gehen weiter. Das internationale Symposion: "Therapie
maligner Neoplasien des Gehirns" im Museum, wird heute erst in den
Nachtstunden im Hotel Schwan in Oestrich ihren Abschluß finden. Wie
ich hoffe, mit der Gründung einer deutschen Forschungsgruppe zur
Therapie bösartiger Hirntumoren. Für morgen, Dienstag bis Mittwoch-
mittag, darf ich Interessierte ins Museum, ebenfalls zu einem internationalen Symposion mit englisch-deutscher Simultanübersetzung
über "Grundlagen und Indikation der Plasmaaustauschbehandlung" ein-
laden.

Dieser rasch prosperierende gemeinsame Arbeitszweig hat Internisten
wie Neurologen in den letzten Jahren eindrucksvolle therapeutische
Möglichkeiten bei einzelnen, bisher desolat verlaufenden Krankheiten
eröffnet. Ich darf hierfür den neurologischen Sektor nennen: hyper-
akute, bösartige Verläufe von Myasthenie, Polymyositis, Dermatomyositis und Polyradikulitis, vielleicht auch von Multipler Sklerose und
febriler Katatonie, sowie an intern-neurologischen Krankheiten: bösartige cerebrale und nervale Komplikationen bei Paraproteinämien, Morbus Raynaud, Leberkoma, Thyreotoxikose, Hypercholesterinämie, sowie
bei anderen Immunkrankheiten, wie Periarteriitis nodosa, Lupus erythematodes. Am Dienstag wird auch das gemeinsame Symposion: "Schmerz-
entstehung und Schmerzbehandlung" unter dem Vorsitz von Herrn Struppler einen Schwerpunkt der Internistentagung bilden.

Meine Damen und Herren, "die Neurologie ist ein ganz integrierender
Teil der Inneren Medizin und wird es immer bleiben, so gut wie Herz-
oder Nierenkrankheiten. Das gilt aber keineswegs für die Psychiatrie,
deren Objekt die Seelenstörungen sind." Das hat 1905 an dieser Stelle
Wilhelm Erb gesagt, der unseren beiden Gesellschaften gleich teuer
ist.

Die Neurologie hat im Fachgebiet der Inneren nie um ihre eigenständige Entwicklung fürchten müssen. Eher besteht Gefahr, daß die Internisten ihre neurologischen Kenntnisse und Erfahrungen im Alltag
zu vergessen beginnen. Heute, wo der medizinische Fortschritt an immer differenziertere und kompliziertere Techniken gebunden zu sein
scheint, werden beide Fächer auf gleichartige Grundlagenforschungen
verwiesen und brauchen sich im Zeitalter der Neurotransmitterforschung noch mehr als früher.

Ich darf als Neurologe den Internisten herzlich danken, daß sie uns
so bereitwillig und freizügig aufgenommen haben und sie bitten, uns
auch künftig auf ihren Tagungen nicht ganz zu vergessen. Die Neurologen werden gewiß entsprechend handeln.

Ein ganz besonderer und persönlicher Dank aber gebührt den Herren
E.Buchborn, B.Schlegel und K.Miehlke, die bereit waren, auf unsere
ungewöhnlichen Wünsche und Ansprüche einzugehen und eine gemeinsame
Tagung durch ihr großes Entgegenkommen, das sich über manche, seit
Jahrzehnten gewachsene Traditionen hinwegsetzte, erst ermöglicht
haben.

Danken möchte ich allen meinen Würzburger Mitarbeitern, die hier,
weit ab von ihrer eigentlichen Arbeitsstätte, die Hauptlast der Tagung, an den Projektoren und im Tagungsbüro übernommen haben, während
sich zu Hause die Zurückgebliebenen doppelt schlagen müssen. Unsere
Bibliothekarin Frau Patterson hat den äußerst mühevollen Druck und
die Korrekturen unseres ersten vollständigen Tagungsberichtes für
den Bergmann Verlag übernommen. Die wissenschaftliche Organisation
ist in erster Linie das Verdienst von Herrn Przuntek, der als Kliniker
und Biochemiker, als Arzt und Neurotransmitter-Forscher profunde Sach-
kenntnisse miteinbrachte. Allen Vortragenden, Diskutanten und nicht
zuletzt den geduldigen, geistig hochstrapazierten Hörern danke ich
und wünsche, daß sich ihre Mühe zum Nutzen unserer Kranken gelohnt
hat.

Sachverzeichnis

Schriftenreihe Neurologie
Neurology Series

Herausgeber:
H. J. Bauer, G. Baumgartner, A. N. Davison,
H. Gänshirt, P. Vogel

Band 5: **F. Rabe:** Die Kombination hysterischer und
epileptischer Anfälle. Das Problem der „Hysteroepi-
lepsie" in neuer Sicht. Mit einem Geleitwort von
E. Bay
1970. VII, 112 Seiten
ISBN 3-540-05008-6

Band 6: **J. Ulrich:** Die cerebralen Entmarkungs-
krankheiten im Kindesalter. Diffuse Hirnsklerosen.
Mit einem Geleitwort von F. Lüthy
1971. 35 Abbildungen, 1 Farbtafel. XV, 202 Seiten
ISBN 3-540-05244-5

Band 7: **K. H. Puff:** Die klinische Elektromyographie in der Differentialdiagnose von Neuro- und
Myopathien. Eine Bilanz
1971. 12 Abbildungen. VIII, 84 Seiten
ISBN 3-540-05527-4

Band 9: **M. Wiesendanger:** Pathophysiology of
Muscle Tone.
1972. 4 figures, V, 46 pages
ISBN 3-540-05761-7

Band 10: **H. Spiess:** Schädigungen am peripheren
Nervensystem durch ionisierende Strahlen. Mit
ausführlicher englischer Zusammenfassung.
1972. 35 Abbildungen. VIII, 71 Seiten
ISBN 3-540-05763-3

Band 11: **B. Neundörfer:** Differentialtypologie der
Polyneuritiden und Polyneuropathien
1973. 18 Abbildungen. X, 205 Seiten
ISBN 3-540-06062-6

Band 12: **H. Lange-Cosack, G. Tepfer:** Das Hirn-
trauma im Kindes- und Jugendalter. Klinische und
hirnelektrische Längsschnittuntersuchungen an
240 Kindern und Jugendlichen mit frischen Schädelhirntraumen. Unter Mitarbeit von
H.-J. Schlesener. Mit einem Geleitwort von
W. Tönnis
1973. 45 Abbildungen in 83 Teilfiguren.
XIII, 212 Seiten
ISBN 3-540-06262-9

Band 14: **E. Sluga:** Polyneuropathien. Typen und
Differenzierung. Ergebnisse bioptischer Untersuchungen
1974. 20 Abbildungen, 5 Schemata. X, 155 Seiten
ISBN 3-540-06945-3

Band 17: **T. Tsuboi, W. Christian:** Epilepsy. A Clinical, Electroencephalographic and Statistical Study
of 466 Patients
1976. 11 figures, 45 tables. VII, 171 pages
ISBN 3-540-07735-9

Band 18: **E. Esslen:** The Acute Facial Palsies.
Investigations on the Localization and Pathogenesis
of Meato-Labyrinthine Facial Palsies. With a foreword by U. Fisch
1977. 127 figures, 22 tables. X, 164 pages
ISBN 3-540-08018-X

Band 19: **J. Jörg:** Die elektrosensible Diagnostik in
der Neurologie. Mit einem Geleitwort von E. Bay
1977. 33 Abbildungen, 5 Tabellen. VIII, 126 Seiten
ISBN 3-540-08236-0

Band 20: **S. Poser:** Multiple Sclerosis. An Analysis
of 812 Cases by Means of Electronic Data Pro-
cessing
1978. 28 figures, 16 tables. VIII, 93 pages
ISBN 3-540-08644-7

Band 21: **M. Oehmichen:** Mononuclear Phagocytes
in the Central Nervous System. Origin, Mode of
Distribution, and Function of Progressive Micro-
glia, Perivascular Cells of Intracerebral Vessels, Free
Subarachnoidal Cells, and Epiplexus Cells.
Translated from the German by M. M. Clarkson
1978. 38 figures, 9 tables. X, 173 pages
ISBN 3-540-08958-6

Springer-Verlag
Berlin
Heidelberg
New York

Aktuelle Neurologie und Psychiatrie

Band 3
Herausgeber: J. Finke, R. Tölle
1978. 77 Abbildungen, 18 Tabellen.
XII, 314 Seiten
DM 78,–; US $ 39.00
ISBN 3-540-08701-X

In diesem Buch sind einzelne aktuelle Themen aus
der Neurologie und der Psychiatrie zusammengestellt
Es handelt sich dabei um Gebiete, die in letzter Zeit
durch neue Erkenntnisse theoretisch und praktisch
an Bedeutung gewonnen haben. Sie werden von
Autoren dargestellt, die besondere Erfahrung in dem
betreffenden Bereich haben. Das Buch wendet sich
vor allem an Ärzte, die in der Neurologie und
Psychiatrie tätig sind, wobei es sie über wichtige
neue Kenntnisse in der Nachbardisziplin informiert.
Darüber hinaus gibt es auch Allgemeinärzten und
Fachärzten anderer Disziplinen die Möglichkeit,
aktuelle Entwicklungen in diesen Fachgebieten zu
verfolgen.

Aktuelle Probleme der Neuropsychiatrie

Herausgeber: M. Gottschaldt, H. Grass, M. Brock

1978. 74 Abbildungen, 16 Tabellen. IX, 202 Seiten
DM 24,–; US $ 12.00
ISBN 3-540-08700-1

Die veröffentlichten Vorträge stellen ein Nachschlage
werk von unmittelbarer praktischer Bedeutung für
jeden in der Neuropsychiatrie und ihren Nachbarge-
bieten tätigen Arzt dar. Die Themen „intracranielle
Drucksteigerung, Hirnödem, Pathophysiologie und
Therapie des Schmerzes, EEG, Echoenzephalographi(
und EMG" werden nach dem neuesten Stand der
Wissenschaft dargestellt, wobei den praktischen Gesichtspunkten Vorrang eingeräumt wird. Ein
besonderes Kapitel ist der in jüngster Zeit an Bedeutung erheblich zunehmenden Problematik der Sucht
gewidmet. Unter gezielter Ausklammerung pharma-
kologischer Aspekte werden die parapsychiatrischen
Probleme der Sucht in ausführlicher und praxisbe-
zogener Weise behandelt.
Die Veröffentlichung dieses Werkes gibt den in der
Praxis tätigen Ärzten ein ausgezeichnetes Nachschlagewerk für die alltägliche Praxis.

Springer-Verlag
Berlin
Heidelberg
New York